# Renault Clio II

## Manuel d'entretien et réparation

AK Legg LAE MIMI & Peter Gill

**Modèles couverts par ce manuel** (3924-400-2AG1)

Renault Clio II, mars 1998 à mai. 2001, y compris les séries spéciales et limitées
**Moteurs essence :** 1.2, 1.4, 1.4 16V, 1.6, 1.6 16V
**Moteurs Diesel :** 1.9D

*Ne traite pas des moteurs essence 1.2 16V, 1.4 8V (K7J), 2.0 16V et 2.9 V6 ni des moteurs Diesel 1.9 dTi et 1.5 dCi*

ABCDE
FGHIJ
KLMNO
PQR



Un ouvrage de la **série Haynes des manuels d'entretien et de réparation auto**



ISBN **1 85960 924 4**

Imprimé aux Etats-Unis

**Editions Haynes SARL**
4, Rue de l'Abreuvoir
92415 COURBEVOIE CEDEX, France

**Haynes Publishing**
Sparkford, Yeovil, Somerset BA22 7JJ, England

**Haynes North America, Inc**
861 Lawrence Drive, Newbury Park, California 91320, USA

**Haynes Publishing Nordiska AB**
Box 1504, 751 45 UPPSALA, Sverige

# Sommaire

# Sommaire

## REPARATIONS ET REMISE EN ETAT

### Moteur et systèmes annexes



### Transmission



### Freins, suspensions et direction



### Habillage de carrosserie



## REFERENCES

En mars 1998, la Clio II prend le relais de la Clio 1re génération. Dès son lancement, elle dispose d'un choix conséquent de motorisations : essence 1,2, 1,4 et 1,6 l et Diesel 1,9 l. La gamme essence est complétée lors d'un premier remaniement au 1er janvier 2000 par des motorisations essence 1,4 et 1,6 l à 16 soupapes, dont le niveau de dépollution répond à la norme Euro 2000 et du moteur Diesel 1.9 dTi, non traité dans le présent manuel. Un 2e remaniement intervient en novembre 2000 avec l'introduction d'un moteur essence 1,2 l à 16 soupapes - également pas encore couvert dans le présent manuel. Toutes les motorisations essence sont à injection multipoint. Ces moteurs sont à la fois performants et d'une bonne fiabilité dans la mesure où l'entretien périodique est effectué régulièrement.

La gamme se décline en versions berlines 2 volumes (à hayon), à 3 ou 5 portes, disponibles avec de nombreux niveaux de finition.

La suspension avant est du type à roues indépendantes. La suspension arrière, également à roues indépendantes, est constituée d'un essieu transversal profilé en « H » à bras tirés.

Le moteur est accouplé à une boîte de vitesses manuelle à cinq rapports ou automatique à quatre rapports à gestion électronique.

La gamme bénéficie d'une panoplie conséquente d'équipements en série ou en option. Elle dispose notamment d'un système antiblocage des roues (ABS) de série depuis février 1999.

L'entretien courant ne présente pas de difficulté particulière et les pièces nécessitant des interventions fréquentes sont aisément accessibles.

# A propos de ce manuel

## Son but

L'objet de cet ouvrage est de vous aider à tirer le meilleur parti de votre véhicule. Il vous permet de décider des interventions devant être entreprises (même si vous choisissez de les confier à un garage), vous offre des conseils d'entretien courant et présente un plan d'action logique pour l'établissement d'un diagnostic lorsqu'une anomalie de fonctionnement survient. Nous espérons cependant que vous en ferez usage pour réparer vous-même votre véhicule. Il se révèle parfois plus rapide de réaliser des tâches simples par ses propres moyens que de prendre rendez-vous et de faire deux fois le trajet aller-retour pour conduire le véhicule au garage et le récupérer. Surtout, vous pourrez probablement faire d'importantes économies en évitant les coûts que doit facturer un garage pour couvrir ses frais généraux et de main d'œuvre.

Dans le manuel figurent de nombreuses illustrations et descriptions montrant le rôle des différents organes et éléments du véhicule, cela pour vous permettre de bien comprendre leur implantation. Les opérations à exécuter sont quant à elles décrites et photographiées séquence par séquence de la manière la plus explicite qui soit.

## Sa présentation

Le manuel est divisé en chapitres traitant chacun d'une partie logique du véhicule. Chaque chapitre est à son tour scindé en plusieurs sections numérotées et comportant des paragraphes (alinéas) auxquels des numéros sont également attribués.

Il est abondamment illustré et met particulièrement l'accent sur les opérations exigeant une séquence détaillée. Les numéros d'ordre assignés aux légendes renvoient d'une part à la section correspondante et d'autre part au paragraphe concerné. A titre d'exemple, l'illustration 3.2 se rapporte à la section 3 et au paragraphe 2 de cette section.

Un index alphabétique est prévu à la fin de l'ouvrage ainsi qu'une table des matières générale au début. Chaque chapitre est également précédé de son propre sommaire.

Les références « gauche » et « droite » du véhicule s'entendent en étant assis en position de conduite.

Sauf indication contraire, les écrous et les vis se desserrent dans le sens anti-horaire et se serrent dans le sens inverse.

Les constructeurs modifient constamment les caractéristiques des véhicules ainsi que les préconisations s'y rapportant et celles-ci sont rapportées, dès que possible, dans nos manuels lorsqu'elles nous sont communiquées.


## Remerciements

Nous tenons à remercier Champion Spark Plug pour ses illustrations des états de bougies. Certaines illustrations ont été reproduites avec l'autorisation de Renault (UK) Ltd. Nous remercions également la société Draper Tools Limited pour nous avoir fourni certains des outils d'atelier. Tous nos remerciements vont également au personnel de Sparkford ayant contribué à la réalisation du présent manuel.


## Note importante

**Les auteurs et l'éditeur s'attachent à ce que les informations figurant dans cet ouvrage soient parfaitement exactes.**

**Il arrive cependant, au cours de la production d'une gamme particulière de véhicules, que le constructeur apporte des modifications dont les auteurs et l'éditeur ne sont pas tenus informés.**

**Les auteurs et l'éditeur déclinent toutes responsabilités pouvant résulter d'un dommage physique, matériel ou moral, consécutif à l'usage d'informations erronées ou incomplètes, pouvant éventuellement figurer dans cet ouvrage.**

La réparation et l'entretien d'un véhicule peuvent être dangereux. Cette page n'illustre que quelques-uns des dangers potentiels et a pour objet de sensibiliser les utilisateurs aux risques encourus et d'encourager une attitude axée sur la sécurité.

## *Dangers généraux*

### Liquides bouillants

- Ne pas retirer soudainement le bouchon de remplissage du circuit de refroidissement à chaud.
- L'huile du moteur ou de la boîte de vitesses et le liquide de direction assistée peuvent aussi être dangereusement chauds si le moteur a été récemment en marche.

### Pièces brûlantes

- Prendre garde aux organes quelconques du moteur, aux éléments de l'échappement ou du pot catalytique. Les disques et les tambours de freins peuvent aussi devenir extrêmement chauds à l'usage.

### Véhicules instables

- Lors du travail sous ou près d'un véhicule soulevé, s'assurer toujours que le cric employé est associé à des chandelles. Lorsque les roues ne doivent pas être déposées, il est recommandé de se servir de rampes. Ne jamais travailler sous ou à proximité d'un véhicule ayant été levé seulement au moyen d'un cric.
- Procéder avec soin lors du desserrage des écrous bloqués à fond ou du serrage des écrous à un couple élevé lorsque le véhicule est sur chandelles. Le desserrage initial et le serrage à fond doivent être effectués le véhicule étant sur sol ferme.

### Feu

- Tous les carburants sont hautement inflammables et les vapeurs d'essence sont extrêmement détonantes.
- Ne pas répandre d'essence sur un moteur ou un échappement chaud.
- Ne jamais fumer, ni utiliser de flamme nue quelle qu'elle soit, en travaillant sur le véhicule. Prendre garde à des étincelles engendrées par un court-circuit électrique, par deux surfaces métalliques entrant en contact l'une avec l'autre, par l'utilisation d'outils sans précautions ou bien même par l'électricité statique accumulée dans le corps humain dans certaines conditions : tous ceux-ci peuvent s'enflammer. Les vapeurs produites au contact d'huile ou de liquide hydraulique et répandues sur du métal chauffé comme celui du collecteur d'échappement peuvent également être inflammables ou détonantes.
- Ne jamais manipuler d'essence et ne jamais faire tourner le moteur lorsque la voiture se trouve au-dessus d'une fosse d'inspection : les vapeurs d'essence, plus lourdes que l'air, se concentreraient dans la fosse.
- Une autre cause d'incendie réside dans la présence de défauts au sein du circuit électrique. Procéder avec précaution pour modifier ou réparer le câblage électrique du véhicule.
- Conserver à portée de main au garage ou sur le lieu de travail un extincteur du type adapté aux incendies liés au carburant ou d'origine électrique.

### Chocs électriques

- La tension du circuit d'allumage peut être dangereuse, surtout pour les gens qui sont cardiaques et pour les porteurs de stimulateur cardiaque. Ne pas intervenir sur le circuit d'allumage lorsque le moteur tourne ou en actionnant le démarreur.
- La tension du secteur est aussi dangereuse. Avant d'utiliser un outil électrique, une baladeuse, etc. fonctionnant sur secteur, il convient de bien s'assurer que l'appareil est correctement branché à la prise de courant et si nécessaire, bien relié à la terre.

### Fumées et gaz toxiques

- Les gaz d'échappement contiennent de l'oxyde de carbone, une substance hautement toxique qui s'avérera mortelle une fois inhalée. Ne jamais faire tourner le moteur d'une voiture dans un local clos, comme un garage.
- Les vapeurs d'essence sont extrêmement toxiques, de même que celles émanant de certains solvants comme le trichloréthylène ou les diluants cellulosiques.

### Substances toxiques ou irritantes

- Eviter de laisser en contact avec la peau l'électrolyte de la batterie (même dilué, l'électrolyte est une solution acide très corrosive), et tout autre carburant, fluide ou lubrifiant : surtout le gazole, le liquide hydraulique de frein et l'antigel. Ne pas les siphonner avec la bouche. Si une telle substance est avalée ou en cas de contact avec les yeux, consulter immédiatement un médecin.
- Le contact prolongé avec de l'huile moteur usagée peut causer le cancer de la peau. Porter des gants de protection ou s'enduire les mains d'une crème protectrice avant d'entreprendre des travaux salissants. Changer sur le champ tout vêtement imprégné et ne pas porter de chiffons graisseux dans les poches.
- Le réfrigérant du circuit de climatisation formera un gaz toxique s'il entre en contact avec une flamme nue (y compris les cigarettes. S'il entre en contact avec la peau, il peut causer des gelures.

### Amiante

- La poussière d'amiante peut être cancéreuse. Certains matériaux de friction, isolants et d'étanchéité et d'autres pièces - garnitures de freins et d'embrayage, bandes de freins, joints, etc., contiennent de l'amiante. En cas de doute sur la présence d'amiante ou non, traiter ces pièces comme si elles en contenaient.

## *Dangers spécifiques*

### Acide fluorhydrique

- Cet acide très corrosif est le produit de la combustion de certains types de caoutchouc synthétique dans lesquels peuvent être réalisés des éléments tels que les joints toriques, les joints de circuit hydraulique de freinage, les durits de carburant, etc., exposés à des températures dépassant 400°C. Le caoutchouc ne brûle pas mais se transforme en une gomme contenant de l'acide. Cet acide demeure toxique des années durant. En cas de contact avec la peau, il peut s'avérer nécessaire d'amputer le membre atteint.
- S'il faut travailler sur un véhicule ayant subi un incendie ou sur des pièces récupérées sur celui-ci, il convient de porter des gants de protection et de les jeter après usage.

### La batterie

- Les batteries contiennent de l'acide sulfurique qui attaque les vêtements, les yeux et la peau. Il convient donc de prêter une attention toute particulière lors du rétablissement du niveau de l'électrolyte ou du transport de la batterie.
- L'hydrogène émis par la batterie est un gaz hautement explosif. Ne jamais produire d'étincelles ni approcher de flammes nues à proximité d'une batterie. Procéder avec soin lors du branchement ou débranchement des câbles de démarrage par pontage ou d'un chargeur.

### Coussins gonflables

- Les coussins gonflables (airbags) peuvent entraîner des blessures corporelles s'ils se gonflent accidentellement. Procéder avec soin lors du démontage du volant de direction ou de la planche de bord. Des précautions spéciales de stockage peuvent s'appliquer.

### Circuit d'alimentation - moteurs Diesel

- Les pompes d'injection des moteurs Diesel délivrent une pression de carburant extrêmement élevée. S'entourer de la plus grande prudence lors de toute intervention sur les injecteurs et les tuyauteries de carburant.

***Danger : Ne jamais exposer les mains, le visage, ni une toute autre partie du corps au jet d'un injecteur : compte tenu de la pression élevée du carburant pulvérisé, celui-ci peut pénétrer dans la peau et constituer un danger mortel***

# Rappel...

### A FAIRE

- Porter des lunettes de protection lors de l'utilisation d'outils électriques et pour travailler sous le véhicule.
- Au besoin, porter des gants de protection ou s'enduire les mains d'une crème protectrice.
- Demander à quelqu'un d'autre de vérifier à intervalles réguliers que tout se passe bien lorsqu'on travaille seul sur le véhicule.
- Tenir éloignés des organes mécaniques en mouvement les vêtements flottants (manchettes, cravate, etc.) et les cheveux longs.
- Enlever les bagues, montres-bracelets et autres accessoires avant de travailler sur le véhicule, surtout sur les circuits électriques.

### A NE PAS FAIRE

- Ne pas tenter de soulever un fardeau trop lourd pour une seule personne - se faire aider.
- Ne pas se précipiter pour terminer un travail entrepris ni tenter de l'abréger.
- Ne pas utiliser de clés ni d'autres outils de dimensions inadéquates ; ils risquent de riper et d'occasionner des blessures.
- Ne pas laisser d'huile ni de graisse répandue au sol - essuyer toute trace graisseuse pour éviter les dérapages.
- Ne pas laisser les outils ni les pièces au sol - il est si facile de tomber en butant sur un tel objet.

Les pages qui suivent se donnent pour objet d'aider les automobilistes à localiser les pannes ou les anomalies de fonctionnement les plus courantes susceptibles de se présenter sur leur véhicule. Un guide de dépannage détaillé figure en fin de manuel et les réparations à entreprendre sont décrites dans les chapitres correspondants.

# Votre voiture refuse de démarrer

### *Si le démarreur ne tourne pas*

☐ S'il s'agit d'un modèle à boîte de vitesses automatique, vérifier que le levier sélecteur se trouve bien en position « P » ou « N ».

☐ Ouvrir le capot et vérifier que les cosses de la batterie sont propres et qu'elles sont bien serrées.

☐ Allumer les phares et actionner le démarreur. Si l'intensité lumineuse des phares baisse fortement, cela indique que la batterie est à plat. Pour se tirer d'affaire, faire démarrer la voiture à partir de la batterie d'un autre véhicule (voir page suivante).

### *Si le démarreur tourne*

☐ Y a-t-il du carburant dans le réservoir ?

☐ S'il s'agit d'un moteur essence (les moteurs Diesel ne sont normalement pas sensibles à l'humidité), les composants électriques sous le capot ne sont-ils pas imprégnés d'humidité ? Dans ce cas, couper le contact et essuyer les traces d'humidité visibles avec un chiffon et pulvériser un produit lubrifiant-déshumidifiant (genre WD-40) en bombe aérosol sur toutes les connexions électriques des circuits d'allumage et d'alimentation en carburant, comme celles illustrées sur les photos du bas. Prêter une attention particulière aux connexions électriques de la ou des bobines d'allumage et le cas échéant, aux fils du faisceau haute tension d'allumage.

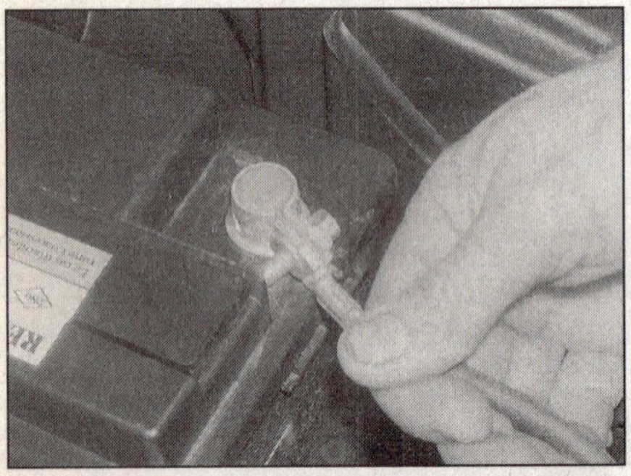

**A** Contrôler la fixation et l'état des cosses de la batterie.

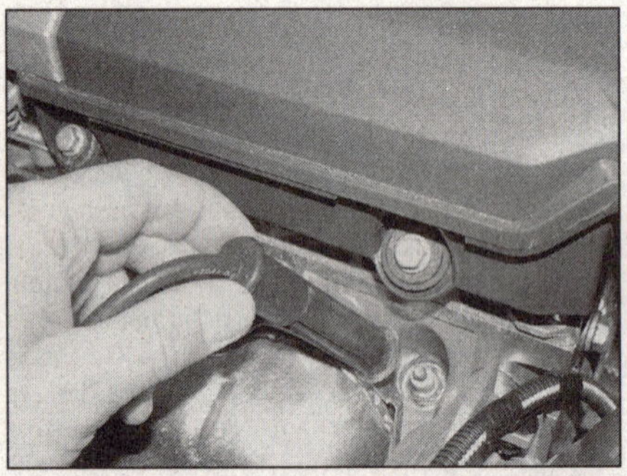

**B** Suivant équipement, vérifier que les fils du faisceau haute tension d'allumage sont bien enfichés sur les bougies.

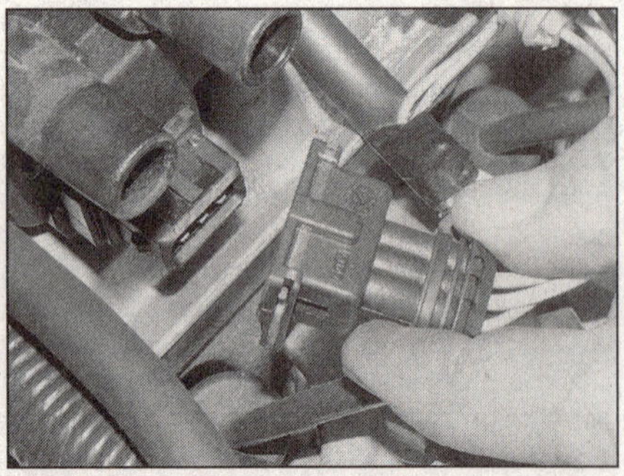

**C** Vérifier que le ou les connecteurs électriques de la ou des bobines d'allumage sont convenablement enfichés.

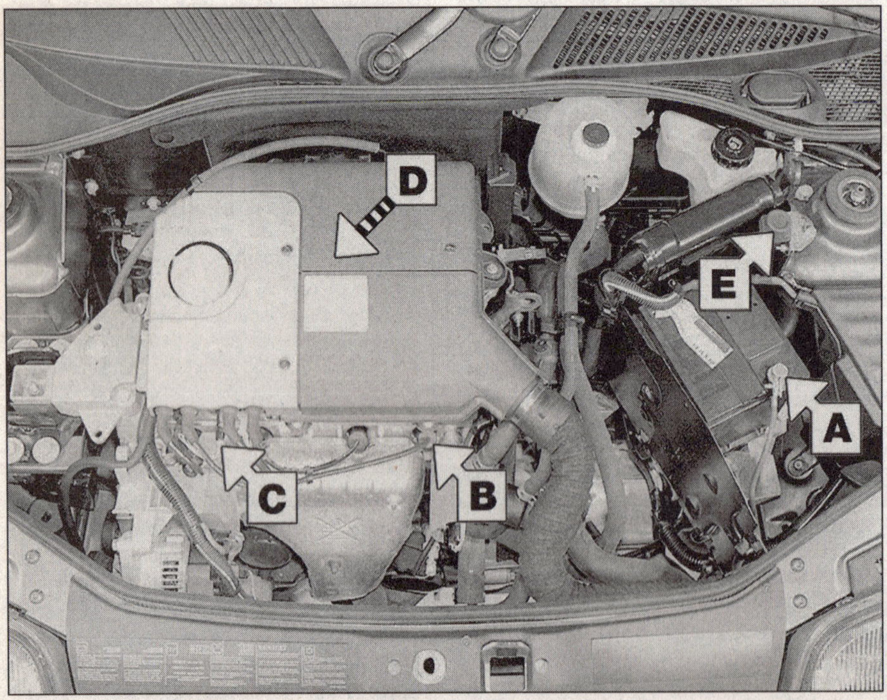


Couper le contact et vérifier que toutes les connexions électriques sont correctement branchées. Les pulvériser de produit lubrifiant-déshumidifiant (genre WD40) si l'on est gêné par l'humidité. Dans le cas des moteurs Diesel, s'assurer que tous les connecteurs visibles sont bien enfichés.

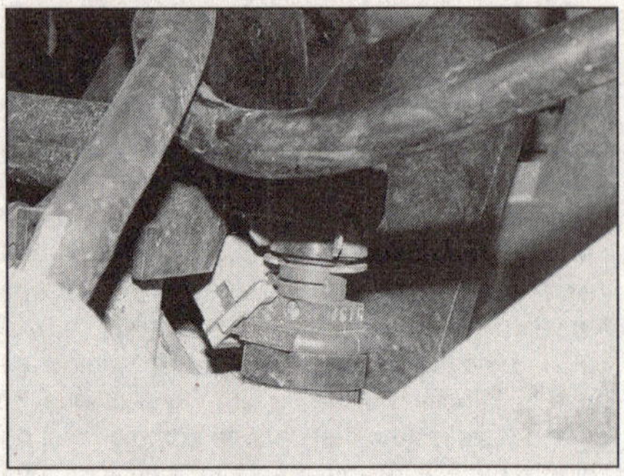

**D** Vérifier que le connecteur électrique du faisceau des injecteurs est correctement enfiché.

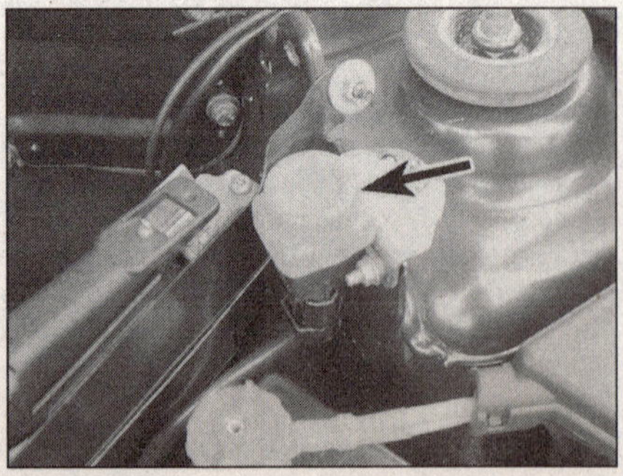

**E** Vérifier que le contacteur à inertie de coupure d'alimentation n'a pas été activé.

**info HAYNES** *Le démarrage par pontage vous tirera d'affaire, mais il vous faut rechercher et remédier à la cause fondamentale du déchargement de la batterie. Il existe trois possibilités :*

***1** La batterie est déchargée par des essais renouvelés de démarrage ou on a laissé allumé les feux de la voiture.*

***2** Le circuit de charge est en panne (courroie d'alternateur usée ou détendue, défaut de câblage électrique du circuit, alternateur défectueux).*

***3** La batterie elle-même est défectueuse (niveau bas de l'électrolyte, batterie usée).*

## Démarrage à l'aide d'une batterie de secours

Pour faire démarrer une voiture à l'aide d'une batterie d'appoint, prendre les précautions suivantes :

- ✔ Avant de brancher la batterie d'appoint, s'assurer que le contact est coupé.
- ✔ Vérifier que tout l'équipement électrique du véhicule (éclairage, chauffage, essuie-glaces, etc.) est hors fonction.
- ✔ S'assurer que la batterie d'appoint délivre la même tension que la batterie déchargée.
- ✔ Si la batterie est lancée par pontage à partir de la batterie d'un autre véhicule, les deux voitures NE DOIVENT PAS se toucher.
- ✔ Vérifier que la boîte de vitesses se trouve au point mort (s'il s'agit d'une boîte de vitesses automatique, le levier sélecteur doit être sur la position « P ».

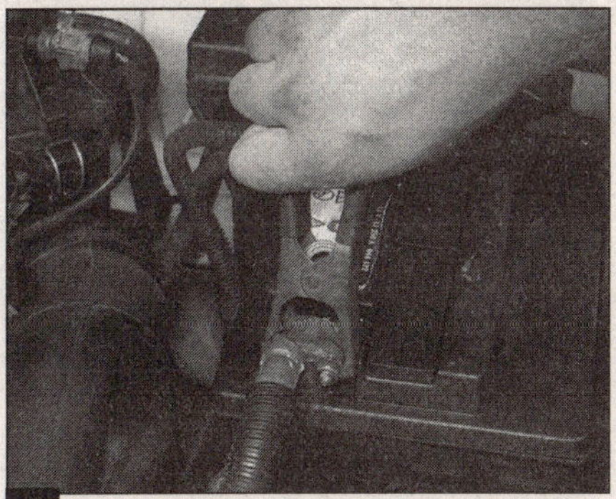

**1** Relier le câble rouge de démarrage à la borne positive (+) de la batterie déchargée.

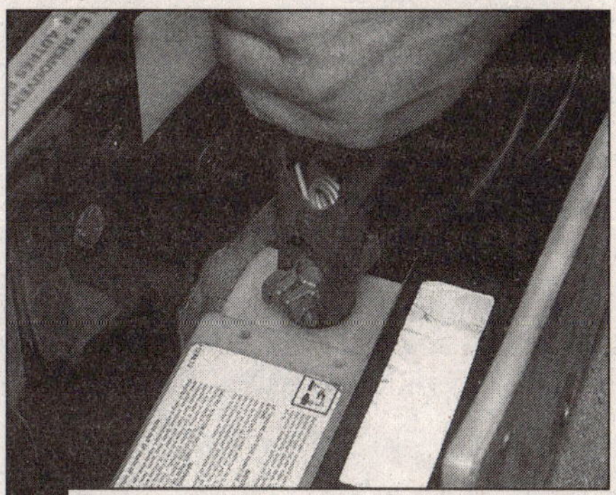

**2** Brancher l'autre bout du câble rouge de démarrage à la borne positive (+) de la batterie d'appoint.

**3** Relier le câble noir de démarrage à la borne négative (-) de la batterie d'appoint.

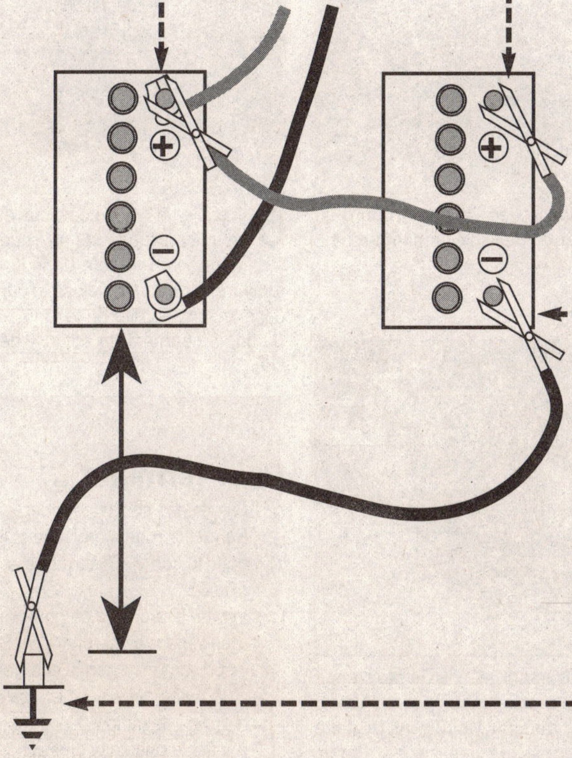

**4** Brancher l'autre bout du câble noir de démarrage à un point du véhicule en panne assurant une bonne mise à la masse (qui pourra être une vis ou une patte-support sur le bloc moteur), cela le plus loin possible de la batterie.

**5** Veiller à ce que les câbles de démarrage n'entrent pas en contact avec le motoventilateur, la courroie auxiliaire ou un organe en mouvement du moteur.

**6** Lancer le moteur avec la batterie d'appoint, puis le moteur tournant au ralenti, débrancher les câbles dans l'ordre inverse de leur branchement.

# Changement de roue

***Danger : Ne pas changer une roue dans un endroit où l'on risque de provoquer un accident. S'il y a beaucoup de circulation, tenter de s'arrêter sur une aire de stationnement ou à l'entrée d'un champ, même si cela implique de rouler lentement sur un pneu crevé qui risque d'être détruit. Rester vigilant : faire attention aux voitures qui passent***

## Préparatifs

- ☐ Quand on a crevé, s'arrêter dès que les conditions de sécurité le permettent.
- ☐ Se garer si possible sur une aire plane, au sol ferme, et à l'écart de la circulation.
- ☐ Allumer au besoin les feux de détresse.
- ☐ Si le véhicule en est équipé, utiliser le triangle de présignalisation afin d'alerter les autres usagers de la route de sa présence.
- ☐ Serrer le frein à main et enclencher la 1re ou la marche arrière (ou le rapport « P » pour une boîte de vitesses automatique).
- ☐ Caler la roue diagonalement opposée à celle devant être changée : deux grosses pierres conviendront parfaitement.
- ☐ En cas de sol instable, caler un morceau de bois plat sous la semelle du cric afin de répartir la charge.

## Remplacement d'une roue

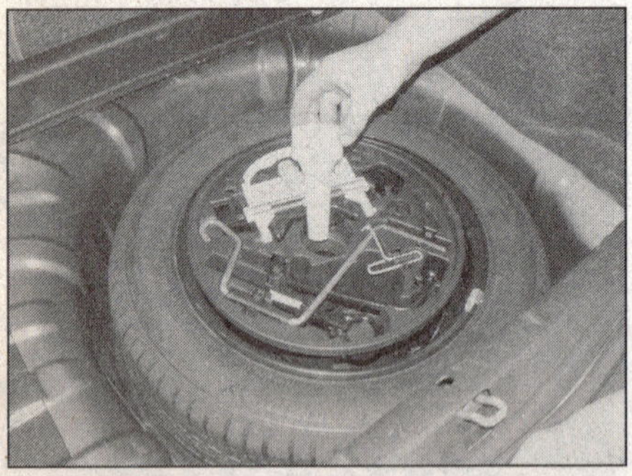

**1** Soulever le tapis de coffre par le trou aménagé à cet effet puis dévisser l'écrou central assurant la fixation du coffret à outils et de la roue de secours.

**2** Dégager le coffret à outils.

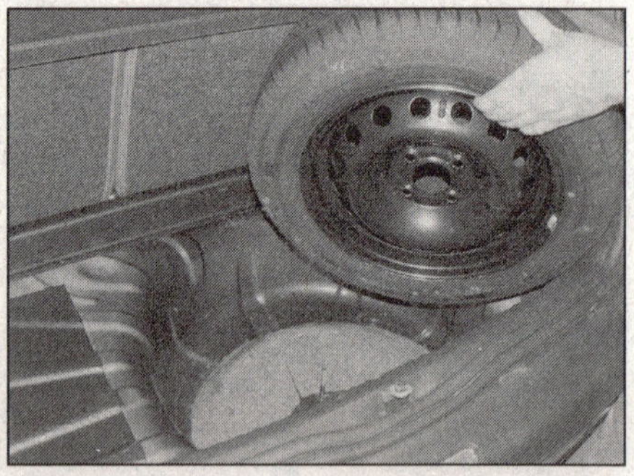

**3** Soulever la roue de secours pour la sortir du coffre.

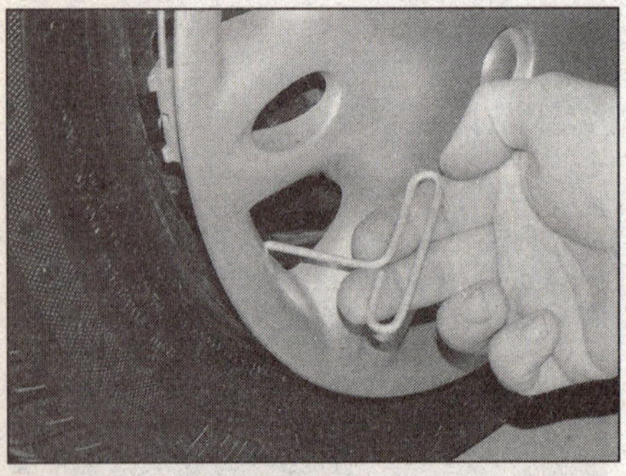

**4** Déposer l'enjoliveur de la roue en utilisant suivant qu'il s'agit d'un enjoliveur central ou avec vis de roues cachées l'extrémité de la clé démonte-roue ou la clé spéciale prévue en outillage de bord.

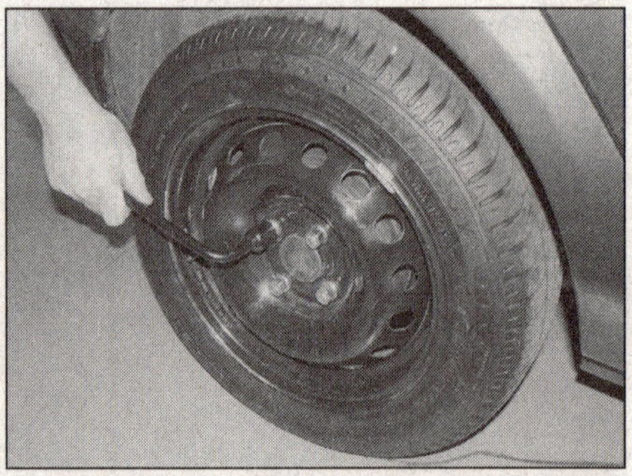

**5** Débloquer chacune des vis de la roue d'un demi-tour au moyen de la clé démonte-roue.

**6** Installer le cric en dessous du point de levage le plus proche de la roue à changer, en engageant sa tête dans le trou usiné sur la feuillure du bas de caisse. Tourner la manivelle dans le sens horaire de façon à amener la semelle du cric au contact du sol et à décoller la roue du sol.

**7** Finir de desserrer et enlever les vis puis dégager la roue. Installer la roue de secours en faisant coïncider ses trous de fixation et ceux du moyeu puis monter les vis et les serrer sans les bloquer. Redescendre la voiture au sol.

**8** Bloquer définitivement les vis de la roue en opérant dans l'ordre indiqué et remonter l'enjoliveur. A noter qu'il convient de faire resserrer, dès que possible, les vis au couple prescrit.

## Pour terminer ...

- ☐ Enlever les cales des roues.
- ☐ Ranger la roue remplacée et le coffret à outils dans le coffre, en serrant bien l'écrou de fixation.
- ☐ Vérifier la pression de gonflage du pneu de la roue venant d'être changée. Si le pneu est insuffisamment gonflé et si l'on ne dispose pas d'un manomètre avec soi, se rendre à vitesse réduite à la station-service la plus proche et gonfler le pneu à la pression correcte.
- ☐ Faire réparer sans tarder le pneu crevé.

Lorsque des flaques apparaissent sur le sol de votre garage ou votre allée, ou lorsqu'il est évident que de l'humidité s'est infiltrée sous le capot ou le véhicule, il est urgent d'en trouver la cause. Cette tâche s'avère souvent difficile surtout si le compartiment moteur est déjà très sale. Une fuite d'huile ou de liquide peut être balayée vers l'arrière par le passage de l'air sous la voiture, rendant ainsi le diagnostic encore plus difficile.

***Danger : La plupart des huiles et liquides de moteur sont toxiques. Laver abondamment à l'eau claire en cas de contact avec la peau et changer sur le champ tout vêtement imprégné.***

**info HAYNES** ***L'odeur provenant d'une fuite de liquide peut parfois vous mettre sur la piste. Certains liquides ont également une couleur bien distincte. Afin de localiser l'origine de la fuite, il est recommandé de laver le véhicule avec le plus grand soin et de le garer sur du papier journal propre pendant la nuit. Ne pas oublier que certaines fuites n'apparaissent que lorsque le moteur est en route.***

## Huile du carter moteur

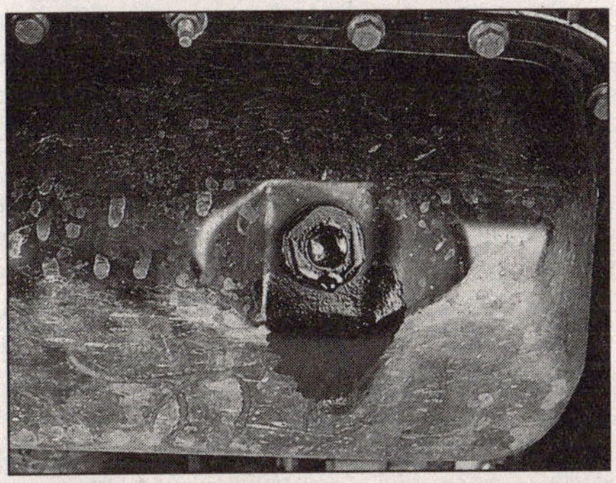

De l'huile moteur peut fuir du bouchon de vidange . . .

## Huile du filtre

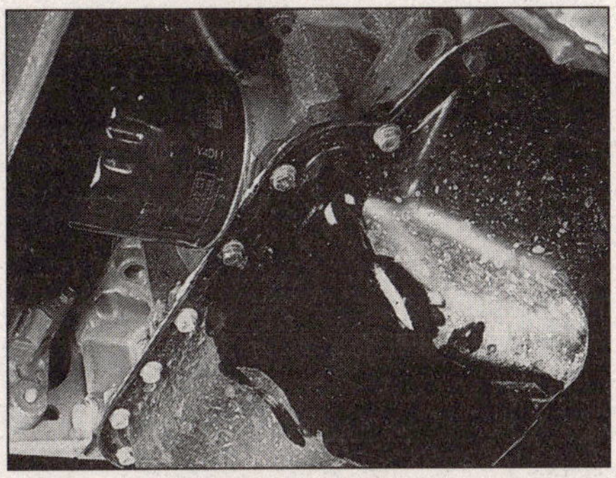

. . . ou du filtre à huile

## Huile de boîte de vitesses

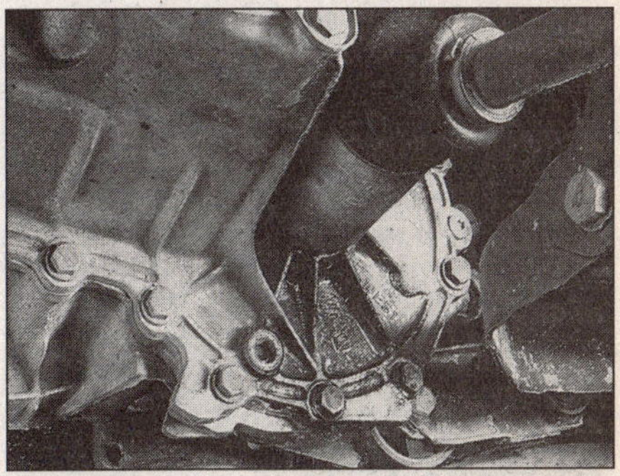

L'huile de boîte de vitesses peut s'échapper des joints d'étanchéité

## Liquide de refroidissement

Une fuite du circuit de refroidissement se manifeste habituellement par un dépôt cristallin comme celui illustré.

## Liquide de frein

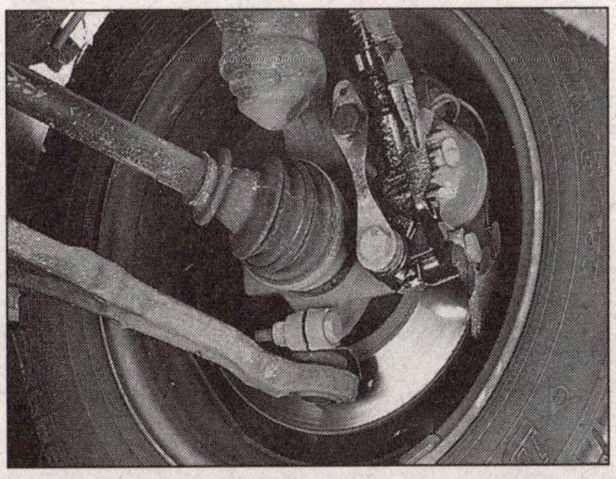

Une fuite au niveau d'une roue sera presque toujours de liquide de frein

## Fluide de direction assistée

Le fluide de direction assistée peut fuir des raccords des canalisations au niveau du boîtier de direction

# Remorquage

En dernier recours, un remorquage peut être nécessaire - il peut également vous arriver de dépanner un autre véhicule. Tout remorquage sur un long trajet doit être confié à un garagiste ou à un service de dépannage. Pour les trajets plus courts, un remorquage improvisé est assez facile mais il tout de même impératif d'observer les points suivants :

☐Utiliser un câble de remorquage adéquat : il s'agit d'un accessoire relativement peu onéreux. Il est recommandé d'apposer un panneau portant l'indication « EN PANNE » à l'arrière du véhicule remorqué.

☐Toujours placer la clé de contact en position « contact mis » lors du remorquage, de façon à ce que l'antivol de direction se trouve déverrouillé et que les clignotants et les feux de stop puissent fonctionner.

☐Avant le remorquage, desserrer le frein à main et placer la boîte de vitesses au point mort (« N » pour une boîte de vitesses automatique).

☐Dans le cas d'une boîte de vitesses automatique, le remorquage doit s'effectuer à une vitesse inférieure à 40 km/h et sur une distance maximale de 50 km.

☐A noter qu'il faudra appuyer plus énergiquement sur la pédale de frein que d'habitude, étant donné que le servofrein à dépression n'est opérationnel que lorsque le moteur tourne.

☐Une force plus importante qu'à l'ordinaire sera également nécessaire pour braquer étant donné que l'assistance de direction ne fonctionne pas lorsque le moteur est arrêté.

☐Le conducteur du véhicule remorqué doit garder le câble de remorquage tendu pendant tout le trajet afin d'éviter les à-coups.

☐S'assurer que les deux conducteurs connaissent bien la route avant de partir.

☐Rouler à faible allure et limiter au maximum la distance de remorquage. Conduire doucement et ralentir suffisamment à l'avance pour aborder les carrefours et les ronds-points.

☐Un anneau amovible pour le remorquage est prévu dans l'outillage de bord.

☐Pour monter l'anneau de remorquage à l'avant, le visser dans l'orifice fileté à travers le bouclier pare-chocs, côté gauche, en utilisant la clé démonte-roue.

☐Pour monter l'anneau de remorquage à l'arrière, enlever le cache en plastique puis le visser dans l'orifice fileté à travers le bouclier pare-chocs, côté droit, en utilisant la clé démonte-roue.

# Contrôle Technique

Le Contrôle Technique est un contrôle périodique réglementé spécifique aux véhicules (véhicules particuliers « VP » et véhicules utilitaires légers « V.U.L. ») dont le poids n'excède pas 3,5 tonnes. Il est effectué visuellement sans démontage (sauf les contrôles effectués à l'aide d'appareils de mesure) et concerne 584 défauts possibles regroupés en 133 points de contrôle qui sont eux-mêmes répartis en 10 fonctions principales du véhicule. Il vise principalement à vérifier les organes essentiels des véhicules liés à l'environnement et la sécurité. Il donne lieu à l'établissement d'un « procès-verbal » de contrôle et l'apposition d'un timbre sur la carte grise et d'une vignette à droite du pare-brise.

Pour connaître la date du premier contrôle de votre véhicule, il suffit de se reporter à la date de 1ère mise en circulation figurant sur votre carte grise et d'y ajouter 4 ans. Ce 4ème anniversaire constitue la date **limite** pour le contrôle - le 1er contrôle peut être effectué dans les 6 mois qui la précèdent. Le Contrôle Technique est ensuite périodique : tous les 2 ans - la date **limite** du prochain contrôle sera marquée sur votre carte grise. En cas de vente d'un véhicule de plus de 4 ans, le procès-verbal doit dater de moins de 6 mois.

**info HAYNES** ***En cas de non-présentation du véhicule au Contrôle Technique, vous encourez une amende de 900 F et d'autres sanctions prévues par le Code de la Route***

Certains des points de contrôle (signalés par « ✘ ») entraînent des réparations obligatoires devant être effectuées dans un délai de deux mois et le véhicule concerné doit être représenté pour contre-visite dans un centre de contrôle agréé pour vérification. Cette contre-visite permettant de contrôler les points soulevés lors de la visite initiale et faisant l'objet d'une obligation de réparation est effectuée essentiellement sur les points qui ont justifié la contre-visite - il est donc indispensable de présenter au contrôleur le procès-verbal établi initialement. Passé le délai de deux mois, une nouvelle visite complète est obligatoire. Dans certains cas, signalés par « ✘ ✘ », la contre-visite nécessitera le contrôle d'autre(s) point(s).

La liste de ces points est susceptible d'évoluer en fonction de la réglementation : pour le détail des dernières dispositions en vigueur, s'informer auprès des services de la préfecture du lieu de résidence, auprès d'un centre de contrôle agréé ou par Minitel au « 3615 code ROUTE » ou au « 11, Automobiles, contrôles et bilans ».

Cette section, destinée à vous aider à réussir le Contrôle Technique de votre véhicule, vous indique également comment procéder pour effectuer un pré-contrôle par vos propres moyens et quels sont les critères susceptibles d'entraîner un recalage de votre véhicule au Contrôle Technique. Vous y trouverez une liste de tous les éléments et des 133 points devant être contrôlés concernant entre autres l'identification du véhicule, son freinage, sa direction, son éclairage, ses suspensions, ses roues et les pneumatiques, sa carrosserie et son châssis, ses équipements et le moteur et la transmission.

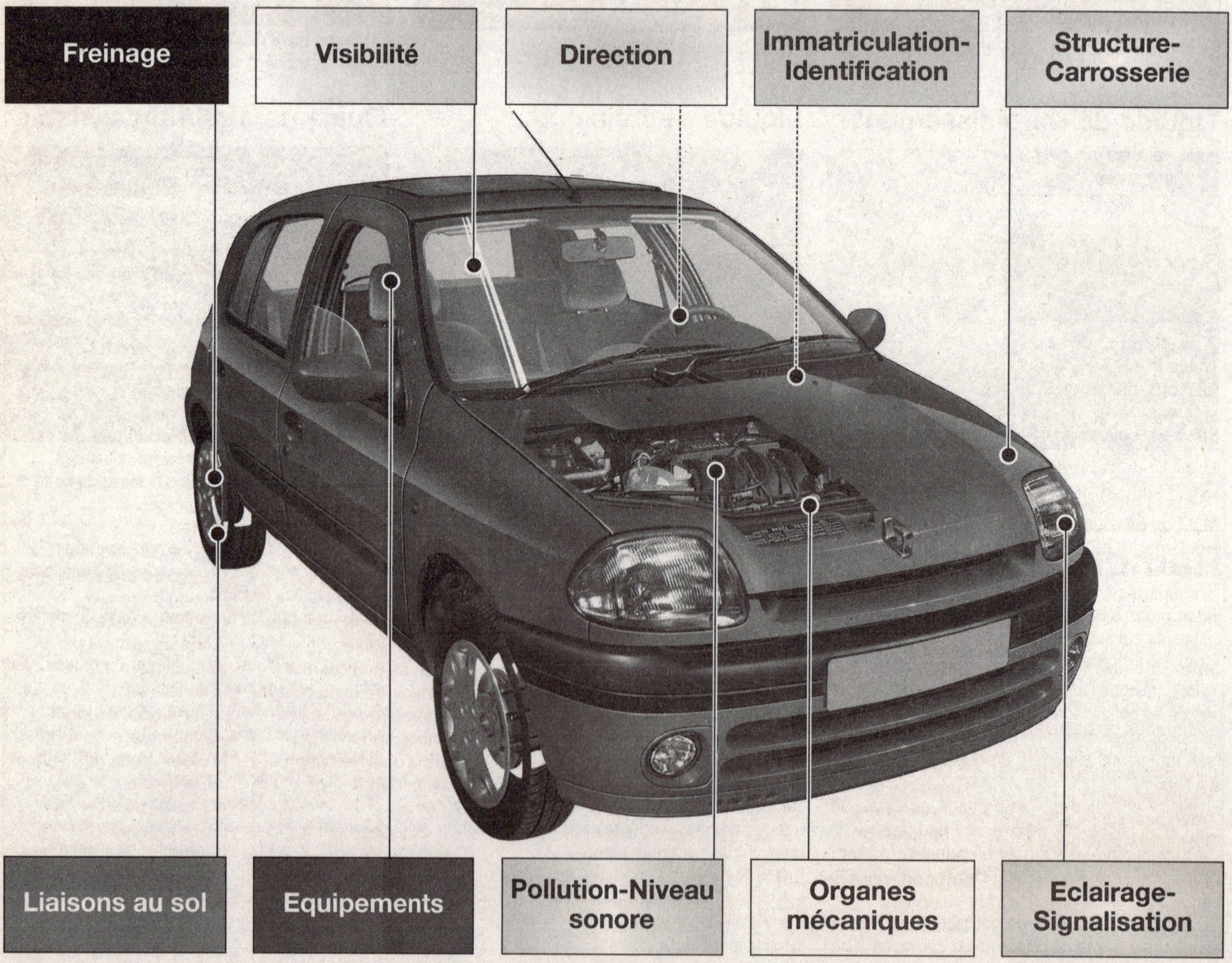

## Freinage

- Frein de service ✗ ✗
- Frein de stationnement ✗ ✗
- Frein de secours
- Réservoir de liquide de frein ✗ ✗
- Maître-cylindre ✗ ✗
- Canalisations de freins ✗
- Flexibles de freins ✗ ✗
- Correcteur-répartiteur de freinage ✗ ✗
- Pédale du frein de service ✗
- Commande du frein de stationnement ✗
- Câble, tringlerie du frein de stationnement ✗
- Disques de frein ✗ ✗
- Etriers, cylindres de roue ✗ ✗
- Tambours de frein ✗ ✗
- Plaquettes de frein ✗
- Assistance de freinage
- Tuyauterie d'assistance de freinage
- Pompe d'assistance de freinage
- Entraînement de la pompe d'assistance de freinage
- Système antiblocage

## Visibilité

- Pare-brise ✗
- Autres vitrages
- Rétroviseur intérieur ✗
- Rétroviseurs extérieurs ✗
- Commande, rétroviseurs extérieurs
- Essuie-glace AV. ✗
- Lave-glace AV.

## Direction

- Angle, ripage avant
- Volant de direction ✗
- Antivol de direction
- Colonne de direction
- Accouplement de direction
- Crémaillère-boîtier de direction ✗
- Biellette, timonerie de direction ✗
- Rotule, articulation de direction ✗
- Relais de direction ✗
- Assistance de direction
- Réservoir d'assistance de direction
- Canalisation d'assistance de direction
- Pompe, vérin d'assistance de direction
- Entraînement de la pompe d'assistance de direction

## Immatriculation-Identification

- Plaques d'immatriculation
- Plaque constructeur
- Frappé à froid sur le châssis
- Présentation véhicule ✗
- Energie moteur
- Nombre places assises
- Plaque de tare
- Compteur kilométrique

## Structure-Carrosserie

- Longeron-brancard
- Traverse
- Plancher
- Berceau
- Passages de roue
- Pied, montant
- Longeron extérieur, bas de caisse
- Coque
- Plate-forme
- Châssis
- Infrastructure, soubassement
- Porte latérale ✗
- Porte(s) arrière(s)-hayon ✗
- Capot ✗
- Ailes ✗
- Pare-boue
- Pare-chocs, boucliers ✗
- Caisse, cabine
- Bas de caisse amovible ✗
- Eléments de carrosserie inamovibles ✗

## Liaisons au sol

- Suspension
- Trains ✗
- Ressorts-barres de torsion ✗
- Sphères, coussins d'amortisseur
- Amortisseurs ✗
- Pivots et fusées de roue
- Moyeux de roue
- Roulements de roue
- Triangles-tirants de suspension ✗
- Silentblocs de triangles-tirants de suspension
- Rotules, articulations de train ✗
- Barre(s) stabilisatrice(s) ✗
- Silentblocs de barre(s) stabilisatrice(s)
- Circuit hydraulique de suspension
- Traverses, essieux ✗
- Silentblocs de traverses-d'essieux
- Roues
- Jantes ✗
- Pneumatiques ✗

## Equipements

- Sièges ✗
- Ceintures ✗
- Avertisseur(s) sonore(s) ✗
- Batterie
- Support, roue de secours
- Dispositif d'attelage

## Pollution-Niveau sonore

- Teneur en CO des gaz d'échappement ✗
- Opacités des fumées d'échappement ✗
- Mesure, lambda des gaz d'échappement ✗
- Bruit moteur

## Organes mécaniques

- Groupe motopropulseur
- Moteur
- Boîte
- Pont
- Transmission
- Accouplement, relais de transmission
- Circuit de carburant ✗
- Réservoir de carburant ✗
- Carburateur-Système d'injection ✗
- Pompe d'alimentation carburant ✗
- Collecteur d'échappement ✗
- Canalisation d'échappement ✗ ✗
- Silencieux d'échappement ✗ ✗

## Eclairage-Signalisation

- Feux de croisement (réglage) ✗
- Feux de croisement ✗ ✗
- Feux de route ✗
- Feux de brouillard AV.
- Feux additionnels
- Feux de position ✗
- Feux indicateur de direction ✗
- Feux de détresse ✗
- Feux stop ✗
- 3e feu stop ✗
- Feu(x) de plaque AR. ✗
- Feu(x) de brouillard AR.
- Feu(x) de recul
- Feu(x) de gabarit
- Catadioptre AR. ✗
- Catadioptre latéral ✗
- Triangle de présignalisation ✗
- Témoin, feux de route
- Témoin, feux de détresse
- Témoin, feux de brouillard AR.
- Commutateur éclairage-signalisation
- Témoin, indicateur de direction

# Les 133 points de contrôle

## 0 Immatriculation et identification du véhicule

### *0.1 Numéro d'immatriculation*

#### 0.1.1 Plaques d'immatriculation

☐Les plaques d'immatriculation doivent être en bon état, convenablement fixées (avec des rivets) et parfaitement lisibles avec les chiffres et les lettres en concordance avec la carte grise et de style uniforme. Elles doivent être de dimensions réglementaires.

### *0.2 Numéro du châssis*

#### 0.2.1 Plaque constructeur

#### 0.2.2 Frappé à froid sur le châssis

☐Les plaques d'identification (voir « *Numéros d'identification du véhicule* » à la section de référence) doivent être en bon état, convenablement fixées et parfaitement lisibles. Le numéro dans la série du type du véhicule porté sur la plaque constructeur doit être très clairement lisible et en concordance avec la carte grise. Le numéro frappé à froid sur le châssis doit être en bon état, parfaitement lisible, non altéré et dans l'emplacement prévu par le constructeur.

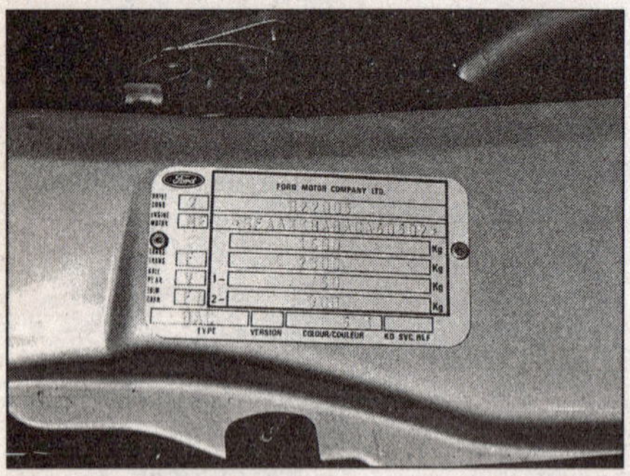

### *0.3 Véhicule*

#### 0.3.1 Présentation du véhicule ✗

**Nota :** *Le défaut « ouverture capot impossible » (pas d'accès aux systèmes de direction et de freinage et à certains éléments d'identification, entre autres) constaté à la présentation du véhicule entraîne une visite complète du véhicule à effectuer sous 2 mois. Dans le cas d'un véhicule non-roulant, seule l'identification sera contrôlée et le véhicule sera soumis à un contrôle complet.*

### *0.4 Divers*

#### 0.4.1 Energie moteur

☐Non-concordance avec la carte grise. Véhicule roulant avec une source d'énergie autre que celle spécifiée sur la carte grise.

#### 0.4.2 Nombre de places assises

☐Non-concordance avec la carte grise.

#### 0.4.3 Plaque de tare

☐Absence.

#### 0.4.4 Compteur kilométrique

☐Relevage du kilométrage impossible ou ne correspondant pas aux kilomètres effectivement parcourus.

## 1 Freinage

### *1.1 Mesures*

#### 1.1.1 Frein de service ✗ ✗

#### 1.1.2 Frein de stationnement ✗ ✗

#### 1.1.3 Frein de secours (si équipé)

☐Le Contrôle Technique s'effectue sans aucun démontage à l'aide d'un freinomètre à rouleaux, un déséquilibre au freinage supérieur à 30 % entre deux roues étant éliminatoire. Le technicien calcule aussi l'efficacité globale - minimum 50 % pour les « VP » - en divisant l'effort total de freinage par le poids de la voiture. Quant au frein de stationnement, son efficacité doit être supérieure à 18 %.

☐Un essai du frein de service (le système principal de freinage) va vous permettre de juger si le véhicule « tire » à gauche ou à droite et donc d'enregistrer une éventuelle dissymétrie du freinage. Ce test très approximatif (qui doit se faire sur route dégagée exclusivement) doit être interprété avec beaucoup de prudence. Nous vous conseillons vivement avant de présenter votre véhicule de procéder à une vérification approfondie des freins. Même si le Contrôle Technique ne le prescrit pas, on peut accroître l'efficacité de son intervention en déposant simplement les roues. Se reporter aux alinéas concernés des chapitres appropriés pour réaliser un diagnostic précis et, si besoin est, une remise en état.

☐Le frein de stationnement doit pouvoir maintenir la voiture dans une forte pente. Si ce n'est pas le cas, il s'agit probablement d'une usure des garnitures, d'un déréglage du système de rattrapage du jeu ou d'un grippage. Se reporter aux chapitres concernés.

**info HAYNES** ***N'allez pas au contrôle avec des plaquettes neuves non rodées - moins efficaces - ni avec des freins froids, et insistez pour passer de suite sur le banc. Faites le plein et chargez le coffre pour améliorer l'efficacité arrière***

### *1.2 Circuit hydraulique*

#### 1.2.1 Réservoir de liquide de frein ✗ ✗

#### 1.2.2 Maître-cylindre ✗ ✗

#### 1.2.3 Canalisations de freins ✗

#### 1.2.4 Flexibles de freins ✗ ✗

#### 1.2.5 Correcteur-répartiteur de freinage ✗ ✗

☐Une fuite du circuit, le bouchon de remplissage du réservoir manquant ou remplacé par un autre élément non conforme aux données du constructeur, ou un maître-cylindre mal fixé sont éliminatoires.

☐Dans le compartiment moteur et sous le véhicule, contrôler l'état des canalisations depuis leur origine au niveau du maître-cylindre, jusqu'à leur arrivée au niveau des cylindres de roues. Ce contrôle doit porter sur l'absence de trace de corrosion excessive, d'écrasement ou de frottement dû à une fixation insuffisante ou à la proximité d'un organe périphérique. Examiner également l'état des flexibles qui ont tendance à perdre leur élasticité et à devenir craquants en vieillissant. Vérifier que le caoutchouc n'est pas fissuré ni abîmé lorsque le tuyau est plié en deux : ces défauts se retrouvent fréquemment à hauteur d'un raccord métallique.

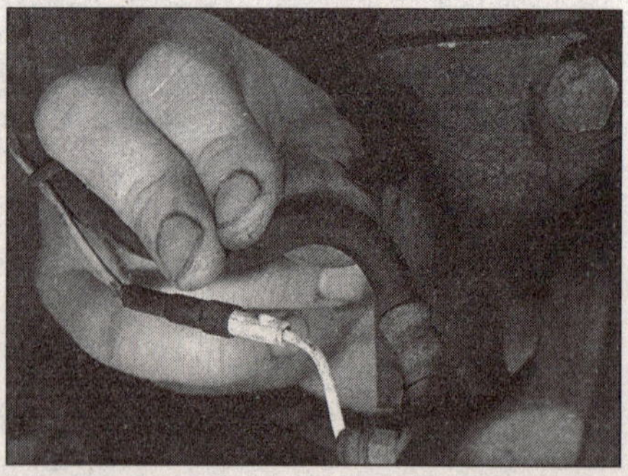

☐ Contrôler l'absence d'humidité sur les organes de freins et leurs différents raccords qui pourraient être causés par une fuite de liquide de frein.

☐ Bien qu'une légère baisse du niveau de liquide dans le réservoir se produira au fur et à mesure de l'usure des plaquettes et des segments de freins en utilisation normale, ce niveau ne doit jamais descendre en dessous du repère « MINI. ». Contrôler le niveau et faire l'appoint au besoin (se reporter aux « *Contrôles hebdomadaires* ») avant de présenter le véhicule au Contrôle.

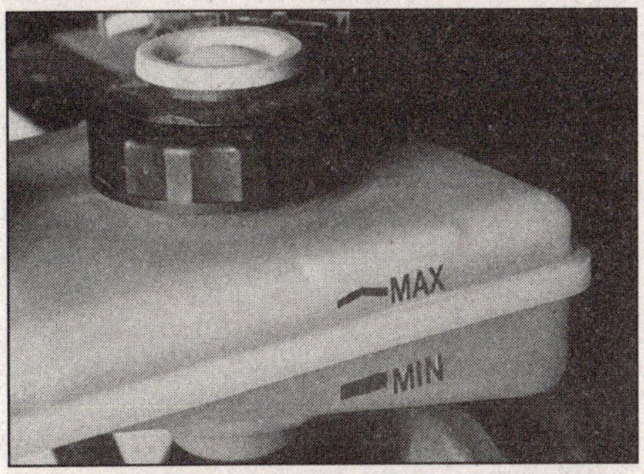


## *1.3 Eléments de commandes*

### 1.3.1 Pédale du frein de service ✗

☐ Vérifier que la pédale de frein offre une résistance normale et que la course à la pédale ne soit pas excessive. S'assurer que la pédale n'est pas cassée ni tordue et que ses fixations sont en bon état - un léger jeu peut être remarqué mais s'il s'avère être important, vérifier que sa bague-palier n'est pas exagérément usée. Contrôler l'état du patin en caoutchouc de la pédale pour déceler une éventuelle usure. Se reporter au chapitre concerné.

### 1.3.2 Commande du frein de stationnement ✗

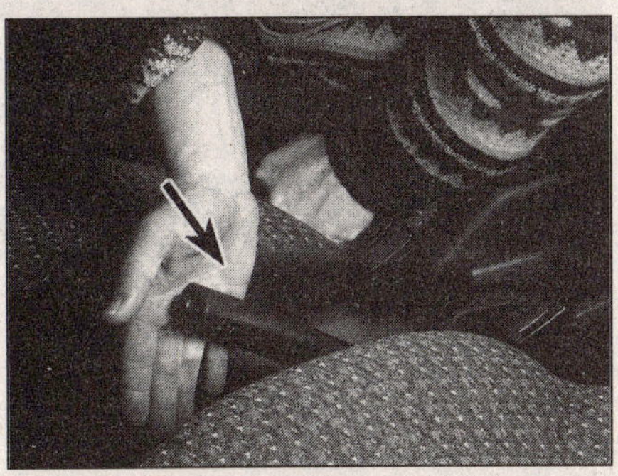

### 1.3.3 Câble, tringlerie du frein de stationnement ✗

☐ Contrôler sous le véhicule ou dans l'habitacle, suivant l'implantation, l'état de l'ensemble des organes constituant la commande du frein de stationnement. Vérifier notamment le passage et le guidage des câbles ou tringles. Manœuvrer à plusieurs reprises la commande afin de vous assurer de l'absence de points durs et du réglage correct de celle-ci. Se reporter pour cette opération au chapitre concerné.

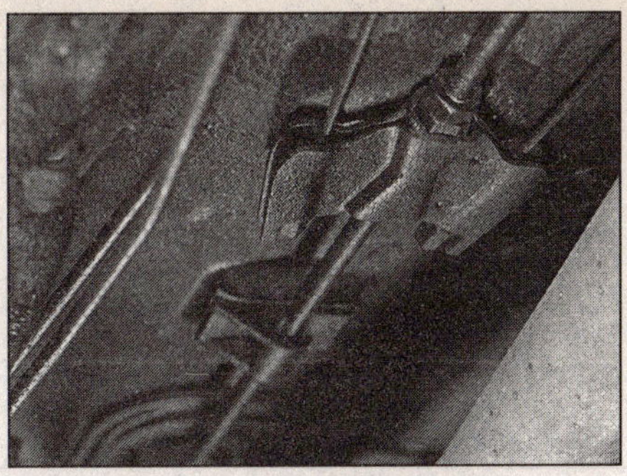

## *1.4 Eléments récepteurs*

### 1.4.1 Disques de frein ✗ ✗

### 1.4.2 Etriers, cylindres de roue ✗ ✗

### 1.4.3 Tambours de frein ✗ ✗

### 1.4.4 Plaquettes de frein ✗

☐ Un disque ou un tambour cassé, fissuré ou craquelé, un étrier ou un cylindre de roue cassé, fêlé ou présentant des traces de corrosion excessive est éliminatoire ; ainsi que des plaquettes de frein usées ou mal montées.

## *1.5 Assistance de freinage*

### 1.5.1 Assistance de freinage

### 1.5.2 Tuyauterie d'assistance de freinage

### 1.5.3 Pompe d'assistance de freinage

### 1.5.4 Entraînement de la pompe d'assistance de freinage

☐ Se reporter à la section appropriée du chapitre 1 (où se trouve aussi un contrôle du fonctionnement du servofrein) pour de plus amples précisions à ce sujet.

## *1.6 Système antiblocage des roues*

### 1.6.1 Système antiblocage

# 2 Direction

## *2.1 Mesures*

### 2.1.1 Angle, ripage avant

☐ L'angle de braquage fait partie de l'ensemble des angles caractéristiques de la géométrie du train avant. Le contrôle de ceux-ci nécessite un matériel spécifique que seuls les professionnels possèdent et sans lequel aucune intervention n'est possible. Un mauvais réglage de géométrie de train avant entraîne non seulement une mauvaise tenue de route, mais également une usure prématurée des pneumatiques. Il existe des centres spécialisés dans cette activité qui vous proposent ce réglage pour une somme forfaitaire raisonnable.

## *2.2 Organes de direction*

### 2.2.1 Volant de direction ✗

### 2.2.2 Antivol de direction

### 2.2.3 Colonne de direction

### 2.2.4 Accouplement de direction

☐ Manœuvrer le volant axialement et latéralement afin de contrôler sa fixation et son jeu par rapport à la colonne. La voiture reposant sur ses roues au sol, demander à une autre personne de tourner légèrement le volant dans les deux sens, d'environ un huitième de tour, dans un mouvement de va-et-vient. Il peut exister un jeu libre très léger dans le volant et la direction. Si un jeu important (supérieur à un seizième de tour) est noté, vérifier de près les rotules et les fixations élastiques et par ailleurs, contrôler l'usure des cardans de colonne direction ainsi que du boîtier de direction. Manœuvrer la direction de butée à butée pour vérifier son fonctionnement, celui-ci doit être régulier et sans résistance. L'antivol doit fonctionner normalement et ne doit présenter de traces ni de perçage ni de forçage. Dans l'habitacle, si l'habillage inférieur de la planche de bord en permet l'accès, contrôler la fixation de la colonne de direction sur la caisse. Dans le compartiment moteur, vérifier l'efficacité ainsi que l'absence de jeu dans la liaison colonne-mécanisme de direction. Depuis plusieurs années, les véhicules sont pourvus en série d'une colonne de direction déformable qui permet son effacement en cas de choc frontal violent. Selon sa conception, ce dispositif peut prendre du jeu avec le temps. Il est peut être nécessaire de le remplacer pour résoudre le problème.

### 2.2.5 Crémaillère-boîtier de direction ✗

### 2.2.6 Biellette, timonerie de direction ✗

### 2.2.7 Rotule, articulation de direction ✗

### 2.2.8 Relais de direction ✗

☐ Si l'accessibilité l'exige, examiner l'ancrage du mécanisme sur la caisse. Vérifier cet examen en faisant manœuvrer la direction par un tiers. Contrôler également l'état des soufflets. Lever le véhicule de sorte que les roues avant ne touchent plus le sol et manœuvrer la direction de butée à butée. On contrôle alors le fonctionnement du mécanisme seul, celui-ci doit être régulier et sans résistance. Vérifier la forme des biellettes, l'état des cache-poussières des rotules ainsi que le jeu de celles-ci.

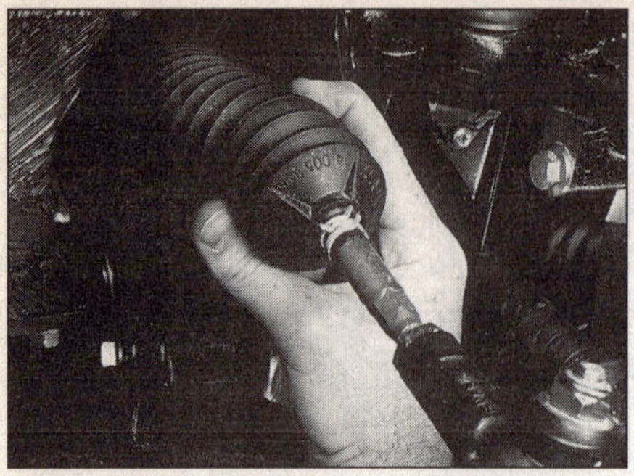

### 2.3 *Assistance de direction*

**2.3.1 Assistance de direction**

**2.3.2 Réservoir d'assistance de direction**

**2.3.3 Canalisation d'assistance de direction**

**2.3.4 Pompe, vérin d'assistance de direction**

**2.3.5 Entraînement de la pompe d'assistance de direction**

☐Regarder le niveau dans le réservoir qui peut être révélateur de l'état du circuit. Contrôler l'étanchéité des canalisations et des divers raccords de l'hydraulique d'assistance. Examiner également l'étanchéité extérieure de la pompe d'assistance. Il est difficile de tester objectivement l'efficacité de l'assistance de direction sans autre expérience que celle de son propre véhicule. Dans ce cas, manœuvrer la direction, moteur en marche puis arrêter le moteur. La différence d'effort nécessaire pour tourner le volant doit être évidente.

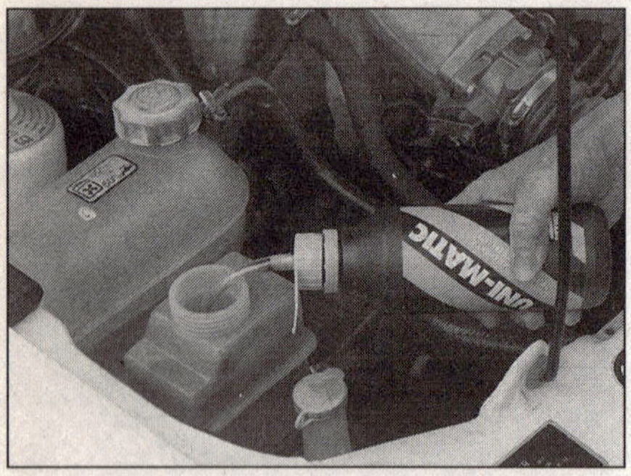


## 3 Visibilité

### 3.1 *Vitrages*

**3.1.1 Pare-brise ✗**

☐Examiner attentivement le pare-brise, surtout la moitié de celui-ci située tout droit devant le conducteur dans le champ de balayage de l'essuie-glace ; notamment l'absence de rayures ou fêlures susceptibles de diminuer le champ de vision devant le conducteur ou de fissures (sur toute la surface du pare-brise) débordant d'un cercle de 30 cm. Le pare-brise doit être tout propre et sec et ne doit pas porter ni d'autocollants autres que réglementaires dans le champ de balayage de l'essuie-glace, ni de film pare-soleil de plus de 10 cm de haut sur son bord supérieur.

**3.1.2 Autres vitrages**

### 3.2 *Rétroviseurs*

**3.2.1 Rétroviseur intérieur (si obligatoire) ✗**

**3.2.2 Rétroviseur(s) extérieur(s) (si obligatoire) ✗**

**3.2.3 Commande, rétroviseur(s) extérieur(s)**

☐Contrôler la présence, l'état et la fixation des rétroviseurs intérieurs et extérieurs réglementaires.

### 3.3 *Accessoires*

**3.3.1 Essuie-glace avant ✗**

**3.3.2 Lave-glace avant**

☐Mouiller abondamment le pare-brise et actionner les essuie-glaces (se reporter au chapitre approprié si le moteur ne marche pas). Ceux-ci doivent dégager la surface balayée en un seul passage et ne laisser apparaître aucune trace résiduelle. Les balais d'essuie-glace doivent être remplacés raisonnablement tous les ans (voir « *Contrôles hebdomadaires* »). Le lave-glace doit opérer à un débit et à une pression adéquats et ses gicleurs doivent être correctement réglés de façon à ce que le liquide atteigne le bord supérieur du pare-brise.

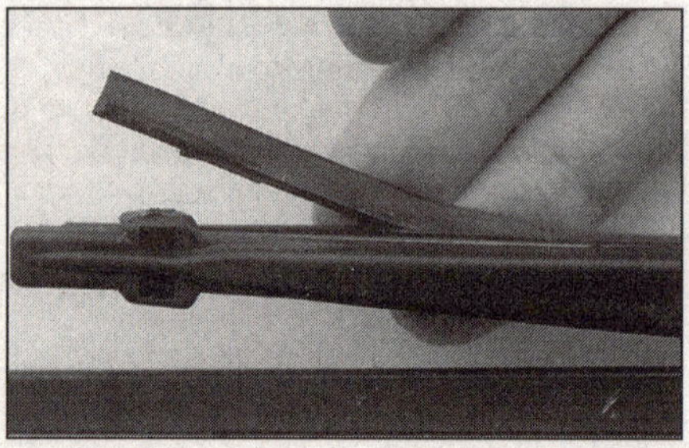

## 4 Eclairage - Signalisation

### 4.1 *Mesures*

**4.1.1 Feux de croisement (réglage) ✗**

☐Un réglage précis du faisceau des projecteurs ne peut être obtenu que si l'on dispose d'un banc de contrôle optique spécifique. Il convient donc de faire effectuer le réglage du site par un concessionnaire de la marque ou un garagiste équipé en conséquence.

### 4.2 *Eclairage*

**4.2.1 Feux de croisement ✗ ✗**

**4.2.2 Feux de route ✗**

**4.2.3 Feux de brouillard avant**

**4.2.4 Feux additionnels**

### 4.3 *Signalisation*

**4.3.1 Feux de position ✗**

**4.3.2 Feux indicateur de direction ✗**

**4.3.3 Signal de détresse (en l'absence de triangle de présignalisation) ✗**

**4.3.4 Feux stop ✗**

**4.3.5 Troisième feu stop ✗**

**4.3.6 Feu(x) de plaque arrière ✗**

**4.3.7 Feu(x) de brouillard arrière**

**4.3.8 Feu(x) de recul**

**4.3.9 Feu(x) de gabarit**

**4.3.10 Catadioptre arrière ✗**

**4.3.11 Catadioptre latéral (véhicule de plus de 6 mètres) ✗**

**4.3.12 Triangle de présignalisation (en l'absence de signal de détresse) ✗**

☐L'éclairage légal doit fonctionner : veilleuses, clignotants, feux de détresse, feux stop, catadioptres, plaque minéralogique, codes et phares. Ces derniers doivent être correctement fixés et bien réglés. Un verre fendu ou un cabochon cassé ou de couleur incorrecte sont également éliminatoires, tout comme un réflecteur fortement oxydé. Pour contrôler le fonctionnement de certains de ces organes, feux stop par exemple, faites vous aider d'un tiers. Les feux d'éclairage assurant une même fonction doivent émettre une lumière de même coloration (blanche ou jaune à l'avant, rouge à l'arrière).

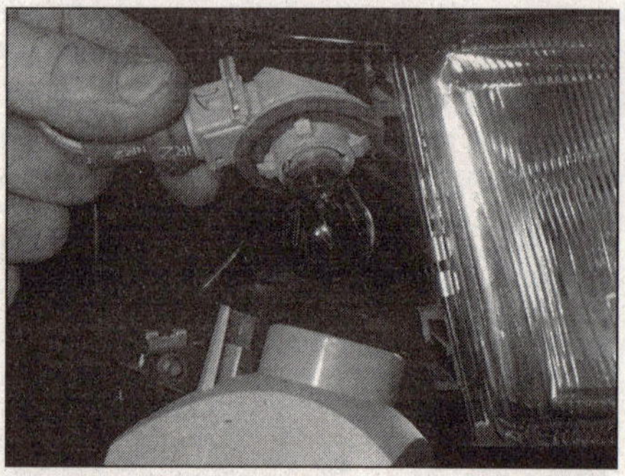

☐Si le véhicule n'est pas équipé d'un dispositif de feux de détresse, on doit posséder en permanence un triangle de présignalisation homologué. Il sera, dans ce cas, exigé lors du contrôle.

### 4.4 *Eléments de commande et d'information*

**4.4.1 Témoin de feux de route**

**4.4.2 Témoin de signal de détresse**

**4.4.3 Témoin des feux de brouillard arrière**

**4.4.4 Commutateur éclairage-signalisation**

**4.4.5 Témoin indicateur de direction**

## 5 Liaisons au sol

### 5.1 Mesures

**5.1.1 Suspension**

□Le contrôle rigoureux de l'efficacité de la suspension exige le passage du véhicule sur un banc de suspension. Celui-ci en simulant les irrégularités d'une route déformée analyse instantanément le comportement de la suspension du véhicule. La méthode qui consiste à secouer une automobile pour diagnostiquer l'efficacité de sa suspension ne peut être considérée comme absolument fiable.

### 5.2 Trains avant et arrière

**5.2.1 Trains ✗**

**5.2.2 Ressorts-barres de torsion ✗**

**5.2.3 Sphères, coussins d'amortisseur**

**5.2.4 Amortisseurs ✗**

**5.2.5 Pivots et fusées de roue**

**5.2.6 Moyeux de roue**

**5.2.7 Roulements de roue**

**5.2.8 Triangles-tirants de suspension ✗**

**5.2.9 Silentblocs de triangles-tirants de suspension**

**5.2.10 Rotules, articulations de train ✗**

**5.2.11 Barre(s) stabilisatrice(s) ✗**

**5.2.12 Silentblocs de barre(s) stabilisatrice(s)**

**5.2.13 Circuit hydraulique de suspension**

**5.2.14 Traverses, essieux ✗**

**5.2.15 Silentblocs de traverses-d'essieux**

□Contrôler sous le véhicule les fixations de l'essieu et de l'ensemble des éléments constituant la suspension. Vérifier, plus précisément, le jeu des paliers élastiques et des diverses articulations. Si un jeu excessif dans un organe vient à être soupçonné, une confirmation pourra être apportée en se munissant d'un tournevis à lame large ou d'un outil similaire que l'on utilisera pour faire levier entre le support et la fixation de l'organe. Cette méthode permettra de déterminer si le jeu provient d'une bague de pivot, de sa vis de maintien ou du support lui-même (les trous de vis se trouvent souvent élargis).

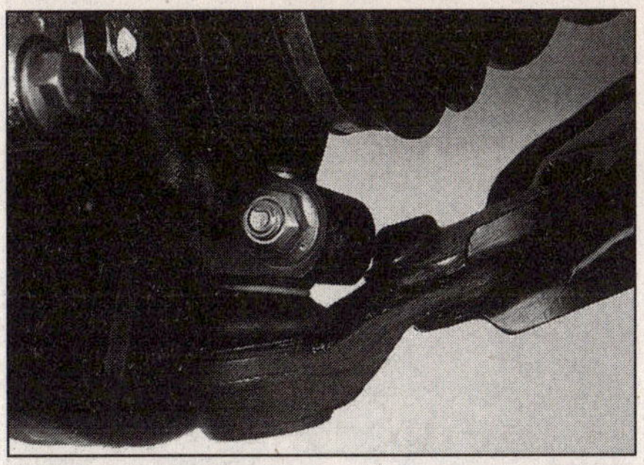

***Danger : Les meilleures conditions pour réaliser plusieurs de ces contrôles seraient que la voiture soit sur un pont élévateur afin de garantir un meilleur accès à tous les éléments. A défaut, levez le véhicule avec un cric et placez-le sur chandelles (voyez « Levage et soutien du véhicule »). Lors de tout travail sous ou près d'un véhicule soulevé, assurez-vous toujours que le cric employé est associé à des chandelles***

### 5.3 Roues

**5.3.1 Roues**

□Lever le véhicule roue par roue afin de procéder à un contrôle efficace. Vérifier que chacune des roues tourne sans frottement et sans résistance anormale, puis tourner rapidement la roue afin de contrôler l'absence de bruits de roulements.

**5.3.2 Jantes ✗**

□Les enjoliveurs des roues sont à déposer s'ils cachent les fixations des roues. Débloquer chacune des fixations de roue d'un quart de tour - si des difficultés sont éprouvées en dévissant une des fixations, son filetage peut être grippé, corrodé ou endommagé. Il faudra donc démonter la roue et le débarrasser de la saleté et de la boue sur ses faces intérieure et extérieure ainsi que les surfaces d'appui des disques ou tambours (selon montage). Nettoyer à l'aide d'une brosse métallique les filetages des fixations pour s'assurer de l'absence de rouille, de traces de corrosion ou de tout autre défaut. Enduire d'une pellicule de produit antigrippant le filetage de chaque fixation et reposer la roue. Serrer les fixations au couple prescrit (voir chapitre 1) en procédant en diagonale.

□Ce contrôle doit porter sur l'absence de corrosion excessive ou de rupture d'un rayon, de déformations importantes des jantes. Les jantes doivent être conformes aux données du constructeur.

**5.3.3 Pneumatiques ✗**

□La monte de pneumatiques doit impérativement être conforme aux prescriptions du constructeur et du Code de la Route, qui stipule notamment l'interdiction de monter des pneumatiques de structure différente sur un même essieu. Concrètement, il est conseillé de monter des pneumatiques de même type, de même marque et de même profil.

□Lever le véhicule roue par roue afin de procéder à un contrôle efficace. Les pneumatiques doivent être en bon état, toute hernie, boursouflure ou coupure entraînera une contre-visite. Leurs sculptures doivent présenter un relief suffisant (profondeur mini. : 1,6 mm), et la différence de profondeur de sculpture entre deux pneus du même essieu ne doit pas être supérieure à 5 mm.

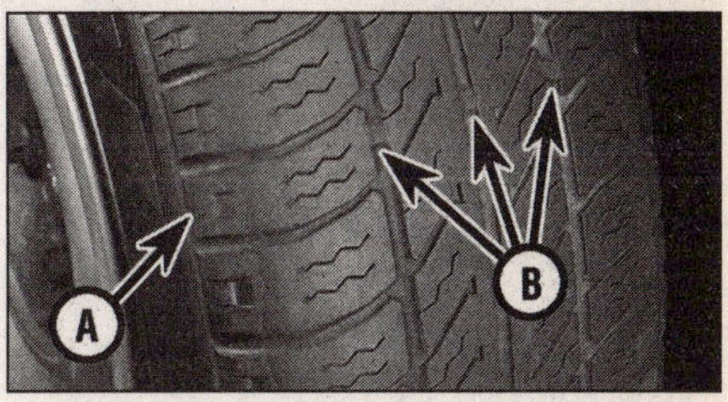


**info HAYNES** *Vous pouvez contrôler l'état d'usure de vos pneus grâce aux témoins « B » situés sur la bande de roulement. Les emplacements de ces témoins sont indiqueés par les repères « A » aux flancs. Un pneu usé est à remplacer pour votre sécurité et pour éviter une contre-visite*

□Vérifier les pressions de gonflage des pneumatiques en se reportant aux « *Contrôles hebdomadaires* ».

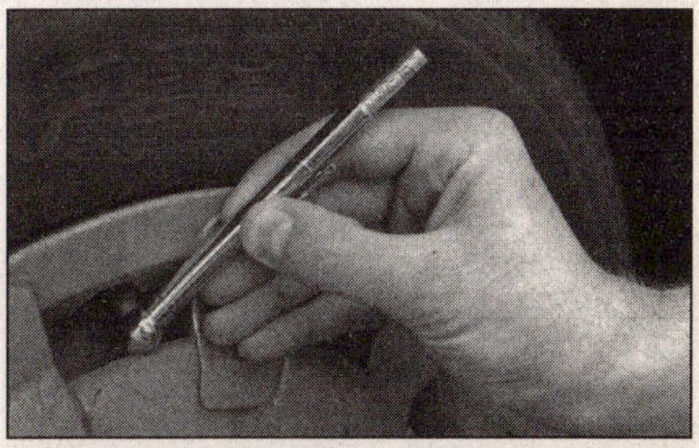

## 6 Structure - Carrosserie

### 6.1 Structure

**6.1.1 Longeron-brancard**

**6.1.2 Traverse**

**6.1.3 Plancher**

**6.1.4 Berceau**

**6.1.5 Passages de roue**

**6.1.6 Pied, montant**

**6.1.7 Longeron extérieur, bas de caisse**

**6.1.8 Coque**

**6.1.9 Plate-forme**

**6.1.10 Châssis**

**6.1.11 Infrastructure, soubassement**

□Dans le compartiment moteur et sous le véhicule, examiner l'état des longerons, des traverses et des divers renforts qui déterminent la rigidité et la solidité générale de la carrosserie. Veiller particulièrement à l'aspect des ancrages des trains roulants et des suspensions. Pour tester concrètement l'état d'un soubassement en présence de corrosion on peut essayer de planter un marteau à piquer ou un poinçon dans la tôle, mais veiller à ne pas endommager la couche protectrice en cire du soubassement.

### *6.2 Carrosserie*

**6.2.1 Porte latérale ✗**

**6.2.2 Porte(s) arrière(s)-hayon ✗**

**6.2.3 Capot ✗**

**6.2.4 Ailes ✗**

**6.2.5 Pare-boue**

**6.2.6 Pare-chocs, boucliers ✗**

**6.2.7 Caisse, cabine**

**6.2.8 Bas de caisse amovible ✗**

**6.2.9 Eléments de carrosserie inamovibles ✗**

☐ L'absence de chacune des portes, du hayon, du capot ou d'une des ailes entraînera une contre-visite.

☐ Contrôler, en faisant le tour du véhicule, l'aspect général de la carrosserie (pas de déformations saillantes susceptibles de blesser quelqu'un) ainsi que l'état des fixations et fermetures des portes, du capot ou du hayon. L'ouverture impossible ou intempestive d'une des portes, du hayon ou du capot entraînera une contre-visite.

☐ Contrôler la présence et l'état (aucun dommage susceptible de blesser un tiers) des pare-chocs ou boucliers et la sécurité de leurs fixations.

## 7 Equipements

### *7.1 Habitacle*

**7.1.1 Sièges ✗**

☐ Examiner attentivement la fixation des sièges : ils doivent être solidement fixés de sorte qu'ils ne puissent pas bouger subitement.

**7.1.2 Ceintures (si obligatoires) ✗**

☐ Procéder à un examen minutieux des sangles de ceinture qui ne doivent pas être cisaillées ni présenter de signes d'effilochage ni de fatigue. Pour les ceintures du type à enrouleur à inertie, tirer sur la ceinture et s'assurer que la sangle se déroule complètement et ne reste pas coincée. Attacher et détacher la ceinture pour vérifier que le mécanisme de verrouillage et de déverrouillage fonctionne correctement. Sur les ceintures du type à enrouleur à inertie, contrôler que le mécanisme de rétraction fonctionne normalement lorsque la ceinture est détachée.

☐ Effectuer un contrôle des fixations et ancrages accessibles sans dépose de garniture et d'habillage intérieurs ni d'éléments attenants aux ceintures dans l'habitacle. Certains points d'ancrage ne sont pas accessibles depuis l'habitacle et devront être contrôlés ultérieurement en opérant sous le véhicule.

### *7.2 Autres équipements*

**7.2.1 Avertisseur(s) sonore(s) ✗**

☐ L'équipement doit être conforme aux données du constructeur et à la réglementation - les avertisseurs genres trompe à sons multiples, sirène, ou sifflet adoptés en remplacement de l'avertisseur d'origine du véhicule ne sont pas réglementaires. Le ou les avertisseurs (suivant équipement d'origine) doivent fonctionner et émettre un niveau sonore puissant et clair, audible pour les autres usagers de la route.

**7.2.2 Batterie**

☐ Vérifier l'efficacité des points d'attache de la batterie et l'état des bornes, celles-ci doivent être parfaitement propres et dépourvues d'oxydation. Contrôler l'absence des traces de suintement d'acide et de corrosion importante.

**7.2.3 Support de la roue de secours**

**7.2.4 Dispositif d'attelage**

☐ En opérant dans l'habitacle et sous le véhicule, effectuer un contrôle des fixations et ancrages. Ce contrôle doit porter sur l'absence de trace de corrosion excessive, sur les fixations manquants ou endommagés et sur des fixations non conformes aux données du constructeur.

## 8 Organes mécaniques

### *8.1 Groupe motopropulseur*

**8.1.1 Groupe motopropulseur**

**8.1.2 Moteur**

**8.1.3 Boîte**

**8.1.4 Pont**

**8.1.5 Transmission**

**8.1.6 Accouplement, relais de transmission**

☐ Contrôler sous le véhicule l'absence d'humidité sur les carters, qui pourrait être causée par une fuite d'huile ou d'eau. Pour déceler de façon précise l'origine d'une fuite, il est souvent indispensable de nettoyer parfaitement l'organe souillé. Examiner les biellettes et leviers constituant la commande des vitesses et de transfert (pour les véhicules à transmission intégrale) : ceux-ci ne doivent pas présenter de jeux excessifs. Une commande de vitesses anormalement ferme peut provenir d'un embrayage inefficace. Vérifier les fixations des éléments mécaniques (l'état des silentblocs, serrage des écrous/vis de fixation etc.). Vérifier également, en faisant tourner chaque transmission, l'état des soufflets. Ceux-ci doivent être parfaitement secs et exempts de traces graisseuses.

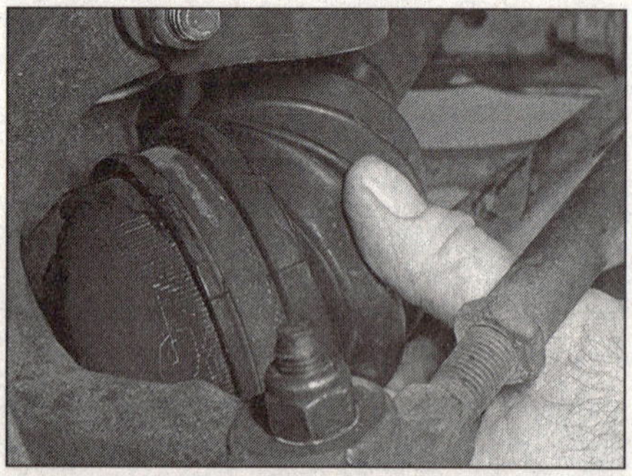

### *8.2 Alimentation*

**8.2.1 Circuit de carburant ✗**

**8.2.2 Réservoir de carburant ✗**

**8.2.3 Carburateur-Système d'injection ✗**

**8.2.4 Pompe d'alimentation en carburant ✗**

☐ Vérifier l'état et la fixation du réservoir à carburant et des canalisations depuis le réservoir jusqu'au moteur (y compris la pompe à essence, si cette dernière n'est pas immergée dans le réservoir, et le ou les filtres). Ce contrôle doit porter sur la présence du bouchon de remplissage du réservoir, sur l'état des fixations du réservoir et son étanchéité, et sur l'absence de traces de fuites, de corrosion excessive, d'écrasement ou de frottement dû à une fixation insuffisante ou à la proximité d'un organe périphérique des canalisations. Examiner également l'état des durits qui ont tendance à perdre leur élasticité et à devenir craquantes en vieillissant.

### *8.3 Echappement*

**8.3.1 Collecteur d'échappement ✗**

**8.3.2 Canalisation d'échappement ✗✗**

**8.3.3 Silencieux d'échappement ✗✗**

☐ En prenant garde à sa température, agiter la ligne d'échappement afin de tester l'efficacité des points d'accrochage (se reporter à la section appropriée du chapitre 1 pour de plus amples précisions à ce sujet) - remplacer tout

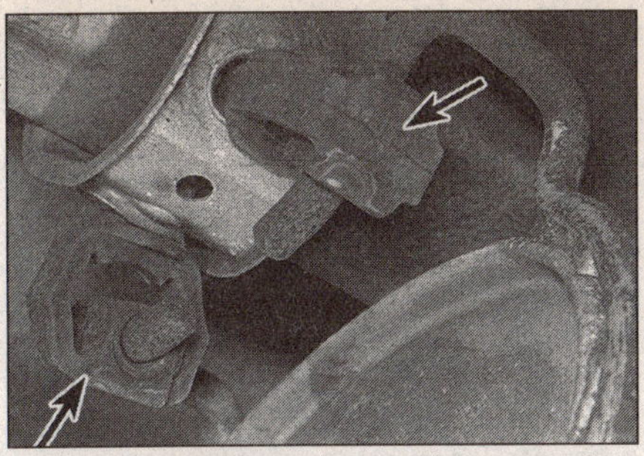

élément de support endommagé, manquant ou inopérant. Mettre le moteur en marche et tandis qu'une personne entoure le tube de sortie d'échappement d'un chiffon, contrôler le système dans son entier pour déceler d'éventuelles fuites qui se manifesteront par des chuintements au niveau de leur origine. Vérifier l'efficacité du silencieux en s'assurant que le bruit qu'il émet se situe à un niveau normal en rapport avec la catégorie de la voiture. Dans la mesure où la structure d'un système d'échappement est fondamentalement saine, il est possible de remédier à une fuite en utilisant un produit prévu à cet effet (pâte, bandage) et vendu dans le commerce.

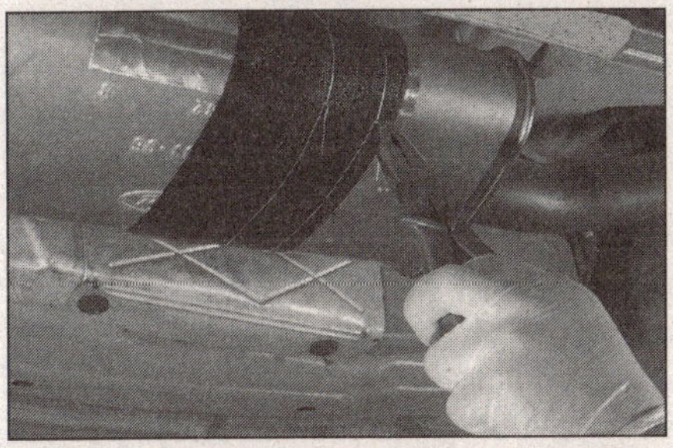

**info HAYNES** ***Une fuite importante à l'échappement rendra impossible la mesure des gaz d'échappement et entraînera donc une revérification de ce(s) point(s) lors de la contre-visite***

## 9 Pollution - Niveau sonore

### 9.1 Mesures

☐ Cette opération précise requiert un matériel que seuls les professionnels possèdent : un analyseur des gaz d'échappement pour moteurs essence, un opacimètre pour mesurer l'opacité des fumées d'échappement pour moteurs Diesel.

☐ A défaut d'un tel équipement, un pré-contrôle peut être effectué dans un garage pour une somme modique. Amener le moteur à sa température normale de fonctionnement et s'assurer que les conditions préalables au contrôle du ralenti et de la richesse (allumage en bon état, élément du filtre à air propre, etc.) sont remplies.

☐ En cas de doute sur la réussite au contrôle, mettre le moteur au point par ses propres moyens. Vérifier les jeux aux soupapes et faire un essai de compression pour s'assurer que le moteur est en bon état mécanique - sinon, un démontage s'impose. Ne pas oublier l'importance de la courroie de distribution si le moteur est un Diesel. Nettoyer le reniflard du carter-moteur et poser un filtre à air neuf, vidanger l'huile moteur et ajouter de l'huile de bonne qualité avec un filtre neuf. Le cas échéant, vérifier le calage de l'allumage et monter des bougies neuves de type adapté, ou remplacer le filtre à gazole. Cela représente bien sûr beaucoup de travail et de dépenses, mais sera nécessaire pour éliminer la plupart des défauts susceptibles d'entraîner un « recalage » au contrôle.

☐ En dernier recours, il n'y a pas de risques à essayer un des « traitements chimiques » destinés à réduire le taux des gaz d'échappement - un tel produit est parfois utile pour un moteur usagé.

☐ Il est impératif que le contrôle et plus encore le réglage des émissions du moteur soient réalisés à la température de fonctionnement.

**info HAYNES** ***S'il s'agit d'un trajet court, n'allez pas directement au contrôle - le moteur pourrait être toujours froid - conduisez le véhicule sur une distance suffisante pour bien amener le moteur à sa température normale de fonctionnement, et insistez pour passer de suite sur le banc***

#### 9.1.1 Teneur en CO des gaz d'échappement (moteur à allumage commandé) ✘

☐ Les normes sont les suivantes :

1 *Véhicules mis pour la 1ère fois en circulation jusqu'au 30/09/86 - teneur maxi. en CO de 4,5 %. A noter que les véhicules mis en circulation avant le 01/10/72 ne sont pas soumis à contre-visite car il n'existait pas de normes antipollution avant cette date*

2 *Véhicules particuliers (« VP ») mis pour la 1ère fois en circulation du 01/10/86 au 31/12/92 - teneur maxi. en CO de 3,5 % au ralenti*

3 *Véhicules utilitaires légers (« V.U.L. ») mis pour la 1ère fois en circulation du 01/10/86 au 30/09/94 - teneur maxi. en CO de 3,5 % au ralenti*

4 *Véhicules particuliers (« VP ») mis pour la 1ère fois en circulation à partir du 01/01/93 et équipés d'un catalyseur et d'une sonde à oxygène - teneur maxi. en CO de 0,5 % au ralenti et de 0,3 % au ralenti accéléré (entre 2 500 et 3 000 tr/mn)*

5 *Véhicules utilitaires légers (« V.U.L. ») mis pour la 1ère fois en circulation à partir du 01/10/94 et équipés d'un catalyseur et d'une sonde à oxygène - teneur maxi. en CO de 0,3 % au ralenti accéléré (2 500 tr/mn)*

☐ Avant de mesurer tout paramètre quel qu'il soit, augmenter le régime du moteur jusqu'à ce qu'il atteigne 2 500 tr/mn environ et le maintenir pendant 20 secondes. Ramener ensuite le moteur à son régime de ralenti et observer la nature de la fumée émise au niveau du tube de sortie d'échappement. Si le régime de ralenti s'avère trop élevé ou s'il apparaît une fumée d'un bleu soutenu ou bien contenant en suspension des particules noires clairement discernables, le véhicule sera « recalé » au Contrôle Technique. D'une manière générale, une fumée bleue indique la présence d'huile brûlée (joints à lèvre, guides de soupapes, segments de pistons ou alésages usés) tandis qu'une fumée noire dénote la présence de carburant imbrûlé (élément du filtre à air encrassé, mélange gazeux trop riche, mauvaise carburation ou défaut de fonctionnement du système d'injection).

☐ Si la teneur en CO ne peut être abaissée de façon substantielle afin de satisfaire à la norme imposée par le Contrôle Technique (et en supposant que les systèmes d'allumage et d'alimentation soient en bon état), il est probable que le carburateur soit complètement usé ou que le système d'injection présente un défaut de fonctionnement. Sur les carburateurs à volet de départ à froid (starter) automatique, il se peut que le volet ne fonctionne pas correctement. Noter également qu'un échappement en mauvais état engendre des valeurs de pollution erronées.

☐ La teneur en CO peut se situer en dessous de la limite imposée par la réglementation tout en dépassant la valeur spécifiée par le constructeur de la voiture. Dans ce cas, le contrôleur pourra le signaler au propriétaire sans que cela constitue toutefois un motif de rejet du véhicule au Contrôle Technique.

☐ Des valeurs de HC excessivement élevées sont susceptibles de provenir de la présence d'huile brûlée dans les gaz d'échappement mais elles auront probablement de grandes chances d'être dues à du carburant imbrûlé. Les raisons pouvant être à l'origine de ce phénomène sont :

a) *Bougies en mauvais état ou écartement de leurs électrodes mal réglé*
b) *Avance à l'allumage mal réglée*
c) *Jeu aux soupapes mal réglé*
d) *Pressions de compression du moteur insuffisantes*

☐ A noter qu'une teneur excessive en HC dans les gaz d'échappement peut occasionner une usure prématurée du pot catalytique (sur les modèles qui en sont équipés).

#### 9.1.2 Opacité des fumées d'échappement (moteur à allumage par compression) ✘

☐ Pour les véhicules mis en circulation à partir du 01/01/80, les normes sont les suivantes :

1 *Véhicules à moteur atmosphérique - 2,5 $m^{-1}$ (64 %)*

2 *Véhicules à moteur suralimenté - 3,0 $m^{-1}$ (78 %)*

☐La précision de réglage de l'injection d'un moteur Diesel est telle que même un amateur averti ne peut s'y risquer mais les principes de base des alinéas ci-dessus sont toujours valables.

☐A noter que la procédure du contrôle est bien sévère. Le moteur amené à une température de l'huile de 80 °C, on fera plusieurs accélérations au régime maxi. (pédale à fond pendant deux à trois secondes à chaque fois) pour mesurer l'opacité des fumées à la sortie de l'échappement - ceci risque bien évidemment d'occasionner de sérieux dommages au moteur s'il est vieux ou usé. Le risque principal (suivant équipement) est la rupture de la courroie de distribution sous l'effort des accélérations et décélérations brusques et des régimes anormaux que le moteur peut atteindre en fonctionnant à vide.

☐Avant de présenter une voiture à moteur Diesel au Contrôle Technique, en plus des mesures décrites ci-dessus pour assurer la propreté des gaz d'échappement, il conviendra alors de prendre les précautions suivantes pour assurer la fiabilité mécanique du moteur :

*a) Vérifier l'état de la courroie de distribution et la remplacer (seulement par une pièce de bonne qualité !) si l'on a le moindre doute*

*b) S'assurer que les ventilateurs de refroidissement fonctionnent bien*

*c) Contrôler les niveaux des huiles et liquides. En cas de doute concernant son état, vidanger l'huile moteur et ajouter de l'huile de bonne qualité avec un filtre neuf*

*d) Contrôler l'état des sceaux des vis de réglage sur la pompe d'injection - surtout celui de la vis de réglage de régime maxi. - si aucun sceau (une goutte de peinture, un fil métallique ou un plomb) n'est évident ou s'il est forcé, il faudra contrôler soigneusement le réglage concerné. Il est préférable de confier ces opérations à un diéséliste*

☐A noter que, outre les facteurs signalés ci-dessus, la cause la plus probable d'un moteur polluant est un injecteur colmaté - leur durée de vie moyenne est de 100 000 km à 150 000 km, après quoi une révision s'impose. Le contrôle, le nettoyage à l'aide d'un appareil à ultrasons, la révision et le tarage des injecteurs sont des opérations qui doivent être réalisées par un diéséliste.

**info HAYNES** ***Avant le contrôle, conduisez le véhicule sur une distance suffisante pour bien amener le moteur à sa température normale de fonctionnement - faites fonctionner le moteur à plein régime et poussez les rapports de boîte de vitesses (dans la mesure du possible !), afin de faire partir toutes particules noires de l'échappement - et insistez pour passer de suite sur le banc***

☐A noter aussi qu'un échappement encrassé - surtout au silencieux arrière - peut augmenter l'opacité des fumées en raison des particules noires qui se détachent pendant que le moteur tourne et se mélangent aux gaz d'échappement. Evidemment, le seul remède est le remplacement de l'élément concerné.

***ATTENTION ! Une visite complémentaire « pollution » concerne les véhicules utilitaires légers immatriculés en Ile-de-France. Cette visite doit s'effectuer dans les deux mois qui précèdent l'échéance d'un an après chaque visite initiale ou contre-visite favorable après le 1er janvier 1998. La date limite de la visite complémentaire est indiquée seulement sur le procès-verbal***

### 9.1.3 Mesure du lambda des gaz d'échappement (véhicules équipés d'un catalyseur et d'une sonde à oxygène) ✗

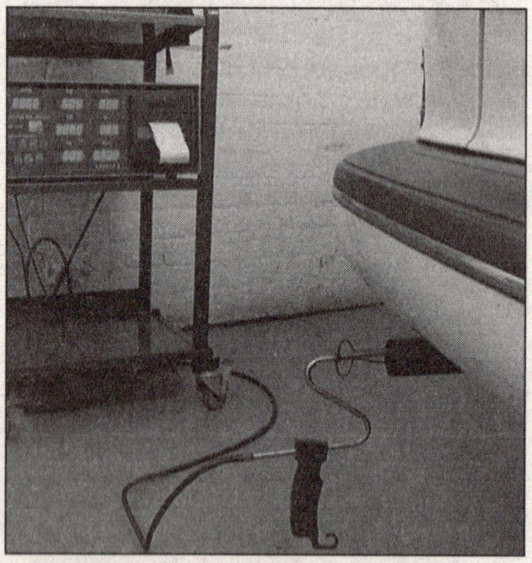

☐Cette opération requiert également un matériel que seuls les professionnels possèdent : un analyseur des gaz d'échappement capable d'afficher la valeur lambda. Celle-ci doit être comprise entre 0,97 et 1,03 (sauf autre préconisation du constructeur) au ralenti accéléré (entre 2 500 et 3 000 tr/mn).

## 9.2 Niveau sonore

### 9.2.1 Bruit du moteur

☐Mettre le moteur en marche et observer attentivement la ligne d'échappement sur toute sa longueur, celle-ci ne doit pas présenter de trace de corrosion excessive. La ligne d'échappement est conçue spécifiquement pour le véhicule, un montage qui ne correspond pas à l'origine peut occasionner une non conformité vis-à-vis de l'homologation et un mauvais fonctionnement du moteur.

☐Effectuer un essai sur route qui permettra le contrôle du fonctionnement de l'embrayage, de la boîte de vitesses et des arbres de transmission. Tenter de détecter tout bruit anormal provenant du moteur, de l'embrayage et de la boîte de vitesses.

☐Vérifier que l'embrayage s'engage de manière normale et régulière, que la communication du mouvement se fait sans à-coups et que la course à la pédale d'embrayage n'est pas excessive. Essayer également de détecter tout bruit éventuel à l'embrayage.

☐Vérifier que les vitesses passent bien et sans bruit et que la commande des vitesses est précise et « n'accroche » pas. Dans le cas d'une transmission automatique, sélectionner chaque rapport et s'assurer que le véhicule réagit en conséquence.

☐Prêter une oreille attentive pour détecter les cliquetis métalliques pouvant être perçus à l'avant du véhicule lorsque celui-ci décrit un arc de cercle en braquant lentement à fond la direction sur un côté. Se livrer à ce contrôle dans les deux sens. Lorsqu'un claquement se fait entendre, cela indique une usure au niveau d'un joint homocinétique (cardan) d'arbre de transmission qui doit être changé si cela se produit (voir chapitre concerné).

# Introduction

Il existe des contrôles qui sont simples à exécuter, rapides et plus important, vous épargneront beaucoup de désagréments et de dépenses.

Ces « *Contrôles hebdomadaires* » ne requièrent aucun savoir-faire particulier ni aucun outil spécifique. En voici quelques exemples :

☐ En vérifiant régulièrement l'état et la pression de gonflage des pneus, on évitera non seulement leur usure prématurée, mais on contribuera également à sa propre sécurité.

☐ Les pannes proviennent fréquemment de problèmes électriques. Les anomalies au niveau de la batterie sont particulièrement courantes et un contrôle rapide et régulier permettra d'éviter ce genre de problème. De plus, n'importe qui sera capable de détecter un fil électrique endommagé, débranché ou mal enfiché sous le capot.

☐ Lorsqu'il existe une fuite dans le circuit hydraulique de freinage, vous ne vous en rendrez compte que lorsque les freins ne fonctionneront plus normalement. Un contrôle périodique du niveau de liquide de frein permettra de ne pas se trouver confronté à ce genre de situation dangereuse.

☐ S'il manque de l'huile ou du liquide refroidissement dans le moteur, le coût occasionné par les dégâts sera nettement plus important que la réparation même de la fuite. Mieux vaut donc agir le plus tôt possible, à titre préventif.

# Points de contrôle sous le capot

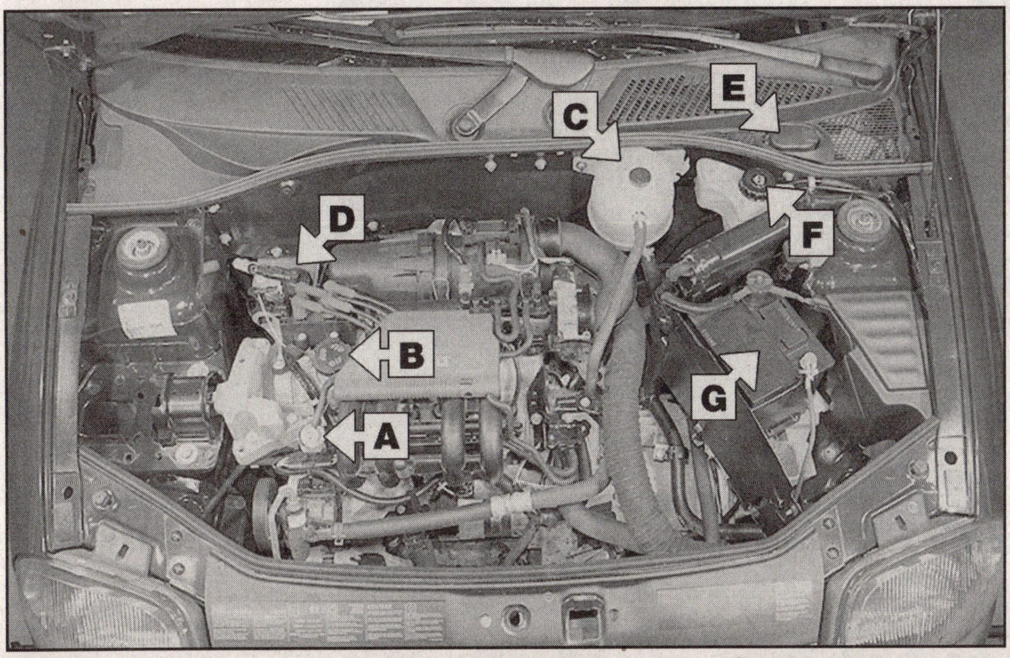


## ◀ Moteur essence 1,2 l

**A** *Jauge de niveau d'huile moteur*
**B** *Bouchon de remplissage d'huile moteur*
**C** *Vase d'expansion de circuit de refroidissement **
**D** *Réservoir de liquide de frein ***
**E** *Réservoir de liquide de lave-glaces*
**F** *Réservoir de fluide de direction assistée*
**G** *Batterie*

** Ou l'avant droit du compartiment moteur, suivant montage*
*** Du côté opposé sur modèles avec direction à gauche*

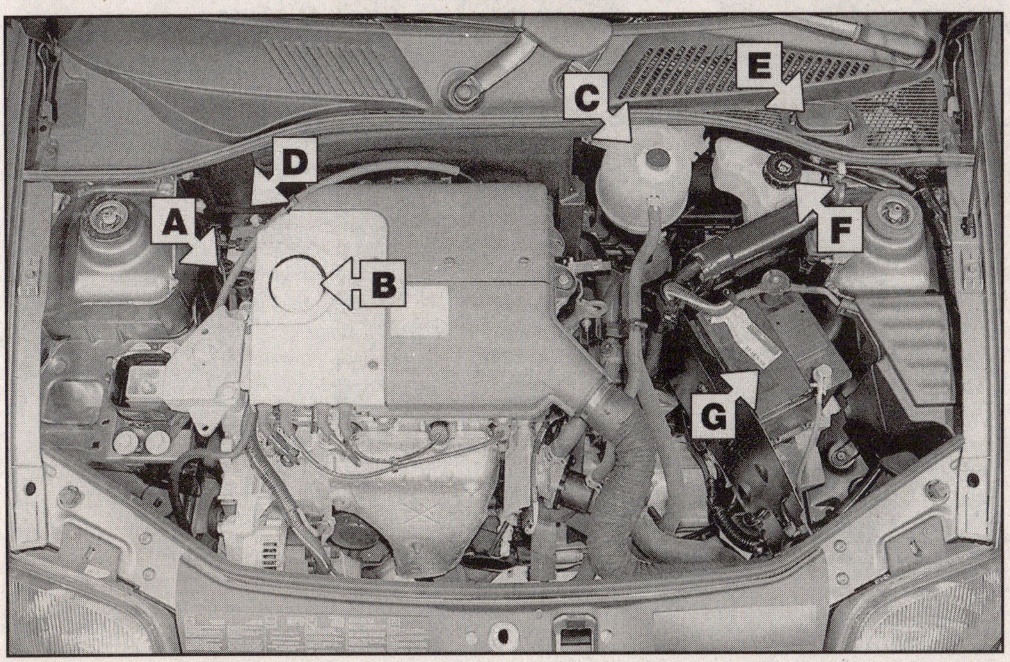


## ◀ Moteur essence 1,4 l (8V)

**A** *Jauge de niveau d'huile moteur*
**B** *Bouchon de remplissage d'huile moteur*
**C** *Vase d'expansion de circuit de refroidissement*
**D** *Réservoir de liquide de frein ***
**E** *Réservoir de liquide de lave-glaces*
**F** *Réservoir de fluide de direction assistée*
**G** *Batterie*

*** Du côté opposé sur modèles avec direction à gauche*

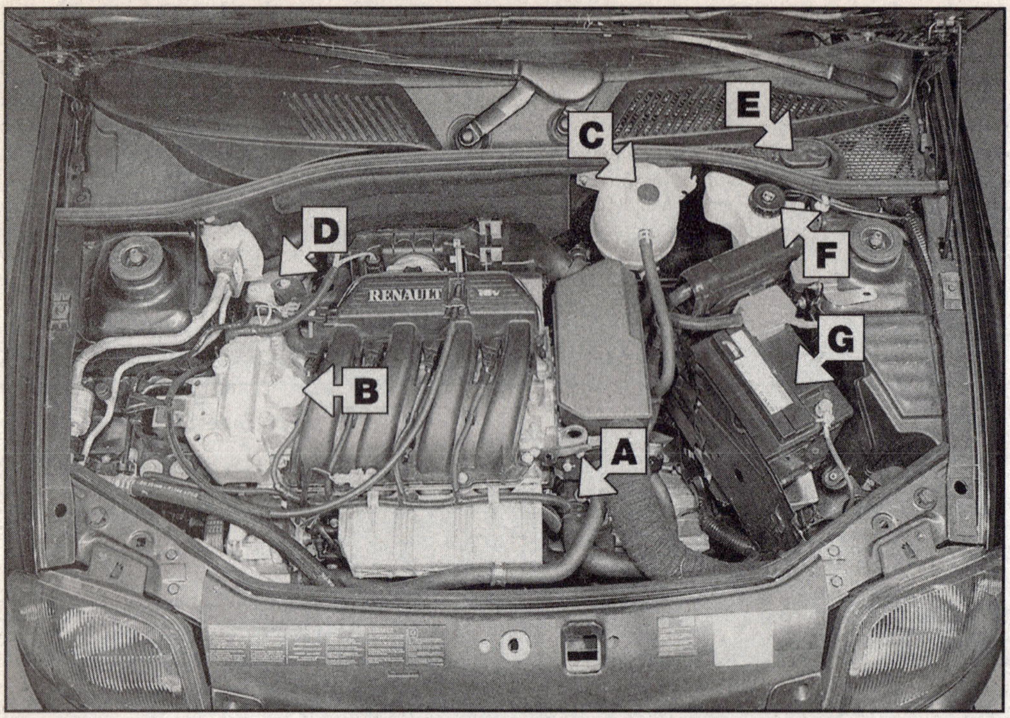


## ◀ Moteur essence 1,4 l (16V)

**A** *Jauge de niveau d'huile moteur*
**B** *Bouchon de remplissage d'huile moteur*
**C** *Vase d'expansion de circuit de refroidissement*
**D** *Réservoir de liquide de frein ***
**E** *Réservoir de liquide de lave-glaces*
**F** *Réservoir de fluide de direction assistée*
**G** *Batterie*
*** Du côté opposé sur modèles avec direction à gauche*

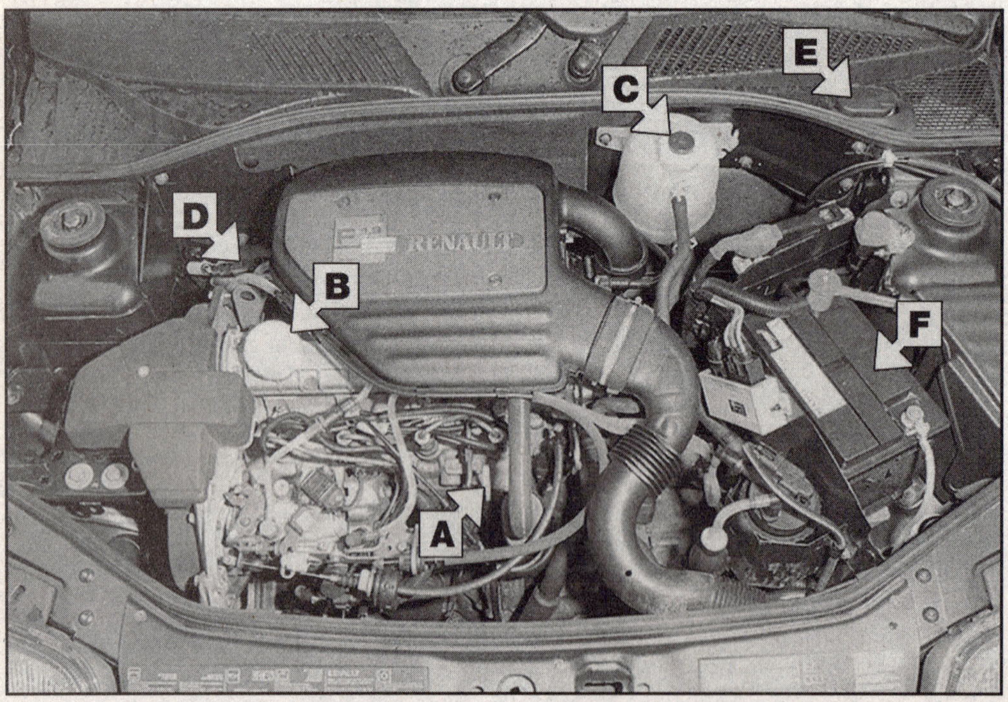


## ◀ Moteur Diesel

**A** *Jauge de niveau d'huile moteur*
**B** *Bouchon de remplissage d'huile moteur*
**C** *Vase d'expansion de circuit de refroidissement*
**D** *Réservoir de liquide de frein ***
**E** *Réservoir de liquide de lave-glaces*
**F** *Batterie*
*** Du côté opposé sur modèles avec direction à gauche*

# Niveau d'huile moteur

## Avant de commencer

✔S'assurer que la voiture se trouve sur sol plat et de niveau.

✔Le niveau d'huile se vérifie avant de conduire la voiture ou le moteur étant à l'arrêt depuis au moins 5 minutes.

> **info HAYNES** ***Si le niveau d'huile est contrôlé le moteur venant de tourner, une certaine quantité d'huile restera au niveau des organes en haut du moteur, ce qui faussera le relevé sur la jauge !***

## Huile préconisée

*Les moteurs modernes sollicitent énormément leur huile. Il importe donc d'utiliser une huile de la qualité appropriée (voir « Lubrifiants et fluides »).*

## Entretien

● S'il faut souvent faire l'appoint, vérifier que cela n'est pas dû à une fuite. Etendre du papier journal propre sous le moteur pendant la nuit et s'assurer de l'absence de taches le lendemain. Si aucune trace de fuite n'est détectée, le moteur consomme de l'huile (voir section « *Diagnostic* » en fin de manuel).

● Le niveau d'huile doit être maintenu en permanence entre les repères « mini. » et « maxi. » de la jauge. Une insuffisance d'huile risque d'occasionner de sérieux dommages du moteur. Un niveau excessif d'huile peut au contraire entraîner la défaillance des bagues d'étanchéité.

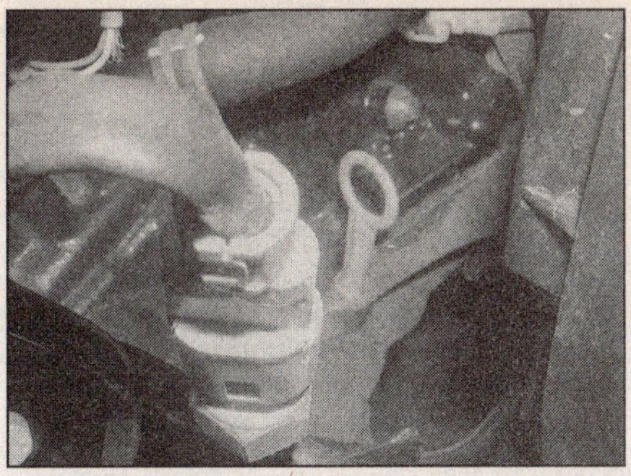

**1** L'emplacement de la jauge de niveau qui est pourvue d'une poignée de couleur jaune varie suivant le type de moteur (voir « *Points de contrôles sous le capot* »). Sortir la jauge de son puits.

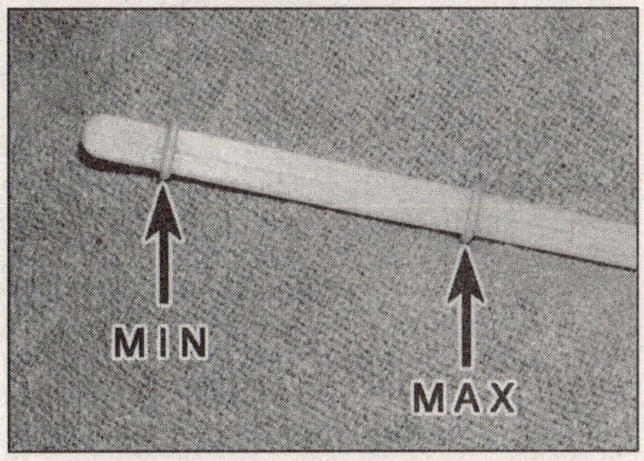


**3** Lire le niveau sur la jauge. Il doit se situer entre les repères « mini. » et « maxi. ». A noter que dans certains cas, ces repères sont matérialisés par des crans sur la jauge ; pour la différence représentée entre les deux repères se reporter aux « *Caractéristiques* » du chapitre 1A ou 1B.

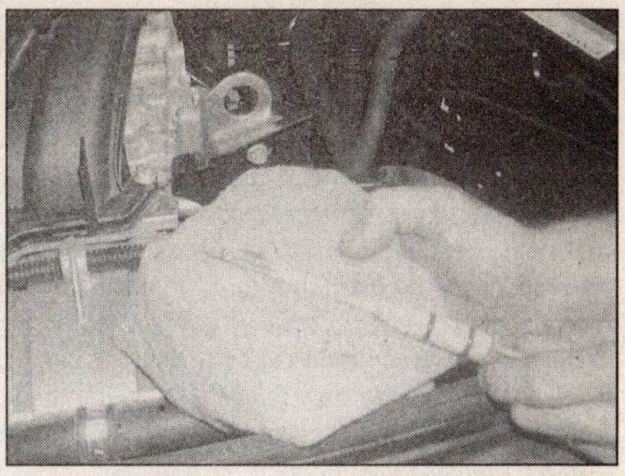

**2** Essuyer la jauge avec un chiffon propre ou de l'essuie-tout puis la remettre en place en l'engageant à fond dans le puits et la ressortir.

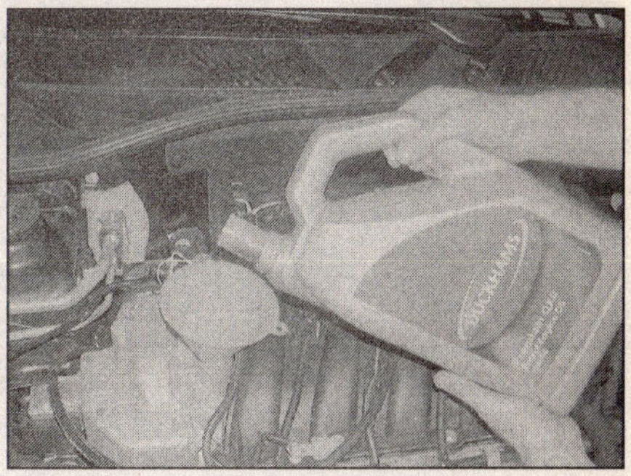

**4** L'appoint d'huile s'effectue en la versant par l'orifice de remplissage après avoir dévissé et enlevé le bouchon. Se servir d'un entonnoir afin de ne pas répandre d'huile sur le moteur. Incorporer l'huile lentement tout en surveillant le niveau sur la jauge. Ne pas dépasser le niveau « maxi. » (voir « *Entretien* » ci-contre).

# Niveau de liquide de refroidissement

> ⚠ ***Danger : NE JAMAIS enlever le bouchon du vase d'expansion lorsque le moteur est chaud, au risque de se faire brûler par les projections et les vapeurs de liquide. Ne pas laisser traîner un bidon d'antigel débouché : il s'agit d'un produit toxique***

## Entretien

● Le circuit de refroidissement qui est du type étanche n'exige normalement pas de remise à niveau régulière. La nécessité de rajouter fréquemment du liquide indiquera un défaut d'étanchéité probable du circuit. Dans ce cas, contrôler le radiateur, toutes les durits et les plans de joint pour s'assurer de l'absence de taches ou de suintements et effectuer les réparations qui s'imposent pour éventuellement y remédier.

● Il est indispensable d'utiliser de l'antigel dans le circuit de refroidissement d'un bout à l'autre de l'année, non pas seulement pendant les mois d'hiver. Ne pas faire l'appoint uniquement avec de l'eau pure au risque de trop diluer la solution.

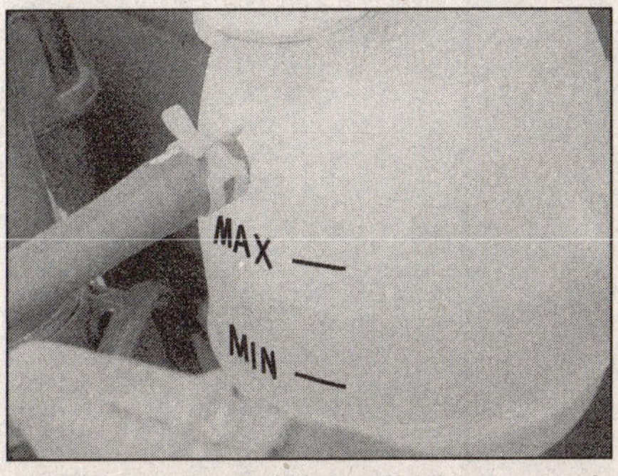


**1** Le niveau de liquide de refroidissement varie en fonction de la température du moteur : il monte à chaud. A froid, il doit se situer entre les repères « mini. » et « maxi. » visibles sur la paroi du vase d'expansion.

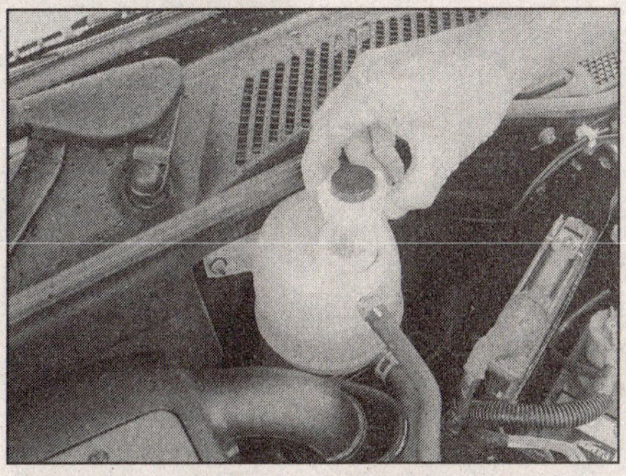

**2** Laisser refroidir le moteur pour faire l'appoint. Dévisser lentement le bouchon du vase d'expansion de façon à laisser s'échapper la pression résiduelle du circuit et l'enlever.

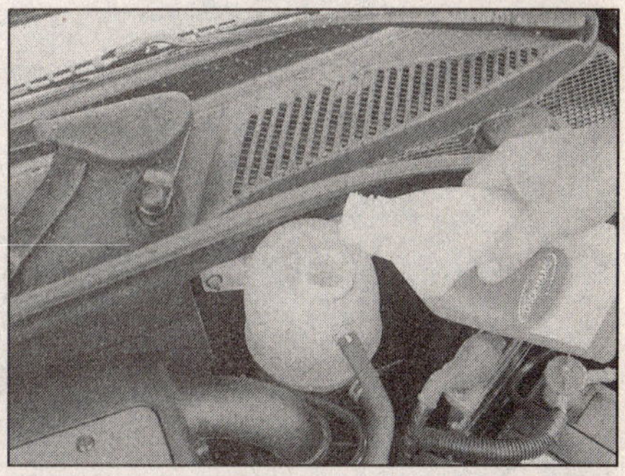

**3** Incorporer le liquide de refroidissement de la qualité préconisée (voir « *Lubrifiants et fluides* ») dans le vase d'expansion pour amener le niveau jusqu'au repère « maxi. ». Reposer ensuite le bouchon en le serrant bien à fond.

# Niveau de liquide de frein

## Impératifs de sécurité

● Lorsqu'il devient nécessaire de compléter fréquemment le niveau de liquide de frein dans le réservoir, cela indiquera l'existence d'une fuite dans le circuit hydraulique qui doit être examiné d'urgence.

● Dans le doute sur la bonne étanchéité du circuit, il est indispensable de contrôler le système de freinage avant d'utiliser la voiture. Ne jamais prendre de risques en matière de freinage.

***Danger : ● Le liquide de frein est irritant pour les yeux et attaque la peinture. Il est en conséquence nécessaire de le manipuler avec la plus grande prudence***

***● Ne pas utiliser de liquide de frein provenant d'un bidon entamé depuis un certain temps : il peut avoir pris l'humidité, ce qui risque de dégrader sérieusement l'efficacité des freins***

**info HAYNES**

***● S'assurer que la voiture se trouve sur sol plat et de niveau***

***● Le niveau de liquide dans le réservoir baisse légèrement au fur et à mesure de l'usure des plaquettes de freins, mais il ne doit toutefois jamais descendre en dessous du repère « mini. »***

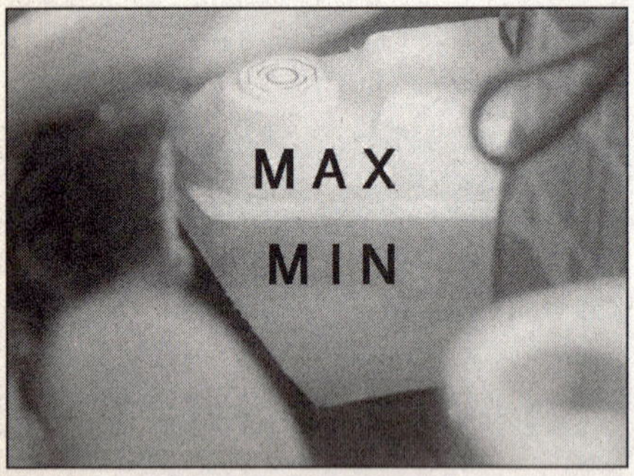


1 Le réservoir de liquide de frein est pourvu de repères « mini. » et « maxi. » . Le niveau de liquide doit toujours se trouver entre ces deux repères.

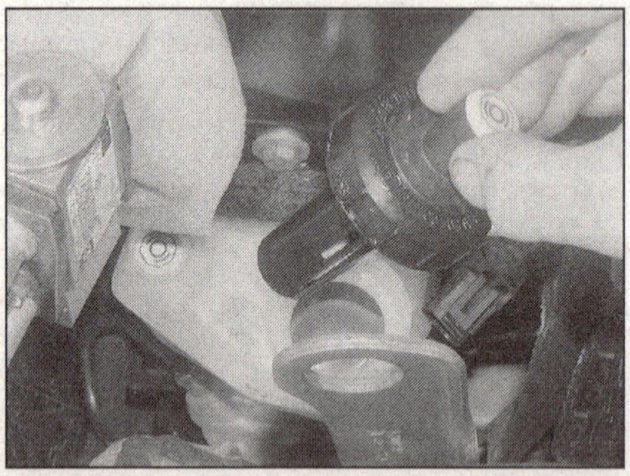

2 Pour rétablir le niveau dans le réservoir de liquide de frein, nettoyer soigneusement le pourtour de son bouchon afin d'éviter l'admission d'impuretés dans le circuit hydraulique, avant de le dévisser et de l'enlever.

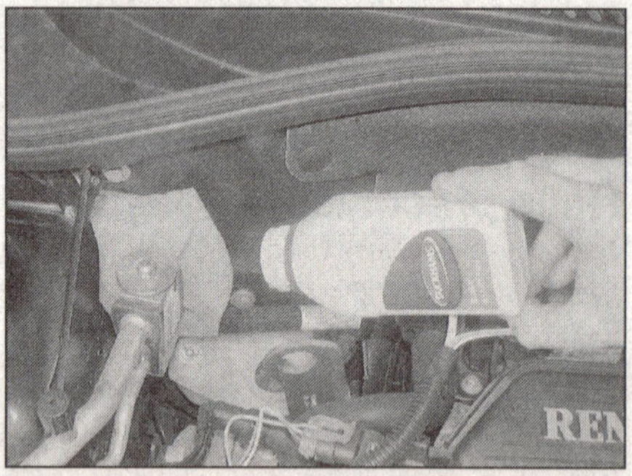

3 Incorporer le liquide avec précaution dans le réservoir en veillant à ne pas en répandre sur les pièces attenantes ni sur la peinture. Utiliser exclusivement le liquide de frein préconisé (voir « *Lubrifiants et fluides* ») : le mélange de différents types de liquides peut entraîner des dégâts dans le circuit. Reposer ensuite le bouchon du réservoir en le serrant bien et essuyer toute éclaboussure de liquide.

# Niveau de liquide de lave-glaces

● Les produits pour lave-glaces assurent non seulement le nettoyage du pare-brise ou de la lunette arrière, mais ils protègent en plus le circuit contre le gel par temps froid, au moment où précisément son utilisation est la plus nécessaire. Ne pas faire l'appoint avec de l'eau pure uniquement, ce qui risque de diluer la solution qui perdra de ses propriétés antigel. ***Ne pas utiliser d'antigel prévu pour les circuits de refroidissement dans le circuit de lave-glaces au risque de décolorer ou détériorer la peinture de la carrosserie.***

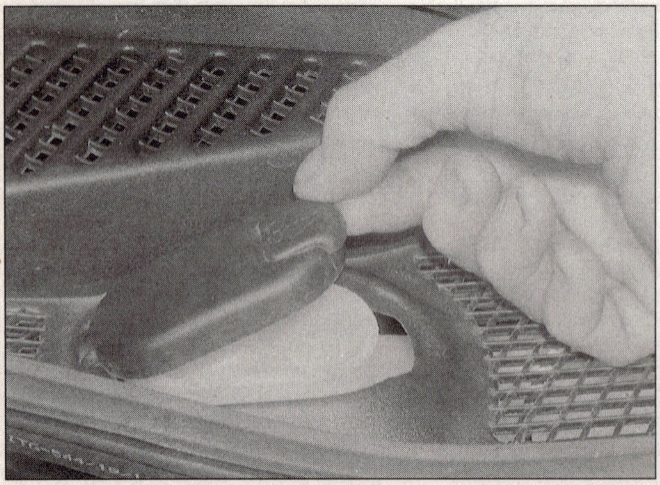

1 Le réservoir de liquide de lave-glaces se trouve côté conducteur du compartiment moteur, au niveau de la baie d'auvent. Déboîter son bouchon pour rétablir le niveau.

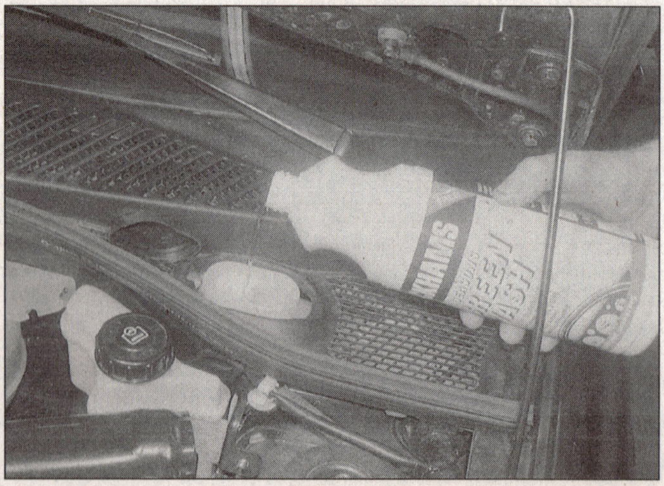

2 Faire l'appoint avec un produit spécial pour lave-glaces, en respectant les proportions indiquées sur le bidon ou bien utiliser un produit prêt à l'emploi.

# Pneumatiques

● Il est très important de s'assurer en permanence du bon état des pneumatiques et de veiller à ce que les pressions soient toujours conformes aux recommandations du constructeur - la défaillance d'un pneu à n'importe quelle vitesse est hautement dangereuse.

● Le style de conduite a une influence directe sur l'usure des pneus - des freinages et des accélérations brusques ou encore des virages pris « serrés » se traduisent par une usure rapide des pneus. Les pneus avant s'usent normalement plus vite que ceux de l'arrière. La permutation peut entraîner une usure mieux répartie des pneus, mais si cela se révèle une solution satisfaisante à brève échéance, cette pratique peut à long terme s'avérer coûteuse dans la mesure où il faudra tôt ou tard changer le train complet de pneus !

● Enlever les clous ou les graviers enfoncés dans la bande de roulement avant qu'ils ne transpercent le pneu entraînant ainsi sa crevaison. Si en enlevant un clou, l'on s'aperçoit que le pneu est crevé, remettre le clou de façon à repérer son impact dans le pneu. Changer immédiatement la roue et la faire réparer dans un garage.

● Vérifier régulièrement que les pneus ne sont pas entaillés ni ballonnés, tout particulièrement sur leurs flancs. Démonter les roues à intervalles réguliers et éliminer les impuretés ou la boue incrustée sur les flancs intérieur et extérieur. Vérifier que les jantes ne sont pas rouillées, corrodées ni autrement marquées.

● Les jantes en alliage léger ont tendance à s'abîmer très facilement contre les trottoirs lors d'un stationnement ou d'un créneau et celles en acier peuvent pour les mêmes raisons se retrouver enfoncées ou voilées. Dans ce cas, il faudra souvent remplacer la jante atteinte. Ne pas oublier la roue de secours !

● Les pneus neufs doivent être équilibrés au montage, mais il peut devenir nécessaire de les équilibrer encore s'ils s'usent inégalement ou si les poids d'équilibrage se relâchent. Les pneus déséquilibrés s'useront plus vite, ainsi que les organes de la suspension et de la direction.

● Un mauvais équilibrage de roue se traduit habituellement par des vibrations, surtout à une certaine vitesse. Si ces vibrations se sentent pour la plupart au niveau de la direction, il est plus probable que c'est les roues avant qui sont déséquilibrées. Si les vibrations sont cependant perçues au niveau de la caisse de la voiture les roues arrière peuvent être mal équilibrées. L'équilibrage des roues doit être confié à un garage ou un spécialiste des pneumatiques.

**1 Profondeur de sculpture - contrôle visuel**
Les pneus d'origine sont dotés de témoins d'usure « B » qui affleurent lorsque la profondeur des sculptures n'atteint plus que 1,6 mm. L'emplacements des témoins sont indiquées par les repères « A » aux flancs.

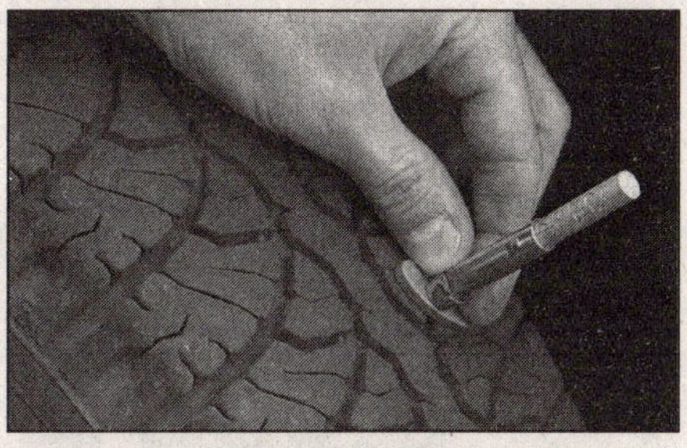

**2 Profondeur de sculpture - contrôle réel**
On peut aussi contrôler le relief de la bande de roulement de pneu à l'aide d'une jauge de profondeur simple et peu coûteuse.

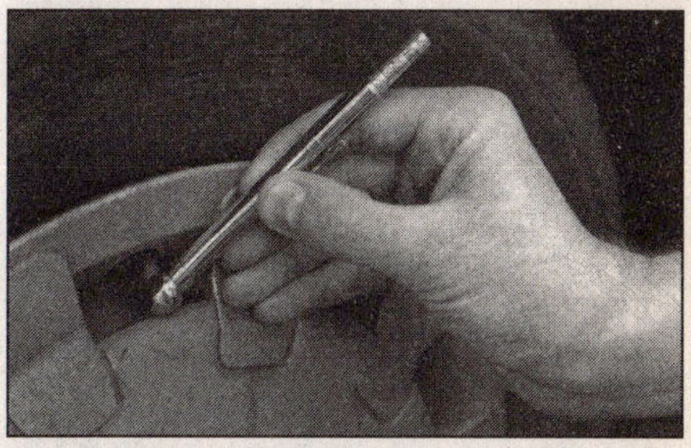

**3 Pression de gonflage - contrôle**
Vérifier régulièrement le gonflage des pneus - n'oublier pas la roue de secours. Ces vérifications sont à faire à froid et **non** immédiatement après utilisation de la voiture, ceci faussant le relevé de niveau sur la jauge

# Signes d'usure caractéristiques de pneus

### Usure des épaulements

**Sous-gonflage (usure des deux côtés)**
En cas de gonflage insuffisant, qui entraîne un fléchissement excessif, le pneu surchauffera et sa bande de roulement ne portera pas correctement sur la surface de la chaussée. Ceci diminuera ainsi l'adhérence du pneu et accéléra son usure, sans compter le risque d'éclatement par déchapage (décollement de la bande de roulement) sous l'effet de l'échauffement.
*Vérifier les pressions de gonflage*
**Carrossage incorrect (usure d'un côté)**
*Réparer ou renouveler les éléments de la suspension*
**Vitesse en virages excessive**
*Conduire plus doucement !*

### Usure au centre

**Surgonflage**
Un surgonflage se traduira par une usure rapide au centre de la bande de roulement du pneu de même qu'un manque d'adhérence, l'inconfort de conduite et le risque que le pneu se trouve endommagé au niveau de sa carcasse suite à un choc.
*Vérifier les pressions de gonflage*

*S'il faut augmenter la pression d'un pneu à celle parfois prescrite pour les vitesses élevées ou pour les conditions de pleine charge, ne pas oublier de la réduire quand les conditions de conduite retournent à normale.*

### Usure irrégulière

Les pneus avant peuvent s'user inégalement à cause du mauvais alignement des roues. La plupart des spécialistes des pneumatiques peuvent contrôler et régler la parallélisme pour un coût modeste
**Carrossage ou chasse incorrect**
*Réparer ou renouveler les éléments de la suspension*
**Défaut de la suspension**
*Réparer ou renouveler les éléments de la suspension*
**Roue mal équilibrée**
*Faire équilibrer la roue*
**Pincement incorrect**
*Régler le parallélisme*
**Nota :** Il vaut mieux contrôler au toucher le bord de la bande de roulement taillé en biseau qui caractérise ce type d'usure.

# Batterie

***Attention : Avant toute intervention sur la batterie, consulter les consignes indiquées à la rubrique « Impératifs de sécurité » au début du manuel***

✔S'assurer que le support de la batterie est en bon état et que sa bride de maintien est bien serrée. Les traces de corrosion sur le support de la batterie, sur la bride de maintien ou sur la batterie elle-même peuvent être éliminées avec de l'eau chaude additionnée de bicarbonate de soude et rincer ensuite abondamment à l'eau claire. Les parties métalliques attaquées par la corrosion devront être traitées avec un apprêt à base de zinc puis peintes.

✔Contrôler périodiquement (environ tous les 3 mois) l'état de charge de la batterie comme indiqué au chapitre 5A.

✔Si la batterie est à plat et qu'il est nécessaire d'utiliser une batterie d'appoint pour faire démarrer le moteur, se reporter à la rubrique « *Dépannages sur bas-côté de la route* ».

***Comme mesure préventive contre la corrosion, enduire les cosses de câbles et les bornes de la batterie d'une fine couche de vaseline***

1 La batterie est située côté gauche du compartiment moteur. Le cas échéant, déboîter le cache en plastique pour avoir accès à la borne positive. Examiner périodiquement la batterie pour s'assurer que son couvercle ou son bac ne présente pas de défauts, notamment des fissures.

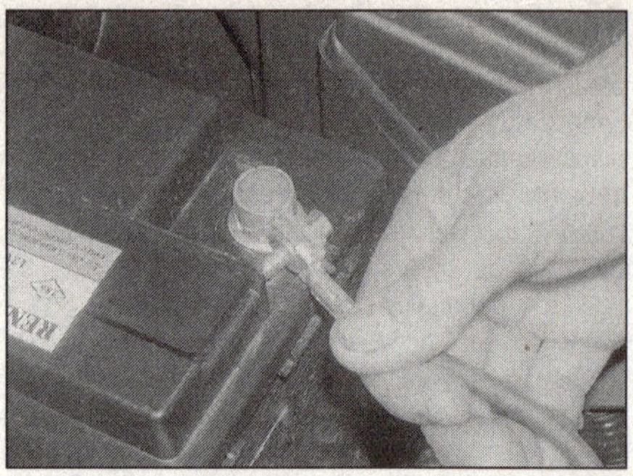

2 Vérifier que les cosses des câbles de la batterie sont convenablement serrées afin d'assurer une bonne connexion électrique. Vérifier également l'état de chacun des câbles dont le conducteur ne doit pas être coupé ni effiloché.

3 En cas d'oxydation (dépôts poudreux blancs), débrancher les cosses de câbles puis les nettoyer ainsi que les bornes avec une petite brosse métallique ou à la toile émeri puis les remonter. Certains centres auto et magasins spécialisés proposent un outil pratique pour le nettoyage des bornes de la batterie . . .

4 . . . et des cosses de câbles.

## Circuit électrique

✔Vérifier le bon fonctionnement de tous les feux de signalisation extérieurs et de l'avertisseur sonore. Se reporter aux sections correspondantes du chapitre 12 pour les détail des interventions à effectuer si l'un de ces dispositifs ne fonctionne pas.

✔Effectuer un contrôle visuel de tous les connecteurs, faisceaux électriques et colliers de maintien accessibles pour s'assurer qu'ils sont bien enfichés, fixés et serrés, et qu'ils ne présentent pas de traces de frottement ou ne sont pas autrement endommagés.

**info HAYNES** ***Pour vérifier les feux de stop ou les clignotants sans assistance, reculer contre un mur ou la porte d'un garage et actionner la pédale de frein ou les clignotants. La lumière réfléchie devrait permettre de s'assurer qu'ils fonctionnent correctement***

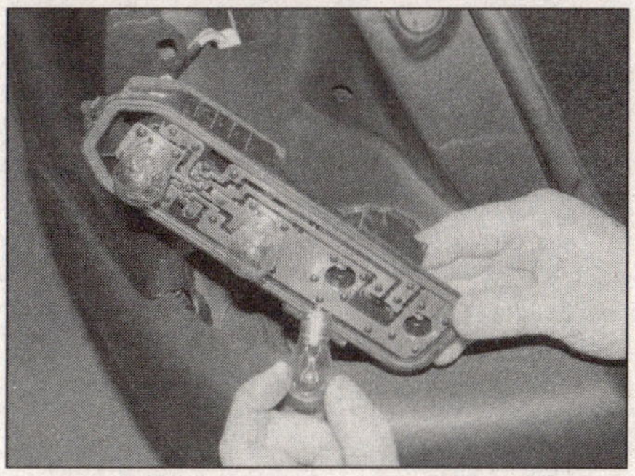

1 Le non-fonctionnement d'un clignotant, d'un feu de stop ou d'un feu de croisement/route est susceptible de provenir d'une ampoule grillée qui doit être changée comme décrit au chapitre 12. Si les deux feux de stop ne s'allument pas, cela peut être dû à une défectuosité du contacteur au niveau de la pédale de frein (voir chapitre 9).

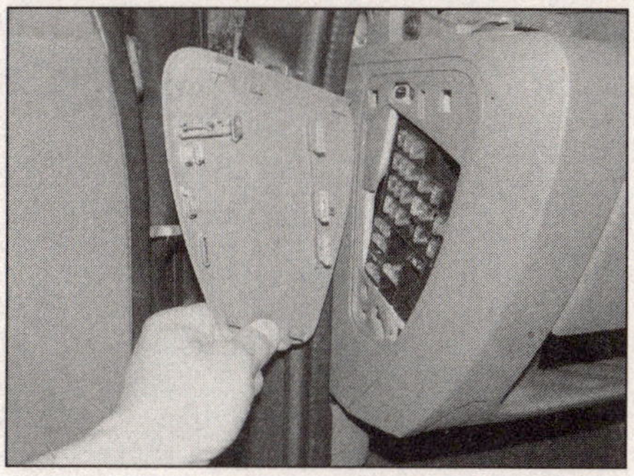

2 En cas de non-fonctionnement simultané de plusieurs clignotants ou des feux de position arrière, la panne risque de provenir d'un fusible claqué ou d'une anomalie dans le circuit électrique. Les fusibles principaux sont implantés sur une platine située en bout de planche de bord, côté conducteur et d'autres fusibles sont également prévus dans le compartiment moteur (voir chapitre 12).

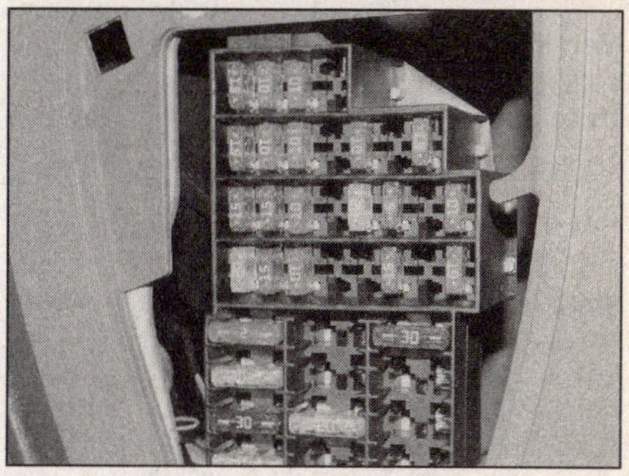

3 Pour changer un fusible, il suffit simplement de l'extraire avec la pince prévue à cet effet et de monter un fusible de rechange du même calibre. Si le fusible claque de nouveau, il est impératif d'en déterminer la raison : voir « *Recherche de pannes électriques* » au chapitre 12.

## Balais d'essuie-glaces

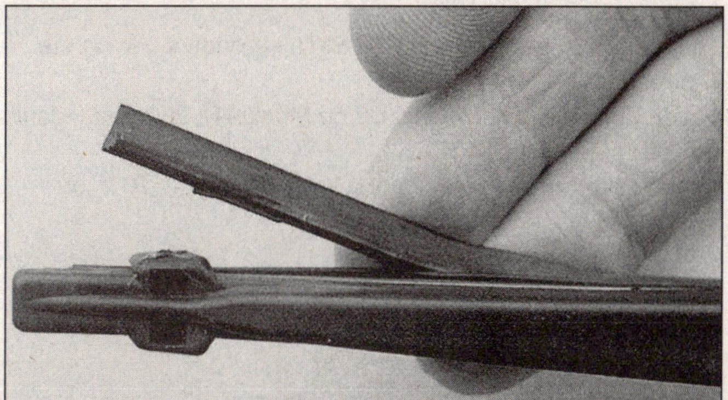

1 Contrôler l'état des balais d'essuie-glaces. Si leur raclette est fendue ou autrement abîmée, ou si elle laisse des traînées sur la surface de balayage, changer les balais. Il est conseillé de les remplacer systématiquement une fois par an.

2 Pour déposer un balai d'essuie-glace, écarter le bras au maximum du pare-brise ou de lunette arrière puis faire pivoter le balai d'un quart de tour et appuyer sur la languette d'arrêt et dégager le balai du crochet sur le bras. Pour monter le balai neuf, s'assurer de bien le verrouiller sur le bras et de l'installer dans le bon sens.

# Pressions de gonflage des pneumatiques – à froid

**Nota :** *Les pressions de gonflage recommandées sont indiquées à l'intérieur de la trappe à carburant. Elles s'appliquent aux pneus montés en équipement d'origine et peuvent ne pas convenir pour d'autres marques ou types de pneus. S'adresser le cas échéant au fabricant ou au fournisseur des pneus quant aux pressions préconisées.*

| | | |
|---|---|---|
| **Versions essence 1,2 l** | **AV.** | **AR.** |
| Utilisation normale | 2 bars | 2 bars |
| Pleine charge | 2,2 bars | 2,1 bars |
| **Versions essence 1,4 l et Diesel** | | |
| Utilisation normale | 2,2 bars | 2 bars |
| Pleine charge | 2,3 bars | 2,1 bars |
| **Versions essence 1,6 l** | | |
| Utilisation normale | 2,3 bars | 2 bars |
| Pleine charge | 2,4 bars | 2,1 bars |
| **Roue de secours** | | |
| Toutes versions | 4,2 bars | |

# Lubrifiants et fluides

| | |
|---|---|
| **Moteurs essence :** | |
| Modèles 1998 à 2000 | Huile multigrade, viscosité entre SAE 5W/30 et 15W/50, répondant aux normes ACEA-A2/A3 et/ou API SH/SJ |
| Modèles à partir de janvier 2001 - échéance de vidange 30 000 km | Huile multigrade, viscosité entre SAE 0W/30 et 10W/50, répondant aux normes ACEA-A1 ou A3 |
| **Moteurs Diesel** | Huile multigrade, viscosité entre SAE 5W/30 et 15W/50, répondant aux normes ACEA B2/B3 et/ou API CF |
| **Circuit de refroidissement** | Mélange d'antigel à base d'éthylène-glycol (additif RX GLACEOL AL type D) et de l'eau déminéralisée propre) |
| **Boîte de vitesses :** | |
| Manuelle | Huile pour engrenages ELF TRANSELF TRX 75W/80W ou TRJ 75W/80W, ou répondant aux normes API GL5, MIL-L 2105 C ou D |
| Automatique | Fluide ELF RENAULTMATIC D3 SYN, répondant à la norme Dexron III ATF |
| **Direction assistée** | Fluide ELF RENAULTMATIC D2 ou Mobil ATF 220, répondant à la norme Dexron II ATF |
| **Freins** | Liquide synthétique répondant à la norme SAE J1703F ou DOT 4 |

# Chapitre 1 Partie A :
# Entretien courant - modèles essence

## Sommaire



## Niveaux de difficulté

| | | | | |
|---|---|---|---|---|
| **Facile,** pour les profanes de la mécanique | **Assez facile,** pour les débutants plus avisés | **Assez difficile,** pour les amateurs compétents | **Difficile,** pour les amateurs plus expérimentés | **Très difficile,** pour les initiés et les professionnels |

# Caractéristiques - modèles essence

| | | |
|---|---|---|
| **Lubrifiants et liquides préconisés** | Voir « *Lubrifiants et fluides* » | |
| **Capacités** | | |
| **Huile moteur** | | |
| Sans filtre : | | |
| Moteurs 1,2 l et 1,6 l (8V) | 3,5 litres | |
| Moteurs 1,4 l (8V) | 2,7 litres | |
| Moteurs 1,4 et 1,6 l (16V) | 4,25 litres | |
| Avec filtre : | | |
| Moteurs 1,2 l et 1,6 l (8V) | 3,7 litres | |
| Moteurs 1,4 l (8V) | 2,9 litres | |
| Moteurs 1,4 et 1,6 l (16V) | 4,75 litres | |
| Différence entre repères MINI. et MAXI. sur jauge de niveau : | | |
| Moteur 1,2 l | 2 litres | |
| Autres moteurs | 1,5 litre | |
| **Circuit de refroidissement** | | |
| Moteurs 1,2 l | 5 litres | |
| Moteurs 1,4 et 1,6 l (8V) | 5,5 litres | |
| Moteurs 1,4 et 1,6 l (16V) | 5,7 litres | |
| **BV manuelle** | 3,4 litres | |
| **BV automatique** | 6 litres | |
| **Réservoir de carburant** | 50 litres | |
| **Liquide de refroidissement** | | |
| Niveaux de protection contre le gel et dosage : | **Antigel** | **Eau** |
| Jusqu'à -23 °C | 35 % | 65 % |
| Jusqu'à -40 °C | 50 % | 50 % |
| **Tension de courroie des accessoires - avec appareils Renault** | **Mot. 1273** | **Mot. 1505** |
| **Moteur 1,2 l** | | |
| Courroie d'alternateur - sans ou avec climatisation : | | |
| Valeur de montage/contrôle | 102 ± 7 unités SEEM | 244 ± 5 hertz |
| Valeur de fonctionnement mini. | 53 unités SEEM | Ne s'applique pas |
| Courroie de pompe de direction assistée - sans climatisation : | | |
| Valeur de montage/contrôle | 96 ± 5 unités SEEM | 177 ± 5 hertz |
| Valeur de fonctionnement mini. | 43 unités SEEM | Ne s'applique pas |
| Courroie de compresseur - y compris pompe de direction assistée : | | |
| Valeur de montage/contrôle | 101 ± 6 unités SEEM | 180 ± 4 hertz |
| Valeur de fonctionnement mini. | 51 unités SEEM | Ne s'applique pas |
| **Moteurs 1,4 et 1,6 l (8V)** | | |
| Courroie d'alternateur : | | |
| Valeur de montage/contrôle | 101 ± 6 unités SEEM | 161 ± 9 hertz |
| Valeur de fonctionnement mini. | 52 unités SEEM | Ne s'applique pas |
| Courroie de pompe de direction assistée - sans climatisation : | | |
| Valeur de montage/contrôle | 106 ± 6 unités SEEM | 189 ± 9 hertz |
| Valeur de fonctionnement mini. | 53 unités SEEM | Ne s'applique pas |
| Courroie de compresseur - y compris pompe de direction assistée | Ne s'applique pas (rattrapage par tendeur automatique) | |
| **Moteurs 1,4 et 1,6 l (16V)** | | |
| Courroie des accessoires - sans climatisation : | | |
| Valeur de montage/contrôle | 108 ± 6 unités SEEM | 190 ± 10 hertz |
| Valeur de fonctionnement mini. | 60 unités SEEM | Ne s'applique pas |
| Courroie des accessoires - avec climatisation | Ne s'applique pas (rattrapage par tendeur automatique) | |
| **Alimentation** | | |
| Régime de ralenti (non réglable) : | | |
| Moteurs 1,2 l | 740 ± 50 tr/min | |
| Autres moteurs | 750 ± 50 tr/min | |
| Taux de CO au ralenti (non réglable) | 0,5 % maxi. (0,3 % à 2 500 tr/min) | |

## Allumage

| | | |
|---|---|---|
| Ordre d'allumage | 1-3-4-2 | |
| Emplacement du cylindre nº 1 | Côté volant moteur | |
| Avance à l'allumage | Régie électroniquement : voir chapitre 5B | |
| Bougies : | | |
| Moteurs 1,2 l | Eyquem RFC 50 LZ 2E ou NGK BKR 5 ES | |
| Moteurs 1,4 l : | | |
| 8V | Champion RC 10 PYC ou RC 10 YCL | |
| 16V | Eyquem RFC 50 LZ 2E | |
| Moteurs 1,6 l : | | |
| 8V | Eyquem RFC 50 LZ 2E | |
| 16V | Eyquem RFC 50 LZ 2E | |
| Ecartement des électrodes de bougies | 0,9 mm | |

## Freins

| | | |
|---|---|---|
| Epaisseur des plaquettes (support compris) : | **Nominale** | **Minimale** |
| Freins AV. | 18 mm | 6 mm |
| Freins AR. | 15 mm | 6 mm |
| Epaisseur des segments (support compris) - freins AR. à tambours : | | |
| Nominale : | | |
| Moteurs 1,2 l | 4,85 mm | |
| Tous autres moteurs : | | |
| Segments comprimés | 4,6 mm | |
| Segments tendus | 3,3 mm | |
| Minimale - tous les modèles | 2 mm | |

## Couples de serrage

| | |
|---|---|
| | **daN.m** |
| Bouchon de vidange d'huile moteur | 1,5 à 2,5 |
| Bougies | 2,5 à 3 |
| Bouchon de niveau de fluide de BVA | 3,5 |
| Vis de roues | 9 |

1A

## Vue sous le capot d'une version à moteur 1,2 l

*1 Bouchon de remplissage d'huile moteur*
*2 Jauge de niveau d'huile moteur*
*3 Pompe de direction assistée*
*4 Fixations supérieures de jambes de suspension*
*5 Bobines d'allumage*
*6 Réservoir de liquide de frein ***
*7 Outil de débranchement de faisceau d'allumage*
*8 Filtre à air*
*9 Capteur de pression d'air d'admission*
*10 Tubulure d'admission*
*11 Vase d'expansion de circuit de refroidissement **
*12 Réservoir de fluide de direction assistée*
*13 Réservoir de liquide de lave-glaces*
*14 Calculateur électronique de gestion du moteur*
*15 Batterie*
*16 Boîtier à fusibles*
*17 Conduit d'admission d'air*
** Ou l'avant droit du compartiment moteur, suivant montage*
*** A côté du réservoir de fluide de direction assistée sur modèle avec direction à gauche*

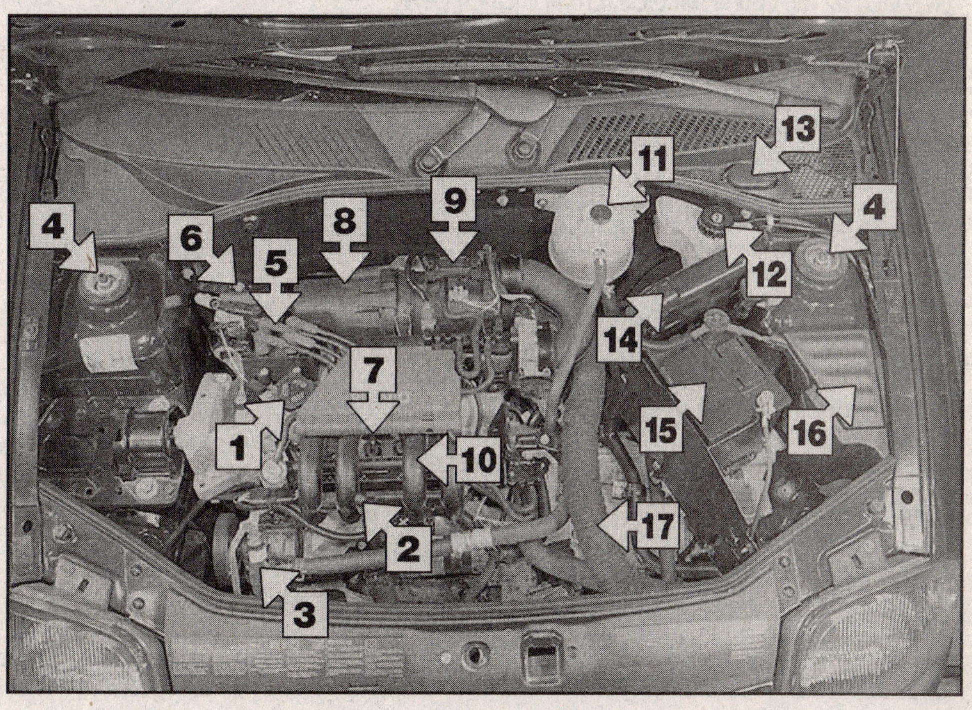

***Nota :** Le programme d'entretien qui suit s'applique aux véhicules des millésimes 1998 à 2000 jusqu'au 31 décembre 2000. Se reporter à la carte grise du véhicule ou s'adresser au service après-vente d'un concessionnaire Renault pour déterminer la date de production d'un véhicule en particulier*

Les périodicités figurant dans le programme d'entretien qui suit sont données à titre indicatif pour vous permettre d'accomplir par vos propres soins toutes les tâches qui vous incombent pour assurer la maintenance de votre véhicule. Il s'agit des échéances d'entretien préconisées pour un usage quotidien du véhicule. Si vous êtes soucieux de maintenir votre voiture en parfait état de marche, vous serez peut-être désireux d'effectuer certaines opérations plus fréquemment. Nous ne saurions que trop vous encourager dans cette voie, car bien entretenu, un véhicule est à même de donner entière satisfaction à son propriétaire qui pourra de surcroît en obtenir un bon prix à la revente.

Un entretien plus fréquent est conseillé pour les voitures utilisées en atmosphère poussiéreuse, tractant une remorque ou une caravane, conduites régulièrement à vitesse réduite (ralentissements dans les embouteillages urbains) ou effectuant de courts trajets répétés.

Les voitures neuves doivent faire l'objet d'un suivi régulier assuré par un concessionnaire du réseau de la marque, dans le cadre de la garantie.

Le contrôle du jeu aux soupapes (sauf les moteurs 16 soupapes) n'est pas prévu par le programme d'entretien périodique du constructeur. Il est à effectuer (voir chapitre 2A ou 2B) si la distribution est bruyante : claquements perceptibles au niveau du haut-moteur, ou en cas de perte de puissance inexpliquée du moteur. Il est toutefois prudent de le pratiquer sur une base régulière, soit environ tous les 20 000 km ou une fois tous les deux ans.

## Tous les 400 km ou une fois par semaine

- ☐ Voir « *Contrôles hebdomadaires* ».

## Tous les 10 000 km ou 6 mois, suivant le terme échu en premier

- ☐ Vidanger le moteur et changer le filtre à huile (voir section 3).

**Nota :** *L'échéance normale de vidange du moteur et de remplacement de la cartouche de filtre à huile est fixée à 20 000 km ou tous les 2 ans. Il est toutefois conseillé d'effectuer ces opérations, qui sont indispensables au maintien du moteur en bon état, à la périodicité indiquée ci-dessus, tout particulièrement dans le cas des véhicules utilisés principalement pour de courts trajets ou ne parcourant qu'un faible kilométrage annuel.*

## Tous les 20 000 km ou 2 ans, suivant le terme échu en premier

- ☐ Vidanger le moteur et changer le filtre à huile (voir section 3). *
- ☐ Changer le filtre à pollen (voir section 4).
- ☐ Contrôler le niveau de fluide de direction assistée (voir section 5).
- ☐ Contrôler l'épaisseur des plaquettes et l'état des disques de freins (voir section 6).
- ☐ Contrôler et régler éventuellement la commande de frein à main (voire section 7).
- ☐ Contrôler la commande d'embrayage (voir section 8).

## Tous les 20 000 km ou 2 ans, suivant le terme échu en premier (suite)

- ☐ Vérifier l'état de la ou des courroies des accessoires (voir section 9).
- ☐ Vérifier l'état des ceintures de sécurité (voir section 10).
- ☐ Vérifier le bon fonctionnement de l'équipement électrique (voir section 11).
- ☐ Vérifier l'état de l'échappement et de ses supports (voir section 12).
- ☐ Contrôler les organes de direction et de suspension (voir section 13).
- ☐ Contrôler tous les éléments sous le capot moteur et soubassement pour déceler d'éventuelles fuites (voir section 14).
- ☐ S'assurer du bon serrage des vis de roues (voir section 15).
- ☐ Contrôler la carrosserie et le soubassement (voir section 16). **
- ☐ Contrôler les amortisseurs avant et arrière (voir section 17).

* **Nota :** *Il s'agit de l'échéance normale préconisée par le constructeur pour la vidange du moteur et le remplacement de la cartouche de filtre à huile.*

** **Nota :** *Afin d'empêcher l'annulation de la garantie anticorrosion Renault exige que le véhicule soit vérifié après les premiers 60 000 km puis environ tous les 30 000 km - ces contrôles périodiques sont à réaliser par un concessionnaire du réseau Renault.*

## Tous les 40 000 km ou 2 ans, suivant le terme échu en premier

*En plus de tous les points énumérés précédemment, effectuer l'opération suivante :*

- ☐ Renouveler le liquide de refroidissement (voir section 28). *

* **Nota :** *Cet intervalle est préconisé par Haynes, il doit s'appliquer au moindre doute sur la qualité de l'antigel contenu dans le circuit de refroidissement. S'il est certain que le véhicule contient toujours le liquide de refroidissement préconisé, utiliser l'intervalle de remplacement préconisé par Renault et indiqué ci-dessous. Consulter un concessionnaire Renault en cas de doute à ce sujet.*

## Tous les 40 000 km *

*Outre les points indiqués aux échéances précédentes, effectuer les opérations suivantes :*

- ☐ Changer les bougies et contrôler le faisceau d'allumage (voir section 18).
- ☐ Changer l'élément du filtre à air (voir section 19).
- ☐ Changer la courroie de distribution (voir section 26). **

* **Nota :** *L'échéance de remplacement des bougies et de l'élément du filtre à air est prévue à 40 000 km pour les modèles produits jusqu'au 31 mars 1999. Consulter un concessionnaire Renault en cas de doute à ce sujet.*

** **Nota :** *Moteurs 1,6 l (16V) seulement - voir note d'avertissement ci-dessous.*

## Tous les 60 000 km

*Outre les points indiqués aux échéances précédentes, effectuer les opérations suivantes :*

- ☐ Changer la courroie de distribution (voir section 26). *
- ☐ Changer les bougies et contrôler le faisceau d'allumage (voir section 18).
- ☐ Changer l'élément du filtre à air (voir section 19).
- ☐ Changer la cartouche du filtre à essence (voir section 20).
- ☐ Contrôler les segments et les tambours de freins arrière (voir section 21).
- ☐ Contrôler le niveau d'huile de BV manuelle (voir section 22).
- ☐ Contrôler le parallélisme du train avant (voir section 23).
- ☐ Vérifier le fonctionnement de la climatisation (voir section 24).
- ☐ Procéder à un essai sur route (voir section 25).
- ☐ Renouveler le liquide de frein (voir section 27).

*** Nota :** *Bien que l'échéance normale de remplacement de la courroie de distribution se situe à 120 000 km (80 000 km, pour les moteurs 1,6 l 16V), il est vivement recommandé de la raccourcir de moitié pour la ramener à 60 000 km (ou 40 000 km, suivant moteur) dans le cas des véhicules utilisés dans des conditions particulièrement difficiles telles que courts trajets répétés ou conduite imposant des « marche-arrêt » fréquents. La longévité de la courroie dépend dans une large mesure des conditions de conduite et partant de là, la fréquence de son remplacement est laissée à l'appréciation de chacun. Cela dit, il convient de prendre conscience des risques auxquels on s'expose, en particulier de sérieux dégâts du moteur, en cas de rupture de la courroie.*

## Tous les 80 000 km ou 5 ans, suivant le terme échu en premier *

*En plus de tous les points énumérés précédemment, effectuer l'opération suivante :*

- ☐ Changer la courroie de distribution (voir section 26).

*** Nota :** *Moteurs 1,6 l (16V) seulement.*

## Tous les 120 000 km ou 4 ans, suivant le terme échu en premier

*Outre les points indiqués aux échéances précédentes, effectuer l'opération suivante*

- ☐ Renouveler le liquide de refroidissement (voir section 28).

## Tous les 4 ans

*Outre les points indiqués aux échéances précédentes, effectuer l'opération suivante :*

- ☐ Pour les véhicules équipés d'un coussin gonflable de sécurité (airbag) intégré, changer les accus (voir section 29).

## Tous les 120 000 km ou 5 ans, suivant le terme échu en premier

*En plus de tous les points énumérés précédemment, effectuer l'opération suivante :*

- ☐ Changer la courroie de distribution (voir section 26).

**Nota :** *Il s'agit de l'échéance normale préconisée par le constructeur pour le remplacement de la courroie de distribution sur tous les moteurs sauf 1,6 l (16V).*



## Vue du soubassement avant d'une version à moteur 1,2 l

*1 Bouchon de vidange du moteur*
*2 Boîte de vitesses*
*3 Transmission gauche*
*4 Berceau du train avant*
*5 Triangles inférieurs de suspension*
*6 Barre stabilisatrice*
*7 Rotules de biellettes de direction*
*8 Renforts arrière du berceau*
*9 Tringle de commande des vitesses*
*10 Boîtier de direction*
*11 Pot catalytique*

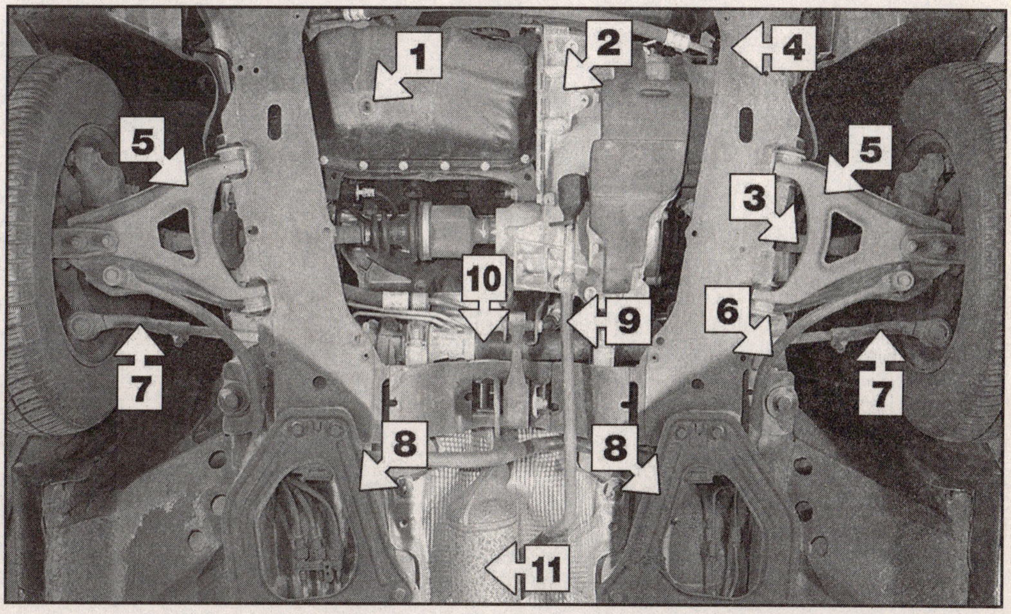

**Nota :** *Le programme d'entretien qui suit s'applique aux véhicules fabriqués à compter du 1er janvier 2001 km, à condition de n'utiliser que les huiles moteur répondant aux normes ACEA A1 ou A3. Se reporter à la carte grise du véhicule ou s'adresser au service après-vente d'un concessionnaire Renault pour déterminer la date de production d'un véhicule en particulier*

Les périodicités figurant dans le programme d'entretien qui suit sont données à titre indicatif pour vous permettre d'accomplir par vos propres soins toutes les tâches qui vous incombent pour assurer la maintenance de votre véhicule. Il s'agit des échéances d'entretien préconisées pour un usage quotidien du véhicule. Si vous êtes soucieux de maintenir votre voiture en parfait état de marche, vous serez peut-être désireux d'effectuer certaines opérations plus fréquemment. Nous ne saurions que trop vous encourager dans cette voie, car bien entretenu, un véhicule est à même de donner entière satisfaction à son propriétaire qui pourra de surcroît en obtenir un bon prix à la revente.

Un entretien plus fréquent est conseillé pour les voitures utilisées en atmosphère poussiéreuse, tractant une remorque ou une caravane, conduites régulièrement à vitesse réduite (ralentissements dans les embouteillages urbains) ou effectuant de courts trajets répétés.

Les voitures neuves doivent faire l'objet d'un suivi régulier assuré par un concessionnaire du réseau de la marque, dans le cadre de la garantie.

Le contrôle du jeu aux soupapes (sauf les moteurs 16 soupapes) n'est pas prévu par le programme d'entretien périodique du constructeur. Il est à effectuer (voir chapitre 2A ou 2B) si la distribution est bruyante : claquements perceptibles au niveau du haut-moteur, ou en cas de perte de puissance inexpliquée du moteur. Il est toutefois prudent de le pratiquer sur une base régulière, soit environ tous les 30 000 km ou une fois tous les deux ans.

**Nota :** *Le programme d'entretien du constructeur, pour les véhicules utilisés dans des conditions normales, est établi sur une base périodique de 30 000 km ou bien tous les 2 ans. Compte tenu de la longueur éventuelle de l'intervalle entre les échéances d'entretien une révision intermédiaire, fixée à 15 000 km ou une fois par an, est prévue par le constructeur. Elle comprend une vérification de tous les niveaux de lubrifiants et de liquides ainsi qu'un contrôle de tous les organes de sécurité. L'entretien longue durée implique l'utilisation d'une huile moteur semi-synthétique ou synthétique, répondant aux normes prescrites, indiquées dans le présent manuel. Pour les véhicules fonctionnant dans des conditions difficiles : utilisation fréquente dans les embouteillages, usage taxi ou courts trajets répétés avec le moteur froid et par basse température, un programme d'entretien spécifique est recommandé, sur une base de 15 000 km ou bien annuelle. Pour les propriétaires de véhicules à kilométrage élevé ou en cas de conduite imposant des « marche-arrêt » fréquents, il est préférable d'opter pour cette fréquence d'entretien. La vidange du moteur et le remplacement du filtre à huile qui sont à effectuer à intervalles réguliers, constituent des opérations extrêmement bénéfiques pour le moteur et pour cette raison, il est conseillé de les effectuer le plus souvent possible, à la fréquence suggérée ci-dessous.*

## Tous les 400 km ou une fois par semaine

☐ Voir « *Contrôles hebdomadaires* ».

## Tous les 10 000 km ou 6 mois, suivant le terme échu en premier

☐ Vidanger le moteur et changer le filtre à huile (voir section 3).

**Nota :** *L'échéance normale de vidange du moteur et de remplacement de la cartouche de filtre à huile est fixée à 30 000 km ou tous les 2 ans. Il est toutefois conseillé d'effectuer ces opérations, qui sont indispensables au maintien du moteur en bon état, à la périodicité indiquée ci-dessus, tout particulièrement dans le cas des véhicules utilisés principalement pour de courts trajets ou ne parcourant qu'un faible kilométrage annuel.*

## Tous les 30 000 km ou 2 ans, suivant le terme échu en premier

☐ Vidanger le moteur et changer le filtre à huile (voir section 3). *

☐ Changer le filtre à pollen (voir section 4).

☐ Contrôler le niveau de fluide de direction assistée (voir section 5).

☐ Contrôler l'épaisseur des plaquettes et l'état des disques de freins (voir section 6).

☐ Contrôler et régler éventuellement la commande de frein à main (voire section 7).

☐ Contrôler la commande d'embrayage (voir section 8).

☐ Vérifier l'état de la ou des courroies des accessoires (voir section 9).

☐ Vérifier l'état des ceintures de sécurité (voir section 10).

☐ Vérifier le bon fonctionnement de l'équipement électrique (voir section 11).

☐ Vérifier l'état de l'échappement et de ses supports (voir section 12).

☐ Contrôler les organes de direction et de suspension (voir section 13).

☐ Contrôler tous les éléments sous le capot moteur et soubassement pour déceler d'éventuelles fuites (voir section 14).

☐ S'assurer du bon serrage des vis de roues (voir section 15).

☐ Contrôler la carrosserie et le soubassement (voir section 16). **

☐ Contrôler les amortisseurs avant et arrière (voir section 17).

*** Nota :** *Il s'agit de l'échéance normale préconisée par le constructeur pour la vidange du moteur et le remplacement de la cartouche de filtre à huile.*

**** Nota :** *Afin d'empêcher l'annulation de la garantie anticorrosion Renault exige que le véhicule soit vérifié tous les 30 000 km - ces contrôles périodiques sont à réaliser par un concessionnaire du réseau Renault.*

## Tous les 30 000 km ou 2 ans, suivant le terme échu en premier

*En plus de tous les points énumérés précédemment, effectuer l'opération suivante :*

☐ Renouveler le liquide de refroidissement (voir section 28).

**Nota :** *Cet intervalle est préconisé par Haynes, il doit s'appliquer au moindre doute sur la qualité de l'antigel contenu dans le circuit de refroidissement. S'il est certain que le véhicule contient toujours le liquide de refroidissement préconisé, utiliser l'intervalle de remplacement préconisé par Renault et indiqué ci-dessous. Consulter un concessionnaire Renault en cas de doute à ce sujet.*

## Tous les 30 000 km ou 4 ans, suivant le terme échu en premier

*En plus de tous les points énumérés précédemment, effectuer l'opération suivante :*

☐ Changer l'élément du filtre à air (voir section 19).

## Tous les 60 000 km ou 4 ans, suivant le terme échu en premier

*Outre les points indiqués aux échéances précédentes, effectuer les opérations suivantes :*

- ☐ Changer la courroie de distribution (voir section 26). *
- ☐ Changer les bougies et contrôler le faisceau d'allumage (voir section 18).
- ☐ Changer la cartouche du filtre à essence (voir section 20).
- ☐ Contrôler les segments et les tambours de freins arrière (voir section 21).
- ☐ Contrôler le niveau d'huile de BV manuelle (voir section 22).
- ☐ Contrôler le parallélisme du train avant (voir section 23).
- ☐ Vérifier le fonctionnement de la climatisation (voir section 24).
- ☐ Procéder à un essai sur route (voir section 25).

*** Nota :** *Bien que l'échéance normale de remplacement de la courroie de distribution se situe à 120 000 km, il est vivement recommandé de la raccourcir de moitié pour la ramener à 60 000 km dans le cas des véhicules utilisés dans des conditions particulièrement difficiles telles que courts trajets répétés ou conduite imposant des « marche-arrêt » fréquents. La longévité de la courroie dépend dans une large mesure des conditions de conduite et partant de là, la fréquence de son remplacement est laissée à l'appréciation de chacun. Cela dit, il convient de prendre conscience des risques auxquels on s'expose, en particulier de sérieux dégâts du moteur, en cas de rupture de la courroie.*

## Tous les 120 000 km ou 4 ans, suivant le terme échu en premier

*Outre les points indiqués aux échéances précédentes, effectuer les opérations suivantes :*

- ☐ Renouveler le liquide de frein (voir section 27).
- ☐ Renouveler le liquide de refroidissement (voir section 28).

## Tous les 4 ans

*En plus de tous les points énumérés précédemment, effectuer l'opération suivante :*

- ☐ Pour les véhicules équipés d'un coussin gonflable de sécurité (airbag) intégré, changer les accus (voir section 29).

## Tous les 120 000 km ou 5 ans, suivant le terme échu en premier

*En plus de tous les points énumérés précédemment, effectuer les opérations suivantes :*

- ☐ Changer la ou les courroies des accessoires (voir section 9).
- ☐ Changer la courroie de distribution (voir section 26).

**Nota :** *Il s'agit de l'échéance normale préconisée par le constructeur pour le remplacement de la courroie de distribution.*



## Vue du soubassement arrière d'une version à moteur 1,2 l

*1 Réservoir de carburant*
*2 Câble de frein à main*
*3 Filtre à essence*
*4 Canalisations d'alimentation et de retour de carburant*
*5 Limiteur de pression de freinage*
*6 Essieu arrière*
*7 Ressorts de suspension*
*8 Silencieux secondaire d'échappement*
*9 Amortisseurs*

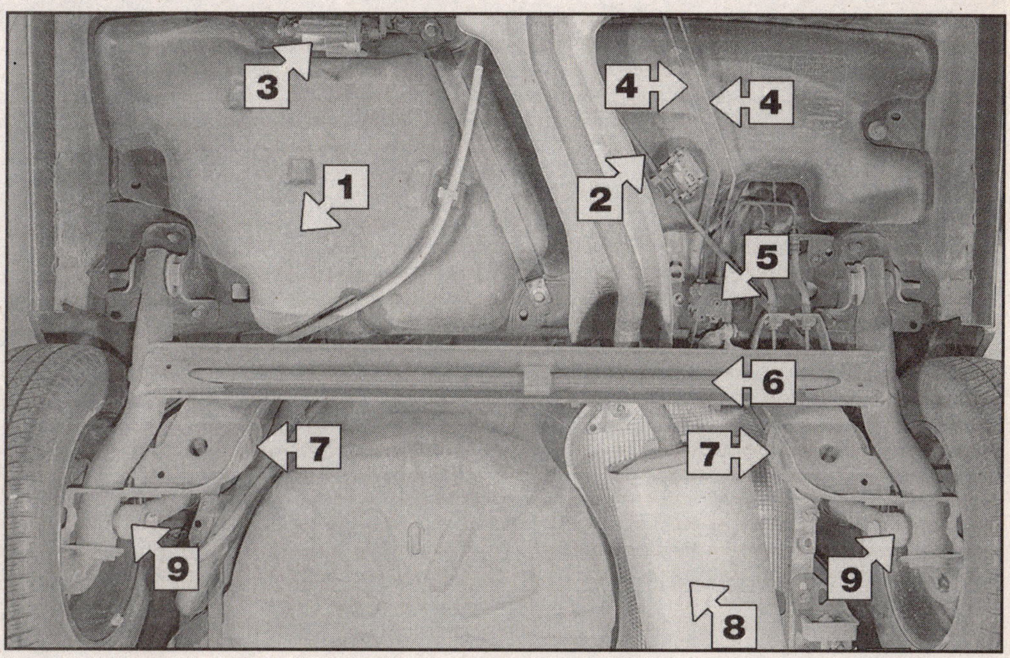

## Vue sous le capot d'une version à moteur 1,4 l (8V)

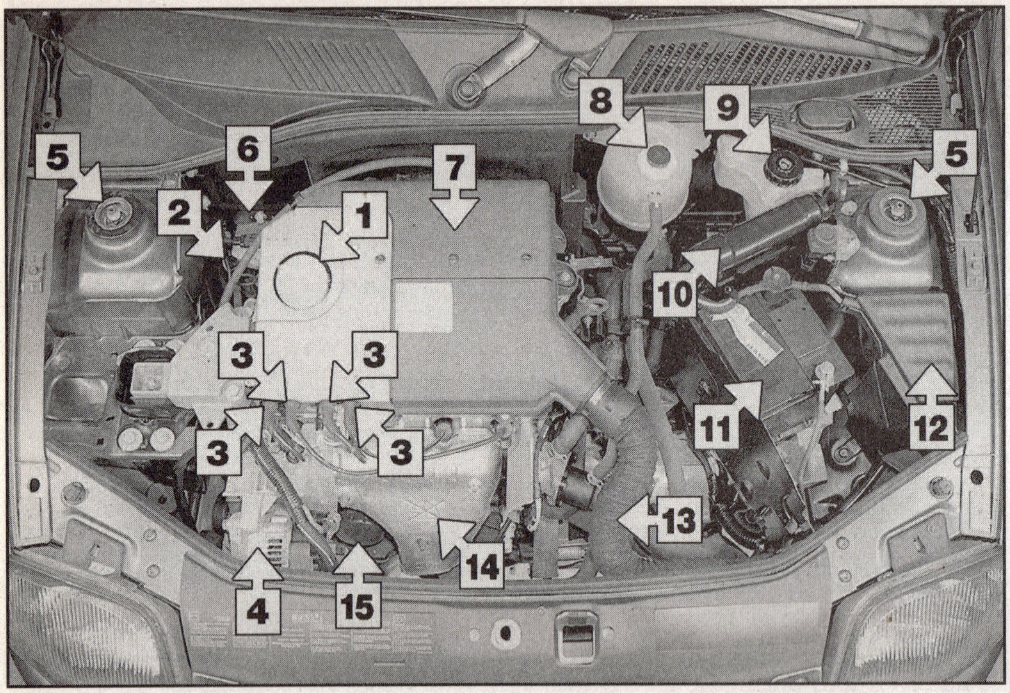


*1 Bouchon de remplissage d'huile moteur*
*2 Jauge de niveau d'huile moteur*
*3 Bobines et faisceau haute tension d'allumage*
*4 Alternateur*
*5 Fixations supérieures de jambes de suspension*
*6 Réservoir de liquide de frein ***
*7 Filtre à air*
*8 Vase d'expansion de circuit de refroidissement*
*9 Réservoir de fluide de direction assistée*
*10 Calculateur électronique de gestion du moteur*
*11 Batterie*
*12 Boîtier à fusibles*
*13 Conduit d'admission d'air*
*14 Collecteur d'échappement et écran thermique*
*15 Filtre à huile*
*** A côté du réservoir de fluide de direction assistée sur modèle avec direction à gauche*

## Vue du soubassement avant d'une version à moteur 1,4 l (8V)

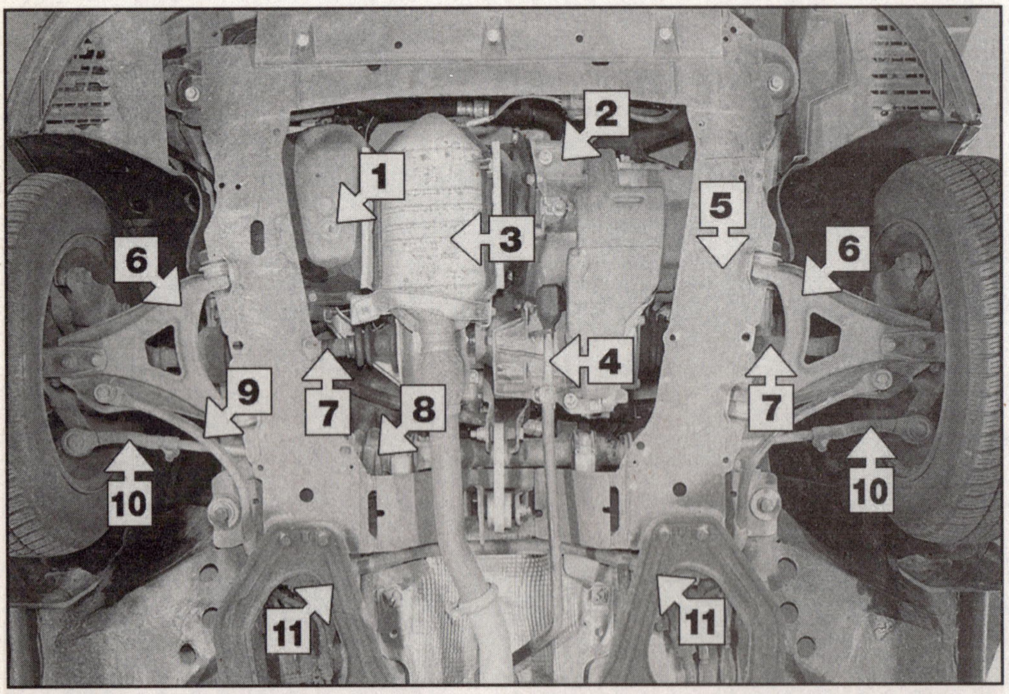


*1 Bouchon de vidange du moteur*
*2 Boîte de vitesses*
*3 Pot catalytique*
*4 Tringle de commande des vitesses*
*5 Berceau du train avant*
*6 Triangles inférieurs de suspension*
*7 Transmissions*
*8 Boîtier de direction*
*9 Barre stabilisatrice*
*10 Rotules de biellettes de direction*
*11 Renforts arrière du berceau*

## Vue sous le capot d'une version à moteur 1,4 l (16V)

1 Bouchon de remplissage d'huile moteur
2 Jauge de niveau d'huile moteur
3 Pompe de direction assistée
4 Câble d'accélérateur
5 Tubulure d'admission
6 Fixations supérieures de jambes de suspension
7 Réservoir de liquide de frein **
8 Filtre à air
9 Vase d'expansion de circuit de refroidissement
10 Réservoir de fluide de direction assistée
11 Réservoir de liquide de lave-glaces
12 Calculateur électronique de gestion du moteur
13 Contacteur à inertie de coupure d'alimentation
14 Batterie
15 Boîtier à fusibles
16 Conduit d'admission d'air
** A côté du réservoir de fluide de direction assistée sur modèle avec direction à gauche

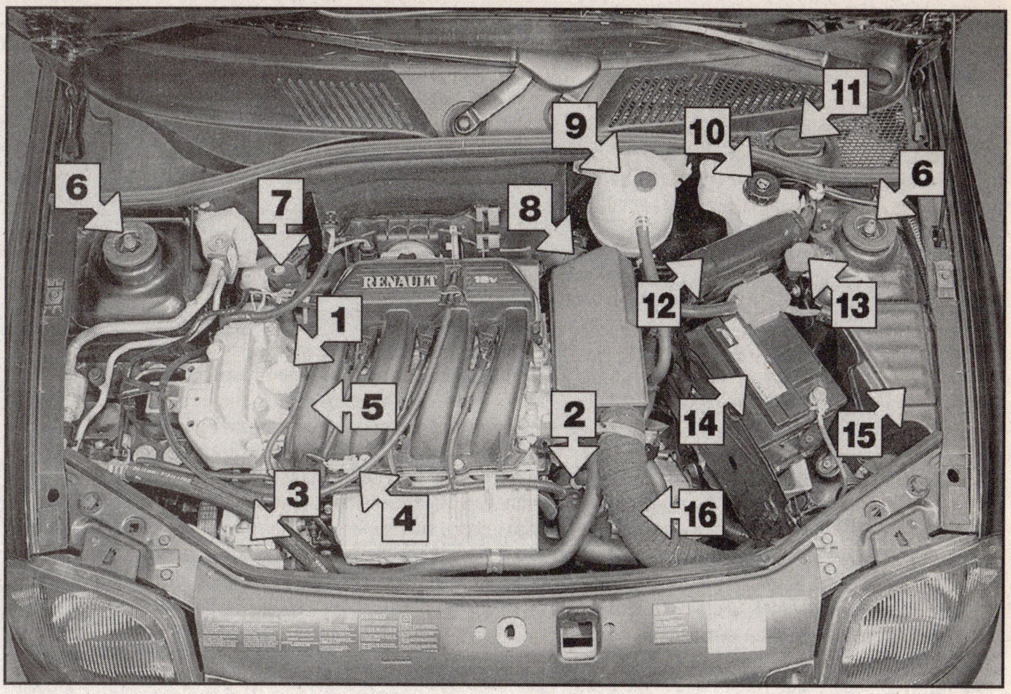




## Vue du soubassement avant d'une version à moteur 1,4 l (16V)

1 Bouchon de vidange du moteur
2 Boîte de vitesses
3 Transmissions
4 Berceau du train avant
5 Triangles inférieurs de suspension
6 Barre stabilisatrice
7 Rotules de biellettes de direction
8 Renforts arrière du berceau
9 Tringle de commande des vitesses
10 Boîtier de direction
11 Pot catalytique

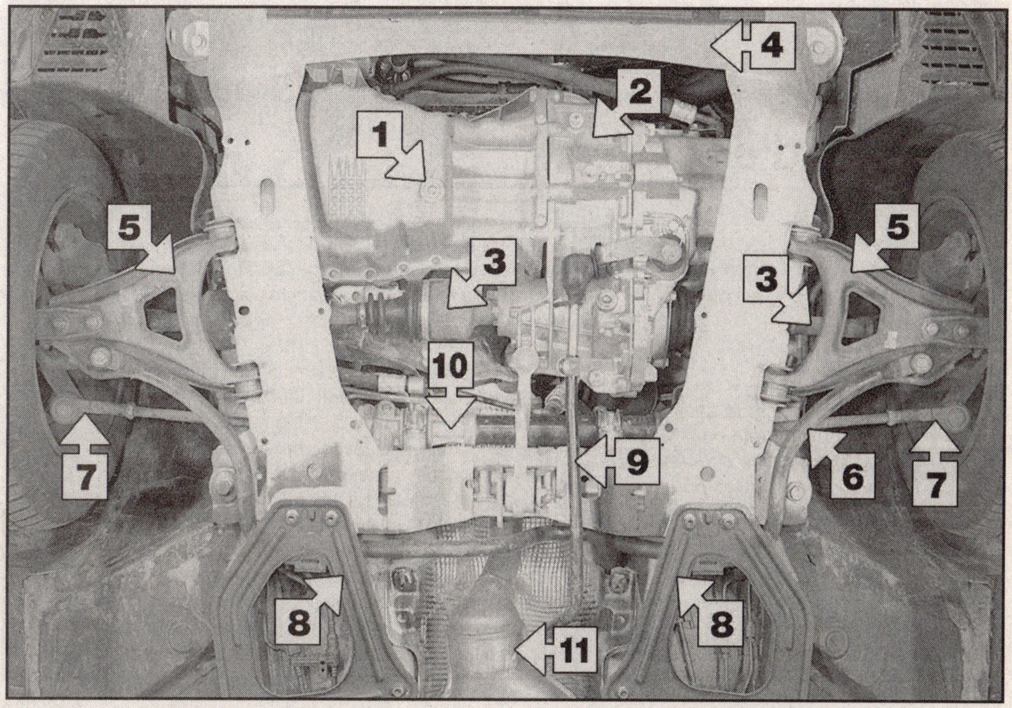

## 1 Introduction

Ce chapitre est destiné à aider les automobilistes à entretenir leur voiture par leurs propres moyens de façon à la maintenir en parfait état de marche, également dans un souci de lui assurer un fonctionnement économique et une durée de vie prolongée et à titre préventif, pour leur sécurité personnelle et celle d'autrui.

Y figurent un programme d'entretien périodique général et des sections traitant spécifiquement de chaque tâche à accomplir dans le cadre de ce programme qui implique des contrôles visuels, des réglages, des remplacements de pièces et des conseils qui peuvent se révéler précieux pour les profanes. Se reporter aux illustrations jointes représentant des vues du compartiment moteur et du soubassement pour repérer l'emplacement des différents éléments et organes concernés.

Un entretien régulièrement effectué aux intervalles prescrits garantira fiabilité et longévité à tous les véhicules. Le programme d'entretien est planifié de manière cohérente et le fait de prêter attention à certains points seulement tout en négligeant le reste risque de remettre en cause l'entretien périodique.

Au fur et à mesure que seront accomplies les opérations d'entretien, l'on s'apercevra que nombre d'interventions peuvent ou doivent être groupées du fait de la spécificité de certaines d'entre elles ou en raison de la proximité de deux éléments distincts accessibles conjointement. Par exemple, si la voiture vient à être mise sur chandelles pour une raison quelconque, l'échappement peut être inspecté en même temps que les organes de suspension et de direction.

La première chose à faire avant d'effectuer soi-même l'entretien de son véhicule est de bien se préparer. Il convient par conséquent de lire toutes les sections concernées par l'opération que l'on va entreprendre et d'établir une liste de toutes les pièces et des outils dont on aura besoin. En cas de problème, obtenir les conseils d'un spécialiste ou d'un magasinier du service des pièces détachées d'un concessionnaire de la marque.

## 2 Entretien intensif

Lorsque la voiture est neuve, si l'entretien périodique est scrupuleusement respecté et que des contrôles de niveaux de liquides et d'huiles ainsi que des pièces sujettes à usure rapide sont assurés comme indiqué tout au long du présent manuel, le moteur sera maintenu en bon état de marche et ne nécessitera normalement que des interventions supplémentaires minimes.

Un moteur mal entretenu est susceptible de présenter des anomalies de fonctionnement. Cela peut se remarquer en particulier sur le moteur d'un véhicule d'occasion n'ayant pas été entretenu régulièrement et qui devra subir des contrôles et des interventions en plus de ceux qui sont prescrits dans le cadre de l'entretien périodique.

En cas de doute sur le degré d'usure d'un moteur, un contrôle de compression (voir chapitre 2A ou 2B) fournira une valeur indicative intéressante sur l'efficacité d'ensemble des principaux organes internes. Cette vérification peut constituer une bonne base de départ pour déterminer la nature des interventions à pratiquer. Si par exemple, une usure avancée du moteur est constatée suite à un contrôle de compression, un entretien classique ainsi que décrit dans le présent chapitre ne sera pas en mesure d'améliorer de manière significative le rendement du moteur et peut se révéler être une perte de temps et d'argent si une remise en état générale de ce moteur (voir chapitre 2D) n'est pas effectuée au préalable.

Sont néanmoins indiquées ci-dessous les mesures les plus susceptibles d'améliorer le rendement d'un moteur au fonctionnement insatisfaisant.

### Mesures d'ordre général

*a) Nettoyer, contrôler et tester la batterie (voir « Contrôles hebdomadaires »)*
*b) Contrôler tous les liquides et huiles relatifs au moteur (voir « Contrôles hebdomadaires »)*
*c) Contrôler l'état de la ou des courroies des accessoires (voir section 9)*
*d) Vérifier l'état de toutes les tuyauteries et s'assurer de l'absence de fuites de liquides (voir section 14)*
*e) Changer les bougies (voir section 18)*
*f) Contrôler l'état de l'élément du filtre à air et le changer au besoin (voir section 19)*
*g) Vérifier l'état du filtre à essence et le changer s'il y a lieu (voir section 20)*

Si suite à ces mesures, le rendement du moteur n'a pas connu d'amélioration, prendre les dispositions qui suivent :

### Mesures complémentaires

Ces mesures sont à associer à celles d'ordre général indiquées ci-dessus.

*a) Contrôler le circuit de charge (voir chapitre 5A)*
*b) Contrôler le circuit d'allumage (voir chapitre 5B)*
*c) Contrôler le circuit d'alimentation (voir chapitre 4A)*

# Révision d'entretien

## 3 Huile moteur et filtre - vidange et remplacement

**info HAYNES** ***La vidange et le changement du filtre à huile constituent les opérations de loin les plus importantes pouvant être accomplies par les automobilistes appelés à entretenir leur véhicule par leurs propres moyens. Il s'agit d'un entretien de base à ne jamais négliger car l'huile perd de ses qualités lubrifiantes au fur et à mesure de son vieillissement, ce qui ne peut qu'accélérer l'usure graduelle du moteur***

**Nota :** *Le déblocage du bouchon de vidange du moteur nécessite une clé spéciale à bout carré de 8 mm à se procurer dans un centre auto ou auprès du service des pièces détachées d'un concessionnaire Renault (outil Mot. 1018).*

**1** Avant de commencer, se munir des outils et du matériel nécessaires **(voir illustration)**. Prévoir également une grande quantité de chiffons et du papier journal pour récupérer l'huile pouvant se répandre sous la voiture. Il est préférable de vidanger le moteur lorsqu'il est encore chaud car l'huile est alors plus fluide, ce qui favorise son écoulement et cela permet d'éliminer le maximum de résidus. Prendre garde de ne pas toucher les pièces échauffées du moteur ou de l'échappement en se glissant sous la voiture. Afin de ne pas se brûler et se protéger contre les agents irritants pour la peau qui sont contenus dans l'huile, il est recommandé de porter des gants en caoutchouc. Serrer le frein à main puis lever l'avant de la voiture au cric et le poser sur chandelles (voir *« Levage et soutien du véhicule »*) ou en alternative, se servir de plans inclinés ou d'un pont élévateur. Quelle que

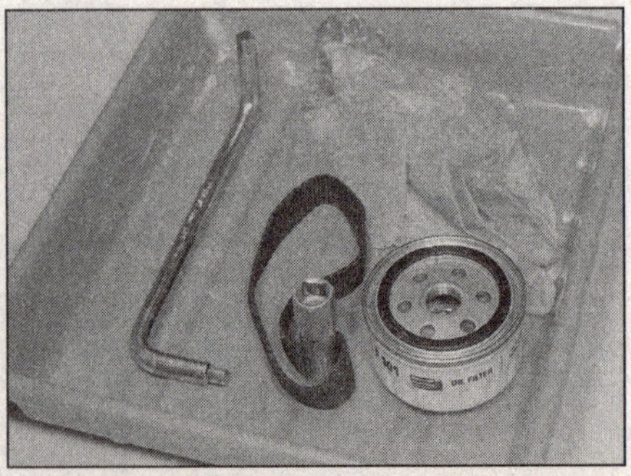

**3.1 Outillage et matériel nécessaire pour la vidange du moteur et le remplacement du filtre à huile**

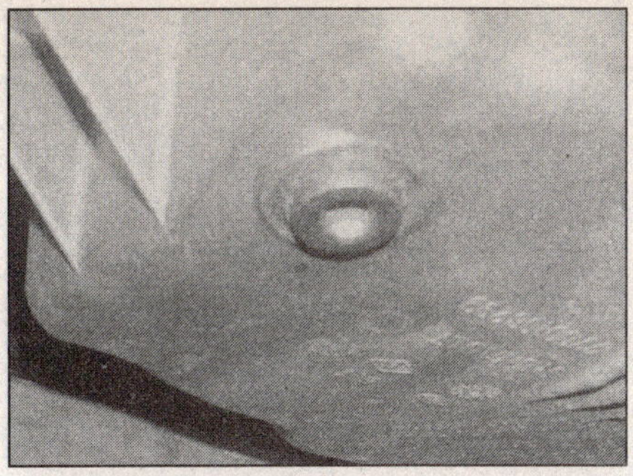

**3.2 Bouchon de vidange - moteur 1,4 l 16V**

soit la méthode utilisée, le véhicule doit rester le plus horizontal possible afin de permettre l'évacuation complète de l'huile. Déposer le carénage de protection éventuellement prévu en dessous du moteur.

**2** Enlever le bouchon de l'orifice de remplissage d'huile sur le couvre-culasse puis disposer une bassine de récupération d'une contenance suffisante en dessous du carter d'huile. Nettoyer le bouchon de vidange et sa zone environnante avec un chiffon puis le débloquer d'un demi-tour avec une clé spéciale à bout carré de 8 mm **(voir illustration)**.

> **info HAYNES** ***Essayer de maintenir le bouchon de vidange plaqué contre le carter d'huile en le dévissant à la main. Le bouchon étant dévissé à fond, l'enlever le plus rapidement possible de façon à ce que l'huile s'écoule dans la bassine et non pas dans la manche de la personne sous la voiture !***

**3** Laisser l'huile s'écouler pendant quelques instants en ayant cependant à déplacer la bassine au besoin au bout d'un moment car le filet s'écoulant allant en s'amenuisant, l'huile risque de couler à côté.

**4** L'huile ne gouttant plus, essuyer le bouchon de vidange avec un chiffon propre ou de l'essuie-tout et le munir d'une rondelle d'étanchéité neuve. Nettoyer le filetage de l'orifice de vidange dans le carter d'huile puis reposer le bouchon en le serrant sans exagération ; de préférence, resserrer le bouchon au couple prescrit en se servant d'une clé dynamométrique.

**5** Amener la bassine à hauteur de la cartouche de filtre à huile implantée à l'avant du bloc-cylindres sur les moteurs 1,4 et 1,6 l **(voir illustration)** ; dans le cas des moteurs 1,2 l elle est se trouve à l'arrière du bloc-cylindres, côté distribution.

**6** Dans le cas des moteurs 1,4 et 1,6 l 16V, l'accès à la cartouche filtrante est rendu difficile par le peu d'espace disponible entre le berceau et le carter d'huile. La cartouche demeure toutefois accessible sans dépose de pièces attenantes de la caisse ou du moteur **(voir illustration)**.

**7** Débloquer la cartouche filtrante au moyen d'une clé pour filtres à huile puis l'entourer d'un chiffon et finir de la dévisser à la main pour la déposer en la tenant verticalement avec son ouverture en haut afin de ne pas répandre d'huile. A défaut d'un tel outil, transpercer la cartouche de part en part avec un tournevis et utiliser ce dernier comme levier pour son desserrage. Vider le contenu de la cartouche dans la bassine ; percer deux trous dans la calotte de la cartouche filtrante et finir de la vider.

**8** Nettoyer le plan de joint de la cartouche sur le moteur avec un chiffon propre ou de l'essuie-tout. S'assurer de la présence du joint en caoutchouc sur la cartouche usagée. En effet, ce joint ne doit pas être resté collé sur le moteur. Si tel est le cas, le retirer en procédant avec précaution.

**9** Enduire d'huile moteur propre le joint de la cartouche neuve puis la visser sur le moteur. Essuyer soigneusement l'extérieur de la cartouche.

> **info HAYNES** ***Serrer la cartouche jusqu'à ce qu'on ressente une résistance légère (à l'entrée en contact du joint avec le bloc-cylindres), puis la serrer ensuite d'un demi-tour ou de trois-quarts de tour (se reporter aux indications éventuelles du constructeur sur la cartouche). Bloquer la cartouche à la main uniquement - ne pas utiliser d'outil***

**10** Récupérer l'huile usagée et les outils sous la voiture puis reposer éventuellement le carénage de protection et descendre la voiture au sol.

**11** Remplir le moteur d'une huile répondant aux normes prescrites (voir « *Lubrifiants et fluides* » au début du manuel), en procédant comme décrit à la rubrique « *Contrôles hebdomadaires* » pour l'appoint d'huile. L'huile est à incorporer lentement pour ne pas en renverser sur le couvre-culasse. Se servir si possible d'un bidon à embout verseur ou d'un entonnoir. S'assurer que le niveau d'huile atteigne le cran de repère supérieur de la jauge avant de reposer le bouchon de l'orifice de remplissage en le serrant convenablement.

**12** Mettre le moteur en marche et le laisser tourner au ralenti pendant quelques minutes puis s'assurer de l'absence de fuites au niveau du filtre à huile et du bouchon de vidange. A noter que le témoin de pression d'huile au tableau de bord peut rester allumé pendant quelques secondes après démarrage, le temps que la cartouche filtrante neuve se remplisse d'huile : ne pas solliciter le moteur à haut régime pendant cet intervalle.

**13** Arrêter le moteur et attendre pendant quelques minutes de façon à permettre à l'huile de retomber dans le carter inférieur. L'huile neuve ayant alors circulé à travers tout le circuit de graissage et la cartouche filtrante étant remplie, revérifier le niveau avec la jauge et le rétablir au besoin.

**14** Prendre des précautions pour jeter l'huile usagée et la cartouche filtrante : s'en débarrasser dans un endroit approprié.

> **info HAYNES** ***Jeter les huiles usagées à l'égout ou dans la nature, est un acte antisocial, contribuant à augmenter la pollution et non recommandé. Les brûler ne constitue pas une meilleure solution : il se dégage généralement des fumées nocives pour l'environnement. Conserver l'huile de vidange dans un bidon. Prévoir plusieurs bidons séparés pour l'huile moteur, la cartouche vide, l'huile de boîte de vitesses (manuelle ou automatique) et pour les différents liquides hydrauliques, que l'on remettra à un garagiste, une station-service, un point de collecte ou une déchetterie. Pour obtenir l'adresse de la déchetterie la plus proche, contacter l'ADEME (Agence de l'Environnement et de la Maîtrise de l'Energie) au 0 800 38 39 40 (numéro vert, gratuit) ou par Internet : « www.ademe.fr » ou par Minitel au 3615 Idéal***

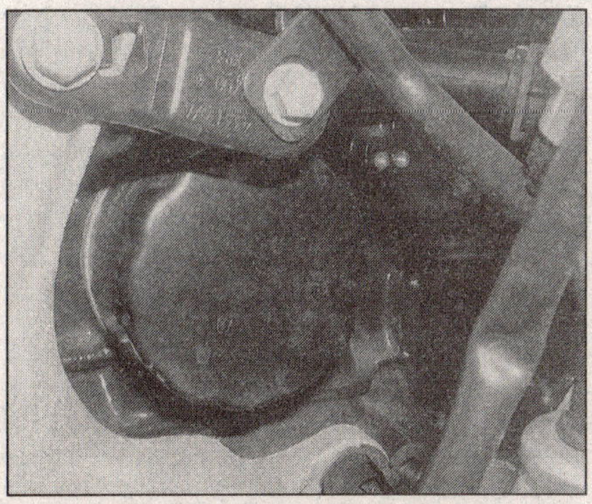

**3.5 Emplacement du filtre à huile - moteur 1,4 l 16V**

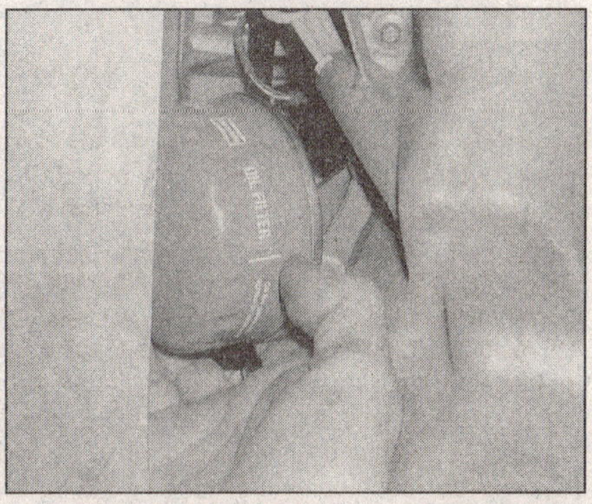

**3.6 Dépose du filtre à huile - moteur 1,4 l 16V**

## 4 Filtre à pollen - remplacement

**Nota :** *Certaines versions sont dépourvues de filtre à pollen.*

**1** Ouvrir le capot et déposer la demi-grille d'auvent, côté droit du tablier dans le compartiment moteur.

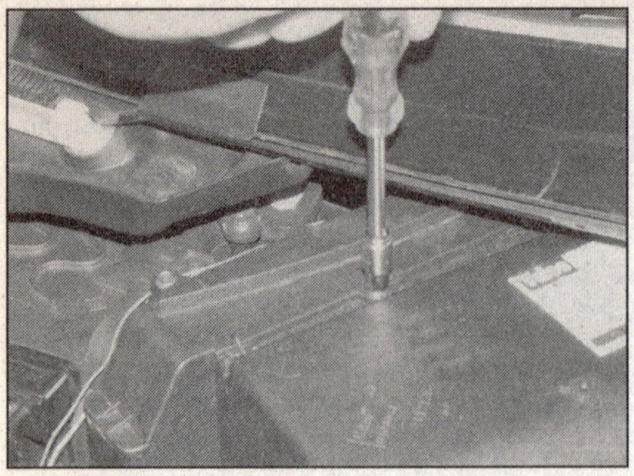

**4.2a Desserrage des vis de fixation . . .**

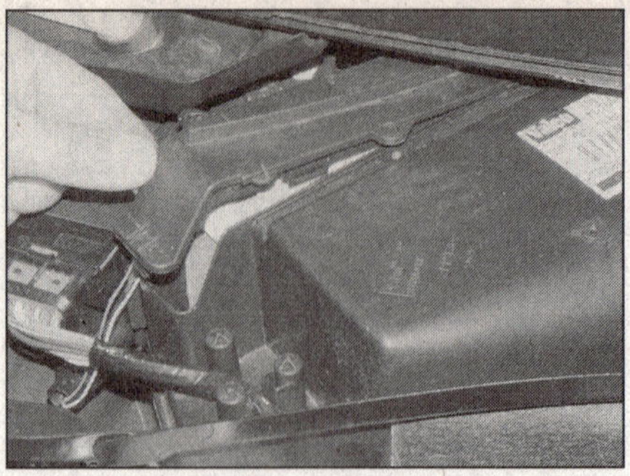

**4.2b . . . et dépose du couvercle de boîtier de filtre à pollen**

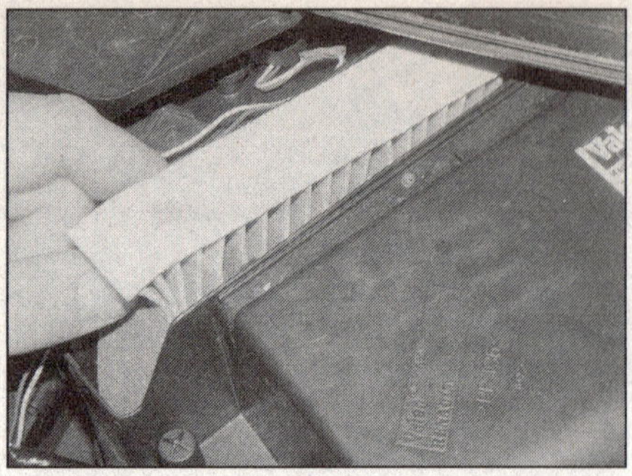

**4.3 Dépose de l'élément du filtre à pollen. Veiller à bien repérer la position respective des flèches sur l'élément et le boîtier**

**2** Desserrer les vis de fixation puis dégager le couvercle du boîtier de filtre à pollen **(voir illustrations)**.

**3** Bien repérer la position respective des flèches sur l'élément filtrant et le boîtier puis extraire avec précaution l'élément en pinçant ses plis centraux **(voir illustration)**.

**4** Installer l'élément filtrant neuf en s'assurant de faire coïncider les flèches puis procéder en sens inverse de la dépose pour effectuer la repose du couvercle et de la demi-grille d'auvent.

## 5 Direction assistée - contrôle de niveau de fluide

**1** Le réservoir de fluide de direction assistée est implanté à l'arrière gauche du compartiment moteur, au niveau du tablier. Le niveau de fluide qui est visible à travers le réservoir en matière plastique translucide doit se situer entre les repères « MINI. » et « MAXI. » **(voir illustration)**.

**2** Pour faire éventuellement l'appoint, nettoyer soigneusement le pourtour du bouchon du réservoir. Dévisser le bouchon puis l'enlever en laissant le fluide s'égoutter dans le réservoir.

**3** Rétablir le niveau jusqu'au repère « MAXI. » du réservoir, en utilisant le fluide de la qualité préconisée (voir « *Lubrifiants et fluides* » au début du manuel) puis reposer le bouchon en le serrant convenablement **(voir illustration)**.

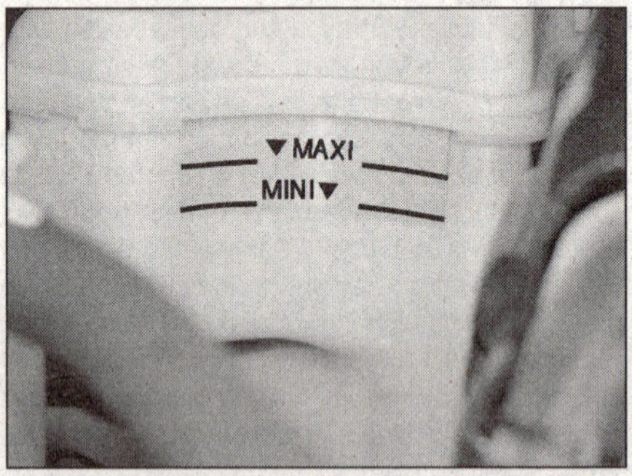


**5.1 Repères de niveau sur réservoir de fluide de direction assistée**

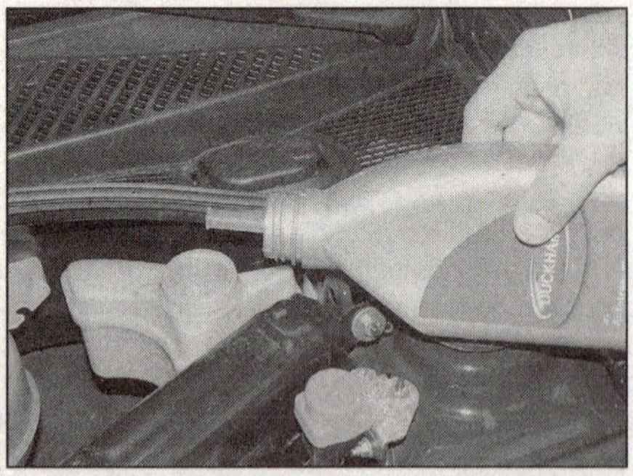

**5.3 Rétablissement du niveau de fluide de direction assistée**

## 6 Plaquettes et disques de freins - contrôle

**1** Serrer le frein à main puis suivant le cas, lever l'avant ou l'arrière de la voiture au cric et le poser sur chandelles (voir « *Levage et soutien du véhicule* »). Déposer les deux roues.

**2** Les plaquettes peuvent être vérifiées par le regard dans le corps de chacun des étriers de freins. L'épaisseur des plaquettes mesurée avec une règle plate ne doit pas atteindre la valeur limite indiquée dans les « *Caractéristiques* », auquel cas le jeu complet des quatre plaquettes du même essieu est à changer (voir chapitre 9 pour cette intervention).

**3** Pour un examen plus complet de leur état, les plaquettes doivent être déposées et dépoussiérées. Profiter de l'occasion pour vérifier le fonctionnement de l'étrier et l'état du disque de frein au niveau de ses deux faces : se reporter au chapitre 9 pour davantage de précisions.

## 7 Frein à main - contrôle et réglage

**1** Le frein à main, serré modérément, doit pouvoir assurer le blocage efficace du véhicule stationné en côte. La commande ne doit pas présenter de résistance ni de jeu dans les câbles et le déblocage des roues doit s'opérer immédiatement en relâchant le levier. Si la commande ne réagit pas comme indiqué précédemment, procéder à son contrôle comme décrit ci-dessous. **Nota :** *Sur les versions avec freins arrière à tambours, en cas de dysfonctionnement ou de mauvais réglage de la commande de frein à main, le mécanisme de rattrapage automatique du jeu d'usure ne fonctionnera pas, ce qui entraînera une course excessive de la pédale de frein liée à l'usure de la garniture des segments.*

**info HAYNES**

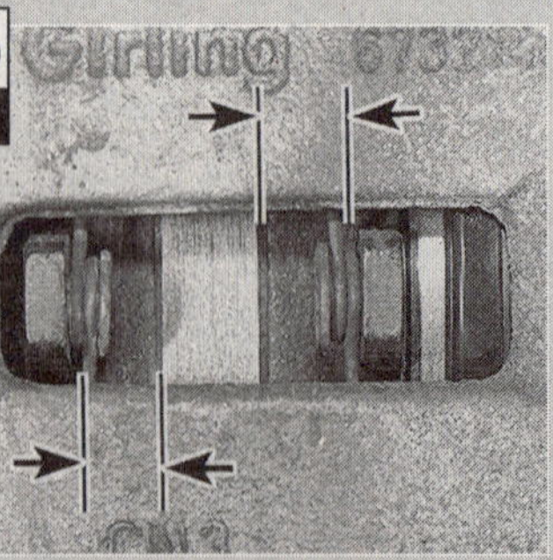

***L'épaisseur de la garniture des plaquettes de freins peut être vérifiée rapidement par le regard dans le corps des étriers***

**2** Suivant le cas, le réglage de la commande de frein à main s'effectue au moyen d'un écrou au niveau de la tige de commande du levier dans l'habitacle (premier montage) ou du palonnier sous la voiture (nouveau montage). Dans le premier cas, déposer le pontet du levier (voir chapitre 9, section 19) ainsi que son habillage en plastique pour avoir accès à l'écrou de réglage. Afin de détendre les câbles, dévisser l'écrou de manière à ce qu'il se situe à environ 20 mm de l'extrémité de la tige : veiller à bien repérer cette cote.

**3** Dans le cas où l'écrou de réglage est situé sous la voiture, lever l'arrière de celle-ci au cric et le poser sur chandelles (voir « *Levage et soutien du véhicule* »). Desserrer les écrous ou vis de fixation et abaisser la partie arrière de l'écran thermique du pot catalytique d'échappement pour atteindre l'écrou de réglage. Dévisser l'écrou à fond de façon à détendre les câbles **(voir illustration)**.

### *Freins AR. à tambours*

**4** Déposer les deux tambours (voir chapitre 9).

**5** Agir dans les deux sens sur la molette crantée de chacun des mécanismes de rattrapage automatique du jeu d'usure pour s'assurer de sa libre rotation. En cas de grippage, déposer et démonter les ensembles segments-mécanismes de rattrapage (voir chapitre 9, section 14).

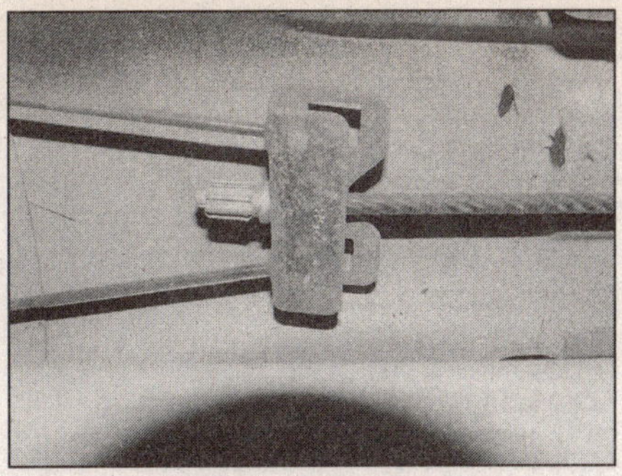

**7.3 Ecrou de réglage des câbles de frein à main situé sous la voiture**

**6** Dévisser les molettes de cinq à six crans afin de détendre les mécanismes de rattrapage automatique du jeu d'usure et de réduire légèrement le diamètre formé par les segments de freins.

**7** Vérifier que les câbles de frein coulissent librement dans leur gaine en tirant sur leur extrémité avant. S'assurer également que l'ergot de butée de la biellette de réaction du frein à main se trouve bien en appui contre le bord du segment tendu de chaque côté.

**8** En opérant à deux, serrer l'écrou de réglage de façon à tendre progressivement les câbles de frein à main, jusqu'à ce que les biellettes de réaction des segments tendus commencent à décoller lorsque le levier dans l'habitacle est tiré entre le 1er et le 2e crans de sa course : les ergots de butée des biellettes doivent se trouver en appui sur les segments tendus au 1er cran de la course du levier mais ne plus être au contact des segments au 2e cran. Le réglage correct une fois obtenu, retenir l'écrou pour bloquer son contre-écrou. Remettre ensuite en place l'écran thermique du pot catalytique d'échappement en remontant ses écrous ou vis de fixation.

**9** Reposer les tambours de freins comme indiqué au chapitre 9 puis descendre la voiture au sol.

**10** La voiture reposant sur ses roues au sol, appuyer plusieurs fois de suite sur la pédale de frein de manière à ajuster le jeu entre segments et tambours. Tandis qu'un collaborateur actionne la pédale, vérifier que les mécanismes de rattrapage automatique du jeu d'usure fonctionnent bien, ce qui doit se manifester par un bruit de cliquet en enfonçant la pédale.

### *Freins AR. à disques*

**11** Vérifier que les câbles de frein coulissent librement dans leur gaine en tirant sur leur extrémité avant et s'assurer du libre débattement des biellettes au niveau des étriers de freins.

**12** Pousser les biellettes des deux étriers de freins au maximum vers l'arrière puis serrer l'écrou de réglage de la tige du palonnier de manière à bien tendre les deux câbles. En opérant à deux, parfaire le réglage au niveau de l'écrou de façon à ce que la biellette de chacun des étriers commence à bouger lorsque le levier dans l'habitacle est tiré entre le 1er et le 2e crans de sa course.

**13** Remonter éventuellement les écrous ou vis de fixation de l'écran thermique du pot catalytique d'échappement puis descendre la voiture au sol.

## 8 Embrayage - contrôle

**1** Vérifier que la pédale se déplace sans résistance sur toute sa course et que l'embrayage s'engage de manière normale, sans patiner ni brouter. En cas d'irrégularité ou de dureté dans le mouvement de la pédale, vérifier que cela ne provienne pas d'un trajet incorrect du câble, induisant localement des courbures excessives.

**2** Examiner les extrémités du câble d'embrayage, côtés boîte de vitesses et pédale dans l'habitacle, pour s'assurer qu'elles ne sont pas usées ni effilochées.

## 9 Courroie(s) des accessoires - contrôle et remplacement

### *Contrôle*

**1** La ou les courroies des accessoires sont implantées côté droit du compartiment moteur.

**2** La configuration de la ou des courroies des accessoires dépend du type de moteur et du niveau d'équipement du véhicule, en particulier de la présence de la climatisation **(voir illustrations).**

1A

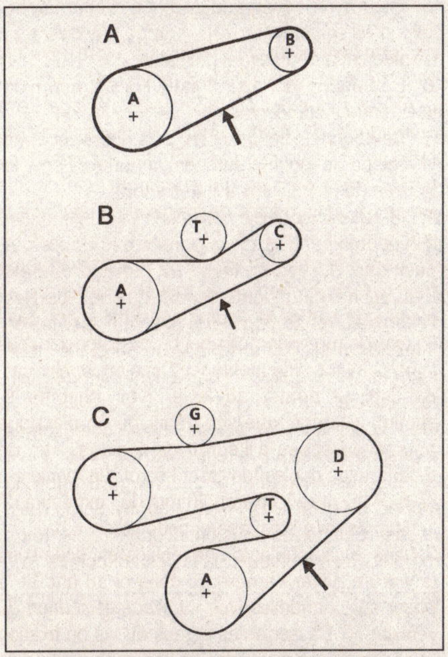


**9.2a Configuration de courroies des accessoires - moteur 1,2 l**

*A Courroie d'alternateur*
*B Courroie de pompe de direction assistée - sans climatisation*
*C Courroie de pompe de direction assistée et de compresseur de climatisation*
***Identification des poulies :** Vilebrequin (A), alternateur (B), pompe de direction assistée (C), compresseur de climatisation (D), galet de renvoi (G) et galet tendeur (T). Point de vérification de tension (flèche).*

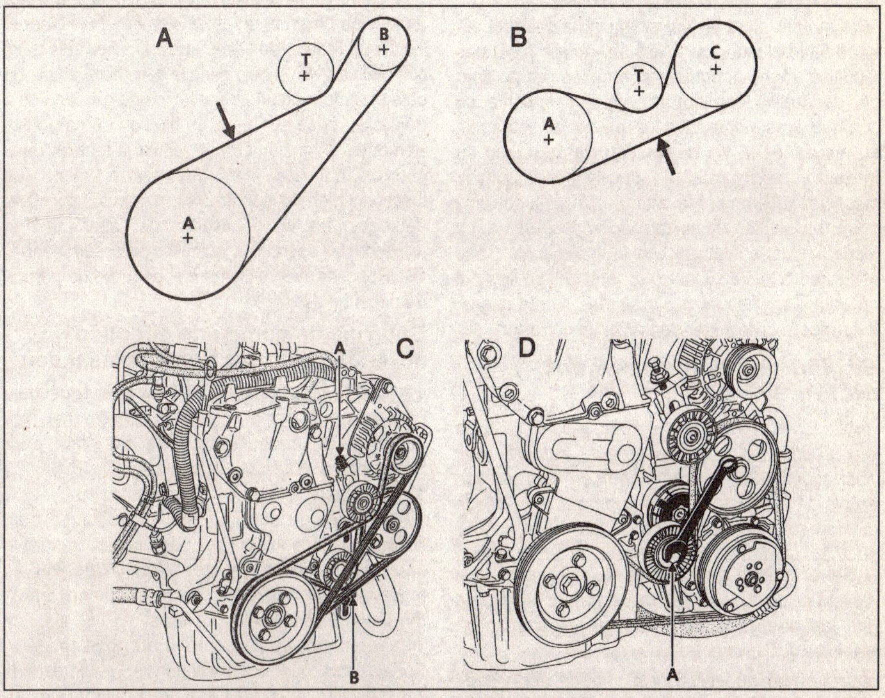


**9.2b Configuration de courroies des accessoires - moteurs 1,4 et 1,6 l (8V)**

*A Courroie d'alternateur*
*B Courroie de pompe de direction assistée*
*C Vis de réglage de tension de courroie d'alternateur (A) et de courroie de pompe de direction assistée (B)*
*D Vis centrale de galet tendeur (A) de courroie de compresseur de climatisation-pompe de direction assistée*
***Identification des poulies :** Vilebrequin (A), alternateur (B), pompe de direction assistée (C) et galet tendeur (T). Point de vérification de tension (flèche).*

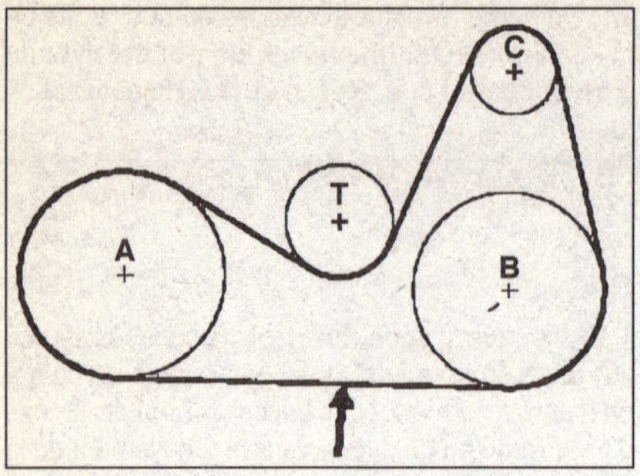


**9.2d Courroie des accessoires - moteurs 1,4 et 1,6 l (16V) sans climatisation**

*Flèche indiquant le point de contrôle de la tension*
*A Poulie de vilebrequin*
*B Pompe de direction assistée*
*C Alternateur*
*T Galet tendeur*

**3** De par leur fonction et leur constitution, les courroies d'entraînement sont sujettes à une usure et une détérioration graduelle et de ce fait, elles doivent être surveillées de près et au besoin, réglées périodiquement.

**4** La ou les courroies des accessoires sont logées dans un endroit difficilement accessible dans le compartiment moteur. Pour faciliter leur accès, lever l'avant de la voiture au cric et le poser sur chandelles (voir « *Levage et soutien du véhicule* ») puis déposer la roue droite ainsi qu'éventuellement le carénage de protection sous le moteur et la coquille pare-boue du passage de roue.

**5** Le moteur étant arrêté, examiner la courroie sur toute sa longueur pour s'assurer qu'elle n'est pas fendillée, râpée ni coupée et que ses plis ne sont pas dédoublés **(voir illustration)**. Pour effectuer ce contrôle, il est nécessaire de tourner le vilebrequin au niveau de la vis de fixation de sa poulie au moyen d'une clé plate ou à douille afin de pouvoir inspecter entièrement la courroie. Vriller la courroie entre les poulies de sorte à apercevoir ses deux faces. Vérifier également que la courroie n'est pas effilochée ni lustrée. Contrôler l'état des poulies qui ne doivent pas être creusées, craquelées, déformées ni présenter de traces de corrosion.

## Réglage et remplacement - moteurs 1,2 l

**Nota :** *La tension de la courroie se contrôle entre les poulies à l'emplacement indiqué aux illustrations 9.2a. Pour un contrôle ou un réglage précis de la tension, il est impératif d'utiliser le tensiomètre du constructeur (outil Mot. 1273 ou 1505). A défaut, faire contrôler la tension de la courroie par les services techniques d'un concessionnaire Renault. Est décrit ci-dessous le principe général de réglage avec l'appareil spécial.*

**Nota :** *Le constructeur préconise de remplacer une courroie des accessoires à chaque dépose de celle-ci.*

### Courroie d'alternateur

**6** Déposer la courroie de pompe de direction assistée (voir ci-dessous).

**7** Débloquer ses vis de fixation puis basculer l'alternateur pour détendre la courroie et la dégager des poulies.

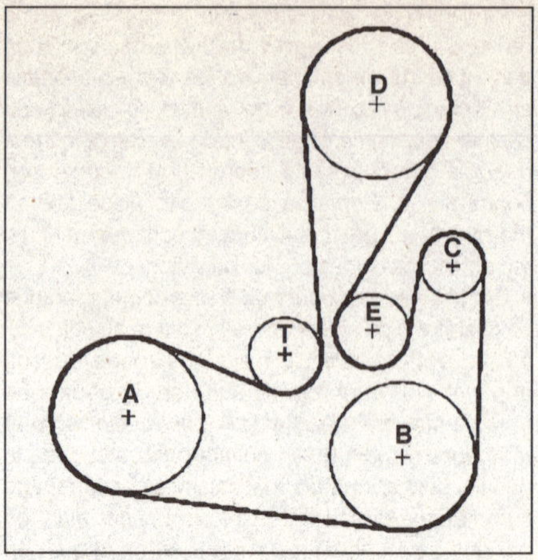


**9.2e Courroie des accessoires - moteurs 1,4 et 1,6 l (16V) avec climatisation**

*A Poulie de vilebrequin*
*B Compresseur de climatisation*
*C Alternateur*
*D Pompe de direction assistée*
*E Galet de renvoi*
*T Galet tendeur*

**8** Engager la courroie neuve sur les poulies puis supprimer le jeu dans son brin en basculant l'alternateur à l'opposé du moteur et resserrer sans les bloquer les vis de fixation. **Nota :** *Une tige filetée à engager à travers la patte prévue à cet effet peut être utilisée au besoin pour tendre la courroie.*

**9** Agir sur l'alternateur de manière à obtenir la valeur de tension prescrite sur le tensiomètre puis bloquer les vis de fixation de l'alternateur. Donner trois tours complets au vilebrequin dans le sens horaire (vue du côté droit du moteur) au moyen d'une clé plate ou à douille en prise sur la vis de fixation de sa poulie. Remonter le tensiomètre et vérifier la tension de la courroie qui doit alors atteindre la valeur (de fonctionnement) **minimale** prescrite. En cas contraire, débloquer les vis de fixation de l'alternateur et reprendre les opérations indiquées précédemment.

**10** Reposer éventuellement la courroie de pompe de direction assistée.

### Courroie de pompe de direction assistée - sans ou avec climatisation

**11** Mettre en prise une clé Allen sur la vis centrale du galet tendeur de la courroie et la débloquer. Agir sur le galet tendeur avec une clé plate pour relâcher sa pression sur la courroie.

**12** Dégager la courroie des poulies.

**13** Installer la courroie neuve en veillant à bien l'encastrer dans les gorges des poulies. Tendre la courroie en faisant pivoter le galet tendeur au moyen d'une clé plate, jusqu'obtention sur le tensiomètre de la valeur prescrite.

**14** Rebloquer la vis centrale du galet tendeur. Donner trois tours complets au vilebrequin dans le sens horaire (vue du côté droit du moteur) au moyen d'une clé plate ou à douille en prise sur la vis de fixation de sa poulie. Remonter le tensiomètre et vérifier la tension de la courroie qui doit alors atteindre la valeur (de fonctionnement) **minimale** prescrite. En cas contraire, débloquer la vis centrale du galet tendeur et reprendre les opérations indiquées précédemment.

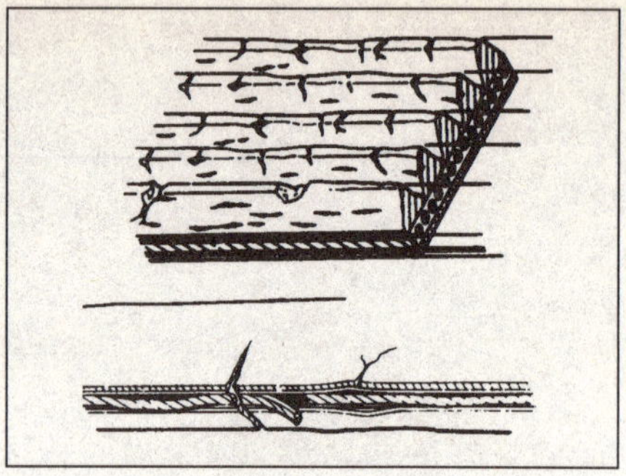

**9.5 Contrôle de l'état d'une courroie des accessoires**

## Réglage et remplacement - moteurs 1.4 et 1,6 l

**Nota :** *La tension de la courroie se contrôle entre les poulies à l'emplacement indiqué aux illustrations 9.2b à 9.2e. Pour un contrôle ou un réglage précis de la tension, il est impératif d'utiliser le tensiomètre du constructeur (outil Mot. 1273 ou 1505). A défaut, faire contrôler la tension de la courroie par les services techniques d'un concessionnaire Renault. Est décrit ci-dessous le principe général de réglage avec l'appareil spécial.*

### Courroies d'alternateur et de pompe de direction assistée - sans climatisation

**15** Pour avoir accès à la courroie d'alternateur, celle d'entraînement de la pompe de direction assistée est à déposer au préalable.

**16** Débloquer la vis de fixation du support de galet tendeur sur le moteur.

**17** Débloquer le contre-écrou puis desserrer la vis de réglage de façon à détendre la courroie pour la dégager des poulies **(voir illustration)**.

**18** Installer la courroie neuve en veillant à l'engager convenablement dans les gorges des poulies. A noter que, sur les moteurs 16V, la courroie est pourvue de cinq dents tandis que les poulies d'alternateur et de pompe de direction assistée en comportent six. Lors de la mise en place de la courroie, veiller à laisser libre la dent côté extérieur des poulies.

**19** Agir sur la vis de réglage jusqu'à obtention de la valeur prescrite sur le tensiomètre.

**20** Bloquer ensuite à fond la vis de fixation du support de galet tendeur et le contre-écrou de la vis de réglage de tension. Donner trois tours complets au vilebrequin dans le sens horaire (vue

**9.17 Vis de réglage de tension de courroie d'alternateur**

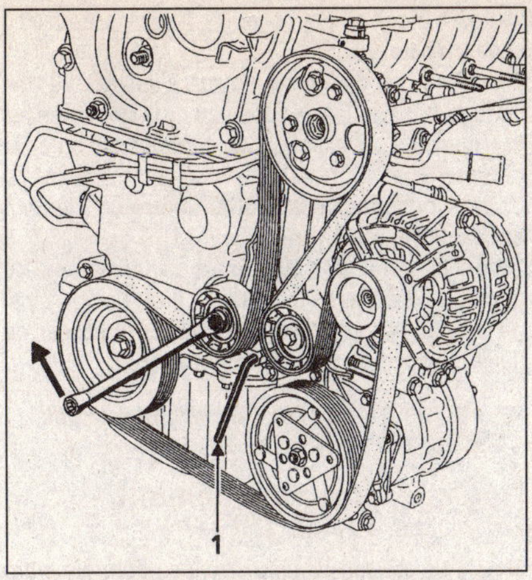


**9.21 Détente de la courroie des accessoires - moteur 1,4 l (16V) avec climatisation**

*Agir sur le galet tendeur dans le sens indiqué par la flèche puis le bloquer avec une clé Allen (1)*

du côté droit du moteur) au moyen d'une clé plate ou à douille en prise sur la vis de fixation de sa poulie. Remonter le tensiomètre et vérifier la tension de la courroie qui doit alors atteindre la valeur (de fonctionnement) **minimale** prescrite. En cas contraire, reprendre les opérations indiquées aux points 16 à 19.

### Courroie de compresseur de climatisation-pompe de direction assistée

**21** Pour accéder à la courroie sur un version à moteur 16V, déposer au préalable les éléments indiqués au point 4 ci-dessus ; en plus, déposer aussi le projecteur droit (voir chapitre 12) et la calandre (voir chapitre 11). A l'aide d'une clé plate en prise sur sa vis centrale, faire pivoter le galet tendeur dans le sens horaire de sorte à détendre la courroie et pouvoir la dégager des poulies **(voir illustration)**. Sur les moteurs 16V, faire coïncider les trous dans le galet et son support puis y engager une clé Allen de 6 mm pour bloquer le galet.

**22** Installer la courroie neuve en veillant à bien l'encastrer dans les gorges des poulies. Agir sur le galet tendeur dans le sens horaire pour engager le dos de la courroie puis relâcher le galet afin d'obtenir la tension automatique de la courroie.

**23** Reposer éventuellement la coquille pare-boue du passage de roue, le carénage de protection sous le moteur, la roue et descendre la voiture au sol. Reposer éventuellement le projecteur droit et la calandre.

## 10 Ceintures de sécurité - contrôle

**1** Examiner avec soin les sangles des ceintures de sécurité pour s'assurer qu'elles ne sont pas coupées, sérieusement effilochées ni autrement abîmées. Tirer sur les sangles pour les dérouler complètement et les inspecter sur toute leur longueur.

**2** Attacher et détacher les ceintures pour vérifier que leur mécanisme de verrouillage les maintient bloquées et les débloque correctement en temps voulu. Vérifier que le mécanisme de rétraction des ceintures opère convenablement lorsqu'elles sont détachées.

**3** Vérifier le bon serrage de toutes les fixations accessibles sans dépose de garnitures ni d'autres éléments attenants **(voir illustration)**.

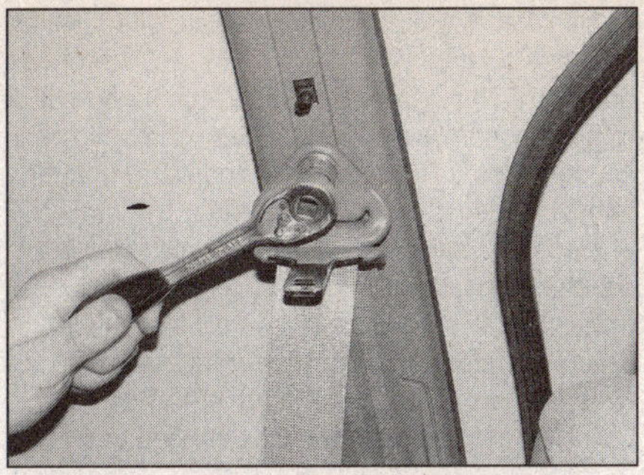

**10.3 Contrôle du serrage d'une fixation de ceinture de sécurité**

## 11 Equipement électrique - contrôle

**1** Vérifier le bon fonctionnement de tous les appareils électriques : feux de signalisation, éclairage, avertisseur sonore, etc. Se reporter au chapitre 12 pour les détails des circuits électriques en cas de non-fonctionnement de l'un des appareils.

**2** A noter que le réglage du contacteur de feux stop est décrit au chapitre 9.

**3** Contrôler visuellement tous les connecteurs, faisceaux électriques et brides ou colliers de maintien accessibles pour s'assurer qu'ils sont bien enfichés, ne présentent pas de traces de frottement et ne sont pas autrement abîmés. Réparer tout défaut constaté.

## 12 Echappement - contrôle

**1** Moteur froid : arrêté depuis au moins une heure, vérifier la ligne complète d'échappement, du tube avant jusqu'à l'extrémité du tube en sortie du silencieux arrière. Il est préférable de disposer le véhicule sur pont élévateur ou sur chandelles (voir « *Levage et soutien du véhicule* ») afin d'accéder plus aisément à l'ensemble des pièces de l'échappement.

**2** Examiner les tubes d'échappement et leurs jointures pour s'assurer qu'ils ne présentent pas de traces de fuites, de corrosion exagérée ni d'autres signes de détérioration. S'assurer que les supports élastiques sont en bon état et que les boulons d'assemblage sont bien serrés. La présence d'une fuite au niveau d'une jointure ou d'une autre partie de l'échappement se manifeste habituellement par des traces noires de nature fuligineuse.

**3** La ligne d'échappement peut émettre des claquements et autres bruits anormaux, en particulier au niveau des supports. Dans ce cas, essayer d'agir d'un côté à l'autre sur les tubes et les silencieux. Si les pièces de l'échappement cognent contre la caisse ou les organes de suspension, changer les supports. Au besoin, dissocier les tubes (si possible) et les redresser afin de ménager un espace suffisant par rapport aux éléments attenants.

**4** Le moteur tournant au ralenti, demander à quelqu'un d'autre de couvrir le tube en sortie du silencieux arrière avec un chiffon et tenter de détecter tout bruit susceptible d'indiquer une fuite de gaz d'échappement.

**5** Au terme de ces différents contrôles, descendre la voiture au sol.

**6** L'aspect de l'intérieur du tube arrière d'échappement peut fournir une bonne indication de l'état de fonctionnement du moteur. En présence de dépôts noirs, de nature fuligineuse, le moteur nécessite une mise au point, incluant un contrôle approfondi et un réglage du système d'injection et d'alimentation en carburant.

## 13 Direction et suspensions - contrôle

### *Direction et suspension avant*

**1** Lever l'avant de la voiture au cric et le poser sur chandelles (voir « *Levage et soutien du véhicule* »).

**2** Procéder à un contrôle visuel des soufflets des rotules de biellettes de direction et des rotules des triangles inférieurs de suspension avant ainsi que des soufflets de protection du boîtier de direction qui ne doivent pas présenter de fissures, de traces de frottement ni être marqués ou coupés. Une usure de ces éléments se traduira par des pertes de lubrifiant accompagnées d'une infiltration de saleté et d'eau avec une usure rapide des rotules ou du boîtier de direction en résultant.

**3** Vérifier l'état des canalisations et des tuyaux du circuit hydraulique d'assistance de direction qui ne doivent pas porter de traces de frottement ni être endommagés et examiner les raccords de tuyaux et de canalisations pour déceler la présence d'une éventuelle fuite. Effectuer également un contrôle pour mettre en évidence une fuite de fluide sous pression susceptible d'exister au niveau des soufflets et qui indiquerait une défectuosité des joints du boîtier de direction.

**4** Saisir chaque roue en haut et en bas (positions « 12 » et « 6 » heures) et essayer de la secouer **(voir illustration)**. Un léger jeu peut être remarqué, mais

**13.4 Contrôle du jeu dans un moyeu**

s'il s'avère être important, procéder à un contrôle plus complet pour en déterminer l'origine. Pour cela, continuer à secouer la roue et demander à quelqu'un d'autre d'appuyer sur la pédale de frein en même temps. Si dans ces conditions, le jeu a disparu ou s'est trouvé considérablement amoindri, les roulements de moyeux sont à incriminer. Si le jeu persiste avec la pédale de frein enfoncée, il provient des articulations ou des fixations de suspension.

**5** Saisir la roue à gauche et à droite (positions « 9 » et « 3 » heures) cette fois-ci et essayer de la secouer. Un jeu important peut être à nouveau dû à l'usure des roulements de moyeux ou des rotules de direction. Lorsqu'une rotule est usée, le jeu se remarquera très clairement de manière visuelle.

**6** Se munir d'un tournevis grand modèle ou d'une barre à section plate et vérifier l'usure des silentblocs de suspension en faisant levier entre l'élément de suspension concerné et son point de fixation. Un léger jeu est susceptible d'exister du fait que les silentblocs sont en caoutchouc mais un jeu excessivement important se remarquera immédiatement. Vérifier également les silentblocs visibles de l'extérieur afin de détecter la présence éventuelle de fentes, fissures ou de souillures sur leur caoutchouc.

**7** La voiture reposant au sol, demander à une autre personne de tourner légèrement le volant dans les deux sens, d'environ un huitième de tour, dans un mouvement de va-et-vient. Il peut exister un jeu libre très léger dans le volant et la direction. Si un jeu important est noté, vérifier de près les rotules et les silentblocs ainsi que décrit plus haut et par ailleurs, contrôler les cardans de colonne direction ainsi que la crémaillère et le pignon d'attaque pour une éventuelle usure.

### *Suspension arrière*

**8** Caler les roues avant puis lever l'arrière de la voiture au cric et le poser sur chandelles (voir *« Levage et soutien du véhicule »*).

**9** En procédant de la manière indiquée pour la suspension avant, contrôler les roulements de moyeux de roues (relâcher le levier de frein à main), les silentblocs de suspension et les fixations des amortisseurs pour en évaluer l'usure.

## 14 Durits et étanchéité - contrôle

**1** Se livrer à un contrôle visuel des plans de joint du moteur, des joints et des bagues d'étanchéité afin de déceler d'éventuelles traces de fuite d'eau ou d'huile. Prêter une attention toute particulière aux zones constituées par les jointures du couvre-culasse, de la culasse, du filtre à huile et du carter d'huile. S'attendre à ce que de légers suintements soient repérés au niveau de ces emplacements au bout d'un certain temps, cela étant relativement normal et ne doit pas être confondu avec des fuites importantes. Si une fuite vient à être détectée, remplacer l'élément d'étanchéité défectueux en se reportant aux chapitres correspondants du manuel.

**2** Vérifier également que toutes les canalisations et les durits associées au moteur sont bien serrées et en bon état. S'assurer de la présence de toutes les attaches de câbles et des colliers qui doivent en outre être en parfait état. Toute attache ou collier rompu peut amener des durits, les canalisations ou les câblages à frotter, ce qui pourrait entraîner à terme des dégâts plus conséquents.

**3** Examiner attentivement les durits de radiateur et de chauffage sur toute leur longueur. Changer toute durit fissurée, ballonnée ou marquée. Des fissures ou des craquelures se remarqueront plus aisément en pressant la durit entre les doigts. Contrôler de près les colliers de serrage des durits du circuit de refroidissement. Ces colliers peuvent pincer ou couper les durits avec des pertes de liquide en découlant. Si des colliers d'origine de type serti sont utilisés, il sera préférable de les remplacer par des colliers à bande métallique et vis sans fin de type classique.

**4** Contrôler tous les éléments constituants du circuit de refroidissement (durits, plans de joint, etc.) pour mettre en évidence d'éventuelles fuites. En cas de défaut d'étanchéité au niveau de l'une des pièces du circuit de refroidissement, changer cette pièce ou le joint défectueux en se reportant au chapitre 3.

**5** Le véhicule étant levé, contrôler l'état du réservoir de carburant et de la goulotte de remplissage qui ne doivent pas être percés, fissurés ni autrement endommagés. Le raccordement entre la goulotte de remplissage et le réservoir est un emplacement particulièrement sensible. Des fuites peuvent être observées au niveau de la goulotte ou de la durit de liaison du fait d'un collier desserré ou lorsque le caoutchouc est endommagé.

**6** Examiner de près l'état de toutes les durits en caoutchouc et des canalisations métalliques issues du réservoir de carburant. Repérer les branchements desserrés, les durits abîmées, les canalisations aplaties ou autrement marquées. Porter une attention toute particulière aux canalisations et durits de dégazage qui se trouvent fréquemment entortillées autour de la goulotte de remplissage et qui peuvent ainsi se boucher ou s'aplatir. Suivre le cheminement des canalisations jusqu'à l'avant du véhicule en les inspectant minutieusement sur toute leur longueur. Remplacer les canalisations détériorées si cela se montre nécessaire. Profiter de l'occasion pour vérifier toutes les canalisations et les flexibles de freins sous la voiture.

**7** Dans le compartiment moteur, s'assurer du bon serrage des fixations et des raccords de toutes les tuyauteries d'alimentation, de communication de la dépression et de freinage. Les durits et flexibles ne doivent pas être pliés, frotter contre un élément attenant ni être marqués.

**8** Vérifier l'état des tuyaux et canalisations du circuit d'assistance de direction ainsi qu'éventuellement des durits du refroidisseur de fluide de boîte de vitesses automatique.

**info** HAYNES

***Les fuites du circuit de refroidissement se manifestent habituellement par des traces de couleur blanche ou de rouille sur leur zone environnante***

## 15 Vis de roues - resserrage

**1** Déposer éventuellement l'enjoliveur et débloquer chacune des vis de la roue d'un demi-tour au moyen de la clé démonte-roue.

**2** Si des difficultés sont éprouvées en dévissant une vis, son filetage peut être grippé, corrodé ou endommagé : il faudra donc démonter la roue et la débarrasser de la saleté et de la boue sur ses faces intérieure et extérieure, et sur les surfaces d'appui des disques ou tambours (selon montage). Nettoyer à l'aide d'une brosse métallique le filetage des vis pour s'assurer de l'absence de rouille, de traces de corrosion ou de tout autre défaut. Enduire d'une pellicule de graisse au cuivre ou de produit antigrippage le filetage de chacun des vis et reposer la roue.

**3** En procédant en diagonale, serrer les vis de roue au couple prescrit en se servant d'une clé dynamométrique. Remonter éventuellement l'enjoliveur. Procéder de la même manière sur toutes les autres roues.

## 16 Carrosserie et soubassement - contrôle

**1** Après avoir lavé la voiture, en ayant pris soin d'éliminer parfaitement les traces de goudron et les taches, inspecter la carrosserie pour détecter d'éventuelles éraflures, des rayures ou des éclats. Prêter une attention toute particulière aux emplacements sensibles à l'avant : capot et spoiler, ainsi qu'au niveau des ailes et autour des passages de roues. Faire réparer sans tarder tout défaut constaté dans la peinture, conformément aux clauses de la garantie anticorrosion du constructeur : s'adresser au service après-vente d'un concessionnaire de la marque pour toute information utile.

**2** Les éclats et les rayures superficielles, exempts de rouille, peuvent être traités avec un pinceau de retouche de peinture de la teinte de référence du véhicule, à se procurer auprès du service des pièces détachées d'un concessionnaire Renault. Se reporter au chapitre 11 pour la réparation des dégâts plus importants ou des impacts de gravillons dans la peinture attaqués par la rouille. En cas dégât ou de corrosion nécessitant le remplacement d'un panneau de carrosserie, consulter un carrossier-réparateur.

**3** Vérifier que les orifices d'évacuation des bas de porte et les longerons notamment, ne sont pas bouchés afin que l'eau puisse s'écouler.

**4** Le revêtement protecteur du fond de caisse doit être inspecté une fois par an, de préférence à l'entrée de l'hiver, époque à laquelle le soubassement est à laver le plus soigneusement possible sans dégrader son enduit (voir chapitre 11, section 2 concernant le lavage sous pression). Si le revêtement protecteur est décollé, cloqué ou écaillé, le décaper et appliquer une couche d'enduit d'étanchéité à base de résine. En cas de dépose de l'un des panneaux de carrosserie pour une réparation ou un remplacement, ne pas oublier de reconstituer son revêtement protecteur et d'injecter de la résine dans les caissons de portes, les bas de caisse et les corps creux de la carrosserie afin de conserver le niveau de protection d'origine.

## 17 Amortisseurs - contrôle

**1** En opérant par les passages de roues, s'assurer de l'absence de fuites d'huile au niveau du corps des amortisseurs avant et arrière ainsi que des soufflets entourant la tige des amortisseurs. Tout amortisseur perdant de l'huile, ce qui indiquera une défectuosité interne, est à changer. **Nota :** *Les deux amortisseurs d'un même essieu doivent toujours être remplacés en même temps afin de ne pas compromettre la tenue de route.*

**2** L'efficacité des amortisseurs se contrôle en secouant la voiture dans chaque coin. D'une façon générale, la caisse doit revenir dans sa position normale et se stabiliser après avoir appuyé. Si plus de deux rebonds sont constatés, l'amortisseur concerné est probablement hors d'usage. Examiner également les silentblocs au niveau des fixations supérieure et inférieure des amortisseurs pour détecter une éventuelle usure à leur niveau.

# Révision générale

## 18 Bougies et allumage - remplacement et contrôle

***Danger : Les circuits d'allumage électroniques génèrent des tensions élevées. Il convient en conséquence d'être extrêmement prudent lorsqu'il s'agit d'intervenir sur le circuit avec le contact mis. Les porteurs de stimulateur cardiaque doivent se tenir éloignés du circuit d'allumage et des appareils utilisés pour le contrôle de celui-ci***

**1** Le bon fonctionnement des bougies est crucial pour obtenir un rendement satisfaisant du moteur. Il est impératif de monter des bougies de type approprié au véhicule. Lorsque des bougies adéquates sont utilisées et que le moteur est en bon état de marche, les bougies ne nécessitent normalement aucune intervention particulière entre les échéances de remplacement prescrites. Le nettoyage des bougies est rarement nécessaire et ne doit pas être entrepris sans avoir à disposition un appareil prévu à cet effet, sinon on risque de les endommager au niveau de leurs électrodes où se produit l'étincelle.

**2** Ouvrir le capot.

**3** Sur les versions à moteur 1,2 l, dégager l'outil intégré au cache en plastique du faisceau haute tension d'allumage en haut du moteur puis l'utiliser pour débrancher les fils du faisceau au niveau des bougies **(voir illustrations)**.

**4** Dans le cas des moteurs 1,4 et 1,6 l (8V), débrancher avec précaution les fils du faisceau haute tension d'allumage au niveau des bougies implantées à l'avant de la culasse **(voir illustration)**. Tirer sur l'embout en caoutchouc des fils pour les débrancher : ne pas tirer directement sur les fils au risque de détériorer le conducteur à l'intérieur de la gaine isolante.

**5** Pour les versions à moteurs 1,4 et 1,6 l (16V), déposer les bobines d'allumage surmontant les bougies, en se reportant au chapitre 5B pour cette opération **(voir illustration)**.

**6** Il est conseillé de nettoyer la culasse autour des bougies à l'aide d'une brosse métallique, d'un aspirateur ou à l'air comprimé avant de démonter les bougies afin que les saletés qui ont pu s'y accumuler ne tombent pas dans les cylindres.

**7** Le démontage des bougies nécessite une clé à bougie articulée à cliquet ou à poignée dont la rallonge permet de tenir les bougies pour les sortir de leur puits **(voir illustrations)**. Veiller à bien

**18.3a Dégager l'outil en plastique . . .**

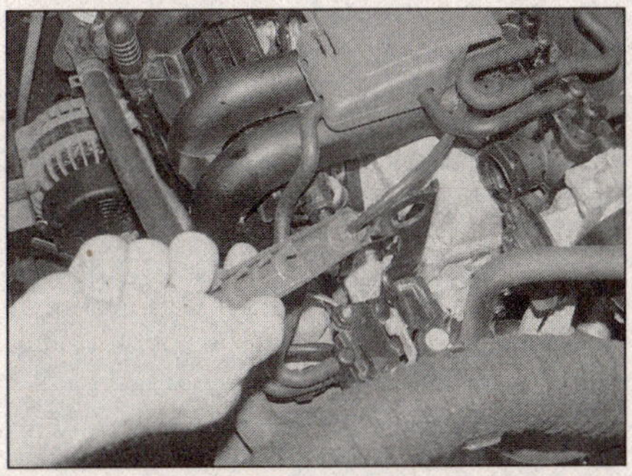

**18.3b . . . et l'utiliser pour débrancher les fils du faisceau haute tension d'allumage - moteur 1,2 l**

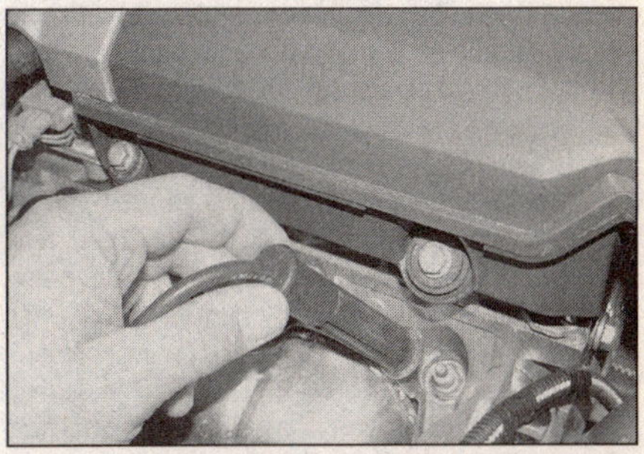

**18.4 Débranchement d'un fil du faisceau haute tension d'allumage au niveau d'une bougie - moteurs 1,4 et 1,6 l (8V)**

**18.5 Dépose d'une bobine d'allumage - moteurs 1,4 et 1,6 l (16V)**

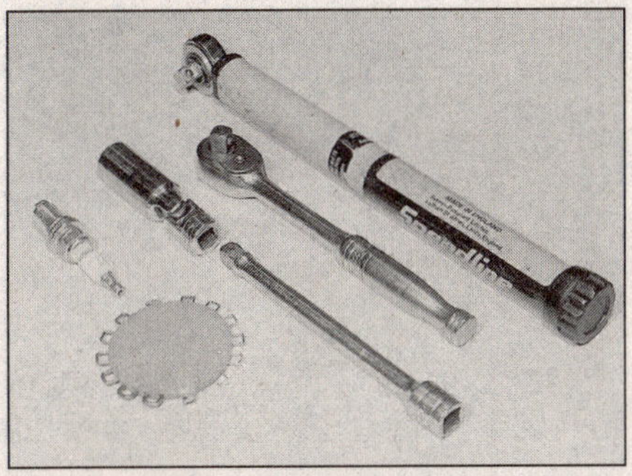

**18.7a Outillage pour le démontage, le réglage et le serrage des bougies**

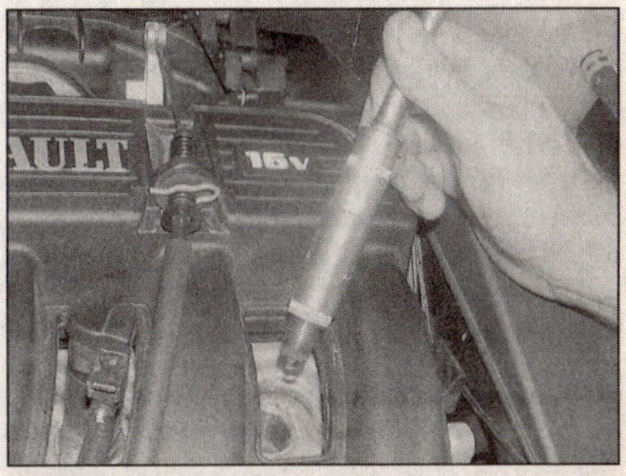


**18.7b Dépose d'une bougie - moteur 1,4 l (16V)**

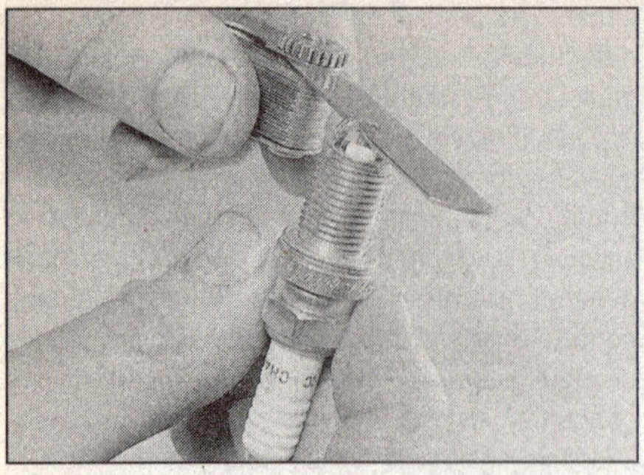

**18.13 Contrôle de l'écartement des électrodes d'une bougie avec une cale d'épaisseur**

maintenir le tube de la clé dans l'alignement de la bougie, sinon celle-ci risque d'être forcée sur le côté et la partie supérieure de son isolant réfractaire en céramique peut s'en trouver détériorée. Après dépose de chaque bougie, procéder aux contrôles suivants :

**8** Examiner l'état extérieur de la bougie qui fournira une bonne indication sur le fonctionnement du moteur. Si le bec d'isolant est sec et blanchâtre, sans dépôts, cela dénotera un mélange gazeux trop pauvre ou un indice thermique trop bas (sur une bougie de type chaud, la dissipation de chaleur produite au niveau des électrodes s'effectue lentement alors qu'elle a lieu rapidement sur une bougie de type froid).

**9** Si l'extrémité et le bec d'isolant sont salis par des dépôts noirs fuligineux, cela est révélateur d'un mélange gazeux trop riche. Si la bougie est couverte de dépôts noirs luisants et gras, cela peut indiquer que le moteur est dans un état d'usure avancé ou que le mélange gazeux est trop riche.

**10** Si le bec d'isolant présente un léger dépôt uniforme de couleur brun clair ou grise, la richesse du mélange est correctement réglée et le moteur est sans doute en bon état de fonctionnement.

**11** Les bougies peuvent être réutilisées si elles n'ont pas atteint l'échéance prescrite pour leur remplacement mais dans ce cas, il est conseillé de réajuster l'écartement de leurs électrodes afin de garantir un rendement optimal au moteur et pour tenir compte de la légère augmentation de l'écartement, de l'ordre de 0,025 mm pour chaque 1 500 km, se produisant normalement en cours de fonctionnement.

**12** L'écartement des électrodes de bougie joue un rôle très important dans la production d'étincelles. Afin de conférer une bonne efficacité aux bougies, l'écartement de leurs électrodes doit être réglé à la valeur indiquée dans les « *Caractéristiques* ».

**13** Mesurer l'écartement des électrodes à l'aide de cales d'épaisseur et agir en la tordant sur l'électrode de masse pour obtenir la valeur d'écartement correcte **(voir illustration)**. Ne jamais tordre l'électrode centrale au risque de casser l'isolant et de provoquer une défaillance de la bougie avec des conséquences fâcheuses pouvant en résulter.

**14** Il est possible de se procurer un outillage spécial pour le contrôle et le réglage de l'écartement des électrodes de bougies dans la plupart des centres auto et chez les fournisseurs d'outillage pour l'automobile **(voir illustration)**.

**15** Avant de remonter les bougies, vérifier que leur embout métallique est bien fixé et ne présente pas de jeu : au besoin, le serrer légèrement avec une pince, puis s'assurer de la parfaite propreté de

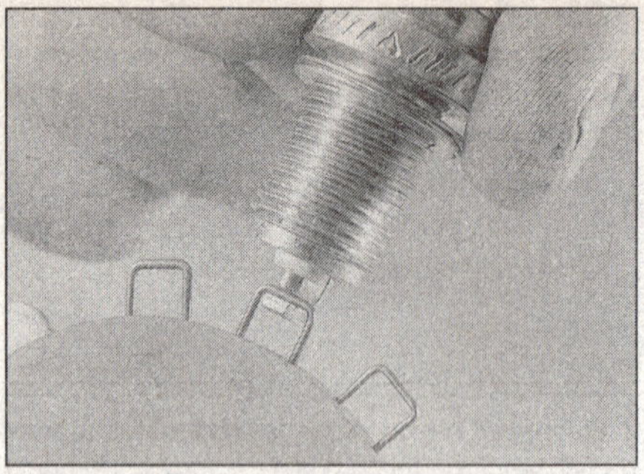

**18.14 Contrôle de l'écartement des électrodes d'une bougie avec une jauge à fils calibrés**

leur surface extérieure et de leur filetage à enduire de lubrifiant antigrippant.

**16** Introduire chacune des bougies dans son puits et la visser, en veillant à ne pas l'engager de travers.

**17** Serrer les bougies au couple prescrit avec une douille pour bougies et une clé dynamométrique.

**18** Dans le cas où ils existent, les fils du faisceau haute tension d'allumage sont à vérifier lors du montage de bougies neuves. Sur les versions à moteur 1,2 l, ouvrir le support du faisceau et dégager les fils. Pour les versions à moteurs 1,4 et 1,6 l (8V), desserrer les vis de fixation et dégager le support du faisceau au niveau du bouchon de l'orifice de remplissage d'huile. S'assurer de bien numéroter les fils avant de les débrancher de façon à ne pas les intervertir au remontage. Examiner l'intérieur de l'embout qui ne doit pas être corrodé, ce qui se manifestera par la présence d'un dépôt poudreux. Replacer l'embout sur la bougie en s'assurant qu'il est bien serré afin d'établir un bon contact. Nettoyer soigneusement le fil sur toute sa longueur avec un chiffon propre pour éliminer les traces graisseuses ou la saleté. Vérifier ensuite que le fil n'est pas brûlé, fissuré, craquelé ou autrement marqué. Ne pas forcer sur le fil en le tordant ou en tirant dessus : le conducteur à l'intérieur risque de se rompre. Débrancher l'autre extrémité du fil puis l'ausculter pour tenter de repérer tout signe de corrosion et s'assurer du bon serrage de la connexion au niveau de l'embout. Si l'on peut disposer d'un ohmmètre, vérifier la résistance du fil. Procéder de la même manière pour les autres fils du faisceau haute tension.

**19** Sur les versions à moteur 1,2 l, s'assurer que les fils du faisceau haute tension sont convenablement installés dans le support puis remettre en place l'outil de débranchement des fils sur le cache en

**info**
**HAYNES**

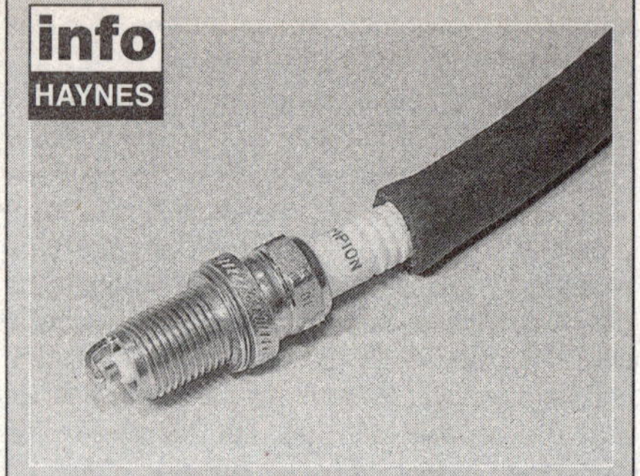

***Il est souvent difficile de monter les bougies sans les engager de travers, ce qui peut être évité en emmanchant un morceau de tube en caoutchouc de diamètre approprié à leur extrémité. Le tube flexible servira à guider les bougies dans leur puits. Si la bougie vient à se visser de travers, le tube coulissera sur elle sous l'effet de la résistance, cela empêchant le filetage de la culasse en alliage d'aluminium de se trouver endommagé***

plastique du faisceau. Rebrancher les fils sur les bougies, en veillant à ne pas les intervertir : l'ordre d'allumage dans les cylindres en dépend.

**20** Dans le cas des moteurs 1,4 et 1,6 l (8V), rebrancher les fils sur les bougies, en veillant à respecter l'ordre des cylindres, puis reposer le support du faisceau.

**21** Pour les moteurs 1,4 et 1,6 l (16V), procéder à la repose des bobines d'allumage, comme indiqué au chapitre 5B.

## 19 Filtre à air - remplacement de l'élément

### *Dépose*

#### Moteurs 1,2 l

**1** Appuyer sur sa languette pour la déverrouiller tout en faisant tourner le couvercle du boîtier de filtre dans le sens horaire (vu du côté droit du véhicule) pour le dégager **(voir illustration)**.

**2** Sortir l'élément filtrant du boîtier **(voir illustration)**.

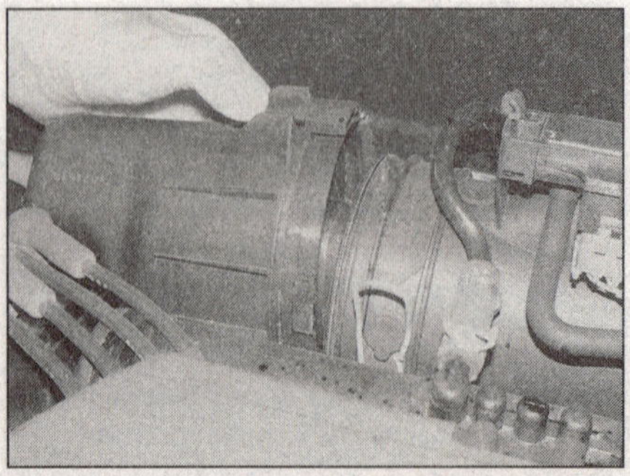

**19.1 Dépose du couvercle de boîtier de filtre à air - moteur 1,2 l**

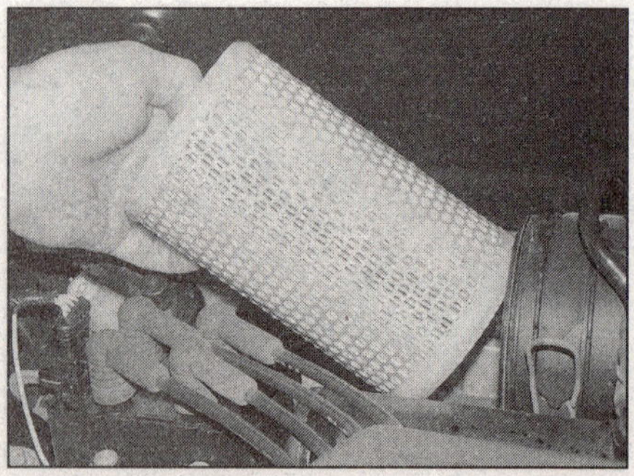

**19.2 Dépose de l'élément du filtre à air - moteur 1,2 l**

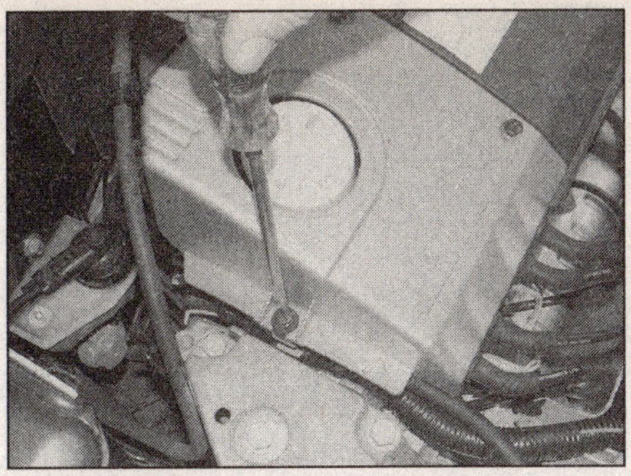

19.3a Desserrer ses vis de fixation . . .

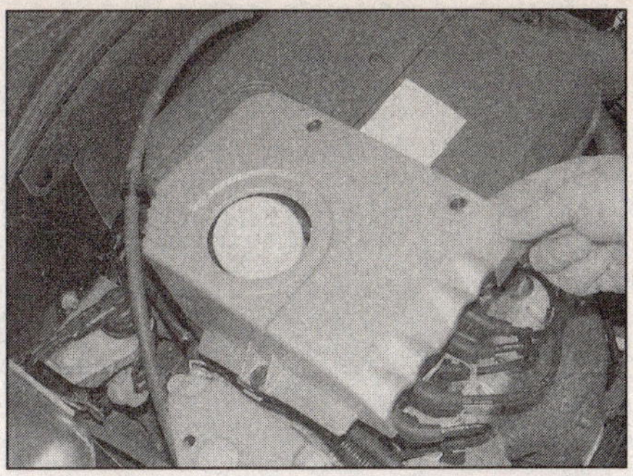

19.3b . . . et déposer le support du faisceau haute tension d'allumage . . .

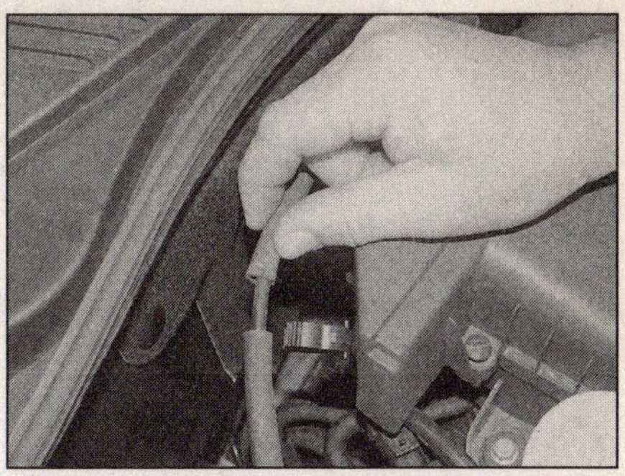

19.4 . . . puis libérer le câble d'accélérateur . . .

### Moteurs 1,4 et 1,6 l (8V)

**3** Desserrer ses vis de fixation et déposer le support du faisceau haute tension d'allumage au niveau du bouchon de l'orifice de remplissage d'huile **(voir illustrations)**.

**4** Libérer le câble d'accélérateur à la partie arrière du boîtier de filtre à air **(voir illustration)**.

**5** Desserrer ses vis de fixation puis déposer le couvercle du boîtier de filtre à air et sortir l'élément filtrant **(voir illustrations)**.

### Moteurs 1,4 et 1,6 l (16V)

**6** Le filtre à air est situé à l'arrière gauche du moteur. En premier lieu, déboîter le conduit d'admission d'air du boîtier de filtre à air **(voir illustration)**.

**7** Desserrer ses vis de fixation et dégager le support de l'élément filtrant du boîtier principal **(voir illustrations)**.

**8** Dégager l'élément filtrant du support en veillant à bien repérer au préalable sa position de montage **(voir illustration)**.

### *Repose*

**9** Nettoyer soigneusement l'intérieur du boîtier de filtre à air et éventuellement du couvercle, en faisant attention de ne pas laisser d'impuretés pénétrer à l'intérieur du conduit d'admission d'air.

**10** Procéder à l'inverse de la dépose pour la mise en place de l'élément filtrant neuf.

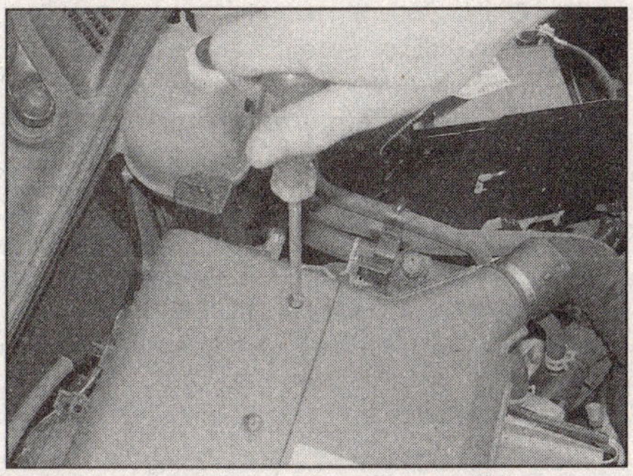

19.5a . . . desserrer les vis de fixation . . .

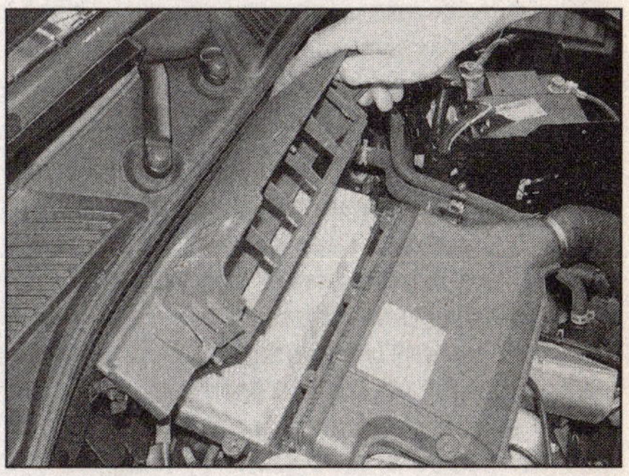

19.5b . . . dégager le couvercle . . .

19.5c . . . et sortir l'élément du filtre à air - moteurs 1,4 et 1,6 l (8V)

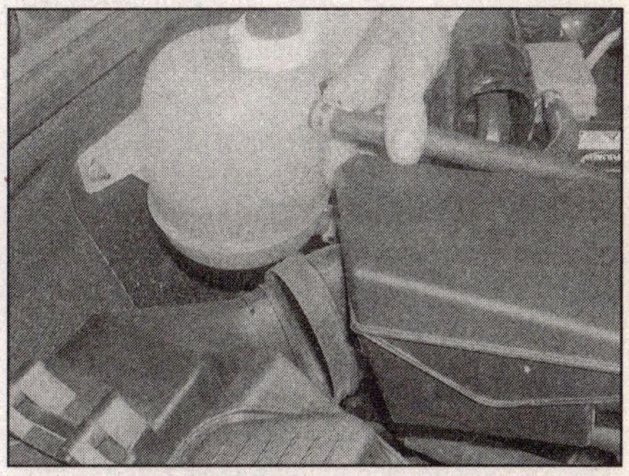

19.6 Déboîter le conduit d'admission . . .

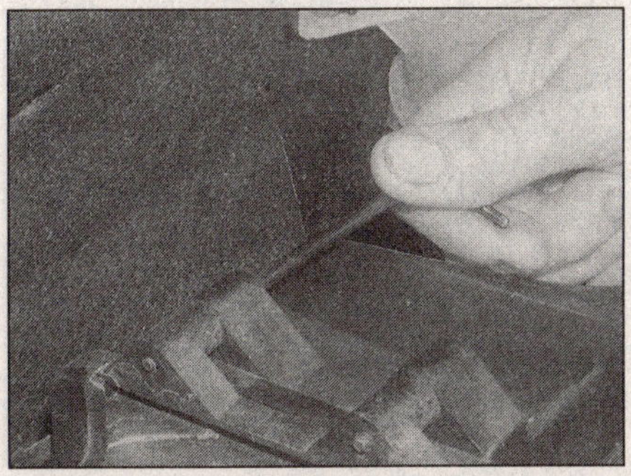

19.7a . . . desserrer les vis de fixation . . .

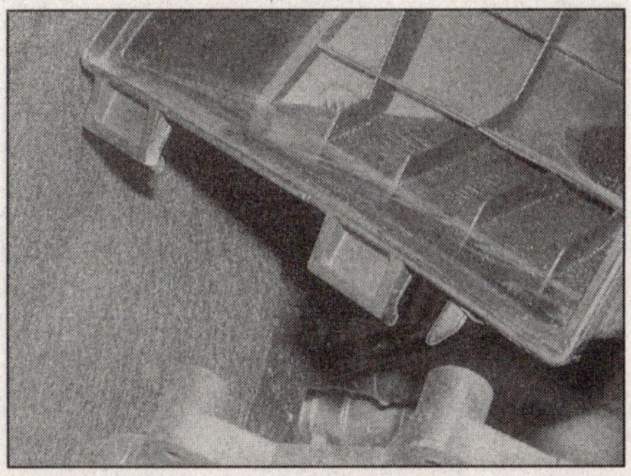

19.7b . . . sortir le support . . .

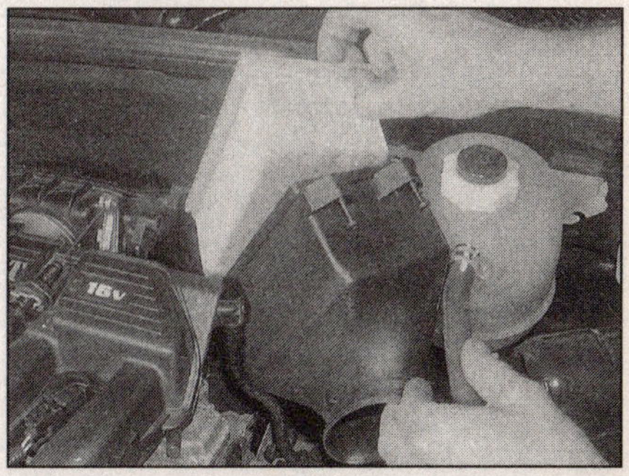

19.8 . . . et dégager l'élément du filtre à air de son support - moteurs 1,4 et 1,6 l (16V)

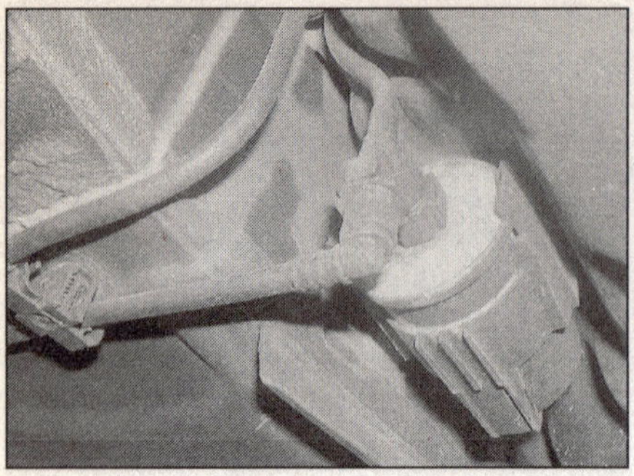
20.1 Emplacement du filtre à essence

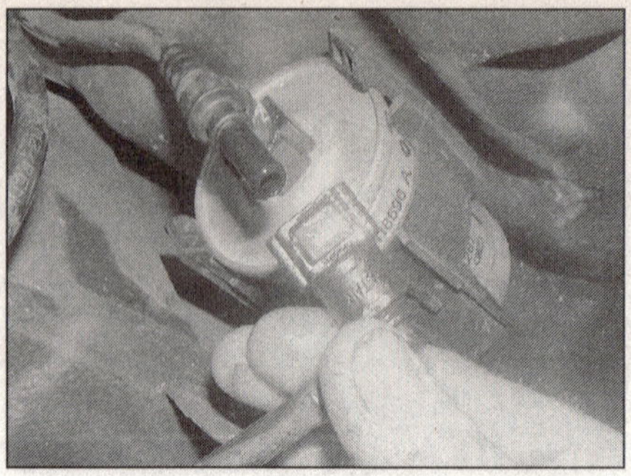
20.2a Débranchement de la durit de refoulement . . .

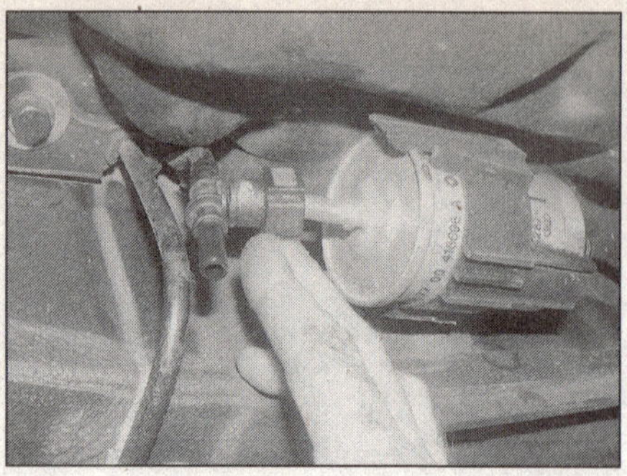
20.2b . . . et suivant équipement, du raccord en « T » de la cartouche du filtre à essence

## 20 Filtre à essence - remplacement

***Danger : Avant d'entreprendre les opérations qui suivent, se reporter à la rubrique « Impératifs de sécurité » au début du manuel et observer impérativement les consignes indiquées. L'essence est un liquide extrêmement volatil et inflammable devant être manipulé avec la plus grande prudence***

**1** Le filtre à essence est situé sous le plancher arrière de la voiture, à l'avant du réservoir, côté droit de celui-ci **(voir illustration)**. Pour y accéder, caler les roues avant puis lever l'arrière de la voiture au cric et le poser sur chandelles (voir *« Levage et soutien du véhicule »*). Nettoyer soigneusement la cartouche du filtre et la zone environnante afin d'éviter l'admission ultérieure d'impuretés dans le circuit d'alimentation en carburant.

***Attention : Le circuit d'alimentation doit être dépressurisé en procédant comme décrit au chapitre 4A avant de débrancher les canalisations d'essence***

**2** Faire chuter la pression dans le circuit d'alimentation de la manière décrite au chapitre 4A, section 7, puis débrancher les durits de chaque côté de la cartouche filtrante **(voir illustrations)**. Les durits sont équipées d'un raccord rapide que l'on peut déverrouiller en le comprimant au moyen de la pince prévue à cet effet (outil Renault Mot. 1265). Obturer les durits pour arrêter l'écoulement d'essence.

**info HAYNES** ***A défaut, bien que cela ne soit pas recommandé car il y a risque de détérioration des canalisations, utiliser l'agrafe du bouchon d'un stylo bille ou un crochet en fil de fer pour tirer et arracher les raccords rapides. Ne pas pincer les canalisations au risque de les endommager***

**3** Pousser la cartouche filtrante pour la dégager du support, en veillant à bien repérer son sens de montage : la flèche indique le sens de circulation de l'essence, c'est-à-dire vers la rampe d'alimentation **(voir illustration)**. **Nota :** *Ne pas jeter le filtre - l'enlever de manière responsable vu qu'il contient de l'essence (voir info-Haynes de la section 3).*

**4** Installer la cartouche filtrante neuve sur le support, en s'assurant de bien disposer sa flèche dans le sens de circulation de l'essence.

**5** Rebrancher les durits à la cartouche filtrante, en veillant à verrouiller convenablement leur raccord rapide.

**6** Mettre le moteur en marche et procéder à un contrôle d'étanchéité pour s'assurer de l'absence de fuites au niveau de la cartouche filtrante.

**7** Descendre la voiture au sol.

## 21 Segments et tambours de freins AR. - contrôle

Déposer les deux tambours et contrôler l'état des segments qui ne doivent pas être usés ni encrassés. Examiner en même temps les cylindres récepteurs pour tâcher de détecter toute trace de fuite à leur niveau ainsi que les tambours pour déceler une éventuelle usure. Se reporter aux sections correspondantes du chapitre 9 pour davantage de précisions à ce sujet.

## 22 BV manuelle - contrôle de niveau d'huile

**1** Garer la voiture au-dessus d'une fosse d'entretien ou lever l'avant au cric et le poser sur chandelles (voir *« Levage et soutien du véhicule »*). A signaler que la voiture doit impérativement rester sur un plan horizontal pour ne pas fausser le relevé du niveau d'huile de la boîte de vitesses.

**2** Suivant le cas, desserrer ses vis de fixation et déposer le carénage de protection sous le moteur ou le protecteur en dessous de la boîte de vitesses **(voir illustration)**.

**3** Nettoyer le pourtour du bouchon de remplissage-niveau implanté sur la face avant du carter principal de la boîte de vitesses. Dévisser le

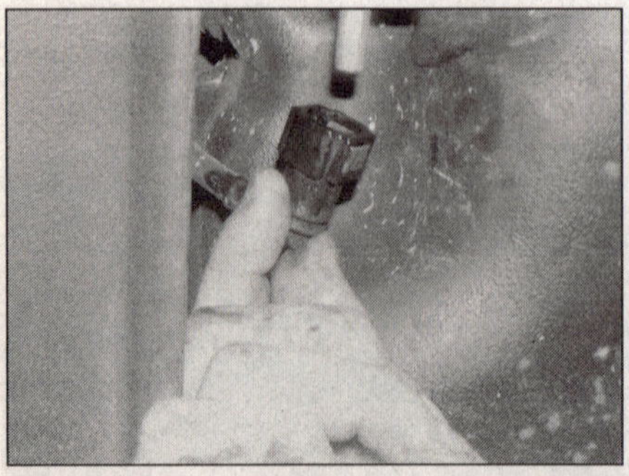
20.2c Débranchement de la durit d'arrivée de la cartouche du filtre à essence

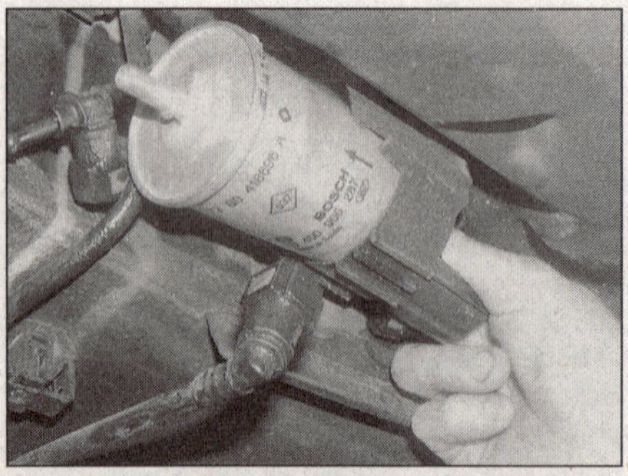

20.3 Dépose de la cartouche du filtre à essence. A noter que la flèche indique le sens de circulation de l'essence

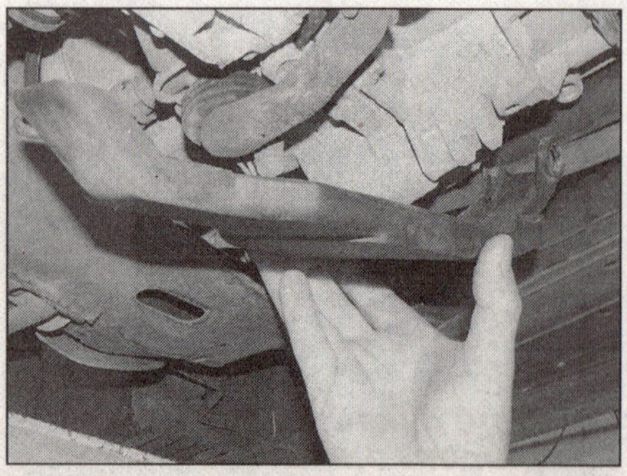
22.2 Dépose du protecteur en dessous de la BV manuelle

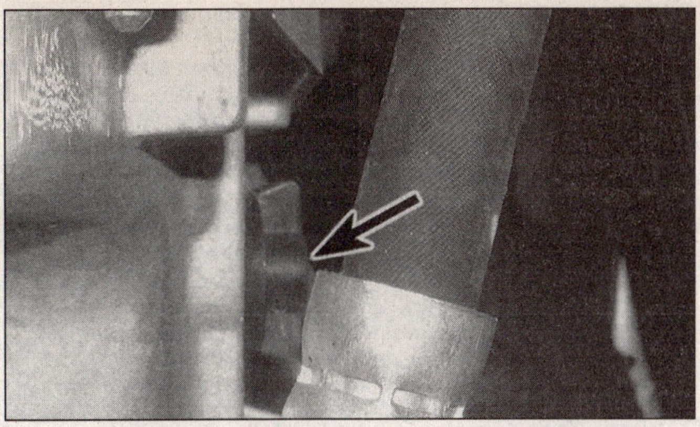

22.3 Bouchon de remplissage-niveau de BV manuelle

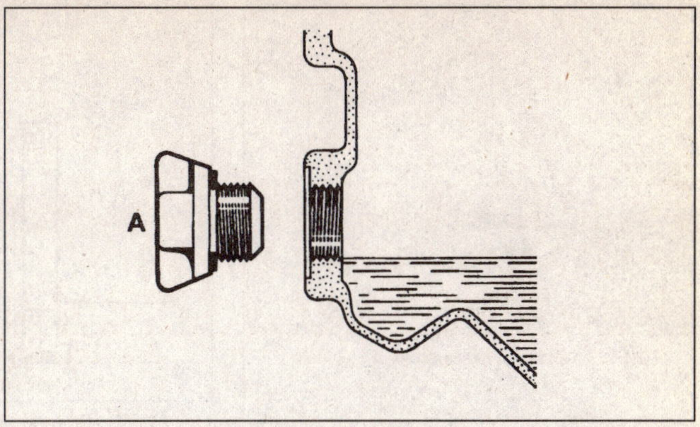


22.4 Bouchon de remplissage-niveau (A) de BV manuelle : niveau d'huile correct montré

bouchon et l'enlever avec sa rondelle d'étanchéité **(voir illustration)**.

**4** Le niveau d'huile doit affleurer le bord inférieur de l'orifice de remplissage-niveau **(voir illustration)**.

**5** Rétablir au besoin le niveau avec une seringue en utilisant une huile répondant à la norme préconisée (voir « *Lubrifiants et fluides* » au début du manuel). Incorporer l'huile jusqu'à ce qu'elle commence à déborder par l'orifice de remplissage-niveau puis laisser l'excédent s'évacuer.

**6** Le niveau correct une fois obtenu, reposer le bouchon muni d'une rondelle d'étanchéité neuve, en le bloquant convenablement.

**7** Remettre en place le protecteur en dessous de la boîte de vitesses ou le carénage de protection sous le moteur puis descendre la voiture au sol. A noter que s'il devient nécessaire d'ajouter fréquemment de l'huile, cela est révélateur de l'existence d'un défaut d'étanchéité, probablement au niveau d'un joint à lèvre. Déterminer l'origine de ce défaut et le traiter sans tarder.

## 23 Parallélisme du train AV. - contrôle

Voir chapitre 10.

## 24 Climatisation - contrôle

Tout contrôle de l'équipement de climatisation doit être confié à un atelier du réseau Renault disposant du matériel indispensable pour cette opération.

## 25 Essai sur route

### Combiné d'instruments et équipement électrique

**1** Contrôler le fonctionnement de tous les instruments au tableau de bord et de l'équipement électrique.

**2** S'assurer que les instruments fournissent des indications exactes et faire fonctionner tous les appareils électriques pour vérifier leur bon état de marche.

### Direction et suspensions

**3** Procéder à un contrôle pour détecter d'éventuelles anomalies dans la direction, les suspensions, la conduite et la tenue de route.

**4** Effectuer un parcours sur route pour s'assurer de l'absence de vibrations et de bruits anormaux.

**5** Vérifier que la direction réagit normalement, sans jeu ni dureté excessifs et que les suspensions n'émettent pas de bruit dans les virages, sur les bosses et les dos d'âne.

### Groupe motopropulseur

**6** Contrôler le fonctionnement du moteur, de l'embrayage (suivant équipement), de la boîte de vitesses et des transmissions.

**7** Tenter de détecter tout bruit anormal provenant du moteur, de l'embrayage et de la boîte de vitesses.

**8** Vérifier que le moteur prend bien ses tours au ralenti et qu'il ne présente pas de creux à l'accélération.

**9** Vérifier éventuellement que l'embrayage s'engage de manière normale et régulière, que la communication de la force motrice s'effectue sans à-coups et que la course de la pédale ne soit pas excessive. Repérer également tout bruit pouvant être émis en débrayant.

**10** Sur les voitures équipées d'une boîte de vitesses manuelle, vérifier que les vitesses passent bien et sans bruit et que la commande des vitesses soit précise et « n'accroche » pas.

**11** Dans le cas d'une boîte de vitesses automatique, vérifier que tous les rapports passent bien, sans à-coups dans la communication de la force motrice et sans augmentation de régime du moteur entre chaque passage de rapport. Contrôler que tous les rapports peuvent être engagés le véhicule étant à l'arrêt. Consulter les services techniques d'un concessionnaire Renault pour tout problème rencontré dans le fonctionnement de la boîte de vitesses automatique.

**12** Prêter une oreille attentive pour détecter les claquements pouvant être perçus à l'avant du véhicule lorsque celui-ci décrit un arc de cercle à faible allure en braquant à fond la direction sur un côté. Se livrer à ce contrôle dans les deux sens. La présence de claquements indiquera un manque de lubrification ou une usure au niveau d'un joint homocinétique de transmission (voir chapitre 8).

### BV automatique - contrôle de niveau de fluide

**Nota 1 :** *La vérification du niveau de fluide de boîte de vitesses automatique est une opération particulièrement fastidieuse qu'il est conseillé de confier à un atelier du réseau Renault. Elle nécessite en effet un appareil spécial (coffret de contrôle Renault « XR25 ») permettant de déterminer la température du fluide. La méthode est toutefois décrite ci-dessous pour ceux qui auraient cet appareil à leur disposition.*

**Nota 2 :** *La boîte de type DPO est lubrifiée à vie et une vérification du niveau de fluide ne s'impose réellement qu'en présence d'une fuite légère ou si pour une raison quelconque, une baisse anormale du niveau est suspectée.*

**13** Déposer, suivant le cas, le manchon de liaison entre filtre à air et boîtier de papillon ou le silencieux du boîtier de filtre à air avec le conduit d'admission (voir chapitre 4A), puis dévisser le bouchon de remplissage (A) à la partie supérieure de la boîte de vitesses **(voir illustration)**. Incorporer un demi-litre de fluide répondant à la norme préconisée par le tube ou l'orifice de remplissage en utilisant un entonnoir muni d'un

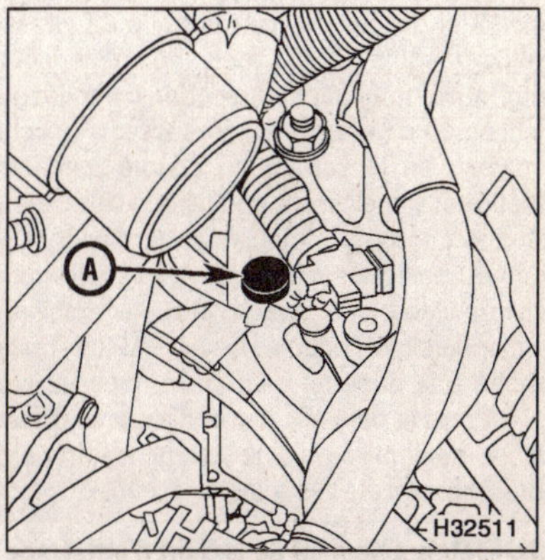


25.13 Bouchon de remplissage (A) de BV automatique

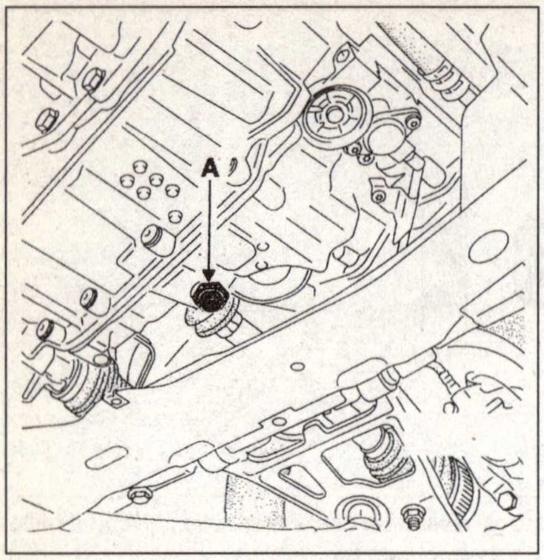


**25.16a Bouchons de vidange et de niveau (A) de BV automatique**

*Le bouchon de niveau est le plus petit des deux bouchons hexagonales*

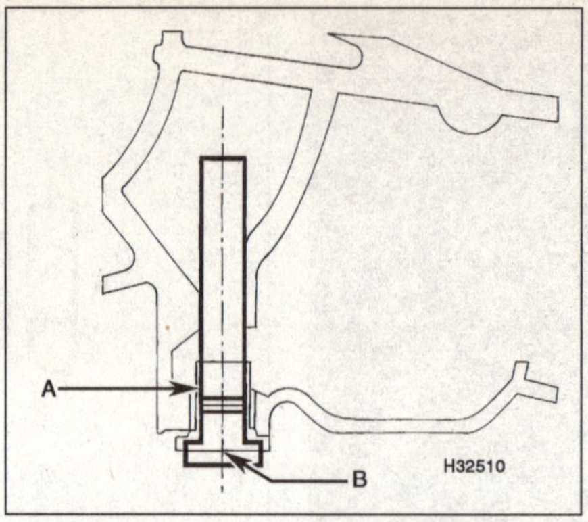


**25.16b Vidange et mise à niveau de BV automatique**

*A Bouchon de vidange*
*B Bouchon de niveau*

filtre de façon à éviter l'admission d'impuretés puis reposer le bouchon.

**14** Placer la voiture au-dessus d'une fosse d'entretien, sur un pont élévateur ou la lever au cric et la poser sur chandelles (voir *« Levage et soutien du véhicule »*) en veillant à ce qu'elle reste de niveau. Si prévu, desserrer ses vis de fixation et déposer le carénage de protection sous le moteur.

**15** Brancher l'appareil de contrôle Renault « XR25 » à la prise de diagnostic puis taper le code « D14 » puis « # 04 » sur l'appareil. Le levier sélecteur étant en position « P » (parking), laisser tourner le moteur au ralenti jusqu'à ce que la température du fluide indiquée par l'appareil atteigne 60 °C.

**16** Le moteur continuant de tourner, dévisser et déposer le bouchon de niveau sur le carter inférieur de la boîte de vitesses **(voir illustrations)**. Les bouchons de vidange et de niveau sont regroupés : celui de niveau est le plus petit des deux bouchons six pans creux formant le bloc de vidange-contrôle de niveau. Recueillir l'excédent de fluide dans une éprouvette graduée pendant environ 20 secondes. Le volume de fluide recueilli doit être supérieur à 0,1 litre, sinon le niveau est incorrect.

**17** En cas de résultat incorrect, ajouter 0,5 litre de fluide dans la boîte de vitesses comme indiqué au point 13 ci-dessus. Laisser la boîte de vitesses refroidir jusqu'à 50 °C puis recommencer le contrôle comme décrit précédemment jusqu'à obtention du niveau correct et reposer le bouchon de niveau en le serrant au couple préconisé. Remettre éventuellement en place le carénage de protection sous le moteur puis le manchon de liaison du boîtier de filtre à air ou le silencieux du boîtier de filtre à air avec le conduit d'admission.

**18** L'appareil de contrôle Renault « XR25 » restant branché à la prise de diagnostic, taper le code « G74 » puis la date afin de réinitialiser l'indicateur d'usure de l'huile du calculateur électronique. Débrancher ensuite l'appareil de contrôle.

### *Contrôle du fonctionnement et de l'efficacité des freins*

**19** Vérifier que la voiture ne tire pas sur un côté au freinage et que les roues ne se bloquent pas prématurément en freinant brusquement.

**20** S'assurer de l'absence de vibrations dans la direction au freinage.

**21** Vérifier que le frein à main fonctionne convenablement sans que son levier ait une course excessive et qu'il soit efficace lorsque le véhicule est garé en côte.

**22** Se livrer à un contrôle de fonctionnement du servofrein en procédant comme suit : moteur arrêté, appuyer sur la pédale de frein à quatre ou cinq reprises successives pour faire évacuer la dépression résiduelle puis maintenir la pédale enfoncée et mettre le moteur en marche. Au démarrage du moteur, on doit sentir la pédale de frein s'enfoncer sensiblement, ce qui indique que la communication de la dépression s'effectue normalement. Laisser le moteur tourner pendant au moins deux minutes et l'arrêter. Si la pédale de frein vient ensuite à être enfoncée de nouveau, cela doit s'accompagner d'un « sifflement » caractéristique du servofrein. Après avoir actionné la pédale quatre ou cinq fois, le « sifflement » ne doit plus être perçu et une résistance nettement plus importante doit être constatée à la pédale.

## 26 Courroie de distribution - remplacement

Voir description correspondante au chapitre 2A ou 2B.

## 27 Liquide de frein - renouvellement

***Danger : Le liquide de frein est une substance toxique. Laver abondamment à l'eau claire en cas de contact avec la peau et consulter immédiatement un médecin si du liquide est avalé ou en cas de contact avec les yeux. Certains types de liquide sont inflammables et peuvent prendre feu au contact d'une source de chaleur. Pour cette raison, lors de toute intervention sur le circuit hydraulique et dans le doute sur la nature du liquide, il vaut mieux partir du principe qu'il est inflammable et prendre les mêmes mesures de sécurité que pour l'essence. Le liquide de frein attaquant également la peinture et les matières plastiques, il convient donc de rincer abondamment à l'eau claire en cas d'écoulement. Enfin, ce liquide est hygroscopique (il absorbe l'humidité de l'air) - en effet, en cas de degré hygrométrique élevé, l'efficacité du freinage risque de s'en trouver dangereusement altérée - tout liquide usagé peut se trouver contaminé et ne sera pas réutilisable. Lors d'une remise à niveau ou d'une vidange du circuit hydraulique, veiller à utiliser exclusivement le liquide préconisé aux « Contrôles hebdomadaires »et s'assurer qu'il provient d'un bidon hermétique récemment entamé***

**1** Le renouvellement du liquide de frein s'effectue en procédant de manière identique à celle décrite pour la purge du circuit hydraulique de freinage au chapitre 9, si ce n'est que le réservoir du maître-cylindre doit tout d'abord être vidé en siphonnant le liquide avec une pipette ou une seringue puis le liquide usagé doit être évacué en purgeant une partie du circuit.

**2** En opérant comme indiqué au chapitre 9, ouvrir la première vis de purge à se présenter dans l'ordre prescrit et appuyer doucement sur la pédale en pompant jusqu'à ce que presque tout le liquide usagé contenu dans le réservoir du maître-cylindre ait été évacué. Remplir le circuit de liquide neuf jusqu'au repère « maxi. » du réservoir et continuer à pomper en actionnant la pédale jusqu'à ce que du liquide neuf parvienne à la vis de purge. Resserrer la vis de purge et compléter le niveau dans le réservoir pour arriver au repère « maxi. ».

**info HAYNES** ***Le liquide de frein usagé est forcément plus foncé que le neuf, ce qui permet de distinguer aisément les deux dans le circuit***

**3** Procéder de la même manière sur toutes les autres vis de purge et cela dans l'ordre spécifié, jusqu'à ce que du liquide neuf parvienne à leur niveau. Veiller à maintenir en permanence le niveau de liquide au-dessus du repère « mini. » dans le réservoir du maître-cylindre, sinon de l'air risque d'être admis dans le circuit, ce qui rallongerait considérablement le temps consacré aux opérations de purge. **Nota :** *Ne pas jeter le liquide usagé - l'enlever de manière responsable (voir info-Haynes de la section 3). A noter que les liquides hydrauliques et les huiles usagées peuvent être recyclés pendant qu'ils soient mélangés.*

**4** Au terme de ces opérations, vérifier que toutes les vis de purge sont bien serrées et qu'elles sont équipées de leur capuchon de protection. Essuyer toute trace de liquide ayant coulé et recontrôler le niveau de liquide dans le réservoir du maître-cylindre.

**5** Pour finir, s'assurer du bon fonctionnement des freins avant de prendre la route.

# Tous les 120 000 km ou 4 ans

## 28 Liquide de refroidissement - renouvellement

***Danger : Attendre que le moteur soit complètement froid pour entreprendre les opérations qui suivent. L'antigel ne doit pas être mis au contact de la peau ni des surfaces peintes de la voiture. Rincer abondamment à l'eau claire toute trace d'antigel renversé. Ne jamais laisser traîner un bidon d'antigel débouché. De même, essuyer les flaques pouvant stagner au sol. Les enfants et les animaux sont attirés par l'odeur agréable de l'antigel qui peut cependant provoquer une grave intoxication en cas d'ingestion***

### Vidange du circuit de refroidissement

**Nota :** *Ne pas jeter le liquide usagé - l'enlever de manière responsable, mais ne pas le mélanger avec les huiles usagées afin de permettre leur recyclage. Verser dans un bidon tout liquide provenant de la vidange et du rinçage du circuit de refroidissement, étiqueter ce bidon et le porter dans une déchetterie (voir info-Haynes de la section 3).*

**1** Le moteur étant refroidi, enlever le bouchon du vase d'expansion. Dévisser le bouchon dans le sens anti-horaire puis attendre que la pression résiduelle s'échappe pour finir de le dévisser et le retirer.

**2** Déposer éventuellement le carénage de protection sous le moteur puis disposer une bassine de vidange sous le raccordement de la durit inférieure du radiateur, côté gauche de celui-ci.

**3** Desserrer son collier puis débrancher la durit inférieure du radiateur et laisser le liquide de refroidissement s'écouler dans la bassine.

**4** Pour faciliter la vidange, ouvrir la ou les vis de purge du circuit de refroidissement. Dans le cas des versions à moteur 1,2 l sans climatisation, il existe deux vis de purge : une implantée sur la durit reliant le boîtier thermostatique au radiateur de chauffage et la seconde sur la durit raccordant le radiateur de chauffage à la pompe à eau. Les versions à moteur 1,2 l avec climatisation ne disposent que d'une seule vis de purge située sur la durit reliant le radiateur de chauffage à la pompe à eau. Les versions à moteurs 1,4 et 1,6 l (8V) sont également pourvues d'une seule vis de purge située sur la durit joignant le boîtier thermostatique au radiateur de chauffage **(voir illustration)**. Dans le cas des versions à moteurs 1,4 et 1,6 l (16V), l'unique vis de purge est implantée sur le boîtier thermostatique.

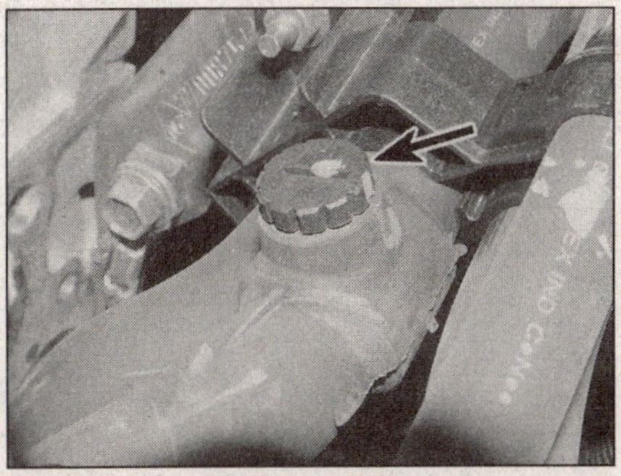

**28.4 Vis de purge du circuit de refroidissement - moteur 1,4 l (8V)**

**5** Le liquide ne coulant plus au niveau de la durit inférieure du radiateur, déplacer la bassine en dessous du bouchon de vidange du bloc-cylindres, dans le cas où il existe : les versions à moteur 1,2 l en sont dépourvues. Pour les autres versions, le bouchon de vidange est implanté côté gauche ou droit du bloc-cylindres, suivant le cas. Enlever le bouchon puis récupérer le liquide de refroidissement dans la bassine.

**6** Si le circuit de refroidissement a été vidangé pour une raison autre que le renouvellement du liquide et si ce dernier est propre et n'a pas servi pendant plus de cinq ans, il pourra être réutilisé, bien que cela soit déconseillé.

**7** Après évacuation complète du liquide de refroidissement, rebrancher la durit inférieure du radiateur puis remonter éventuellement le bouchon de vidange du bloc-cylindres en le bloquant convenablement.

### Rinçage du circuit de refroidissement

***Attention : Ne pas employer de soude caustique ni de produits alcalins pour le rinçage du circuit de refroidissement et du radiateur à faisceau en aluminium au risque de provoquer une corrosion des éléments en alliage léger avec des fuites pouvant en résulter***

**8** Si le liquide de refroidissement n'a pas été régulièrement renouvelé à la fréquence prescrite ou si la solution antigel a perdu de ses propriétés assurant la protection du circuit, ce dernier risque de perdre progressivement de son efficacité du fait de l'entartrage et du colmatage par la rouille et d'autres sédiments de ses conduits. En tel cas, il y aura lieu de rincer le circuit de refroidissement pour le débarrasser des impuretés qu'il contient et lui restituer son efficacité.

**9** Le radiateur doit être rincé séparément du bloc-moteur afin d'éviter une possible contamination.

#### Rinçage du radiateur

**10** Débrancher les durits supérieure et inférieure ainsi que toute autre durit raccordée au radiateur (voir chapitre 3).

**11** Introduire l'extrémité d'un tuyau d'arrosage dans l'orifice de la durit supérieure et faire circuler de l'eau dans le radiateur. Continuer le rinçage jusqu'à ce que l'eau sorte parfaitement propre par l'orifice de la durit inférieure.

**12** Si au bout d'un certain moment, l'eau sortant du radiateur est encore trouble, le radiateur doit alors être rincé en utilisant un produit nettoyant-détartrant pour radiateurs du commerce, en suivant les instructions de sa notice d'emploi. Si le radiateur est particulièrement entartré et corrodé, le rincer à l'envers en introduisant l'extrémité du tuyau d'arrosage par l'orifice du bas.

#### Rinçage du bloc-moteur

**13** Pour effectuer cette opération, remonter tout d'abord le bouchon de vidange du bloc-cylindres dans le cas où il est prévu.

**14** Déposer le thermostat (voir chapitre 3) puis reposer provisoirement son couvercle en laissant la durit supérieure du radiateur raccordée à son niveau.

**15** Les durits supérieure et inférieure étant débranchées au niveau du radiateur, introduire l'extrémité d'un tuyau d'arrosage dans la durit supérieure. Faire circuler de l'eau à travers le bloc-moteur et continuer le rinçage jusqu'à ce que l'eau sorte parfaitement propre par la durit inférieure.

**16** Le rinçage une fois terminé, reposer le thermostat puis rebrancher les durits, comme indiqué au chapitre 3.

### Remplissage du circuit de refroidissement

**17** Avant de procéder au remplissage du circuit de refroidissement, s'assurer que toutes les durits et les colliers sont en bon état et bien serrés. Le cas échéant, vérifier également que le bouchon de vidange du bloc-cylindres est serré à fond. A noter qu'une solution de refroidissement de type « quatre saisons » avec antigel incorporé doit être utilisée tout au long de l'année afin de prévenir la corrosion des organes du moteur (voir paragraphe ci-dessous à ce sujet).

**18** Enlever le bouchon du vase d'expansion.

**19** Ouvrir la ou les vis de purge du circuit de refroidissement (voir point 4 plus haut).

**20** Remplir lentement le circuit, jusqu'à ce que le niveau arrive au repère « maxi. » du vase d'expansion.

**21** Dès que le liquide s'écoule, sans bulles d'air, par la ou les vis de purge, les fermer.

**22** Mettre le moteur en marche et le faire tourner au ralenti accéléré (ne pas dépasser 1 500 tr/min) pendant 4 minutes environ. Veiller à maintenir un niveau suffisant de liquide de refroidissement dans le vase d'expansion, en le complétant s'il y a lieu pour atteindre le bord supérieur du goulot.

**23** Reposer et bien serrer le bouchon du vase d'expansion.

**24** Faire tourner le moteur à 2 500 tr/min pendant 10 minutes environ dans le cas des moteurs 1,2, 1,4 et 1,6 l (8V) ou 20 minutes pour les moteurs 1,4 et 1,6 l (16V), jusqu'à enclenchement et arrêt du motoventilateur.

**25** Arrêter le moteur et le laisser refroidir pendant 30 minutes au minimum.

**26** Revérifier le niveau de liquide de refroidissement, comme décrit à la rubrique « *Contrôles hebdomadaires* » au début du manuel, en le rétablissant au besoin puis reposer le bouchon du vase d'expansion. Dans le cas où il est prévu, remettre en place le carénage de protection sous le moteur.

### *Solution antigel*

**27** Le liquide de refroidissement doit impérativement être renouvelé selon la périodicité spécifiée. Cela s'avère nécessaire non seulement pour que le liquide conserve ses propriétés antigel mais également pour prévenir la corrosion qui ne tarderait pas à se développer du fait d'une diminution progressive de l'efficacité des additifs anticorrosion contenus dans le liquide.

**28** Il convient d'utiliser exclusivement un antigel à base d'éthylène glycol adapté aux circuits de refroidissement réalisés dans des métaux composites, du type préconisé par le constructeur (voir « *Lubrifiants et fluides* » au début du manuel). Les proportions d'antigel à incorporer et les niveaux de protection correspondants contre le gel sont donnés à titre indicatif dans les « *Caractéristiques* » au début du chapitre.

**29** Avant d'ajouter de l'antigel, le circuit de refroidissement doit avoir subi une vidange complète et de préférence, avoir été rincé. L'état des durits ainsi que le serrage de leur raccordement doivent également être contrôlés.

**30** Après remplissage du circuit de refroidissement, apposer sur le vase d'expansion une étiquette sur laquelle seront indiqués le type et la concentration d'antigel utilisés ainsi que la date de vidange. Tout appoint ultérieur de liquide dans le circuit de refroidissement doit être fait avec le même type et la même proportion d'antigel.

**31** Ne pas utiliser d'antigel prévu pour le circuit de refroidissement des moteurs dans le lave-glace, ce qui risquerait d'endommager la peinture de la carrosserie. Ajouter un produit spécial lave-vitre du commerce dans l'eau du lave-glace en respectant les proportions indiquées sur la notice d'emploi ou bien utiliser un produit prêt à l'emploi.

# Tous les 4 ans

### 29 Coussin gonflable de sécurité intégré - changement des accus

Sur les modèles équipés d'un coussin gonflable de sécurité (airbag) de type intégré, les accus doivent être changés tous les 4 ans, une intervention à confier aux services techniques d'un concessionnaire Renault.

# Chapitre 1 Partie B : Entretien courant - modèles Diesel

## Sommaire



## Niveaux de difficulté

| | | | | |
|---|---|---|---|---|
| **Facile,** pour les profanes de la mécanique | **Assez facile,** pour les débutants plus avisés | **Assez difficile,** pour les amateurs compétents | **Difficile,** pour les amateurs plus expérimentés | **Très difficile,** pour les initiés et les professionnels |

| | | |
|---|---|---|
| **Lubrifiants et liquides préconisés** | Voir « *Lubrifiants et fluides* » | |
| **Capacités** | | |
| **Huile moteur** | | |
| Sans filtre | 4,7 litres | |
| Avec filtre | 5,2 litres | |
| Différence entre repères MINI. et MAXI. sur jauge de niveau | 2 litres | |
| **Circuit de refroidissement** | 7,4 litres | |
| **Boîte de vitesses** | 3,4 litres | |
| **Réservoir de carburant** | 50 litres | |
| **Liquide de refroidissement** | | |
| Niveaux de protection contre le gel et dosage : | **Antigel** | **Eau** |
| Jusqu'à -23 °C | 35 % | 65 % |
| Jusqu'à -40 °C | 50 % | 50 % |
| **Tension de courroie des accessoires - avec appareils Renault** | **Mot. 1273** | **Mot. 1505** |
| Sans climatisation : | | |
| Valeur de montage/contrôle | 104 ± 5 unités SEEM | 174 ± 5 hertz |
| Valeur de fonctionnement mini. | 62 unités SEEM | Ne s'applique pas |
| Avec climatisation : | | |
| Valeur de montage/contrôle | 115 ± 7 unités SEEM | 177 ± 5 hertz |
| Valeur de fonctionnement mini. | 82 unités SEEM | Ne s'applique pas |
| **Freins** | | |
| Epaisseur des plaquettes (support compris) : | **Nominale** | **Minimale** |
| Freins AV. | 18 mm | 6 mm |
| Freins AR. | 15 mm | 6 mm |
| Epaisseur des segments (support compris) - freins AR. à tambours : | | |
| Nominale : | | |
| Segments comprimés | 4,6 mm | |
| Segments tendus | 3,3 mm | |
| Minimale | 2 mm | |
| **Couples de serrage** | **daN.m** | |
| Bouchon de vidange d'huile moteur | 1,5 à 2,5 | |
| Vis de roues | 9 | |

# Programme d'entretien périodique - modèles Diesel

Les périodicités figurant dans le programme d'entretien qui suit sont données à titre indicatif pour vous permettre d'accomplir par vos propres soins toutes les tâches qui vous incombent pour assurer la maintenance de votre véhicule. Il s'agit des échéances d'entretien préconisées pour un usage quotidien du véhicule. Si vous êtes soucieux de maintenir votre voiture en parfait état de marche, vous serez peut-être désireux d'effectuer certaines opérations plus fréquemment. Nous ne saurions que trop vous encourager dans cette voie, car bien entretenu, un véhicule est à même de donner entière satisfaction à son propriétaire qui pourra de surcroît en obtenir un bon prix à la revente.

Un entretien plus fréquent est conseillé pour les voitures utilisées en atmosphère poussiéreuse, tractant une remorque ou une caravane, conduites régulièrement à vitesse réduite (ralentissements dans les embouteillages urbains) ou effectuant de courts trajets répétés.

Les voitures neuves doivent faire l'objet d'un suivi régulier assuré par un concessionnaire du réseau de la marque, dans le cadre de la garantie.

Le contrôle du jeu aux soupapes n'est pas prévu par le programme d'entretien périodique du constructeur. Il est à effectuer (voir chapitre 2C) si la distribution est bruyante : claquements perceptibles au niveau du haut-moteur, ou en cas de perte de puissance inexpliquée du moteur. Il est toutefois prudent de le pratiquer sur une base régulière, soit environ tous les 15 000 km ou une fois tous les deux ans.

**Nota :** *Pour tous les modèles à moteur 1,9 D traites dans le présent manuel, le programme d'entretien du constructeur, pour les véhicules utilisés dans des conditions normales, reste établi sur une base périodique de 15 000 km ou bien tous les 2 ans. Pour les véhicules fonctionnant dans des conditions difficiles : utilisation fréquente dans les embouteillages, usage taxi ou courts trajets répétés avec le moteur froid et par basse température, un programme d'entretien spécifique est recommandé, sur une base de 15 000 km ou bien annuelle. Pour les propriétaires de véhicules à kilométrage élevé ou en cas de conduite imposant des « marche-arrêt » fréquents, il est préférable d'opter pour cette fréquence d'entretien. La vidange du moteur et le remplacement du filtre à huile qui sont à effectuer à intervalles réguliers, constituent des opérations extrêmement bénéfiques pour le moteur et pour cette raison, il est conseillé de les effectuer le plus souvent possible, à la fréquence suggérée ci-dessous.*

## Tous les 400 km ou une fois par semaine

☐ Voir « *Contrôles hebdomadaires* ».

## Tous les 7 500 km ou 6 mois, suivant le terme échu en premier

☐ Vidanger le moteur et changer le filtre à huile (voir section 3).
☐ Purger le filtre à gazole de l'eau qu'il contient (voir section 19).

**Nota :** *L'échéance normale de ces procédures est fixée à 15 000 km ou tous les 2 ans. Il est toutefois conseillé d'effectuer ces opérations, qui sont indispensables au maintien du moteur en bon état, à la périodicité indiquée ci-dessus, tout particulièrement dans le cas des véhicules utilisés principalement pour de courts trajets ou ne parcourant qu'un faible kilométrage annuel.*

## Tous les 15 000 km ou 2 ans, suivant le terme échu en premier

☐ Vidanger le moteur et changer le filtre à huile (voir section 3). *
☐ Purger le filtre à gazole de l'eau qu'il contient (voir section 19). *
☐ Changer le filtre à pollen (voir section 4).
☐ Contrôler le niveau de fluide de direction assistée (voir section 5).
☐ Contrôler l'épaisseur des plaquettes et l'état des disques de freins (voir section 6).
☐ Contrôler et régler éventuellement la commande de frein à main (voir section 7).
☐ Contrôler la commande d'embrayage (voir section 8).
☐ Vérifier l'état de la courroie des accessoires (voir section 9).
☐ Vérifier l'état des ceintures de sécurité (voir section 10).
☐ Vérifier le bon fonctionnement de l'équipement électrique (voir section 11).
☐ Vérifier l'état de l'échappement et de ses supports (voir section 12).
☐ Contrôler les organes de direction et de suspension (voir section 13).
☐ Contrôler tous les éléments sous le capot moteur et soubassement pour déceler d'éventuelles fuites (voir section 14).
☐ S'assurer du bon serrage des vis de roues (voir section 15).
☐ Contrôler la carrosserie et le soubassement (voir section 16). **
☐ Contrôler les amortisseurs avant et arrière (voir section 17).

* **Nota :** *Il s'agit de l'échéance normale préconisée par le constructeur pour ces opérations.*

** **Nota :** *Afin d'empêcher l'annulation de la garantie anticorrosion Renault exige que le véhicule soit vérifié après les premiers 60 000 km puis environ tous les 30 000 km - ces contrôles périodiques sont à réaliser par un concessionnaire du réseau Renault.*

## Tous les 30 000 km ou 2 ans, suivant le terme échu en premier

*En plus de tous les points énumérés précédemment, effectuer l'opération suivante :*

☐ Renouveler le liquide de refroidissement (voir section 28). *

* **Nota :** *Cet intervalle est préconisé par Haynes, il doit s'appliquer au moindre doute sur la qualité de l'antigel contenu dans le circuit de refroidissement. S'il est certain que le véhicule contient toujours le liquide de refroidissement préconisé, utiliser l'intervalle de remplacement préconisé par Renault et indiqué ci-dessous. Consulter un concessionnaire Renault en cas de doute à ce sujet.*

## Tous les 60 000 km

*Outre les points indiqués aux échéances précédentes, effectuer les opérations suivantes :*

☐ Changer l'élément du filtre à air (voir section 18).
☐ Changer le filtre à gazole (voir section 19)
☐ Contrôler les segments et les tambours de freins arrière (voir section 20).
☐ Contrôler le niveau d'huile de boîte de vitesses (voir section 21).
☐ Contrôler le parallélisme du train avant (voir section 22).
☐ Vérifier le fonctionnement de la climatisation (voir section 23).
☐ Procéder à un essai sur route (voir section 24).
☐ Changer la courroie de distribution (voir section 25). *
☐ Renouveler le liquide de frein (voir section 26).

* **Nota :** *Bien que l'échéance normale de remplacement de la courroie de distribution se situe à 120 000 km, il est vivement recommandé de la raccourcir de moitié pour la ramener à 60 000 km dans le cas des véhicules utilisés dans des conditions particulièrement difficiles telles que courts trajets répétés ou conduite imposant des « marche-arrêt » fréquents. La longévité de la courroie dépend dans une large mesure des conditions de conduite et partant de là, la fréquence de son remplacement est laissée à l'appréciation de chacun. Cela dit, il convient de prendre conscience des risques auxquels on s'expose, en particulier de sérieux dégâts du moteur, en cas de rupture de la courroie.*



## Tous les 120 000 km ou 4 ans, suivant le terme échu en premier

*Outre les points indiqués aux échéances précédentes, effectuer l'opération suivante :*

☐ Renouveler le liquide de refroidissement (voir section 27).

## Tous les 4 ans

*Outre les points indiqués aux échéances précédentes, effectuer l'opération suivante :*

☐ Pour les véhicules équipés d'un coussin gonflable de sécurité (airbag) intégré, changer les accus (voir section 28).

## Tous les 120 000 km ou 5 ans, suivant le terme échu en premier

*En plus de tous les points énumérés précédemment, effectuer l'opération suivante :*

☐ Changer la courroie de distribution (voir section 25).

**Nota :** *Il s'agit de l'échéance normale préconisée par le constructeur pour le remplacement de la courroie de distribution.*

## Vue sous le capot d'une version à moteur Diesel (avec climatisation)

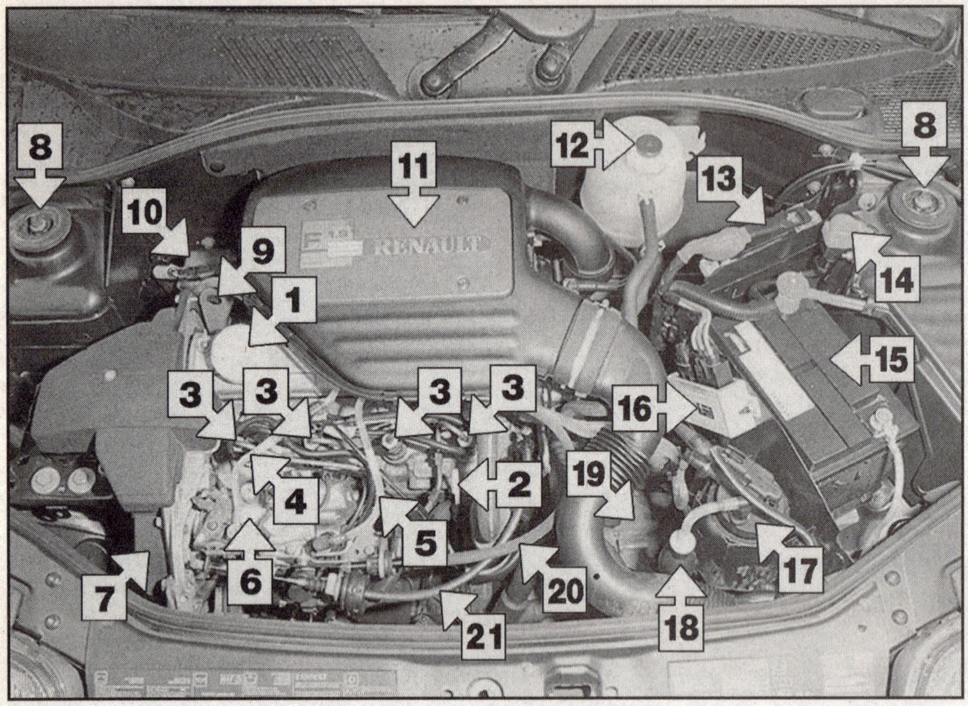


*1 Bouchon de remplissage d'huile moteur*
*2 Jauge de niveau d'huile moteur*
*3 Injecteurs*
*4 Canalisation de retour de carburant*
*5 Canalisation d'alimentation en carburant*
*6 Pompe d'injection*
*7 Courroie des accessoires*
*8 Fixations supérieures de jambes de suspension*
*9 Patte de levage du moteur*
*10 Réservoir de liquide de frein ***
*11 Filtre à air*
*12 Vase d'expansion de circuit de refroidissement*
*13 Calculateur électronique de gestion du moteur*
*14 Contacteur à inertie de coupure d'alimentation en carburant*
*15 Batterie*
*16 Boîtier de pré/postchauffage **
*17 Filtre à gazole*
*18 Poire de pompe d'amorçage manuelle*
*19 Boîte de vitesses*
*20 Câble d'accélérateur*
*21 Câble de ralenti accéléré*
** Emplacement variant selon le type de moteur*
*** A côté du vase d'expansion de circuit de refroidissement sur modèle avec direction à gauche*

## Vue du soubassement avant

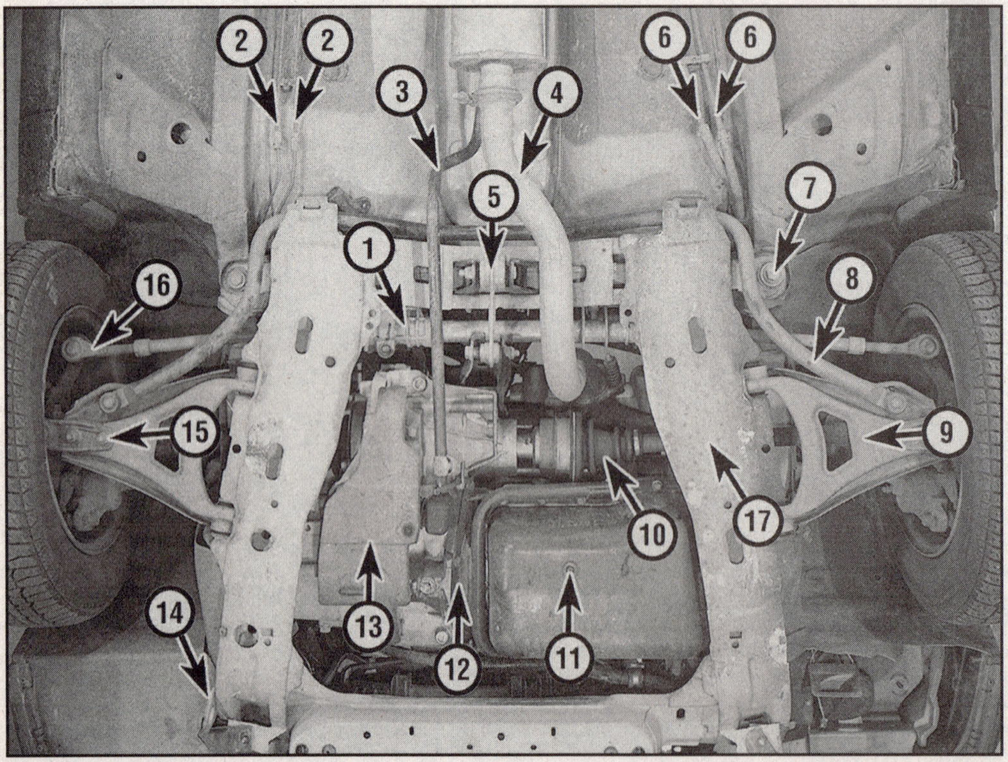


*1 Boîtier de direction*
*2 Canalisations de freins*
*3 Tringle de commande des vitesses*
*4 Tube avant d'échappement*
*5 Biellette antibasculement arrière du groupe motopropulseur*
*6 Canalisations d'alimentation en carburant*
*7 Vis de fixation du berceau*
*8 Barre stabilisatrice*
*9 Triangle inférieur de suspension*
*10 Transmission droite*
*11 Bouchon de vidange du moteur*
*12 Tôle de fermeture du volant moteur*
*13 Couvercle inférieur de boîte de vitesses*
*14 Anneau de remorquage*
*15 Rotule de triangle inférieur de suspension*
*16 Rotule de biellette de direction*
*17 Berceau du train avant*

## Vue type du soubassement arrière

*1 Réservoir de carburant*
*2 Câble de frein à main*
*3 Filtre à essence (versions à moteur essence uniquement)*
*4 Canalisations d'alimentation et de retour de carburant*
*5 Limiteur de pression de freinage (sans ABS)*
*6 Essieu arrière*
*7 Ressorts de suspension*
*8 Silencieux secondaire d'échappement*

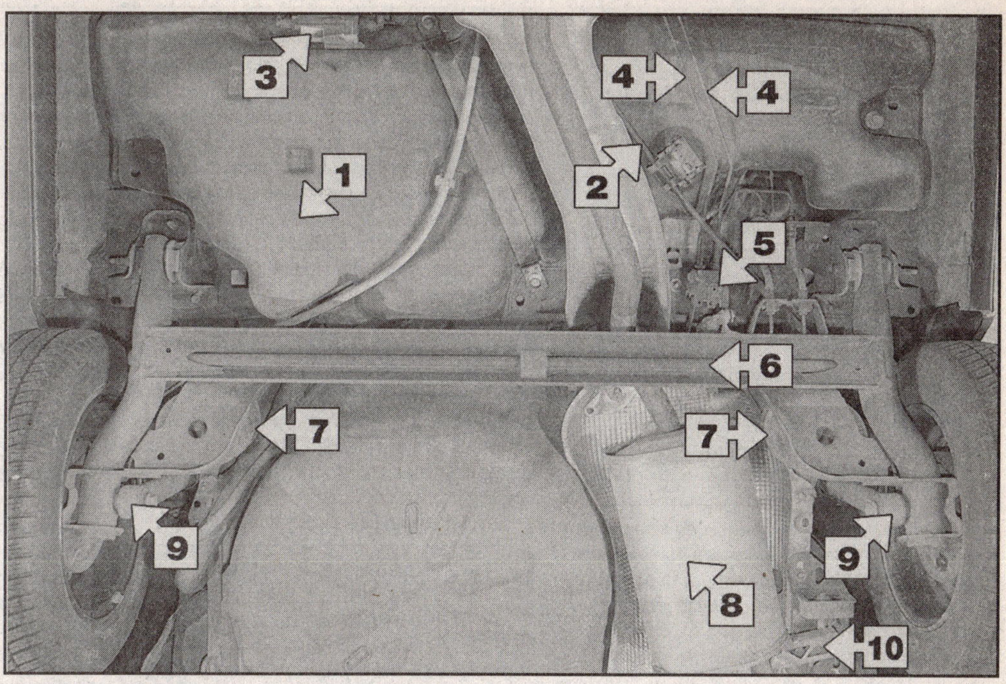




### 1 Introduction

Ce chapitre est destiné à aider les automobilistes à entretenir leur voiture par leurs propres moyens de façon à la maintenir en parfait état de marche, également dans un souci de lui assurer un fonctionnement économique et une durée de vie prolongée et à titre préventif, pour leur sécurité personnelle et celle d'autrui.

Y figurent un programme d'entretien périodique général et des sections traitant spécifiquement de chaque tâche à accomplir dans le cadre de ce programme qui implique des contrôles visuels, des réglages, des remplacements de pièces et des conseils qui peuvent se révéler précieux pour les profanes. Se reporter aux illustrations jointes représentant des vues du compartiment moteur et du soubassement pour repérer l'emplacement des différents éléments et organes concernés.

Un entretien régulièrement effectué aux intervalles prescrits garantira fiabilité et longévité à tous les véhicules. Le programme d'entretien est planifié de manière cohérente et le fait de prêter attention à certains points seulement tout en négligeant le reste risque de remettre en cause l'entretien périodique.

Au fur et à mesure que seront accomplies les opérations d'entretien, l'on s'apercevra que nombre d'interventions peuvent ou doivent être groupées du fait de la spécificité de certaines d'entre elles ou en raison de la proximité de deux éléments distincts accessibles conjointement. Par exemple, si la voiture vient à être mise sur chandelles pour une raison quelconque, l'échappement peut être inspecté en même temps que les organes de suspension et de direction.

La première chose à faire avant d'effectuer soi-même l'entretien de son véhicule est de bien se préparer. Il convient par conséquent de lire toutes les sections concernées par l'opération que l'on va entreprendre et d'établir une liste de toutes les pièces et des outils dont on aura besoin. En cas de problème, obtenir les conseils d'un spécialiste ou d'un magasinier du service des pièces détachées d'un concessionnaire de la marque.

### 2 Entretien intensif

Lorsque la voiture est neuve, si l'entretien périodique est scrupuleusement respecté et que des contrôles de niveaux de liquides et d'huiles ainsi que des pièces sujettes à usure rapide sont assurés comme indiqué tout au long du présent manuel, le moteur sera maintenu en bon état de marche et ne nécessitera normalement que des interventions supplémentaires minimes.

Un moteur mal entretenu est susceptible de présenter des anomalies de fonctionnement. Cela peut se remarquer en particulier sur le moteur d'un véhicule d'occasion n'ayant pas été entretenu régulièrement et qui devra subir des contrôles et des interventions en plus de ceux qui sont prescrits dans le cadre de l'entretien périodique.

En cas de doute sur le degré d'usure d'un moteur, un contrôle de compression ou de fuites (voir chapitre 2C) fournira une valeur indicative intéressante sur l'efficacité d'ensemble des principaux organes internes. Cette vérification peut constituer une bonne base de départ pour déterminer la nature des interventions à pratiquer.

Si par exemple, une usure avancée du moteur est constatée suite à un contrôle de compression, un entretien classique ainsi que décrit dans le présent chapitre ne sera pas en mesure d'améliorer de manière significative le rendement du moteur et peut se révéler être une perte de temps et d'argent si une remise en état générale de ce moteur (voir chapitre 2D) n'est pas effectuée au préalable.

Sont néanmoins indiquées ci-dessous les mesures les plus susceptibles d'améliorer le rendement d'un moteur au fonctionnement insatisfaisant.

#### *Mesures d'ordre général*

*a) Nettoyer, contrôler et tester la batterie (voir « Contrôles hebdomadaires »)*
*b) Contrôler tous les liquides et huiles relatifs au moteur (voir « Contrôles hebdomadaires »)*
*c) Contrôler l'état de la courroie des accessoires (voir section 9)*
*d) Vérifier l'état de toutes les tuyauteries et s'assurer de l'absence de fuites de liquides (voir section 14)*
*e) Contrôler l'état de l'élément du filtre à air et le changer au besoin (voir section 18)*
*f) Vérifier l'état du filtre à gazole et le changer s'il y a lieu (voir section 19)*

Si suite à ces mesures, le rendement du moteur n'a pas connu d'amélioration, prendre les dispositions qui suivent :

#### *Mesures complémentaires*

Ces mesures sont à associer à celles d'ordre général indiquées ci-dessus.

*a) Contrôler le circuit de charge (voir chapitre 5A)*
*b) Contrôler le système de pré/postchauffage (voir chapitre 5C)*
*c) Contrôler le circuit d'alimentation (voir chapitre 4B)*

# Tous les 15 000 km ou 2 ans, suivant le terme échu en premier

## 3 Huile moteur et filtre - vidange et remplacement

**info HAYNES** ***La vidange et le changement du filtre à huile constituent les opérations de loin les plus importantes pouvant être accomplies par les automobilistes appelés à entretenir leur véhicule par leurs propres moyens. Il s'agit d'un entretien de base à ne jamais négliger car l'huile perd de ses qualités lubrifiantes au fur et à mesure de son vieillissement, ce qui ne peut qu'accélérer l'usure graduelle du moteur***

**Nota :** *Le déblocage du bouchon de vidange du moteur nécessite une clé spéciale à bout carré de 8 mm à se procurer dans un centre auto ou auprès du service des pièces détachées d'un concessionnaire Renault (outil Mot. 1018).*

**1** Avant de commencer, se munir des outils et du matériel nécessaires **(voir illustration)**. Prévoir également une grande quantité de chiffons et du papier journal pour récupérer l'huile pouvant se répandre sous la voiture. Il est préférable de vidanger le moteur lorsqu'il est encore chaud car l'huile est alors plus fluide, ce qui favorise son écoulement et cela permet d'éliminer le maximum de résidus. Prendre garde de ne pas toucher les pièces échauffées du moteur ou de l'échappement en se glissant sous la voiture. Afin de ne pas se brûler et se protéger contre les agents irritants pour la peau qui sont contenus dans l'huile, il est recommandé de porter des gants en caoutchouc. Serrer le frein à main puis lever l'avant de la voiture au cric et le poser sur chandelles (voir « *Levage et soutien du véhicule* ») ou en alternative, se servir de plans inclinés ou d'un pont élévateur. Quelle que soit la méthode utilisée, le véhicule doit rester le plus horizontal possible afin de permettre l'évacuation complète de l'huile. Déposer le carénage de protection dans le cas où il existe.

**2** Enlever le bouchon de l'orifice de remplissage d'huile sur le couvre-culasse puis disposer une bassine de récupération d'une contenance suffisante en dessous du carter d'huile. Nettoyer le bouchon de vidange et sa zone environnante avec un chiffon puis le débloquer d'un demi-tour avec une clé spéciale à bout carré de 8 mm **(voir illustrations)**.

**info HAYNES** ***Essayer de maintenir le bouchon de vidange plaqué contre le carter d'huile en le dévissant à la main. Le bouchon étant dévissé à fond, l'enlever le plus rapidement possible de façon à ce que l'huile s'écoule dans la bassine et non pas dans la manche de la personne sous la voiture !***

**3** Laisser l'huile s'écouler pendant quelques instants en ayant cependant à déplacer la bassine au besoin au bout d'un moment car le filet s'écoulant allant en s'amenuisant, l'huile risque de couler à côté.

**4** L'huile ne gouttant plus, essuyer le bouchon de vidange avec un chiffon propre ou de l'essuie-tout et le munir d'une rondelle d'étanchéité neuve. Nettoyer le filetage de l'orifice de vidange dans le carter d'huile puis reposer le bouchon en le serrant sans exagération ; de préférence, resserrer le bouchon au couple prescrit en se servant d'une clé dynamométrique.

**5** Amener la bassine à hauteur de la cartouche de filtre à huile implantée à l'avant du bloc-cylindres **(voir illustration)**.

**6** Débloquer la cartouche filtrante au moyen d'une clé pour filtres à huile puis l'entourer d'un chiffon et finir de la dévisser à la main pour la déposer en la tenant verticalement avec son ouverture en haut afin de ne pas répandre d'huile **(voir illustration)**. A défaut d'un tel outil, transpercer la cartouche de part en part avec un tournevis et utiliser ce dernier comme levier pour son desserrage. Vider le contenu de la cartouche dans la bassine ; percer deux trous dans la calotte de la cartouche filtrante et finir de la vider.

**7** Nettoyer le plan de joint de la cartouche sur le moteur avec un chiffon propre ou de l'essuie-tout. S'assurer de la présence du joint en caoutchouc sur la cartouche usagée. En effet, ce joint ne doit pas être resté collé sur le moteur. Si tel est le cas, le retirer en procédant avec précaution.

**8** Enduire d'huile moteur propre le joint de la cartouche neuve puis la visser sur le moteur **(voir illustration)**. Essuyer soigneusement l'extérieur de la cartouche.

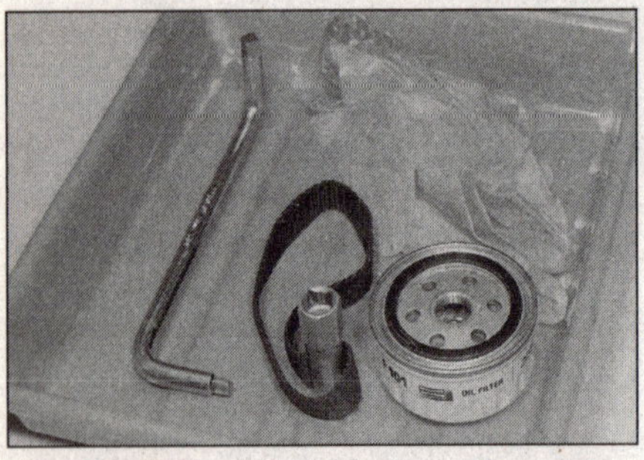

**3.1 Outillage et matériel nécessaire pour la vidange du moteur et le remplacement du filtre à huile**

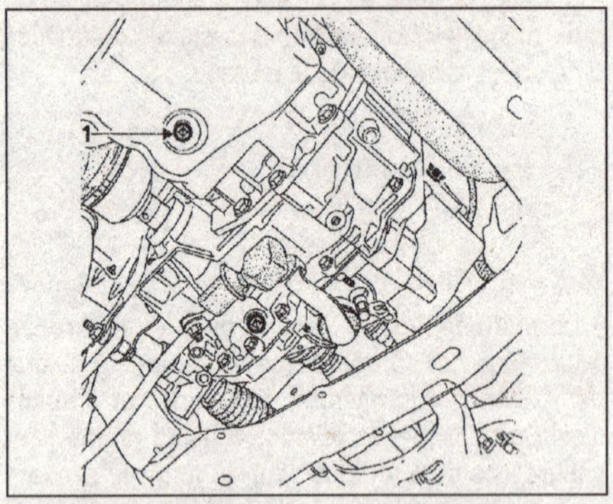


**3.2a Bouchon de vidange du moteur (1)**

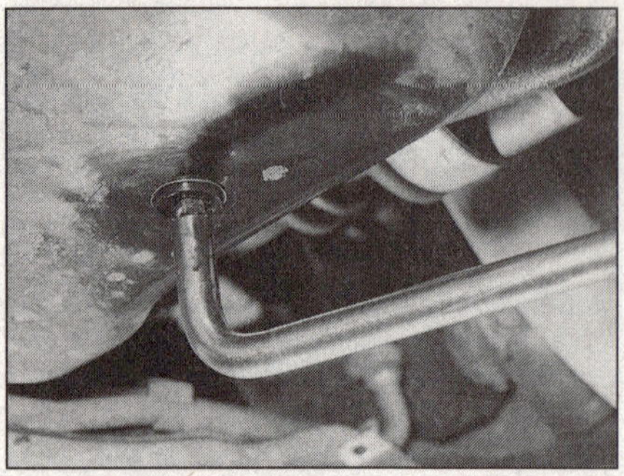

**3.2b Déblocage du bouchon de vidange du moteur**

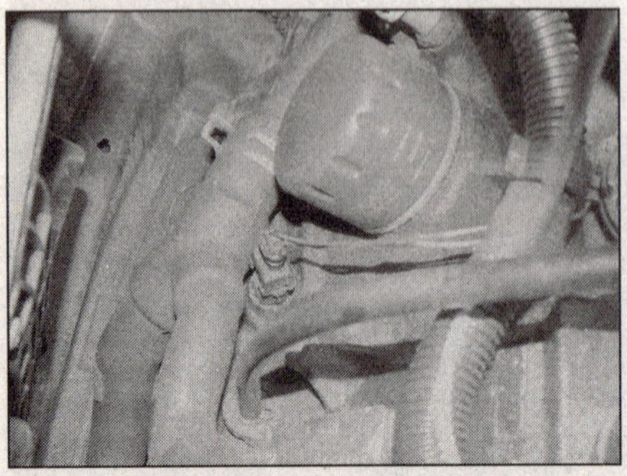

**3.5 Emplacement du filtre à huile**

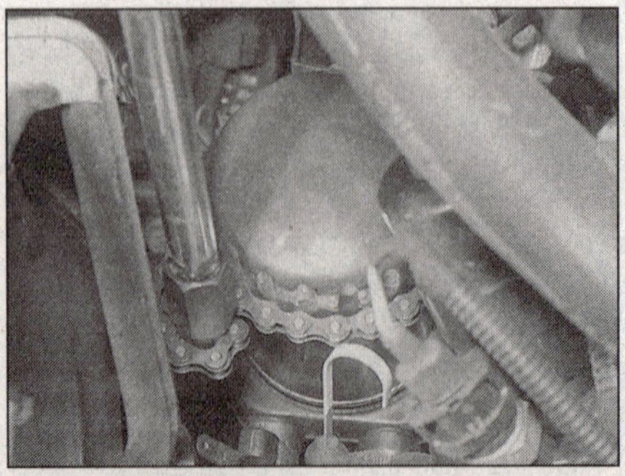

**3.6 Déblocage de la cartouche de filtre à huile**

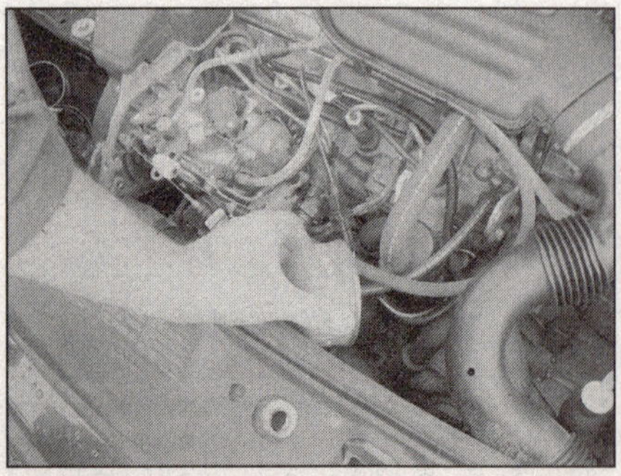

**3.8 Montage de la cartouche neuve de filtre à huile**

**info HAYNES** ***Serrer la cartouche jusqu'à ce qu'on ressente une résistance légère (à l'entrée en contact du joint avec le bloc-cylindres), puis la serrer ensuite d'un demi-tour ou de trois-quarts de tour (se reporter aux indications éventuelles du constructeur sur la cartouche). Bloquer la cartouche à la main uniquement - ne pas utiliser d'outil***

**9** Récupérer l'huile usagée et les outils sous la voiture puis reposer éventuellement le carénage de protection et descendre la voiture au sol.

**10** Remplir le moteur d'une huile répondant aux normes prescrites (voir « *Lubrifiants et fluides* » au début du manuel), en procédant comme décrit à la rubrique « *Contrôles hebdomadaires* » pour l'appoint d'huile. L'huile est à incorporer lentement pour ne pas en renverser sur le couvre-culasse. Se servir si possible d'un bidon à embout verseur ou d'un entonnoir. S'assurer que le niveau d'huile atteigne le cran de repère supérieur de la jauge avant de reposer le bouchon de l'orifice de remplissage en le serrant convenablement.

**11** Mettre le moteur en marche et le laisser tourner au ralenti pendant quelques minutes puis s'assurer de l'absence de fuites au niveau du filtre à huile et du bouchon de vidange. A noter que le témoin de pression d'huile au tableau de bord peut rester allumé pendant quelques secondes après démarrage, le temps que la cartouche filtrante neuve se remplisse d'huile : ne pas solliciter le moteur à haut régime pendant cet intervalle.

**12** Arrêter le moteur et attendre pendant quelques minutes de façon à permettre à l'huile de retomber dans le carter inférieur. L'huile neuve ayant alors circulé à travers tout le circuit de graissage et la cartouche filtrante étant remplie, revérifier le niveau avec la jauge et le rétablir au besoin.

**13** Prendre des précautions pour jeter l'huile usagée et la cartouche filtrante : s'en débarrasser dans un endroit approprié.

**info HAYNES** ***Jeter les huiles usagées à l'égout ou dans la nature, est un acte antisocial, contribuant à augmenter la pollution et non recommandé. Les brûler ne constitue pas une meilleure solution : il se dégage généralement des fumées nocives pour l'environnement. Conserver l'huile de vidange dans un bidon. Prévoir plusieurs bidons séparés pour l'huile moteur, la cartouche vide, l'huile de boîte de vitesses (manuelle ou automatique) et pour les différents liquides hydrauliques, que l'on remettra à un garagiste, une station-service, un point de collecte ou une déchetterie. Pour obtenir l'adresse de la déchetterie la plus proche, contacter l'ADEME (Agence de l'Environnement et de la Maîtrise de l'Energie) au 0 800 38 39 40 (numéro vert, gratuit) ou par Internet : « www.ademe.fr » ou par Minitel au 3615 Idéal***

## 4 Filtre à pollen - remplacement

**Nota :** *Certaines versions sont dépourvues de filtre à pollen.*

**1** Ouvrir le capot et déposer la demi-grille d'auvent, côté droit du tablier dans le compartiment moteur.

**2** Desserrer les vis de fixation puis dégager le couvercle du boîtier de filtre à pollen **(voir illustrations)**.

**3** Bien repérer la position respective des flèches sur l'élément filtrant et le boîtier puis extraire avec précaution l'élément en pinçant ses plis centraux **(voir illustration)**.

**4** Installer l'élément filtrant neuf en s'assurant de faire coïncider les flèches puis procéder en sens inverse de la dépose pour effectuer la repose du couvercle et de la demi-grille d'auvent.

## 5 Direction assistée - contrôle de niveau de fluide

**1** Sur les modèles non climatisés, le réservoir de fluide de direction assistée est implanté à l'arrière gauche du compartiment moteur, au niveau du tablier. Dans le cas des modèles climatisés, il se trouve derrière le projecteur gauche dans le compartiment moteur. Le niveau de fluide qui est visible à travers le réservoir en matière plastique translucide doit se situer entre les repères « MINI. » et « MAXI. » **(voir illustrations)**.



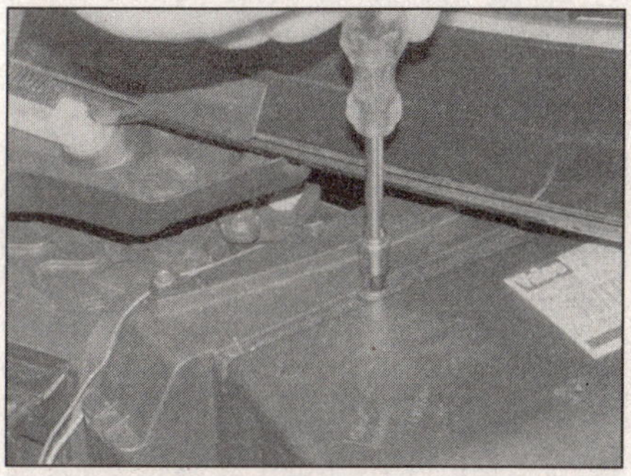

**4.2a** Desserrage des vis de fixation . . .

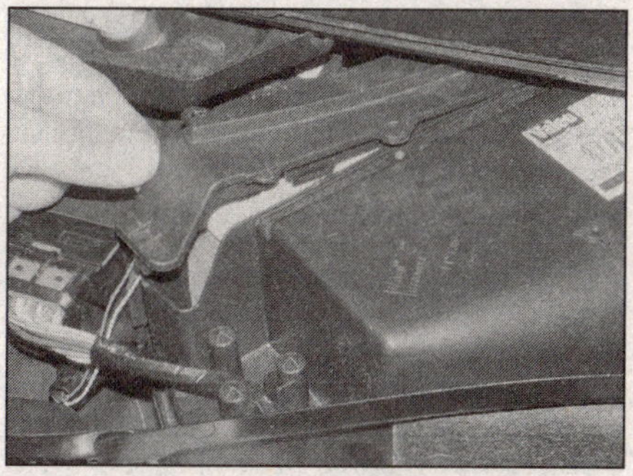

**4.2b** . . . et dépose du couvercle de boîtier de filtre à pollen

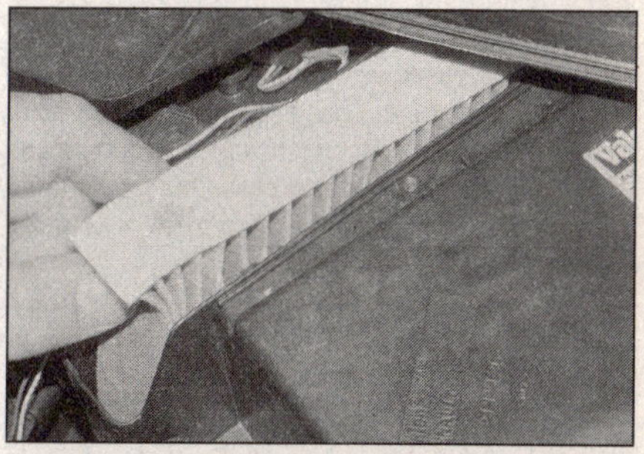

**4.3** Dépose de l'élément du filtre à pollen. Veiller à bien repérer la position respective des flèches sur l'élément et le boîtier

**5.1a** Réservoir de fluide de direction assistée sur modèles climatisés

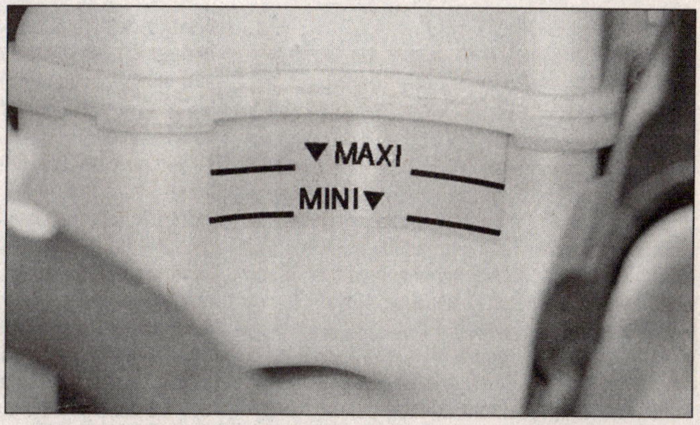


**5.1b** Repères de niveau sur réservoir de fluide de direction assistée

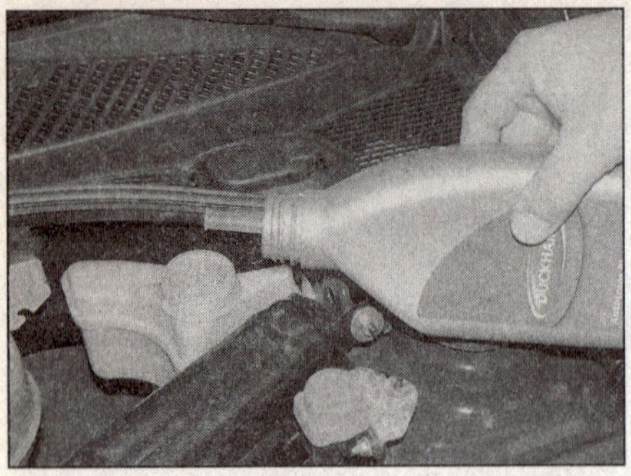

**5.3 Rétablissement du niveau de fluide de direction assistée**

info HAYNES

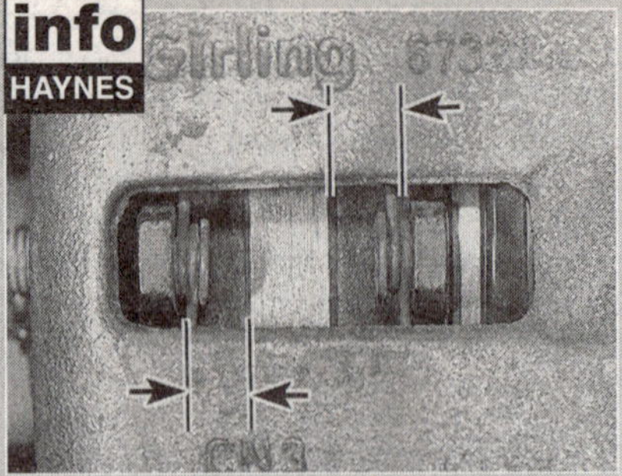

***L'épaisseur de la garniture des plaquettes de freins peut être vérifiée rapidement par le regard dans le corps des étriers***

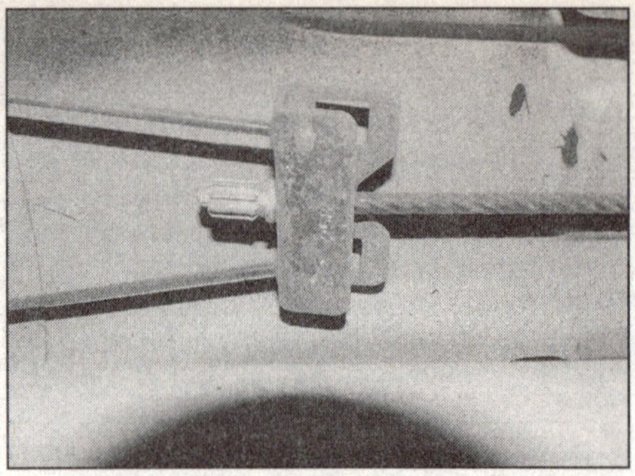

**7.3 Ecrou de réglage des câbles de frein à main situé sous la voiture**

**2** Pour faire éventuellement l'appoint, nettoyer soigneusement le pourtour du bouchon du réservoir. Dévisser le bouchon puis l'enlever en laissant le fluide s'égoutter dans le réservoir.

**3** Rétablir le niveau jusqu'au repère « MAXI. » du réservoir, en utilisant le fluide de la qualité préconisée (voir « *Lubrifiants et fluides* » au début du manuel) puis reposer le bouchon en le serrant convenablement **(voir illustration)**.

## 6 Plaquettes et disques de freins - contrôle

**1** Serrer le frein à main puis lever l'avant de la voiture au cric et le poser sur chandelles (voir « *Levage et soutien du véhicule* »). Déposer les deux roues.

**2** Les plaquettes peuvent être vérifiées par le regard dans le corps de chacun des étriers de freins. L'épaisseur des plaquettes mesurée avec une règle plate ne doit pas atteindre la valeur limite indiquée dans les « *Caractéristiques* », auquel cas le jeu complet des quatre plaquettes du même essieu est à changer (voir chapitre 9 pour cette intervention).

**3** Pour un examen plus complet de leur état, les plaquettes doivent être déposées et dépoussiérées. Profiter de l'occasion pour vérifier le fonctionnement de l'étrier et l'état du disque de frein au niveau de ses deux faces : se reporter au chapitre 9 pour davantage de précisions.

## 7 Frein à main - contrôle

**1** Le frein à main, serré modérément, doit pouvoir assurer le blocage efficace du véhicule stationné en côte. La commande ne doit pas présenter de résistance ni de jeu dans les câbles et le déblocage des roues doit s'opérer immédiatement en relâchant le levier. Si la commande ne réagit pas comme indiqué précédemment, procéder à son contrôle comme décrit ci-dessous. **Nota :** *Sur les versions avec freins arrière à tambours, en cas de dysfonctionnement ou de mauvais réglage de la commande de frein à main, le mécanisme de rattrapage automatique du jeu d'usure ne fonctionnera pas, ce qui entraînera une course excessive de la pédale de frein liée à l'usure de la garniture des segments.*

**2** Suivant le cas, le réglage de la commande de frein à main s'effectue au moyen d'un écrou au niveau de la tige de commande du levier dans l'habitacle (premier montage) ou du palonnier sous la voiture (nouveau montage). Dans le premier cas, déposer le pontet du levier (voir chapitre 9, section 19) ainsi que son habillage en plastique pour avoir accès à l'écrou de réglage. Afin de détendre les câbles, dévisser l'écrou de manière à ce qu'il se situe à environ 20 mm de l'extrémité de la tige : veiller à bien repérer cette cote.

**3** Dans le cas où l'écrou de réglage est situé sous la voiture, lever l'arrière de celle-ci au cric et le poser sur chandelles (voir « *Levage et soutien du véhicule* »). Desserrer les vis ou écrous de fixation et abaisser la partie arrière de l'écran thermique d'échappement pour atteindre l'écrou de réglage. Dévisser l'écrou à fond de façon à détendre les câbles **(voir illustration)**.

### Freins AR. à tambours

**4** Déposer les deux tambours de freins arrière (voir chapitre 9).

**5** Agir dans les deux sens sur la molette crantée de chacun des mécanismes de rattrapage automatique du jeu d'usure au niveau des freins arrière pour s'assurer de sa libre rotation. En cas de grippage, déposer et démonter les ensembles segments-mécanismes de rattrapage (voir chapitre 9, section 14).

**6** Dévisser les molettes de cinq à six crans afin de détendre les mécanismes de rattrapage automatique du jeu d'usure et de réduire légèrement le diamètre formé par les segments de freins arrière.

**7** Vérifier que les câbles de frein coulissent librement dans leur gaine en tirant sur leur extrémité avant. S'assurer également que l'ergot de butée de la biellette de réaction du frein à main se trouve bien en appui contre le bord du segment tendu de chaque côté.

**8** En opérant à deux, serrer l'écrou de réglage de façon à tendre progressivement les câbles de frein à main, jusqu'à ce que les biellettes de réaction des segments tendus commencent à décoller lorsque le levier dans l'habitacle est tiré entre le 1$^{er}$ et le 2$^{e}$ crans de sa course : les ergots de butée des biellettes doivent se trouver en appui sur les segments tendus au 1$^{er}$ cran de la course du levier mais ne plus être au contact des segments au 2$^{e}$ cran. Remettre en place l'écran thermique d'échappement en remontant ses vis ou écrous de fixation.

**9** Reposer les tambours de freins comme indiqué au chapitre 9 puis descendre la voiture au sol.

**10** La voiture reposant sur ses roues au sol, appuyer plusieurs fois de suite sur la pédale de frein de manière à ajuster le jeu entre segments et tambours. Tandis qu'un collaborateur actionne la pédale, vérifier que les mécanismes de rattrapage automatique du jeu d'usure fonctionnent bien, ce qui doit se manifester par un bruit de cliquet en enfonçant la pédale.

### Freins AR. à disques

**11** Vérifier que les câbles de frein coulissent librement dans leur gaine en tirant sur leur extrémité avant et s'assurer du libre débattement des biellettes au niveau des étriers de freins arrière.

**12** Pousser les biellettes des deux étriers de freins au maximum vers l'arrière puis serrer l'écrou de réglage de la tige du palonnier de manière à bien tendre les deux câbles. En opérant à deux, parfaire le réglage au niveau de l'écrou de façon à ce que la biellette de chacun des étriers de freins arrière commence à bouger lorsque le levier dans l'habitacle est tiré entre le 1$^{er}$ et le 2$^{e}$ crans de sa course.

**13** Remonter éventuellement les vis ou écrous de fixation de l'écran thermique d'échappement puis descendre la voiture au sol.

## 8 Embrayage - contrôle

**1** Vérifier que la pédale se déplace sans résistance sur toute sa course et que l'embrayage s'engage de manière normale, sans patiner ni brouter. En cas d'irrégularité ou de dureté dans le mouvement de la pédale, vérifier que cela ne provienne pas d'un trajet incorrect du câble, induisant localement des courbures excessives.

**2** Examiner les extrémités du câble d'embrayage, côtés boîte de vitesses et pédale dans l'habitacle, pour s'assurer qu'elles ne sont pas usées ni effilochées.

## 9 Courroie des accessoires - contrôle et remplacement

### *Contrôle*

**1** La courroie des accessoires est implantée côté droit du compartiment moteur.

**2** De par leur fonction et leur constitution, les courroies d'entraînement sont sujettes à une usure et une détérioration graduelle et de ce fait, elles doivent être surveillées de près et au besoin, réglées périodiquement.

**3** La courroie des accessoires est logée dans un endroit difficilement accessible dans le compartiment moteur. Pour faciliter son accès, lever l'avant de la voiture au cric et le poser sur chandelles (voir « *Levage et soutien du véhicule* ») puis déposer la roue droite ainsi qu'éventuellement le carénage de protection sous le moteur et la coquille pare-boue du passage de roue.

**4** Le moteur étant arrêté, examiner la courroie sur toute sa longueur pour s'assurer qu'elle n'est pas fendillée, râpée ni coupée et que ses plis ne sont pas dédoublés **(voir illustration)**. Pour effectuer ce contrôle, il est nécessaire de tourner le vilebrequin au niveau de la vis de fixation de sa poulie au moyen d'une clé plate ou à douille afin de pouvoir inspecter entièrement la courroie. Vriller la courroie entre les poulies de sorte à apercevoir ses deux faces. Vérifier également que la courroie n'est pas effilochée ni lustrée. Contrôler l'état des poulies qui ne doivent pas être creusées, craquelées, déformées ni présenter de traces de corrosion.

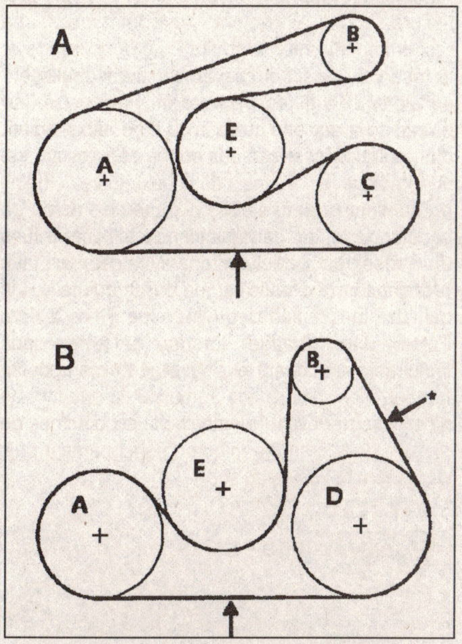


**9.5 Configuration de la courroie des accessoires**

*A Sans climatisation*
*B Avec climatisation*
***Identification des poulies :** Vilebrequin (A), alternateur (B), pompe de direction assistée (C), compresseur de climatisation (D et pompe à eau (E). Point de vérification de tension sans outil spécial (flèche).*
**** Nota :** Point de vérification de tension (flèche) seulement avec l'appareil Renault Mot. 1273.*

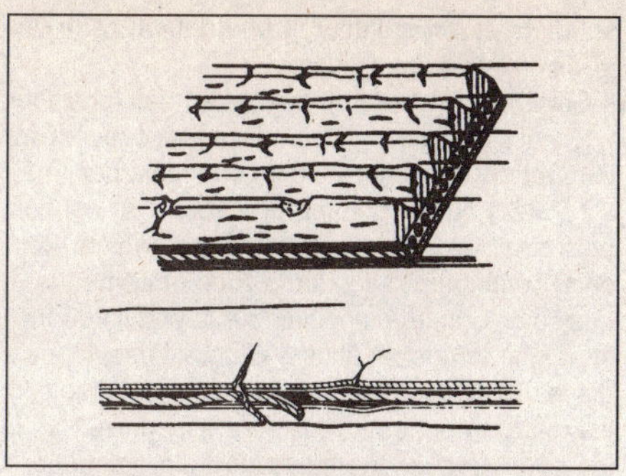

**9.4 Contrôle de l'état de la courroie des accessoires**

### *Réglage et remplacement*

**Nota :** *La tension de la courroie se contrôle entre les poulies à l'emplacement indiqué à l'illustration 9.5. Pour un contrôle ou un réglage précis de la tension, il est impératif d'utiliser le tensiomètre du constructeur (outil Mot. 1273 ou 1505). A défaut, faire contrôler la tension de la courroie par les services techniques d'un concessionnaire Renault. Est décrit ci-dessous le principe général de réglage avec l'appareil spécial.*

**Nota :** *Le constructeur préconise de remplacer une courroie des accessoires à chaque dépose de celle-ci.*

**5** La tension de la courroie se contrôle en exerçant une pression sur son brin entre les poulies à l'emplacement indiqué **(voir illustration)**.

**6** Pour procéder à un réglage, débloquer la vis de fixation inférieure de l'alternateur puis le cas échéant, le contre-écrou et la vis de réglage de tension. Agir sur la vis de réglage de manière à obtenir la valeur de tension prescrite sur le tensiomètre puis rebloquer la vis de réglage de tension et la vis de fixation inférieure de l'alternateur.

**7** Sur les versions sans tendeur séparé, engager un levier entre le côté poulie de l'alternateur puis agir sur l'organe concerné pour tendre la courroie. Rebloquer ensuite la vis de fixation inférieure de l'alternateur.

**8** Donner trois tours complets au vilebrequin dans le sens horaire (vue du côté droit du moteur) au moyen d'une clé plate ou à douille en prise sur la vis de fixation de sa poulie. Remonter le tensiomètre et vérifier la tension de la courroie qui doit alors atteindre la valeur (de fonctionnement) **minimale** prescrite. En cas contraire, débloquer l'écrou de maintien du galet tendeur et reprendre les opérations indiquées aux points 6 et 7.

**9** Pour la dépose de la courroie, la détendre à fond par la méthode indiquée précédemment puis la dégager des poulies. Installer la courroie neuve en veillant l'engager convenablement dans les gorges des différentes poulies et à respecter son trajet.

**10** La courroie une fois installée, effectuer son réglage de tension comme décrit ci-dessus.

**10.3 Contrôle du serrage d'une fixation de ceinture de sécurité**

## 10 Ceintures de sécurité - contrôle

**1** Examiner avec soin les sangles des ceintures de sécurité pour s'assurer qu'elles ne sont pas coupées, sérieusement effilochées ni autrement abîmées. Tirer sur les sangles pour les dérouler complètement et les inspecter sur toute leur longueur.

**2** Attacher et détacher les ceintures pour vérifier que leur mécanisme de verrouillage les maintient bloquées et les débloque correctement en temps voulu. Vérifier que le mécanisme de rétraction des ceintures opère convenablement lorsqu'elles sont détachées.

**3** Vérifier le bon serrage de toutes les fixations accessibles sans dépose de garnitures ni d'autres éléments attenants **(voir illustration)**.



## 11 Equipement électrique - contrôle

**1** Vérifier le bon fonctionnement de tous les appareils électriques : feux de signalisation, éclairage, avertisseur sonore, etc. Se reporter au chapitre 12 pour les détails des circuits électriques en cas de non-fonctionnement de l'un des appareils.

**2** A noter que le réglage du contacteur de feux stop est décrit au chapitre 9.

**3** Contrôler visuellement tous les connecteurs, faisceaux électriques et brides ou colliers de maintien accessibles pour s'assurer qu'ils sont bien enfichés, ne présentent pas de traces de frottement et ne sont pas autrement abîmés. Réparer tout défaut constaté.

## 12 Echappement - contrôle

**1** Moteur froid : arrêté depuis au moins une heure, vérifier la ligne complète d'échappement, du tube avant jusqu'à l'extrémité du tube en sortie du silencieux arrière. Il est préférable de disposer le véhicule sur pont élévateur ou sur chandelles (voir « *Levage et soutien du véhicule* ») afin d'accéder plus aisément à l'ensemble des pièces de l'échappement.

**2** Examiner les tubes d'échappement et leurs

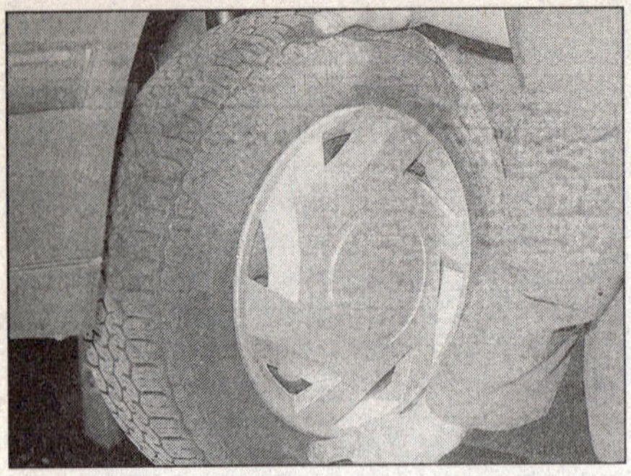

**13.4 Contrôle du jeu dans un moyeu**

jointures pour s'assurer qu'ils ne présentent pas de traces de fuites, de corrosion exagérée ni d'autres signes de détérioration. S'assurer que les supports élastiques sont en bon état et que les boulons d'assemblage sont bien serrés. La présence d'une fuite au niveau d'une jointure ou d'une autre partie de l'échappement se manifeste habituellement par des traces noires de nature fuligineuse.

**3** La ligne d'échappement peut émettre des claquements et autres bruits anormaux, en particulier au niveau des supports. Dans ce cas, essayer d'agir d'un côté à l'autre sur les tubes et les silencieux. Si les pièces de l'échappement cognent contre la caisse ou les organes de suspension, changer les supports. Au besoin, dissocier les tubes (si possible) et les redresser afin de ménager un espace suffisant par rapport aux éléments attenants.

**4** Le moteur tournant au ralenti, demander à quelqu'un d'autre de couvrir le tube en sortie du silencieux arrière avec un chiffon et tenter de détecter tout bruit susceptible d'indiquer une fuite de gaz d'échappement.

**5** Au terme de ces différents contrôles, descendre la voiture au sol.

## 13 Direction et suspensions - contrôle

### *Direction et suspension avant*

**1** Lever l'avant de la voiture au cric et le poser sur chandelles (voir *« Levage et soutien du véhicule »*).

**2** Procéder à un contrôle visuel des soufflets des rotules de biellettes de direction et des rotules des triangles inférieurs de suspension avant ainsi que des soufflets de protection du boîtier de direction qui ne doivent pas présenter de fissures, de traces de frottement ni être marqués ou coupés. Une usure de ces éléments se traduira par des pertes de lubrifiant accompagnées d'une infiltration de saleté et d'eau avec une usure rapide des rotules ou du boîtier de direction en résultant.

**3** Vérifier l'état des canalisations et des tuyaux du circuit hydraulique d'assistance de direction qui ne doivent pas porter de traces de frottement ni être endommagés et examiner les raccords de tuyaux et de canalisations pour déceler la présence d'une éventuelle fuite. Effectuer également un contrôle pour mettre en évidence une fuite de fluide sous pression susceptible d'exister au niveau des soufflets et qui indiquerait une défectuosité des joints du boîtier de direction.

**4** Saisir chaque roue en haut et en bas (positions « 12 » et « 6 » heures) et essayer de la secouer **(voir illustration)**. Un léger jeu peut être remarqué, mais s'il s'avère être important, procéder à un contrôle plus complet pour en déterminer l'origine. Pour cela, continuer à secouer la roue et demander à quelqu'un d'autre d'appuyer sur la pédale de frein en même temps. Si dans ces conditions, le jeu a disparu ou s'est trouvé considérablement amoindri, les roulements de moyeux sont à incriminer. Si le jeu persiste avec la pédale de frein enfoncée, il provient des articulations ou des fixations de suspension.

**5** Saisir la roue à gauche et à droite (positions « 9 » et « 3 » heures) cette fois-ci et essayer de la secouer. Un jeu important peut être à nouveau dû à l'usure des roulements de moyeux ou des rotules de direction. Lorsqu'une rotule est usée, le jeu se remarquera très clairement de manière visuelle.

**6** Se munir d'un tournevis grand modèle ou d'une barre à section plate et vérifier l'usure des silentblocs de suspension en faisant levier entre l'élément de suspension concerné et son point de fixation. Un léger jeu est susceptible d'exister du fait que les silentblocs sont en caoutchouc mais un jeu excessivement important se remarquera immédiatement. Vérifier également les silentblocs visibles de l'extérieur afin de détecter la présence éventuelle de fentes, fissures ou de souillures sur leur caoutchouc.

**7** La voiture reposant au sol, demander à une autre personne de tourner légèrement le volant dans les deux sens, d'environ un huitième de tour, dans un mouvement de va-et-vient. Il peut exister un jeu libre très léger dans le volant et la direction. Si un jeu important est noté, vérifier de près les rotules et les silentblocs ainsi que décrit plus haut et par ailleurs, contrôler les cardans de colonne direction ainsi que la crémaillère et le pignon d'attaque pour une éventuelle usure.

### *Suspension arrière*

**8** Caler les roues avant puis lever l'arrière de la voiture au cric et le poser sur chandelles (voir *« Levage et soutien du véhicule »*).

**9** En procédant de la manière indiquée pour la suspension avant, contrôler les roulements de moyeux de roues (relâcher le levier de frein à main), les silentblocs de suspension et les fixations des amortisseurs pour en évaluer l'usure.

## 14 Durits et étanchéité - contrôle

**1** Se livrer à un contrôle visuel des plans de joint du moteur, des joints et des bagues d'étanchéité afin de déceler d'éventuelles traces de fuite d'eau ou d'huile. Prêter une attention toute particulière aux zones constituées par les jointures du couvre-culasse, de la culasse, du filtre à huile et du carter d'huile. S'attendre à ce que de légers suintements soient repérés au niveau de ces emplacements au bout d'un certain temps, cela étant relativement normal et ne doit pas être confondu avec des fuites importantes. Si une fuite vient à être détectée, remplacer l'élément d'étanchéité défectueux en se reportant aux chapitres correspondants du manuel.

**2** Vérifier également que toutes les canalisations et les durits associées au moteur sont bien serrées et en bon état. S'assurer de la présence de toutes les attaches de câbles et des colliers qui doivent en outre être en parfait état. Toute attache ou collier rompu peut amener les durits, les canalisations ou les câblages à frotter, ce qui pourrait entraîner à terme des dégâts plus conséquents.

**3** Examiner attentivement les durits de radiateur et de chauffage sur toute leur longueur. Changer toute durit fissurée, ballonnée ou marquée. Des fissures ou des craquelures se remarqueront plus aisément en pressant la durit entre les doigts. Contrôler de près les colliers de serrage des durits du circuit de refroidissement. Ces colliers peuvent pincer ou couper les durits avec des pertes de liquide en découlant. Si des colliers d'origine de type serti sont utilisés, il sera préférable de les remplacer par des colliers à bande métallique et vis sans fin de type classique.

**4** Contrôler tous les éléments constituants du circuit de refroidissement (durits, plans de joint, etc.) pour mettre en évidence d'éventuelles fuites. En cas de défaut d'étanchéité au niveau de l'une des pièces du circuit de refroidissement, changer cette pièce ou le joint défectueux en se reportant au chapitre 3.

**5** Le véhicule étant levé, contrôler l'état du réservoir de carburant et de la goulotte de remplissage qui ne doivent pas être percés, fissurés ni autrement endommagés. Le raccordement entre la goulotte de remplissage et le réservoir est un emplacement particulièrement sensible. Des fuites peuvent être observées au niveau de la goulotte ou de la durit de liaison du fait d'un collier desserré ou lorsque le caoutchouc est endommagé.

**6** Examiner de près l'état de toutes les durits en caoutchouc et des canalisations métalliques issues du réservoir de carburant. Repérer les branchements desserrés, les durits abîmées, les canalisations aplaties ou autrement marquées. Porter une attention toute particulière aux canalisations et durits de dégazage qui se trouvent fréquemment entortillées autour de la goulotte de remplissage et qui peuvent ainsi se boucher ou

info HAYNES

***Les fuites du circuit de refroidissement se manifestent habituellement par des traces de couleur blanche ou de rouille sur leur zone environnante***

s'aplatir. Suivre le cheminement des canalisations jusqu'à l'avant du véhicule en les inspectant minutieusement sur toute leur longueur. Remplacer les canalisations détériorées si cela se montre nécessaire. Profiter de l'occasion pour vérifier toutes les canalisations et les flexibles de freins sous la voiture.

**7** Dans le compartiment moteur, s'assurer du bon serrage des fixations et des raccords de toutes les tuyauteries d'alimentation, de communication de la dépression et de freinage. Les durits et flexibles ne doivent pas être pliés, frotter contre un élément attenant ni être marqués.

**8** Vérifier l'état des tuyaux et canalisations du circuit d'assistance de direction.

### 15 Vis de roues - resserrage

**1** Déposer éventuellement l'enjoliveur et débloquer chacune des vis de la roue d'un demi-tour au moyen de la clé démonte-roue.

**2** Si des difficultés sont éprouvées en dévissant une vis, son filetage peut être grippé, corrodé ou endommagé : il faudra donc démonter la roue et la débarrasser de la saleté et de la boue sur ses faces intérieure et extérieure, et sur les surfaces d'appui des disques ou tambours (selon montage). Nettoyer à l'aide d'une brosse métallique le filetage des vis pour s'assurer de l'absence de rouille, de traces de corrosion ou de tout autre défaut. Enduire d'une pellicule de graisse au cuivre ou de produit antigrippage le filetage de chacun des vis et reposer la roue.

**3** En procédant en diagonale, serrer les vis de roue au couple prescrit en se servant d'une clé dynamométrique. Remonter éventuellement l'enjoliveur. Procéder de la même manière sur toutes les autres roues.

### 16 Carrosserie et soubassement - contrôle

**1** Après avoir lavé la voiture, en ayant pris soin d'éliminer parfaitement les traces de goudron et les taches, inspecter la carrosserie pour détecter d'éventuelles éraflures, des rayures ou des éclats. Prêter une attention toute particulière aux emplacements sensibles à l'avant : capot et spoiler, ainsi qu'au niveau des ailes et autour des passages de roues. Faire réparer sans tarder tout défaut constaté dans la peinture, conformément aux clauses de la garantie anticorrosion du constructeur : s'adresser au service après-vente d'un concessionnaire de la marque pour toute information utile.

**2** Les éclats et les rayures superficielles, exempts de rouille, peuvent être traités avec un pinceau de retouche de peinture de la teinte de référence du véhicule, à se procurer auprès du service des pièces détachées d'un concessionnaire Renault. Se reporter au chapitre 11 pour la réparation des dégâts plus importants ou des impacts de gravillons dans la peinture attaqués par la rouille. En cas dégât ou de corrosion nécessitant le remplacement d'un panneau de carrosserie, consulter un carrossier-réparateur.

**3** Vérifier que les orifices d'évacuation des bas de porte et les longerons notamment, ne sont pas bouchés afin que l'eau puisse s'écouler.

**4** Le revêtement protecteur du fond de caisse doit être inspecté une fois par an, de préférence à l'entrée de l'hiver, époque à laquelle le soubassement est à laver le plus soigneusement possible sans dégrader son enduit (voir chapitre 11, section 2 concernant le lavage sous pression). Si le revêtement protecteur est décollé, cloqué ou écaillé, le décaper et appliquer une couche d'enduit d'étanchéité à base de résine. En cas de dépose de l'un des panneaux de carrosserie pour une réparation ou un remplacement, ne pas oublier de reconstituer son revêtement protecteur et d'injecter de la résine dans les caissons de portes, les bas de caisse et les corps creux de la carrosserie afin de conserver le niveau de protection d'origine.

### 17 Amortisseurs - contrôle

**1** En opérant par les passages de roues, s'assurer de l'absence de fuites d'huile au niveau du corps des amortisseurs avant et arrière ainsi que des soufflets entourant la tige des amortisseurs. Tout amortisseur perdant de l'huile, ce qui indiquera une défectuosité interne, est à changer. **Nota :** *Les deux amortisseurs d'un même essieu doivent toujours être remplacés en même temps afin de ne pas compromettre la tenue de route.*

**2** L'efficacité des amortisseurs se contrôle en secouant la voiture dans chaque coin. D'une façon générale, la caisse doit revenir dans sa position normale et se stabiliser après avoir appuyé. Si plus de deux rebonds sont constatés, l'amortisseur concerné est probablement hors d'usage. Examiner également les silentblocs au niveau des fixations supérieure et inférieure des amortisseurs pour détecter une éventuelle usure à leur niveau.



## Tous les 60 000 km

### 18 Filtre à air - remplacement de l'élément

**1** Desserrer ses vis de fixation et dégager le couvercle du boîtier de filtre à air **(voir illustration)**.

**2** Libérer ses languettes de retenue avec un tournevis puis sortir l'élément filtrant du boîtier **(voir illustrations)**.

**3** Nettoyer l'intérieur du boîtier et du couvercle puis installer l'élément filtrant neuf, en veillant à l'encastrer correctement : les supports du bas doivent être engagés dans la gorge et les languettes de retenue supérieures convenablement insérées dans les crans.

**4** Reposer le couvercle en serrant bien ses vis de fixation.

**18.1 Dépose du couvercle de boîtier de filtre à air**

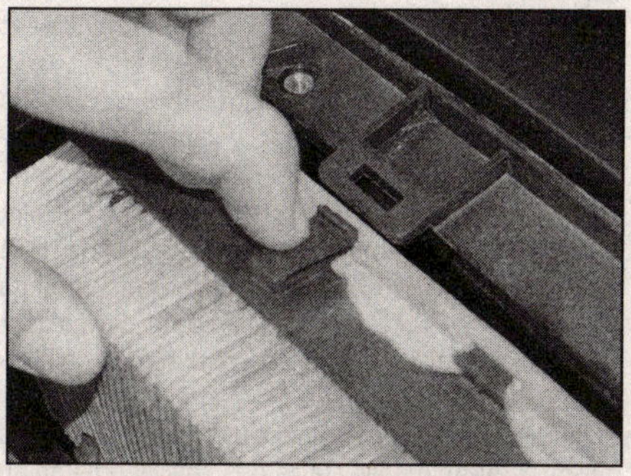

**18.2a Libérer ses languettes de retenue . . .**

**18.2b . . . et sortir l'élément du filtre à air du boîtier**

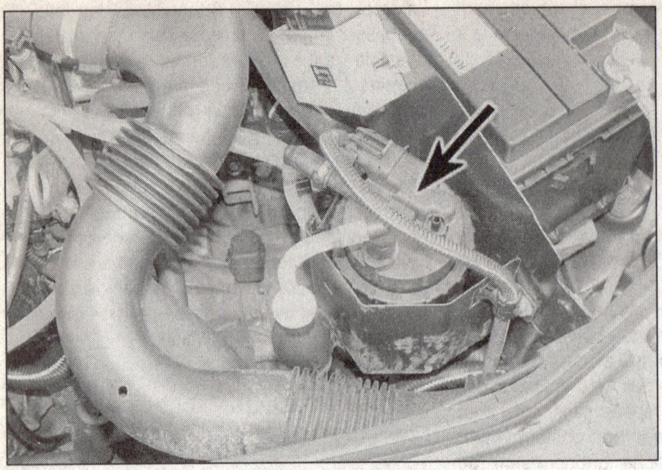

19.1 Emplacement du filtre à gazole

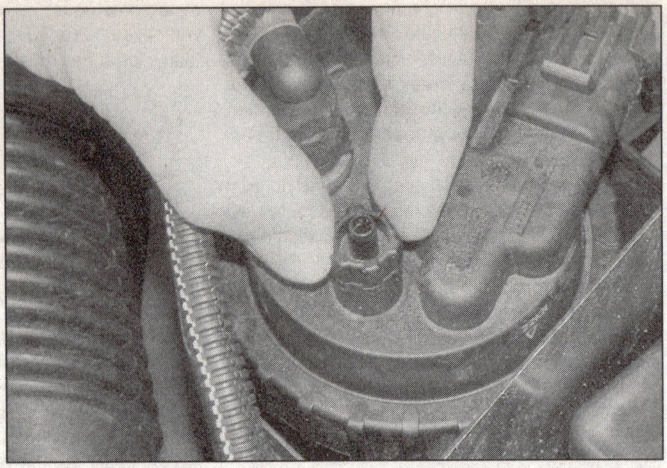

19.3 Desserrage de la vis de purge d'air de la tête du filtre à gazole

## 19 Filtre à gazole - vidange d'eau et remplacement

### Vidange d'eau

**info HAYNES** ***Il s'agit d'une opération qui n'est pas très agréable à accomplir. Enfiler une paire de gants jetables en vinyle par exemple pour se protéger les mains et prévoir une bonne quantité de papier journal ou des chiffons propres pour éponger le gazole pouvant être amené à couler. Faire tout particulièrement attention de ne pas répandre de gazole sur les durits du circuit de refroidissement, les faisceaux électriques, l'alternateur, les silentblocs du moteur ni sur la courroie des accessoires : les protéger des projections de gazole en les couvrant avec une bâche en plastique. Recueillir le gazole dans un récipient propre afin de pouvoir observer l'eau et les impuretés évacuées du filtre***

**1** Le filtre à gazole se situe côté gauche du compartiment moteur, à hauteur de la batterie **(voir illustration)**. Une vis de vidange est prévue en bas de la cuve du filtre.

**2** Nettoyer soigneusement l'extérieur du filtre à gazole puis disposer un récipient de récupération en dessous de la vis de vidange en bas de la cuve. Raccorder si nécessaire un tuyau à la tubulure d'évacuation de la cuve du filtre afin de canaliser le flux de gazole dans le récipient ; un tube d'évacuation est prévu d'origine dans certains cas. Couvrir avec des chiffons absorbants les pièces attenantes au filtre, surtout le carter d'embrayage, pour les protéger des projections de gazole.

***Attention : Veiller à ce que des impuretés ne puissent à aucun moment être admises dans la cuve du filtre à gazole et à ne pas éclabousser de gazole les pièces de l'embrayage au cours des opérations qui suivent***

**3** Ouvrir la vis de vidange en la tournant dans le sens anti-horaire et laisser le gazole, les impuretés et l'eau s'écouler par le tube jusqu'à ce qu'il ne coule plus que du gazole. Si le gazole ne sort pas, desserrer la vis de purge d'air du filtre (ou le raccord d'arrivée de gazole au niveau de la tête du filtre, pour les versions dépourvues de vis de purge d'air), afin d'admettre de l'air et de faire couler le carburant **(voir illustration)**. Fermer la vis de vidange en la serrant bien.

**4** Dégager le récipient puis débrancher éventuellement le tuyau raccordé à la tubulure d'évacuation de la cuve du filtre. Essuyer les éclaboussures de gazole puis enlever les chiffons sur le carter d'embrayage. Jeter le gazole provenant de la vidange dans un endroit approprié (voir **info-Haynes** de la section 3).

**5** Préchauffer et mettre le moteur en marche. Si des difficultés sont éprouvées au démarrage, purger l'air dans le circuit d'alimentation en procédant comme indiqué au chapitre 4B.

### Remplacement de l'élément

**Nota :** *En vue d'améliorer l'accès, desserrer les écrous éventuels de fixation et dégager le filtre de son support.*

**6** Vidanger le gazole du filtre comme décrit précédemment.

**7** Suivant montage trouvé, desserrer soit la vis centrale au niveau de la tête du filtre puis dégager la cuve (filtre de marque Bosch), soit desserrer la cuve elle-même de la tête du filtre (filtre de marque Lucas - se servir au besoin d'une clé pour filtres à huile pour desserrer la cuve). Récupérer les joints et extraire l'élément filtrant. Nettoyer soigneusement l'intérieur de la cuve et la tête du filtre.

**8** Installer l'élément filtrant neuf dans la cuve puis reposer les joints en veillant à respecter l'ordre d'empilage et remettre en place la cuve en la serrant convenablement (ou sa vis centrale).

**info HAYNES** ***Afin de faciliter le réamorçage du circuit d'alimentation suite au remplacement du filtre, poser l'élément neuf dans la cuve, puis remplir cette dernière de gazole propre préalablement à son installation. Pour éviter de répandre du gazole, tenir la cuve en position verticale en la mettant en place***

**9** Procéder au réamorçage et à la purge d'air du circuit d'alimentation comme indiqué au chapitre 4B.

**info HAYNES** ***Ne pas jeter l'élément usagé - l'enlever de manière responsable (voir info-Haynes de la section 3). Verser dans un bidon tout gazole provenant de la vidange et du nettoyage de la cuve, et le porter avec l'élément dans une déchetterie***

## 20 Segments et tambours de freins AR. - contrôle

Déposer les deux tambours et contrôler l'état des segments qui ne doivent pas être usés ni encrassés. Examiner en même temps les cylindres récepteurs pour tâcher de détecter toute trace de fuite à leur niveau ainsi que les tambours pour déceler une éventuelle usure. Se reporter aux sections correspondantes du chapitre 9 pour davantage de précisions à ce sujet.

## 21 Boîte de vitesses - contrôle de niveau d'huile

**1** Placer la voiture au-dessus d'une fosse d'entretien ou lever l'avant au cric et le poser sur chandelles (voir « *Levage et soutien du véhicule* »). A signaler que la voiture doit impérativement rester sur un plan horizontal pour ne pas fausser le relevé du niveau d'huile de la boîte de vitesses.

**2** Suivant le cas, desserrer ses vis de fixation et déposer le carénage de protection sous le moteur ou le protecteur en dessous de la boîte de vitesses **(voir illustration).**

**3** Nettoyer le pourtour du bouchon de remplissage-niveau implanté sur la face avant du carter principal de la boîte de vitesses. Dévisser le bouchon et l'enlever avec sa rondelle d'étanchéité **(voir illustration).**

**4** Le niveau d'huile doit affleurer le bord inférieur de l'orifice de remplissage-niveau **(voir illustration).**

**5** Rétablir au besoin le niveau avec une seringue en utilisant une huile répondant à la norme préconisée (voir « *Lubrifiants et fluides* » au début du manuel). Incorporer l'huile jusqu'à ce qu'elle commence à déborder par l'orifice de remplissage-niveau puis laisser l'excédent s'évacuer.

**6** Le niveau correct une fois obtenu, reposer le bouchon muni d'une rondelle d'étanchéité neuve, en le bloquant convenablement.

**7** Remettre en place le protecteur en dessous de la boîte de vitesses ou le carénage de protection sous le moteur puis descendre la voiture au sol. A noter que s'il devient nécessaire d'ajouter fréquemment de l'huile, cela est révélateur de l'existence d'un défaut d'étanchéité, probablement au niveau d'un joint à lèvre. Déterminer l'origine de ce défaut et le traiter sans tarder.

## 22 Parallélisme du train AV. - contrôle

Voir chapitre 10.

## 23 Climatisation - contrôle

Tout contrôle de l'équipement de climatisation doit être confié à un atelier du réseau Renault disposant du matériel indispensable pour cette opération.

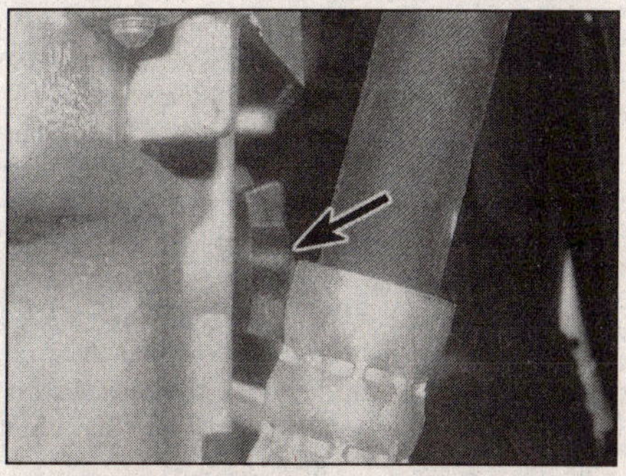

**21.3 Bouchon de remplisssage-niveau de boîte de vitesses**

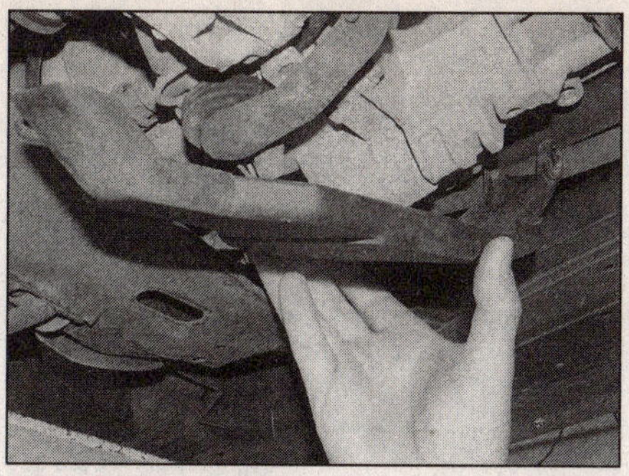

**21.2 Dépose du protecteur en dessous de la boîte de vitesses**

## 24 Essai sur route

### Combiné d'instruments et équipement électrique

**1** Contrôler le fonctionnement de tous les instruments au tableau de bord et de l'équipement électrique.

**2** S'assurer que les instruments fournissent des indications exactes et faire fonctionner tous les appareils électriques pour vérifier leur bon état de marche.

### Direction et suspensions

**3** Procéder à un contrôle pour détecter d'éventuelles anomalies dans la direction, les suspensions, la conduite et la tenue de route.

**4** Effectuer un parcours sur route pour s'assurer de l'absence de vibrations et de bruits anormaux.

**5** Vérifier que la direction réagit normalement, sans jeu ni dureté excessifs et que les suspensions n'émettent pas de bruit dans les virages, sur les bosses et les dos d'âne.

### Groupe motopropulseur

**6** Contrôler le fonctionnement du moteur, de l'embrayage, de la boîte de vitesses et des transmissions.

**7** Tenter de détecter tout bruit anormal provenant du moteur, de l'embrayage et de la boîte de vitesses.

**8** Vérifier que le moteur prend bien ses tours au ralenti et qu'il ne présente pas de creux à l'accélération.

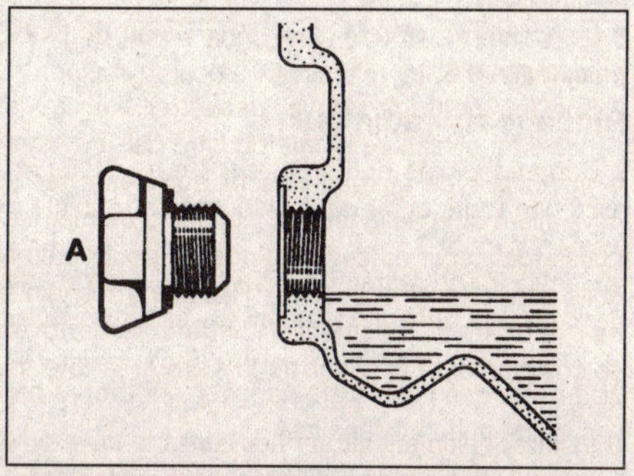


**21.4 Bouchon de remplissage-niveau (A) de boîte de vitesses : niveau d'huile correct montré**

**9** Vérifier que l'embrayage s'engage de manière normale et régulière, que la communication de la force motrice s'effectue sans à-coups et que la course de la pédale ne soit pas excessive. Repérer également tout bruit pouvant être émis en débrayant.

**10** Vérifier que les vitesses passent bien et sans bruit et que la commande des vitesses soit précise et « n'accroche » pas.

**11** Prêter une oreille attentive pour détecter les claquements pouvant être perçus à l'avant du véhicule lorsque celui-ci décrit un arc de cercle à faible allure en braquant à fond la direction sur un côté. Se livrer à ce contrôle dans les deux sens. La présence de claquements indiquera un manque de lubrification ou une usure au niveau d'un joint homocinétique de transmission (voir chapitre 8).

### Contrôle du fonctionnement et de l'efficacité des freins

**12** Vérifier que la voiture ne tire pas sur un côté au freinage et que les roues ne se bloquent pas prématurément en freinant brusquement.

**13** S'assurer de l'absence de vibrations dans la direction au freinage.

**14** Vérifier que le frein à main fonctionne convenablement sans que son levier ait une course excessive et qu'il soit efficace lorsque le véhicule est garé en côte.

**15** Se livrer à un contrôle de fonctionnement du servofrein en procédant comme suit : moteur arrêté, appuyer sur la pédale de frein à quatre ou cinq reprises successives pour faire évacuer la dépression résiduelle puis maintenir la pédale enfoncée et mettre le moteur en marche. Au démarrage du moteur, on doit sentir la pédale de frein s'enfoncer sensiblement, ce qui indique que la communication de la dépression s'effectue normalement. Laisser le moteur tourner pendant au moins deux minutes et l'arrêter. Si la pédale de frein vient ensuite à être enfoncée de nouveau, cela doit s'accompagner d'un « sifflement » caractéristique du servofrein. Après avoir actionné la pédale quatre ou cinq fois, le « sifflement » ne doit plus être perçu et une résistance nettement plus importante doit être constatée à la pédale.



## 25 Courroie de distribution - remplacement

Voir description correspondante au chapitre 2C.

## 26 Liquide de frein - renouvellement

***Danger : Le liquide de frein est un produit à manipuler avec précaution. Il peut causer de graves lésions des yeux et attaquer les surfaces peintes de la voiture. Ne pas utiliser de liquide de frein provenant d'un bidon entamé depuis un certain temps car il risque d'avoir pris l'humidité, ce qui peut conduire à une***

***dégradation dangereuse de l'efficacité des freins***

**1** Le renouvellement du liquide de frein s'effectue en procédant de manière identique à celle décrite pour la purge du circuit hydraulique de freinage au chapitre 9, si ce n'est que le réservoir du maître-cylindre doit tout d'abord être vidé en siphonnant le liquide avec une pipette ou une seringue puis le liquide usagé doit être évacué en purgeant une partie du circuit.

**2** En opérant comme indiqué au chapitre 9, ouvrir la première vis de purge à se présenter dans l'ordre prescrit et appuyer doucement sur la pédale en pompant jusqu'à ce que presque tout le liquide usagé contenu dans le réservoir du maître-cylindre ait été évacué. Remplir le circuit de liquide neuf jusqu'au repère « maxi. » du réservoir et continuer à pomper en actionnant la pédale jusqu'à ce que du liquide neuf parvienne à la vis de purge. Resserrer la vis de purge et compléter le niveau dans le réservoir pour arriver au repère « maxi. ».

**info HAYNES** ***Le liquide de frein usagé est forcément plus foncé que le neuf, ce qui permet de distinguer aisément les deux dans le circuit***

**3** Procéder de la même manière sur toutes les autres vis de purge et cela dans l'ordre spécifié, jusqu'à ce que du liquide neuf parvienne à leur niveau. Veiller à maintenir en permanence le niveau de liquide au-dessus du repère « mini. » dans le réservoir du maître-cylindre, sinon de l'air risque d'être admis dans le circuit, ce qui rallongerait considérablement le temps consacré aux opérations de purge. **Nota :** *Ne pas jeter le liquide usagé - l'enlever de manière responsable (voir info-Haynes de la section 3). A noter que les liquides hydrauliques et les huiles usagées peuvent être recyclés pendant qu'ils soient mélangés.*

**4** Au terme de ces opérations, vérifier que toutes les vis de purge sont bien serrées et qu'elles sont équipées de leur capuchon de protection. Essuyer toute trace de liquide ayant coulé et recontrôler le niveau de liquide dans le réservoir du maître-cylindre.

**5** Pour finir, s'assurer du bon fonctionnement des freins avant de prendre la route.

# Tous les 120 000 km ou 4 ans

## 27 Liquide de refroidissement - renouvellement

***Danger : Attendre que le moteur soit complètement froid pour entreprendre les opérations qui suivent. L'antigel ne doit pas être mis au contact de la peau ni des surfaces peintes de la voiture. Rincer abondamment à l'eau claire toute trace d'antigel renversé. Ne jamais laisser traîner un bidon d'antigel débouché. De même, essuyer les flaques pouvant stagner au sol. Les enfants et les animaux sont attirés par l'odeur agréable de l'antigel qui peut cependant provoquer une grave intoxication en cas d'ingestion***

### Vidange du circuit de refroidissement

**Nota :** *Ne pas jeter le liquide usagé - l'enlever de manière responsable, mais ne pas le mélanger avec les huiles usagées afin de permettre leur recyclage. Verser dans un bidon tout liquide provenant de la vidange et du rinçage du circuit de refroidissement, étiqueter ce bidon et le porter dans une déchetterie (voir info-Haynes de la section 3).*

**1** Le moteur étant refroidi, enlever le bouchon du vase d'expansion. Dévisser le bouchon dans le sens anti-horaire puis attendre que la pression résiduelle s'échappe pour finir de le dévisser et le retirer.

**2** Déposer éventuellement le carénage de protection sous le moteur puis disposer une bassine de vidange sous le raccordement de la durit inférieure du radiateur, côté gauche de celui-ci.

**3** Desserrer son collier puis débrancher la durit inférieure du radiateur et laisser le liquide de refroidissement s'écouler dans la bassine.

**4** Pour faciliter la vidange, ouvrir la vis de purge du circuit de refroidissement, implantée sur le boîtier thermostatique.

**5** Le liquide ne coulant plus au niveau de la durit inférieure du radiateur, déplacer la bassine en dessous du bouchon de vidange, situé à l'arrière droit du bloc-cylindres. Enlever le bouchon puis récupérer le liquide de refroidissement dans la bassine.

**6** Procéder si nécessaire au rinçage du circuit de refroidissement comme décrit dans le paragraphe suivant puis remonter le bouchon de vidange du bloc-cylindres en le serrant bien et rebrancher la durit inférieure du radiateur munie au besoin d'un collier neuf. Effectuer ensuite le remplissage du circuit en se reportant aux descriptions correspondantes ci-dessous pour cette opération.

### Rinçage du circuit de refroidissement

***Attention : Ne pas employer de soude caustique ni de produits alcalins pour le rinçage du circuit de refroidissement et du radiateur à faisceau en aluminium au risque de provoquer une corrosion des éléments en alliage léger avec des fuites pouvant en résulter***

**7** Si le liquide de refroidissement n'a pas été régulièrement renouvelé à la fréquence prescrite ou si la solution antigel a perdu de ses propriétés assurant la protection du circuit, ce dernier risque de perdre progressivement de son efficacité du fait de l'entartrage et du colmatage par la rouille et d'autres sédiments de ses conduits. En tel cas, il y aura lieu de rincer le circuit de refroidissement pour le débarrasser des impuretés qu'il contient et lui restituer son efficacité.

**8** Le radiateur doit être rincé séparément du bloc-moteur afin d'éviter une possible contamination.

#### Rinçage du radiateur

**9** Débrancher les durits supérieure et inférieure ainsi que toute autre durit raccordée au radiateur (voir chapitre 3).

**10** Introduire l'extrémité d'un tuyau d'arrosage dans l'orifice de la durit supérieure et faire circuler de l'eau dans le radiateur. Continuer le rinçage jusqu'à ce que l'eau sorte parfaitement propre par l'orifice de la durit inférieure.

**11** Si au bout d'un certain moment, l'eau sortant du radiateur est encore trouble, le radiateur doit alors être rincé en utilisant un produit nettoyant-détartrant pour radiateurs du commerce, en suivant les instructions de sa notice d'emploi. Si le radiateur est particulièrement entartré et corrodé, le rincer à l'envers en introduisant l'extrémité du tuyau d'arrosage par l'orifice du bas.

#### Rinçage du bloc-moteur

**12** Pour effectuer cette opération, déposer le thermostat (voir chapitre 3) puis débrancher la durit inférieure du radiateur au niveau du couvercle de boîtier thermostatique.

**13** Introduire l'extrémité d'un tuyau d'arrosage dans le boîtier thermostatique et faire circuler de l'eau à travers le bloc-moteur et continuer le rinçage jusqu'à ce que l'eau sorte parfaitement propre par la durit inférieure.

**14** Le rinçage une fois terminé, reposer le thermostat puis rebrancher la durit inférieure du radiateur.

### Remplissage du circuit de refroidissement

**15** Avant de procéder au remplissage du circuit de refroidissement, s'assurer que toutes les durits et les colliers sont en bon état et bien serrés. Le cas échéant, vérifier également que le bouchon de vidange du bloc-cylindres est serré à fond. A noter qu'une solution de refroidissement de type « quatre saisons » avec antigel incorporé doit être utilisée tout au long de l'année afin de prévenir la corrosion des organes du moteur (voir paragraphe ci-dessous à ce sujet).

**16** Enlever le bouchon du vase d'expansion.

**17** Ouvrir la vis de purge du circuit de refroidissement sur le boîtier thermostatique.

**18** Remplir lentement le circuit, jusqu'à ce que le niveau arrive au repère « maxi. » du vase d'expansion. Dès que le liquide s'écoule, sans bulles d'air, par la vis de purge, la fermer.

**19** Mettre le moteur en marche et le faire tourner au ralenti accéléré (ne pas dépasser 2 500 tr/min) pendant 4 minutes environ. Veiller à maintenir un niveau suffisant de liquide de refroidissement dans le vase d'expansion, en le complétant s'il y a lieu pour atteindre le bord supérieur du goulot.

**20** Reposer et bien serrer le bouchon du vase d'expansion.

**21** Faire tourner le moteur à 2 500 tr/min pendant 10 minutes environ, jusqu'à enclenchement et arrêt du motoventilateur.

**22** Arrêter le moteur et le laisser refroidir pendant 30 minutes au minimum.

**23** Revérifier le niveau de liquide de refroidissement, comme décrit à la rubrique « *Contrôles hebdomadaires* » au début du manuel, en le rétablissant au besoin puis reposer le bouchon du vase d'expansion.

### *Solution antigel*

**24** Le liquide de refroidissement doit impérativement être renouvelé selon la périodicité spécifiée. Cela s'avère nécessaire non seulement pour que le liquide conserve ses propriétés antigel mais également pour prévenir la corrosion qui ne tarderait pas à se développer du fait d'une diminution progressive de l'efficacité des additifs anticorrosion contenus dans le liquide.

**25** Il convient d'utiliser exclusivement un antigel à base d'éthylène glycol adapté aux circuits de refroidissement réalisés dans des métaux composites, du type préconisé par le constructeur (voir « *Lubrifiants et fluides* » au début du manuel). Les proportions d'antigel à incorporer et les niveaux de protection correspondants contre le gel sont donnés à titre indicatif dans les « *Caractéristiques* » au début du chapitre.

**26** Avant d'ajouter de l'antigel, le circuit de refroidissement doit avoir subi une vidange complète et de préférence, avoir été rincé. L'état des durits ainsi que le serrage de leur raccordement doivent également être contrôlés.

**27** Après remplissage du circuit de refroidissement, apposer sur le vase d'expansion une étiquette sur laquelle seront indiqués le type et la concentration d'antigel utilisés ainsi que la date de vidange. Tout appoint ultérieur de liquide dans le circuit de refroidissement doit être fait avec le même type et la même proportion d'antigel.

**28** Ne pas utiliser d'antigel prévu pour le circuit de refroidissement des moteurs dans le lave-glace, ce qui risquerait d'endommager la peinture de la carrosserie. Ajouter un produit spécial lave-vitre du commerce dans l'eau du lave-glace en respectant les proportions indiquées sur la notice d'emploi ou bien utiliser un produit prêt à l'emploi.

# Tous les 4 ans

### 28 Coussin gonflable de sécurité intégré - changement des accus

Sur les modèles équipés d'un coussin gonflable de sécurité (airbag) de type intégré, les accus doivent être changés tous les 4 ans, une intervention à confier aux services techniques d'un concessionnaire Renault.

# Chapitre 2 Partie A : Opérations s'effectuant sans dépose des moteurs essence 1,2 l

## Sommaire



## Niveaux de difficulté

| | | | | |
|---|---|---|---|---|
| **Facile,** pour les profanes de la mécanique | **Assez facile,** pour les débutants plus avisés | **Assez difficile,** pour les amateurs compétents | **Difficile,** pour les amateurs plus expérimentés | **Très difficile,** pour les initiés et les professionnels |

## Caractéristiques

### Moteur (généralités)

| | |
|---|---|
| Désignation du type de moteur : * | |
| Versions anciennes - types C/B/SBOA | D7F 720 |
| Versions récentes - types C/B/SBOF | D7F 726 |
| Cylindrée | 1 149 cm³ |
| Alésage | 69 mm |
| Course | 76,8 mm |
| Ordre d'allumage | 1-3-4-2 (cylindre n° 1 côté volant moteur) |
| Rapport volumétrique | 9,65 à 1 |
| Puissance maxi. | 43 kW (norme CEE)/60 ch (norme DIN) à 5 250 tr/min |
| Couple maxi. | 93 N.m (norme CEE)/9,7 m.kg (norme DIN) à 2 500 tr/min |
| Sens de rotation du vilebrequin | Sens horaire, vu du côté distribution |
| Pressions de compression | Non communiqué |

** Se reporter à « Numéros d'identification du véhicule » à la partie « Références » en fin de manuel pour l'identification du type et de l'indice du moteur.*

### Jeu aux soupapes (à froid)

| | |
|---|---|
| Admission | 0,10 mm |
| Echappement | 0,20 mm |

### Tension de courroie de distribution (voir texte)

**Avec appareil Renault Mot. 1273**

| | |
|---|---|
| Valeur de montage/contrôle | 20 ± 3 unités SEEM |
| Valeur de fonctionnement mini. | 10 unités SEEM |

**Avec appareil Renault Mot. 1505**

| | |
|---|---|
| Valeur de montage @ prétension de 1 daN.m avec l'outil Mot. 1386 | 139 ± 3 hertz |

### Arbre à cames

| | |
|---|---|
| Jeu longitudinal | 0,07 à 0,148 mm |

### Graissage

| | |
|---|---|
| Pression d'huile mini. à 80 °C : | |
| Au ralenti | 0,8 bar |
| A 4 000 tr/min | 3,5 bars |

| **Couples de serrage** | **daN.m** |
|---|---|
| Couvre-culasse | 1,1 |
| Vis de pignon d'arbre à cames | 4,5 |
| Vis d'axe de culbuteurs | 2,3 |
| Tubulure d'admission | Voir chapitre 4A |
| Collecteur d'échappement | Voir chapitre 4A |
| Ecrou de galet tendeur de courroie de distribution | 5 |
| Vis de culasse **(voir illustration 11.33)** : * | |
| Phase 1 (toutes les vis) | 2 |
| Phase 2 | Serrage angulaire de toutes les vis de 90° ± 6° |
| Phase 3 | Attente de 3 minutes au minimum pour stabilisation |
| Phase 4 | Desserrage complet des vis 1 et 2 |
| Phase 5 | Resserrage des vis 1 et 2 au couple de 2 daN.m |
| Phase 6 | Serrage angulaire des vis 1 et 2 de 200° ± 6° |
| Phase 7 | Desserrage complet des vis 3 et 4 |
| Phase 8 | Resserrage des vis 3 et 4 au couple de 2 daN.m |
| Phase 9 | Serrage angulaire des vis 3 et 4 de 200° ± 6° |
| Phase 10 | Desserrage complet des vis 5 et 6 |
| Phase 11 | Resserrage des vis 5 et 6 au couple de 2 daN.m |
| Phase 12 | Serrage angulaire des vis 5 et 6 de 200° ± 6° |
| Phase 13 | Desserrage complet des vis 7 et 8 |
| Phase 14 | Resserrage des vis 7 et 8 au couple de 2 daN.m |
| Phase 15 | Serrage angulaire des vis 7 et 8 de 200° ± 6° |
| Phase 16 | Desserrage complet des vis 9 et 10 |
| Phase 17 | Resserrage des vis 9 et 10 au couple de 2 daN.m |
| Phase 18 | Serrage angulaire des vis 9 et 10 de 200° ± 6° |
| Vis de poulie de vilebrequin : | |
| Phase 1 | 2 |
| Phase 2 | Serrage angulaire de 90° |
| Pompe à huile | 0,9 |
| Ecrous de chapeaux de bielles : | |
| Phase 1 | 1,4 |
| Phase 2 | Serrage angulaire de 39° |
| Vis de chapeaux de paliers de vilebrequin : | |
| Phase 1 | 2 |
| Phase 2 | Serrage angulaire de 80° |
| Vis de flasque d'étanchéité | 0,9 |
| Vis de volant moteur : | |
| Phase 1 | 1,7 |
| Phase 2 | Serrage angulaire de 110° |
| Carter d'huile | 1 |
| Silentblocs et supports du groupe motopropulseur (voir section 17) : | |
| Ecrou central de silentbloc droit | 10,5 |
| Vis de supports droits sur moteur et caisse | 6,2 |
| Ecrou central de silentbloc gauche | 6,2 |
| Ecrous de silentbloc gauche sur support | 2,1 |
| Vis de support gauche sur caisse | 2,1 |
| Vis de support gauche sur boîte de vitesses | 6,2 |
| Boulons de biellette antibasculement de support arrière | 6,2 |
| Vis de roues | Voir chapitre 1A |

** Vis à changer systématiquement à chaque démontage.*

## 1 Généralités

Cette première partie du chapitre 2 traite des opérations pouvant être effectuées sans dépose des moteurs essence 1,2 l. Toutes les interventions devant être accomplies dans le cadre de la dépose et la repose du moteur ainsi que du démontage et de la remise en état du bloc-cylindres sont décrites en partie D.

Les interventions concernées par cette première partie du chapitre 2 s'accomplissent avec le moteur demeurant sur le véhicule. Si le moteur a été déposé pour subir un démontage ou une remise en état, un certain nombre des descriptions fournies ne sont naturellement plus valables.

### *Particularités des moteurs*

Il s'agit de moteurs à quatre cylindres en ligne verticaux et simple arbre à cames en tête, disposés transversalement à l'avant de la voiture.

Les fûts de cylindres sont usinés directement dans la matière du bloc-cylindres en fonte. Le vilebrequin en fonte tourne sur cinq paliers garnis de demi-coussinets. Le réglage du jeu longitudinal au vilebrequin est assuré par des cales de butée axiale intégrées au demi-coussinet supérieur du palier central (nº 3).

La tête des bielles est articulée sur le vilebrequin par des demi-coussinets. Les pistons en alliage d'aluminium, du type à jupe fendue, sont accouplés aux bielles par l'intermédiaire d'axes tubulaires montés serrés dans leur pied et sont garnis de trois segments dont deux de compression et un racleur d'huile.

L'arbre à cames en fonte tournant sur cinq paliers directement usinés dans la culasse, est entraîné par une courroie crantée à partir du vilebrequin et commande les soupapes par l'intermédiaire de culbuteurs montés sur une rampe fixée par vis sur le haut de la culasse. La courroie de distribution assure également l'entraînement de la pompe à eau.

Le carter-moteur dispose d'un système de dégazage du type semi-hermétique.

La lubrification du moteur s'effectue sous pression par une pompe à rotor entraînée directement à partir du côté droit du vilebrequin.

### Opérations pouvant être réalisées sans dépose du moteur

Les opérations qui suivent peuvent être accomplies sans avoir à déposer le moteur :

*a) Dépose et repose de la culasse*
*b) Dépose et repose de la courroie de distribution et de ses pignons*
*c) Remplacement de la bague d'étanchéité de l'arbre à cames*
*d) Dépose, contrôle et repose de l'arbre à cames*
*e) Dépose et repose du carter d'huile*
*f) Dépose et repose des ensembles bielle-piston **
*g) Dépose et repose de la pompe à huile*
*h) Remplacement des bagues d'étanchéité du vilebrequin*
*i) Remplacement des silentblocs du groupe motopropulseur*
*j) Dépose et repose du volant moteur*

** Bien que les ensembles bielle-piston soient accessibles avec le moteur demeurant en place et après dépose du carter d'huile, il est toutefois préférable pour des raisons de commodité et de propreté, d'effectuer leur dépose avec le moteur hors de la voiture. Pour cette raison, elle est décrite à la partie D de ce chapitre.*

***Attention : Sur les modèles équipés d'un autoradio codé, s'assurer de bien avoir en possession la combinaison correcte du code de sécurité pour débrancher la batterie***

## 2 Contrôle de compression - description et analyse des résultats

**info OUTIL** *Ce contrôle implique l'utilisation d'un compressiomètre approprié*

**1** Un contrôle de compression est susceptible de fournir une bonne indication de l'état mécanique du haut-moteur : segmentation, soupapes, joint de culasse. Il peut en particulier révéler une fuite, se traduisant par une pression insuffisante, liée à des segments usés, à des soupapes et des sièges défectueux ou à un joint de culasse claqué. **Nota :** *Pour effectuer le contrôle de compression, le moteur doit être à sa température normale de fonctionnement et la batterie en état de pleine charge.*

**2** Nettoyer la zone environnante des bougies en utilisant de l'air comprimé ou à défaut une petite brosse ou bien encore une pompe de gonflage pour vélos, avant de les démonter, afin d'éviter l'introduction de saletés dans les cylindres en procédant au contrôle de compression.

**3** Déposer les quatre bougies (voir chapitre 1A).

**4** Neutraliser le système de gestion du moteur en enlevant le fusible de protection des fonctions du moteur au niveau du boîtier à fusibles dans le compartiment moteur (voir chapitre 12).

**5** Raccorder le compressiomètre au trou de bougie du cylindre n° 1. Utiliser de préférence un compressiomètre muni d'un embout se vissant sur le trou fileté de bougie **(voir illustration)**.

**6** Demander à un collaborateur, assistant à l'opération, d'appuyer à fond sur la pédale d'accélérateur tout en lançant plusieurs fois de suite le moteur au démarreur. Observer les indications du compressiomètre. A signaler que la compression doit s'élever rapidement pour atteindre son maximum et se stabiliser sur un moteur en bon état de fonctionnement. Une pression insuffisante lors de la première phase, suivie d'une augmentation progressive durant les phases suivantes, indique une usure des segments de pistons. Une pression anormalement basse durant la première phase et ne s'élevant pas lors des phases suivantes, dénote une mauvaise étanchéité des soupapes ou un joint de culasse claqué (des fissures dans la culasse peuvent également être à l'origine de ce phénomène). Des dépôts de calamine sous la tête des soupapes peuvent également provoquer une insuffisance de compression. Noter la valeur de compression la plus élevée ayant été obtenue et procéder de la même manière pour les autres cylindres en notant les pressions respectives observées.

**7** Les pressions relevées sur tous les cylindres doivent se traduire par des valeurs très proches. Une différence de pression supérieure à 1 bar entre deux cylindres atteste la présence d'une anomalie à leur niveau. Bien qu'aucune valeur de référence ne soit fournie par le constructeur, on peut considérer qu'une pression inférieure à 10 bars constitue un indice du mauvais état d'un moteur. Consulter un concessionnaire Renault ou un spécialiste en cas de doute sur une valeur de compression.

**8** En cas de compression insuffisante de l'un des cylindres, se livrer à un test pour déterminer l'origine de la fuite en cause. Pour cela, verser une petite quantité d'huile moteur propre (la valeur d'un bouchon de bidon d'huile) par le trou de bougie et recommencer le contrôle de compression.

**9** Si la valeur de compression augmente après avoir versé de l'huile, cela dénote une usure exagérée de l'alésage du cylindre concerné ou du piston correspondant et/ou les segments. Si aucune amélioration n'est constatée, cela témoigne d'un défaut d'étanchéité des soupapes ou du joint de culasse. Une fuite au niveau d'une soupape peut provenir d'une brûlure de son siège ou de sa portée ou bien la soupape est déformée ou fissurée.

**2.5 Contrôle de compression en cours de réalisation**

**10** Si deux cylindres voisins présentent une pression de compression insuffisante, il est probable que le joint de culasse entre eux soit claqué. La présence de liquide de refroidissement dans l'huile du moteur confirmera cette hypothèse.

**11** Si la pression de compression de l'un des cylindres est de 20 % inférieure à celle des autres cylindres et que le moteur prend assez mal ses tours au ralenti, une usure importante d'un bossage de l'arbre à cames peut en être à l'origine.

**12** Si la pression de compression est anormalement élevée, les chambres de combustion doivent en toute probabilité être excessivement calaminées. Si tel est le cas, il y aura lieu de déposer la culasse et de la décalaminer.

**13** Au terme de ces vérifications, reposer les bougies et rebrancher le circuit d'allumage.

## 3 Point mort haut (PMH) du piston n° 1 - recherche

**1** Le point mort haut (PMH) est le point le plus élevé de la course du piston dans le cylindre correspondant. Chacun des pistons atteint le point mort en fin de phase de compression et également en fin de phase d'échappement. Pour procéder au calage de la distribution, la notion de PMH fait toutefois référence à la position atteinte par le piston du cylindre n° 1 en fin de phase de compression. Le cylindre n° 1 se trouve côté gauche (volant moteur) du moteur.

**2** Serrer le frein à main puis lever l'avant de la voiture au cric et le poser sur chandelles (voir « *Levage et soutien du véhicule* »). Déposer la roue avant droite.

**3** Déposer la coquille pare-boue du passage de roue avant droit de façon à pouvoir accéder à la vis de fixation de la poulie de vilebrequin.

**4** Déposer les bougies (voir chapitre 1A).

**5** Placer un doigt sur le trou de bougie du cylindre n° 1 (le plus proche du volant moteur) dans la culasse puis tourner le vilebrequin dans le sens horaire à l'aide d'une clé plate ou à douille en prise sur la vis de fixation de sa poulie jusqu'à ce qu'une pression soit ressentie au niveau du trou de bougie du cylindre n° 1, ce qui indiquera que le piston correspondant se trouve en phase ascendante de sa course de compression.

**6** Enlever le bouchon du regard de contrôle prévu en haut du support moteur/carter supérieur de la courroie de distribution. Observer par le regard tout en continuant de tourner le vilebrequin de façon à faire coïncider le repère de calage sur le pignon d'arbre à cames avec le repère de référence fixe sur le support moteur/carter. Dans le cas où ce dernier a été déposé, le repère du pignon d'arbre à cames doit être positionné en vis-à-vis du repère fixe sur le

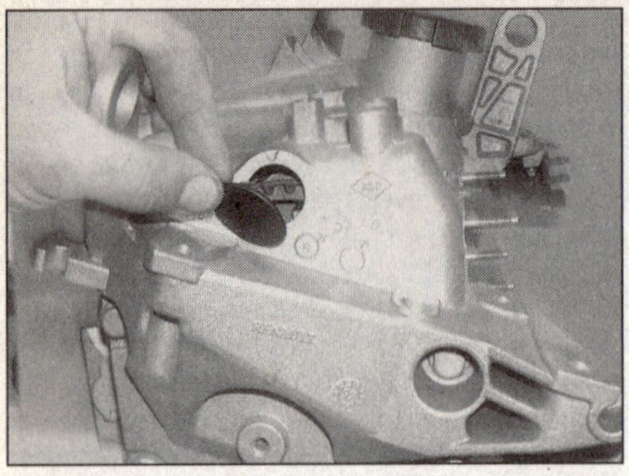

**3.6a Dépose du bouchon du regard de contrôle sur le support moteur/carter supérieur de courroie de distribution**

couvre-culasse **(voir illustrations)**. **Nota :** *Le pignon d'arbre à cames est pourvu de cinq différents repères. Seul le repère de forme rectangulaire sur la face de l'une des dents du pignon sert au calage de la distribution au PMH. Les autres repères en forme de demi-lune dont destinés au réglage du jeu aux soupapes. L'angle de vision permet difficilement de se rendre compte du bon alignement des repères avec le support moteur/carter en place. Il suffit toutefois que le repère de calage sur le pignon de distribution du vilebrequin soit aligné avec le repère du carter de pompe à huile (voir ci-dessous) et que le repère de référence sur le pignon d'arbre à cames soit visible par le regard de contrôle du support moteur/carter pour que le piston du cylindre n° 1 se trouve en position PMH.*

**7** Si la poulie de vilebrequin vient ensuite à être déposée (voir section 5), le repère de calage du pignon de distribution du vilebrequin doit se trouver en regard du repère de référence fixe en bas du carter de pompe à huile **(voir illustration)**. Le vilebrequin peut au besoin être bloqué en position PMH en engageant une pige de 8 mm de diamètre (outil d'atelier Mot. 1054) dans le perçage à l'avant gauche du bloc-cylindres et dans le trou correspondant du volant moteur : il sera bon de le signaler au moyen d'une note d'avertissement à apposer sur le volant dans l'habitacle de manière à prévenir toute tentative de démarrage du moteur avec la pige en place, ce qui peut entraîner des dégâts.

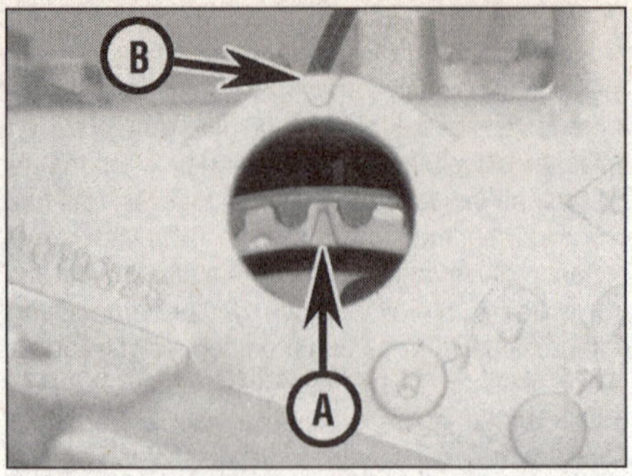


**3.6b Le repère de calage (A) sur le pignon d'arbre à cames est à aligner avec le repère de référence fixe (B) en haut du support moteur/carter de courroie . . .**

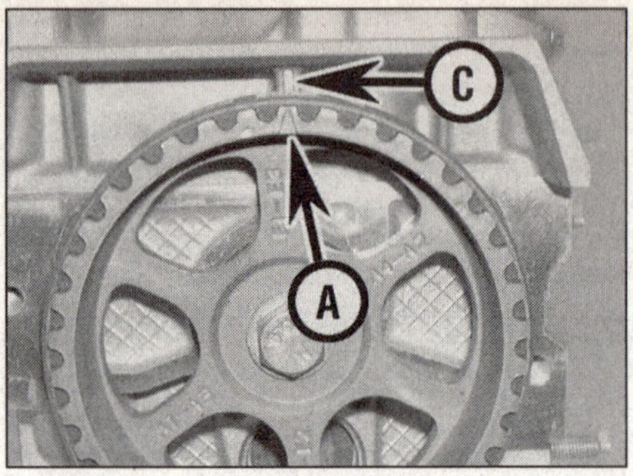


**3.6c . . . ou le repère (C) en haut du couvre-culasse**

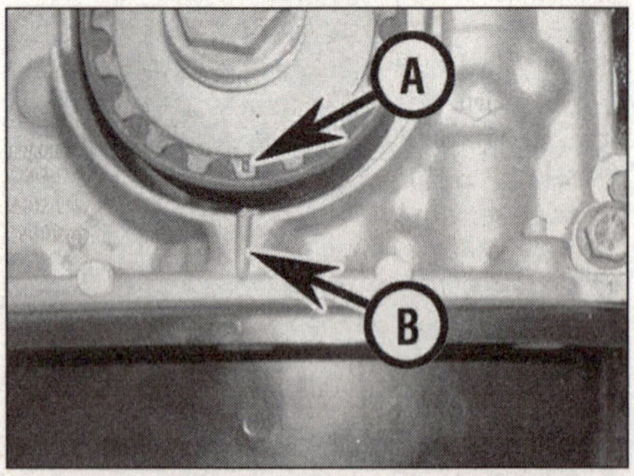


**3.7 Le repère de calage (A) sur le pignon de vilebrequin est à aligner avec le repère de référence fixe (B) sur le carter de pompe à huile**

## 4 Jeu aux soupapes - réglage

**Nota :** *Cette opération n'est pas prévue par le programme d'entretien périodique. Elle doit être effectuée en cas de bruit anormal de la distribution ou de perte de puissance du moteur laissant supposer un mauvais réglage du jeu aux soupapes. Le couvre-culasse est à équiper d'un joint neuf à la repose.*

**1** Procéder à la dépose de la tubulure d'admission (voir chapitre 4A).

**2** Desserrer ses vis de fixation et déposer le couvre-culasse avec son joint à mettre au rebut : il est à changer systématiquement à chaque dépose du couvre-culasse.

**3** Déposer les bougies (voir chapitre 1A) afin de faciliter la rotation du moteur, ce qui n'est toutefois pas indispensable.

**4** Sur une feuille de papier, faire un schéma montrant la disposition des soupapes d'admission et d'échappement en les numérotant de 1 à 4 en fonction des cylindres qu'elles desservent, comme suit : Ech. 1, Adm. 1, Ech. 2, Adm. 2, etc. Les soupapes d'admission se trouvent côté tubulure d'admission de la culasse et celles d'échappement côté collecteur d'échappement. Barrer les soupapes sur le schéma au fur et à mesure de leur réglage.

**5** Il existe trois différents méthodes de réglage du jeu aux soupapes :

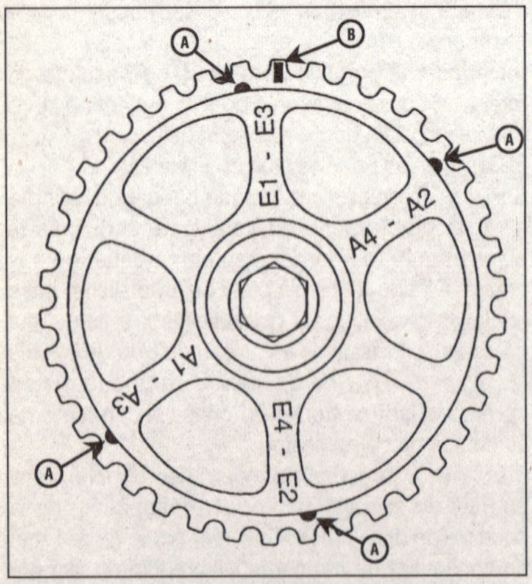


**4.6 Le 1er repère (A) pour le réglage du jeu aux soupapes, marqué « E1-E3 » sur le pignon d'arbre à cames, est à aligner avec le repère de référence fixe (B) sur le couvre-culasse reposé provisoirement**

### *Méthode 1*

**6** Tourner le vilebrequin pour amener le piston du cylindre n° 1 au PMH en phase de compression (voir section précédente) : ne pas installer la pige de blocage. Poursuivre la rotation du vilebrequin de façon à faire coïncider le premier repère en forme de demi-lune sur le pignon d'arbre à cames avec le repère de référence fixe sur le support moteur/carter ou éventuellement sur le couvre-culasse en reposant provisoirement celui-ci s'il y a lieu pour obtenir cet alignement **(voir illustration)**.

**7** Insérer une cale de l'épaisseur prescrite (voir « *Caractéristiques* ») entre la queue de la soupape d'échappement du cylindre n° 1 et la vis de réglage du culbuteur. La cale doit pouvoir passer en frottant légèrement. En cas de nécessité, débloquer son contre-écrou au moyen d'une clé polygonale et agir sur la vis de réglage avec un petit tournevis pour ajuster le jeu **(voir illustrations)**. Le réglage correct une fois obtenu, maintenir la vis de réglage en

**4.7a Contrôle du jeu à une soupape avec une cale d'épaisseur . . .**

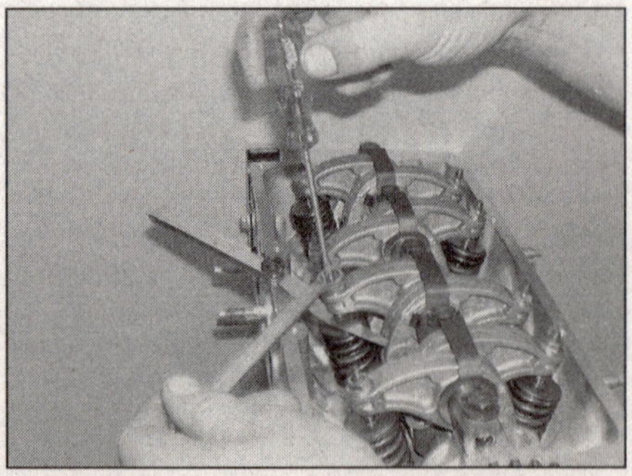

**4.7b . . . et réglage avec un tournevis**

position pour rebloquer le contre-écrou. Recontrôler le jeu à la soupape et le retoucher au besoin. Recommencer l'opération sur la soupape d'échappement du cylindre n$^{o}$ 3.

**8** Tourner le vilebrequin dans le sens horaire de manière à amener le deuxième repère en forme de demi-lune sur le pignon d'arbre à cames en regard du repère de référence fixe sur le support moteur/carter ou le cas échéant, le couvre-culasse **(voir illustration 4.6)**. Procéder au réglage du jeu successivement sur les soupapes d'admission n$^{os}$ 1 et 3. A noter qu'une valeur de jeu différente est préconisée pour les soupapes d'admission et d'échappement. Poursuivre le réglage du jeu dans l'ordre suivant :

| Repères alignés * | Soupapes à régler |
|---|---|
| 1$^{er}$ | N$^{o}$ 1 Ech. et N$^{o}$ 3 Ech. |
| 2$^{e}$ | N$^{o}$ 1 Adm. et N$^{o}$ 3 Adm. |
| 3$^{e}$ | N$^{o}$ 2 Ech. et N$^{o}$ 4 Ech. |
| 4$^{e}$ | N$^{o}$ 2 Adm. et N$^{o}$ 4 Adm. |

** Rotation du vilebrequin dans le sens horaire par rapport au repère de réglage sur le pignon d'arbre à cames.*

**9** Dégager la clé de la vis de fixation de la poulie du vilebrequin.

**10** Effectuer la repose des bougies, comme indiqué au chapitre 1A.

**11** Procéder à la repose du couvre-culasse muni d'un joint neuf et serrer ses vis de fixation au couple prescrit en opérant en spirale, du centre vers l'extérieur.

**12** Reposer la tubulure d'admission, en se reportant au chapitre 4A pour cette opération.

## *Méthode 2*

**13** Tourner le vilebrequin dans le sens horaire de sorte à amener la soupape d'échappement du cylindre n$^{o}$ 1 en position de pleine ouverture, avec son ressort comprimé à fond.

**14** Engager une cale de l'épaisseur correspondant au jeu prescrit (voir *« Caractéristiques »*) entre la queue de soupape d'admission du cylindre n$^{o}$ 3 et la vis de réglage du culbuteur. La cale doit juste passer dans le jeu, en frottant légèrement. Si besoin est, débloquer son contre-écrou au moyen d'une clé polygonale et agir sur la vis de réglage avec un tournevis pour ajuster le jeu. Rebloquer le contre-écrou puis recontrôler le jeu à la soupape et le retoucher au besoin. Procéder de la même manière sur la soupape d'échappement du cylindre n$^{o}$ 4. A noter qu'une valeur de jeu différente est préconisée pour les soupapes d'admission et d'échappement.

**15** Poursuivre la rotation du vilebrequin dans le sens horaire pour amener en position de pleine ouverture la soupape d'échappement du cylindre n$^{o}$ 3 puis effectuer le réglage du jeu successivement aux soupapes d'admission du cylindre n$^{o}$ 4 et d'échappement du cylindre n$^{o}$ 2. Procéder ensuite au réglage du jeu aux autres soupapes dans l'ordre suivant :

| Soupapes en pleine ouverture | Soupapes d'admission à régler | Soupapes d'échappement à régler |
|---|---|---|
| N$^{o}$ 1 Ech. | N$^{o}$ 3 | N$^{o}$ 4 |
| N$^{o}$ 3 Ech. | N$^{o}$ 4 | N$^{o}$ 2 |
| N$^{o}$ 4 Ech. | N$^{o}$ 2 | N$^{o}$ 1 |
| N$^{o}$ 2 Ech. | N$^{o}$ 1 | N$^{o}$ 3 |

**16** Dégager la clé de la vis de fixation de la poulie du vilebrequin.

**17** Reposer les bougies, comme décrit au chapitre 1A.

**18** Procéder à la repose du couvre-culasse muni d'un joint neuf et serrer ses vis de fixation au couple prescrit en opérant en spirale, du centre vers l'extérieur.

**19** Reposer la tubulure d'admission, en se reportant au chapitre 4A pour cette opération.

## *Méthode 3*

**20** Tourner le vilebrequin dans le sens horaire de façon à amener en « bascule » les soupapes du cylindre n$^{o}$ 1 : la soupape d'échappement doit se trouver en phase de fermeture et celle d'admission en phase d'ouverture. Agir au besoin sur le vilebrequin dans un sens et dans l'autre pour confirmer que cette position est bien atteinte.

**21** Engager une cale de l'épaisseur correspondant au jeu prescrit (voir *« Caractéristiques »*) entre la queue de la soupape d'admission du cylindre n$^{o}$ 4 et la vis de réglage du culbuteur. La cale doit tout juste passer dans le jeu, en frottant légèrement. S'il y a lieu, débloquer son contre-écrou puis agir sur la vis de réglage avec un tournevis pour ajuster le jeu. Rebloquer le contre-écrou puis recontrôler le jeu à la soupape et le retoucher au besoin. Procéder de la même manière sur la soupape d'échappement du cylindre n$^{o}$ 4. A signaler qu'une valeur de jeu différente est préconisée pour les soupapes d'admission et d'échappement.

**22** Poursuivre la rotation du vilebrequin dans le sens horaire pour amener en « bascule » les deux soupapes du cylindre n$^{o}$ 3 puis effectuer le réglage du jeu aux soupapes d'admission et d'échappement du cylindre n$^{o}$ 2. Procéder ensuite au réglage du jeu aux autres soupapes dans l'ordre suivant :

| Soupapes en bascule sur cylindre | Contrôle du jeu sur cylindre |
|---|---|
| *N$^{o}$ 1* | *N$^{o}$ 4* |
| *N$^{o}$ 3* | *N$^{o}$ 2* |
| *N$^{o}$ 4* | *N$^{o}$ 1* |
| *N$^{o}$ 2* | *N$^{o}$ 3* |

**23** Dégager la clé de la vis de fixation de la poulie du vilebrequin.

**24** Effectuer la repose des bougies, comme indiqué au chapitre 1A.

**25** Procéder à la repose du couvre-culasse muni d'un joint neuf et serrer ses vis de fixation au couple prescrit en opérant en spirale, du centre vers l'extérieur.

**26** Reposer la tubulure d'admission, en se reportant au chapitre 4A pour cette opération.

## 5 Poulie de vilebrequin - dépose et repose

### *Dépose*

**1** Serrer le frein à main puis lever l'avant de la voiture au cric et le poser sur chandelles (voir *« Levage et soutien du véhicule »*). Déposer la roue avant droite.

**2** Déposer la coquille pare-boue du passage de roue avant droit pour avoir accès à la vis de fixation de la poulie de vilebrequin.

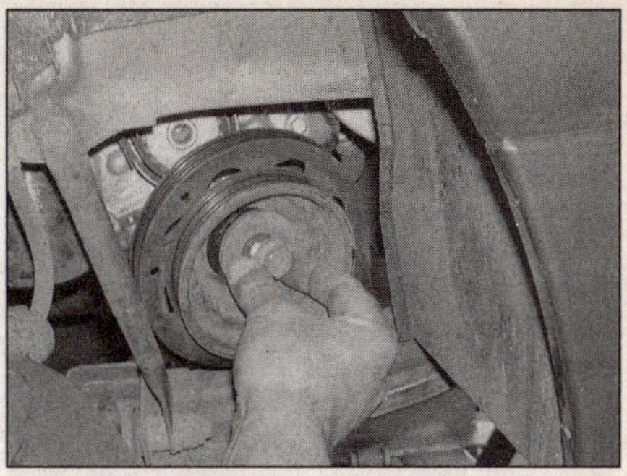

**5.5 Dépose de la poulie de vilebrequin avec sa vis de fixation et la rondelle**

**3** Procéder à la dépose de la ou des courroies des accessoires (voir chapitre 1A).

**4** Le vilebrequin doit être immobilisé pour le déblocage de la vis de fixation de sa poulie, ce qui peut être obtenu en demandant à un collaborateur d'enclencher le 5$^{e}$ rapport de boîte de vitesses et d'actionner à fond la pédale de frein.

**5** Débloquer la vis de fixation puis l'enlever avec sa rondelle et dégager la poulie en bout de vilebrequin **(voir illustration)**.

### *Repose*

**6** La repose s'opère à l'inverse de la dépose, en tenant par ailleurs compte des points suivants :

*a) Veiller à bien engager le pion de centrage du pignon de distribution du vilebrequin dans le logement correspondant de la poulie*

*b) Serrer la vis de fixation de la poulie en respectant les deux phases prescrites*

*c) Effectuer la repose et le réglage de tension de la ou des courroies des accessoires, comme décrit au chapitre 1A*



## 6 Carters de courroie de distribution - dépose et repose

### *Support moteur/carter supérieur*

**1** Voir section 17.

### *Carter intermédiaire en plastique*

#### Dépose

**2** Déposer le support moteur/carter supérieur (voir section 17).

**3** Desserrer ses deux vis de fixation et dégager le carter intermédiaire **(voir illustration)**.

**6.3 Dépose du carter intermédiaire de courroie de distribution**

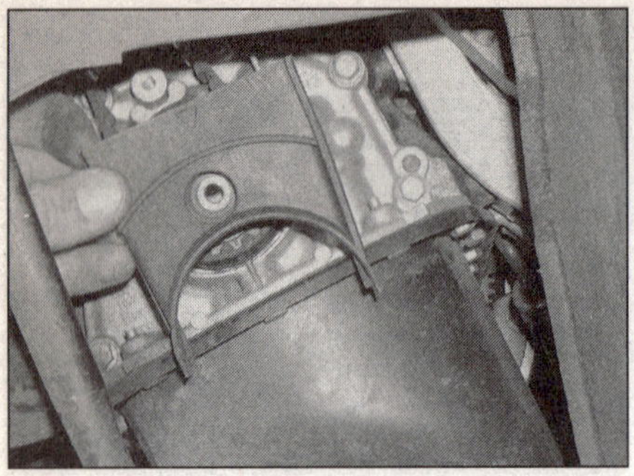

**6.6 Dépose du carter inférieur de courroie de distribution**

### Repose

4 La repose a lieu à l'inverse de la dépose, en se reportant ensuite à la section 17 pour effectuer la repose du support moteur/carter supérieur.

## *Carter inférieur en plastique*

### Dépose

5 Déposer la poulie de vilebrequin (voir section précédente).

6 Desserrer sa vis de fixation et dégager le carter inférieur **(voir illustration)**.

### Repose

7 La repose s'effectue à l'inverse de la dépose, en se reportant à la section précédente pour procéder à la repose de la poulie de vilebrequin.

## 7 Courroie de distribution - dépose, contrôle, repose et réglage de tension

***Attention : Une rupture ou le patinage de la courroie de distribution en cours de fonctionnement risque d'entraîner de sérieux dégâts du moteur. Il est pour cette raison impératif de respecter l'échéance prescrite pour le remplacement de la courroie (voir chapitre 1A) ou prématurément si son état est sujet à doute***

**Nota :** *Un appareil spécial : outil d'atelier Mot. 1273 (tensiomètre SEEM C. Tronic 105.6) ou Mot. 1505 est nécessaire pour ajuster précisément la tension de la courroie de distribution. Un extracteur*

**7.8 Utilisation d'une pince à becs à becs coudés pour faire pivoter le galet tendeur de courroie de distribution**

*approprié peut également être nécessaire pour la dépose de la poulie de vilebrequin.*

## *Dépose*

**Nota :** *Le constructeur préconise le remplacement systématique de la courroie de distribution à chaque dépose ainsi que par la même occasion celui des galets tendeur et de renvoi.*

1 Débrancher le câble de masse (-) de la batterie (voir « *Débranchement de la batterie* » à la partie « *Références* » en fin de manuel).

2 En vue d'améliorer l'accès, déposer le capot moteur (voir chapitre 11).

3 Déposer la poulie de vilebrequin (voir section 5).

4 Remonter provisoirement la vis de fixation de la poulie puis tourner le vilebrequin pour amener le piston du cylindre nº 1 au PMH. Bloquer le vilebrequin dans cette position avec une pige de 8 mm de diamètre. Se reporter à la section 3 pour ces opérations.

5 Installer un cric rouleur avec cale de bois interposée sur sa tête en dessous du carter d'huile puis l'actionner pour tout juste reprendre le poids du moteur.

6 Déposer le support droit du moteur ainsi que le support moteur/carter supérieur de la courroie de distribution (voir section 17).

7 Déposer les carters intermédiaire et inférieur en plastique de la courroie de distribution (voir section précédente).

8 Débloquer son écrou de fixation et faire pivoter le galet tendeur dans le sens horaire pour détendre la courroie de distribution **(voir illustration)**. Utiliser s'il y a lieu une pince à circlips à becs coudés en prise dans ses deux trous pour agir sur le galet. Dégager la courroie des pignons. Ne pas tourner le vilebrequin ni l'arbre à cames tant que la courroie de distribution n'aura pas été reposée.

## *Contrôle*

9 Examiner avec soin la courroie de distribution pour s'assurer qu'elle ne présente pas de signes irréguliers d'usure, qu'elle n'est pas fendue ni imprégnée d'huile. La changer dans le moindre doute sur son état. Si le moteur est en cours de démontage et de remise en état et que la courroie a dépassé 60 000 km, la remplacer systématiquement quel que soit son état apparent.

10 Si la courroie est imprégnée de traces graisseuses, localiser l'origine de la fuite d'huile responsable du phénomène et y remédier. Nettoyer avec un solvant-dégraissant approprié les emplacements se trouvant sur le passage de la courroie de distribution ainsi que toutes les pièces associées pour les débarrasser des traces huileuses.

## *Repose et réglage de tension*

11 S'assurer que les repères de calage sur les pignons d'arbre à cames et de vilebrequin sont bien alignés respectivement sur les repères fixes du couvre-culasse et du carter de la pompe à huile (voir section 3).

12 Engager la courroie de distribution successivement sur les pignons de vilebrequin et d'arbre à cames puis sur la poulie de pompe à eau. S'assurer que le brin avant de la courroie est bien tendu, c'est-à-dire que le jeu existant doit se situer sur le côté galet tendeur, et mettre la courroie en prise sur le galet. Le cas échéant, faire coïncider les deux traits de référence sur la courroie avec les repères de calage sur les pignons de vilebrequin et d'arbre à cames. Ne pas plier la courroie pour l'installer et veiller à ce que ses crans soient bien positionnés axialement sur les dents des pignons et à ce que les repères de calage restent correctement alignés comme indiqué en section 3 **(voir illustrations)**.

13 Un appareil électronique spécial : outil d'atelier Mot. 1273 (tensiomètre SEEM C. Tronic 105.6) ou Mot. 1505 est prévu pour le réglage de tension de la courroie de distribution. A défaut, un réglage provisoire peut être effectué (voir description ci-dessous). Dans ce cas, il est vivement conseillé de faire recontrôler sans tarder la tension de la courroie dans un atelier du réseau Renault.

14 Mettre en prise une pince à circlips à becs

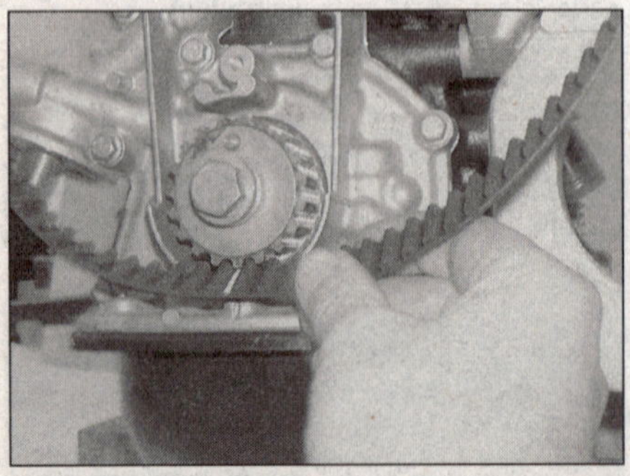

**7.12a Les traits de référence de la courroie de distribution sont à aligner avec les repères de calage des pignons de vilebrequin . . .**

**7.12b . . . et d'arbre à cames**

**7.15 Blocage de l'écrou de fixation du galet tendeur de courroie de distribution au couple prescrit**

coudés dans ses trous puis agir sur le galet tendeur dans le sens horaire de manière qu'il soit possible de vriller sur lui-même de 45°, sous une pression modérée du pouce et de l'index, le brin de la courroie compris entre la poulie de pompe à eau et le pignon de vilebrequin.

**15** Maintenir le galet tendeur en position avec la pince pour serrer son écrou de fixation au couple prescrit **(voir illustration)**.

**16** Enlever la pige de blocage, remonter provisoirement la vis de fixation de sa poulie et donner deux tours complets au vilebrequin dans le sens horaire puis vérifier le bon alignement des repères de calage (voir section 3).

**17** Effectuer la repose des carters inférieur et intermédiaire de la courroie de distribution.

**18** Procéder à la repose du support moteur/carter supérieur de courroie de distribution ainsi que du support droit du moteur, en se reportant à la section 17 pour ces opérations.

**19** Dégager avec précaution le cric rouleur du dessous du carter d'huile.

**20** Reposer la poulie de vilebrequin, comme indiqué en section 5.

**21** Reposer le capot moteur, comme décrit au chapitre 11.

**22** Rebrancher le câble de masse de la batterie.

## 8 Pignons et tendeur de courroie de distribution - dépose, contrôle et repose

### *Pignon d'arbre à cames*

#### Dépose

**1** Procéder à la dépose de la courroie de distribution (voir section précédente). A signaler qu'il n'est pas obligatoire de déposer complètement la courroie : il suffit de prendre les dispositions nécessaires pour pouvoir la dégager du pignon d'arbre à cames et de l'écarter en veillant à ne pas la vriller ni la plier. **Ne pas** tourner le vilebrequin ni l'arbre à cames tant que la courroie de distribution n'aura pas été reposée.

**2** Enlever la vis de fixation du pignon. L'arbre à cames doit être immobilisé pour empêcher sa rotation au desserrage de la vis. Pour cela, réaliser un outil à partir de deux morceaux d'acier plat (l'un étant plus long que l'autre). Assembler avec un boulon ces deux parties pour obtenir un outil en forme de fourche. Aux deux extrémités de la fourche, fixer des boulons à engager dans les perçages du pignon et qui serviront de points d'appui **(voir illustration 8.6)**. En alternative, si le couvre-culasse et la rampe de culbuteurs ont été déposés, l'arbre à cames peut être bloqué à l'aide d'une clé plate en prise sur son empreinte côté courroie.

**3** Dégager le pignon en bout d'arbre à cames.

#### Contrôle

**4** Nettoyer soigneusement le pignon et l'examiner. Le remplacer s'il présente des signes d'usure manifestes, s'il est abîmé ou fissuré.

#### Repose

**5** Réinstaller le pignon, en veillant à bien engager son ergot de centrage dans le cran à l'extrémité de

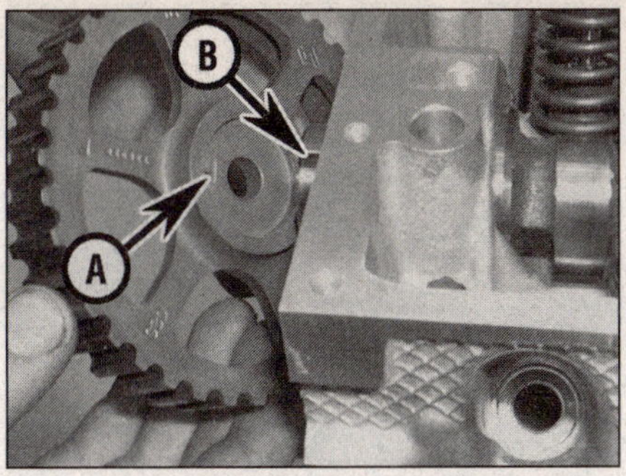


**8.5 L'ergot de centrage (A) sur le pignon est à engager dans le cran (B) en bout d'arbre à cames**

l'arbre à cames **(voir illustration)**.

**6** Immobiliser l'arbre à cames par la méthode indiquée lors de la dépose pour serrer la vis de fixation du pignon au couple prescrit **(voir illustration)**.

**7** Remettre en place la courroie de distribution et effectuer son réglage de tension, comme décrit en section précédente.

### *Pignon de vilebrequin*

#### Dépose

**8** Procéder à la dépose de la courroie de distribution (voir section précédente). A signaler qu'il n'est pas obligatoire de déposer complètement la courroie : il suffit de prendre les dispositions nécessaires pour pouvoir la dégager du pignon de vilebrequin et de l'écarter en veillant à ne pas la vriller ni la plier. **Ne pas** tourner le vilebrequin ni l'arbre à cames tant que la courroie de distribution n'aura pas été reposée.

**9** Dégager le pignon en bout de vilebrequin.

#### Contrôle

**10** Nettoyer soigneusement le pignon et l'examiner. Le changer s'il présente des signes d'usure manifestes, s'il est détérioré ou fissuré.

#### Repose

**11** Réinstaller le pignon, en veillant à bien engager son ergot de centrage dans le cran à l'extrémité du vilebrequin. A noter que le côté pourvu d'une embase du pignon doit être orienté vers l'intérieur et que le repère de calage du pignon est à aligner avec le repère de référence fixe correspondant sur le carter de pompe à huile **(voir illustration)**.

**12** Remettre en place la courroie de distribution et effectuer son réglage de tension, comme indiqué en section précédente.

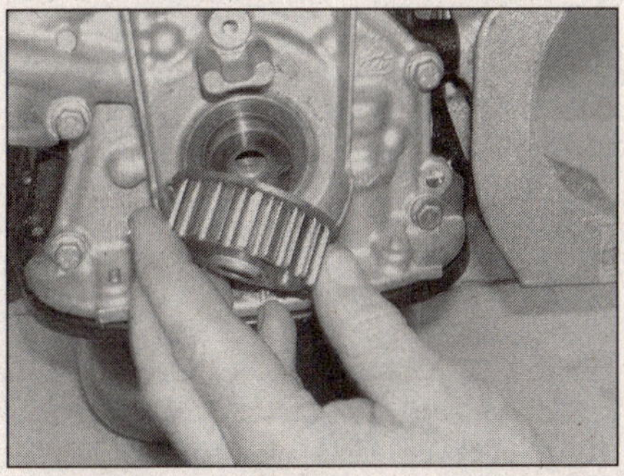

**8.11 Repose du pignon de vilebrequin**

**8.6 Blocage du pignon d'arbre à cames avec un outil à fourche pour desserrer sa vis de fixation**

### *Galet tendeur*

#### Dépose

**13** Procéder à la dépose de la courroie de distribution (voir section précédente). A signaler qu'il n'est pas obligatoire de déposer complètement la courroie : il suffit de prendre les dispositions nécessaires pour pouvoir la dégager du galet tendeur et de l'écarter en veillant à ne pas la vriller ni la plier. **Ne pas** tourner le vilebrequin ni l'arbre à cames tant que la courroie de distribution n'aura pas été reposée.

**14** Desserrer et enlever son écrou de fixation avec la rondelle puis dégager le galet tendeur de l'axe sur la pompe à eau.

#### Contrôle

**15** Nettoyer le galet tendeur, en évitant les solvants agressifs qui risqueraient de s'imprégner dans le roulement. Vérifier que le galet tourne librement sur son moyeu, sans points durs ni jeu exagéré. Remplacer le galet dans le moindre doute sur son état ou s'il est manifestement usé ou détérioré.

#### Repose

**16** Reposer le galet sur l'axe, en veillant à l'installer dans le bon sens, c'est-à-dire avec la face pourvue d'une flèche à l'extérieur puis remonter la rondelle et l'écrou de fixation sans le bloquer à ce stade.

**17** Remettre en place la courroie de distribution et effectuer son réglage de tension, comme décrit en section précédente.

### *Poulie de pompe à eau*

**18** La poulie est intégrée à la pompe à eau et en est indissociable.

## 9 Bague d'étanchéité d'arbre à cames - remplacement

**1** Déposer le pignon d'arbre à cames (voir section précédente).

**2** Repérer au préalable sa position de montage puis dégager la bague d'étanchéité à l'aide d'un petit tournevis à lame plate, en prenant garde de ne pas marquer la portée de l'arbre à cames. En alternative, la bague d'étanchéité peut être déposée en la perçant de deux trous à l'opposé l'un de l'autre et y fixant des vis à tôle sur

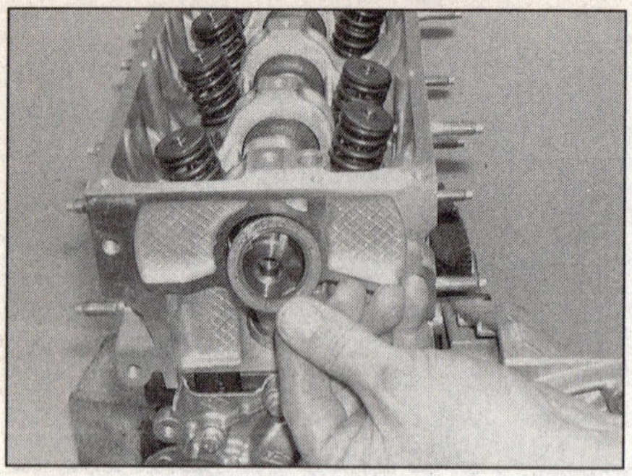

**9.4 Installer la bague d'étanchéité en bout d'arbre à cames . . .**

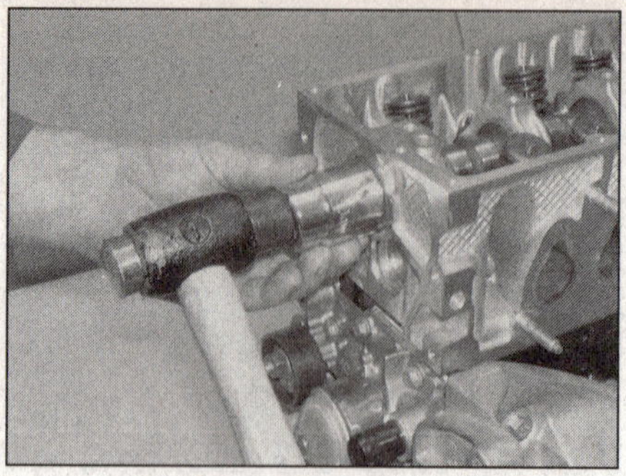

**9.5 . . . puis l'enfoncer en la frappant par l'intermédiaire d'une douille**

lesquelles on tirera tour à tour avec une pince pour l'extraire.

**3** Examiner la portée de la bague d'étanchéité sur l'arbre à cames. Si elle est creusée ou présente une rugosité de surface, la bague neuve doit être décalée légèrement vers l'extérieur afin que sa lèvre vienne s'appuyer sur une surface intacte.

**4** Nettoyer la portée puis lubrifier la bague d'étanchéité neuve à l'huile moteur propre et la mettre en place en bout d'arbre à cames, en disposant son côté fermé à l'extérieur.**(voir illustration)**. Prendre garde de ne pas abîmer la lèvre de la bague en l'installant sur l'arbre à cames.

**5** Enfoncer la bague d'étanchéité jusqu'à la profondeur notée lors de la dépose ou légèrement moins rentrée si la portée de l'arbre à cames est marquée, en la frappant au moyen d'un poussoir tubulaire, genre douille, ou d'une cale de bois taillée de telle façon à contourner l'extrémité de l'arbre à cames **(voir illustration)**.

**6** Procéder à la repose du pignon d'arbre à cames, comme indiqué en section précédente.

## 10 Arbre à cames - dépose, contrôle et repose

**Nota :** *L'arbre à cames est à équiper d'une bague d'étanchéité neuve à la repose.*

### Dépose

**1** Déposer la culasse (voir section suivante) et la poser sur un établi.

**2** Desserrer progressivement les vis de fixation et dégager la rampe de culbuteurs de la culasse avec les brides **(voir illustration)**.

**3** Enlever la vis de fixation du pignon d'arbre à cames. L'arbre doit être immobilisé pour empêcher sa rotation au desserrage de la vis. Pour cela, réaliser un outil à partir de deux morceaux d'acier plat (l'un étant plus long que l'autre). Assembler avec un boulon ces deux parties pour obtenir un outil en forme de fourche. Aux deux extrémités de la fourche, fixer des boulons à engager dans les perçages du pignon et qui serviront de points d'appui **(voir illustration 8.6)**. En alternative, l'arbre à cames peut être bloqué à l'aide d'une clé plate en prise sur son empreinte côté courroie **(voir illustration)**.

**4** A l'aide d'un comparateur, vérifier que le jeu longitudinal à l'arbre à cames est conforme à la valeur de référence indiquée dans les « *Caractéristiques* » : un jeu excessif indiquera une usure de la cale de butée axiale qui sera à changer **(voir illustration)**.

**5** Déposer la bague d'étanchéité d'arbre à cames (voir section précédente).

**6** Desserrer ses deux vis de fixation et dégager la cale de butée axiale de l'arbre à cames, en veillant à bien repérer son sens de montage **(voir illustrations)**.

**7** Extraire avec précaution l'arbre à cames par le côté distribution de la culasse, en prenant garde de ne pas endommager ses portées **(voir illustration)**.

### Contrôle

**8** Vérifier l'état de surface des tourillons et des bossages de l'arbre à cames pour s'assurer de l'absence d'arrachement de métal, de piqûres ou de rayures. Remplacer l'arbre à cames si un défaut de cette nature est remarqué.

**9** Contrôler l'état des paliers dans la culasse. En cas d'usure exagérée des paliers, la culasse est à changer.

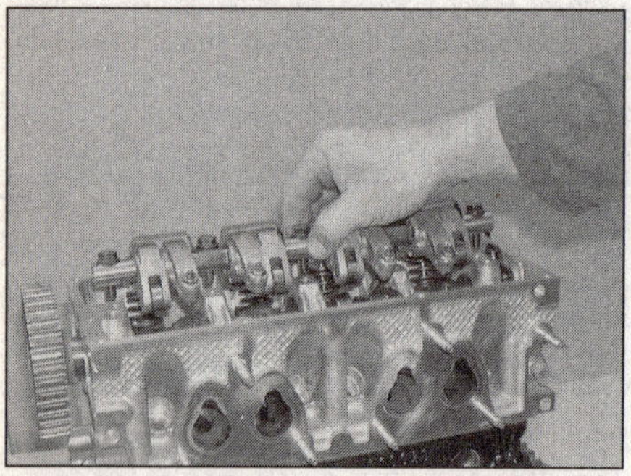

**10.2 Dépose de la rampe de culbuteurs**

**10.3 Dépose de la vis de fixation du pignon d'arbre à cames**

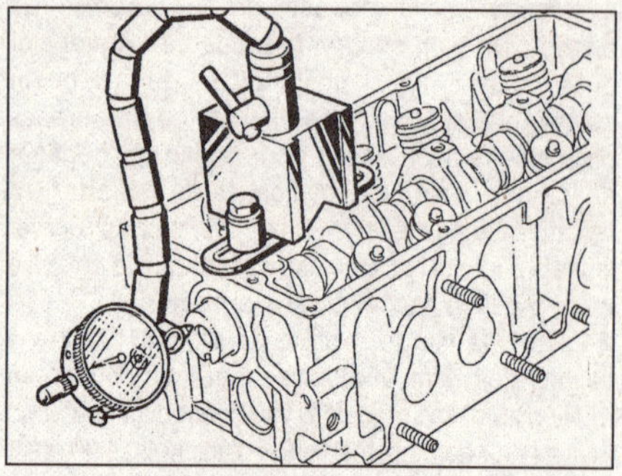

**10.4 Contrôle du jeu longitudinal à l'arbre à cames avec un comparateur**

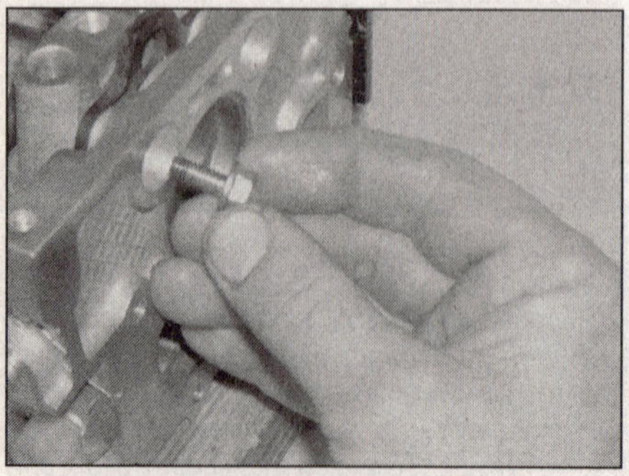

**10.6a Enlever ses deux vis de fixation . . .**

**10.6b . . . et dégager la cale de butée axiale de l'arbre à cames**

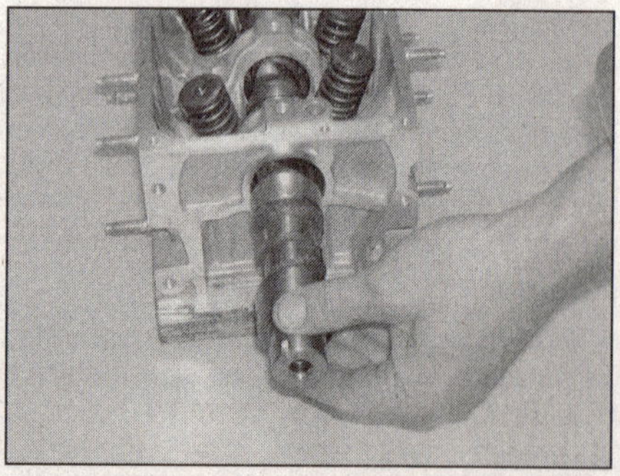

**10.7 Dépose de l'arbre à cames**

**11.13a Débranchement des durits de chauffage au niveau de la pompe à eau . . .**

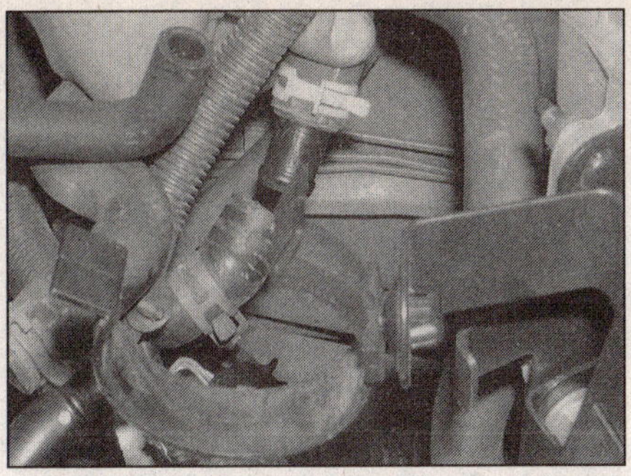

**11.13b . . . et du raccord, côté gauche du couvre-culasse**

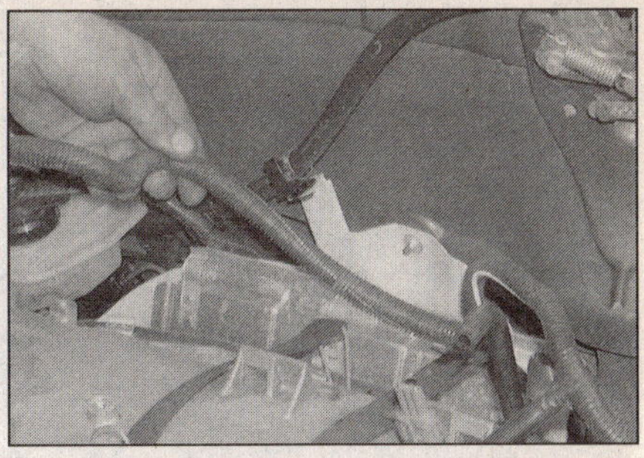

**11.14 Dégagement du faisceau électrique des pattes à l'arrière de l'écran thermique du couvre-culasse**

## *Repose*

**10** Lubrifier à l'huile les paliers dans la culasse et les tourillons puis installer l'arbre à cames.

**11** Remettre en place la cale de butée axiale de l'arbre à cames, en s'assurant de la reposer dans le bon sens s'il s'agit de la cale d'origine, puis déposer quelques gouttes de produit-frein approprié sur leur filetage et remonter les vis de fixation de la cale en les serrant convenablement.

**12** Contrôler le jeu longitudinal à l'arbre à cames, comme indiqué précédemment au point 4. Un jeu exagéré ne peut que provenir d'une usure de la cale de butée axiale.

**13** Munir l'arbre à cames d'une bague d'étanchéité neuve, comme décrit en section précédente.

**14** Réinstaller le pignon d'arbre à cames, en veillant à bien engager son ergot de centrage dans le cran correspondant à l'extrémité de l'arbre. Bloquer l'arbre pour empêcher sa rotation par la méthode indiquée lors de la dépose puis monter la vis de fixation du pignon à serrer au couple préconisé.

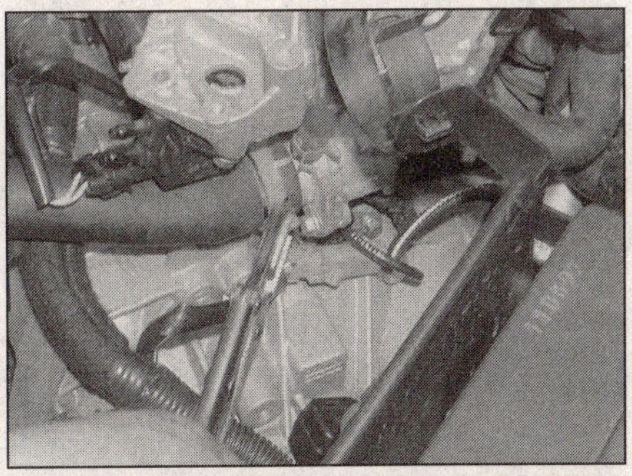

**11.16 Débranchement des durits au niveau du boîtier thermostatique**

**15** Procéder à la repose de la rampe de culbuteurs équipée des brides puis monter les vis de fixation à serrer au couple prescrit.

**16** Contrôler le jeu aux soupapes, en se reportant à la section 4 pour cette opération.

**17** Effectuer la repose de la culasse, comme indiqué en section suivante.

## 11 Culasse - dépose et repose

**Nota :** *Les joints de culasse et de couvre-culasse ainsi que les vis de culasse sont à remplacer systématiquement à chaque démontage.*

## *Dépose*

**1** Serrer le frein à main puis lever l'avant de la voiture au cric et le poser sur chandelles (voir « *Levage et soutien du véhicule* »). Déposer la roue avant droite ainsi que le carénage de protection du moteur, dans le cas où il est prévu.

**2** Débrancher le câble de masse (-) de la batterie (voir « *Débranchement de la batterie* » à la partie « *Références* » en fin de manuel).

**3** En vue de garantir un meilleur accès, déposer le capot moteur (voir chapitre 11).

**4** Procéder à la vidange du circuit de refroidissement (voir chapitre 1A).

**5** Déposer la courroie de distribution (voir section 7). Veiller à ce que le moteur soit convenablement soutenu par le cric rouleur.

**6** Sortir la jauge de niveau d'huile moteur de son puits puis débrancher le tuyau de prise de dépression du servofrein au niveau de la tubulure d'admission.

**7** Déposer le boîtier de filtre à air et désaccoupler le câble d'accélérateur (se reporter au chapitre 4A pour ces opérations).

**8** Débrancher les durits d'arrivée et de retour de carburant, côté droit de la culasse.

**9** Sur les modèles climatisés, desserrer les vis de fixation du compresseur sur le moteur.

**10** Débrancher les fils du faisceau haute tension d'allumage au niveau des bougies, en utilisant l'outil intégré au cache en plastique du faisceau : engager l'extrémité de l'outil sur chacun des fils et tirer avec précaution pour le débrancher.

**11** Débrancher au niveau de l'électrovanne du dispositif de recyclage des vapeurs d'essence la durit reliée au réservoir à charbon actif ainsi que celle de prise de dépression raccordée à la tubulure d'admission.

**12** Débrancher les connexions électriques du bloc des bobines d'allumage, des injecteurs, du moteur de régulation de ralenti, du potentiomètre de papillon et de la sonde de température d'air d'admission au niveau du boîtier de papillon.

**13** Libérer leur collier et débrancher les durits de chauffage au niveau de la pompe à eau et du raccord, côté gauche du couvre-culasse **(voir illustrations)**.

**14** Dégager le faisceau électrique des pattes à l'arrière de l'écran thermique du couvre-culasse **(voir illustration)**.

**15** Procéder à la dépose de la tubulure d'admission, du boîtier de papillon et de la rampe d'alimentation (voir chapitre 4A).

**16** Desserrer leur collier et débrancher les durits sur le boîtier thermostatique **(voir illustration)**.

**17** Desserrer ses vis de fixation puis dégager le couvre-culasse avec son joint : à noter que l'une des vis est dissimulée par un capuchon en caoutchouc, côté distribution du couvre-culasse **(voir illustrations)**.

**11.17a Enlever le capuchon en caoutchouc . . .**

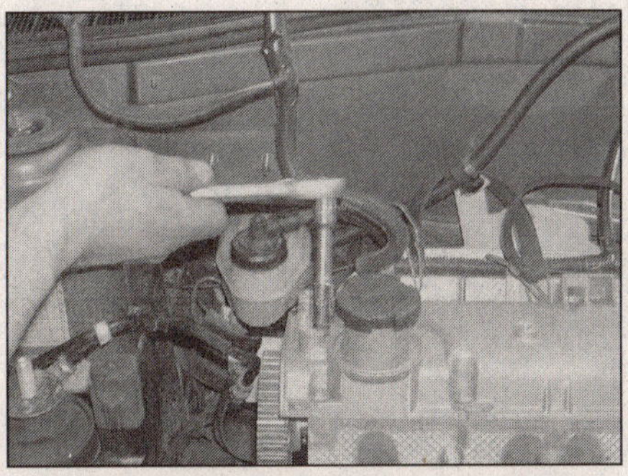

**11.17b . . . pour accéder à la vis dissimulée, côté distribution du couvre-culasse**

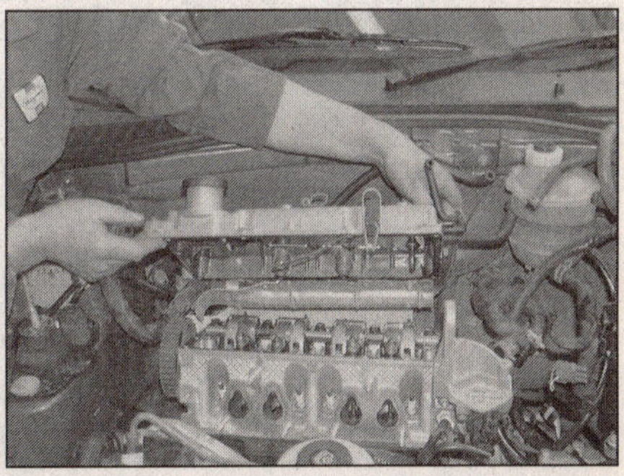

**11.17c Dépose du couvre-culasse**

**11.19a Desserrer progressivement les vis de culasse . . .**

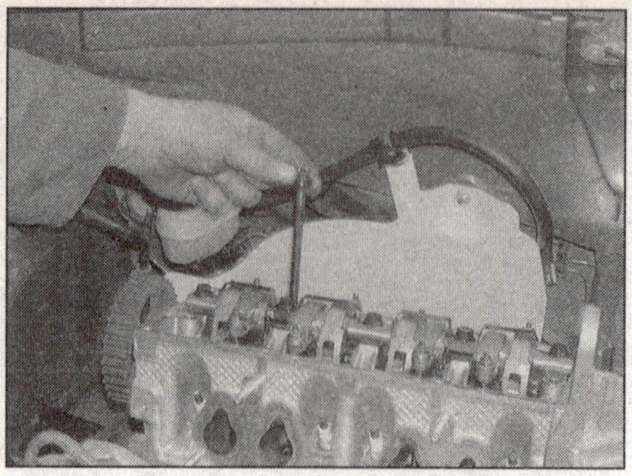

**11.19b . . . pour les déposer**

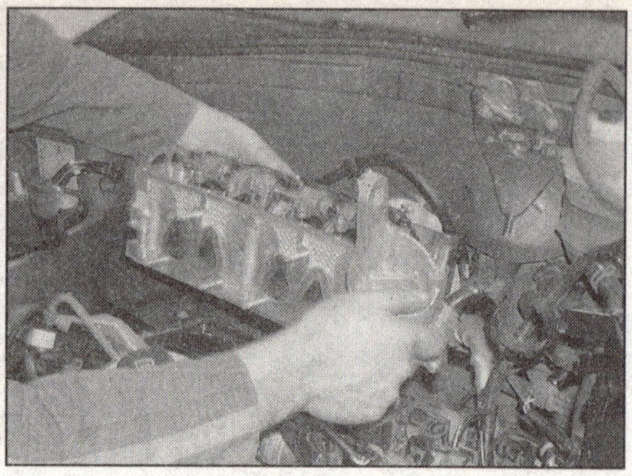

**11.21 Dépose de la culasse**

**18** Désolidariser le tube avant d'échappement avec le pot catalytique du collecteur (voir chapitre 4A).

**19** En opérant dans l'ordre inverse de celui indiqué sur l'illustration 11.33, desserrer progressivement, c'est-à-dire par passes successives d'un tour à la fois, les vis de culasse et les enlever **(voir illustrations)**. Mettre au rebut toutes les vis de culasse.

**20** Décoller la culasse du bloc-cylindres et des douilles de centrage en la basculant. Ne pas faire levier au niveau de la jointure entre la culasse et le bloc-cylindres, ce qui risquerait d'endommager les plans de joint.

**21** Soulever avec précaution la culasse pour la dégager du bloc-cylindres **(voir illustration)**. Récupérer le joint et le mettre au rebut.

**22** S'il y a lieu, déposer l'arbre à cames (voir section précédente) et se reporter au chapitre 2D pour procéder au démontage de la culasse.

## *Repose*

**23** Les plans de joint de la culasse et du bloc-cylindres doivent être rendus parfaitement propres avant de reposer la culasse. Il est conseillé d'utiliser un produit chimique décapant approprié (genre « Décapjoint ») pour dissoudre les résidus de joint. Il est également possible de gratter avec une spatule en bois ou en plastique pour éliminer la partie du joint restée collée et la calamine. Nettoyer également la calotte des pistons en procédant de cette manière. Faire tout particulièrement attention au cours du nettoyage de ne pas endommager l'alliage d'aluminium, une matière très tendre et s'abîmant facilement. Veiller en outre à ce que de la calamine ne puisse à aucun moment être admise dans les conduits de graissage et de refroidissement : cela est d'une importance cruciale surtout pour le circuit de graissage car la calamine pourrait entraver l'acheminement d'huile vers les organes du moteur. Utiliser du papier maintenu par du ruban adhésif pour boucher les orifices de passage d'eau et d'huile ainsi que les trous taraudés de vis dans le bloc-cylindres. Pour empêcher l'admission de calamine dans l'intervalle entre les pistons et les alésages, garnir cet espace de graisse. Après nettoyage des pistons, éliminer la graisse et les débris de calamine à l'aide d'une petite brosse puis terminer en passant un chiffon propre. S'assurer de l'absence d'huile dans les trous taraudés de passage de vis de la culasse dans le bloc-cylindres : les assécher s'il y a lieu avec une seringue ou avec chiffon et un tournevis, ce qui est indispensable pour éviter que le bloc ne se fissure sous l'action de la pression hydraulique engendrée au serrage des vis et pour pouvoir appliquer les couples de serrage corrects. Les vis de culasse sont à remplacer d'office à chaque démontage, quel que soit leur état.

**24** Contrôler les plans de joint de la culasse et du bloc-cylindres qui ne doivent pas être entaillés, présenter de rayures profondes ni être autrement marqués. Les défauts superficiels peuvent être rattrapés à la lime en procédant toutefois avec précaution. Pour des défauts plus importants, la seule alternative possible sera le remplacement compte tenu qu'aucune rectification du plan de joint de la culasse n'est autorisée.

**25** En cas de doute de la bonne planéité du plan de joint de la culasse, mesurer sa déformation à l'aide d'une règle plate et de cales d'épaisseur (voir chapitre 2D).

**26** Nettoyer soigneusement les plans de joint de la culasse et du bloc-cylindres. S'assurer de la présence des deux douilles de centrage de chaque côté du bloc-cylindres.

**27** S'assurer que le piston du cylindre no 1 se trouve bien en position PMH, avec les repères des pignons d'arbre à cames et de vilebrequin correctement alignés (voir section 3). **Ne pas** tourner l'arbre à cames et le vilebrequin tant que la courroie de distribution n'aura pas été reposée.

**28** Installer le joint de culasse neuf sur le bloc-cylindres, en veillant à l'encastrer correctement sur les douilles de centrage et à disposer son repère « TOP » (haut) sur le dessus et côté tubulure d'admission **(voir illustration)**.

**29** Procéder éventuellement au remontage de la culasse, en se reportant au chapitre 2D pour cette intervention, puis effectuer la repose de l'arbre à cames comme indiqué en section précédente.

**30** Mettre en place la culasse, en l'engageant sur les douilles de centrage.

**31** Enduire d'une pellicule d'huile moteur propre le filetage et le dessous de la tête des vis de culasse **neuves**.

**32** Monter les vis de culasse neuves, en les bloquant uniquement à la main.

**33** Procéder au serrage des vis de culasse, dans l'ordre indiqué sur le dessin joint, et en observant les différentes phases prescrites dans les « *Caractéristiques* » **(voir illustration)**. Les trois

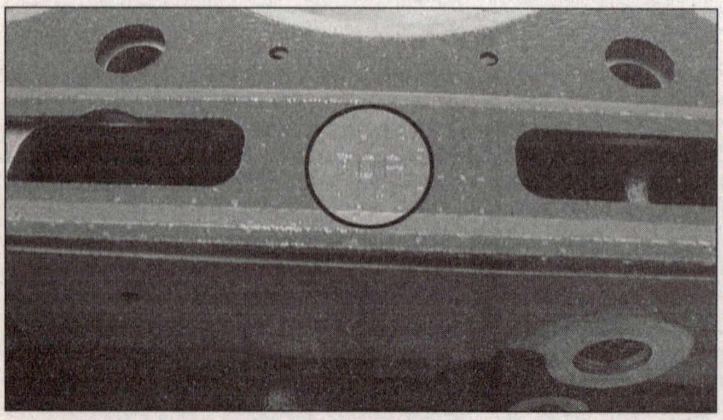

**11.28 Le repère « TOP » du joint de culasse est à disposer côté tubulure d'admission du moteur**

**11.33 Ordre de serrage des vis de culasse**

premières phases sont destinées à prétasser le joint et les phases suivantes au processus normal de serrage.
**34** Réaccoupler le tube avant d'échappement avec le pot catalytique au collecteur, en opérant comme décrit au chapitre 4A.
**35** Reposer le couvre-culasse muni d'un joint neuf, en serrant ses vis de fixation en spirale, du centre vers l'extérieur.
**36** Rebrancher les durits du boîtier thermostatique, en veillant à bien serrer leur collier.
**37** Effectuer la repose de la tubulure d'admission, du boîtier de papillon et de la rampe d'alimentation, en se reportant au chapitre 4A pour ces opérations.
**38** Remettre en place le faisceau électrique au niveau des pattes à l'arrière de l'écran thermique de l'écran thermique du couvre-culasse.
**39** Rebrancher les durits de chauffage sur la pompe à eau et le raccord côté gauche du couvre-culasse, en serrant convenablement les colliers.
**40** Rebrancher les connexions électriques du bloc des bobines d'allumage, des injecteurs, du moteur de régulation de ralenti, du potentiomètre de papillon et de la sonde de température d'air d'admission.
**41** Rebrancher les durits de l'électrovanne du dispositif de recyclage des vapeurs d'essence.
**42** Rebrancher les fils du faisceau haute tension d'allumage au niveau des bougies.
**43** Sur les modèles climatisés, resserrer les vis de fixation du compresseur.
**44** Rebrancher les durits d'arrivée et de retour de carburant, côté droit de la culasse.
**45** Réaccoupler le câble d'accélérateur et procéder à son réglage puis reposer le boîtier de filtre à air, en se reportant au chapitre 4A pour ces opérations.
**46** Rebrancher le tuyau de prise de dépression du servofrein à la tubulure d'admission puis reposer la jauge de niveau d'huile moteur.
**47** Effectuer la repose de la courroie de distribution, comme décrit en section 7.
**48** Effectuer le remplissage du circuit de refroidissement, comme indiqué au chapitre 1A.
**49** Procéder à la repose du capot moteur, en opérant comme décrit au chapitre 11.
**50** Reposer éventuellement le carénage de protection sous le moteur.
**51** Reposer la roue, descendre la voiture au sol, serrer les vis de la roue au couple prescrit, puis rebrancher le câble de masse de la batterie.

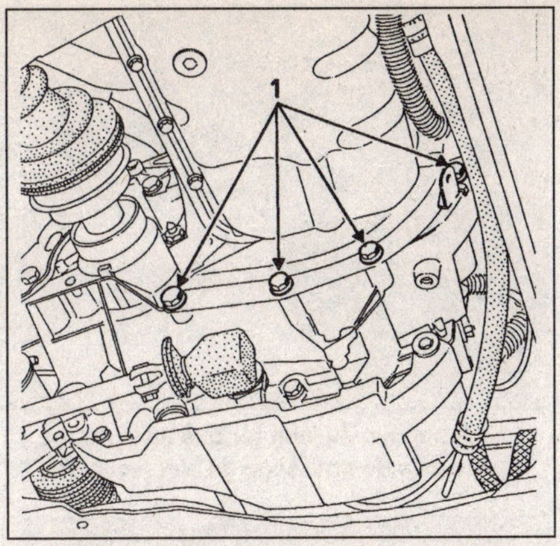

**12.5 Vis de fixation (1) de la tôle de fermeture du volant moteur**

## 12 Carter d'huile et crépine d'aspiration - dépose et repose

**Nota :** *Le carter d'huile et la crépine d'aspiration sont à équiper de joints neufs à la repose.*

### Dépose

**1** Débrancher le câble de masse (-) de la batterie (voir « *Débranchement de la batterie* » à la partie « *Références* » en fin de manuel).
**2** Serrer le frein à main puis lever l'avant de la voiture au cric et le poser sur chandelles (voir « *Levage et soutien du véhicule* »). Dans le cas où il existe, déposer le carénage de protection sous le moteur.
**3** Vidanger le moteur (voir chapitre 1A). Sortir la jauge de niveau d'huile de son puits.
**4** Débrancher son connecteur électrique puis dévisser et dégager la sonde de niveau d'huile du carter, en utilisant au besoin une clé à ergot.
**5** Desserrer ses vis de fixation et déposer la tôle de fermeture du volant moteur **(voir illustration)**.
**6** Desserrer et enlever les vis de fixation du carter d'huile.
**7** Décoller le carter d'huile du bloc-cylindres puis le faire pivoter vers l'arrière pour libérer la crépine d'aspiration de la pompe à huile.
**8** Abaisser le carter d'huile et le dégager du dessous de la voiture. Récupérer éventuellement le joint : il est à noter que le carter est monté à la pâte d'étanchéité en cours de production.
**9** Desserrer et enlever ses deux vis de fixation en bas de la pompe à huile puis dégager la crépine d'aspiration en récupérant le joint torique **(voir illustration)**.

### Repose

**10** Supprimer les résidus de pâte d'étanchéité ou de joint sur les plans du bloc-cylindres et du carter d'huile et essuyer soigneusement les plans.
**11** Equiper le carter d'huile d'un joint neuf, en signalant que sa face plate est à disposer côté bloc-cylindres.
**12** Remettre en place la crépine d'aspiration munie d'un joint torique neuf en bas de la pompe à huile puis remonter ses vis de fixation à serrer convenablement **(voir illustration)**.
**13** Présenter le carter d'huile sur le bloc-cylindres, en le faisant pivoter par-dessus la crépine d'aspiration tout en s'assurant que le joint reste bien en place. Monter les vis de fixation et les serrer en opérant progressivement et en croix pour atteindre le couple préconisé.
**14** Remettre en place la tôle de fermeture du volant moteur, en serrant convenablement ses vis de fixation.
**15** Reposer la sonde de niveau d'huile, en la serrant bien, puis rebrancher son connecteur électrique.
**16** Reposer la jauge de niveau d'huile.
**17** Reposer éventuellement le carénage de protection sous le moteur puis descendre la voiture au sol.
**18** Rebrancher le câble de masse de la batterie.
**19** Effectuer le plein d'huile du moteur, en se reportant au chapitre 1A pour cette opération.

2A

## 13 Pompe à huile - dépose et repose

**Nota :** *La rampe principale de graissage et la crépine d'aspiration de la pompe à huile sont à équiper de joints toriques neufs à la repose. Prévoir également de la pâte d'étanchéité, genre « Rhodorseal 5661 » ou équivalent.*

### Dépose

**1** Déposer la courroie de distribution (voir section 7).
**2** Reposer provisoirement le support moteur/carter supérieur de courroie de distribution sur la culasse, en serrant bien ses vis de fixation.
**3** Mettre en prise un palan ou une grue d'atelier à la patte de levage au niveau du support moteur/carter de courroie puis l'actionner pour tout juste reprendre le poids du moteur.
**4** Dégager le cric rouleur du dessous de la voiture puis déposer le carter d'huile et la crépine d'aspiration (voir section précédente).
**5** Déposer le pignon de distribution du vilebrequin.
**6** Desserrer ses vis de fixation et dégager

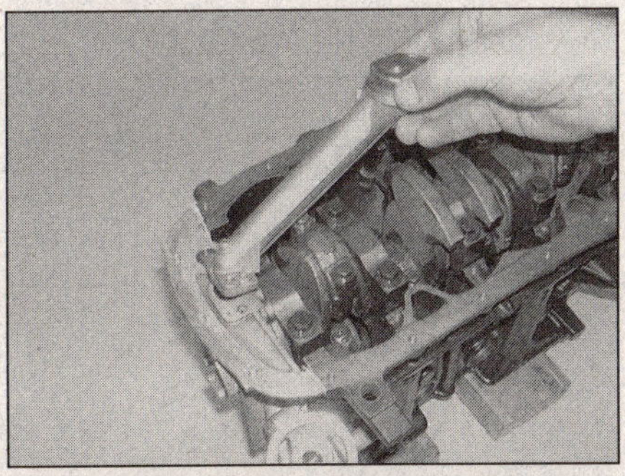
**12.9 Dépose de la crépine d'aspiration de la pompe à huile (vue avec moteur déposé et retourné)**

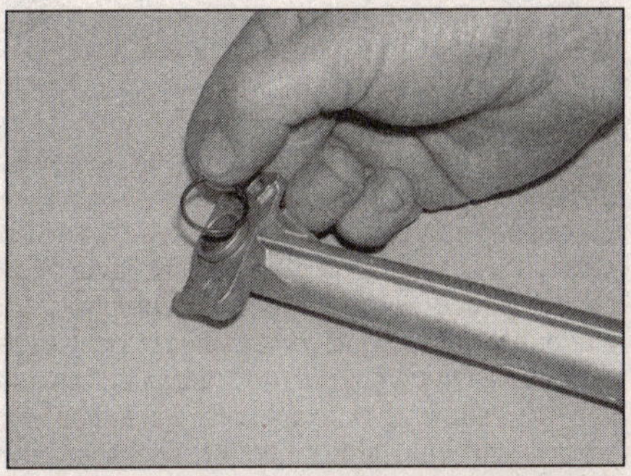
**12.12 La crépine d'aspiration de la pompe à huile est à équiper d'un joint torique neuf**

**13.6 Dépose de la pompe à huile (vue avec moteur déposé et retourné)**

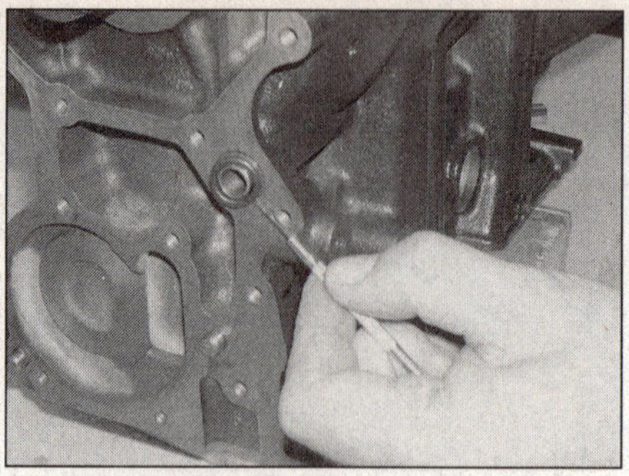

**13.7 Dépose du joint torique de la rampe principale de graissage du bloc-cylindres**

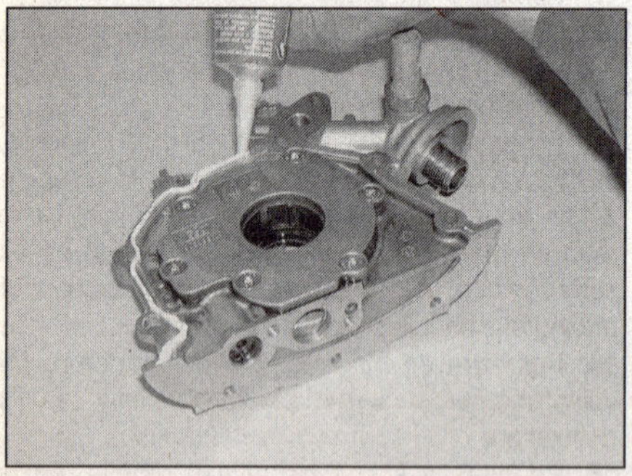

**13.11 Application de pâte d'étanchéité sur le plan de joint du carter de la pompe à huile**

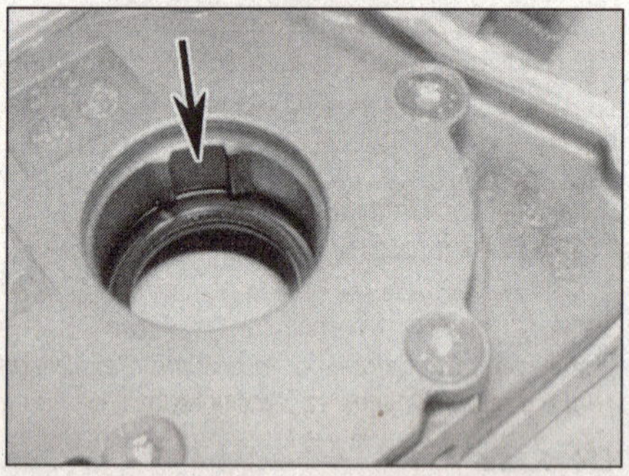

**13.12 Cran (flèche) du rotor de la pompe à huile à engager sur le méplat du vilebrequin**

la pompe à huile du bloc-cylindres **(voir illustration)**.

**7** Récupérer le joint torique de la rampe principale de graissage du bloc-cylindres **(voir illustration)**.

**8** Extraire la bague d'étanchéité du vilebrequin du carter de la pompe à huile.

### *Repose*

**9** Nettoyer soigneusement les plans de joint de la pompe à huile et du bloc-cylindres.

Equiper la rampe principale de graissage du bloc-cylindres d'un joint torique neuf.

**11** Enduire le plan de joint du carter de la pompe à huile d'un fin cordon de pâte d'étanchéité « Rhodorseal 5661 » (à se procurer auprès du service des pièces détachées d'un concessionnaire de la marque) ou équivalent **(voir illustration)**.

**12** Installer la pompe à huile sur le vilebrequin, en veillant à engager les crans du rotor avec les méplats du vilebrequin et à bien encastrer la douille de centrage dans le logement correspondant du carter de la pompe **(voir illustration)**. Eliminer tout excédent de pâte d'étanchéité.

**13** Remonter les vis de fixation de la pompe à huile et les serrer progressivement pour atteindre le couple prescrit.

**14** Equiper le vilebrequin d'une bague d'étanchéité neuve, en se reportant à la section 15 pour cette opération.

**15** Remettre en place le pignon de vilebrequin, en s'assurant de bien engager son ergot de centrage dans le cran correspondant en bout de vilebrequin.

**16** Procéder à la repose du carter d'huile, comme décrit en section précédente.

**17** Installer un cric rouleur avec cale de bois interposée sur sa tête en dessous du carter d'huile pour soutenir le moteur puis décrocher le palan ou la grue.

**18** Dévisser et redéposer le support moteur/carter supérieur de courroie pour effectuer la repose et le réglage de tension de la courroie de distribution, comme indiqué en section 7.

## 14 Pompe à huile - démontage, contrôle et remontage

La pompe à huile doit être changée en cas d'usure ou de défectuosité, compte tenu qu'aucune pièce de rechange détaillée ni aucune valeur limite d'usure des pièces internes ne sont proposées pour la réparation.

## 15 Bagues d'étanchéité de vilebrequin - remplacement

### *Côté droit*

**1** Déposer le pignon de vilebrequin (voir section 8).

**2** Repérer au préalable sa position de montage puis dégager la bague d'étanchéité à l'aide d'un petit tournevis à lame plate, en prenant garde de ne pas marquer la portée du vilebrequin. En alternative, la bague d'étanchéité peut être déposée en la perçant de deux trous à l'opposé l'un de l'autre et y fixant des vis à tôle sur lesquelles on tirera tour à tour avec une pince pour l'extraire.

**3** Examiner la portée de la bague d'étanchéité sur le vilebrequin. Si elle est creusée ou présente une rugosité de surface, la bague neuve doit être décalée légèrement vers l'extérieur afin que sa lèvre vienne s'appuyer sur une surface intacte.

**4** Nettoyer la portée puis lubrifier la bague d'étanchéité neuve à l'huile moteur propre et la mettre en place en bout de vilebrequin, en disposant son côté fermé à l'extérieur. Prendre garde de ne pas abîmer la lèvre de la bague en l'installant sur le vilebrequin.

**5** Enfoncer la bague d'étanchéité jusqu'à la profondeur notée lors de la dépose ou légèrement moins rentrée si la portée du vilebrequin est marquée, en la frappant au moyen d'un poussoir tubulaire, genre douille, ou d'une cale de bois taillée de telle façon à contourner l'extrémité du vilebrequin.

**6** Procéder à la repose du pignon de vilebrequin, comme indiqué en section 8.

### *Côté gauche*

**7** Déposer le volant moteur (voir section suivante).

**8** Opérer comme décrit précédemment, aux points 2 à 5.

**9** Effectuer la repose du volant moteur, comme indiqué en section suivante.

## 16 Volant moteur - dépose, contrôle et repose

**Nota** : *Il est conseillé de changer systématiquement les vis de fixation du volant moteur à chaque démontage. Prévoir également un produit-frein approprié à appliquer sur le filetage des vis.*

### *Dépose*

**1** Déposer la boîte de vitesses (voir chapitre 7A).

**2** Déposer l'embrayage (voir chapitre 6).

**3** Repérer la position de montage du volant moteur par rapport au vilebrequin.

**4** Immobiliser le volant moteur à l'aide d'une vis fixée au niveau de l'un des trous de vis d'assemblage de la boîte de vitesses, en calant la lame d'un tournevis dans la denture de la couronne de démarreur ou bien au moyen d'un secteur cranté **(voir illustration 16.8)**. *Ne pas* prendre appui avec un levier ou un outil au niveau de la cible du capteur de vilebrequin sur la périphérie du volant moteur.

**5** Desserrer et enlever ses vis de fixation puis dégager le volant moteur du vilebrequin **(voir illustration)**. S'agissant d'une pièce relativement lourde, veiller à ne pas le laisser tomber.

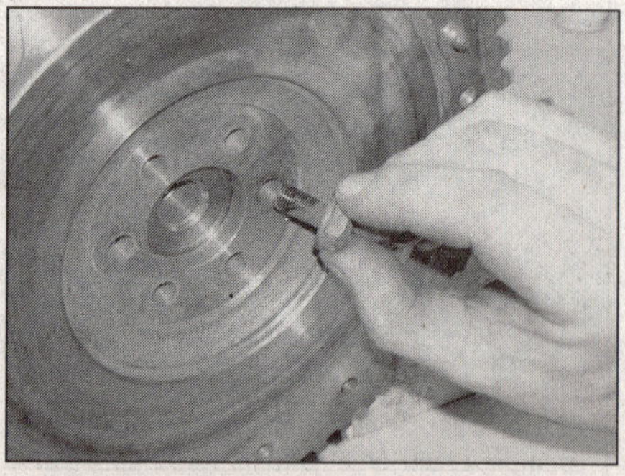

**16.5a Dépose des vis de fixation . . .**

**16.5b . . . et du volant moteur**

### *Contrôle*

**6** S'assurer que la portée du disque d'embrayage n'est pas exagérément rayée ni creusée, ce qui impliquera le remplacement du volant moteur. La portée peut toutefois être rectifiée pour rattraper les petits défauts de surface, bien qu'il soit préférable de remplacer le volant moteur dans ce cas. Si la denture de la couronne de démarreur est usée ou abîmée, elle peut être changée séparément, mais il s'agit d'une intervention à confier aux services techniques d'un concessionnaire Renault ou à un spécialiste. En effet, la température à laquelle la couronne de rechange doit être chauffée pour son installation constitue un point difficile à maîtriser et si cela n'est pas accompli correctement, le traitement thermique de l'acier (trempe) de la denture risque d'être détruit.

**16.8 Blocage du volant moteur avec un secteur cranté pour effectuer le serrage de ses vis de fixation**

### *Repose*

**7** Nettoyer soigneusement les plans d'assemblage du volant moteur et de la bride du vilebrequin puis installer le volant moteur, en faisant coïncider les repères de montage réalisés préalablement à la dépose. A noter que les trous de vis de fixation sont disposés de manière asymétrique, ce qui ne permet qu'une seule position de montage du volant moteur.

**8** Déposer quelques gouttes d'un produit-frein adéquat sur leurs filets puis monter les vis de fixation neuves du volant moteur et les serrer en opérant en croix et en respectant les deux différentes phases indiquées dans les « *Caractéristiques* » : immobiliser le volant moteur par la méthode décrite précédemment pour la dépose **(voir illustration)**.

**9** Effectuer la repose de l'embrayage, comme décrit au chapitre 6.

**10** Procéder à la repose de la boîte de vitesses, en se reportant au chapitre 7A pour cette opération.

## 17 Silentblocs du groupe motopropulseur - contrôle et remplacement

### *Contrôle*

**1** Serrer le frein à main puis lever l'avant de la voiture au cric et le poser sur chandelles (voir « *Levage et soutien du véhicule* »). Dans le cas où il est prévu, déposer le carénage de protection sous le moteur.

**2** Contrôler l'état des deux silentblocs avant, côtés droit et gauche, ainsi que du silentbloc au niveau de la biellette antibasculement du support arrière pour déceler d'éventuelles fissures ou des signes de détérioration **(voir illustration)**. Agir avec



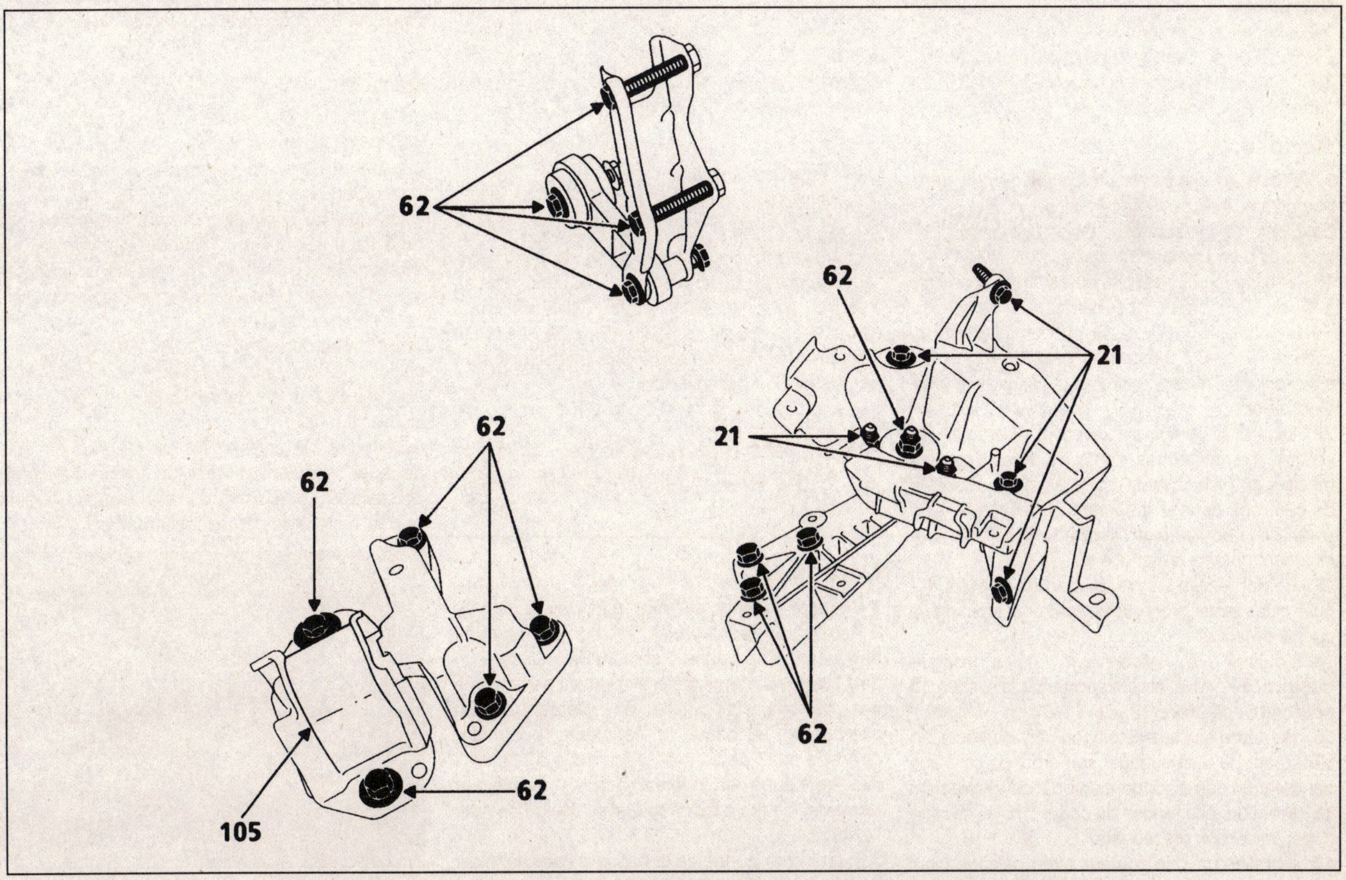


**17.2 Couples de serrage (Nm) des supports et silentblocs du groupe motopropulseur**

précaution sur chaque silentbloc à l'aide d'un levier pour en évaluer le jeu. Remplacer tout silentbloc présentant un jeu exagéré ou dont le caoutchouc est abîmé.

**3** Au terme de ces contrôles, descendre la voiture au sol.

## *Remplacement*

### Silentbloc droit

**4** Soutenir le côté droit du moteur au moyen d'un cric rouleur avec cale de bois interposée, installé en dessous du carter d'huile.

**5** Desserrer les vis de fixation au niveau du moteur et de la caisse ainsi que l'écrou central puis dégager les supports avec le silentbloc.

**6** Procéder à l'inverse de la dépose pour effectuer la repose, en serrant les vis de fixation et l'écrou central aux couples prescrits **(voir illustration 17.2)**.

### Silentbloc gauche

**7** Mettre en prise un palan ou une grue d'atelier à la patte de levage gauche du moteur et l'actionner pour tout juste reprendre le poids du groupe motopropulseur.

**8** Déposer la batterie (voir chapitre 5A).

**9** Déposer le calculateur électronique de gestion du moteur (voir chapitre 4A, section 13).

**10** Libérer tout faisceau électrique, câble et tuyauterie du support gauche du groupe motopropulseur/support de batterie.

**11** Dévisser la platine latérale de la batterie et la dégager du support.

**12** Repérer la position de montage du support gauche/support de batterie par rapport à la caisse.

**13** Dévisser les deux écrous assurant la fixation du support gauche/support de batterie sur la patte au niveau de la boîte de vitesses ainsi que ses quatre vis de fixation sur la caisse puis dégager le support.

**14** Opérer en sens inverse de la dépose pour effectuer la repose, en respectant les couples de serrage prescrits pour les écrous et vis de fixation **(voir illustration 17.2)**.

### Silentbloc arrière

**15** Serrer le frein à main puis lever l'avant de la voiture au cric et le poser sur chandelles (voir « *Levage et soutien du véhicule* »). Déposer le carénage de protection éventuellement prévu sous le moteur.

**16** En opérant du dessous de la voiture, desserrer les vis tout en retenant les écrous avec une seconde clé plate ou à douille, des boulons de fixation de la biellette antibasculement du support arrière sur les pattes au niveau du soubassement et de la partie arrière de la boîte de vitesses, en repérant la position respective de montage de toute rondelle et entretoise équipant les vis. Dégager la biellette avec le silentbloc par le dessous de la voiture.

**17** Si besoin est, dévisser et dégager les pattes du soubassement et de la boîte de vitesses.

**18** La repose a lieu à l'inverse de la dépose, en veillant à observer le couple de serrage préconisé pour les boulons de fixation **(voir illustration 17.2)**.

# Chapitre 2 Partie B : Opérations s'effectuant sans dépose des moteurs essence 1,4 et 1,6 l

## Sommaire



## Niveaux de difficulté

| | | | | |
|---|---|---|---|---|
| **Facile,** pour les profanes de la mécanique | **Assez facile,** pour les débutants plus avisés | **Assez difficile,** pour les amateurs compétents | **Difficile,** pour les amateurs plus expérimentés | **Très difficile,** pour les initiés et les professionnels |

## Caractéristiques

### Moteur (généralités)

| | |
|---|---|
| Désignation du type de moteur : * | |
| Modèles 1,4 l : | |
| 8 soupapes (75 ch) : | |
| Versions anciennes - types C/BBOC | E7J 780 |
| Versions récentes - types C/BBOS | E7J 634 |
| 16 soupapes (98 ch) | K4J 712 (avec BVM), K4J 713 (avec BVA) ou K4J 750 |
| Modèles 1,6 l : | |
| 8 soupapes (90 ch) | K7M 744 (avec BVM), K7M 745 (avec BVA) |
| 16 soupapes (110 ch) | K4M 748 |
| Cylindrée : | |
| Moteurs E7J et K4J | 1 390 cm$^3$ |
| Moteurs K7M et K4M | 1 598 cm$^3$ |
| Alésage : | |
| Moteurs E7J | 75,8 mm |
| Moteurs K7M, K4J et K4M | 79,5 mm |
| Course : | |
| Moteurs E7J | 77 mm |
| Moteurs K4J | 70 mm |
| Moteurs K7M et K4M | 80,5 mm |
| Ordre d'allumage | 1-3-4-2 (cylindre nº 1 côté volant moteur/disque d'entraînement) |
| Rapport volumétrique : | |
| Moteurs E7J et K7M | 9,5 à 1 |
| Moteurs K4J et K4M | 10 à 1 |
| Puissance maxi. : | |
| Moteurs E7J | 55 kW (norme CEE)/75 ch (norme DIN) à 5 500 tr/min |
| Moteurs K4J | 72 kW (norme CEE)/98 ch (norme DIN) à 6 000 tr/min |
| Moteurs K7M | 66 kW (norme CEE)/90 ch (norme DIN) à 5 250 tr/min |
| Moteurs K4M | 79 kW (norme CEE)/110 ch (norme DIN) à 7 500 tr/min |
| Couple maxi. : | |
| Moteurs E7J | 11,4 daN.m (norme CEE)/11,6 m.kg (norme DIN) à 4 200 tr/min |
| Moteurs K4J | 12,7 daN.m (norme CEE)/13 m.kg (norme DIN) à 3 750 tr/min |
| Moteurs K7M | 13,1 daN.m (norme CEE)/13,5 m.kg (norme DIN) à 2 500 tr/min |
| Moteurs K4M | 15,4 daN.m (norme CEE)/15,6 m.kg (norme DIN) à 2 500 tr/min |
| Sens de rotation du vilebrequin | Sens horaire, vu du côté distribution |
| Pressions de compression | Non communiqué |

** Se reporter à « Numéros d'identification du véhicule » à la partie « Références » en fin de manuel pour l'identification du type et de l'indice du moteur.*

### Jeu aux soupapes (à froid)

| | |
|---|---|
| Moteurs E7J et K7M : | |
| Admission | 0,10 mm |
| Echappement | 0,25 mm |

### Tension de courroie de distribution - (voir texte)

| | |
|---|---|
| **Moteurs E7J et K7M - avec appareil Renault Mot. 1273** | |
| Valeur de montage/contrôle | 30 ± 5 % unités SEEM |
| Valeur de fonctionnement mini. | 26 unités SEEM |
| **Moteurs E7J et K7M - avec appareil Renault Mot. 1505** | |
| Valeur de montage @ prétension de 1 daN.m avec l'outil Mot. 1501 | 162 ± 5 hertz |
| **Moteurs K4J et K4M** | Rattrapage par tendeur automatique |

### Arbre(s) à cames

| | |
|---|---|
| Jeu longitudinal : | |
| Moteurs E7J | 0,06 à 0,15 mm |
| Moteurs K7M | 0,01 à 0,15 mm |
| Moteurs K4J et K4M | 0,08 à 0,178 mm |
| Diamètre des tourillons : | |
| Moteurs K4J et K4M : | |
| Nos 1 à 5 | 24,979 à 25 mm |
| No 6 | 27,979 à 28 mm |

### Graissage

| | | |
|---|---|---|
| Pression d'huile mini. à 80 °C : | | |
| Au ralenti | 1 bar | |
| A 4 000 tr/min (E7J) ou 3 000 tr/min (moteurs K4J, K7M et K4M) | 3 bars | |
| Jeux à la pompe à huile : | **Mini.** | **Maxi.** |
| Jeu pignons-carter | 0,11 mm | 0,249 mm |
| Jeu axial des pignons | 0,02 mm | 0,086 mm |

### Couples de serrage

| | **daN.m** |
|---|---|
| Contre-écrou de vis de réglage des culbuteurs | 1,5 |
| Rampe de culbuteurs - vis huilées | 2,3 |
| Vis de couvre-culasse/carter-chapeaux de paliers d'arbres à cames : | |
| Moteurs E7J et K7M | 1 |
| Moteurs K4J et K4M **(voir illustration 8.49)** : | |
| Phase 1 (vis 22, 23, 20, 13) | 0,8 |
| Phase 2 (vis 1 à 12, 14 à 19, 21 à 24) | 1,2 |
| Phase 3 (vis 22, 23, 20, 13) | Desserrage complet |
| Phase 4 (vis 22, 23, 20, 13) | 1,2 |
| Vis de pignon(s) d'arbre(s) à cames : | |
| Moteurs E7J | 5,5 |
| Moteurs K7M | 4,5 |
| Moteurs K4J et K4M : | |
| Phase 1 | 3 |
| Phase 2 | Serrage angulaire de 84° |
| Vis de galet de renvoi de courroie de distribution | 4,5 |
| Ecrou/vis de fixation de galet tendeur de courroie de distribution : | |
| Moteurs E7J et K7M | 5 |
| Moteurs K4J et K4M : | |
| Préserrage | 0,7 |
| Serrage définitif | 2,7 |
| Vis de culasse - moteurs E7J **(voir illustration 9.82a)** : * | |
| Phase 1 (toutes les vis) | 2 |
| Phase 2 | Serrage angulaire de toutes les vis de 97 ± 2° |
| Phase 3 | Attente de 3 minutes au minimum pour stabilisation |
| Phase 4 | Desserrage complet des vis 1 et 2 |
| Phase 5 | Resserrage des vis 1 et 2 au couple de 2 daN.m |
| Phase 6 | Serrage angulaire des vis 1 et 2 de 97 ± 2° |
| Phase 7 | Desserrage complet des vis 3 et 4 |
| Phase 8 | Resserrage des vis 3 et 4 au couple de 2 daN.m |
| Phase 9 | Serrage angulaire des 3 et 4 de 97 ± 2° |
| Phase 10 | Desserrage complet des vis 5 et 6 |
| Phase 11 | Resserrage des vis 5 et 6 au couple de 2 daN.m |
| Phase 12 | Serrage angulaire des vis 5 et 6 de 97 ± 2° |
| Phase 13 | Desserrage complet des vis 7 et 8 |
| Phase 14 | Resserrage des vis 7 et 8 au couple de 2 daN.m |
| Phase 15 | Serrage angulaire des vis 7 et 8 de 97 ± 2° |
| Phase 16 | Desserrage complet des vis 9 et 10 |
| Phase 17 | Resserrage des vis 9 et 10 au couple de 2 daN.m |
| Phase 18 | Serrage angulaire des vis 9 et 10 de 97 ± 2° |

| | |
|---|---|
| Vis de culasse - moteurs K7M **(voir illustration 9.82a)** : * | |
| Phase 1 (toutes les vis) | 2 |
| Phase 2 | Serrage angulaire de toutes les vis de 100 ± 6° |
| Phase 3 | Attente de 3 minutes au minimum pour stabilisation |
| Phase 4 | Desserrage complet des vis 1 et 2 |
| Phase 5 | Resserrage des vis 1 et 2 au couple de 2 daN.m |
| Phase 6 | Serrage angulaire des vis 1 et 2 de 110 ± 6° |
| Phase 7 | Desserrage complet des vis 3 et 4 |
| Phase 8 | Resserrage des vis 3 et 4 au couple de 2 daN.m |
| Phase 9 | Serrage angulaire de vis 3 et 4 de 110 ± 6° |
| Phase 10 | Desserrage complet des vis 5 et 6 |
| Phase 11 | Resserrage des vis 5 et 6 au couple de 2 daN.m |
| Phase 12 | Serrage angulaire de vis 5 et 6 de 110 ± 6° |
| Phase 13 | Desserrage complet des vis 7 et 8 |
| Phase 14 | Resserrage des vis 7 et 8 au couple de 2 daN.m |
| Phase 15 | Serrage angulaire des vis 7 et 8 de 110 ± 6° |
| Phase 16 | Desserrage complet des vis 9 et 10 |
| Phase 17 | Resserrage des vis 9 et 10 au couple de 2 daN.m |
| Phase 18 | Serrage angulaire des vis 9 et 10 de 110 ± 6° |
| Vis de culasse - moteurs K4J et K4M **(voir illustration 9.129b)** : * | |
| Phase 1 (toutes les vis) | 2 |
| Phase 2 | Serrage angulaire des toutes les vis de 240° ± 6° |
| Vis de poulie de vilebrequin : | |
| Moteurs E7J et K7M : | |
| Phase 1 | 2 |
| Phase 2 | Serrage angulaire de 68 ± 6° |
| Moteurs K4J et K4M : | |
| Phase 1 | 2 |
| Phase 2 | Serrage angulaire de 135 ± 15° |
| Vis de flasque d'étanchéité droit - moteurs K4M et K4J | 1,1 |
| Pompe à huile : | |
| Vis de fixation | 2,5 |
| Vis de pignon | 1 |
| Vis de fixation de boîtier décanteur d'huile | 1,3 |
| Chapeaux de bielles - vis huilées : | |
| Moteurs E7J et K7M : | |
| Phase 1 | 1 |
| Phase 2 | 4,5 |
| Moteurs K4J et K4M | 4,3 |
| Chapeaux de paliers de vilebrequin : | |
| Moteurs E7J | 6,4 |
| Moteurs K7M, K4J et K4M : | |
| Phase 1 | 2,5 |
| Phase 2 | Serrage angulaire de 47 ± 5° |
| Vis de volant moteur/disque d'entraînement | 5,3 |
| Carter d'huile : | |
| Moteurs E7J | 0,8 |
| Moteurs K7M | 0,9 |
| Moteurs K4J et K4M : | |
| Phase 1 | 0,8 |
| Phase 2 | 1,4 |
| Silentblocs et supports du groupe motopropulseur (voir section 13) : | |
| Vis de silentbloc droit sur moteur et caisse | 6,2 |
| Ecrou central de silentbloc droit | 4,4 |
| Vis de support gauche sur boîte de vitesses | 6,2 |
| Vis de support gauche sur caisse | 2,1 |
| Ecrous de silentbloc gauche sur support | 2,1 |
| Ecrou central de silentbloc gauche | 6,2 |
| Boulons de biellette antibasculement de support arrière | 6,2 |
| Vis de tirant entre moteur et boîte de vitesses : | |
| Sur moteur | 5 |
| Sur boîte de vitesses | 2,5 |
| Vis de fixation du berceau de train AV. | Voir chapitre 10 |
| Boulons de bridage de pieds de jambes de suspension sur pivots porte-moyeux AV. | Voir chapitre 10 |
| Vis de roues | Voir chapitre 1A |

** Vis à changer systématiquement à chaque démontage (moteurs E7J et K7M) - la même chose est vivement recommandée, mais pas forcément nécessaire (voir texte) pour les moteurs K4J et K4M.*

## 1 Généralités

Cette deuxième partie du chapitre 2 traite des opérations pouvant être effectuées sans dépose des moteurs essence 1,4 et 1,6 l. Toutes les interventions devant être accomplies dans le cadre de la dépose et la repose du moteur ainsi que du démontage et de la remise en état du bloc/carter-cylindres sont décrites en partie D.

Les interventions concernées par cette deuxième partie du chapitre 2 s'accomplissent avec le moteur demeurant sur le véhicule. Si le moteur a été déposé pour subir un démontage ou une remise en état, un certain nombre des descriptions fournies ne sont naturellement plus valables.

### Particularités des moteurs

Il s'agit de moteurs à quatre cylindres en ligne verticaux, à simple arbre à cames en tête (types E7J et K7M) ou double arbre à cames en tête (types K4J et K4M), disposés transversalement à l'avant de la voiture.

Dans le cas des moteurs E7J et K7M, l'arbre à cames tournant sur cinq paliers directement usinés dans la culasse en alliage d'aluminium, est entraîné par une courroie crantée à partir du vilebrequin et commande les huit soupapes par l'intermédiaire de culbuteurs montés sur une rampe fixée par vis sur le haut de la culasse. La courroie de distribution assure également l'entraînement de la pompe à eau.

Sur les moteurs K4J et K4M, les deux arbres à cames tournant sur six paliers usinés dans la matière de la culasse et pourvus de chapeaux amovibles, sont entraînés par une courroie crantée à partir du vilebrequin. Les arbres à cames commandent les seize soupapes par le biais de poussoirs hydrauliques à rattrapage automatique du jeu et de linguets logés en dessous des arbres à cames dans la culasse. La courroie de distribution assure également l'entraînement de la pompe à eau.

Dans le cas des moteurs K4J, K4M et K7M, les fûts de cylindres sont alésés directement dans le bloc-cylindres en fonte. Sur les moteurs E7J, les alésages usinés dans le carter-cylindres, également en fonte, reçoivent des chemises de type humide et amovible. Le vilebrequin tourne sur cinq paliers garnis de demi-coussinets et usinés dans la matière du bloc/carter-cylindres. Des demi-cales de butée implantées de chaque côté du palier central assurent le réglage du jeu longitudinal au vilebrequin.

La tête des bielles est articulée sur le vilebrequin par des demi-coussinets. Les pistons sont accouplés aux bielles par l'intermédiaire d'axes tubulaires montés serrés dans leur pied. Les pistons en alliage d'aluminium sont garnis de trois segments dont deux de compression et un racleur d'huile.

Le carter-moteur dispose d'un système de dégazage entièrement hermétique.

La lubrification du moteur s'effectue sous pression par une pompe à engrenage entraînée par chaîne à partir du vilebrequin.

### Opérations pouvant être réalisées sans dépose du moteur

Les opérations qui suivent peuvent être accomplies sans avoir à déposer le moteur :

*a) Dépose et repose de la culasse*
*b) Dépose et repose de la courroie de distribution et de ses pignons*
*c) Remplacement de la ou des bagues d'étanchéité, côté droit du ou des arbres à cames*
*d) Dépose, contrôle et repose du ou des arbres à cames*
*e) Dépose et repose du carter d'huile*
*f) Dépose et repose des ensembles bielle-piston **
*g) Dépose et repose de la pompe à huile*
*h) Remplacement de la bague d'étanchéité, côté droit du vilebrequin*
*i) Remplacement des silentblocs du groupe motopropulseur*

** Bien que les ensembles bielle-piston soient accessibles avec le moteur demeurant en place et après dépose du carter d'huile, il est toutefois préférable pour des raisons de commodité et de propreté, d'effectuer leur dépose avec le moteur hors de la voiture. Pour cette raison, elle est décrite à la partie D de ce chapitre.*

***Attention : Sur les modèles équipés d'un autoradio codé, s'assurer de bien avoir en possession la combinaison correcte du code de sécurité pour débrancher la batterie***

## 2 Contrôle de compression - description et analyse des résultats

**info OUTIL** ***Ce contrôle implique l'utilisation d'un compressiomètre approprié***

Voir description correspondante au chapitre 2A.

## 3 Point mort haut du piston nº 1 - recherche

**1** Le point mort haut (PMH) est le point le plus élevé de la course du piston dans le cylindre correspondant. Chacun des pistons atteint le point mort en fin de phase de compression et également en fin de phase d'échappement. Pour procéder au calage de la distribution, la notion de PMH fait toutefois référence à la position atteinte par le piston du cylindre nº 1 en fin de phase de compression. Le cylindre nº 1 se trouve côté gauche (volant moteur) du moteur.

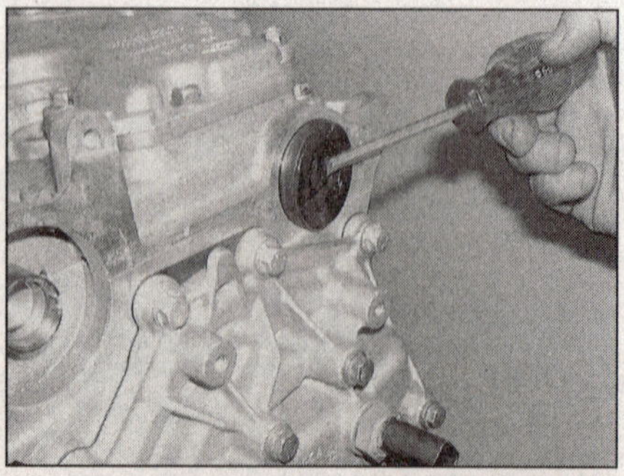

**3.9 Dépose d'un bouchon d'étanchéité d'arbre à cames, côté gauche de la culasse**

**2** Serrer le frein à main puis lever l'avant de la voiture au cric et le poser sur chandelles (voir « *Levage et soutien du véhicule* »). Déposer la roue avant droite.

**3** Déposer la coquille pare-boue du passage de roue avant droit de façon à pouvoir accéder à la vis de fixation de la poulie de vilebrequin.

**4** Déposer les bougies (voir chapitre 1A).

**5** Placer un doigt sur le trou de bougie du cylindre nº 1 (le plus proche du volant moteur) dans la culasse puis tourner le vilebrequin dans le sens horaire à l'aide d'une clé plate ou à douille en prise sur la vis de fixation de sa poulie jusqu'à ce qu'une pression soit ressentie au niveau du trou de bougie du cylindre nº 1, ce qui indiquera que le piston correspondant se trouve en phase ascendante de sa course de compression.

### Moteurs E7J et K7M

**6** Enlever le bouchon du regard de contrôle prévu dans le carter supérieur de la courroie de distribution. Observer par le regard tout en continuant de tourner le vilebrequin de façon à faire coïncider le repère de calage sur le pignon d'arbre à cames avec le repère de référence fixe sur le carter de courroie de distribution. Dans le cas où ce dernier a été déposé, le repère du pignon d'arbre à cames doit être positionné en vis-à-vis du repère fixe en haut du couvre-culasse (voir illustration 5.29c). **Nota :** *Le pignon d'arbre à cames est pourvu de cinq différents repères (voir illustration 4.8). Seul le repère de forme rectangulaire sur la face de l'une des dents du pignon sert au calage de la distribution au PMH. Les autres repères en forme de demi-lune dont destinés au réglage du jeu aux soupapes. L'angle de vision permet difficilement de se rendre compte du bon alignement des repères avec le carter de courroie de distribution en place. Il suffit toutefois que le repère de calage sur le pignon de distribution du vilebrequin soit aligné avec le repère du carter de pompe à huile (voir ci-dessous) et que le repère de référence sur le pignon d'arbre à cames soit visible par le regard de contrôle du carter de courroie de distribution pour que le piston du cylindre nº 1 se trouve en position PMH.*

**7** Si la poulie de vilebrequin vient ensuite à être déposée, le repère de calage du pignon de distribution du vilebrequin doit se trouver en regard du repère de référence fixe en bas du flasque d'étanchéité droit du vilebrequin. Ce dernier peut dans certains cas être pourvu d'un repère de référence supplémentaire qui doit coïncider avec le repère de calage en position « 6 heures », c'est-à-dire à l'opposé de la rainure de clavette, sur le pignon de distribution du vilebrequin. Sur les moteurs plus récents, dépourvus de repère, marquer un trait correspondant sur le flasque en vue du remontage (voir illustration 5.10).

### Moteurs K4J et K4M

**Nota :** *Une pige de calage du volant moteur au PMH (outil Mot. 1489) est à prévoir pour les opérations qui suivent.*

**8** Procéder à la dépose du boîtier de filtre à air et du boîtier résonateur, côté gauche du moteur (voir chapitre 4A).

**9** Percer leur centre à l'aide d'un tournevis puis extraire les deux bouchons d'étanchéité des arbres à cames, côté gauche de la culasse **(voir illustration)**. Tourner le vilebrequin pour positionner les fentes à l'extrémité des arbres à cames à un angle de 30° environ par rapport à l'horizontale, avec leur déport en dessous de l'axe longitudinal.

**10** Dévisser et enlever le bouchon de l'orifice de contrôle, côté gauche du bloc-cylindres, puis visser à fond la pige de calage dans l'orifice. **Nota :** *A défaut de l'outil d'atelier prévu à cet effet, le PMH du piston de cylindre nº 1 peut être déterminé au moyen d'un comparateur au contact de sa calotte, après dépose de la bougie.*

**11** Continuer de tourner le vilebrequin lentement et sans à-coups dans le sens horaire pour l'amener en appui sur la pige. Dans ces conditions, les fentes en bout d'arbres à cames doivent se trouver à l'horizontale, ce qui constitue la position de référence du PMH, en phase de compression, pour le piston du cylindre nº 1. Un outil d'atelier (Mot. 1496) se montant dans les fentes côté gauche des arbres à cames permet de brider ceux-ci dans cette position. Un équivalent peut au besoin être réalisé à partir d'une plaquette d'acier.

**12** A noter que le pignon de distribution du vilebrequin présente un montage inhabituel dans le sens où il n'est pas claveté, et qu'il est en conséquence impératif de déterminer avec précision le PMH du piston de cylindre nº 1 pour procéder à la dépose de la poulie de vilebrequin et du pignon.

## 4 Jeu aux soupapes - contrôle et réglage

**Nota :** *Cette intervention ne concerne que les moteurs E7J et K7M. Elle doit être effectuée en cas de bruit anormal de la distribution ou de perte de puissance du moteur laissant supposer un mauvais réglage du jeu aux soupapes. Le couvre-culasse est à équiper d'un joint neuf à la repose.*

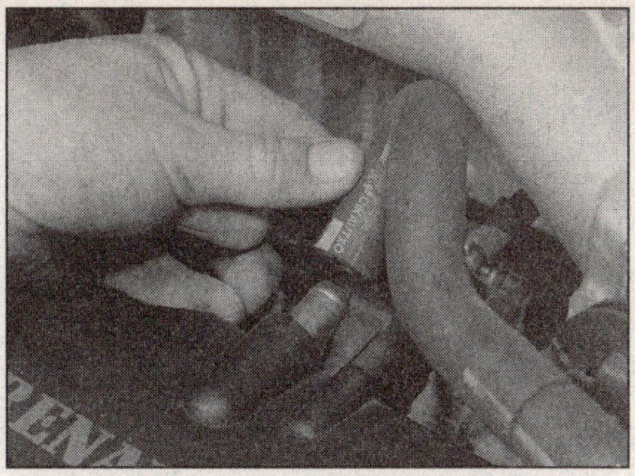

**4.3a Débranchement du tuyau de dégazage relié au filtre à air . . .**

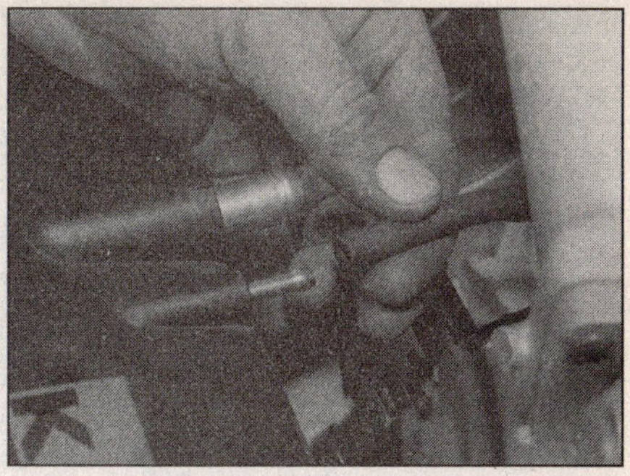

**4.3b . . . et du tuyau de liaison avec la tubulure d'admission au niveau du couvre-culasse**

**1** Procéder à la dépose du boîtier de filtre à air (voir chapitre 4A) puis le cas échéant, désaccoupler le câble d'accélérateur au niveau du boîtier de papillon et dévisser si nécessaire la patte d'arrêt de gaine du câble sur le couvre-culasse.

**2** S'il s'agit d'un moteur K7M, déposer le bloc des bobines d'allumage (voir chapitre 5B) puis débrancher les fils du faisceau haute tension d'allumage au niveau des bougies et dévisser le support du faisceau pour le dégager du couvre-culasse.

**3** Débrancher les tuyaux de dégazage du carter-moteur sur le couvre-culasse **(voir illustrations)**.

**4** Desserrer ses vis de fixation et déposer le couvre-culasse avec son joint. Dans le cas des moteurs K7M, la partie supérieure des vis du côté droit est filetée pour le montage du bloc des bobines d'allumage **(voir illustrations)**.

**5** Déposer les bougies (voir chapitre 1A) afin de faciliter la rotation du moteur, ce qui n'est toutefois pas indispensable.

**6** Sur une feuille de papier, faire un schéma montrant la disposition des soupapes d'admission et d'échappement en les numérotant de 1 à 4 en fonction des cylindres qu'elles desservent, comme suit : Ech. 1, Adm. 1, Ech. 2, Adm. 2, etc. Les soupapes d'admission se trouvent côté tubulure d'admission de la culasse et celles d'échappement côté collecteur d'échappement. Barrer les soupapes sur le schéma au fur et à mesure de leur réglage.

**7** Il existe trois différents méthodes de réglage du jeu aux soupapes :

### *Méthode 1*

**8** Tourner le vilebrequin pour amener le piston du cylindre nº 1 au PMH en phase de compression (voir section précédente). Poursuivre la rotation du vilebrequin de façon à faire coïncider le premier repère en forme de demi-lune sur le pignon d'arbre à cames avec le repère de référence fixe sur le carter supérieur de courroie de distribution ou éventuellement sur le couvre-culasse en reposant provisoirement celui-ci s'il y a lieu pour obtenir cet



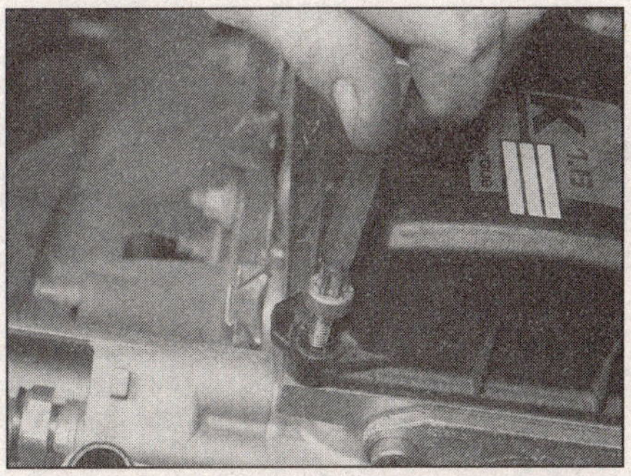

**4.4a Dépose d'une vis de fixation du couvre-culasse**

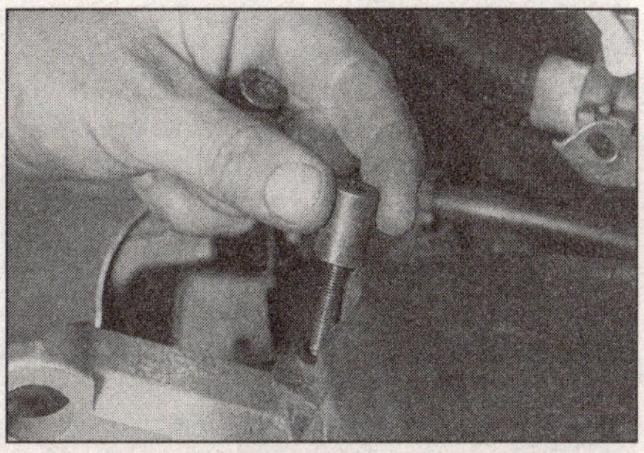

**4.4b Sur le moteur K7M, la partie supérieure des vis de fixation côté droit du couvre-culasse est filetée pour le montage du bloc des bobines d'allumage**

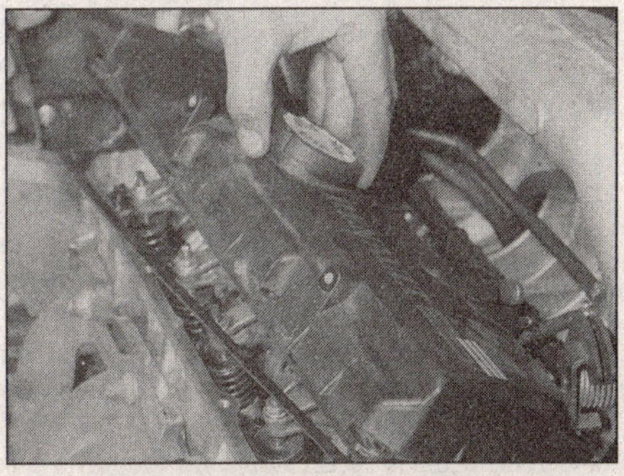

**4.4c Dépose du couvre-culasse . . .**

**4.4d . . . et de son joint**

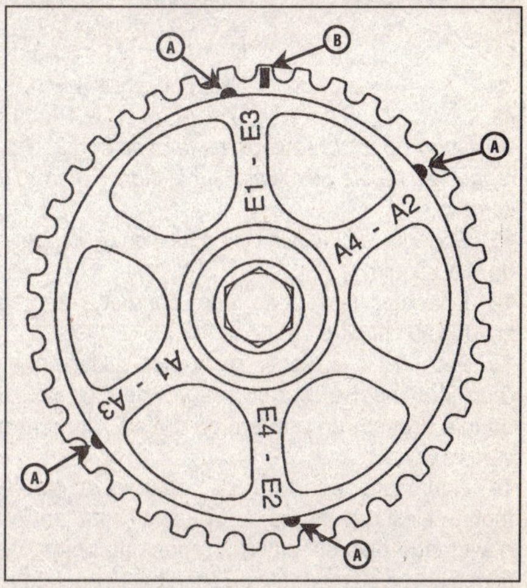


**4.8 Les repères en forme de demi-lune (A) du pignon d'arbre à cames sont à aligner successivement sur le repère fixe du carter de courroie de distribution ou du couvre-culasse pour le réglage du jeu aux soupapes. Le repère (B) sert au calage de la distribution au PMH**

4.9a Déblocage du contre-écrou de la vis de réglage d'un culbuteur

4.9b Réglage du jeu à une soupape

4.9c Serrage du contre-écrou de la vis de réglage d'un culbuteur au couple prescrit

alignement **(voir illustration)**.

**9** Insérer une cale de l'épaisseur prescrite (voir « *Caractéristiques* ») entre la queue de la soupape d'échappement du cylindre n° 1 et la vis de réglage du culbuteur. La cale doit pouvoir passer en frottant légèrement. En cas de nécessité, débloquer son contre-écrou au moyen d'une clé polygonale et agir sur la vis de réglage avec un petit tournevis pour ajuster le jeu **(voir illustrations)**. Le réglage correct une fois obtenu, maintenir la vis de réglage en position pour rebloquer le contre-écrou au couple prescrit. Recontrôler le jeu à la soupape et le retoucher au besoin. Recommencer l'opération sur la soupape d'échappement du cylindre n° 3.

**10** Tourner le vilebrequin dans le sens horaire de manière à amener le deuxième repère en forme de demi-lune sur le pignon d'arbre à cames en regard du repère de référence fixe sur le carter de courroie de distribution ou le cas échéant, le couvre-culasse **(voir illustration 4.8)**. Procéder au réglage du jeu successivement sur les soupapes d'admission n^os^ 1 et 3. A noter qu'une valeur de jeu différente est préconisée pour les soupapes d'admission et d'échappement. Poursuivre le réglage du jeu dans l'ordre suivant :

| Repères alignés* | Soupapes à régler |
|---|---|
| 1er | N° 1 Ech. et N° 3 Ech. |
| 2e | N° 1 Adm. et N° 3 Adm. |
| 3e | N° 2 Ech. et N° 4 Ech. |
| 4e | N° 2 Adm. et N° 4 Adm. |

**Rotation du vilebrequin dans le sens horaire par rapport au repère de réglage sur le pignon d'arbre à cames.*

**11** Dégager la clé de la vis de fixation de la poulie de vilebrequin.

**12** Effectuer la repose des bougies, comme indiqué au chapitre 1A.

**13** Procéder à la repose du couvre-culasse muni d'un joint neuf et serrer ses vis de fixation au couple prescrit en opérant en spirale, du centre vers l'extérieur.

**14** Rebrancher les tuyaux de dégazage du carter-moteur ainsi que les fils du faisceau haute tension d'allumage puis effectuer la repose du boîtier de filtre à air, en se reportant au chapitre 4A pour cette opération.

## *Méthode 2*

**15** Tourner le vilebrequin dans le sens horaire de sorte à amener la soupape d'échappement du cylindre n° 1 en position de pleine ouverture, avec son ressort comprimé à fond.

**16** Engager une cale de l'épaisseur correspondant au jeu prescrit (voir « *Caractéristiques* ») entre la queue de soupape d'admission du cylindre n° 3 et la vis de réglage du culbuteur. La cale doit juste passer dans le jeu, en frottant légèrement. Si besoin est, débloquer son contre-écrou au moyen d'une clé polygonale et agir sur la vis de réglage avec un tournevis pour ajuster le jeu. Rebloquer le contre-écrou puis recontrôler le jeu à la soupape et le retoucher au besoin. Procéder de la même manière sur la soupape d'échappement du cylindre n° 4. A signaler qu'une valeur de jeu différente est préconisée pour les soupapes d'admission et d'échappement.

**17** Poursuivre la rotation du vilebrequin dans le sens horaire pour amener en position de pleine ouverture la soupape d'échappement du cylindre n° 3 puis effectuer le réglage du jeu successivement aux soupapes d'admission du cylindre n° 4 et d'échappement du cylindre n° 2. Procéder ensuite au réglage du jeu aux autres soupapes dans l'ordre suivant :

| Soupapes en pleine ouverture | Soupapes d'admission à régler | Soupapes d'échappement à régler |
|---|---|---|
| N° 1 Ech. | N° 3 | N° 4 |
| N° 3 Ech. | N° 4 | N° 2 |
| N° 4 Ech. | N° 2 | N° 1 |
| N° 2 Ech. | N° 1 | N° 3 |

**18** Dégager la clé de la vis de fixation de la poulie de vilebrequin.

**19** Reposer les bougies, comme décrit au chapitre 1A.

**20** Procéder à la repose du couvre-culasse muni d'un joint neuf et serrer ses vis de fixation au couple prescrit en opérant en spirale : du centre vers l'extérieur.

**21** Rebrancher les tuyaux de dégazage du carter-moteur ainsi que les fils du faisceau haute tension d'allumage puis effectuer la repose du boîtier de filtre à air, en se reportant au chapitre 4A pour cette opération.

## *Méthode 3*

**22** Tourner le vilebrequin dans le sens horaire de façon à amener en « bascule » les soupapes du cylindre n° 1 : la soupape d'échappement doit se trouver en phase de fermeture et celle d'admission en phase d'ouverture. Agir au besoin sur le vilebrequin dans un sens et dans l'autre pour confirmer que cette position est bien atteinte.

**23** Engager une cale de l'épaisseur correspondant au jeu prescrit (voir « *Caractéristiques* ») entre la queue de soupape d'admission du cylindre n° 4 et la vis de réglage du culbuteur. La cale doit tout juste passer dans le jeu, en frottant légèrement. S'il y a lieu, débloquer son contre-écrou puis agir sur la vis de réglage avec un tournevis pour ajuster le jeu. Rebloquer le contre-écrou puis recontrôler le jeu à la soupape et le retoucher au besoin. Procéder de la même manière sur la soupape d'échappement du cylindre n° 4. A signaler qu'une valeur de jeu différente est préconisée pour les soupapes d'admission et d'échappement.

**24** Poursuivre la rotation du vilebrequin dans le sens horaire pour amener en « bascule » les deux soupapes du cylindre n° 3 puis effectuer le réglage du jeu aux soupapes d'admission et d'échappement du cylindre n° 2. Procéder ensuite au réglage du jeu aux autres soupapes dans l'ordre suivant :

| Soupapes | Contrôle du jeu sur cylindre en bascule sur cylindre |
|---|---|
| *N° 1* | *N° 4* |
| *N° 3* | *N° 2* |
| *N° 4* | *N° 1* |
| *N° 2* | *N° 3* |

**25** Dégager la clé de la vis de fixation de la poulie de vilebrequin.

**26** Effectuer la repose des bougies, comme indiqué au chapitre 1A.

**27** Procéder à la repose du couvre-culasse muni d'un joint neuf et serrer ses vis de fixation au couple prescrit en opérant en spirale, du centre vers l'extérieur.

**28** Rebrancher les tuyaux de dégazage du carter-moteur ainsi que les fils du faisceau haute tension d'allumage puis effectuer la repose du boîtier de filtre à air, en se reportant au chapitre 4A pour cette opération.

## 5 Courroie de distribution - dépose, contrôle et repose

***Attention : Une rupture ou le patinage de la courroie de distribution en cours de fonctionnement risque d'entraîner de sérieux dégâts du moteur. Il est pour cette raison impératif de respecter l'échéance prescrite pour le remplacement de la courroie (voir chapitre 1A) ou***

***prématurément si son état est sujet à doute***
**Nota :** *Sur les moteurs E7J et K7M, un appareil spécial : outil d'atelier Mot. 1273 (tensiomètre SEEM C. Tronic 105.6) ou Mot. 1505 est nécessaire pour ajuster précisément la tension de la courroie de distribution. Un extracteur approprié peut également être nécessaire pour la dépose de la poulie de vilebrequin.*

## *Dépose*

**Nota :** *Le constructeur préconise le remplacement systématique de la courroie de distribution à chaque dépose ainsi que par la même occasion celui des galets tendeur et de renvoi.*

**1** Débrancher le câble de masse (-) de la batterie (voir « *Débranchement de la batterie* » à la partie « *Références* » en fin de manuel).

**2** Serrer le frein à main puis lever l'avant droit de la voiture au cric et le poser sur chandelle (voir « *Levage et soutien du véhicule* »). Déposer ensuite la roue avant droite ainsi que le carénage de protection éventuellement prévu sous le moteur.

**3** Déposer la coquille pare-boue du passage de roue avant droit, en la dégrafant et enlevant ses vis de fixation.

**4** Procéder à la dépose de la ou des courroies des accessoires (voir chapitre 1A).

**5** Caler le moteur et la distribution au PMH compression du piston de cylindre n° 1 (voir section 3).

**6** Installer un cric rouleur avec cale de bois interposée sur sa tête en dessous du carter d'huile puis l'actionner pour tout juste reprendre le poids du moteur.

## Moteurs E7J et K7M

**7** Déposer les supports supérieur et inférieur, côté droit du groupe motopropulseur (voir section 13).

**8** Le vilebrequin doit être immobilisé pour le

**5.8a Déblocage de la vis de la fixation de la poulie de vilebrequin**

déblocage de la vis de fixation de sa poulie, ce qui peut être obtenu en demandant à un collaborateur d'enclencher la 5e et d'actionner à fond la pédale de frein dans le cas des versions à boîte de vitesses manuelle. En alternative et sur les modèles à boîte de vitesses automatique, déposer le capteur de vilebrequin (voir chapitre 4A, section 13) et caler la lame d'un tournevis engagé par le logement du capteur dans le carter d'embrayage ou de boîte de vitesses, suivant le cas, dans la denture de la couronne de démarreur du volant moteur ou du disque d'entraînement du convertisseur de couple. Après son déblocage, enlever la vis de fixation puis dégager l'ensemble de la poulie avec son moyeu, en notant la présence d'une clavette en bout de vilebrequin **(voir illustrations)**. **Nota :** *La vis est bloquée à fond.* Il est également possible de desserrer les vis d'assemblage de la poulie sur le moyeu avant de débloquer la vis de fixation centrale.

**9** Desserrer ses fixations et déposer le carter de la courroie de distribution **(voir illustrations)**.

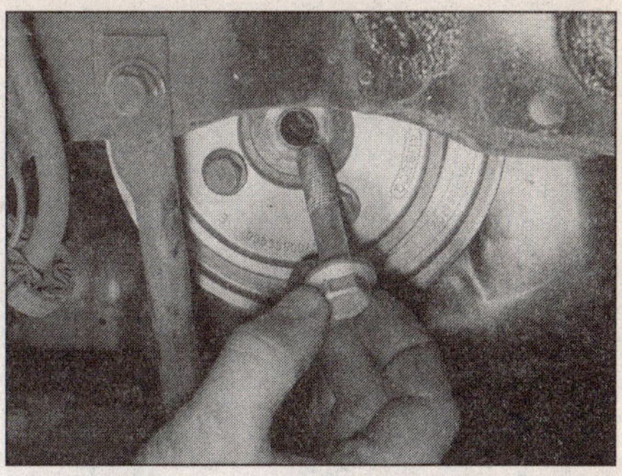

**5.8b Dépose de la vis de fixation de la poulie de vilebrequin**

**10** S'assurer que le repère de calage sur le pignon d'arbre à cames se trouve bien en haut et est aligné avec le repère de référence fixe sur le couvre-culasse. Le flasque d'étanchéité droit du vilebrequin peut dans certains cas être pourvu d'un repère de référence supplémentaire qui doit coïncider avec le repère de calage en position « 6 heures », c'est-à-dire à l'opposé de la rainure de clavette, sur le pignon de distribution du vilebrequin. Sur les moteurs plus récents, dépourvus de repère, marquer un trait correspondant sur le flasque en vue du remontage **(voir illustration)**.

**11** Débloquer son écrou de fixation puis faire pivoter le galet tendeur de façon à détendre la courroie de distribution et rebloquer l'écrou pour maintenir le galet à l'écart de la courroie.

**12** Vérifier que la courroie comporte des flèches indiquant son sens de défilement, sinon la marquer. Dégager la courroie successivement des pignons d'arbre à cames, de pompe à eau et de vilebrequin. Veiller à ne pas plier ni endommager la

**5.8c Dépose de la poulie de vilebrequin**

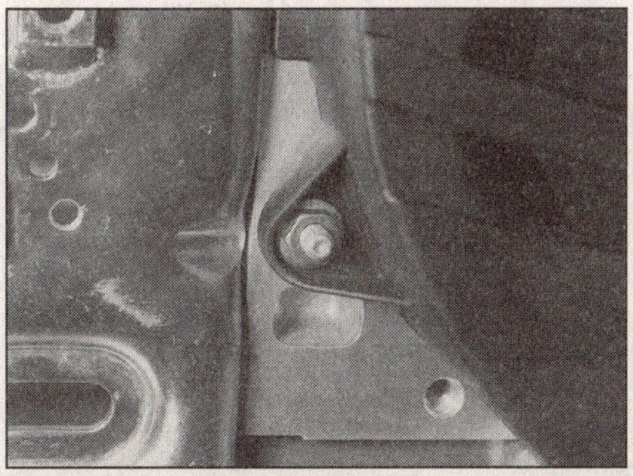

**5.9a Ecrou de fixation inférieur du carter de courroie de distribution**

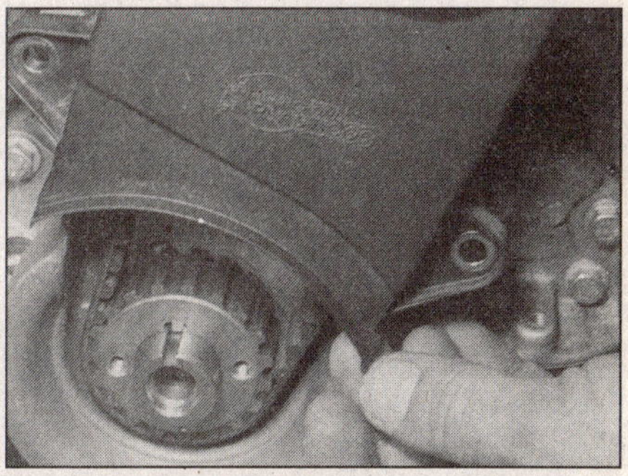

**5.9b Dépose du carter de courroie de distribution**

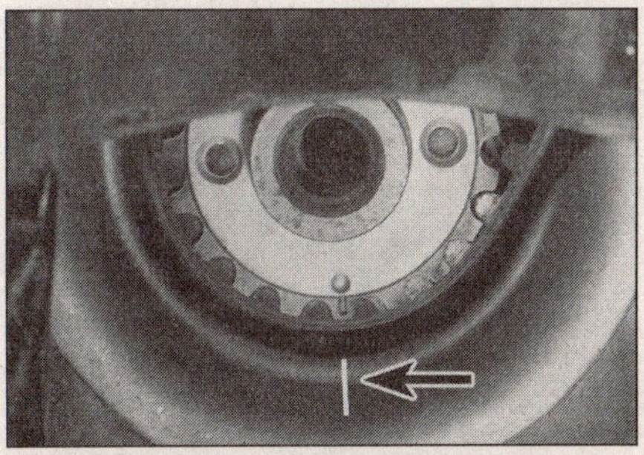

**5.10 Repère de calage du pignon de vilebrequin aligné avec le repère de référence fixe sur le flasque d'étanchéité droit**

**5.12a Flèches indiquant le sens de défilement de la courroie de distribution**

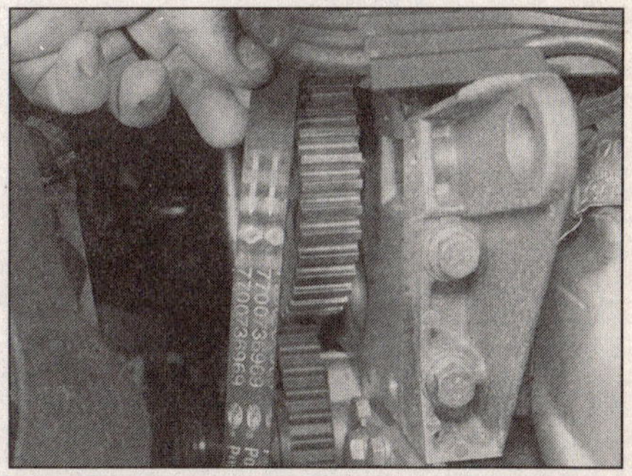

**5.12b Dépose de la courroie de distribution**

5.18 Les fentes à l'extrémité gauche des arbres à cames sont à décaler de 30° environ par rapport à l'horizontale, avec leur déport en dessous de l'axe longitudinal

courroie en cas de réutilisation **(voir illustrations)**.

**13** Nettoyer les pignons et le galet tendeur, en veillant ensuite à bien les sécher. Nettoyer également la culasse et le bloc/carter-cylindres au niveau du passage de la courroie de distribution.

## Moteurs K4J et K4M

**Nota :** *Une pige de calage du volant moteur au PMH (outil Mot. 1489) est à prévoir pour les opérations qui suivent.*

**14** Déposer le support supérieur droit du groupe motopropulseur (voir section 13).

**15** Dégager le faisceau électrique, côté droit du moteur, en le débranchant à hauteur de la tubulure d'admission et dévissant sa patte de maintien à l'avant droit de la culasse. Débrancher également le tuyau de prise de dépression au niveau de la tubulure d'admission. Libérer le faisceau du carter supérieur de la courroie de distribution et l'écarter sur le côté.

**16** Libérer les canalisations d'alimentation en carburant du carter inférieur de la courroie de distribution.

**17** Effectuer la dépose du boîtier de filtre à air et du boîtier résonateur (voir chapitre 4A).

**18** Percer leur centre à l'aide d'un tournevis puis extraire les deux bouchons d'étanchéité des arbres à cames, côté gauche de la culasse. Tourner le vilebrequin pour positionner les fentes à l'extrémité des arbres à cames comme représenté en figure jointe **(voir illustration)**.

**19** Dévisser et enlever le bouchon de l'orifice de contrôle, côté gauche du bloc-cylindres, puis visser à fond la pige de calage dans l'orifice **(voir illustration)**. **Nota :** *A défaut de l'outil d'atelier prévu à cet effet, le PMH du piston de cylindre n° 1 peut être déterminé au moyen d'un comparateur au contact de sa calotte, après dépose de la bougie.*

**20** Continuer de tourner le vilebrequin lentement et sans à-coups dans le sens horaire pour l'amener en appui sur la pige. Dans ces conditions, les fentes en bout d'arbres à cames doivent se trouver à l'horizontale, ce qui constitue la position de référence du PMH, en phase de compression, pour le piston du cylindre n° 1. Un outil d'atelier (Mot. 1496) se montant dans les fentes côté gauche des arbres à cames permet de brider ceux-ci dans cette position. Un équivalent peut au besoin être réalisé à partir d'une plaquette d'acier **(voir illustrations)**.

**21** Procéder ensuite au déblocage de la vis de fixation de la poulie de vilebrequin. A signaler que le pignon de distribution du vilebrequin présente un montage inhabituel dans le sens où il n'est pas claveté, et qu'il en est conséquence indispensable de déterminer avec précision le PMH du piston de cylindre n° 1 pour la dépose de la poulie de vilebrequin et du pignon (voir point 19 ci-dessus). Bien que ne comportant pas de clavette pour le montage du pignon, le vilebrequin est pourvu à son extrémité d'une rainure se trouvant en position « 12 heures » lorsque le piston du cylindre n° 1 est au

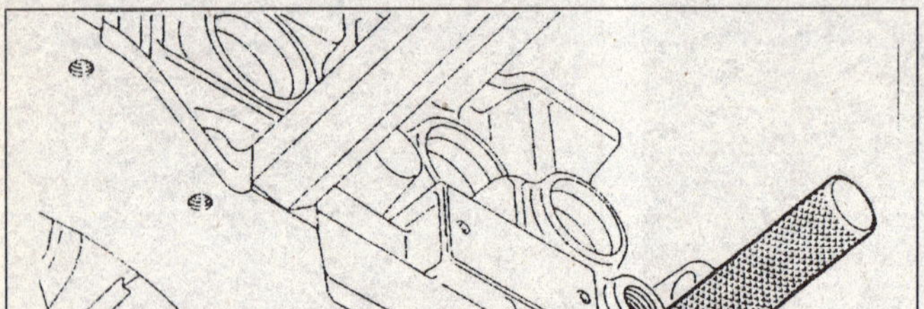

5.19 Pige de calage au PMH vissée à l'avant gauche du bloc-cylindres

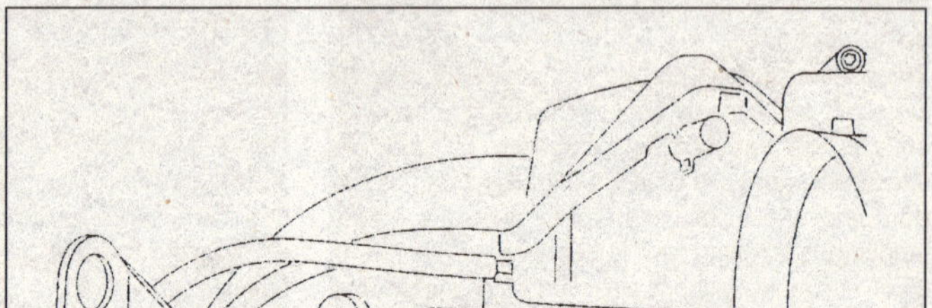

5.20a Fentes en bout d'arbres à cames disposées à l'horizontale, avec le moteur calé au PMH

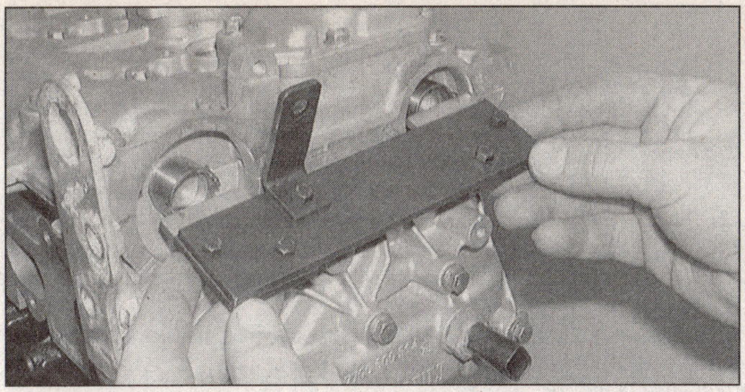

5.20b Engager l'outil de bridage dans les fentes en bout d'arbres à cames . . .

5.20c . . . et le fixer au moyen d'une vis sur la culasse

PMH. Pour empêcher la rotation du vilebrequin au déblocage de la vis de fixation de sa poulie, enlever tout d'abord l'outil de bridage des arbres à cames puis demander à un collaborateur d'enclencher la 5e et d'actionner à fond la pédale de frein dans le cas des versions à boîte de vitesses manuelle. En alternative et sur les modèles à boîte de vitesses automatique, déposer le capteur de vilebrequin (voir chapitre 4A, section 13) et caler la lame d'un tournevis engagé par le logement du capteur dans le carter d'embrayage ou de boîte de vitesses, suivant le cas, dans la denture de la couronne de démarreur du volant moteur ou du disque d'entraînement du convertisseur de couple. Après son déblocage, enlever la vis de fixation puis dégager l'ensemble de la poulie avec son moyeu. **Nota :** *La vis est bloquée à fond.* La vis peut être réutilisée à condition que sa longueur, du dessous de la tête jusqu'à l'extrémité de la tige, ne dépasse pas 49,1 mm, sinon elle est à remplacer.

**22** Desserrer leurs vis de fixation et déposer successivement les carters inférieur et supérieur de la courroie de distribution.

**23** Débloquer son écrou de fixation puis faire pivoter le galet tendeur pour détendre la courroie de distribution.

**24** Vérifier que la courroie comporte des flèches indiquant son sens de défilement, sinon la marquer en cas de réutilisation. Dégager la courroie successivement des pignons d'arbres à cames, de pompe à eau et de vilebrequin puis des galets tendeur et de renvoi pour la déposer.

**25** Nettoyer les pignons ainsi que les galets tendeur et de renvoi, en veillant ensuite à bien les sécher. Nettoyer également la culasse et le bloc-cylindres au niveau du passage de la courroie de distribution.

## *Contrôle*

**26** Examiner avec soin la courroie de distribution pour s'assurer qu'elle n'est pas fendue ni effilochée et ne présente pas de signes manifestes d'usure, notamment au niveau du bord d'attaque de ses crans. La changer dans le moindre doute sur son état. La courroie **doit** également être changée si elle a atteint l'échéance de remplacement prévue par le programme d'entretien périodique (voir chapitre 1A).

**27** Si la courroie est imprégnée d'huile, remplacer la ou les bagues d'étanchéité responsables de la fuite (voir section 7 ou 12).

**28** Nettoyer et dégraisser l'extrémité du vilebrequin et l'alésage du moyeu de la poulie ainsi que les faces d'appui du moyeu et du pignon, ce qui doit être effectué avec soin afin d'éviter tout glissement entre la distribution et le vilebrequin, ce qui entraînerait de sérieux dégâts du moteur.

## *Repose*

### Moteurs E7J et K7M

**29** Observer la courroie neuve qui comporte des flèches directionnelles ainsi que des traits de repère sur ses deux faces. Installer la courroie sur le pignon du vilebrequin de telle manière que l'un des traits de repère sur sa face intérieure se trouve en regard du repère de calage correspondant, en position « 6 heures » : c'est-à-dire à l'opposé de la rainure de clavette, sur la face de l'une des dents du pignon. Le second trait de repère de la courroie doit être positionné en vis-à-vis du repère de calage correspondant du pignon d'arbre à cames et de celui de référence fixe sur le couvre-culasse. Après avoir mis en prise la courroie sur le pignon du vilebrequin, l'engager, en tendant bien son brin, sur les pignons de pompe à eau et d'arbre à cames puis sur le galet tendeur **(voir illustrations)**.

**30** La courroie étant engagée à fond, débloquer l'écrou de fixation puis agir sur le galet tendeur dans le sens horaire pour tendre la courroie et

**info OUTIL** ***Pour réaliser un outil de bridage des arbres à cames, se procurer un morceau d'acier plat et le sectionner pour obtenir une longueur correspondant à la diagonale du plan gauche de la culasse. Se munir ensuite d'un second morceau d'acier plat d'une épaisseur appropriée permettant de l'insérer dans les fentes en bout d'arbres à cames. Sectionner ce second morceau pour obtenir deux parties et les percer de façon à pouvoir les assembler par vis sur le premier morceau à l'emplacement correct pour les engager dans les fentes des arbres à cames. Fixer une patte en équerre percée au préalable sur le premier morceau de sorte que l'outil puisse être vissé sur le trou taraudé dans la partie supérieure de la culasse***

5.29a Le premier trait de repère sur la face intérieure de la courroie de distribution est à aligner avec le repère de calage correspondant sur le pignon de vilebrequin

5.29b La courroie de distribution est également pourvue d'un trait de repère sur sa face extérieure

5.29c Trait de repère supérieur sur la face extérieure de la courroie de distribution aligné avec les repères de calage du pignon d'arbre à cames et de référence fixe du couvre-culasse

**5.30 Serrage de l'écrou de fixation du galet tendeur de courroie de distribution au couple prescrit**

rebloquer l'écrou **(voir illustration)**. La courroie dispose d'un tendeur mécanique dont le galet à excentrique doit être actionné manuellement pour tendre la courroie. Pour cela, faire levier au moyen d'un outil à ergots à engager dans les deux perçages sur le moyeu du galet. S'assurer du bon alignement des repères de calage.

**31** La tension de la courroie de distribution doit être ajustée précisément, ce qui nécessite un appareil électronique spécial : outil d'atelier Mot. 1273 (tensiomètre SEEM C. Tronic 105.6) ou Mot. 1505. A défaut, effectuer un réglage provisoire (voir méthode ci-dessous) puis faire contrôler le plus rapidement possible la courroie par un spécialiste disposant de l'équipement approprié. Ne pas accomplir de longs trajets ni pousser le moteur à haut régime tant que la tension de la courroie de distribution n'aura pas été correctement réglée. Un réglage approximatif de la tension peut être obtenu en vrillant sur lui-même de 90°, sous une pression modérée du pouce et de l'index, le brin de la courroie compris entre les pignons d'arbre à cames et de pompe à eau. Il est ensuite impératif de faire réajuster la tension de la courroie au moyen de l'appareil spécial.

**5.33 Serrage de la fixation de la poulie de vilebrequin suivant l'angle préconisé sur moteur K7M**

**32** Suite au réglage de tension de la courroie, l'écrou de fixation du galet tendeur est à bloquer au couple prescrit à l'aide d'une clé dynamométrique, afin de prévenir tout desserrage ultérieur qui entraînerait de sérieux dégâts du moteur.

**33** Remettre en place la poulie de vilebrequin avec son moyeu puis remonter la vis de fixation. Donner ensuite deux tours complets au vilebrequin dans le sens normal de rotation au moyen d'une clé plate ou à douille en prise sur la vis de fixation de la poulie puis revérifier le bon alignement des repères de calage. Serrer ensuite la vis de fixation de la poulie, en respectant les deux différentes phases indiquées dans les « *Caractéristiques* », tandis qu'un collaborateur assure le blocage du vilebrequin par la méthode décrite au cours de la dépose **(voir illustration)**.

**34** Reposer le carter de la courroie de distribution, en serrant bien ses fixations, ainsi que les supports droits du groupe motopropulseur, en se reportant à la section 13, puis dégager le cric rouleur du dessous de la voiture.

**35** Reposer la ou les courroies des accessoires, en effectuant leur réglage de tension, comme indiqué au chapitre 1A.

**36** Remettre en place la coquille pare-boue du passage de roue et éventuellement, le carénage de protection sous le moteur, puis descendre la voiture au sol et serrer les vis de la roue au couple prescrit.

**37** Rebrancher le câble de masse de la batterie.

## Moteurs K4J et K4M

**38** S'assurer que l'ergot au dos du galet tendeur soit correctement engagé dans la rainure.

**39** Vérifier que les arbres à cames et le piston du cylindre n° 1 se trouvent bien au PMH (voir section 3). Engager la courroie de distribution successivement sur le pignon de vilebrequin, le pignon de la pompe à eau, le galet de renvoi, les pignons d'arbres à cames et le galet tendeur. S'assurer que le brin de la courroie compris entre les pignons d'arbres à cames est bien tendu.

**40** Veiller à serrer la vis de fixation du galet de renvoi de la courroie au couple prescrit.

**41** La courroie étant engagée à fond sur les pignons, débloquer l'écrou de fixation puis agir sur le galet tendeur pour tendre la courroie. Pour cela, faire pivoter le galet à l'aide d'une clé Allen de 6 mm en prise sur l'empreinte de la patte de façon à décaler son index mobile de 7 à 8 mm sur la droite par rapport à l'index fixe puis serrer l'écrou de fixation du galet au couple de préserrage préconisé **(voir illustration)**. Vérifier que les arbres à cames et le vilebrequin se trouvent bien au PMH.

**42** Remonter la poulie de vilebrequin puis serrer sa vis en observant les deux différentes phases indiquées dans les « *Caractéristiques* ».

**43** Enlever l'outil de bridage des arbres à cames et la pige de calage au PMH puis donner deux tours au vilebrequin dans le sens horaire : avant la fin des deux tours, remonter la pige de calage et tourner le vilebrequin lentement et sans à-coups pour l'amener en appui sur la pige.

**44** Retirer la pige de calage au PMH puis desserrer d'un tour au maximum l'écrou de fixation du galet tendeur, en le retenant avec la clé Allen, puis agir sur le galet dans le sens anti-horaire pour faire coïncider les index mobile et fixe. Serrer ensuite l'écrou de fixation au couple définitif prescrit.

**45** Effectuer deux tours de vilebrequin dans le sens horaire, en remontant la pige pour s'assurer du calage de la distribution au PMH, puis vérifier que les index mobile et fixe du galet tendeur sont bien alignés, sinon l'opération de réglage de tension de la courroie est à reprendre depuis le début.

**46** Procéder à la repose des carters supérieur et inférieur de la courroie de distribution, en serrant bien leurs vis de fixation.

**47** Reposer le bouchon de l'orifice de contrôle du calage au PMH du bloc-cylindres, en le serrant convenablement.

**48** Monter deux bouchons neufs d'étanchéité des arbres à cames, côté gauche de la culasse. Des tampons spéciaux (outillage d'atelier) sont prévus

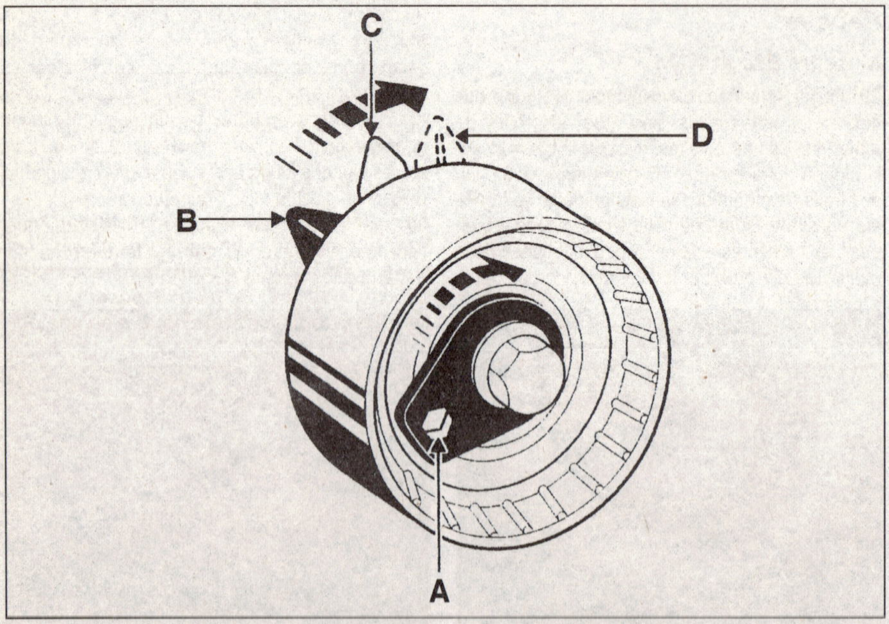


**5.41 Tension de la courroie de distribution**

*A* *Empreinte six pans de 6 mm sur la patte du galet tendeur*
*B* *Index mobile en position de repos*
*C* *Index fixe*
*D* *Index mobile décalé de 7 à 8 mm à droite de l'index fixe*

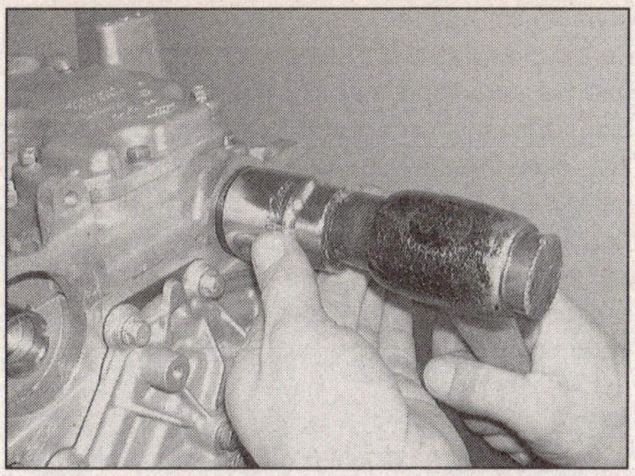

**5.48 Montage d'un bouchon d'étanchéité neuf d'arbre à cames**

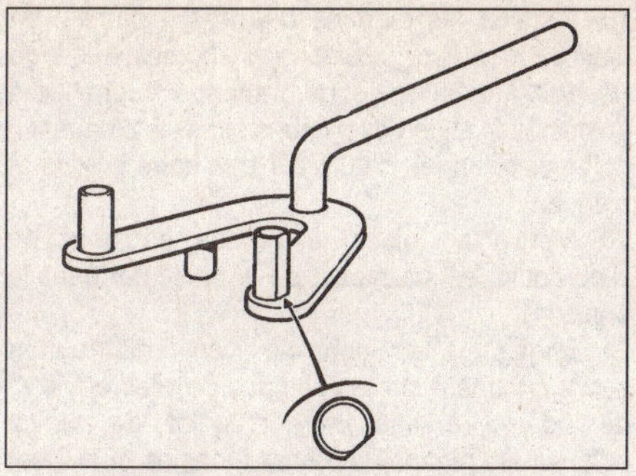

**6.2a Outil de maintien de pignon d'arbre à cames Mot. 799-01 . . .**

**6.2b . . . et son équivalent improvisé**

pour le montage des bouchons d'étanchéité. A défaut, emmancher les bouchons en les frappant par l'intermédiaire de douilles de diamètre approprié ou de cales de bois **(voir illustration)**.

**49** Effectuer la repose du boîtier de filtre à air et du boîtier résonateur, en se reportant au chapitre 4A pour ces opérations.

**50** Remettre en place les canalisations d'alimentation en carburant sur le carter inférieur de la courroie de distribution.

**51** Rebrancher le tuyau de prise de dépression sur la tubulure d'admission et ancrer le faisceau électrique au carter supérieur de la courroie de distribution. Reposer ensuite la patte de maintien, en serrant bien les vis de fixation puis rebrancher le faisceau et l'assujettir à la patte.

**52** Reposer le support supérieur droit du groupe motopropulseur, comme indiqué en section 13. Dégager ensuite le cric rouleur du dessous du carter d'huile.

**53** Effectuer la repose de la ou des courroies des accessoires puis procéder au réglage de leur tension, en se reportant au chapitre 1A pour ces opérations.

**54** Remettre en place la coquille pare-boue du passage de roue et éventuellement, le carénage de protection sous le moteur, puis descendre la voiture au sol et serrer les vis de la roue au couple prescrit.

**55** Rebrancher le câble de masse de la batterie.

**info OUTIL**

***Un extracteur pour la dépose du pignon de vilebrequin peut être réalisé à partir d'un morceau d'acier plat, de deux vis et de la vis de fixation de la poulie. En desserrant cette dernière, le pignon se trouvera arraché en bout de vilebrequin***

**6.2c Dépose de la vis de fixation du pignon d'arbre à cames**

**6.4 Dépose du pignon de vilebrequin**

## 6 Pignons et tendeur de courroie de distribution - dépose, contrôle et repose

### *Dépose*

### Moteurs E7J et K7M

**1** Procéder à la dépose de la courroie de distribution (voir section précédente).

**2** Immobiliser le pignon d'arbre à cames au moyen d'un outil réalisé à partir de deux morceaux d'acier plat assemblés par boulon pour former une fourche dont les extrémités des deux branches seront fixées par des boulons au niveau des perçages du pignon. Un outil d'atelier est également prévu pour cette opération. Débloquer la vis de fixation du pignon et l'enlever **(voir illustrations)**.

**3** Dégager le pignon en bout d'arbre à cames. A noter que le pignon comporte un ergot de positionnement sur sa face intérieure, venant s'engager dans la fente à l'extrémité de l'arbre à cames.

**4** Un extracteur peut être nécessaire pour dégager le pignon de vilebrequin. S'il s'agit d'un moteur de type E7J, récupérer la clavette demi-lune éventuellement prévue sur le vilebrequin, mais à signaler que certains pignons sont pourvus d'une clavette intégrée qui en est indissociable **(voir illustration)**.

**5** Desserrer puis enlever l'écrou de fixation avec sa rondelle et dégager le galet tendeur de l'axe sur le flasque d'étanchéité droit du vilebrequin **(voir illustrations)**.

### Moteurs K4J et K4M

***Attention : Les pignons de distribution ne sont pas clavetés sur les arbres à cames ni sur le vilebrequin. Pour procéder à leur dépose, s'assurer de bien disposer de l'outillage indispensable pour le calage du***



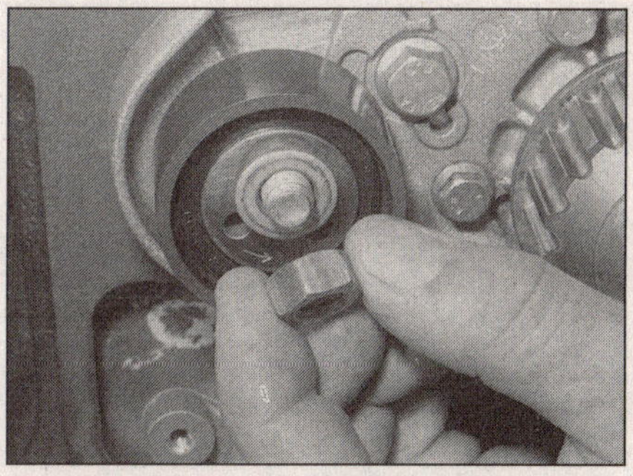

**6.5a Dépose de l'écrou de fixation . . .**

**6.5b . . . et du galet tendeur de courroie de distribution**

***moteur et de la distribution au PMH compression du piston de cylindre nº 1 (voir section 3)***

**6** Effectuer la dépose de la courroie de distribution (voir section précédente).

**7** Dégager le pignon en bout de vilebrequin, en repérant bien son sens de montage.

**8** Immobiliser les pignons d'arbre à cames. Un outil d'atelier (Mot. 1490) est prévu à cet effet. A défaut, un équivalent peut être réalisé au moyen d'une plaquette métallique à fixer sur la culasse à l'aide des vis du carter supérieur de la courroie de distribution. Débloquer et enlever les écrous de fixation puis dégager les pignons en bout d'arbres à cames.

**9** Pour procéder à la dépose du galet tendeur, desserrer son écrou de fixation et le dégager de l'axe sur le couvercle de la pompe à eau. A noter la présence d'une rainure sur le couvercle de la pompe à eau, destinée à recevoir la patte du galet.

**10** Pour effectuer la dépose du galet de renvoi, desserrer sa vis de fixation et le dégager de la culasse.

### *Contrôle*

**11** Ausculter les dents des pignons, y compris celui de la pompe à eau, pour s'assurer qu'elle ne sont pas entaillées ni autrement endommagées. Les dents des pignons ne sont normalement pas sujettes à usure et doivent normalement durer aussi longtemps que le moteur.

**12** Faire tourner le galet tendeur et éventuellement celui de renvoi à la main pour s'assurer de leur libre rotation, sans points durs. Pour leur nettoyage, ne pas utiliser de solvant-dégraissant qui risquerait de s'imprégner dans les roulements. **Nota :** *Le constructeur préconise de remplacer systématiquement le galet tendeur ainsi que le cas échéant celui de renvoi, en même temps que la courroie de distribution.*

### *Repose*

#### Moteurs E7J et K7M

**13** Installer le galet tendeur sur son axe au niveau du flasque d'étanchéité droit du vilebrequin puis remonter son écrou de fixation, sans le bloquer à ce stade.

**14** Monter le pignon sur le vilebrequin, en engageant sa clavette dans la rainure. Frapper au besoin le pignon par l'intermédiaire d'un poussoir tubulaire pour bien l'emmancher.

**15** Mettre en place le pignon en bout d'arbres à cames, en veillant à ce que son ergot de positionnement s'engage convenablement dans la fente sur l'arbre puis monter sa vis de fixation à serrer au couple prescrit, tout en retenant le pignon par la méthode indiquée à la dépose, au point 2.

**16** Monter une courroie de distribution neuve, comme décrit en section précédente.

#### Moteurs K4J et K4M

**17** Installer le galet de renvoi sur la culasse puis monter sa vis de fixation à serrer au couple préconisé.

**18** Monter le galet tendeur sur son axe, en s'assurant d'engager sa patte dans la rainure sur le couvercle de la pompe à eau, puis remonter l'écrou de fixation sans la bloquer à ce stade.

**19** Installer les pignons d'arbres à cames, en disposant en haut (position « 12 heures ») le logo Renault gravé sur leurs branches. Monter les écrous de fixation des pignons sans les bloquer : il doit exister un jeu de 0,5 à 1 mm entre écrous et pignons.

**20** Mettre en place le pignon en bout de vilebrequin, en s'assurant de le présenter dans le bon sens.

**21** Engager la courroie de distribution successivement sur les pignons de vilebrequin et de pompe à eau, sur le galet de renvoi puis sur les pignons d'arbres à cames et le galet tendeur.

**22** La courroie étant bien en prise sur les pignons, effectuer son réglage de tension. Pour cela, faire pivoter le galet tendeur à l'aide d'une clé Allen de 6 mm en prise sur l'empreinte de la patte de façon à décaler son index mobile de 7 à 8 mm sur la droite par rapport à l'index fixe puis serrer l'écrou de fixation du galet au couple de préserrage préconisé.

**23** Remonter la poulie de vilebrequin puis serrer sa vis en observant les deux différentes phases indiquées dans les « *Caractéristiques* ».

**24** Vérifier que le vilebrequin se trouve bien au PMH, en appui sur la pige de calage, et s'assurer que les deux arbres à cames sont bien bloqués avec l'outil de bridage engagé dans leurs fentes, côté gauche de la culasse.

**25** Immobiliser les pignons d'arbres à cames pour procéder au serrage de leur écrou de fixation aux deux différentes phases prescrites. Utiliser l'outil d'atelier (Mot. 1490) prévu à cet effet ou à défaut l'équivalent réalisé pour la dépose des pignons. Il est impératif de ne pas faire bouger les arbres à cames et le vilebrequin au cours du serrage des écrous.

**26** Enlever l'outil de bridage des arbres à cames et la pige de calage au PMH puis donner deux tours au vilebrequin dans le sens horaire : avant la fin des deux tours, remonter la pige de calage et tourner le vilebrequin lentement et sans à-coups pour l'amener en appui sur la pige.

**27** Retirer la pige de calage au PMH puis desserrer d'un tour au maximum l'écrou de fixation du galet tendeur, en le retenant avec la clé Allen, puis agir sur le galet dans le sens anti-horaire pour faire coïncider les index mobile et fixe. Serrer ensuite la vis de fixation au couple définitif prescrit.

**28** Effectuer deux tours de vilebrequin dans le sens horaire, en remontant la pige pour s'assurer du calage de la distribution au PMH, puis vérifier que les index mobile et fixe du galet tendeur sont bien alignés, sinon il y aura lieu de redesserrer les écrous de fixation des pignons d'arbres à cames et de reprendre l'opération de tension de la courroie depuis le début.

**29** Procéder ensuite comme décrit en section précédente, dans le cadre de la repose de la courroie de distribution.

## 7 Bague(s) d'étanchéité d'arbre(s) à cames - remplacement

**1** Déposer le pignon d'arbre à cames concerné (voir section précédente).

**2** Repérer au préalable sa position de montage puis dégager la bague d'étanchéité de son logement dans la culasse à l'aide d'un petit tournevis à lame plate.

**3** Nettoyer le logement de la bague d'étanchéité dans la culasse.

**4** Lubrifier le pourtour extérieur et la lèvre de la bague d'étanchéité neuve à l'huile moteur propre et la mettre en place dans le logement de la culasse. Enfoncer la bague d'étanchéité, en la frappant au moyen d'un poussoir tubulaire, genre douille, d'un diamètre légèrement inférieur à l'alésage du logement dans la culasse **(voir illustrations)**. Veiller à monter la bague d'étanchéité dans le bon sens, c'est-à-dire avec sa lèvre côté intérieur et à ne pas la présenter de travers dans le logement.

**5** Procéder à la repose du pignon d'arbre à cames, comme indiqué en section précédente.

## 8 Arbre(s) à cames - dépose, contrôle et repose

### *Moteurs E7J et K7M*

#### Dépose

**1** Procéder à la dépose de la culasse (voir section suivante) puis la poser sur un établi.

**2** Desserrer progressivement les vis de fixation de la rampe de culbuteurs : veiller à bien repérer la position respective de montage des vis **(voir**

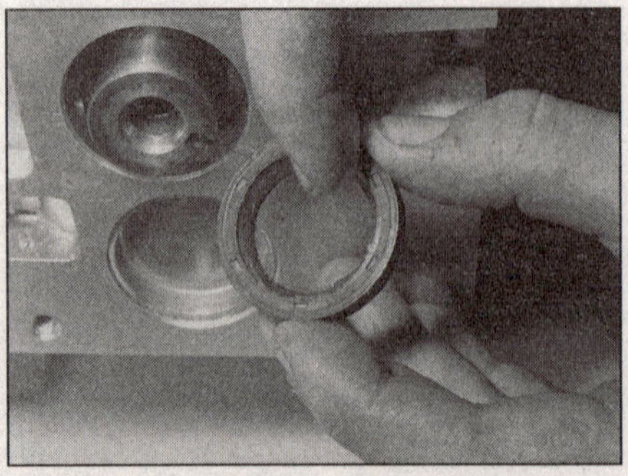

**7.4a Lubrifier la bague d'étanchéité neuve . . .**

**7.4b . . . avant de la monter dans son logement de la culasse en l'enfonçant avec une douille**

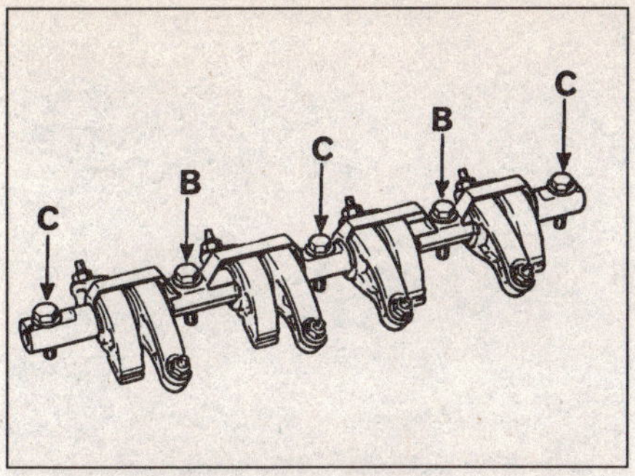


**8.2a Identification des vis de fixation de la rampe de culbuteurs**

*Moteurs E7J :*
*B Vis pleines, têtes jaunes*
*C Vis creuses, têtes noires*
*Moteurs K7M :*
*B Vis creuses, M8 x 28,7 mm*
*C Vis creuses, M8 x 28,7 mm*

**8.2b Desserrer ses vis de fixation . . .**

**8.2c . . . et dégager la rampe de culbuteurs**

**illustration)**. Enlever les vis et dégager la rampe de culbuteurs de la culasse avec les brides **(voir illustrations)**. Veiller à bien repérer le perçage dans la rampe, côté distribution, servant de repère de montage.

**3** Immobiliser l'arbre à cames au moyen d'une clé plate en prise sur ses méplats ou d'un outil à fourche fixé au niveau de ses perçages.

**4** Desserrer et enlever sa vis de fixation puis dégager le pignon en bout d'arbre à cames. Extraire ensuite la bague d'étanchéité.

**5** Desserrer ses vis de fixation et dégager l'obturateur avec le joint, côté gauche de la culasse **(voir illustrations)**.

**6** A l'aide d'un comparateur, vérifier que le jeu longitudinal à l'arbre à cames est conforme à la valeur de référence indiquée dans les « *Caractéristiques* » : un jeu excessif indiquera une usure de la cale de butée axiale ou de l'arbre lui-même qui sera à changer.

**7** Desserrer ses deux vis de fixation et dégager la cale de butée axiale de l'arbre à cames **(voir illustrations)**.

**8** Sortir l'arbre à cames par le côté distribution de la culasse, en prenant garde de ne pas endommager ses portées **(voir illustration)**.

## Contrôle

**9** Vérifier l'état de surface des tourillons et des bossages de l'arbre à cames pour s'assurer de l'absence d'arrachement de métal, de piqûres ou de rayures. Ausculter également l'axe des culbuteurs pour déceler d'éventuels signes d'usure. Démonter si nécessaire la rampe de culbuteurs pour le contrôle de ses pièces **(voir illustration)**. Remplacer toute pièce manifestement usée ou détériorée.

**10** Contrôler l'état des paliers dans la culasse. En cas d'usure exagérée des paliers, la culasse est à changer.

## Repose

**11** Lubrifier à l'huile les paliers dans la culasse et les tourillons puis installer l'arbre à cames.

**12** Remettre en place la cale de butée axiale de l'arbre à cames puis remonter ses vis de fixation en les serrant convenablement.

**13** Contrôler le jeu longitudinal à l'arbre à cames, comme indiqué précédemment au point 6.

**14** Reposer l'obturateur côté gauche de la culasse, équipé d'un joint neuf, en serrant bien ses vis de fixation.

**15** Munir l'arbre à cames d'une bague d'étanchéité neuve, comme décrit en section précédente.

**16** Réinstaller le pignon d'arbre à cames, en

**8.5a Desserrer ses vis de fixation . . .**

**8.5b . . . et dégager l'obturateur côté gauche de la culasse**

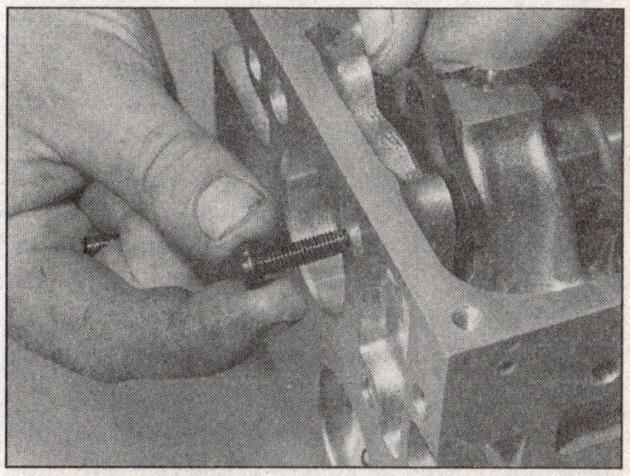

**8.7a Desserrer ses vis de fixation . . .**

**8.7b . . . et dégager la cale de butée axiale de l'arbre à cames**

**8.8 Dépose de l'arbre à cames**

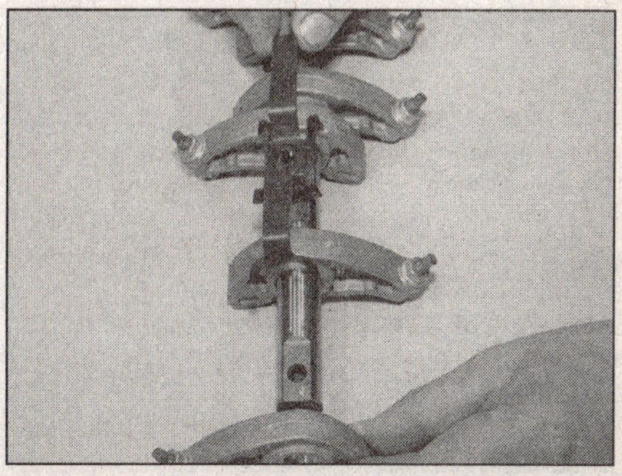

**8.9 Démontage de la rampe de culbuteurs : veiller à conserver les pièces dans le bon ordre**

veillant à bien engager son ergot de centrage dans le cran correspondant à l'extrémité de l'arbre. Bloquer l'arbre pour empêcher sa rotation par la méthode indiquée lors de la dépose puis monter la vis de fixation du pignon à serrer au couple préconisé.

**17** Procéder à la repose de la rampe de culbuteurs équipée des brides ; veiller à bien orienter cette rampe avec son perçage côté distribution. Lubrifier à l'huile moteur propre les vis de fixation, au niveau de leur filetage et de la surface de contact de leur tête, puis les monter, en veillant à respecter leur position de montage d'origine. Serrer les vis de fixation au couple prescrit **(voir illustration)**.

**18** Effectuer la repose de la culasse, comme indiqué en section suivante.

## Moteurs K4J et K4M

### Dépose

**19** Débrancher le câble de masse (-) de la batterie (voir « *Débranchement de la batterie* » à la partie « *Références* » en fin de manuel).

**20** Déposer la courroie de distribution (voir section 5).

**21** Déposer les pignons d'arbres à cames (voir section 6).

**22** Désaccoupler le câble d'accélérateur au niveau du boîtier de papillon (voir chapitre 4A).

**23** Débrancher les durits d'arrivée et de retour de carburant au niveau de la rampe d'alimentation (voir chapitre 4A).

**24** Déposer l'écran de protection des injecteurs et de la rampe d'alimentation, débrancher les connexions électriques des injecteurs et des bobines d'allumage puis écarter le faisceau sur le côté.

**25** Desserrer ses vis de fixation et déposer le répartiteur d'air de la tubulure d'admission. Pour cela, desserrer ses écrous de fixation et écarter sur le côté le vase d'expansion du circuit de refroidissement.

**26** Dévisser puis dissocier le pot catalytique du collecteur et l'attacher à la ligne d'échappement.

**27** Déposer le boîtier de papillon (voir chapitre 4A).

**28** Débrancher le connecteur électrique de la sonde lambda.

**29** Dévisser et déposer la patte-support du collecteur d'échappement et la patte de levage du moteur.

**30** Débrancher le tuyau de prise de dépression au niveau de la tubulure d'admission.

**8.17 Serrage des vis de fixation de la rampe de culbuteurs au couple prescrit**

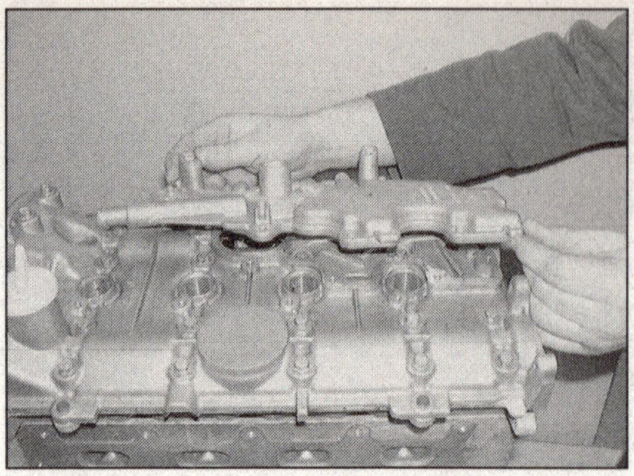

**8.33 Dépose du boîtier de décanteur d'huile**

**31** Dévisser et déposer la tubulure d'admission.

**32** Procéder à la dépose des quatre bobines d'allumage (voir chapitre 5B).

**33** Desserrer ses huit vis de fixation et déposer le boîtier de décanteur d'huile **(voir illustration)**

**34** Desserrer progressivement et enlever ses vis d'assemblage puis décoller le couvre-culasse/carter-chapeaux de paliers d'arbres à cames en le frappant au niveau des bossages, de chaque côté à la partie arrière, à l'aide d'un maillet en cuivre et en faisant levier avec un tournevis au niveau des deux bossages à l'avant. Soulever ensuite le couvre-culasse/carter-chapeaux de paliers bien verticalement pour le dégager de la culasse **(voir illustration)**. Les arbres à cames risquent de remonter légèrement sous la pression des ressorts de soupapes : veiller à ce qu'ils ne basculent pas, ce qui entraverait la dépose du couvre-culasse/carter-chapeaux de paliers.

**35** S'assurer de bien repérer la position de chacun des arbres à cames au PMH, puis les dégager avec précaution de la culasse. L'arbre à cames d'admission doit normalement être identifié par l'inscription « AM » et celui d'échappement par l'inscription « EM ». Si ces inscriptions ne sont plus visibles, identifier les arbres à cames par une touche de peinture. Récupérer les bagues d'étanchéité sur les arbres à cames, en repérant bien leur position de montage.

**36** Se procurer une boîte pourvue de 16 cases séparées à numéroter puis déposer les linguets de commande des soupapes et les ranger dans leur case respective **(voir illustration)**.

**37** Prévoir également un bac métallique, également à 16 cases numérotées, à remplir d'huile moteur propre. Extraire avec précaution chacun des poussoirs hydrauliques de son alésage dans la culasse et le ranger dans la case correspondante, en veillant à ce qu'il soit complètement immergé dans l'huile **(voir illustration)**.

### Contrôle

**38** Examiner l'état de surface des tourillons et des bossages des arbres à cames qui ne doivent pas présenter de rayures ni d'arrachement de métal ou tout autre signe manifeste d'usure.

**39** Si les arbres à cames sont dans un état satisfaisant, mesurer le diamètre de leurs tourillons à l'aide d'un palmer et comparer les valeurs obtenues à celles de référence indiquées dans les « *Caractéristiques* ». En cas de valeurs non conformes, consulter les services techniques d'un concessionnaire Renault ou un spécialiste de la réfection des moteurs. Une usure des tourillons s'accompagnera presque inévitablement d'une usure des paliers dans la culasse, ce qui impliquera son remplacement ainsi que celui du couvre-culasse/carter-chapeaux de paliers et des arbres à cames.

**40** Ausculter les linguets et les poussoirs hydrauliques pour s'assurer qu'ils ne sont pas rayés, fissurés ni autrement marqués. Vérifier également l'état des alésages de poussoirs dans la culasse. Comme pour les paliers d'arbres à cames, une usure à ce niveau nécessitera le remplacement de la culasse.

### Repose

**41** Débarrasser soigneusement les plans d'assemblage de la culasse et du couvre-culasse/carter-chapeaux de paliers d'arbres à cames des résidus de fluide d'étanchéité.

**42** Afin d'éviter que les soupapes ne viennent heurter les pistons lors de la repose des arbres à

**8.34 Dépose du couvre-culasse/carter-chapeaux de paliers d'arbres à cames**

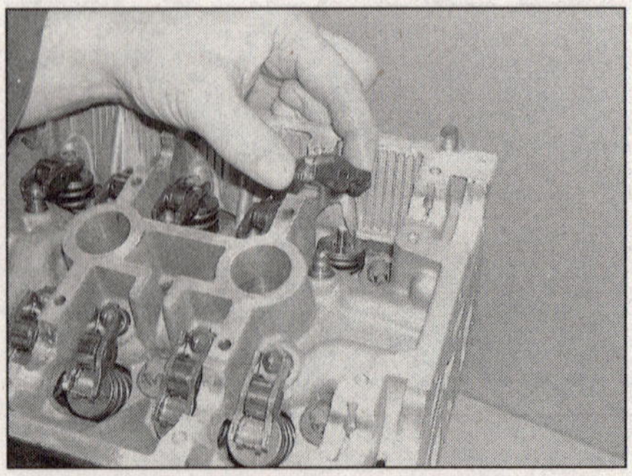

**8.36 Dépose d'un linguet de commande de soupape**

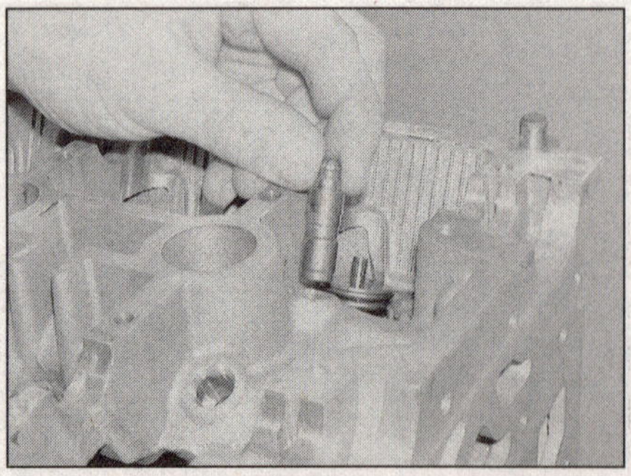

**8.37 Dépose d'un poussoir hydraulique de soupape**

8.47a Repose d'un arbre à cames

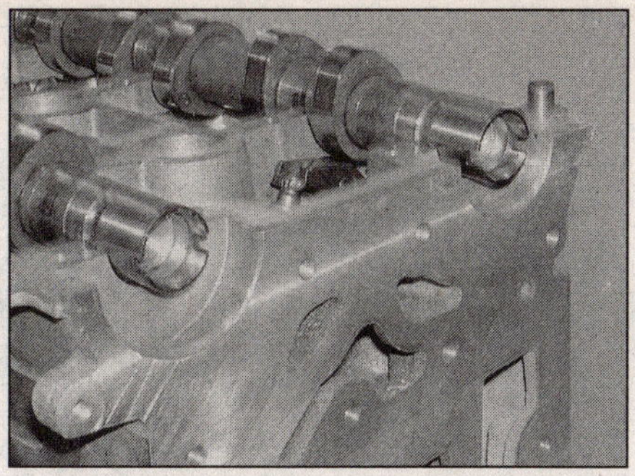

8.47b Les arbres à cames doivent être positionnés de telle façon que leurs fentes, côté gauche, se trouvent à l'horizontale

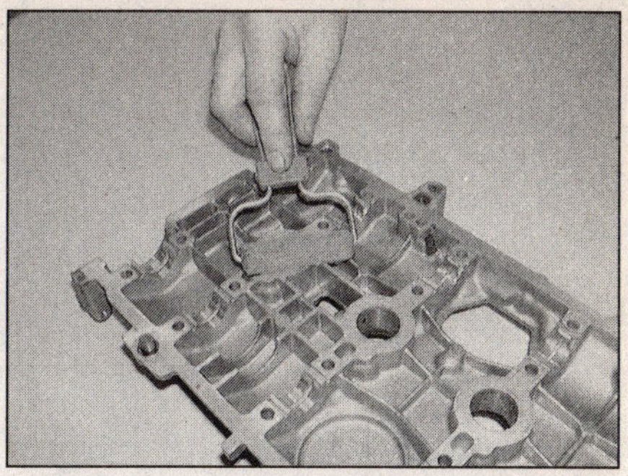

8.48 Application de fluide d'étanchéité « Loctite 518 » sur le plan d'assemblage du couvre-culasse/carter-chapeaux de paliers d'arbres à cames avec un rouleau

cames, enlever la pige de calage au PMH (voir section 3) et tourner le vilebrequin d'un quart de tour dans le sens horaire.

**43** Lubrifier abondamment les alésages de poussoirs dans la culasse à l'huile moteur propre.

**44** Avant de procéder à la repose de chacun des poussoirs, le sortir de sa case de rangement et le poser dans le bon sens sur un établi puis appuyer du pouce sur son sommet (piston d'arrêt). S'il est possible d'enfoncer le piston d'arrêt, le poussoir doit alors être amorcé en le mettant dans un récipient contenant du gazole.

**45** Installer les poussoirs en veillant à respecter leur emplacement d'origine dans la culasse.

**46** Monter les linguets sur les poussoirs et queues de soupapes correspondants.

**47** Lubrifier à l'huile moteur leurs tourillons et leurs paliers dans la culasse puis installer les arbres à cames dans leur emplacement respectif sur la culasse et dans la position correspondant au PMH : les fentes à leur extrémité gauche doivent se trouver à l'horizontale **(voir illustrations)**.

**48** S'assurer que les plans d'assemblage de la culasse et du couvre-culasse/carter-chapeaux de paliers d'arbres à cames sont parfaitement propres et dégraissés. Etaler ensuite à l'aide d'un rouleau applicateur une couche uniforme de fluide d'étanchéité « Loctite 518 » ou équivalent, sur le plan d'assemblage du couvre-culasse/carter-chapeaux de paliers **(voir illustration)**. Vérifier que le plan est entièrement recouvert d'un enduit de couleur rouge-brun.

**49** Présenter le couvre-culasse/carter-chapeaux de paliers d'arbres à cames sur la culasse puis monter les vis d'assemblage à serrer dans l'ordre prescrit, en respectant les différentes phases indiquées dans les « *Caractéristiques* » et procédant progressivement **(voir illustration)**. Vérifier que les arbres à cames sont correctement

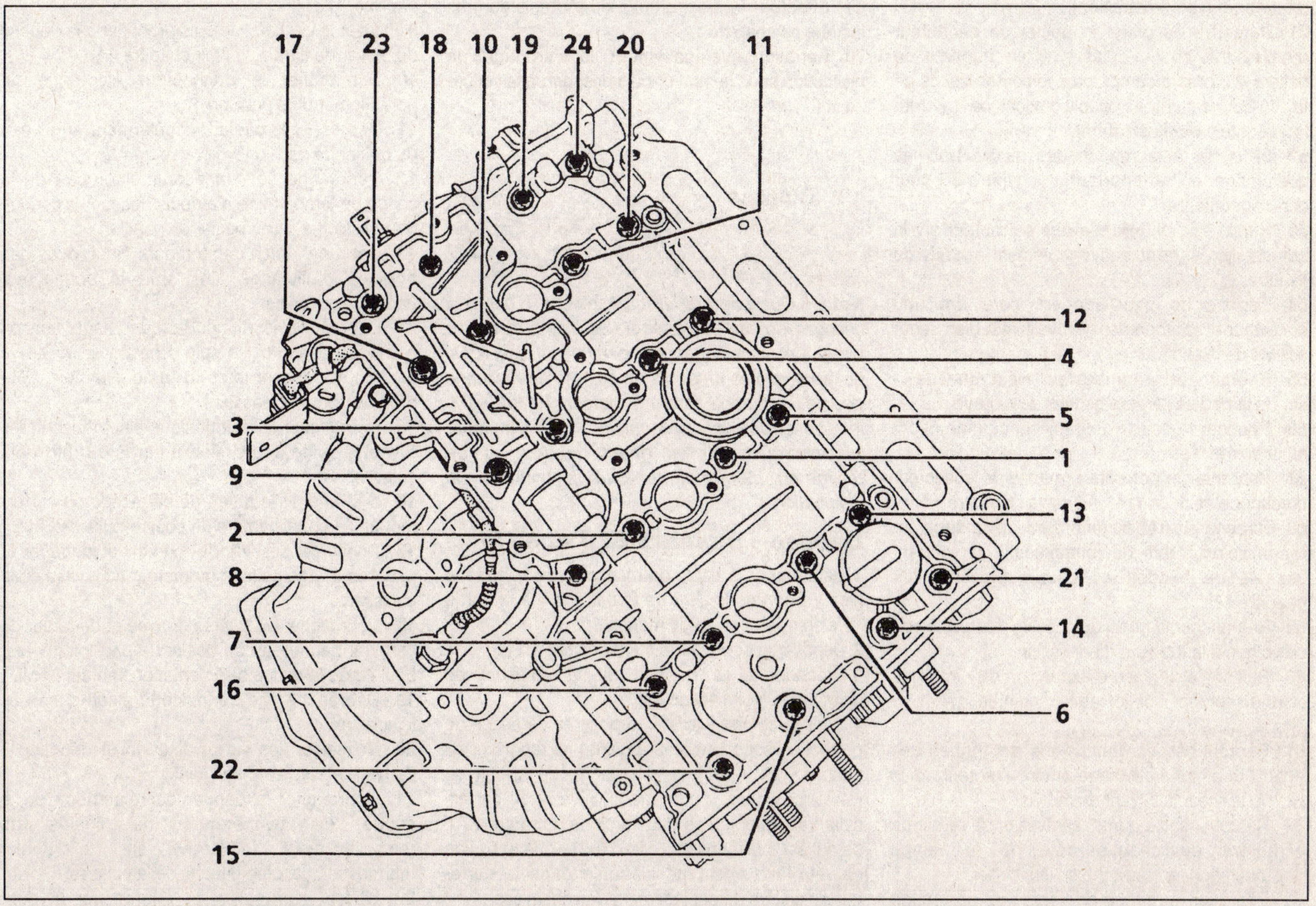


8.49 Identification des vis d'assemblage du couvre-culasse/carter-chapeaux de paliers d'arbres à cames

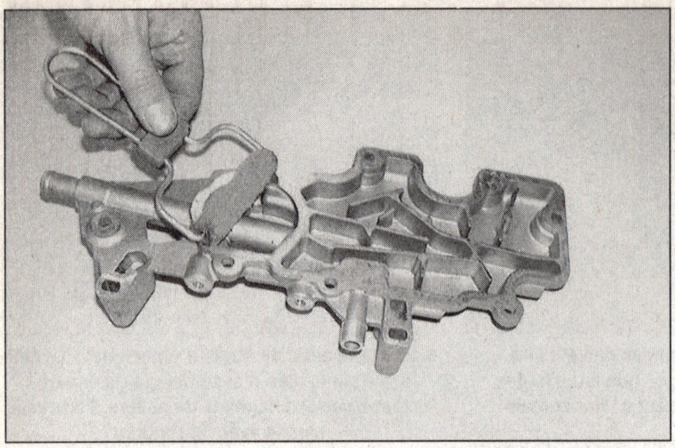

**8.50 Application de fluide d'étanchéité « Loctite 518 » sur le plan d'assemblage du boîtier de décanteur d'huile avec un rouleau**

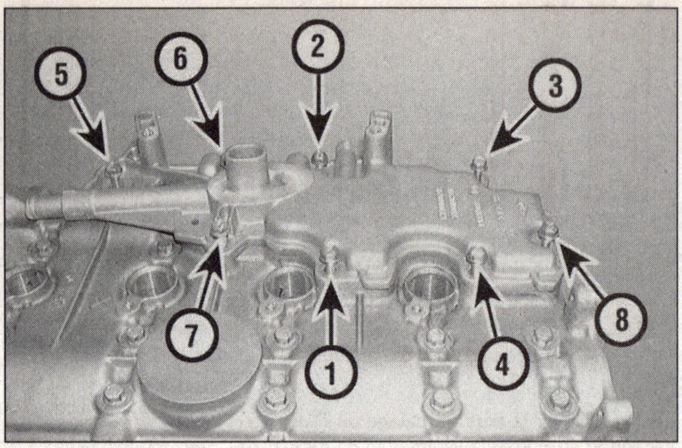


**8.51 Ordre de serrage des vis de fixation du boîtier de décanteur d'huile**

installés sur les linguets et dans le couvre-culasse/carter-chapeaux de paliers.

**50** S'assurer que les plans d'assemblage du boîtier de décanteur d'huile et du couvre-culasse/carter-chapeaux de paliers d'arbres à cames sont parfaitement propres et dégraissés puis étaler en se servant d'un rouleau applicateur une couche de fluide d'étanchéité « Loctite 518 » ou équivalent sur le plan du boîtier de décanteur d'huile, jusqu'à obtention d'un enduit uniforme rouge-brun **(voir illustration)**.

**51** Remettre en place le boîtier de décanteur d'huile sur le couvre-culasse/carter-chapeaux de paliers d'arbres à cames puis remonter les vis de fixation et les serrer au couple prescrit, dans l'ordre représenté **(voir illustration)**.

**52** Procéder à la repose des quatre bobines d'allumage, en se reportant au chapitre 5B pour cette opération.

**53** Reposer la patte de levage du moteur sur la culasse, en serrant convenablement ses vis de fixation.

**54** Reposer la patte-support, côté droit du collecteur d'échappement, en veillant à bien serrer ses vis de fixation.

**55** Rebrancher le connecteur électrique de la sonde lambda à l'arrière gauche du moteur.

**56** Reposer le boîtier de papillon, comme décrit au chapitre 4A.

**57** Remonter le pot catalytique sur le collecteur d'échappement, comme indiqué au chapitre 4A.

**58** Reposer le répartiteur d'air de la tubulure d'admission, muni de joints neufs, en serrant ses vis de fixation au couple prescrit (voir chapitre 4A).

**59** Rebrancher le tuyau de prise de dépression du servofrein à la tubulure d'admission.

**60** Réinstaller le vase d'expansion du circuit de refroidissement sur le tablier, comme décrit au chapitre 3.

**61** Rebrancher les connexions électriques des quatre bobines d'allumage et des injecteurs puis fixer le faisceau à l'avant du moteur.

**62** Rebrancher les durits d'arrivée et de retour de carburant de chaque côté de la rampe d'alimentation, en serrant bien leur collier.

**63** Effectuer la repose de l'écran de protection des injecteurs et de la rampe d'alimentation.

**64** Réaccoupler le câble d'accélérateur au boîtier de papillon, en se reportant au chapitre 4A pour cette opération.

**65** Reposer les pignons d'arbres à cames, comme indiqué en section 6.

**66** Monter la courroie de distribution neuve, comme décrit en section 5.

**67** Dégager le cric rouleur du dessus du carter d'huile.

**68** Rebrancher le câble de masse de la batterie.

**69** Effectuer le plein d'huile du moteur, comme indiqué au chapitre 1A.

**70** Reposer éventuellement le carénage de protection sous le moteur puis descendre la voiture au sol.

## 9 Culasse - dépose, contrôle et repose

**Nota :** *Outre les différentes pièces d'usure à changer, prévoir une courroie de distribution, des joints de culasse et de couvre-culasse ainsi qu'éventuellement des vis de culasse de rechange pour le remontage. Pour les moteurs K4J et K4M, le constructeur préconise de remplacer systématiquement les galets tendeur et de renvoi en même temps que la courroie de distribution.*

### *Dépose - moteurs E7J et K7M*

**1** Débrancher le câble de masse (-) de la batterie (voir « *Débranchement de la batterie* » à la partie « *Références* » en fin de manuel).

**2** Déposer le capot moteur (voir chapitre 11).

**3** Procéder à la dépose de la courroie de distribution (voir section 5).

**4** Dans le cas où il existe, déposer le carénage de protection sous le moteur puis en se reportant au chapitre 1A, effectuer la vidange du circuit de refroidissement, y compris au niveau du carter-cylindres dans le cas des versions à moteur E7J, ce qui est indispensable afin d'éviter que le liquide de refroidissement ne s'écoule dans le carter d'huile en cas de déplacement des chemises.

**5** Vidanger le moteur (voir chapitre 1A).

**6** Dans le cas des modèles climatisés, installer un cric rouleur avec une grande cale de bois interposée sur sa tête en dessous du carter d'huile puis l'actionner pour tout juste reprendre le poids du moteur.

**7** Débrancher le connecteur électrique du capteur de pression d'air d'admission et son tuyau de prise de dépression raccordé à la tubulure d'admission.

**8** Débrancher le connecteur électrique du moteur de régulation de ralenti au niveau du boîtier de papillon.

**9** Enlever le cache-style puis procéder à la dépose du boîtier de filtre à air (voir chapitre 4A).

**10** Débrancher le connecteur électrique du potentiomètre de papillon.

**11** Décrocher le câble d'accélérateur au niveau du boîtier de papillon (voir chapitre 4A).

**12** Débrancher le connecteur électrique de la sonde de température d'air puis dégager le conduit d'admission d'air du boîtier de papillon.

**13** Débrancher les connecteurs électriques des bobines d'allumage ainsi que le connecteur derrière les bobines.

**14** Débrancher les fils du faisceau haute tension au niveau des bougies puis desserrer leurs vis de fixation et déposer les bobines d'allumage, côté droit du couvre-culasse.

**15** Débrancher les connexions électriques et les tuyauteries de dépression à l'arrière droit de la culasse.

**16** Débrancher le tuyau de dégazage du carter-moteur à la partie arrière du couvre-culasse.

**17** Desserrer ses vis de fixation et dégager la patte de levage gauche du moteur au niveau de la culasse.

**18** Débrancher les durits d'arrivée et de retour de carburant au niveau du boîtier de papillon (moteur E7J) ou de la rampe d'alimentation (moteur K7M).

**19** Débrancher les connexions électriques des injecteurs.

**20** Desserrer ses vis de fixation et déposer le couvre-culasse avec son joint.

**21** Débrancher le connecteur électrique de la sonde de température de liquide de refroidissement implantée sur le boîtier thermostatique, côté gauche de la culasse.

**22** Libérer leur collier et débrancher la durit supérieure du radiateur, ainsi que celles de

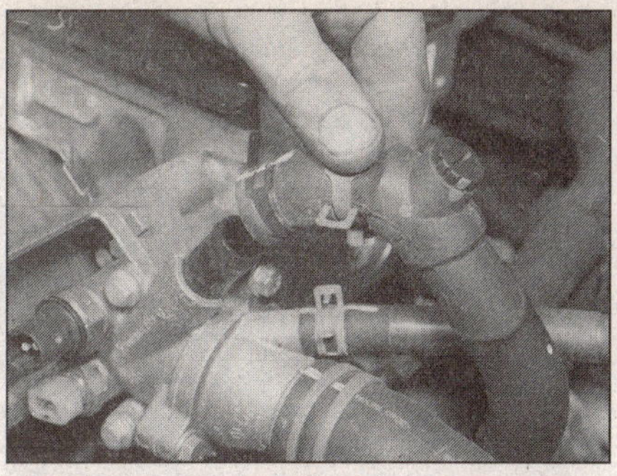

**9.22 Débranchement d'une durit de chauffage au niveau du boîtier thermostatique**

**9.39a Dépose d'une vis de fixation creuse (pour le passage d'huile) de la rampe de culbuteurs**

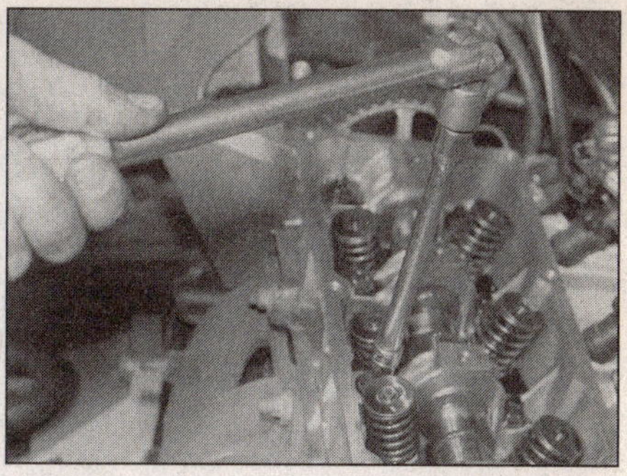

**9.39b Desserrage d'une vis de culasse**

chauffage et d'expansion sur le boîtier thermostatique **(voir illustration)**.

**23** Desserrer ses écrous de fixation et dégager l'écran thermique du collecteur d'échappement puis dévisser et dissocier le tube avant d'échappement avec le pot catalytique du collecteur (voir chapitre 4A).

## Sans climatisation

**24** Procéder à la dépose de l'alternateur (voir chapitre 5A).

**25** Déposer la fixation du pressostat d'assistance de direction, côté droit du bloc/carter-cylindres, puis débrancher le connecteur électrique du pressostat au niveau de la pompe.

**26** Desserrer ses vis de fixation, côté droit du bloc/carter-cylindres, puis écarter la pompe de direction assistée sur le côté.

**27** Desserrer ses vis de fixation et dégager le support d'accessoires sur le côté.

## Avec climatisation

**28** Déposer la calandre (voir chapitre 11).

**29** Procéder à la dépose du bouclier pare-chocs avant (voir chapitre 11). Cette opération implique la dépose préalable de la coquille pare-boue avant gauche.

**30** Enlever ses quatre vis de fixation supérieures puis desserrer sans les enlever les deux vis de fixation inférieures et dégager la traverse supérieure avant, sans désaccoupler le câble de déverrouillage du capot, et la poser sur le moteur.

**31** En se reportant au chapitre 10 pour cette opération, desserrer ses vis de fixation puis écarter la pompe de direction assistée et l'attacher sur le côté.

**32** Desserrer ses vis de fixation, côté droit du bloc/carter-cylindres, puis dégager le compresseur de climatisation et l'attacher à l'écart. Ne pas débrancher les canalisations du circuit frigorifique.

**33** Desserrer ses vis de fixation puis écarter le support d'accessoires sur le côté.

**34** Dévisser et dégager le support droit au niveau de la culasse.

## Tous types

**35** Déposer les bougies (voir chapitre 1A).

**36** Dévisser la patte-support de la tubulure d'admission côté droit de la culasse.

**37** Desserrer la vis de fixation supérieure du tube de guidage de la jauge de niveau d'huile moteur, côté droit de la culasse.

**38** Dégrafer le faisceau électrique, côté droit de la culasse.

**39** Desserrer les vis de fixation et dégager la rampe de culbuteurs de la culasse avec les brides. Sur les moteurs E7J, en opérant dans l'ordre **inverse** de celui indiqué sur l'illustration 9.82a, desserrer progressivement, d'un demi-tour à la fois, les vis de culasse et les enlever, **sauf** celle à l'avant droit de la culasse à desserrer de deux ou trois tours **(voir illustrations)**. Sur les moteurs K7M, en procédant dans l'ordre **inverse** de celui indiqué sur la figure 9.82a, desserrer progressivement les vis de culasse d'un demi-tour à la fois jusqu'à ce qu'elles puissent être enlevées à la main.

**40** Décoller ensuite le plan de joint de la culasse du bloc/carter-cylindres. Dans le cas des moteurs E7J, il est impératif de ne pas soulever ni faire bouger les chemises en déposant la culasse. Pour cela, tirer le côté gauche de la culasse vers l'avant de façon à la faire pivoter autour de la vis restée en place puis ramener la culasse dans sa position initiale. Si ces précautions ne sont pas prises, les chemises risquent de se déplacer et leur joint torique d'embase de bouger, ce qui se traduirait ultérieurement par une mauvaise étanchéité suite à la repose de la culasse.

**41** Enlever la vis laissée en place (moteurs E7J) et soulever la culasse pour la dégager du bloc/carter-cylindres puis récupérer le joint. A noter la présence d'une douille de centrage à l'avant droit du bloc/carter-cylindres **(voir illustrations)**. Sur tous les moteurs, mettre au rebut toutes les vis de culasse.

**42** Désassembler la tubulure d'admission et le collecteur d'échappement de la culasse (voir chapitre 4A).

**43** A signaler que pour les moteurs E7J, le vilebrequin ne doit pas être tourné après la dépose de la culasse, au risque de faire bouger les chemises. S'il est toutefois nécessaire de tourner le vilebrequin, notamment pour effectuer le décalaminage de la calotte des pistons, assujettir les chemises avec des vis munies de rondelles ou réaliser des brides de maintien à partir de morceaux d'acier plat fixés par des vis sur le carter-cylindres **(voir illustration)**.

**9.39c Dépose d'une vis de culasse**

**9.41a Dépose de la culasse**

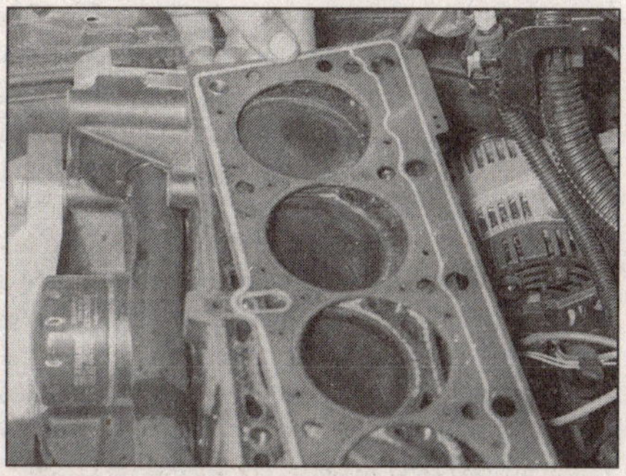

**9.41b Dépose du joint de culasse**

**9.43 Brides de maintien de chemises - moteur E7J**

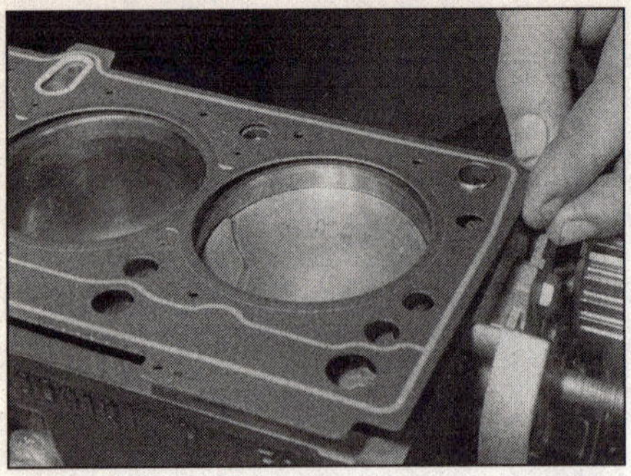

**9.80 Montage du joint de culasse neuf : veiller à bien l'encastrer sur la douille de centrage**

## *Dépose - moteurs K4J et K4M*

**44** Débrancher le câble de masse (-) de la batterie (voir « *Débranchement de la batterie* » à la partie « *Références* » en fin de manuel).

**45** Déposer le capot moteur (voir chapitre 11).

**46** Installer un cric rouleur avec une grande cale de bois interposée sur sa tête en dessous du carter d'huile puis l'actionner pour tout juste reprendre le poids du moteur.

**47** Procéder à la dépose de la courroie de distribution (voir section 5).

**48** Dans le cas où il est prévu, déposer le carénage de protection sous le moteur puis effectuer la vidange du circuit de refroidissement (voir chapitre 1A).

**49** Vidanger le moteur (voir chapitre 1A).

**50** Désaccoupler le câble d'accélérateur au niveau du boîtier de papillon (voir chapitre 4A).

**51** Dévisser et déposer l'écran de protection des injecteurs et de la rampe d'alimentation.

**52** Débrancher les durits d'arrivée et de retour de carburant de chaque côté de la rampe d'alimentation.

**53** Débrancher le faisceau électrique à l'avant du moteur ainsi que les connexions des bobines d'allumage et des injecteurs.

**54** Desserrer ses écrous de fixation et dégager du tablier le vase d'expansion du circuit de refroidissement puis desserrer ses vis de fixation et déposer le répartiteur d'air de la tubulure d'admission.

**55** Désolidariser le pot catalytique du collecteur et l'attacher à la ligne d'échappement puis effectuer la dépose du boîtier de papillon (voir chapitre 4A). Débrancher le connecteur électrique de la sonde lambda à l'arrière gauche de la culasse.

**56** Desserrer ses vis de fixation et dégager la patte-support, côté droit du collecteur d'échappement.

**57** Dévisser et dégager la patte de levage du moteur de la culasse.

**58** Débrancher le tuyau de prise de dépression du servofrein au niveau de la tubulure d'admission.

**59** Déposer les bobines d'allumage (voir chapitre 5B).

**60** Desserrer ses huit vis de fixation et dégager le boîtier de décanteur d'huile au niveau du couvre-culasse/carter-chapeaux de paliers d'arbres à cames.

**61** Desserrer progressivement et enlever ses vis d'assemblage puis décoller le couvre-culasse/carter-chapeaux de paliers d'arbres à cames en le frappant au niveau des bossages, de chaque côté à la partie arrière, à l'aide d'un maillet en cuivre et en faisant levier avec un tournevis au niveau des deux bossages à l'avant. Soulever ensuite le couvre-culasse/carter-chapeaux de paliers bien verticalement pour le dégager de la culasse.

**62** S'assurer de bien repérer la position de chacun des arbres à cames au PMH, puis les dégager avec précaution de la culasse. L'arbre à cames d'admission doit normalement être identifié par l'inscription « AM » et celui d'échappement par l'inscription « EM ». Si ces inscriptions ne sont plus visibles, identifier les arbres à cames par une touche de peinture.

**63** Se procurer une boîte pourvue de 16 cases séparées à numéroter puis déposer les linguets de commande des soupapes et les ranger dans leur case respective.

**64** Prévoir également un bac métallique, également à 16 cases numérotées, à remplir d'huile moteur propre. Extraire avec précaution chacun des poussoirs hydrauliques de soupapes de son alésage dans la culasse et le ranger dans la case correspondante, en veillant à ce qu'il soit complètement immergé dans l'huile.

**65** Débrancher le connecteur électrique de la sonde de température de liquide de refroidissement implantée sur le boîtier thermostatique, côté gauche de la culasse.

**66** Libérer leur collier et débrancher la durit supérieure du radiateur, ainsi que celles de chauffage et d'expansion sur le boîtier thermostatique.

**67** Dévisser et dégager la patte de maintien du faisceau électrique, côté gauche de la culasse.

**68** Desserrer ses vis de fixation et dégager la patte de levage gauche du moteur au niveau de la culasse.

**69** Déposer les bougies (voir chapitre 1A).

**70** Desserrer et enlever les vis de culasse dans l'ordre **inverse** de celui préconisé pour le serrage **(voir illustration 9.129b).**

**71** Soulever la culasse pour la dégager du bloc-cylindres et récupérer le joint.

## *Contrôle*

**72** Les plans de joint de la culasse et du bloc/carter-cylindres doivent être rendus parfaitement propres avant de reposer la culasse. Il est conseillé d'utiliser un produit chimique décapant approprié (genre « Décapjoint ») pour dissoudre les résidus de joint. Il est également possible de gratter avec une spatule en bois ou en plastique pour éliminer la partie du joint restée collée et la calamine. Nettoyer également la calotte des pistons en procédant de cette manière. Faire tout particulièrement attention au cours du nettoyage de ne pas endommager l'alliage d'aluminium, une matière très tendre et s'abîmant facilement. Veiller en outre à ce que de la calamine ne puisse à aucun moment être admise dans les conduits de graissage et de refroidissement : cela est d'une importance cruciale surtout pour le circuit de graissage car la calamine pourrait entraver l'acheminement d'huile vers les organes du moteur. Utiliser du papier maintenu par du ruban adhésif pour boucher les orifices de passage d'eau et d'huile ainsi que les trous taraudés de vis dans le bloc/carter-cylindres.

**info HAYNES** ***Pour empêcher l'admission de calamine dans l'intervalle entre les pistons et les alésages, garnir cet espace de graisse. Après nettoyage des pistons, éliminer la graisse et les débris de calamine à l'aide d'une petite brosse puis terminer en passant un chiffon propre***

**73** Contrôler les plans de joint du bloc/carter-cylindres et de la culasse qui ne doivent pas être entaillés, présenter de rayures profondes ni être autrement marqués. Les défauts superficiels peuvent être rattrapés à la lime en procédant toutefois avec précaution. Pour des défauts plus importants, la seule alternative possible sera le remplacement compte tenu qu'aucune rectification du plan de joint de la culasse n'est autorisée.

**74** En cas de doute de la bonne planéité du plan de joint de la culasse, mesurer sa déformation à l'aide d'une règle plate et de cales d'épaisseur. Pour les moteurs E7J, contrôler le dépassement des chemises. Ces deux paramètres peuvent, en cas de valeurs excessives, entraîner un claquage du joint de culasse. Se reporter à la partie D du chapitre pour effectuer ces contrôles.

**75** Nettoyer soigneusement les trous taraudés de vis de la culasse dans le bloc/carter-cylindres au moyen d'un cure-pipe ou avec un chiffon et un tournevis. Il est indispensable de s'assurer de l'absence d'eau ou d'huile dans les trous afin d'éviter que le bloc/carter-cylindres ne se fissure sous l'action de la pression hydraulique engendrée au serrage des vis.

**76** Sur les moteurs E7J et K7M, les vis de culasse sont à remplacer d'office à chaque démontage, quel que soit leur état. Sur tous les moteurs, vérifier l'état du filetage de chacun des trous de passage de vis de la culasse dans le bloc-cylindres : le refaire au besoin en passant un taraud de diamètre adéquat. S'assurer de l'absence d'eau ou d'huile dans les trous : les assécher s'il y a lieu avec une seringue ou avec chiffon et un tournevis, ce qui est indispensable pour éviter que le bloc ne se fissure sous l'action de la pression hydraulique engendrée au serrage des vis et pour pouvoir appliquer les couples de serrage corrects. Dans le cas des moteurs K4J et K4M, nettoyer les vis de culasse dans un solvant approprié et bien les sécher. Examiner chacune des vis pour déceler un éventuel défaut tel qu'une usure ou une détérioration manifeste ; les remplacer au besoin. Les vis peuvent être réutilisées à condition que leur longueur, mesurée du dessous de la tête jusqu'à l'extrémité de la tige, n'excède pas 117,7 mm. Si la longueur de l'une des vis dépasse cette valeur, le jeu de vis complet est à changer. Compte tenu des contraintes sévères auxquelles les vis sont soumises, il est de toute façon préférable de les changer systématiquement à chaque démontage.

## *Repose - moteurs E7J et K7M*

**77** Réassembler la tubulure et le collecteur d'échappement à la culasse, comme indiqué au chapitre 4A.

**78** Vérifier que le piston du cylindre n° 1 se trouve

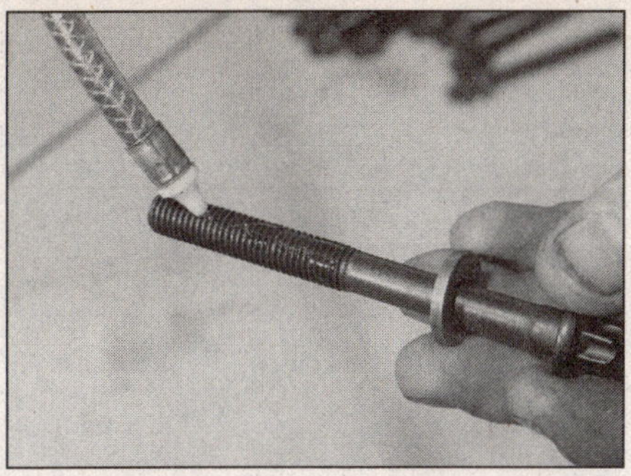

**9.81a Huiler les vis de culasse . . .**

**9.81b . . . avant de les remonter**

bien au PMH puis essuyer soigneusement les plans de la culasse et du bloc/carter-cylindres. Sur les moteurs E7J, enlever les brides de maintien des chemises.

**79** S'assurer de la présence de la douille de centrage à l'avant droit du bloc/carter-cylindres.

**80** Installer le joint de culasse neuf sur le bloc-cylindres et la douille de centrage : le joint ne possède qu'un seul sens de montage **(voir illustration)**.

**81** Amener la culasse en place avec précaution sur le bloc/carter-cylindres. Huiler légèrement les vis de culasse **neuves** au niveau de leur filetage et sous leur tête puis équiper les vis de leur rondelle et les installer : à noter que les vis plus courtes se montent côté admission de la culasse. Approcher les vis à la main dans un premier temps **(voir illustrations)**.

**82** Procéder au serrage des vis de culasse, dans l'ordre indiqué sur le dessin joint, et en observant les différentes phases prescrites dans les « *Caractéristiques* » **(voir illustrations)**. La première phase est destinée à prétasser le joint et les phases suivantes au processus normal de serrage. Pour effectuer le serrage angulaire, marquer des repères d'alignement à la peinture blanche sur la tête des vis et la culasse, ce qui permettra de vérifier que les vis ont bien été tournées selon l'angle spécifié ou utiliser un secteur gradué (rapporteur). A noter que si la méthode de serrage préconisée est suivie, il n'est pas nécessaire de procéder à un resserrage ultérieur des vis de la culasse après remontage et remise en service du moteur.

**83** Procéder à la repose de la rampe de culbuteurs équipée des brides, en se reportant à la section précédente pour cette opération. Si la culasse a été démontée et remise en état, il est recommandé de contrôler le jeu aux soupapes à ce stade afin d'éviter toute interférence entre les pistons et les soupapes au cours de la repose de la courroie de distribution. Tourner le vilebrequin de manière à ce qu'aucun piston ne se trouve au PMH. A l'aide d'une clé à douille en prise sur la vis de fixation de son pignon, effectuer la rotation de l'arbre à cames pour contrôler le jeu aux soupapes. Suite au réglage du jeu, ramener l'arbre à cames et les pistons au PMH.

**84** Agrafer le faisceau électrique sur le côté droit de la culasse.

**85** Remettre en place le tube de guidage de la jauge de niveau d'huile, en serrant bien sa vis de fixation.

**86** Reposer la patte-support de la tubulure d'admission, en serrant bien ses vis de fixation.

**87** Reposer les bougies, comme indiqué au chapitre 1A.

## Sans climatisation

**88** Reposer le support d'accessoires, en serrant bien ses vis de fixation.

**89** Procéder à la repose de la pompe de direction assistée, comme décrit au chapitre 10.

**90** Reposer le support du pressostat d'assistance de direction puis rebrancher le connecteur électrique.

**91** Effectuer la repose de l'alternateur, comme indiqué au chapitre 5A.

## Avec climatisation

**92** Reposer le support, côté droit de la culasse.

**93** Procéder à la repose du support d'accessoires, en serrant bien ses vis de fixation.

**94** Reposer le compresseur de climatisation, en se reportant au chapitre 3 pour cette opération.

**95** Effectuer la repose de la pompe de direction assistée, comme décrit au chapitre 10.

**96** Procéder à la repose de la traverse supérieure avant du compartiment moteur.

**97** Reposer le bouclier pare-chocs avant et la coquille pare-boue du passage de roue avant gauche, comme indiqué au chapitre 11.

**98** Reposer la calandre, en se reportant au chapitre 11 pour cette intervention.

## Tous types

**99** Réassembler le tube avant d'échappement avec le pot catalytique au collecteur puis reposer l'écran thermique, en opérant comme décrit au chapitre 4A.

**100** Rebrancher la durit supérieure du radiateur ainsi que celles de chauffage et d'expansion au boîtier thermostatique, en serrant bien leur collier.

**101** Rebrancher le connecteur électrique de la sonde de température de liquide de refroidissement sur le boîtier thermostatique.

**102** Si ce n'est déjà fait, procéder au réglage du jeu aux soupapes, comme décrit en section 4.

**103** Reposer le couvre-culasse muni d'un joint neuf puis serrer ses vis de fixation uniformément pour atteindre le couple prescrit.

**104** Rebrancher les connexions électriques des injecteurs.

**105** Rebrancher les durits d'arrivée et de retour de carburant au niveau du boîtier de papillon (moteurs E7J) ou de la rampe d'alimentation (moteurs K7M).

**106** Procéder à la repose de la patte de levage du moteur, en veillant à serrer convenablement ses vis de fixation.

**107** Rebrancher le tuyau de dégazage du carter-moteur à la partie arrière du couvre-culasse.

**108** Rebrancher les connexions électriques et les tuyauteries de dépression à l'arrière droit de la culasse.

**109** Reposer les bobines d'allumage sur le couvre-culasse puis rebrancher les fils du faisceau haute tension aux bougies.

**110** Rebrancher les connecteurs électriques des bobines d'allumage ainsi que le connecteur derrière les bobines.

**111** Reposer le conduit d'admission d'air du boîtier de papillon et rebrancher le connecteur électrique de la sonde de température d'air.

**112** Réaccoupler le câble d'accélérateur au niveau du boîtier de papillon, en se reportant au chapitre 4A pour cette opération.

**113** Rebrancher le connecteur du potentiomètre de papillon.



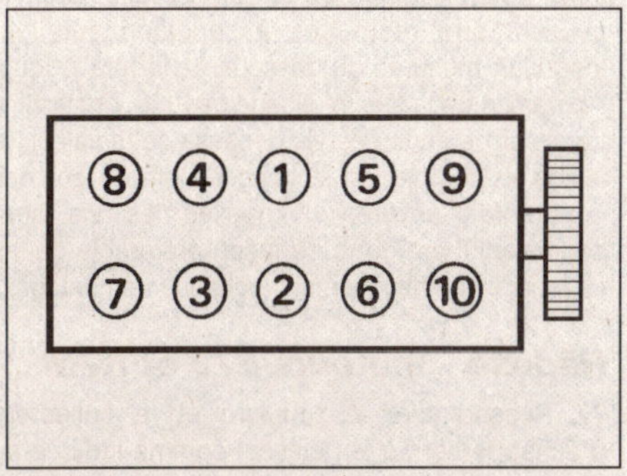


**9.82a Ordre de serrage des vis de culasse**

**9.82b Serrage d'une vis de culasse avec une clé dynamométrique**

**9.82c Serrage angulaire d'une vis de culasse**

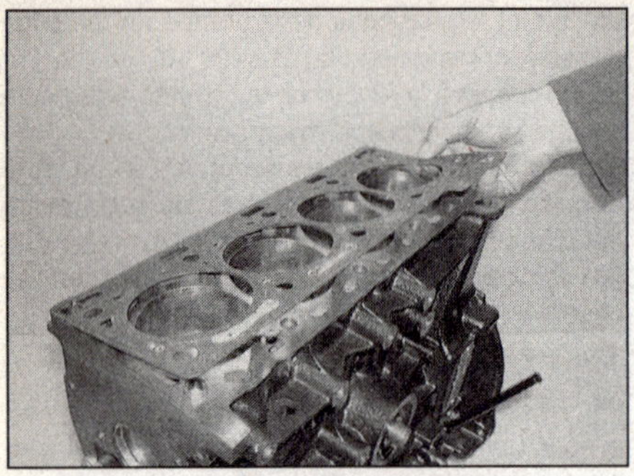

9.125 **Monter le joint neuf sur le bloc-cylindres . . .**

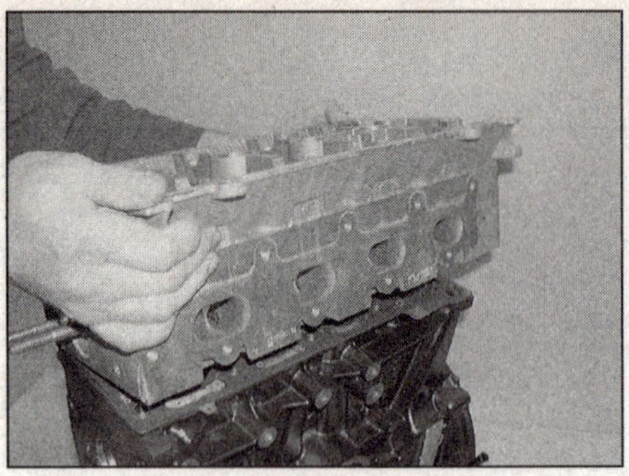

9.127 **. . . puis installer avec précaution la culasse**

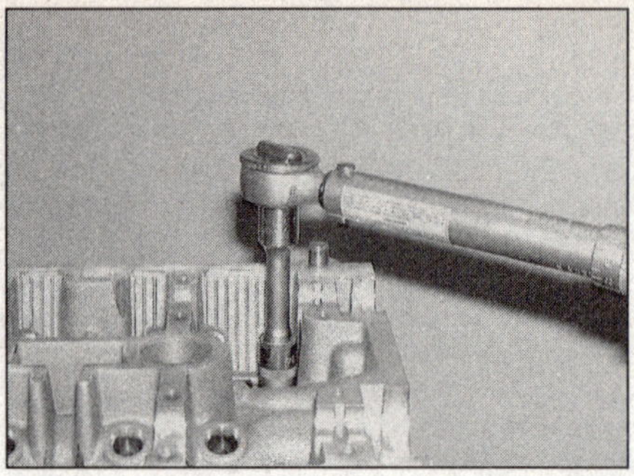

9.129a **Serrage d'une vis de culasse au couple prescrit de la phase 1**

**114** Procéder à la repose du boîtier de filtre à air, comme indiqué au chapitre 4A.

**115** Rebrancher le connecteur électrique du moteur de régulation de ralenti au niveau du boîtier de papillon.

**116** Rebrancher le tuyau de dépression et le connecteur électrique du capteur de pression d'air d'admission.

**117** Dégager le cric rouleur soutenant le moteur dans le cas des modèles climatisés.

**118** Monter une courroie de distribution neuve, comme décrit en section 5.

**119** Procéder à la repose du capot moteur, comme décrit au chapitre 11.

**120** Effectuer le plein d'huile du moteur, en opérant comme indiqué au chapitre 1A.

**121** Rebrancher le câble de masse de la batterie.

**122** Remonter le bouchon de vidange du carter-cylindres sur les versions à moteur E7J, puis effectuer le remplissage et la purge du circuit de refroidissement, comme décrit au chapitre 1A.

**123** Reposer éventuellement le carénage de protection sous le moteur puis descendre la voiture au sol.

## *Repose - moteurs K4J et K4M*

**124** Il est conseillé de faire remonter le piston du cylindre n° 1 à mi-course dans son alésage, en tournant le vilebrequin dans le sens horaire, avant de procéder à la repose de la culasse, afin de prévenir toute interférence entre les soupapes et la calotte des pistons.

**125** Installer le joint de culasse neuf sur le bloc-cylindres, en veillant à le poser dans le bon sens **(voir illustration)**.

**126** Si la partie inférieure de la tubulure d'admission a été déposée, la remettre en place à ce stade, en s'assurant de bien aligner son côté distribution avec le plan d'extrémité de la culasse avant de serrer les vis de fixation au couple prescrit. Se reporter au chapitre 4A pour cette opération.

**127** Présenter la culasse avec précaution sur le bloc-cylindres, en prenant garde de ne pas faire bouger le joint **(voir illustration)**.

**128** En cas de montage de vis de culasse neuves, **ne pas** lubrifier leur filetage. En revanche, en cas de réutilisation des vis, leur filetage est à lubrifier avec de l'huile moteur. Monter les vis en les approchant à la main dans un premier temps.

**129** Procéder au serrage des vis de culasse, dans l'ordre indiqué sur le dessin joint, et en observant les différentes phases prescrites dans les « *Caractéristiques* » **(voir illustrations)**. La première phase est destinée à prétasser le joint et les phases suivantes au processus normal de serrage. Pour effectuer le serrage angulaire, marquer des repères d'alignement à la peinture blanche sur la tête des vis et la culasse, ce qui permettra de vérifier que les vis ont bien été tournées selon l'angle spécifié ou utiliser un secteur gradué (rapporteur). A noter que si la méthode de serrage préconisée est suivie, il n'est pas nécessaire de procéder à un resserrage ultérieur des vis de la culasse après remontage et remise en service du moteur.

**130** Reposer les bougies, comme indiqué au chapitre 1A.

**131** Remonter la patte de levage du moteur, côté gauche de la culasse.

**132** Remettre en place la patte de maintien du faisceau électrique sur la culasse, en serrant bien ses vis de fixation.

**133** Rebrancher la durit supérieure du radiateur ainsi que celles de chauffage et d'expansion au boîtier thermostatique, en serrant bien leur collier.

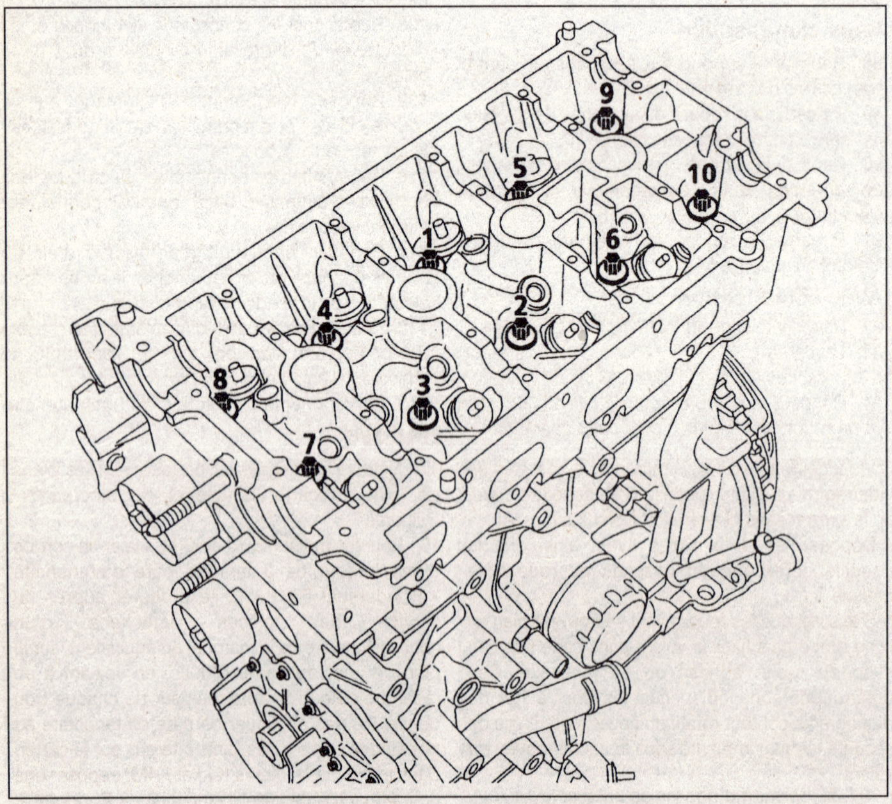


9.129b **Ordre de serrage des vis de culasse**

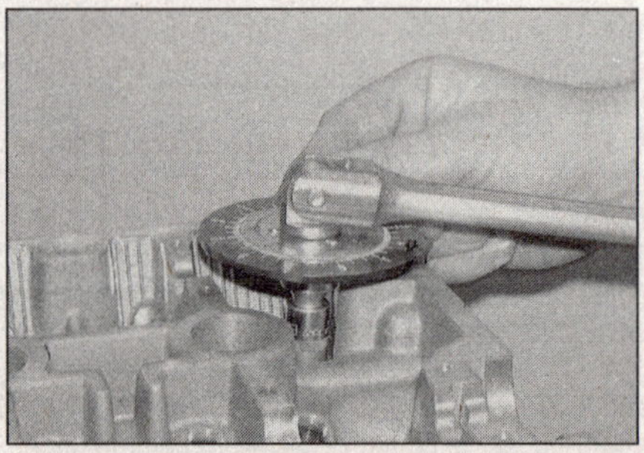

9.129c **Serrage d'une vis de culasse suivant l'angle spécifié de la phase 2**

**134** Rebrancher le connecteur électrique de la sonde de température de liquide de refroidissement sur le boîtier thermostatique.

**135** Avant de procéder à la repose de chacun des poussoirs hydrauliques de soupapes, le poser dans le bon sens sur un établi puis appuyer du pouce sur son sommet (piston d'arrêt). S'il est possible d'enfoncer le piston d'arrêt, le poussoir doit alors être amorcé en le mettant dans un récipient contenant du gazole.

**136** Sortir les poussoirs hydrauliques de leur case de rangement et les installer dans leur alésage respectif de la culasse.

**137** Monter les linguets sur les poussoirs et les queues de soupape correspondants.

**138** Lubrifier à l'huile moteur leurs tourillons et leurs paliers dans la culasse puis installer les arbres à cames dans leur emplacement respectif sur la culasse et dans la position correspondant au PMH : les fentes à leur extrémité gauche doivent se trouver à l'horizontale.

**139** Tourner le vilebrequin dans le sens horaire de façon à ramener le piston du cylindre nº 1 au PMH (voir section 3).

**140** S'assurer que les plans d'assemblage de la culasse et du couvre-culasse/carter-chapeaux de paliers d'arbres à cames sont parfaitement propres et dégraissés. Etaler ensuite à l'aide d'un rouleau applicateur une couche uniforme de fluide d'étanchéité « Loctite 518 » ou équivalent, sur le plan d'assemblage du couvre-culasse/carter-chapeaux de paliers. Vérifier que le plan est entièrement recouvert d'un enduit de couleur rouge-brun.

**141** Présenter le couvre-culasse/carter-chapeaux de paliers d'arbre à cames sur la culasse puis monter les vis d'assemblage à serrer dans l'ordre prescrit, en respectant les différentes phases indiquées dans les « *Caractéristiques* » et procédant progressivement **(voir illustration 8.49)**.

**142** S'assurer que les plans d'assemblage du boîtier de décanteur d'huile et du couvre-culasse/carter-chapeaux de paliers d'arbres à cames sont parfaitement propres et dégraissés puis étaler en se servant d'un rouleau applicateur une couche de fluide d'étanchéité « Loctite 518 » ou équivalent sur le plan du boîtier de décanteur d'huile, jusqu'à obtention d'un enduit uniforme rouge-brun.

**143** Remettre en place le boîtier de décanteur d'huile sur le couvre-culasse/carter-chapeaux de paliers d'arbres à cames puis remonter les vis de fixation et les serrer au couple prescrit, en respectant l'ordre spécifié **(voir illustration 8.51)**.

**144** Procéder à la repose des quatre bobines d'allumage, en se reportant au chapitre 5B pour cette opération.

**145** Reposer la patte de levage du moteur sur la culasse, en serrant convenablement ses vis de fixation.

**146** Reposer la patte-support côté droit du collecteur d'échappement, en veillant à bien serrer ses vis de fixation.

**147** Rebrancher le connecteur électrique de la sonde lambda à l'arrière gauche du moteur.

**148** Reposer le boîtier de papillon, comme décrit au chapitre 4A.

**149** Remonter le pot catalytique sur le collecteur d'échappement, comme indiqué au chapitre 4A.

**150** Reposer le répartiteur d'air de la tubulure d'admission, muni de joints neufs, en serrant ses vis de fixation au couple prescrit (voir chapitre 4A).

**151** Rebrancher le tuyau de prise de dépression du servofrein à la tubulure d'admission.

**152** Réinstaller le vase d'expansion du circuit de refroidissement sur le tablier.

**153** Rebrancher les connexions électriques des quatre bobines d'allumage et des injecteurs puis fixer le faisceau à l'avant du moteur.

**154** Rebrancher les durits d'arrivée et de retour de carburant de chaque côté de la rampe d'alimentation, en serrant bien leur collier.

**155** Effectuer la repose de l'écran de protection des injecteurs et de la rampe d'alimentation.

**156** Réaccoupler le câble d'accélérateur au boîtier de papillon, en se reportant au chapitre 4A pour cette opération.

**157** Monter la courroie de distribution, comme décrit en section 5.

**158** Dégager le cric rouleur du dessous du carter d'huile.

**159** Reposer le capot moteur, en opérant comme indiqué au chapitre 11.

**160** Rebrancher le câble de masse de la batterie.

**161** Effectuer le plein d'huile du moteur, comme décrit au chapitre 1A.

**162** Procéder au remplissage et à la purge du circuit de refroidissement, en se reportant au chapitre 1A pour ces opérations.

**163** Reposer éventuellement le carénage de protection sous le moteur puis ramener la voiture au sol.

## 10 Carter d'huile - dépose et repose

**Nota :** *Un palan de levage est à prévoir pour effectuer les opérations qui suivent.*

### *Dépose*

**1** Débrancher le câble de masse (-) de la batterie (voir « *Débranchement de la batterie* » à la partie « *Références* » en fin de manuel).

**2** Lever l'avant de la voiture au cric et le poser sur chandelles (voir « *Levage et soutien du véhicule* »). Dans le cas où il existe, déposer le carénage de protection sous le moteur.

**3** Vidanger le moteur puis remonter le bouchon de vidange muni d'une rondelle d'étanchéité neuve, en le serrant sans exagération (voir chapitre 1A).

**4** Déposer les deux roues avant ainsi que la coquille pare-boue du passage de roue côté gauche.

**5** S'assurer que les roues avant se trouvent bien en ligne droite puis fixer le volant dans cette position avec du ruban adhésif ou de la ficelle. Ces précautions sont indispensables pour éviter de détériorer le contact rotatif du coussin gonflable de sécurité (airbag) implanté sous le cache-moyeu du volant.

**6** Ecarter le soufflet pour desserrer le boulon de bridage de la chape du cardan de l'axe rétractable sur le pignon d'attaque de crémaillère, en bas de la colonne de direction.

**7** Désaccoupler les triangles inférieurs de suspension avant des pivots porte-moyeux (voir chapitre 10).

**8** Desserrer son écrou de fixation puis désaccoupler la rotule de biellette de direction du pivot porte-moyeu de chaque côté du train avant (voir chapitre 10).

**9** De chaque côté du train avant, désolidariser le tirant reliant le berceau au longeron. Dans le cas d'une boîte de vitesses manuelle, désaccoupler également la tringle de commande des vitesses, en dégageant le soufflet en caoutchouc et desserrant la vis de fixation pour dissocier la chape de réglage de l'axe de sélection sur la boîte de vitesses.

**10** Débloquer, sans les enlever, les boulons de fixation de la biellette antibasculement du support arrière sur la caisse.

**11** Dévisser et enlever les fixations inférieures du bouclier pare-chocs avant.

**12** Si besoin est, dévisser et dégager l'écran thermique du collecteur d'échappement puis procéder à la dépose du pot catalytique (voir chapitre 4A).

**13** S'il y a lieu, desserrer les vis de fixation des pattes de maintien des tuyaux du circuit d'assistance de direction sur le bloc/carter-cylindres. Dévisser et dégager également le support d'accessoires.

**14** Desserrer les boulons de fixation avant des triangles inférieurs de suspension sur le berceau (voir chapitre 10).

**15** Desserrer successivement et enlever chaque vis de fixation du berceau à remplacer par une tige filetée munie d'un écrou, ce qui permettra d'abaisser suffisamment le berceau pour pouvoir dégager le carter d'huile. Les tiges de soutien étant montées, descendre le berceau de façon à obtenir un écart de 9 cm à l'arrière et de 13 cm à l'avant par rapport à la caisse. Désaccoupler ensuite l'axe du pignon d'attaque de la crémaillère de la chape du cardan de l'axe rétractable de la colonne de direction.



**16** Desserrer les vis de fixation du carter d'huile sur le bloc/carter-cylindres. Frapper le carter avec un maillet en cuir ou à tête plastique pour le décoller et le dégager du dessous de la voiture. Récupérer les joints latéraux en caoutchouc (moteur E7J) ou le joint principal (autres moteurs). Le ou les joints sont à mettre au rebut.

### *Repose*

**17** Nettoyer et dégraisser parfaitement les plans de joint du carter d'huile et du bloc/carter-cylindres.

**18** Pour les moteurs E7J et K7M, étaler un cordon d'une largeur de 3 mm de pâte d'étanchéité « Rhodorseal 5661 » (à se procurer auprès du service des pièces détachées d'un concessionnaire de la marque) ou équivalent, sur le plan de joint du carter d'huile, en veillant à en répandre autour du bord inférieur de chaque trou de vis. Ne pas appliquer de pâte d'étanchéité au niveau des portées des joints latéraux sur le carter. Dans le cas des moteurs K4J et K4M, déposer une petite quantité de pâte d'étanchéité « Rhodorseal 5661 » sur les jointures du flasque d'étanchéité et

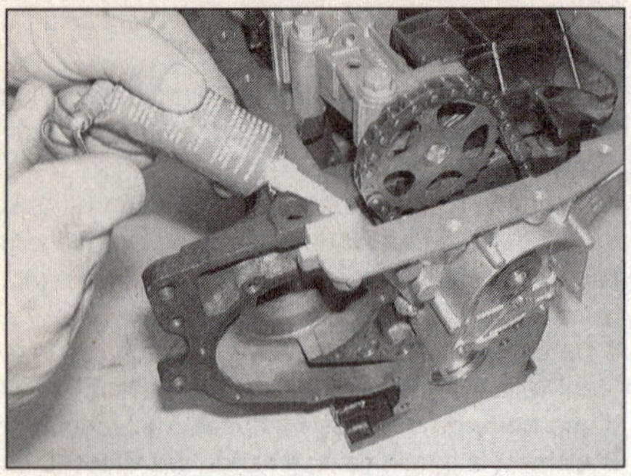

**10.18a Sur les moteurs K4J et K4M, répandre de la pâte d'étanchéité sur les jointures du flasque d'étanchéité . . .**

**10.18b . . . et du chapeau de palier de vilebrequin sur le bloc-cylindres . . .**

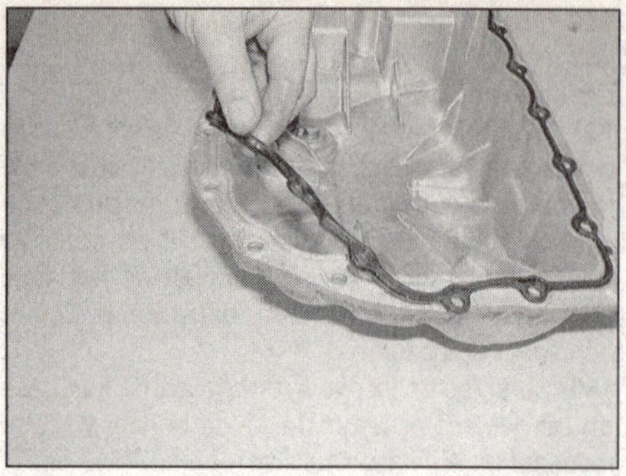

**10.18c . . . puis équiper le carter d'huile d'un joint neuf**

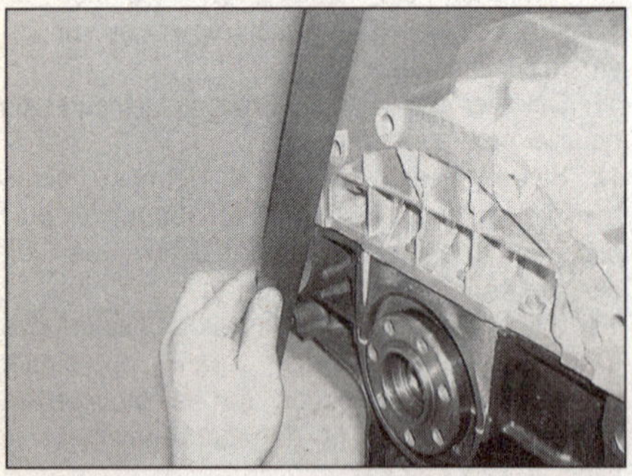

**10.19 Utilisation d'une règle plate pour l'alignement du côté G. du carter d'huile par rapport au plan du bloc/carter-cylindres**

du chapeau de palier de vilebrequin sur le bloc-cylindres puis équiper le carter d'huile d'un joint neuf **(voir illustrations)**.

**19** Munir le carter d'huile de joints latéraux neufs (moteurs E7J et K7M). Présenter le carter sur le bloc/carter-cylindres puis monter ses vis de fixation et les serrer progressivement pour atteindre le couple prescrit : respecter éventuellement les deux différentes phase de serrage préconisées. Si le moteur a été déposé, veiller à maintenir dans l'alignement le côté gauche du carter par rapport au bloc/carter-cylindres, en utilisant une règle plate **(voir illustration)**.

**20** Relever le berceau et enlever les tiges de maintien à remplacer par les vis de fixation. S'assurer d'engager correctement l'axe du pignon d'attaque de crémaillère sur la chape du cardan de l'axe rétractable de colonne de direction. Serrer les vis de fixation du berceau aux couples prescrits (voir chapitre 10).

**21** Remonter les triangles inférieurs de suspension sur le berceau, en se reportant au chapitre 10 pour cette opération.

**22** Procéder à la repose du support d'accessoires et des pattes de maintien des tuyaux du circuit d'assistance de direction.

**23** Effectuer la repose du pot catalytique ainsi que de l'écran thermique du collecteur d'échappement, en opérant comme décrit au chapitre 4A.

**24** Remonter les fixations inférieures du bouclier pare-chocs avant.

**25** Serrer les boulons de fixation de la biellette antibasculement du support arrière au couple prescrit.

**26** Réaccoupler la tringle de commande des vitesses puis remonter les tirants du berceau sur les longerons.

**27** Réaccoupler les rotules de biellettes de direction aux pivots porte-moyeux, en procédant comme indiqué au chapitre 10.

**28** Réaccoupler les rotules de triangles inférieurs de suspension aux pivots porte-moyeux, en opérant comme décrit au chapitre 10.

**29** Les roues avant se trouvant en ligne droite, remonter le boulon de bridage de la chape du cardan de l'axe rétractable de colonne de direction sur le pignon d'attaque de crémaillère et le serrer au couple prescrit (voir chapitre 10). Remettre en place le soufflet sur l'axe puis enlever le ruban adhésif ou la ficelle maintenant le volant.

**30** Reposer la coquille pare-boue et les roues avant ainsi qu'éventuellement le carénage de protection sous le moteur puis descendre la voiture au sol et serrer la vis des roues au couple préconisé.

**31** Rebrancher le câble de masse de la batterie.

**32** Effectuer le plein d'huile du moteur, comme décrit au chapitre 1A.

## 11 Pompe à huile et pignons - dépose, contrôle et repose

### *Moteurs E7J et K7M*

#### Dépose

**1** Déposer la courroie de distribution et le pignon de vilebrequin (voir respectivement sections 5 et 6 pour ces opérations).

**2** Procéder à la dépose du carter d'huile (voir section précédente).

**3** S'il s'agit d'un moteur de type E7J, récupérer la clavette demi-lune éventuellement prévue sur le vilebrequin.

**4** Desserrer ses vis de fixation et dégager du bloc/carter-cylindres le flasque d'étanchéité droit du vilebrequin **(voir illustration)**.

**5** Desserrer les vis de fixation du pignon sur la pompe à huile, en engageant un tournevis dans l'un des perçages du pignon pour l'immobiliser **(voir illustrations)**.

**6** Dégager le pignon avec la chaîne de l'axe de la pompe à huile.

**7** Dégager l'entretoise d'appui de la bague

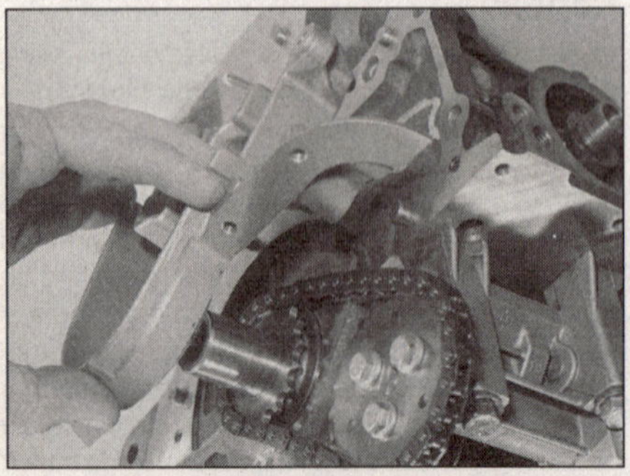

**11.4 Dépose du flasque d'étanchéité D. du vilebrequin**

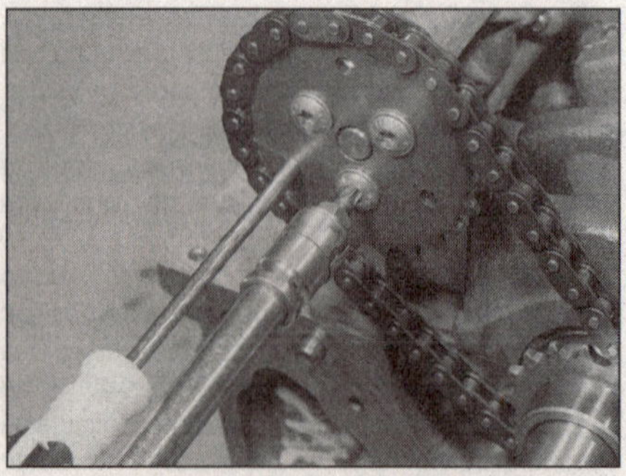

**11.5a Blocage du pignon de pompe à huile avec un tournevis pour le desserrage de ses vis de fixation**

**11.5b Dépose d'une vis de fixation du pignon de pompe à huile**

d'étanchéité en bout de vilebrequin **(voir illustration)**.

8 Dégager le pignon de commande de la pompe à huile du vilebrequin puis libérer les deux pignons de la chaîne d'entraînement **(voir illustration)**. **Nota :** *Le pignon de commande de la pompe à huile n'est pas claveté et son maintien dépend de la vis de fixation de la poulie de vilebrequin. Cette vis doit être correctement serrée sinon la pompe risque de ne pas fonctionner.*

9 Desserrer ses deux vis de fixation puis dégager la pompe à huile. Si les deux douilles de centrage ont été délogées, les remettre en place sur le bloc/carter-cylindres **(voir illustrations)**.

## Contrôle

10 Desserrer les vis d'assemblage puis déposer l'ensemble couvercle-crépine d'aspiration de la pompe à huile **(voir illustrations)**.

11 Contrôler le jeu entre les pignons et le carter de la pompe à l'aide de cales d'épaisseur. Vérifier également le jeu axial entre pignons et plan de joint du couvercle sur le carter de la pompe **(voir illustrations)**. Si les jeux ainsi mesurés s'avèrent dépasser les valeurs limites indiquées, la pompe est à remplacer.

12 Comprimer la butée du clapet de décharge de la pompe pour extraire la goupille de sécurité : lorsque le piston est en position de repos, la pression du ressort de rappel s'exerçant sur la butée est très faible vu que l'orifice de refoulement d'huile se trouve décalé en haut dans l'alésage. Dégager la butée puis sortir le ressort de rappel et le piston du clapet de décharge **(voir illustrations)**.

**11.7 Dépose de l'entretoise d'appui de la bague d'étanchéité droite du vilebrequin**

**11.8 Dépose de la chaîne d'entraînement de la pompe à huile avec ses pignons**

**11.9a Desserrer ses vis de fixation . . .**

**11.9b . . . et dégager la pompe à huile**

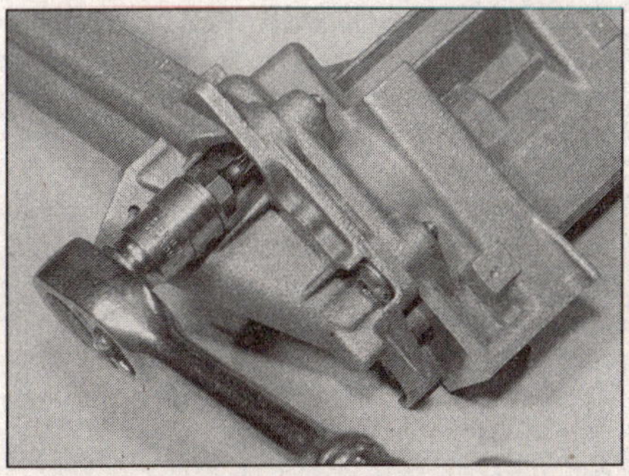

**11.10a Desserrage d'une vis d'assemblage de l'ensemble couvercle-crépine d'aspiration de la pompe à huile**

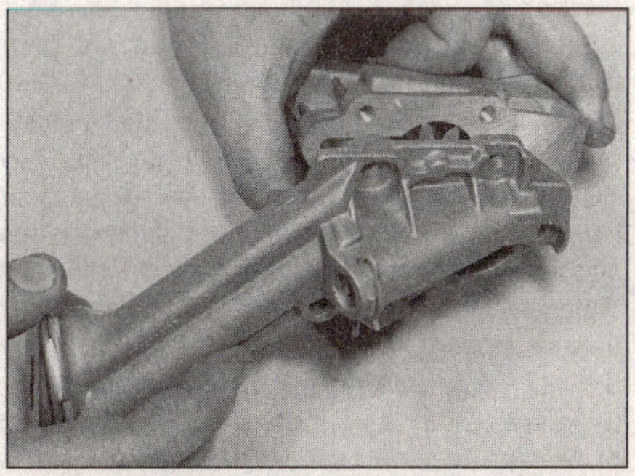

**11.10b Dépose de l'ensemble couvercle-crépine d'aspiration de la pompe à huile**

**11.11a Contrôle du jeu entre carter et pignon de la pompe à huile**

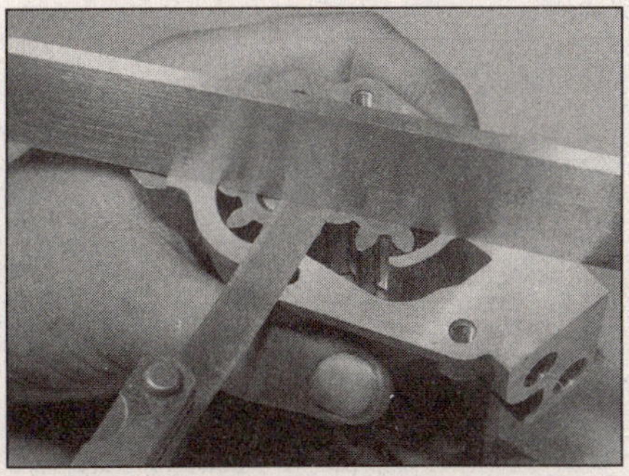

**11.11b Contrôle du jeu axial des pignons de pompe à huile**

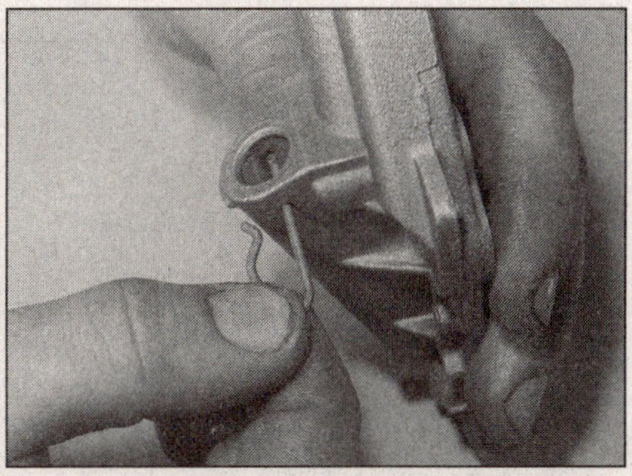

**11.12a Extraire la goupille de sécurité . . .**

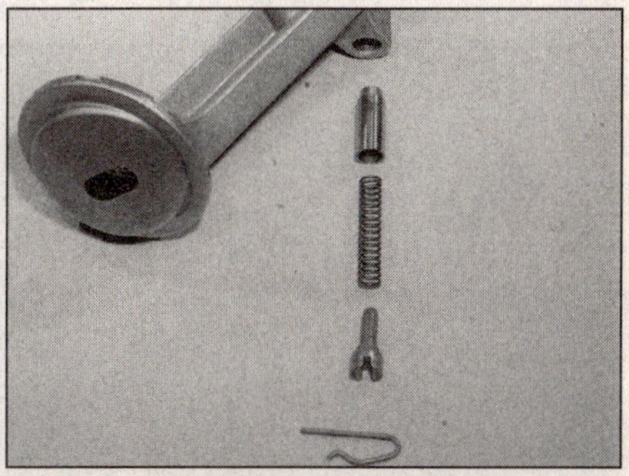

**11.12b . . . puis dégager la butée, le ressort de rappel et le piston du clapet de décharge de la pompe à huile**

2B

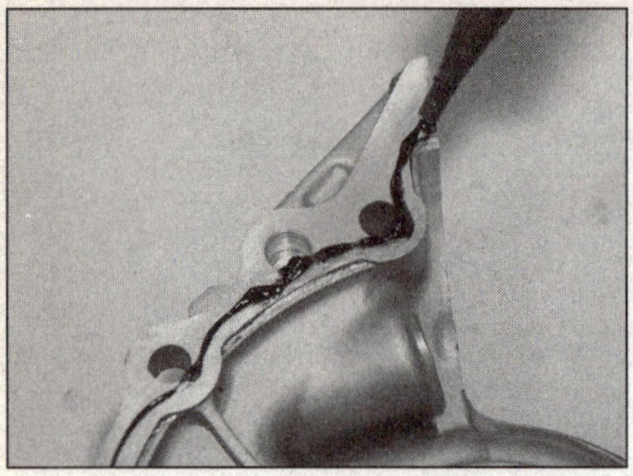

**11.22 Application de fluide d'étanchéité sur le plan du flasque d'étanchéité droit du vilebrequin**

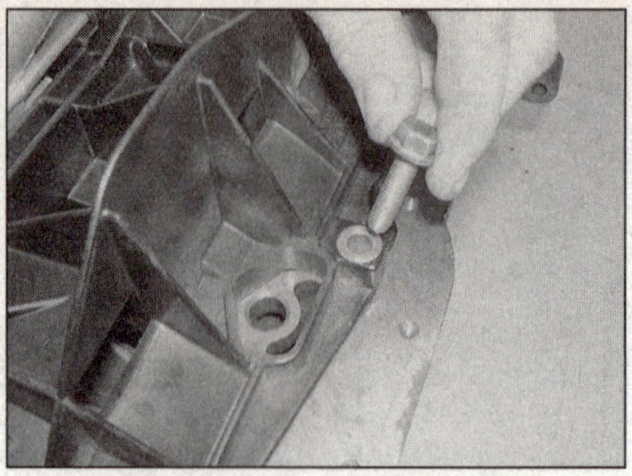

**11.28 Dépose d'une vis de fixation du déflecteur d'huile**

**11.29a Déposer le déflecteur d'huile . . .**

**13** Examiner le piston et son alésage pour s'assurer notamment de l'absence de rayures, auquel cas la pompe à huile complète sera à changer.

**14** Si l'état de la pompe permet sa réutilisation, nettoyer les différentes pièces et procéder à leur remontage dans l'ordre inverse du démontage. Avant de remonter l'ensemble couvercle-crépine d'aspiration, remplir d'huile moteur le corps de la pompe afin de faciliter le réamorçage au démarrage du moteur. En cas de montage d'une pompe de rechange, celle-ci doit également être réamorcée.

**15** Ausculter la chaîne d'entraînement pour déceler d'éventuels signes d'usure et la remplacer au besoin. Vérifier également l'état des pignons.

### Repose

**16** Nettoyer et dégraisser soigneusement les plans d'assemblage de la pompe à huile et du bloc/carter-cylindres.

**17** S'assurer de la présence des deux douilles de centrage sur le bloc/carter-cylindres puis installer la pompe et monter ses deux vis de fixation à serrer au couple prescrit.

**18** Monter le pignon de commande de la pompe sur le vilebrequin.

**19** Mettre en prise la chaîne sur le pignon de la pompe ainsi que sur le pignon de commande au niveau du vilebrequin puis engager le pignon sur l'axe de la pompe.

**20** Faire coïncider les taraudages puis monter les vis de fixation du pignon sur la pompe et les serrer au couple préconisé tout en bloquant le pignon avec un tournevis.

**21** La bague d'étanchéité droite du vilebrequin est à changer systématiquement à chaque dépose de son flasque-support. Pour cela, repérer la position de montage de la bague et l'extraire avec un tournevis puis nettoyer son logement sur le flasque. Lubrifier le pourtour extérieur et la lèvre de la bague d'étanchéité neuve à l'huile moteur propre et la mettre en place dans le logement du flasque, en veillant à ne pas la présenter de travers et à disposer son côté fermé à l'extérieur. Poser le flasque sur une cale de bois puis enfoncer la bague d'étanchéité, en la frappant au moyen d'un poussoir tubulaire, genre douille.

**22** Supprimer les résidus de fluide d'étanchéité sur les plans de joint du flasque et du bloc/carter-cylindres. Etaler ensuite un cordon de 0,5 à 1 mm de largeur de fluide d'étanchéité (genre « Loctite 518 » ou équivalent) sur le plan du flasque puis réinstaller celui-ci sur le bloc/carter-cylindres en serrant bien ses vis de fixation. Le produit d'étanchéité est à appliquer autour du bord intérieur des trous de passage de vis **(voir illustration)**.

**23** Enduire d'huile moteur la bague d'étanchéité puis monter l'entretoise d'appui en bout de vilebrequin. Tourner légèrement l'entretoise pour l'engager sur la bague d'étanchéité afin de ne pas endommager sa lèvre. Si la portée de la bague d'étanchéité sur l'entretoise présente des signes d'usure, repositionner l'entretoise afin que la bague d'étanchéité vienne s'appuyer sur une surface intacte.

**24** Dans le cas d'un moteur E7J, remettre en place dans sa rainure sur le vilebrequin la clavette demi-lune éventuellement prévue.

**25** Procéder à la repose du carter d'huile, comme indiqué en section précédente.

**26** Reposer le pignon de vilebrequin puis monter la courroie de distribution neuve, en se reportant respectivement aux sections 6 et 5 pour ces opérations.

## *Moteurs K4J et K4M*

### Dépose

**27** Pour procéder à la dépose de la pompe à huile seule, dégager au préalable le carter d'huile (voir section précédente).

**28** Desserrer les vis de fixation de la pompe à huile ainsi que celles du déflecteur d'huile sur le bloc-cylindres **(voir illustration)**.

**29** Ecarter légèrement la pompe et dégager le déflecteur d'huile. Faire pivoter la pompe pour dégager son pignon de la chaîne d'entraînement et la déposer **(voir illustrations)**. Si les douilles de centrage ont été délogées, les remettre en place.

**30** Pour effectuer la dépose de la pompe complète avec la chaîne d'entraînement et les pignons, déposer au préalable le carter d'huile (voir section précédente) puis desserrer ses vis de fixation et déposer le flasque d'étanchéité côté droit du vilebrequin, en notant la présence de douilles de centrage.

**31** Procéder ensuite à la dépose de la pompe comme indiqué précédemment aux points 28 et 29.

**32** Dégager du vilebrequin le pignon avec la chaîne **(voir illustration)**. A noter que le pignon de commande de la pompe n'est pas claveté sur le vilebrequin : son maintien dépend du bon serrage de la vis de fixation de la poulie.

### Contrôle

**33** Extraire la goupille de sécurité puis dégager successivement la coupelle d'appui, le ressort de rappel et le piston du clapet de décharge de la pompe à huile **(voir illustrations)**.

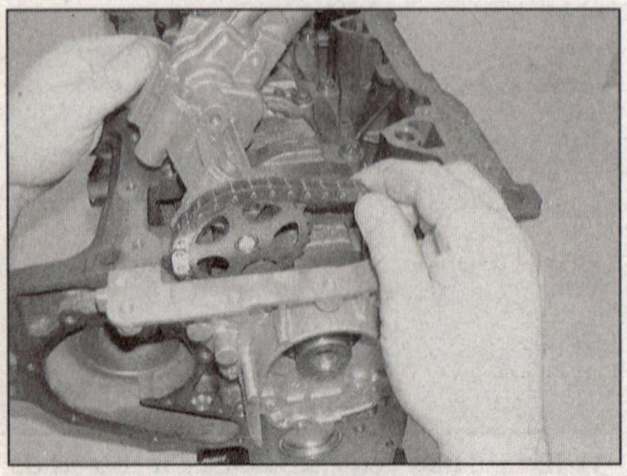

**11.29b . . . puis faire pivoter la pompe pour dégager son pignon de la chaîne d'entraînement**

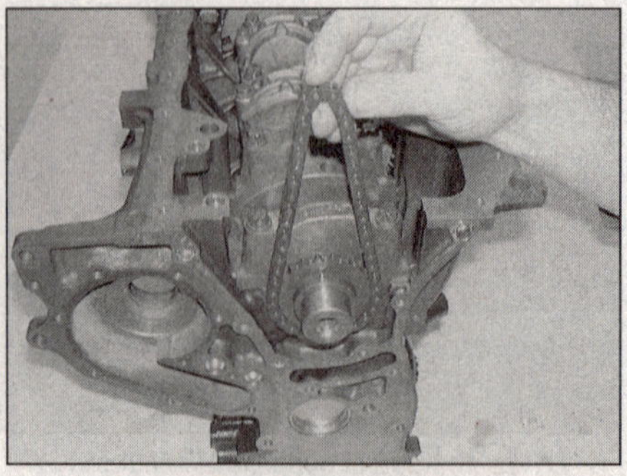

**11.32 Dépose du pignon de commande de la pompe à huile avec la chaîne**

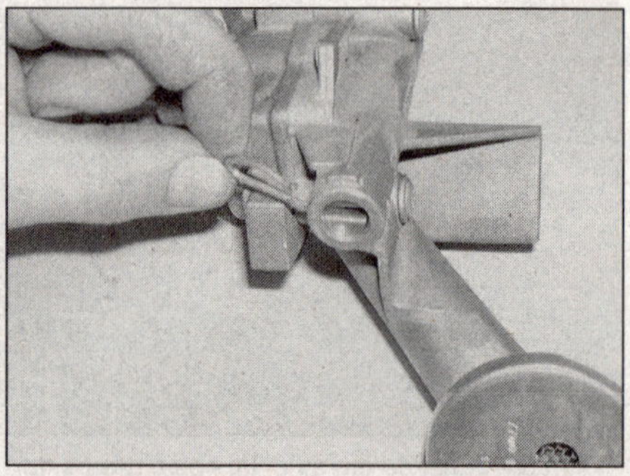

**11.33a Extraire la goupille de sécurité . . .**

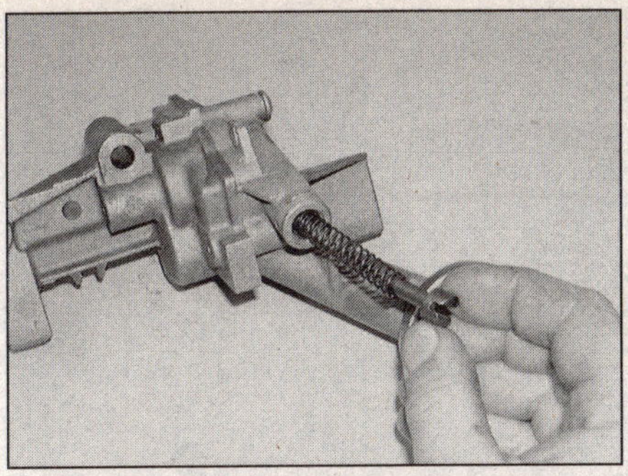

**11.33b . . . puis dégager successivement la coupelle d'appui, le ressort de rappel . . .**

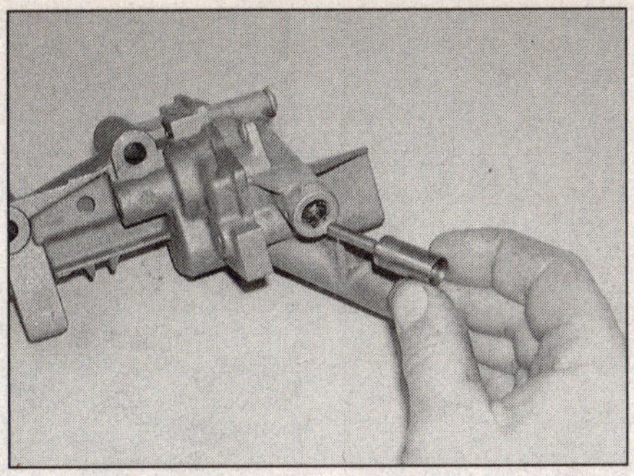

**11.33c . . . et le piston du clapet de décharge de la pompe à huile**

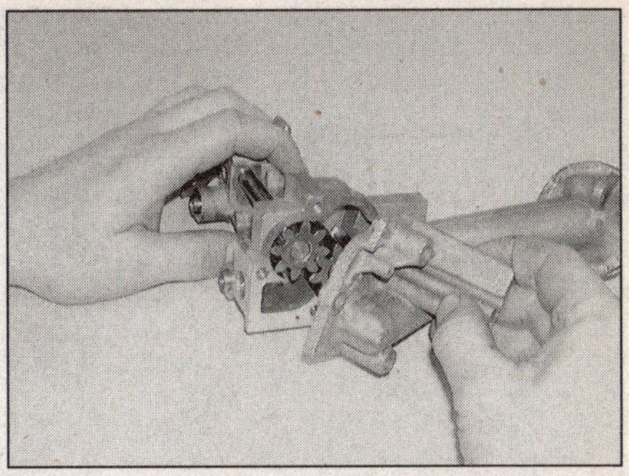

**11.34 Dépose de l'ensemble couvercle-crépine d'aspiration de la pompe à huile**

**34** Desserrer ses vis d'assemblage et déposer l'ensemble couvercle-crépine d'aspiration de la pompe à huile **(voir illustration)**.

**35** Examiner les pignons, le carter de la pompe et le piston du clapet de décharge pour s'assurer qu'ils ne sont pas marqués ni usés. Changer la pompe complète en cas d'usure manifeste.

**36** Si les pièces de la pompe et de son clapet de décharge sont en bon état, contrôler le jeu entre les pignons et le carter de la pompe à l'aide de cales d'épaisseur. Vérifier également le jeu axial entre pignons et plan de joint du couvercle sur le carter de la pompe puis s'assurer de la parfaite planéité du plan de joint du couvercle **(voir illustrations)**. Si les jeux ainsi mesurés s'avèrent dépasser les valeurs limites indiquées, la pompe est à remplacer.

**37** Si l'état de la pompe permet sa réutilisation, procéder au remontage des pièces dans l'ordre inverse du démontage. Remplir la pompe d'huile moteur puis reposer l'ensemble couvercle-crépine d'aspiration en veillant à bien serrer ses vis d'assemblage **(voir illustration)**.

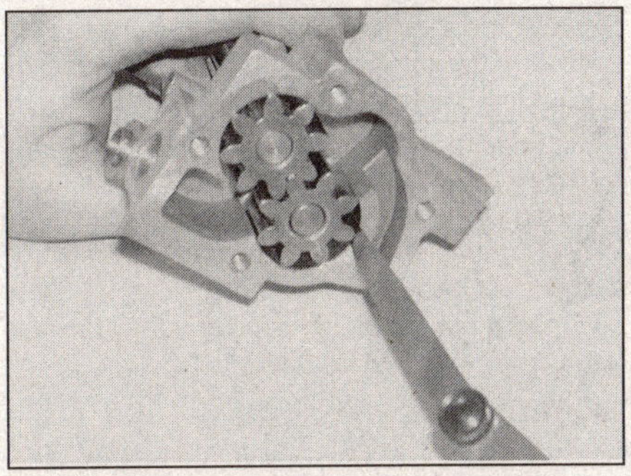

**11.36a Contrôle du jeu entre pignons et carter . . .**

### Repose

**38** Nettoyer et dégraisser soigneusement les plans de joint de la pompe à huile et du bloc-cylindres.

**39** Monter le pignon de commande en bout de vilebrequin, en veillant à disposer son bossage à l'extérieur **(voir illustration)**. Installer la pompe sur le bloc-cylindres, en s'assurant de bien encastrer le carter sur les douilles de centrage puis remonter les deux vis de fixation à serrer au couple prescrit.

**40** Remettre en place le déflecteur d'huile, en serrant bien ses vis de fixation.

**41** Repérer la position de montage de la bague d'étanchéité et l'extraire avec un tournevis puis nettoyer le logement dans le flasque-support.

**42** Lubrifier le pourtour extérieur de la bague d'étanchéité neuve à l'huile moteur puis la mettre en place dans son logement du flasque, en veillant à ne pas la présenter de travers et disposant sa lèvre d'étanchéité côté intérieur. Bloquer le flasque avec des cales de bois puis enfoncer la bague dans son logement en la frappant par l'intermédiaire d'un poussoir tubulaire genre douille.

**43** Supprimer soigneusement les résidus de produits d'étanchéité sur les plans de joint du flasque et du bloc-cylindres. Vérifier que les éventuelles douilles de centrage du flasque sont bien en place.

**44** Répandre un cordon de 0,6 à 1 mm de diamètre de produit d'étanchéité « Loctite 518 » sur le plan de joint du flasque, au niveau du bord intérieur des trous de passage de vis.

**45** Lubrifier la lèvre de la bague d'étanchéité à l'huile moteur puis installer le flasque sur le bloc-cylindres.

**46** Remonter les vis de fixation du flasque puis les serrer progressivement et en croix pour atteindre le couple prescrit.

**47** Procéder à la repose du carter d'huile, en reportant à la section précédente pour cette opération.

## 12 Bagues d'étanchéité de vilebrequin - remplacement

### *Côté droit*

**1** Déposer la courroie de distribution puis dégager le pignon en bout de vilebrequin (voir respectivement sections 5 et 6 pour ces opérations). La bague d'étanchéité droite est également accessible après dépose du carter d'huile et de son flasque-support, bien que cette méthode présente certains inconvénients, notamment du point de vue de la longueur des opérations qu'elle implique.

**2** Repérer la position de montage de la bague d'étanchéité et l'extraire du flasque au moyen d'un tournevis ou d'un crochet. En alternative, percer avec précaution deux petits trous dans la bague, à l'opposé l'un de l'autre, et y fixer des vis à tôle sur lesquelles on tirera avec une pince pour l'extraire.

**2B**

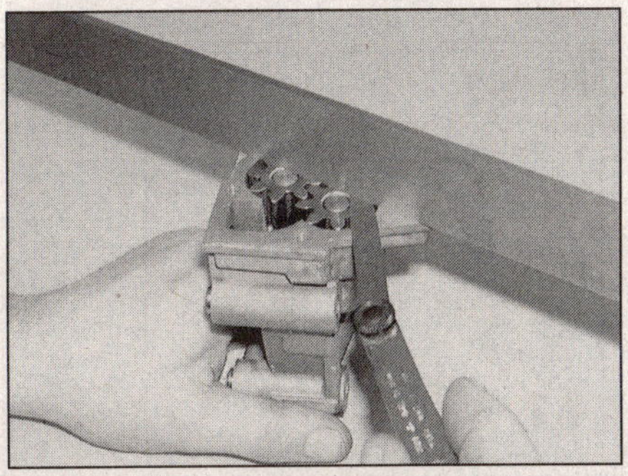

**11.36b . . . et du jeu axial des pignons de la pompe à huile**

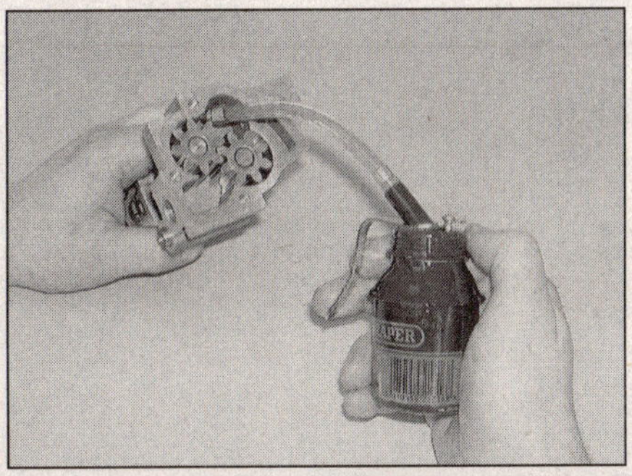

**11.37 La pompe est à remplir d'huile avant de reposer l'ensemble couvercle-crépine d'aspiration**

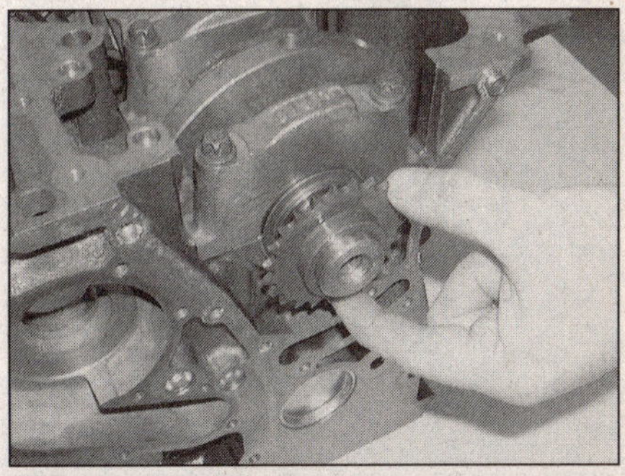

**11.39 Le bossage du pignon de commande de la pompe à huile est à disposer côté extérieur**

12.5 Montage d'une bague d'étanchéité neuve sur le flasque, côté D. du vilebrequin

12.11 Montage d'une bague d'étanchéité neuve, côté G. du vilebrequin

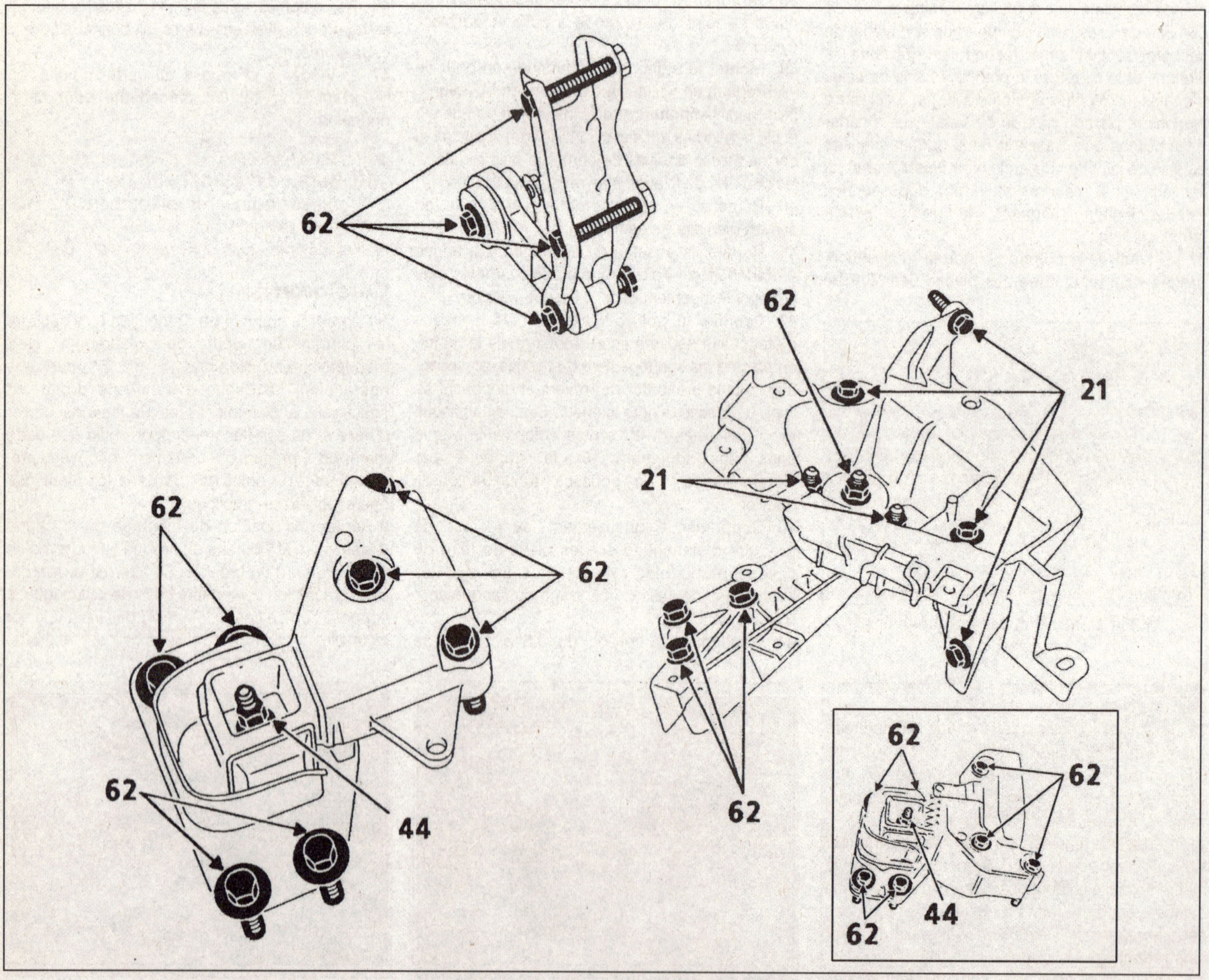


13.2 Couples de serrage (Nm) des supports et silentblocs du groupe motopropulseur

*En médaillon, support D. sur moteurs K4J et K4M*

Dans ce cas, veiller à ne pas abîmer la portée de l'entretoise d'appui (si prévue) ni le logement dans le flasque.

**3** Dans le cas où elle existe, dégager l'entretoise d'appui de la bague d'étanchéité en bout de vilebrequin.

**4** Le cas échéant, examiner l'entretoise d'appui pour s'assurer qu'elle pas creusée au niveau de la portée de la bague d'étanchéité puis supprimer soigneusement les bavures ou arêtes vives susceptibles d'avoir provoqué la défaillance de la bague d'origine. L'entretoise peut être au besoin être décalée légèrement de façon à ce que la bague d'étanchéité neuve vienne s'appuyer sur une surface intacte. Nettoyer ensuite le logement dans le flasque.

**5** Lubrifier la lèvre de la bague d'étanchéité neuve à l'huile moteur propre et la monter en bout de vilebrequin, en disposant son côté fermé à l'extérieur. Enfoncer légèrement la bague dans le flasque en la poussant à la main et veillant à ne pas la présenter de travers, puis la frapper par l'intermédiaire d'un poussoir tubulaire, genre douille, pour l'amener à la position d'origine. Prendre garde de ne pas abîmer la lèvre de la bague d'étanchéité en l'installant **(voir illustration)**. Ne pas enfoncer exagérément la bague d'étanchéité, ce qui nécessiterait de la redéposer et éventuellement de la remplacer.

**6** Remonter s'il y a lieu l'entretoise d'appui sur le vilebrequin, en l'engageant avec précaution : tourner l'entretoise de façon à ne pas abîmer la bague d'étanchéité.

**7** Eliminer tout excédent d'huile puis effectuer la repose du pignon de vilebrequin et monter la courroie de distribution neuve, en se reportant respectivement aux sections 6 et 5 pour ces opérations.

### Côté gauche

**8** Le remplacement de la bague d'étanchéité côté gauche du vilebrequin nécessite la dépose du groupe motopropulseur (voir chapitre 2D) pour pouvoir dissocier la boîte de vitesses du moteur (voir chapitre 7A ou 7B) puis déposer, suivant équipement, l'embrayage (voir chapitre 6) et le volant moteur/disque d'entraînement du convertisseur de couple (voir section 14).

**9** Dégager la bague d'étanchéité au moyen d'un petit tournevis, en veillant à ne pas marquer la portée du vilebrequin. En alternative, percer deux petits trous à l'opposé de l'un de l'autre et y fixer des vis à tôle sur lesquelles on tirera tour à tour avec une pince pour extraire la bague.

**10** Ausculter la portée de la bague d'étanchéité sur le vilebrequin. Si elle est creusée ou présente une rugosité de surface, la bague neuve doit être décalée légèrement à l'extérieur de sorte qu'elle vienne s'appuyer sur une surface intacte.

**11** Nettoyer le logement et la portée puis tremper la bague neuve dans de l'huile moteur propre et la mettre en place en bout de vilebrequin, en veillant à disposer son côté fermé à l'extérieur et à ne pas endommager sa lèvre en l'installant **(voir illustration)**.

**12** Enfoncer la bague dans son logement à l'aide d'un poussoir tubulaire jusqu'à affleurement, en faisant attention de ne pas la présenter de travers. Une cale de bois taillée de telle façon à contourner l'extrémité du vilebrequin peut être utilisée à la place du poussoir.

**13** Reposer le volant moteur, comme indiqué en section 14, puis successivement l'embrayage, la boîte de vitesses et le groupe motopropulseur, en se reportant aux différents chapitres concernés pour ces opérations.

## 13 Silentblocs du groupe motopropulseur - contrôle et remplacement

### Contrôle

**1** Serrer le frein à main puis lever l'avant de la voiture au cric et le poser sur chandelles (voir « *Levage et soutien du véhicule* »). Dans le cas où il est prévu, déposer le carénage de protection sous le moteur.

**2** Contrôler l'état des deux silentblocs avant, côtés droit et gauche, ainsi que du silentbloc au niveau de la biellette antibasculement du support arrière pour déceler d'éventuelles fissures ou des signes de détérioration **(voir illustration)**. Agir avec précaution sur chaque silentbloc à l'aide d'un levier pour en évaluer le jeu. Remplacer tout silentbloc présentant un jeu exagéré ou dont le caoutchouc est abîmé.

**3** Au terme de ces contrôles, descendre la voiture au sol.

### Remplacement

#### Silentbloc droit

**4** Soutenir le côté droit du moteur au moyen d'un cric rouleur avec cale de bois interposée, installé en dessous du carter d'huile.

**5** Desserrer les vis de fixation au niveau du moteur et de la caisse ainsi que l'écrou central puis dégager les supports avec le silentbloc **(voir illustrations)**.

**6** Procéder à l'inverse de la dépose pour effectuer la repose, en serrant les vis de fixation et l'écrou central aux couples préconisés.

#### Silentbloc gauche

**7** Déposer les conduits d'admission d'air, côté gauche du moteur, pour avoir accès au silentbloc gauche du groupe motopropulseur. Déposer ensuite la batterie (voir chapitre 5A).

**8** Soutenir le côté gauche du groupe motopropulseur à l'aide d'un cric rouleur avec cale de bois interposée, installé en dessous du carter d'huile.

**9** Desserrer les vis de fixation au niveau de la boîte de vitesses et de la caisse ainsi que les écrous puis dégager les supports avec le silentbloc.

**10** Procéder à l'inverse de la dépose pour effectuer la repose, en serrant les vis de fixation et les écrous aux différents couples prescrits.

#### Silentbloc arrière

**11** Serrer le frein à main puis lever l'avant de la voiture au cric et le poser sur chandelles (voir « *Levage et soutien du véhicule* »). Déposer le carénage de protection éventuellement prévu sous le moteur.

**12** Desserrer les boulons de fixation à la partie arrière de la boîte de vitesses et sur le soubassement puis dégager la biellette antibasculement du support arrière avec le silentbloc **(voir illustration)**.

**13.5a Support D. du groupe motopropulseur - moteur K4J**

**13.5b Ecrou central de silentbloc D. du groupe motopropulseur - moteur K4J**

**13.5c Silentbloc D. du groupe motopropulseur - moteur E7J**

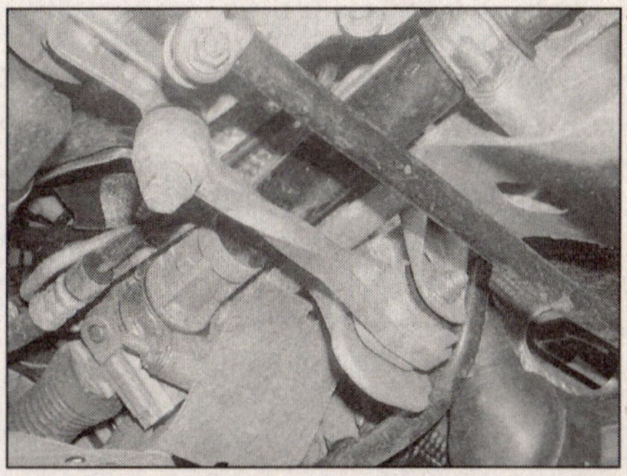

**13.12 Biellette antibasculement de support AR. du groupe motopropulseur**

2B

**13** Le cas échéant, dévisser et déposer la patte au niveau de la boîte de vitesses.

**14** Procéder à l'inverse de la dépose pour effectuer la repose, en respectant le couple prescrit pour le serrage des boulons.

## 14 Volant moteur/disque d'entraînement - dépose, contrôle et repose

### Dépose

**Nota :** *La dépose du volant moteur ou du disque d'entraînement du convertisseur de couple, suivant le cas, implique la dépose préalable du groupe motopropulseur (voir chapitre 2D) de façon à pouvoir dissocier ensuite le moteur de la boîte de vitesses.*

**1** Déposer la boîte de vitesses manuelle ou automatique (voir chapitre 7A ou 7B).

**2** Dans le cas des modèles à boîte de vitesses manuelle, déposer l'embrayage (voir chapitre 6).

**3** Repérer la position de montage du volant moteur/disque d'entraînement par rapport au vilebrequin. A noter que les trous de vis de fixation sont disposés de manière asymétrique, ce qui ne permet qu'une seule position de montage du volant moteur/disque d'entraînement.

**4** Immobiliser le volant moteur/disque d'entraînement à l'aide d'une vis fixée au niveau de l'un des trous de vis d'assemblage de la boîte de vitesses, en calant la lame d'un tournevis dans la denture de la couronne de démarreur du volant moteur/disque d'entraînement ou bien au moyen d'un secteur cranté.

**5** Desserrer et enlever ses vis de fixation puis dégager le volant moteur/disque d'entraînement du vilebrequin. S'agissant d'une pièce relativement lourde, veiller à ne pas le laisser tomber. Il est à signaler que les vis de fixation sont à changer systématiquement à chaque démontage.

### Contrôle

**6** S'assurer que les dents de la couronne de démarreur au niveau du volant moteur/disque d'entraînement ne sont pas usées ni abîmées. La couronne peut être changée séparément, mais il s'agit d'une intervention à confier aux services techniques d'un concessionnaire Renault ou à un spécialiste. En effet, la température à laquelle la couronne de rechange doit être chauffée pour son installation constitue un point difficile à maîtriser et si cela n'est pas accompli correctement, le traitement thermique de l'acier (trempe) de la denture risque d'être détruit.

**7** Examiner soigneusement le volant moteur/disque d'entraînement pour s'assurer qu'il présente pas de signes de déformation ni de fissures autour des trous taraudés de passage de vis, auquel cas il sera à remplacer.

**8** Le cas échéant, vérifier que la portée du disque d'embrayage n'est pas exagérément rayée ni creusée. Les défauts de surface peuvent être rattrapés en faisant rectifier le volant moteur bien qu'il soit préférable de le remplacer dans ce cas.

### Repose

**9** Nettoyer soigneusement les plans d'assemblage du volant moteur/disque d'entraînement et de la bride du vilebrequin puis installer le volant moteur/disque d'entraînement, en faisant coïncider les repères de montage réalisés préalablement à la dépose.

**10** Déposer quelques gouttes d'un produit-frein adéquat sur leurs filets puis monter les vis de fixation neuves du volant moteur/disque d'entraînement et les serrer en opérant en croix et en respectant le couple prescrit : immobiliser le volant moteur/disque d'entraînement par la méthode décrite précédemment pour la dépose.

**11** Procéder éventuellement à la repose de l'embrayage, comme indiqué au chapitre 6, puis de la boîte de vitesses manuelle ou automatique, en se reportant au chapitre 7A ou 7B pour cette opération. Effectuer ensuite la repose du groupe motopropulseur, comme décrit au chapitre 2D.

# Chapitre 2 Partie C : Opérations s'effectuant sans dépose des moteurs Diesel

## Sommaire



## Niveaux de difficulté

| | | | | |
|---|---|---|---|---|
| **Facile,** pour les profanes de la mécanique | **Assez facile,** pour les débutants plus avisés | **Assez difficile,** pour les amateurs compétents | **Difficile,** pour les amateurs plus expérimentés | **Très difficile,** pour les initiés et les professionnels |

2C

## Caractéristiques

### Moteur (généralités)

| | |
|---|---|
| Désignation du type de moteur : * | |
| Modèles 1.9 D, 65 ch (types B/C/S BOE) | F8Q 630 |
| Modèles 1.9 D, 65 ch (types B/C/S BOJ) | F8Q 632 |
| Modèles 1.9 D, 55 ch (type SBOR) | F8Q 662 |
| Cylindrée | 1 870 $cm^3$ |
| Alésage | 80 mm |
| Course | 93 mm |
| Ordre d'injection | 1-3-4-2 (cylindre nº 1 côté volant moteur) |
| Rapport volumétrique | 21,5 à 1 |
| Puissance maxi. : | |
| Moteurs F8Q 630 et F8Q 632 | 47 kW (norme CEE)/65 ch (norme DIN) à 4 500 tr/min |
| Moteur F8Q 662 | 40 kW (norme CEE)/55 ch (norme DIN) à 4 000 tr/min |
| Couple maxi. | 12 daN.m (norme CEE)/12,5 m.kg (norme DIN) à 2 250 tr/min |
| Sens de rotation du vilebrequin | Sens horaire, vu du côté distribution |
| Pressions de compression - moteur chaud, à environ 80 °C : | |
| Valeur normale | 27 bars |
| Valeur mini. | 20 bars |
| Ecart maxi. entre deux cylindres | 4 bars |

** Se reporter à « Numéros d'identification du véhicule » à la partie « Références » en fin de manuel pour l'identification du type et de l'indice du moteur.*

### Jeu aux soupapes (à froid)

| | |
|---|---|
| Admission | 0,2 ± 0,05 mm |
| Echappement | 0,4 ± 0,05 mm |

### Tension de courroie de distribution - avec appareil Renault Mot. 1273

| | |
|---|---|
| Valeur de pose/contrôle | 47 ± 10 % unités SEEM |
| Valeur mini. de fonctionnement | 36 unités SEEM |

### Tension de courroie de distribution - avec appareil Renault Mot. 1505

| | |
|---|---|
| Valeur de montage/prétension « TI » | 68 ± 3 hertz |
| Valeur de montage/contrôle « T2 » | 61 ± 5 hertz |

**Nota :** *Valeurs exprimés @ prétension de 1,1 daN.m avec l'outil Mot. 1543-03*

### Arbre à cames

| | | |
|---|---|---|
| Jeu longitudinal | 0,05 à 0,13 mm | |

### Graissage

| | | |
|---|---|---|
| Pression d'huile mini. à 80 °C : | | |
| A 1 000 tr/min | 1,2 bars | |
| A 3 000 tr/min | 3,5 bars | |
| Jeux à la pompe à huile : | **Mini.** | **Maxi.** |
| Jeu pignons-carter | 0,11 mm | 0,249 mm |
| Jeu axial des pignons | 0,02 mm | 0,086 mm |

### Couples de serrage

| | |
|---|---|
| | **daN.m** |
| Ecrous de fixation de couvre-culasse | 1,2 |
| Goujons/vis de chapeaux de paliers d'arbre à cames : | |
| M8 | 2 |
| M6 | 1 |
| Vis de culasse **(voir illustration 9.39)** : * | |
| Phase 1 | 3 |
| Phase 2 | Serrage angulaire de 80 ± 4° |
| Phase 3 | Attente de 3 minutes au minimum pour stabilisation |
| Phase 4 | Desserrage complet des vis 1 et 2 |
| Phase 5 | Resserrage des vis 1 et 2 au couple de 2,5 |
| Phase 6 | Serrage angulaire des vis 1 et 2 de 213 ± 7° |
| Phase 7 | Desserrage complet des vis 3 et 4 |
| Phase 8 | Resserrage des vis 3 et 4 au couple de 2,5 |
| Phase 9 | Serrage angulaire des vis 3 et 4 de 213 ± 7° |
| Phase 10 | Desserrage complet des vis 5 et 6 |
| Phase 11 | Resserrage des vis 5 et 6 au couple de 2,5 |
| Phase 12 | Serrage angulaire des vis 5 et 6 de 213 ± 7° |
| Phase 13 | Desserrage complet des vis 7 et 8 |
| Phase 14 | Resserrage des vis 7 et 8 au couple de 2,5 |
| Phase 15 | Serrage angulaire de 7 et 8 de 213 ± 7° |
| Phase 16 | Desserrage complet des vis 9 et 10 |
| Phase 17 | Resserrage des vis 9 et 10 au couple de 2,5 |
| Phase 18 | Serrage angulaire des vis 9 et 10 de 213 ± 7° |
| Vis de poulie de vilebrequin : | |
| Phase 1 | 2 |
| Phase 2 | Serrage angulaire de 115 ± 15° |
| Ecrou de galet tendeur de courroie de distribution | 5 |
| Vis de pignon de renvoi | Non communiqué |
| Ecrou de fixation de pignon de pompe d'injection | Voir chapitre 4B |
| Vis de pignon d'arbre à cames | 5 |
| Vis de chapeaux de bielles | 4,5 à 5 |
| Vis de chapeaux de paliers de vilebrequin | 6 à 6,5 |
| Vis de gicleurs d'huile de fond de pistons | 1,8 à 2,2 |
| Vis de fixation de pompe à huile | Non communiqué |
| Vis de carter d'huile | 1,2 à 1,5 |
| Vis de volant moteur * | 5 à 5,5 |
| Silentblocs et supports du groupe motopropulseur (voir section 14) : | |
| Vis de platine supérieure de support D. sur moteur et caisse | 6,2 |
| Ecrou central de silentbloc D. | 4,4 |
| Vis de support G. sur boîte de vitesses | 6,2 |
| Vis de support G. sur caisse | 2,1 |
| Ecrou central de silentbloc G. | 6,2 |
| Boulons de biellette antibasculement de support AR. | 6,2 |
| Vis de roues | Voir chapitre 1B |

** Vis à changer systématiquement à chaque démontage.*

## 1 Généralités

Cette troisième partie du chapitre 2 traite des opérations pouvant être effectuées sans dépose des moteurs Diesel. Toutes les interventions devant être accomplies dans le cadre de la dépose et la repose du moteur ainsi que du démontage et de la remise en état du bloc-cylindres sont décrites en partie D.

Les interventions concernées par cette troisième partie du chapitre 2 s'accomplissent avec le moteur demeurant sur le véhicule. Si le moteur a été déposé pour subir un démontage ou une remise en état, un certain nombre des descriptions fournies ne sont naturellement plus valables.

### *Particularités des moteurs*

Il s'agit de moteurs de type à quatre cylindres en ligne verticaux et simple arbre à cames en tête, disposés transversalement à l'avant de la voiture et inclinés de 12° vers l'arrière.

Le bloc-cylindres en fonte est pourvu de fûts directement alésés dans sa matière. Le vilebrequin en fonte tourne sur cinq paliers garnis de demi-coussinets. Des demi-cales de butée disposées de chaque côté du palier nº 2 assurent le réglage du jeu longitudinal au vilebrequin.

La tête des bielles est articulée sur le vilebrequin par des demi-coussinets. Les pistons sont accouplés aux bielles par l'intermédiaire d'axes tubulaires montés libres et retenus par deux joncs d'arrêt. Les pistons en alliage d'aluminium sont garnis de trois segments dont deux de compression et un racleur d'huile.

L'arbre à cames en tête est monté directement sur la culasse en alliage d'aluminium pourvues de cinq paliers. Il est entraîné à partir du vilebrequin par le biais d'une courroie crantée. L'entraînement de la pompe d'injection est également assuré par la courroie de distribution (voir chapitre 4B).

L'arbre à cames commande les soupapes par l'intermédiaire de poussoirs mécaniques cylindriques, opérant dans des alésages usinés directement dans la matière de la culasse. Dans le cas du moteur F8Q 630 (versions d'origine), le jeu aux soupapes se règle au moyen de pastilles extérieures intercalées entre les poussoirs et les cames. Sur les moteurs F8Q 630 récents, et les versions F8Q 662 et F8Q 632, le réglage du jeu aux soupapes est directement assurée par les poussoirs monoblocs, disponibles en plusieurs épaisseurs. Les soupapes d'admission et d'échappement sont montées verticalement dans la culasse et sont rappelées chacune par un seul ressort hélicoïdal.

Le carter-moteur est doté d'un système de dégazage de type semi-hermétique par lequel les vapeurs sont aspirées par un décanteur d'huile prévu sur le bloc-cylindres pour revenir par une tuyauterie à la tubulure d'admission (voir chapitre 4C pour davantage de précisions).

La lubrification du moteur s'effectue sous pression par une pompe entraînée par chaîne à partir du vilebrequin. L'huile aspirée dans le carter inférieur par la pompe est refoulée à travers un filtre à cartouche interchangeable pour être acheminée par la rampe principale de distribution vers le vilebrequin et l'arbre à cames. Des gicleurs montés sur le bloc-cylindres aspergent d'huile le fond des pistons, en participant ainsi à leur refroidissement. Un échangeur thermique eau-huile (refroidisseur d'huile), intercalé entre la cartouche filtrante et le bloc-cylindres, contribue à stabiliser la température de l'huile, quelles que soient les conditions de fonctionnement du moteur.

### Opérations pouvant être réalisées sans dépose du moteur

Les opérations qui suivent peuvent être accomplies sans avoir à déposer le moteur :

*a) Dépose et repose de la culasse*
*b) Dépose et repose de la courroie de la distribution, de ses pignons, des galets tendeur et de renvoi*
*c) Remplacement de la bague d'étanchéité côté droit de l'arbre à cames*
*d) Dépose et repose de l'arbre à cames*
*e) Dépose et repose du carter d'huile*
*f) Dépose et repose des ensembles bielle-piston **
*g) Dépose et repose de la pompe à huile*
*h) Remplacement des bagues d'étanchéité de vilebrequin*
*i) Remplacement des silentblocs du groupe motopropulseur*
*j) Dépose et repose du volant moteur*

** Bien que les ensembles bielle-piston soient accessibles avec le moteur demeurant en place et après dépose du carter d'huile, il est toutefois préférable pour des raisons de commodité et de propreté, d'effectuer leur dépose avec le moteur hors de la voiture. Pour cette raison, elle est décrite à la partie D de ce chapitre.*

***Attention : Sur les modèles équipés d'un autoradio codé, s'assurer de bien avoir en possession la combinaison correcte du code de sécurité pour débrancher la batterie***

## 2 Contrôle de compression et de fuites - description et analyse des résultats

### Contrôle de compression

**Nota :** *Ce contrôle nécessite un compressiomètre prévu pour les moteurs Diesel.*

**1** En cas de perte de puissance du moteur ou si des ratés ne pouvant pas être attribués au circuit d'alimentation en carburant sont observés, un contrôle de compression est susceptible de fournir de précieux indices pour l'établissement d'un bilan de l'état du moteur. Cette vérification, si elle est pratiquée régulièrement, peut révéler l'existence d'anomalies latentes avant que celles-ci ne se manifestent par des symptômes apparents.

**2** Un compressiomètre conçu spécifiquement pour les moteurs Diesel doit être utilisé en raison des pressions élevées à mesurer. Cet appareil se branche par l'intermédiaire d'un embout adaptateur que l'on visse dans le trou de bougie de préchauffage ou dans l'orifice d'injecteur **(voir illustration)**. Il ne sera certainement pas intéressant d'acheter cet appareil vu le peu d'usage que l'on pourra en avoir mais il pourra par contre être loué ou emprunté : à défaut, faire accomplir le contrôle de compression dans un garage.

**3** Sauf indications contraires dans la notice d'emploi du compressiomètre, les conditions préalables suivantes doivent être remplies :

*a) La batterie doit être en bon état de charge, l'élément du filtre à air être propre et le moteur à sa température normale de fonctionnement*

**2.2 Contrôle de compression en cours de réalisation**

*b) Tous les injecteurs ou les bougies de préchauffage doivent être déposés pour effectuer le contrôle. En cas de dépose des injecteurs, enlever également leur rondelle pare-flamme qui autrement risquerait de griller (voir chapitre 4B). A noter que les rondelles pare-flamme sont à changer systématiquement à chaque démontage des injecteurs*

*c) Il est conseillé de débrancher l'électrovanne d'arrêt au niveau de la pompe d'injection afin de limiter le volume de gazole débité en actionnant le démarreur (voir chapitre 4B)*

**4** Il n'est pas nécessaire de maintenir enfoncée la pédale d'accélérateur pour effectuer le contrôle des pressions de compression du fait que l'admission d'air des moteurs Diesel n'est pas régie par un papillon des gaz.

**5** Il convient d'attacher une plus grande importance à l'équilibre des pressions de compression entre les cylindres qu'aux valeurs absolues. Les valeurs de référence devant être observées sont indiquées dans les *« Caractéristiques »*.

**6** Les raisons d'une compression insuffisante sur les moteurs Diesel sont plus difficiles à déterminer que sur les moteurs à essence. La méthode de contrôle faisant appel à de l'huile versée dans les cylindres n'est pas concluante car l'huile risque de se déposer dans la préchambre ou dans l'empreinte de chambre de combustion sur la calotte de piston au lieu d'atteindre les segments. Les indications ci-dessous doivent cependant permettre de dresser un diagnostic.

**7** Tous les cylindres doivent présenter une valeur de compression très proche : toute différence entre deux cylindres supérieure à la valeur limite prescrite dénote l'existence d'une anomalie. A noter que la pression de compression doit s'élever rapidement dans un moteur en bon état et qu'une pression insuffisante durant la première phase, suivie d'une augmentation progressive lors des phases suivantes indique une usure des segments de pistons. Une pression anormalement basse durant la première phase et qui ne s'élève pas lors des phases suivantes, dénote une mauvaise étanchéité des soupapes ou un joint de culasse claqué (des fissures dans la culasse peuvent également être à l'origine de ce phénomène).

**8** Si deux cylindres voisins présentent une valeur de compression anormalement basse, il y a de fortes chances que le joint de culasse entre eux soit claqué. La présence de liquide de refroidissement dans l'huile du moteur confirmera cette hypothèse.

**9** Si la pression de compression est anormalement élevée, la culasse, les soupapes et les pistons doivent en toute probabilité être excessivement calaminés. En tel cas, il y aura lieu de déposer la culasse et de la décalaminer (voir chapitre 2D).

### Contrôle de fuites

**10** Le contrôle de fuites a pour objet de mesurer la déperdition d'air comprimé injecté dans un cylindre donné. Il s'agit d'une vérification effectuée à la place d'un essai de compression et cette méthode se révèle supérieure sur bien des plans car les fuites d'air permettent de localiser aisément l'origine d'une perte de pression (segments de pistons, soupapes ou joint de culasse).

**11** Le matériel indispensable pour réaliser ce contrôle sera difficilement accessible pour un non-professionnel et en cas de doute sur la compression d'un moteur, faire procéder à un contrôle de fuites dans un garage équipé en conséquence.

## 3 Point mort haut (PMH) du piston nº 1 - recherche

**Nota :** *En l'absence de la pige de calage au PMH spéciale (outil d'atelier Mot. 861 ou Mot. 1054), il est possible d'utiliser à place une tige ou un foret de 8 mm de diamètre qui risque toutefois de ne pas être suffisamment ajusté dans l'orifice sur le bloc-cylindres pour pouvoir déterminer avec précision la position du vilebrequin. Dans ce cas, il est nécessaire de réaliser une pige pourvue d'un épaulement : l'extrémité de 8 mm de diamètre venant s'engager dans la fente du vilebrequin et la partie la plus large devant s'adapter exactement à l'orifice dans le bloc-cylindres.*

***Attention : La pige de calage est destinée EXCLUSIVEMENT à s'assurer que le vilebrequin se trouve bien en position PMH pour effectuer certaines opérations sur le moteur : NE PAS l'utiliser pour immobiliser le vilebrequin afin de l'empêcher de tourner au cours du desserrage et du serrage de la vis de fixation de sa poulie ou des vis de fixation du volant moteur***

**1** Le point mort haut (PMH) est le point le plus élevé de la course du piston dans le cylindre correspondant. Chacun des pistons atteint le point mort en fin de phase de compression et également en fin de phase d'échappement. Pour procéder au calage de la distribution, la notion de PMH fait toutefois référence à la position atteinte par le piston du cylindre nº 1 en fin de phase de compression. Le cylindre nº 1 se situe côté gauche (volant moteur) du moteur.

**2** Le piston du cylindre nº 1 se trouve au PMH lorsque le repère de calage sur le pignon d'arbre à cames est aligné avec l'index fixe sur le carter supérieur de courroie de distribution (le repère du pignon est visible par la lumière dans le carter, en dessous de l'index). Le volant moteur est également pourvu d'un repère de calage à aligner avec le repère de position PMH sur le carter d'embrayage.

**3** Le vilebrequin doit être tourné pour obtenir l'alignement des repères, ce qui s'effectue à l'aide d'une clé plate ou à douille en prise sur la vis de fixation de sa poulie. En vue d'améliorer l'accès, lever l'avant droit de la voiture au cric et le poser sur chandelle (voir « *Levage et soutien du véhicule* ») puis déposer la roue ainsi que la coquille pare-boue du passage de roue **(voir illustration)**. Déposer les bougies de préchauffage ou les injecteurs (voir chapitre 5C ou 4B, suivant le cas, pour cette opération) afin de faciliter la rotation du vilebrequin.

**4** Tout en observant par la lumière dans le carter d'embrayage, tourner le vilebrequin de façon à faire coïncider le repère de calage sur le volant moteur avec le trait correspondant à la position PMH (0°) sur l'échelle **(voir illustration)**.

**5** Desserrer ses vis de fixation et dégager le cache en plastique de la platine supérieure du support droit du groupe motopropulseur **(voir illustration)**.

**6** Vérifier que le repère de calage sur le pignon d'arbre à cames se trouve bien en face de l'index fixe sur le carter supérieur de courroie de distribution **(voir illustration)**. Le moteur est alors positionné au PMH du piston de cylindre nº 1 en phase de compression.

**7** Le vilebrequin peut ensuite calé dans cette position. Pour cela, déposer si nécessaire le boîtier de filtre à air (voir chapitre 4B) puis procéder comme suit :

**8** Desserrer et enlever la vis-bouchon à l'avant gauche du bloc-cylindres, en bas du tube de guidage de la jauge de niveau d'huile moteur et introduire la pige de calage : outil d'atelier Mot. 861 (première version) ou Mot. 1054 (version récente) dans l'orifice, en l'engageant dans la fente prévue sur la masse du vilebrequin : il peut se révéler nécessaire de faire basculer légèrement le vilebrequin d'un côté à l'autre pour y parvenir **(voir illustrations)**. La pige étant en place, il doit être impossible de tourner le vilebrequin. Si celui-ci n'est pas complètement bloqué, la pige a été engagée dans un trou d'équilibrage du vilebrequin au lieu de la fente de calage. **Nota :** *Ne pas faire tourner le vilebrequin lorsque la pige de calage est en place. Si le vilebrequin doit demeurer pendant un certain temps dans cette position, il sera bon de le signaler au moyen de notes d'avertissement à apposer dans l'habitacle et dans le compartiment*

**3.3 Vis de fixation de la poulie de vilebrequin vue avec coquille pare-boue du passage de roue AV. D. déposée**

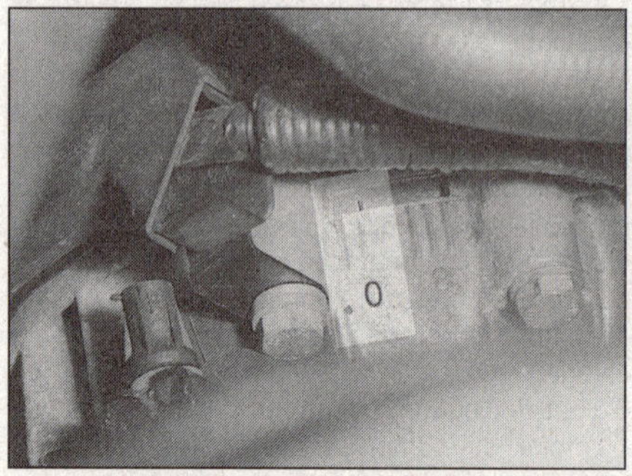

**3.4 Repère de calage du volant moteur aligné avec le trait de position PMH (0°) de l'échelle sur le carter d'embrayage**

**3.5 Dépose du cache en plastique de la platine supérieure du support D. du groupe motopropulseur**

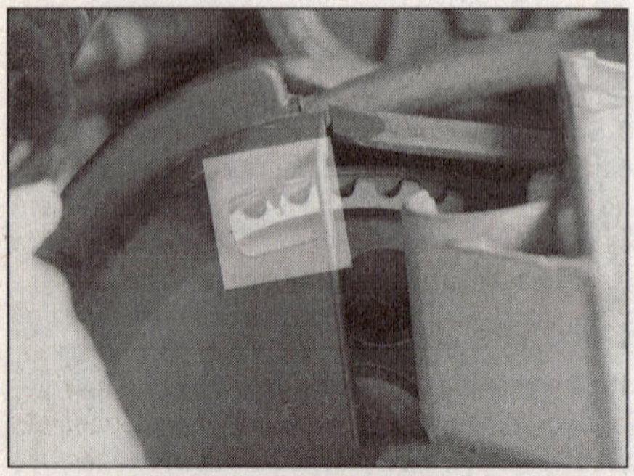

**3.6 Repère de calage du pignon d'arbre à cames aligné avec l'index fixe sur le carter de courroie de distribution**

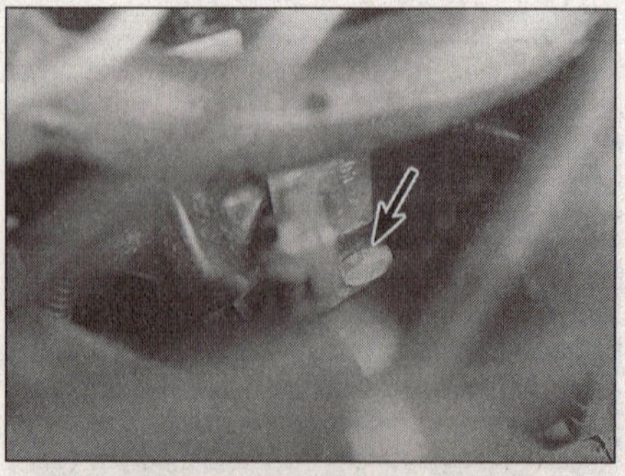

**3.8a Enlever la vis-bouchon sur le bloc-cylindres . . .**

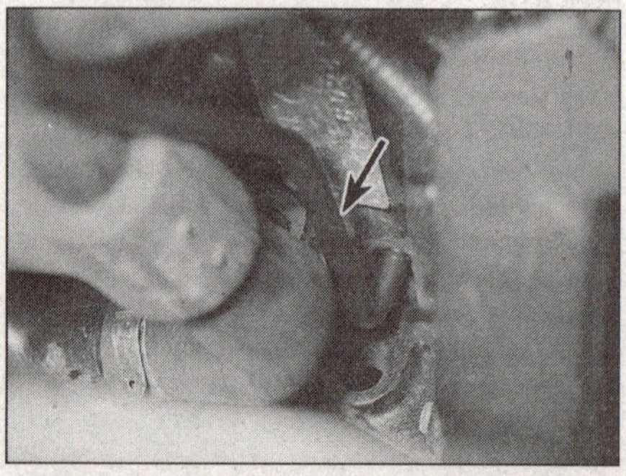

**3.8b . . . et introduire une pige de 8 mm de diamètre dans l'orifice de calage**

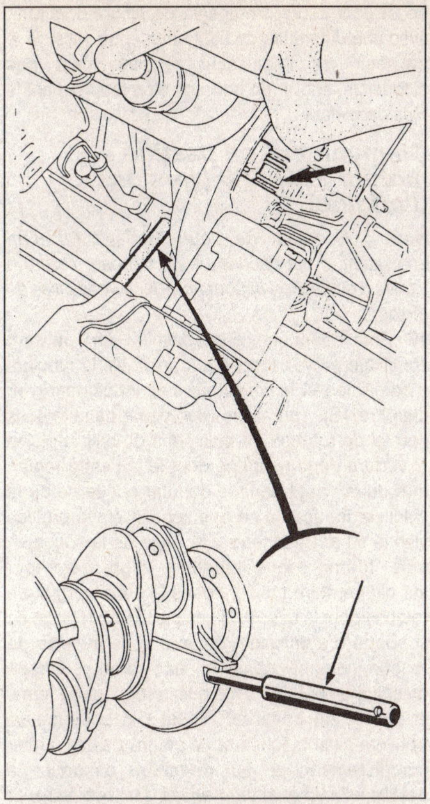

**3.8c Repère de calage du volant moteur vu par la lumière du carter d'embrayage et pige engagée dans la fente du vilebrequin**

*moteur : cela contribuera à éviter que le moteur ne se trouve sollicité en actionnant le démarreur par inadvertance, ce qui peut entraîner des dégâts.*

**9** Au terme de ces opérations, enlever la pige de calage et procéder à la repose de tous les éléments ayant été dégagés pour permettre l'accès.

## 4 Jeu aux soupapes - contrôle et réglage

**Nota :** *Cette opération n'est pas prévue par le programme d'entretien périodique. Elle doit être effectuée en cas de bruit anormal de la distribution ou de perte de puissance du moteur laissant supposer un mauvais réglage du jeu aux soupapes. Le couvre-culasse est à équiper d'un joint neuf à la repose. Les mécaniciens amateurs doivent noter que si le contrôle du jeu aux soupapes est relativement facile, l'échange des pastilles (ou des poussoirs, selon le cas) nécessite un outil spécial de Renault ou la dépose de l'arbre à cames - il peut donc être préférable de confier cette opération à un concessionnaire Renault.*

**Nota :** *Pour les moteurs F8Q 630 (versions d'origine), de pastilles de réglage séparées sont montés entre les poussoirs et les cames* **(voir illustration)**. *La dépose des pastilles nécessite la valise d'outils d'atelier Mot. 1366 ou l'outil Mot. 1366-01 et la dépose au préalable de la*

**3.8d Note d'avertissement de mise en position de calage au PMH du moteur**

*tubulure d'admission et du collecteur d'échappement. Les pastilles sont pourvues d'un bossage cylindrique sur leur face du dessous, venant se positionner dans le logement du poussoir, ce qui rend leur dépose extrêmement difficile avec l'arbre à cames en place.*

**Nota :** *Pour les moteurs F8Q 630 récents, et les versions F8Q 662 et F8Q 632, de nouveaux poussoirs (de type monobloc - sans pastilles de réglage séparées) sont montés. La dépose des poussoirs monoblocs nécessite la dépose de l'arbre à cames.*

### Contrôle

**1** Débrancher les connecteurs électriques de l'électrovanne de recyclage des gaz d'échappement et de la sonde de température d'air d'admission puis procéder à la dépose du boîtier de filtre à air, en libérant en même temps les canalisations du circuit d'alimentation en carburant ainsi que les tuyaux de dépression (voir chapitre 4B).

**2** En vue d'améliorer l'accès, dégager les différentes tuyauteries au niveau du couvre-culasse. En cas de débranchement des canalisations du circuit d'alimentation en carburant, les boucher ainsi que les orifices découverts afin d'empêcher l'admission d'impuretés.

**3** Desserrer ses vis de fixation et déposer le cache en plastique de la platine supérieure du support D. du groupe motopropulseur.

**4** Desserrer ses écrous de fixation et déposer le couvre-culasse avec son joint.

**5** Le vilebrequin doit être tourné au cours des opérations qui suivent, à l'aide d'une clé plate ou à douille en prise sur la vis de fixation de sa poulie. Pour garantir un meilleur accès, lever l'avant droit de la voiture au cric et le poser sur chandelle (voir « *Levage et soutien du véhicule* ») puis déposer la roue ainsi que la coquille pare-boue du passage de roue.

**6** Déposer les bougies de préchauffage ou les injecteurs (voir chapitre 5C ou 4B, suivant le cas, pour cette opération) afin de faciliter la rotation du vilebrequin.

**7** Sur une feuille de papier, faire un schéma montrant la disposition des soupapes d'admission et d'échappement, en les numérotant de 1 à 8 en fonction des cylindres qu'elles desservent, à partir du côté gauche (volant moteur). Identifier les soupapes par les indications suivantes : Ech. 1, Adm. 2, Ech. 3, Adm. 4, Adm. 5, Ech. 6, Adm. 7, Ech. 8 **(voir illustration)**.

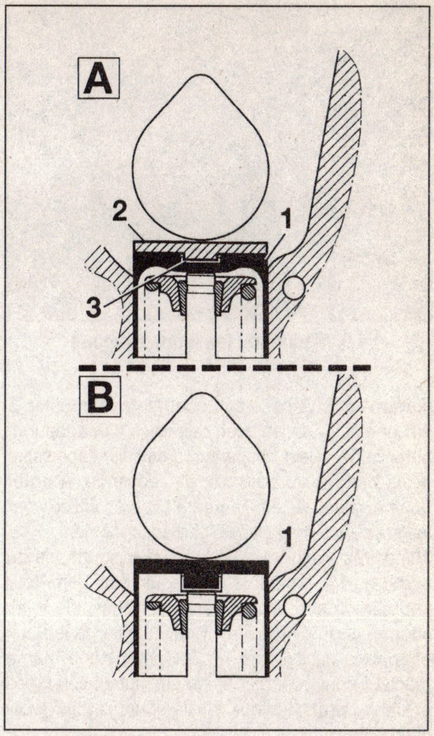


**4.0 Dispositifs alternatifs de réglage du jeu aux soupapes**

*A Pastille séparé - avec bossage cylindrique*
*B Poussoir monobloc*
*1 Poussoir*
*2 Pastille*
*3 Alésage de logement*

2C

**8** Tourner le vilebrequin de façon à amener en « bascule » les soupapes du cylindre nº 1 : la soupape d'échappement sera alors en phase de fermeture et celle d'admission en phase d'ouverture tandis que le piston du cylindre nº 4 se trouvera au point le plus élevé de sa course de compression avec ses deux soupapes en position de pleine fermeture. Contrôler ensuite le jeu aux deux soupapes du cylindre nº 4 en procédant comme suit :

**9** Engager une cale de l'épaisseur correspondant au jeu prescrit (voir « *Caractéristiques* ») entre le dos de la came et le poussoir. La cale doit juste passer dans le jeu, en frottant légèrement **(voir**

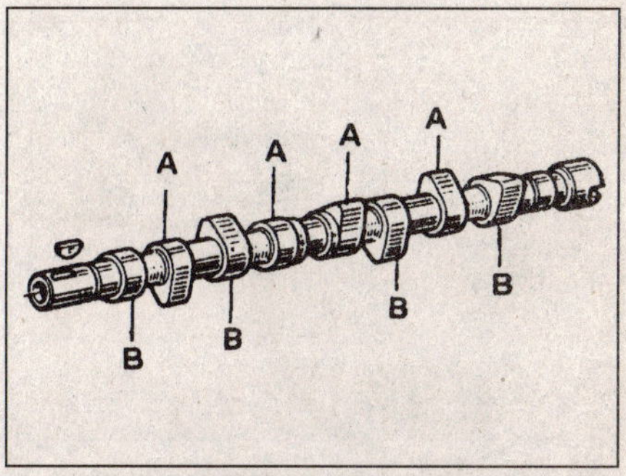


**4.7 Identification des cames**

*A Admission B Echappement*

4.9 Mesure du jeu à une soupape

**illustration)**. Dans le cas contraire, déterminer la valeur exacte du jeu avec des cales d'épaisseur et noter cette valeur qui servira à calculer l'épaisseur de la pastille ou poussoir de rechange. A noter qu'une valeur de jeu différente est préconisée pour les soupapes d'admission et d'échappement.

**10** Après avoir contrôlé le jeu aux soupapes du cylindre nº 4, tourner le vilebrequin d'un demi-tour supplémentaire pour amener en « bascule » les soupapes du cylindre nº 3 puis vérifier le jeu aux soupapes du cylindre nº 2. Opérer de la même manière pour contrôler le jeu aux autres soupapes et dans l'ordre indiqué sur le schéma joint **(voir illustration)**.

## *Réglage - tous les moteurs*

**11** En cas de jeu non conforme à la valeur prescrite, la pastille de réglage (ou le poussoir, selon moteur) de la soupape concernée doit être remplacée par une plus épaisse ou plus mince, suivant le cas. Bien que l'épaisseur nominale d'un pastille ou poussoir peut être gravée sur lui, il sera toutefois prudent de mesurer l'épaisseur réelle pour le cas où elle aurait été réduite suite à une usure. Mesurer l'épaisseur d'une pastille de réglage avec un palmer **(voir illustration)**. Pour les moteurs dotés de poussoirs monoblocs, l'épaisseur de ces poussoirs est à mesurer à l'aide des outils Renault Mot. 252-01, Mot. 856-02 et le comparateur Mot. 1079-02.

**12** Le calcul de l'épaisseur des pastilles/poussoirs de rechange s'effectue par la méthode suivante : si le jeu relevé est inférieur à la valeur prescrite, soustraire le jeu mesuré de celui préconisé et déduire le résultat de cette opération de l'épaisseur de la pastille/poussoir d'origine, soit :

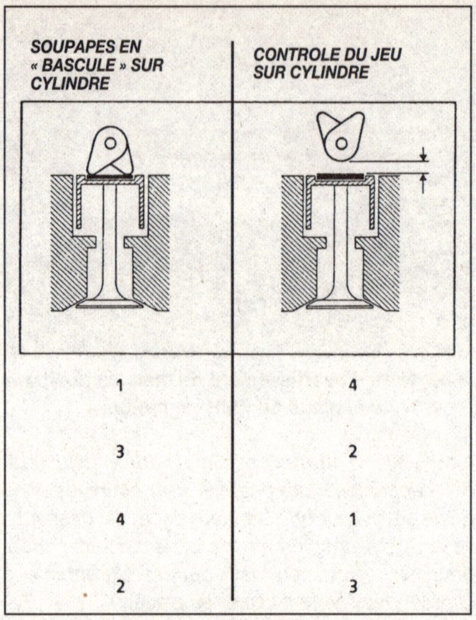


4.10 Contrôle du jeu aux soupapes

**Exemple de calcul - jeu insuffisant**

*Jeu mesuré (A) = 0,15 mm*
*Jeu prescrit (B) = 0,2 mm*
*Différence (B - A) = 0,05 mm*
*Epaisseur de pastille/poussoir d'origine = 3,7 mm*
*Epaisseur de pastille/poussoir à monter = 3,7 - 0,05 = 3,65 mm*

**13** Si le jeu relevé est au contraire trop important, soustraire la valeur du jeu prescrit de celle du jeu mesuré et ajouter le résultat de cette opération à l'épaisseur de la pastille (ou poussoir) d'origine, soit :

**Exemple de calcul - jeu excessif**

*Jeu mesuré (A) = 0,5 mm*
*Jeu prescrit (B) = 0,4 mm*
*Différence (A - B) = 0,1 mm*
*Epaisseur de pastille/poussoir d'origine = 3,45 mm*
*Epaisseur de pastille/poussoir à monter = 3,45 + 0,1 = 3,55 mm*

**14** Les pastilles de réglage sont disponibles en 17 épaisseurs, s'étageant de 2,9 à 3,7 mm, avec une différence de 0,05 mm entre elles. Si la pastille de l'épaisseur requise n'est pas disponible, choisir une pastille d'épaisseur s'en rapprochant le plus par défaut.

**15** Les poussoirs de rechange sont disponibles en 25 épaisseurs, s'étageant de 7,55 à 8,15 mm, avec une différence de 0,025 mm entre elles. Si le poussoir de l'épaisseur requise n'est pas disponible, choisir un poussoir s'en rapprochant le plus par défaut.

## *Changement de pastille - moteur F8Q 630 (versions d'origine)*

**Nota :** *A défaut de l'outil Renault ou d'un équivalent, il est nécessaire de déposer l'arbre à cames (voir section 8) pour accéder aux pastilles de réglage.*

**16** Pour déposer une pastille en utilisant l'outillage prévu, déposer au préalable la tubulure d'admission et le collecteur d'échappement (voir chapitre 4B). Tourner le vilebrequin dans le sens normal de rotation de manière à obtenir la pleine ouverture de la soupape dont le jeu est à régler. Introduire l'outil dans le conduit concerné de la culasse de façon à ce que son extrémité profilée vienne se positionner sur le siège de la soupape, puis tourner le vilebrequin d'un demi-tour supplémentaire (180°) - dans le sens normal de rotation pour la dépose d'une pastille de réglage de soupape d'admission, dans le sens **inverse** de fonctionnement dans le cas d'un soupape d'échappement - de sorte que la soupape se ferme et vienne en appui sur l'outil : la soupape se trouvera ainsi bloquée et ne pourra pas se fermer complètement, ce qui permettra d'extraire la pastille à l'aide d'un tournevis et d'un outil aimanté **(voir illustrations)**. **Nota :** *Enfoncer le poussoir en faisant levier sur l'arbre à cames au moyen d'un tournevis pour presser le poussoir et en dégageant la pastille avec un second tournevis n'est pas recommandée par la constructeur et sera toutefois extrêmement difficile à cause du bossage cylindrique sur la face du dessous de la pastille.*

**17** Un équivalent à l'outillage d'atelier peut être fabriqué à partir d'une barre de cuivre ou de laiton de 5 mm de diamètre courbée aux cotes indiquées sur le dessin joint **(voir illustrations)**. Au lieu d'avoir à déposer la tubulure d'admission ou le collecteur d'échappement, cet outil est introduit par le trou d'injecteur.

**18** Avant d'installer le pastille de réglage, essuyer le haut du poussoir en veillant à enlever l'huile

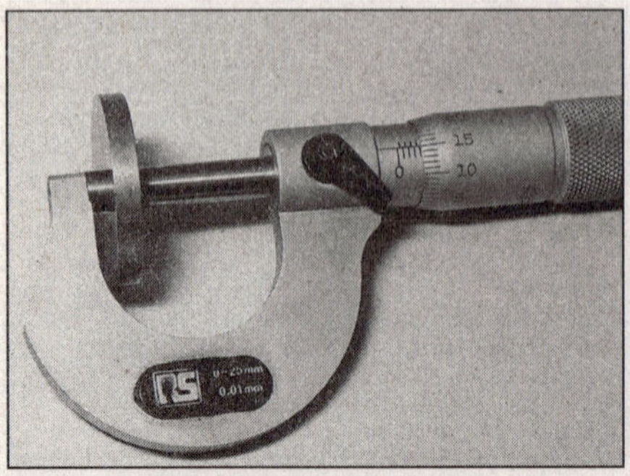

4.11 Mesure de l'épaisseur d'une pastille de réglage avec un palmer

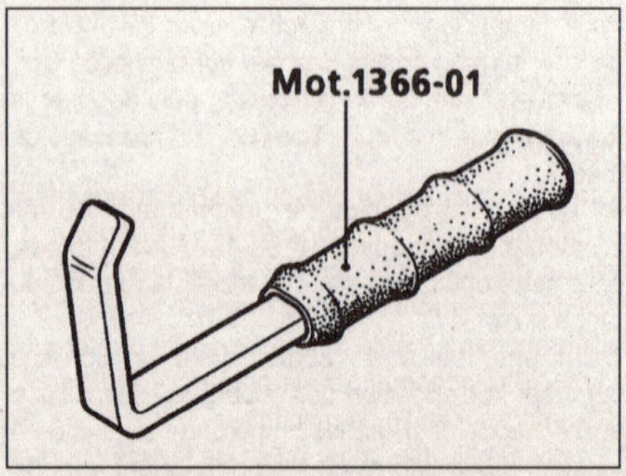


4.16a Outil Renault permettant de retenir en position ouverte les soupapes

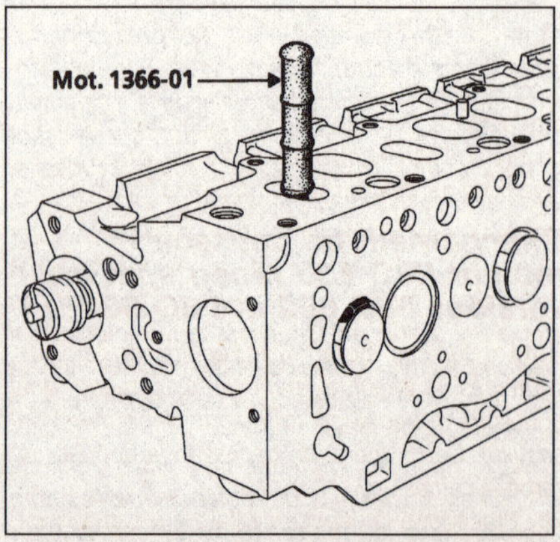


4.16b Montage de l'outil Renault pour retenir une soupape en position ouverte par le conduit concerné

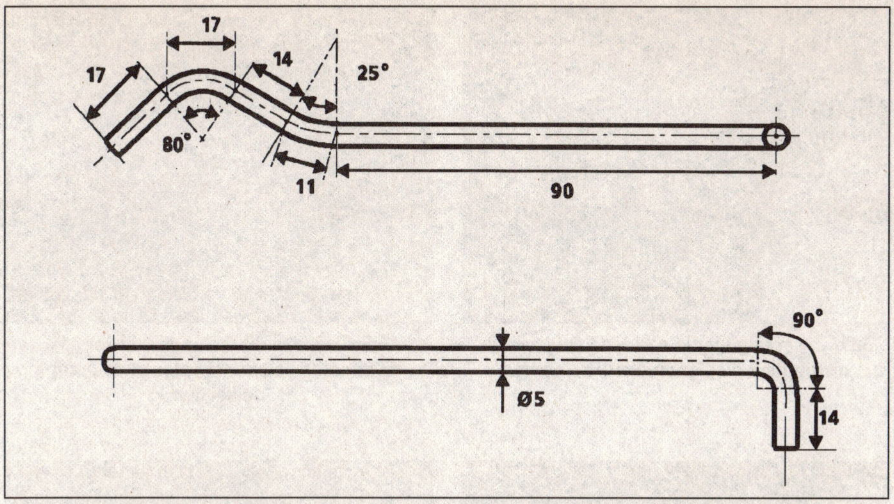


4.17a Cotes de fabrication de barre permettant de retenir en position ouverte les soupapes

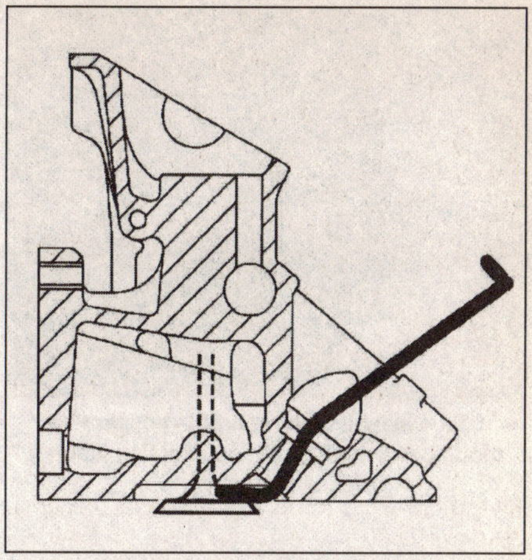

4.17b Montage de l'outil pour retenir une soupape en position ouverte par le trou d'injecteur

contenue au fond de l'alésage du logement de la pastille. Mettre la pastille en place en engageant son bossage circulaire dans le logement du poussoir.

**19** Enlever la clé plate ou à douille ayant servi à tourner le vilebrequin puis remettre en place la coquille pare-boue du passage de roue puis reposer la roue et descendre la voiture au sol. Serrer les vis de la roue au couple préconisé.

**20** Reposer le couvre-culasse muni d'un joint neuf, en serrant ses écrous de fixation au couple prescrit.

**21** Suivant le cas, remonter les injecteurs, comme indiqué au chapitre 4B ou les bougies de préchauffage, en se reportant au chapitre 5C pour cette opération.

**22** Reposer le cache en plastique coiffant la platine supérieure du support D. du groupe motopropulseur.

**23** Rebrancher toute tuyauterie ayant été débranchée pour permettre l'accès. Si les canalisations du circuit d'alimentation en carburant ont été débranchées, les raccorder puis effectuer le réamorçage et la purge d'air du circuit d'alimentation, comme décrit au chapitre 4B.

**24** Procéder à la repose du boîtier de filtre à air puis rebrancher les connexions électriques de l'électrovanne de recyclage des gaz d'échappement et de la sonde de température d'air d'admission. Remettre en place les canalisations du circuit d'alimentation en carburant ainsi que les tuyaux de dépression sur le boîtier de filtre à air.

### *Changement de poussoir - moteur F8Q 630 récents, et les versions F8Q 662 et F8Q 632*

**Nota :** *Sur ces moteurs, le réglage du jeu aux soupapes s'effectue par remplacement des poussoirs monoblocs (qui sont dépourvus de pastille). Cette opération nécessite la dépose de l'arbre à cames.*

**25** Procéder à la dépose de l'arbre à cames (voir section 8).

**26** Déposer le premier poussoir de soupape dont le jeu est à régler.

**27** Mesurer et noter l'épaisseur du poussoir, puis déterminer l'épaisseur du poussoir de rechange à monter (voir points 11 à 15 ci-dessus).

**28** Répéter ces contrôles au niveau des autres poussoirs.

**29** Suite au réglage du jeu aux soupapes, se reporter à la section 8 pour effectuer la repose de l'arbre à cames.

## 5 Courroie de distribution - dépose, contrôle et repose

***Attention : Une rupture ou le patinage de la courroie de distribution en cours de fonctionnement risque d'entraîner de sérieux dégâts du moteur. Il est pour cette raison impératif de respecter l'échéance prescrite pour le remplacement de la courroie (voir chapitre 1B) ou prématurément si son état est sujet à doute. S'assurer de bien se procurer la courroie de rechange du modèle approprié : le profil des crans a été modifié pour les versions plus récentes de moteurs***

**Nota :** *Un appareil spécial : outil d'atelier Mot. 1273 (tensiomètre SEEM C. Tronic 105.6) ou Mot. 1505 est nécessaire pour ajuster précisément la tension de la courroie de distribution. Un extracteur approprié peut également être nécessaire pour la dépose de la poulie de vilebrequin.*

### *Dépose*

**Nota :** *Le constructeur préconise le remplacement systématique de la courroie de distribution à chaque dépose ainsi que par la même occasion celui des galets tendeur et de renvoi.*

**1** Débrancher le câble de masse (-) de la batterie (voir « *Débranchement de la batterie* » à la partie « *Références* » en fin de manuel).

**2** En cas d'utilisation d'un palan de levage pour le soutien du moteur, procéder à la dépose du capot moteur (voir chapitre 11).

**3** Serrer le frein à main puis lever l'avant droit de la voiture au cric et le poser sur chandelle (voir « *Levage et soutien du véhicule* »). Déposer ensuite la roue.

**4** Déposer la coquille pare-boue du passage de roue pour avoir accès à la vis de fixation de la poulie de vilebrequin.

**5** Procéder à la dépose de la courroie des accessoires (voir chapitre 1B).

**6** Caler le moteur et la distribution au PMH compression du piston de cylindre n° 1 (voir section 3).

**7** La platine supérieure du support droit du groupe motopropulseur doit être dégagée pour pouvoir déposer la courroie de distribution, ce qui nécessite de soutenir le moteur en installant un cric rouleur avec cale de bois interposée sur sa tête en dessous du carter d'huile. En alternative, mettre en prise un palan ou une grue d'atelier aux pattes de levage du moteur.

**8** Déposer le cache en plastique puis desserrer ses vis de fixation et dégager la platine supérieure du support droit du groupe motopropulseur au niveau du moteur et de la caisse, en reportant à la section 14 pour cette opération **(voir illustration)**.

**9** Desserrer leurs vis de fixation et déposer les carters de la courroie de distribution, y compris la partie couvrant le pignon de la pompe d'injection : veiller à bien repérer la position respective de toute

5.8 Vis de fixation de la platine supérieure du support D. sur le moteur

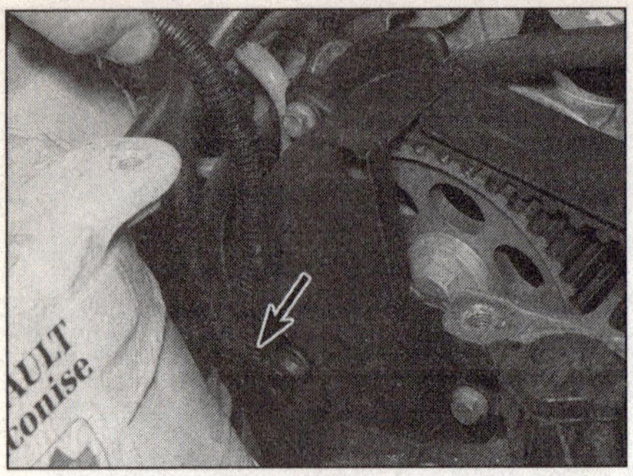

5.9a Veiller à bien repérer la position de montage de toute patte de maintien (flèche) retenue par les vis . . .

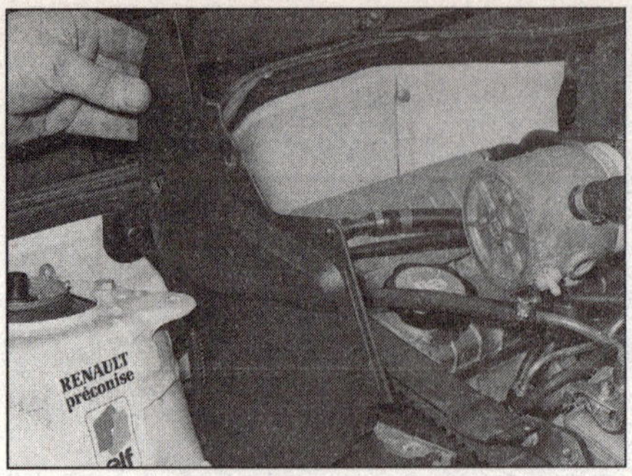


5.9b . . . et dégager le carter de courroie de distribution du pignon d'arbre à cames

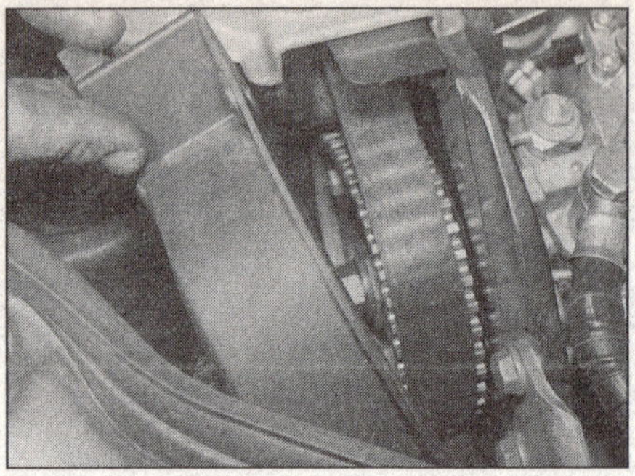

5.9c Dépose du carter de courroie de distribution couvrant le pignon de pompe d'injection

5.10a Desserrer ses vis de fixation latérales . . .

5.10b . . . et arrière . . .

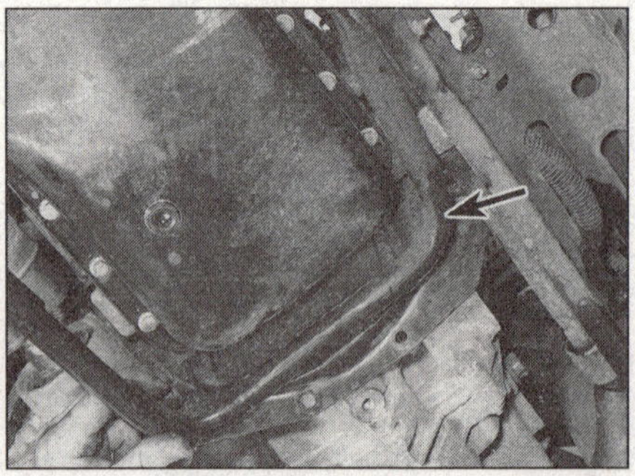

5.10c . . . puis déposer la tôle de fermeture du volant moteur

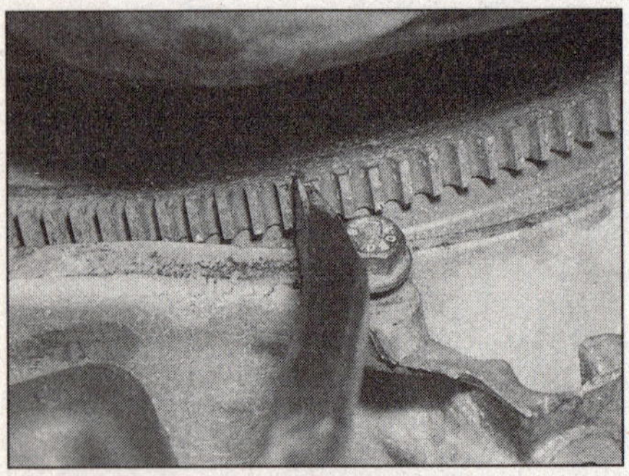

5.10d Bloquer la couronne de démarreur du volant moteur

5.11a Dépose de la vis de fixation . . .

5.11b . . . et de la poulie de vilebrequin

5.12 Déblocage de l'écrou de fixation du galet tendeur de courroie de distribution

patte de maintien retenue par les vis **(voir illustrations)**.

**10** Le vilebrequin doit être immobilisé pour le déblocage de la vis de fixation de sa poulie. Pour cela, en opérant du dessous de la voiture, desserrer ses vis de fixation et déposer la tôle de fermeture du volant moteur : veiller à bien repérer la position respective de toute patte de maintien retenue par les vis. Remonter l'une des vis de fixation sur le carter d'embrayage pour servir de point d'appui à la lame d'un tournevis ou à un outil approprié à caler dans la denture de la couronne de démarreur du volant moteur **(voir illustrations)**.

**11** Finir de desserrer et enlever la vis de fixation puis dégager la poulie en bout de vilebrequin, en utilisant au besoin un extracteur en cas de serrage **(voir illustrations)**.

**12** Débloquer son écrou de fixation puis basculer le galet tendeur dans le sens anti-horaire de façon à détendre la courroie de distribution. **Nota :** *Ne pas desserrer l'écrou de plus d'un tour, sinon le galet risque de se désengager.* Dans le cas où elle est montée, desserrer la vis M6 de réglage de tension de la courroie sur le carter intérieur de la courroie **(voir illustration)**. Rebloquer ensuite l'écrou de fixation du galet tendeur.

**13** En cas de réutilisation de la courroie de distribution, contrairement à la prescription du constructeur, vérifier que la courroie est pourvue de flèches indiquant son sens de défilement, sinon la marquer. Réaliser également des repères sur la courroie pour indiquer sa position précise par

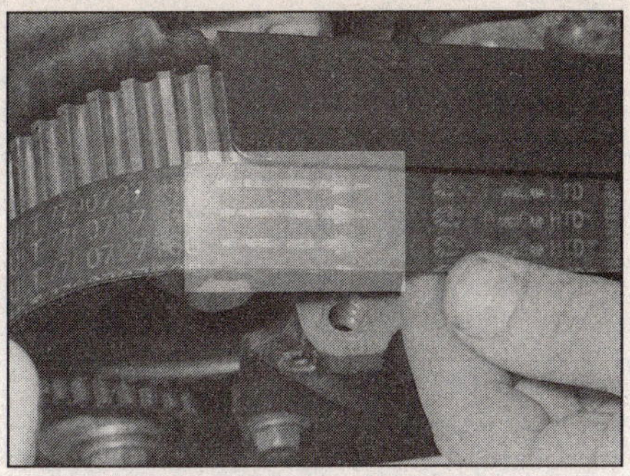

**5.13a Flèches sur la courroie de distribution indiquant son sens de défilement**

rapport aux repères de calage sur les pignons d'arbre à cames, de pompe d'injection et du vilebrequin **(voir illustrations)**. S'assurer que la distance comprise entre les repères de calage des pignons d'arbre à cames et de pompe d'injection corresponde à 30 crans de la courroie.

**14** Dégager la courroie successivement des pignons d'arbre à cames et de pompe d'injection, du galet de renvoi, du pignon de vilebrequin et du pignon de renvoi.

**15** **Ne pas** tourner le vilebrequin suite à la dépose de la courroie de distribution afin d'éviter toute interférence entre les pistons et les soupapes. Pour effectuer une éventuelle opération nécessitant la rotation du vilebrequin, enlever la pige de calage au PMH et tourner le vilebrequin d'un quart de tour dans le sens anti-horaire (vu du côté distribution) de façon à faire descendre les quatre pistons à mi-course dans leur alésage.

## *Contrôle*

**16** Nettoyer les pignons ainsi que les galets de renvoi et tendeur et bien les sécher : veiller à ne pas utiliser une trop quantité de solvant-dégraissant pour les galets, ce qui risquerait de dissoudre le lubrifiant de leur roulement. Nettoyer de la même manière les emplacements se trouvant sur le passage de la courroie de distribution au niveau de son carter intérieur ainsi que la face avant de la culasse et du bloc-cylindres.

**17** Examiner avec soin la courroie de distribution pour s'assurer qu'elle n'est pas fendue ni effilochée et ne présente pas de signes manifestes d'usure, notamment au niveau du bord d'attaque de ses crans. La remplacer si des défauts de cette nature sont remarqués ou si elle est imprégnée d'huile ou de graisse. La courroie est bien entendu à changer si elle a atteint l'échéance de remplacement prévue par le programme d'entretien périodique (voir chapitre 1B).

## *Repose*

**18** Vérifier que le moteur et la distribution sont bien calés au PMH compression du piston de cylindre nº 1, avec la pige engagée dans l'orifice sur le bloc-cylindres (voir section 3). Si les pistons ont été descendus à mi-course dans leur alésage respectif, tourner le vilebrequin d'un quart de tour dans le sens horaire de manière à les ramener au PMH et pouvoir réintroduire la pige de calage.

**19** Installer la courroie de distribution en faisant coïncider ses traits de référence avec les repères de calage sur les pignons de vilebrequin, d'arbre à cames et de pompe d'injection et veillant à orienter ses flèches directionnelles dans le sens horaire, vu du côté distribution **(voir illustrations)**. Engager la courroie successivement sur le pignon de vilebrequin, le galet de renvoi, les pignons de pompe d'injection et d'arbre à cames puis sur le pignon de renvoi.

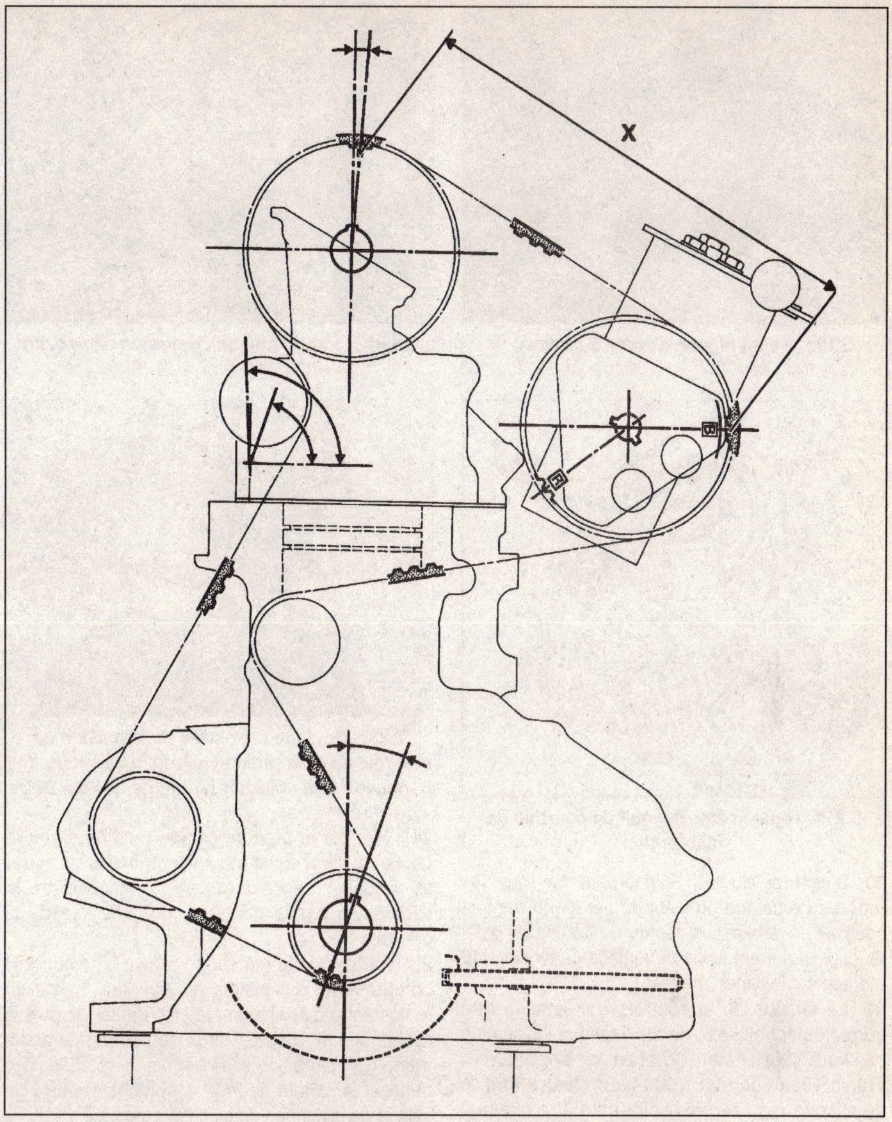


**5.13b Calage de la distribution**

*X = 30 crans*

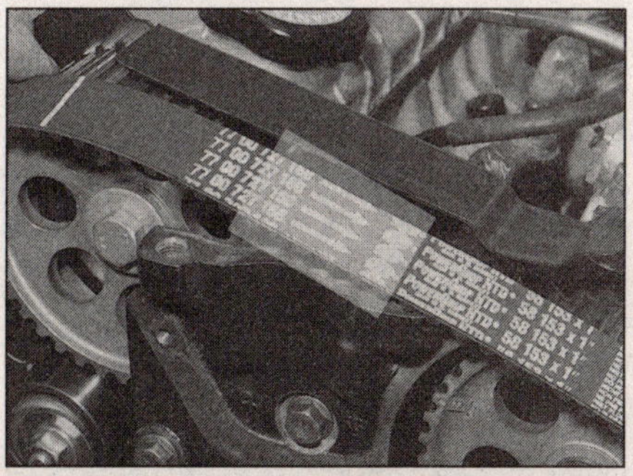

**5.19a Flèches directionnelles de la courroie de distribution à orienter dans le sens horaire**

**5.19b Traits de référence de la courroie de distribution alignés avec les repères de calage du pignon de vilebrequin . . .**

2C

**5.19c . . . du pignon d'arbre à cames . . .**

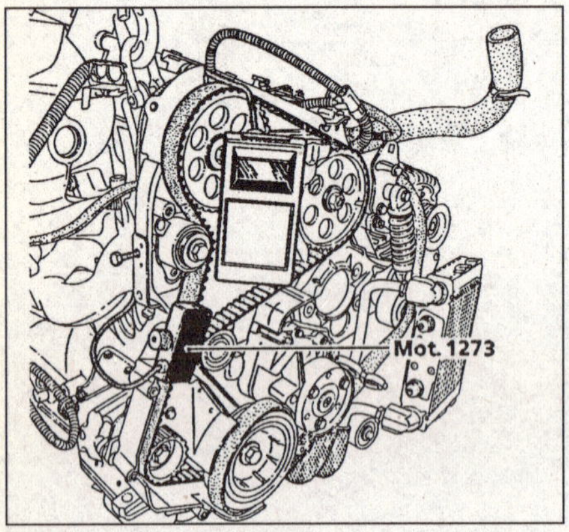


**5.21a Tensiomètre Renault de courroie de distribution**

**20** S'assurer du bon alignement de tous les repères de calage puis supprimer le jeu dans la courroie en débloquant l'écrou de fixation du galet tendeur et serrant la vis de réglage de tension M6 montée sur le carter intérieur.

**21** La tension de la courroie doit ensuite être correctement ajustée, ce qui implique l'utilisation de l'outil d'atelier Mot. 1273 (tensiomètre SEEM C. Tronic 105.6) ou Mot. 1505 **(voir illustration)**. A défaut, un réglage provisoire peut être effectué (voir description ci-dessous). Dans ce cas, il est vivement conseillé de faire recontrôler sans tarder la tension de la courroie dans un atelier du réseau Renault. Ne pas accomplir de longs trajets ni pousser le moteur à haut régime tant que la tension de la courroie de distribution n'aura pas été correctement réglée. Avec un peu d'expérience, la tension de la courroie de distribution peut être ajustée de manière approximative de façon à ce qu'il soit possible de vriller sur lui-même de 45 à 90°, sous une pression modérée du pouce et de l'index, le brin de la courroie compris entre le galet tendeur et le pignon de renvoi.

**22** Pour retoucher éventuellement la tension de la courroie, débloquer l'écrou de fixation du galet tendeur puis agir sur la vis de réglage M6 fixée sur le carter intérieur **(voir illustration)**.

**23** La tension correcte une fois obtenue, bloquer l'écrou de fixation du galet tendeur au couple prescrit avec une clé dynamométrique, afin de prévenir tout desserrage ultérieur qui entraînerait de sérieux dégâts du moteur. Desserrer la vis de réglage de manière à ce qu'elle ne soit plus en appui sur la patte du galet tendeur.

**5.19d . . . et du pignon de pompe d'injection**

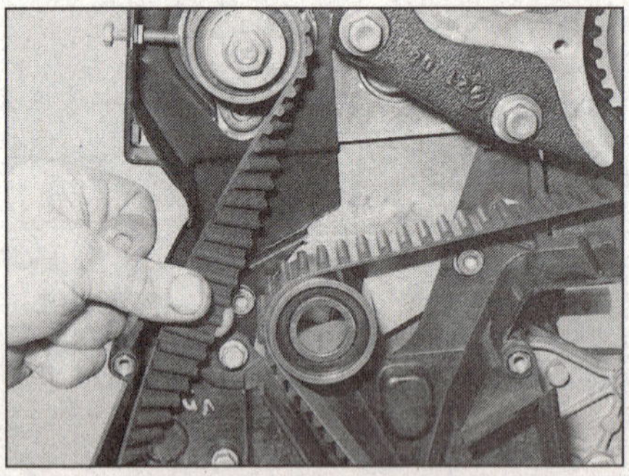

**5.21b Réglage provisoire de la tension de courroie de distribution : le brin le plus long doit pouvoir être vrillé sur lui-même de 45 à 90°**

**24** Déposer la pige de calage puis remonter la poulie de vilebrequin et sa vis de fixation à serrer au couple prescrit, tout en immobilisant le vilebrequin par la méthode indiquée lors de la dépose.

**25** Vérifier que le moteur se trouve bien au PMH compression du piston de cylindre n° 1, en remontant provisoirement la pige de calage puis la redéposer et donner deux tours complets au vilebrequin dans son sens normal de rotation pour ramener le moteur au PMH et remonter la pige de calage dans l'orifice du bloc-cylindres.

**26** Reposer provisoirement le carter de courroie de distribution couvrant le pignon d'arbre à cames et s'assurer du bon alignement du repère de calage du pignon par rapport à l'index fixe sur le carter (voir section 3).

**27** Recontrôler la tension de la courroie de la manière décrite précédemment. En cas de tension incorrecte, l'opération de réglage est à reprendre depuis le début.

**5.22 Vis de réglage de tension de courroie de distribution montée sur le carter intérieur**

**28** Enlever la vis de réglage au niveau du carter intérieur de la courroie de distribution ainsi que la pige de calage si ce n'est déjà fait. Remonter la vis-bouchon de l'orifice de calage à l'avant gauche du bloc-cylindres, en veillant à la serrer convenablement.

**29** Procéder au calage de la pompe d'injection, en se reportant au chapitre 4B pour cette opération.

**30** Reposer les carters de la courroie de distribution, en s'assurant de remonter correctement toute patte de maintien retenue par les vis.

**31** Procéder à la repose de la platine supérieure du support droit du groupe motopropulseur, comme indiqué en section 14, puis remettre en place le cache en plastique. Dégager le cric rouleur ou le palan de levage utilisé pour le soutien du moteur.

**33** Effectuer la repose de la courroie des accessoires, comme décrit au chapitre 1B.

**34** Remettre en place la coquille pare-boue du passage de roue puis reposer la roue et descendre la voiture au sol. Serrer les vis de la roue au couple préconisé.

**35** Reposer éventuellement le capot moteur, en se reportant au chapitre 11 pour cette opération.

**36** Rebrancher le câble de masse de la batterie.

## 6 Pignons et galets de courroie de distribution - dépose et repose

### *Pignon de vilebrequin*

**Nota :** *Un extracteur approprié peut être nécessaire pour la dépose du pignon de vilebrequin.*

**Dépose**

**1** Procéder à la dépose de la courroie de distribution (voir section précédente).

**2** Il doit normalement être possible de dégager le pignon du vilebrequin à la main **(voir illustration)**. Faire appel au besoin à un extracteur qui peut être fabriqué à partir de deux vis, d'un morceau d'acier plat et de la vis de fixation de la poulie de vilebrequin. En desserrant cette dernière, le pignon se trouvera arraché en bout de vilebrequin.

**6.2 Dépose du pignon de vilebrequin**

**3** Récupérer la clavette demi-lune si elle a été délogée de sa rainure sur le vilebrequin.

### Repose

**4** La repose s'opère à l'inverse de la dépose, en veillant à disposer son côté pourvu d'une embase vers le vilebrequin.
**5** Effectuer la repose de la courroie de distribution, en se reportant à la section précédente pour cette opération.

## *Pignon de renvoi*

### Dépose

**6** Déposer la courroie de distribution (voir section précédente).
**7** Immobiliser le pignon au moyen d'un outil approprié. En alternative, brider le pignon au moyen de la courroie de distribution usagée maintenue fermement avec une pince-étau.
**8** Desserrer et enlever sa vis de fixation puis dégager le pignon **(voir illustration)**. Se servir s'il y a lieu de deux leviers ou de tournevis pour libérer le pignon. Un extracteur peut également être utilisé comme décrit précédemment pour la dépose du pignon de vilebrequin.

### Repose

**9** La repose s'effectue à l'inverse de la dépose, en serrant la vis de fixation au couple prescrit.
**10** Effectuer la repose de la courroie de distribution, en se reportant à la section précédente pour cette opération.

## *Pignon de pompe d'injection*

**Nota :** *L'outil Mot. 1200-01 est à prévoir pour le blocage du pignon de pompe au cours de sa dépose et de sa repose (voir chapitre 4B pour davantage de précisions). S'il s'agit d'un moteur F8Q 632, se munir en plus de l'outil Mot. 1525 ou d'un extracteur approprié agissant sur l'écrou de fixation du pignon.*

### Dépose

**11** Procéder à la dépose de la courroie de distribution (voir section précédente). A signaler qu'il n'est pas obligatoire de déposer complètement la courroie : il suffit de prendre les dispositions nécessaires pour pouvoir la dégager du pignon de la pompe d'injection.
**12** Immobiliser le pignon au moyen de l'outil Mot. 1200-01 (voir chapitre 4B, section 10). A défaut, réaliser un équivalent ou brider le pignon à l'aide de la courroie de distribution usagée maintenue fermement avec une pince-étau.
**13** Dans le cas d'un pignon de type « RAM » (moteurs F8Q 630 et F8Q 662), dévisser progressivement l'écrou de fixation (de couleur dorée) du moyeu de pignon : l'écrou sera desserré dans un premier temps puis resserré par l'effet d'extraction s'exerçant sur le pignon. Continuer de desserrer l'écrou pour le décoller de l'axe de la pompe. **Nota :** *Ne pas desserrer la vis de fixation centrale d'un pignon de type « RAM », ce qui modifierait le calage de la pompe d'injection (voir chapitre 4B pour davantage de précisions).* Récupérer la clavette demi-lune dans sa rainure sur l'axe de la pompe et la ranger en lieu sûr avec le pignon.

***Attention : Ne pas démonter le pignon de type « RAM » (à réglage angulaire micrométrique) de la pompe d'injection***

**14** Sur un moteur F8Q 632 (pignon en une seule partie), débloquer son écrou de fixation **(voir illustration)**. Décoller le pignon de l'axe de la pompe à l'aide de l'outil Mot. 1525 ou d'un extracteur approprié agissant sur l'écrou de fixation.
**15** Effectuer un repère sur la courroie de distribution indiquant sa position par rapport au repère de calage du pignon de la pompe d'injection.
**16** Dégager la courroie de distribution du pignon et déposer ce pignon **(voir illustrations)**.

### Repose

**17** La repose s'effectue à l'inverse de la dépose, en tenant par ailleurs compte des points suivants :

*a) S'assurer de bien encastrer la clavette demi-lune dans sa rainure sur l'axe de la pompe et dans le logement correspondant du pignon*
*b) Serrer l'écrou de fixation du pignon au couple préconisé ou respecter les deux différentes phases prescrites, suivant le type de pignon*
*c) Remettre en place la courroie de distribution et effectuer son réglage de tension, comme indiqué en section précédente*
*d) Avant de reposer le carter de courroie de distribution couvrant son pignon, procéder au calage de la pompe d'injection, en opérant comme décrit au chapitre 4B*

## *Pignon d'arbre à cames*

**Nota :** *La dépose du pignon d'arbre à cames est rendue difficile par le manque de recul dû à la position de montage du support supérieur droit du groupe motopropulseur et de la pompe d'injection. Il est vivement conseillé de lire attentivement les descriptions qui suivent avant toute intervention.*

### Dépose

**18** Débrancher le câble de masse (-) de la batterie (voir « *Débranchement de la batterie* » à la partie « *Références* » en fin de manuel).
**19** Procéder à la dépose de la courroie de distribution (voir section précédente).
**20** Déposer l'écran de protection en plastique de l'alternateur **(voir illustration)**.
**21** Déposer l'alternateur (voir chapitre 5A).
**22** Desserrer ses vis de fixation et dégager le support inférieur de l'alternateur du bloc-cylindres

**6.8 Dépose du pignon de renvoi**

**6.14 Déblocage de l'écrou de fixation du pignon de pompe d'injection**

**6.16a Repère sur la courroie de distribution indiquant sa position par rapport au repère de calage du pignon de pompe d'injection**

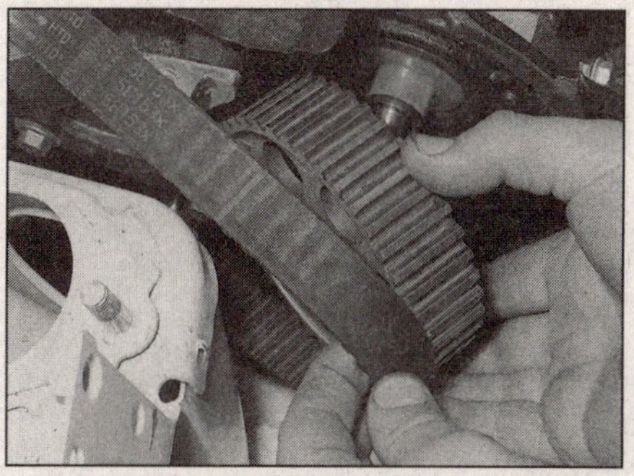

**6.16b Dépose du pignon de pompe d'injection**

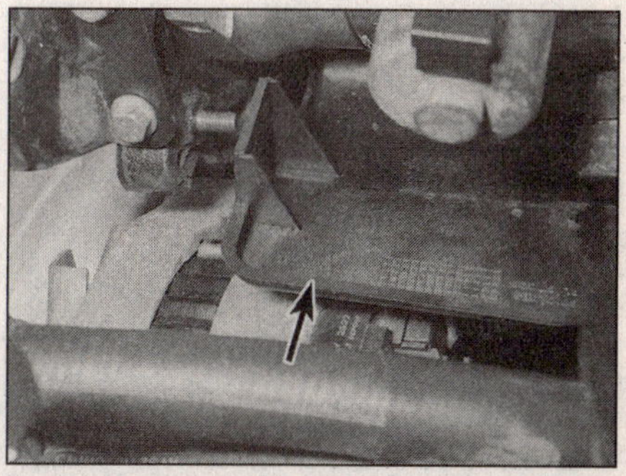

**6.20 Ecran de protection en plastique de l'alternateur**

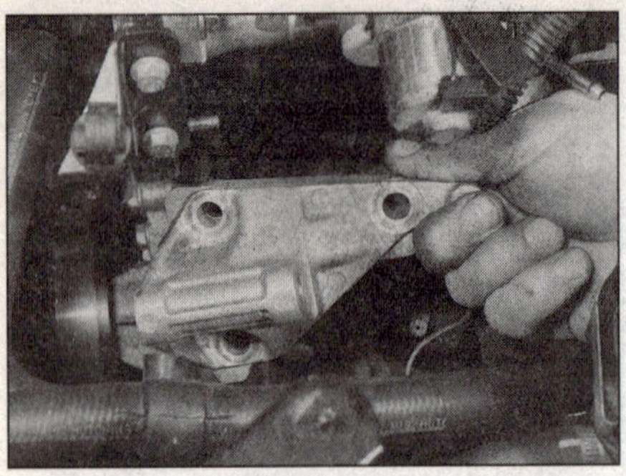

**6.22 Dépose du support inférieur de l'alternateur**

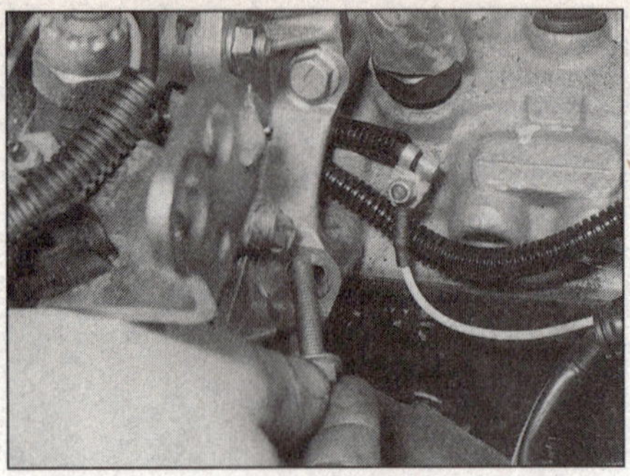

**6.24 Dépose d'une vis de fixation du support G. de la pompe d'injection sur la culasse**

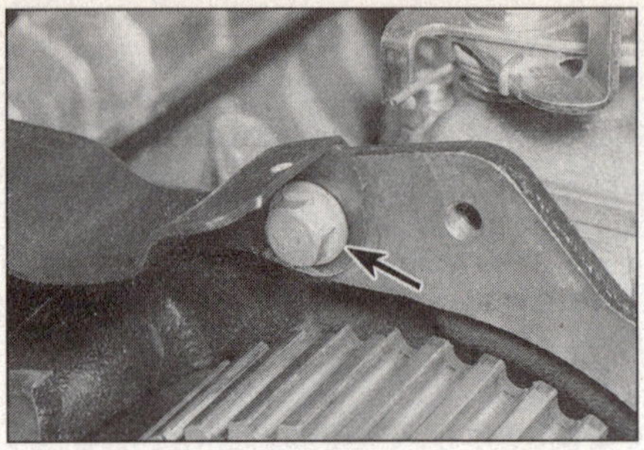

**6.26 Vis de fixation du carter intérieur de courroie de distribution sur le support supérieur D. du groupe motopropulseur**

**(voir illustration)**. Si ce n'est déjà fait, déposer également la patte du tendeur de la courroie des accessoires, formant support supérieur de l'alternateur.

**23** Désaccoupler ou débrancher les câbles, les tuyauteries, les canalisations et le connecteur électrique de la pompe d'injection (voir chapitre 4B).

**24** Desserrer les vis assurant la fixation du support gauche de la pompe d'injection sur la culasse **(voir illustration)**.

**25** Desserrer l'écrou de fixation et dégager le support gauche de la pompe d'injection.

**26** Enlever la vis de fixation du carter intérieur de courroie de distribution sur le support supérieur droit du groupe motopropulseur et de la pompe d'injection **(voir illustration)**.

**27** Desserrer ses trois vis de fixation et dégager l'ensemble du support supérieur droit du groupe motopropulseur avec la pompe d'injection en le tirant vers l'avant de la voiture **(voir illustrations)**. A noter qu'il peut se révéler impossible d'enlever complètement les deux vis supérieures du fait du peu d'espace disponible : dans ce cas, dégager l'ensemble avec les vis restant en place dans les trous.

**28** Si ce n'est déjà fait, enlever la pige de calage du moteur au PMH compression puis tourner le moteur d'un quart de tour dans le sens anti-horaire de façon à faire descendre les pistons à mi-course dans leur alésage et d'éviter ainsi toute interférence entre les pistons et les soupapes en cas de rotation inopinée de l'arbre à cames au desserrage de la vis de fixation de son pignon.

**29** Débloquer la vis de fixation du pignon d'arbre à cames, ce qui nécessite d'immobiliser le pignon au moyen d'une clé à douille à rallonge en prise sur l'une des vis de fixation du carter intérieur de courroie de distribution **(voir illustration)**. En alternative, brider le pignon à l'aide de la courroie de distribution usagée maintenue fermement avec une pince-étau.

**30** Enlever la vis de fixation avec sa rondelle puis dégager le pignon en bout d'arbre à cames **(voir illustrations)**. Utiliser au besoin un extracteur, en prenant appui avec ses griffes au niveau des perçages et **non pas** de la denture du pignon.

**31** Récupérer la clavette demi-lune si elle a délogée de sa rainure sur l'arbre à cames **(voir illustration)**.

## Repose

**32** S'assurer de la présence de la clavette demi-lune dans la rainure sur l'arbre à cames puis réinstaller le pignon, en signalant que son moyeu épaulé se monte côté culasse.

**33** Monter la rondelle puis la vis de fixation à serrer au couple prescrit, tout en bloquant le pignon afin d'empêcher sa rotation par la méthode indiquée lors de la dépose.

**34** Remettre en place l'ensemble constitué par le

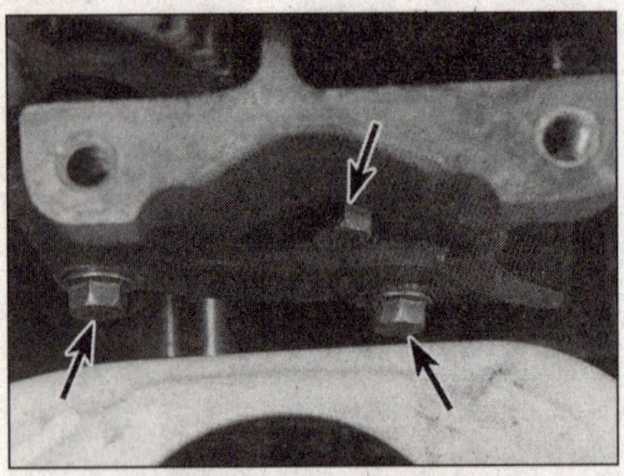

**6.27a Desserrer ses vis de fixation . . .**

**6.27b . . . et dégager l'ensemble du support supérieur D. avec la pompe d'injection**

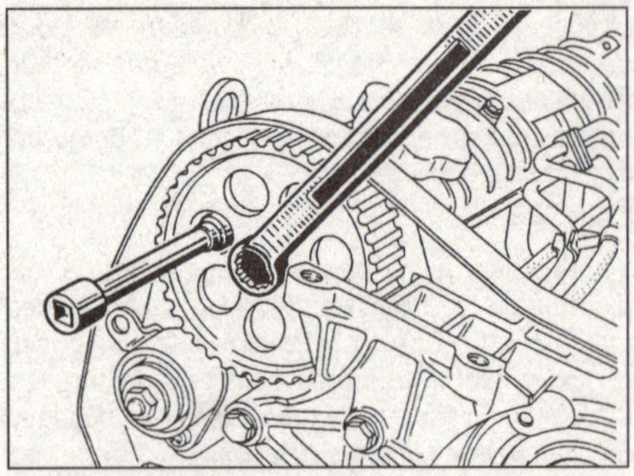

**6.29 Déblocage de la vis de fixation du pignon d'arbre à cames**

**6.30a Enlever la vis de fixation avec sa rondelle . . .**

**6.30b . . . puis dégager le pignon en bout d'arbre à cames**

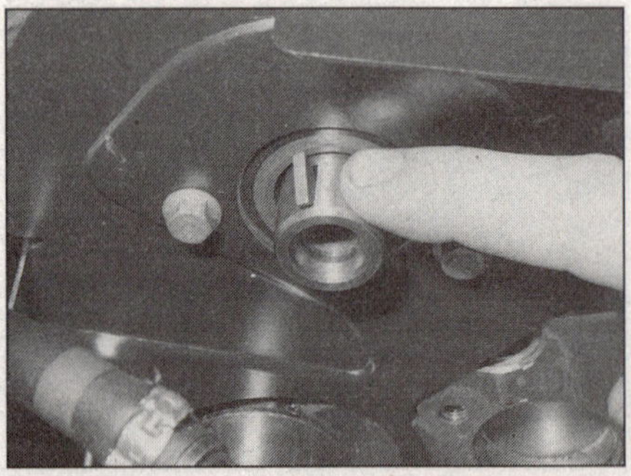

**6.31 Récupérer la clavette demi-lune dans sa rainure sur l'arbre à cames si elle a été délogée**

support supérieur droit du groupe motopropulseur et la pompe d'injection, et serrer les vis de fixation. Remonter éventuellement les deux vis de fixation supérieures dans les trous sur le support avant de le réinstaller.

**35** Remonter la vis de fixation du carter intérieur de courroie de distribution sur le support droit du groupe motopropulseur et de la pompe d'injection.

**36** Reposer le support gauche de la pompe d'injection, en serrant convenablement ses vis et son écrou de fixation.

**37** Réaccoupler et rebrancher les câbles, les tuyauteries, les canalisations et les connexions électriques sur la pompe d'injection, en opérant comme indiqué au chapitre 4B, section 10.

**38** Reposer le support inférieur de l'alternateur sur le bloc-cylindres, en serrant bien ses vis de fixation. Remettre également en place la patte du tendeur de courroie des accessoires formant support supérieur de l'alternateur.

**39** Procéder à la repose de l'alternateur, comme décrit au chapitre 5A.

**40** Remettre en place l'écran de protection en plastique de l'alternateur.

**41** Reposer provisoirement le carter de courroie de distribution couvrant le pignon d'arbre à cames et s'assurer du bon alignement du repère de calage au PMH du pignon avec l'index fixe sur le carter.

**42** Tourner le vilebrequin dans le sens horaire (vu du côté distribution) de façon à pouvoir réintroduire la pige de calage du moteur au PMH compression du piston de cylindre nº 1.

**43** Installer la courroie de distribution neuve puis effectuer son réglage de tension, comme indiqué en section précédente.

**44** Rebrancher le câble de masse de la batterie.

**45** Procéder au réamorçage et à la purge d'air du circuit d'alimentation en carburant, comme décrit au chapitre 4B.

### Galet de renvoi

#### Dépose

**46** Déposer la courroie de distribution (voir section précédente).

**47** Desserrer ses deux vis de fixation puis manœuvrer le galet pour le dégager des carters intérieurs de la courroie de distribution.

#### Repose

**48** La repose a lieu à l'inverse de la dépose, en s'assurant au préalable de la libre rotation, sans points durs ni jeu excessif, du galet.

**49** Monter la courroie de distribution neuve et effectuer son réglage de tension, comme indiqué en section précédente.

### Galet tendeur

#### Dépose

**50** Déposer la courroie de distribution (voir section précédente).

**51** Enlever l'écrou de fixation avec sa rondelle ainsi que la vis puis dégager l'ensemble du galet de l'axe.

#### Repose

**52** La repose s'effectue à l'inverse de la dépose, en s'assurant au préalable de la libre rotation, sans points durs ni jeu excessif, du galet. Veiller à bien engager l'ergot sur le bloc-cylindres dans le logement correspondant sur le support du galet.

**53** Monter la courroie de distribution neuve et procéder à son réglage de tension, comme décrit en section précédente.

## 7 Bague d'étanchéité d'arbre à cames - remplacement

### Côte droit

**1** Déposer le pignon d'arbre à cames (voir section précédente).

**2** Si ce n'est déjà fait, récupérer la clavette demi-lune dans sa rainure sur l'arbre à cames puis repérer la position de montage de la bague d'étanchéité dans la culasse.

**3** Dégager la bague d'étanchéité de son logement dans la culasse au moyen d'un petit tournevis, en veillant à ne pas marquer la portée de l'arbre à cames.

**4** Nettoyer le logement et la portée sur l'arbre à cames puis lubrifier la bague d'étanchéité neuve avec de l'huile moteur propre et l'installer sur l'arbre à cames avec son côté fermé à l'extérieur. Veiller à ne pas abîmer la lèvre de la bague d'étanchéité en l'engageant sur l'arbre à cames.

**5** Enfoncer la bague d'étanchéité jusqu'à la profondeur notée lors de la dépose ou légèrement moins rentrée si la portée de l'arbre à cames est marquée, en la frappant au moyen d'un poussoir tubulaire, genre douille, ou d'une cale de bois taillée de telle façon à contourner l'extrémité de l'arbre à cames.

**6** Procéder à la repose du pignon d'arbre à cames, comme indiqué en section précédente.

### Côté gauche

**7** L'arbre à cames est dépourvu de bague d'étanchéité sur son côté gauche. A la place, un joint est prévu entre la culasse et la pompe à vide d'assistance de freinage pour assurer l'étanchéité et sur certains moteurs, un joint torique est intercalé entre la pompe et son logement. Pour changer le joint plat et le cas échéant, le joint torique, desserrer ses vis de fixation et dégager la pompe à vide de la culasse (voir chapitre 9).

## 8 Arbre à cames et poussoirs - dépose, contrôle et repose

**Nota :** *La bague d'étanchéité côté droit de l'arbre à cames et le joint du couvre-culasse sont à changer systématiquement à chaque dépose. Prévoir par ailleurs une pâte d'étanchéité appropriée (voir point 23 ci-dessous) à appliquer sur certains chapeaux de paliers d'arbre à cames et leurs vis de fixation.*

### Dépose

**1** Débrancher les connecteurs électriques de l'électrovanne de recyclage des gaz d'échappement et de la sonde de température d'air d'admission puis procéder à la dépose du boîtier de filtre à air, en libérant en même temps les canalisations du circuit d'alimentation en carburant ainsi que les tuyaux de dépression (voir chapitre 4B).

**2** Déposer le pignon d'arbre à cames (voir section 6). Enlever l'écrou de fixation avec la rondelle ainsi que la vis puis dégager le galet tendeur de courroie de distribution de son axe sur la culasse **(voir illustration)**.

**3** Desserrer et enlever les deux vis de fixation du carter intérieur supérieur de la courroie de distribution sur la culasse **(voir illustration)**.

**4** Desserrer la vis de fixation inférieure du carter intérieur supérieur sur le bloc-cylindres.

**5** Enlever la vis de fixation du galet de renvoi de la courroie de distribution, traversant le carter intérieur.

**6** Dégager de l'extrémité de l'arbre à cames le carter intérieur de la courroie de distribution et le déposer si cela est possible **(voir illustration)**.



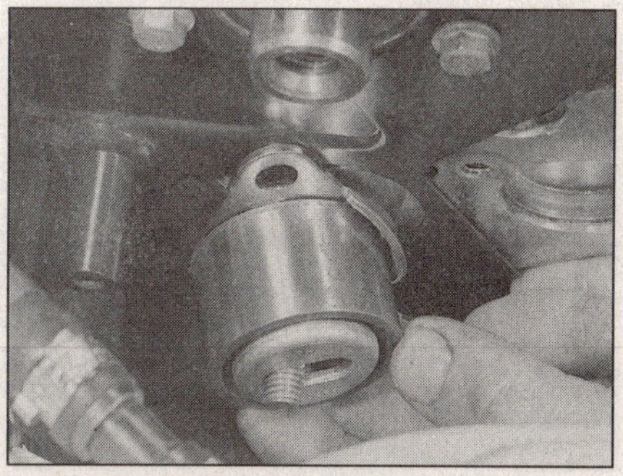

**8.2 Dépose du galet tendeur de courroie de distribution**

**8.3 Dépose d'une vis de fixation du carter intérieur supérieur de courroie de distribution sur la culasse**

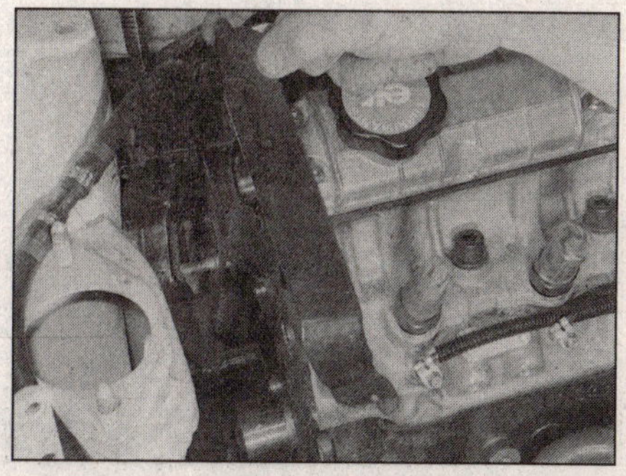

**8.6 Dépose du carter intérieur supérieur de courroie de distribution**

**8.10 Contrôle du jeu longitudinal à l'arbre à cames avec un comparateur**

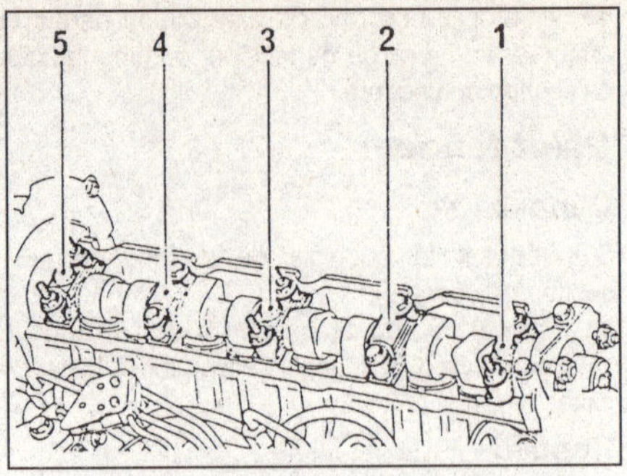


**8.12a Numérotation des chapeaux de paliers d'arbre à cames, en partant du côté G. de la culasse**

**8.12b Numéro d'identification sur le chapeau de palier n° 3 d'arbre à cames . . .**

**7** Procéder à la dépose de la pompe à vide d'assistance de freinage (voir chapitre 9).

**8** En vue d'améliorer l'accès, libérer les tuyauteries sur le couvre-culasse et les écarter sur le côté. En cas de débranchement des canalisations du circuit d'alimentation en carburant, veiller à les boucher ainsi que les orifices découverts afin d'éviter l'admission d'impuretés dans le circuit.

**9** Dévisser ses écrous de fixation puis dégager le couvre-culasse et récupérer son joint.

**10** A l'aide d'un comparateur, vérifier que le jeu longitudinal à l'arbre à cames est conforme à la valeur de référence indiquée dans les « *Caractéristiques* » : un jeu excessif indiquera une usure de la cale de butée axiale qui sera à changer **(voir illustration)**.

**11** En cas de réutilisation de l'arbre à cames, il est conseillé de contrôler le jeu aux soupapes à ce stade (voir section 4) de manière à se procurer les pastilles ou les poussoirs de rechange éventuellement nécessaires avant de procéder à la repose de l'arbre à cames.

**12** Les chapeaux de paliers d'arbre à cames sont normalement numérotés pour leur identification. En l'absence de repères, les numéroter en partant du côté volant moteur de manière à les reposer dans leur emplacement initial par la suite et marquer également leur sens de montage **(voir illustrations)**.

**13** Desserrer progressivement les goujons et vis de fixation des chapeaux de paliers d'arbre à cames de façon à relâcher la pression sur les ressorts de soupapes. Enlever les goujons et vis en repérant bien leur position de montage respective puis dégager les chapeaux de paliers. A noter que la fixation du chapeau de palier n° 1 est assurée par deux goujons et deux vis supplémentaires avec une rondelle-joint **(voir illustrations)**.

**14** Soulever l'arbre à cames pour le dégager de la culasse avec sa bague d'étanchéité droite **(voir illustration)**.

**8.12c . . . et sur le chapeau de palier n° 5**

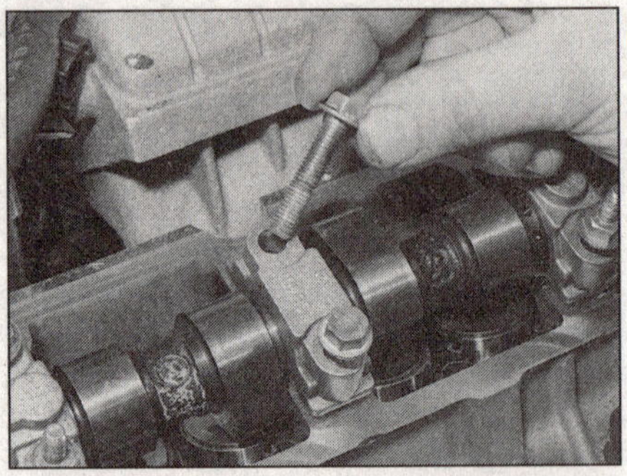

**8.13a Dépose d'une vis de fixation d'un chapeau de palier d'arbre à cames**

**15** Extraire les poussoirs de leur logement, accompagnés éventuellement de leur pastille de réglage **(voir illustration)**. Les ranger dans une boîte compartimentée pourvue de huit cases aménagées et numérotées. Inscrire également l'épaisseur des pastilles ou des poussoirs, qui sera indispensable dans le cas où le jeu à certaines soupapes ne serait pas correct. Bien que l'épaisseur nominale d'un pastille ou poussoir peut être gravée sur lui, il sera toutefois prudent de mesurer l'épaisseur réelle pour le cas où elle aurait été réduite suite à une usure (voir la section 4).

## *Contrôle*

**16** Vérifier l'état de surface des tourillons et des bossages de l'arbre à cames pour s'assurer de l'absence d'arrachement de métal, de piqûres ou de rayures. Remplacer l'arbre à cames si de tels défauts sont remarqués.

**17** La bague d'étanchéité droite de l'arbre à cames est à changer systématiquement. Lubrifier la lèvre de la bague d'étanchéité neuve à l'huile moteur propre avant de l'installer puis ranger l'arbre à cames en le posant de manière à ce que son poids ne repose pas sur la bague d'étanchéité.

**18** Contrôler l'état des paliers d'arbre à cames dans la culasse et sur les chapeaux. Si les paliers sont exagérément marqués ou endommagés, il y aura lieu de changer la culasse.

**19** Ausculter les poussoirs et le cas échéant, leur pastille de réglage pour déceler d'éventuelles rayures, piqûres ou des stries d'usure. Procéder si nécessaire à leur remplacement.

## *Repose*

**20** S'assurer que les pistons sont bien descendus

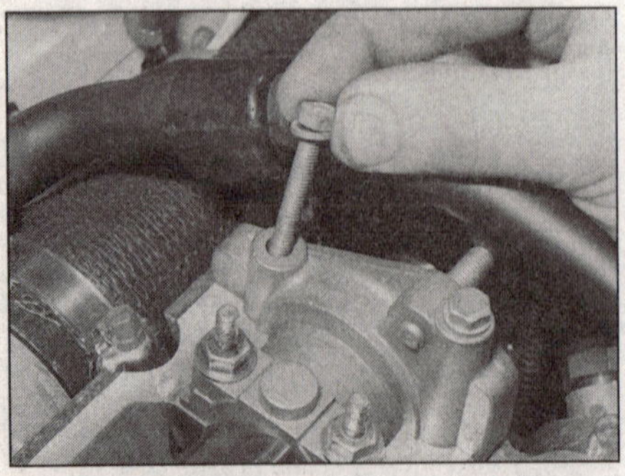

**8.13b Le chapeau de palier n° 1 d'arbre à cames est fixé par deux vis supplémentaires**

**8.14 Dépose de l'arbre à cames**

**8.15 Dépose d'un poussoir de soupape**

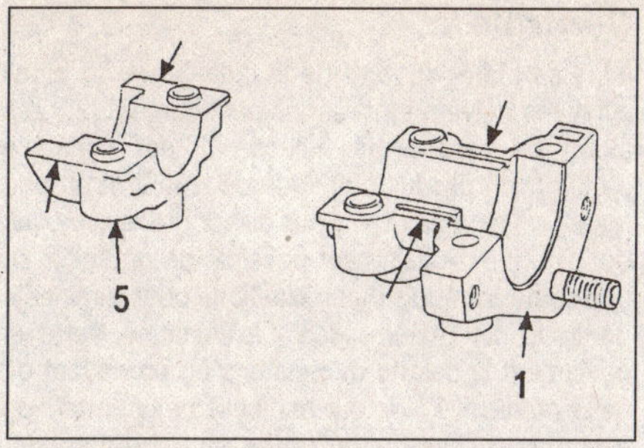


**8.23 Zones d'application de pâte d'étanchéité sur les plans des chapeaux de paliers nos 1 et 5 d'arbre à cames**

à mi-course dans leur alésage respectif, comme indiqué en section 6 dans le cadre de la dépose du pignon.

**21** Lubrifier les poussoirs à l'huile moteur et les installer dans leur alésage d'origine sur la culasse. Equiper éventuellement chacun des poussoirs d'une pastille de réglage de l'épaisseur correcte, en engageant son bossage circulaire dans le logement du poussoir.

**22** Huiler les paliers et les tourillons puis installer l'arbre à cames muni de sa bague d'étanchéité neuve sur la culasse. La bague d'étanchéité doit être positionnée de telle façon à affleurer le plan extérieur de la culasse.

**23** Enduire de pâte d'étanchéité, genre « CAF 4/60 THIXO », « Rhodorseal 5661 » ou équivalent, les plans d'appui des chapeaux de paliers d'extrémité : nos 1 et 5, aux emplacements indiqués sur la figure jointe **(voir illustration)**.

**24** Réinstaller les chapeaux de paliers, en observant leur position et leur sens d'origine : le repère numéroté doit être lisible côté pompe d'injection.

**25** Répandre de la pâte d'étanchéité sur leur filetage puis remonter les goujons et les vis de fixation (munies le cas échéant de leur rondelle-joint) des chapeaux de paliers, et les serrer progressivement, en opérant alternativement et en diagonale, pour atteindre le couple prescrit **(voir illustration)**.

**26** En cas de montage d'un arbre à cames neuf, mesurer son jeu longitudinal (voir méthode au point 10 ci-dessus) pour s'assurer qu'il est conforme à la valeur de référence indiquée dans les « *Caractéristiques* ».

**27** Effectuer la repose de la pompe à vide d'assistance de freinage, en se reportant au chapitre 9 pour cette opération.

**28** Reposer le carter intérieur de la courroie de distribution, en serrant bien ses vis de fixation.

**29** Remonter et serrer convenablement la vis de fixation du galet de renvoi de la courroie de distribution.

**30** Reposer le galet tendeur de courroie de distribution, en veillant à bien engager l'ergot sur le bloc-cylindres dans le logement correspondant sur le support du galet.

**31** Reposer le pignon d'arbre à cames, comme décrit en section 6, sans tenir compte à ce stade de l'indication concernant le réamorçage et la purge d'air du circuit d'alimentation en carburant.

**32** Contrôler et régler s'il y a lieu le jeu aux

**8.25 Le filetage des vis et goujons de fixation des chapeaux de paliers d'arbre à cames est à enduire de pâte d'étanchéité avant leur remontage**

soupapes, comme indiqué en section 4.

**33** Effectuer la repose du couvre-culasse, équipé d'un joint neuf, en serrant ses écrous de fixation au couple préconisé.

**34** Rebrancher et remettre en place les tuyauteries ayant été dégagées pour permettre l'accès.

**35** Procéder à la repose du boîtier de filtre à air puis rebrancher les connexions électriques de l'électrovanne de recyclage des gaz d'échappement et de la sonde de température d'air d'admission. Remettre en place les canalisations du circuit d'alimentation en carburant ainsi que les tuyaux de dépression sur le boîtier de filtre à air.

**36** Rebrancher le câble de masse de la batterie.

**37** Effectuer le réamorçage et la purge d'air du circuit d'alimentation en carburant, comme décrit au chapitre 4B.

## 9 Culasse - dépose, contrôle et repose

**Nota :** *Les joints de culasse et de couvre-culasse ainsi que les vis de culasse sont à remplacer systématiquement à chaque démontage.*

### *Dépose*

**1** Est décrite ci-dessous la dépose de la culasse complète avec la tubulure d'admission, le collecteur d'échappement et la pompe d'injection.

**2** Débrancher le câble de masse (-) de la batterie (voir « *Débranchement de la batterie* » à la partie « *Références* » en fin de manuel).

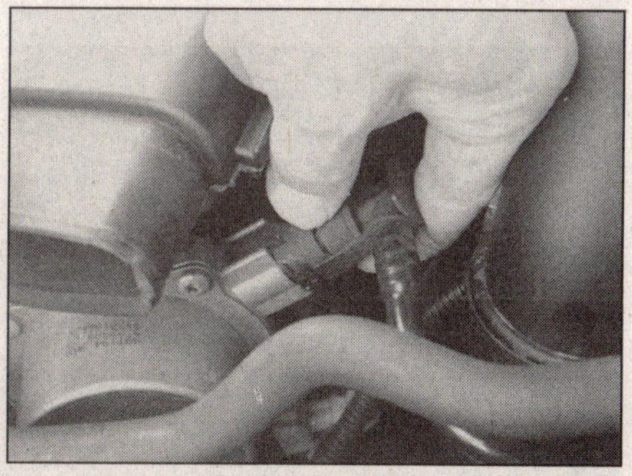

**9.9a Débranchement du tuyau de dépression de la pompe d'assistance de freinage**

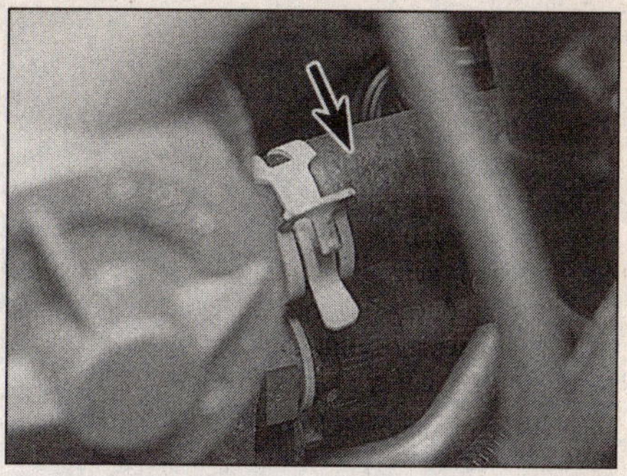

**9.8 Durit de liquide de refroidissement raccordée au boîtier thermostatique, côté G. de la culasse**

**3** Débrancher les connecteurs électriques de l'électrovanne de recyclage des gaz d'échappement et de la sonde de température d'air d'admission puis procéder à la dépose du boîtier de filtre à air, en libérant en même temps les canalisations du circuit d'alimentation en carburant ainsi que les tuyaux de dépression (voir chapitre 4B).

**4** Déposer le conduit d'admission d'air.

**5** Vidanger le circuit de refroidissement, y compris dans sa partie bloc-cylindres (voir chapitre 1B). Remonter ensuite le bouchon de vidange, en le serrant convenablement.

**6** Procéder à la dépose de la courroie de distribution (voir section 5).

**7** Désolidariser le tube avant d'échappement au niveau du collecteur ou bien le déposer (voir chapitre 4B).

**8** Bien repérer au préalable leur position de raccordement puis libérer leur collier et débrancher les durits de liquide de refroidissement au niveau du boîtier thermostatique, côté gauche de la culasse, ainsi que les connecteurs électriques des deux sondes de température **(voir illustration)**.

**9** Débrancher le tuyau de dépression encliquetable de la pompe à vide d'assistance de freinage. Un outil d'atelier est prévu à cet effet. Il s'agit d'une pince profilée en « U » à engager sur l'embout de raccordement du tuyau, ce qui permet de repousser et de déverrouiller ses arrêtoirs **(voir illustrations)**.

**10** Décrocher le câble d'accélérateur au niveau de

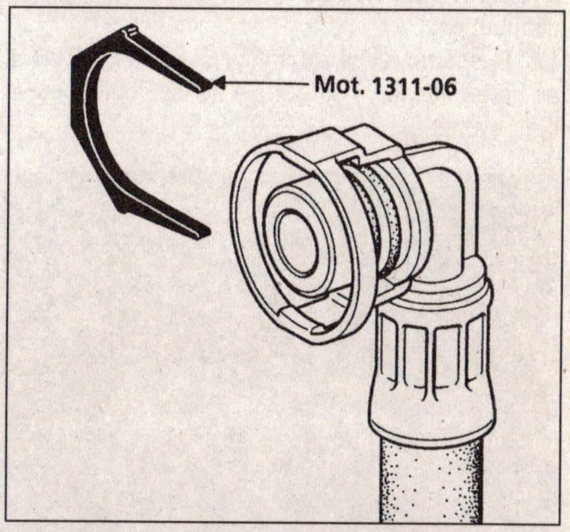


**9.9b Pince spéciale prévue pour le débranchement du tuyau de dépression de la pompe d'assistance de freinage**

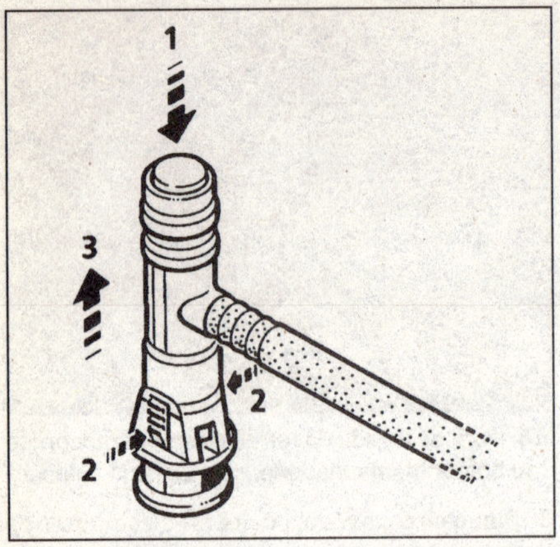


**9.14a Débranchement du raccord rapide de durit d'alimentation en carburant**

la pompe d'injection puis dégager la butée de la gaine de la patte d'arrêt et écarter le câble sur le côté (voir chapitre 4B).

**11** Débrancher le connecteur de la rampe d'alimentation électrique des bougies de préchauffage (voir chapitre 5C).

**12** Débrancher le connecteur électrique du capteur de levée d'aiguille (début d'injection) au niveau de l'injecteur du cylindre nº 3.

**13** Débrancher le connecteur électrique de l'électrovanne de ralenti accéléré.

**14** Débrancher les canalisations d'alimentation et de retour de carburant de la pompe d'injection et les obturer avec du ruban adhésif ou des bouchons ainsi que les orifices découverts sur la pompe afin d'empêcher l'admission d'impuretés. Pour débrancher la canalisation d'alimentation, appuyer sur le haut de l'embout du raccord rapide, pincer le bas et tirer en même temps vers le haut. Pour débrancher la canalisation de retour de carburant, appuyer sur la bague d'arrêt tout en tirant sur l'embout pour le désaccoupler du raccord en « T » **(voir illustrations)**.

**15** Débrancher le connecteur électrique du réchauffeur de carburant puis dégager la cuve du filtre à gazole de son support, sans débrancher les canalisations, et l'écarter sur le côté.

**16** Dévisser et dégager la patte-support des canalisations du circuit d'alimentation en carburant à la partie arrière du carter intérieur de courroie de distribution.

**17** Desserrer, sans les enlever, les vis de fixation du carter intérieur de courroie de distribution sur le bloc-cylindres.

**9.20 Desserrage d'une vis de culasse**

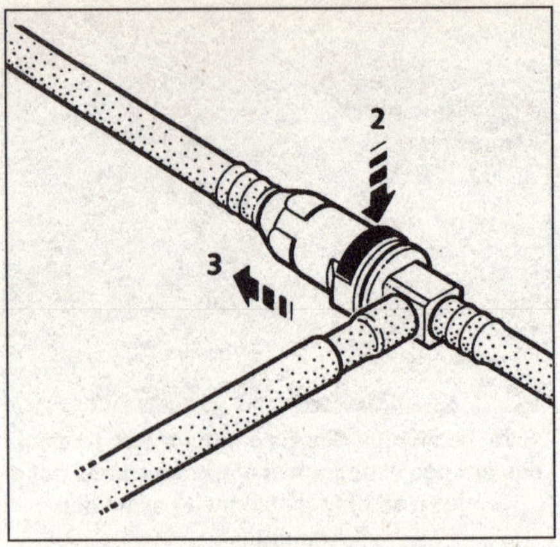


**9.14b Débranchement du raccord rapide de durit de retour de carburant**

**18** Dévisser et déposer la patte du tendeur de courroie des accessoires formant support supérieur de l'alternateur.

**19** Si ce n'est déjà fait, enlever la pige de calage au PMH et tourner le vilebrequin d'un quart de tour dans le sens anti-horaire (vu du côté distribution) de façon à faire descendre les quatre pistons à mi-course dans leur alésage.

**20** En procédant dans l'ordre **inverse** de celui indiqué sur la figure 9.39, desserrer progressivement les vis de culasse d'un demi-tour à la fois jusqu'à ce qu'elles puissent être enlevées à la main **(voir illustration)**. Mettre au rebut toutes les vis de culasse.

**21** La culasse avec ses accessoires constitue un ensemble relativement lourd à manipuler et il conseillé de mettre en prise un palan ou une grue d'atelier aux pattes de levage sur la culasse pour son soutien.

**22** Soulever l'ensemble de la culasse avec la tubulure d'admission, le collecteur d'échappement, la pompe d'injection et le carter intérieur supérieur de la courroie de distribution pour le dégager du bloc-cylindres **(voir illustration)**. Au besoin décoller la culasse en la frappant vers le haut avec un marteau et une cale de bois, en prenant garde ne pas endommager la pompe d'injection. **Ne pas** faire pivoter la culasse qui est centrée par deux douilles ni la dégager en faisant levier avec un tournevis au niveau de sa jointure avec le bloc-cylindres.

**23** Désassembler s'il y a lieu la tubulure d'admission, le collecteur d'échappement et la pompe d'injection, en se reportant au chapitre 4B pour ces opérations.

**9.22 Dépose de la culasse**

### Contrôle

**24** Les plans de joint de la culasse et du bloc-cylindres doivent être rendus parfaitement propres avant de reposer la culasse. Il est conseillé d'utiliser un produit chimique décapant approprié (genre « Décapjoint ») pour dissoudre les résidus de joint. Il est également possible de gratter avec une spatule en bois ou en plastique pour éliminer la partie du joint restée collée et la calamine. Nettoyer également la calotte des pistons en procédant de cette manière. Faire tout particulièrement attention au cours du nettoyage de ne pas endommager l'alliage d'aluminium, une matière très tendre et s'abîmant facilement. Veiller en outre à ce que de la calamine ne puisse à aucun moment être admise dans les conduits de graissage et de refroidissement : cela est d'une importance cruciale surtout pour le circuit de graissage car la calamine pourrait entraver l'acheminement d'huile vers les organes du moteur. Utiliser du papier maintenu par du ruban adhésif pour boucher les orifices de passage d'eau et d'huile ainsi que les trous taraudés de vis dans le bloc-cylindres.

**info HAYNES** ***Pour empêcher l'admission de calamine dans l'intervalle entre les pistons et les alésages, garnir cet espace de graisse. Après nettoyage des pistons, éliminer la graisse et les débris de calamine à l'aide d'une petite brosse puis terminer en passant un chiffon propre***

**25** Contrôler les plans de joint de la culasse et du bloc-cylindres qui ne doivent pas être entaillés, présenter de rayures profondes ni être autrement marqués. Les défauts superficiels peuvent être rattrapés à la lime en procédant toutefois avec précaution. Pour des défauts plus importants, la seule alternative possible sera le remplacement compte tenu qu'aucune rectification du plan de joint de la culasse n'est autorisée.

**26** En cas de doute de la bonne planéité du plan de joint de la culasse, mesurer sa déformation à l'aide d'une règle plate et de cales d'épaisseur (voir chapitre 2D).

**27** Vérifier l'état du filetage de chacun des trous de passage de vis de la culasse dans le bloc-cylindres : le refaire au besoin en passant un taraud de diamètre adéquat. S'assurer de l'absence d'eau ou d'huile dans les trous : les assécher s'il y a lieu avec une seringue ou avec chiffon et un tournevis, ce qui est indispensable pour éviter que le bloc ne se fissure sous l'action de la pression hydraulique engendrée au serrage des vis et pour pouvoir appliquer les couples de serrage corrects.

### Vis de culasse

**28** Les vis de culasse sont à remplacer d'office à chaque démontage, quel que soit leur état.

### Choix du joint de culasse

**29** Tourner le vilebrequin dans son sens normal de rotation de façon à amener les pistons des cylindres nos 1 et 4 dans une position proche du PMH (juste en dessous du plan supérieur du bloc-cylindres). Installer un comparateur et l'étalonner à

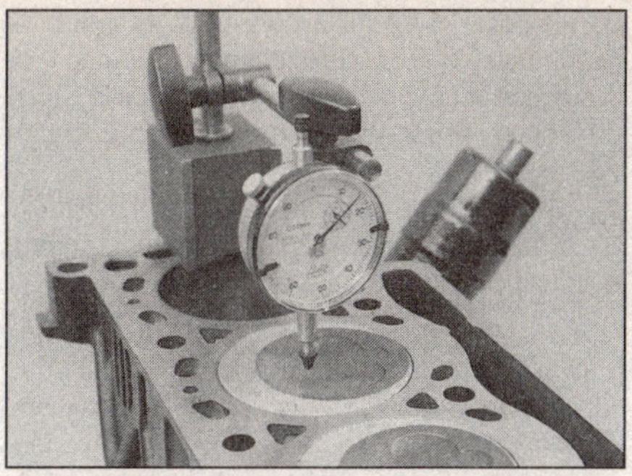

**9.30 Mesure du dépassement d'un piston avec un comparateur**

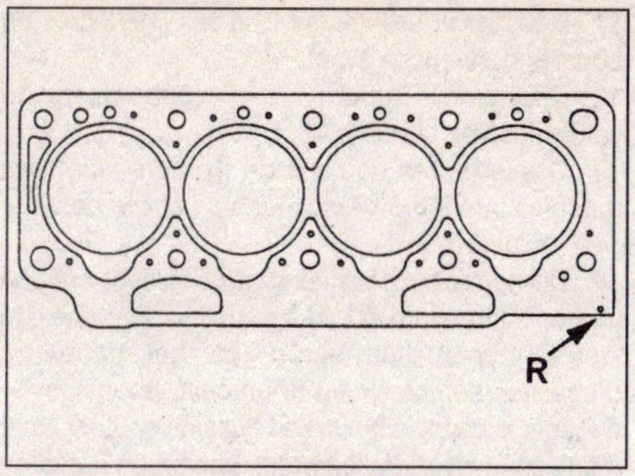


**9.32a Trou d'identification d'épaisseur (R) du joint de culasse**

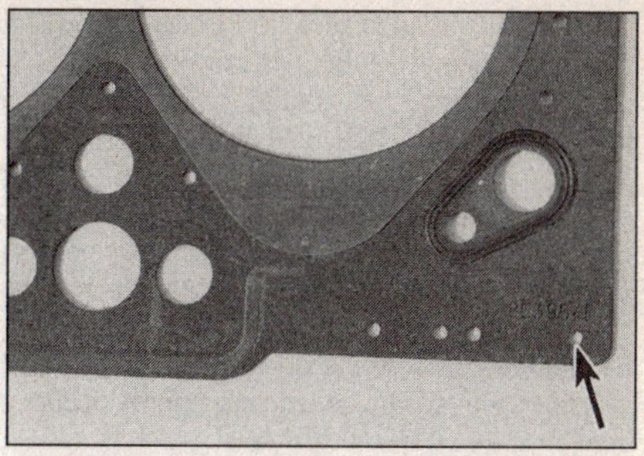

**9.32b Joint de culasse pourvu d'un seul trou (flèche) d'identification d'épaisseur. Ne pas tenir compte des autres perforations du joint**

zéro sur le plan du bloc-cylindres. Positionner ensuite la touche du comparateur au-dessus du centre de la calotte du piston de cylindre nº 1 et basculer lentement le vilebrequin dans un sens et l'autre, dans un mouvement de va-et-vient, au-delà du PMH, puis noter la valeur de dépassement du piston la plus élevée affichée par le comparateur.

**30** Répéter cette mesure au niveau du piston de cylindre nº 4 puis tourner le vilebrequin d'un demi-tour pour effectuer la mesure du dépassement des pistons des cylindres nºs 2 et 3 **(voir illustration)**. Tous les relevés doivent être pris dans l'axe longitudinal du vilebrequin afin d'éliminer les erreurs dues au basculement du piston.

**31** A défaut de comparateur, le dépassement des pistons peut être mesuré à l'aide d'une règle plate et de cales d'épaisseur. Cette méthode, nettement moins précise, est toutefois déconseillée.

**32** Déterminer ensuite à partir de la valeur maximale de dépassement des pistons ayant été obtenue, l'épaisseur du joint à monter, en se servant du tableau ci-dessous.

| Dépassement de pistons | Identification de joints |
|---|---|
| *Inférieur à 0,868 mm* | *2 trous* |
| *Entre 0,868 et 1 mm* | *1 trou* |
| *A partir de 1 mm* | *3 trous* |

L'épaisseur du joint de culasse est identifiable par un ou plusieurs trous, percés dans son angle avant gauche **(voir illustrations)**. **Nota :** *Le ou les trous d'identification de l'épaisseur du joint sont situés à 25 mm du bord extérieur, côté volant moteur. Les autres trous situés au-delà de cette position ne servent pas à des fins d'identification de l'épaisseur.*

## *Repose*

**33** S'assurer de la parfaite propreté des plans de joint du bloc-cylindres et de la culasse. Vérifier également que le filetage des vis neuves est bien propre et dégraissé. Serrer et desserrer successivement les vis de façon à vérifier qu'elles prennent aisément sur le pas des trous taraudés.

**34** Réassembler éventuellement la tubulure d'admission, le collecteur d'échappement et la pompe d'injection à la culasse, en reportant aux descriptions correspondantes du chapitre 4B.

**35** Tourner le vilebrequin dans le sens horaire (vu du côté distribution) de façon à amener les pistons des cylindres nºs 1 et 4 au-delà du point mort bas (PMB) et à amorcer leur phase ascendante puis les positionner à mi-hauteur dans leur alésage. Les pistons des cylindres nºs 2 et 3 se trouveront également à mi-course dans leur alésage mais en phase descendante. De cette position, ne plus tourner le vilebrequin tant que la courroie de distribution n'aura pas été reposée afin d'éviter toute interférence entre les pistons et les soupapes.

**36** S'assurer de la présence des deux douilles de centrage sur le bloc-cylindres puis monter le joint de l'épaisseur requise dans le bon sens, c'est-à-dire avec son ou ses trous d'identification d'épaisseur disposés à l'avant, côté volant moteur **(voir illustration)**.

**37** Présenter la culasse sur le bloc-cylindres, en s'assurant d'engager convenablement le carter supérieur de courroie de distribution sur le carter inférieur au niveau du bloc-cylindres. Décrocher éventuellement le palan ou la grue d'atelier des pattes de levage. Veiller à ce que les préchambres ne se trouvent pas délogées de leur logement en installant la culasse.

**38** Lubrifier le filetage et le dessous de la tête des vis de culasse neuves avec un peu d'huile moteur puis les monter munies de leur rondelle. Serrer les vis le plus à fond possible à la main.

**39** Procéder ensuite au serrage des vis de culasse dans l'ordre prescrit et en observant les différentes phases indiquées dans les « *Caractéristiques* » **(voir illustration)**.

***Attention : Les phases de serrage finales nécessitent des couples extrêmement élevés. S'assurer d'utiliser des outils en bon état. Si le moteur a été déposé, il est recommandé d'effectuer les dernières phases de serrage après l'avoir reposé sur le véhicule. Dans ce cas, il peut se révéler nécessaire de déposer le support supérieur droit du groupe motopropulseur pour avoir accès à l'un des vis***

**40** Remettre en place la patte du tendeur de courroie des accessoires formant support supérieur de l'alternateur, en serrant bien la vis de fixation.

**41** Serrer convenablement les vis de fixation du carter inférieur de la courroie de distribution.

**42** Remettre en place la patte-support des canalisations du circuit d'alimentation en carburant à la partie arrière du carter intérieur de courroie de distribution.



**43** Remettre en place la cuve du filtre à gazole et rebrancher le connecteur électrique du réchauffeur de carburant.

**44** Rebrancher les canalisations d'alimentation et de retour de carburant à la pompe d'injection, en veillant à verrouiller correctement leur raccord rapide.

**45** Rebrancher le connecteur électrique de l'électrovanne de ralenti accéléré.

**46** Rebrancher le connecteur électrique du capteur de levée d'aiguille de l'injecteur du cylindre nº 3.

**47** Rebrancher le connecteur de la rampe d'alimentation électrique des bougies de préchauffage, en reportant au chapitre 4B pour cette opération.

**48** Réinstaller et réaccoupler le câble d'accélérateur au niveau de la pompe d'injection, en opérant comme décrit au chapitre 4B.

**49** Procéder à la repose du conduit d'admission et du boîtier de filtre à air puis rebrancher les connexions électriques de l'électrovanne de recyclage des gaz d'échappement et de la sonde de température d'air d'admission. Remettre en place les canalisations du circuit d'alimentation en carburant ainsi que les tuyaux de dépression sur le boîtier de filtre à air.

**50** Rebrancher le tuyau de dépression de la

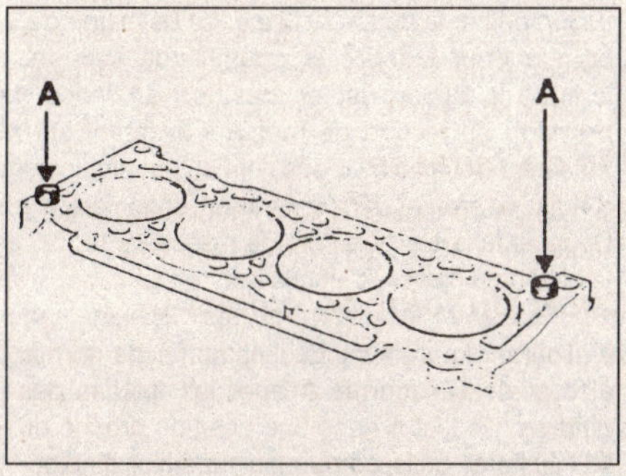


**9.36 Douilles de centrage (A) de culasse**

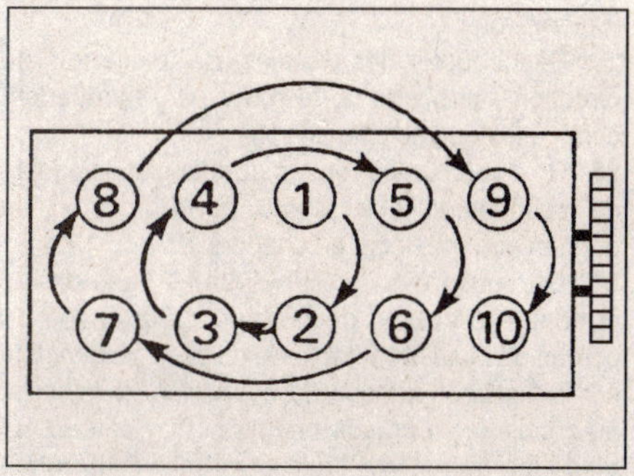


**9.39 Ordre de serrage des vis de culasse**

pompe à vide d'assistance de freinage, en veillant à bien encliqueter l'embout de raccordement.

**51** Rebrancher les durits de liquide de refroidissement au niveau du boîtier thermostatique ainsi que les connecteurs électriques des deux sondes de température.

**52** Réaccoupler le tube avant d'échappement au collecteur ou le reposer, comme indiqué au chapitre 4B.

**53** Installer la courroie de distribution neuve et effectuer son réglage de tension, comme décrit en section 5.

**54** Procéder au remplissage et à la purge du circuit de refroidissement, en opérant comme décrit au chapitre 1B.

**55** Rebrancher le câble de masse de la batterie.

**56** Effectuer le réamorçage et la purge d'air du circuit d'alimentation en carburant, en se reportant aux descriptions correspondantes du chapitre 4B.

## 10 Carter d'huile - dépose et repose

**Nota :** *Un palan de levage est à prévoir pour effectuer les opérations qui suivent.*

### Dépose

**1** Débrancher le câble de masse (-) de la batterie (voir « *Débranchement de la batterie* » à la partie « *Références* » en fin de manuel).

**2** Lever l'avant de la voiture au cric et le poser sur chandelles (voir « *Levage et soutien du véhicule* »). Dans le cas où il existe, déposer le carénage de protection sous le moteur.

**3** Vidanger le moteur puis remonter le bouchon de vidange muni d'une rondelle d'étanchéité neuve, en le serrant sans exagération (voir chapitre 1B).

**4** Déposer les deux roues avant ainsi que la coquille pare-boue du passage de roue côté gauche.

**5** S'assurer que les roues avant se trouvent bien en ligne droite puis fixer le volant dans cette position avec du ruban adhésif ou de la ficelle. Ces précautions sont indispensables pour éviter de détériorer le contact rotatif du coussin gonflable de sécurité (airbag) implanté sous le cache-moyeu du volant.

**6** Ecarter le soufflet pour desserrer le boulon de bridage de la chape du cardan de l'axe rétractable sur le pignon d'attaque de crémaillère, en bas de la colonne de direction.

**7** Désaccoupler les triangles inférieurs de suspension avant des pivots porte-moyeux (voir chapitre 10).

**8** Desserrer son écrou de fixation puis désaccoupler la rotule de biellette de direction du pivot porte-moyeu de chaque côté du train avant (voir chapitre 10).

**9** De chaque côté du train avant, désolidariser le tirant reliant le berceau au longeron D. Désaccoupler également la tringle de commande des vitesses, en dégageant le soufflet en caoutchouc et desserrant la vis de fixation pour dissocier la chape de réglage de l'axe de sélection sur la boîte de vitesses.

**10** Débloquer, sans les enlever, les boulons de fixation de la biellette antibasculement du support arrière sur la caisse.

**11** Dévisser et enlever les fixations inférieures du bouclier pare-chocs avant.

**12** Dissocier le tube avant d'échappement du collecteur (voir chapitre 4B).

**13** Desserrer les boulons de fixation avant des triangles inférieurs de suspension sur le berceau (voir chapitre 10).

**14** Desserrer successivement et enlever chaque vis de fixation du berceau à remplacer par une tige filetée munie d'un écrou, ce qui permettra d'abaisser suffisamment le berceau pour pouvoir dégager le carter d'huile. Les tiges de soutien étant montées, descendre le berceau de façon à obtenir un écart de 7 cm à l'arrière et de 9 cm à l'avant par rapport à la caisse. Désaccoupler ensuite l'axe du pignon d'attaque de la crémaillère de la chape du cardan de l'axe rétractable de la colonne de direction.

**15** Desserrer les vis de fixation du carter d'huile sur le bloc-cylindres. Frapper le carter avec un maillet en cuir ou à tête plastique pour le décoller et le dégager du dessous de la voiture. Récupérer le joint du carter et le mettre au rebut.

### Repose

**16** Nettoyer et dégraisser parfaitement les plans de joint du carter d'huile et du bioc-cylindres.

**17** Déposer une petite quantité de pâte d'étanchéité « Rhodorseal 5661 » sur les jointures du flasque d'étanchéité et du chapeau de palier de vilebrequin sur le bloc-cylindres puis équiper le carter d'huile d'un joint neuf.

**18** Présenter le carter sur le bloc-cylindres puis monter ses vis de fixation et les serrer progressivement pour atteindre le couple prescrit.

**19** Relever le berceau et enlever les tiges de maintien à remplacer par les vis de fixation. S'assurer d'engager correctement l'axe du pignon d'attaque de crémaillère sur la chape du cardan de l'axe rétractable de colonne de direction. Serrer les vis de fixation du berceau au couple prescrit (voir chapitre 10).

**20** Remonter les triangles inférieurs de suspension sur le berceau, en se reportant au chapitre 10 pour cette opération.

**21** Réassembler le tube avant d'échappement au collecteur, en opérant comme décrit au chapitre 4B.

**22** Remonter les fixations inférieures du bouclier pare-chocs avant.

**23** Serrer les boulons de fixation de la biellette antibasculement du support arrière au couple prescrit.

**24** Réaccoupler la tringle de commande des vitesses puis remonter les tirants du berceau sur les longerons.

**25** Réaccoupler les rotules de biellettes de direction aux pivots porte-moyeux, en procédant comme indiqué au chapitre 10.

**26** Réaccoupler les rotules de triangles inférieurs de suspension aux pivots porte-moyeux, en opérant comme décrit au chapitre 10.

**27** Les roues avant se trouvant en ligne droite, remonter le boulon de bridage de la chape du cardan de l'axe rétractable de colonne de direction sur le pignon d'attaque de crémaillère et le serrer au couple prescrit (voir chapitre 10). Remettre en place le soufflet sur l'axe puis enlever le ruban adhésif ou la ficelle maintenant le volant.

**28** Reposer la coquille pare-boue et les roues avant ainsi qu'éventuellement le carénage de protection sous le moteur puis descendre la voiture au sol et serrer la vis des roues au couple préconisé.

**29** Rebrancher le câble de masse de la batterie.

**30** Effectuer le plein d'huile du moteur, comme décrit au chapitre 1B.

## 11 Pompe à huile - dépose, contrôle et repose

### Dépose

**1** Pour procéder à la dépose de la pompe à huile seule, dégager au préalable le carter d'huile (voir section précédente).

**2** Desserrer les vis de fixation de la pompe à huile ainsi que celles du déflecteur d'huile sur le bloc-cylindres. Ecarter légèrement la pompe et dégager le déflecteur d'huile. Faire pivoter la pompe pour dégager son pignon de la chaîne d'entraînement et la déposer. Si les deux douilles de centrage ont été délogées, les remettre en place.

**3** Pour effectuer la dépose de la pompe complète avec la chaîne d'entraînement et les pignons, déposer au préalable le carter d'huile (voir section précédente) puis desserrer ses vis de fixation et déposer le flasque d'étanchéité D. du vilebrequin (voir section suivante).

**4** Desserrer les vis de fixation du pignon sur la pompe à huile, en engageant un tournevis dans l'un des perçages du pignon pour l'immobiliser.

**5** Dégager les pignons au niveau du vilebrequin et de la pompe puis les déposer avec la chaîne.

**6** Procéder ensuite à la dépose de la pompe comme indiqué précédemment au point 2 ci-dessus.

### Contrôle

**Nota :** *Pour les procédures suivantes, se reporter aux illustrations 11.10a à 11.12b de la partie B du présent chapitre.*

**7** Desserrer les vis d'assemblage puis déposer l'ensemble couvercle-crépine d'aspiration de la pompe à huile.

**8** Contrôler le jeu entre les pignons et le carter de la pompe à l'aide de cales d'épaisseur. Vérifier également le jeu axial entre pignons et plan de joint du couvercle sur le carter de la pompe. Si les jeux ainsi mesurés s'avèrent dépasser les valeurs limites indiquées, la pompe est à remplacer.

**9** Comprimer la butée du clapet de décharge de la pompe pour extraire la goupille de sécurité : lorsque le piston est en position de repos, la pression du ressort de rappel s'exerçant sur la butée est très faible vu que l'orifice de refoulement d'huile se trouve décalé en haut dans l'alésage. Dégager la butée puis sortir le ressort de rappel et le piston du clapet de décharge.

**10** Examiner le piston et son alésage pour s'assurer notamment de l'absence de rayures, auquel cas la pompe à huile complète sera à changer.

**11** Si l'état de la pompe permet sa réutilisation, nettoyer les différentes pièces et procéder à leur remontage dans l'ordre inverse du démontage. Avant de remonter l'ensemble couvercle-crépine d'aspiration, remplir d'huile moteur le corps de la pompe afin de faciliter le réamorçage au démarrage du moteur. En cas de montage d'une pompe de rechange, celle-ci doit également être réamorcée.

**12** Ausculter la chaîne d'entraînement pour déceler d'éventuels signes d'usure et la remplacer au besoin. Vérifier également l'état des pignons.

### Repose

**13** Nettoyer les plans de joint de la pompe et du bloc-cylindres.

**14** S'assurer de la présence des deux douilles de centrage sur le bloc-cylindres puis amener la pompe en place. Remonter les deux vis de fixation de la pompe et les serrer convenablement.

**15** Engager éventuellement les pignons sur la chaîne puis reposer l'ensemble. Emmancher à fond le pignon d'entraînement sur le vilebrequin et mettre en place le pignon mené sur le moyeu de la pompe.

**16** Faire coïncider les trous puis monter les vis du pignon et bien les serrer tout en immobilisant le pignon au moyen d'un tournevis.

**17** Reposer le déflecteur d'huile et le fixer avec ses vis.

**18** Effectuer la repose du flasque d'étanchéité droit du vilebrequin comme indiqué en section suivante : ne pas oublier de monter le patin de guidage de chaîne avec ses deux douilles de centrage, puis procéder à la repose du carter d'huile comme décrit en section précédente. A noter que le pignon de commande de la pompe à huile n'est pas claveté et son maintien dépend de la vis de fixation de la poulie de vilebrequin. Cette vis doit être correctement serrée sinon la pompe risque de ne pas fonctionner.

## 12 Bagues d'étanchéité de vilebrequin - remplacement

### Bague droite

**1** Déposer le pignon de vilebrequin (voir section 6).

**Nota :** *Il est dans certains cas nécessaire de déposer la partie inférieure du carter intérieur de courroie de distribution pour pouvoir dégager la bague d'étanchéité. Dans ce cas, déposer au préalable le pignon et le galet de renvoi de la courroie (voir section 6) puis desserrer les vis de fixation du carter sur le bloc-cylindres.*

**2** Dégager la bague d'étanchéité à l'aide d'un petit tournevis à lame plate, en prenant garde de ne pas marquer la portée du vilebrequin. En alternative, la bague d'étanchéité peut être extraite au moyen d'une ou de deux vis à tôle. Veiller à ne pas détériorer la portée du vilebrequin, l'entretoise ni le logement de la bague dans le flasque.

**3** Examiner la portée de la bague d'étanchéité sur le vilebrequin. Si elle est creusée ou présente une rugosité de surface, la bague neuve doit être décalée légèrement vers l'extérieur afin que sa lèvre vienne s'appuyer sur une surface intacte.

**4** Nettoyer la portée puis lubrifier la bague d'étanchéité neuve à l'huile moteur propre et la mettre en place en bout de vilebrequin, en disposant son côté fermé à l'extérieur. Faire attention ne pas abîmer la lèvre de la bague en l'installant sur le vilebrequin.

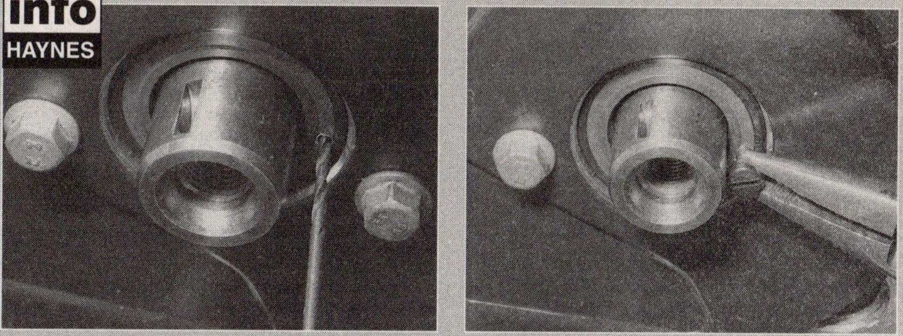


***Les bagues d'étanchéité de vilebrequin peuvent être extraites en les perçant d'un petit trou et y fixant une vis à tôle sur laquelle on tirera. En cas de difficulté, utiliser deux vis à fixer de chaque côté de la bague***

**5** Enfoncer la bague d'étanchéité jusqu'à affleurement du plan extérieur de son flasque-support, en la frappant au moyen d'un poussoir tubulaire, genre douille, ou d'une cale de bois taillée de telle façon à contourner l'extrémité du vilebrequin.

**6** Le cas échéant, remettre en place la partie inférieure de carter de courroie de distribution puis reposer le pignon et le galet de renvoi ainsi que le pignon de vilebrequin en se reportant à la section 6 pour ces opérations. Installer ensuite la courroie de distribution comme indiqué en section 5.

### Flasque d'étanchéité droit

**7** Déposer la courroie de distribution puis le pignon de vilebrequin ainsi que le pignon et le galet de renvoi en se reportant respectivement aux sections 5 et 6 pour ces opérations. Récupérer la clavette demi-lune dans sa rainure sur le vilebrequin puis desserrer les vis de fixation de la partie inférieure du carter intérieur de courroie de distribution et la dégager du bloc-cylindres.

**8** Desserrer les vis assemblant le carter d'huile au flasque d'étanchéité.

**9** Desserrer ses vis de fixation puis dégager le flasque d'étanchéité du bloc-cylindres, en notant la présence de douilles de centrage au niveau des deux trous de passage de vis du bas. Décoller si nécessaire le flasque en faisant levier avec un tournevis au niveau de l'emplacement prévu à cet effet (à hauteur du galet de renvoi de courroie de distribution) sans risquer d'endommager les plans de joint. Si son joint est abîmé, le carter d'huile doit être déposé pour le changer. A noter l'existence d'un patin de guidage pour la chaîne d'entraînement de la pompe à huile avec deux douilles de centrage. Vérifier que le patin n'est pas détérioré en le changeant dans le moindre doute sur son état.

**10** La bague d'étanchéité est à remplacer à chaque dépose de son flasque-support. Repérer la position de montage de la bague et l'extraire avec un tournevis puis nettoyer le logement. Lubrifier le pourtour extérieur de la bague d'étanchéité neuve à l'huile moteur puis la mettre en place dans son logement en veillant à ne pas la présenter de travers et disposant sa lèvre d'étanchéité côté intérieur. Bloquer le flasque avec des cales de bois puis enfoncer la bague dans son logement en la frappant par l'intermédiaire d'un poussoir tubulaire genre douille **(voir illustration)**.

**11** Supprimer soigneusement les résidus de pâte d'étanchéité sur les plans de joint du flasque et du bloc-cylindres. Vérifier que le patin de guidage de la chaîne d'entraînement de la pompe à huile est correctement installé et que les douilles de centrage du flasque sont bien en place.

**12** Répandre un cordon de 0,6 à 1 mm de diamètre de pâte d'étanchéité « Rhodorseal 5661 » (à se procurer auprès du service des pièces détachées d'un concessionnaire Renault) sur le

**12.10 Frapper la bague d'étanchéité neuve avec une douille pour l'amener en place dans son logement du flasque**

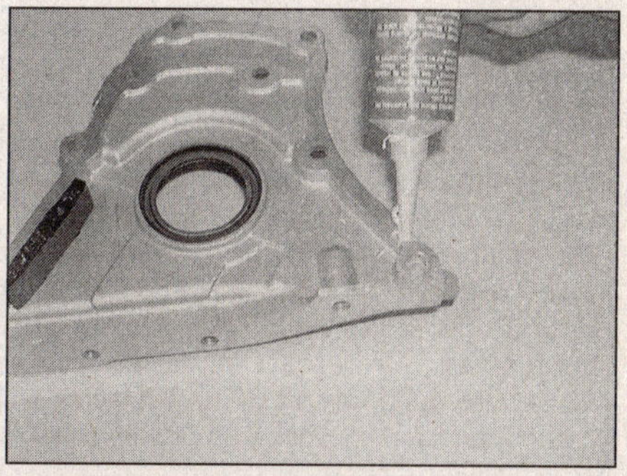

**12.12a Enduire d'un cordon fin de pâte d'étanchéité le plan de joint du flasque . . .**

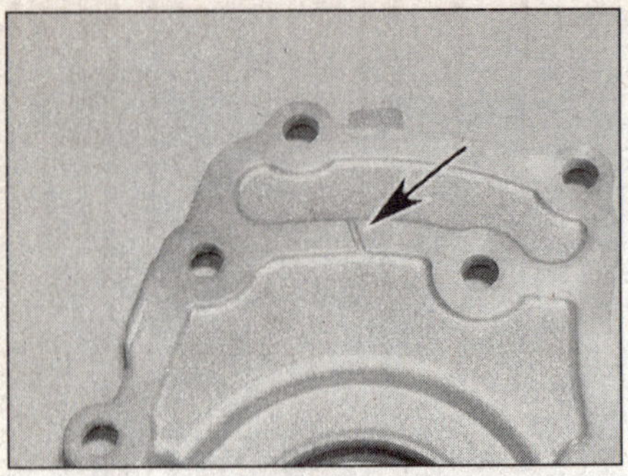

**12.12b . . . en veillant à ne pas boucher le passage d'huile en haut**

plan de joint du flasque, au niveau du bord intérieur des trous de passage de vis puis en enduire le filetage des deux vis de fixation attenantes à la bague d'étanchéité et dépassant à l'intérieur du bloc-cylindres. Veiller à ne pas boucher le passage d'huile en haut du flasque **(voir illustrations)**. Installer celui-ci sur le bloc-cylindres et le carter d'huile en serrant les vis correctement et uniformément.

**13** Remettre en place la clavette demi-lune dans sa rainure sur le vilebrequin puis reposer la partie inférieure du carter intérieur de courroie de distribution en serrant bien ses vis de fixation.

**14** Procéder à la repose du pignon de vilebrequin, du pignon et du galet de renvoi puis monter la courroie de distribution, en se reportant respectivement aux sections 6 et 5 pour ces opérations.

### Bague gauche

**15** Déposer le volant moteur (voir section suivante).

**16** Dégager la bague d'étanchéité au moyen d'un tournevis en veillant à ne pas marquer la portée du vilebrequin. En alternative, procéder comme décrit plus haut au point 2.

**17** Ausculter la portée de la bague d'étanchéité sur le vilebrequin. Si elle est creusée ou présente une rugosité de surface, la bague neuve doit être décalée légèrement en profondeur de sorte que sa lèvre vienne s'appuyer sur une surface intacte.

**18** Nettoyer le logement et la portée puis tremper la bague neuve dans de l'huile moteur propre et la mettre en place en bout de vilebrequin, en veillant à disposer sa lèvre d'étanchéité côté intérieur et à ne pas l'endommager lors du montage.

**19** Enfoncer la bague dans son logement à l'aide d'un poussoir tubulaire jusqu'à affleurement, en faisant attention de ne pas la présenter de travers. Une cale de bois taillée de telle façon à contourner l'extrémité du vilebrequin peut être utilisée à la place du poussoir.

**20** Reposer le volant moteur comme indiqué en section suivante.

## 13 Volant moteur - dépose, contrôle et repose

**Nota :** *Les vis de fixation du volant-moteur sont à changer systématiquement à chaque démontage.*

### Dépose

**1** Déposer la boîte de vitesses (voir chapitre 7A).

**2** Déposer l'embrayage (voir chapitre 6).

**3** Repérer la position de montage du volant moteur par rapport au vilebrequin.

**4** Immobiliser le volant moteur à l'aide d'une vis fixée au niveau de l'un des trous de vis d'assemblage de la boîte de vitesses, en calant la lame d'un tournevis dans la denture de la couronne de démarreur ou bien au moyen d'un secteur cranté **(voir illustration)**.

**5** Desserrer et enlever ses vis de fixation puis dégager le volant moteur du vilebrequin.

### Contrôle

**6** S'assurer que la portée du disque d'embrayage n'est pas exagérément rayée ni creusée, ce qui impliquera le remplacement du volant moteur. La portée peut toutefois être rectifiée pour rattraper les petits défauts de surface, bien qu'il soit préférable de remplacer le volant moteur dans ce cas.

**7** Si la denture de la couronne de démarreur est usée ou abîmée, le volant moteur sera également à changer.

### Repose

**8** Nettoyer soigneusement les plans d'assemblage du volant moteur et de la bride du vilebrequin. Enduire la face d'appui sur la bride du vilebrequin de pâte d'étanchéité, genre « *Loctite Autoform* » ou équivalent.

**9** Installer le volant moteur, en faisant coïncider les repères de montage réalisés préalablement à la dépose. A noter que les trous de vis de fixation sont disposés de manière asymétrique, ce qui ne permet qu'une seule position de montage du volant moteur.

**10** Déposer quelques gouttes d'un produit-frein approprié sur leurs filets puis monter les vis de fixation neuves du volant moteur et les serrer en opérant en croix pour atteindre le couple prescrit : immobiliser le volant moteur par la méthode décrite précédemment pour la dépose **(voir illustrations)**.

**11** Effectuer la repose de l'embrayage, comme décrit au chapitre 6.

**12** Procéder à la repose de la boîte de vitesses, en se reportant au chapitre 7A pour cette opération.

## 14 Silentblocs du groupe motopropulseur - contrôle et remplacement

### Contrôle

**1** Serrer le frein à main puis lever l'avant de la voiture au cric et le poser sur chandelles (voir « *Levage et soutien du véhicule* »). Dans le cas où il est prévu, déposer le carénage de protection sous le moteur.

**2** Contrôler l'état des deux silentblocs avant, côtés droit et gauche, ainsi que du silentbloc au niveau de la biellette antibasculement du support arrière pour déceler d'éventuelles fissures ou des signes de détérioration. Agir avec précaution sur chaque silentbloc à l'aide d'un levier pour en évaluer le jeu. Remplacer tout silentbloc présentant un jeu exagéré ou dont le caoutchouc est abîmé.

### Remplacement

#### Silentbloc droit

**3** Mettre en prise un palan ou une grue d'atelier au niveau des pattes de levage du moteur afin d'assurer le soutien du groupe motopropulseur pour procéder à la dépose de son silentbloc droit. En alternative, soutenir le côté droit du moteur au moyen d'un cric rouleur avec cale de bois interposée, installé en dessous du carter d'huile.

**4** Desserrer ses vis de fixation et déposer le cache en plastique coiffant la platine supérieure du support droit du groupe motopropulseur, en repérant bien la position respective de toute

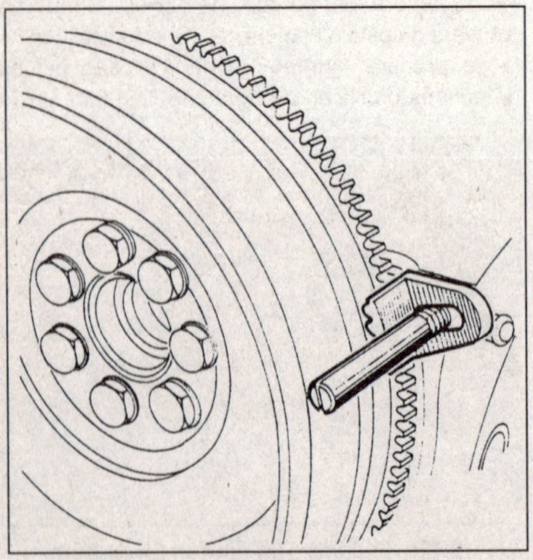

**13.4 Maintien du volant moteur avec un secteur cranté au niveau de la couronne de démarreur**

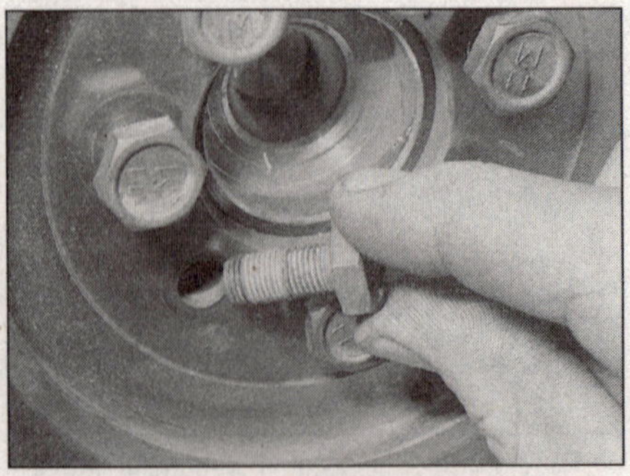

**13.10a Equiper le volant moteur de vis de fixation neuves enduites de produit-frein . . .**

**13.10b . . . et les serrer au couple prescrit, tout en immobilisant le volant moteur avec un levier**

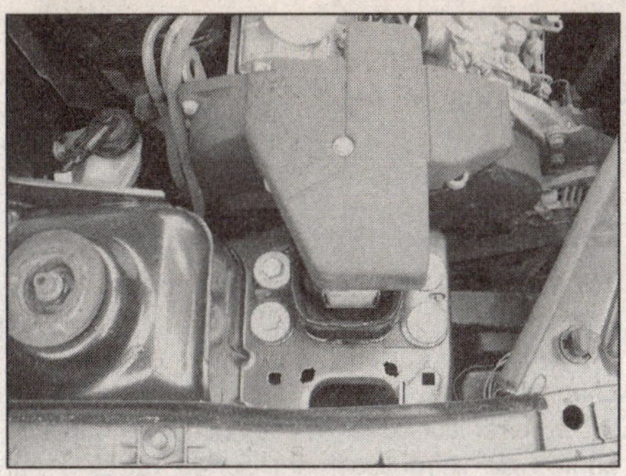

14.4 Cache en plastique de la platine supérieure du support D. du groupe motopropulseur

patte de maintien retenue par les vis **(voir illustration)**.

5 S'assurer que le groupe motopropulseur est convenablement soutenu puis dévisser l'écrou central du silentbloc. Il est dans certains cas nécessaire d'immobiliser l'axe au moyen d'une clé ou d'un embout six pans mâle pour le déblocage de l'écrou avec une clé plate.

6 Desserrer les vis de fixation de l'ensemble de la platine supérieure sur le support principal au niveau du moteur.

7 Desserrer les vis de fixation sur la caisse puis déposer l'ensemble de la platine supérieure du support droit avec le silentbloc.

8 Après avoir dégagé le cache et l'ensemble de la platine supérieure du support, déposer les carters extérieurs de la courroie de distribution pour avoir accès aux vis de fixation du support principal sur le moteur. Desserrer les vis de fixation et dégager ensuite le support. A la repose du support, veiller à bien serrer ses vis de fixation.

9 Remettre en place l'ensemble de la platine supérieure du support avec le silentbloc.

10 Remonter les vis de fixation de l'ensemble de la platine supérieure et l'écrou central du silentbloc. Serrer au couple prescrit les vis de fixation de l'ensemble de la platine sur le support au niveau du moteur. Ne pas bloquer à ce stade les vis de fixation sur la caisse ni l'écrou central du silentbloc.

11 Décrocher le palan des pattes de levage ou dégager le cric rouleur du dessous de la voiture.

12 Centrer ensuite l'ensemble de la platine supérieure du support en secouant le groupe motopropulseur à plusieurs reprises.

13 Après centrage de la platine supérieure du support, serrer ses vis de fixation sur la caisse et l'écrou central du silentbloc aux couples préconisés.

### Silentbloc gauche

14 Déposer la roue avant gauche.

15 Soutenir du dessous le groupe motopropulseur au moyen d'un cric rouleur avec cale de bois interposée.

16 Dévisser l'écrou central du silentbloc gauche. Dégager ensuite le goujon de fixation de la platine supérieure du support en le frappant au moyen d'un maillet à tête plastique.

17 Desserrer ses vis de fixation et dégager la platine supérieure du support avec le silentbloc.

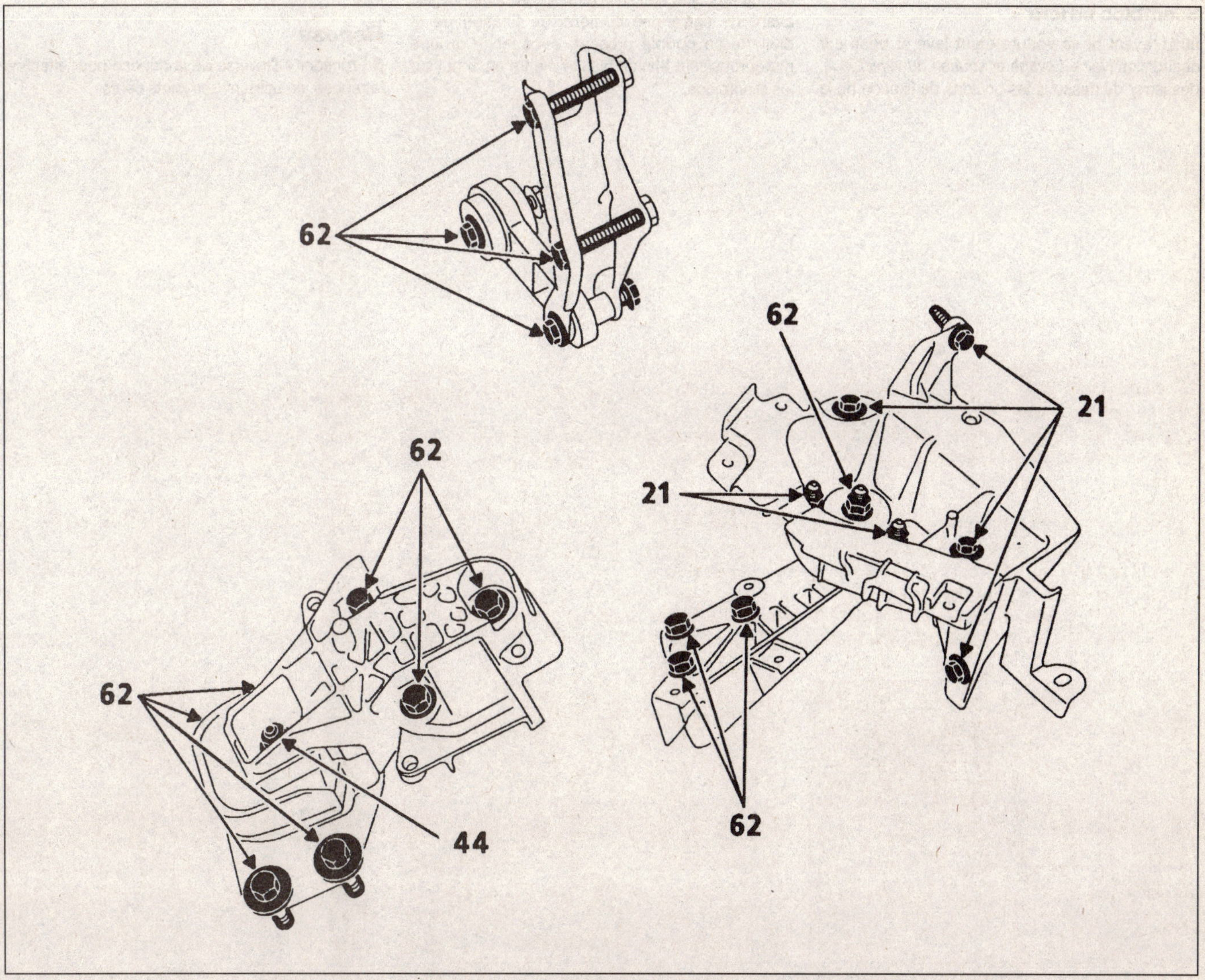


14.13 Couples de serrage (Nm) des supports et silentblocs du groupe motopropulseur

**15.4a Déposer le mamelon de fixation . . .**

**15.4b . . . et le refroidisseur d'huile en récupérant son joint**

**18** Desserrer ses vis de fixation et dégager le support de la boîte de vitesses.
**19** Opérer en sens inverse de la dépose pour effectuer la repose, mais avant de serrer les vis et l'écrou de fixation aux couples prescrits, secouer le groupe motopropulseur afin de bien le mettre en appui sur les silentblocs.

### Silentbloc arrière

**20** L'avant de la voiture étant levé et posé sur chandelles (voir « *Levage et soutien du véhicule* »), desserrer du dessous les boulons de fixation de la biellette antibasculement du support arrière du groupe motopropulseur sur les pattes au niveau du soubassement et à la partir arrière de la boîte de vitesses. Dégager la biellette par le dessous de la voiture.
**21** Si besoin est, dévisser et dégager les pattes du soubassement et de la boîte de vitesses.
**22** La repose a lieu à l'inverse de la dépose, mais avant de serrer les boulons de fixation de la biellette au couple prescrit, secouer le groupe motopropulseur afin de bien le mettre en appui sur les silentblocs.

## 15 Refroidisseur d'huile - dépose et repose

### *Dépose*

**1** Vidanger le circuit de refroidissement (voir chapitre 1B).
**2** Déposer la cartouche du filtre à huile (voir chapitre 1B).
**3** Desserrer leur collier et débrancher les durits de liquide de refroidissement sur le refroidisseur d'huile.
**6** Dévisser le mamelon de fixation commun à la cartouche de filtre à huile et au refroidisseur d'huile sur le manchon de raccordement au niveau de la face avant du bloc-cylindres. Dégager ensuite le refroidisseur et récupérer son joint **(voir illustrations)**.
**5** S'il y a lieu, déposer le manchon de raccordement en desserrant la vis creuse et récupérant le joint torique ainsi que la rondelle-joint.

### *Repose*

**6** Procéder à l'inverse de la dépose pour effectuer la repose, en utilisant des joints neufs.

# Chapitre 2 Partie D : Dépose et démontage du moteur

## Sommaire



## Niveaux de difficulté

| | | | | |
|---|---|---|---|---|
| **Facile,** pour les profanes de la mécanique | **Assez facile,** pour les débutants plus avisés | **Assez difficile,** pour les amateurs compétents | **Difficile,** pour les amateurs plus expérimentés | **Très difficile,** pour les initiés et les professionnels |

## Caractéristiques

### Culasse

| | |
|---|---|
| Hauteur nominale : | |
| Moteurs D7F | 113,5 mm |
| Moteurs E7J et K7M | 113 ± 0,05 mm |
| Moteurs K4J et K4M | 137 mm |
| Moteurs Diesel | 159,5 ± 0,2 mm |
| Défaut de planéité maxi. du plan de joint | 0,05 mm |
| Rectification du plan de joint | Interdite |
| Dépassement des préchambres (moteurs Diesel) | 0,01 à 0,04 mm |
| Angle de portée des soupapes : | |
| Moteurs D7F, E7J, K7M et Diesel : | |
| Admission | 120° |
| Echappement | 90° |
| Moteurs K4J et K4M : | |
| Admission et échappement | 89° |
| Largeur de sièges des soupapes : | |
| Moteurs D7F, E7J et K7M | 1,7 ± 0,1 mm |
| Moteurs K4J et K4M : | |
| Admission | 1,3 +1,4 -0 mm |
| Echappement | 1,4 +1,3 -0 mm |
| Moteurs Diesel | 1,8 mm |
| Retrait des soupapes par rapport au plan de joint de culasse : | |
| Moteurs Diesel : | |
| Admission | 0,85 ± 0,09 mm |
| Echappement | 0,97 ± 0,09 mm |

### Bloc/carter-cylindres

| | |
|---|---|
| Diamètre des alésages/chemises : | |
| Moteurs D7F : | |
| Classe A | 69 à 69,015 mm |
| Classe B | 69,015 à 69,03 mm |
| Moteurs E7J | 75,8 +0,03 -0 mm |
| Moteurs K7M, K4J et K4M | 79,5 +0,03 -0 mm |
| Moteurs Diesel : | |
| Classe A ou 1 | 80 à 80,015 mm |
| Classe B ou 2 | 80,015 à 80,03 mm |

### Bloc/carter-cylindres (suite)

| | |
|---|---|
| Dimensions des chemises - moteurs E7J : | |
| Hauteurs : | |
| Totale | 130 mm |
| Par rapport au plan de joint d'embase | 91,5 +0,035 +0,005 mm |
| Profondeur par rapport au plan de joint d'embase | 91,5 -0,015 -0,055 mm |
| Dépassement (sans joint d'embase) | 0,02 à 0,09 mm |
| Ecart maxi. de dépassement entre deux chemises voisines | 0,05 mm |

### Soupapes

| | |
|---|---|
| Diamètre de tête : | |
| Moteurs D7F : | |
| Admission | 32,88 ± 0,12 mm |
| Echappement | 29,88 ± 0,12 mm |
| Moteurs E7J et K7M : | |
| Admission | 37,5 ± 0,1 mm |
| Echappement | 33,5 ± 0,1 mm |
| Moteurs K4J et K4M : | |
| Admission | 32,7 ± 0,12 mm |
| Echappement | 27,96 ± 0,12 mm |
| Moteurs Diesel : | |
| Admission : | |
| Portée classique | 36,1 mm |
| Portée stellitée | 36,35 mm |
| Echappement | 31,5 mm |
| Diamètre de queue : | |
| Moteurs D7F : | |
| Admission | 5,98 +0 -0,015 mm |
| Echappement | 5,97 +0 -0,015 mm |
| Moteurs E7J et K7M : | |
| Admission et échappement | 7 mm |
| Moteurs K4J et K4M : | |
| Admission | 5,484 ± 0,01 mm |
| Echappement | 5,473 ± 0,01 mm |
| Moteurs Diesel | 8 mm |
| Longueur libre des ressorts : | |
| Moteurs D7F | 43 mm |
| Moteurs E7J et K7M : | |
| Avec repère noir | 46,64 mm |
| Avec repère orange | 44,93 mm |
| Moteurs K4J et K4M | 41,3 mm |
| Moteurs Diesel | 43,41 mm |

### Pistons et segments

| | |
|---|---|
| Jeu à la coupe des segments | Préajusté |
| Epaisseur des segments : | |
| Supérieur (coup de feu) : | |
| Moteurs D7F | 1,47 à 1,49 mm |
| Moteurs E7J | 1,75 mm |
| Moteurs K7M | 1,5 mm |
| Moteurs K4J et K4M | 1,2 mm |
| Moteurs Diesel | 2 mm |
| Intermédiaire (étanchéité) : | |
| Moteurs D7F | 1,47 à 1,49 mm |
| Moteurs E7J | 1,75 mm |
| Moteurs K7M, K4J et K4M | 1,5 mm |
| Moteurs Diesel | 2 mm |
| Racleur : | |
| Moteurs D7F | 2,47 à 2,49 mm |
| Moteurs E7J | 3 mm |
| Moteurs K7M, K4J et K4M | 2,5 mm |
| Moteurs Diesel | 3 mm |
| Jeu piston-alésage (valeurs indicatives) : | |
| Moteurs essence | 0,045 à 0,065 mm |
| Moteurs Diesel | 0,015 à 0,03 mm |

### Bielles

| | |
|---|---|
| Jeu diamétral aux têtes de bielles | 0,014 à 0,053 mm |
| Jeu latéral aux têtes de bielles : | |
| Moteurs D7F | 0,21 à 0,453 mm |
| Moteurs E7J | 0,31 à 0,572 mm |
| Moteurs K7M, K4J et K4M | 0,31 à 0,604 mm |
| Moteurs Diesel | 0,22 à 0,4 mm |

### Vilebrequin

| | |
|---|---|
| Diamètre des tourillons : | |
| Moteurs D7F : | |
| Origine | 44 ± 0,01 mm |
| Réparation | 43,75 ± 0,01 mm |
| Moteurs E7J : | |
| Origine | 54,795 ± 0,01 mm |
| Réparation | 54,545 ± 0,01 mm |
| Moteurs K7M : | |
| Origine | 48,01 +0 -0,02 mm |
| Réparation | 47,76 +0 -0,02 mm |
| Moteurs K4J et K4M : | |
| Origine | 47,99 à 47,997 mm |
| Réparation 1 | 47,997 à 48,003 mm |
| Réparation 2 | 48,003 à 48,01 mm |
| Moteurs Diesel : | |
| Origine | 54,795 ± 0,01 mm |
| Réparation | 54,545 ± 0,01 mm |
| Jeu diamétral aux paliers | 0,02 à 0,058 mm |
| Diamètre des manetons : | |
| Moteurs D7F : | |
| Origine | 40 +0 -0,016 mm |
| Réparation | 39,75 +0 -0,016 mm |
| Moteurs E7J : | |
| Origine | 43,98 +0 -0,02 mm |
| Réparation | 43,73 +0 -0,02 mm |
| Moteurs K7M : | |
| Origine | 43,98 +0 -0,02 mm |
| Réparation | 43,79 +0 -0,02 mm |
| Moteurs K4J et K4M : | |
| Origine | 43,97 ± 0,01 mm |
| Moteurs Diesel : | |
| Origine | 48 mm |
| Réparation | 47,75 +0,02 -0 mm |
| Jeu longitudinal : | |
| Moteurs D7F | 0,06 à 0,235 mm |
| Moteurs E7J : | |
| Nominal | 0,045 à 0,252 mm |
| Maxi. | 0,852 mm |
| Moteurs K4J et K4M : | |
| Nominal | 0,045 à 0,252 mm |
| Maxi. | 0,852 mm |
| Moteurs Diesel | 0,07 à 0,23 mm |

### Couples de serrage

*Voir « Caractéristiques » au chapitre 2A, 2B ou 2C.*

## 1 Généralités

Cette quatrième partie du chapitre 2 est consacrée aux opérations de dépose du groupe motopropulseur, de démontage et remise en état générale de la culasse, du bloc/carter-cylindres et des organes internes des différentes motorisations.

Les informations figurant dans ce sous-chapitre sont de plusieurs ordres. Tout d'abord des conseils relatifs aux opérations préliminaires à accomplir avant de procéder au démontage du moteur et à l'acquisition de pièces de rechange. D'autre part, des descriptions détaillées, étape par étape, des opérations de dépose, contrôle, remise en état et repose des organes internes du moteur.

Toutes les interventions traitées impliquent la dépose du moteur. En ce qui concerne les opérations pouvant être réalisées sans avoir à déposer le moteur ainsi que celles ayant trait aux accessoires extérieurs devant être déposés dans le cadre de la remise en état du moteur, se reporter à la partie A, B ou C du chapitre, et à la section 7 plus loin.

***Attention : Sur les modèles équipés d'un autoradio codé, s'assurer de bien avoir en possession la combinaison correcte du code de sécurité pour débrancher la batterie***

## 2 Démontage du moteur - généralités

Il n'est pas toujours aisé de déterminer les critères pouvant amener à la conclusion qu'un moteur nécessite un démontage général pour une remise en état de l'un de ses organes, cette décision dépendant en effet de nombreux facteurs.

Un kilométrage élevé ne signifie pas obligatoirement qu'un moteur soit à démonter et à l'inverse, il n'est pas exclu qu'un moteur à faible kilométrage puisse nécessiter un démontage. En réalité, cela est grandement conditionné par la fréquence d'entretien du véhicule. Un moteur ayant été vidangé avec changement du filtre à huile à échéances régulières et les autres opérations d'entretien courant ayant été également effectuées régulièrement, pourra fonctionner sans problème des milliers de kilomètres durant sans subir d'interventions majeures. Un moteur dont l'entretien aura été négligé sera au contraire susceptible de subir un démontage prématuré nécessité par son état.

Une consommation excessive d'huile peut dénoter une usure des segments de pistons, des joints de queues de soupapes et/ou des guides de soupapes. S'assurer toutefois avant d'incriminer ces éléments qu'une fuite d'huile n'est pas à l'origine de ce phénomène. Contrôler les pressions de compression des cylindres en procédant comme décrit en partie A, B ou C du chapitre afin de déterminer la cause de cette surconsommation d'huile.

Contrôler la pression d'huile en branchant un manomètre à la place du manocontact et s'assurer que le relevé n'est pas inférieur à la valeur minimale indiquée dans les *« Caractéristiques »* en partie A, B ou C du chapitre. En cas de pression extrêmement basse, les coussinets de paliers de vilebrequin et de têtes de bielles et/ou la pompe à huile doivent probablement être usés.

Si le moteur a perdu de sa puissance, s'il prend mal ses tours, si des cliquetis ou des bruits anormaux sont perçus, si la distribution est excessivement bruyante et si une consommation de carburant très élevée est notée, le moteur nécessite une révision, tout particulièrement lorsque ces symptômes apparaissent en même temps. Si une mise au point complète du moteur se révèle inefficace, il conviendra alors d'entreprendre des réparations mécaniques majeures.

Le démontage du moteur a lieu dans le but de remettre à neuf ses organes internes. La réfection générale d'un moteur implique le remplacement des chemises de cylindres (suivant le type de moteur), des pistons et des segments. Les coussinets de vilebrequin et de têtes de bielles sont généralement changés et au besoin, le vilebrequin doit être rectifié afin de remettre en état ses portées. Les soupapes nécessitent également une intervention car elles doivent se trouver détériorées du fait du mauvais état général du moteur. Le résultat de ces différentes opérations doit se traduire par une remise à neuf du moteur qui pourra alors repartir pour des milliers de kilomètres exempts de troubles majeurs. **Nota :** *Des pièces sensibles du circuit de refroidissement : durits, thermostat, pompe à eau notamment sont à changer lors de la remise en état générale d'un moteur. Le radiateur doit quant à lui être examiné avec la plus grande attention pour déceler un éventuel colmatage ou une fuite. Le remplacement de la pompe à huile est également conseillé dans le cadre de la révision générale d'un moteur.*

Avant d'entreprendre le démontage du moteur, lire attentivement les instructions relatives aux différentes opérations à réaliser, cela afin de bien les assimiler et de se faire une idée de l'ampleur de la tâche à accomplir. La remise en état d'un moteur ne présente pas de difficultés particulières si les consignes données sont scrupuleusement respectées, si l'on dispose de l'outillage et de l'équipement requis et si l'on se conforme à toutes les caractéristiques et les spécifications fournies. Il peut néanmoins s'agir d'une tâche de longue haleine. Compter sur un délai d'immobilisation minimal de deux semaines du véhicule, surtout si certains organes doivent être rectifiés par un spécialiste. S'assurer que les pièces de rechange nécessaires sont disponibles et veiller à se procurer à l'avance les outils et l'équipement spécifiques que l'on aura peut être difficulté à trouver. La plupart des opérations peuvent être effectuées en utilisant des outils courants bien que certaines interventions et vérifications exigent le recours à des instruments de mesure de précision. Certains ateliers de mécanique générale assurent non seulement le contrôle des pièces mais ils peuvent également fournir des conseils quant à la démarche à suivre concernant ces pièces : soit les rectifier ou bien les remplacer. **Nota :** *Attendre d'avoir démonté toutes les pièces et organes du moteur et notamment le bloc/carter-cylindres et le vilebrequin qui doivent ensuite être vérifiés avant de décider de confier les réparations à un spécialiste. L'état de ces pièces se révélera être le critère le plus important pour déterminer si le moteur vaut la peine d'être remis en état ou si au contraire, il vaut mieux le remplacer dans le cadre d'un échange standard. Pour cette raison, ne pas acheter de pièces de rechange ou faire remettre à neuf des organes tant que le bloc/carter-cylindres et le vilebrequin n'auront pas été inspectés dans leurs moindres détails.* En règle générale, le temps passé à effectuer les différentes opérations constitue le « coût » le plus important pour remettre en état un moteur. Il n'est donc pas rentable d'utiliser des pièces usagées ou de mauvaise qualité qui entraîneront une nouvelle remise en état du moteur sous peu.

Dernière remarque, afin d'assurer une durée de vie optimale et un bon fonctionnement à un moteur remis en état, il convient d'accomplir toutes les opérations d'assemblage avec le plus grand soin et de travailler dans des conditions de propreté irréprochables.

## 3 Dépose du groupe motopropulseur - méthodes et précautions

Avant de procéder à la dépose d'un moteur en vue de le remettre en état, un certain nombre de conditions préalables s'imposent.

Il est indispensable de choisir un emplacement de travail adéquat et de prévoir suffisamment d'espace pour accueillir la voiture. Faute de garage, s'installer sur une aire de travail plane, de niveau et propre.

Nettoyer le compartiment moteur et le groupe motopropulseur avant d'entamer les opérations de démontage, ce qui permettra d'y voir plus clair et de conserver les outils en bon état de propreté.

Prévoir un palan ou une grue d'atelier. Vérifier que ces équipements ont une capacité suffisante. Il convient de s'entourer des plus grandes précautions de sécurité vu les risques encourus lors du levage du groupe motopropulseur.

En cas de dépose du groupe motopropulseur par un profane de la mécanique, celui-ci doit se faire aider par quelqu'un d'autre, en particulier par une personne ayant de l'expérience et compétente. En effet, certaines manœuvres devant être effectuées pour soulever et déposer le groupe motopropulseur ne peuvent pas être accomplies par une seule personne.

La dépose du groupe motopropulseur doit se planifier à l'avance : prévoir notamment tous les outils et les équipements nécessaires en les achetant ou les louant. Afin de travailler dans des conditions de sécurité maximales et sans faire d'efforts superflus, en dehors d'un palan de levage ou d'une grue d'atelier, se munir d'un cric rouleur, d'un jeu complet de clés et de douilles (voir *« Outillage et équipement »* en fin de manuel), de cales de bois, de chiffons en quantité suffisante et de produit solvant-dégraissant pour éliminer les taches d'huile, de liquide de refroidissement et de carburant. Si le palan doit être loué, s'y prendre suffisamment à l'avance pour le réserver et avant d'en prendre possession, effectuer toutes les opérations n'exigeant pas son utilisation, ce qui permettra de réduire à la fois le coût de la location et de gagner du temps.

Prévoir un certain délai d'immobilisation du véhicule. Un certain nombre d'opérations nécessitant un équipement spécial doivent être pratiquées par les services techniques d'un concessionnaire Renault ou par un atelier de mécanique générale : ces établissements sont souvent débordés de travail et il est conseillé de prendre contact avec eux avant de déposer ou démonter le moteur de façon à connaître leurs délais pour accomplir l'intervention qui leur sera confiée.

Il est indispensable au cours des différentes opérations de bien repérer la position de montage de toutes les pattes de maintien, des colliers et brides de faisceaux électriques et de câbles et l'emplacement des points de mise à la masse, notamment. Veiller également à bien noter la disposition dans le compartiment moteur des faisceaux électriques et des tuyauteries ainsi que des connexions électriques. Il peut par exemple se révéler très utile de photographier les différents composants et pièces avant de procéder à leur débranchement ou à leur dépose. Un simple appareil jetable conviendra parfaitement à l'usage.

S'entourer de toutes les précautions de sécurité qui s'imposent lors de la dépose et la repose du groupe motopropulseur. Des actes irréfléchis peuvent se traduire par de sérieuses blessures. En s'organisant à l'avance et en prenant son temps, l'on s'apercevra qu'il est possible de mener à bien une tâche d'une ampleur aussi importante que celle de la dépose d'un moteur.

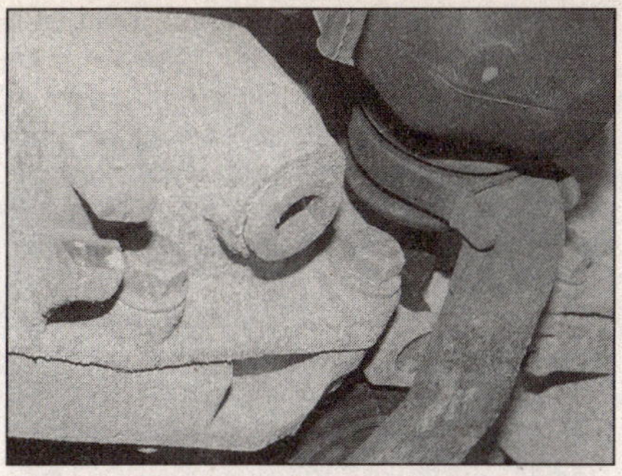

**4.4 Bouchon de vidange de boîte de vitesses**

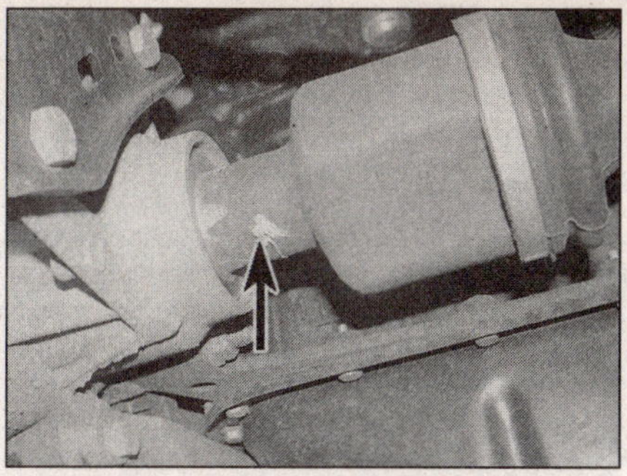

**4.13 Goupille de fixation de tulipe extérieure de joint homocinétique de transmission droite sur l'axe de planétaire**

**4.31 Pompe de direction assistée - moteur 1,2 l**

## 4 Groupe motopropulseur (1,2 l) - dépose et repose

**Nota :** *Le groupe motopropulseur se dépose par le haut du véhicule, le moteur et la boîte de vitesses pouvant ensuite être dissociés pour leur remise en état.*

**1** Déposer la batterie (voir chapitre 5A).

**2** Serrer le frein à main puis lever l'avant de la voiture au cric et le poser sur chandelles (voir « *Levage et soutien du véhicule* »). Déposer les deux roues avant, les coquilles pare-boue des passages de roues ainsi que le carénage de protection éventuellement prévu sous le moteur.

**3** Vidanger le circuit de refroidissement (voir chapitre 1A).

**4** Vidanger la boîte de vitesses, en se reportant au chapitre 7A pour cette opération **(voir illustration)**.

**5** Vidanger le moteur si son démontage est envisagé (voir chapitre 1A).

**6** Desserrer ses colliers et déposer le conduit d'admission d'air.

**7** Suivant montage, desserrer ses deux écrous de fixation et dégager du tablier le vase d'expansion du circuit de refroidissement (voir chapitre 3). Fixer le vase sur le moteur ou le déposer.

**8** Desserrer les deux vis de fixation sur le support au niveau du pivot porte-moyeu avant, débrancher la connexion électrique du témoin d'usure des plaquettes puis dégager l'étrier de frein avant gauche et l'attacher au ressort hélicoïdal de suspension, en veillant à ne pas plier ni vriller le flexible d'alimentation.

**9** Desserrer les vis de fixation de la bride du soufflet de transmission gauche sur le carter de boîte de vitesses.

**10** Desserrer son écrou de fixation puis désaccoupler la rotule de biellette de direction gauche du pivot porte-moyeu, en utilisant un arrache-rotule.

**11** Desserrer et enlever les deux boulons de bridage du pied de la jambe de suspension sur le pivot porte-moyeu gauche, en notant que les écrous se montent de l'arrière.

**12** Soutenir le côté intérieur de la transmission gauche puis basculer avec précaution le pivot porte-moyeu vers l'extérieur pour désaccoupler la transmission en sortie de différentiel. Attacher la transmission à l'écart de la boîte de vitesses. Un léger écoulement d'huile est à prévoir au niveau de la boîte de vitesses : disposer un récipient approprié au sol pour la récupérer.

**13** Suivant montage, en opérant du dessous de la voiture, dégager à l'aide d'un chasse-goupille approprié, la goupille assurant la fixation de la tulipe extérieure du joint homocinétique de la transmission droite sur l'axe du planétaire de différentiel **(voir illustration)**. A signaler que la goupille est à remplacer systématiquement à chaque dépose.

**14** Desserrer les deux vis de fixation sur le support au niveau du pivot porte-moyeu avant, débrancher la connexion électrique du témoin d'usure des plaquettes puis dégager l'étrier de frein avant droit et l'attacher au ressort hélicoïdal de suspension, en veillant à ne pas plier ni vriller le flexible d'alimentation.

**15** Desserrer son écrou de fixation puis désaccoupler la rotule de biellette de direction droite du pivot porte-moyeu, en se servant d'un arrache-rotule.

**16** Desserrer et enlever les deux boulons de bridage du pied de la jambe de suspension sur le pivot porte-moyeu droit, en notant que les écrous se montent de l'arrière.

**17** Basculer avec précaution le pivot porte-moyeu vers l'extérieur pour désaccoupler les cannelures du joint homocinétique de la transmission droite de celles de l'axe du planétaire de différentiel (se reporter s'il y a lieu au chapitre 8 pour effectuer cette opération). Attacher la transmission au boîtier de direction.

**18** Desserrer sa vis de fixation et dégager la tresse de mise à la masse au niveau de la boîte de vitesses.

**19** Dégager le soufflet en caoutchouc puis désaccoupler la tringle de commande des vitesses en enlevant la vis de fixation de sa chape de réglage sur l'axe de sélection au niveau de la boîte de vitesses (voir chapitre 7A).

**20** Débloquer, sans l'enlever, le boulon de fixation de la biellette antibasculement du support arrière du groupe motopropulseur au niveau de la patte sur le soubassement puis déposer le boulon de fixation sur la patte à la partie arrière de la boîte de vitesses et faire pivoter la biellette vers le bas pour la dégager.

**21** Désaccoupler et dégager le câble d'accélérateur du boîtier de papillon (voir chapitre 4A).

**22** Débrancher au niveau de l'électrovanne du dispositif de recyclage des vapeurs d'essence la durit reliée au réservoir à charbon actif ainsi que celle de prise de dépression raccordée à la tubulure d'admission.

**23** Débrancher le tuyau de prise de dépression du servofrein au niveau de la tubulure d'admission.

**24** Desserrer son collier et débrancher la durit supérieure du radiateur. Si nécessaire, la débrancher également au niveau de son raccordement avec la pompe à eau.

**25** Débrancher le faisceau électrique côté gauche du compartiment moteur et le poser sur le moteur. Pour cela, déposer les platines à relais et fusibles puis débrancher le connecteur.

**26** Bien repérer leur position respective de raccordement au niveau du tablier et débrancher les durits de chauffage. Il existe deux types de montage possibles. Pour le premier type, le raccord rapide se débranche en tournant la bague d'arrêt extérieure dans le sens anti-horaire pour la déverrouiller et tirant sur la durit pour la dégager. Dans le cas du second type, pour déverrouiller le raccord rapide, pincer ses languettes latérales puis pousser le raccord vers le tablier et tirer sur la durit pour la débrancher.

**27** Débrancher les connecteurs électriques de la sonde lambda et du groupe motoventilateur de refroidissement.

**28** Déverrouiller leur raccord et débrancher les durits d'alimentation et de retour de carburant au niveau du boîtier de papillon ou de la rampe d'alimentation, suivant le cas.

**29** Côté gauche du compartiment moteur, débrancher le connecteur électrique du calculateur de gestion du moteur ainsi que celui du contacteur à inertie de coupure d'alimentation puis desserrer ses vis de fixation et dégager le calculateur avec son support.

**30** Sur les modèles climatisés, dégager le compresseur, sans débrancher les canalisations du circuit frigorifique (voir chapitre 3). Attacher le compresseur à l'écart du moteur.

**31** Dégager la pompe de direction assistée sans débrancher ses canalisations : se reporter au chapitre 10 pour cette opération **(voir illustration)**. Attacher la pompe à l'écart du moteur.

**32** Décrocher le câble d'embrayage au niveau de la boîte de vitesses (voir chapitre 6).

**33** Procéder à la dépose du tube avant d'échappement avec le pot catalytique (voir chapitre 4A).

2D

**4.36 Support droit du groupe motopropulseur - moteur 1,2 l**

**34** Déposer au besoin le capot moteur (voir chapitre 11). Mettre en prise un palan ou une grue d'atelier aux pattes de levage sur la culasse et reprendre le poids du groupe motopropulseur.

**35** Dévisser et dégager le support gauche du groupe propulseur au niveau de la boîte de vitesses et de la caisse (voir chapitre 2A).

**36** Bien repérer sa position de montage sur la caisse puis dévisser le support droit du groupe motopropulseur **(voir illustration)**.

**37** Protéger le radiateur avec un grand morceau de carton. Suivant le type d'appareil de levage utilisé, il est préférable de déposer le radiateur (voir chapitre 3).

**38** En opérant à deux, soulever lentement le groupe motopropulseur, en prenant garde de ne pas détériorer de pièces attenantes au passage. Le groupe étant suffisamment haut, le faire passer par-dessus la traverse supérieure avant puis le descendre au sol.

**39** Pour dissocier le moteur de la boîte de vitesses, dégager en premier lieu le faisceau électrique, en s'assurant de bien repérer son trajet.

**40** Se reporter ensuite au chapitre 7A pour dégager la boîte de vitesses du moteur.

## Repose

**41** Procéder à l'inverse de la dépose pour effectuer la repose du groupe motopropulseur, en se reportant aux différents chapitres concernés et respectant les préconisations de serrage indiquées pour les fixations. Rétablir le niveau de fluide de direction assistée, comme décrit au chapitre 1A. Effectuer le plein d'huile du moteur puis le remplissage du circuit de refroidissement, comme indiqué au chapitre 1A. Procéder au remplissage de la boîte de vitesses, en se reportant au chapitre 7A pour cette opération. Avant de prendre la route, actionner la pédale de frein plusieurs fois de suite afin que les plaquettes de freins retrouvent leur bonne position.

# 5 Groupe motopropulseur (1,4 et 1,6 l) - dépose et repose

**Nota :** *Selon la méthode préconisée par le constructeur, le groupe motopropulseur se dépose par le dessous du véhicule avec le berceau et les transmissions, ces éléments pouvant ensuite être dissociés séparément. La méthode alternative décrite ci-dessous consiste à dégager au préalable le berceau pour la dépose du groupe motopropulseur.*

## Dépose

**1** Déposer la batterie (voir chapitre 5A).

**2** Serrer le frein à main puis lever l'avant de la voiture au cric et le poser sur chandelles (voir « *Levage et soutien du véhicule* »). Déposer les deux roues avant, les coquilles pare-boue des passages de roues ainsi que le carénage de protection éventuellement prévu sous le moteur.

**3** Vidanger le circuit de refroidissement (voir chapitre 1A).

**4** Vidanger la boîte de vitesses, en se reportant au chapitre 7A ou 7B, suivant équipement, pour cette opération **(voir illustration)**.

**5** Vidanger le moteur si son démontage est envisagé (voir chapitre 1A).

**6** Déposer la calandre (voir chapitre 11) puis enlever les quatre vis de fixation supérieures et desserrer sans les enlever les deux vis de fixation inférieures de la traverse supérieure avant et désaccoupler le câble de déverrouillage du capot au niveau du verrou **(voir illustrations)**.

**7** Procéder à la dépose du bouclier pare-chocs avant, comme indiqué au chapitre 11 **(voir illustration)**.

**8** De chaque côté du train avant, dévisser et désolidariser le tirant reliant le berceau au longeron.

**9** Desserrer leurs vis de fixation et dégager des supports sur les pivots porte-moyeux les deux étriers de freins avant, en débranchant la connexion électrique du témoin d'usure des plaquettes puis déposer éventuellement les capteurs de roues du système ABS **(voir illustrations)**. Attacher les étriers aux ressorts hélicoïdaux de suspension, en veillant à ne pas plier ni vriller leur flexible d'alimentation.

**10** Dévisser et enlever les boulons de bridage des pieds de jambes de suspension sur les pivots

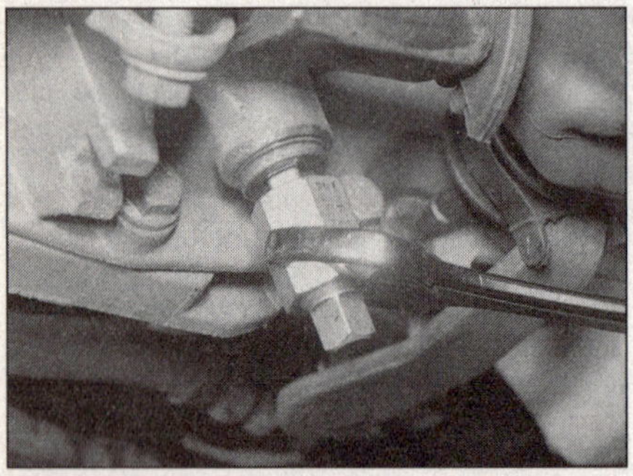

**5.4 Déblocage du bouchon de vidange de la BV. manuelle**

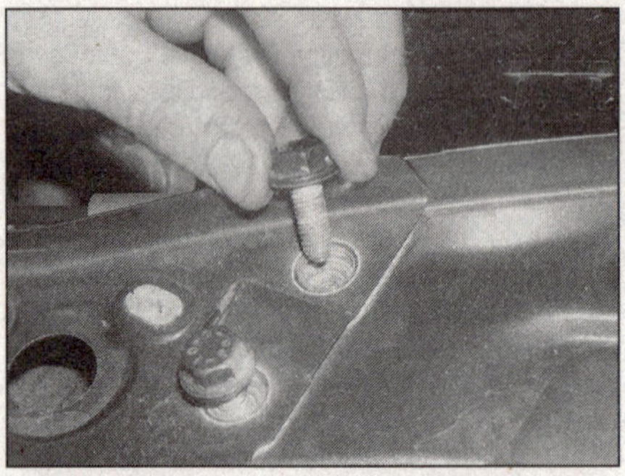

**5.6a Desserrage d'une vis de fixation supérieure de la traverse supérieure AV. . . .**

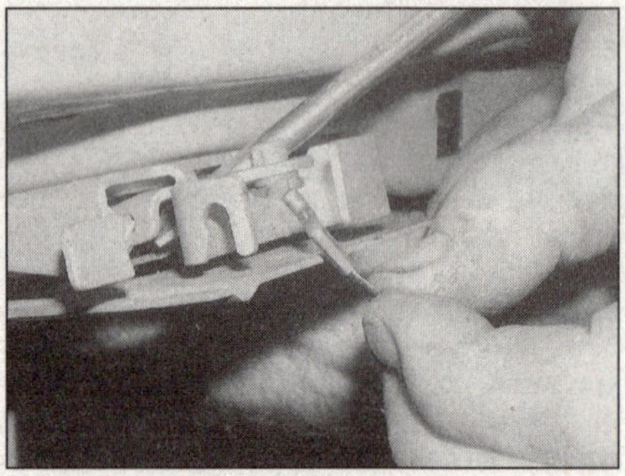

**5.6b . . . et désaccouplement du câble de déverrouillage du capot**

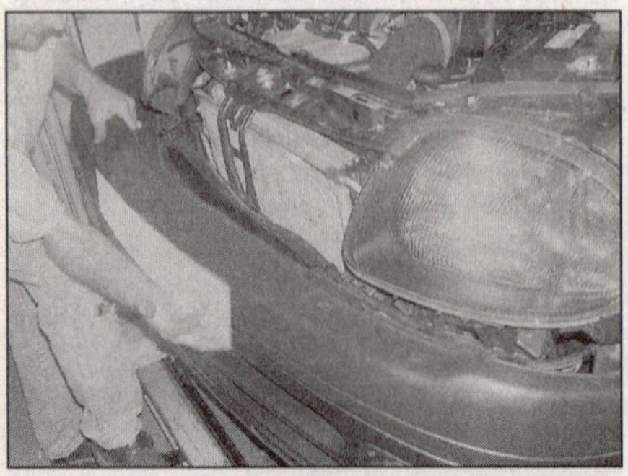

**5.7 Dépose du bouclier pare-chocs AV.**

**5.9a Desserrer les deux vis de fixation du support sur le pivot . . .**

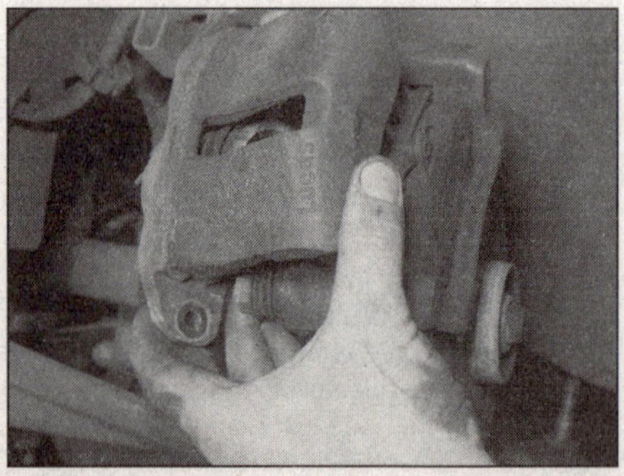

**5.9b . . . et dégager l'ensemble de l'étrier de frein AV. G. . . .**

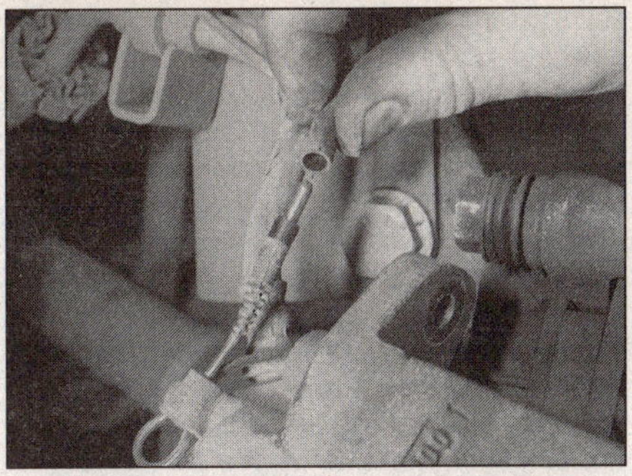

**5.9c . . . en débranchant la connexion électrique du témoin d'usure des plaquettes**

**5.10a Desserrage de l'écrou du boulon de bridage supérieur du pied de jambe sur le pivot . . .**

**5.10b . . . et dépose de la vis**

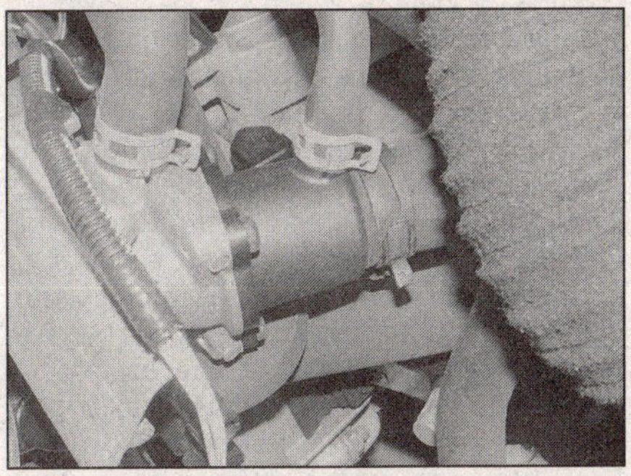

**5.16 Durits raccordées au boîtier thermostatique - moteur E7J**

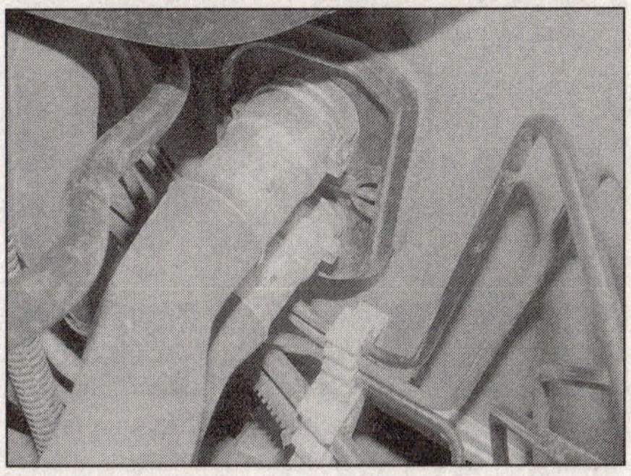

**5.18 Durits de chauffage raccordées au niveau du tablier**

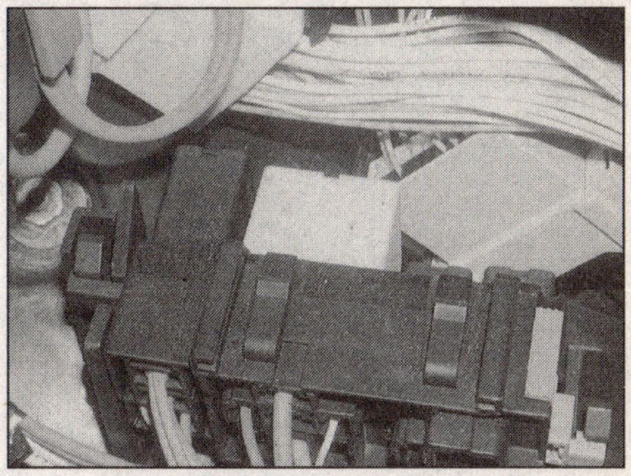

**5.19 Faisceau électrique du moteur, côté gauche du compartiment moteur**

porte-moyeux : à noter que les écrous se montent par l'arrière **(voir illustrations)**.

**11** En opérant du dessous de la voiture, dévisser et dégager du soubassement l'écran thermique d'échappement puis déposer la tringle de commande des vitesses ou désaccoupler le câble de sélection (voir chapitre 7A ou 7B).

**12** Procéder à la dépose du tube avant d'échappement avec le pot catalytique (voir chapitre 4A).

**13** Desserrer sa vis de fixation et dégager la tresse de mise à la masse de la boîte de vitesses.

**14** Déposer le conduit d'admission du boîtier de filtre à air (voir chapitre 4A).

**15** Côté gauche du compartiment moteur, débrancher le connecteur électrique du calculateur de gestion du moteur ainsi que celui du contacteur à inertie de coupure d'alimentation puis desserrer ses vis de fixation et dégager le calculateur avec son support.

**16** Débrancher ses durits puis dévisser les écrous de fixation sur le tablier et sortir le vase d'expansion du circuit de refroidissement du compartiment moteur. Débrancher s'il y a lieu les durits au niveau du boîtier thermostatique **(voir illustration)**.

**17** Débrancher le tuyau de prise de dépression du servofrein sur la tubulure d'admission.

**18** Bien repérer leur position respective de raccordement au niveau du tablier et débrancher les durits de chauffage **(voir illustration)**. Il existe deux types de montage possibles. Pour le premier type, le raccord rapide se débranche en tournant la bague d'arrêt extérieure dans le sens anti-horaire pour la déverrouiller et tirant sur la durit pour la dégager. Dans le cas du second type, pour déverrouiller le raccord rapide, pincer ses languettes latérales puis pousser le raccord vers le tablier et tirer sur la durit pour la débrancher.

**19** Débrancher le faisceau électrique côté gauche du compartiment moteur et le poser sur le moteur. Pour cela, déposer les platines à relais et fusibles puis débrancher le connecteur **(voir illustration)**.

**20** Débrancher au niveau de l'électrovanne du dispositif de recyclage des vapeurs d'essence la durit reliée au réservoir à charbon actif ainsi que celle de prise de dépression raccordée à la tubulure d'admission.

**21** Désaccoupler et dégager le câble d'accélérateur du boîtier de papillon, en se reportant au chapitre 4A pour cette opération **(voir illustration)**.

**22** Sur les modèles à boîte de vitesses manuelle, désaccoupler le câble d'embrayage (voir chapitre 6).

**23** Pour les modèles à boîte de vitesses automatique, désaccoupler l'embout du câble de sélection du levier de contacteur multifonction (voir chapitre 7B).

**24** En se reportant au chapitre 10 pour cette opération, dégager la pompe de direction assistée sans débrancher ses canalisations **(voir illustration)**. Attacher la pompe à l'écart sur le côté.

**25** Procéder à la dépose du boîtier de filtre à air (voir chapitre 4A).

**26** Débrancher les durits d'arrivée et de retour de carburant au niveau de la rampe d'alimentation (voir chapitre 4A).

**27** Desserrer ses vis de fixation supérieures sur la traverse puis écarter le radiateur et l'attacher au moteur, en veillant à ne pas l'endommager. Dégager

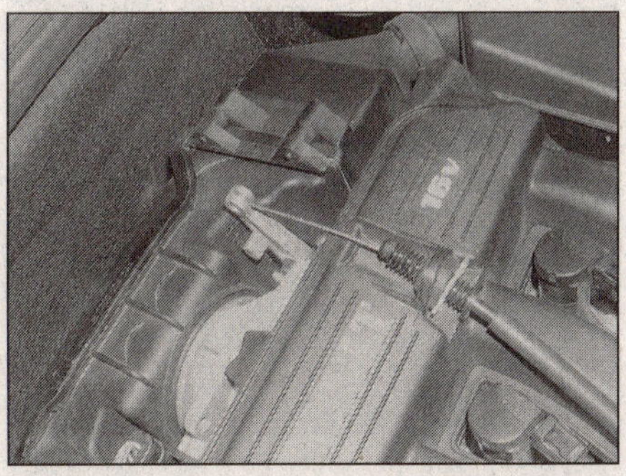

**5.21 Câble d'accélérateur - moteur K4J**

**5.24 Emplacement de la pompe de direction assistée**

**5.27 Dépose du groupe motoventilateur de refroidissement**

**5.28b Dépose d'une vis de fixation du condenseur de climatisation**

si nécessaire le groupe motoventilateur de l'arrière du radiateur **(voir illustration)**. A noter que les blocs de fixation inférieurs du radiateur sont situés sur le berceau qui doit être descendu ultérieurement.

**28** Sur les modèles climatisés, dégager le

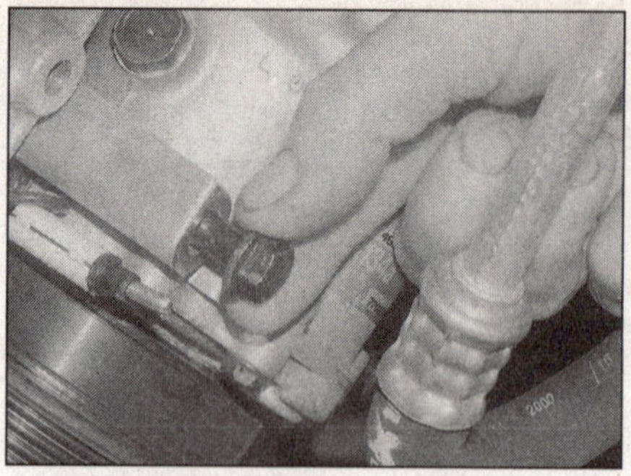

**5.28a Dépose d'une vis de fixation du compresseur de climatisation**

**5.28c Condenseur de climatisation suspendu au capot : ne pas débrancher les canalisations du circuit frigorifique**

compresseur, sans débrancher les canalisations du circuit frigorifique et l'attacher à l'écart du moteur. Dévisser également le condenseur et le dégager du radiateur puis l'attacher au capot **(voir illustrations)**.

**29** S'assurer que les roues avant se trouvent bien en ligne droite puis écarter le soufflet pour desserrer le boulon de bridage de la chape du cardan de l'axe rétractable sur le pignon d'attaque de crémaillère, en bas de la colonne de direction **(voir illustration)**.

***Attention : Sur les véhicules équipés d'un coussin gonflable de sécurité (airbag), il est impératif de veiller à ne pas détériorer le contact rotatif implanté sous le cache-moyeu du volant. Pour cela, avant de dégager la colonne de direction, fixer le volant en position ligne droite au moyen d'un outil « bloc-volant », ou avec du ruban adhésif***

**30** Soutenir le groupe motopropulseur en installant des cales de bois entre le bloc/carter-cylindres, la boîte de vitesses et le berceau. Un outil d'atelier est prévu pour le soutien du côté droit du moteur. La cale de bois peut au besoin être remplacée par un cric rouleur.

***Attention : Veiller à ce que le groupe motopropulseur soit convenablement soutenu***

**31** Dévisser et dégager de la caisse et du moteur le support droit du groupe motopropulseur. Comme mesure de précaution supplémentaire, le groupe motopropulseur peut être soutenu au moyen d'un palan ou d'une grue d'atelier pour procéder à la dépose de ses supports.

**32** Desserrer les vis de fixation au niveau de la boîte de vitesses et de la caisse puis dégager les supports côté gauche du groupe motopropulseur.

**33** Dévisser et déposer les renforts arrière entre berceau et soubassement **(voir illustration)**.

**34** Débloquer de un à deux tours les vis de fixation du berceau sur la caisse. **Ne pas** enlever les vis à ce stade.

**35** Abaisser l'avant de la voiture de façon à ce que le berceau repose sur les cales de bois ou les crics utilisés pour le soutien.

**36** Finir de desserrer et enlever les vis de fixation du berceau puis, à l'aide de plusieurs collaborateurs, soulever avec précaution l'avant de la caisse, tout en le déplaçant pour l'écarter du groupe motopropulseur. Cette opération peut être effectuée au moyen d'un cric rouleur ou d'un palan de levage.

**37** Mettre en prise un palan ou une grue d'atelier aux pattes de levage pour reprendre le poids du groupe motopropulseur puis dissocier le berceau, tout en désaccouplant les transmissions de la boîte de vitesses **(voir illustrations)**.

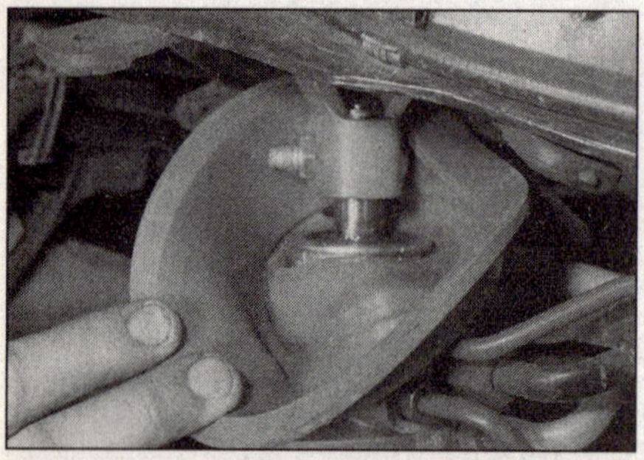

**5.29 Le boulon de bridage de chape de colonne de direction sur le pignon de crémaillère est accessible en écartant le soufflet**

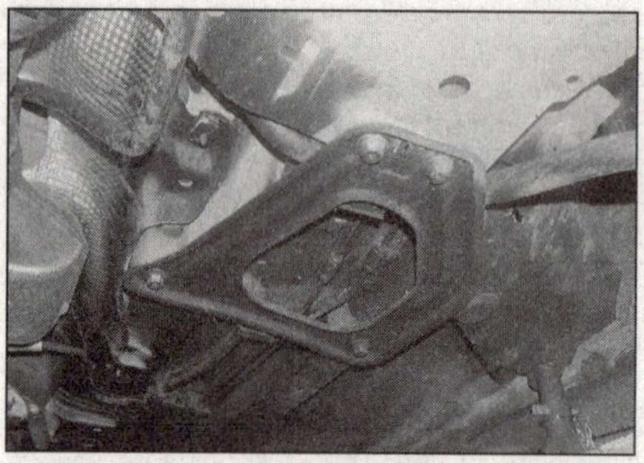

**5.33 Renfort arrière entre berceau et soubassement**

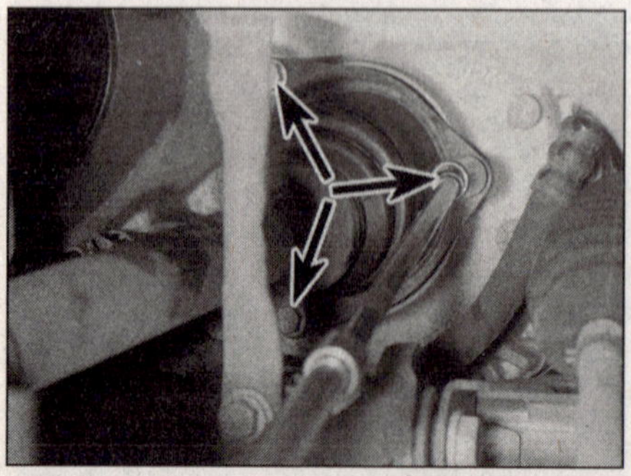

**5.37a Vis de fixation de bride du soufflet de transmission G. sur le carter de BV.**

**5.37b Goupille de fixation de tulipe extérieure de joint homocinétique de transmission droite sur l'axe de planétaire**

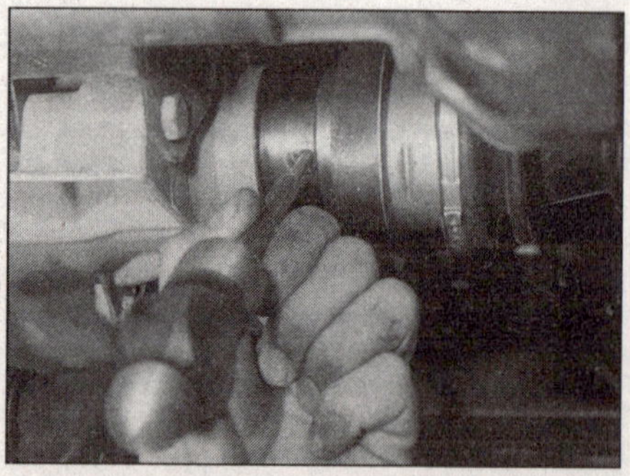

**5.37c Utilisation d'un chasse-goupille pour déposer la goupille de fixation de transmission D.**

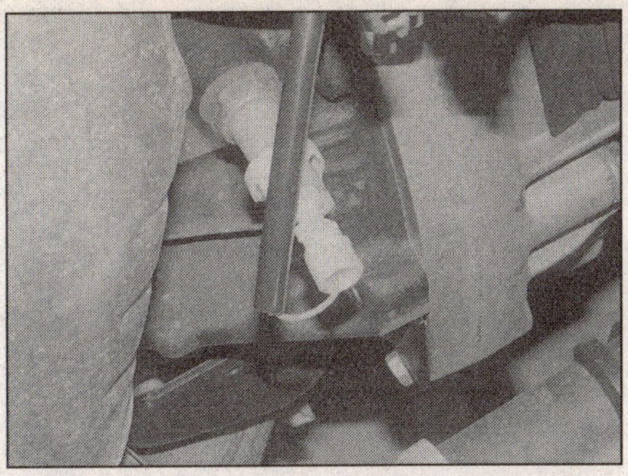

5.38a Connexion électrique de manocontact de pression d'huile - moteur E7J

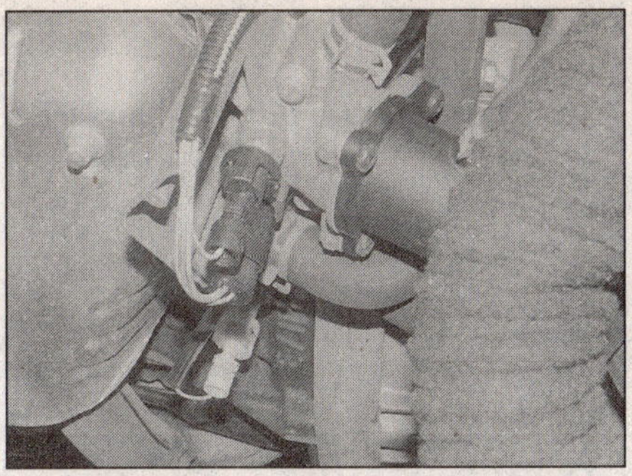

5.38b Connexion électrique du boîtier thermostatique - moteur E7J

6.10 Vis de fixation de tresse de mise à la masse de boîte de vitesses

38 Pour désassembler le moteur de la boîte de vitesses, dégager en premier lieu le faisceau électrique, en s'assurant de bien repérer son trajet **(voir illustrations)**.

39 Se reporter ensuite au chapitre 7A ou 7B pour dégager la boîte de vitesses du moteur.

## Repose

40 Opérer à l'inverse de la dépose pour effectuer la repose du groupe motopropulseur, en se reportant aux différents chapitres concernés et respectant les préconisations de serrage indiquées pour les fixations. A la repose du berceau, afin de faciliter son alignement avec la caisse, monter deux tiges filetées de 100 mm de long au niveau des trous de vis de fixation avant. Le berceau étant correctement aligné, monter ses vis de fixation arrière puis enlever les deux tiges filetées et installer les vis de fixation avant. Se reporter au chapitre 10 pour réacccoupler la chape du cardan de l'axe rétractable de colonne de direction au pignon d'attaque de crémaillère. Rétablir le niveau de fluide de direction assistée, comme décrit au chapitre 1A. Effectuer le plein d'huile du moteur puis le remplissage du circuit de refroidissement, comme indiqué au chapitre 1A. Procéder au remplissage de la boîte de vitesses, en se reportant au chapitre 7A ou 7B pour cette opération. Avant de prendre la route, actionner la pédale de frein plusieurs fois de suite afin que les plaquettes de freins retrouvent leur bonne position.

# 6 Groupe motopropulseur (Diesel) - dépose et repose

**Nota :** *Selon la méthode préconisée par le constructeur, le groupe motopropulseur se dépose par le dessous du véhicule avec le berceau et les transmissions, ces éléments pouvant ensuite être dissociés séparément. La méthode alternative décrite ci-dessous consiste à dégager au préalable le berceau pour la dépose du groupe motopropulseur.*

## Dépose

1 Déposer la batterie (voir chapitre 5A).

2 Serrer le frein à main puis lever l'avant de la voiture au cric et le poser sur chandelles (voir « *Levage et soutien du véhicule* »). Déposer les deux roues avant, les coquilles pare-boue des passages de roues ainsi que le carénage de protection éventuellement prévu sous le moteur.

3 Vidanger le circuit de refroidissement (voir chapitre 1B).

4 Vidanger la boîte de vitesses, en se reportant au chapitre 7A pour cette opération.

5 Vidanger le moteur si son démontage est envisagé (voir chapitre 1B).

6 De chaque côté du train avant, dévisser et désolidariser le tirant reliant le berceau au longeron.

7 Desserrer leurs vis de fixation et dégager des supports sur les pivots porte-moyeux les deux étriers de freins avant, en débranchant la connexion électrique du témoin d'usure des plaquettes puis déposer éventuellement les capteurs de roues du système ABS. Attacher les étriers aux ressorts hélicoïdaux de suspension, en veillant à ne pas plier ni vriller leur flexible d'alimentation.

8 Dévisser et enlever les boulons de bridage des pieds de jambes de suspension sur les pivots porte-moyeux : à noter que les écrous se montent de l'arrière.

9 Procéder à la dépose du tube avant d'échappement (voir chapitre 4D).

10 Desserrer sa vis de fixation et dégager la tresse de mise à la masse de la boîte de vitesses **(voir illustration)**.

11 Déposer le bouclier pare-chocs avant (voir chapitre 11).

12 Déposer le conduit d'admission du boîtier de filtre à air (voir chapitre 4B).

13 Débrancher les durits d'alimentation et de retour de carburant de la pompe d'injection et les boucher ainsi que les orifices découverts sur la pompe afin d'empêcher l'admission d'impuretés. Pour débrancher la durit d'alimentation, appuyer sur le haut de l'embout du raccord rapide, pincer le bas et tirer en même temps vers le haut. Pour débrancher la durit de retour de carburant, appuyer sur la bague d'arrêt tout en tirant sur l'embout pour le désaccoupler du raccord en « T ».

14 Bien repérer leur position respective de raccordement avant de débrancher les connexions électriques suivantes, côté gauche du compartiment moteur, et dégager le faisceau :

a) *Réchauffeur électrique au niveau de la tête du filtre à gazole*
b) *Boîtier de pré/postchauffage*
c) *Calculateur électronique de gestion du moteur*
d) *Contacteur à inertie de coupure d'alimentation*

16 Libérer les canalisations du circuit d'alimentation en carburant à la partie arrière du carter intérieur de courroie de distribution puis dégager la cuve du filtre à gazole de son support, sans débrancher les canalisations, et l'écarter sur le côté.

16 Desserrer ses vis de fixation et dégager le calculateur électronique de gestion du moteur avec son support puis le cas échéant, déposer le boîtier de pré/postchauffage.

17 Débrancher les durits puis desserrer ses deux écrous de fixation sur le tablier et déposer le vase d'expansion du circuit de refroidissement.

18 Débrancher le tuyau de dépression encliquetable de la pompe à vide d'assistance de freinage. Un outil d'atelier est prévu à cet effet. Il s'agit d'une pince profilée en « U » à engager sur l'embout de raccordement du tuyau, ce qui permet de repousser et de déverrouiller ses arrêtoirs (voir illustrations correspondantes au chapitre 2C, section 9).

19 Bien repérer leur position respective de raccordement au niveau du tablier et débrancher les durits de chauffage. Il existe deux types de montage possibles. Pour le premier type, le raccord rapide se débranche en tournant la bague d'arrêt extérieure dans le sens anti-horaire pour la déverrouiller et tirant sur la durit pour la dégager. Dans le cas du second type, pour déverrouiller le raccord rapide, pincer ses languettes latérales puis pousser le raccord vers le tablier et tirer sur la durit pour la débrancher.

20 Débrancher le faisceau électrique côté gauche du compartiment moteur et le poser sur le moteur. Pour cela, déposer les platines à relais et fusibles puis débrancher le connecteur.

21 Décrocher le câble d'accélérateur au niveau du levier de charge de la pompe d'injection (voir chapitre 4B).

22 Décrocher le câble d'embrayage au niveau de la boîte de vitesses (voir chapitre 6).

23 En se reportant au chapitre 10 pour cette opération, dégager la pompe de direction assistée sans débrancher ses canalisations. Attacher la pompe à l'écart sur le côté.

24 Desserrer ses vis de fixation supérieures sur la traverse puis écarter le radiateur et l'attacher au moteur, en veillant à ne pas l'endommager. Dégager si nécessaire le groupe motoventilateur de l'arrière du radiateur. A noter que les blocs de fixation inférieurs du radiateur sont situés sur le berceau qui doit être descendu ultérieurement.

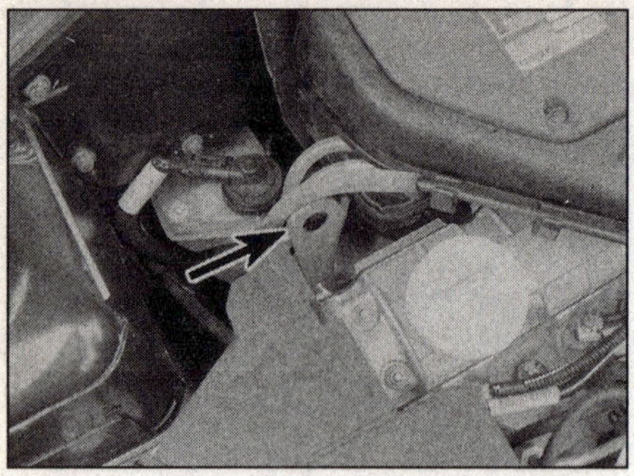

**6.35a Patte de levage droite du groupe motopropulseur**

**25** Sur les modèles climatisés, dégager le compresseur, sans débrancher les canalisations du circuit frigorifique (voir chapitre 3).
**26** Attacher le compresseur de climatisation à l'écart, sur le côté du compartiment moteur.
**27** S'assurer que les roues avant se trouvent bien en ligne droite puis écarter le soufflet pour desserrer le boulon de bridage du cardan de l'axe rétractable sur le pignon d'attaque de crémaillère, en bas de la colonne de direction (voir chapitre 10).

***Attention : Sur les véhicules équipés d'un coussin gonflable de sécurité (airbag), il est impératif de veiller à ne pas détériorer le contact rotatif implanté sous le cache-moyeu du volant. Pour cela, avant de dégager la colonne de direction, fixer le volant en position ligne droite au moyen d'un outil « bloc-volant », ou avec du ruban adhésif***

**28** Soutenir le groupe motopropulseur en installant des cales de bois entre le bloc-cylindres, la boîte de vitesses et le berceau. Un outil d'atelier est prévu pour le soutien du côté droit du moteur. La cale de bois peut au besoin être remplacée par un cric rouleur.

***Attention : Veiller à ce que le groupe motopropulseur soit convenablement soutenu***

**29** Dévisser et dégager de la caisse et du moteur le support droit du groupe motopropulseur. Comme mesure de précaution supplémentaire, le groupe motopropulseur peut être soutenu au moyen d'un palan ou d'une grue d'atelier pour procéder à la dépose de ses supports.
**30** Desserrer les vis de fixation au niveau de la boîte de vitesses et de la caisse puis dégager les supports côté gauche du groupe motopropulseur.
**31** Dévisser et déposer les renforts arrière entre berceau et soubassement.

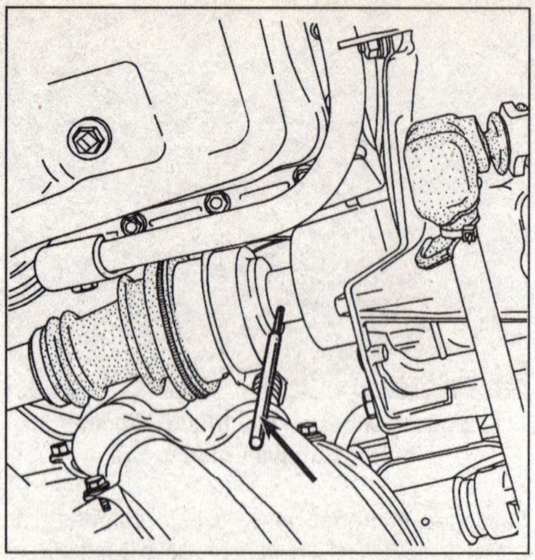

**6.35b Utilisation d'un chasse-goupille pour déposer la goupille de fixation de transmission droite**

**32** Débloquer de un à deux tours les vis de fixation du berceau sur la caisse. **Ne pas** enlever les vis à ce stade.
**33** Abaisser l'avant de la voiture de façon à ce que le berceau repose sur les cales de bois ou les crics utilisés pour le soutien.
**34** Finir de desserrer et enlever les vis de fixation du berceau puis, à l'aide de plusieurs collaborateurs, soulever avec précaution l'avant de la caisse, tout en le déplaçant pour l'écarter du groupe motopropulseur. Cette opération peut être effectuée au moyen d'un cric rouleur ou d'un palan de levage.
**35** Mettre en prise un palan ou une grue d'atelier aux pattes de levage pour reprendre le poids du groupe motopropulseur puis dissocier le berceau, tout en désaccouplant les transmissions de la boîte de vitesses **(voir illustrations)**.
**36** Pour désassembler le moteur de la boîte de vitesses, dégager en premier lieu le faisceau électrique, en s'assurant de bien repérer son trajet.
**37** Se reporter ensuite au chapitre 7A pour dégager la boîte de vitesses du moteur **(voir illustration)**.

### *Repose*

**38** Procéder à l'inverse de la dépose pour effectuer la repose du groupe motopropulseur, en se reportant aux différents chapitres concernés et respectant les préconisations de serrage indiquées pour les fixations. A la repose du berceau, afin de faciliter son alignement avec la caisse, monter deux tiges filetées de 100 mm de long au niveau

**6.37 Séparation du moteur et de la boîte de vitesses**

des trous de vis de fixation avant. Le berceau étant correctement aligné, monter ses vis de fixation arrière puis enlever les deux tiges filetées et installer les vis de fixation avant. Se reporter au chapitre 10 pour réacccoupler la chape du cardan de l'axe rétractable de colonne de direction au pignon d'attaque de crémaillère. Rétablir le niveau de fluide de direction assistée, comme décrit au chapitre 1B. Effectuer le plein d'huile du moteur puis le remplissage du circuit de refroidissement, comme indiqué au chapitre 1B. Procéder au remplissage de la boîte de vitesses, en se reportant au chapitre 7A pour cette opération. Avant de prendre la route, actionner la pédale de frein plusieurs fois de suite afin que les plaquettes de freins retrouvent leur bonne position.

## 7 Démontage du moteur - conseils pratiques

**1** Les opérations de démontage du moteur se trouveront nettement facilitées si celui-ci est placé sur un banc mobile. Ce type d'équipement peut se trouver chez un spécialiste de la location d'outillage. Avant de monter le moteur sur le banc, le volant moteur/disque d'entraînement du convertisseur de couple doit être déposé de sorte que les vis du banc puissent être serrées sur le bloc/carter-cylindres pour maintenir ce dernier.
**2** A défaut, le moteur pourra être désassemblé sur un établi en veillant à bien le caler ou encore à même le sol. Faire tout particulièrement attention de ne pas le faire basculer ni de le faire tomber lorsque l'on ne travaille pas sur un banc.
**3** Si l'on doit obtenir un moteur en échange

**7.3a Dépose de la patte de levage D. du groupe motopropulseur - moteurs K7M, K4J et K4M**

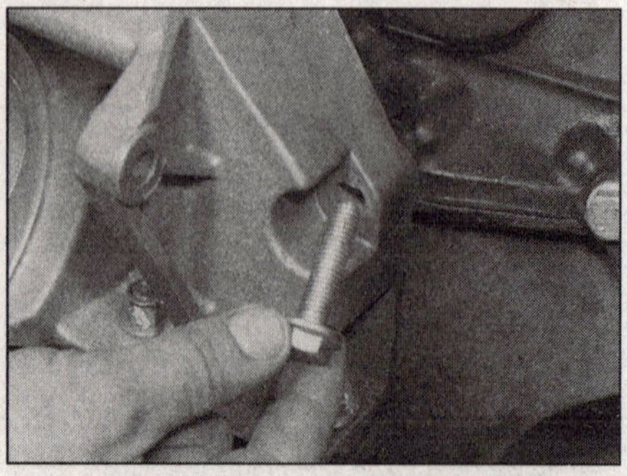

**7.3b Dépose du support de pompe de direction assistée - moteurs K7M, K4J et K4M**

**7.3c Dépose de la vis de fixation . . .**

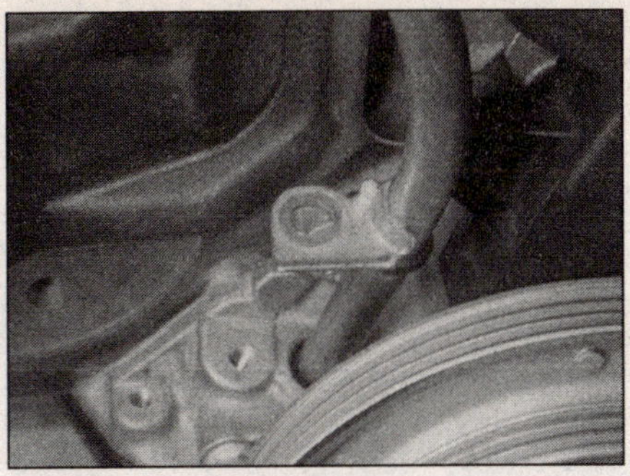

**7.3d . . . du tube de guidage de la jauge de niveau d'huile . . .**

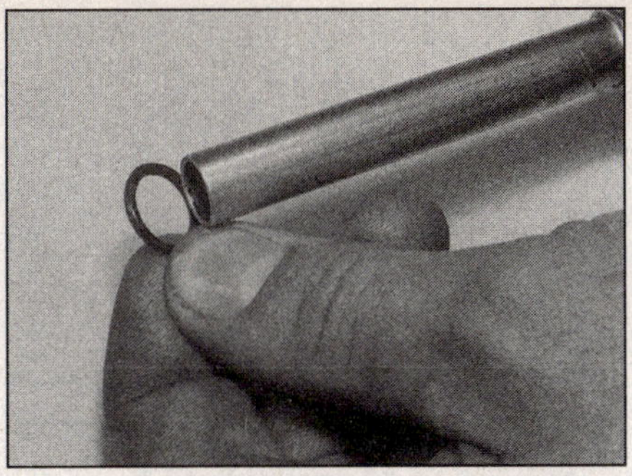

**7.3e . . . et de son joint torique - moteurs K7M, K4J et K4M**

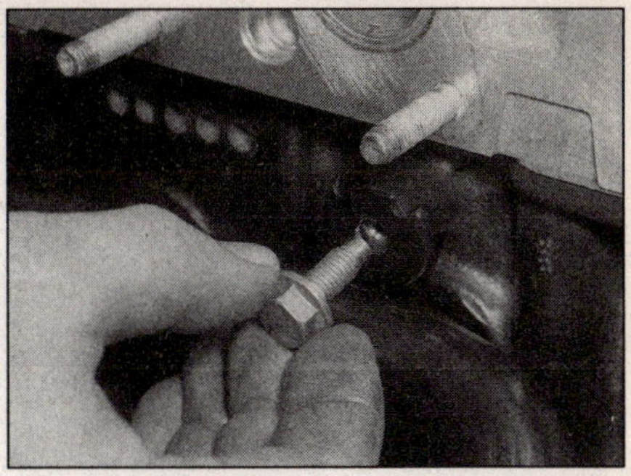

**7.3f Dépose de la vis de fixation de canalisation du circuit de refroidissement sur le bloc-cylindres**

standard, tous les accessoires extérieurs sont à déposer en premier lieu pour les remonter sur le moteur de remplacement (vu leur accès, ces éléments auraient de toute manière été déposés en premier s'il avait fallu démonter le moteur pour le remettre en état sans échange standard). Parmi ces éléments, figurent normalement les suivants :

### Moteurs essence

*a) Alternateur et son support*
*b) Suivant équipement, faisceau haute tension d'allumage et bougies (voir chapitres 1A et 5B)*
*c) Thermostat et son couvercle (voir chapitre 3)*
*d) Equipement d'injection*
*e) Tubulure d'admission et collecteur d'échappement*
*f) Filtre à huile*
*g) Supports du groupe motopropulseur, pattes de levage du moteur et pattes de maintien de tuyauterie* **(voir illustration)**
*h) Supports d'accessoires : pompe de direction assistée, compresseur de climatisation* **(voir illustration)**
*i) Jauge de niveau d'huile et son tube de guidage* **(voir illustrations)**
*j) Canalisations et durits du circuit de refroidissement* **(voir illustration)**
*k) Volant moteur ou disque d'entraînement du convertisseur de couple (voir chapitre 2A ou 2B)*

### Moteurs Diesel

*a) Support d'alternateur*
*b) Pompe d'injection et son support, injecteurs et bougies de préchauffage (voir chapitres 4B et 5C)*
*c) Thermostat et son couvercle (voir chapitre 3)*
*d) Tubulure d'admission et collecteur d'échappement (voir chapitre 4B)*
*e) Refroidisseur d'huile (voir chapitre 2C)*
*f) Supports du groupe motopropulseur, pattes de levage du moteur et pattes de maintien de tuyauterie*
*g) Supports d'accessoires : pompe de direction assistée, compresseur de climatisation*
*h) Manocontact de pression d'huile et sonde de niveau d'huile (voir chapitre 5A)*
*i) Sondes de température de liquide de refroidissement (voir chapitre 3)*
*j) Faisceaux électriques et pattes-supports*
*k Jauge de niveau d'huile et son tube de guidage*
*l) Canalisations et durits du circuit de refroidissement (voir chapitre 3)*
*m) Volant moteur (voir chapitre 2C)*

**Nota :** *Lors du déshabillage du moteur de ses accessoires extérieurs, prêter la plus grande attention au détail de leur montage, ce qui peut se révéler fort utile et nécessaire pour le remontage. Repérer la position des joints, bagues d'étanchéité, entretoises, goupilles, rondelles, vis et de toutes les autres petites pièces.*

**4** Si le moteur fourni en échange standard est « nu » (c'est-à-dire qu'il ne comporte que le bloc/carter-cylindres, le vilebrequin, les pistons et les bielles montés), il conviendra alors de récupérer sur le moteur usagé la culasse, le carter d'huile et la pompe à huile.

**5** Si un démontage complet du moteur est prévu, il peut avoir lieu dans l'ordre suivant :

*a) Tubulure d'admission et collecteur d'échappement*
*b) Courroie de distribution, pignons et tendeur, et pompe à eau* **(voir illustration)**
*c) Culasse* **(voir illustration)**
*d) Volant moteur/disque d'entraînement*
*e) Carter d'huile*
*f) Pompe à huile*
*g) Ensembles bielle-piston*
*h) Vilebrequin*

**6** Avant d'entamer les opérations de démontage et de remise en état du moteur, s'assurer de disposer de tout l'outillage nécessaire. Se reporter à « *Outillage et équipement* » en fin de manuel pour de plus amples informations à ce sujet.

**7.5a Desserrage d'une vis de fixation de la pompe à eau sur le bloc-cylindres - moteurs K7M, K4J et K4M**

**7.5b Dépose de la culasse - moteurs K7M, K4J et K4M**

## 8 Culasse - démontage

**Nota :** *Des culasses neuves ou remises en état peuvent être obtenues auprès des représentants de la marque ou de certains ateliers de mécanique spécialisés dans la réfection des moteurs. Vu que certaines opérations de démontage et de contrôle nécessitent un outillage spécial et que les pièces de rechange sont susceptibles de ne pas être disponibles immédiatement, il sera plus commode voire économique pour un non-professionnel de faire l'acquisition d'une culasse en échange standard que de démonter, contrôler et remettre en état la culasse du moteur de sa voiture par ses propres moyens.*

### Moteurs essence

**1** Se reporter au chapitre 2A ou 2B, suivant le cas, pour procéder à la dépose du ou des arbres à cames.

### Moteurs Diesel

**2** Effectuer la dépose de la pompe à vide d'assistance de freinage (voir chapitre 9), des injecteurs et de la pompe d'injection (voir chapitre 4B) ainsi que de l'arbre à cames et des poussoirs de soupapes (voir chapitre 2C).

### Tous moteurs

**3** Comprimer successivement le ressort de chacune des soupapes à l'aide d'un lève-soupape de façon à pouvoir enlever les demi-clavettes. Relâcher l'outil et dégager la coupelle d'appui supérieure et le ressort ainsi que la coupelle d'appui inférieure. Si le lève-soupape ne permet

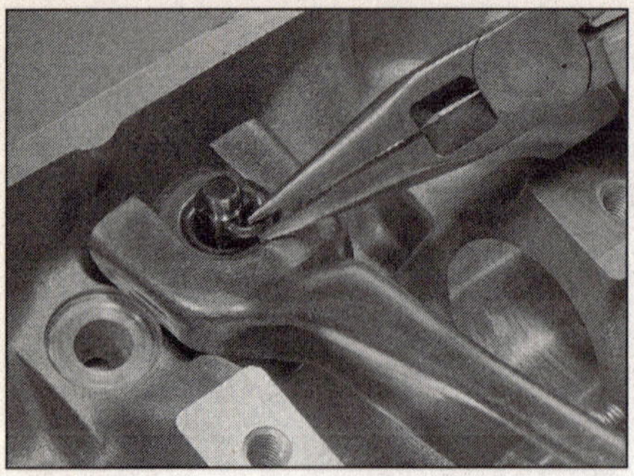

**8.3a Dépose des demi-clavettes . . .**

**8.3b . . . de la coupelle d'appui supérieure et du ressort . . .**

**8.3c . . . et de la coupelle d'appui inférieure du ressort d'une soupape**

**8.4a Dépose d'un joint de queue de soupape**

**8.4b Dépose d'une soupape**

pas de dégager les demi-clavettes, taper doucement sur le haut de l'outil, directement au-dessus de la coupelle d'appui avec un maillet, ce qui aura pour effet de libérer la coupelle **(voir illustrations)**.

**4** Extraire avec précaution au moyen d'une pince le joint en haut du guide puis sortir la soupape par la chambre de combustion **(voir illustrations)**.

**5** Il est impératif de regrouper chaque soupape avec ses pièces respectives : demi-clavettes, ressort et coupelles d'appui. Les soupapes doivent également être rangées dans l'ordre correct, à moins qu'elles ne présentent une usure exagérée, auquel cas il y aura lieu de les remplacer. En cas de réutilisation des pièces de soupapes, les conserver dans des bacs individuels ou des sachets en plastique numérotés en fonction des cylindres desservis **(voir illustrations)**. A noter que le nº 1 est attribué au cylindre situé côté volant moteur.

## 9 Culasse et soupapes - nettoyage, contrôle et remise en état

**1** Le nettoyage de la culasse et des pièces de soupapes, suivi d'une inspection minutieuse, permettront de déterminer la nature des interventions à pratiquer éventuellement sur les soupapes dans le cadre de la remise en état générale du moteur.

### *Nettoyage*

**2** Supprimer les débris de l'ancien joint subsistant sur la culasse. Il est conseillé d'utiliser un produit décapant approprié (genre « Décapjoint ») pour dissoudre les résidus de joint. Il est également possible, à condition d'opérer avec précaution, de gratter avec une spatule en bois ou en plastique pour éliminer la partie du joint restée collée et la calamine.

**3** Décalaminer les chambres de combustion et les conduits en grattant au moyen d'une lame non tranchante. Nettoyer et dégraisser ensuite la culasse en utilisant du pétrole lampant ou un solvant adéquat.

**4** Supprimer en grattant les dépôts de calamine ou les traces de gommage sur les soupapes puis utiliser une brosse métallique montée sur une perceuse électrique pour finir d'enlever les dépôts sur la tête et la queue des soupapes.

**5** Dans le cas des moteurs Diesel, si les préchambres ont été délogées de leur alésage dans la culasse, les récupérer : veiller à bien les repérer afin de les reposer dans leur emplacement d'origine par la suite **(voir illustration)**.

**6** Si la culasse est extrêmement sale, la nettoyer au jet de vapeur. S'assurer de bien nettoyer à fond les trous et les rampes de graissage en soufflant de l'air comprimé.

### *Contrôle et remise en état*

**Nota :** *Veiller à bien réaliser tous les contrôles ci-dessous avant de faire appel à un spécialiste pour rectifier la culasse. Noter tous les points devant faire l'objet d'une attention particulière.*

#### Culasse

**7** Se livrer à une vérification minutieuse de la culasse pour déceler la présence de fissures, de traces de fuite de liquide de refroidissement ou de tout autre dommage susceptible d'exister. Si des fissures sont repérées, la culasse est à changer.

**8** Contrôler la planéité du plan de joint de la

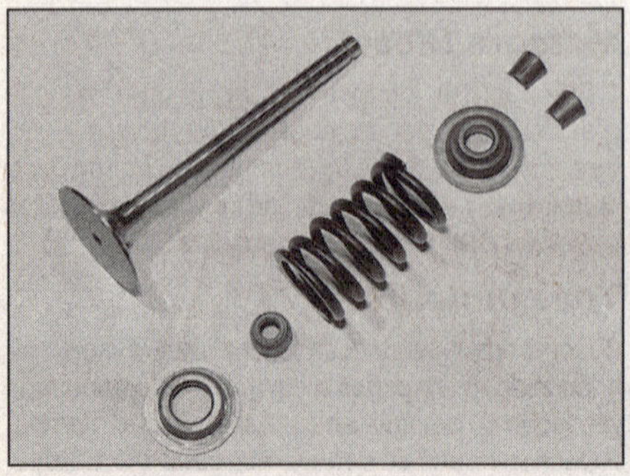

**8.5a Pièces de soupape démontées**

**8.5b Pièces de soupape d'admission nº 1 rangées dans un sachet en plastique**

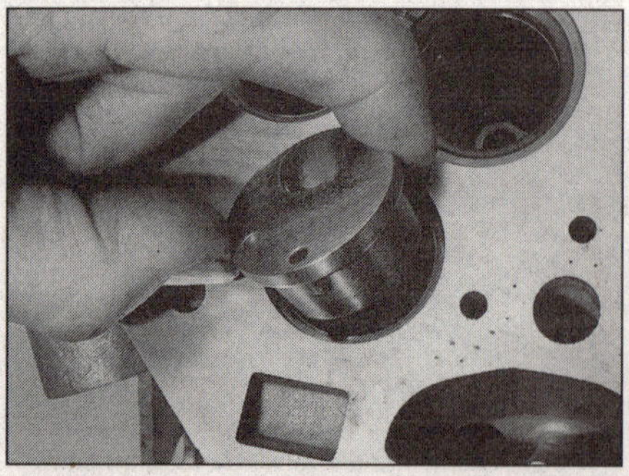

**9.5 Dépose d'une préchambre - moteur Diesel**

**9.8a Contrôle de la planéité du plan de joint de la culasse**

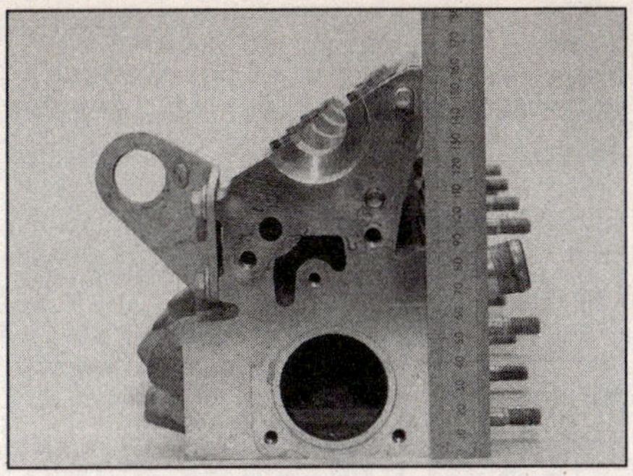

**9.8b Contrôle de la hauteur hors tout de la culasse - moteur Diesel**

**9.9 Contrôle du retrait d'une soupape - moteur Diesel**

culasse à l'aide d'une règle plate et de cales d'épaisseur. Pour les moteurs Diesel, veiller à ne pas poser la règle sur les préchambres, ce qui fausserait le relevé. Si un défaut de planéité supérieur à la valeur limite indiquée est constaté, la culasse est à changer compte tenu qu'aucune rectification de son plan de joint n'est autorisée. Vérifier que la hauteur hors tout de la culasse n'est pas inférieure à la valeur de référence donnée dans les « *Caractéristiques* », ce qui indiquerait qu'une rectification du plan de joint a été effectuée, contrairement aux prescriptions du constructeur **(voir illustrations)**.

**9** Examiner les sièges de soupapes rapportés dans la culasse. S'ils présentent des piqûres, des craquelures ou des brûlures sérieuses, il y aura lieu de les changer ou de les faire rectifier par un spécialiste de la remise en état des moteurs. En présence de piqûres superficielles, celles-ci peuvent être supprimées en rodant les têtes et les sièges de soupapes (voir description correspondante ci-dessous). A signaler que dans le cas des moteurs Diesel, il convient de ne pas enlever trop de matière aux sièges, ce qui conduirait les soupapes à s'enfoncer exagérément et entraînerait une diminution du taux de compression. S'assurer ensuite à l'aide d'un comparateur que le retrait des soupapes par rapport au plan de joint de la culasse soit conforme à la préconisation du constructeur **(voir illustration)**.

**10** Evaluer l'usure des guides en introduisant leur soupape respective et en vérifiant leur jeu diamétral au moyen d'un comparateur. Un très léger jeu pourra être considéré comme acceptable. Si un jeu important est noté, déposer la soupape et mesurer son diamètre de queue avec un palmer (voir point 14 ci-dessous). En cas de conformité de la valeur de diamètre mesurée, c'est le guide qui étant usé sera à l'origine du jeu, auquel cas il conviendra de le changer. Le remplacement des guides nécessite une presse et un mandrin de diamètre approprié et il par ailleurs impératif de respecter les cotes de montage prescrites. Pour toutes ces raisons et afin de ne pas risquer d'endommager la culasse, il sera préférable de confier cette intervention à un spécialiste. Le remplacement des guides implique obligatoirement la rectification des sièges de soupapes.

**11** Dans le cas des moteurs Diesel, contrôler l'état des préchambres pour s'assurer qu'elles ne sont pas brûlées ni fissurées. Les faire remplacer au besoin par un diéséliste. A l'aide d'un comparateur, vérifier que le dépassement des préchambres par rapport au plan de joint de la culasse soit conforme à la valeur de référence donnée dans les « *Caractéristiques* ». Etalonner le comparateur à zéro sur le plan de joint de la culasse pour effectuer la mesure du dépassement des préchambres **(voir illustrations)**.

**12** Le cas échéant, vérifier que les alésages des poussoirs de soupapes ne présentent pas de signes d'usure manifestes, ce qui impliquera le remplacement de la culasse.

**13** Examiner les paliers du ou des arbres à cames dans la culasse et suivant le type de moteur, les faces d'appui des chapeaux de paliers ou du couvre-culasse/carter-chapeaux de paliers. Une usure exagérée au niveau de ces pièces nécessitera également le remplacement de la culasse. Vérifier par ailleurs l'état du ou des arbres à cames, comme indiqué au chapitre 2A, 2B ou 2C.

## Soupapes

**14** Examiner la tête de chacune des soupapes qui ne doit pas être piquée, brûlée, fissurée, craquelée ni présenter de signes d'usure et vérifier l'état de la queue de soupape qui ne doit pas être marquée ni comporter de stries dues à l'usure. Faire tourner la soupape et vérifier qu'elle n'est pas déformée. Contrôler l'extrémité de queue de soupape pour se rendre compte si elle n'est pas piquée ni usée. Remplacer toute soupape présentant de tels défauts. Si suite aux contrôles précédents, aucun défaut n'est remarqué, mesurer le diamètre de la queue de soupape à différentes hauteurs à l'aide d'un palmer **(voir illustration).** Toute différence significative dans les relevés effectués indiquera une usure de la queue de soupape qu'il conviendra alors de changer. Si les soupapes sont en bon état ou en cas de montage de soupapes neuves, elles doivent faire l'objet d'un rodage dans leur siège respectif afin d'assurer une bonne étanchéité.

**15** Le rodage des soupapes s'effectue comme indiqué ci-dessous. Pour cela, retourner la culasse sur un établi, en posant ses deux côtés sur des cales de bois afin de pouvoir accès à la queue de soupapes.

**16** Enduire d'une fine couche de pâte à roder à gros grain la portée du siège de la soupape et fixer l'outil de rodage à ventouse sur la tête de soupape. En procédant par demi-tours alternatifs, roder la tête de soupape en la soulevant de temps à autre



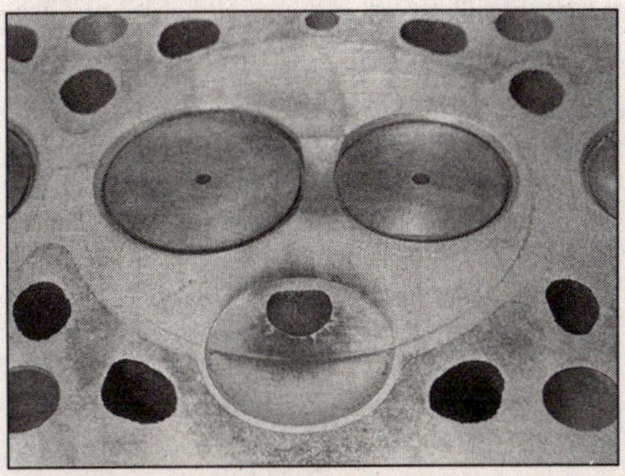

**9.11a Préchambre atteinte de brûlure - moteur Diesel**

**9.11b Contrôle du dépassement d'une préchambre - moteur Diesel**

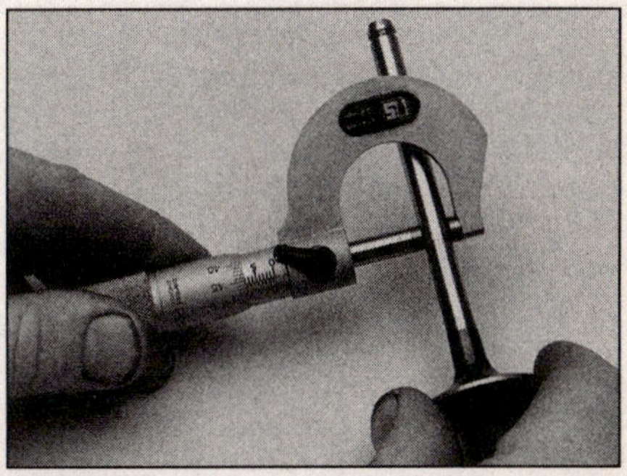

**9.14 Mesure du diamètre de la queue d'une soupape**

**9.16 Rodage d'une soupape**

de son siège pour répartir la pâte à roder **(voir illustration)**. Un ressort à faible tarage monté sous sa tête aidera à soulever la soupape et facilitera grandement l'opération de rodage. Opérer jusqu'à obtention d'une impression uniforme d'aspect gris mat au niveau du siège et de la soupape puis éliminer les traces de pâte à roder et recommencer l'opération avec de la pâte à grain fin. Lorsqu'une impression en forme d'anneau continu, d'aspect gris mat, est obtenue sur le siège et la soupape, l'opération de rodage est terminée. Après rodage de toutes les soupapes, veiller à bien supprimer toutes les traces de pâte avec un chiffon imbibé de pétrole lampant ou d'un solvant approprié avant de procéder au réassemblage de la culasse.

### Pièces de soupapes

**17** Examiner les ressorts de soupapes pour déceler d'éventuels signes de détérioration et de décoloration. Vérifier que les ressorts ne sont pas tassés et n'ont pas perdu de leur puissance de

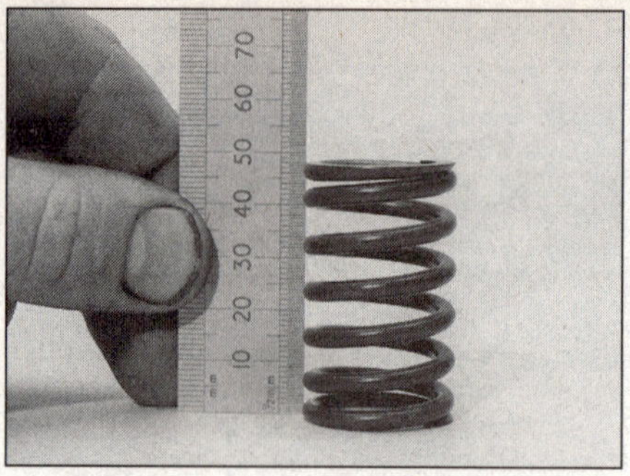


**9.17 Mesure de la longueur libre d'un ressort de soupape**

rappel, en mesurant à l'aide d'une règle plate leur longueur libre qui doit correspondre à la valeur de référence donnée dans les « *Caractéristiques* » ou en les comparant à des ressorts neufs **(voir illustration)**.

**18** Poser chaque ressort sur une surface plane et s'assurer qu'il n'est pas déformé. Le ressort doit être parfaitement vertical, ce qui se vérifie avec une équerre. Si l'un des ressorts est endommagé, déformé ou tassé, changer tous les autres ressorts en même temps. Il est de toute manière logique de changer systématiquement les ressorts de soupapes dans le cadre de la remise en état générale du moteur.

**19** Le cas échéant, vérifier l'état de surface des poussoirs de soupapes et éventuellement de leur pastille de réglage pour s'assurer de l'absence de rayures, piqûres ou de stries dues à l'usure. Des marques superficielles peuvent être considérées comme normales et acceptables mais les poussoirs ne doivent pas présenter de signes d'arrachement de métal.

**10.2a Montage d'un joint de queue soupape neuf**

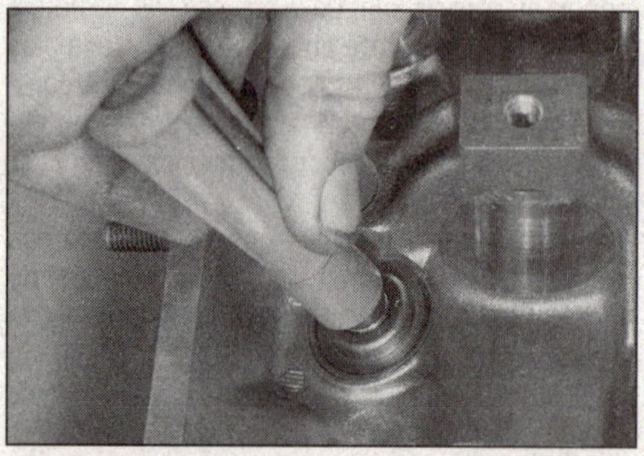

**10.2b Utilisation d'un mandrin pour enfoncer un joint de queue de soupape dans son logement de la culasse**

**10.3 La queue des soupapes est à lubrifier avec de l'huile avant de les installer**

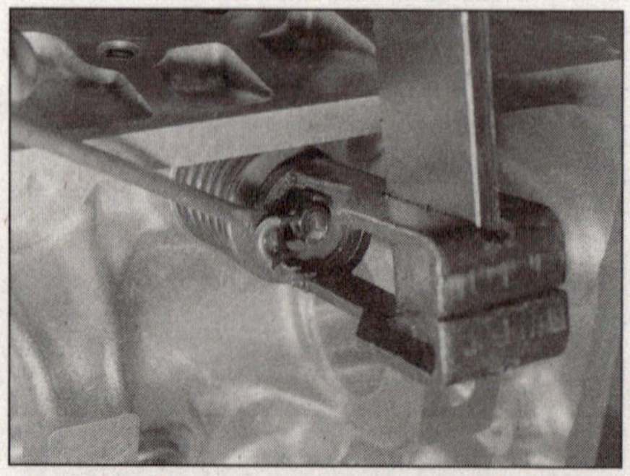

**10.5 Appliquer un peu de graisse sur les demi-clavettes de la soupape pour les retenir**

### Rampes de culbuteurs - moteurs D7F, E7J et K7M

**20** Contrôler les surfaces de contact des culbuteurs pour déceler la présence éventuelle de piqûres, de rayures ou de détérioration de leur traitement de surface. Démonter la rampe et vérifier de la même manière les portées des culbuteurs sur l'axe. Mesurer l'alésage de chacun des culbuteurs et le diamètre des portées sur l'axe pour s'assurer de l'absence de jeu excessif pouvant être lié à une usure des pièces. Déboucher les trous de graissage des culbuteurs avec un morceau de fil de fer. Changer les culbuteurs ou leur axe dans le moindre doute sur leur état.

### Joints de queues de soupapes

**21** Ils sont à remplacer systématiquement à chaque dépose, quel que soit leur état apparent.

## 10 Culasse - remontage

**1** Pour les moteurs Diesel, si les préchambres ont été déposées, les remettre en place dans leur emplacement d'origine et veiller à bien respecter la position de leur bille de centrage. Enfoncer les préchambres en butée en les frappant avec un maillet puis contrôler leur dépassement (voir section précédente).

**2** Lubrifier les joints de queues de soupapes neufs à l'huile moteur propre et les enfoncer dans leur logement de la culasse à l'aide d'une douille, d'un tube métallique de diamètre approprié ou de l'outil prévu à cet effet **(voir illustrations)**. S'assurer de bien les emmancher à fond sur les guides de soupapes.

**3** Lubrifier leur queue à l'huile moteur puis introduire les soupapes dans leur guide respectif **(voir illustration)**. En cas de montage de soupapes de rechange, présenter chacune des soupapes dans le logement pour lequel elle a été rodée. Faire attention de ne pas détériorer les joints en installant les soupapes.

**4** Monter successivement la coupelle d'appui inférieure, le ressort et la coupelle d'appui supérieure de la première soupape.

**5** Comprimer le ressort avec le lève-soupape puis monter les demi-clavettes dans leur rainure sur la queue de soupape. Démonter le lève-soupape puis procéder de la même manière sur les autres soupapes. Retenir les demi-clavettes avec un peu de graisse sur la queue de soupape pour dégager le lève-soupape **(voir illustration)**.

**6** Après montage de toutes les soupapes, poser la culasse à plat sur l'établi et utiliser un marteau en veillant à interposer une cale de bois pour frapper l'extrémité de la queue de chacune des soupapes afin de bien mettre en place les différentes pièces.

**7** Procéder à la repose des pièces ayant été déposées au point 1 ou 2, suivant le cas, de la section 8.

## 11 Ensembles bielle-piston - dépose

**1** Déposer la culasse, le carter d'huile et la pompe à huile (voir chapitre 2A, 2B ou 2C). Dans le cas

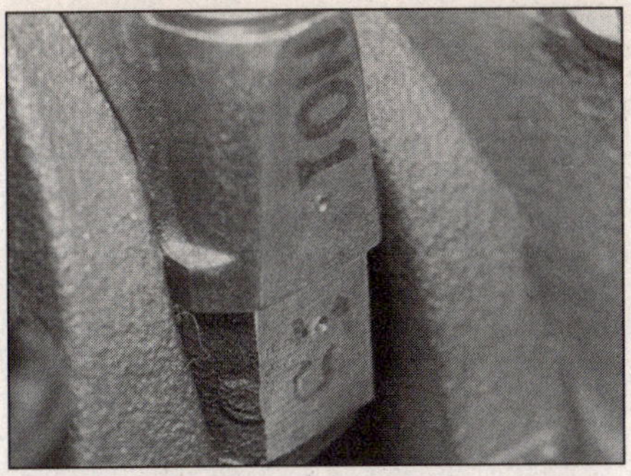

**11.2 Bielle nº 1 et son chapeau repérés d'un coup de pointeau**

d'un moteur E7J, s'assurer que les chemises sont bien retenues avec des brides de maintien.

**2** Tourner le vilebrequin de façon à amener les pistons des cylindres nºˢ 1 et 4 au PMB (point mort bas). Si les bielles et leur chapeau ne sont pas numérotés, les repérer au pointeau ou à la peinture, au niveau de leur face usinée plate, en fonction du numéro de cylindre auquel ils appartiennent **(voir illustration)**.

**3** Avant de procéder à la dépose des chapeaux de bielles, mesurer leur jeu latéral par rapport à la masse correspondante du vilebrequin avec des cales d'épaisseur **(voir illustration)**.

**4** Desserrer les écrous (moteurs D7F, E7J et K7M) ou les vis (autres moteurs) de fixation du chapeau de bielle du cylindre nº 1. Enlever le chapeau avec son demi-coussinet **(voir illustration)**. Frapper au besoin le chapeau avec un maillet en bois ou en cuivre pour le décoller.

**5** Si une intervention est prévue uniquement sur les demi-coussinets, repousser la bielle vers le haut

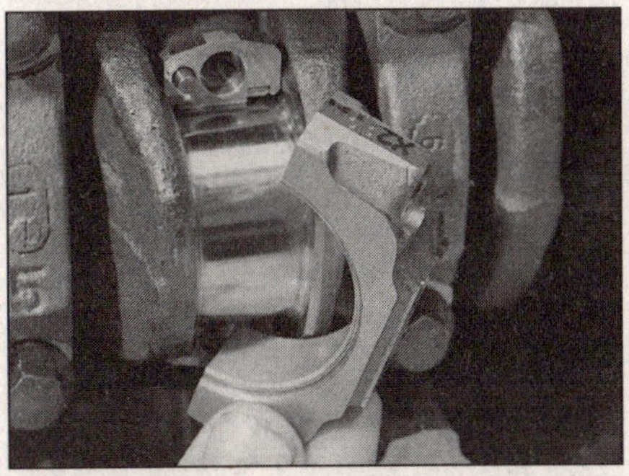

**11.4 Dépose d'un chapeau de bielle**

**12.2 Desserrage d'une vis de fixation du flasque d'étanchéité D. du vilebrequin - moteurs K7M, K4J et K4M**

**11.3 Contrôle du jeu latéral entre un chapeau de bielle et la masse du vilebrequin**

pour la désaccoupler du maneton et récupérer le demi-coussinet supérieur **(voir illustration)**. En cas réutilisation des demi-coussinets, les regrouper avec le chapeau de bielle afin de les maintenir appariés.

### *Moteurs E7J*

**6** Démonter la bride de maintien puis sortir la chemise avec l'ensemble-piston du cylindre nº 1 par le haut du carter-cylindres. Veiller à bien repérer la chemise avec du ruban adhésif par exemple, afin de la remonter dans son emplacement d'origine.

**7** Dégager l'ensemble bielle-piston par le bas de la chemise. Veiller à bien maintenir appariées ces pièces pour une éventuelle réutilisation.

**8** Procéder de la même manière pour la dépose de l'ensemble bielle-piston du cylindre nº 4. Tourner ensuite le vilebrequin d'un demi-tour supplémentaire de façon à amener les pistons des cylindres nºˢ 2 et 3 au PMB et effectuer la dépose

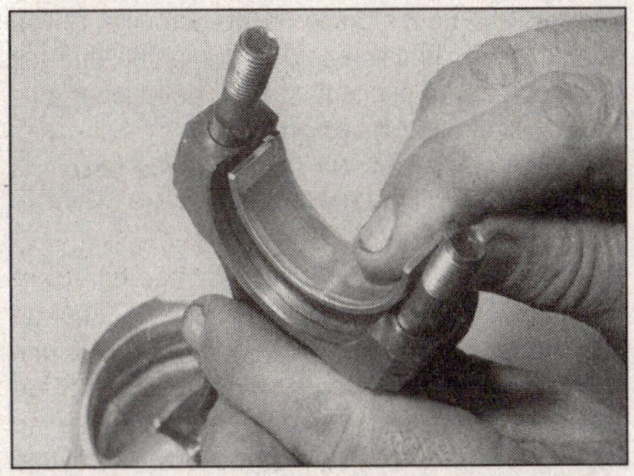

**11.5 Dépose d'un demi-coussinet supérieur de tête de bielle**

**12.3 Contrôle du jeu longitudinal au vilebrequin**

des ensembles bielle-piston correspondants, comme indiqué précédemment, en rangeant les pièces dans le bon ordre.

### *Autres moteurs*

**9** Repousser à l'aide du manche d'un marteau le piston du cylindre nº 1 vers le sommet de l'alésage et sortir l'ensemble bielle-piston par le haut du bloc-cylindres. En présence d'une arête prononcée en haut de l'alésage, il peut se révéler nécessaire de la supprimer avec un grattoir ou un alésoir afin de ne pas endommager le piston au cours de sa dépose. Une telle arête dénote toutefois une usure exagérée du cylindre et il convient dans ce cas d'envisager un réalésage du cylindre et le remplacement du piston.

**10** Procéder de la même manière pour la dépose de l'ensemble bielle-piston du cylindre nº 4. Tourner ensuite le vilebrequin d'un demi-tour supplémentaire de façon à amener les pistons des cylindres nºˢ 2 et 3 au PMB et effectuer la dépose des ensembles bielle-piston correspondants, comme indiqué précédemment, en rangeant les pièces dans le bon ordre.

## 12 Vilebrequin - dépose

**1** Déposer la courroie de distribution, le pignon de vilebrequin, la pompe à huile et le volant moteur/disque d'entraînement (voir chapitre 2A, 2B ou 2C pour ces différentes opérations). Les ensembles bielles-pistons doivent être désaccouplés des manetons du vilebrequin mais il n'est pas nécessaire de les déposer.



**2** Dans le cas où il existe, desserrer ses vis de fixation et dégager le carter intérieur de courroie de distribution du bloc-cylindres. Desserrer ensuite ses vis de fixation puis déposer le flasque d'étanchéité droit du vilebrequin **(voir illustration)**.

**3** Avant de procéder à la dépose du vilebrequin, vérifier son jeu longitudinal au moyen d'un comparateur dont la touche est au contact de l'extrémité du vilebrequin **(voir illustration)**. Repousser le vilebrequin à fond sur un côté puis étalonner le comparateur à zéro. Repousser ensuite le vilebrequin à fond dans l'autre sens et relever le jeu affiché par le comparateur. Comparer la valeur obtenue à celle de référence indiquée dans les « *Caractéristiques* » afin de déterminer si les cales de butée axiale doivent être changées.

**4** A défaut de comparateur, utiliser des cales d'épaisseur. Pour cela, repousser le vilebrequin à fond vers le côté volant moteur/disque d'entraînement et mesurer le jeu existant entre la masse d'équilibrage du vilebrequin et la cale de butée axiale au niveau du demi-coussinet supérieur du palier central (nº 3) pour les moteurs D7F, du palier central pour les moteurs E7J, K4J, K7M et K4M ou du palier nº 2 pour les moteurs Diesel.

**5** Les chapeaux de paliers de vilebrequin doivent normalement être numérotés de 1 à 5, en partant du côté volant moteur/disque d'entraînement et peuvent en plus, pour certains moteurs, comporter une flèche directionnelle à diriger vers le côté volant moteur. Dans le cas contraire, les repérer au

**12.5 Les chapeaux de paliers de vilebrequin sont identifiés par des numéros**

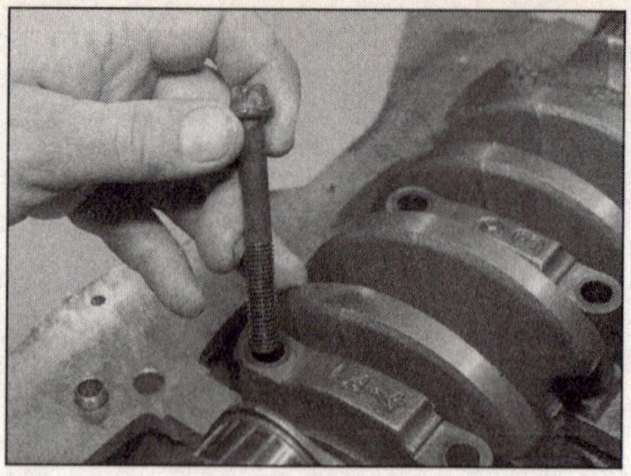

**12.6 Dépose d'une vis de fixation de chapeau de palier de vilebrequin**

**12.7 Dépose du vilebrequin**

pointeau ou à la peinture, comme il l'a été fait pour les bielles et leur chapeau **(voir illustration)**.

**6** Desserrer et enlever leurs vis de fixation puis déposer les chapeaux de paliers de vilebrequin avec les demi-coussinets **(voir illustration)**. Utiliser si nécessaire un maillet en bois ou en cuivre pour décoller les chapeaux. A signaler que dans le cas des moteurs Diesel, le chapeau de palier n° 1 (côté volant moteur) est fixé par des vis Allen et monté à la pâte d'étanchéité.

**7** Soulever avec précaution le vilebrequin pour le dégager du bloc/carter-cylindres **(voir illustration)**.

**8** Récupérer les demi-cales de butée axiale de chaque côté du palier central (moteurs E7J, K4J, K7M et K4M) ou central (moteurs Diesel). **Nota :** *Dans le cas des moteurs D7F, les cales de butée axiales sont intégrées au demi-coussinet supérieur du palier central (n° 3).* Récupérer les demi-coussinets supérieurs et les ranger avec leur chapeau de palier respectif.

**9** Enlever la bague d'étanchéité côté volant moteur/disque d'entraînement du vilebrequin.

## 13 Bloc/carter-cylindres et alésages - nettoyage et contrôle

### *Nettoyage*

**1** Pour un nettoyage complet du bloc/carter-cylindres, les pastilles de dessablage doivent être déposées. Pour cela, percer un trou de petit diamètre dans la pastille, y fixer une vis à tôle et extraire la pastille en tirant sur la vis avec une pince-étau ou en faisant appel à une masse à coulisse. Si ce n'est déjà fait, déshabiller également le bloc/carter-cylindres de tous ses accessoires, ainsi que des contacteurs, capteurs et sondes. Le cas échéant, dévisser la patte du tendeur de courroie des accessoires et dégager la canalisation de liquide de refroidissement et le refroidisseur d'huile du bloc/carter-cylindres. Dans le cas des moteurs Diesel, déposer les gicleurs d'huile de fond de pistons en bas du bloc-cylindres, en desserrant leur vis de fixation **(voir illustration)**.

**2** Supprimer en grattant avec précaution les résidus de pâte d'étanchéité ou de joint sur le bloc/carter-cylindres, en prenant garde de ne pas endommager les plans de joint de la culasse et du carter d'huile.

**3** Si le bloc/carter-cylindres est extrêmement sale, le nettoyer au jet de vapeur.

**4** Renettoyer ensuite tous les orifices et conduits de graissage du bloc/carter-cylindres. Rincer tous les conduits internes à l'eau chaude jusqu'à ce qu'elle sorte limpide. Bien laisser sécher et enduire d'une pellicule d'huile tous les plans de joint et les alésages afin de les préserver de la rouille. Si l'on peut accéder à une source d'air comprimé, l'utiliser pour accélérer le séchage et pour déboucher tous les orifices et conduits de graissage.

***Danger : Se protéger les yeux lors de l'utilisation d'air comprimé !***

**5** Si le bloc/carter-cylindres n'est pas tellement sale, il pourra être nettoyé à l'eau chaude savonneuse (la plus chaude possible) et avec une brosse à poils durs. Consacrer suffisamment de temps à ce nettoyage qui doit être effectué avec soin. Quelle que soit la méthode de nettoyage adoptée, veiller à bien nettoyer tous les orifices et conduits de graissage et à bien sécher le bloc/carter-cylindres. Protéger les surfaces usinées en les enduisant d'huile fluide.

**6** Les orifices filetés dans le bloc/carter-cylindres doivent également être nettoyés afin de pouvoir appliquer correctement les couples de serrage prescrits pour les éléments venant s'y fixer au remontage. Passer un taraud de diamètre approprié dans chaque orifice afin de supprimer les débris de rouille, de corrosion, de produit-frein ou la boue pouvant s'y être accumulée et de refaire le pas des filetages endommagés. Dans la mesure du possible, chasser des orifices les résidus provenant de l'opération précédente à l'air comprimé. Profiter de l'occasion pour nettoyer les filets des vis de la culasse et de celles des chapeaux de paliers de vilebrequin.

**7** Réinstaller les chapeaux de paliers de vilebrequin, en serrant leurs vis de fixation à la main.

**8** Après avoir enduit leur plan de contact de produit d'étanchéité approprié, monter les pastilles de dessablage neuves, en veillant à ne pas les installer de travers et à bien les emboîter, afin de ne pas compromettre leur étanchéité. Un outillage d'atelier est prévu pour cette opération. A défaut, utiliser une douille de diamètre extérieur adapté aux pastilles.

**9** Pour les moteurs Diesel, vérifier que le tamis filtrant et le trou de passage d'huile des vis de fixation des gicleurs d'huile de fond de pistons ainsi que le trou d'admission d'huile des gicleurs ne sont pas bouchés **(voir illustrations)**. Les déboucher s'il y a lieu puis reposer les gicleurs en serrant leur vis de fixation au couple préconisé. Veiller à bien engager le pion de centrage de chaque gicleur dans le logement correspondant sur le bloc-cylindres.

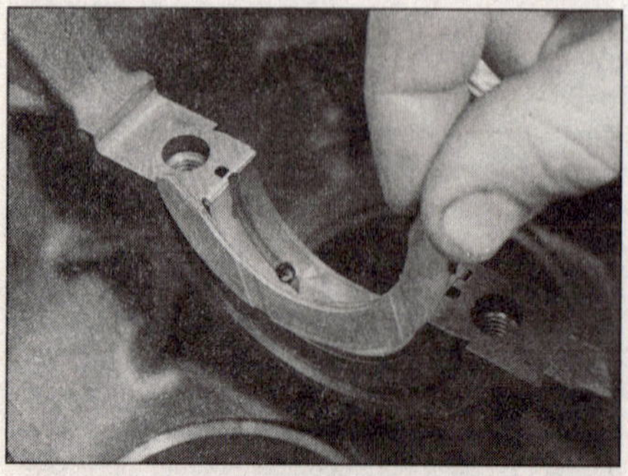

**12.8 Dépose d'une demi-cale de butée axiale du vilebrequin**

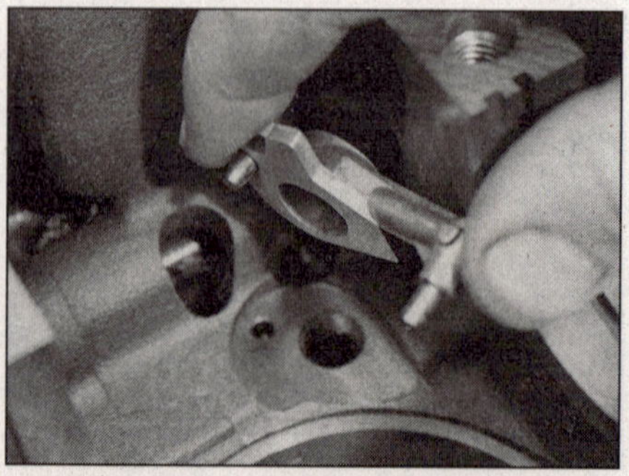

**13.1 Dépose d'un gicleur d'huile de fond de piston - moteur Diesel**

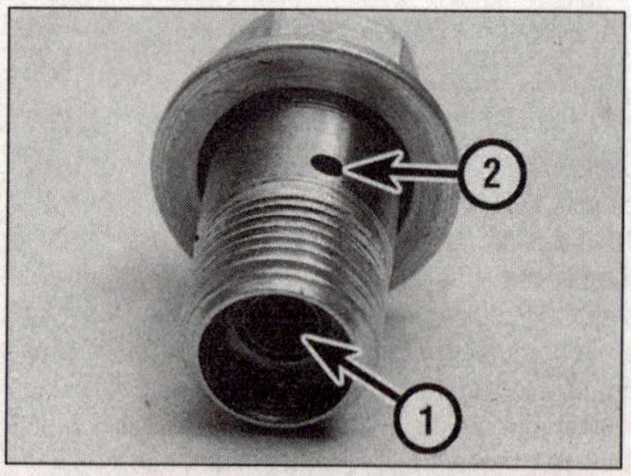


**13.9a Vérifier que le tamis filtrant (1) et le trou de passage d'huile (2) dans la vis de fixation . . .**

**13.9b ... ainsi que le trou d'admission du gicleur d'huile de fond de piston ne sont pas bouchés**

**13.19a Contrôle du dépassement d'une chemise avec un comparateur . . .**

**13.19b . . . et avec des cales d'épaisseur - moteur E7J**

**10** Si le moteur ne doit pas être réassemblé dans l'immédiat, couvrir le bloc/carter-cylindres avec une bâche en matière plastique pour le protéger de la poussière et le préserver de la rouille.

## *Contrôle*

**11** Contrôler visuellement le bloc/carter-cylindres qui ne doit pas être fissuré, rouillé ni corrodé. Examiner les trous taraudés dont le filetage ne doit pas être arraché ni foiré. Si des pertes internes d'eau ont été notées dans le passé, il vaut mieux faire examiner le bloc/carter-cylindres par un spécialiste. Si des défauts sont remarqués, faire réparer le bloc/carter-cylindres si cela est possible ou le changer.

**12** Vérifier que les alésages de fûts de cylindres ou de chemises ne sont pas éraflés et ne présentent pas de traces de grippage. L'usure se manifeste habituellement par la présence d'une arête en haut de l'alésage, délimitant la course du piston.

**13** Si l'on peut disposer d'un comparateur d'alésage, mesurer le diamètre de l'alésage du premier cylindre en effectuant des relevés dans le sens de l'axe du piston à trois hauteurs différentes : en haut, juste en dessous de l'arête d'usure, au milieu et au fond.

**14** Prendre ensuite des relevés de diamètre aux mêmes emplacements mais perpendiculairement à l'axe du piston. Une différence entre les relevés supérieure à 0,2 mm indique une ovalisation ou une conicité excessive.

**15** Répéter ces contrôles au niveau des autres cylindres.

**16** Si les parois des alésages sont sérieusement marquées ou rayées, ou en cas d'ovalisation ou de conicité exagérée, monter des chemises neuves (moteurs E7J) ou faire réaléser les fûts de cylindres (autres moteurs), ce qui implique l'utilisation de pistons en cote réparation.

**17** Si les alésages sont en relativement bon état, il conviendra de changer uniquement les segments de pistons.

**18** Dans ce dernier cas, les alésages doivent être rodés afin que les segments neufs puissent s'ajuster correctement et offrir la meilleur étanchéité possible. L'outil de rodage le plus courant consiste en un axe rotatif monté sur ressort et muni de bras sur lesquels sont fixées les pierres abrasives. Cet outil se monte sur une perceuse électrique. Prévoir également du pétrole lampant ou de l'huile à roder et des chiffons. Mettre en marche la perceuse et passer de haut en bas l'outil abrasif de façon à obtenir un état de surface fin avec des empreintes croisées, tout en arrosant abondamment avec de l'huile à roder. L'idéal serait que les empreintes se croisent de manière régulière, suivant un angle de 60° environ. Ne pas enlever de matière plus que nécessaire pour obtenir l'état de surface requis. En cas de montage de pistons neufs, un angle de rodage différent peut être préconisé par certains fabricants : vérifier ce point dans la notice explicative fournie avec les pistons. Ne pas retirer soudainement l'outil alors que celui-ci est toujours en rotation : l'arrêter au préalable. Après rodage d'un alésage, le nettoyer soigneusement pour le débarrasser des traces d'huile et des résidus provenant de l'opération. En l'absence de l'outil approprié ou en cas de doute de ses propres capacités à maîtriser l'opération, la faire réaliser dans un atelier spécialisé dans la réfection des moteurs, pour un coût généralement abordable.

**19** Pour les moteurs E7J, avant de remonter les chemises munies d'un joint torique d'embase neuf, mesurer leur dépassement. Pour cela, installer les chemises dans le carter-cylindres sans leur joint torique et les enfoncer de façon à les amener à la position correcte. Vérifier à l'aide d'un comparateur ou d'une règle plate que le dépassement des chemises par rapport au plan supérieur du carter-cylindres soit conforme à la valeur de référence indiquée dans les « *Caractéristiques* » **(voir illustrations)**. Noter toutes les cotes de dépassement obtenues. L'écart maximal de dépassement entre deux chemises voisines ne doit pas dépasser la valeur limite prescrite. En cas de montage de chemises neuves, il est permis de les permuter pour ramener cet écart dans la tolérance préconisée. Disposer les chemises en fonction de leur dépassement par rapport au carter-cylindres, en dégradé montant ou descendant à partir du côté volant moteur.

**20** Procéder à la repose de tous les accessoires, sondes, capteurs et contacteurs du bloc/carter-cylindres.

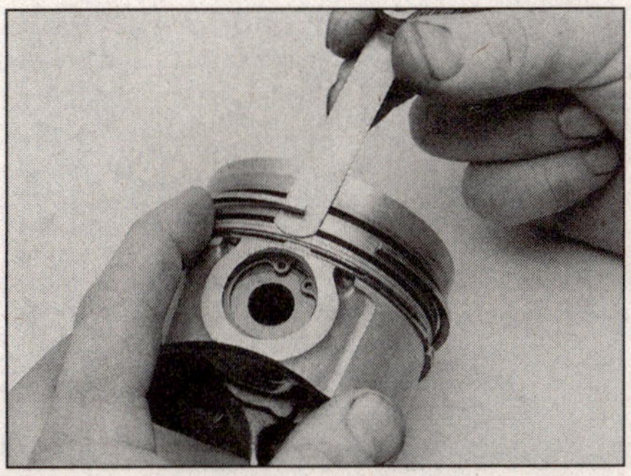

**14.2 Dépose d'un segment de piston à l'aide d'une cale d'épaisseur**

# 14 Ensembles bielle-piston - contrôle et remontage

## *Contrôle*

**1** Pour procéder à leur contrôle, nettoyer les ensembles bielle-piston et déposer les segments.

**2** Ecarter avec précaution les becs des segments pour les dégager de leur gorge et les déposer par le haut du piston. Des cales d'épaisseur peuvent être utilisées pour retenir les segments et les empêcher de retomber dans les gorges vides des segments ayant été déposés **(voir illustration)**. A noter que le segment racleur, celui du bas, est pourvu d'un élément central à ressort.

**3** Eliminer au grattoir les dépôts de calamine sur la calotte des pistons, en opérant avec précaution. Utiliser une brosse métallique (ou de la toile émeri fine) après avoir enlevé le gros des dépôts pour parfaire le nettoyage.

**4** Supprimer les traces de calamine et de gommage dans les gorges des segments sur le piston à l'aide d'un segment usagé. Pour cela, casser le segment en deux (se protéger les mains : les segments de pistons peuvent couper). Prendre garde de n'enlever que les dépôts : ne pas entamer le métal ni entailler ou rayer les gorges.

**5** Après avoir procédé à leur décalaminage, nettoyer les pistons et les bielles au pétrole lampant ou avec un solvant-dégraissant approprié et bien les sécher. S'assurer que les trous de retour d'huile dans les gorges de segments ne sont pas bouchés.

**6** Si les pistons et les alésages de cylindres ou de chemises, suivant le type de moteur, ne sont pas détériorés ni exagérément usés, les pistons d'origine peuvent être réutilisés. Une usure normale des pistons se manifeste habituellement par des marques verticales et régulières sur leurs faces de poussée et par un léger jeu du segment supérieur (coup de feu) dans sa gorge. Au remontage du

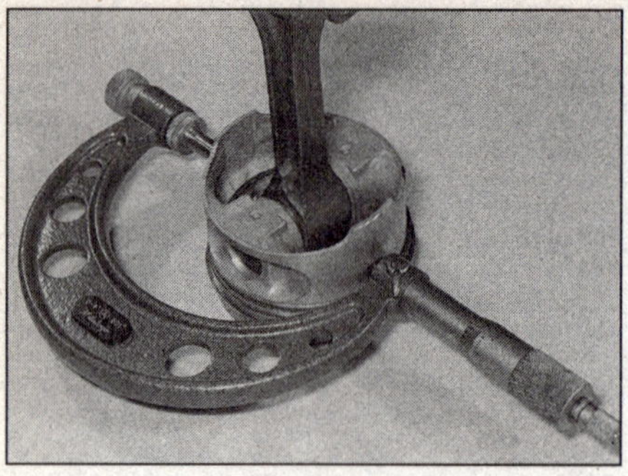

14.11a Mesure du diamètre d'un piston avec un palmer

14.11b Classe de diamètre de piston pour moteur Diesel frappée sur la calotte

14.12a Jonc d'arrêt d'axe de piston pour moteur Diesel

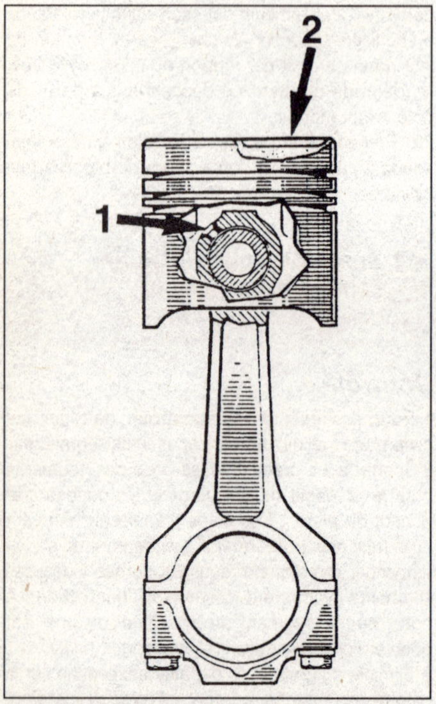


14.12b Pour les moteurs Diesel, le trou de jet d'huile (1) dans le pied de bielle doit se trouver du côté opposé à la chambre de turbulence (2) sur la calotte du piston

moteur, il est impératif d'utiliser des segments de pistons neufs.

7 Vérifier minutieusement chaque piston qui ne doit pas être fissuré ou craquelé au niveau de sa jupe, des bossages d'axe et des espaces entre les gorges de segments.

8 Examiner par ailleurs la jupe des pistons qui ne doit pas être marquée ni éraflée puis vérifier que la calotte n'est pas trouée et qu'elle ne présente pas de signes de brûlure sur ses bords. Si la jupe est marquée ou présente des traces de grippage, cela indique que le moteur a dû fonctionner dans des conditions de surchauffe et/ou de combustion anormale se traduisant par des températures de fonctionnement excessivement élevées. Les circuits de refroidissement et de graissage doivent également être contrôlés de près. Des brûlures légères sur le flanc des pistons dénotent une fuite des gaz de combustion. Un trou dans la calotte du piston ou des brûlures sur les bords de la calotte sont susceptibles d'indiquer une mauvaise combustion (préallumage, cliquetis ou détonations). Si l'on constate l'un de ces défauts, ses causes doivent être déterminées et les corrections nécessaires apportées, sinon les mêmes causes produiront les mêmes effets. Pour les moteurs essence, ces causes peuvent englober une prise d'air dans le circuit d'admission, un dosage air-essence incorrect ou un mauvais calage de l'allumage. Dans le cas des moteurs Diesel, il peut s'agir d'un mauvais calage de la pompe d'injection ou d'un injecteur défectueux.

9 La corrosion d'un piston se manifestant sous la forme de petits trous ou cratères dénotera des fuites de liquide de refroidissement qui se trouvera admis dans la chambre de combustion et/ou le carter-moteur. L'origine de ce problème doit également être localisée afin que le même phénomène ne se reproduise pas sur le moteur remis en état.

10 En cas de montage de segments neufs sur les pistons d'origine, mesurer le jeu des segments supérieur (coup de feu) et intermédiaire (étanchéité) dans leur gorge à l'aide de cales d'épaisseur, en les présentant sur les pistons. Vérifier ce jeu à trois ou quatre emplacements autour des gorges ayant été au préalable débarrassées de toute trace de gommage. Aucune valeur limite n'est préconisée par le constructeur mais en cas de jeu dépassant 0,1 mm, il y aura lieu de changer les pistons. Si les segments neufs sont serrés dans leur gorge, la cause la plus probable sera la présence de dépôts résiduels de gomme.

11 Déterminer le jeu piston-alésage de cylindre ou chemise par différence de la mesure maxi. de l'alésage prise avec un comparateur (voir section précédente) et du diamètre du piston effectuée avec un palmer perpendiculairement à son axe et à mi-hauteur de la jupe **(voir illustrations)**. Si le jeu obtenu est supérieur à la valeur de référence indiquée dans les « *Caractéristiques* », le bloc-cylindres est à réaléser ou les chemises à changer et des pistons en cote réparation doivent être montés. Pour les moteurs E7J, les pistons et les chemises de rechange sont fournis en ensembles appariés.

12 S'assurer de l'absence de jeu dans le montage de l'axe du piston en faisant jouer le piston et la bielle dans le sens opposé. Un jeu perceptible dénotera une usure exagérée, ce qui nécessitera de dissocier le piston de la bielle pour le remplacement de l'axe. Pour les moteurs essence, il s'agit d'une opération à confier aux services techniques d'un concessionnaire Renault ou un spécialiste de réfection des moteurs. Dans le cas des moteurs Diesel, l'axe du piston est retenu par deux joncs d'arrêt, ce qui permet de désassembler la bielle et le piston sans difficulté. Pour cela, repérer la position du piston par rapport à la bielle avant d'extraire les joncs d'arrêt à l'aide d'un petit tournevis et de chasser l'axe **(voir illustrations)**. Il est impératif d'utiliser des joncs d'arrêt neufs au remontage.

13 Avant de monter les segments sur les pistons, contrôler leur jeu à la coupe en introduisant chacun des segments dans l'alésage correspondant et en glissant des cales d'épaisseur entre ses becs. Guider les segments avec le piston pour s'assurer qu'ils se trouvent disposés bien perpendiculairement à l'axe de l'alésage **(voir illustrations)**. Aucune valeur de référence spécifique n'est indiquée, mais un jeu de l'ordre de 0,5 mm peut être considéré comme normal pour les segments supérieur et intermédiaire, et

14.13a Introduire les segments dans l'alésage à l'aide du piston . . .

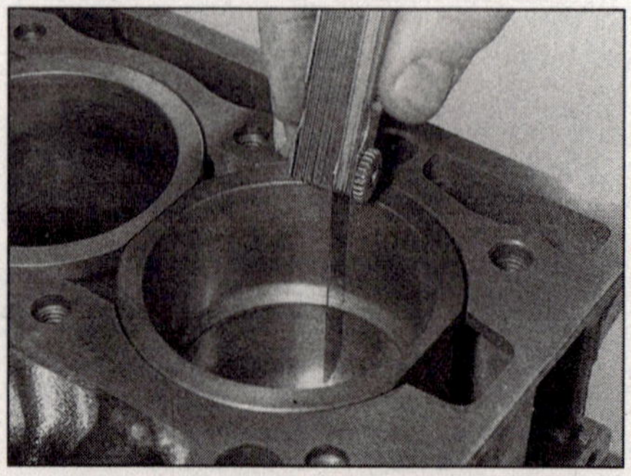

14.13b . . . pour mesurer leur jeu à la coupe

légèrement supérieur pour le segment racleur. Les segments de rechange provenant du constructeur sont livrés préréglés et en aucun cas, leur jeu à la coupe ne doit être ajusté en limant les becs.

### *Remontage*

**14** Monter les segments neufs en les présentant par le haut du piston et commençant par le segment racleur et se servant de cales d'épaisseur usagées comme il l'a été fait lors de la dépose. A noter que le segment intermédiaire (étanchéité) possède une face conique et il en plus épaulé pour les moteurs K7M, K4J et K4M. Les segments supérieur et intermédiaire doivent être montés avec leur repère « TOP » en haut. Veiller à manipuler ces deux segments avec précaution car ils sont fragiles et peuvent se casser en écartant trop leurs becs. Tous les segments en place, décaler leur coupe de 120° l'une par rapport à l'autre **(voir illustrations)**.

**15** A signaler que pour les moteurs E7J, les ensembles pistons-chemises de rechange sont livrés appariés et ne doivent pas être dissociés.

## 15 Vilebrequin - contrôle

**1** Nettoyer le vilebrequin au pétrole lampant ou avec un produit solvant-dégraissant approprié et bien le sécher, de préférence à l'air comprimé. Veiller à nettoyer les orifices de graissage avec un cure-pipe ou un instrument similaire, afin de les déboucher éventuellement.

***Danger : Se protéger les yeux lors de l'utilisation d'air comprimé !***

**2** Contrôler les tourillons et les manetons du vilebrequin qui ne doivent pas présenter d'usure inégale ni être piqués, marqués et craquelés.

**3** Si le vilebrequin a fait l'objet d'une rectification, vérifier qu'il ne présente pas de bavures au niveau de ses orifices de graissage (ces orifices sont normalement chanfreinés et les bavures ne doivent pas en principe poser problème à moins que la rectification ait été effectuée sans prendre de précautions). Supprimer les bavures pouvant exister avec une lime fine ou un grattoir puis nettoyer soigneusement les orifices de graissage ainsi qu'évoqué plus haut.

**4** Mesurer le diamètre des tourillons et des manetons à l'aide d'un palmer et comparer les valeurs relevées à celles de référence indiquées dans les « *Caractéristiques* » **(voir illustration)**. Evaluer également l'ovalisation de chaque tourillon et maneton par différence des mesures de diamètre prises à plusieurs endroits sur le tour. Effectuer des relevés de diamètre de chaque côté des tourillons et manetons, près des masses, pour déterminer ainsi la conicité de chacun d'entre eux. Si l'un des relevés de diamètre présente une différence supérieure à 0,025 mm, il y aura lieu de faire rectifier le vilebrequin et de monter des demi-coussinets en cote réparation.

**5** Vérifier les portées des bagues d'étanchéité aux deux extrémités du vilebrequin. Ces surfaces ne doivent pas être usées ni marquées. Si l'une des portées est creusée, obtenir l'avis d'un spécialiste pour savoir si ce défaut peut être rattrapé ou bien si le vilebrequin doit être changé.

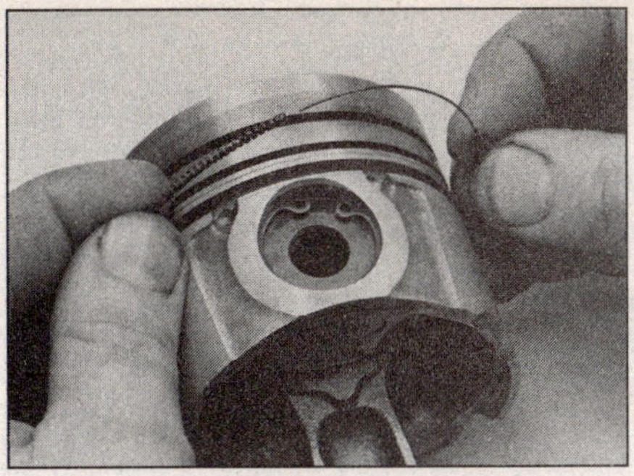

**14.14a Monter l'élément à ressort en premier . . .**

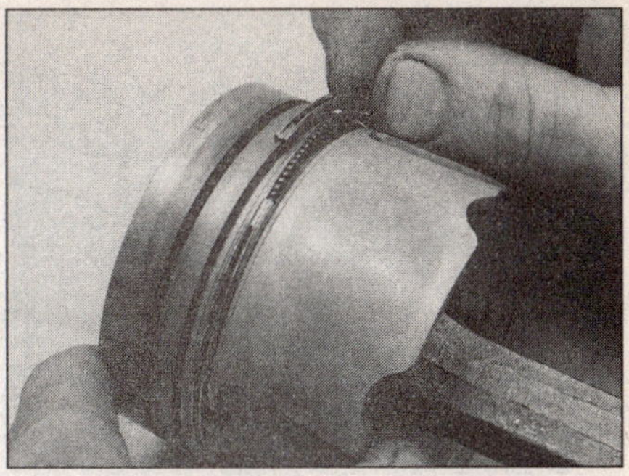

**14.14b . . . puis le segment racleur**

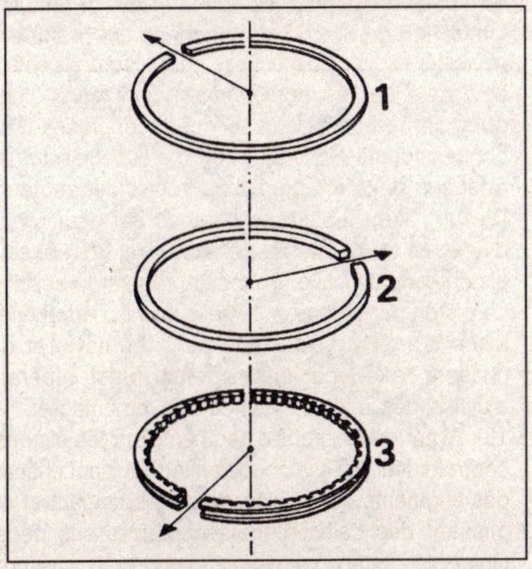


**14.14c Espacement de la coupe des segments de piston**

*1 Segment supérieur (coup de feu)*
*2 Segment intermédiaire (étanchéité)*
*3 Segment racleur*

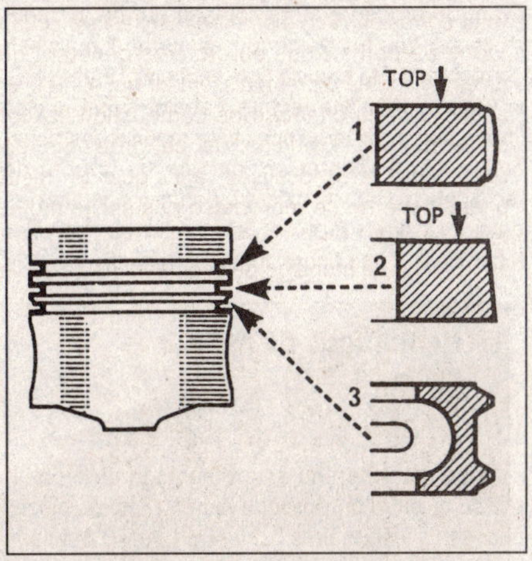


**14.14d Formes et disposition des segments de piston**

*1 Segment supérieur (coup de feu)*
*2 Segment intermédiaire (étanchéité)*
*3 Segment racleur*
*Repère « TOP » à placer sur le haut*

## 16 Coussinets de paliers de vilebrequin et de bielles - contrôle

**1** Bien que les coussinets de paliers de vilebrequin et de bielles soient normalement à changer dans le cadre de la remise en état d'un moteur, les coussinets provenant du démontage doivent être conservés pour leur examen. Ils peuvent en effet fournir des indications intéressantes sur l'état général du moteur **(voir illustration)**. Les coussinets existent en plusieurs classes d'épaisseur, en cotes nominale et réparation, frappées sur leur dos.

**2** Une défaillance des coussinets peut se produire du fait d'un manque de lubrification, de la présence de saleté ou de tout autre corps étranger, d'une surcharge du moteur ou de la corrosion. Quelle que soit la cause de cette défectuosité, celle-ci doit être corrigée avant de procéder au réassemblage du moteur afin que cela ne se reproduise pas.

**3** Pour examiner les coussinets, les déposer du bloc/carter-cylindres, des chapeaux de paliers de vilebrequin, des bielles et de leur chapeau, et les ranger sur une surface propre dans le même ordre que celui sur le moteur, ce qui permettra de repérer les défauts éventuels en rapport avec les tourillons et manetons correspondants du vilebrequin. *Ne pas* toucher la portée des coussinets directement avec les doigts pour les contrôler, ce qui risquerait de la rayer.

**4** La saleté et les corps étrangers s'infiltrent dans le moteur de diverses manières. Il peuvent se trouver introduits au remontage du moteur ou être admis par les filtres ou par le circuit de dégazage

**15.4 Mesure du diamètre d'un tourillon de vilebrequin avec un palmer**

2D

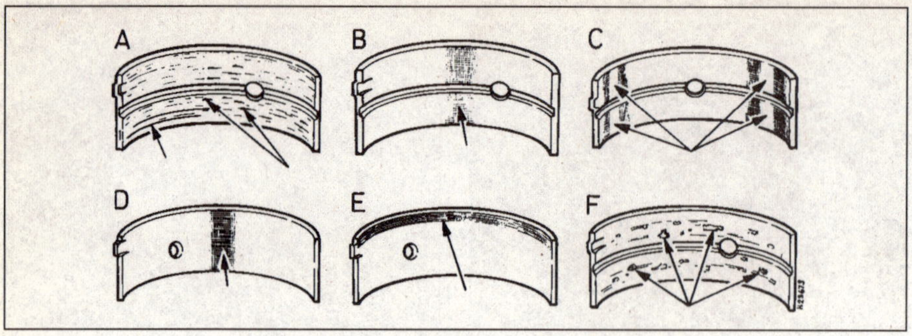


**16.1 Défauts caractéristiques des coussinets**

*A* ***Rayures*** *- dues aux particules de saleté incrustées dans le métal tendre du coussinet*
*B* ***Revêtement frotté*** *- dû à un manque de graissage*
*C* ***Portions brillantes (polies)*** *- dues à un coussinet mal positionné*
*D* ***Revêtement enlevé en totalité*** *- usure complète*
*E* ***Usure sur le bord*** *- portée sur un tourillon ou maneton atteint d'une conicité importante*
*F* ***Fissures, craquelures, cratères et trous*** *- dus à la fatigue*

du carter-moteur. Ils peuvent également être contenus dans l'huile de graissage et atteindre les coussinets. La présence de copeaux de métal provenant de l'usinage et de l'usure normale du moteur est souvent notée. Des produits abrasifs demeurent parfois sur les organes du moteur après la remise en état de celui-ci, en particulier lorsque les pièces n'ont pas fait l'objet d'un nettoyage en règle. Quelle que soit leur provenance, ces matières étrangères s'incrustent souvent dans le métal tendre des coussinets où elles peuvent être observées. Les particules plus importantes ne s'accumulent pas au niveau des coussinets mais les rayent ou les creusent ainsi que les portées de vilebrequin. La meilleure parade pour éviter ces problèmes est de nettoyer soigneusement les pièces et de les maintenir dans cet état de propreté lors du remontage du moteur. Il est également recommandé d'effectuer des vidanges et de changer le filtre à huile à intervalles réguliers et fréquemment.

**5** Un manque de graissage (ou une avarie du circuit de graissage) peut avoir des causes multiples et souvent liées les unes aux autres. Une surchauffe (qui fluidifie l'huile), une surcharge (qui prive d'huile les portées) et des fuites d'huile (provenant d'un jeu excessif aux coussinets, d'une pompe à huile usée ou d'un surrégime du moteur), tous ces facteurs contribuent à une déficience de graissage. Des conduits de graissage obstrués résultant habituellement d'un mauvais alignement des trous de graissage priveront également d'huile les coussinets en les détériorant par la même occasion. Lorsqu'un manque de graissage est à l'origine d'une défaillance d'un coussinet, la matière revêtant la surface de celui-ci se trouve dégradée ou enlevée. Le métal peut virer au bleu au point où se produit un échauffement.

**6** Le style de conduite peut également influer sur la durée de vie des coussinets. Une conduite sportive ou au contraire exagérément lente (faisant peiner le moteur) sollicite fortement les coussinets qui ont alors tendance à être insuffisamment graissés. Toutes ces charges répétées auront pour effet de faire fléchir les coussinets qui développeront de fines craquelures (rupture de fatigue). Dans certains cas, le revêtement peut céder et se séparer de son support en métal. Des trajets courts répétés entraîneront la corrosion des coussinets du fait d'une élévation de température insuffisante qui ne pourra pas résorber la condensation et dissiper les gaz corrosifs. Ces matières s'accumulent dans l'huile du moteur où elles se transforment à la fois en acides et en dépôts boueux. Lorsque l'huile vient à atteindre les coussinets, ceux-ci se trouvent alors attaqués et corrodés par les acides.

**7** Un mauvais montage des coussinets au réassemblage du moteur est également susceptible de conduire à une défaillance de ceux-ci. Des coussinets montés trop serrés ne permettront pas un passage normal de l'huile et se trouveront privés de graissage. Des saletés ou un corps étranger agglutinés derrière un coussinet constitueront autant d'obstacles à la circulation de l'huile et se traduiront par une défaillance de celui-ci.

**8** En cas de montage de demi-coussinets de rechange, le jeu diamétral aux paliers de vilebrequin et aux têtes de bielles doit être mesuré avant de procéder au remontage du moteur pour s'assurer que les demi-coussinets de l'épaisseur correcte ont été choisis (voir sections 19 et 20). Si le vilebrequin a été rectifié, l'atelier ayant réalisé l'opération indiquera l'épaisseur requise des demi-coussinets à monter en fonction de la cote de rectification. Dans le moindre doute concernant les demi-coussinets à utiliser, s'adresser aux services techniques d'un concessionnaire Renault.

## 17 Remontage du moteur - généralités

Avant d'entreprendre le remontage du moteur, s'assurer que l'on possède bien toutes les pièces neuves nécessaires ainsi que l'outillage indispensable pour mener à bien cette tâche. Lire toutes les informations fournies afin de se familiariser avec les opérations devant être menées à bien et de vérifier que l'on dispose de tout le matériel requis. Prévoir du produit-frein pour les filets de vis. Se munir également d'un tube de pâte ou de fluide d'étanchéité à déposer sur les plans de joint des pièces n'étant pas dotées d'un joint. Il est conseillé d'utiliser de la pâte « Rhodorseal 5661 » pour le carter d'huile et le chapeau de palier nº 1 de vilebrequin ou le cas échéant du produit d'étanchéité « CAF 4/60 THIXO » (voir section suivante) ainsi que du fluide « Loctite 518 » pour la pompe à eau (moteurs E7J) et la plaque de fermeture côté gauche de la culasse (moteurs K7M, K4J et K4M). Ces produits sont à se procurer auprès du service des pièces détachées d'un concessionnaire de la marque.

Afin de procéder d'une manière rationnelle et d'éviter les complications inutiles, les opérations de remontage se dérouleront dans l'ordre suivant :

*a) Vilebrequin*
*b) Ensembles bielle-piston*
*c) Pompe à huile et carter d'huile*
*d) Volant moteur/disque d'entraînement*
*e) Culasse*
*f) Pignons et courroie de distribution*
*g) Accessoires extérieurs du moteur*

## 18 Vilebrequin - contrôle du jeu diamétral aux paliers et repose

**1** Avant d'installer le vilebrequin, il convient, pour les moteurs E7J et Diesel, de décider du mode d'étanchéité du chapeau de palier nº 1 : soit au moyen de joints latéraux en butyle soit avec un produit d'étanchéité approprié. En cas d'utilisation de joints en butyle, déterminer leur épaisseur correcte. Pour cela, monter le chapeau sans joints et le fixer avec ses deux vis. Mesurer ensuite au moyen d'un foret la cote entre le bord intérieur de la rainure d'étanchéité latérale du chapeau de palier et le bloc-cylindres **(voir illustration)**. Si cette cote est égale ou inférieure à 5 mm, il conviendra de monter des joints de 5,1 mm d'épaisseur. Si la cote est supérieure à 5 mm, il y aura lieu de choisir des joints de 5,4 mm d'épaisseur. Après avoir obtenu les joints de l'épaisseur correcte, procéder comme décrit ci-dessous pour les autres moteurs. En cas d'utilisation de produit d'étanchéité, se procurer

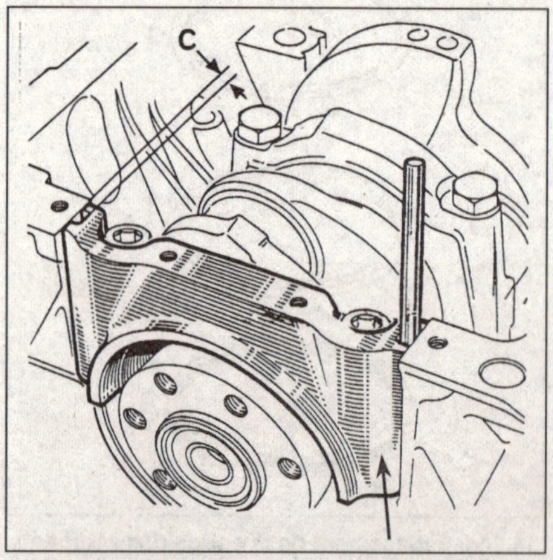


**18.1 Mesure de la cote entre rainure de chapeau de palier nº 1 et bloc-cylindres avec un foret**

*Chapeau de palier (flèche)*
*C Cote à mesurer*

une dose de produit « CAF 4/60 THIXO » accompagnée d'un agent durcisseur auprès du service des pièces détachées d'un concessionnaire Renault. A noter que le chapeau de palier n° 1 est monté au produit d'étanchéité en usine.

### Contrôle du jeu diamétral aux paliers

**2** Nettoyer le dos des demi-coussinets et leurs emplacements sur le bloc/carter-cylindres et les chapeaux de paliers.

**3** Mettre en place les demi-coussinets sur les chapeaux de paliers et le bloc/carter-cylindres, en veillant à engager convenablement leur ergot de positionnement dans le cran correspondant. A noter que pour les moteurs K4J et K4M les demi-coussinets sont dépourvus d'ergot de positionnement et il est nécessaire d'utiliser l'outil d'atelier (Mot. 1493-01) pour les installer **(voir illustrations)**. Observer par ailleurs les points suivants :

a) *Pour les moteurs D7F, les demi-coussinets rainurés se montent sur le bloc-cylindres et les demi-coussinets lisses sur les chapeaux de paliers*

b) *Pour les moteurs E7J, les demi-coussinets lisses se montent sur les chapeaux de paliers et les demi-coussinets rainurés sur le carter-cylindres, en notant que le demi-coussinet supérieur de palier n° 5 est différent des autres, dans la mesure où il est pourvu d'un chanfrein pour le graissage du pignon de commande de la pompe à huile* **(voir illustration)**

c) *Pour les moteurs K7M, les demi-coussinets rainurés se montent sur le bloc-cylindres et les chapeaux au niveau des paliers n$^{os}$ 2 et 4 et les demi-coussinets lisses sur le bloc-cylindres et les chapeaux au niveau des paliers n$^{os}$ 1, 3 et 5* **(voir illustrations)**

d) *Pour les moteurs K4J et K4M, les demi-coussinets rainurés se montent sur le bloc-cylindres. Les chapeaux de paliers n$^{os}$ 2 et 4 reçoivent des demi-coussinets rainurés et les chapeaux de paliers n$^{os}$ 1, 3 et 5 des demi-coussinets lisses* **(voir illustration)**

e) *Pour les moteurs Diesel, les demi-coussinets rainurés se montent sur le bloc-cylindres et les demi-coussinets lisses sur les chapeaux de paliers*

**4** A noter qu'en cas de réutilisation des demi-coussinets d'origine, ceux-ci doivent impérativement être reposés dans leur emplacement initial sur le bloc/carter-cylindres et les chapeaux de paliers.

**5** Avant de procéder à la repose définitive du vilebrequin, le jeu diamétral aux paliers doit être contrôlé, ce qui peut s'effectuer de deux différentes manières. La première méthode, difficile à mettre en œuvre si l'on ne dispose pas d'un comparateur d'alésage ou d'un pied à coulisse permettant de mesurer les intérieurs, consiste à reposer les chapeaux de paliers avec les demi-coussinets en place, en serrant correctement leurs vis de fixation (se reporter aux « *Caractéristiques* » pour le couple ainsi qu'éventuellement l'angle de serrage à observer) et à mesurer l'alésage formé par chaque paire de demi-coussinets. Mesurer ensuite le diamètre de chaque tourillon du vilebrequin et par différence entre les valeurs d'alésage et de diamètre, on obtiendra le jeu de fonctionnement ou diamétral aux paliers. La seconde méthode, plus précise, consiste à utiliser un témoin d'usure du genre « Plastigage » constitué d'un cordon à section ronde en matière plastique malléable se trouvant comprimé entre demi-coussinets et tourillons. Lorsque les demi-coussinets viendront à être déposés, la largeur du brin écrasé du cordon témoin sera mesurée à l'aide de l'échelle imprimée sur l'emballage du « Plastigage », ce qui permettra de déterminer le jeu de fonctionnement ou diamétral. Pour mesurer le jeu diamétral aux paliers de vilebrequin par ce moyen, opérer comme suit :

**6** Les demi-coussinets de paliers étant en place sur le bloc/carter-cylindres, installer le vilebrequin avec précaution **(voir illustration)**. Ne pas utiliser de lubrifiant : les tourillons de vilebrequin et les

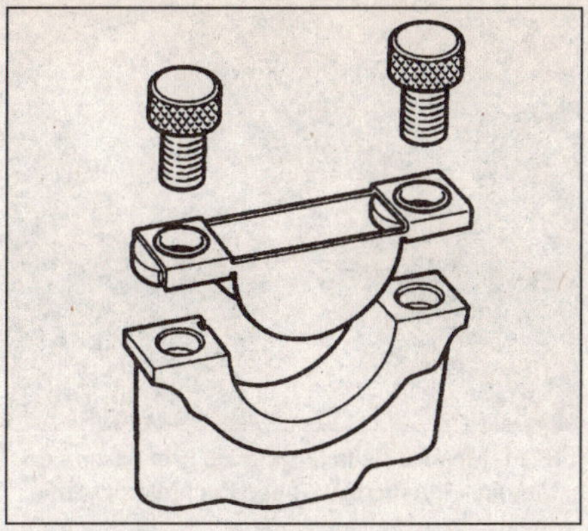

**18.3a Outil de montage de demi-coussinet de palier de vilebrequin - moteurs K4J et K4M**

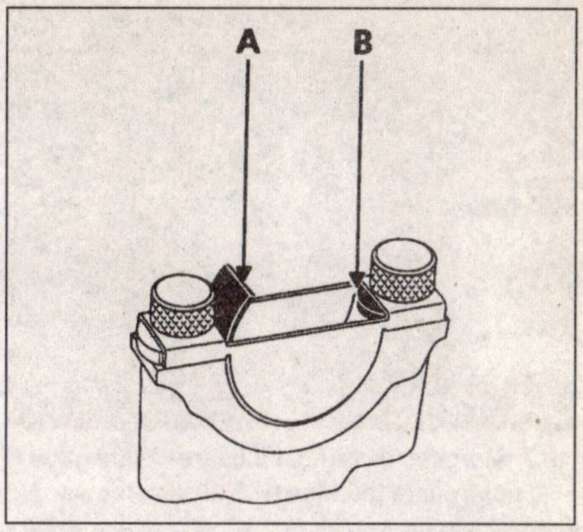


**18.3b Presser le demi-coussinet (A) jusqu'à son contact en (B)**

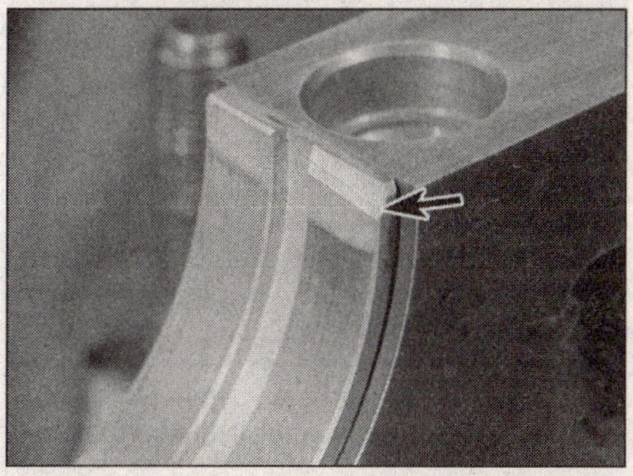

**18.3c Chanfrein de graissage du pignon de pompe à huile sur demi-coussinet supérieur de palier n° 5 - moteur E7J**

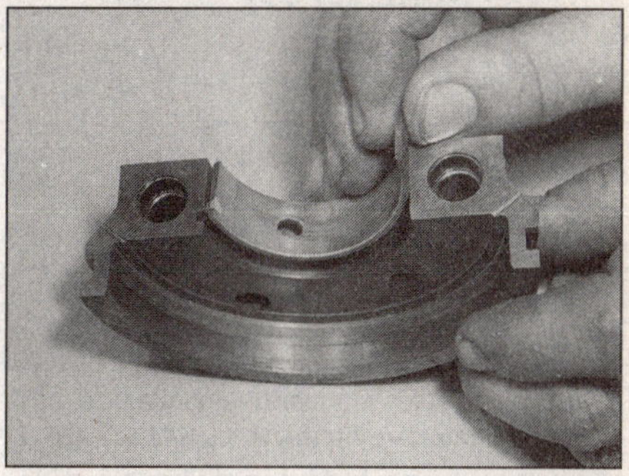

**18.3d Montage du demi-coussinet de chapeau de palier n° 1 de vilebrequin - moteur K7M**



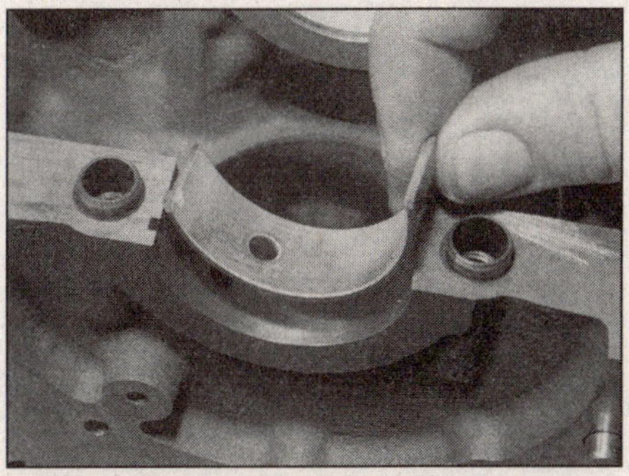

**18.3e Montage du demi-coussinet de palier n° 5 de vilebrequin - moteur K7M**

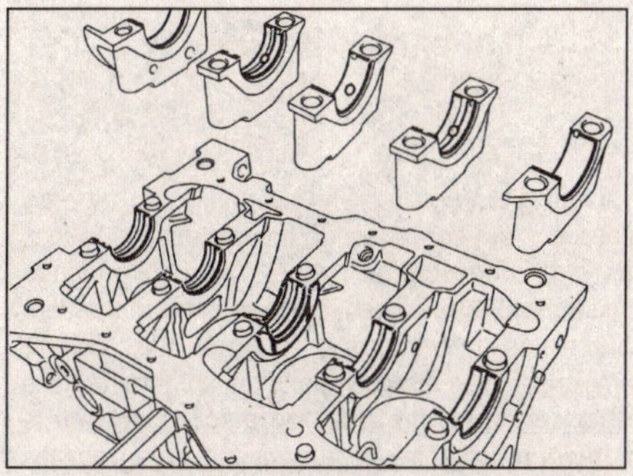

**18.3f Position de montage des demi-coussinets de paliers de vilebrequin - moteurs K4J et K4M**

**18.6 Installation du vilebrequin**

**18.7 Morceau de témoin d'usure « Plastigage » posé sur le tourillon nº 5 du vilebrequin**

**18.11 Mesure de la largeur du brin écrasé de témoin « Plastigage » avec l'échelle graduée**

**18.15a Enduire de graisse les demi-cales de butée axiale du vilebrequin . . .**

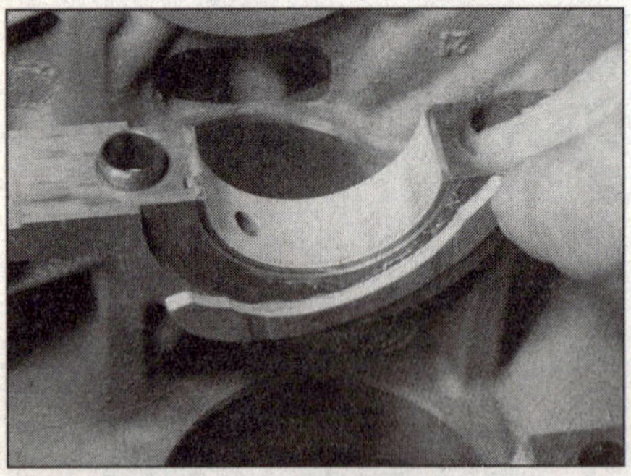

**18.15b . . . et les plaquer de chaque côté du palier central - moteurs K7M, K4J et K4M**

**18.16 Lubrifier à l'huile les demi-coussinets avant de reposer le vilebrequin**

demi-coussinets doivent être parfaitement propres et dégraissés.

**7** Couper plusieurs morceaux de « Plastigage » de la largeur adéquate (les morceaux doivent être légèrement plus courts que la largeur des paliers) et en poser un dans le sens axial sur chacun des tourillons du vilebrequin **(voir illustration)**.

**8** Les chapeaux de paliers étant équipés de leur demi-coussinet convenablement installé, les reposer en respectant leur position et sens d'origine et veillant à ne pas faire bouger les morceaux de « Plastigage ».

**9** En commençant par le palier central et procédant vers l'extérieur, serrer progressivement les vis de fixation des chapeaux, en observant le couple prescrit ainsi que l'angle de serrage éventuellement préconisé (voir « *Caractéristiques* ».) Ne pas faire tourner le vilebrequin au cours de cette opération.

**10** Redéposer les chapeaux de paliers et les ranger dans l'ordre. Faire également attention de ne pas décaler les morceaux de « Plastigage » et de ne pas faire tourner le vilebrequin. Décoller au besoin les chapeaux en les frappant latéralement avec un maillet à tête plastique.

**11** Mesurer la largeur du brin écrasé de « Plastigage » sur chaque tourillon au moyen de l'échelle graduée pour obtenir le jeu diamétral aux paliers **(voir illustration)**. Le jeu ainsi mesuré doit être conforme à la valeur de référence donnée dans les « *Caractéristiques* » au début du chapitre.

**12** En cas de différence significative par rapport à la valeur de référence, les demi-coussinets ne conviennent pas (ou ils sont exagérément usés s'il s'agit de ceux d'origine). Avant de conclure à la nécessité de changer les demi-coussinets, vérifier que de la saleté ou de l'huile ne se trouvait pas agglutinée entre les demi-coussinets et le bloc/carter-cylindres ou les chapeaux de paliers lorsque le jeu a été mesuré. Si le jeu relevé sur le cordon de « Plastigage » est supérieur sur un côté de celui-ci par rapport à l'autre, le tourillon correspondant est susceptible de présenter une conicité excessive.

**13** Au terme de ces opérations, éliminer parfaitement les débris de « Plastigage » sur les tourillons du vilebrequin et les demi-coussinets en grattant de l'ongle ou avec une raclette ne risquant pas de rayer les portées.

## *Remontage final*

**14** Redéposer avec précaution le vilebrequin du bloc/carter-cylindres.

**15** Sauf dans le cas des moteurs D7F où les cales de butée axiale du vilebrequin sont intégrées au demi-coussinet supérieur du palier central (nº 3), plaquer avec de la graisse les demi-cales de butée axiale de chaque côté du palier central (moteurs essence) ou du palier nº 2 (moteurs Diesel). Veiller à disposer à l'extérieur le côté avec rainures de graissage des demi-cales **(voir illustrations)**.

**16** Lubrifier copieusement à l'huile moteur propre chacun des demi-coussinets en place sur le bloc/carter-cylindres puis installer le vilebrequin **(voir illustration)**.

**17** Lubrifier les demi-coussinets puis mettre en place les chapeaux de paliers, en respectant leur position et leur sens de montage d'origine **(voir illustration)**. Observer également les points suivants :

a) *Sur les moteurs D7F et E7J, répandre une fine couche de pâte d'étanchéité genre « Rhodorseal 5661 » sur le pourtour extérieur du plan de joint du chapeau de palier nº 1*

b) *Dans le cas des moteurs K7M, K4J et K4M, enduire entièrement d'une fine couche de pâte d'étanchéité genre « Rhodorseal 5661 » les plans d'appui du chapeau de palier nº 1* **(voir illustrations)**

**18.17a Montage du chapeau de palier nº 5 de vilebrequin - moteurs K7M, K4J et K4M**

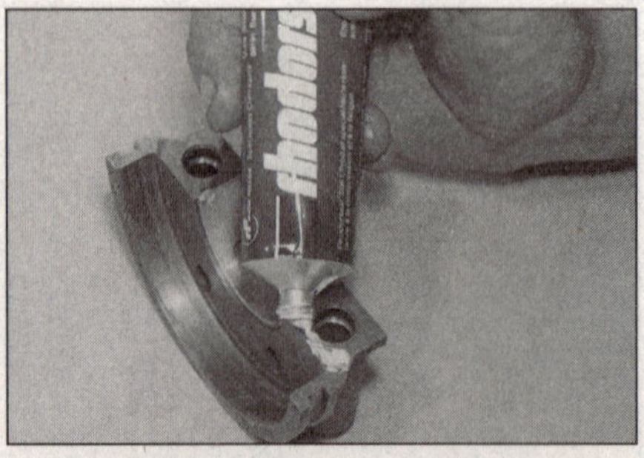

**18.17b Enduire d'une fine couche de pâte d'étanchéité les plans d'appui du chapeau de palier nº 1 de vilebrequin . . .**

**18.17c . . . avant de l'installer - moteurs K7M, K4J et K4M**

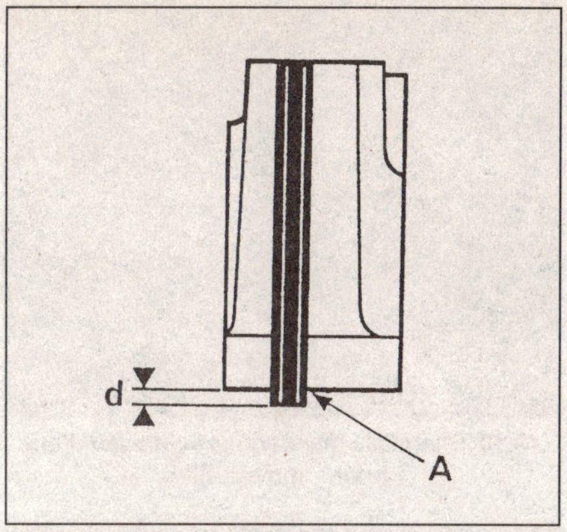


18.17d Les joints latéraux en butyle du chapeau de palier n° 1 doivent dépasser de 0,2 mm environ (cote « d ») du plan d'assemblage (A)

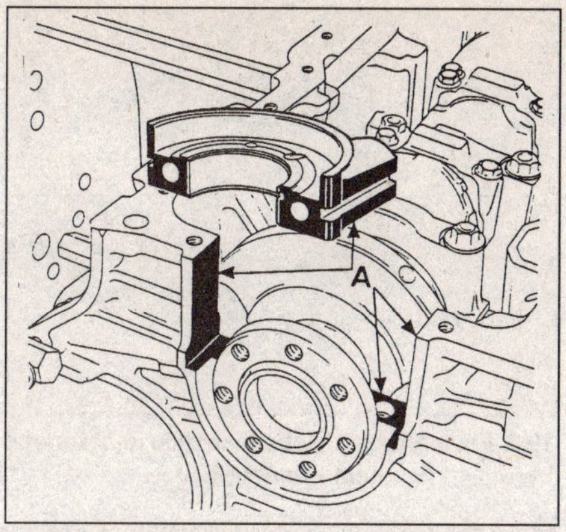


18.17e Nettoyer les surfaces de contact du chapeau de palier n° 1 de vilebrequin et du bloc/carter-cylindres . . .

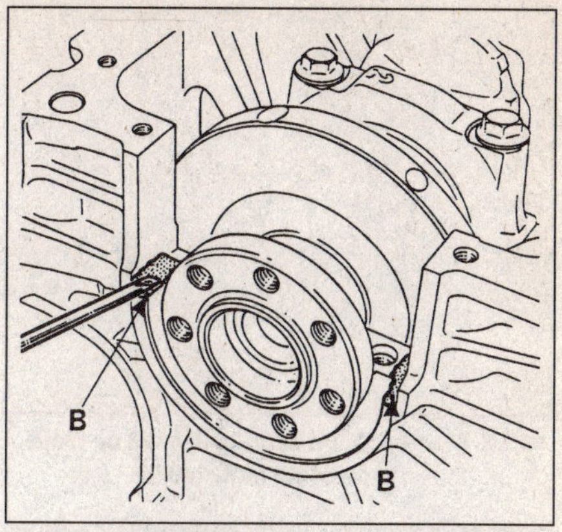


18.17f . . . et enduire de produit d'étanchéité les faces inférieures (B) du bloc/carter-cylindres

*c) En cas d'utilisation de joints latéraux en butyle pour les moteurs E7J et Diesel (voir point 1 ci-dessus), les monter de chaque côté du chapeau de palier n° 1, en s'assurant de disposer le côté rainuré du bourrelet à l'extérieur. Positionner les joints de telle sorte que leur extrémité dépasse de 0,2 mm environ du plan d'assemblage du chapeau* **(voir illustration)**. *Lubrifier les joints avec un peu d'huile et étaler une fine couche de pâte d'étanchéité « Rhodorseal 5661 » sur les bords inférieurs du chapeau. Pour monter le chapeau, le guider au moyen de ses vis de fixation posées au préalable, et le presser pour bien l'amener en place. Le chapeau étant correctement installé, vérifier que ses joints dépassent encore*

*d) Pour monter le chapeau de palier n° 1 au produit d'étanchéité, nettoyer parfaitement les surfaces de contact du bloc/carter-cylindres et du chapeau de palier n° 1 puis enduire légèrement les faces inférieures du bloc/carter-cylindres de produit d'étanchéité « CAF 4/60 THIXO », en veillant à ne pas boucher les gorges d'évacuation d'huile puis installer le chapeau de palier n° 1 en approchant ses vis de quelques tours seulement afin de ne pas l'engager à fond. Le produit d'étanchéité est ensuite à injecter dans les rainures latérales du chapeau de manière à les remplir complètement* **(voir illustrations)**

**18** Monter les vis de fixation des chapeaux de paliers et les serrer progressivement pour atteindre le couple prescrit, en respectant l'angle éventuellement préconisé **(voir illustrations)**.

**19** Dans le cas où le chapeau de palier n° 1 a été muni de joints latéraux en butyle, sectionner avec un cutter leur extrémité inférieure, à ras du plan de joint du carter d'huile.

**20** Pour le montage du chapeau de palier n° 1 au produit d'étanchéité, mélanger le produit « CAF 4/60 THIXO » avec la dose de durcisseur, conformément aux instructions de la notice d'emploi. Injecter ensuite au moyen d'une seringue le mélange dans les rainures latérales du chapeau de palier jusqu'à ce qu'il déborde légèrement par les deux côtés des rainures. Eliminer l'excédent de produit, à l'intérieur et à l'extérieur du bloc/carter-cylindres, en passant un chiffon propre. Laisser polymériser pendant quelques minutes puis couper avec un cutter le surplus de produit dépassant du plan de joint et à l'intérieur du bloc/carter-cylindres.

**21** S'assurer de la libre rotation du vilebrequin. Une légère résistance peut être notée si des pièces neuves ont été montées, mais on ne doit pas constater de points durs ni de blocage.

**22** Contrôler le jeu longitudinal au vilebrequin comme indiqué en section 13.

**23** Equiper le flasque d'étanchéité côté droit du vilebrequin d'une bague neuve et le remonter comme décrit au chapitre 2A, 2B ou 2C.

**24** Monter la bague d'étanchéité neuve côté gauche du vilebrequin, comme indiqué au chapitre 2A, 2B ou 2C.

**25** Reposer éventuellement le carter intérieur de courroie de distribution.

**26** Procéder à la repose des ensembles bielle-piston (voir section suivante), du volant moteur/disque d'entraînement, de la pompe à huile et du pignon de vilebrequin puis installer une courroie de distribution neuve, en se reportant au chapitre 2A, 2B ou 2C pour ces différentes opérations.

## 19 Ensembles bielle-piston - contrôle du jeu aux têtes de bielles et repose

2D

**1** Nettoyer le dos des demi-coussinets et leur logement sur les bielles et les chapeaux. S'il s'agit de demi-coussinets neufs, les débarrasser de leur couche protectrice de graisse avec du pétrole lampant. Essuyer les demi-coussinets et les bielles avec un chiffon non pelucheux.

**2** Monter les demi-coussinets dans leur emplacement respectif, en veillant à bien encastrer leur ergot de positionnement dans le cran prévu sur les bielles et les chapeaux. A signaler que pour les moteurs K4J et K4M les demi-coussinets sont dépourvus d'ergot de positionnement et il est

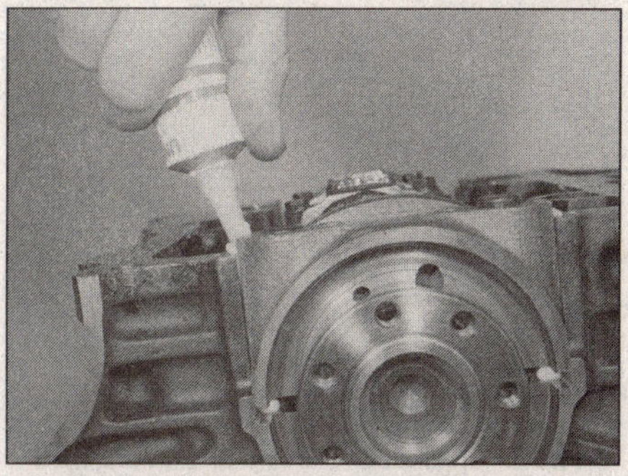

18.17g Injection de produit d'étanchéité dans les rainures latérales du chapeau de palier n° 1

18.18a Serrage d'une vis de fixation d'un chapeau de palier de vilebrequin au couple prescrit . . .

18.18b . . . puis suivant l'angle préconisé

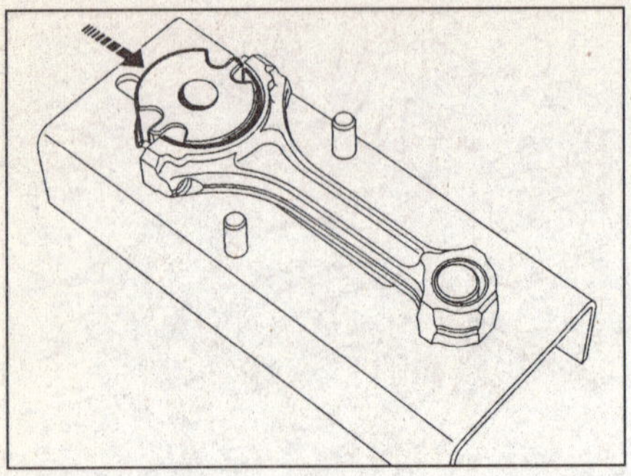

19.2 Montage d'un demi-coussinet de bielle avec l'outil Mot. 1492

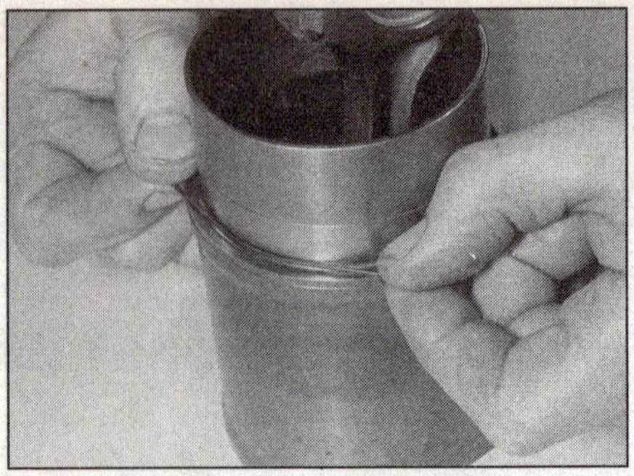

19.3 Equiper chaque chemise d'un joint torique neuf - moteur E7J

19.10 Chemises maintenues au moyen d'une bride - moteur E7J

nécessaire d'utiliser l'outil d'atelier (Mot. 1492) pour les installer **(voir illustration)**.

## Contrôle du jeu diamétral aux têtes de bielles

### Moteurs E7J

**3** Poser les quatre chemises retournées et rangées dans l'ordre sur un établi. Les orienter de manière à ce que les méplats sur le bord des chemises n^os 1 et 2 se trouvent l'un face à l'autre et que ceux sur les chemises n^os 3 et 4 soient également en regard l'un de l'autre. Equiper chacune des chemises d'un joint torique d'embase neuf **(voir illustration)**.

**4** Lubrifier à l'huile moteur les pistons et les segments puis regrouper chaque ensemble bielle-piston avec sa chemise respective.

**5** En commençant par l'ensemble n^o 1, vérifier que les coupes des trois segments du piston sont bien espacées de 120° les unes par rapport aux autres. Comprimer les segments au moyen d'un collier prévu à cet effet.

**6** Introduire l'ensemble bielle-piston par le bas de la chemise, en veillant à ce que la flèche sur la calotte du piston soit dirigée côté volant moteur. Enfoncer l'ensemble dans la chemise en le frappant par l'intermédiaire d'une cale de bois ou du manche d'un marteau au niveau de l'extrémité de la bielle, de façon à amener la calotte du piston à environ 25 mm du sommet de la chemise.

**7** Opérer de la même manière pour les trois autres ensembles bielle-piston.

**8** Tourner le vilebrequin de sorte à positionner son maneton n^o 1 au point bas de sa course.

**9** Mettre en place la chemise n^o 1 munie de son joint torique d'embase dans l'alésage correspondant du carter-cylindres. S'assurer d'orienter la flèche sur la calotte du piston vers le côté volant moteur et de disposer le méplat sur le bord de la chemise comme indiqué précédemment au point 3.

**10** L'ensemble bielle-piston étant en place, maintenir la chemise au moyen de vis munies de rondelles, fixées dans les trous taraudés des vis de culasse sur le plan du carter-cylindres ou à l'aide d'une bride pour chemises **(voir illustration)**.

**11** Répéter ces opérations pour les autres ensembles chemise et bielle-piston.

**12** Le contrôle du jeu diamétral aux têtes de bielles s'effectue comme décrit pour celui aux paliers de vilebrequin en section précédente. Si la méthode du témoin « Plastigage » est utilisée, veiller à ce que le maneton et les demi-coussinets de tête de bielle soient parfaitement propres et dégraissés puis tirer la bielle vers le bas pour l'accoupler au maneton. Poser un morceau de témoin « Plastigage » sur le maneton, puis en s'assurant que les repères réalisés préalablement à la dépose sur la bielle et son chapeau se trouvent du même côté, remonter le chapeau et ses écrous de fixation à serrer au couple prescrit (voir « *Caractéristiques* »). Ne pas faire tourner le vilebrequin au cours de cette opération. Redéposer ensuite le chapeau et mesurer la largeur du brin écrasé de « Plastigage » à l'aide de l'échelle graduée.

### Autres moteurs

**13** Lubrifier à l'huile moteur le piston n^o 1 et les segments puis vérifier que les coupes de segments sont bien espacées de 120° les unes par rapport aux autres **(voir illustration)**.

**14** Comprimer les segments à l'aide d'un collier prévu à cet effet puis introduire l'ensemble bielle-piston n^o 1 dans le fût de cylindre. Pour les moteurs essence, la flèche (dans le cas où elle existe) ou bien la pointe de la lettre « V » à l'envers sur la calotte du piston doit être orientée côté volant moteur. Pour les moteurs Diesel, la chambre de turbulence en forme de « feuille de trèfle » sur la calotte du piston doit être disposée côté filtre à huile du moteur. Le maneton n^o 1 du vilebrequin se trouvant à son point le plus bas, enfoncer avec précaution à l'aide du manche d'un marteau le piston dans le fût de cylindre, tout en dirigeant la bielle pour l'accoupler au maneton **(voir illustrations)**.

**15** Le contrôle du jeu diamétral aux têtes de bielles s'effectue comme décrit pour celui aux paliers de vilebrequin en section précédente. Si la méthode du témoin « Plastigage » est utilisée, veiller à ce que le maneton et les demi-coussinets de tête de bielle soient parfaitement propres et dégraissés puis tirer la bielle vers le bas pour l'accoupler au maneton. Poser un morceau de témoin « Plastigage » sur le maneton, puis en s'assurant que les repères réalisés préalablement à la dépose sur la bielle et son chapeau se trouvent du même côté, remonter le chapeau et ses écrous ou vis de fixation à serrer au couple prescrit, en respectant éventuellement l'angle de serrage préconisé (voir « *Caractéristiques* »). Ne pas faire tourner le vilebrequin au cours de cette opération. Redéposer ensuite le chapeau et mesurer la largeur du brin écrasé de « Plastigage » à l'aide de l'échelle graduée.

**16** Opérer de la même manière pour les autres ensembles bielle-piston.

19.13 Lubrification des segments d'un piston

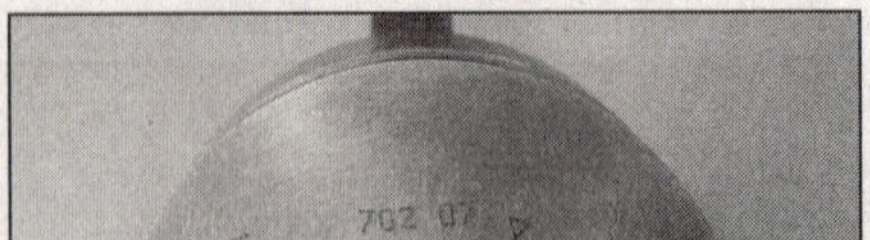

19.14a Références et flèche d'orientation inscrites sur la calotte d'un piston - moteurs K7M, K4J et K4M

19.14b Utilisation du manche d'un marteau pour enfoncer le piston

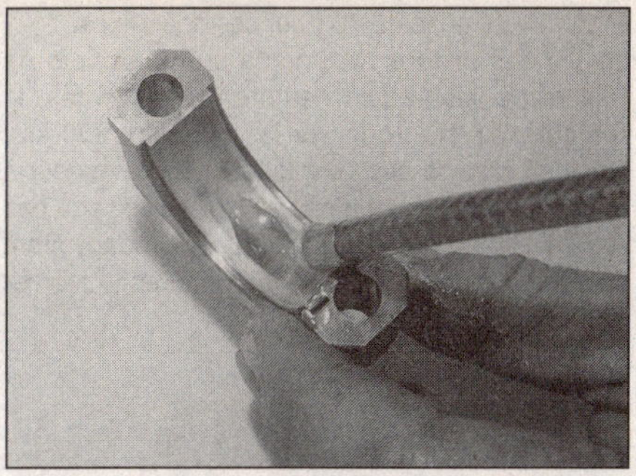

19.18a Lubrifier à l'huile le demi-coussinet sur le chapeau . . .

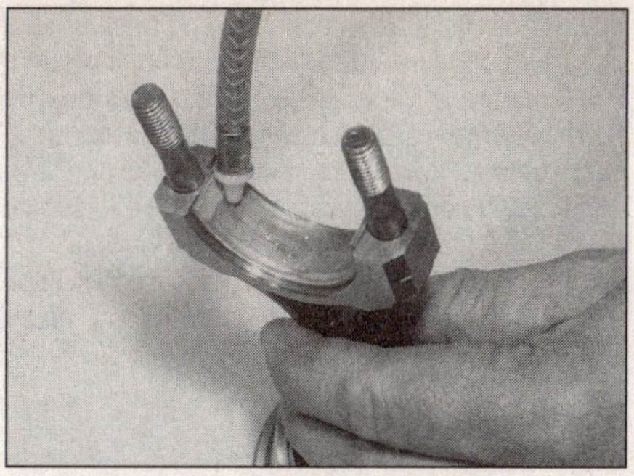

19.18b . . . et celui sur la bielle . . .

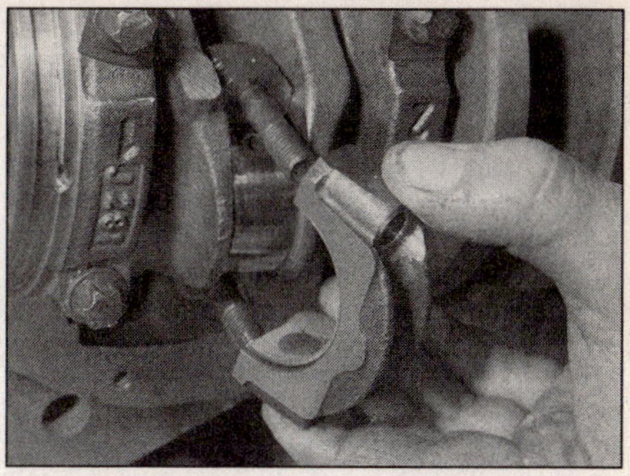

19.18c . . . reposer le chapeau . . .

### *Remontage final*

**17** Après avoir contrôlé le jeu diamétral aux têtes de bielles et pris les mesures nécessaires pour le corriger éventuellement, supprimer les résidus de « Plastigage » sur les demi-coussinets et les manetons du vilebrequin.

**18** Lubrifier copieusement à l'huile moteur les manetons du vilebrequin et les demi-coussinets. Remonter les chapeaux de bielles, en s'assurant de les installer convenablement puis serrer les écrous ou vis de fixation au couple préconisé, en observant le cas échéant l'angle de serrage prescrit, en tournant à chaque fois le vilebrequin avant de passer au chapeau de bielle suivant pour s'assurer de sa libre rotation. Dans le cas des moteurs E7J, vérifier que les chemises sont correctement positionnées de telle façon qu'il soit possible d'insérer librement une cale de 0,1 mm d'épaisseur entre elles. Dans le cas contraire, il peut être nécessaire de permuter un ou plusieurs ensembles chemise et bielle-piston pour obtenir ce jeu **(voir illustrations)**.

**19** Au terme de ces opérations, procéder à la repose de la pompe à huile, du carter d'huile et de la culasse, en se reportant au chapitre 2A, 2B ou 2C.

## 20 Moteur - première mise en marche après démontage et remise en état

**1** Le moteur ayant été reposé sur la voiture, revérifier les niveaux d'huile et de liquide de refroidissement (voir *« Contrôles hebdomadaires »* au début du manuel). Effectuer un ultime contrôle pour s'assurer que les faisceaux électriques, câbles, etc. ont été bien rebranchés et que rien n'a été laissé, outils et chiffons notamment, dans le compartiment moteur.

### *Moteurs essence*

**3** Après avoir déposé les bougies et neutralisé le système de gestion du moteur en enlevant le fusible de protection des fonctions moteur au niveau du boîtier à fusibles dans le compartiment moteur (voir chapitre 12), actionner le démarreur jusqu'à ce que le témoin de pression d'huile au tableau de bord s'éteigne.

**3** Reposer les bougies ainsi que le fusible.

**4** Mettre le moteur en marche, ce qui peut prendre un peu plus longtemps que d'habitude, le temps que le circuit d'alimentation en carburant se réamorce.

**5** Le moteur tournant au ralenti, procéder à un contrôle d'étanchéité pour déceler d'éventuelles fuites de carburant, d'eau et d'huile. Ne pas s'inquiéter si une odeur particulière et de la fumée sont remarqués au niveau de certains organes du moteur, ce qui proviendra de dépôts d'huile en train de se consumer sur des pièces échauffées.

**6** Laisser le moteur tourner au ralenti jusqu'à ce qu'une circulation d'eau chaude soit perçue dans la durit supérieure du radiateur, ce qui indiquera que le moteur a atteint sa température normale de fonctionnement. Arrêter ensuite le moteur et le laisser refroidir pendant quelques minutes.

**7** Recontrôler les niveaux d'huile et de liquide de refroidissement en les rétablissant s'il y a lieu.

**8** Si les vis de culasse ont été serrées en suivant la méthode prescrite, elles n'exigent pas de resserrage après avoir fait tourner le moteur.

**9** Si des pistons, segments ou coussinets de paliers de vilebrequin neufs ont été montés, le moteur doit être rodé sur les premiers 800 km. Dans ce cas, *ne pas* faire fonctionner le moteur à plein régime et veiller à ne pas le faire peiner à bas régime durant toute cette période. Le rodage étant terminé, il est recommandé de vidanger le moteur et de changer le filtre à huile.

### *Moteurs Diesel*

**10** Réamorcer le circuit d'alimentation en carburant (voir chapitre 4B)

**11** Réamorcer le circuit de graissage en débranchant l'électrovanne d'arrêt moteur au niveau de la pompe d'injection (voir chapitre 4B) et lançant le moteur au démarreur plusieurs fois de suite par périodes de 10 secondes, en observant des pauses intermédiaires de 30 secondes environ entre chaque sollicitation du démarreur. Rebrancher l'électrovanne après la mise sous pression du circuit de graissage : s'assurer que le témoin de pression d'huile au tableau de bord s'éteigne en actionnant le démarreur.

**12** Accélérer à fond, tourner la clé de contact pour l'amener à la position « M » et attendre l'extinction du témoin de préchauffage.

**13** Mettre le moteur en marche. Il peut se révéler nécessaire de solliciter le démarreur plus longtemps pour purger le circuit d'alimentation en carburant avant que le moteur puisse démarrer.

**14** Après démarrage du moteur, le faire tourner à un régime accéléré. Vérifier que le témoin de pression d'huile s'éteigne puis procéder à un contrôle d'étanchéité pour déceler d'éventuelles fuites d'huile, de carburant et de liquide de

19.18d . . . monter les écrous de fixation . . .

19.18e . . . et les serrer au couple prescrit

19.18f Contrôle de l'écart entre deux chemises - moteur E7J

refroidissement. Le cas échéant, vérifier également que les raccords de canalisations et de tuyaux du circuit d'assistance de direction ne présentent pas de fuites. Ne pas s'inquiéter si une odeur particulière et de la fumée sont remarqués au niveau de certains organes du moteur, ce qui proviendra de dépôts d'huile en train de se consumer sur des pièces échauffées.

**15** Laisser le moteur tourner au ralenti jusqu'à ce qu'une circulation d'eau chaude soit perçue dans la durit supérieure du radiateur, ce qui indiquera que le moteur a atteint sa température normale de fonctionnement. Arrêter ensuite le moteur et le laisser refroidir pendant quelques minutes.

**16** Recontrôler les niveaux d'huile et de liquide de refroidissement en les rétablissant s'il y a lieu.

**17** Procéder au contrôle du calage de la pompe d'injection ainsi que du régime de ralenti, en se reportant au chapitre 4B pour ces opérations.

**18** Si des pistons, segments ou coussinets de paliers de vilebrequin neufs ont été montés, le moteur doit être rodé sur les premiers 800 km. Dans ce cas, *ne pas* faire fonctionner le moteur à plein régime et veiller à ne pas le faire peiner à bas régime durant toute cette période. Le rodage étant terminé, il est recommandé de vidanger le moteur et de changer le filtre à huile.

# Chapitre 3
# Refroidissement, chauffage et climatisation

## Sommaire



## Niveaux de difficulté

| | | | | |
|---|---|---|---|---|
| **Facile,** pour les profanes de la mécanique | **Assez facile,** pour les débutants plus avisés | **Assez difficile,** pour les amateurs compétents | **Difficile,** pour les amateurs plus expérimentés | **Très difficile,** pour les initiés et les professionnels |

3

## Caractéristiques

| | |
|---|---|
| **Pression de tarage du bouchon de vase d'expansion (repère marron)** | 1,2 bar |
| **Type de fluide frigorigène de climatisation** | R134a |
| **Thermostat** | |
| Températures d'ouverture : | |
| Début d'ouverture | 89 °C |
| Pleine ouverture | 101 °C |
| Course du clapet | 7,5 mm |
| **Couples de serrage** | **daN.m** |
| Vis de fixation de pompe à eau : | |
| Moteurs E7J et K7M | 2,2 |
| Moteurs K4M : | |
| Phase 1 | 0,8 |
| Phase 2 (vis M6) | 1,1 |
| Phase 3 (vis M8) | 2,2 |
| Ecrou de fixation de pompe à eau (moteurs E7J et K7M) | 1 |
| Pressostat de climatisation | 0,8 |

**Nota :** *Les couples de serrage des vis de fixation de la pompe à eau pour les autres moteurs sont indisponibles au moment de la mise sous presse.*

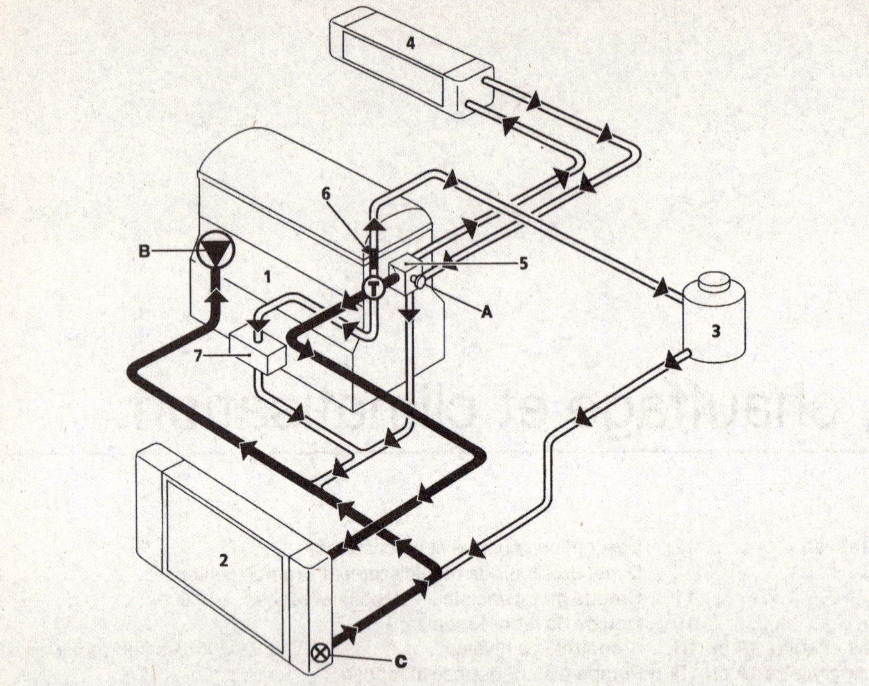


**1.1a Schéma de principe du circuit de refroidissement - moteurs Diesel**

*1 Bloc-cylindres*
*2 Radiateur*
*3 Vase d'expansion*
*4 Radiateur de chauffage*
*5 Boîtier thermostatique*
*6 Ajutage diamètre 3 mm*
*7 Refroidisseur d'huile*
*A Vis de purge*
*B Pompe à eau*
*C Thermocontact de motoventilateur*
*T Thermostat*

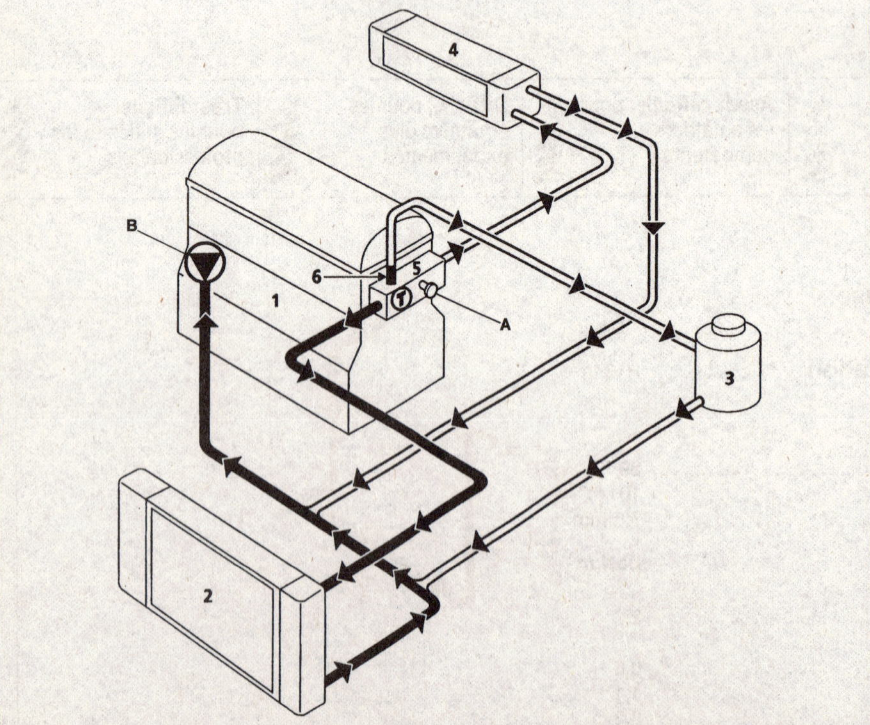


**1.1b Schéma de principe du circuit de refroidissement - moteurs K4J et K4M**

*Voir légende de l'illustration 1.1a*

## 1 Description générale et précautions

Le circuit de refroidissement est du type étanche sous pression. Il se compose principalement d'une pompe à eau entraînée par la courroie de distribution (moteurs essence) ou par la courroie des accessoires (moteurs Diesel), d'un radiateur à faisceau horizontal en aluminium, d'un vase d'expansion, d'un motoventilateur électrique, d'un thermostat et de différentes durits de circulation du liquide **(voir illustrations)**.

Le principe de fonctionnement du circuit est le suivant : le liquide refroidi provenant du radiateur est dirigé par l'intermédiaire de sa durit inférieure vers la pompe à eau qui le refoule dans la chambre d'eau autour du bloc/carter-cylindres et de la culasse. Après avoir refroidi les alésages de cylindres ou de chemises, les surfaces de combustion et les sièges de soupapes, le liquide parvient à la base du thermostat dont le clapet est initialement fermé. Il circule ensuite à travers le circuit de chauffage et retourne à la pompe à eau via le bloc/carter-cylindres.

Lorsque le moteur est froid, le liquide circule uniquement à travers le bloc/carter-cylindres, la culasse et le circuit de chauffage. Dès qu'une température déterminée est atteinte, le clapet du thermostat s'ouvre et le liquide chaud parvient au radiateur par l'intermédiaire de sa durit supérieure pour être refroidi par le flux d'air s'engouffrant à travers le faisceau du radiateur lorsque la voiture roule. La circulation d'air est renforcée par le motoventilateur électrique lorsqu'elle devient insuffisante pour refroidir de manière efficace le liquide. Après admission du liquide refroidi dans la partie basse du radiateur, le cycle décrit ci-dessus se répète.

Le liquide de refroidissement transite également par l'échangeur thermique eau-huile (refroidisseur d'huile) dans le cas des moteurs Diesel ainsi qu'éventuellement, par le refroidisseur de fluide de boîte de vitesses automatique.

Le liquide de refroidissement se dilate lorsque sa température s'accroît et l'augmentation de volume correspondante est recueillie dans le vase d'expansion pour être ensuite réintégrée dans le circuit avec la baisse de température du moteur.

Le motoventilateur est monté à l'arrière du radiateur.

Sur les versions à moteur essence, le motoventilateur est commandé par le calculateur électronique de gestion du moteur. Il se déclenche lorsque la température du liquide de refroidissement atteint 99 °C et s'arrête lorsque la température descend en dessous de 96 °C.

Sur les versions à moteur Diesel, le motoventilateur monovitesse (sans climatisation) ou bivitesse (avec climatisation) est commandé par un thermocontact monté à la partie inférieure de la boîte à eau, côté gauche du radiateur et dont les contacts s'ouvrent à une température prédéterminée du liquide de refroidissement pour l'enclenchement du motoventilateur qui est alimenté électriquement par un relais unique ou deux relais pour les modèles climatisés.

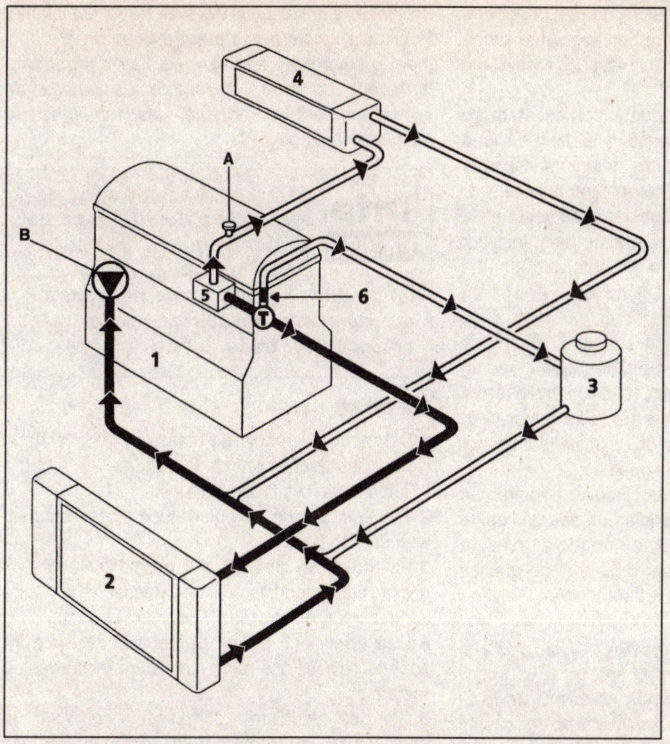


1.1c Schéma de principe du circuit de refroidissement - moteurs E7J et K7M

*Voir légende de l'illustration 1.1a*

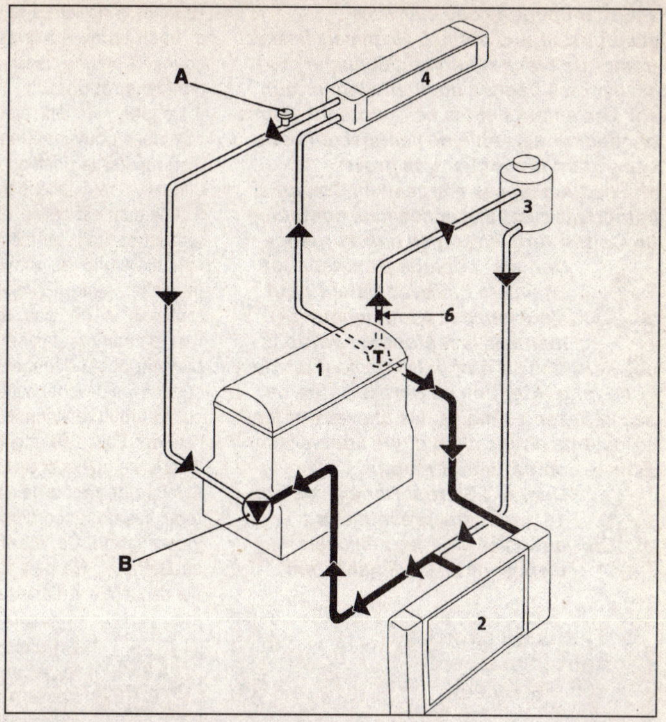


1.1d Schéma de principe du circuit de refroidissement - moteurs D7F avec climatisation

*Voir légende de l'illustration 1.1a*

Se reporter à la section 14 pour davantage de précisions concernant la climatisation.

## Précautions

***Attention : Sur les modèles équipés d'un autoradio codé, s'assurer de bien avoir en possession la combinaison correcte du code de sécurité pour débrancher la batterie***

***Danger : Ne pas retirer le bouchon du vase d'expansion ni intervenir sur l'un quelconque des éléments du circuit de refroidissement lorsque le moteur est encore chaud au risque de se faire sérieusement brûler par les projections de liquide. Si pour une raison indéterminée, il est nécessaire d'enlever le bouchon avant que le moteur ait complètement refroidi, ce qui est toutefois déconseillé, par mesure de précaution l'entourer d'un chiffon épais et le dévisser lentement jusqu'à ce qu'un sifflement soit perçu. Le sifflement ayant cessé, ce qui indiquera que la pression a été évacuée, finir de desserrer le bouchon et l'enlever. Si le sifflement reprend, patienter jusqu'à ce qu'il ait complètement disparu avant de dévisser le bouchon à fond. Dans tous les cas, se tenir éloigné le plus possible du vase d'expansion lors de son ouverture et se protéger les mains***

***Danger : Faire en sorte à ne pas mettre d'antigel au contact de la peau ni de la peinture de la voiture. Rincer immédiatement et***

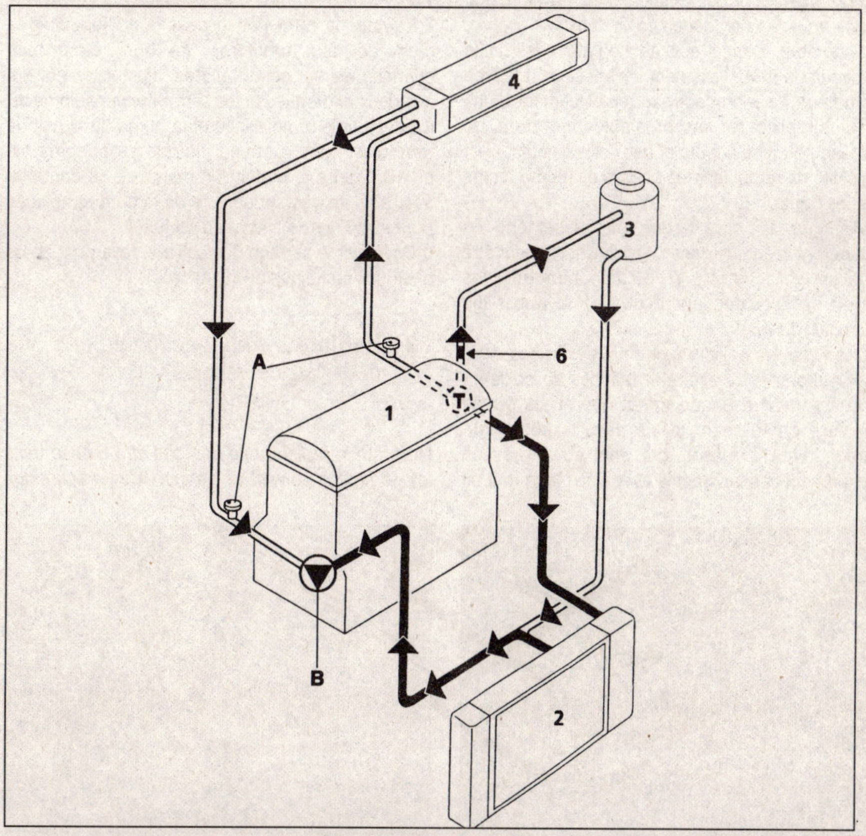


1.1e Schéma de principe du circuit de refroidissement - moteurs D7F sans climatisation

*Voir légende de l'illustration 1.1a*

3

***abondamment à l'eau claire les éclaboussures d'antigel. Ne jamais laisser traîner un bidon d'antigel débouché et essuyer les flaques pouvant stagner au sol. Les enfants et les animaux sont attirés par l'odeur agréable de l'antigel qui peut cependant provoquer une grave intoxication en cas d'ingestion. Consulter immédiatement un médecin ou contacter un Centre Anti-Poison en cas d'urgence***

***Danger : Lorsque le moteur est chaud, le motoventilateur peut s'enclencher à tout moment même si le moteur est arrêté. Il convient donc d'être extrêmement prudent et de faire attention en particulier de ne pas exposer les mains, les cheveux et les vêtements amples lors d'une intervention dans le compartiment moteur***

***Danger : Se reporter à la section 14 quant aux précautions à observer pour les véhicules disposant de la climatisation***

## 2 Durits du circuit de refroidissement - remplacement

**Nota :** *Consulter les consignes de sécurité indiquées en section précédente avant toute intervention. Attendre que le moteur ait refroidi suffisamment pour débrancher les durits afin de ne pas se brûler au contact du liquide chaud.*

**1** Le nombre, le trajet et la configuration des durits du circuit de refroidissement varient suivant le type de moteur. Pour procéder au remplacement d'une durit, se procurer au préalable une durit de rechange du type adapté et des colliers neufs. Il est conseillé de remplacer les colliers en même temps que les durits.

**2** Vidanger le circuit de refroidissement en récupérant le liquide dans un récipient s'il peut être réutilisé (voir chapitre 1A ou 1B). Imprégner les colliers de fluide dégrippant-lubrifiant et laisser agir s'ils sont rouillés.

**3** Desserrer les colliers aux deux extrémités de la durit concernée. Il existe trois types de colliers : type standard à bande métallique et vis qui se desserre en tournant la vis dans le sens anti-horaire, type à ressort qui peut être libéré en comprimant ses languettes avec une pince tout en écartant le collier de la tubulure de raccordement, et enfin type serti à sectionner avec une pince coupante ou une cisaille et qui n'est pas réutilisable **(voir illustration)**.

**4** Dégager les fils électriques, câbles et autre tuyauterie pouvant être attachés à la durit. Veiller à bien repérer la position de ces différents éléments afin de les réinstaller correctement par la suite.

**5** Si la durit est collée, essayer de la détacher en la tordant et tirant en même temps ou bien soulever son extrémité au moyen d'un outil à bout non tranchant, genre tournevis à lame plate, en veillant toutefois à ne pas trop forcer au risque de l'endommager ainsi que la tubulure. Si on ne parvient pas à dégager la durit, la couper avec un cutter à ras de la tubulure puis fendre la partie restée sur la tubulure dans le sens de la longueur pour l'enlever. Faire très attention de ne pas endommager la tubulure au cours de cette opération.

**6** Avant de raccorder la durit neuve, enduire ses tubulures de raccordement avec un peu de liquide vaisselle ou de lubrifiant compatible avec le caoutchouc. **Ne pas** utiliser d'huile ni de graisse qui risqueraient d'attaquer le caoutchouc.

**info HAYNES** ***En cas de nécessité, enduire légèrement d'eau savonneuse l'extrémité de la durit ou la faire tremper dans de l'eau chaude pour l'assouplir, afin de pouvoir l'emmancher plus facilement***

**7** Equiper la durit neuve de ses colliers puis la raccorder aux tubulures. La durit étant bien emmanchée sur ses tubulures, ajuster les colliers aux deux extrémités et les serrer convenablement.

**8** Effectuer le remplissage et la purge du circuit de refroidissement, comme indiqué au chapitre 1A ou 1B. Mettre le moteur en marche puis contrôler avec soin les raccordements de la durit remplacée pour s'assurer de l'absence de fuites.

**9** Revérifier le serrage des colliers de la durit après quelques centaines de kilomètres.

## 3 Radiateur - dépose, contrôle, nettoyage et repose

**Nota :** *Si le radiateur ne doit pas être reposé dans les 48 heures suivant sa dépose, des précautions doivent être prises pour éviter sa corrosion interne. Pour cela, rincer le radiateur à l'eau propre puis bien le sécher en soufflant de l'air comprimé à l'intérieur ou bien, le remplir de liquide de refroidissement et boucher les tubulures de raccordement des durits.*

**info HAYNES** ***Si l'on envisage de déposer le radiateur pour un éventuel défaut d'étanchéité, il sera bon d'essayer au préalable un produit anti-fuites pour radiateurs du commerce, qui peut se révéler efficace pour traiter les microfuites***

### Dépose

**1** Débrancher le câble de masse (-) de la batterie (voir « *Débranchement de la batterie* » à la partie « *Références* » en fin de manuel).

**2** Procéder à la dépose du groupe motoventilateur (voir section 6).

**3** Vidanger le circuit de refroidissement en débranchant sa durit inférieure. Récupérer le liquide dans un récipient propre s'il peut être réutilisé.

**4** Desserrer leur collier et débrancher la durit supérieure ainsi que toute autre durit raccordée au radiateur.

**5** Sur les véhicules climatisés, dissocier le condenseur du radiateur en enlevant les vis d'assemblage **(voir illustration)**. **Ne pas** débrancher les canalisations du circuit frigorifique.

**6** Le cas échéant, desserrer les vis de fixation du déflecteur d'air en plastique qui peut rester en place lors de la dépose du radiateur.

**7** Soulever avec précaution le radiateur pour le dégager de ses blocs de fixation inférieurs en caoutchouc et le sortir du compartiment moteur. Récupérer les blocs de fixation en caoutchouc **(voir illustrations)**.

### Contrôle et nettoyage

**8** Si le radiateur a été déposé pour un éventuel colmatage ou un entartrage, le rincer à l'envers ainsi que décrit au chapitre 1A ou 1B. Débarrasser la saleté et les débris pris dans les ailettes du radiateur à l'air comprimé (se protéger les yeux pour effectuer cette opération) ou à l'aide d'une brosse à poils souples. Procéder avec précaution pour le nettoyage afin ne pas endommager les ailettes du radiateur.

**9** Confier si nécessaire le radiateur à un spécialiste

**2.3 Utilisation d'une pince-étau pour libérer un collier de durit du type à ressort**

**3.5 Vis d'assemblage côté G. du condenseur de climatisation sur le radiateur**

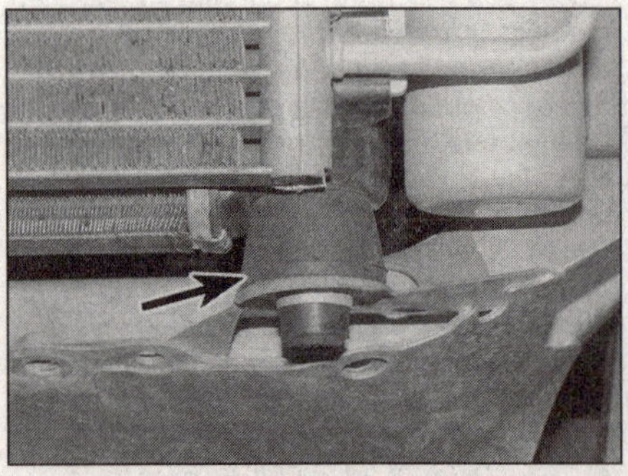

**3.7a Blocs de fixation en caoutchouc inférieur . . .**

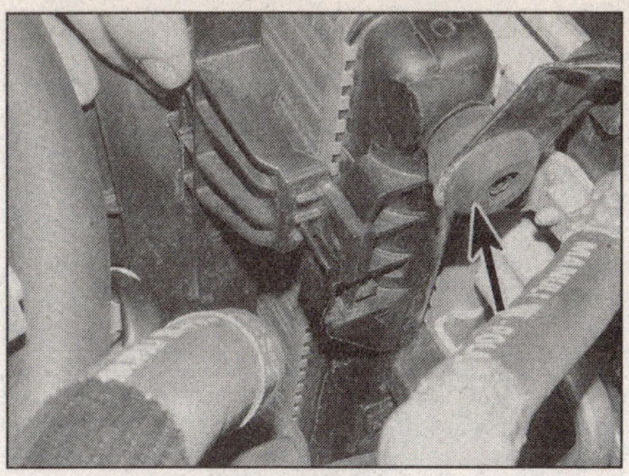

3.7b ... et supérieur du radiateur

qui procédera à un « test de circulation de liquide » pour établir si un état de colmatage interne existe.

10 Un radiateur présentant des fuites doit être réparé par un spécialiste. Ne pas effectuer de soudure pour tenter d'éliminer une fuite, au risque de détériorer la boîte à eau en plastique du radiateur.

11 Si le radiateur doit être réparé ou changé, récupérer ses durits et éventuellement, le thermocontact de motoventilateur.

12 Contrôler les blocs de fixation en caoutchouc du radiateur et les changer s'ils sont en mauvais état.

### Repose

13 La repose a lieu à l'inverse de la dépose, en tenant par ailleurs compte des points suivants :

a) *Prendre garde de ne pas endommager les ailettes du radiateur en le remettant en place*

b) *Reposer éventuellement la traverse supérieure avant ainsi que le verrou du capot moteur, comme indiqué au chapitre 11*

c) *Au terme de ces opérations, effectuer le remplissage et la purge du circuit de refroidissement, en se reportant au chapitre 1A ou 1B pour cette opération*

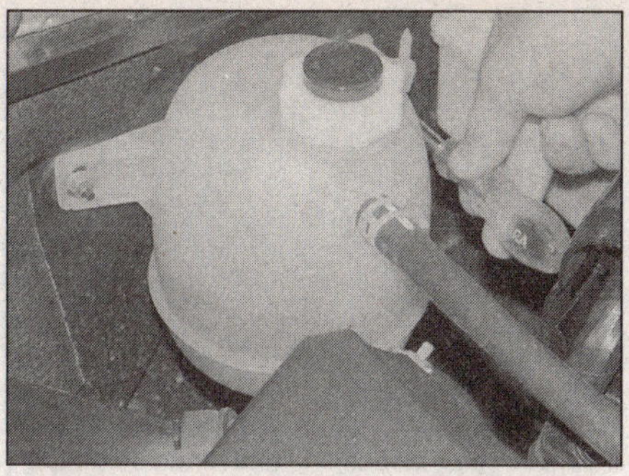

4.2a Desserrer ses deux écrous de fixation ...

## 4 Vase d'expansion - dépose, contrôle et repose

### Dépose

**Nota :** *Les opérations qui suivent décrivent la dépose et la repose du vase d'expansion monté sur le tablier dans le compartiment moteur. Le vase peut dans certains cas (version à moteur D7F) être implanté au niveau de la façade avant du véhicule, côté droit du compartiment moteur.*

1 Moteur froid, vidanger partiellement le circuit de refroidissement (voir chapitre 1A ou 1B) afin de vider le vase d'expansion.

2 Desserrer les deux écrous de fixation puis débrancher ses durits et dégager le vase d'expansion du tablier **(voir illustrations)**.

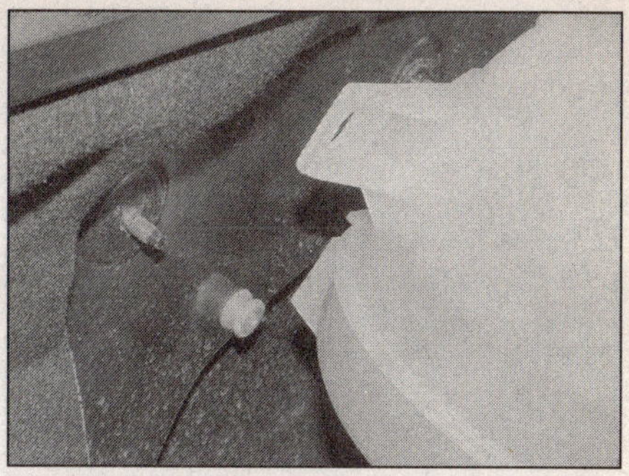

4.2b ... et dégager le vase d'expansion du tablier

### Contrôle

3 Nettoyer le vase d'expansion et l'examiner pour s'assurer qu'il n'est pas fissuré ni autrement endommagé. Ausculter également le bouchon : s'il présente des signes manifestes de fuite de liquide de refroidissement, le changer.

### Repose

4 La repose s'opère à l'inverse de la dépose. Procéder ensuite au remplissage et à la purge du circuit de refroidissement, comme décrit au chapitre 1A ou 1B.

## 5 Thermostat - dépose, contrôle et repose

1 Le thermostat est logé dans un boîtier qui est implanté côté gauche de la culasse, au-dessus du carter de boîte de vitesses (voir illustrations en section 1).

### Dépose

**Nota :** *Prévoir éventuellement un joint neuf pour le thermostat.*

2 Vidanger partiellement le circuit de refroidissement (voir chapitre 1A ou 1B) de façon à ce que le niveau de liquide se situe en dessous de celui du thermostat.

3 Libérer son collier et débrancher s'il y a lieu la durit raccordée au couvercle du boîtier thermostatique **(voir illustration)**.

4 Desserrer ses vis de fixation et dégager le couvercle du boîtier avec le thermostat, en notant que celui-ci peut dans certains cas être intégré au couvercle, puis récupérer le joint sur le boîtier **(voir illustrations)**.



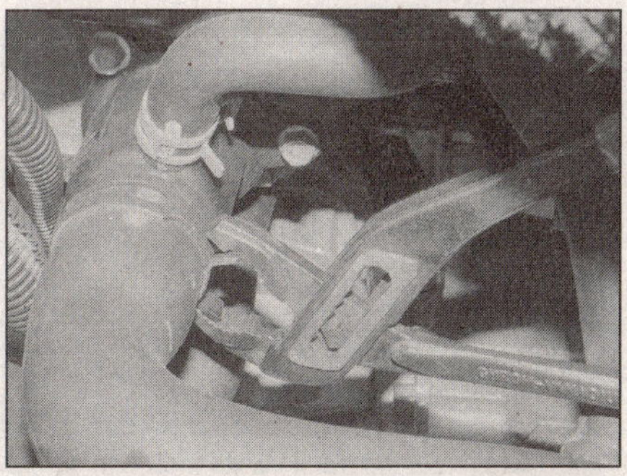

5.3 Desserrage du collier de durit raccordé au couvercle du boîtier thermostatique

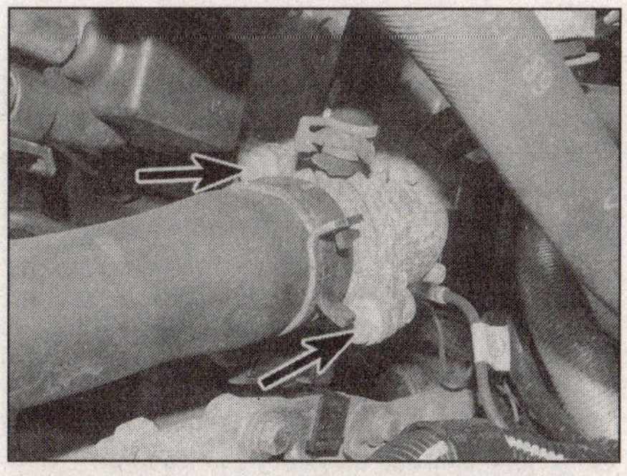

5.4a Vis de fixation du couvercle de boîtier thermostatique ...

5.4b ... et dépose du joint du couvercle avec thermostat intégré - moteur D7F

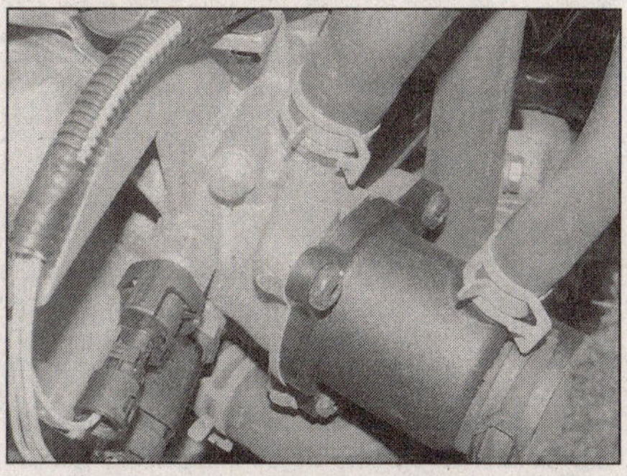

5.4c Boîtier thermostatique sur moteurs K4J ...

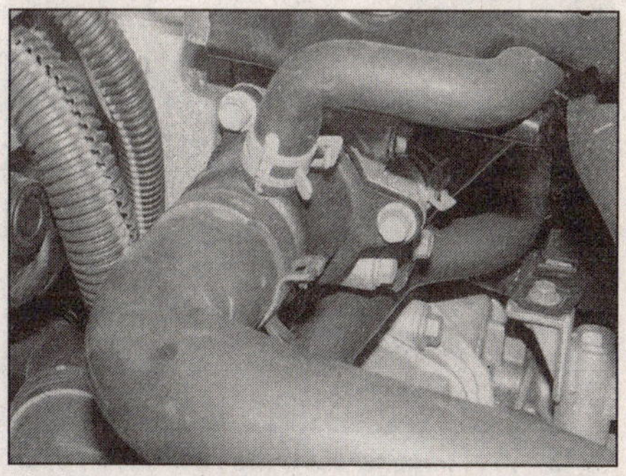

5.4d ... et K4M

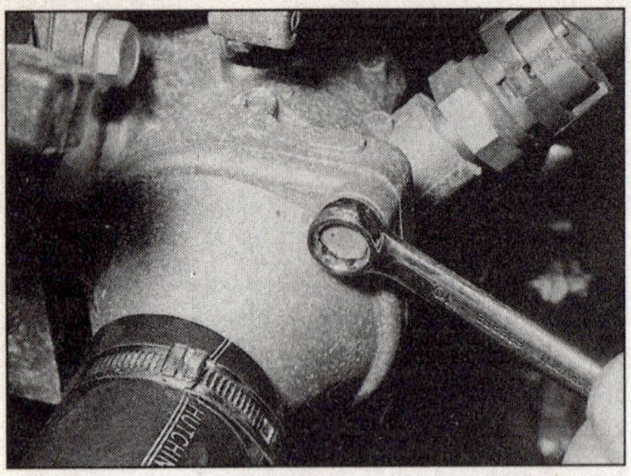

**5.5a Sur les moteurs Diesel, enlever ses vis de fixation . . .**

**5.5b . . . puis déposer le couvercle du boîtier thermostatique (un joint peut être prévu dans certains cas) . . .**

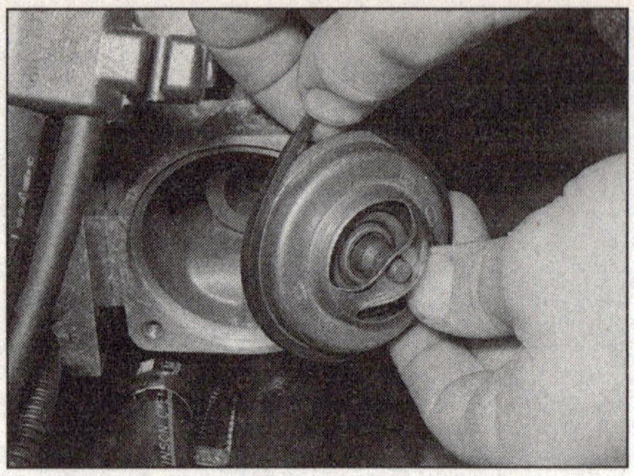

**5.5c . . . et sortir le thermostat du boîtier. Le joint torique est à changer**

**5** Dans le cas des moteurs Diesel, desserrer ses vis de fixation, dégager le couvercle et sortir le thermostat du boîtier puis enlever son joint **(voir illustrations)**.

### *Contrôle*

**6** Un contrôle simple de fonctionnement du thermostat consistera à l'attacher au bout d'une ficelle et à le suspendre au-dessus d'un récipient contenant de l'eau de façon à ce qu'il soit immergé dans celle-ci, sans toutefois toucher les parois et le fond du récipient. Chauffer l'eau et noter la température à laquelle le clapet du thermostat commence à s'ouvrir. Continuer de chauffer l'eau pour l'amener à ébullition, ce qui doit normalement entraîner la pleine ouverture du clapet. Sortir ensuite le clapet de l'eau.

**7** La température de début d'ouverture du clapet est gravée sur le thermostat. Si le clapet ne commence pas à s'ouvrir à cette température ou si la pleine ouverture du clapet n'a pas lieu alors que l'eau bout, ou bien si le clapet ne se ferme pas en sortant le thermostat de l'eau, ce dernier est défectueux et doit être changé.

### *Repose*

**8** La repose s'opère à l'inverse de la dépose, en observant par ailleurs les points suivants :

*a) Examiner le joint du thermostat et le changer s'il est abîmé*

*b) Suite à la repose du thermostat, effectuer le remplissage et la purge du circuit de refroidissement, comme décrit au chapitre 1A ou 1B*

## 6 Groupe motoventilateur - dépose et repose

### *Dépose*

**1** Débrancher le câble de masse (-) de la batterie (voir *« Débranchement de la batterie »* à la partie *« Références »* en fin de manuel).

**2** Sur les modèles à moteur D7F, desserrer les vis de fixation du groupe motoventilateur sur le radiateur puis libérer le connecteur électrique du support de ventilateur et le débrancher **(voir illustration)**.

**3** Sur les autres modèles, desserrer ses vis de fixation et dégager avec précaution les extrémités des bords avant au niveau des ailes puis déposer la calandre et enlever le joint en caoutchouc de la traverse supérieure avant **(voir illustration)**.

**4** Enlever les deux vis maintenant le radiateur sur la traverse supérieure avant puis bien repérer la position de montage de chacune des pattes de fixation et les déposer **(voir illustrations)**.

**5** Enlever ses quatre vis de fixation supérieures et desserrer les deux vis de fixation inférieures sans les enlever puis écarter la traverse supérieure avant vers l'arrière, sans désaccoupler le câble de déverrouillage du capot **(voir illustration)**.

**6** Dégager le groupe motoventilateur du radiateur et le sortir du compartiment moteur en débranchant au préalable sa connexion électrique **(voir illustration)**.

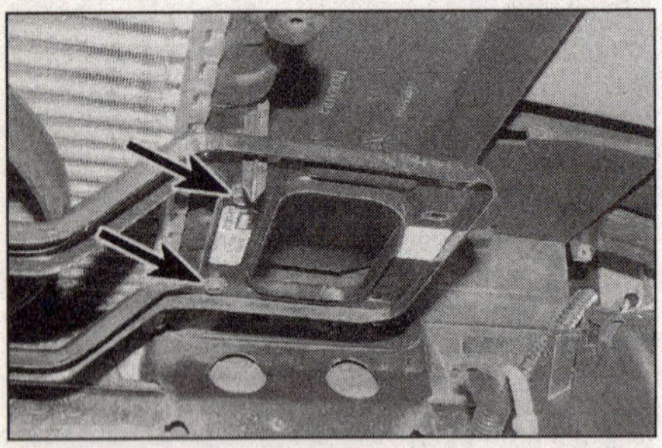

**6.2 Vis de fixation du groupe motoventilateur - moteur D7F**

**6.3 Dépose du joint de la traverse supérieure AV.**

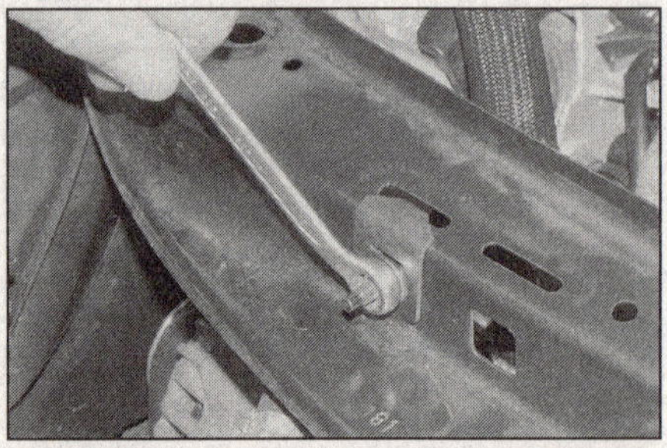

**6.4a Desserrer les deux vis de maintien sur la traverse supérieure AV. . . .**

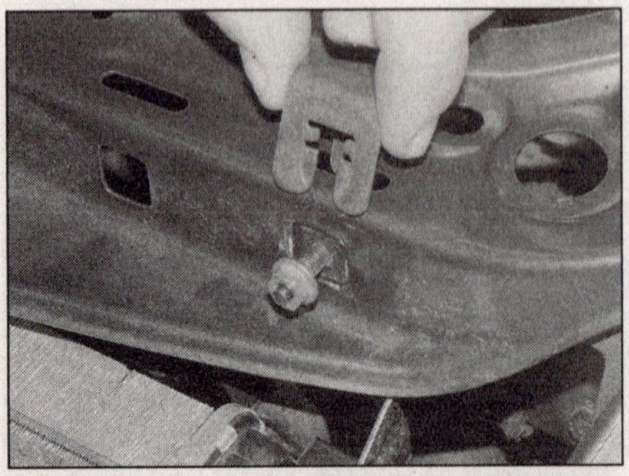

**6.4b . . . et déposer les pattes de fixation pour dégager le radiateur de la traverse**

**6.5 Desserrage d'une vis de fixation supérieure de la traverse supérieure AV.**

**6.6 Soulever le groupe motoventilateur pour le dégager des pattes de retenue (flèche) sur le radiateur**

### Repose

7 Procéder à l'inverse des opérations précédentes pour effectuer la repose.

## 7 Thermocontact de motoventilateur (Diesel) - contrôle, dépose et repose

1 Sur les modèles Diesel, le thermocontact assurant la commande du motoventilateur est vissé en bas de la boîte à eau, côté gauche du radiateur. Dans le cas des modèles à moteur essence, le motoventilateur est commandé par le calculateur électronique de gestion du moteur.

### Contrôle

2 Débrancher le connecteur électrique du thermocontact.

3 Le contact étant mis, shunter les bornes de la fiche de connexion du thermocontact avec un trombone ou un morceau de fil de fer. Faire attention de ne pas mettre à la masse la connexion de shuntage sur du métal nu. Dans ces conditions, le motoventilateur doit s'enclencher.

4 Si un problème de surchauffe lié à non-fonctionnement du motoventilateur a été constaté et que celui-ci s'enclenche avec la connexion de shuntage en place, cela dénotera une défectuosité du thermocontact.

5 En cas de non-enclenchement du motoventilateur avec la connexion de shuntage en place, celui-ci est défectueux ou le circuit d'alimentation électrique, y compris le fusible ainsi que le ou les relais, est susceptible de présenter une anomalie.

6 Un contrôle supplémentaire du thermocontact peut s'effectuer en le déposant et le plongeant dans un bain d'eau chauffée comme pour le thermostat (voir section précédente) et en utilisant un contrôleur de continuité pour vérifier la température à laquelle les contacts s'ouvrent et se ferment.

### Dépose

**Nota :** *Prévoir une pâte d'étanchéité appropriée pour le thermocontact lors de sa repose.*

7 Vidanger le circuit de refroidissement (voir chapitre 1B).

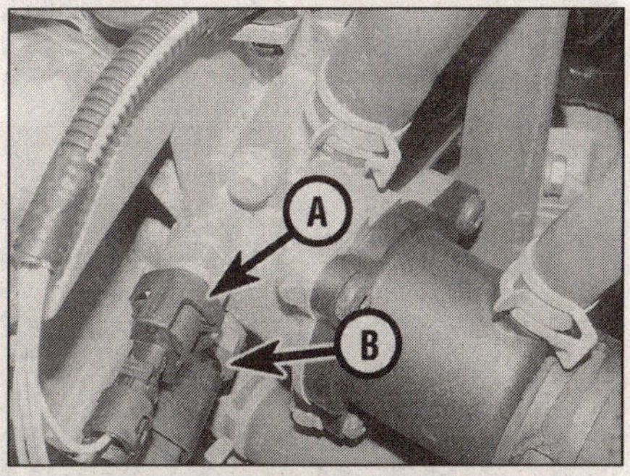


**8.1a Sonde d'indicateur de température/thermocontact de témoin de surchauffe (A) - moteur K4J**

*En (B), sonde de température de liquide de refroidissement du système de gestion du moteur*

8 Débrancher le connecteur électrique du thermocontact.

9 Dévisser le thermocontact pour le dégager de la boîte à eau du radiateur, en récupérant le joint.

### Repose

10 Enduire légèrement son filetage de pâte d'étanchéité puis remonter le thermocontact, en le serrant convenablement.

11 Rebrancher le connecteur électrique, en veillant à bien l'enficher.

12 Procéder au remplissage et à la purge du circuit de refroidissement, en se reportant au chapitre 1B pour cette opération.

## 8 Thermocontacts et sondes de température - contrôle, dépose et repose

1 L'emplacement des sondes de température dépend du type de moteur. Les moteurs essence sont pourvus de deux sondes vissées sur le boîtier thermostatique, côté gauche de la culasse. L'une alimente l'indicateur de température au tableau de bord et comporte un thermocontact intégré commandant l'allumage du témoin de surchauffe. L'autre est destinée à informer le calculateur électronique de gestion du moteur **(voir illustrations)**. Les moteurs Diesel sont également dotés de deux sondes vissées sur le boîtier thermostatique, côté gauche de la culasse : l'une affectée à l'indicateur de température avec thermocontact de témoin de surchauffe intégré et la seconde destinée au système de pré/postchauffage.

### Contrôle

**Nota :** *La méthode de contrôle du thermocontact de motoventilateur pour les moteurs Diesel est décrite en section précédente.*

2 L'indicateur de température est alimenté en tension stabilisée par l'intermédiaire du circuit électrique du tableau de bord (via le commutateur d'allumage-démarrage et le circuit est protégé par un fusible. La mise à la masse de l'indicateur s'effectue par l'entremise de la sonde. Celle-ci est constituée d'une thermistance : résistance à coefficient de température négatif (CTN). Lorsque le liquide de refroidissement est froid, la résistance électrique de la sonde est élevée, l'intensité du courant parvenant à l'indicateur est réduite et l'aiguille se situe en bas de la zone de basse

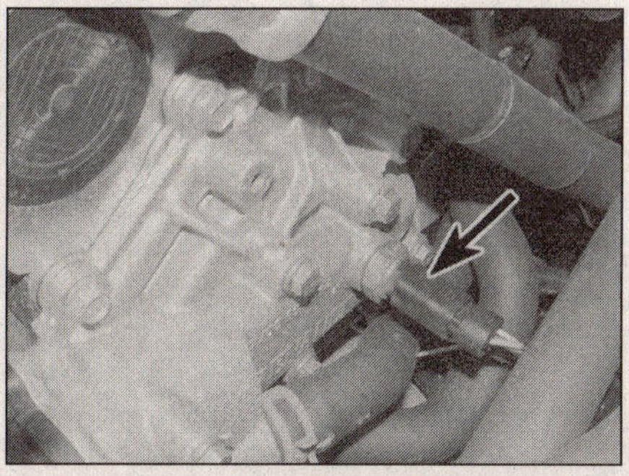

**8.1b Sonde d'indicateur de température/thermocontact de témoin de surchauffe - moteur K4M**

température de la graduation. Lorsque la température augmente, la résistance électrique de la sonde chute, l'intensité du courant augmente, ce qui amène l'aiguille de l'indicateur à se déplacer vers le haut de la graduation. La sonde est à changer en cas de défectuosité.

3 Le témoin d'alerte de surchauffe est alimenté par l'intermédiaire du circuit électrique du tableau de bord. La mise à la masse du témoin s'effectue par le truchement de la sonde de l'indicateur de température à laquelle il est intégré. La sonde agit en tant que contacteur fonctionnant à une température prédéterminée pour assurer la mise à la masse du témoin lumineux et fermer le circuit.

4 En cas de dysfonctionnement de l'indicateur de température, commencer par vérifier les autres instruments au tableau de bord. S'ils ne fonctionnent pas du tout, contrôler l'alimentation électrique du tableau de bord. Si les instruments fournissent des indications erronées, cela peut provenir d'une anomalie au niveau du stabilisateur de tension qui devra être remplacé : le stabilisateur est intégré au circuit imprimé du combiné d'instruments (voir chapitre 12). Si seul l'indicateur de température connaît un fonctionnement défectueux, le contrôler en procédant comme suit :

5 Si l'aiguille de l'indicateur se maintient au niveau de la zone « froide » de la graduation alors que le moteur est chaud, débrancher le connecteur électrique de la sonde et mettre le fil correspondant à la masse contre la culasse. Dans ces conditions, si l'aiguille dévie en mettant le contact, la sonde est en toute probabilité défectueuse et il y aura lieu de la remplacer. Si l'aiguille ne bouge pas, déposer le combiné d'instruments (voir chapitre 12) et vérifier la continuité (passage de courant) du câblage entre la sonde et l'indicateur ainsi que l'alimentation électrique de ce dernier. Si une continuité est constatée et que le défaut de fonctionnement subsiste, l'indicateur est à incriminer et doit être changé.

6 Si l'aiguille de l'indicateur se maintient dans la zone de surchauffe (zone hachurée plus serrée) en haut de la graduation, alors que le moteur est froid, débrancher le connecteur électrique de la sonde. Si cela a pour effet de provoquer le déplacement de l'aiguille vers le bas, c'est-à-dire à l'extrémité de la zone « froide » de la graduation en mettant le contact, la sonde est défectueuse et sera à remplacer. Si l'aiguille ne bouge toujours pas, vérifier le reste du circuit en opérant comme décrit précédemment.

7 Les mêmes principes de contrôle s'appliquent au témoin de surchauffe qui doit s'allumer lorsque le fil correspondant au thermocontact de la sonde vient à être mis à la masse.

### Dépose

**Nota :** *Une pâte d'étanchéité appropriée est à prévoir pour la sonde de température lors de sa repose.*

8 Vidanger le circuit de refroidissement (voir chapitre 1A ou 1B). En alternative, enlever le bouchon du vase d'expansion afin de faire chuter la pression dans le circuit de refroidissement et se munir d'une sonde de rechange ou d'un bouchon adéquat pour obturer l'orifice de la sonde immédiatement après sa dépose.

3

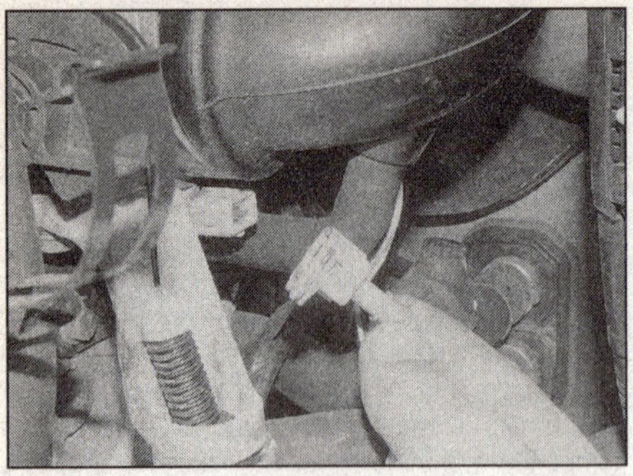

**8.9 Débranchement du connecteur de la sonde d'indicateur de température/thermocontact de témoin de surchauffe - moteur D7F**

9 Débrancher le connecteur électrique puis dévisser et dégager la sonde **(voir illustration)**.

## Repose

10 Enduire légèrement son filetage de pâte d'étanchéité et remonter la sonde, en la serrant convenablement. Rebrancher ensuite le connecteur électrique.

11 Suivant le cas, rétablir le niveau de liquide de refroidissement, comme décrit à la rubrique *« Contrôles hebdomadaires »* au début du manuel, ou effectuer le remplissage et la purge du circuit de refroidissement, en se reportant 1A ou 1B pour cette opération.

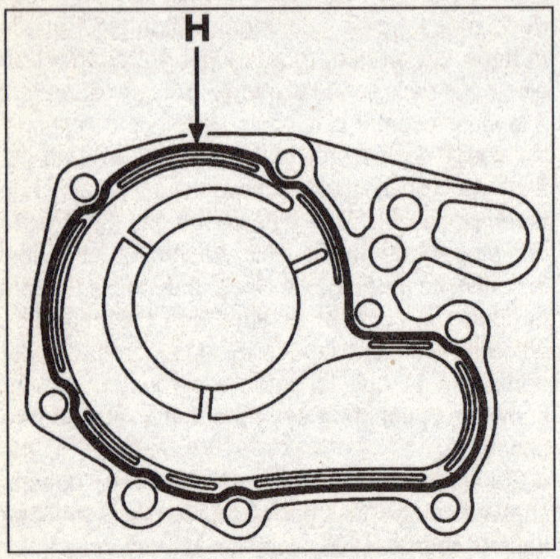


**9.7a Zone d'application (H) de pâte d'étanchéité sur le plan de la pompe à eau - moteurs K7M et E7J . . .**

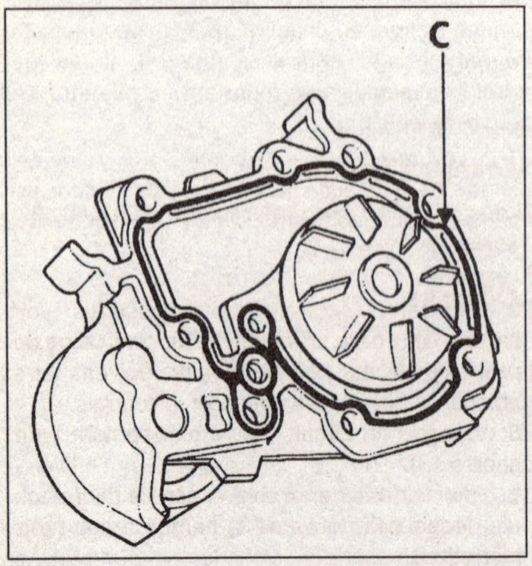


**9.7b . . . . et à l'emplacement (C) du plan de la pompe - moteurs K4M**

## 9 Pompe à eau - dépose et repose

1 La pompe à eau est à changer si elle présente des fuites ou est anormalement bruyante.

## Moteurs K7M, K4J et K4M

**Nota :** *Prévoir du fluide d'étanchéité « Loctite 518 » pour la repose de la pompe à eau.*

### Dépose

2 Débrancher le câble de masse (-) de la batterie (voir *« Débranchement de la batterie »* à la partie *« Références »* en fin de manuel) puis procéder à la vidange du circuit de refroidissement (voir chapitre 1A).

3 Déposer la courroie de distribution et son galet tendeur (voir chapitre 2B).

4 Desserrer et enlever les vis de fixation de la pompe à eau sur le bloc-cylindres. Deux types de vis étant utilisés, vérifier à bien repérer leur position respective de montage.

5 Dégager la pompe du bloc-cylindres, en la frappant au besoin avec un maillet à tête plastique pour la décoller.

### Repose

6 Nettoyer soigneusement les plans de joint de la pompe et du bloc-cylindres, en veillant à éliminer parfaitement les résidus de pâte d'étanchéité.

7 Répandre un cordon de fluide d'étanchéité « Loctite 518 » de 0,6 à 1 mm de largeur sur le plan de joint de la pompe **(voir illustrations)**.

8 Installer la pompe sur le bloc-cylindres et remonter ses vis de fixation, en respectant leur emplacement d'origine, et les serrant au couple prescrit. A signaler que pour les moteurs K4M, le filetage des vis de fixation 1 et 4 doit être enduit de produit-frein approprié **(voir illustration 9.9)**.

9 Dans le cas des moteurs K4M, opérer dans l'ordre indiqué sur le dessin joint pour serrer toutes les vis de fixation de la pompe à eau au couple prescrit de la phase 1 puis en observant également l'ordre correct, appliquer le couple préconisé de la phase 2 aux vis M6 et procéder au serrage des vis M8 au couple spécifié de la phase 3 **(voir illustration)**.

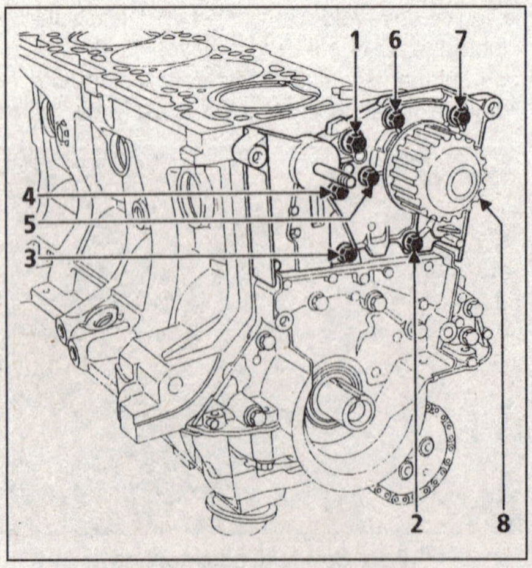


**9.9 Ordre de serrage des vis de fixation de la pompe à eau - moteur K4M**

10 Reposer le galet tendeur et monter la courroie de distribution neuve, comme décrit au chapitre 2B.

11 Effectuer le remplissage et la purge du circuit de refroidissement, en se reportant au chapitre 1A pour cette opération.

## Moteurs D7F

**Nota :** *Des produits d'étanchéité spécifiques sont à prévoir (voir texte) pour le remontage et la repose de la pompe à eau.*

### Dépose

12 Débrancher le câble de masse (-) de la batterie (voir *« Débranchement de la batterie »* à la partie *« Références »* en fin de manuel) puis vidanger le circuit de refroidissement (voir chapitre 1A).

13 Serrer le frein à main puis lever l'avant de la voiture au cric et le poser sur chandelles (voir *« Levage et soutien du véhicule »*).

14 Déposer la courroie de distribution (voir chapitre 2A). Desserrer et enlever la vis de fixation supérieure de l'alternateur puis débloquer la vis de fixation inférieure.

15 Sur les véhicules équipés de la direction assistée, effectuer les opérations suivantes :

*a) Desserrer ses vis de fixation et déposer la poulie de la pompe d'assistance de direction*

*b) Desserrer les deux vis de fixation des canalisations du circuit d'assistance de direction sur le bloc-cylindres*

*c) Desserrer et enlever les vis de fixation sur le support puis écarter sur le côté la pompe de direction assistée avec les canalisations. Veiller à soutenir convenablement la pompe afin de ne pas soumettre les canalisations à des contraintes excessives*

*d) Dévisser le support de la pompe de direction assistée et le dégager du moteur*

16 Débrancher les durits de liquide de refroidissement de la pompe à eau et le cas échéant, desserrer la vis de fixation de la canalisation de liquide de refroidissement sur le support d'alternateur.

17 Desserrer et enlever son écrou de fixation avec la rondelle puis dégager le galet tendeur de courroie de distribution de l'axe sur la pompe à eau, afin d'avoir d'accès à l'une de ses vis de fixation **(voir illustration)**.

**9.17 Dépose du galet tendeur de courroie de distribution pour accéder à l'une des vis de fixation (flèche) de la pompe à eau - moteur D7F**

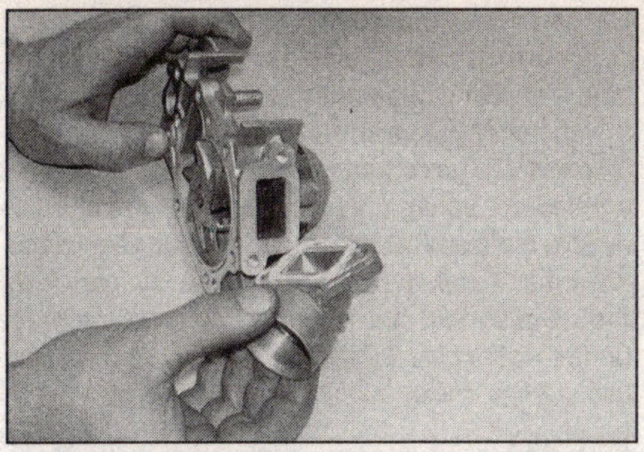

**9.20a Enduire le plan du coude d'entrée d'eau d'une couche de fluide d'étanchéité avant son remontage sur la pompe - moteur D7F**

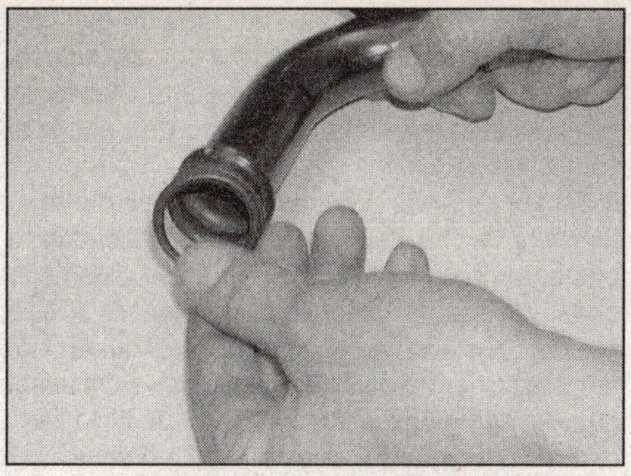

**9.20b Changer le joint torique . . .**

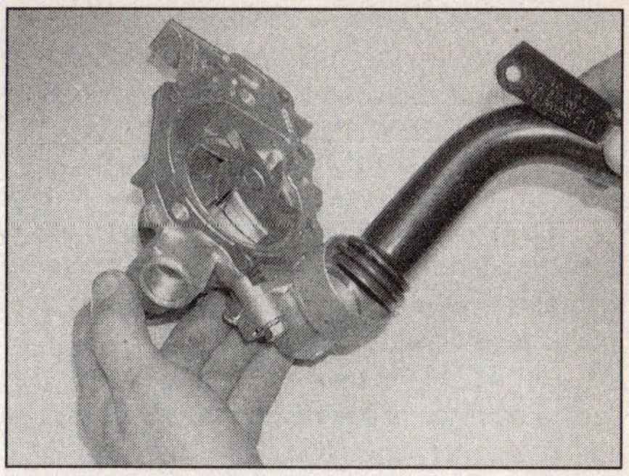

**9.20c . . . puis emmancher le tube en plastique sur le coude d'entrée d'eau . . .**

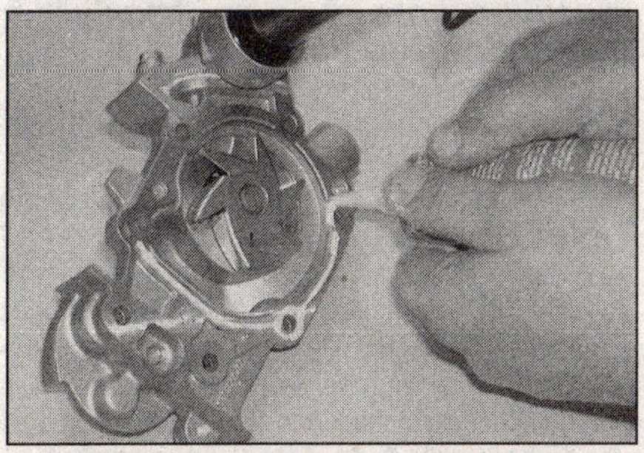

**9.20d . . . et appliquer un cordon de pâte d'étanchéité sur le plan de joint de la pompe à eau avant de la reposer - moteur D7F**

**9.25a Desserrage des vis de fixation . . .**

**9.25b . . . et dépose de la pompe à eau - moteur E7J**

**18** Desserrer ses vis de fixation et dégager la pompe à eau du bloc-cylindres, en la frappant s'il y a lieu d'un coup sec au moyen d'un maillet à tête plastique ou en cuir pour la décoller.

### Repose

**19** Nettoyer soigneusement les plans de joint de la pompe et du bloc-cylindres, en veillant à éliminer parfaitement les résidus de pâte d'étanchéité.

**20** Si le coude d'entrée d'eau a été dissocié de la pompe, enduire son plan d'assemblage d'une couche de fluide d'étanchéité genre « Loctite 518 » ou équivalent. De même, si le tube en plastique du coude d'entrée d'eau a été désassemblé, changer son joint torique : le tube se monte par emmanchement sur le coude et son étanchéité dépend de ce joint. Appliquer ensuite un cordon de pâte de pâte d'étanchéité « Rhodorseal 5661 » (à se procurer auprès du service des pièces détachées d'un concessionnaire Renault) ou équivalent sur le plan de joint du carter de la pompe **(voir illustrations)**.

**21** Présenter la pompe sur le bloc-cylindres, en s'assurant de bien l'encastrer sur les douilles de centrage, puis remonter les vis de fixation à serrer convenablement.

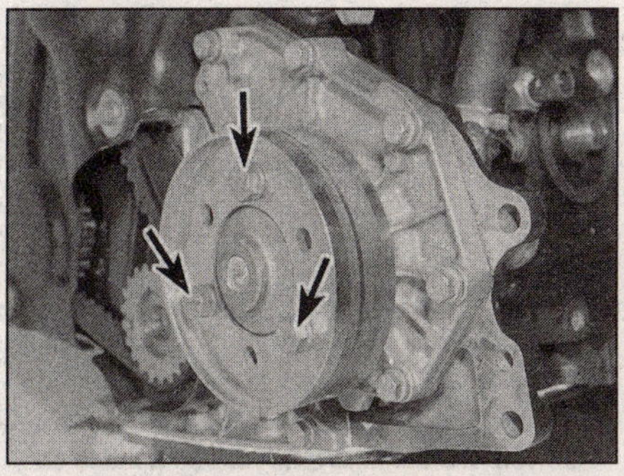

**9.31 Vis de fixation de la poulie de pompe à eau - moteur Diesel**

**22** La suite des opérations de repose s'effectue à l'inverse de celles de dépose, en tenant par ailleurs compte des points suivants :

*a) Installer la courroie de distribution neuve et effectuer son réglage de tension, comme indiqué au chapitre 2A*

*b) Procéder au remplissage et à la purge du circuit de refroidissement, en se reportant au chapitre 1A pour cette opération*

## *Moteurs E7J*

**Nota :** *Un fluide d'étanchéité approprié (voir texte) est à prévoir pour la repose de la pompe à eau.*

### Dépose

**23** Débrancher le câble de masse (-) de la batterie (voir « *Débranchement de la batterie* » à la partie « *Références* » en fin de manuel) puis procéder à la vidange du circuit de refroidissement (voir chapitre 1A).

**9.32 Dépose de la pompe à eau - moteur Diesel**

**24** Déposer la courroie de distribution (voir chapitre 2B).

**25** Desserrer ses vis de fixation puis dégager la pompe à eau de la face avant du carter-cylindres, en la frappant si nécessaire d'un coup sec avec un maillet à tête plastique ou en cuir pour la décoller **(voir illustrations)**.

### Repose

**26** Nettoyer soigneusement les plans de joint de la pompe et du carter-cylindres. Répandre un cordon de fluide d'étanchéité « Loctite 518 » de 0,6 à 1 mm de largeur sur le plan de joint de la pompe **(voir illustration 9.7a)**.

**27** Mettre en place la pompe sur le carter-cylindres et remonter ses vis de fixation à serrer uniformément au couple prescrit.

**28** Installer la courroie de distribution neuve, comme indiqué au chapitre 2B. Procéder ensuite au remplissage et à la purge du circuit de refroidissement, en se reportant au chapitre 1A pour cette opération.

## *Moteurs Diesel*

**Nota :** *La pompe à eau est à équiper d'un joint neuf à la repose.*

### Dépose

**29** Déposer la courroie des accessoires (voir chapitre 1B), en signalant que les vis de fixation de la poulie de la pompe à eau doivent être débloquées pour pouvoir dégager la courroie.

**30** Vidanger le circuit de refroidissement (voir chapitre 1B).

**31** Finir de desserrer et enlever ses vis de fixation puis dégager la poulie de la pompe à eau **(voir illustration)**.

**32** Desserrer ses vis de fixation et dégager la pompe à eau de son carter **(voir illustration)**.

Récupérer les douilles de centrage de la pompe si elles ont été délogées. Enlever le joint de la pompe et le mettre au rebut : il est à changer systématiquement à chaque dépose.

### Repose

**33** S'assurer que les plans de joint de la pompe et de son carter sont parfaitement propres et dégraissés et que les douilles de centrage sont correctement installées.

**34** Monter le joint neuf à sec sur le carter puis mettre en place la pompe et remonter ses vis de fixation à serrer convenablement.

**35** Réinstaller la poulie de la pompe à eau puis reposer la courroie des accessoires et effectuer son réglage de tension, comme décrit au chapitre 1B, et bien serrer les vis de fixation de la poulie.

**36** Procéder au remplissage et à la purge du circuit de refroidissement, en se reportant au chapitre 1B pour cette opération.

## 10 Chauffage-ventilation - généralités et contrôles

### *Généralités*

**1** Le système de chauffage-ventilation fonctionne sur le principe du mélange d'air chaud et frais dont le réglage s'effectue au moyen du bouton de commande gauche (température). Le liquide de refroidissement transite en permanence par le radiateur de chauffage lorsque le moteur fonctionne, quel soit la température choisie dans l'habitacle.

**2** La répartition d'air dans l'habitacle s'effectue par le bouton de commande central. Il est également possible de l'ajuster en ouvrant, fermant ou modifiant la position des aérateurs au niveau de la planche de bord.

**3** Le débit d'air peut être ajusté au niveau du bouton de commande droit, disposant de quatre positions de réglage de vitesse du ventilateur.

**4** Se reporter à la section 14 pour toute information utile concernant l'équipement de climatisation.

**5** Une position spécifique au niveau de la commande de répartition d'air ou un bouton indépendant (suivant équipement) permet d'interrompre l'admission d'air extérieur, ce qui s'avère fort pratique pour éviter que des odeurs désagréables ou de la poussière ne pénètrent à l'intérieur de la voiture lors de la traversée d'une zone polluée ou d'un tunnel. Cette fonction ne doit être utilisée que très brièvement vu qu'elle peut provoquer un léger embuage ou l'apparition d'odeurs dues à l'air non renouvelé.

### *Contrôles*

**6** Vérifier à intervalles réguliers le bon fonctionnement des commandes de chauffage-ventilation. Des problèmes rencontrés au niveau des commandes de température et de répartition d'air peuvent être dus à un câble rompu ou décroché (voir section 13).

**7** En cas de non-fonctionnement de la soufflerie, vérifier que le fusible correspondant dans l'habitacle n'est pas claqué (voir chapitre 12) et que le connecteur électrique du moteur est bien enfiché. Une panne du ventilateur sur une ou deux vitesses a de grandes chances d'être causée par une défectuosité de la résistance du moteur de soufflerie (voir section suivante).

**8** Vérifier l'état et le raccordement des durits du radiateur de chauffage au niveau du tablier dans le compartiment moteur. Si des entrées d'eau sont constatées dans l'habitacle, déterminer si elles proviennent d'une fuite de liquide de refroidissement à partir du radiateur de chauffage ou s'il s'agit d'une infiltration d'eau de pluie liée à une défectuosité du joint de la baie d'auvent. Le liquide de refroidissement a une odeur particulière, facilement reconnaissable.

## 11 Chauffage-ventilation - dépose et repose des éléments constituants

### *Motoventilateur de soufflerie - sans climatisation*

### Dépose

**1** Débrancher le câble de masse (-) de la batterie (voir « *Débranchement de la batterie* » à la partie « *Références* » en fin de manuel).

**2** Déposer les bras d'essuie-glaces avant (voir chapitre 12) ainsi que les deux parties de la grille d'auvent (voir chapitre 11).

**3** Déposer au besoin l'ensemble moteur-mécanisme d'essuie-glaces avant (voir chapitre 12).

**4** Débrancher le connecteur électrique du motoventilateur.

**5** Enlever ses trois vis de fixation avec leur rondelle puis sortir le motoventilateur du côté droit de la baie d'auvent **(voir illustration)**.

**6** Pour changer le motoventilateur, dégrafer et dissocier les deux parties de son carter. Utiliser les agrafes ou les vis d'assemblage neuves fournies avec le motoventilateur de rechange au remontage.

**7** Vérifier l'état du joint d'embase du carter du motoventilateur. Le changer dans le moindre doute. **Nota :** *Un joint défectueux risque d'entraîner des entrées d'eau de pluie dans l'habitacle.*

### Repose

**8** Procéder à l'inverse de la dépose pour effectuer la repose du motoventilateur.

### *Motoventilateur de soufflerie - avec climatisation*

### Dépose

**9** Débrancher le câble de masse (-) de la batterie (voir « *Débranchement de la batterie* » à la partie « *Références* » en fin de manuel).

**10** Déposer les bras d'essuie-glaces avant (voir chapitre 12) ainsi que les deux parties de la grille d'auvent (voir chapitre 11).

**11** Dégrafer et déposer le déflecteur d'eau à la partie inférieure du pare-brise, côté droit de la baie d'auvent **(voir illustration)**.

**12** Débrancher le connecteur électrique du motoventilateur **(voir illustration)**.

**13** Enlever ses quatre vis de fixation puis sortir le motoventilateur de la baie d'auvent **(voir illustrations)**.

### Repose

**14** Opérer en sens inverse de la dépose pour effectuer la repose.

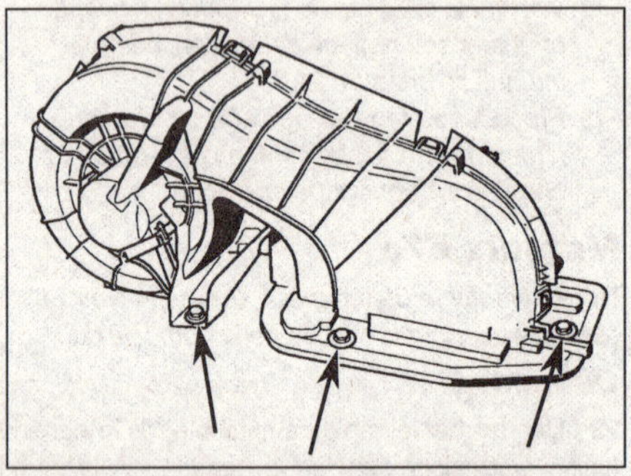

**11.5 Vis de fixation du motoventilateur de chauffage-ventilation - modèle sans climatisation**

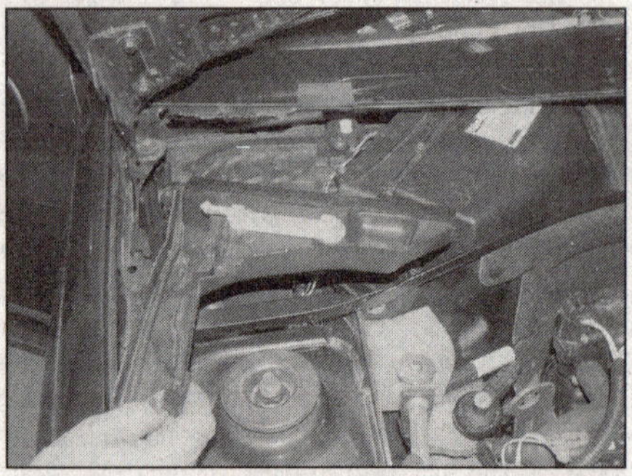

**11.11 Dépose du déflecteur d'eau du pare-brise**

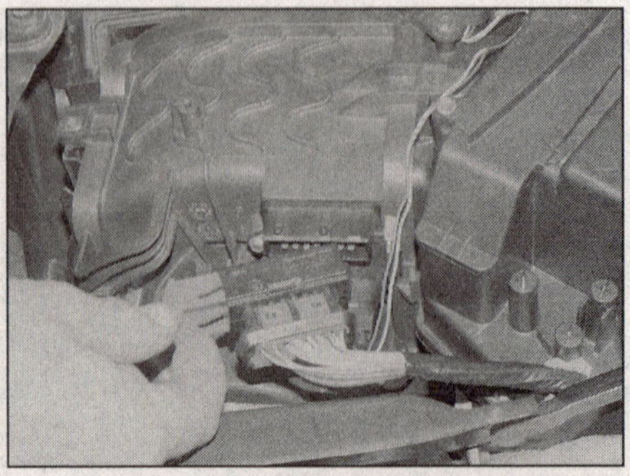

**11.12 Débranchement du connecteur de motoventilateur de chauffage-ventilation**

**11.13a Desserrage d'une vis de fixation du motoventilateur de chauffage-ventilation - modèle climatisé**

11.13b Dépose du motoventilateur de chauffage-ventilation - modèle climatisé

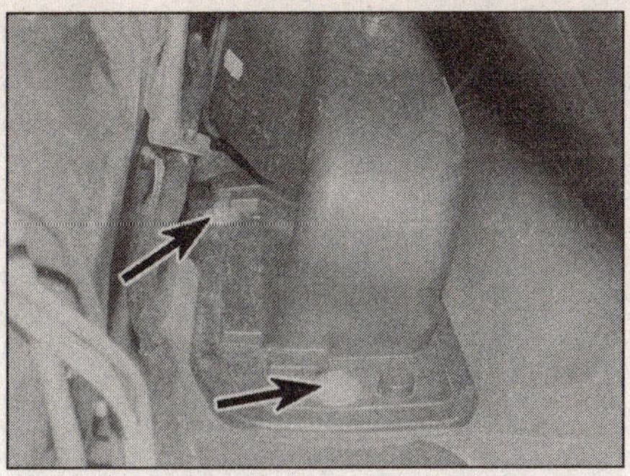

11.22 Vis de fixation du bloc de répartition d'air dans la baie d'auvent

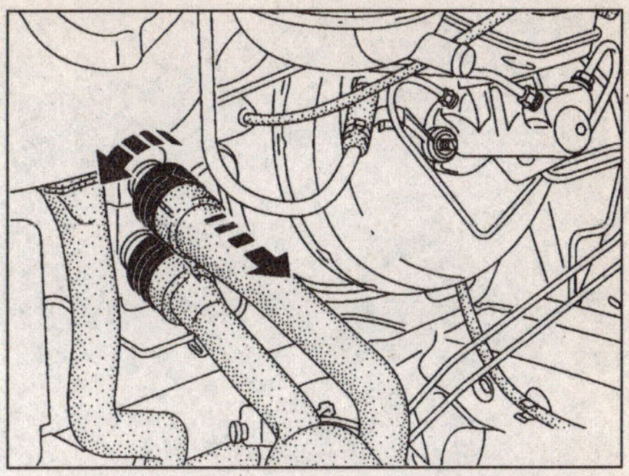

11.23a Débranchement du premier type de raccord rapide de durit de chauffage . . .

### *Résistance de motoventilateur de soufflerie*

#### Dépose

**15** La résistance est montée suivant le cas, sur le carter ou le support du motoventilateur. Elle assure la commutation entre basses vitesses et vitesses intermédiaires du ventilateur. Une défectuosité de la résistance entraînera une panne du ventilateur sur une ou plusieurs vitesses.

**16** Procéder à la dépose du motoventilateur (voir opération précédente) puis débrancher le connecteur électrique de la résistance.

**17** Enlever les vis de fixation puis dégrafer et déposer la résistance.

#### Repose

**18** La repose s'effectue en sens inverse de dépose.

### *Bloc de répartition d'air*

#### Dépose

**19** Déposer la planche de bord (voir chapitre 11).

**20** Desserrer ses vis de fixation et écarter sur le côté la poutre de la planche de bord.

**21** Déposer si nécessaire le motoventilateur de soufflerie, comme décrit précédemment, afin de garantir un meilleur accès.

**22** Enlever les deux vis de fixation du bloc de répartition d'air, devenues accessibles dans la baie d'auvent **(voir illustration)**.

**23** Brider avec des pinces les deux durits de chauffage au niveau du tablier dans le compartiment moteur. En alternative, vidanger le circuit de refroidissement (voir chapitre 1A ou 1B). Débrancher les durits de chauffage. **Nota :** *Il existe deux types de montage possibles. Pour le premier type, le raccord rapide se débranche en tournant la bague d'arrêt extérieure dans le sens anti-horaire pour la déverrouiller et tirant sur le durit pour la dégager. Dans le cas du second type, pour déverrouiller le raccord rapide, pincer ses languettes latérales puis pousser le raccord vers le tablier et tirer sur la durit pour la débrancher* **(voir illustrations)**.

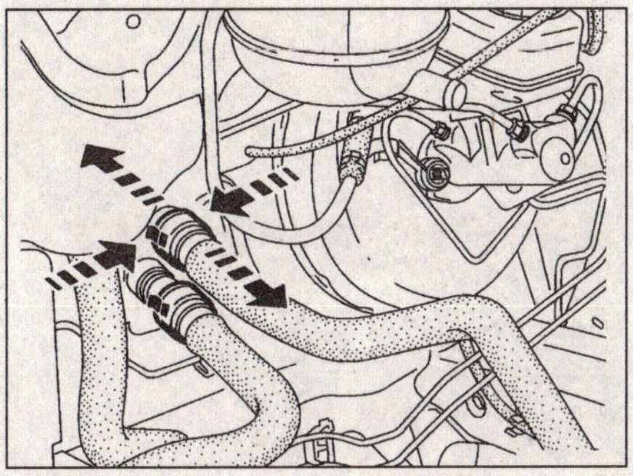

11.23b . . . et du second type

**24** Dégager dans l'habitacle le bloc de répartition d'air avec la platine des commandes de chauffage-ventilation et les câbles. Prévoir un écoulement de liquide de refroidissement au niveau du radiateur de chauffage.

#### Repose

**25** La repose s'opère à l'inverse de la dépose. Suivant le cas, rétablir le niveau de liquide de refroidissement, comme décrit à la rubrique « *Contrôles hebdomadaires* » au début du manuel, ou effectuer le remplissage et à la purge du circuit de refroidissement, en se reportant au chapitre 1A ou 1B pour cette opération.

11.27 Dépose du joint en mousse isolante et de la bride des tubulures du radiateur de chauffage

### *Radiateur de chauffage*

#### Dépose

**26** Procéder à la dépose du bloc de répartition d'air (voir opération précédente).

**27** Enlever le joint en mousse isolante et la bride des tubulures du radiateur de chauffage **(voir illustration)**.

**28** Enlever les deux vis de fixation (si montées) et écarter ses quatre pattes de retenue puis extraire le radiateur de chauffage, en veillant à ne pas détériorer ses ailettes **(voir illustrations)**.

#### Repose

**29** La repose a lieu en sens inverse de dépose. Si les pattes de retenue ont été cassées au cours de la dépose, fixer le radiateur par deux vis au niveau des trous prévus sur le bloc de répartition d'air.

3

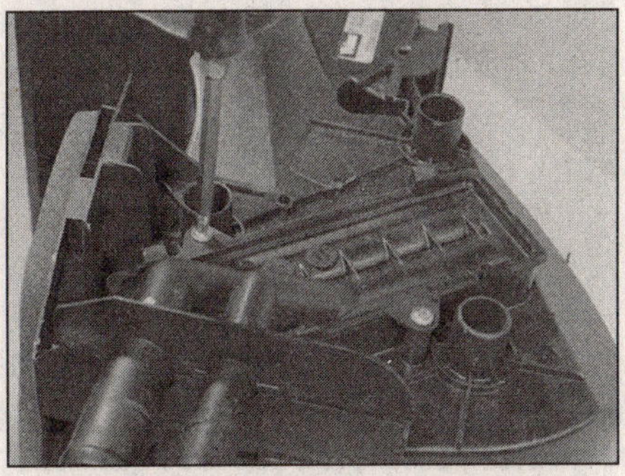

11.28a Desserrer les vis de fixation (si montées) . . .

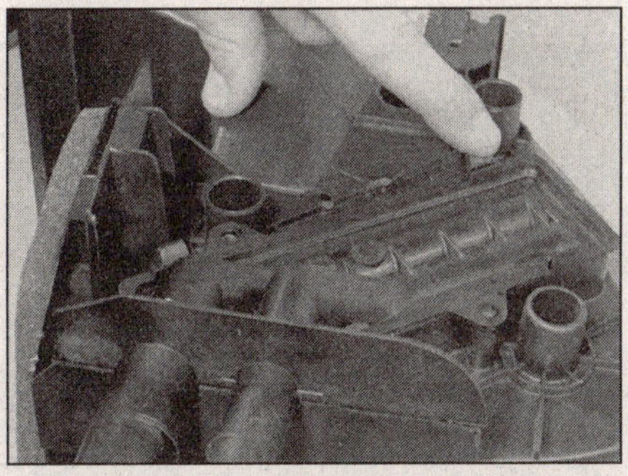

11.28b . . . écarter les pattes de retenue . . .

11.28c . . . et extraire le radiateur de chauffage

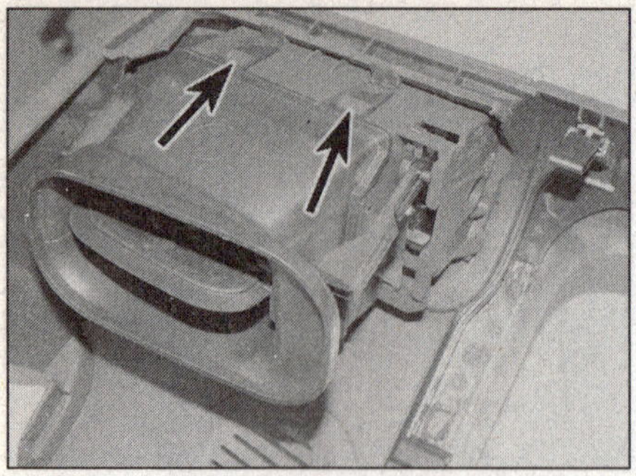

12.2a Ecarter les pattes de retenue (flèches) . . .

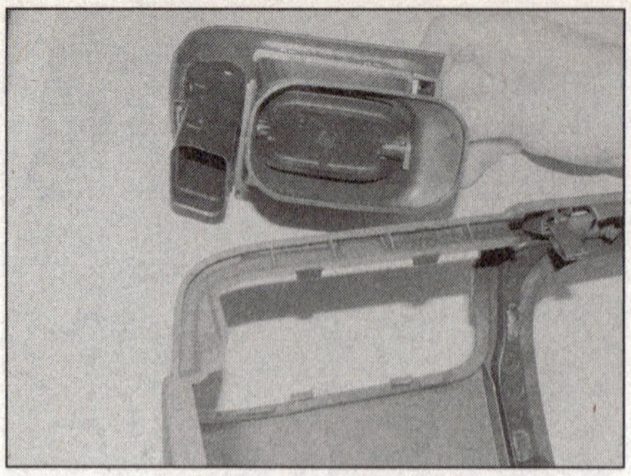

12.2b . . . pour dégager la buse de l'aérateur de la planche de bord

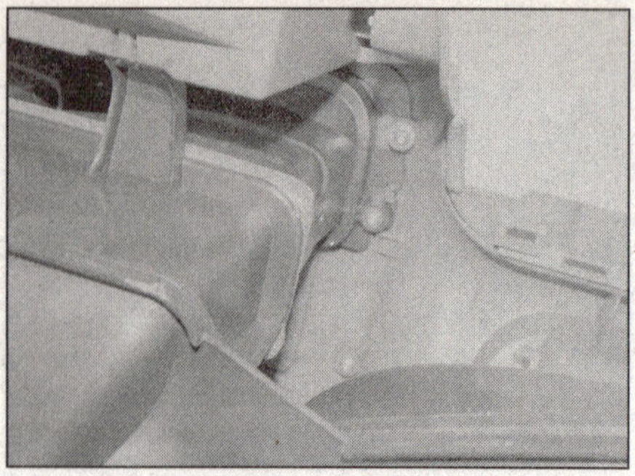

12.3a Vis de fixation côté gauche . . .

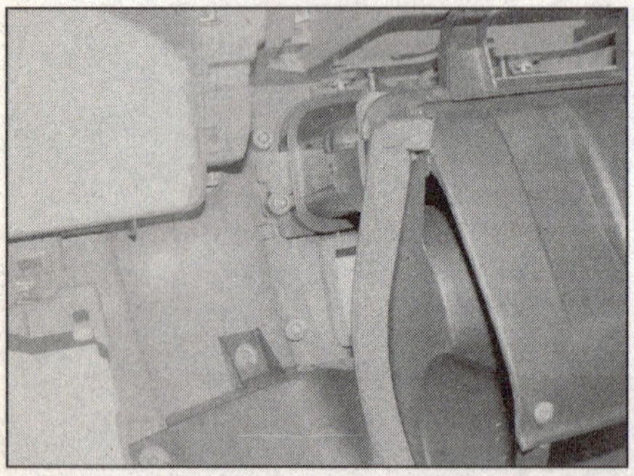

12.3b . . . et côté droit d'un aérateur central de planche de bord

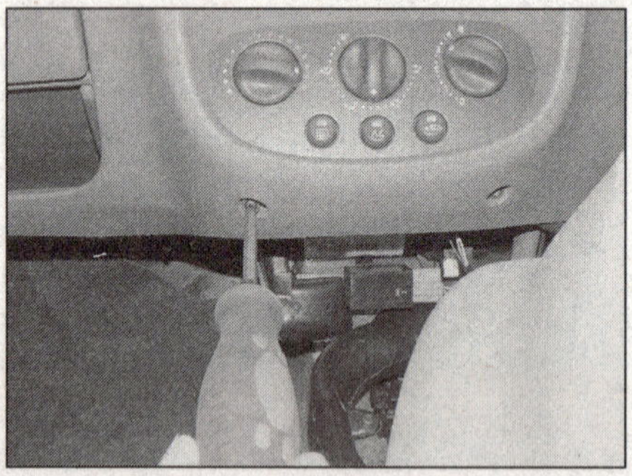

13.3a Desserrage d'une vis de fixation . . .

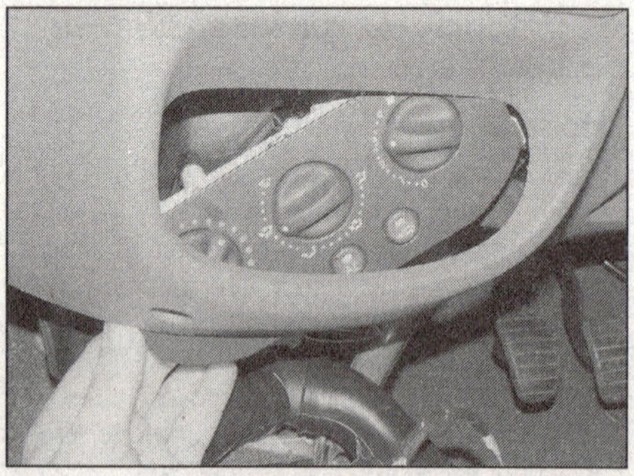

13.3b . . . et dépose de la platine des commandes de chauffage-ventilation

## 12 Buses d'aération de planche de bord - dépose et repose

### *Dépose*

**1** Déposer l'habillage supérieur de la planche de bord (voir chapitre 11, section 29).

**2** Les buses des aérateurs latéraux de la planche de bord sont retenues par des pattes : les écarter pour extraire les buses **(voir illustrations)**.

**3** Pour la dépose des buses des aérateurs au centre de la planche de bord, enlever leurs vis de fixation et les dégager de la façade centrale **(voir illustrations)**.

### *Repose*

**4** La repose s'opère à l'inverse de la dépose.

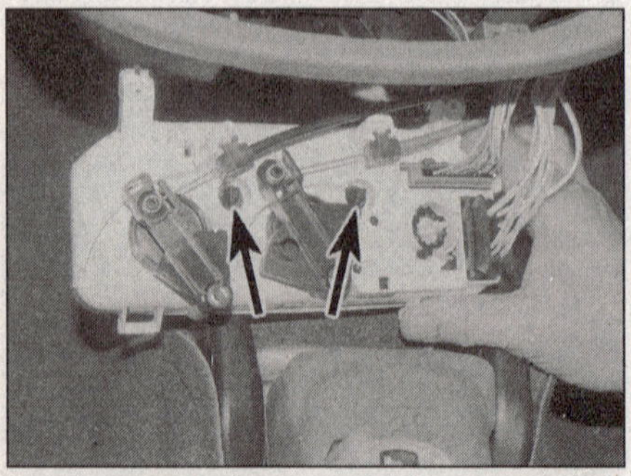

13.4a Pour changer une ampoule d'éclairage de la platine des commandes de chauffage-ventilation, tourner la douille d'un quart de tour avec une pince et la dégager . . .

## 13 Commandes de chauffage-ventilation - dépose et repose

### *Platine des commandes et ampoules d'éclairage*

#### Dépose

**1** Débrancher le câble de masse (-) de la batterie (voir « *Débranchement de la batterie* » à la partie « *Références* » en fin de manuel).

**2** Déposer la console centrale (voir chapitre 11).

**3** Enlever ses deux vis de fixation et extraire la platine des commandes de chauffage-ventilation de la façade centrale de la planche de bord **(voir illustrations)**. Il peut se révéler nécessaire de décrocher les câbles au préalable pour pouvoir dégager la platine des commandes.

**4** Les ampoules d'éclairage de la platine des commandes de chauffage-ventilation peuvent, si nécessaire, être changées à ce stade **(voir illustrations)**. Pour procéder à la dépose complète de la platine des commandes, débrancher les connexions électriques et désaccoupler les câbles.

13.4b . . . puis dissocier l'ampoule de la douille

#### Repose

**5** La repose a lieu en sens inverse de dépose. S'assurer du bon fonctionnement des commandes de chauffage-ventilation avant de fixer la platine.

### *Câbles de commande*

#### Dépose

**6** Déposer la platine des commandes de chauffage-ventilation (voir opération précédente).

**7** Dégrafer la gaine du câble concerné au dos de la platine des commandes de chauffage-ventilation. Décrocher ensuite l'embout du câble de la biellette en le faisant pivoter d'un quart de tour **(voir illustrations)**.

**8** Libérer ensuite le câble au niveau du bloc de

13.7a Dégrafer la gaine du câble au dos de la platine des commandes de chauffage-ventilation . . .

répartition d'air, en opérant comme décrit au point précédent.

9 Déposer le câble concerné, en signalant que les deux câbles sont repérés par une couleur distinctive **(voir illustration)**.

### Repose

10 La repose du câble s'effectue en sens inverse de dépose. Pour cela, ancrer son embout à la biellette puis agrafer sa gaine. Vérifier ensuite le bon fonctionnement des commandes de température et de répartition d'air avant de procéder à la repose de la platine des commandes de chauffage-ventilation.

## 14 Climatisation - description et précautions

### *Description*

Certaines versions disposent en option ou en équipement de série de la climatisation. Elle permet d'abaisser la température de l'air admis dans l'habitacle. Il réduit également le taux d'humidité de l'air soufflé à l'intérieur de la voiture, ce qui accélère le désembuage des vitres et offre un confort accru **(voir illustration)**.

La partie refroidissement du système fonctionne suivant le même principe qu'un réfrigérateur domestique. Le fluide frigorigène basse pression est aspiré par un compresseur entraîné par courroie qui le comprime à haute pression et se trouve admis dans le condenseur situé à l'avant du radiateur de refroidissement, où il est refroidi et liquéfié. Le fluide à l'état liquide parvient ensuite à une bouteille déshydratante chargée de retenir l'humidité qu'il contient puis à un détendeur qui fera chuter sa pression pour aboutir à un évaporateur. Le fluide passé à l'état gazeux à basse pression et à basse température traverse ensuite l'évaporateur en récupérant la chaleur de l'habitacle et abaissant ainsi la température. Le fluide frigorigène retourne ensuite au compresseur pour accomplir un nouveau cycle dans le circuit.

L'air soufflé par l'évaporateur est dirigé vers le bloc de répartition où il est mélangé à l'air chaud soufflé par le radiateur de chauffage afin d'atteindre la température souhaitée dans l'habitacle.

La partie chauffage du système est identique à celle des versions non climatisées (voir section 10).

### *Précautions*

***Danger : Le fluide frigorigène (type R134a) est potentiellement dangereux et doit être manipulé uniquement par des spécialistes. En cas de contact avec la peau, il peut provoquer de graves lésions. Il n'est pas toxique en tant que tel, mais en présence d'une flamme nue, y compris celle d'une cigarette allumée, il se transforme en gaz toxique***

Le fluide frigorigène ne doit pas être rejeté de manière inconsidérée à l'air libre car il participe de la destruction de la couche d'ozone. Pour toute opération nécessitant le débranchement de l'une

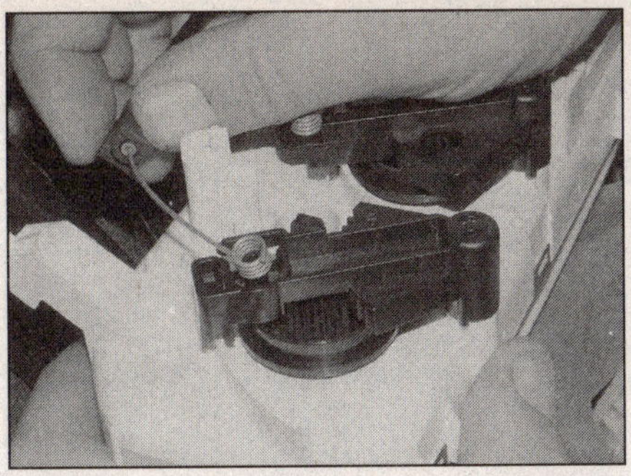

**13.7b . . . et décrocher l'embout du câble de la biellette**

**13.9 Le câble de commande de chauffage-ventilation du haut est de couleur grise et celui du bas de couleur noire**

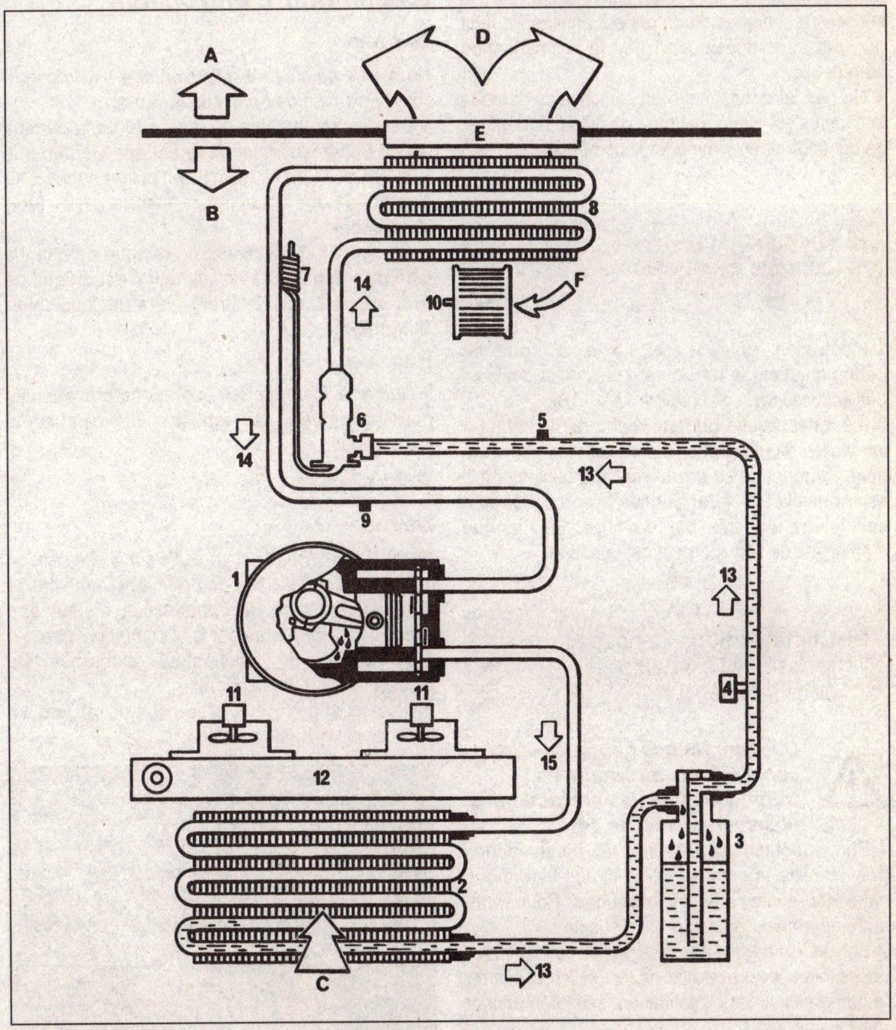


**14.1 Schéma de principe de la climatisation**

*A Habitacle*
*B Compartiment moteur*
*C Air extérieur*
*D Air intérieur refroidi*
*E Tablier d'auvent*
*F Air extérieur ou recyclé*
*1 Compresseur*
*2 Condenseur*
*3 Bouteille déshydratante*
*4 Pressostat*
*5 Raccord haute pression*
*6 Détendeur*
*7 Régulateur thermostatique du détendeur*
*8 Evaporateur*
*9 Raccord basse pression*
*10 Motoventilateur de chauffage-ventilation*
*11 Motoventilateur de refroidissement*
*12 Radiateur de refroidissement du moteur*
*13 Liquide haute pression*
*14 Gaz basse pression*
*15 Gaz haute pression*

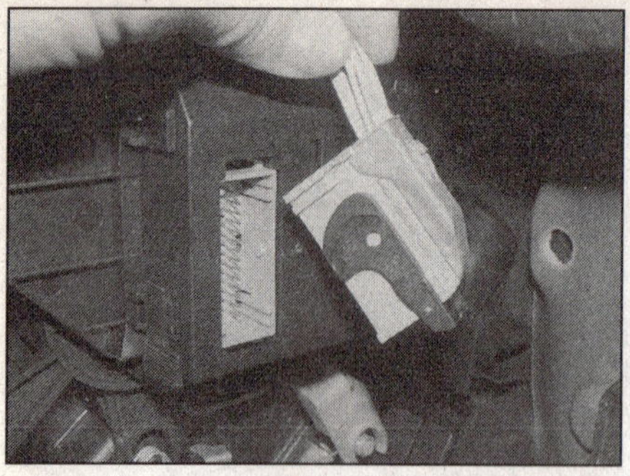

16.4 **Débranchement du connecteur électrique du calculateur électronique de climatisation . . .**

16.5 **. . . et dépose du calculateur**

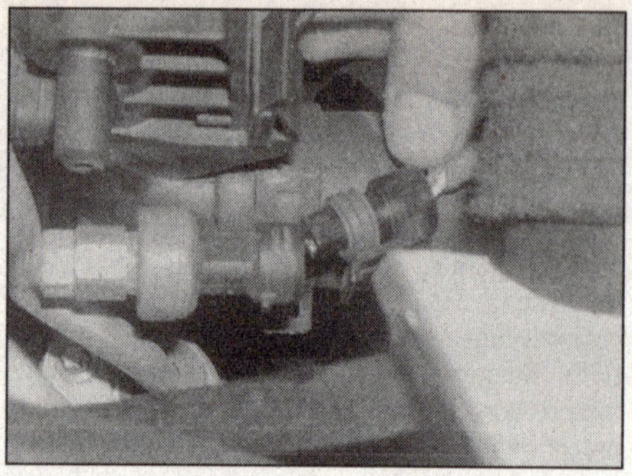

16.7 **Débranchement du connecteur électrique du pressostat de climatisation**

des canalisations, faire vidanger le circuit par les services techniques d'un concessionnaire Renault ou par un spécialiste de la climatisation automobile.

Ne pas faire fonctionner la climatisation lorsque le circuit s'est avéré manquer de fluide frigorigène, ce qui pourrait endommager le compresseur.

## 15 Climatisation - contrôle et entretien

**1** L'entretien courant se limite à contrôler périodiquement la tension et l'état de la courroie des accessoires (voir chapitre 1A ou 1B).

**2** Il est nécessaire de faire recharger le circuit à intervalles réguliers pour compenser les pertes de fluide frigorigène se produisant graduellement. Il est conseillé de faire vérifier le circuit par un spécialiste une fois par an ou si un manque d'efficacité de l'équipement est constaté.

## 16 Climatisation - dépose et repose des éléments constituants

***Danger : Ne pas débrancher les canalisations du circuit frigorifique (voir les précautions à observer en section 14)***

**1** Sont décrites ci-dessous les interventions pouvant être effectuées sur le circuit frigorifique sans débrancher ses canalisations. Pour toute autre opération, s'adresser à un spécialiste.

**2** En cas de nécessité, déposer la courroie des accessoires, desserrer ses vis de fixation et écarter le compresseur de climatisation, sans débrancher ses tuyauteries.

### *Courroie des accessoires*

**3** Voir « *Courroie des accessoires - contrôle et remplacement* » au chapitre 1A ou 1B.

### *Calculateur électronique*

#### Dépose

**Nota :** *Le calculateur électronique est implanté sous la planche de bord, côté passager.*

**4** Débrancher le câble de masse (-) de la batterie (voir « *Débranchement de la batterie* » à la partie « *Références* » en fin de manuel) puis le connecteur électrique du calculateur électronique **(voir illustration)**.

**5** Libérer ses deux pattes de retenue de chaque côté puis dégager le calculateur électronique de son support en le tirant vers le bas **(voir illustration)**.

#### Repose

**6** Opérer à l'inverse des opérations précédentes pour effectuer la repose du calculateur électronique.

### *Pressostat*

#### Dépose

**Nota :** *Le pressostat est implanté sur la canalisation haute pression reliant la bouteille déshydratante au détendeur, à côté du condenseur. Il peut être déposé sans faire vidanger le circuit frigorifique.*

**7** Débrancher le connecteur électrique du pressostat **(voir illustration)**.

**8** Dévisser et dégager le pressostat du raccord sur la canalisation haute pression.

#### Repose

**9** La repose s'opère en sens inverse de dépose. Le pressostat est pourvu d'un joint : s'assurer qu'il est en bon état et le lubrifier avec de l'huile « P.A.G. SP10 ». Le pressostat est également à serrer au couple prescrit.

### *Résistance de vitesse du motoventilateur de refroidissement*

**10** Les véhicules climatisés disposent d'un motoventilateur de refroidissement bivitesse fonctionnant en permanence sur le mode « petite vitesse » lorsque la climatisation est en service. En cas d'augmentation de la pression dans le circuit frigorifique ou de surchauffe du moteur, le motoventilateur passe en mode « grande vitesse ».

**11** Le motoventilateur bivitesse est alimenté par deux relais avec une résistance de vitesse de 0,23 Ω. En mode « petite vitesse », la résistance est commutée en série avec le motoventilateur et en mode « grande vitesse », elle est mise en dérivation.

**12** Débrancher son connecteur électrique puis dégager la résistance du support du motoventilateur de refroidissement **(voir illustrations)**. Procéder à l'inverse de la dépose pour effectuer la repose.

**13** La résistance peut être contrôlée sur le plan électrique sans la déposer : il suffit de débrancher son connecteur.

16.12a **Débranchement du connecteur électrique . . .**

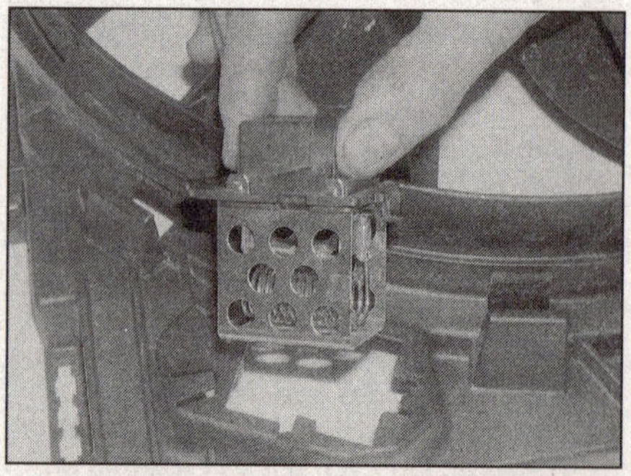

16.12b **. . . et dépose de la résistance de vitesse du motoventilateur de refroidissement**

# Chapitre 4 Partie A : Alimentation et échappement - moteurs essence

## Sommaire



## Niveaux de difficulté

| | | | | |
|---|---|---|---|---|
| **Facile,** pour les profanes de la mécanique | **Assez facile,** pour les débutants plus avisés | **Assez difficile,** pour les amateurs compétents | **Difficile,** pour les amateurs plus expérimentés | **Très difficile,** pour les initiés et les professionnels |

## Caractéristiques

### Affectation des systèmes de gestion du moteur *

| | |
|---|---|
| Moteurs 1,2 l : | |
| D7F 720 | A injection multipoint Sagem (sans climatisation), Sagem Safir, Safir II ou Magneti Marelli (avec climatisation) |
| D7F 726 | A injection multipoint Siemens Sirius 32 |
| Moteurs 1,4 l (75 ch) : | |
| E7J 780 | A injection multipoint Siemens Fenix 5 |
| E7J 634 | A injection multipoint Siemens Sirius 32 |
| Moteurs 1,4 l (98 ch) | A injection multipoint Siemens Sirius 32 |
| Moteurs 1,6 l (90 ch) | A injection multipoint Siemens Fenix 5 |
| Moteurs 1,6 l (110 ch) | A injection multipoint Siemens Sirius 32 |

** Se reporter à « Numéros d'identification du véhicule » à la partie « Références » en fin de manuel pour l'identification du type et de l'indice du moteur.*



### Alimentation

| | |
|---|---|
| Pression d'alimentation régulée (tous moteurs) : | |
| A la pression atmosphérique | 3 ± 0,2 bars |
| Sous dépression de 500 mbars | 2,5 ± 0,2 bars |
| Débit mini. de pompe à essence sous 12 V : | |
| Moteurs D7F, E7J 780, K7M et K4M | 80 litres/heure sous une pression d'alimentation de 3 bars |
| Moteurs K4J | 130 litres/heure sous une pression d'alimentation de 3,5 bars |
| Résistances de sonde de température d'air d'admission : | |
| Moteur D7F 720 : | |
| A 0 °C | 5 000 à 7 000 Ω |
| A 20 °C | 1 700 à 3 300 Ω |
| A 40 °C | 800 à 1 550 Ω |
| Moteurs E7J 780 et K7M : | |
| A 0 °C | 7 470 à 11 970 Ω |
| A 20 °C | 3 060 à 4 045 Ω |
| A 40 °C | 1 315 à 1 600 Ω |
| Moteur E7J 634 : | |
| A -10 °C | 10 450 à 8 525 Ω |
| A 25 °C | 2 120 à 1 880 Ω |
| A 50 °C | 860 à 760 Ω |
| Moteurs D7F 726, K4J et K4M : | |
| A 0 °C | 5 290 à 6 490 Ω |
| A 20 °C | 2 400 à 2 600 Ω |
| A 40 °C | 1 070 à 1 270 Ω |

## Alimentation (suite)

Résistances de sonde de température de liquide de refroidissement :

Moteurs D7F 720, E7J 780 et K7M :

| | |
|---|---|
| A 20 °C | 2 600 à 3 000 Ω |
| A 40 °C | 1 100 à 1 300 Ω |
| A 80 °C | 270 à 300 Ω |
| A 90 °C | 200 à 215 Ω |

Moteur E7J 634 :

| | |
|---|---|
| A 25 °C | 2 360 à 2 140 Ω |
| A 50 °C | 770 à 850 Ω |
| A 80 °C | 275 à 290 Ω |
| A 110 °C | 112 à 117 Ω |

Moteurs D7F 726, K4J et K4M :

| | |
|---|---|
| A 20 °C | 3 060 à 4 045 Ω |
| A 40 °C | 1 315 à 1 600 Ω |
| A 80 °C | 300 à 370 Ω |
| A 90 °C | 210 à 270 Ω |

Potentiomètre de papillon :

Moteur D7F 720 :

| | |
|---|---|
| Tension | 5 V |
| Résistances : | |
| Entre bornes A et B | 1 300 Ω |
| Entre bornes A et C | 1 360 Ω (sans charge), 2 350 Ω (pleine charge) |
| Entre bornes B et C | 2 300 Ω (sans charge), 1 260 Ω (pleine charge) |

Moteur D7F 726 :

| | |
|---|---|
| Tension | 5 V |
| Résistances : | |
| Entre bornes A et B | 1 200 Ω |
| Entre bornes A et C | 1 260 Ω (sans charge), 2 200 Ω (pleine charge) |
| Entre bornes B et C | 2 200 Ω (sans charge), 1 260 Ω (pleine charge) |

Moteur E7J 780 :

| | |
|---|---|
| Tension | 5 V |
| Résistances : | |
| Entre bornes 1 et 2 | 5 400 Ω (sans charge), 2 200 Ω (pleine charge) |
| Entre bornes 1 et 3 | 4 500 Ω (sans charge), 4 460 Ω (pleine charge) |
| Entre bornes 2 et 3 | 2 160 Ω (sans charge), 5 340 Ω (pleine charge) |

Moteurs K7M :

| | |
|---|---|
| Tension | 5 V |
| Résistances : | |
| Entre bornes 1 et 2 | 5 440 Ω (sans charge), 2 200 Ω (pleine charge) |
| Entre bornes et 1 et 3 | 4 500 Ω (sans charge), 4 460 Ω (pleine charge) |
| Entre bornes 2 et 3 | 2 160 Ω (sans charge), 5 340 Ω (pleine charge) |

Moteurs K4J et K4M :

| | |
|---|---|
| Tension | 5 V |
| Résistances : | |
| Entre bornes A et B | 1 250 Ω |
| Entre bornes A et C | 1 245 Ω (sans charge), 2 230 Ω (pleine charge) |
| Entre bornes B et C | 2 230 Ω (sans charge), 1 245 Ω (pleine charge) |

Moteur E7J 634 :

| | |
|---|---|
| Type | Intégré au boîtier de papillon |
| Résistance de piste | 4 100 ± 800 Ω |
| Résistance de curseur | 1 500 ± 150 Ω |

Moteur de régulation de ralenti :

Moteurs D7F :

| | |
|---|---|
| Tension | 12 V |
| Résistances des enroulements : | |
| Entre bornes A et D | 100 ± 10 Ω |
| Entre bornes B et C | 100 ± 10 Ω |

Moteurs E7J 780 et K7M :

| | |
|---|---|
| Tension | 12 V |
| Résistances des enroulements : | |
| Entre bornes A et D | 52 ± 5 Ω |
| Entre bornes B et C | 52 ± 5 Ω |

Moteur E7J 634 :

| | |
|---|---|
| Résistance des enroulements | 50 Ω |

Moteurs K4J et K4M :

| | |
|---|---|
| Résistance des enroulements | 53 ± 5 Ω |

## Alimentation (suite)

| | |
|---|---|
| Résistance des injecteurs | 14,5 ± 1 Ω |
| Résistance du capteur de vilebrequin | 220 Ω |
| Résistances du jaugeur de carburant mesurées entre l'axe du flotteur et le plan de travail (pompe déposée) : | |
| A 164 mm | 3,5 ± 3,5 Ω |
| A 143 mm | 61 ± 7 Ω |
| A 110 mm | 110 ± 10 Ω |
| A 81 mm | 190 ± 16 Ω |
| A 52 mm | 280 ± 20 Ω |
| A 47 mm | 310 ± 10 Ω |
| Régime de ralenti prescrit (non réglable) : | |
| Moteurs D7F | 740 ± 50 tr/min |
| Moteurs E7J, K7M, K4J, K4M | 750 ± 50 tr/min |
| Richesse - taux de CO au ralenti (non réglable) | 0,5 % maxi. (0,3 % à 2 500 tr/min) |

## Essence préconisée

| | |
|---|---|
| Indice d'octane mini | RON 95, carburant sans plomb **exclusivement** |

## Couples de serrage

| | **daN.m** |
|---|---|
| Collecteur d'échappement (moteurs D7F) : | |
| Ecrous de fixation | 2,5 |
| Goujons de fixation | 1 |
| Ecrous de tube avant d'échappement | 2,2 |
| Collecteur d'échappement (moteurs E7J et K7M) : | |
| Vis de fixation | 2 |
| Collecteur d'échappement (moteurs K4J et K4M) : | |
| Sonde lambda | 4,5 |
| Ecrous de fixation | 1,8 |
| Ecrous de tube avant d'échappement | 2 |
| Ecrans thermiques d'échappement | 1 |
| Rampe d'alimentation | 1 |
| Réservoir de carburant | 2,1 |
| Tubulure d'admission (moteurs D7F) : | |
| Ecrous de fixation | 1,7 |
| Goujons de fixation | 1 |
| Tubulure d'admission (moteurs E7J et K7M) : | |
| Vis et écrous de fixation | 2 |
| Tubulure d'admission (moteurs K4J et K4M) : | |
| Vis de fixation de tubulure | 1 |
| Vis de fixation de répartiteur d'air | 0,9 |
| Vis de fixation de boîtier de filtre à air | 0,9 |
| Vis de fixation de boîtier de papillon | 1,5 |
| Capteur de cliquetis | Voir chapitre 5B |
| Vis de fixation de boîtier de papillon | 1 |



## 1 Généralités et précautions

Le circuit d'alimentation en carburant se compose principalement d'un réservoir en matière plastique, monté sous le plancher arrière de la voiture en avant de l'essieu, avec pompe à commande électrique immergée, d'un filtre, de canalisations d'amenée et de retour de carburant. L'essence aspirée à partir du réservoir par la pompe est acheminée vers la rampe d'alimentation servant de réserve pour les quatre injecteurs électromagnétiques. L'injection est pilotée par le système de gestion du moteur constitué d'un calculateur électronique qui est associé à différents capteurs et sondes.

Se reporter à la section 6 pour de plus amples précisions concernant les différents systèmes de gestion du moteur et à la section 15 pour ce qui est de l'échappement.

***Danger : Nombre d'interventions décrites dans ce chapitre impliquent le débranchement des canalisations d'alimentation, ce qui peut amener de l'essence à se répandre. Avant de procéder à toute opération sur le circuit d'alimentation, se reporter à la rubrique « Impératifs de sécurité » au début du manuel et observer impérativement les consignes données. L'essence est une substance extrêmement volatile et inflammable qui doit être manipulée avec les plus grandes précautions***

**Nota :** *Il subsistera une pression résiduelle dans les canalisations d'alimentation, cela même après une durée d'immobilisation prolongée du véhicule. Avant de débrancher l'une quelconque des canalisations, faire chuter la pression dans le circuit d'alimentation de la manière décrite en section 7.*

***Attention : Sur les modèles équipés d'un autoradio codé, s'assurer de bien avoir en possession la combinaison correcte du code de sécurité pour débrancher la batterie***

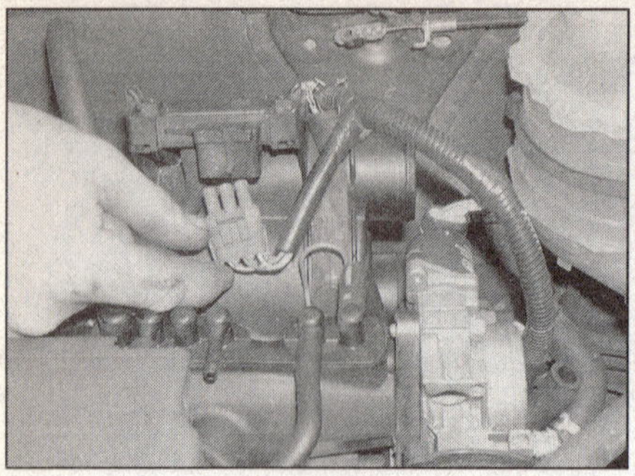

2.1 Débranchement du connecteur électrique . . .

2.2 . . . et du tuyau de prise de dépression du capteur de pression d'air d'admission - moteur D7F

2.4a Dépose du conduit d'admission du boîtier de filtre à air . . .

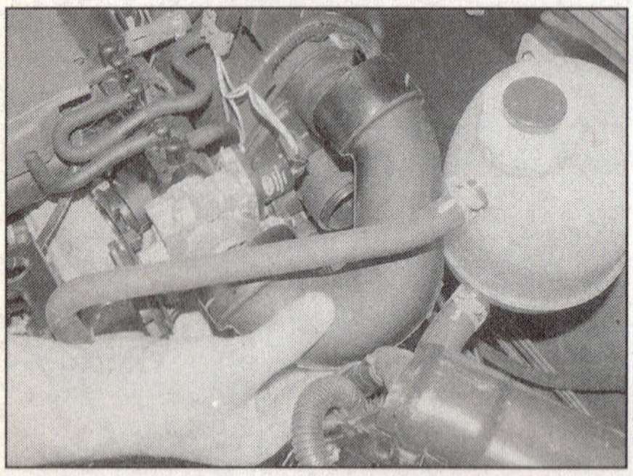

2.4b . . . et du manchon de liaison avec le boîtier de papillon - moteur D7F

2.5a Décrocher ses deux sangles de fixation . . .

2.5b . . . et dégager le boîtier de filtre à air - moteur D7F

## 2 Boîtier de filtre à air et conduits d'admission - dépose et repose

### *Dépose*

#### Moteurs D7F

**1** Débrancher le connecteur électrique du capteur de pression d'air d'admission en haut du boîtier de filtre à air **(voir illustration)**.

**2** Débrancher le tuyau de prise de dépression du capteur de pression d'air d'admission au niveau de la tubulure d'admission **(voir illustration)**.

**3** Dégrafer le faisceau électrique sur le boîtier de filtre à air.

**4** Libérer son collier et débrancher le conduit d'admission du boîtier de filtre à air puis desserrer la vis de sa bride de maintien pour écarter le conduit. Libérer ensuite ses colliers et débrancher le manchon de liaison raccordant le boîtier de filtre à air au boîtier de papillon, débrancher le tuyau de dégazage et déposer le manchon **(voir illustrations)**.

**5** Décrocher ses deux sangles de fixation en caoutchouc puis dégager le boîtier de filtre à air. Débrancher si nécessaire la buse d'aspiration d'air frais niveau de la traverse avant du compartiment moteur pour déposer le conduit d'admission **(voir illustrations)**.

#### Moteurs E7J et K7M

**6** Débrancher la buse d'aspiration d'air frais du conduit d'admission au niveau de la traverse avant du compartiment moteur.

**7** Desserrer ses vis de fixation puis dégager le boîtier de filtre à air, en débranchant le manchon de liaison du boîtier de papillon **(voir illustrations)**.

**8** Débrancher le connecteur électrique de la sonde de température d'air d'admission ainsi que le connecteur et le tuyau de prise de dépression du capteur de pression d'air d'admission puis desserrer son collier et débrancher le manchon de liaison du boîtier de papillon pour le déposer.

#### Moteurs K4J et K4M

**9** Libérer la sangle de fixation en caoutchouc puis dégager du boîtier de filtre à air le silencieux avec le conduit d'admission.

**10** Desserrer les vis de fixation puis décrocher le boîtier de filtre à air et le dégager de la tubulure d'admission.

**11** Bien repérer sa position de montage avant de dégager l'élément filtrant du boîtier.

**12** Dévisser et dégager le boîtier d'aspiration du boîtier de papillon.

### *Repose*

**13** Procéder à l'inverse de la dépose pour effectuer la repose. Dans le cas des moteurs K4J et K4M, veiller à serrer les vis de fixation du boîtier de filtre à air au couple préconisé.

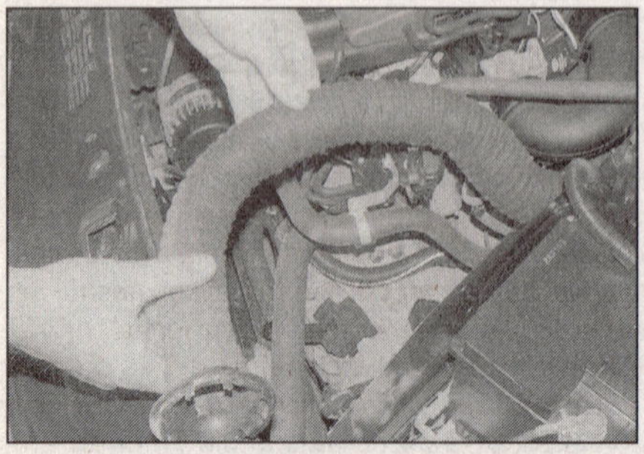

2.5c Débranchement de la buse d'aspiration d'air frais du conduit d'admission - moteur D7F

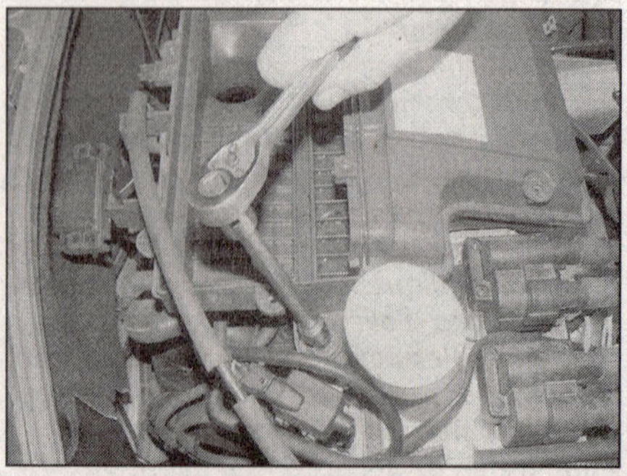

2.7a Desserrage des vis de fixation . . .

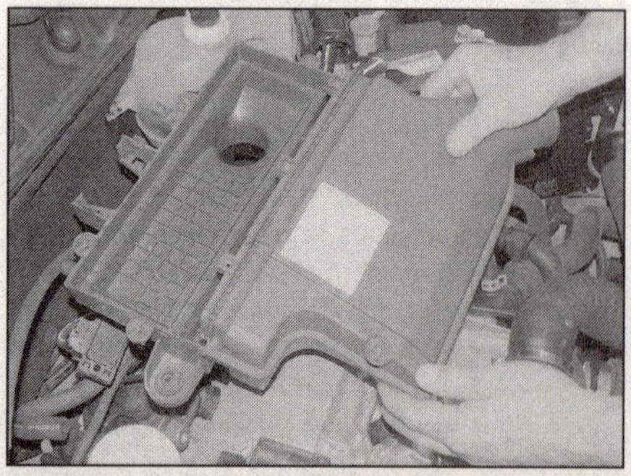

2.7b . . . et dépose du boîtier de filtre à air

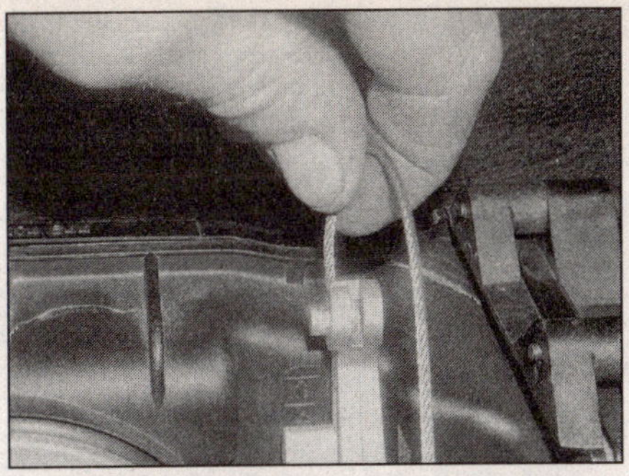

**3.2** **Pousser la came de commande de papillon pour décrocher l'embout du câble d'accélérateur**

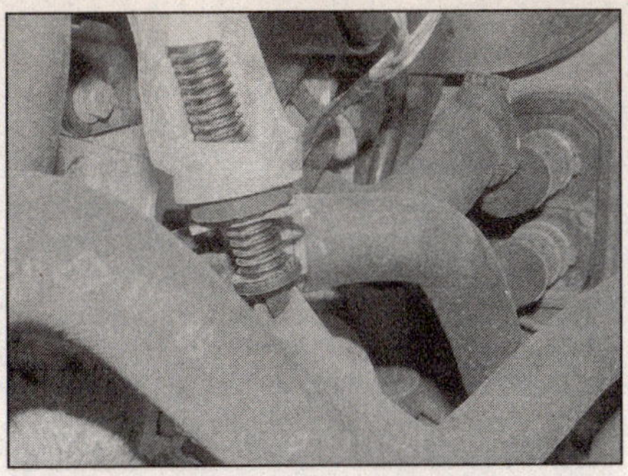

**3.3a** **Butée de gaine et patte d'arrêt de câble d'accélérateur - moteur D7F**

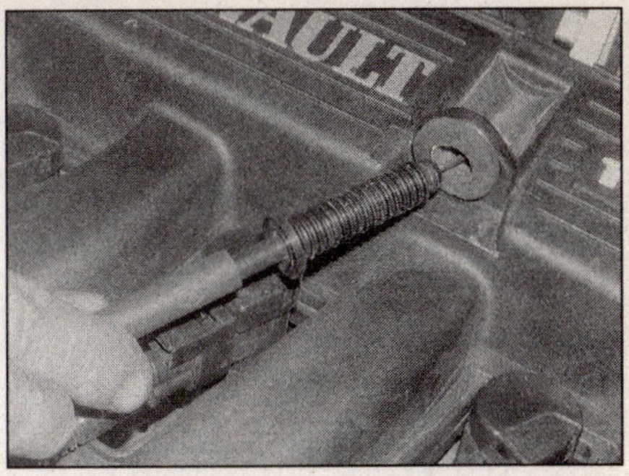

**3.3b** **Dégagement de la butée de gaine du câble d'accélérateur et de son manchon de la patte d'arrêt - moteur K4J**

## 3 Câble d'accélérateur - dépose, repose et réglage

### *Dépose*

**1** Dans le cas des moteurs E7J, K7M, K4J et K4M, déposer le boîtier de filtre à air ainsi que son conduit d'admission avec éventuellement le silencieux, le manchon de liaison avec le boîtier de papillon ou le boîtier d'aspiration, suivant montage (voir section précédente).

**2** Pousser la came de commande de papillon à la main pour pouvoir décrocher l'embout du câble d'accélérateur **(voir illustration)**.

**3** Dégager la butée de gaine du câble avec son manchon de la patte d'arrêt **(voir illustrations)**. Enlever si nécessaire l'épingle de réglage du câble sur le manchon, en repérant bien sa position.

**4** Déposer l'habillage inférieur de planche de bord, côté conducteur, dans l'habitacle. Décrocher ensuite l'embout du câble de la pédale d'accélérateur en pinçant ses arrêtoirs.

**5** Revenir au compartiment moteur pour libérer le câble de ses brides et colliers de maintien, tout en repérant bien son trajet. Déboîter l'arrêt de gaine du tablier, tirer le câble pour le sortir et le déposer par le côté compartiment moteur.

### *Repose*

**6** La repose s'opère à l'inverse de la dépose, en réglant ensuite le câble comme décrit ci-dessous.

### *Réglage*

**7** L'épingle de réglage sur le manchon de la gaine du câble étant enlevée, vérifier que la came de commande de papillon se trouve positionnée à fond contre sa butée puis tirer le câble doucement pour supprimer le jeu existant.

**3.8** **Réglage du câble d'accélérateur**

**8** Tout en maintenant le câble dans cette position, remonter l'épingle de réglage dans le dernier cran exposé sur le manchon à l'avant de la butée **(voir illustration)**. L'épingle étant en place et la gaine étant relâchée, il ne doit subsister qu'un très léger jeu dans le câble. **Nota :** *Le papillon se trouve légèrement ouvert par le moteur de régulation de ralenti en mettant le contact. Il doit exister un jeu suffisant dans le câble pour permettre la fermeture du papillon au-delà de cette position, sinon il pourrait en résulter un ralenti instable.*

**9** Tandis qu'un collaborateur actionne la pédale d'accélérateur, vérifier que la came de commande de papillon s'ouvre complètement, jusqu'en butée en accélérant à fond, puis revienne sans à-coups en position de butée de ralenti en relâchant l'accélérateur.

## 4 Pédale d'accélérateur - dépose et repose

### *Dépose*

**1** Déposer l'habillage inférieur de planche de bord, côté conducteur.

**2** Décrocher l'embout du câble en haut de la pédale d'accélérateur en pinçant ses arrêtoirs.

**3** Enlever l'écrou de fixation de l'axe de la pédale et de la bague-palier sur le support au niveau du tablier.

**4** Dégager la pédale du support.

**5** Examiner la pédale et son articulation, et la changer s'il y a lieu.

### *Repose*

**6** La repose s'opère en sens inverse de dépose. Effectuer ensuite le réglage du câble d'accélérateur, comme indiqué en section précédente.

## 5 Essence sans plomb - généralités et utilisation

**Nota :** *Les données figurant dans ce manuel sont valables au moment de sa mise sous presse. S'adresser au service après-vente d'un concessionnaire Renault pour toute mise à jour éventuelle. En cas de voyage à l'étranger, se renseigner auprès d'un club d'automobilistes ou d'un organisme compétent concernant les qualités d'essence disponibles localement et les équivalences d'indice d'octane.*

La qualité d'essence préconisée par le constructeur est indiquée dans les « *Caractéristiques* » au début du chapitre.

Toutes les versions à moteur essence de la gamme traitée dans cette étude sont prévues pour fonctionner au carburant à indice RON 95. Elles sont équipées de moteurs catalysés et **en aucun cas** du carburant plombé ne doit être utilisé, ce qui risquerait d'endommager le pot catalytique.

Il est également possible d'utiliser du carburant sans plomb à indice RON 98, bien que cela ne présente pas d'avantages particuliers, si ce n'est sa disponibilité à toutes les stations-service.

## 6 Système de gestion du moteur - description générale



**Nota :** *Se reporter aux « Caractéristiques » au début du chapitre pour l'affection des différents systèmes de gestion en fonction du type et de l'indice du moteur.*

### *Systèmes Sagem, Sagem Safir et Magneti Marelli*

Ces systèmes équipant certaines versions à moteur D7F constituent un dispositif de gestion complète du moteur, régissant à la fois l'injection et l'allumage. Il est associé à un pot catalytique à trois voies et à un dispositif de recyclage des vapeurs d'essence afin de répondre aux normes antipollution en vigueur. L'injection est dite « semi-séquentielle » dans la mesure où les injecteurs sont commandés deux par deux : dans l'ordre 1-4 et 2-3. Pour chaque cylindre, une injection se produit par tour du moteur : deux par cycle complet, pendant les phases de compression et d'échappement. Se reporter au chapitre 5B pour toute information utile concernant la partie allumage.

La pompe électrique immergée dans le réservoir aspire le carburant qui est refoulé via un filtre à cartouche interchangeable vers la rampe d'alimentation. La pression d'alimentation est contrôlée par un régulateur à membrane qui est implanté sur la rampe et asservi à la pression d'air régnant dans la tubulure d'admission. Le régulateur permet à l'excédent d'essence de revenir au réservoir par une canalisation raccordée à la pompe. Les injecteurs de type électromagnétique, au nombre de quatre : un par cylindre, sont fixés sur la rampe d'alimentation et disposés angulairement de telle manière à pulvériser directement le carburant en amont des sièges de soupapes d'admission.

Le circuit de commande électrique du système est constitué principalement d'un calculateur électronique allié aux composants suivants :

a) *Potentiomètre de papillon : informe le calculateur de la position angulaire du papillon*
b) *Sonde de température de liquide de refroidissement : informe le calculateur de la température du moteur*
c) *Sonde de température d'air d'admission : informe le calculateur de la température de l'air admis dans le boîtier de papillon*
d) *Sonde lambda : informe le calculateur de la teneur en oxygène des gaz d'échappement (voir chapitre 4C pour davantage de précisions)*
e) *Moteur pas-à-pas de régulation de ralenti : assure la commande du régime de ralenti*
f) *Capteur de vilebrequin : informe le calculateur du régime moteur et de la position du vilebrequin*
g) *Pressostat de direction assistée : informe le calculateur de la mise en service de la pompe d'assistance de direction de façon à augmenter le régime de ralenti à faible vitesse et d'éviter au moteur de caler*
h) *Capteur de cliquetis : informe le calculateur de la présence de bruits d'impact caractéristiques dans chaque cylindre (voir chapitre 5B pour davantage de précisions)*
i) *Capteur de pression d'air d'admission : informe le calculateur de la charge sur le moteur par la quantité d'air aspiré (dépression régnant dans la tubulure d'admission)*
j) *Capteur de vitesse du véhicule : informe le calculateur de la vitesse sur route. Sert également au compteur de vitesse du combiné d'instruments (voir chapitre 7A)*
k) *Electrovanne de recyclage des vapeurs d'essence : permet la réaspiration des vapeurs dans certaines conditions de fonctionnement du moteur (voir chapitre 4C pour davantage de précisions)*

Toutes ces informations sont exploitées par le calculateur électronique qui choisit la réponse appropriée en fonction des paramètres qui lui ont été transmis et commande l'injection en conséquence (faisant varier la largeur d'impulsion : durée pendant laquelle les injecteurs sont maintenus ouverts, pour enrichir ou appauvrir le mélange, suivant le cas). La richesse varie constamment sous l'impulsion du calculateur électronique afin de fournir les meilleurs réglages à l'allumage-démarrage (que le moteur soit chaud ou froid) et à la montée en température du moteur, au ralenti, à régime intermédiaire et lors des accélérations.

Le calculateur gère intégralement le régime de ralenti via un moteur pas-à-pas monté sur le boîtier de papillon et dont le rôle consiste à réguler la section de passage d'un canal d'air en dérivation du papillon.

Le calculateur assure également le pilotage des dispositifs de traitement secondaire des gaz d'échappement et de recyclage des vapeurs d'essence (voir chapitre 4C).

Le calculateur régit en plus le système antidémarrage par transpondeur, en comparant le signal émis par la clé avec le code dans sa mémoire.

En cas de défectuosité du capteur de pression d'air d'admission, du potentiomètre de papillon, des injecteurs ou du moteur de régulation de ralenti, ou bien, en l'absence d'information du capteur de vitesse véhicule roulant, le calculateur électronique met en œuvre un système de secours par lequel il fait appel à des valeurs de rechange pré-programmées qui permettent au moteur de continuer à fonctionner mais en mode dégradé. En tel cas, le témoin de défaillance électronique au tableau de bord s'allume et le code-défaut correspondant est sauvegardé dans la mémoire du calculateur.

Si le témoin de défaillance électronique s'allume en cours de route, il convient de faire examiner la voiture le plus rapidement possible dans un atelier Renault qui procédera à un contrôle approfondi du système de gestion du moteur à l'aide d'un appareil (coffret « XR25 ») se branchant à la prise de diagnostic du système et permettant de lire les codes-défauts enregistrés dans la mémoire du calculateur.

Le circuit d'alimentation est pourvu d'un contacteur de sécurité à inertie, situé contre le passage de roue avant gauche dans le compartiment moteur. Il assure la coupure de l'alimentation électrique de la pompe à essence en cas de choc brutal entraînant une forte décélération, afin de prévenir les risques d'incendie. Son fonctionnement peut être rétabli en appuyant sur le bouton protégé par un soufflet souple.

### Système Siemens Fenix 5

Ce système fonctionne sur le même principe de base que les équipements décrits précédemment.

Sur les véhicules disposant d'une boîte de vitesses automatique, le calculateur électronique opère en liaison avec celui de commande de la boîte, pour tenir compte de l'incidence de cet équipement sur le fonctionnement du moteur et pour en optimiser ainsi le rendement.

### Système Siemens Sirius 32

Ce système est associé à un pot catalytique à trois voies avec deux sondes lambda disposées en amont et en aval du catalyseur, ainsi qu'à un dispositif de recyclage des vapeurs d'essence pour répondre aux normes antipollution les plus exigeantes.

L'injection fonctionne en mode « séquentiel » : les injecteurs sont commandés individuellement sur chaque cylindre au début de la phase d'admission. Le système opère sans capteur de position d'arbre à cames pour le repérage du cylindre en phase d'admission, le phasage s'effectuant de manière logicielle à partir du capteur de vilebrequin. En cas de remplacement du calculateur électronique, il est nécessaire d'effectuer un trajet de 25 minutes au minimum afin de permettre au calculateur de reprogrammer sa cartographie. Le régime de ralenti doit également être corrigé en fonction de différents paramètres : climatisation (suivant équipement), bilan électrique, tension de la batterie, pare-brise dégivrant.

Les versions récentes disposent d'un système de diagnostic de type « OBD » (diagnostic embarqué) avec un témoin spécifique au tableau de bord s'allumant en mettant le contact et devant s'éteindre dans les trois secondes qui suivent. Lorsque ce témoin s'allume en cours de route, il signale une pollution excessive du moteur pouvant être liée à des ratés de combustion ou à une défaillance des sondes lambda ou du pot catalytique. Dans ce cas, le véhicule doit être confié aux services techniques d'un concessionnaire de la marque pour faire établir un diagnostic du système de gestion du moteur au moyen d'un appareil permettant de lire les codes-défauts enregistrés dans la mémoire du calculateur électronique.

Pour le reste, ce système fonctionne sur le même principe de base que les systèmes Sagem et Magneti Marelli décrits plus haut.

## 7 Circuit d'alimentation - dépressurisation

***Danger : Consulter la note d'avertissement en section 1 avant toute intervention. Les opérations qui suivent feront simplement chuter la pression à l'intérieur du circuit d'alimentation : se rappeler que de l'essence subsistera dans les canalisations du circuit et prendre les précautions nécessaires pour débrancher l'une quelconque de ces canalisations***

**Nota :** *Le circuit d'alimentation en carburant se compose d'une pompe électrique immergée dans le réservoir, d'un filtre, d'une rampe d'alimentation sur laquelle sont montés les injecteurs et d'un régulateur de pression, de canalisations métalliques et de durits reliant les différents éléments du circuit entre eux. Tous ces éléments contiennent de l'essence sous pression lorsque le moteur tourne ou lorsque le contact est mis. Le circuit demeure sous pression pendant un certain temps après avoir coupé le contact et il convient de faire chuter cette pression résiduelle avant d'entreprendre toute opération sur l'un des éléments du circuit. Pour cela :*

### Méthode 1

**1** Débrancher le câble de masse (-) de la batterie (voir « *Débranchement de la batterie* » à la partie « *Références* » en fin de manuel).

**2** Disposer un récipient en dessous du raccord de la canalisation à débrancher et l'entourer d'un chiffon afin d'éponger l'essence non récupérée dans le récipient.

**3** Défaire lentement le raccord afin d'éviter une évacuation soudaine de la pression puis débrancher la canalisation en recueillant l'essence dans le récipient. Boucher la canalisation et l'orifice de raccordement afin d'arrêter l'écoulement d'essence et d'éviter l'admission d'impuretés dans le circuit.

### Méthode 2

**4** Enlever le relais de la pompe à essence au niveau de la platine à relais dans le compartiment moteur (voir chapitre 12).

**5** Mettre le moteur en marche et le laisser tourner au ralenti jusqu'à ce qu'il cale faute de carburant. Donner plusieurs coups supplémentaires de démarreur afin d'évacuer toute pression résiduelle dans le circuit d'alimentation.
**6** Couper le contact puis reposer le relais de la pompe à essence.

## 8 Pompe à essence - dépose et repose

***Danger : Consulter la note d'avertissement en section 1 avant toute intervention***

### *Dépose*

**1** Débrancher le câble de masse (-) de la batterie (voir « *Débranchement de la batterie* » à la partie « *Références* » en fin de manuel).
**2** La pompe à essence est logée dans le réservoir, à l'arrière droit du véhicule. Elle est accessible par une ouverture dans le plancher de l'habitacle. Déposer la banquette arrière ou l'assise du côté concerné de la banquette (voir chapitre 11).
**3** Déboîter avec précaution la trappe d'accès à la pompe à essence dans le plancher **(voir illustration)**.
**4** Débrancher le connecteur électrique de la pompe à essence et le fixer sur le plancher avec du ruban adhésif pour l'empêcher de tomber derrière le réservoir **(voir illustration)**.
**5** Repérer la position de raccordement des durits sur la pompe : la durit côté gauche avec raccord de couleur verte assure l'alimentation en carburant vers le filtre et celle avec raccord de couleur rouge, à côté du connecteur électrique, le retour de

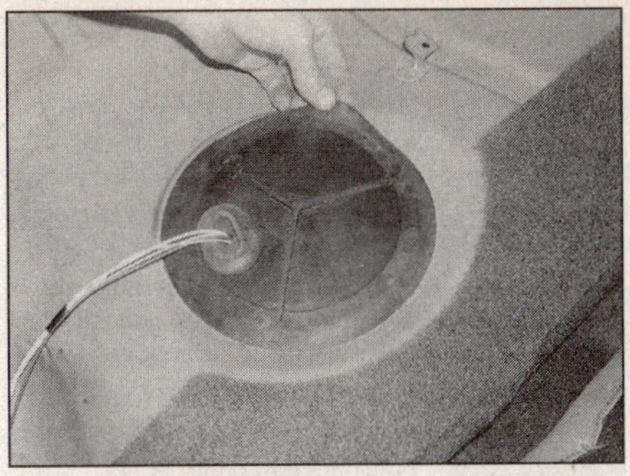

**8.3 Dépose de la trappe d'accès à la pompe à essence dans le plancher arrière**

carburant. Les durits sont équipées d'un raccord rapide que l'on peut déverrouiller en le comprimant au moyen de la pince prévue à cet effet (outil Mot. 1265). A défaut, se servir d'un tournevis fin pour repousser **avec précaution** la bague d'arrêt à l'intérieur de l'embout du raccord **(voir illustration)**. Débrancher les deux durits puis les boucher afin d'arrêter l'écoulement d'essence et d'éviter l'admission d'impuretés dans le circuit.
**6** Noter la position respective des flèches de repère sur le couvercle de la pompe, le réservoir et la bague de fixation puis desserrer celle-ci, ce qui peut être effectué en utilisant un tournevis calé contre l'une des nervures de la bague et frappant avec précaution sur le manche pour débloquer la bague en la tournant dans le sens anti-horaire. En alternative, réaliser un outil à partir de deux morceaux d'acier plat assemblés par des boulons. Finir de dévisser la bague à la main et la déposer **(voir illustrations)**.
**7** Sortir avec précaution l'ensemble pompe-

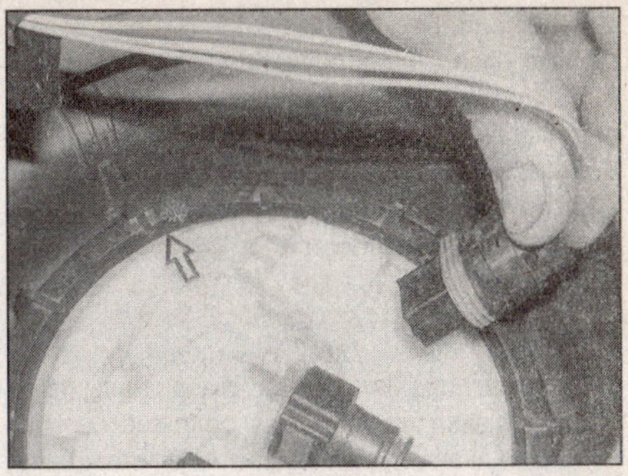

**8.4 Débranchement du connecteur électrique de la pompe à essence**

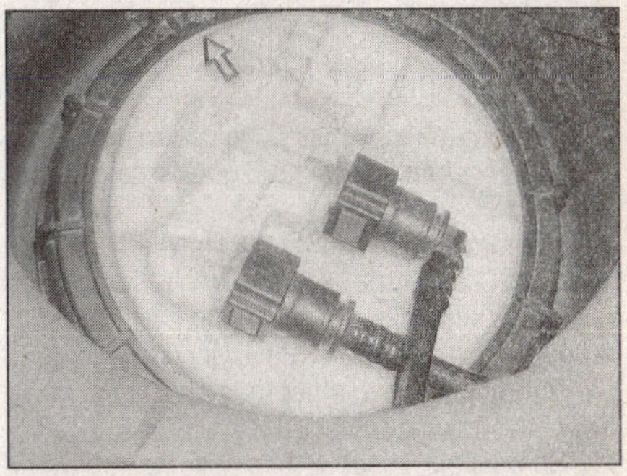

**8.5 Durits d'alimentation et de retour raccordées à la pompe à essence**

jaugeur du réservoir, en prenant garde de ne pas endommager le bras de flotteur du jaugeur ni à répandre d'essence dans l'habitacle. Récupérer le joint torique : il peut être réutilisé s'il est en bon état, sinon le changer **(voir illustrations)**. Il est

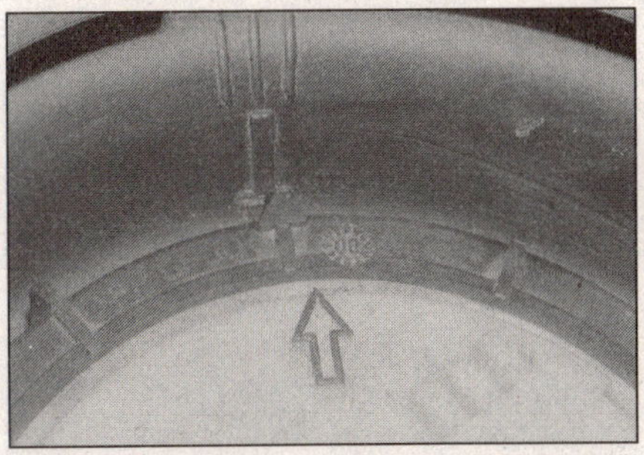

**8.6a Flèches de repère sur le couvercle de la pompe à essence, le réservoir et la bague de fixation**

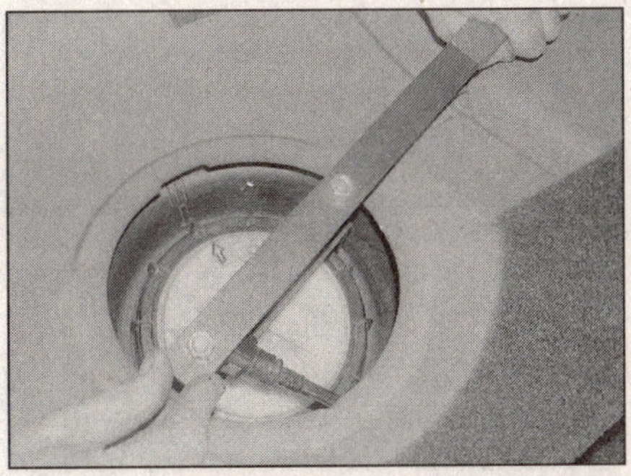

**8.6b Desserrage de la bague de fixation de la pompe à essence avec un outil improvisé**

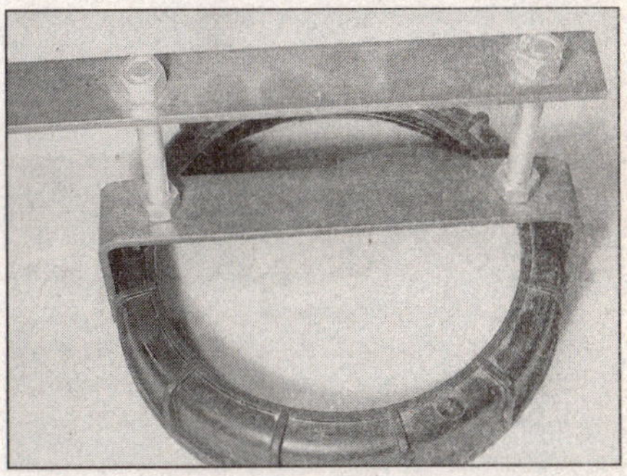

**8.6c Outil improvisé pour le déblocage de la bague de fixation de la pompe à essence**



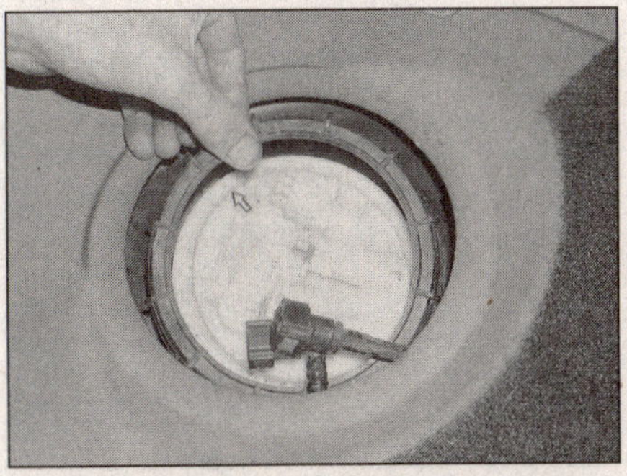

**8.6d Dépose de la bague de fixation de la pompe à essence**

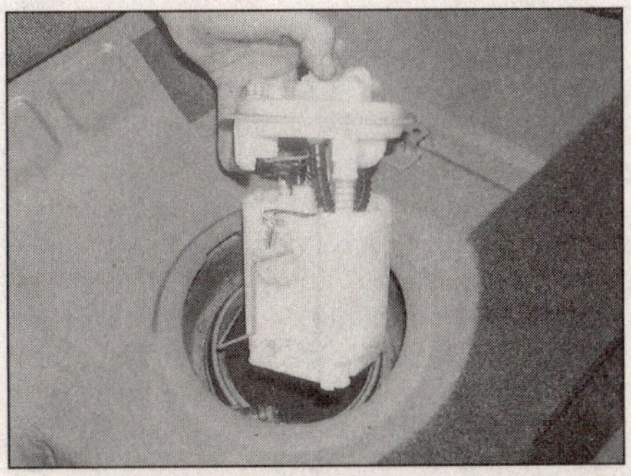

**8.7a Dépose de la pompe à essence**

**8.7b Dépose du joint torique de la pompe à essence**

toutefois à noter que si la pompe ne doit pas être reposée dans l'immédiat, la bague de fixation doit être remontée provisoirement afin d'éviter une déformation du joint torique.

**8** A signaler que la pompe n'est disponible qu'en ensemble de rechange complet avec le jaugeur, aucune pièce détaillée n'étant proposée pour le remplacement.

### Repose

**9** S'assurer que la crépine d'aspiration de la pompe à essence n'est pas colmatée par des impuretés ni encrassée. Installer le joint torique en haut du réservoir.

**10** Introduire avec précaution l'ensemble pompe-jaugeur dans le réservoir.

**11** Faire coïncider les flèches sur le couvercle de la pompe et sur le réservoir (la flèche sur le couvercle doit être orientée vers l'arrière du véhicule) puis remonter la bague de fixation et bien la serrer. Recontrôler ensuite le bon alignement des flèches.

**12** Rebrancher les durits d'alimentation et de retour de carburant en haut de la pompe, en veillant à respecter leur position initiale et à verrouiller convenablement leur raccord rapide.

**13** Rebrancher le connecteur électrique de la pompe.

**14** Rebrancher le câble de masse de la batterie puis mettre le moteur en marche et procéder à un contrôle d'étanchéité pour s'assurer de l'absence de fuites au niveau des raccordements des durits sur la pompe.

**15** Reposer la trappe d'accès à la pompe, en s'assurant de l'emboîter correctement. Reposer la banquette arrière ou l'assise du côté concerné, comme indiqué au chapitre 11.

## 9 Jaugeur de carburant - contrôle, dépose et repose

### Contrôle

**1** Le jaugeur est fourni avec l'ensemble de la pompe à essence en pièce de rechange : il n'est pas remplaçable séparément. Il peut toutefois être contrôlé sur le plan électrique et déposé.

**2** Pour procéder au contrôle du jaugeur, déposer la pompe à essence (voir section précédente).

**3** Débrancher le connecteur électrique et relier un ohmmètre aux deux bornes de la fiche de connexion du jaugeur **(voir illustration)**.

**4** La pompe étant posée en position verticale sur l'établi, mesurer la résistance du jaugeur entre l'axe du flotteur et le plan de travail, aux différentes hauteurs indiquées dans les « *Caractéristiques* » **(voir illustration)**. Les valeurs de résistance obtenues doivent être conformes à celles de référence préconisées.

### Dépose

**5** Pour effectuer la dépose du jaugeur, libérer tout d'abord le câblage électrique puis déboîter et déposer le couvercle du corps de la pompe à essence **(voir illustrations)**.

**6** A l'aide d'un tournevis, extraire la crépine en bas du corps de la pompe à essence puis récupérer le joint torique d'embase du tube-support du ressort de rappel **(voir illustrations)**.

**7** Dégager avec précaution la partie inférieure puis débrancher la connexion électrique et sortir l'ensemble du jaugeur avec son flotteur **(voir illustrations)**.

### Repose

**8** La repose a lieu à l'inverse de la dépose, en veillant toutefois à contrôler le jaugeur, comme décrit précédemment, avant de procéder à la repose de la pompe à essence.

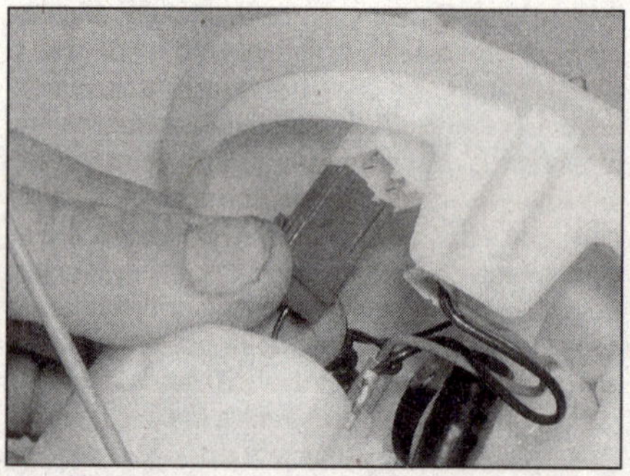

**9.3 Débranchement du connecteur électrique du jaugeur de carburant**

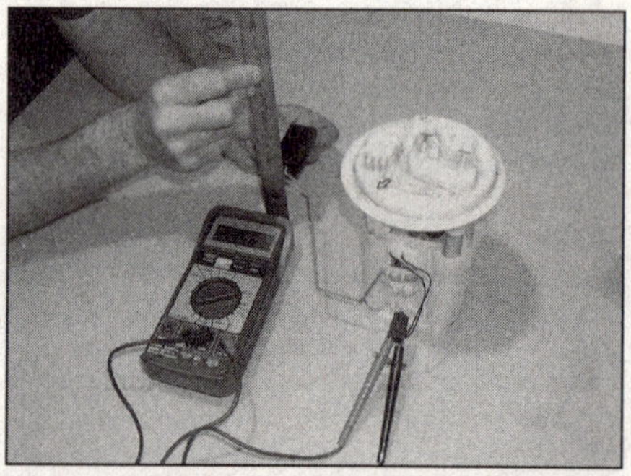

**9.4 Contrôle de la résistance du jaugeur de carburant avec un ohmmètre**

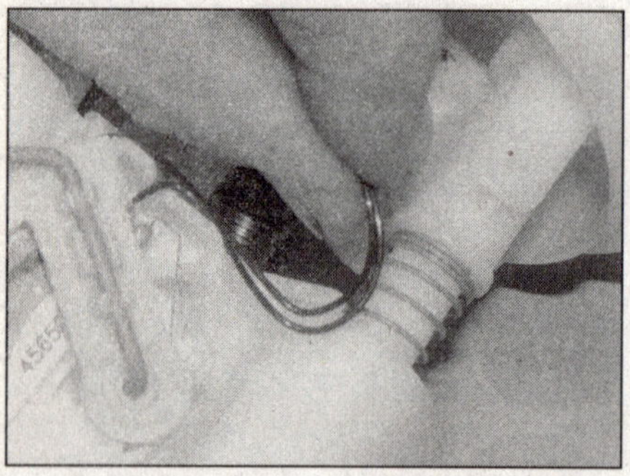

**9.5a Libérer le câblage électrique . . .**

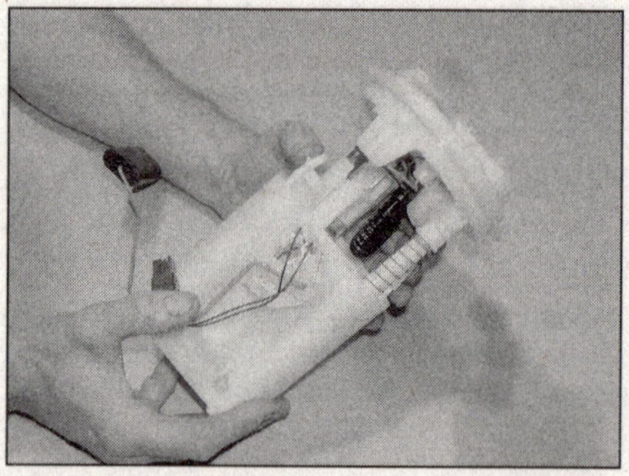

**9.5b . . . puis déboîter et déposer le couvercle du corps de la pompe à essence**

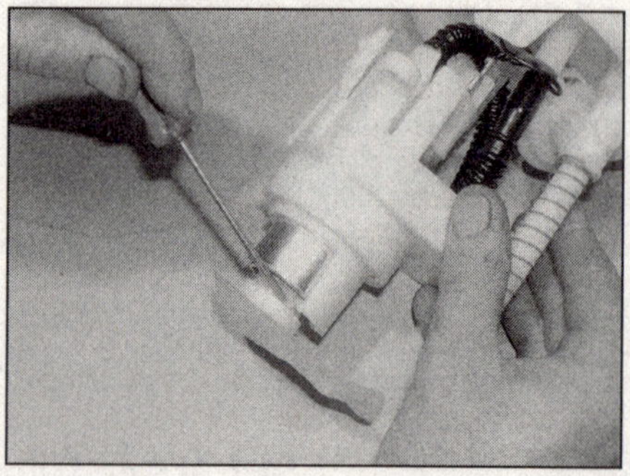

**9.6a Engager un tournevis . . .**

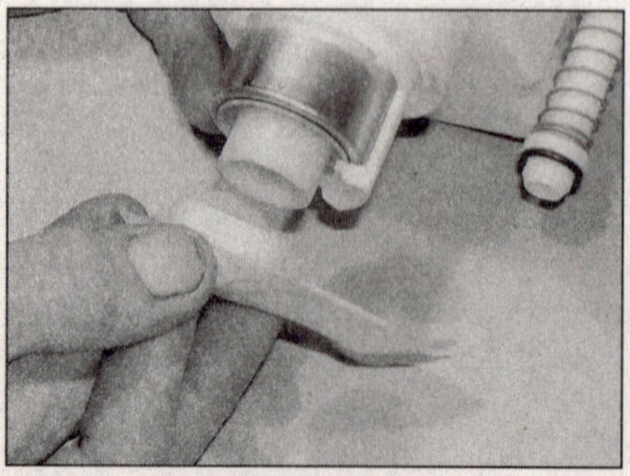

**9.6b . . . pour extraire la crépine en bas du corps de la pompe à essence . . .**

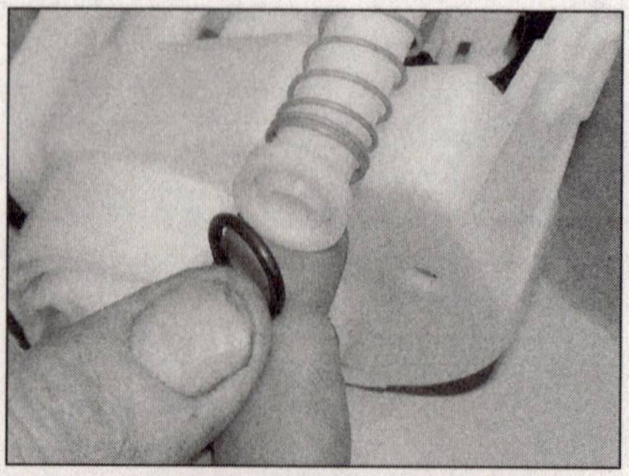

**9.6c . . . et récupérer le joint torique d'embase du tube-support du ressort de rappel**

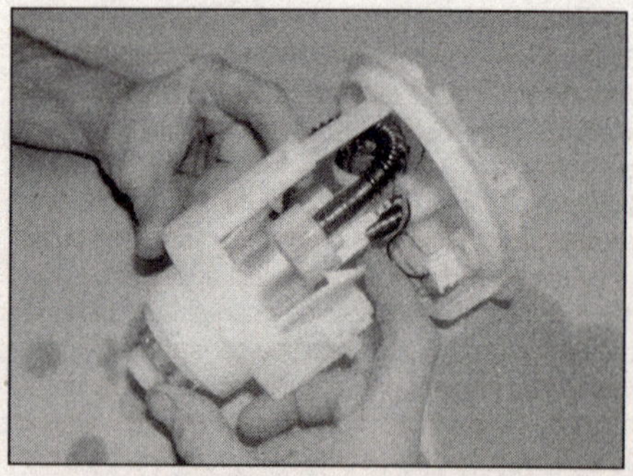

**9.7a Dégager la partie inférieure . . .**

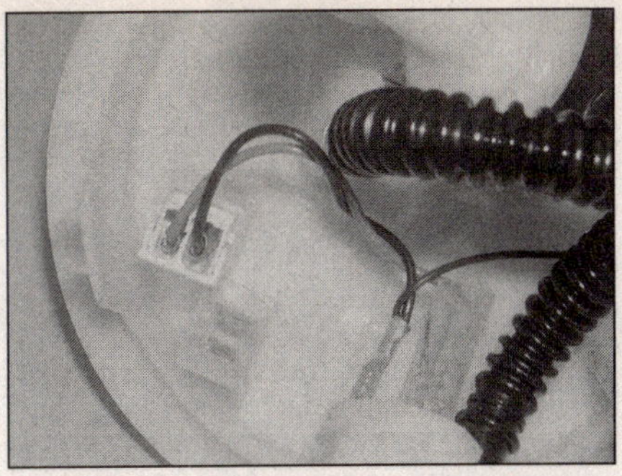

**9.7b . . . puis débrancher la connexion électrique . . .**

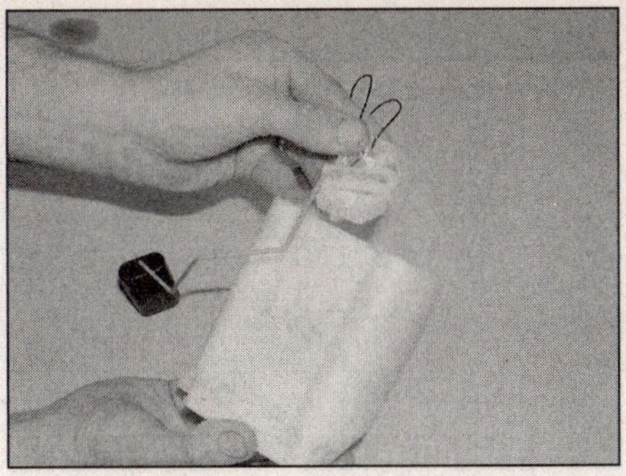

**9.7c . . . et sortir l'ensemble du jaugeur avec son flotteur**

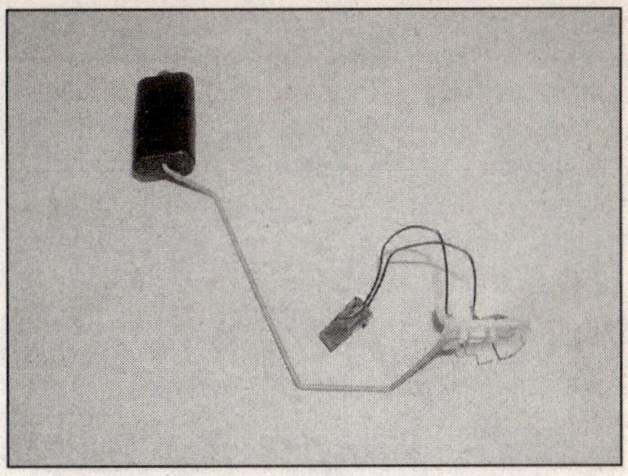

**9.7d Jaugeur de carburant déposé**

## 10 Réservoir de carburant - dépose et repose

***Danger : Consulter la note d'avertissement en section 1 avant toute intervention***

### *Dépose*

**1** Pour procéder à sa dépose, le réservoir doit être vidé au préalable. Le réservoir ne possédant pas de bouchon de vidange, il est préférable d'attendre qu'il soit presque vide pour effectuer l'opération.

**2** Déposer la banquette arrière ou l'assise du côté droit (voir chapitre 11).

**3** Déboîter avec précaution la trappe d'accès à la pompe à essence dans le plancher.

**4** Si le réservoir contient encore de l'essence, le vider en débranchant la durit d'alimentation de la pompe et raccordant un tuyau relié à un récipient à l'extérieur du réservoir (voir section 8 pour le débranchement de la durit). Enlever le relais de la pompe à essence au niveau de la platine à relais dans le compartiment moteur (voir chapitre 12) puis shunter les bornes 3 et 5 du relais (bornes avec fils épais) avec un fil volant. Laisser la pompe fonctionner jusqu'à ce que le débit d'essence devienne intermittent puis débrancher la connexion de shuntage et reposer le relais.

**5** Débrancher le connecteur électrique de la pompe à essence et le fixer sur le plancher avec du ruban adhésif pour l'empêcher de tomber derrière le réservoir.

**6** Débrancher le câble de masse (-) de la batterie (voir « *Débranchement de la batterie* » à la partie « *Références* » en fin de manuel).

**7** Débrancher la durit de retour de carburant de la pompe à essence (voir section 8).

**8** Caler les roues avant puis lever l'arrière de la voiture au cric et le poser sur chandelles (voir « *Levage et soutien du véhicule* »). Déposer la roue arrière droite.

**9** Déposer l'échappement et le ou les écrans thermiques concernés (voir section 15). Dévisser et déposer le support central de l'échappement.

**10** Débrancher les durits de chaque côté du filtre à essence. Les durits sont équipées d'un raccord rapide que l'on peut déverrouiller en le comprimant au moyen de la pince prévue à cet effet (outil Mot. 1265). A défaut, se servir d'un tournevis fin pour repousser avec précaution la bague d'arrêt à l'intérieur de l'embout du raccord.

**11** Déposer l'écran thermique en dessous du réservoir de carburant et des câbles de frein à main.

**12** Repérer la position de l'écrou de réglage au niveau du palonnier sous le plancher de la voiture ou de la tige de commande du levier dans l'habitacle : dans ce cas, déposer l'habillage du levier (voir chapitre 11, section 27) pour avoir accès à l'écrou de réglage. Débloquer son contre-écrou puis dévisser à fond l'écrou de réglage de façon à détendre les câbles de frein à main. Libérer ensuite les câbles de leurs brides de maintien et guides sous le soubassement. Ecarter les deux câbles du réservoir.

**13** Débrancher la durit du circuit de recyclage des vapeurs d'essence à l'avant du réservoir, en déverrouillant son raccord rapide comme indiqué précédemment pour les durits au niveau du filtre. Débrancher ensuite la tuyauterie d'évent raccordée à la goulotte de remplissage.

**14** Débrancher la canalisation de trop plein du réservoir.

**15** Desserrer son collier puis dissocier la durit reliant la goulotte de remplissage au réservoir. Dégrafer ensuite les câbles de frein à main sous le réservoir **(voir illustrations)**.

**16** Installer un cric rouleur avec cale de bois interposée sur sa tête en dessous du réservoir pour reprendre son poids.

**17** Desserrer et enlever ses vis de fixation puis descendre progressivement le réservoir de façon à pouvoir débrancher au fur et à mesure toute durit restant éventuellement raccordée puis le dégager du dessous de la voiture **(voir illustrations)**. A noter qu'il peut se révéler nécessaire de basculer légèrement le réservoir vers la droite et de tordre **avec précaution** les canalisations de frein afin d'obtenir le recul nécessaire pour la dépose du réservoir.

**18** Si le réservoir contient des sédiments ou de l'eau, déposer l'ensemble pompe à essence-jaugeur (voir section 8) puis le rincer à l'essence propre. Le réservoir est constitué d'une matière

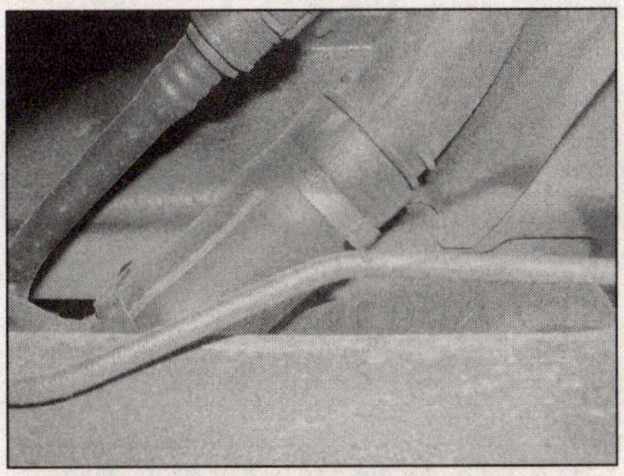

**10.15a Durit de liaison entre goulotte de remplissage et réservoir de carburant**

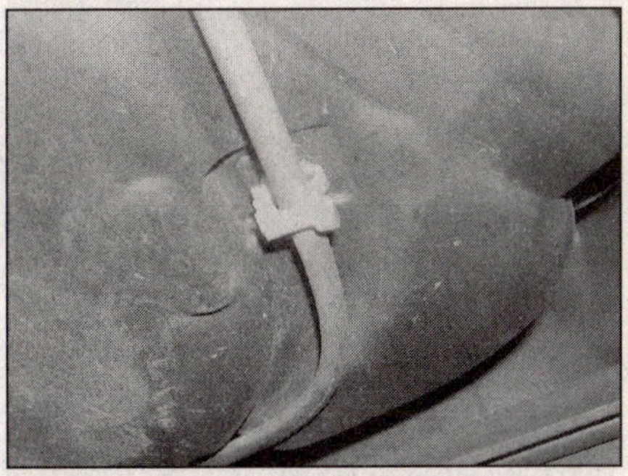

**10.15b Câble de frein à main agrafé en bas du réservoir de carburant**

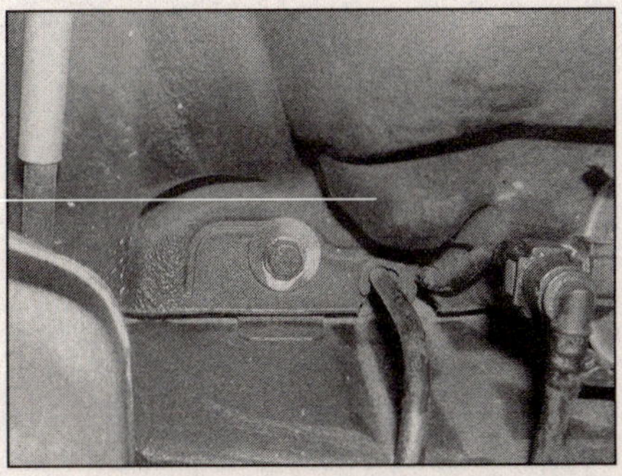

**10.17a Vis de fixation côté droit . . .**

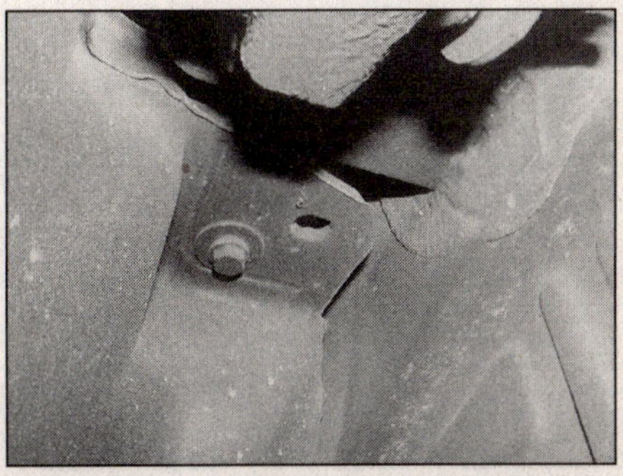

**10.17b . . . et côté gauche du réservoir de carburant**

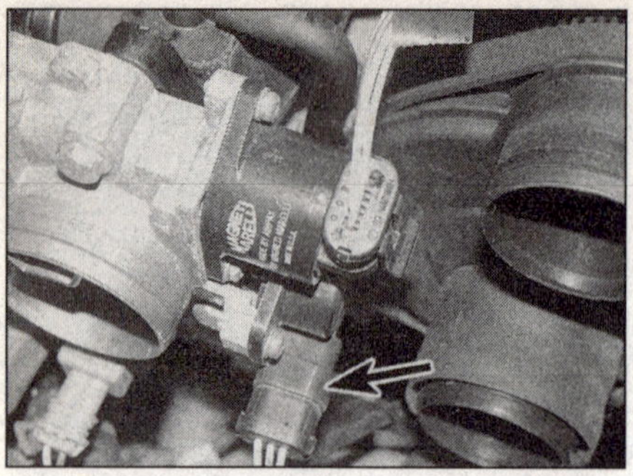

**11.4a Débranchement du connecteur électrique du moteur de régulation de ralenti . . .**

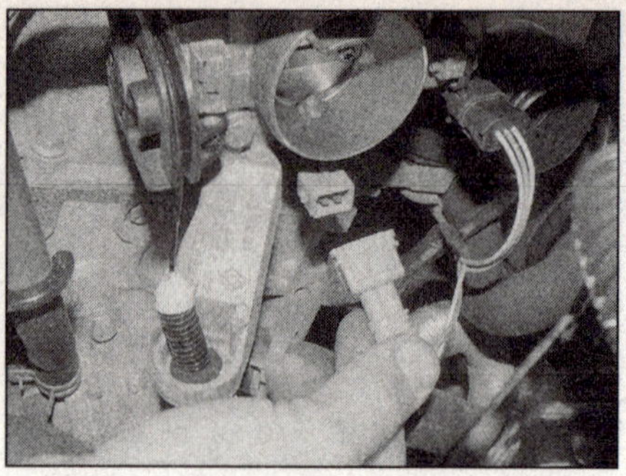

**11.4b . . . de la sonde de température d'air d'admission . . .**

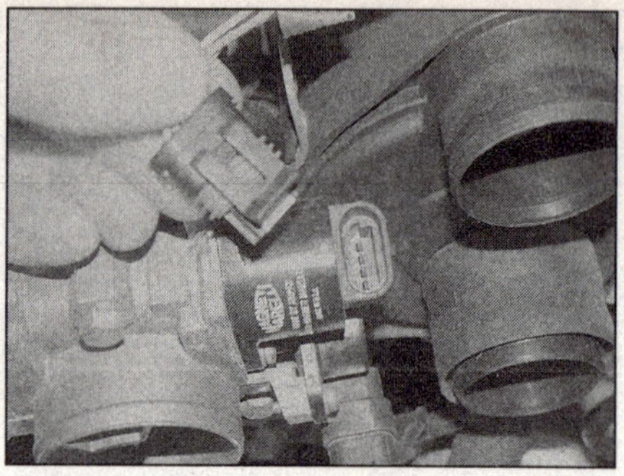

**11.4c . . . et du potentiomètre de papillon - moteur D7F**

synthétique moulée par injection et doit être remplacé s'il est endommagé. Il est toutefois possible dans certains cas de le réparer s'il présente notamment des micro-fuites ou des dégâts mineurs. Consulter un spécialiste à ce sujet.

## Repose

**19** La repose a lieu à l'inverse de la dépose, en observant par ailleurs les points suivants :

a) *Veiller à ne pas coincer de durit entre la caisse et le réservoir en soulevant celui-ci pour l'amener en place*

b) *En remettant en place le réservoir sur le soubassement, veiller à faire coïncider les trous de positionnement : deux à l'arrière et un à l'avant. Serrer les vis de fixation au couple prescrit*

c) *S'assurer de réinstaller correctement les durits et canalisations et à bien les fixer avec leur collier ou à verrouiller correctement leur raccord rapide*

d) *Remplir suffisamment le réservoir puis procéder à un contrôle d'étanchéité pour s'assurer de l'absence de fuites d'essence avant de prendre la route*

## 11 Boîtier de papillon - dépose et repose

***Danger : Consulter la note d'avertissement en section 1 avant toute intervention***

## Dépose

**1** Faire chuter la pression dans le circuit d'alimentation (voir section 7).

**2** Débrancher le câble de masse (-) de la batterie (voir « *Débranchement de la batterie* » à la partie « *Références* » en fin de manuel) puis procéder comme décrit ci-dessous, en fonction du type de moteur.

### Moteurs D7F

**Nota :** *La sonde de température d'air d'admission, le moteur de régulation de ralenti et le potentiomètre de papillon sont intégrés au boîtier de papillon et ne peuvent pas être changés séparément. Le boîtier de papillon est à équiper d'un joint neuf à la repose.*

**3** Libérer ses colliers et déposer le manchon de liaison raccordant le boîtier de filtre à air au boîtier de papillon, en débranchant le tuyau de dégazage.

**4** Débrancher les connexions électriques du moteur de régulation de ralenti, de la sonde de température d'air d'admission et du potentiomètre de papillon **(voir illustrations)**.

**5** Décrocher l'embout du câble d'accélérateur au niveau de la came de commande de papillon, en se reportant si nécessaire à la section 3 pour effectuer cette opération **(voir illustration)**.

**6** Desserrer les trois vis assemblant le boîtier de papillon à la tubulure d'admission **(voir illustration)**.

**7** Desserrer les deux vis de fixation de la patte de rigidification du boîtier de papillon sur la culasse ou les vis de fixation de la patte sur le support du boîtier de papillon puis dégager ce dernier avec la patte ou son support, suivant le cas, et récupérer son joint **(voir illustrations)**.

**8** La repose s'opère à l'inverse de la dépose, en équipant le boîtier de papillon d'un joint neuf. Réaccoupler ensuite le câble d'accélérateur et procéder s'il y a lieu à son réglage, comme indiqué en section 3.

**11.5 Désaccouplement du câble d'accélérateur de la came de commande de papillon - moteur D7F**

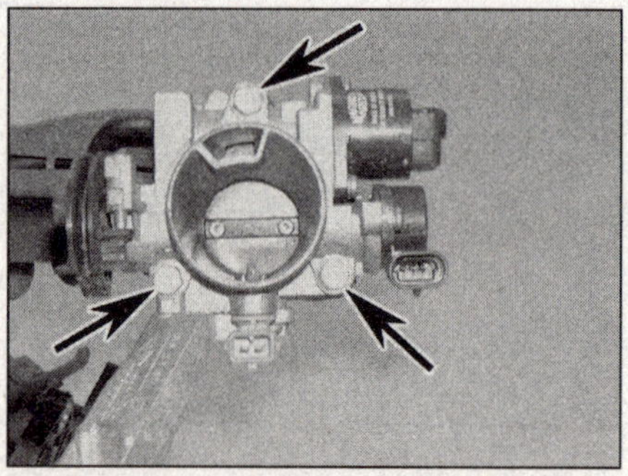

**11.6 Vis de fixation du boîtier de papillon - moteur D7F**

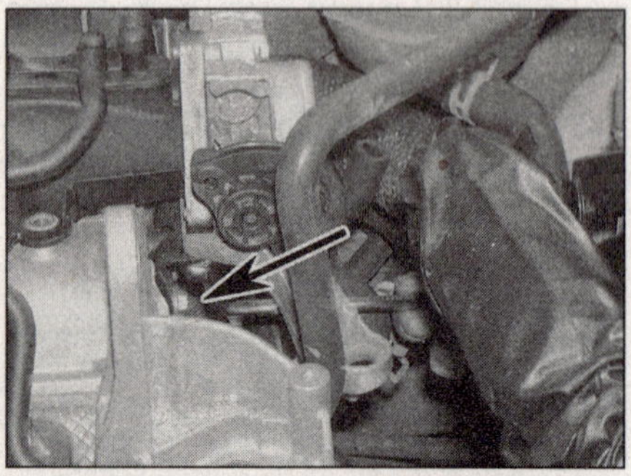

**11.7a Vis de fixation de patte de rigidification de boîtier de papillon - moteur D7F**

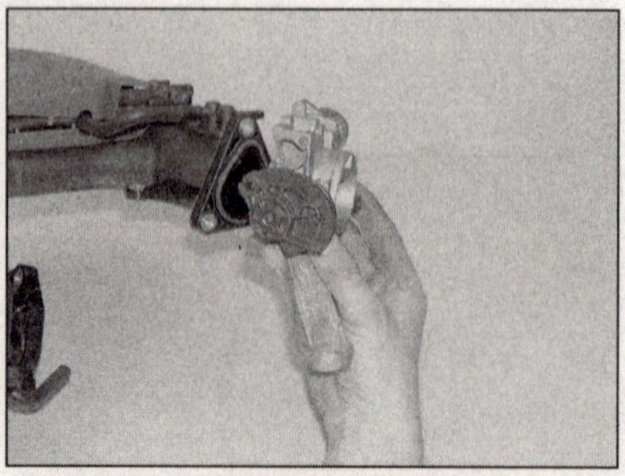

**11.7b Dépose du boîtier de papillon . . .**

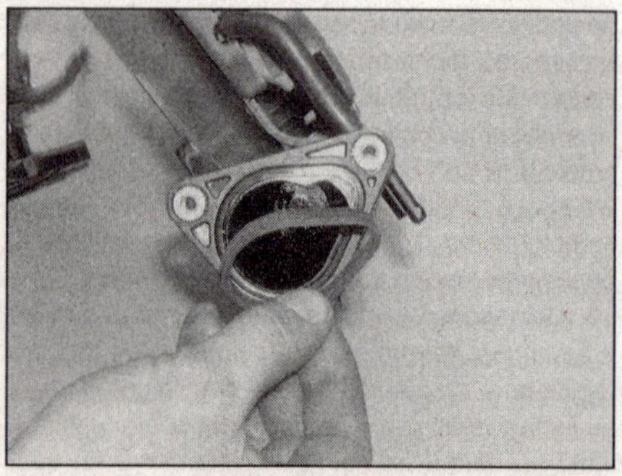

**11.7c . . . et de son joint - moteur D7F**

### Moteurs E7J et K7M

**9** Déposer le boîtier de filtre à air avec le conduit d'admission (voir section 2).
**10** Décrocher le câble d'accélérateur de la came de commande de papillon (voir section 3).
**11** Débrancher les connecteurs électriques du potentiomètre de papillon et du moteur de régulation de ralenti **(voir illustrations)**.
**12** Desserrer les vis l'assemblant à la tubulure d'admission puis dégager le boîtier de papillon et récupérer son joint à mettre au rebut : il est à changer systématiquement à chaque dépose.

### Moteurs K4J et K4M

**13** Dégager le boîtier de filtre à air ainsi que le boîtier d'aspiration du boîtier de papillon (voir section 2).
**14** Décrocher le câble d'accélérateur de la came de commande de papillon (voir section 3).
**15** Débrancher le connecteur électrique du potentiomètre de papillon **(voir illustration)**.
**16** Desserrer les vis l'assemblant à la tubulure d'admission puis dégager le boîtier de papillon et récupérer son joint à mettre au rebut : il est à changer systématiquement à chaque dépose.

### *Repose*

**17** Nettoyer les plans d'assemblage du boîtier de papillon et de la tubulure d'admission.
**18** La repose a lieu à l'inverse de la dépose, en équipant le boîtier de papillon d'un joint neuf. Réaccoupler ensuite le câble d'accélérateur et procéder à son réglage, comme indiqué en section 3.

## 12 Système de gestion du moteur - contrôle et réglages

### *Contrôle*

**1** En cas de dysfonctionnement du système de gestion du moteur, vérifier tout d'abord que tous les connecteurs électriques du circuit sont bien branchés et ne sont pas corrodés. S'assurer que l'incident ne provienne pas d'un entretien négligé : élément de filtre à air encrassé, bougies en mauvais état ou écartement de leurs électrodes mal réglé, pressions de compression incorrectes, tuyauterie de dégazage du carter-moteur obstruée ou endommagée. Se reporter aux sections correspondantes des chapitres 1A, 2A ou 2B et 4C pour remédier aux conditions indiquées ci-dessus.
**2** Si les contrôles réalisés précédemment ne permettent pas d'élucider la cause du dysfonctionnement, la voiture doit être examinée dans un atelier du réseau Renault équipé en conséquence. Le système de gestion du moteur comporte une prise située dans l'habitacle, derrière le cendrier au niveau de la façade centrale de la planche de bord, à laquelle peut être branché un appareil de diagnostic (coffret « XR25 ») qui sera en mesure de localiser rapidement et aisément l'origine de l'anomalie par lecture du code-défaut correspondant enregistré dans la mémoire du calculateur. Cet appareil dispense des vérifications

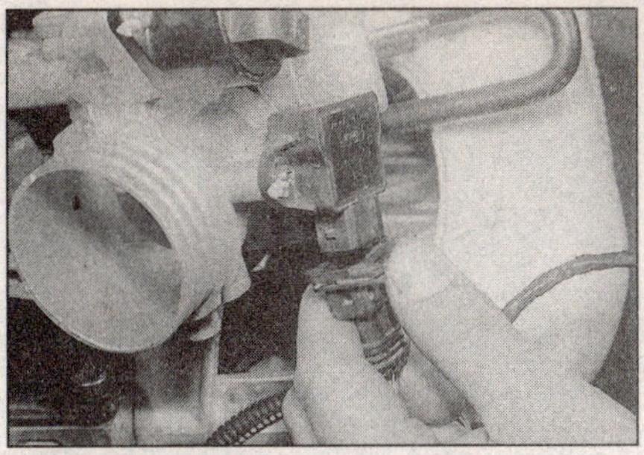

**11.11a Débranchement du connecteur électrique du potentiomètre de papillon - moteurs E7J et K7M**

**11.11b Débranchement du connecteur électrique du moteur de régulation de ralenti - moteurs E7J et K7M**

fastidieuses à accomplir séparément sur chaque composant du système, en évitant ainsi les pertes de temps inutiles et les risques de détérioration du calculateur électronique. Sans cet appareil, il est impossible de déterminer l'origine d'une panne au sein du système de gestion du moteur.
**3** Si le témoin de défaillance électronique au tableau de bord s'allume en cours de route ou demeure allumé pendant plus de 3 secondes après avoir mis le contact (ce qui nécessite de faire contrôler d'urgence le système de gestion du moteur par les services techniques d'un concessionnaire de la marque), il signale au moins une défaillance au niveau des composants suivants :

*a) Capteur de pression d'air d'admission*
*b) Potentiomètre de papillon*
*c) Injecteurs*
*d) Moteur de régulation de ralenti*
*e) Capteur de vitesse (véhicule roulant)*
*f) Liaison avec la boîte de vitesses automatique (suivant équipement)*

**4** Un certain nombre de composants individuels peuvent être contrôlés sur leur plan de leur résistance électrique, en utilisant les données des « *Caractéristiques* ».

### *Réglages*

**5** Il est indispensable de posséder à la fois une bonne connaissance des systèmes d'injection et de l'équipement nécessaire (comprenant entre autres un compte-tours de qualité et un analyseur de gaz d'échappement étalonné avec précision) pour contrôler la teneur en CO (richesse) des gaz d'échappement et le régime de ralenti. Si ces valeurs ne sont pas conformes, la voiture *doit* être confiée à un atelier du réseau Renault. Aucun réglage n'est possible : en cas de ralenti et de taux de CO incorrects, le problème doit être dû à une anomalie de fonctionnement du système de gestion du moteur.

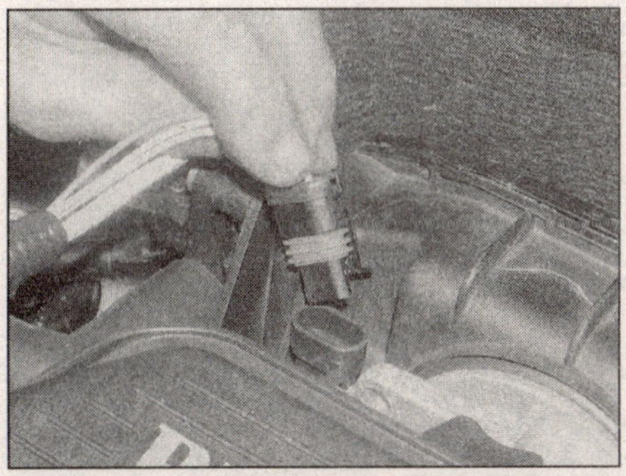

**11.15 Débranchement du connecteur électrique du potentiomètre de papillon - moteurs K4J et K4M**

## 13 Système de gestion du moteur - dépose et repose des éléments constituants

### *Rampe d'alimentation et injecteurs*

***Danger : Consulter la note d'avertissement en section 1 avant toute intervention***

**Nota :** *En cas de dysfonctionnement présumé ou avéré des injecteurs, avant de procéder à leur remplacement, il sera bon d'essayer un nettoyant spécial pour injecteurs du commerce, à ajouter dans le réservoir d'essence.*

### Moteurs D7F

**Nota :** *Les joints toriques sont à remplacer systématiquement à chaque démontage.*
**1** Faire chuter la pression dans le circuit d'alimentation (voir section 7) puis débrancher le câble de masse (-) de la batterie (voir « *Débranchement de la batterie* » à la partie « *Références* » en fin de manuel).
**2** Séparer les deux fiches du connecteur électrique du faisceau des injecteurs, situé devant le régulateur de pression d'alimentation **(voir illustration)**.

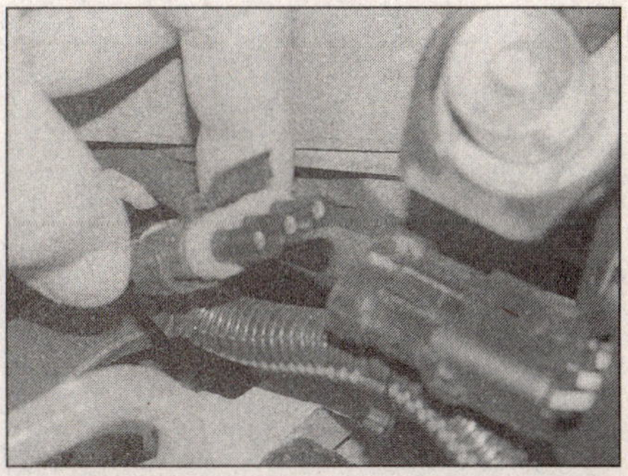

**13.2 Débranchement du connecteur du faisceau électrique des injecteurs - moteur D7F**

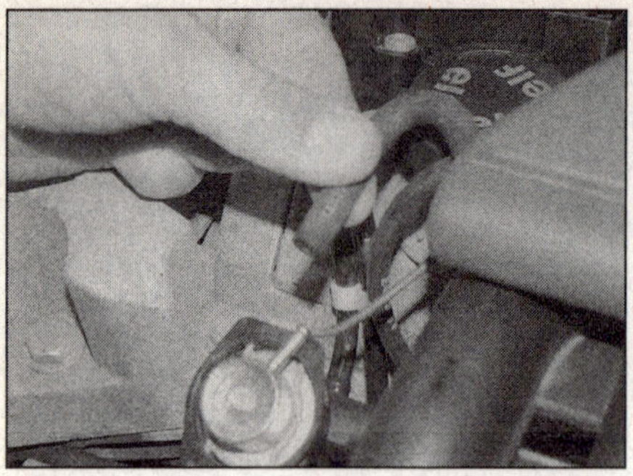
**13.3 Débranchement du tuyau de dépression du régulateur de pression d'alimentation - moteur D7F**

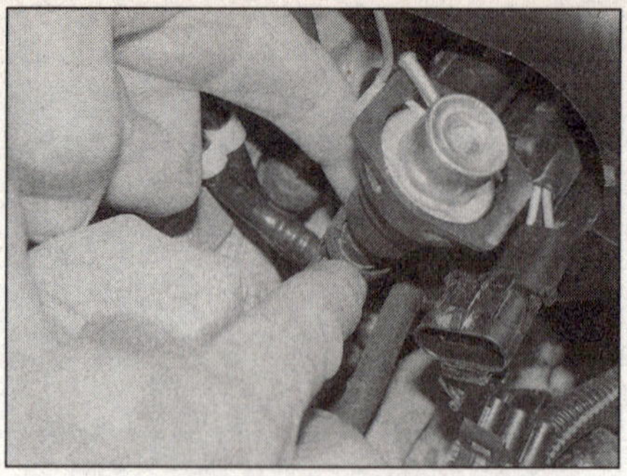
**13.4 Débranchement de la durit de retour de carburant de la rampe d'alimentation - moteur D7F**

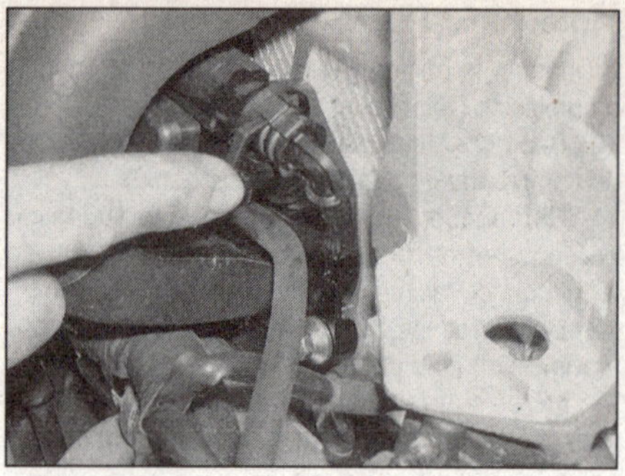
**13.5a Pousser l'outil intégré pour déverrouiller les arrêtoirs du raccord rapide . . .**

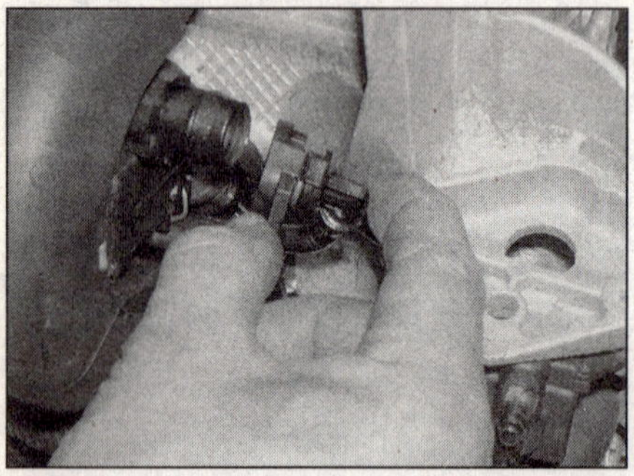
**13.5b . . . et débrancher la durit d'arrivée de carburant de la rampe d'alimentation - moteur D7F**

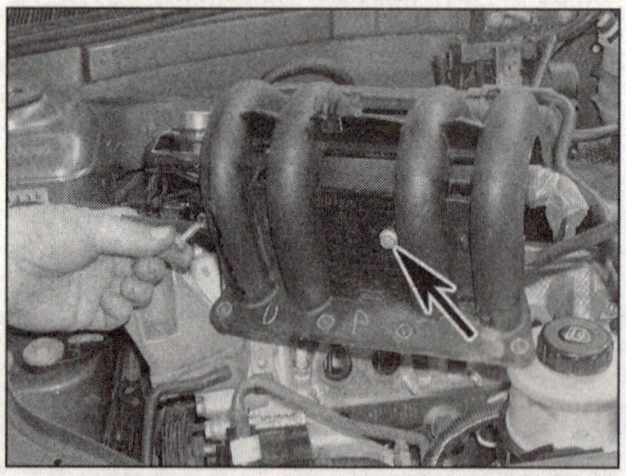
**13.6 Desserrage des vis de fixation de la rampe d'alimentation - moteur D7F (vue avec tubulure d'admission déposée)**

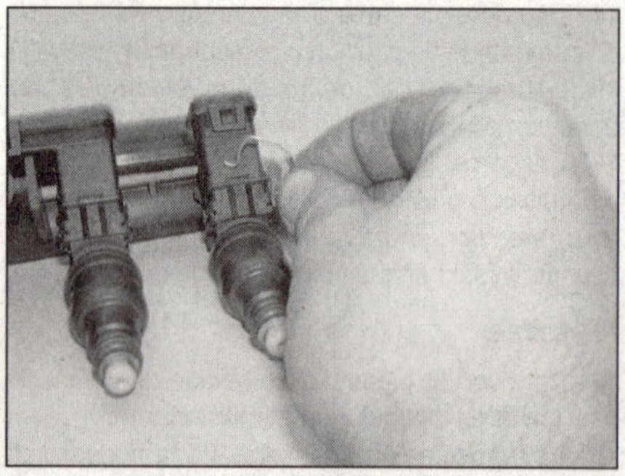
**13.8a Extraire les agrafes . . .**

**3** Débrancher le tuyau de dépression du régulateur de pression d'alimentation **(voir illustration)**.

**4** Débrancher la durit de retour de carburant à l'extrémité de la rampe d'alimentation : prévoir un écoulement d'essence **(voir illustration)**. Boucher la durit ou la brider avec une pince afin d'éviter l'admission d'impuretés dans le circuit et d'arrêter l'écoulement d'essence.

**5** Débrancher ensuite la durit d'arrivée de carburant au niveau de la rampe d'alimentation. Un outil d'atelier (Mot. 1311-06) est prévu à cet effet. A défaut, utiliser un petit tournevis pour déverrouiller les arrêtoirs du raccord. A signaler que certains moteurs disposent d'un outil intégré au raccord de la durit **(voir illustrations)**. Après déverrouillage des arrêtoirs du raccord, tirer sur la durit pour la débrancher puis la boucher ou la brider avec une pince de manière à empêcher l'admission d'impuretés dans le circuit et d'arrêter l'écoulement d'essence.

**6** Desserrer les deux vis de fixation de la rampe d'alimentation en dessous de la tubulure d'admission **(voir illustration)**.

**7** Tirer ensuite l'ensemble rampe d'alimentation et injecteurs vers la droite pour le dégager entre la tubulure d'admission et la culasse.

**8** Pour procéder à la dépose des injecteurs, extraire ses agrafes et dégager la rampe d'alimentation électrique puis enlever leur étrier de retenue et dégager chacun des injecteurs **(voir illustrations)**.

**9** La repose s'opère à l'inverse de la dépose, en équipant les injecteurs de joints toriques neufs (s'assurer de la disponibilité des joints toriques en pièces de rechange avant de les enlever) et serrant les vis de fixation de la rampe d'alimentation au couple prescrit. S'assurer de bien encliqueter le raccord de la durit d'arrivée de carburant sur la rampe d'alimentation.

## Moteurs E7J et K7M

**10** Faire chuter la pression dans le circuit d'alimentation (voir section 7) puis débrancher le câble de masse (-) de la batterie (voir « *Débranchement de la batterie* » à la partie « *Références* » en fin de manuel).

**11** Déposer le boîtier de filtre à air (voir section 2) puis dévisser ses deux écrous de fixation, dégager du tablier le vase d'expansion du circuit de

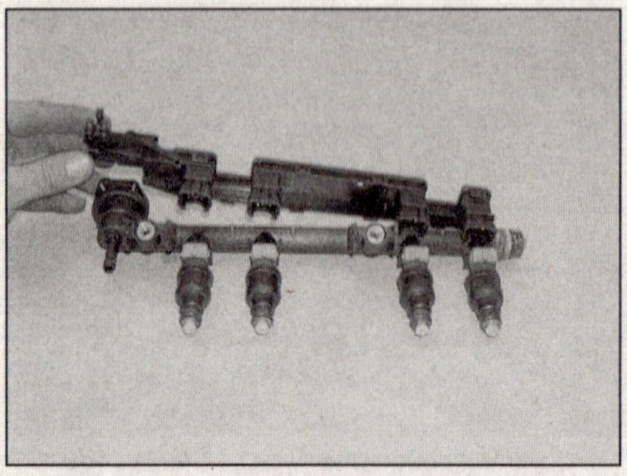
**13.8b . . . et dégager la rampe d'alimentation électrique des injecteurs - moteur D7F**

**13.8c Dépose de l'étrier de retenue . . .**

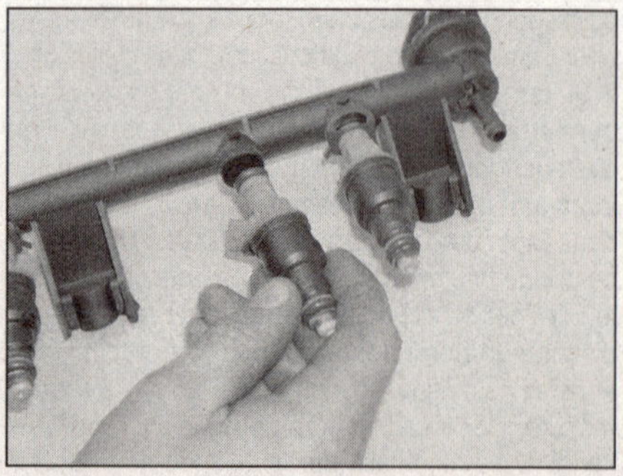
**13.8d . . . et d'un injecteur - moteur D7F**

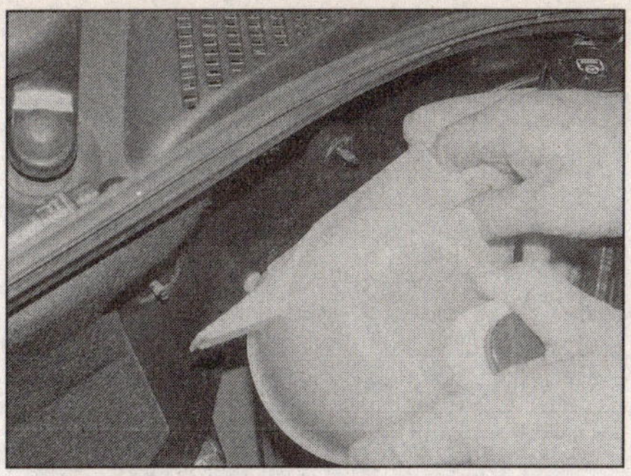

**13.11 Dépose du vase d'expansion du circuit de refroidissement - moteurs E7J et K7M**

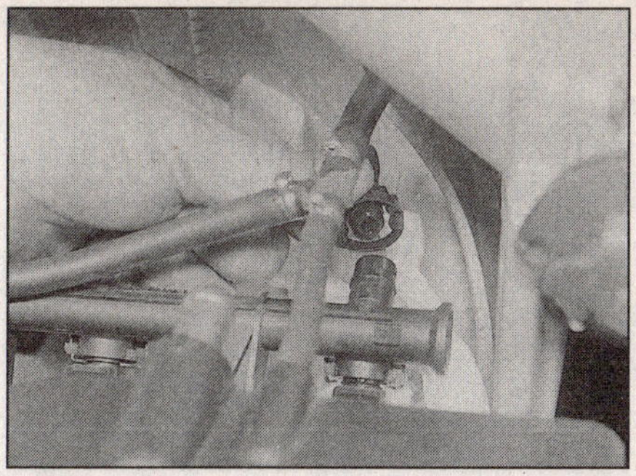

**13.12 Débranchement de la durit de retour de carburant de la rampe d'alimentation - moteurs E7J et K7M**

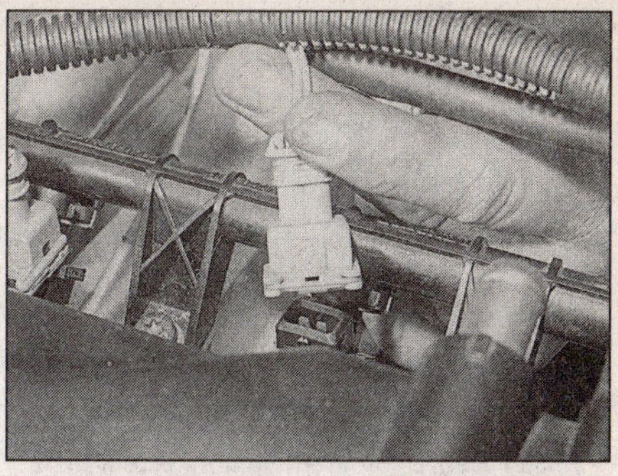

**13.14 Débranchement du connecteur électrique des injecteurs - moteurs E7J et K7M**

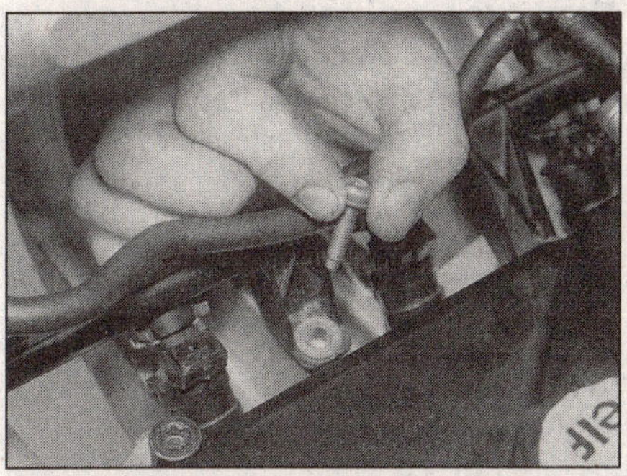

**13.15 Dépose d'une vis de fixation de rampe d'alimentation - moteurs E7J et K7M**

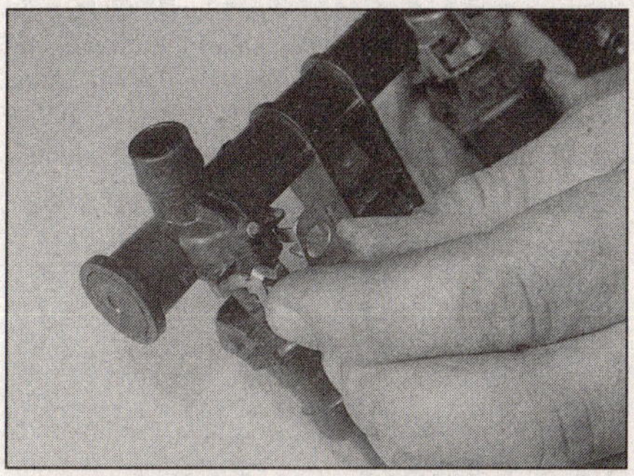

**13.16a Dépose de l'étrier de retenue . . .**

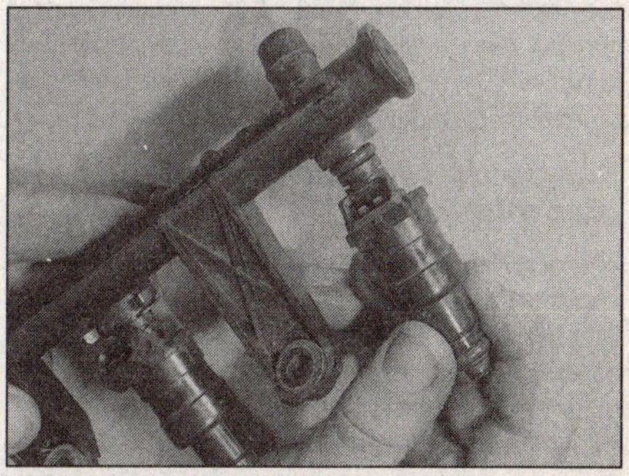

**13.16b . . . et d'un injecteur - moteurs E7J et K7M**

refroidissement et l'écarter sur le côté **(voir illustration)**.

**12** Débrancher les durits d'arrivée et de retour de carburant au niveau de la rampe d'alimentation **(voir illustration)**. Les durits sont dotées du même type de raccord rapide que sur le côté pompe à essence (voir section 8).

**13** Débrancher le tuyau de dépression du régulateur de pression d'alimentation sur la rampe d'alimentation.

**14** Débrancher le connecteur électrique des injecteurs et écarter le faisceau sur le côté **(voir illustration)**.

**15** Desserrer et enlever ses vis de fixation puis dégager avec précaution la rampe d'alimentation avec les injecteurs de la tubulure d'admission **(voir illustration)**.

**16** Extraire leur étrier de retenue et dégager les injecteurs de la rampe d'alimentation **(voir illustrations)**.

**17** Récupérer les joints toriques de chaque côté des injecteurs et s'en procurer des neufs.

**18** La repose s'effectue à l'inverse de la dépose, en observant par ailleurs les points suivants :

a) *Enduire légèrement d'huile moteur les joints toriques neufs afin de faciliter leur installation*
b) *En remettant en place la rampe d'alimentation sur la tubulure d'admission, veiller à ne pas faire bouger les joints toriques et serrer ses vis de fixation au couple préconisé*
c) *Suite à la repose de la rampe d'alimentation, procéder à un contrôle d'étanchéité pour s'assurer de l'absence de fuites d'essence*

## Moteurs K4J et K4M

**19** Faire chuter la pression dans le circuit d'alimentation (voir section 7) puis débrancher le câble de masse (-) de la batterie (voir *« Débranchement de la batterie »* à la partie *« Références »* en fin de manuel).

**20** Déposer l'écran de protection des injecteurs et de la rampe d'alimentation.

**21** Débrancher les durits d'arrivée et de retour de carburant au niveau de la rampe d'alimentation.

**22** Débrancher le tuyau de dépression du régulateur de pression d'alimentation.

**23** Débrancher la connexion électrique des injecteurs et écarter le faisceau sur le côté.

**24** Desserrer et enlever ses vis de fixation puis dégager avec précaution la rampe d'alimentation avec les injecteurs de la tubulure d'admission.

**25** Extraire leur épingle de retenue et dégager les injecteurs de la rampe d'alimentation.

**26** Récupérer les joints toriques de chaque côté des injecteurs et s'en procurer des neufs.

**27** La repose s'opère à l'inverse de la dépose, en tenant par ailleurs compte des points suivants :

a) *Enduire légèrement d'huile moteur les joints toriques neufs pour faciliter leur mise en place*
b) *Pour procéder à la repose de la rampe d'alimentation sur la tubulure d'admission, veiller à ce que les joints toriques restent correctement en place et serrer les vis de fixation au couple prescrit*
c) *Faire démarrer le moteur et effectuer un contrôle pour s'assurer de l'absence de fuites d'essence*

## *Régulateur de pression d'alimentation*

⚠ ***Danger : Consulter la note d'avertissement en section 1 avant toute intervention***

**28** Débrancher le tuyau de dépression du régulateur de pression **(voir illustration)**.

**29** Etendre des chiffons sous le régulateur de pression pour récupérer l'essence puis extraire son épingle ou son agrafe de fixation et dégager le régulateur de la rampe d'alimentation.

**30** Récupérer les joints toriques du régulateur et s'en procurer des neufs.

**31** Pour effectuer la repose, enduire légèrement d'huile moteur les joints toriques afin de faciliter la mise en place. Installer le régulateur sur la rampe d'alimentation puis remonter l'épingle ou l'agrafe de fixation et rebrancher le tuyau de dépression.

## *Potentiomètre de papillon*

**32** Déposer le boîtier de papillon (voir section 11).

**33** Desserrer ses vis de fixation et dégager le potentiomètre du boîtier de papillon.

**34** La repose s'effectue à l'inverse de la dépose, en veillant à engager correctement le potentiomètre

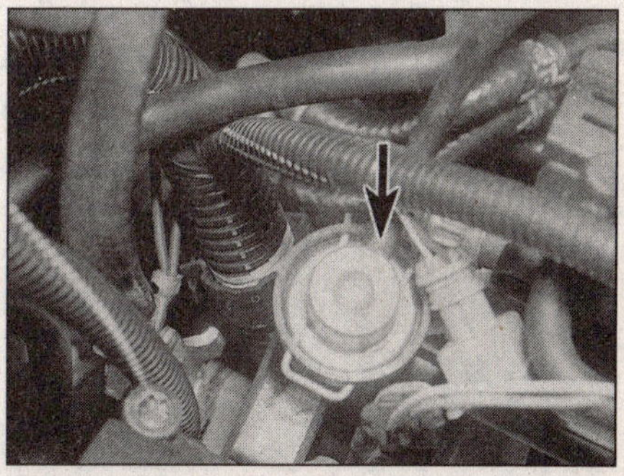

**13.28 Tuyau de dépression raccordé au régulateur de pression d'alimentation - moteurs E7J et K7M**

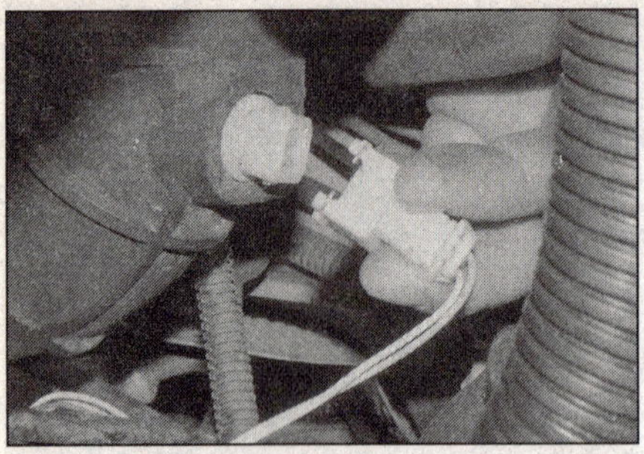

**13.35a Débranchement du connecteur de la sonde de température d'air d'admission - moteur E7J . . .**

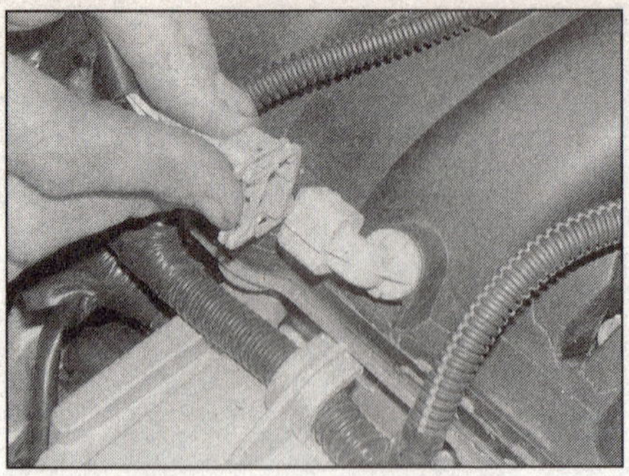

**13.35b . . . et sur moteur K4J**

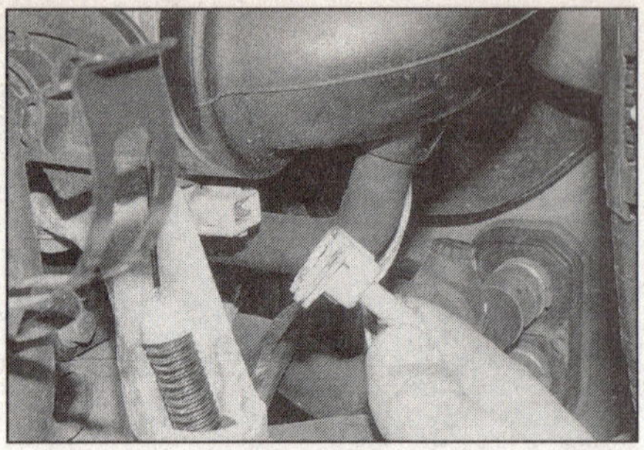

**13.38 Débranchement du connecteur de la sonde de température de liquide de refroidissement - moteur D7F**

sur l'axe de papillon. **Nota :** *Il est préconisé par le constructeur de faire vérifier à l'aide de l'appareil de contrôle « XR 25 » le fonctionnement du potentiomètre à chaque dépose de celui-ci.*

## Sonde de température d'air d'admission

**35** La sonde de température d'air d'admission est implantée sur le manchon de liaison entre boîtier de filtre à air et boîtier de papillon (moteurs E7J et K7M) ou est vissée sur la partie supérieure de la tubulure d'admission (moteurs K4J et K4M). Pour la déposer, débrancher tout d'abord le connecteur électrique puis le cas échéant, desserrer ses colliers et dégager le manchon de liaison **(voir illustrations)**.

**36** Dévisser ensuite et déposer la sonde.

**37** Procéder à l'inverse de la dépose pour effectuer la repose

## Sonde de température de liquide de refroidissement

**38** La sonde de température de liquide de refroidissement affectée au système de gestion du moteur est implantée sur le boîtier thermostatique ou montée côté gauche de la culasse **(voir illustration)**. Se reporter au chapitre 3, section 8 pour effectuer la dépose et la repose de la sonde.

## Pressostat de direction assistée

**39** Le pressostat est monté sur la canalisation haute pression en sortie de la pompe de direction assistée.

**40** Débrancher le connecteur électrique du pressostat.

**41** Nettoyer son pourtour puis dévisser et dégager le pressostat de la canalisation. Obturer l'orifice découvert sur la canalisation afin d'arrêter l'écoulement de fluide et d'empêcher l'admission d'impuretés dans le circuit hydraulique.

### Repose

**42** La repose s'opère à l'inverse de la dépose. Vérifier ensuite le niveau de fluide de direction assistée, en se reportant au chapitre 1A pour cette opération.

## Capteur de cliquetis

**43** Sur les moteurs D7F, K4J et K4M, le capteur de cliquetis est monté sur la face avant du bloc-cylindres tandis qu'il est implanté à l'arrière du bloc/carter-cylindres, en dessous de la tubulure d'admission, dans le cas des moteurs E7J et K7M **(voir illustration)**.

**44** Se reporter au chapitre 5B où sont décrites les opérations de dépose et de repose du capteur.

## Moteur de régulation de ralenti

**45** Dans le cas des moteurs D7F, le moteur de régulation de ralenti est monté en haut du boîtier de papillon auquel il est intégré. Pour les moteurs E7J et K7M, le moteur de régulation de ralenti est monté sur la face arrière du boîtier de papillon. Sur les moteurs K4J et K4M, il est implanté sur le boîtier d'aspiration d'air, à l'arrière droit du moteur.

**46** Déposer le boîtier de papillon (voir section 11).

**47** Desserrer ses vis de fixation puis dégager le moteur de régulation de ralenti du boîtier de papillon ou du boîtier d'aspiration d'air et récupérer le joint à mettre au rebut : il est à changer systématiquement à chaque dépose.

**48** Procéder à l'inverse de la dépose pour effectuer la repose, en utilisant un joint neuf.

## Capteur de pression d'air d'admission

**49** Ce capteur est monté à l'arrière du boîtier de filtre à air.

**50** Débrancher le connecteur électrique et le tuyau de prise de dépression du capteur **(voir illustrations)**.

**51** Desserrer ses écrous de fixation et dégager le capteur.

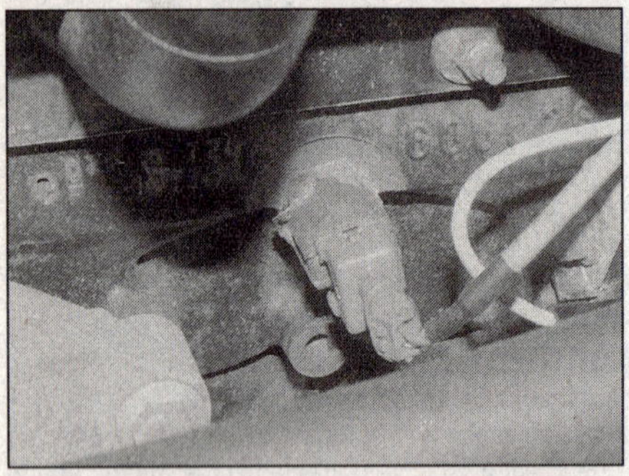

**13.43a Capteur de cliquetis - moteur D7F . . .**

**13.43b . . . et sur moteur K4J**

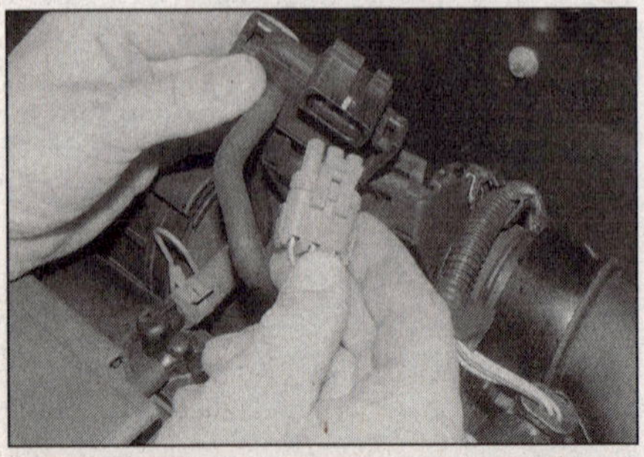

**13.50a Débranchement du connecteur du capteur de pression d'air d'admission - moteur D7F**

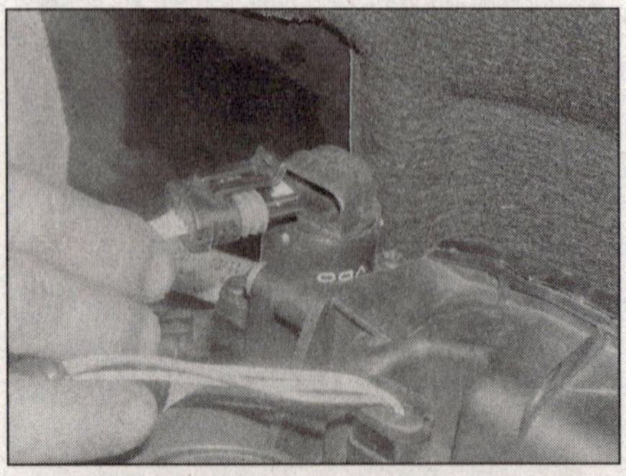

**13.50b Débranchement du connecteur électrique . . .**

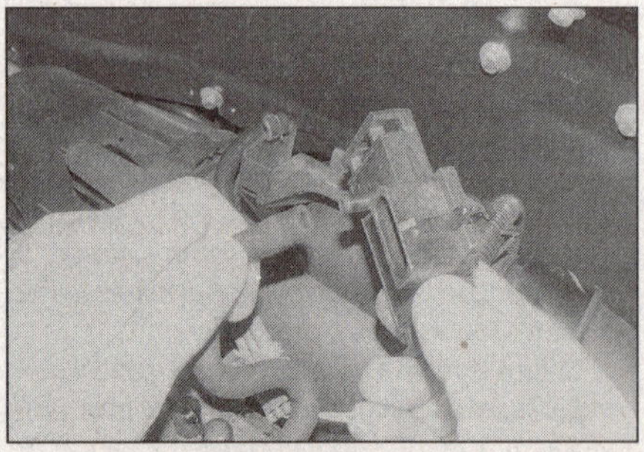

**13.50c . . . et du tuyau de dépression du capteur de pression d'air d'admission - moteur K4J**

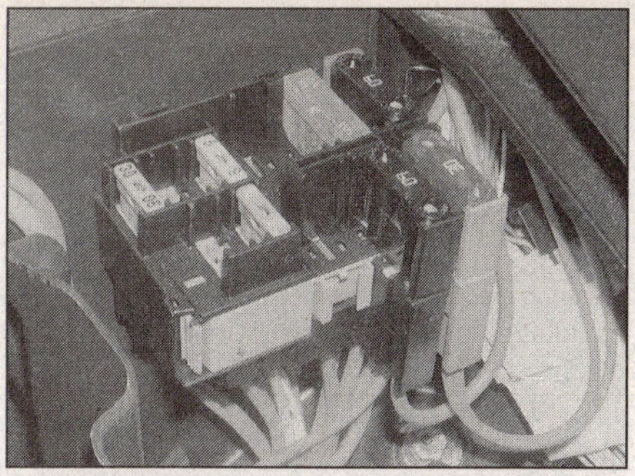

**13.55 Boîtier à fusibles dans le compartiment moteur, à côté duquel se trouve la platine à relais**

52 Opérer en sens inverse de dépose pour effectuer la repose.

### *Relais principal et de pompe à essence*

53 Ces relais sont implantés au niveau de la platine à relais, côté gauche du compartiment moteur.
54 Déposer le couvercle de la platine à relais.
55 Dégager ensuite le relais concerné de la platine **(voir illustration)**.
56 Procéder à l'inverse de la dépose pour effectuer la repose.

### *Capteur de vilebrequin*

57 Le capteur affecté à la détection du régime du moteur et de la position du vilebrequin est monté sur la face avant du carter d'embrayage ou de boîte de vitesses, en regard du volant moteur/disque d'entraînement **(voir illustration)**.
58 Déposer le boîtier de filtre à air (voir section 2).
59 Suivre le trajet du câblage électrique en partant du capteur jusqu'à son connecteur électrique et le débrancher du faisceau principal.
60 Desserrer ses vis de fixation et dégager le capteur **(voir illustration)**.
61 La repose a lieu en sens inverse de dépose. Veiller à bien serrer les vis de fixation du capteur : il est impératif d'utiliser les vis épaulées prévues d'origine afin d'obtenir l'entrefer correct entre la face active du capteur et le volant moteur/disque d'entraînement.

### *Contacteur à inertie de coupure d'alimentation*

62 Ce contacteur est fixé contre le passage de roue avant gauche dans le compartiment moteur **(voir illustration)**.
63 Desserrer ses vis de fixation puis débrancher le connecteur électrique et sortir le contacteur du compartiment moteur.
64 La repose a lieu en sens inverse de dépose. Rétablir ensuite le fonctionnement du contacteur en appuyant sur son bouton protégé par un soufflet.

### *Calculateur électronique*

**Nota :** *Sur les véhicules équipés d'un système antidémarrage, le calculateur électronique de gestion du moteur est programmé avec le code de sécurité du système. En cas de remplacement, le calculateur de rechange qui est livré non codé doit être configuré avec le code du véhicule (voir description de cette opération ci-dessous)*

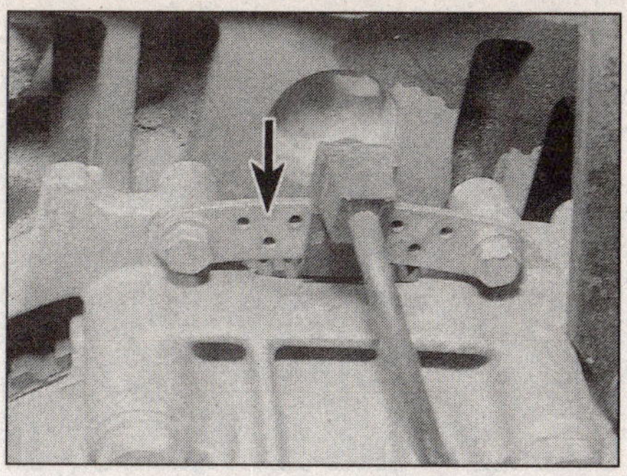

**13.57 Capteur de vilebrequin en haut du carter d'embrayage**

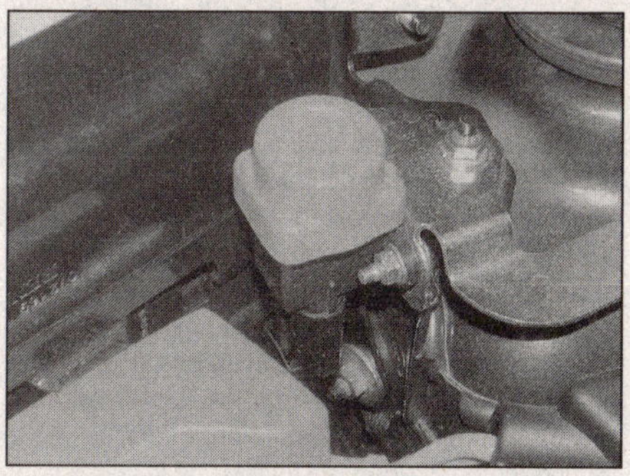

**13.62 Contacteur à inertie de coupure d'alimentation**

65 Le calculateur électronique est situé côté gauche du compartiment moteur, derrière la batterie. Débrancher le câble de masse (-) de la batterie (voir *« Débranchement de la batterie »* à la partie *« Références »* en fin de manuel).
66 Dégrafer du tablier et écarter vers le moteur le réservoir de fluide de direction assistée **(voir illustration)**.
67 Le cas échéant, dévisser le support supérieur du calculateur et libérer la sangle **(voir illustration)**. En alternative, le support peut rester en place sur le calculateur pour la dépose ultérieure de l'ensemble.
68 Desserrer ses vis de fixation et dégager le calculateur avec son support **(voir illustration)**.
69 Débrancher le connecteur électrique et sortir le calculateur du compartiment moteur.

**13.67 . . . puis déposer le support supérieur . . .**

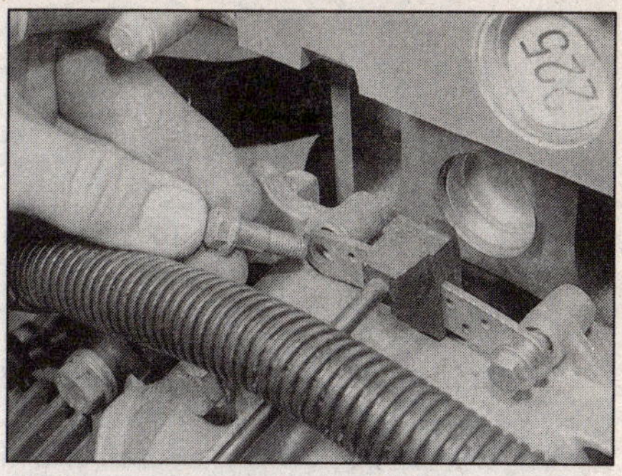

**13.60 Dépose d'une vis de fixation du capteur de vilebrequin**

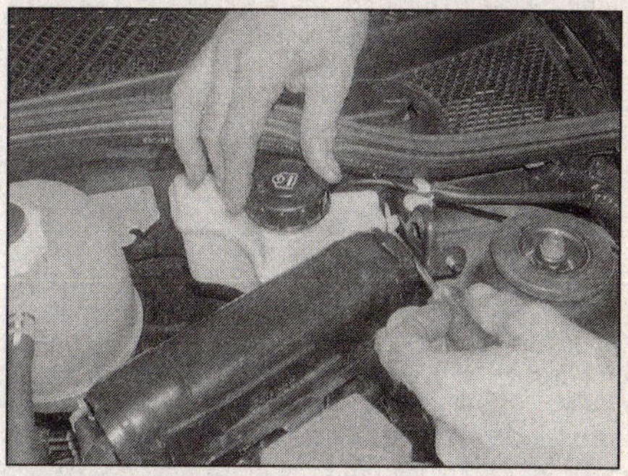

**13.66 Dégrafer et écarter vers le moteur le réservoir de fluide de direction assistée . . .**

70 La repose a lieu à l'inverse de la dépose, en veillant à enficher correctement le connecteur électrique. En cas de montage d'un calculateur neuf, le programmer avec le code de sécurité du véhicule en procédant comme suit : mettre le contact pendant quelques secondes puis le couper et enlever la clé du contacteur de démarrage : au bout de 10 secondes, le témoin rouge de la fonction antidémarrage doit se mettre à clignoter.

## 14 Tubulure d'admission et collecteur d'échappement - dépose et repose

### *Tubulure d'admission*

#### Moteurs D7F, E7J et K7M

1 Débrancher le câble de masse (-) de la batterie

**13.68 . . . et le calculateur électronique de gestion du moteur**

**14.6 Dépose du manchon de liaison entre filtre à air et boîtier de papillon - moteur D7F**

(voir « *Débranchement de la batterie* » à la partie « *Références* » en fin de manuel).

**2** Déposer le boîtier de filtre à air (voir section 2).

**3** Procéder à la dépose de la rampe d'alimentation avec les injecteurs (voir section précédente).

**4** Serrer le frein à main puis lever l'avant de la voiture au cric et le poser sur chandelles (voir « *Levage et soutien du véhicule* »). Déposer la roue avant droite ainsi que la coquille pare-boue du passage de roue.

**5** Dans le cas des moteurs E7J et K7M, dévisser la patte-support de la tubulure d'admission, côté droit de la culasse. Pour les moteurs D7F, desserrer les deux vis de fixation de la patte de rigidification du boîtier de papillon sur la culasse.

**6** Desserrer ses colliers et déposer le manchon de liaison entre le boîtier de filtre à air et le boîtier de papillon **(voir illustration)**.

**7** Décrocher l'embout du câble d'accélérateur de

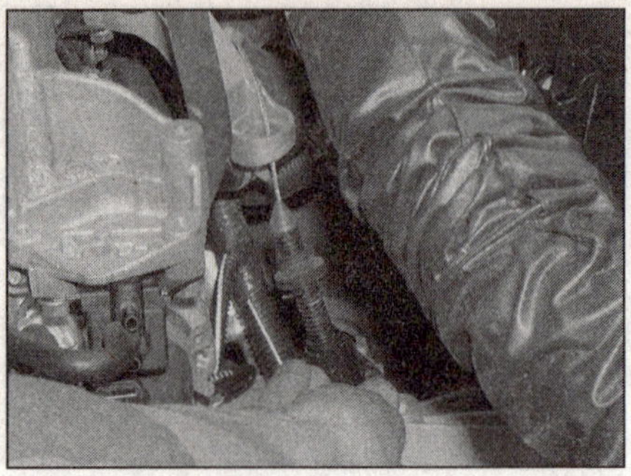

**14.7 Dépose du câble d'accélérateur - moteur D7F**

la came de commande de papillon, comme indiqué en section 3 **(voir illustration)**.

**8** Débrancher les connexions électriques au niveau du boîtier de papillon.

**9** Débrancher les différents tuyauteries de prise de dépression au niveau de la tubulure d'admission.

**10** Desserrer progressivement puis enlever les écrous et éventuellement les vis assemblant la tubulure d'admission à la culasse **(voir illustrations)**.

**11** Dégager la tubulure d'admission de la culasse et récupérer le joint plat ou les joints toriques, suivant montage **(voir illustration)**.

**12** La repose s'opère à l'inverse de la dépose, en s'assurant au préalable de la parfaite propreté des plans de joint de la culasse et de la tubulure, en utilisant un joint plat ou des joints toriques neufs, suivant le cas, et serrant les écrous ainsi qu'éventuellement les vis de fixation au couple prescrit.

### Moteurs K4J et K4M

**13** Débrancher le câble de masse (-) de la batterie (voir « *Débranchement de la batterie* » à la partie « *Références* » en fin de manuel).

**14** Déposer le boîtier de filtre à air (voir section 2).

**15** Débrancher successivement les connecteurs électriques du potentiomètre de papillon, du capteur de pression d'admission, des bobines d'allumage et de la sonde de température d'air d'admission.

**16** Décrocher l'embout du câble d'accélérateur de la came de commande de papillon (voir section 3).

**17** Desserrer et enlever ses vis d'assemblage et écarter le boîtier de papillon de la tubulure d'admission.

**18** Desserrer progressivement puis enlever les vis assemblant la tubulure d'admission à la culasse.

**19** Dégager la tubulure d'admission de la culasse et récupérer le joint.

**20** La repose s'effectue à l'inverse de la dépose, en s'assurant au préalable de la parfaite propreté des plans de joint de la culasse et de la tubulure, en utilisant un joint neuf et serrant les vis de fixation au couple préconisé.

## *Collecteur d'échappement*

### Moteurs D7F, E7J et K7M

**21** Serrer le frein à main puis lever l'avant de la voiture au cric et le poser sur chandelles (voir « *Levage et soutien du véhicule* »). Déposer le carénage de protection sous le moteur dans le cas où il existe.

**22** Pour les moteurs E7J et K7M, desserrer ses vis de fixation et dégager le support d'accessoires, côté droit de la culasse.

**23** Désolidariser le tube avant d'échappement avec le pot catalytique du collecteur (voir section suivante).

**24** Dévisser ses écrous de fixation et déposer l'écran thermique du collecteur d'échappement **(voir illustration)**.

**25** Desserrer progressivement et enlever les vis ou éventuellement les écrous l'assemblant à la culasse puis dégager le collecteur d'échappement et récupérer son joint **(voir illustration)**.

**26** La repose a lieu à l'inverse de la dépose, en s'assurant au préalable de la parfaite propreté des plans de joint de la culasse et du collecteur, en utilisant un joint neuf et serrant les vis ou éventuellement les écrous de fixation au couple préconisé.

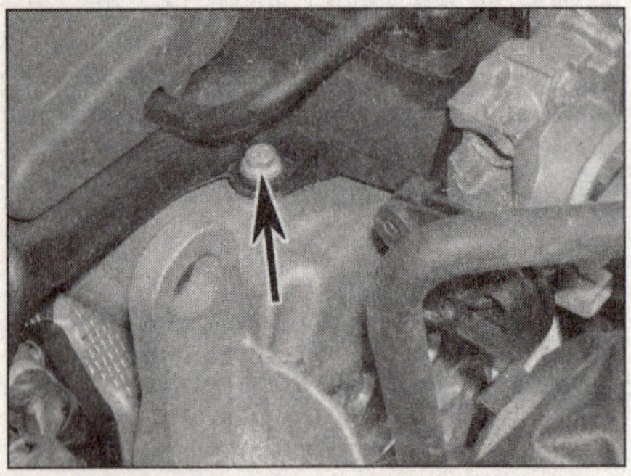

**14.10a Une des deux vis assemblant la tubulure d'admission à la culasse . . .**

**14.10b . . . et desserrage de la seconde vis accessible par le support du faisceau d'allumage - moteur D7F**

**14.11 Dépose de la tubulure d'admission - moteur D7F**

**14.24 Ecran thermique de collecteur d'échappement - moteur E7J**

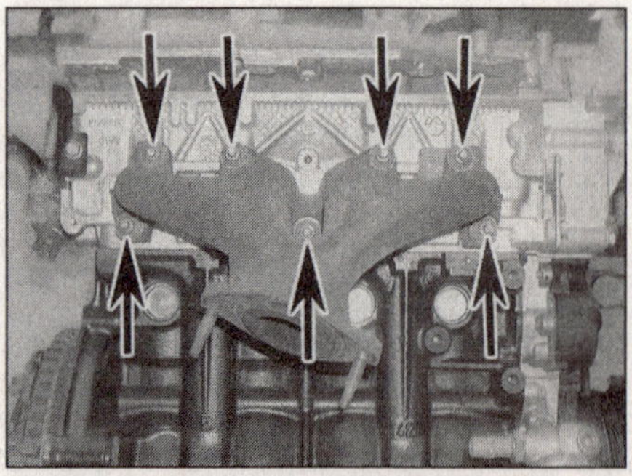

**14.25 Ecrous de fixation de collecteur d'échappement - moteur D7F**

### Moteurs K4J et K4M

**27** Serrer le frein à main puis lever l'avant de la voiture au cric et le poser sur chandelles (voir *« Levage et soutien du véhicule »*). Déposer le carénage de protection éventuellement prévu sous le moteur.
**28** Déposer le boîtier de filtre à air (voir section 2).
**29** Déposer la sonde lambda (voir chapitre 4C, section 2).
**30** Dévisser et déposer l'écran thermique coiffant le collecteur d'échappement, à l'arrière du moteur. Déposer également l'écran thermique du berceau.
**31** Désolidariser le tube avant d'échappement du collecteur (voir section suivante).
**32** Dissocier le pot catalytique du collecteur et du tube intermédiaire d'échappement. A signaler que le berceau peut être descendu légèrement afin de faciliter la dépose du pot catalytique sans détériorer l'écran thermique du soubassement.
**33** Desserrer ses vis de fixation et dégager la patte-support, côté droit du collecteur d'échappement.
**34** Desserrer les écrous l'assemblant à la culasse puis dégager le collecteur d'échappement des goujons et récupérer le joint.
**35** La repose s'opère à l'inverse de la dépose, en s'assurant au préalable de la parfaite propreté des plans de joint de la culasse et du collecteur, en utilisant un joint neuf et serrant les écrous de fixation au couple préconisé.

## 15 Echappement - dépose et repose

**1** En équipement d'origine, l'échappement se compose uniquement de deux parties : un tube avant avec pot catalytique intégré et le reste de la ligne d'échappement comprenant un tube intermédiaire avec un silencieux primaire (sauf moteurs D7F) et un tube arrière avec le silencieux secondaire. La jonction entre le tube avant/pot catalytique et le tube intermédiaire est assurée par un collier à boulon **(voir illustration)**.
**2** La partie arrière de l'échappement surplombant le train arrière, elle peut être remplacée séparément en la sectionnant au niveau du tube intermédiaire avec une scie à métaux. La ligne d'échappement est suspendue sur toute sa longueur par des supports élastiques en caoutchouc **(voir illustration)**.

### *Dépose*

**3** Pour déposer une partie constituante de l'échappement, lever l'avant ou l'arrière de la voiture au cric et le poser sur chandelles (voir *« Levage et soutien du véhicule »*). En alternative, placer la voiture au-dessus d'une fosse d'entretien ou sur un pont élévateur. Dans le cas où il existe, déposer le carénage de protection sous le moteur.

### Tube avant et pot catalytique

**4** Suivre le trajet du câblage électrique en partant de la sonde lambda jusqu'à son connecteur et le

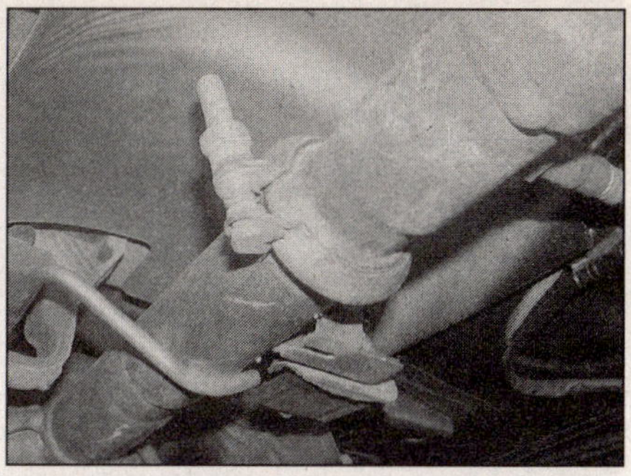

**15.1 Collier d'assemblage entre tubes avant et intermédiaire d'échappement**

débrancher. Libérer le câblage de toute bride de maintien de façon à pouvoir le déposer avec le tube avant d'échappement.
**5** Le cas échéant, dévisser le tube avant d'échappement au niveau de la patte-support sur la boîte de vitesses.
**6** Desserrer et enlever les écrous ou les boulons d'assemblage puis dissocier la bride du tube avant d'échappement du collecteur et récupérer le joint.
**7** Dévisser le boulon du collier d'assemblage puis désolidariser le tube avant/pot catalytique du tube intermédiaire et le dégager du dessous de la voiture.

### Tube intermédiaire et silencieux primaire (suivant équipement)

**8** Dévisser le boulon du collier d'assemblage entre le tube avant/pot catalytique et le tube intermédiaire.
**9** S'il s'agit de l'échappement monté en usine, le tube intermédiaire doit être scindé au moyen d'une scie à métaux ou d'un coupe-tubes. Repérer l'emplacement où doit avoir lieu la séparation, soit environ à mi-distance entre le silencieux secondaire ou arrière et le support intermédiaire. Le point de sectionnement est indiqué par deux repères circulaires marqués au pointeau sur le côté du tube. Les repères pointés sont distants de 90 mm et la section doit s'effectuer au centre de cette cote. **Nota :** *S'assurer de sectionner d'équerre le tube d'échappement, sinon il sera difficile d'obtenir une bonne étanchéité au réassemblage.*
**10** Après l'avoir sectionné, dégager le tube intermédiaire avec éventuellement le silencieux primaire du dessous de la voiture.
**11** Si la partie arrière de l'échappement a été scindée précédemment pour une réparation, dévisser le boulon de fixation, écarter le manchon de raccordement avec le tube arrière et décrocher le tube intermédiaire de ses supports en caoutchouc pour le dégager par le dessous de la voiture.

### Tube arrière et silencieux secondaire

**12** S'il s'agit de l'équipement d'origine, procéder comme indiqué ci-dessus au point 9 pour la dépose du tube arrière et du silencieux secondaire.
**13** Si la partie arrière de l'échappement a été scindée précédemment pour une réparation,

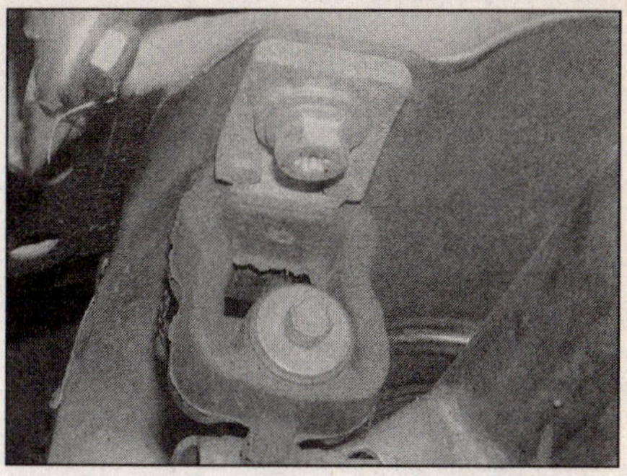

**15.2 Support élastique d'échappement**

dévisser le boulon de fixation, écarter le manchon de raccordement avec le tube intermédiaire et décrocher le tube arrière de ses supports en caoutchouc pour le dégager par le dessous de la voiture.

### Ecrans thermiques

**14** Les écrans thermiques sont fixés au soubassement au moyen de vis ou d'écrous. Chaque écran peut être retiré après dépose de la partie correspondante de l'échappement. En cas de dépose d'un écran pour accéder à un élément dissimulé derrière lui, il sera suffisant dans certains cas de retirer les écrous et/ou vis de fixation et d'abaisser simplement l'écran sans avoir à toucher l'échappement, sinon procéder à la dépose de la partie correspondante de l'échappement, comme décrit précédemment. A la repose, les écrous/et ou vis de fixation des écrans sont à serrer au couple éventuellement indiqué.

### *Repose*

**15** La repose s'effectue à l'inverse de la dépose, en observant par ailleurs les points suivants :
*a) S'assurer de bien éliminer toutes les traces de corrosion sur les brides et remplacer tous les joints nécessaires*
*b) Examiner les supports élastiques en caoutchouc pour s'assurer qu'ils ne sont pas abîmés et les changer au besoin*
*c) Sur les véhicules avec section de réparation des tubes intermédiaire et arrière, répandre une fine couche de mastic pour échappement (genre « Sodicam » préconisé par le constructeur) sur l'intérieur du manchon de raccordement. Veiller à disposer d'équerre les extrémités des tubes contre la butée du manchon de raccordement. Monter la vis de bridage du manchon en position verticale sur le côté gauche et bien serrer l'écrou jusqu'à ce qu'un bruit de déclic soit perçu : la vis est pourvue d'une rainure permettant de serrer correctement l'écrou (soit un couple d'environ 2,5 daN.m)*
*d) Avant de serrer les fixations de l'échappement au couple éventuellement prescrit, vérifier que tous les supports élastiques en caoutchouc sont correctement installés et qu'il existe un dégagement suffisant entre l'échappement et le soubassement de la voiture*

# Chapitre 4 Partie B :
# Alimentation et échappement - moteurs Diesel

## Sommaire



## Niveaux de difficulté

| | | | | |
|---|---|---|---|---|
| **Facile,** pour les profanes de la mécanique | **Assez facile,** pour les débutants plus avisés | **Assez difficile,** pour les amateurs compétents | **Difficile,** pour les amateurs plus expérimentés | **Très difficile,** pour les initiés et les professionnels |

## Caractéristiques

### Généralités *

| | |
|---|---|
| Marque et type de pompe d'injection : | |
| Moteur F8Q 630 | Lucas 8448B 171A, 190A, 192B, 193C ou 231A, sous commande de système de gestion Lucas DPC |
| Moteur F8Q 662 | Lucas 8448B 200A ou 201A, sous commande de système de gestion Lucas DPC |
| Moteur F8Q 632 | Lucas R8640 A111A H111.027, sous commande de système de gestion Lucas EPIC |
| Sens de rotation de la pompe d'injection | Sens horaire, vu du côté pignon |
| Ordre d'injection | 1-3-4-2 (cylindre nº 1 côté volant moteur) |

** Se reporter à « Numéros d'identification du véhicule » à la partie « Références » en fin de manuel pour l'identification du type et de l'indice du moteur.*

### Carburant préconisé

| | |
|---|---|
| Type | Gazole pour véhicules de tourisme |

**Nota :** *Toutes les versions à moteur Diesel de la gamme traitée dans cette étude sont prévues pour fonctionner au gazole mélangé avec Diester - niveau maxi. 10 %. S'adresser au service après-vente d'un concessionnaire Renault pour toute mise à jour éventuelle.*

### Données de réglage

| | | |
|---|---|---|
| Régime de ralenti : | | |
| Moteur F8Q 630 | 850 ± 25 tr/min | |
| Moteur F8Q 662 | 850 ± 50 tr/min | |
| Moteur F8Q 632 | 825 ± 50 tr/min | |
| Régime de ralenti accéléré | Non réglable sur le véhicule (réglé sur banc d'essai) | |
| Régime maxi. du moteur à vide : | | |
| Moteur F8Q 630 | 5 100 ± 100 tr/min | |
| Moteur F8Q 662 | 4 600 ± 100 tr/min | |
| Moteur F8Q 632 | 5 175 ± 50 tr/min | |
| Calage statique de la pompe d'injection : | | |
| Moteurs F8Q 630 et F8Q 662 | Par pigeage - valeur gravée sur la pompe | |
| Moteur F8Q 632 | Par pigeage - outil Mot. 1520 doit engager la rainure du rotor de la pompe | |
| Calage dynamique de la pompe d'injection | Aucune valeur de calage n'est fournie par le constructeur | |
| Opacité des fumées : * | **Valeur tolérée** | **Maximum légal** |
| Moteur F8Q 630 | 1,11 $m^{-1}$ (36 %) | 2,5 $m^{-1}$ (64 %) |
| Moteur F8Q 662 | 1,05 $m^{-1}$ (35 %) | 2,5 $m^{-1}$ (64 %) |
| Moteur F8Q 632 | 1 $m^{-1}$ (33 %) | 2,5 $m^{-1}$ (64 %) |

*** Nota :** *Les valeurs données sont à titre indicatif - se référer à l'étiquette apposée dans le compartiment moteur.*

## Résistances des composants du système de gestion du moteur

| | |
|---|---|
| Sonde de température d'air d'admission - moteurs F8Q 630 et F8Q 662 : | |
| A 0 °C | 7 470 à 11 970 Ω |
| A 20 °C | 3 060 à 4 045 Ω |
| A 40 °C | 1 315 à 1 600 Ω |
| Sonde de température d'air d'admission - moteur F8Q 632 : | |
| A -10 °C | 10 454 à 8 623 Ω |
| A 25 °C | 2 175 à 1 928 Ω |
| A 50 °C | 857 à 763 Ω |
| A 80 °C | 325 à 292 Ω |
| Capteur de vilebrequin - moteurs F8Q 630 et F8Q 662 | 220 Ω |
| Capteur de régime du moteur - moteur F8Q 632 | 760 Ω à 20 °C |
| Electrovanne de débit positif - moteur F8Q 632 | 31 ± 2 Ω |
| Electrovanne de débit négatif - F8Q 632 | 31 ± 2 Ω |
| Electrovanne d'avance - moteur F8Q 632 | 31 ± 2 Ω |
| Electrovanne de régulation électrique - moteur F8Q 632 | 1,39 ± 0,1 Ω |
| Capteur de position de correcteur d'avance - moteur F8Q 632 | 52 ± 4 Ω |
| Capteur de position de régulateur de débit - moteur F8Q 632 | 41 ± 4 Ω |
| Sonde de température de carburant - moteur F8Q 632 | 2 716 ± 60 Ω à 20 °C |

## Injecteurs

| | |
|---|---|
| Pression de tarage : | |
| Moteur F8Q 630 | 130 +5 -5 bars |
| Moteur F8Q 662 | 130 +8 -5 bars |
| Moteur F8Q 632 | 125 à 140 bars |
| Ecart maxi. entre injecteurs - moteurs F8Q 630 et F8Q 662 | 8 bars |
| Résistance du capteur de levée d'aiguille de l'injecteur n° 3 - moteurs F8Q 630 et F8Q 662 | 105 Ω |

## Alimentation

| | |
|---|---|
| Résistances du jaugeur mesurées entre l'axe du flotteur et le plan de travail : | |
| A 164 mm | 3,5 ± 3,5 Ω |
| A 143 mm | 61 ± 7 Ω |
| A 110 mm | 110 ± 10 Ω |
| A 81 mm | 190 ± 16 Ω |
| A 52 mm | 280 ± 20 Ω |
| A 47 mm | 310 ± 10 Ω |

## Couples de serrage

| | daN.m |
|---|---|
| Jaugeur de carburant | 6,5 |
| Réservoir de carburant | 2,1 |
| Porte-injecteurs sur culasse | 7 |
| Ecrous de raccords de canalisations d'injection | 2,5 |
| Ecrous de tubulure d'admission/collecteur d'échappement | 2,7 |
| Goujons de tubulure d'admission/collecteur d'échappement | 1 |
| Vis de roues | Voir chapitre 1B |
| **Fixations sur pompe d'injection Lucas DPC - moteurs F8Q 630 et F8Q 662 :** | |
| Ecrou de fixation de pignon de pompe d'injection : | |
| Pignon « RAM » - écrou-extracteur de couleur dorée avec rondelle intégrée : | |
| Préserrage | 2 |
| Serrage définitif | 4,5 ± 0,5 |
| Vis centrale (pas à gauche) de pignon « RAM » : | |
| Préserrage | 2 |
| Serrage définitif | 9 ± 0,5 |
| Vis de fixation de pompe | 2,2 |
| Bouchon d'orifice de contrôle de calage | 0,5 |
| Electrovanne d'avance | 3 |
| Electrovanne de correction altimétrique | 3 |
| Electrovanne d'arrêt codée | 1,75 ± 0,25 |
| Electrovanne d'arrêt - sans antidémarrage | 2 |
| Vis à tête cassante | 1,2 ± 0,1 |
| **Fixations sur pompe d'injection Lucas EPIC - moteur F8Q 632 :** | |
| Ecrou de fixation de pignon de pompe - pignon en une seule partie | 5,5 ± 0,5 |
| Vis de fixation côté G. de pompe | 2,2 ± 0,3 |
| Vis de fixation côté D. de pompe | 2,5 ± 0,3 |
| Bouchon d'orifice de contrôle de calage | 0,5 |
| Vis de fixation d'électrovannes sur pompe | 0,6 ± 0,06 |

## 1 Généralités et précautions

### *Généralités*

Le circuit d'alimentation en carburant se compose principalement d'un réservoir en matière plastique monté sous le plancher arrière de la voiture en avant de l'essieu, d'un filtre avec séparateur d'eau intégré, d'une pompe d'injection à distributeur rotatif et de quatre injecteurs **(voir illustrations)**. Avant son passage par le filtre, le combustible est réchauffé par une résistance électrique intégrée à son support.

Le combustible est aspiré à partir du réservoir par une pompe de transfert à palettes incorporée à la pompe d'injection. Le combustible est ensuite admis dans le filtre où se déposent les impuretés et l'eau. L'excédent de combustible assure la lubrification des organes mobiles de la pompe avant de retourner au réservoir.

La pompe d'injection est entraînée à une vitesse de rotation de deux fois inférieure à celle du vilebrequin par l'intermédiaire de la courroie de distribution. La pression élevée nécessaire à l'injection de combustible dans l'air comprimé des préchambres est obtenue au moyen de deux pistons diamétralement opposés qui sont liés à un ensemble patin-galet tournant dans un anneau à cames. Le combustible circule à travers un rotor central pourvu d'un perçage de sortie unique aligné avec les orifices aboutissant aux canalisations d'injection.

Les quatre injecteurs à téton délivrent un fin brouillard de combustible dans les préchambres logées dans la culasse. Les injecteurs sont tarés de telle sorte à s'ouvrir et se fermer lorsque des valeurs limite de pression sont atteintes afin d'assurer une combustion efficace et stabilisée. L'aiguille de chacun des injecteurs est lubrifiée par le combustible s'accumulant dans la chambre de ressort.

Afin de permettre une meilleure maîtrise des émissions polluantes du moteur et de répondre

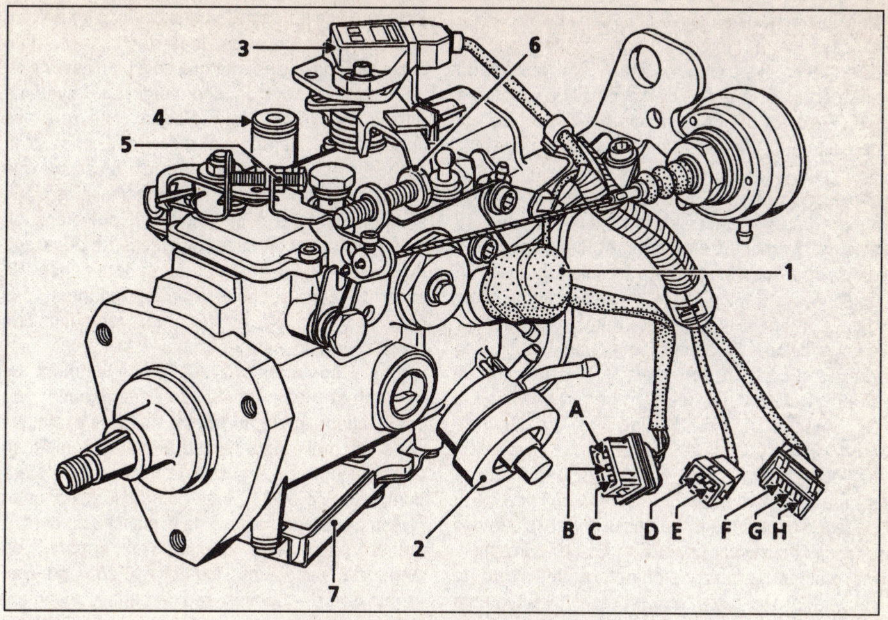


**1.1a Pompe d'injection Lucas DPC**

1 *Electrovanne d'avance*
2 *Régulateur de débit de carburant*
3 *Potentiomètre de charge*
4 *Bouchon de contrôle de calage*
5 *Vis de butée de ralenti*
6 *Vis de butée de d'anticalage*
7 *Module électronique d'électrovanne d'arrêt codée*
A *Masse*
B *+ alimentation après contact*
C *Ligne codée*
D *Commande électrovanne d'avance*
E *+ alimentation après contact*
F *Masse*
G *Signal levier de charge*
H *Alimentation potentiomètre de charge (5V)*

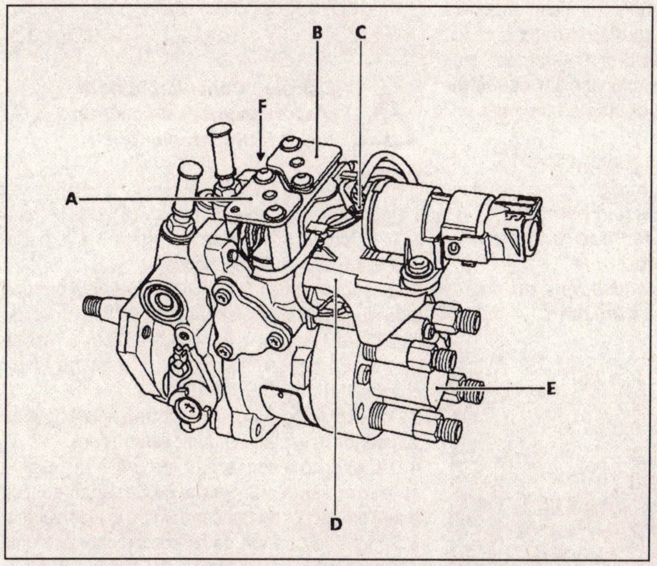


**1.1b Pompe d'injection Lucas EPIC**

A *Electrovanne d'avance*
B *Electrovanne de débit positif*
C *Electrovanne de débit négatif*
D *Electrovanne de régulation électrique*
E *Capteur de position de régulateur de débit (non démontable)*
F *Capteur de position de correcteur d'avance (non démontable)*

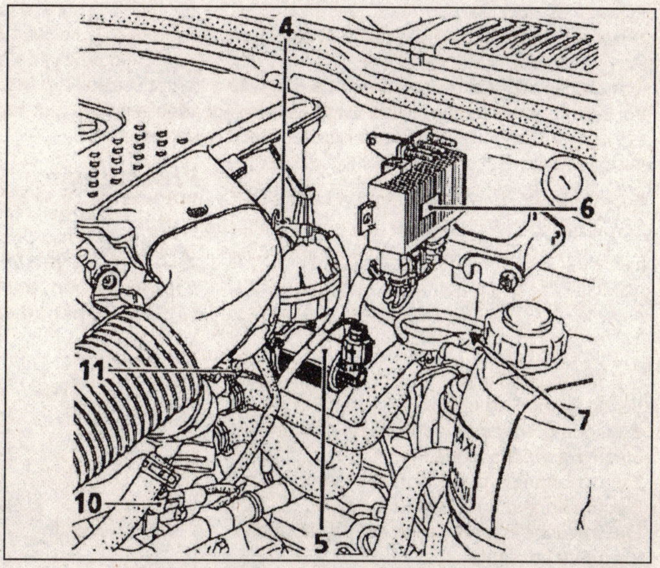


**1.1c Système de gestion du moteur Lucas EPIC**

4 *Sonde de température d'air d'admission*
5 *Electrovanne de recyclage des gaz d'échappement*
6 *Boîtier de pré/postchauffage*
7 *Capteur de position de pédale d'accélérateur*
10 *Capteur de régime du moteur*
11 *Sonde de température de liquide de refroidissement*

ainsi aux normes en vigueur, le débit de la pompe et l'avance à l'injection sont pilotés par un calculateur électronique, situé côté gauche du compartiment moteur. Dans le cas des moteurs F8Q 630 et F8Q 662, la pompe d'injection est gérée semi-électroniquement. Pour le moteur F8Q 632, l'intégralité des fonctions de la pompe d'injection de type « EPIC » (commande d'injection à programmation électronique) est pilotée électroniquement. Ce système évolué s'apparente dans son fonctionnement à celui de gestion équipant les versions essence de la gamme, avec des capteurs et sondes informant le calculateur des conditions de fonctionnement du moteur. Ces sondes et capteurs sont affectés à la détection de la température du liquide de refroidissement, de la température de l'air d'admission, du débit de carburant, du régime moteur, de la vitesse du véhicule, de la pression atmosphérique, de la température du carburant et de la position de la pédale d'accélérateur. Le calculateur exploite ces données pour gérer l'avance et le débit d'injection, les phases de pré/postchauffage, le ralenti, le recyclage des gaz d'échappement, le système antidémarrage codé et l'électrovanne d'arrêt du moteur. Le calculateur maîtrise ainsi tous les paramètres essentiels au bon fonctionnement du moteur, quelles qu'en soient les conditions, tout en contribuant à limiter les émissions polluantes. Le régime de ralenti dépend de la température du moteur, de la vitesse enclenchée, de la tension de la batterie et de la consommation électrique. En cas de défectuosité de l'une des voies du capteur de position d'accélérateur, le ralenti s'établit à 1 000 tr/min et en cas de défectuosité des deux voies du capteur, il est calé sur 1 300 tr/min. Le ralenti atteint 850 tr/min en 1re, 875 tr/min en 2e et 900 tr/min pour les autres rapports de boîte de vitesses.

Dans la mesure où son entretien est convenablement effectué, le système d'injection ne pose pas de problème particulier et doit normalement connaître une durée de vie utile prolongée. La pompe d'injection est quant à elle prévue pour durer aussi longtemps que le moteur. La seule cause risquant d'endommager la pompe réside dans la présence d'impuretés et d'eau dans le gazole.

L'entretien de la pompe d'injection et des injecteurs par un non-professionnel de la mécanique se limite à quelques interventions et toutes les opérations de démontage et de réglage autres que celles décrites dans ce chapitre doivent être confiées aux services techniques d'un concessionnaire de la marque ou à un diéséliste.

En cas de dysfonctionnement du système d'injection, vérifier tout d'abord que tous les connecteurs électriques du circuit sont bien branchés et ne sont pas corrodés. S'assurer que l'incident ne provienne pas d'un entretien négligé : élément de filtre à air encrassé, pressions de compression incorrectes, tuyauterie de dégazage du carter-moteur obstruée ou endommagée. Se reporter aux sections correspondantes des chapitres 1B, 2C et 4C pour remédier aux conditions indiquées ci-dessus.

Si les contrôles réalisés précédemment ne permettent pas d'élucider la cause du dysfonctionnement, la voiture doit être examinée dans un atelier du réseau Renault équipé en conséquence. Le système de gestion du moteur comporte une prise, située derrière le cendrier au niveau de façade centrale de la planche de bord, à laquelle peut être branché un appareil de diagnostic électronique (coffret « XR25 ») qui sera en mesure de localiser rapidement et aisément l'origine de l'anomalie par lecture du code-défaut correspondant enregistré dans la mémoire du calculateur. Cet appareil dispense des vérifications fastidieuses à accomplir séparément sur chaque composant du système, en évitant ainsi les pertes de temps inutiles et les risques de détérioration du calculateur électronique. Il est également conseillé de faire changer les composants défectueux vu que dans la plupart des cas, le calculateur électronique doit être reprogrammé au moyen du coffret « XR25 » en cas de remplacement des sondes et des capteurs.

Le circuit d'alimentation est pourvu d'un contacteur de sécurité à inertie, situé sur la tourelle d'amortisseur avant gauche dans le compartiment moteur. Il assure la coupure de l'alimentation électrique de l'électrovanne d'arrêt de la pompe d'injection en cas de choc brutal entraînant une forte décélération. Son fonctionnement peut être rétabli en appuyant sur le bouton protégé par un soufflet souple.

### Précautions

***Danger : Un certain nombre d'opérations décrites dans ce chapitre impliquent le débranchement des canalisations du circuit d'alimentation, ce qui peut entraîner un écoulement de gazole et il convient en conséquence d'observer la plus grande vigilance. Avant toute intervention, consulter les consignes indiquées à la rubrique « Impératifs de sécurité » au début du manuel et les respecter impérativement***

***Attention : Sur les modèles équipés d'un autoradio codé, s'assurer de bien avoir en possession la combinaison correcte du code de sécurité pour débrancher la batterie***

## 2 Boîtier de filtre à air - dépose et repose

### Dépose

**1** Déposer l'élément du filtre à air (voir chapitre 1B).

**2** Desserrer son collier et débrancher le conduit d'admission du boîtier de filtre à air **(voir illustration)**.

**3** De l'arrière du moteur, desserrer les écrous de fixation inférieurs puis les vis de fixation supérieures et dégager le boîtier de filtre à air de la tubulure d'admission, en débranchant le tuyau de dégazage du carter-moteur.

**4** Vérifier l'état des blocs de fixation en caoutchouc du boîtier et les changer s'il y a lieu. Contrôler également le collier et le conduit d'admission.

### Repose

**5** Procéder à l'inverse de la dépose pour effectuer la repose.

## 3 Jaugeur de carburant - dépose, contrôle et repose

***Danger : Consulter la note d'avertissement en section 1 avant toute intervention***

### Dépose

**1** Débrancher le câble de masse (-) de la batterie (voir « *Débranchement de la batterie* » à la partie « *Références* » en fin de manuel).

**2** Le jaugeur de carburant est accessible par une ouverture dans le plancher à l'arrière droit de l'habitacle. Déposer la banquette arrière ou l'assise du côté concerné de la banquette (voir chapitre 11).

**3** Déboîter avec précaution la trappe d'accès au jaugeur dans le plancher **(voir illustration)**.

**4** Débrancher le connecteur électrique du jaugeur et le fixer sur le plancher avec du ruban adhésif pour l'empêcher de tomber derrière le réservoir.

**5** Repérer la position de raccordement des durits d'alimentation et de retour de carburant sur le jaugeur. Les durits sont équipées d'un raccord rapide que l'on peut déverrouiller en le comprimant au moyen de la pince prévue à cet effet. A défaut, se servir d'un tournevis fin pour repousser **avec précaution** la bague d'arrêt à l'intérieur de l'embout du raccord. Débrancher les deux durits et

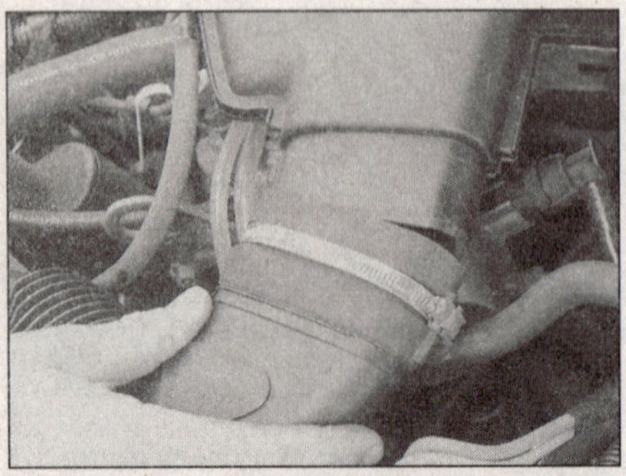

**2.2 Débranchement du conduit d'admission du filtre à air**

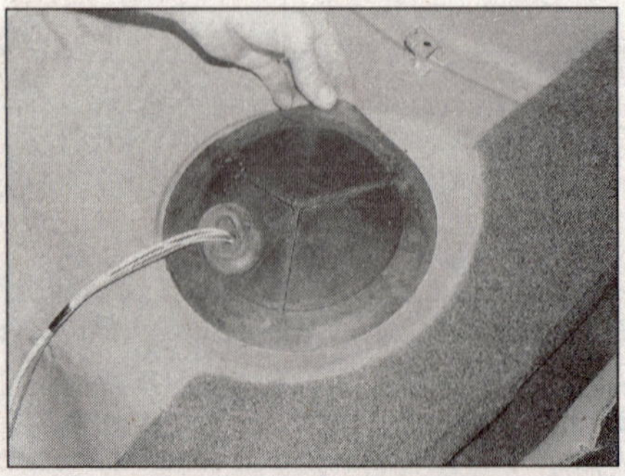

**3.3 Dépose de la trappe d'accès au jaugeur de carburant dans le plancher arrière**

**3.6a Flèches de repère sur le couvercle du jaugeur de carburant, le réservoir et la bague de fixation**

les boucher afin d'arrêter l'écoulement de gazole et d'éviter l'admission d'impuretés dans le circuit.

**6** Noter la position respective des flèches de repère sur le couvercle du jaugeur, le réservoir et la bague de fixation puis desserrer celle-ci, ce qui peut être effectué en utilisant un tournevis calé contre l'une des nervures de la bague et frappant avec précaution sur le manche pour débloquer la bague en la tournant dans le sens anti-horaire. En alternative, réaliser un outil à partir de deux morceaux d'acier plat assemblés par des boulons. Finir de dévisser la bague à la main et la déposer **(voir illustrations)**.

**7** Sortir avec précaution le jaugeur du réservoir, en prenant garde de ne pas endommager le bras de flotteur ni à répandre de gazole dans l'habitacle. Récupérer le joint torique : il peut être réutilisé s'il est en bon état, sinon le changer **(voir illustration)**. Il est toutefois à noter que si le jaugeur ne doit pas être reposé dans l'immédiat, la bague de fixation doit être remontée provisoirement afin d'éviter une déformation du joint torique.

## Contrôle

**8** A signaler que l'ensemble du jaugeur est à changer en cas de défectuosité, aucune pièce de rechange détaillée n'étant en effet prévue pour sa réparation.

**9** Pour procéder au contrôle du jaugeur, le déposer (voir opération précédente). Débrancher le connecteur électrique et relier un ohmmètre aux deux bornes de la fiche de connexion du jaugeur.

**10** Le jaugeur étant posé en position verticale sur l'établi, mesurer sa résistance entre l'axe du flotteur et le plan de travail, aux différentes hauteurs indiquées dans les « *Caractéristiques* ».

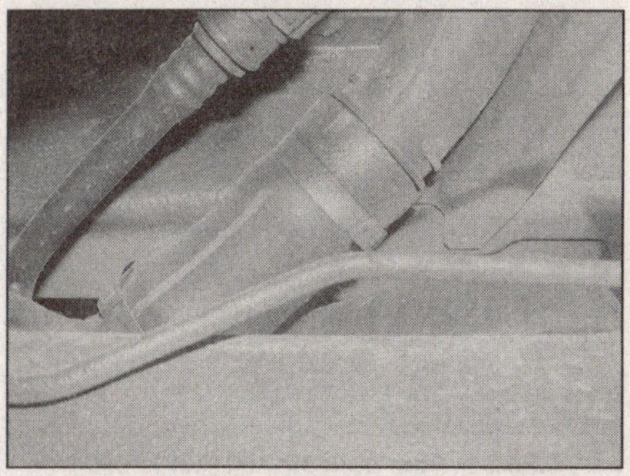

**4.12a Durit de liaison entre goulotte de remplissage et réservoir de carburant**

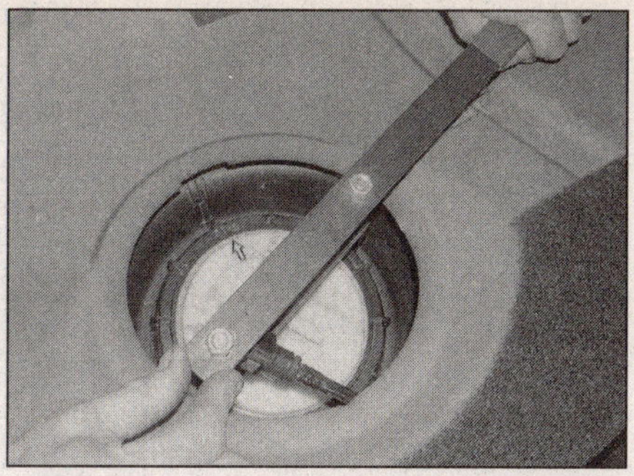

**3.6b Desserrage de la bague de fixation du jaugeur de carburant avec un outil improvisé**

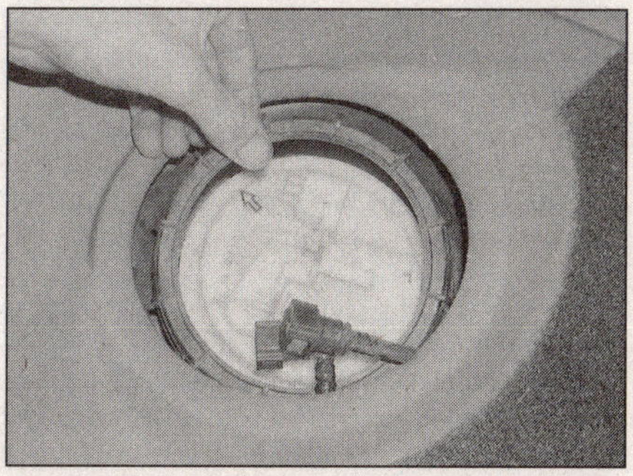

**3.6d Dépose de la bague de fixation du jaugeur de carburant**

Les valeurs de résistance obtenues doivent être conformes à celles de référence préconisées.

## Repose

**11** La repose du jaugeur a lieu à l'inverse de la dépose, en veillant au préalable à le contrôler comme décrit précédemment.

## 4 Réservoir de carburant - dépose et repose

***Danger : Consulter la note d'avertissement en section 1 avant toute intervention***

## Dépose

**1** Pour procéder à sa dépose, le réservoir doit être vidé au préalable. Le réservoir ne possédant pas de bouchon de vidange, il est préférable d'attendre qu'il soit presque vide pour effectuer l'opération.

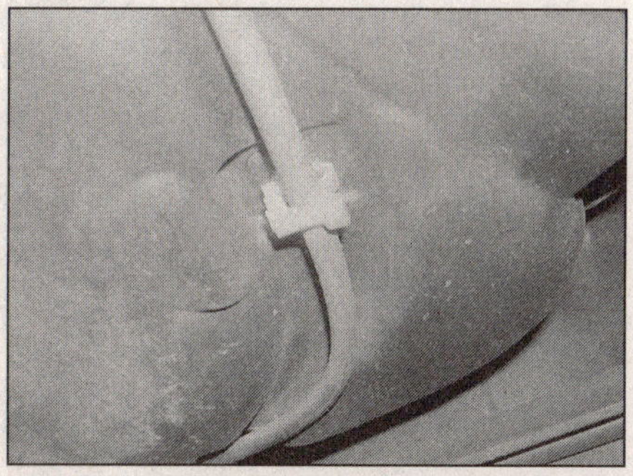

**4.12b Câble de frein à main agrafé en bas du réservoir de carburant**

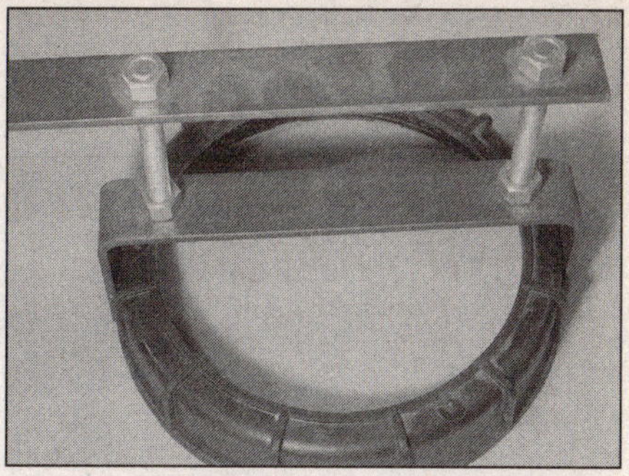

**3.6c Outil improvisé pour le déblocage de la bague de fixation du jaugeur de carburant**

**3.7 Dépose du joint torique du jaugeur de carburant**

**2** Déposer la banquette arrière ou l'assise du côté droit (voir chapitre 11).

**3** Déboîter avec précaution la trappe d'accès au jaugeur de carburant dans le plancher.

**4** Si le réservoir contient encore du gazole, le vider en débranchant la durit d'alimentation du jaugeur et raccordant une pompe extérieure au raccord de sortie pour siphonner le gazole.

**5** Débrancher le connecteur électrique du jaugeur et le fixer sur le plancher avec du ruban adhésif pour l'empêcher de tomber derrière le réservoir.

**6** Débrancher la durit de retour de carburant sur le jaugeur (voir section précédente).

**7** Caler les roues avant puis lever l'arrière de la voiture au cric et le poser sur chandelles (voir « *Levage et soutien du véhicule* »). Déposer la roue arrière droite.

**8** Déposer l'échappement et le ou les écrans thermiques concernés (voir section 15). Dévisser et déposer le support central de l'échappement.

**9** Déposer l'écran thermique en dessous du réservoir de carburant et des câbles de frein à main.

**10** Repérer la position de l'écrou de réglage au niveau du palonnier sous le plancher de la voiture ou de la tige de commande du levier dans l'habitacle : dans ce cas, déposer l'habillage du levier (voir chapitre 11, section 27) pour avoir accès à l'écrou de réglage. Débloquer son contre-écrou puis dévisser à fond l'écrou de réglage de façon à détendre les câbles de frein à main. Libérer ensuite les câbles de leurs brides de maintien et guides sous le soubassement. Ecarter les deux câbles du réservoir.

**11** Débrancher la canalisation de trop plein du réservoir.

**12** Dissocier la durit reliant la goulotte de remplissage au réservoir. Dégrafer ensuite les câbles de frein à main sous le réservoir **(voir illustrations)**.

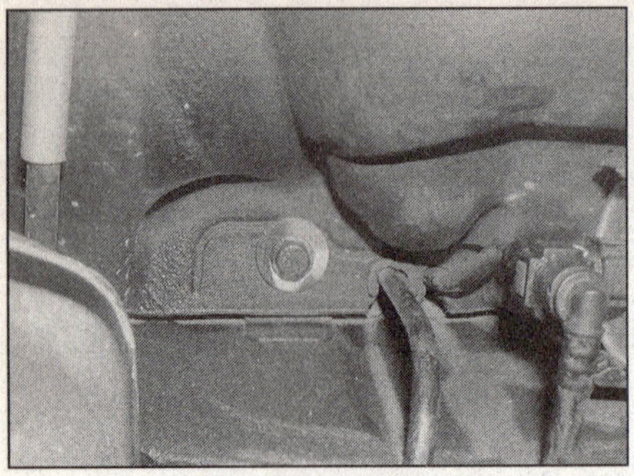

**4.14a Vis de fixation côté droit . . .**

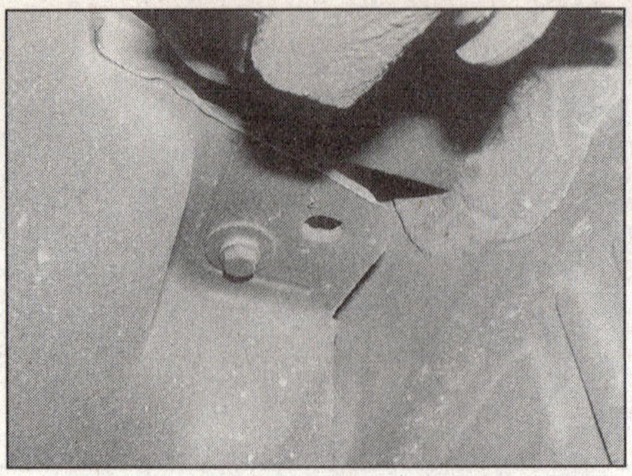

**4.14b . . . et côté gauche du réservoir de carburant**

**5.1a Fixation du câble d'accélérateur sur la pompe d'injection**

**13** Installer un cric rouleur avec cale de bois interposée sur sa tête en dessous du réservoir pour reprendre son poids.

**14** Desserrer et enlever ses vis de fixation puis descendre progressivement le réservoir de façon à pouvoir débrancher au fur et à mesure toute durit d'évent restant éventuellement raccordée puis le dégager du dessous de la voiture **(voir illustrations)**. A noter qu'il peut se révéler nécessaire de basculer légèrement le réservoir vers la droite et de tordre **avec précaution** les canalisations de frein afin d'obtenir le recul nécessaire pour la dépose du réservoir.

**15** Si le réservoir contient des sédiments ou de l'eau, déposer le jaugeur (voir section précédente) puis le rincer au gazole propre. Le réservoir est constitué d'une matière synthétique moulée par injection et doit être remplacé s'il est endommagé. Il est toutefois possible dans certains cas de le réparer s'il présente notamment des micro-fuites ou des dégâts mineurs. Consulter un spécialiste à ce sujet.

### Repose

**16** La repose a lieu à l'inverse de la dépose, en observant par ailleurs les points suivants :

a) *Veiller à ne pas coincer de durit entre la caisse et le réservoir en soulevant celui-ci pour l'amener en place*
b) *En remettant en place le réservoir sur le soubassement, veiller à faire coïncider les trous de positionnement : deux à l'arrière et un à l'avant. Serrer les vis de fixation au couple prescrit*
c) *S'assurer de réinstaller correctement les durits et la canalisation et à bien les raccorder*
d) *Remplir suffisamment le réservoir puis procéder à un contrôle d'étanchéité pour s'assurer de l'absence de fuites de gazole avant de prendre la route*

## 5 Câble d'accélérateur - dépose, repose et réglage

### Dépose

**1** Pousser le levier de charge de la pompe d'injection dans le compartiment moteur pour pouvoir décrocher l'embout du câble d'accélérateur, sinon pour les moteurs dont l'embout du câble est fixé par une rotule sur le levier de charge, déboîter la rotule **(voir illustrations)**.

**2** Dégager la butée de gaine du câble avec son manchon de la patte d'arrêt sur le support de la pompe d'injection. A signaler que sur les moteurs dont l'embout du câble est pourvu d'une rotule, il est nécessaire d'extraire la rotule de l'embout en caoutchouc pour pouvoir faire passer le câble par la patte d'arrêt **(voir illustrations)**. Enlever si nécessaire l'épingle de réglage du câble sur le manchon, en repérant bien sa position.

**3** Déposer l'habillage inférieur de planche de bord, côté conducteur, dans l'habitacle. Décrocher ensuite l'embout du câble de la pédale d'accélérateur en pinçant ses arrêtoirs.

**4** Revenir au compartiment moteur pour libérer le câble de ses brides et colliers de maintien, tout en repérant bien son trajet.

**5** Déboîter l'arrêt de gaine du tablier et tirer le câble pour le sortir et le déposer par le côté compartiment moteur.

### Repose et réglage

**6** La repose s'opère à l'inverse de la dépose, en veillant à réinstaller correctement le câble dans le compartiment moteur puis procéder à son réglage comme décrit ci-dessous.

**7** Tandis qu'un collaborateur accélère à fond, vérifier que le levier de charge de la pompe d'injection se trouve bien au contact de la vis de butée de régime maxi., sinon enlever l'épingle de réglage sur le manchon de la gaine puis agir sur le câble pour ajuster sa position et remonter l'épingle dans le premier cran libre du manchon.

**8** La pédale d'accélérateur étant relâchée à fond, s'assurer que le levier de charge de la pompe d'injection se trouve au contact de la vis de butée d'anticalage (débit résiduel) et qu'il existe un jeu libre de 1 mm dans le câble.

## 6 Pédale d'accélérateur - dépose et repose

### Dépose

**1** Déposer l'habillage inférieur de planche de bord, côté conducteur. Enlever l'écrou de fixation de

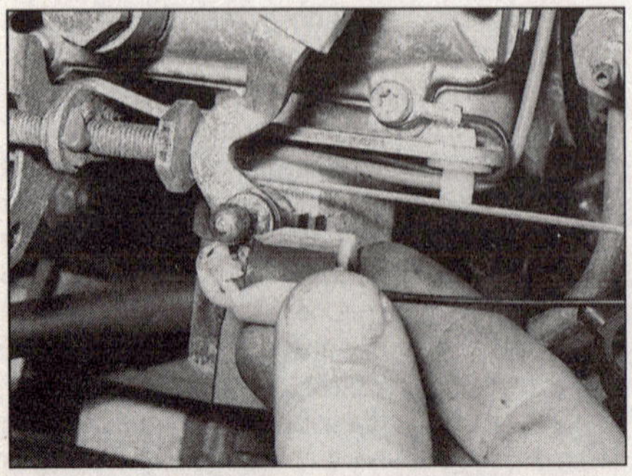

**5.1b Pousser le levier de charge de la pompe d'injection pour décrocher l'embout du câble d'accélérateur**

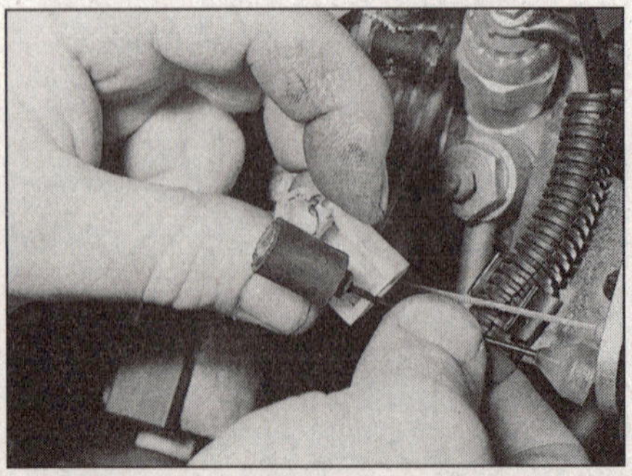

**5.2a Extraire la rotule . . .**

**5.2b . . . pour pouvoir dégager le câble d'accélérateur de la patte d'arrêt sur la pompe d'injection Lucas DPC**

l'axe de la pédale et de la bague-palier sur le support au niveau du tablier **(voir illustration)**.

**2** Décrocher l'embout du câble en haut de la pédale d'accélérateur en pinçant ses arrêtoirs.

**3** Dégager la pédale du support avec la bague-palier.

### *Repose*

**4** Procéder à l'inverse de la dépose pour effectuer la repose.

## 7 Circuit d'alimentation - réamorçage et purge d'air

**1** Après débranchement de l'une des canalisations, suite à une panne sèche ou en cas de prise d'air dans le circuit d'alimentation, il est nécessaire de réamorcer le circuit et de le purger.

**2** Toutes les versions à moteur Diesel sont dotées d'une pompe d'amorçage manuelle consistant en une poire en caoutchouc située à hauteur du filtre à gazole, à l'avant gauche du compartiment moteur.

> **info HAYNES** ***Afin de faciliter le réamorçage du circuit d'alimentation suite au remplacement du filtre, poser l'élément neuf dans la cuve, puis remplir cette dernière de gazole propre préalablement à son installation. Pour éviter de répandre du gazole, tenir la cuve en position verticale en la mettant en place***

**3** Pour réamorcer le circuit, commencer par desserrer la vis de purge d'air sur le raccord d'alimentation au niveau de la tête du filtre à gazole.

**4** Raccorder un tube à la vis de purge et diriger son extrémité libre dans un récipient pour récupérer le gazole. Actionner la poire de la pompe d'amorçage jusqu'à ce que le gazole s'écoule sans bulles d'air

**6.1 Ecrou de fixation de l'axe de pédale d'accélérateur**

**(voir illustration)**. Resserrer ensuite la vis de purge et débrancher le tube. Continuer à pomper au niveau de la poire jusqu'à ce qu'une résistance franche soit ressentie puis donner quelques coups supplémentaires.

**5** Tenter de faire démarrer le moteur en accélérant à fond et actionnant le démarreur, sans mettre en service le système de préchauffage. Si le moteur ne démarre après 15 secondes, le préchauffer de la manière normale puis réessayer de le faire démarrer.

**6** En cas de prise d'air dans les canalisations d'injection, entourer de chiffons les raccords au niveau des injecteurs pour absorber le gazole pouvant gicler puis débloquer les raccords. Actionner le démarreur jusqu'à ce que du gazole parvienne aux raccords puis les resserrer et essuyer les éclaboussures de gazole.

> ***Danger : Arrêter le moteur immédiatement s'il vient à démarrer afin d'éviter tout refoulement excessif de gazole***

**7** Tenter de mettre le moteur en marche en accélérant à fond et le lançant au démarreur, sans mettre en service le système de préchauffage dans un premier temps. Si le moteur refuse de démarrer après 15 secondes, le préchauffer de la manière habituelle pour le faire démarrer.

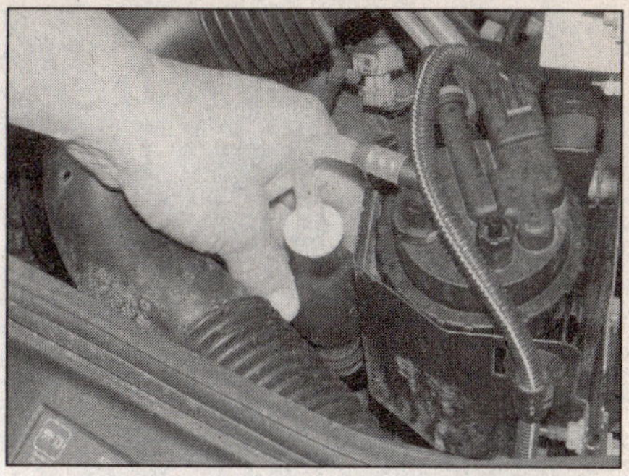

**7.4 Purge d'air du circuit d'alimentation**

## 8 Régimes de ralenti et maxi. du moteur - contrôle et réglage

***Attention : La vis de butée de régime maxi. du moteur est plombée d'origine avec un fil d'arrêt et un sceau et ne doit pas être touchée sans raison valable, surtout si le véhicule est encore sous garantie, laquelle risque de se trouver invalidée***

**Nota :** *Les opérations qui suivent nécessitent un compte-tours prévu pour les moteurs Diesel.*

**Nota :** *Les réglages qui suivent ne concernent que le moteur F8Q 630 et F8Q 662. Dans le cas des moteurs F8Q 632, le ralenti est géré par le calculateur électronique et n'est pas réglable manuellement : le régime de ralenti varie en fonction de différents paramètres, notamment le rapport de boîte de vitesses enclenché et la charge sur le circuit électrique.*

### *Réglage des régimes de ralenti et d'anticalage (débit résiduel)*

**1** Faire tourner le moteur pour l'amener à sa température normale de fonctionnement : veiller à ce que le régulateur de ralenti accéléré ne soit plus en service (voir ci-dessous).

**2** Le compte-tours étant raccordé, vérifier que le moteur tourne au régime de ralenti prescrit (voir « *Caractéristiques* »).

**3** Agir au besoin sur la vis de butée de ralenti de la pompe d'injection pour obtenir le régime de ralenti préconisé **(voir illustration)**.

**4** Insérer une cale de 4 mm d'épaisseur entre le levier de charge de la pompe d'injection et la vis de butée d'anticalage (débit résiduel) et vérifier que le régime du moteur atteigne 1 250 ± 50 tr/min, sinon procéder à un réglage en débloquant le contre-écrou et agissant sur la vis de butée d'anticalage.

**5** Rebloquer le contre-écrou de la vis de butée d'anticalage puis enlever la cale et accélérer franchement deux fois de suite. Vérifier que le moteur revienne au régime de ralenti correct. Si besoin est, retoucher le réglage du ralenti et revérifier le régime d'anticalage, comme décrit précédemment.

**6** Il est impératif d'ajuster convenablement les régimes de ralenti et d'anticalage, ces réglages ayant en effet une incidence sur la phase de décélération en cours de fonctionnement normal du moteur.

**8.3 Réglages sur pompe Lucas DPC**

1 *Vis de butée de ralenti*
2 *Levier de charge*
3 *Vis de butée d'anticalage (débit résiduel)*
4 *Levier de ralenti accéléré*
*Serre-câble de ralenti accéléré*

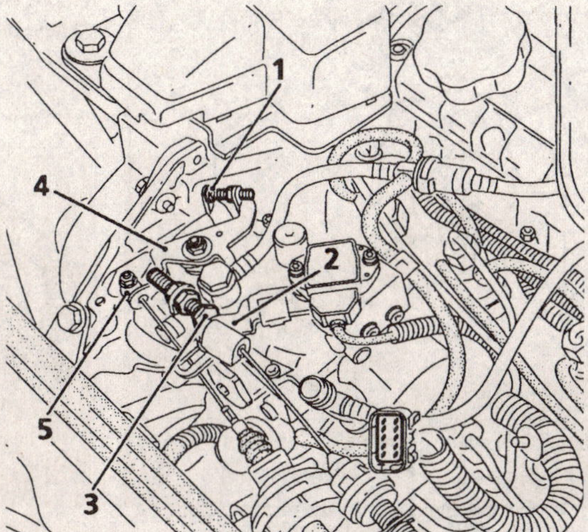


4B

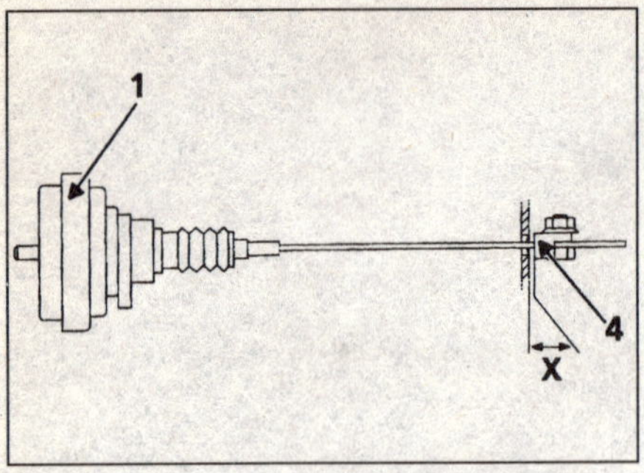


**8.11 Réglage du régime de ralenti accéléré**

1 *Capsule pneumatique* — 4 *Serre-câble* — *X = 2 ± 1 mm*

## Régime de ralenti accéléré

**7** Le régime de ralenti accéléré à froid est géré par le calculateur électronique via une électrovanne et une capsule à commande pneumatique pourvue d'une membrane solidaire d'un câble qui est relié au levier de ralenti de la pompe d'injection. L'électrovanne est activée lorsque la température du liquide de refroidissement, en mettant le contact, est inférieure à 10 °C. La température de coupure de l'électrovanne varie en fonction de celle du liquide de refroidissement à la mise du contact, comme suit :

| Temp. liquide de refroidissement (°C) | Temp. coupure (°C) |
|---|---|
| 15 | 20 |
| 5 | 20 |
| 0 | 25 (F8Q 630), 30 (F8Q 662) |
| -10 | 25 (F8Q 630), 40 (F8Q 662) |
| -20 | 35 (F8Q 630), 50 (F8Q 662) |

**8** L'électrovanne de ralenti accéléré est également mise en service si le régime du moteur chute à 650 tr/min et que la vitesse du véhicule est inférieure à 25 km/h afin d'éviter le calage du moteur. Sur les versions climatisées, l'électrovanne est mise en action dès que la climatisation est mise en service.

**9** La commande de ralenti accéléré se coupe dès que le régime du moteur dépasse 850 tr/min.

**10** La valeur du régime de ralenti accéléré n'est pas directement réglable sur le véhicule : elle est réglée sur banc d'essai. Elle peut toutefois faire l'objet d'un contrôle comme suit :

**11** Débrancher le tuyau de dépression de la capsule pneumatique sur la pompe d'injection afin d'annuler la dépression sur la membrane puis vérifier qu'il existe un jeu de 2 ± 1 mm entre le serre-câble et le levier de ralenti accéléré **(voir illustration)**.

**12** S'il y a lieu, débloquer son écrou et ajuster la position du serre-câble pour obtenir le jeu correct et rebloquer l'écrou.

## Régime maxi. du moteur

**13** Brancher un compte-tours puis le moteur étant chaud, accélérer à fond pendant un bref instant et vérifier que le régime maxi. du moteur atteigne la valeur indiquée dans les « *Caractéristiques* ». En cas de non-conformité du régime maxi., faire procéder au réglage de la pompe d'injection par les services techniques d'un concessionnaire Renault ou par un diéséliste.

# 9 Système de gestion du moteur - dépose et repose des éléments constituants

***Danger : Consulter la note d'avertissement en section 1 avant toute intervention***

**Nota :** *Après repose des composants ci-dessous, il est impératif de faire procéder à l'effacement de la mémoire du calculateur électronique à l'aide de l'appareil de contrôle prévu à cet effet (coffret « XR25 »).*

## Electrovanne d'avance - moteurs F8Q 630 et F8Q 662

### Dépose

**1** L'électrovanne affectée à la correction dynamique de l'avance à l'injection est fixée sur la face avant de la pompe d'injection.

**2** Débrancher les deux cosses des fils de l'électrovanne d'avance au niveau du connecteur dix voies de la pompe d'injection. Pour cela, débrancher tout d'abord le connecteur puis appuyer sur les deux languettes latérales et tirer sur le guide jaune pour le dégager des cosses. Puis à l'aide d'un petit tournevis, écarter les deux languettes de retenue pour extraire les cosses des fils du connecteur. Dégager la gaine de protection du câblage électrique.

**3** Enlever son capuchon puis dévisser et déposer l'électrovanne : à noter qu'il est nécessaire d'utiliser l'outil Mot. 997-01 ou une douille échancrée pour faire passer le câblage électrique (voir illustration 13.7d).

**4** Récupérer au fond du puits le tamis filtrant à l'aide d'une pince à becs fins puis les joints et le raccord banjo de retour sur l'électrovanne **(voir illustration)**. A noter que le tamis filtrant est à changer systématiquement à chaque dépose.

### Repose

**5** La repose a lieu à l'inverse de la dépose, en serrant l'électrovanne au couple prescrit et procédant ensuite au réamorçage et à la purge d'air du circuit d'alimentation, comme décrit en section 7.

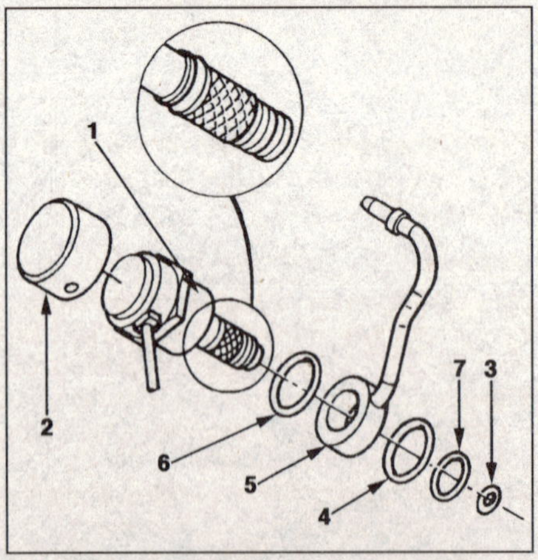


**9.4 Electrovanne d'avance - moteurs F8Q 630 et F8Q 662**

1 *Electrovanne* — 2 *Capuchon* — 3 *Tamis filtrant* — 4 *Joint* — 5 *Raccord banjo de retour* — 6 *Joint* — 7 *Joint*

## Electrovanne de correction altimétrique - moteur F8Q 630

### Dépose

**6** L'électrovanne chargée de réduire le débit d'injection lorsque l'altitude dépasse 1 000 m, est située sur la face arrière de la pompe **(voir illustration)**. Pour la déposer, dévisser leur raccord et déposer les tuyaux haute pression.

**7** Procéder à la dépose de l'injecteur du cylindre n° 3 avec capteur de levée d'aiguille permettant de déterminer le début d'injection (voir section 13).

**8** Débrancher les deux cosses des fils de l'électrovanne d'avance au niveau du connecteur dix voies de la pompe d'injection. Pour cela, débrancher tout d'abord le connecteur puis appuyer sur les deux languettes latérales et tirer sur le guide jaune pour le dégager des cosses. Puis à l'aide d'un petit tournevis, écarter les deux languettes de retenue pour extraire les cosses des fils du connecteur. Dégager la gaine de protection du câblage électrique.

**9** Enlever son capuchon puis dévisser l'électrovanne et la dégager de la pompe d'injection : à signaler qu'il est nécessaire d'utiliser l'outil Mot. 1440 ou une douille échancrée pour faire passer le câblage électrique.

**10** Récupérer au fond du puits le tamis filtrant à l'aide d'une pince à becs fins et le mettre au rebut : il est à changer systématiquement à chaque dépose.

### Repose

**11** La repose s'opère à l'inverse de la dépose, en serrant l'électrovanne au couple prescrit et procédant ensuite au réamorçage et à la purge d'air du circuit d'alimentation, comme décrit en section 7.

## Potentiomètre de charge - moteurs F8Q 630 et F8Q 662

**Nota :** *Les opérations qui suivent sont à effectuer avec les plus grandes précautions afin de ne pas risquer d'endommager les composants. En cas de remplacement du potentiomètre, il est nécessaire de faire procéder à la réinitialisation de la mémoire (validation de la position « pied à fond ») du calculateur électronique à l'aide de l'appareil de diagnostic du constructeur (coffret « XR25 »).*

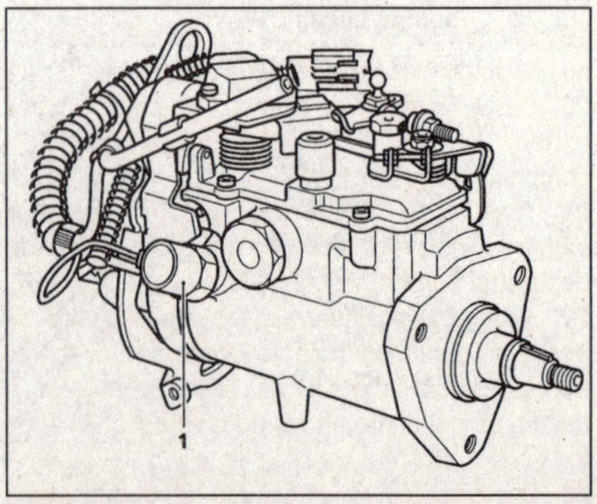


**9.6 Electrovanne de correction altimétrique (1) - moteur F8Q 630**

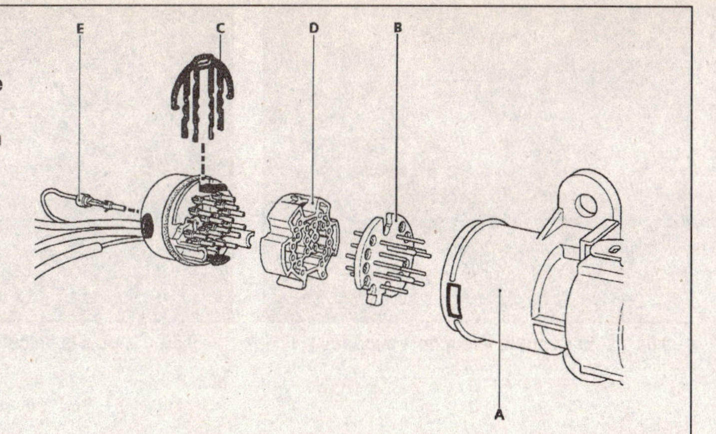


**9.35 Bloc de fiche de connexion de pompe d'injection - moteur F8Q 632**

*A Support*
*B Plaque avec broches*
*C Epingle en plastique*
*D Porte-broches*
*E Bornes*

### Dépose

**12** Débrancher le connecteur électrique de la pompe d'injection.

**13** Débrancher les trois cosses des fils du potentiomètre au niveau du connecteur électrique de la pompe, comme indiqué au point 8 ci-dessus. Dégager la gaine de protection du câblage électrique.

**14** Repérer la position respective de montage du potentiomètre par rapport au support.

**15** Desserrer les deux vis de fixation du potentiomètre puis en se servant d'un petit tournevis, libérer le curseur du levier et tourner l'embout d'un quart de tour pour le déposer.

**16** Le levier de charge se trouvant en position « pied à fond », tourner le potentiomètre d'un quart de tour dans le sens anti-horaire pour le dégager.

### Repose

**17** La repose a lieu à l'inverse de la dépose, en faisant ensuite valider la position « pied à fond » dans le cas d'un potentiomètre de rechange (voir note d'information ci-dessus).

## *Electrovannes d'avance et de débit positif - moteur F8Q 632*

### Dépose

**18** Ces électrovannes, regroupées en un seul bloc, sont situées en haut de la pompe d'injection. Pour procéder à leur dépose, débrancher tout d'abord le câble de masse (-) de la batterie (voir « *Débranchement de la batterie* » à la partie « *Références* » en fin de manuel).

**19** Débrancher le connecteur électrique principal au niveau du bloc de la fiche de connexion.

**20** Desserrer les vis de fixation sur le support puis extraire le bloc de la fiche de connexion en comprimant ses languettes.

**21** Enlever la plaque avec les broches puis extraire avec précaution l'épingle en plastique et déposer le porte-broches.

**22** Repérer la position respective des quatre fils des électrovannes puis les déposer avec les bornes. Un outil d'atelier est prévu à cet effet. A défaut, utiliser un trombone ou un crochet en fil de fer.

**23** Desserrer les vis de fixation, en commençant par celles du côté extérieur, et dégager le bloc des électrovannes de la pompe d'injection. Récupérer les quatre joints toriques à mettre au rebut : ils sont à changer systématiquement à chaque dépose.

### Repose

**24** Nettoyer soigneusement les plans de joint du bloc des électrovannes et de la pompe d'injection, en passant un chiffon non pelucheux. Ne pas utiliser de solvant.

**25** Installer les joints toriques **neufs** sur la pompe d'injection et non pas sur le bloc des électrovannes.

**26** Remettre en place le bloc des électrovannes sur la pompe puis monter les vis de fixation et les serrer à la main, en commençant par celles du côté intérieur.

**27** Serrer les vis de fixation du bloc des électrovannes au couple prescrit, en commençant par celles du côté intérieur.

**28** Reposer les fils et les bornes dans leur emplacement correct. Veiller à bien pousser chacune des bornes pour les enficher puis les tirer pour verrouiller convenablement les languettes.

**29** Reposer le porte-broches et le fixer avec l'épingle en plastique et remettre en place la plaque avec les broches.

**30** Rebrancher la connexion puis reposer le bloc de la fiche en serrant bien ses vis de fixation.

**31** Rebrancher le connecteur électrique principal à la fiche.

**32** Rebrancher le câble de masse de la batterie.

## *Electrovannes de débit négatif et de régulation électrique - moteur F8Q 632*

### Dépose

**33** Ces électrovannes, regroupées en un seul bloc, sont situées en bas de la pompe d'injection. Pour procéder à leur dépose, débrancher tout d'abord le câble de masse (-) de la batterie (voir « *Débranchement de la batterie* » à la partie « *Références* » en fin de manuel).

**34** Débrancher le connecteur électrique principal au niveau du bloc de la fiche de connexion.

**35** Desserrer les vis de fixation sur le support puis extraire le bloc de la fiche de connexion en comprimant ses languettes **(voir illustration)**.

**36** Enlever la plaque avec les broches puis extraire avec précaution l'épingle en plastique et déposer le porte-broches.

**37** Repérer la position respective des fils des électrovannes puis les déposer avec les bornes. Un outil d'atelier est prévu à cet effet. A défaut, utiliser un trombone ou un crochet en fil de fer.

**38** Desserrer les vis de fixation, en commençant par celles du côté extérieur, et dégager le bloc des électrovannes avec le support en plastique de la pompe d'injection, en repérant bien la position du noyau et du ressort. Récupérer les trois joints toriques à mettre au rebut : ils sont à changer systématiquement à chaque dépose.

### Repose

**39** Nettoyer soigneusement les plans de joint du bloc des électrovannes et de la pompe d'injection en passant un chiffon non pelucheux. Ne pas utiliser de solvant.

**40** Installer les joints toriques **neufs** sur la pompe d'injection et non pas sur le bloc des électrovannes. Enduire les joints de gazole pour les retenir en place.

**41** Remettre en place sur la pompe le bloc des électrovannes avec le noyau, le ressort et le support en plastique, en veillant à ne pas faire bouger les joints toriques. Monter les vis de fixation côté intérieur et les serrer à la main tout en repoussant le bloc sur la pompe puis installer les vis extérieures en les approchant à la main. Serrer ensuite toutes les vis au couple prescrit.

**42** Reposer les fils et les bornes dans leur emplacement correct. Veiller à bien pousser chacune des bornes pour les enficher puis les tirer pour verrouiller correctement les languettes.

**43** Reposer le porte-broches et le fixer avec l'épingle en plastique et remettre en place la plaque avec les broches.

**44** Rebrancher la connexion puis reposer le bloc de la fiche en serrant bien ses vis de fixation.

**45** Rebrancher le connecteur électrique principal à la fiche.

**46** Rebrancher le câble de masse de la batterie.

## *Capteur de position de pédale d'accélérateur - moteur F8Q 632*

### Dépose

**47** Ce capteur est implanté en dessous du maître-cylindre de freinage dans le compartiment moteur. Il est relié à la pédale d'accélérateur au moyen d'un câble **(voir illustration)**.

**48** Dégager le boîtier du capteur de son emplacement sous le maître-cylindre puis déboîter le couvercle en plastique.

**49** Tourner légèrement la came du capteur pour décrocher l'embout du câble.

**50** Libérer le manchon du câble du capteur.

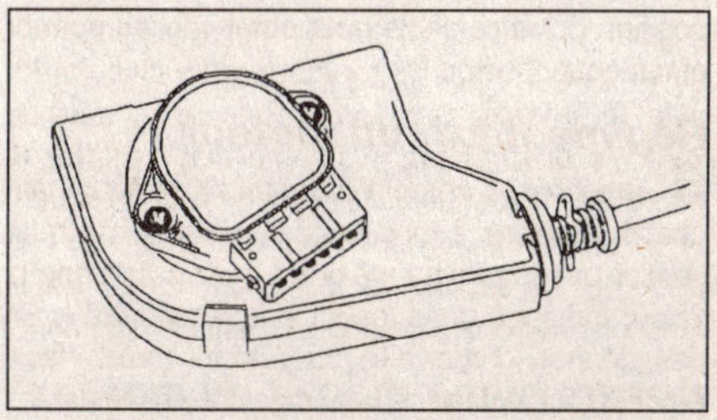

**9.47 Capteur de position de pédale d'accélérateur - moteur F8Q 632**

4B

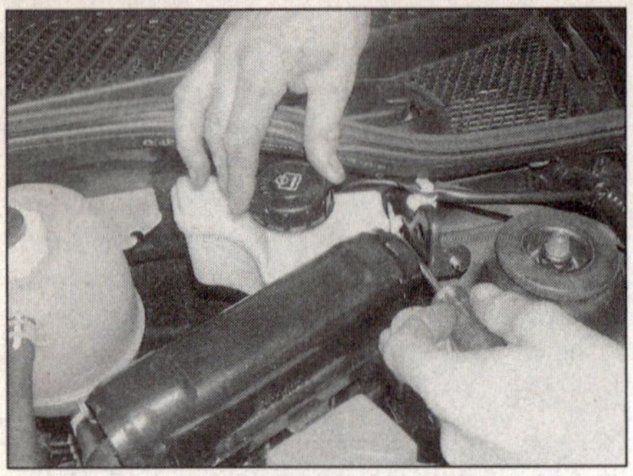

**9.53 Dégrafer du tablier puis écarter le réservoir de fluide de direction assistée (modèles non climatisés) . . .**

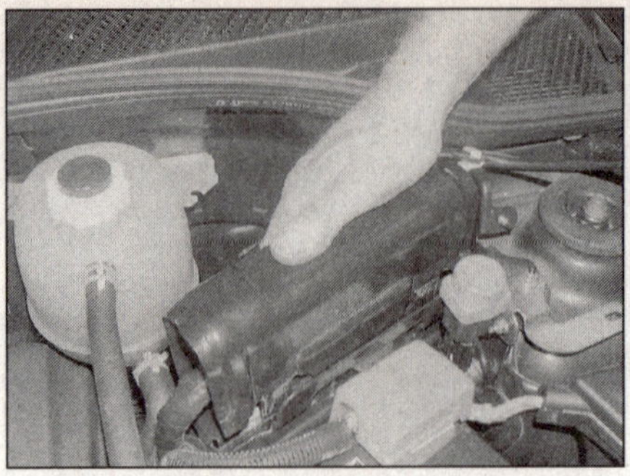

**9.54 . . . et déposer le support supérieur . . .**

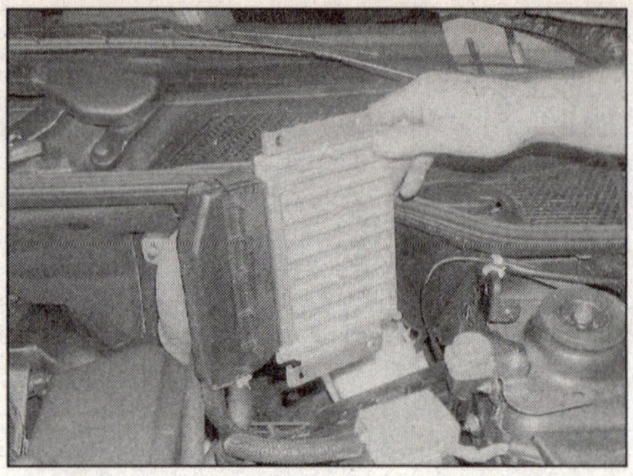

**9.55 . . . puis le calculateur électronique**

### Repose

**51** La repose s'effectue à l'inverse de la dépose, en faisant ensuite réinitialiser par les services techniques d'un concessionnaire de la marque la mémoire du calculateur électronique du système de gestion du moteur au moyen de l'appareil de diagnostic prévu à cet effet (coffret « XR25 »).

## *Calculateur électronique - tous moteurs*

### Dépose

**Nota :** *Sur les véhicules équipés d'un système antidémarrage, le calculateur électronique de gestion du moteur est programmé avec le code de sécurité du système. En cas de remplacement, le calculateur de rechange qui est livré non codé doit être configuré avec le code du véhicule (voir description de cette opération ci-dessous).*

**52** Le calculateur électronique est situé côté gauche du compartiment moteur, derrière la batterie. Débrancher le câble de masse (-) de la batterie (voir « *Débranchement de la batterie* » à la partie « *Références* » en fin de manuel).

**53** Sur les modèles non climatisés, dégrafer du tablier et écarter vers le moteur le réservoir de fluide de direction assistée **(voir illustration)**.

**54** Le cas échéant, dévisser le support supérieur du calculateur et libérer la sangle **(voir illustration)**. En alternative, le support peut rester en place sur le calculateur pour la dépose ultérieure de l'ensemble.

**55** Desserrer ses vis de fixation et dégager le calculateur avec son support **(voir illustration)**.

**56** Débrancher le connecteur électrique et sortir le calculateur du compartiment moteur.

### Repose

**57** La repose a lieu à l'inverse de la dépose, en veillant à enficher correctement le connecteur électrique. En cas de montage d'un calculateur neuf, le programmer avec le code de sécurité du véhicule en procédant comme suit : mettre le contact pendant quelques secondes puis le couper et enlever la clé du contacteur de démarrage : au bout de 10 secondes, le témoin rouge de la fonction antidémarrage doit se mettre à clignoter.

## *Electrovanne d'arrêt du moteur*

**Nota :** *Les opérations qui suivent ne concernent que les moteurs F8Q 630 et F8Q 662. Dans le cas du moteur F8Q 632, la coupure d'alimentation est gérée par le calculateur électronique d'injection.*

**58** L'électrovanne d'arrêt est fixée en bout de pompe d'injection. Son rôle consiste à interrompre l'alimentation en combustible du moteur lorsque le contact est coupé. Sur les versions avec antidémarrage par transpondeur, l'électrovanne couplée au module électronique d'antidémarrage est codée et protégée par une tôle blindée fixée par cinq vis à tête cassante.

**59** Si un état de circuit ouvert (interruption du passage de courant) vient à se développer au sein de l'électrovanne ou du câblage d'alimentation électrique, il sera impossible de mettre le moteur en marche vu que le combustible ne parviendra pas à la pompe d'injection. Le même phénomène se produira si le piston de l'électrovanne demeure coincé en position « arrêt ». Si par contre l'électrovanne est bloquée en position « marche », le moteur ne s'arrêtera pas en coupant le contact.

**60** Sur les versions sans antidémarrage, en cas de panne de l'électrovanne, empêchant le démarrage du moteur, un dépannage provisoire pourra être effectué en déposant l'électrovanne comme indiqué ci-dessous. Remonter l'électrovanne sans son piston et son ressort de rappel. Attacher le fil électrique avec du ruban adhésif de façon à ce qu'il ne se trouve pas mis à la masse. Le moteur pourra être mis en marche en procédant de la manière habituelle mais il sera nécessaire de faire caler le moteur en enclenchant une vitesse pour l'arrêter.

### Dépose - sans antidémarrage codé

***Attention : Veiller à ce que des impuretés ne puissent à aucun moment se trouver admises dans la pompe d'injection au cours de la dépose de l'électrovanne d'arrêt. Equiper celle-ci d'un joint neuf à la repose***

**61** Débrancher le câble de masse (-) de la batterie (voir « *Débranchement de la batterie* » à la partie « *Références* » en fin de manuel).

**62** Dégager le gaine en caoutchouc (si prévue) puis desserrer l'écrou de cosse et débrancher le fil électrique de l'électrovanne d'arrêt.

**63** Nettoyer soigneusement le pourtour de l'électrovanne, la dévisser et la déposer avec son joint. Récupérer le piston et le ressort de rappel de l'électrovanne si ceux-ci sont restés sur la pompe. Actionner la poire de la pompe d'amorçage (voir section 7) suite à la dépose de l'électrovanne pour évacuer les impuretés du circuit.

### Repose

**64** La repose a lieu à l'inverse de la dépose, en utilisant un joint neuf et serrant l'électrovanne au couple prescrit.

### Dépose - avec antidémarrage codé

**65** Débrancher le câble de masse (-) de la batterie (voir « *Débranchement de la batterie* » à la partie « *Références* » en fin de manuel).

**66** Déposer la pompe d'injection (voir section suivante).

**67** Bloquer la pompe d'injection dans un étau, en la maintenant par ses fixations. Ne pas serrer le corps de la pompe, ce qui risquerait de le déformer. Obturer les orifices de sortie haute pression et de refoulement de gazole de la pompe.

**68** Percer avec précaution la goupille de fixation de la tôle blindée avec un taraud puis la déposer à l'aide d'un extracteur. Un nécessaire d'atelier (Mot. 1455) est prévu pour effectuer ces opérations : à défaut, utiliser un taraud de diamètre approprié et un arrache-goupille constitué d'une tige filetée avec un contre-écrou.

**69** Débrancher les cosses correspondantes des fils de l'électrovanne d'arrêt au niveau du connecteur électrique de la pompe d'injection, en opérant comme pour l'électrovanne d'avance, au point 2 ci-dessus.

**70** Percer ensuite la tête des vis de fixation de la tôle blindée de l'électrovanne, en commençant par la vis longue au centre, puis les vis deux courtes en haut et les deux dernières vis longues en bas. En cas d'utilisation de l'outillage d'atelier (Mot. 1372), mettre en place le canon de perçage du diamètre correspondant sur la vis et perforer sa tête sur une longueur de 4 mm environ à l'aide d'un foret de 4 mm : huiler légèrement le foret afin de faciliter l'opération de perçage. Déposer la vis au moyen d'un extracteur. A défaut, sectionner leur tête en les frappant avec un marteau par l'intermédiaire d'un petit burin puis enlever les vis au moyen d'un extracteur de vis cassées ou d'un arrache-goujon.

**71** Dégager ensuite la tôle blindée de l'électrovanne.

**72** Déposer le rehausseur d'arrivée de gazole à l'aide d'une clé Allen. Pour effectuer cette opération, il est impératif de s'assurer de la parfaite propreté de la pompe d'injection, afin d'éviter que

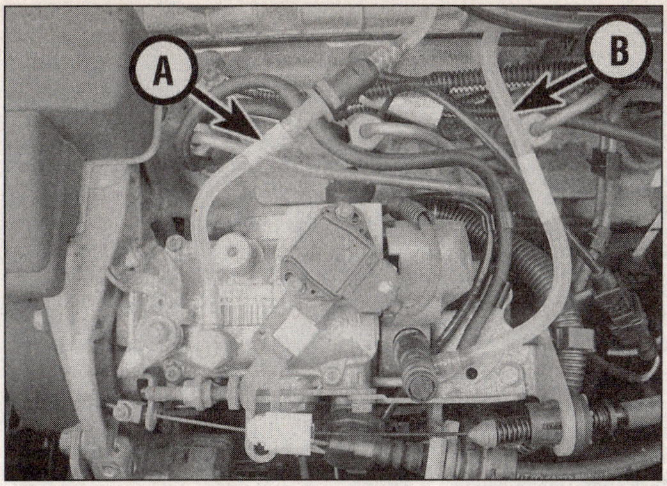


**10.6 Canalisations de retour (A) et d'alimentation (B) raccordées à la pompe d'injection**

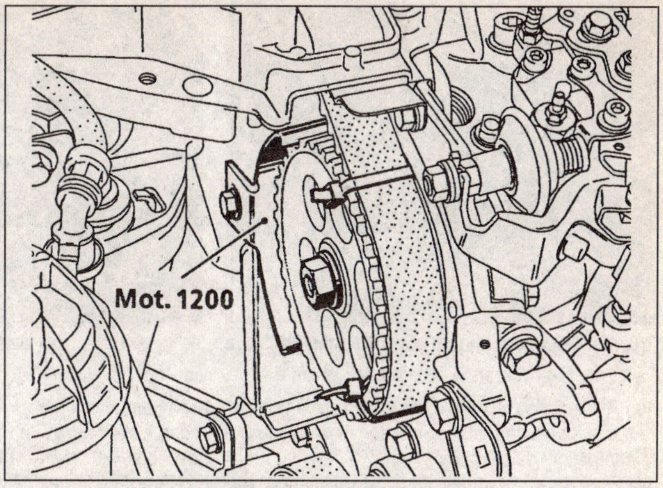


**10.12 Pignon de pompe d'injection bloqué avec l'outil d'atelier - version ancienne Mot. 1200 illustrée**

les particules de métal provenant de la goupille ou des vis de fixation à tête cassante ne pénètrent à l'intérieur.

**73** Desserrer son écrou puis dégager le serre-câble et décrocher le câble de ralenti accéléré du levier sur la pompe d'injection puis libérer l'agrafe de maintien de son axe et dégager de la patte à la partie arrière de la pompe d'injection la capsule pneumatique de ralenti accéléré.

**74** Dévisser ensuite l'électrovanne en utilisant l'outil Mot. 1441 ou une douille échancrée pour le passage du câblage électrique et la déposer en récupérant les joints toriques et en cuivre.

### Repose

**75** Vérifier que les joints toriques et en cuivre sont en bon état puis les installer.

**76** Remonter l'électrovanne en la serrant au couple prescrit.

**77** Reposer la capsule pneumatique puis procéder au réglage du câble de ralenti accéléré, comme décrit en section 8.

**78** Reposer la tôle blindée, en faisant attention de ne pas pincer les fils électriques de l'électrovanne.

**79** Remonter le rehausseur d'arrivée de gazole.

**80** Monter les vis à tête cassante neuves, en veillant à respecter leur emplacement en fonction de leur longueur. Serrer les vis au couple prescrit puis sectionner leur tête en la tordant à l'aide d'un tube métallique.

**81** Monter la goupille de fixation neuve de la tôle de blindage dans le logement.

**82** Rebrancher les cosses des fils de l'électrovanne d'arrêt au connecteur de la pompe d'injection.

**83** Procéder à la repose de la pompe d'injection, comme décrit en section suivante.

**84** En cas de montage d'une électrovanne de rechange, celle-ci est livrée non codée. Il convient donc de la programmer avec le code de sécurité du véhicule en procédant comme suit : mettre le contact pendant quelques secondes puis le couper et enlever la clé du contacteur de démarrage : au bout de 10 secondes, le témoin rouge de la fonction antidémarrage doit se mettre à clignoter.

### *Contacteur à inertie de coupure d'alimentation*

**85** Ce contacteur est fixé contre le passage de roue avant gauche dans le compartiment moteur.

**86** Desserrer ses vis de fixation puis débrancher le connecteur électrique et sortir le contacteur du compartiment moteur.

**87** La repose a lieu en sens inverse de dépose. Rétablir ensuite le fonctionnement du contacteur en appuyant sur son bouton protégé par un soufflet.

## 10 Pompe d'injection - dépose et repose

***Danger : Consulter la note d'avertissement en section 1 avant toute intervention***

### *Dépose*

**Nota :** *Sont décrites ci-dessous les opérations de dépose de la pompe d'injection avec l'outil Mot. 1200-01 permettant de maintenir le pignon de façon à ce que la courroie de distribution reste correctement tendue. Si l'on opère sans cet outil, faire attention de bien immobiliser le pignon de la pompe de manière à ne pas modifier sa position par rapport à la courroie de distribution. Si le pignon vient à bouger ou si la courroie est détendue, il sera nécessaire de déposer les carters et de vérifier la position des repères de calage sur les pignons (voir chapitre 2C).*

**1** Débrancher le câble de masse (-) de la batterie (voir « *Débranchement de la batterie* » à la partie « *Références* » en fin de manuel).

**2** Serrer le frein à main puis lever l'avant de la voiture au cric et le poser sur chandelles (voir « *Levage et soutien du véhicule* »).

**3** Déposer la roue avant droite ainsi que la coquille pare-boue du passage de roue pour avoir accès à la vis de fixation de la poulie de vilebrequin.

**4** Desserrer ses vis de fixation et dégager le cache en plastique de la platine supérieure du support droit du groupe motopropulseur puis dévisser et déposer le carter de courroie de distribution couvrant le pignon de la pompe d'injection.

**5** Caler le moteur et la distribution au PMH compression du piston de cylindre n° 1 (voir chapitre 2C).

**6** Débrancher les canalisations d'alimentation et de retour de carburant de la pompe d'injection et les obturer avec du ruban adhésif ou des bouchons ainsi que les orifices découverts sur la pompe afin d'empêcher l'admission d'impuretés **(voir illustration)**. Pour débrancher la canalisation d'alimentation, appuyer sur le haut de l'embout du raccord rapide, pincer le bas et tirer en même temps vers le haut. Pour débrancher la canalisation de retour de carburant, appuyer sur la bague d'arrêt tout en tirant sur l'embout pour le désaccoupler du raccord en « T » (se reporter aux illustrations correspondantes au chapitre 2C, section 9 pour ces effectuer ces opérations).

**7** Débrancher le connecteur électrique de la pompe d'injection.

**8** Décrocher le câble d'accélérateur du levier de charge de la pompe d'injection (voir section 5).

**9** Dans le cas des moteurs F8Q 630 et F8Q 662, débrancher le tuyau de dépression de la capsule pneumatique de ralenti accéléré sur la pompe d'injection.

**10** Desserrer leurs écrous de raccords sur les injecteurs et la pompe puis déposer les canalisations d'injection.

**11** Desserrer les vis assurant la fixation du support gauche de la pompe d'injection sur la culasse.

**12** Un outil d'atelier est prévu pour le maintien du pignon au cours de la dépose de la pompe d'injection **(voir illustration)**. A défaut, réaliser un équivalent ou procéder à la dépose de la courroie de distribution (voir chapitre 2C).

**info HAYNES** ***Fixer la courroie de distribution avec deux colliers en plastique si le pignon de la pompe d'injection ne doit pas être déposé***

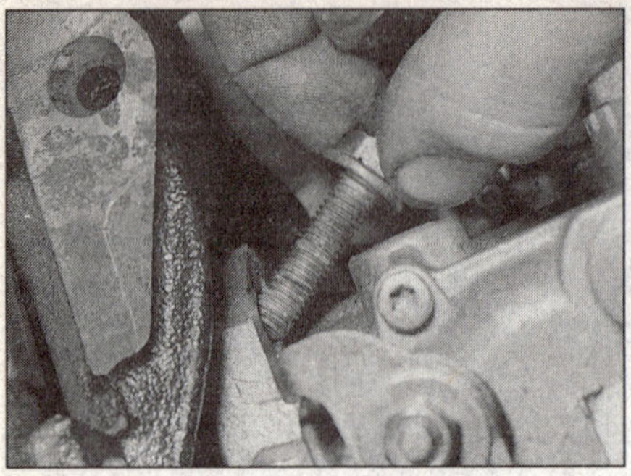

10.15a Dépose d'une de ses vis de fixation . . .

10.15b . . . et de la pompe d'injection

13 Réaliser des repères de montage sur la pompe et son support droit afin de conserver le calage de la pompe lors de sa repose.

14 Desserrer l'écrou de fixation du pignon sur l'axe de la pompe sans l'enlever. Dans le cas d'un pignon de type « RAM » (moteurs F8Q 630 et F8Q 662), dévisser progressivement l'écrou de fixation (de couleur dorée) du moyeu de pignon : cet écrou sert d'extracteur et son dévissage décollera le pignon de l'axe de pompe. A signaler qu'il sera éventuellement nécessaire de desserrer alternativement les vis de fixation de la pompe et l'écrou de fixation du pignon. **Nota :** *Sur les moteurs pourvus d'un pignon de type « RAM », ne pas desserrer la vis de fixation centrale en aluminium, ce qui modifierait le calage de la pompe d'injection (voir section 12 pour davantage de précisions).* S'il s'agit d'un pignon en une seule partie (moteur F8Q 632), débloquer son écrou de fixation et décoller le pignon de l'axe de la pompe à l'aide de l'outil Mot. 1525 ou d'un extracteur approprié agissant sur l'écrou de fixation.

15 A l'aide d'une clé Torx (T40, longueur minimale de 60 mm), desserrer les trois vis de fixation de la pompe d'injection sur le support droit en opérant à travers les perçages du pignon puis récupérer son écrou de fixation. Dégager ensuite la pompe de son support, en laissant éventuellement la courroie de distribution engagée sur le pignon **(voir illustrations)**. La vis de fixation inférieure de la pompe est plus accessible par le côté gauche : l'outil Mot. 909-02 est prévu pour son desserrage - à défaut, se servir d'une clé à douille longue avec rallonge.

16 Récupérer (éventuellement) la clavette demi-lune sur l'axe de la pompe si elle a été délogée.

17 Dissocier au besoin le support gauche de la pompe en enlevant l'écrou de fixation.

### Repose

18 Remonter le cas échéant le support gauche sur la pompe.

19 Dégraisser soigneusement l'axe de la pompe avec un solvant.

20 Le cas échéant, remettre en place la clavette demi-lune dans sa rainure sur l'axe de la pompe.

21 Réinstaller la pompe sur son support droit, en veillant à faire coïncider les repères réalisés préalablement à la dépose et en engageant la clavette dans la rainure du pignon. Remonter les vis de fixation de la pompe sur le support à serrer au couple prescrit.

22 Remonter l'écrou de fixation du pignon de la pompe et le serrer, en respectant impérativement les deux différentes phases indiquées dans les « *Caractéristiques* » dans le cas d'un pignon « RAM » (moteurs F8Q 630 et F8Q 662) ou le couple prescrit s'il s'agit d'un pignon en une seule partie (moteur F8Q 632).

23 Démonter l'outil de blocage du pignon ou procéder à la repose de la courroie de distribution (voir chapitre 2C), suivant le cas.

24 Remonter et serrer au couple préconisé les vis de fixation du support gauche de la pompe sur la culasse.

25 Procéder au calage de la pompe d'injection, en se reportant aux sections 11 et 12 pour cette opération.

26 Reposer les canalisations d'injection en serrant les écrous de raccords au couple préconisé.

27 Rebrancher éventuellement le tuyau de dépression de la capsule pneumatique de ralenti accéléré.

28 Réaccoupler le câble d'accélérateur au levier de charge de la pompe d'injection, comme décrit en section 5.

29 Rebrancher le connecteur électrique de la pompe d'injection.

30 Rebrancher les canalisations d'alimentation et de retour de carburant de la pompe d'injection, en veillant à verrouiller correctement leur raccord rapide.

31 Reposer le carter de distribution sur le pignon de la pompe d'injection ainsi que le cache en plastique de la platine supérieure du support droit du groupe motopropulseur.

32 Reposer la coquille pare-boue du passage de roue et la roue avant droite puis descendre la voiture au sol et serrer les vis de la roue au couple prescrit.

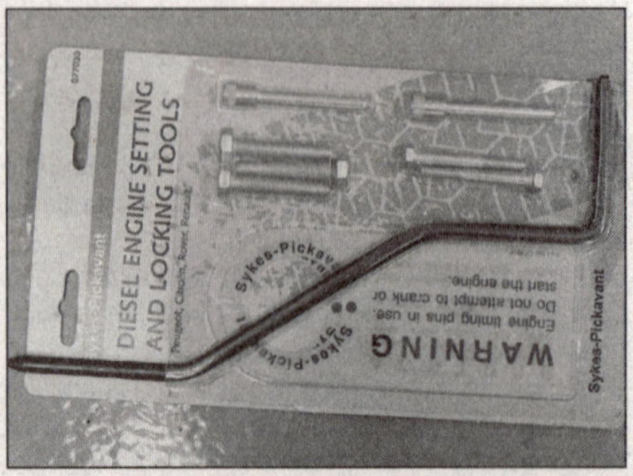


11.3 Ensemble de piges de calage du moteur et de la distribution au PMH

33 Rebrancher le câble de masse de la batterie.

34 Effectuer le réamorçage et la purge d'air du circuit d'alimentation, comme décrit en section 7.

35 Faire démarrer le moteur puis procéder au contrôle et au réglage éventuel des régimes de ralenti et d'anticalage, comme indiqué en section 8.

## 11 Calage de la pompe d'injection - méthodes de contrôle

1 Le calage de la pompe d'injection ne constitue pas une opération à accomplir dans le cadre de l'entretien périodique. Il ne doit être effectué qu'en cas d'intervention sur la pompe.

2 L'équipement nécessaire au calage dynamique sera difficilement accessible aux non-professionnels. Il fonctionne sur le principe de la conversion des variations de pression dans une canalisation d'injection donnée en signaux électriques. Si l'on peut disposer d'un tel équipement, observer les instructions de sa notice d'emploi.

3 Le calage statique décrit ci-dessous doit être réalisé avec soin pour la précision de l'opération. Il implique l'utilisation d'une pige de calage du moteur au PMH compression, d'un comparateur avec un support approprié et une pige de contrôle adaptée au type de pompe **(voir illustration)**. Lire attentivement et dans leur entier les consignes données dans la section suivante afin d'être en mesure de comprendre la nature des opérations à effectuer.

## 12 Calage de la pompe d'injection - contrôle et réglage

***Attention : La vis de butée de régime maxi. du moteur et le bouchon de l'orifice de contrôle de calage de la pompe d'injection sont plombés en usine avec un fil d'arrêt et des sceaux qu'il convient de ne pas toucher tant que la voiture est toujours couverte par la garantie du constructeur, sinon cette dernière se trouvera invalidée. Par ailleurs, ne pas tenter de procéder au calage de la pompe d'injection sans l'équipement de contrôle adéquat. Le calage de la pompe d'injection nécessite un outillage spécifique. Si l'on ne dispose pas de cet outillage, faire réaliser l'opération dans un garage du réseau Renault ou par un diéséliste***

1 Débrancher le câble de masse (-) de la batterie (voir « *Débranchement de la batterie* » à la partie « *Références* » en fin de manuel).

2 Serrer le frein à main puis lever l'avant droit de la voiture au cric de façon à tout juste décoller la roue du sol et le poser sur une chandelle (voir « *Levage et soutien du véhicule* ») et enclencher la 5$^{e}$, ce qui permettra de tourner le vilebrequin par rotation de la roue. En alternative, le vilebrequin peut être

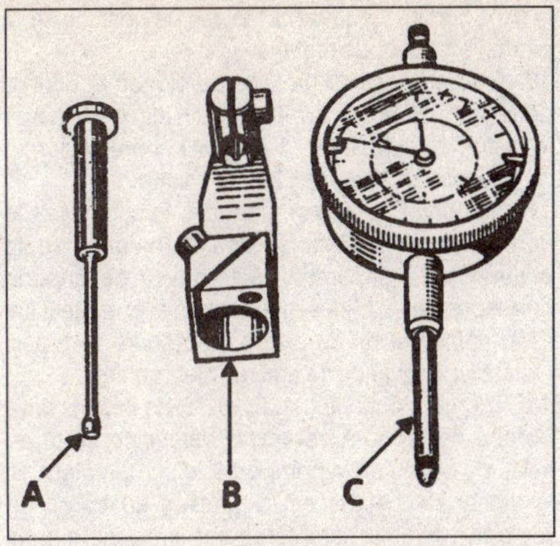


**12.4 Outillage Mot. 1079 pour le calage de la pompe d'injection**

*A Pige*
*B Support*
*C Comparateur*

tourné à l'aide d'une clé plate ou à douille en prise sur la vis de fixation de sa poulie, après dépose de la roue avant droite et de la coquille pare-boue du passage de roue.

**3** Tourner le vilebrequin de façon à amener le piston du cylindre nº 1 au PMH compression et le bloquer avec la pige de calage (voir chapitre 2C, section 3).

## Moteurs F8Q 630 et F8Q 662

**4** Se munir de l'outillage nécessaire pour le calage de la pompe d'injection, comprenant un comparateur avec support et pige de contrôle : outil Mot. 1079 ou équivalent du commerce **(voir illustration)**.

**5** Dévisser et enlever le bouchon de l'orifice de contrôle situé sur le couvercle de la pompe puis monter à la place la pige de contrôle, en veillant à ce que son extrémité soit au contact du pion sur le rotor de la pompe **(voir illustrations)**.

**12.5a Desserrage du bouchon de contrôle de calage de pompe Lucas DPC**

**6** Installer le support et le comparateur de façon à déterminer le mouvement de la pige de contrôle. S'assurer de monter le comparateur dans l'alignement exact de la pige de contrôle, avec le piston de sa touche à mi-course.

**7** Enlever sa pige de calage au PMH puis tourner le vilebrequin d'un quart de tour environ dans le sens anti-horaire (vu du côté droit du moteur) puis étalonner le comparateur à zéro. S'assurer que la pige de contrôle est bien en appui sur le pion du rotor de la pompe.

**8** Tourner le vilebrequin lentement dans le sens horaire de façon à pouvoir remonter sa pige de calage et ramener ainsi le piston du cylindre nº 1 au PMH compression. Le vilebrequin ne doit être tourné que dans son sens normal : s'il vient à être tourné dans le sens anti-horaire, reprendre les opérations décrites précédemment. Pour déterminer la position exacte de calage au PMH, pousser la pige de manière à ce qu'elle s'engage correctement dans la fente prévue sur la masse du vilebrequin.

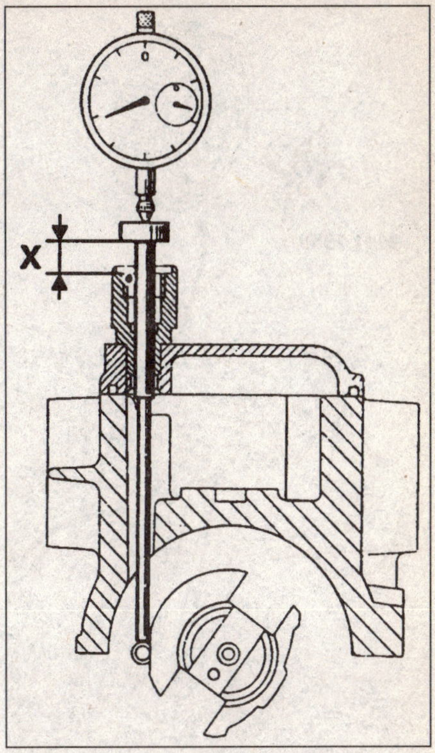


**12.5b Contrôle du calage de la pompe Lucas DPC**

*X = Cote de levée du piston de la pompe indiquée sur le levier de charge*

**9** La valeur de levée du piston de la pompe affichée par le comparateur doit correspondre à la



1 *Vis centrale : pas à gauche*
2 *Flasque*
3 *Ecrou de fixation **
4 *Roue dentée extérieure*
5 *Bague d'avance micrométrique*
6 *Bague de réglage angulaire*
7 *Ressort de blocage de la vis centrale*
8 *Moyeu intérieur*
A *Mouvement en sens anti-horaire par opérateur de l'outil*
B *Mouvement transversal des bagues*
C *Mouvement en sens horaire exercé sur l'axe de la pompe : la moitié de « A »*
a *Filetage pour « d »*
b *Rampe-guide droite pour élément « e »*
c *Evidements pour les pattes de l'outil*
d *Filetage pour « a »*
e *Crabot*
f *Rampe-guide hélicoïdale pour élément « h »*
h *Rampe-guide hélicoïdale pour élément « f »*
** Ecrou extracteur de couleur dorée avec rondelle intégrée illustré*

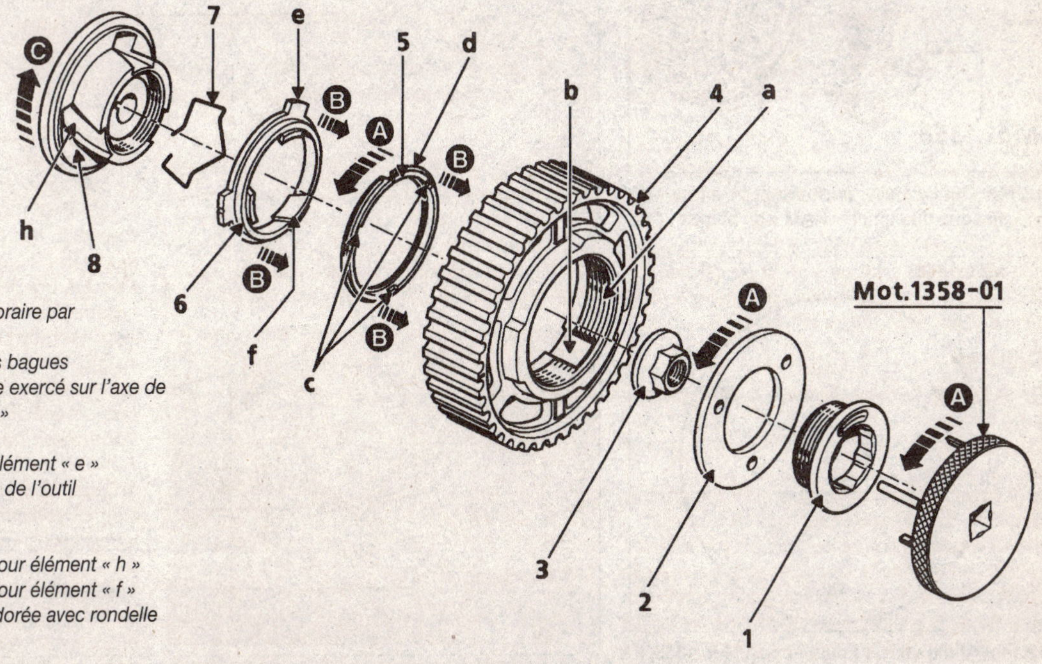


**12.13a Constitution du pignon « RAM » de pompe Lucas DPC**

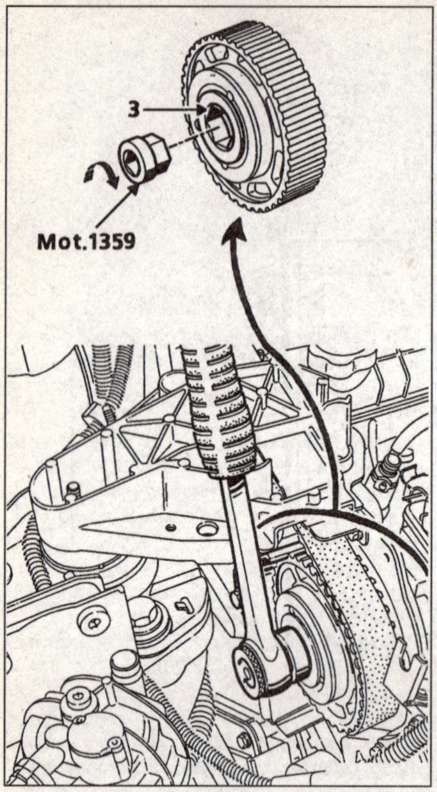


12.13b Desserrage de la vis centrale du pignon « RAM » de pompe avec l'outil Mot. 1359

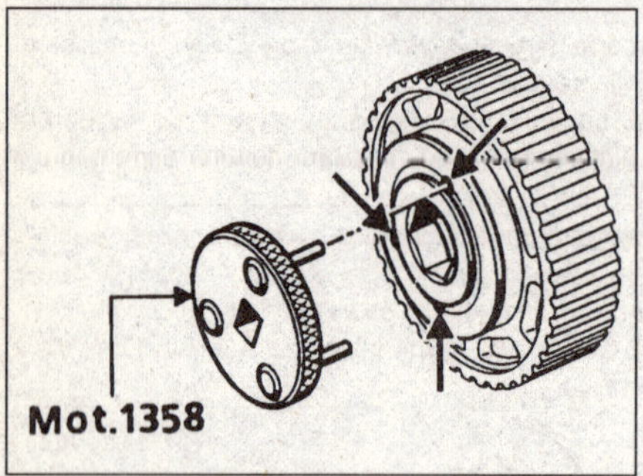


12.14a Outil d'atelier permettant de tourner le flasque du pignon « RAM » de pompe

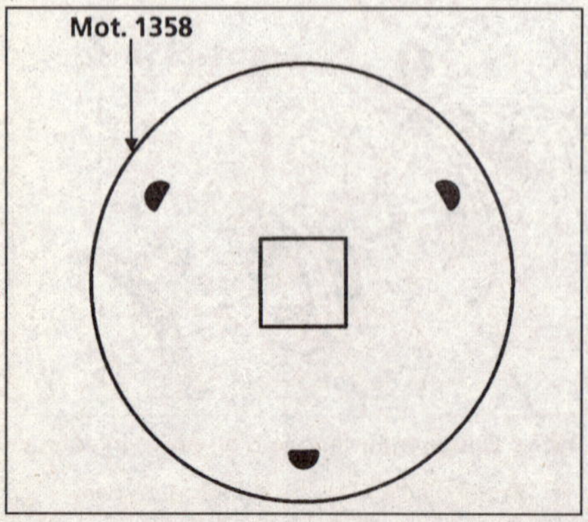


12.14b Afin d'utiliser l'outil ancien Mot. 1358, il faut limer les pattes de 1,5 mm pour son adaptation sur le pignon « RAM » de type récent

cote mentionnée sur l'étiquette fixée sur le levier de charge ou sur le code barres apposé sur le corps de la pompe. En cas de valeur non conforme, corriger le calage de la pompe en opérant comme suit :

**10** Desserrer leurs vis de fixation puis déposer le cache en plastique de la platine supérieure du support droit du groupe motopropulseur et le carter de courroie de distribution couvrant le pignon de la pompe d'injection.

**11** Déposer la pige de calage du vilebrequin

**12** Sortir la pige de contrôle de l'orifice puis immobiliser le pignon de la pompe avec l'outil Mot. 1200-01 ou équivalent (voir section 10).

**13** Le pignon du type « RAM » (Réglage Angulaire Micrométrique) est constitué d'un moyeu intérieur avec flasque et d'une roue dentée extérieure assemblée par une vis centrale filetée à gauche. La bague d'avance micrométrique est pourvue de trois évidements permettant le montage de l'outil Mot. 1358-01 pour le calage de la pompe. Pour cela, la vis centrale doit être débloquée légèrement, en la tournant dans **le sens horaire**, au préalable avec l'outil Mot. 1359 ou un embout six pans mâle de diamètre approprié **(voir illustrations)**.

**14** Monter l'outil Mot. 1358-01 et tourner l'ensemble outil-flasque de telle manière que les pattes de l'outil s'engagent dans les évidements de la bague d'avance micrométrique **(voir illustrations)**.

**15** Tourner ensuite l'ensemble outil-flasque dans le sens horaire jusqu'en butée afin de positionner le pignon en début de réglage.

**16** Enlever l'outil de blocage du pignon et donner deux tours complets au vilebrequin afin de ramener le piston du cylindre nº 1 au PMH compression et de pouvoir remonter sa pige de calage.

**17** Remonter la pige de contrôle, le support et le comparateur sur la pompe d'injection puis étalonner le comparateur à zéro (voir description correspondante ci-dessus). Ramener le moteur au PMH compression du piston de cylindre nº 1 puis réinstaller la pige de calage du vilebrequin.

**18** Tourner l'outil Mot. 1358-01 dans le sens anti-horaire de façon à obtenir la valeur correcte de levée du piston de la pompe sur le comparateur. Si la valeur de calage est dépassée au cours du réglage, revenir complètement en arrière puis reprendre le réglage.

**19** Enlever l'outil de réglage puis serrer la vis centrale (pas à gauche) au couple de 2 daN.m avec l'outil Mot. 1359. Veiller à ne pas faire bouger le comparateur.

**20** Retirer la pige de calage du vilebrequin au PMH.

**21** Monter l'outil de blocage Mot. 1200-01 au pignon de la pompe d'injection puis tourner le vilebrequin à la main dans le sens anti-horaire pour amener l'outil de blocage au contact du pignon. Serrer la vis centrale au couple de 9 daN.m avec l'outil Mot. 1359.

**22** Retirer l'outil de blocage du pignon puis donner deux tours complets au vilebrequin et recontrôler le calage de la pompe.

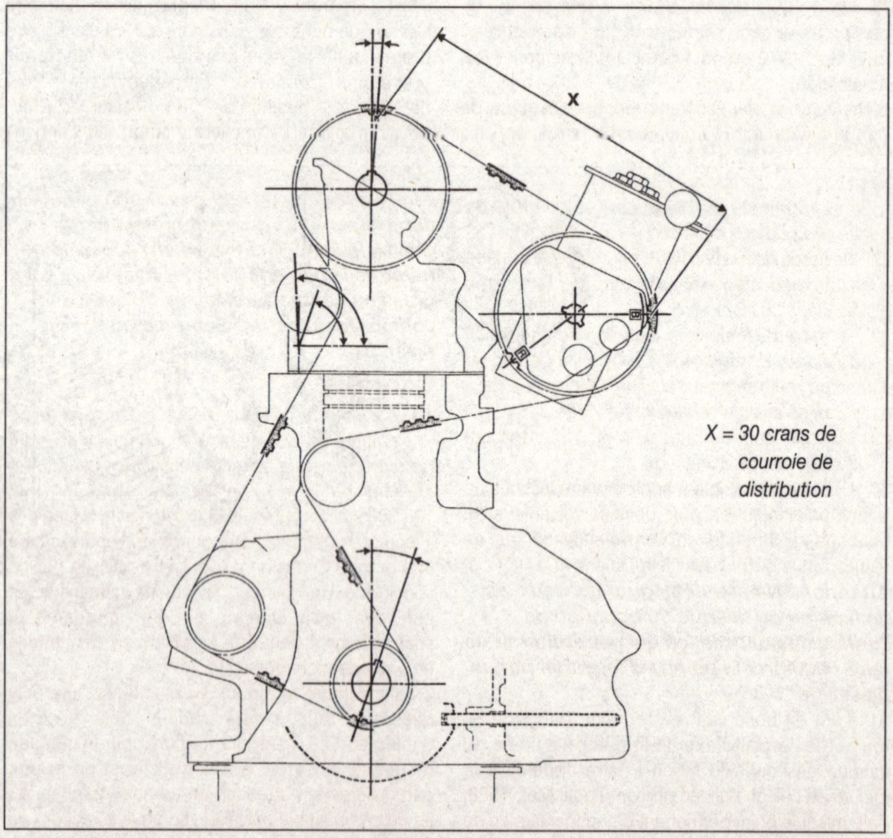


12.22 Positionnement des repères de calage sur les pignons d'arbre à cames et de pompe d'injection (moteur et distribution au PMH compression du piston de cylindre nº 1)

13.3 Deux des injecteurs

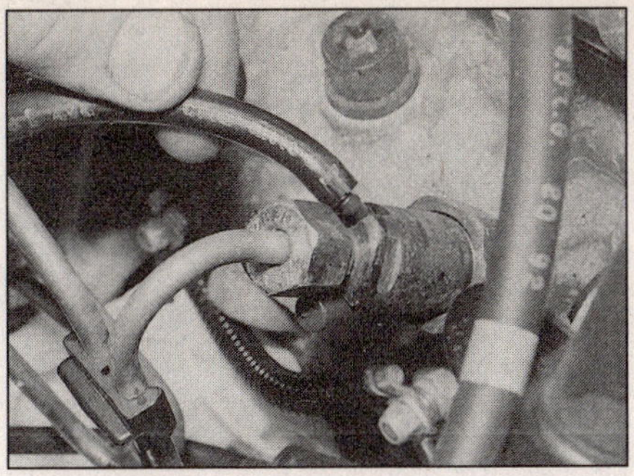

13.4 Débranchement du tuyau de retour de fuite d'un injecteur

13.6 Desserrage de l'écrou de raccord d'une canalisation d'un injecteur

***Attention : En cas d'impossibilité à caler correctement la pompe, vérifier le calage de la distribution (voir illustration). Tous les repères doivent être alignés et il doit exister un écart correspondant à 30 crans de courroie de distribution entre les repères de calage des pignons d'arbre à cames et de pompe d'injection***

**23** Après avoir obtenu la levée correcte du piston de la pompe, démonter le comparateur, son support et la pige puis reposer le bouchon de l'orifice de contrôle en le serrant au couple prescrit.

**24** Le cas échéant, reposer la coquille pare-boue du passage de roue et la roue avant droite puis descendre la voiture au sol et serrer les vis de la roue au couple prescrit. Rebrancher ensuite le câble de masse de la batterie.

**25** Effectuer le réamorçage et la purge d'air du circuit d'alimentation, comme décrit en section 7.

**26** Faire démarrer le moteur puis procéder au contrôle et au réglage éventuel des régimes de ralenti et d'anticalage, comme indiqué en section 8.

## *Moteur F8Q 632*

**Nota :** *Les outils suivants : Mot. 1200-01, 1525, 1520 et 1522 sont à prévoir pour le contrôle du calage de la pompe d'injection.*

**27** Dévisser et écarter sur le côté la cuve du filtre à gazole puis déposer le carter de la pompe d'injection.

**28** Immobiliser le pignon de la pompe d'injection au moyen de l'outil Mot. 1200-01 puis débloquer son écrou de fixation et décoller le pignon de l'axe de la pompe à l'aide de l'outil Mot. 1525.

**29** Monter l'outil de réglage Mot. 1522 en bout d'axe de la pompe d'injection.

**30** Disposer un récipient approprié en dessous de la pompe d'injection puis dévisser et enlever le bouchon de l'orifice de contrôle de calage en récupérant le gazole dans le récipient.

***Attention : Ne pas débloquer les deux vis de fixation du flasque du bouchon de l'orifice de contrôle, ce qui nécessiterait de faire recalibrer la pompe d'injection par un diéséliste***

**31** Tout en observant par l'orifice de contrôle, tourner lentement l'axe de la pompe à l'aide du flasque de l'outil de façon à faire apparaître la rainure de calage puis en utilisant l'outil Mot. 1520, déterminer le point permettant d'engager la pige de calage dans la rainure sur l'axe de la pompe.

**32** Resserrer avec précaution l'écrou de fixation au couple prescrit pour bloquer le pignon sur l'axe de la pompe.

**33** Démonter les différents outils puis procéder à la repose du bouchon de l'orifice de contrôle de calage, en veillant à le serrer convenablement.

**34** Remettre en place le carter de la pompe d'injection ainsi que la cuve du filtre à gazole.

**35** Enlever la pige de calage du vilebrequin au PMH.

**36** Descendre la voiture au sol puis rebrancher le câble de masse de la batterie.

**37** Effectuer le réamorçage et la purge d'air du circuit d'alimentation, comme indiqué en section 7.

## 13 Injecteurs - contrôle, dépose et repose

***Danger : S'entourer des plus grandes précautions lors de toute intervention sur les injecteurs. Ne jamais exposer les doigts ou une partie quelconque du corps au jet de combustible pulvérisé par les injecteurs au risque de voir le gazole sous haute pression pénétrer dans la peau, ce qui peut provoquer de graves lésions. Il est vivement conseillé de faire réaliser le contrôle des injecteurs sous pression par les services techniques d'un concessionnaire de la marque ou par un diéséliste***

### *Contrôle*

**1** Les injecteurs voient leur état se détériorer au fur et à mesure de leur utilisation et on peut s'attendre raisonnablement à ce qu'ils nécessitent une remise en état ou leur remplacement après environ 100 000 km. Le contrôle, la révision et le tarage des injecteurs qui constituent des opérations exigeant une grande précision doivent être réalisés par un spécialiste. Un injecteur défectueux se manifestant par des claquements ou de la fumée à l'échappement peut être localisé sans démontage en procédant comme suit :

**2** Faire tourner le moteur au ralenti accéléré puis desserrer tour à tour chacun des raccords d'injecteur en l'entourant d'un chiffon afin de récupérer le gazole pouvant gicler et en faisant particulièrement attention de ne pas s'exposer au jet de combustible pulvérisé. Lorsque le raccord de l'injecteur défectueux viendra à être desserré, les claquements ou la fumée cesseront.

### *Dépose*

***Attention : Veiller ce que des impuretés ne puissent à aucun moment être admises dans les injecteurs ou les canalisations d'injection au cours des opérations qui suivent***

**3** Nettoyer soigneusement le pourtour des porte-injecteurs et des écrous de raccords de canalisations **(voir illustration)**.

**4** Débrancher le tuyau de retour de fuite au niveau de chaque injecteur **(voir illustration)**.

**5** Desserrer les écrous de raccords des canalisations d'injection sur la pompe, en immobilisant l'ajutage des raccords au moyen d'une clé plate de façon à ne pas le dévisser. Obturer les orifices découverts sur la pompe avec des sachets en plastique maintenus par des bracelets élastiques ou avec les doigts découpés dans des gants en caoutchouc usagés mais propres.

**6** Dévisser ensuite les écrous de raccords et débrancher les canalisations au niveau des injecteurs **(voir illustration)**. Déposer au besoin les canalisations. Bien repérer la position de montage des brides assemblant les canalisations en vue du remontage. Boucher les injecteurs et les orifices découverts sur la pompe pour empêcher toute admission d'impuretés à l'intérieur du circuit.

**7** Dévisser les porte-injecteurs à l'aide d'une clé à



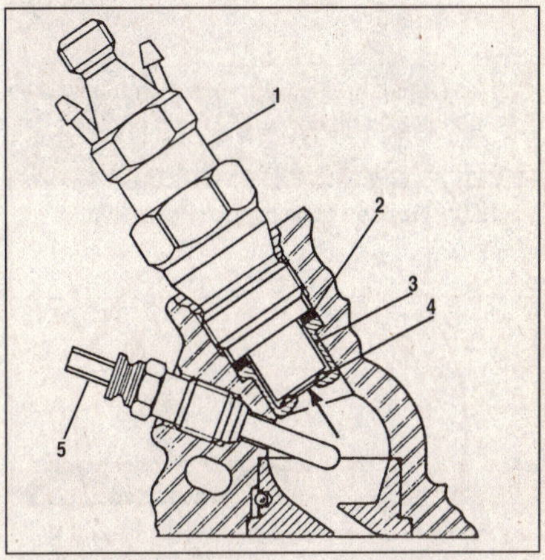


**13.7a Coupe transversale d'un porte-injecteur**

*1 Porte-injecteur*
*2 Rondelle en cuivre*
*3 Douille*
*4 Rondelle pare-flamme*
*5 Bougie de préchauffage*

**13.7b Desserrer les porte-injecteurs . . .**

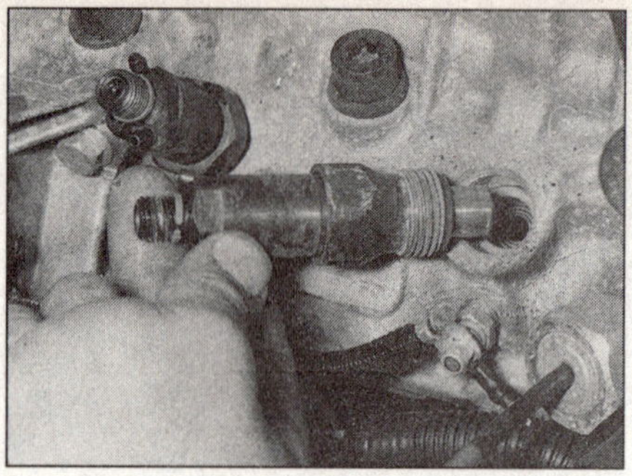

**13.7c . . . et les dégager de la culasse**

douille et les dégager de leur puits dans la culasse. A noter que pour déposer l'injecteur du cylindre nº 3 avec capteur de levée d'aiguille, il est nécessaire d'utiliser l'outil (Mot. 997-01) ou une douille échancrée pour faire passer le câblage électrique après l'avoir débranché au niveau du connecteur **(voir illustrations)**.

**8** Récupérer les rondelles d'étanchéité en cuivre et pare-flamme sur la culasse **(voir illustrations)**. Enlever également les douilles si elles ont été délogées.

### *Repose*

**9** Se procurer des rondelles d'étanchéité en cuivre et pare-flamme neuves. Changer également les douilles des injecteurs si elles sont abîmées.

**10** Prendre garde de ne pas laisser tomber les injecteurs et de ne pas endommager la pointe de leur aiguille. Les injecteurs sont des pièces usinées avec précision, selon des tolérances de fabrication strictes et ils doivent en conséquence être manipulés avec précaution, en particulier ne pas les serrer dans un étau.

**11** Remettre éventuellement en place les douilles des injecteurs dans les puits sur la culasse.

**12** Installer ensuite les rondelles pare-flamme neuves, en veillant à les disposer comme représenté sur le dessin joint **(voir illustration)**.

**13** Monter les rondelles d'étanchéité en cuivre neuves.

**14** Remonter les porte-injecteurs et les serrer au couple préconisé.

**15** Reposer les canalisations d'injection et serrer les écrous de leurs raccords au couple prescrit. Veiller à remettre convenablement en place les brides d'assemblage des canalisations.

**16** Rebrancher le tuyau de retour de fuite sur chacun des injecteurs ainsi que le connecteur électrique du capteur de levée d'aiguille au niveau de l'injecteur du cylindre nº 3.

**17** Mettre le moteur en marche : si des difficultés sont éprouvées au démarrage, procéder au réamorçage et à la purge d'air du circuit d'alimentation, comme indiqué en section 7.

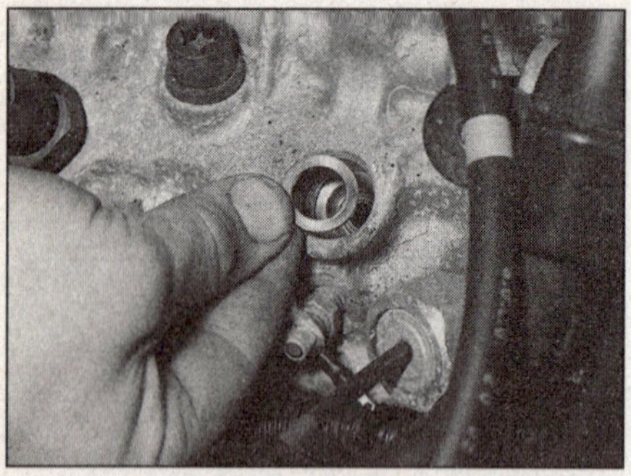

**13.8a Dépose de la rondelle en cuivre . . .**

**13.8b . . . et de la rondelle pare-flamme d'un injecteur**

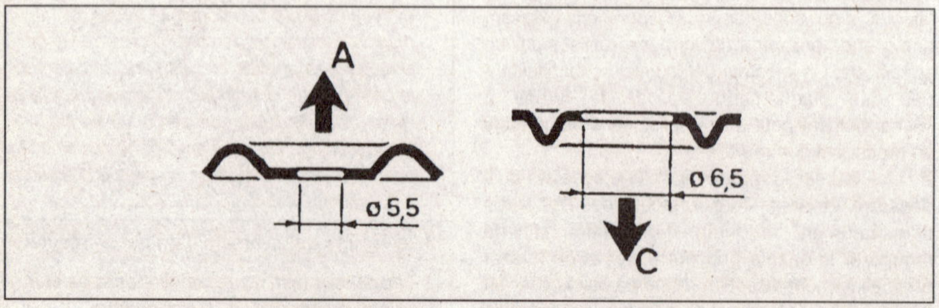


**13.12 Sens de montage de rondelle pare-flamme d'injecteur**

*A Premier type : face bombée côté injecteur*

*B Seconde type : face bombée côté culasse*

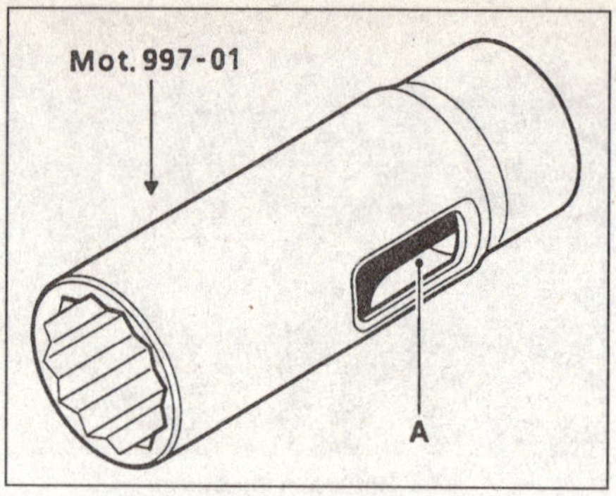


**13.7d Outil de dépose du porte-injecteur nº 3 avec capteur de levée d'aiguille**

*A Echancrure pour le passage du connecteur électrique*

## 14 Tubulure d'admission et collecteur d'échappement - dépose et repose

### *Dépose*

**1** Bien que constituant deux entités séparées, la tubulure d'admission et le collecteur d'échappement sont fixés par les mêmes écrous compte tenu que les trous des goujons sont répartis entre leur bride. A signaler que la vanne de recyclage des gaz d'échappement est montée sur le collecteur d'échappement et est reliée d'une part par un conduit à la tubulure d'admission et d'autre par un tuyau de dépression à l'électrovanne de commande (moteurs F8Q 630 et F8Q 662) ou bien par un connexion électrique (moteur F8Q 632). Débrancher ces éléments au besoin, en se reportant à la partie C du présent chapitre.

**2** Serrer le frein à main puis lever l'avant de la voiture au cric et le poser sur chandelles (voir « *Levage et soutien du véhicule* »).

**3** Déposer le boîtier de filtre à air (voir section 2).

**4** Dans le cas des moteurs F8Q 632, enlever la bride de soutien de la canalisation de recyclage des gaz d'échappement puis libérer la canalisation d'alimentation en carburant du carter de courroie de distribution.

**5** En opérant du dessus, desserrer les deux écrous assemblant le tube d'échappement au collecteur.

**6** Desserrer **uniquement** l'écrou du boulon du collier de d'assemblage entre tubes avant et intermédiaire d'échappement puis faire pivoter le tube avant vers la boîte de vitesses. Récupérer le joint sur la bride du tube avant.

**7** Desserrer progressivement les écrous d'assemblage supérieurs de l'ensemble tubulure d'admission-collecteur d'échappement avec la culasse par le haut du moteur puis les écrous inférieurs par le bas. A noter que l'accès à l'écrou inférieur situé au-dessus du démarreur nécessite une clé à douille articulée.

**8** Dégager l'ensemble tubulure d'admission-

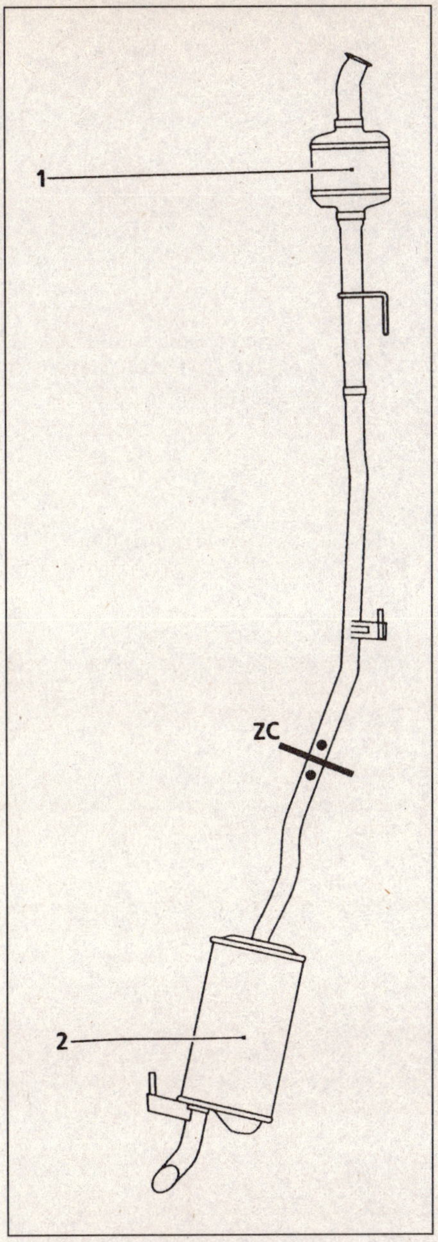


15.1 **Pot catalytique (1), silencieux secondaire (2) et point de sectionnement du tube intermédiaire (ZC)**

collecteur d'échappement de la culasse et récupérer le joint commun aux deux.

## *Repose*

**9** La repose s'effectue à l'inverse de la dépose. Veiller à la parfaite propreté des plans d'assemblage de la tubulure d'admission, du collecteur d'échappement et de la culasse et utiliser un joint neuf. Serrer les écrous au couple prescrit. A signaler que les quatre écrous centraux inférieurs avec leur rondelle peuvent être amorcés sur les goujons avant la repose du collecteur d'échappement compte tenu que celui-ci présente des trous en forme de boutonnière.

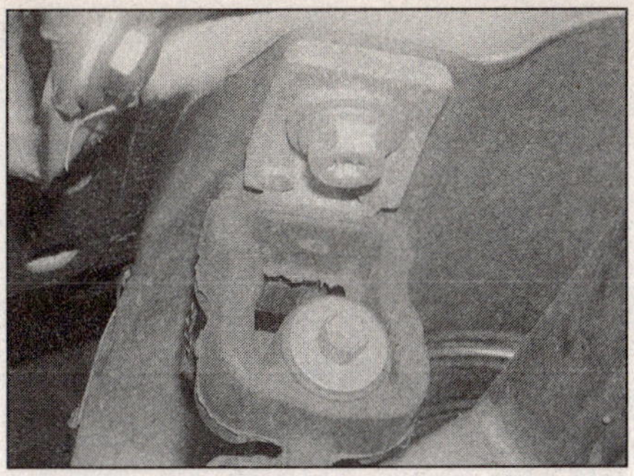

**15.2 Support élastique d'échappement**

## 15 Echappement - dépose et repose

**1** En équipement d'origine, l'échappement se compose uniquement de deux parties : un tube avant et le reste de la ligne d'échappement comprenant un tube intermédiaire avec le pot catalytique deux voies et un tube arrière avec le silencieux secondaire. La jonction entre les tubes avant et intermédiaire est assurée par un collier à boulon **(voir illustration)**.

**2** La partie arrière de l'échappement surplombant le train arrière, elle peut être remplacée séparément en la sectionnant au niveau du tube intermédiaire avec une scie à métaux. La ligne d'échappement est suspendue sur toute sa longueur par des supports élastiques en caoutchouc **(voir illustration)**.

### *Dépose*

**3** Pour déposer une partie constituante de l'échappement, lever l'avant ou l'arrière de la voiture au cric et le poser sur chandelles (voir « *Levage et soutien du véhicule* »). En alternative, placer la voiture au-dessus d'une fosse d'entretien ou sur un pont élévateur. Dans le cas où il existe, déposer le carénage de protection sous le moteur.

### Tube avant

**4** Déposer le boîtier de filtre à air (voir section 2).

**5** En opérant du dessus, desserrer et enlever les deux écrous assemblant le tube avant d'échappement au collecteur et récupérer le joint.

**6** Le cas échéant, dévisser le tube avant d'échappement au niveau de la patte-support sur la boîte de vitesses.

**7** Dévisser le boulon du collier d'assemblage puis désolidariser le tube avant du tube intermédiaire et le dégager du dessous de la voiture.

### Tube intermédiaire et pot catalytique

**8** Dévisser le boulon du collier d'assemblage entre les tubes avant et intermédiaire.

**9** S'il s'agit de l'échappement monté en usine, le tube intermédiaire doit être scindé au moyen d'une scie à métaux ou d'un coupe-tubes. Repérer l'emplacement où doit avoir lieu la séparation, soit environ à mi-distance entre le silencieux secondaire ou arrière et le support intermédiaire. Le point de sectionnement est indiqué par deux repères circulaires marqués au pointeau sur le côté du tube. Les repères pointés sont distants de 90 mm et la section doit s'effectuer au centre de cette cote. **Nota :** *S'assurer de sectionner d'équerre le tube d'échappement, sinon il sera difficile d'obtenir une bonne étanchéité au réassemblage.*

**10** Après l'avoir sectionné, dégager le tube intermédiaire avec le pot catalytique du dessous de la voiture.

**11** Si la partie arrière de l'échappement a été scindée précédemment pour une réparation, dévisser le boulon de fixation, écarter le manchon de raccordement avec le tube arrière et décrocher le tube intermédiaire de ses supports en caoutchouc pour le dégager par le dessous de la voiture.

### Tube arrière et silencieux secondaire

**12** S'il s'agit de l'équipement d'origine, procéder comme indiqué ci-dessus au point 9 pour la dépose du tube arrière et du silencieux secondaire.

**13** Si la partie arrière de l'échappement a été scindée précédemment pour une réparation, dévisser le boulon de fixation, écarter le manchon de raccordement avec le tube intermédiaire et décrocher le tube arrière de ses supports en caoutchouc pour le dégager par le dessous de la voiture.

### Ecrans thermiques

**14** Les écrans thermiques sont fixés au soubassement au moyen de vis ou d'écrous. Chaque écran peut être retiré après dépose de la partie correspondante de l'échappement. En cas de dépose d'un écran pour accéder à un élément dissimulé derrière lui, il sera suffisant dans certains cas de retirer les écrous et/ou vis de fixation et d'abaisser simplement l'écran sans avoir à toucher l'échappement, sinon procéder à la dépose de la partie correspondante de l'échappement, comme décrit précédemment.

### *Repose*

**15** La repose s'effectue à l'inverse de la dépose, en observant par ailleurs les points suivants :

*a) S'assurer de bien éliminer toutes les traces de corrosion sur les brides et remplacer tous les joints nécessaires*

*b) Examiner les supports élastiques en caoutchouc pour s'assurer qu'ils ne sont pas abîmés et les changer au besoin*

*c) Sur les véhicules avec section de réparation des tubes intermédiaire et arrière, répandre une fine couche de mastic pour échappement (genre « Sodicam » préconisé par le constructeur) sur l'intérieur du manchon de raccordement. Veiller à disposer d'équerre les extrémités des tubes contre la butée du manchon de raccordement. Monter la vis de bridage du manchon en position verticale sur le côté gauche et bien serrer l'écrou jusqu'à ce qu'un bruit de déclic soit perçu : la vis est pourvue d'une rainure permettant de serrer correctement l'écrou (soit un couple d'environ 2,5 daN.m)*

*d) Avant de serrer les fixations de l'échappement, vérifier que tous les supports élastiques en caoutchouc sont correctement installés et qu'il existe un dégagement suffisant entre l'échappement et le soubassement de la voiture*

# Chapitre 4 Partie C : Dispositifs antipollution

## Sommaire



## Niveaux de difficulté

| | | | | |
|---|---|---|---|---|
| **Facile,** pour les profanes de la mécanique | **Assez facile,** pour les débutants plus avisés | **Assez difficile,** pour les amateurs compétents | **Difficile,** pour les amateurs plus expérimentés | **Très difficile,** pour les initiés et les professionnels |



## Caractéristiques

### Généralités

| | |
|---|---|
| Résistance d'électrovanne de recyclage des gaz d'échappement : | |
| Moteur F8Q 630 et F8Q 662 | 46 ± 5 Ω |
| Moteur F8Q 632 : | |
| Résistance de l'électrovanne | 8 ± 0,5 Ω à 20 °C |
| Résistance de la sonde | 4 000 Ω à 20 °C |
| Tension de sonde lambda délivrée à 850 °C : | |
| Moteurs D7F 720, E7J 780 et K7M : | |
| Mélange riche | > 625 mV |
| Mélange pauvre | 0 à 80 mV |
| Moteurs D7F 726, K4J et K4M : | |
| Mélange riche | 840 ± 70 mV |
| Mélange pauvre | 20 ± 50 mV |
| Résistance de chauffage de sonde lambda à température ambiante : | |
| Moteurs D7F 720, E7J 780 et K7M | 3 à 15 Ω |
| Moteur D7F 726 - sonde en amont et sonde en aval | 9 Ω |
| Moteur E7J 634 | 6 ± 1 Ω (à 23 °C) |
| Moteurs K4J et K4M : | |
| Sonde en amont | 9 Ω |
| Sonde en aval | 3,4 Ω |

| **Couple de serrage** | **daN.m** |
|---|---|
| Sonde lambda | 4,5 |

## 1 Description générale

Toutes les versions à motorisation essence de la gamme traitée dans cette étude sont conçues pour rouler au carburant sans plomb et leur moteur est piloté par un système de gestion couplée de l'injection et de l'allumage qui garantit le meilleur compromis possible entre confort de conduite, consommation et propreté. Sont par ailleurs prévus différents dispositifs antipollution : dégazage du carter-moteur, pot catalytique et recyclage des vapeurs d'essence.

Les versions Diesel sont également conçues pour répondre aux normes imposées par la législation antipollution. Elles sont notamment dotées d'un système de dégazage du carter-moteur, d'un pot catalytique deux voies et d'un système de recyclage des gaz d'échappement.

Ces différents équipements sont décrits ci-dessous.

### *Versions essence*

#### Dégazage du carter-moteur

Afin de réduire les rejets à l'air libre des gaz provenant du carter-moteur, le moteur est scellé et les gaz de fuite et les vapeurs d'huile sont aspirés de l'intérieur du carter-moteur pour être acheminés vers le boîtier de papillon ou la tubulure d'admission et brûlés au cours du processus normal de combustion **(voir illustrations)**.

Les gaz se trouvent expulsés de force par la pression, sensiblement plus élevée que dans le circuit d'admission, régnant en permanence dans le carter-moteur.

Les tuyaux et les ajutages doivent être nettoyés périodiquement pour assurer un bon fonctionnement du système.

#### Traitement des gaz d'échappement

Le pot catalytique du type à boucle fermée et à trois voies assure le traitement secondaire des gaz d'échappement. Il a pour but de limiter les quantités de polluants rejetés par le moteur. Une ou deux sondes lambda incorporées à l'échappement informent en permanence le calculateur électronique de gestion du moteur de la teneur en oxygène des gaz d'échappement, ce qui permet au calculateur d'ajuster la richesse afin de favoriser la combustion et de fournir ainsi les conditions optimales pour le fonctionnement du pot catalytique. Sur tous les moteurs sauf K4M, la sonde lambda est montée sur le tube avant d'échappement. Dans le cas du moteur K4M, la sonde lambda est implantée sur le collecteur d'échappement. Sur les moteurs D7F 726, K4J et K4M, une seconde lambda est prévue en aval du pot catalytique.

La sonde ou les sondes lambda sont pourvues d'une résistance électrique interne commandée par le calculateur électronique via un relais qui permet de chauffer la céramique de la sonde et de l'amener rapidement à sa température de fonctionnement. La pointe de la sonde sensible à l'oxygène communique au calculateur une tension variant en fonction du taux d'oxygène dans les gaz d'échappement : si le mélange air-carburant est trop riche, les gaz d'échappement contiennent peu d'oxygène et la sonde transmet un signal basse tension ; la tension augmente avec l'appauvrissement du mélange et l'accroissement correspondant de la concentration d'oxygène dans les gaz d'échappement. Le traitement des agents polluants se révèle le plus efficace lorsque les proportions chimiques du mélange air-carburant sont optimales et permettent une combustion complète du carburant, soit une composition de 14,7 volumes (au poids) d'air pour 1 volume d'essence (rapport stœchiométrique). La tension en sortie de la sonde varie amplement en fonction de ces paramètres, le calculateur électronique se basant sur ces variations de signal pour corriger le mélange air-carburant en conséquence, en modifiant la largeur d'impulsion de l'injection (durée d'ouverture des injecteurs).

#### Recyclage des vapeurs d'essence

Le rôle du dispositif de recyclage des vapeurs d'essence est de réduire le rejet des hydrocarbures imbrûlés dans l'atmosphère **(voir illustrations)**. Le bouchon du réservoir de carburant est dépourvu de mise à air libre et un filtre à charbon actif logé dans le passage de roue avant droit, récupère les vapeurs d'essence provenant du réservoir lorsque le moteur est arrêté. Les vapeurs sont ensuite évacuées par une électrovanne de purge (pilotée par le calculateur électronique du système de gestion du moteur) dans le circuit d'admission pour être brûlées pendant la phase normale de combustion.

Afin d'assurer un bon fonctionnement du moteur à froid ainsi qu'au ralenti et de protéger le pot catalytique des effets néfastes d'un mélange trop riche, l'électrovanne de purge n'est activée par le calculateur électronique que lorsque le moteur a été échauffé et qu'une charge s'exerce sur lui. L'électrovanne est ainsi mise en circuit et hors circuit successivement afin de permettre aux vapeurs stockées dans le réservoir à charbon actif de passer dans le circuit d'admission.

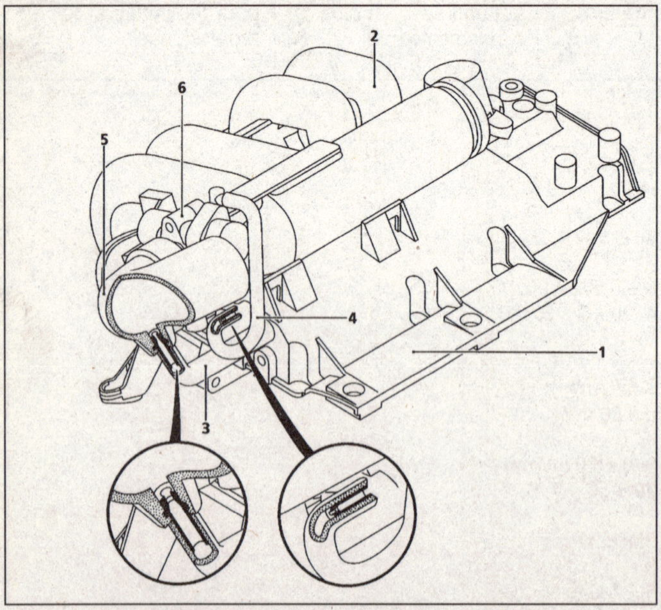


**1.4a Dégazage du carter-moteur - moteur D7F**

1 *Couvre-culasse*
2 *Tubulure d'admission*
3 *Tuyau de dégazage raccordé en amont du boîtier de papillon*
4 *Tuyau de dégazage raccordé en aval du boîtier de papillon*
5 *Conduit d'air*
6 *Boîtier de papillon*

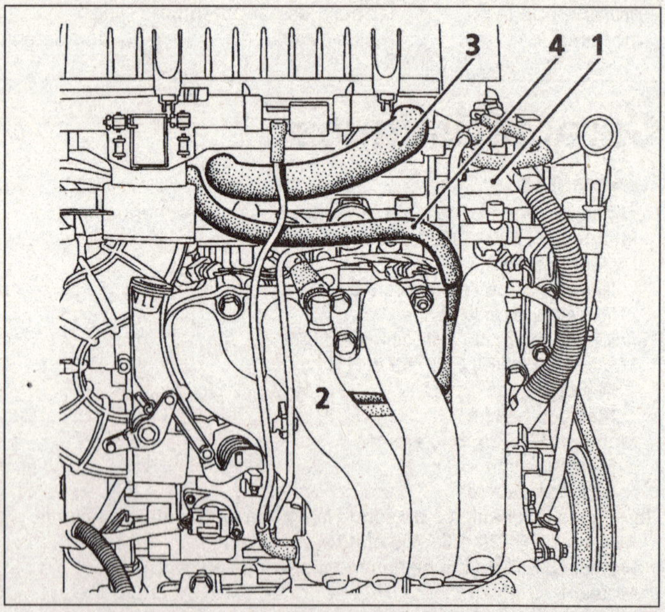


**1.4b Dégazage du carter-moteur - moteurs E7J et K7M**

1 *Culasse*
2 *Tubulure d'admission*
3 *Tuyau de dégazage en amont du boîtier de papillon*
4 *Tuyau de dégazage en aval du boîtier de papillon*

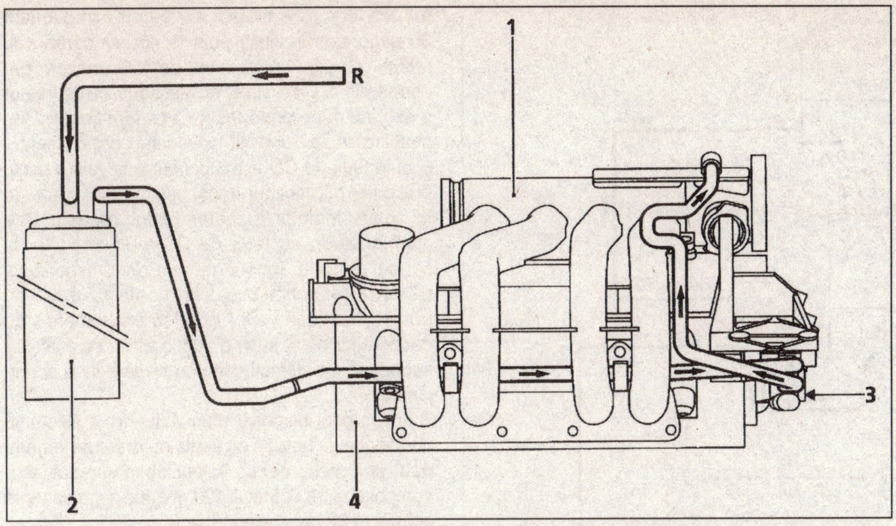


**1.9a Recyclage des vapeurs d'essence - moteur D7F**

*1 Tubulure d'admission 2 Réservoir à charbon actif 3 Electrovanne de purge 4 Culasse R Canalisation issue du réservoir de carburant*

## *Versions Diesel*

### Dégazage du carter-moteur

Afin de réduire les rejets à l'air libre des gaz provenant du carter-moteur, le moteur est scellé et les gaz de fuite et les vapeurs d'huile sont aspirés de l'intérieur du carter-moteur et passent par un décanteur implanté à l'avant gauche du bloc-cylindres pour être ensuite acheminés vers la tubulure d'admission et brûlés au cours du processus normal de combustion **(voir illustration)**.

Les tuyauteries du circuit de dégazage sont dépourvues d'ajutages, compte tenu qu'une dépression minimale constante règne dans la tubulure d'admission, quelles que soient les conditions de fonctionnement du moteur.

### Traitement des gaz d'échappement

Les versions Diesel sont équipées d'un pot catalytique deux voies destiné à réduire le niveau des rejets polluants émis par le moteur à l'échappement. Le pot catalytique consiste en une enveloppe renfermant une matière de support à revêtement actif par-dessus lequel passent les gaz d'échappement. Il accélère l'oxydation du monoxyde de carbone (CO), des hydrocarbures imbrûlés (HC) et de la suie, en diminuant ainsi la quantité des agents nuisibles pour l'environnement qui sont contenus dans les gaz d'échappement. Le pot catalytique opère indépendamment de l'échappement et ne dispose pas de sonde lambda contrairement aux moteurs essence.

### Recyclage des gaz d'échappement

Ce dispositif a pour but de remettre en circulation une partie des gaz d'échappement dans le conduit d'admission et de la réintégrer dans le processus de combustion **(voir illustration)**. Il contribue à abaisser la température de combustion et partant de là, à diminuer la concentration d'oxydes d'azote ($NO_X$) dans les gaz d'échappement. Le système est piloté par le calculateur électronique de gestion du moteur en fonction des paramètres suivants : régime du moteur, position du levier de charge, vitesse du véhicule, altitude, température du liquide de refroidissement et de l'air, transmis par les différents capteurs et sondes. Le recyclage des gaz d'échappement est interrompu lorsque la température de l'air est inférieure à 16 °C et celle du liquide de refroidissement à 45 °C, et que le moteur tourne au ralenti, véhicule à l'arrêt au bout de 40 secondes. Il redevient opérationnel lorsque la vitesse du véhicule dépasse 40 km/h. Il sera de nouveau interrompu après 40 secondes de ralenti avec une vitesse nulle du véhicule.

La quantité de gaz recyclée est régulée par une vanne pneumatique ou électrique, montée sur le collecteur d'échappement et commandée par une électrovanne. Dans le cas des moteurs F8Q 630 et F8Q 662, la vanne de recyclage des gaz d'échappement est commandée par la dépression issue de la pompe à vide d'assistance de freinage. Un clapet intérieur à la canalisation de dépression interrompt la communication de la dépression jusqu'à ce que le moteur ait atteint une température suffisante. La vanne de recyclage à commande électrique équipant le moteur F8Q 632 est pilotée par le calculateur électronique de gestion du moteur.

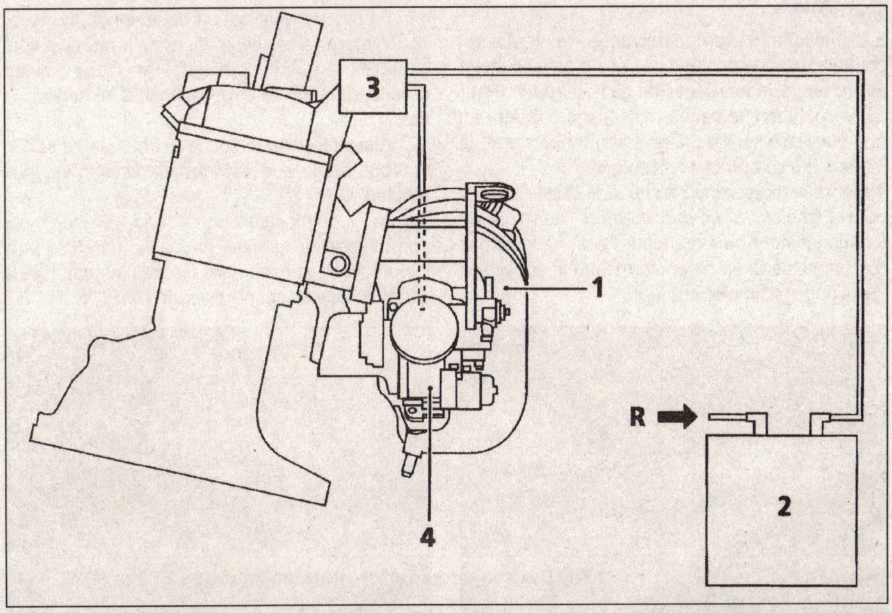


**1.9b Recyclage des vapeurs d'essence - moteurs E7J et K7M**

*1 Tubulure d'admission 2 Réservoir à charbon actif 3 Electrovanne de purge 4 Boîtier de papillon R Canalisation issue du réservoir de carburant*

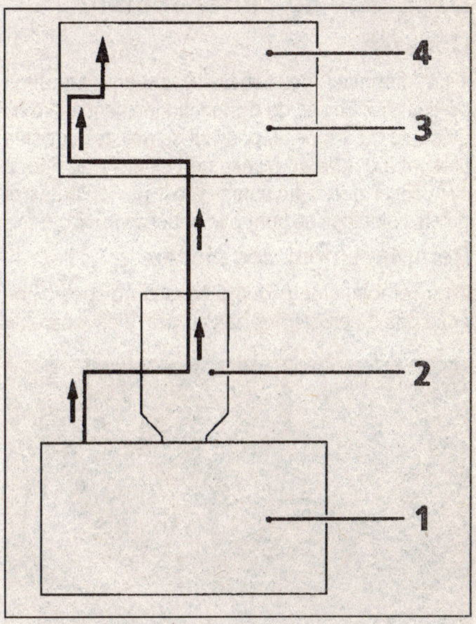


**1.11 Dégazage du carter-moteur - moteurs Diesel**

*1 Moteur 2 Décanteur d'huile 3 Filtre à air 4 Tubulure d'admission*

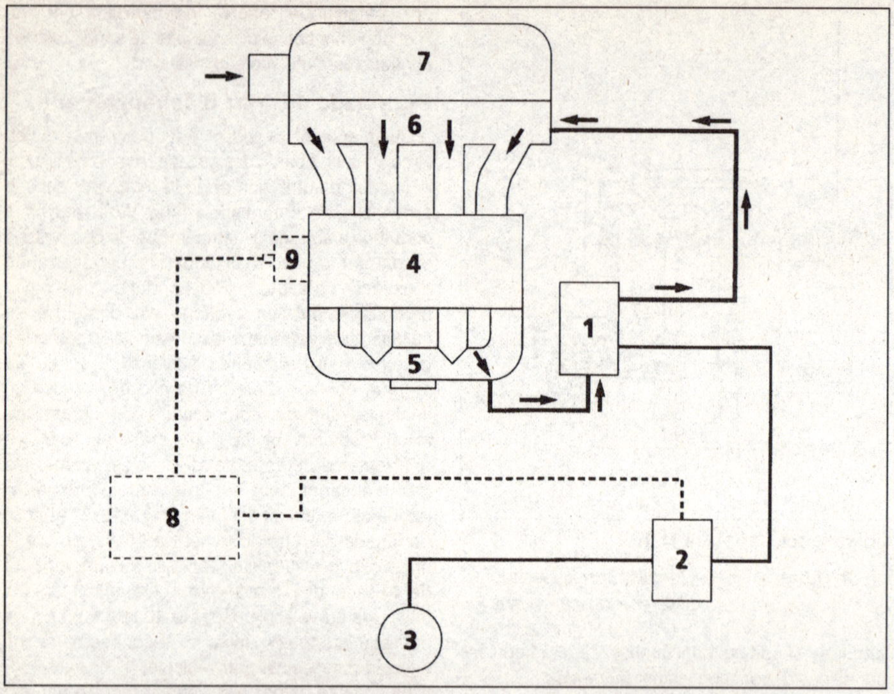


1.14 Recyclage des gaz d'échappement - moteurs F8Q 630 et F8Q 662

1 *Vanne pneumatique*
2 *Electrovanne*
3 *Pompe à vide*
4 *Moteur*
5 *Collecteur d'échappement*
6 *Tubulure d'admission*
7 *Filtre à air*
8 *Calculateur électronique*
9 *Sonde de température de liquide de refroidissement*

## 2 Dispositifs antipollution (essence) - contrôle et remplacement des pièces

### *Dégazage du carter-moteur*

#### Contrôle

**1** Le dispositif ne nécessite aucune attention particulière. En cas de dysfonctionnement avéré ou présumé du dispositif, pouvant se manifester par la présence d'huile au niveau de l'élément du filtre à air, vérifier que la tuyauterie n'est pas obstruée et que les ajutages ne sont pas bouchés ou absents.

#### Remplacement des pièces

**2** Le remplacement des pièces du dispositif ne pose pas de problèmes particuliers. Bien repérer la position de raccordement des différents tuyaux avant de les débrancher afin de ne pas les intervertir par la suite.

### *Traitement des gaz d'échappement*

#### Contrôle

**3** L'efficacité du pot catalytique se vérifie en contrôlant la composition des gaz d'échappement au moyen d'un analyseur de gaz approprié. Pour cette opération, le circuit d'allumage doit être en bon état, l'élément du filtre à air être propre et le moteur être en bon état mécanique.

**4** Mettre le moteur en marche et le laisser tourner pour l'amener à sa température normale de fonctionnement puis brancher l'analyseur de gaz d'échappement, en se conformant aux consignes de sa notice d'emploi.

**5** Faire tourner le moteur à 2 500 tr/min pendant 30 secondes environ puis le laisser revenir au ralenti et vérifier le taux de CO affiché par l'appareil. S'il se situe en dessous de la valeur maxi. indiquée dans les « *Caractéristiques* » au chapitre 1A, le dispositif fonctionne correctement.

**6** Si le taux de CO est supérieur à la valeur maxi. prescrite, débrancher le connecteur électrique de la sonde lambda et noter l'effet produit. Une augmentation du taux de CO indiquera que la sonde lambda fonctionne correctement mais dénotera par contre une défectuosité au niveau du pot catalytique. Si le débranchement du connecteur n'est suivi d'aucun effet, cela laisser supposer une défectuosité au niveau de la sonde lambda.

**7** Si l'on peut disposer d'un voltmètre à affichage numérique, la tension en sortie de la sonde lambda peut être mesurée. La valeur observée doit être comprise entre 625 et 1 100 mV (mélange riche) et entre 0 et 80 mV (mélange pauvre).

**8** Changer la sonde lambda si elle se révèle défectueuse suite à ces différents contrôles.

#### Sonde(s) lambda - remplacement

**9** Dans le cas d'un moteur K4M, suivre le trajet du câblage électrique en partant de la sonde lambda située sur le collecteur d'échappement jusqu'au connecteur et le débrancher. Dévisser ensuite la sonde avec une clé à douille longue pour la dégager du collecteur.

**10** Pour les moteurs autres que K4M, serrer le frein à main puis lever l'avant de la voiture au cric et le poser sur chandelles (voir « *Levage et soutien du véhicule* »). Déposer ensuite le carénage de protection éventuellement prévu sous le moteur. Débrancher son connecteur électrique puis dévisser la sonde pour la dégager du tube avant d'échappement ou du pot catalytique (sonde secondaire en aval), suivant le cas **(voir illustrations)**.

**11** En cas de réutilisation de la sonde, nettoyer son filetage ainsi celui du trou taraudé sur le collecteur d'échappement, le tube avant d'échappement ou le pot catalytique, suivant le cas.

**12** A signaler que la sonde est à changer si son câblage électrique est rompu car il n'est pas réparable.

**13** Avant de monter la sonde, enduire légèrement son filetage de graisse haute température puis l'approcher à la main dans un premier temps et la serrer ensuite au couple prescrit.

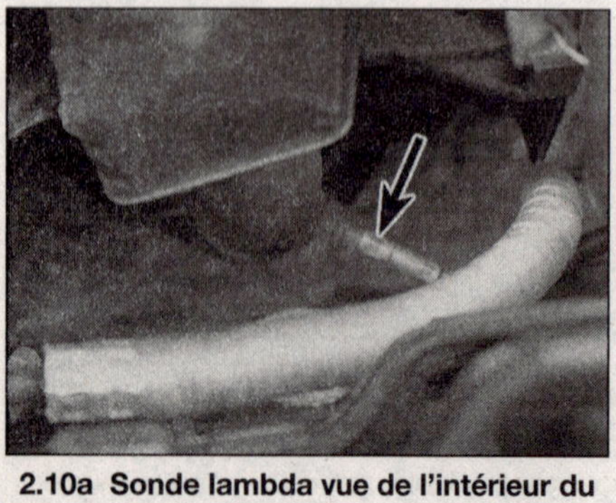

**2.10a Sonde lambda vue de l'intérieur du compartiment moteur - moteur E7J**

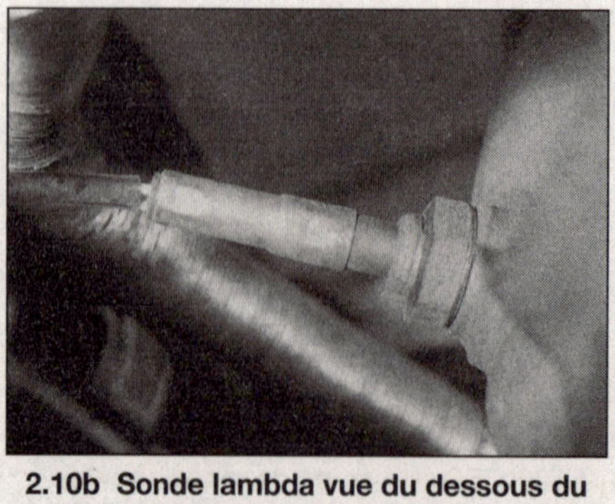

**2.10b Sonde lambda vue du dessous du moteur - moteur K7M**

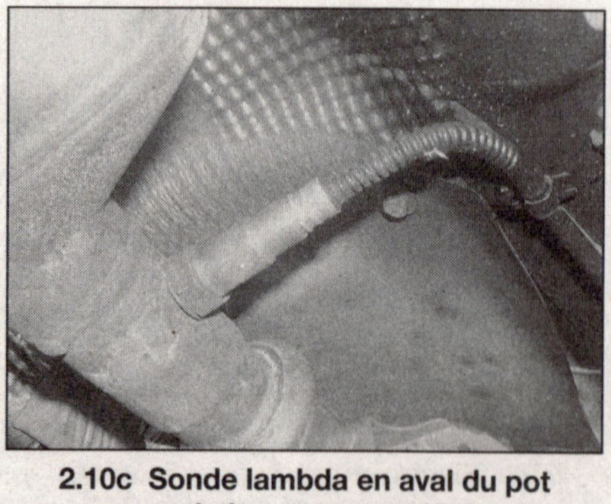

**2.10c Sonde lambda en aval du pot catalytique - moteur K4J**

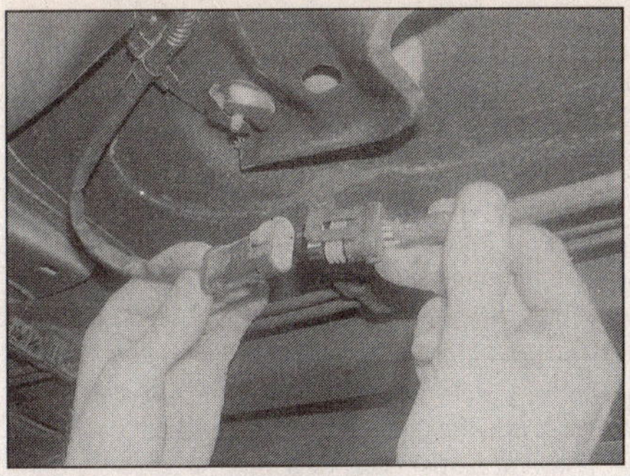

**2.10d Débranchement du connecteur électrique de la sonde lambda**

**14** Rebrancher le connecteur électrique de la sonde puis le cas échéant, reposer le carénage de protection sous le moteur et descendre la voiture au sol.

### Pot catalytique - remplacement

**15** Le pot catalytique qui est intégré au tube avant d'échappement se remplace comme décrit au chapitre 4A.

## *Recyclage des vapeurs d'essence*

### Contrôle

**16** Le contrôle de fonctionnement du dispositif de recyclage des vapeurs d'essence consiste à vérifier que l'électrovanne de purge ne s'ouvre que lorsque le moteur est chaud, avec le papillon des gaz au moins en position d'ouverture partielle.

**17** Mettre le moteur en marche et le laisser tourner pour l'amener à sa température normale de fonctionnement puis brancher un dépressiomètre (plage de 0 à 1 000 mbars) à la durit entre le réservoir à charbon actif et l'électrovanne de purge. Relier ensuite un voltmètre aux bornes de l'électrovanne.

**18** Faire démarrer le moteur et le laisser tourner au ralenti. L'appareil doit afficher une valeur de dépression nulle et aucune tension électrique ne doit être constatée au niveau de l'électrovanne de purge.

**19** En présence d'une dépression mais en l'absence de tension, l'électrovanne de purge doit

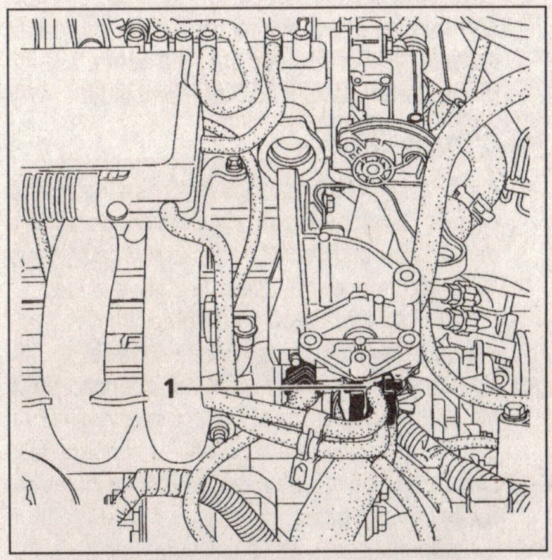


**2.30a Electrovanne de recyclage des vapeurs d'essence - moteur D7F**

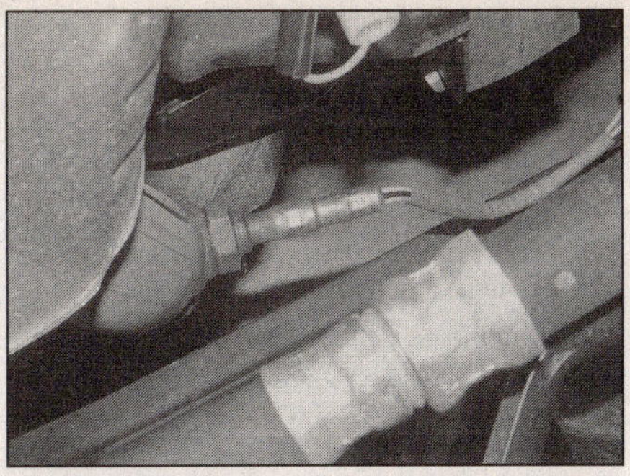

**2.10e Sonde lambda montée sur le tube avant d'échappement - moteur E7J**

se trouver bloquée en position de pleine ouverture. Débrancher provisoirement les durits de l'électrovanne et souffler de l'air par les orifices de sortie pour évacuer les particules de carbone.

**20** La présence d'une tension au ralenti dénotera une anomalie au niveau du câblage électrique ou du calculateur électronique.

**21** Accélérer légèrement. Une tension doit alors être constatée momentanément aux bornes de l'électrovanne de purge et l'appareil doit afficher la dépression issue de la tubulure d'admission.

**22** En l'absence de dépression mais en présence d'une tension, il doit exister une fuite (prise d'air) au niveau des durits ou l'électrovanne de purge ne s'ouvre pas.

**23** Si aucune tension n'est observée, l'anomalie se situe au niveau du câblage électrique ou du calculateur électronique.

### Réservoir à charbon actif - remplacement

**24** Débrancher la durit reliant le réservoir à charbon actif à la tubulure d'admission dans le compartiment moteur.

**25** Serrer le frein à main puis lever l'avant de la voiture au cric et le poser sur chandelles (voir *« Levage et soutien du véhicule »*). Déposer la roue avant droite puis la coquille pare-boue pour accéder au réservoir à charbon actif dans le passage de roue **(voir illustration)**.

**26** Débrancher la durit issue du réservoir de carburant au niveau du réservoir à charbon actif.

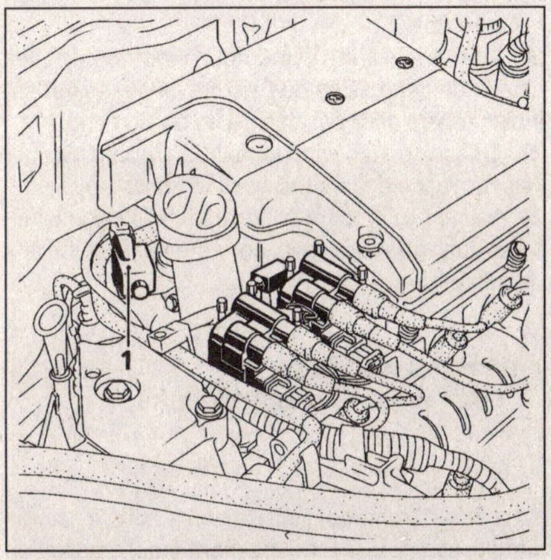


**2.30b Electrovanne de recyclage des vapeurs d'essence - moteurs E7J et K7M**

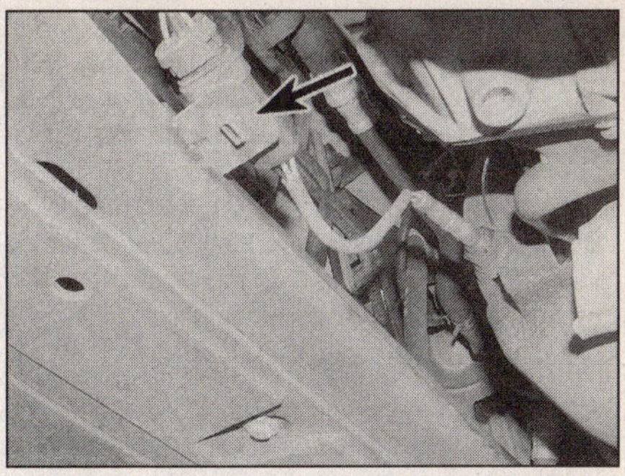

**2.10f Connecteur électrique de la sonde lambda - moteur E7J**

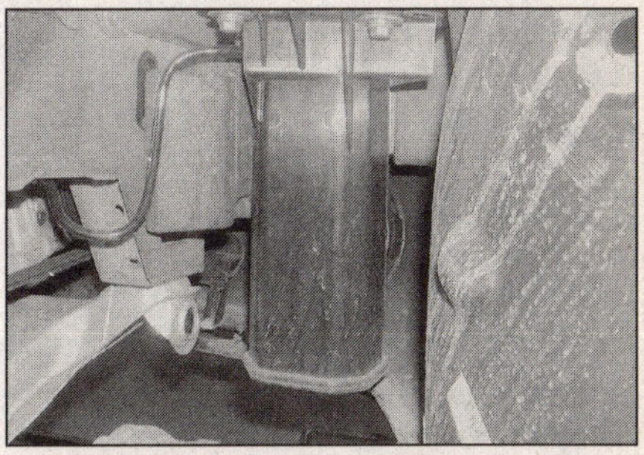

**2.25 Réservoir à charbon actif de recyclage des vapeurs d'essence dans le passage de roue AV. D.**

**27** Desserrer ses vis de fixation puis dégager le réservoir à charbon actif du dessous de l'aile avant.

**28** Prendre les mesures de sécurité qui s'imposent pour se débarrasser du réservoir actif qui peut contenir de l'essence sous forme liquide ou de vapeurs.

**29** Installer le réservoir à charbon actif neuf en procédant à l'inverse des opérations précédentes et veillant à brancher correctement les durits.

### Electrovanne de purge - remplacement

**30** L'emplacement de l'électrovanne de purge varie suivant le type de moteur **(voir illustrations)** :

*a) Moteurs D7F : à l'avant du moteur, au niveau de la patte de levage côté droit*

*b) Moteurs E7J, K4J, K7M et K4M : en haut de la tubulure d'admission*

**31** Débrancher ses durits et son connecteur électrique puis dégager l'électrovanne de son support.

**32** Procéder à l'inverse de la dépose pour installer l'électrovanne neuve, en veillant à brancher convenablement les durits.

## 3 Dispositifs antipollution (Diesel) - contrôle et remplacement des pièces

## *Dégazage du carter-moteur*

### *Contrôle*

**1** En cas de dysfonctionnement avéré ou présumé du dispositif, vérifier tout d'abord que la tuyauterie n'est pas obstruée. Sur les véhicules à kilométrage élevé, notamment sur ceux utilisés principalement pour de courts trajets, un dépôt gélatineux peut être constaté à l'intérieur des tuyaux et du décanteur d'huile. En cas de dépôt important, déposer ces pièces et les nettoyer.

**2** Contrôler à intervalles réguliers les pièces du dispositif pour s'assurer qu'elle sont bien fixées ou raccordés et qu'elles ne sont pas endommagées. Procéder à leur remplacement au besoin.

### Remplacement des pièces

**3** Le remplacement des pièces du dispositif ne pose pas de problèmes particuliers. Bien repérer la position de raccordement des différents tuyaux avant de les débrancher afin de ne pas les intervertir par la suite.

## *Traitement des gaz d'échappement*

### Contrôle

**4** L'efficacité du pot catalytique ne peut se vérifier qu'en contrôlant la composition des gaz d'échappement au moyen d'un analyseur de gaz prévu pour les moteurs Diesel.

### Pot catalytique - remplacement

**5** Le pot catalytique qui est intégré au tube intermédiaire d'échappement se remplace comme décrit au chapitre 4B.

## *Recyclage des gaz d'échappement*

### Contrôle

**Nota :** *Les vérifications qui suivent ne concernent que les moteurs F8Q 630 et F8Q 662. Pour le moteur F8Q 632, le contrôle de la vanne de recyclage des gaz d'échappement nécessite un appareil électronique approprié et doit de ce fait, être confié aux services techniques d'un concessionnaire Renault.*

**6** Mettre le moteur en marche et le laisser tourner jusqu'à ce qu'il ait atteint sa température normale de fonctionnement : le motoventilateur doit s'enclencher au moins à deux reprises.

**7** Le moteur tournant au ralenti, débrancher le tuyau de dépression de la vanne pneumatique de recyclage. Il doit alors être possible d'entendre le claquement émis par les soupapes lors de leur fermeture. Si ce bruit n'est pas perceptible, procéder comme suit :

**8** S'assurer de la présence d'une dépression sur le côté vanne du tuyau. Si l'on peut disposer d'un dépressiomètre, vérifier que cette dépression atteigne au moins 500 mbars. Si une dépression est observée, la vanne pneumatique est susceptible de présenter une anomalie : membrane bloquée ou percée. En l'absence de dépression, se livrer aux vérifications suivantes :

**9** S'assurer que tous les raccordements de tuyauterie de dépression sont bien emmanchés.

**10** Contrôler l'alimentation électrique de l'électrovanne.

**11** Contrôler le fonctionnement du clapet intérieur de la canalisation de dépression. Pour cela, s'assurer que le clapet permet le passage de la dépression lorsque le moteur est à sa température normale de fonctionnement. Arrêter le moteur et débrancher les tuyaux de dépression du clapet au niveau de la vanne pneumatique et de l'électrovanne puis vérifier qu'il soit possible de souffler de l'air dans les tuyaux. En cas contraire, le clapet est probablement défectueux ou les tuyaux sont obstrués.

**12** Vérifier le fonctionnement du système de pré/postchauffage, comme indiqué au chapitre 5C.

### Vanne pneumatique, moteurs F8Q 630 et F8Q 662 - remplacement

**13** La vanne est située à la partie arrière du moteur où elle est assemblée par vis au collecteur d'échappement. Elle est reliée d'une part par un tuyau de dépression à l'électrovanne et d'autre par un conduit à la tubulure d'admission.

**14** Déposer le boîtier de filtre à air (voir chapitre 4B).

**15** Débrancher le tuyau de dépression de la vanne pneumatique.

**16** Enlever les vis de fixation et débrancher le conduit de la vanne pneumatique au niveau de la tubulure d'admission et récupérer le joint.

**17** Dévisser puis dégager la vanne pneumatique avec son conduit du collecteur d'échappement et récupérer le joint.

**18** En cas de remplacement, desserrer les vis de fixation puis dégager le conduit et le transférer sur la vanne de rechange. Utiliser au besoin un joint neuf.

**19** Procéder à l'inverse de la dépose pour effectuer la repose, en utilisant des joints neufs.

### Vanne électrique, moteur F8Q 632 - remplacement

**20** La vanne est située à la partie arrière du moteur où elle est assemblée par vis à la tubulure d'admission. Elle est reliée par un conduit au collecteur d'échappement.

**21** Débrancher le connecteur électrique de la vanne.

**22** Déposer au préalable l'ensemble tubulure d'admission-collecteur d'échappement (voir chapitre 4B).

**23** Enlever les vis de fixation et dégager la vanne au niveau de la tubulure d'admission ; récupérer le joint.

**24** Procéder à l'inverse de la dépose pour effectuer la repose, en utilisant des joints neufs.

### Electrovanne, moteurs F8Q 630 et F8Q 662 - remplacement

**25** L'électrovanne est montée à la partie arrière de la tubulure d'admission. Pour y accéder, procéder à la dépose préalable du boîtier de filtre à air (voir chapitre 4B).

**26** Débrancher le connecteur électrique et les tuyaux de dépression de l'électrovanne, en veillant à bien repérer leur position de raccordement.

**27** Desserrer les vis de fixation puis dégager l'électrovanne de la tubulure d'admission.

**28** La repose s'opère à l'inverse de la dépose, en s'assurant de rebrancher correctement les tuyaux de dépression.

## 4 Pot catalytique - généralités et précautions

Le pot catalytique est un dispositif à la fois simple et fiable ne nécessitant pas d'entretien particulier, mais le propriétaire d'une voiture en étant équipée doit observer un certain nombre de règles générales pour lui assurer un bon fonctionnement et une durée de vie prolongée.

## *Versions essence*

a) *NE PAS utiliser de carburant plombé sur une voiture équipée d'un pot catalytique : le plomb peut se déposer sur les métaux précieux qui risquent ainsi de perdre leur efficacité en tant que catalyseur et le pot catalytique peut se trouver irrémédiablement endommagé*

b) *Veiller à maintenir les circuits d'allumage et d'alimentation en bon état de marche, conformément au programme d'entretien du constructeur*

c) *Si le moteur a des ratés (détonations), ne pas utiliser la voiture (ou le moins possible) jusqu'à ce que la cause de ces ratés soit traitée*

d) *NE PAS pousser ni remorquer la voiture pour la faire démarrer : cela aura pour conséquence de noyer le pot catalytique de carburant imbrûlé, entraînant une surchauffe du pot au démarrage*

e) *NE PAS couper le contact lorsque le moteur tourne à haut régime, c'est-à-dire ne pas accélérer à fond avant d'arrêter le moteur*

f) *NE PAS incorporer d'additifs dans le carburant ni dans l'huile du moteur : il peuvent contenir des substances nocives pour le pot catalytique*

g) *NE PAS continuer à utiliser la voiture si le moteur consomme de l'huile au point de dégager des traînées de fumée bleutée*

h) *Se rappeler que le pot catalytique fonctionne à très haute température. Par conséquent, NE PAS se garer sur des broussailles sèches, des herbes hautes ni sur un tas de feuilles mortes après un long trajet*

i) *Se rappeler que le pot catalytique est FRAGILE : ne pas le cogner avec des outils pendant les opérations d'entretien*

j) *Dans certains cas, lorsque la voiture est neuve, une odeur sulfureuse (rappelant celle des œufs pourris) peut être remarquée au niveau de l'échappement. Cette particularité se rencontre sur beaucoup de voitures équipées d'un pot catalytique. La voiture ayant parcouru plusieurs milliers de kilomètres, cet inconvénient disparaîtra de lui-même*

k) *Le pot catalytique, utilisé sur des voitures bien entretenues et conduites, est prévu pour durer entre 80 000 et 160 000 km : s'il vient à se montrer inefficace, il doit être remplacé*

## *Versions Diesel*

a) *NE PAS incorporer d'additifs dans le carburant ni dans l'huile du moteur : il peuvent contenir des substances nocives pour le pot catalytique*

b) *NE PAS continuer à utiliser la voiture si le moteur consomme de l'huile au point de dégager des traînées de fumée bleutée*

c) *Se rappeler que le pot catalytique fonctionne à très haute température. Par conséquent, NE PAS se garer sur des broussailles sèches, des herbes hautes ni sur un tas de feuilles mortes après un long trajet*

d) *Se rappeler que le pot catalytique est FRAGILE : ne pas le cogner avec des outils pendant les opérations d'entretien*

# Chapitre 5 Partie A : Circuits de démarrage et de charge

## Sommaire



## Niveaux de difficulté

| | | | | |
|---|---|---|---|---|
| **Facile,** pour les profanes de la mécanique | **Assez facile,** pour les débutants plus avisés | **Assez difficile,** pour les amateurs compétents | **Difficile,** pour les amateurs plus expérimentés | **Très difficile,** pour les initiés et les professionnels |

## Caractéristiques

### Batterie

| | |
|---|---|
| Etat de charge : | |
| Faible | 12,5 V |
| Normal | 12,6 V |
| Bon | 12,7 V |

### Alternateur

| | |
|---|---|
| Affectation : | |
| Moteurs 1,2 l | AC Delco |
| Autres moteurs essence : | |
| Sans climatisation | Valeo A 11 VI 87 |
| Avec climatisation | Valeo A 13 VI 188 |
| Moteurs Diesel : | |
| Sans climatisation | Valeo A 11 VI 88 |
| Avec climatisation | Valeo A 13 VI 195 |
| Intensité nominale. : | |
| AC Delco | 80 A |
| Valeo A 11 VI 87 | 75 A |
| Valeo A 13 VI 188 | 110 A |
| Valeo A 11 VI 88 | 75 A |
| Valeo A 13 VI 195 | 110 A |
| Tension régulée | 13,5 V |

### Démarreur

| | |
|---|---|
| Affectation : | |
| Moteurs 1,2 l | Valeo D7 E1 ou Bosch 0 001 116 001 |
| Autres moteurs essence | Valeo D6 RA 73 |
| Moteurs Diesel | Bosch DWR12V 1,4 kW, 0 001 108 180 |

### Sonde de niveau d'huile

| | |
|---|---|
| Résistance | 6 à 20 Ω |

## 1 Description générale et précautions

### Description générale

Les circuits de charge et de démarrage étant rattachés au moteur par leurs fonctions, ils sont traités séparément des autres appareils électriques tels que l'éclairage, les instruments au tableau de bord, etc., qui sont quant à eux abordés au chapitre 12. Se reporter à la partie B du chapitre en ce qui concerne le circuit d'allumage des moteurs essence et à la partie C quant au système de pré/postchauffage des moteurs Diesel.

Le circuit électrique est du type fonctionnant sous 12 V avec mise à la masse négative.

La batterie qui peut être du type à faible entretien ou « sans entretien » (scellée à vie) est chargée par l'alternateur qui est entraîné par une courroie à partir d'une poulie montée en bout de vilebrequin.

Le démarreur est du type à excitation permanente, lanceur et flasque extérieur, commandé par solénoïde (contacteur électromagnétique). Au démarrage, le solénoïde agit sur le pignon lanceur qui vient s'engrener sur la couronne du volant moteur/disque d'entraînement avant que le démarreur ne se trouve amorcé. Après démarrage du moteur, une roue libre empêche que l'induit ne soit entraîné par le moteur jusqu'à ce que le pignon se désengrène de la couronne.

Se reporter aux sections correspondantes du chapitre pour les différentes opérations pouvant être réalisées sur les éléments des circuits de charge et de démarrage. Bien qu'une réparation puisse effectuée dans certains cas, il sera préférable en cas de défectuosité d'un composant de changer celui-ci.

### Précautions

***Danger : Il convient de faire preuve d'une grande prudence lors de toute intervention sur le circuit électrique du véhicule afin de ne pas endommager les semi-conducteurs (diodes et transistors) et d'éviter de se blesser. Outre les précautions indiquées à la rubrique « Impératifs de sécurité » au début du manuel, observer les consignes suivantes lors d'une opération quelle qu'elle soit sur le circuit électrique :***

***Toujours retirer les accessoires : bagues, montre, etc. avant d'entreprendre toute intervention sur le circuit***

***Même lorsque la batterie est débranchée, il peut se produire une décharge capacitive si une borne sous tension d'un composant vient à être mise à la masse par l'intermédiaire d'un objet métallique, ce qui est susceptible de provoquer un choc dû à une décharge électrique ou une brûlure sérieuse***

***Ne pas intervertir les branchements de la batterie. Cela pourrait endommager irrémédiablement les composants de l'alternateur, des boîtiers de commande électroniques ou tout autre élément comportant des semi-conducteurs***

***Ne jamais débrancher les cosses de la batterie, le câblage de l'alternateur ni les fils d'un appareil de contrôle lorsque le moteur tourne***

***Ne pas actionner le démarreur lorsque l'alternateur est débranché, ce qui serait susceptible de l'entraîner***

***Ne jamais « tester » la tension en sortie d'alternateur en mettant le fil de sortie à la masse***

***Ne jamais utiliser d'ohmmètre du type comportant une génératrice à manivelle pour effectuer le contrôle du circuit et de la continuité***

***Débrancher systématiquement le câble de masse (-) de la batterie avant d'entreprendre une intervention sur le circuit électrique***

***Si le moteur doit être mis en marche avec des câbles de démarrage volants et une batterie d'appoint, relier les batteries de positif à positif et de négatif à négatif (voir « Démarrage à l'aide d'une batterie de secours » au début du manuel). Cela s'applique également au branchement d'un chargeur de batterie***

***Avant d'utiliser un poste de soudure à l'arc sur le véhicule, débrancher la batterie, l'alternateur et les équipements sensibles, notamment les calculateurs électroniques des systèmes de gestion du moteur et ABS afin d'éviter qu'ils ne se trouvent endommagés***

***L'autoradio monté en équipement de série par le constructeur est doté d'un code secret prévu comme dispositif antivol. En cas d'interruption de l'alimentation électrique de l'autoradio, le dispositif devient opérationnel***

***Attention : Sur les modèles équipés d'un autoradio codé, s'assurer de bien avoir en possession la combinaison correcte du code de sécurité pour débrancher la batterie***

## 2 Recherche de pannes électriques - généralités

Voir chapitre 12.

## 3 Batterie - contrôle et mise en charge

### Contrôle

#### Batteries traditionnelles et à faible entretien - contrôle

**1** Si le véhicule ne parcourt qu'un faible kilométrage annuel, il est bon de contrôler la densité de l'électrolyte tous les trois mois afin de déterminer l'état de la charge de la batterie. Pour effectuer ce contrôle, utiliser un pèse-acide et comparer les valeurs relevées à celles prescrites indiquées ci-dessous. A noter que les relevés de densité supposent une température normalisée de 15 °C. Pour chaque 10° en dessous de 15 °C, déduire 0,007 g/ml. Pour chaque 10° au-dessus de 15 °C, ajouter 0,007 g/ml.

| | + de 25 °C | - de 25 °C |
|---|---|---|
| *Pleine charge* | *1,210 à 1,230* | *1,270 à 1,290* |
| *Charge à 70 %* | *1,170 à 1,190* | *1,230 à 1,250* |

**2** Si l'état de la batterie est sujet à doute, contrôler en premier lieu la densité de l'électrolyte dans chaque élément. Une différence de l'ordre de 0,040 g/ml ou supérieure entre les éléments indiquera une perte d'électrolyte ou une détérioration des plaques internes de la batterie.

**3** En cas de différence supérieure à 0,040 g/ml entre les éléments, la batterie est à remplacer. Si la différence entre éléments demeure acceptable et que la batterie est déchargée, elle doit être mise en charge en opérant comme décrit plus loin dans cette section.

#### Batteries « sans entretien »

**4** Si la voiture est équipée d'une batterie de type « sans entretien » (scellée à vie), il n'est pas possible de rétablir le niveau d'électrolyte ni d'en contrôler la densité. La seule solution pour évaluer l'état de la batterie consistera à la tester à l'aide d'un indicateur de charge ou d'un voltmètre.

**5** Certaines batteries « sans entretien » de marque Delco sont pourvues d'un indicateur de charge situé sur le couvercle du bac. Il permet de connaître l'état de charge de la batterie par la couleur qu'il affiche. Ainsi, lorsqu'il est au vert, l'état de charge est bon. Lorsqu'il vire à une couleur plus foncée pouvant aller jusqu'au noir, la batterie doit être rechargée. Lorsqu'il tourne à une couleur claire à nuance jaune, le niveau d'électrolyte dans la batterie est insuffisant pour que celle-ci puisse encore servir auquel cas, elle devra être changée. Lorsque la couleur claire est affichée par l'indicateur, **ne pas** mettre la batterie en charge ni l'assister à l'aide d'une batterie de secours avec des câbles volants pour le démarrage du moteur.

#### Batteries tous types

**6** Pour procéder au contrôle de la batterie au moyen d'un voltmètre, le brancher à ses bornes. Cette vérification n'est valable que si la batterie n'a pas été soumise à une charge durant les six heures précédentes y compris celle de l'alternateur. Si tel n'est pas le cas, allumer les phares pendant 30 secondes puis attendre quatre à cinq minutes après les avoir éteints avant d'effectuer le contrôle de la batterie. Tous les autres circuits électriques doivent être hors tension et vérifier notamment que les portes et le hayon sont bien fermés (les plafonniers et l'éclairage de coffre ne devant pas être allumés).

**7** Si la tension relevée est inférieure à 12,2 V, la batterie est déchargée alors qu'une tension comprise entre 12,2 et 12,4 V indiquera un état de décharge partielle.

**8** Pour recharger la batterie, la déposer (voir section suivante) et la mettre en charge ainsi qu'indiqué ci-dessous.

### Mise en charge

#### Batteries traditionnelles et à faible entretien

**Nota :** *Les opérations suivantes sont décrites à titre indicatif uniquement. Il convient de suivre les* *instructions du fabricant de la batterie (le plus souvent indiquées sur l'étiquette apposée sur son bac) pour sa mise en charge.*

**9** La charge doit s'effectuer à un régime équivalent à 10 % de la capacité nominale de la batterie (par exemple, 5 A pour une batterie dont la capacité est de 50 Ah) et l'interrompre lorsque la densité de l'électrolyte n'augmente plus dans un délai de 4 heures.

**10** Un chargeur d'entretien délivrant un courant de 1,5 A peut également être utilisé sans risque de surcharge pendant une nuit entière.

**11** Les chargeurs dits « rapides » aptes à rétablir la charge de la batterie en une ou deux heures sont à déconseiller car ils risquent de détériorer sérieusement ses plaques internes par surchauffe.

**12** Durant la charge, la température de l'électrolyte ne doit jamais dépasser 37,8 °C.

### Batteries « sans entretien »

**Nota :** *Les opérations suivantes sont décrites à titre indicatif uniquement. Il convient de suivre les instructions du fabricant de la batterie (le plus souvent indiquées sur l'étiquette apposée sur son bac) pour sa mise en charge.*

**13** Ce type de batterie nécessite un temps de recharge nettement plus long que celui des batteries de type traditionnel. Cette durée dépend du degré de décharge. Elle peut aller jusqu'à trois jours.

**14** Il faut utiliser un chargeur de type à tension constante comprise entre 13,9 et 14,9 V avec un courant de charge inférieur à 25 A. Cette méthode permet d'utiliser la batterie dans les trois heures qui suivent à une tension de 12,5 V, ce qui constitue toutefois un état de charge partiel, et comme indiqué précédemment, il faudra prévoir une durée nettement plus longue pour une recharge complète.

**15** Si la batterie est complètement à plat (tension inférieure à 12,2 V), la faire recharger dans un garage ou par un électricien automobile vu qu'un régime de charge plus élevé étant nécessaire, il convient d'assurer une surveillance constante durant la recharge.

## 4 Batterie - dépose et repose

***Nota :** Consulter les mises en garde figurant à la rubrique « Impératifs de sécurité » au début du manuel et en section 1 avant toute intervention*

### Dépose

**1** La batterie est située à l'avant gauche du compartiment moteur.

**2** Desserrer l'écrou de la cosse et débrancher le câble de masse (-) de la batterie.

**3** Débrancher la cosse du câble positif (+) de la batterie en procédant de la même manière. Le cas échéant, déboîter le cache pour avoir accès à la borne de la batterie **(voir illustration)**.

**4** Desserrer sa vis et déposer la bride de maintien puis soulever la batterie pour la sortir du compartiment moteur **(voir illustration)**. Tenir la batterie bien verticalement pour la dégager afin de ne pas renverser d'électrolyte sur les panneaux de carrosserie.

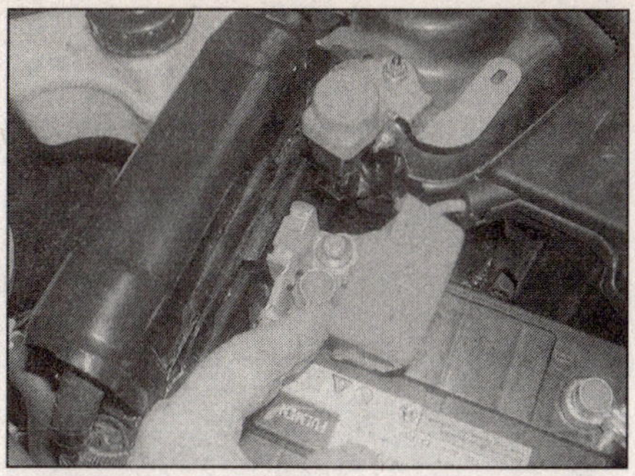

**4.3 Le cache est à déboîter pour avoir accès à la borne positive de la batterie**

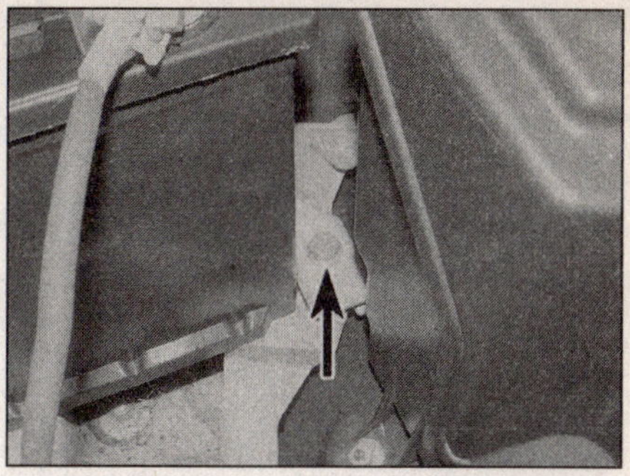

**4.4 Vis de bride de maintien de la batterie**

### Repose

**5** La repose s'effectue à l'inverse de la dépose, en enduisant de vaseline les surfaces de contact des bornes de la batterie et des cosses de ses câbles avant de les rebrancher, ce qui ralentira la corrosion sans faire obstruction au passage du courant. Il convient de toujours rebrancher le câble positif (+) en premier.

## 5 Circuit de charge - contrôle

***Nota :** Consulter les mises en garde figurant à la rubrique « Impératifs de sécurité » au début du manuel et en section 1 avant toute intervention*

**1** Si le témoin de charge au tableau de bord ne s'allume pas lorsque le contact est mis, s'assurer tout d'abord que les connexions électriques de l'alternateur sont correctement enfichées. Si ce contrôle s'avère satisfaisant, vérifier que l'ampoule du témoin n'est pas grillée et que la douille de l'ampoule ne présente pas de jeu (mauvais contact) au niveau de sa fixation sur la planche du combiné d'instruments (voir chapitre 12). Vérifier ensuite la continuité du fil d'alimentation électrique du témoin entre l'alternateur et la douille porte-ampoule. Si suite à ces différents contrôles, aucune anomalie n'est constatée, l'alternateur est à incriminer et il y aura lieu de le changer ou de le faire examiner et éventuellement réparer par un électricien automobile.

**2** Si le témoin de charge demeure allumé alors que le moteur tourne, l'arrêter et contrôler que la courroie des accessoires (d'alternateur) est bien tendue (voir chapitre 1A ou 1B) et que les connexions électriques de l'alternateur sont bien fixées. Si aucune anomalie n'est notée sur les points précédents, confier l'alternateur à un électricien automobile pour son contrôle et une réparation éventuelle.

**3** En cas de doute du bon fonctionnement de l'alternateur et cela même si le témoin de charge opère correctement, la tension en sortie de l'alternateur doit être contrôlée en procédant comme suit :

**4** Relier un voltmètre aux bornes de la batterie et mettre le moteur en marche.

**5** Augmenter le régime du moteur jusqu'à ce que le voltmètre indique une valeur stabilisée comprise entre 13,2 et 14,8 V.

**6** Mettre en circuit le maximum d'accessoires électriques (phares, lunette arrière dégivrante, bloc de soufflerie de chauffage, etc.) et vérifier que la tension régulée de l'alternateur se maintient entre 13,2 et 14,8 V.

**7** Si la tension régulée n'est pas conforme aux indications précédentes, cela peut être dû à une usure des balais, à des ressorts de balais détendus, à un régulateur de tension défectueux, à une diode défectueuse, à un déphasage important ou à des bagues collectrices usées : dans ce cas, l'alternateur doit être changé ou confié à un électricien automobile pour son contrôle et sa remise en état.

## 6 Alternateur - dépose et repose

### Dépose

***Nota :** Consulter les mises en garde figurant à la rubrique « Impératifs de sécurité » au début du manuel et en section 1 avant toute intervention*

**1** Débrancher le câble de masse (-) de la batterie.

### Moteurs D7F

**2** Serrer le frein à main puis lever l'avant de la voiture au cric et le poser sur chandelles (voir *« Levage et soutien du véhicule »*).

**3** Déposer la courroie de pompe de direction assistée ainsi que la courroie d'alternateur ou multipiste des accessoires assurant l'entraînement commun de l'alternateur, de la pompe de direction assistée et du compresseur de climatisation, suivant équipement (voir chapitre 1A).

**4** Sur les modèles climatisés, déposer la calandre (voir chapitre 11), enlever les deux vis maintenant le radiateur sur la traverse supérieure avant puis bien repérer la position de montage de chacune des pattes de fixation et les déposer.

**5** Procéder à la dépose du groupe motoventilateur de refroidissement du moteur (voir chapitre 3).

**6** Soulever le radiateur pour le dégager de ses blocs de fixation inférieurs et l'écarter afin d'avoir accès à l'alternateur.

**7** Enlever le capuchon (si prévu) puis desserrer l'écrou de cosse et débrancher le câble d'alimentation principal de l'alternateur **(voir**

**6.7 Desserrage de l'écrou de cosse du câble d'alimentation principal de l'alternateur - moteur D7F**

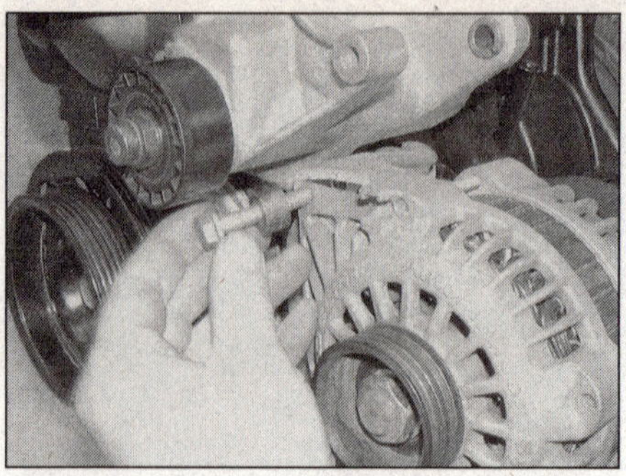

**6.8a Dépose de la vis de fixation supérieure . . .**

**6.8b . . . et de la vis de fixation inférieure de l'alternateur - moteur D7F**

**illustration)**. Débrancher également la connexion électrique au dos de l'alternateur.

**8** Desserrer et enlever la vis de fixation supérieure puis soutenir l'alternateur pour déposer sa vis de fixation inférieure et le dégager du support **(voir illustrations)**.

## Moteurs E7J et K7M

**Nota :** *Un palan de levage ou une grue d'atelier est à prévoir pour effectuer les opérations qui suivent.*

**9** Serrer le frein à main puis lever l'avant de la voiture au cric et le poser sur chandelles (voir « *Levage et soutien du véhicule* »).

**10** Soutenir le côté droit du moteur au moyen d'un palan ou d'une grue d'atelier en prise sur la patte de levage. Comme mesure de précaution, installer un cric rouleur avec cale de bois interposée sur sa tête en dessous du carter d'huile.

**11** Desserrer les vis de fixation au niveau du moteur et de la caisse ainsi que l'écrou central puis dégager les supports côté droit du groupe motopropulseur (voir chapitre 2B).

**12** Déposer la courroie d'alternateur (voir chapitre 1A), ce qui implique le déblocage de la vis de fixation du galet tendeur, côté droit du moteur.

**13** Enlever le capuchon (si prévu) puis desserrer l'écrou de cosse et débrancher le câble d'alimentation principal de l'alternateur. Débrancher également la connexion électrique au dos de l'alternateur.

**14** Sur les modèles climatisés, dévisser le carter du côté gauche de l'alternateur.

**15** Desserrer et enlever la vis de fixation inférieure puis soutenir l'alternateur pour déposer sa vis de fixation supérieure et le dégager du support.

## Moteurs K4J et K4M

**16** Serrer le frein à main puis lever l'avant de la voiture au cric et le poser sur chandelles (voir « *Levage et soutien du véhicule* »).

**17** Dans le cas où il existe, déposer le carénage de protection sous le moteur puis la roue avant droite et la coquille pare-boue du passage de roue.

**18** Déposer la calandre (voir chapitre 11).

**19** Enlever les quatre vis de fixation supérieures puis desserrer sans les enlever les deux vis de fixation inférieures, écarter la traverse supérieure avant et la poser sur le moteur ou en alternative, désaccoupler le câble de déverrouillage du capot et déposer la traverse **(voir illustrations)**.

**20** Déposer l'écran de protection des injecteurs et de la rampe d'alimentation.

**21** Déposer le projecteur côté droit (voir chapitre 12, section 9).

**22** Déposer la courroie des accessoires (voir chapitre 1A).

**23** Enlever le capuchon (si prévu) puis desserrer l'écrou de cosse et débrancher le câble d'alimentation principal de l'alternateur. Débrancher également la connexion électrique au dos de l'alternateur **(voir illustrations)**.

**24** Déposer la poulie de pompe de direction assistée.

**25** Débrancher la durit d'arrivée de carburant au niveau de la rampe d'alimentation et la connexion électrique de l'injecteur côté droit du moteur.

**26** Desserrer et enlever les vis de fixation de la pompe de direction assistée puis libérer la canalisation d'alimentation de la pompe du support d'accessoires.

**27** Ecarter la pompe de direction assistée sur le côté et dégager l'alternateur du support **(voir illustration)**. Si besoin est, en vue de faciliter l'accès, dévisser et dégager le radiateur ainsi qu'éventuellement le condenseur de climatisation, en se reportant au chapitre 3 pour ces opérations : il n'est pas nécessaire de vidanger le circuit frigorifique dans ce cas.

## Moteurs Diesel

**28** Serrer le frein à main puis lever l'avant de la voiture au cric et le poser sur chandelles (voir

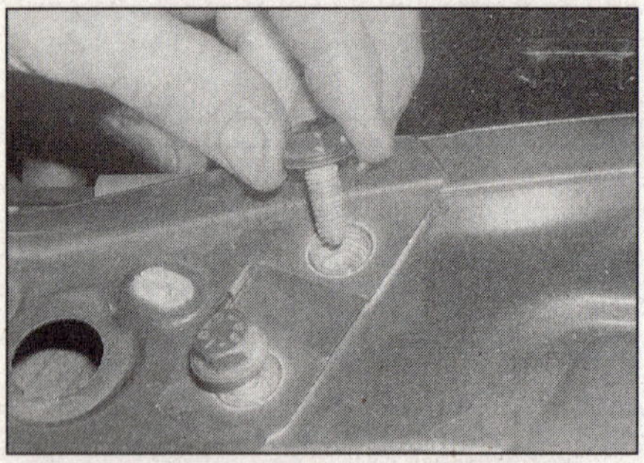

**6.19a Dépose d'une vis de fixation supérieure . . .**

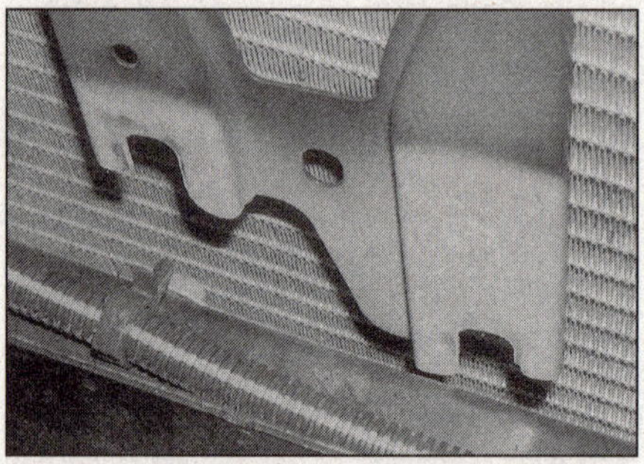

**6.19b . . . et de la traverse supérieure avant après desserrage de ses vis de fixation inférieures**

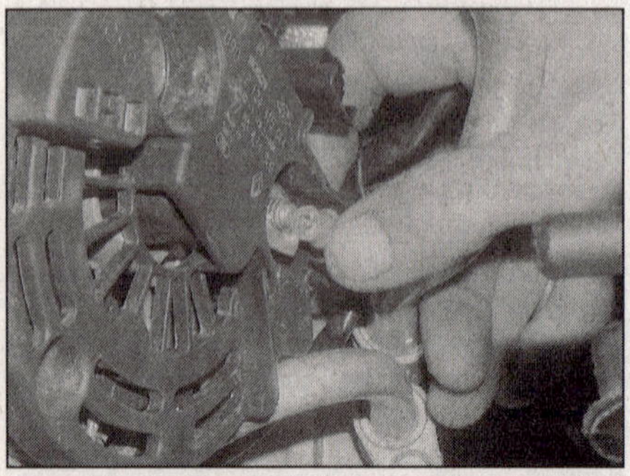

**6.23a Débranchement du câble d'alimentation principal . . .**

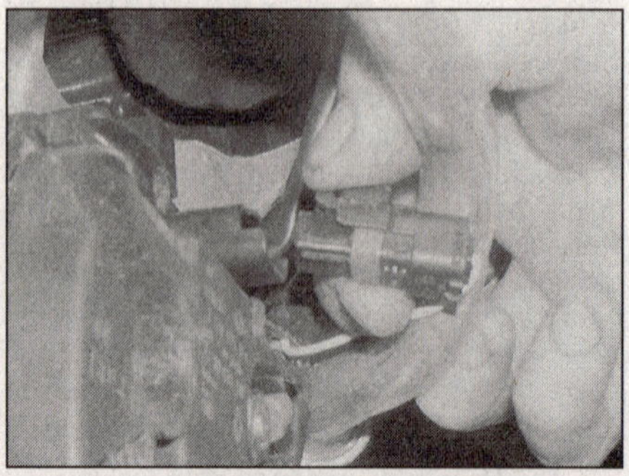

**6.23b . . . et de la connexion électrique au dos de l'alternateur**

**6.27a Alternateur - moteur K4M**

6.27b Dépose de l'alternateur - moteur K4M

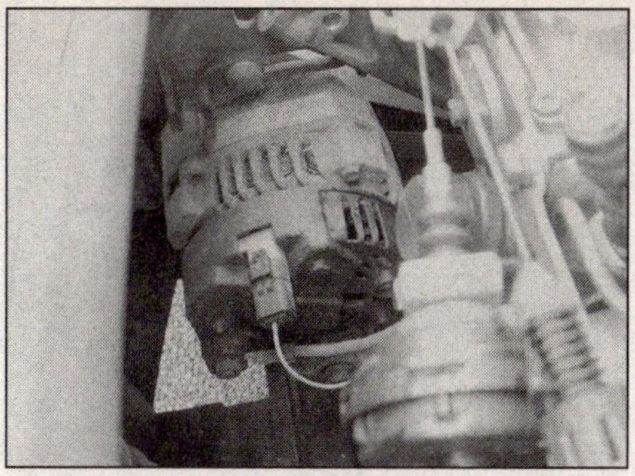

6.34 Alternateur et connexion électrique - moteur Diesel

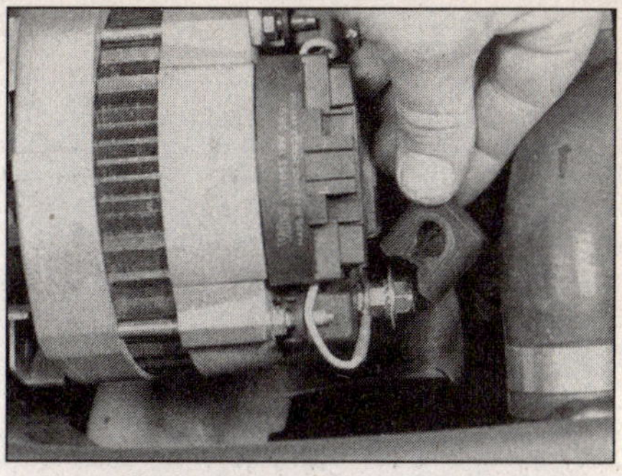

6.36a Dépose du capuchon de l'écrou de cosse . . .

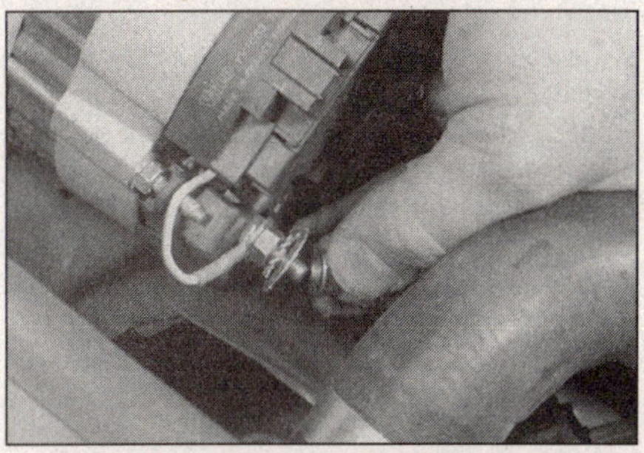

6.36b . . . et débranchement du câble d'alimentation principal de l'alternateur - moteur Diesel

6.36c Débranchement de la connexion électrique de l'alternateur - moteur Diesel

6.37 Dépose de l'alternateur - moteur Diesel

« *Levage et soutien du véhicule* »). Dans le cas où il existe, déposer le carénage de protection sous le moteur puis la roue avant droite et la coquille pare-boue du passage de roue.

**29** Déposer la calandre (voir chapitre 11).

**30** Enlever les quatre vis de fixation supérieures puis desserrer sans les enlever les deux vis de fixation inférieures, écarter la traverse supérieure avant et la poser sur le moteur, sans désaccoupler le câble de déverrouillage du capot.

**31** Déposer la courroie des accessoires (voir chapitre 1B).

**32** Dévisser et déposer la patte du tendeur de courroie des accessoires, formant support supérieur de l'alternateur.

**33** Disposer une bassine de récupération en dessous de la cartouche du filtre à huile à l'avant du bloc-cylindres puis la dévisser et déposer en la tenant verticalement avec son ouverture en haut afin de ne pas répandre d'huile. Vider le contenu de la cartouche dans la bassine.

**34** Débrancher le connecteur électrique situé au-dessus de l'emplacement de la cartouche de filtre à huile puis libérer le faisceau du support et l'écarter sur le côté **(voir illustration)**.

**35** Desserrer ses vis de fixation et soulever le groupe motoventilateur pour le dégager du radiateur.

**36** Enlever le capuchon (si prévu) puis desserrer l'écrou de cosse et débrancher le câble d'alimentation principal de l'alternateur. Débrancher également la connexion électrique au dos de l'alternateur **(voir illustrations)**.

**37** Desserrer ses vis de fixation et dégager l'alternateur **(voir illustration)**.

### *Repose*

**38** La repose a lieu à l'inverse de la dépose. Se reporter au chapitre 1A ou 1B pour effectuer la repose et le réglage de tension de la ou des courroies.

## 7 Alternateur - contrôle

En cas de défectuosité de l'alternateur, celui-ci doit être déposé et confié à un électricien automobile pour son contrôle et une éventuelle remise en état. Le remplacement des balais est une intervention pouvant normalement être effectuée pour un coût raisonnable (voir également description en section suivante). Il est toutefois prudent de se renseigner au sujet du coût de la réparation car il peut, dans certains cas, se révéler plus économique de faire l'acquisition d'un alternateur neuf ou d'occasion.



## 8 Porte-balais/régulateur de tension d'alternateur - remplacement

**Nota :** *S'assurer, avant de procéder au démontage de l'alternateur, de la disponibilité des pièces de rechange. Les descriptions ci-dessus concernent les alternateurs Valeo. En cas d'un alternateur d'une autre marque et d'un type différent, il est conseillé de le confier à un électricien automobile pour le remplacement de l'ensemble porte-balais et régulateur de tension.*

**1** Procéder à la dépose de l'alternateur (voir section précédente).

**2** Veiller à bien repérer la position de montage du fil électrique de l'ensemble du porte-balais et régulateur de tension puis desserrer l'écrou de cosse et débrancher le fil de la borne sur l'alternateur **(voir illustration)**.

**3** Déboîter et déposer le carter en plastique de l'alternateur **(voir illustration)**.

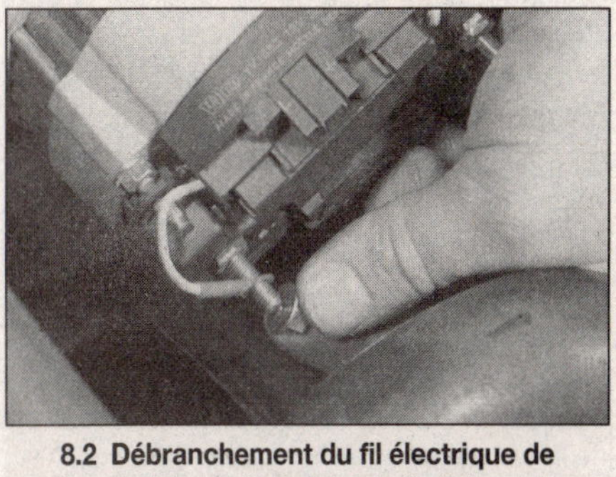

8.2 Débranchement du fil électrique de l'ensemble porte-balais et régulateur de tension de l'alternateur

8.3 Dépose du carter en plastique de l'alternateur

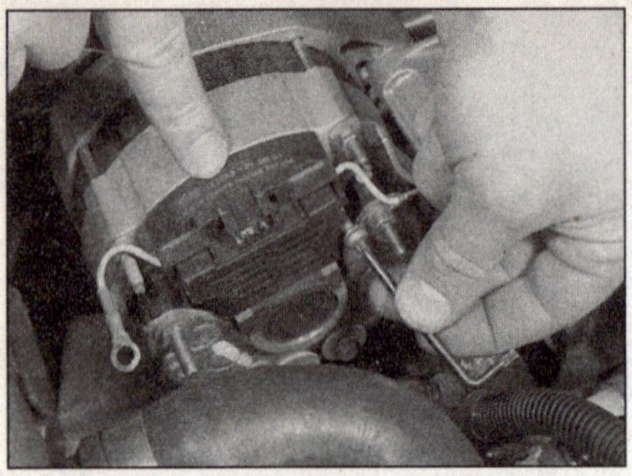

**8.4 Desserrage d'une vis de fixation de l'ensemble porte-balais et régulateur de tension de l'alternateur**

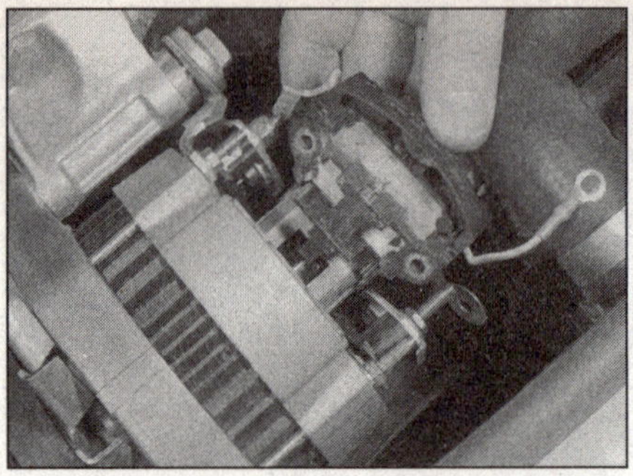

**8.5 Dépose de l'ensemble porte-balais et régulateur de tension de l'alternateur**

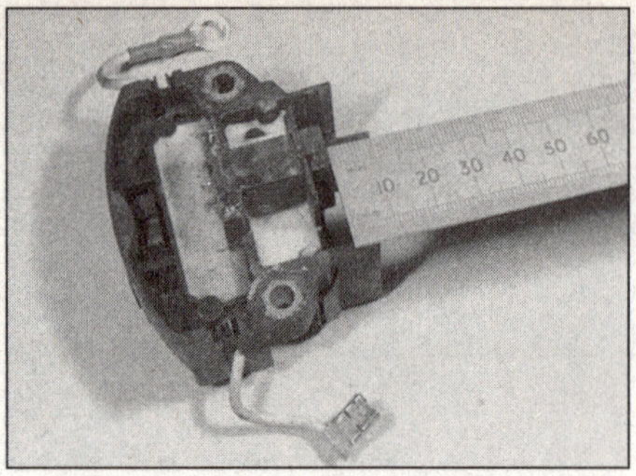


**8.6 Mesure du dépassement d'un balai d'alternateur**

**4** Desserrer les deux vis de fixation de l'ensemble porte-balais et régulateur de tension de l'alternateur **(voir illustration)**.

**5** Débrancher le fil électrique restant raccordé à la borne au côté gauche de l'alternateur puis dégager l'ensemble porte-balais et régulateur de tension **(voir illustration)**.

**6** Mesurer le dépassement de chaque balai par rapport au support **(voir illustration)**. Aucune valeur limite de longueur des balais n'est fournie par le constructeur mais on peut considérer que le dépassement ne doit pas être inférieur à 5 mm, sinon l'ensemble porte-balais et régulateur de tension complet est à changer. Si les balais ne sont pas usés, les nettoyer avec un chiffon imbibé d'essence. Vérifier que les ressorts des deux balais présentent une tension égale et suffisante. S'assurer du bon coulissement des balais sur leur support respectif.

**7** Nettoyer les bagues collectrices de l'alternateur en passant un chiffon imbibé d'essence puis examiner leur état de surface pour s'assurer qu'elles ne sont pas marquées, brûlées ni piquées en profondeur. Il est possible de faire rénover les bagues collectrices par un électricien automobile.

**8** Procéder à l'inverse de la dépose pour effectuer la repose de l'ensemble porte-balais et régulateur de tension.

## 9 Circuit de démarrage - contrôle

***Nota :*** *Consulter les mises en garde figurant à la rubrique « Impératifs de sécurité » au début du manuel et en section 1 avant toute intervention*

**1** Si le démarreur ne tourne pas en actionnant la clé de contact, les causes probables peuvent en être les suivantes :

- *a) Batterie défectueuse*
- *b) Mauvais passage du courant provenant de la batterie et destiné au démarreur via la masse au niveau des branchements électriques entre le commutateur d'allumage-démarrage, le solénoïde, la batterie et le démarreur*
- *c) Solénoïde défectueux*
- *d) Panne mécanique ou électrique du démarreur*

**2** Contrôler la batterie en allumant les phares. Si l'intensité lumineuse de ceux-ci vient à baisser après quelques secondes, cela indique que la batterie est déchargée : en tel cas, la recharger (voir section 3) ou la remplacer. Si l'intensité lumineuse des phares se maintient normalement, actionner le démarreur et noter l'effet produit sur les phares. Si ceux-ci connaissent alors une baisse de leur intensité lumineuse, cela signifie que le courant parvient au démarreur et par conséquent, que celui-ci présente un défaut de fonctionnement. Si la lumière émise par les phares ne faiblit pas (et qu'aucun « claquement » n'est perçu au niveau du solénoïde du démarreur), cela prouve l'existence d'une anomalie au sein du circuit ou du solénoïde : voir les paragraphes ci-dessous à ce sujet. Si le démarreur tourne paresseusement lorsqu'il est actionné et que la batterie est en bon état, cela dénote alors soit que le démarreur est défectueux ou bien qu'il existe une forte résistance à l'intérieur du circuit.

**3** En cas de doute quant au bon fonctionnement du démarreur, débrancher les câbles de la batterie (y compris la mise à la masse sur la caisse), le câblage électrique du démarreur-solénoïde et le câble de mise à la masse du groupe motopropulseur. Nettoyer parfaitement les contacts et rebrancher les câbles et les fils électriques. Utiliser un voltmètre ou une lampe-témoin pour vérifier que la tension de la batterie parvient au branchement de son câble positif sur le solénoïde et que la mise à la masse est bien assurée. Enduire de vaseline les bornes de la batterie comme mesure préventive contre la corrosion : des connexions corrodées sont souvent à l'origine d'un mauvais fonctionnement du circuit électrique.

**4** Si la batterie et tous les branchements électriques sont en bon état, contrôler le circuit en débranchant le fil électrique au niveau de la borne du solénoïde. Relier un voltmètre ou une lampe-témoin entre l'extrémité du fil et un point quelconque assurant une bonne mise à la masse (par exemple, la borne négative de la batterie) et vérifier que le fil se trouve mis sous tension en amenant la clé de contact sur la position « contact mis ». Si un passage de courant est noté, le circuit fonctionne normalement. En cas contraire, contrôler le câblage électrique du circuit en opérant comme décrit au chapitre 12.

**5** Les contacts du solénoïde se vérifient en reliant un voltmètre ou une lampe-témoin entre le branchement d'arrivée du câble positif de batterie sur le côté démarreur du solénoïde et la mise à la masse. En amenant la clé de contact à la position « contact mis », un passage de courant doit être constaté sur le voltmètre ou la lampe-témoin doit s'allumer. Si tel n'est pas le cas, le solénoïde est défectueux et il est à remplacer.

**6** Si le circuit et le solénoïde s'avèrent en bon état de fonctionnement, le défaut réside dans le démarreur qui peut être remis en état par un électricien automobile. Vérifier préalablement le coût des pièces détachées car il peut se révéler plus avantageux d'acquérir un démarreur neuf ou d'occasion.

## 10 Démarreur - dépose et repose

### *Dépose*

***Nota :*** *Consulter les mises en garde figurant à la rubrique « Impératifs de sécurité » au début du manuel et en section 1 avant toute intervention*

**1** Débrancher le câble de masse (-) de la batterie.

### Moteurs D7F

**2** Le démarreur est fixé sur la face avant du bloc-cylindres. Desserrer l'écrou de cosse et débrancher le câble d'alimentation positif de la batterie de la borne sur le solénoïde du démarreur.

**3** Débrancher ensuite le petit fil d'excitation sur le solénoïde du démarreur.

**4** Soutenir le démarreur puis desserrer et enlever ses deux vis de fixation : la vis avant se trouve côté démarreur de la bride de transmission et celle arrière côté boîte de vitesses.

**5** Dégager le démarreur de la boîte de vitesses.

### Moteurs E7J et K7M

**6** Serrer le frein à main puis lever l'avant de la voiture au cric et le poser sur chandelles (voir *« Levage et soutien du véhicule »*). Déposer la roue avant droite et la coquille pare-boue du passage de roue ainsi que le carénage de protection sous le moteur dans le cas où il existe.

**7** Desserrer et enlever la vis de fixation de la canalisation du circuit d'assistance de direction et de la patte-support de la tubulure d'admission sur la boîte de vitesses.

**8** Désaccoupler la transmission droite en sortie de

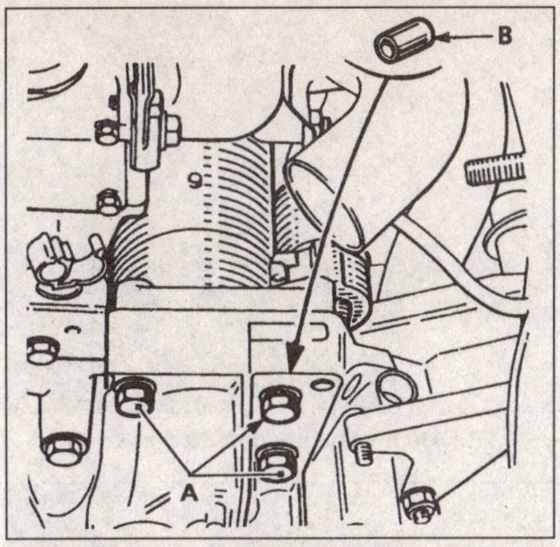


**10.29 Vis de fixation de démarreur (A) et douille de centrage (B)**

différentiel, sans la dégager côté moyeu de roue. Pour cela, il convient suivant montage, de dégager à l'aide d'un chasse-goupille approprié, la goupille assurant la fixation de la tulipe extérieure du joint homocinétique sur l'axe du planétaire de différentiel puis d'enlever le boulon de bridage supérieur du pied de jambe de suspension sur le pivot porte-moyeu, de débloquer et d'enlever l'écrou du boulon de bridage inférieur, sans déposer la vis, et de basculer avec précaution le pivot vers l'extérieur pour désaccoupler les cannelures du joint homocinétique (se reporter au chapitre 8 pour davantage de précisions). Attacher la transmission au boîtier de direction.

**9** Desserrer l'écrou de cosse et débrancher le câble d'alimentation positif de la batterie de la borne sur le solénoïde du démarreur.

**10** Débrancher ensuite le petit fil d'excitation sur le solénoïde du démarreur.

**11** Soutenir le démarreur puis desserrer et enlever ses vis de fixation et le dégager du dessous de la voiture.

### Moteurs K4J et K4M

**12** Serrer le frein à main puis lever l'avant de la voiture au cric et le poser sur chandelles (voir « *Levage et soutien du véhicule* »). Déposer la roue avant droite et la coquille pare-boue du passage de roue ainsi que le carénage de protection éventuellement prévu sous le moteur.

**13** Déposer le silencieux avec le conduit d'admission du filtre à air (voir chapitre 4A, section 2).

**14** Dans le cas où elle est prévue, chasser la goupille de fixation de la tulipe extérieure du joint homocinétique de la transmission droite sur l'axe du planétaire de différentiel (voir chapitre 8).

**15** Désaccoupler la rotule de biellette de direction droite du pivot porte-moyeu. Enlever le boulon de bridage supérieur du pied de jambe de suspension sur le pivot porte-moyeu, en veillant à bien repérer la position respective de montage de la vis et de l'écrou. Débloquer et enlever l'écrou du boulon de bridage inférieur, sans enlever la vis. Se reporter au chapitre 10 pour effectuer ces opérations.

**16** Basculer avec précaution le pivot porte-moyeu vers l'extérieur pour désaccoupler le joint homocinétique de la transmission droite de l'axe du planétaire de différentiel (voir chapitre 8).

**17** Déposer la batterie (voir section 4).

**18** Débrancher le connecteur électrique du calculateur électronique de gestion du moteur ainsi que celui du contacteur à inertie de coupure d'alimentation, côté gauche du compartiment moteur. Procéder ensuite à la dépose du calculateur électronique avec son support (voir chapitre 4A).

**19** Déposer l'écran thermique du pot catalytique en dessous du collecteur d'échappement.

**20** Débrancher le connecteur électrique de la sonde de niveau d'huile et écarter le faisceau sur le côté.

**21** Desserrer l'écrou de cosse et débrancher le câble d'alimentation positif de la batterie de la borne sur le solénoïde du démarreur.

**22** Débrancher ensuite le petit fil d'excitation sur le solénoïde du démarreur.

**23** Soutenir le démarreur puis desserrer et enlever ses vis de fixation et le dégager du dessous de la voiture.

### Moteur Diesel

**24** Serrer le frein à main puis lever l'avant de la voiture au cric et le poser sur chandelles (voir « *Levage et soutien du véhicule* »). Déposer le carénage de protection éventuellement prévu sous le moteur.

**25** Débrancher et déposer le conduit d'admission du boîtier de filtre à air (voir chapitre 4B, section 2).

**26** Déposer la batterie (voir section 4).

**27** Desserrer leurs vis de fixation puis écarter du support de la batterie le boîtier de pré/postchauffage (suivant le type de moteur), le calculateur électronique de gestion du moteur et la cuve du filtre à gazole sans débrancher ses canalisations. Déposer ensuite le support de la batterie.

**28** Débrancher les connexions électriques au niveau des deux fiches et dégager le support sur le côté.

**29** Desserrer et enlever les vis de fixation du démarreur et déposer en même temps l'écran thermique **(voir illustration)**.

**30** Desserrer l'écrou de cosse et débrancher le câble d'alimentation positif de la batterie de la borne sur le solénoïde du démarreur **(voir illustration)**.

**31** Débrancher ensuite le petit fil d'excitation sur le solénoïde du démarreur.

**32** Dégager le démarreur du carter d'embrayage **(voir illustration)**. Récupérer la douille de centrage au niveau du trou de vis du milieu sur le carter.

### *Repose*

**33** La repose a lieu à l'inverse de la dépose, en serrant bien les vis de fixation du démarreur.

## 11 Démarreur - remplacement des balais

**Nota :** *Les opérations qui suivent concernent les démarreurs de marque Bosch. Elles demeurent toutefois valables dans leur ensemble pour les démarreurs de marque Valeo.*



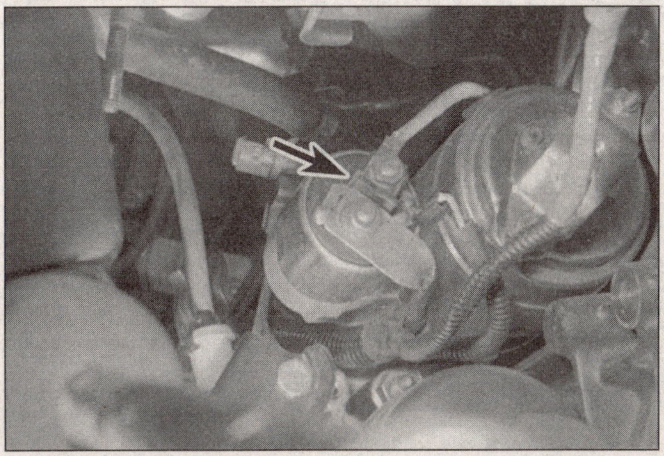

**10.30 Connexion électrique du démarreur vue du dessous**

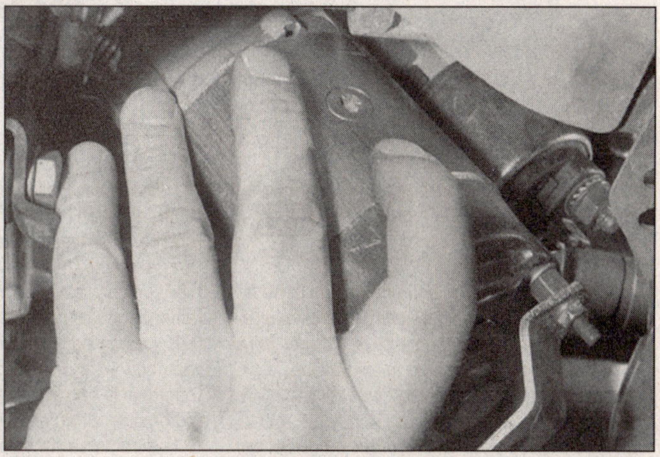

**10.32 Dépose du démarreur**

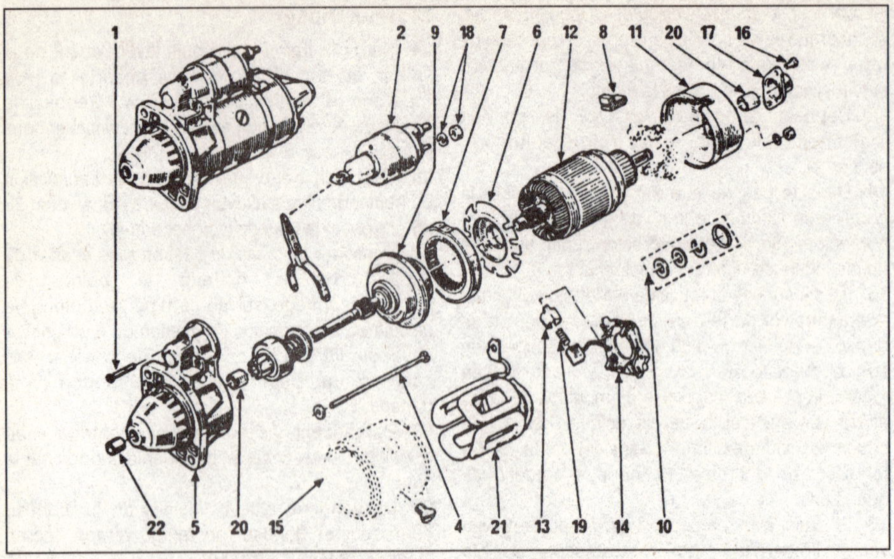


**11.1 Eclaté du démarreur Bosch à réducteur**

*1 Vis*
*2 Solénoïde*
*4 Vis d'assemblage*
*5 Flasque côté entraînement*
*6 Palier intermédiaire*
*7 Bague d'engrènement*
*8 Passe-fil en caoutchouc*
*9 Réducteur*
*10 Segment d'arrêt, rondelles et cales*
*11 Palier côté collecteur*
*12 Induit*
*13 Guide de balais*
*14 Plateau porte-balais*
*15 Carcasse*
*16 Vis*
*17 Flasque côté collecteur*
*18 Ecrou de cosse et rondelle*
*19 Ressort de balais*
*20 Bague-palier*
*21 Inducteur*
*22 Bague-palier*

**1** Déposer le démarreur, comme indiqué en section précédente **(voir illustration)**.

**2** Effectuer des repères de montage entre le palier côté collecteur et la carcasse du démarreur.

**3** Le cas échéant, dévisser les deux écrous de fixation et dissocier le support côté collecteur du démarreur **(voir illustration)**.

**4** Desserrer ses vis de fixation et déposer le flasque extérieur côté collecteur du démarreur **(voir illustrations)**.

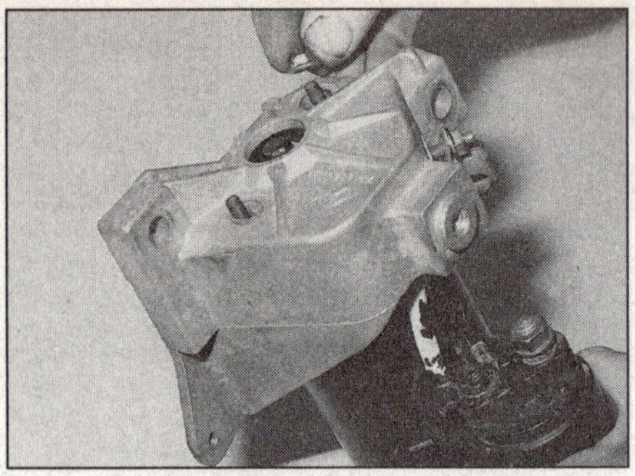

**11.3 Dépose du support du démarreur**

**11.4a Enlever les vis de fixation . . .**

**5** Extraire le segment d'arrêt puis récupérer les rondelles et cales, en veillant à bien repérer l'ordre d'empilage et leur sens de montage **(voir illustrations)**.

**6** Enlever l'écrou de fixation de la connexion électrique d'induction au niveau de la borne du solénoïde **(voir illustration)**.

**7** Dévisser et enlever les deux vis d'assemblage

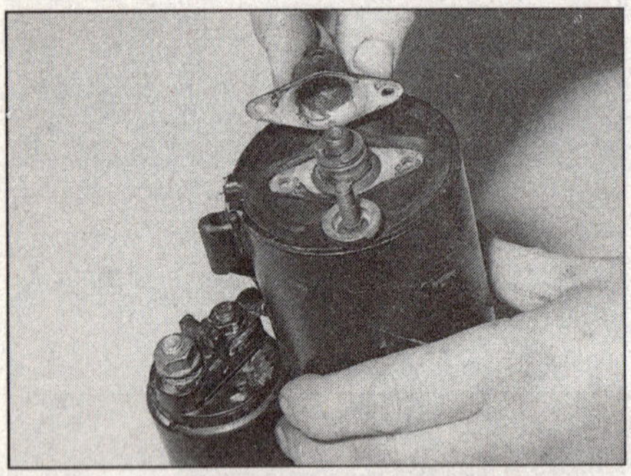

**11.4b . . . et déposer le flasque côté collecteur du démarreur**

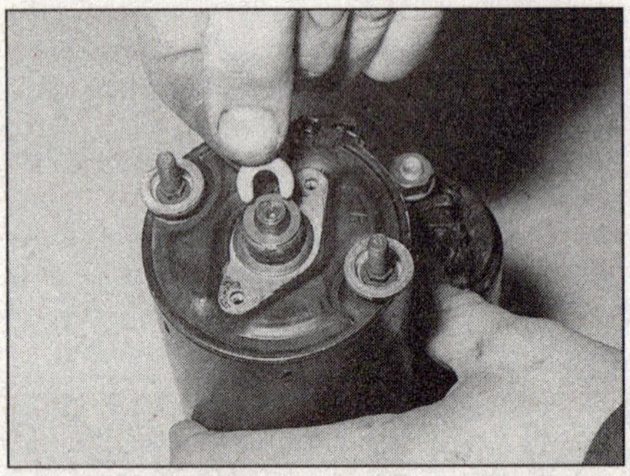

**11.5a Dépose du segment d'arrêt . . .**

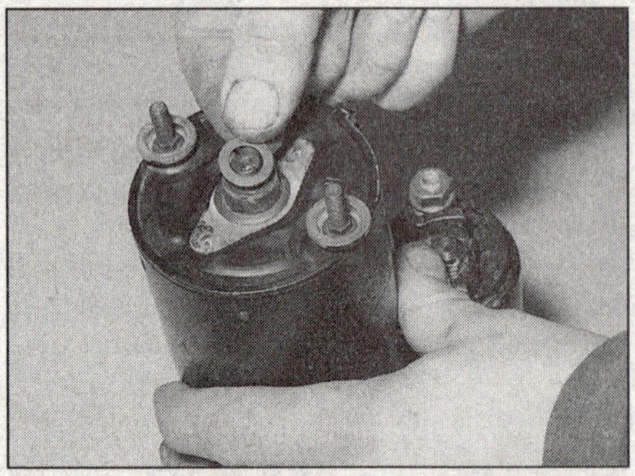

**11.5b . . . et des rondelles et cales sur l'arbre de l'induit du démarreur**

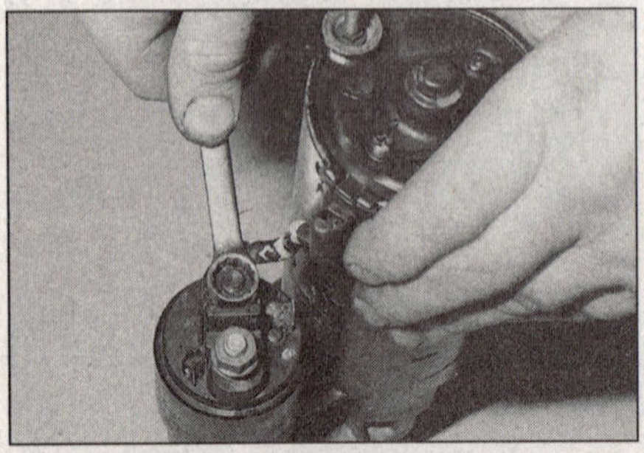

**11.6 Desserrage de l'écrou de fixation de la connexion électrique d'induction sur la borne du solénoïde du démarreur**

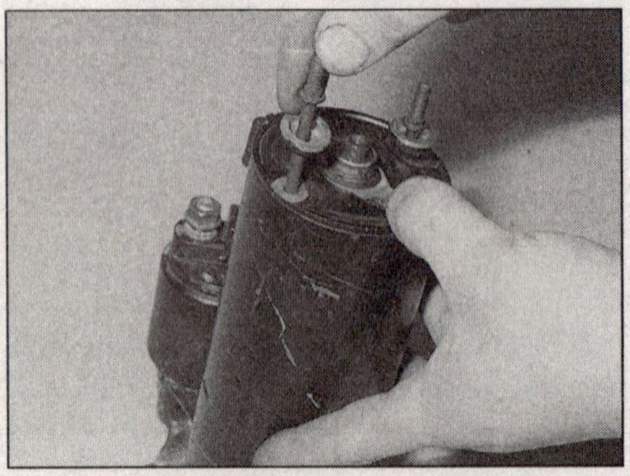

**11.7a Dépose d'une vis d'assemblage . . .**

**11.7b . . . et du palier côté collecteur du démarreur**

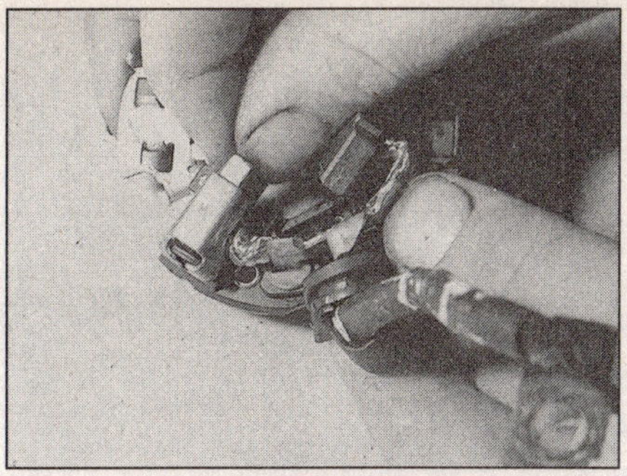

**11.9a Dépose des balais . . .**

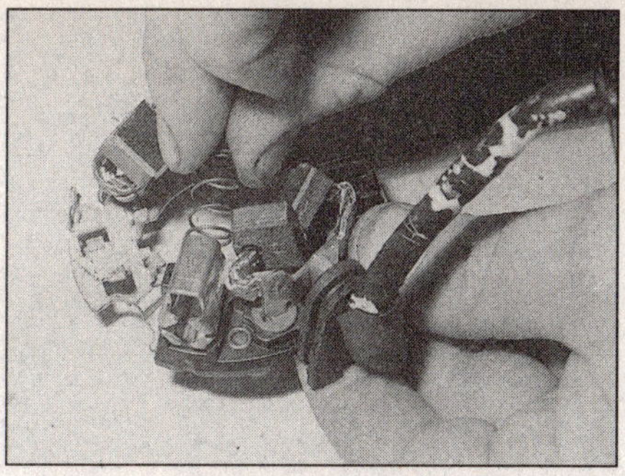

**11.9b . . . des ressorts . . .**

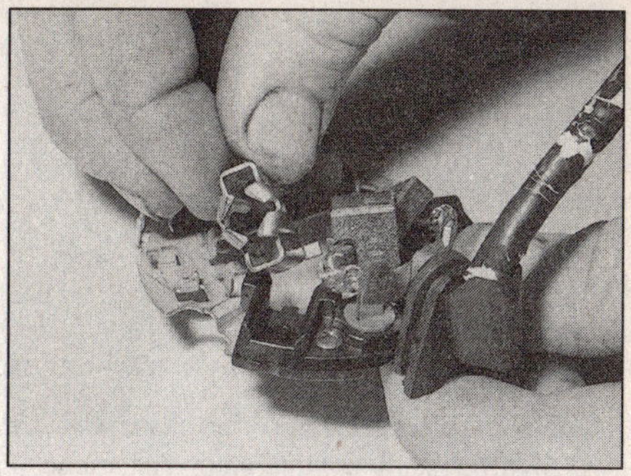

**11.9c . . . et des guides de balais du démarreur**

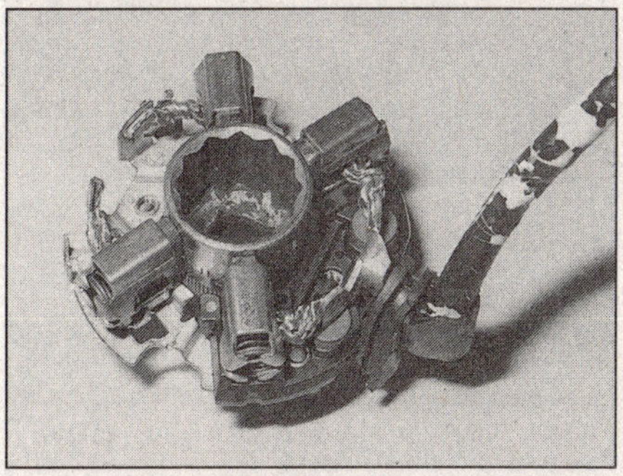

**11.13 Utilisation d'une douille pour le maintien des balais du démarreur**

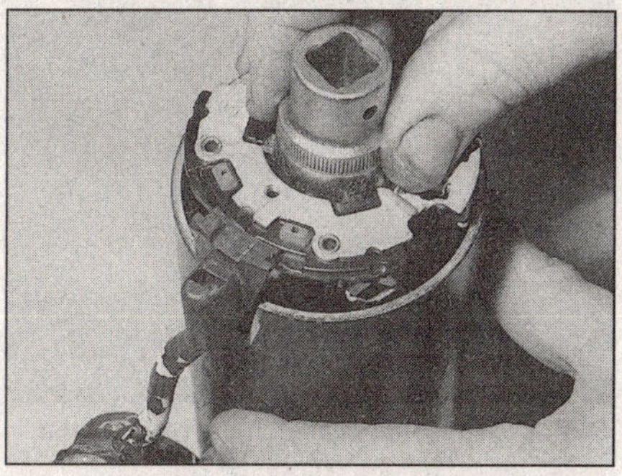

**11.14 Installation du plateau porte-balais du démarreur**

puis dégager le palier côté collecteur avec le support éventuellement prévu **(voir illustrations)**.

**8** Dégager le plateau porte-balais, en sortant la gaine en caoutchouc du câblage de la carcasse du démarreur.

**9** Extraire les balais et les ressorts puis dégager les guides du plateau porte-balais **(voir illustrations)**.

**10** Vérifier l'état des balais. S'ils sont abîmés ou usés au point où les ressorts ne permettent de les maintenir correctement au contact du collecteur, ils doivent être remplacés. Pour cela, les dessouder et souder les balais neufs à la place.

**11** Nettoyer les guides des balais et le collecteur avec un chiffon imbibé d'essence. Si le collecteur est encrassé, le polir en passant du papier de verre fin puis l'essuyer avec un chiffon.

**12** Installer les guides sur le plateau porte-balais puis monter les ressorts et les balais. S'assurer du bon coulissement des balais dans les guides et vérifier que les ressorts exercent une pression suffisante sur les balais. Remplacer les ressorts s'ils sont détendus.

**13** Repousser les balais dans les guides, en utilisant une douille pour les maintenir en place **(voir illustration)**.

**14** Mettre en place le plateau porte-balais côté collecteur du démarreur puis enlever la douille assurant leur maintien de façon à ce que les balais viennent porter contre le collecteur **(voir illustration)**.

**15** Poursuivre le remontage à l'inverse du démontage, en tenant par ailleurs compte des points suivants :

*a) Faire coïncider les repères réalisés précédemment entre le palier côté collecteur et la carcasse du démarreur*

*b) S'assurer de reposer correctement les rondelles et cales sur l'arbre de l'induit*

*c) Se reporter à la section précédente pour effectuer la repose du démarreur*

## 12 Commutateur d'allumage-démarrage - dépose et repose

### *Dépose*

**1** Débrancher le câble de masse (-) de la batterie.

**2** Déposer le volant et les demi-coquilles de colonne de direction (voir chapitre 10). S'assurer que les roues avant se trouvent bien en position ligne droite.

**3** Procéder à la dépose du combiné d'instruments (voir chapitre 12).

**4** Dégrafer le boîtier de transpondeur d'antidémarrage électronique et tirer sans forcer pour le libérer du commutateur d'allumage-démarrage/antivol.

**5** Déverrouiller son arrêtoir en le poussant vers le haut puis dégager le bloc de connexion électrique du commutateur d'allumage-démarrage en dessous de la colonne de direction, en le faisant pivoter pour le débrancher **(voir illustration)**. Veiller à bien repérer le trajet du câblage électrique en vue du remontage.

**6** Desserrer à l'aide d'une clé Torx la vis de fixation sans tête du commutateur d'allumage-démarrage/antivol **(voir illustration)**.

**7** Engager la clé de contact et l'amener à une position intermédiaire entre « A » et « M ».

**8** Repousser les deux languettes d'arrêt latérales avec un tournevis puis extraire à l'aide de la clé de contact le commutateur d'allumage-démarrage/ antivol et le déposer en faisant passer le câblage électrique par la colonne de direction **(voir illustrations)**.



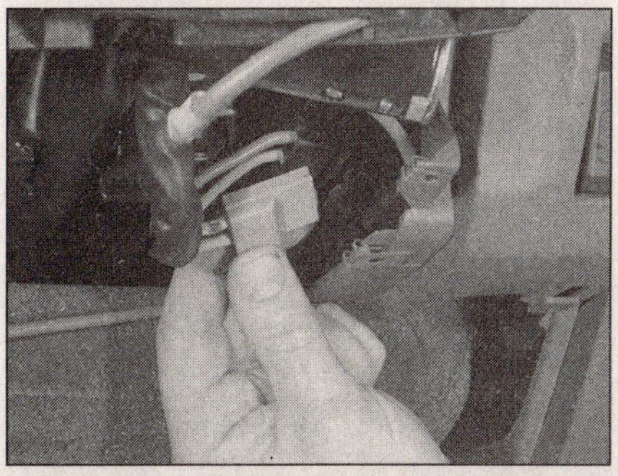

**12.5 Débranchement du bloc de connexion électrique du commutateur d'allumage-démarrage**

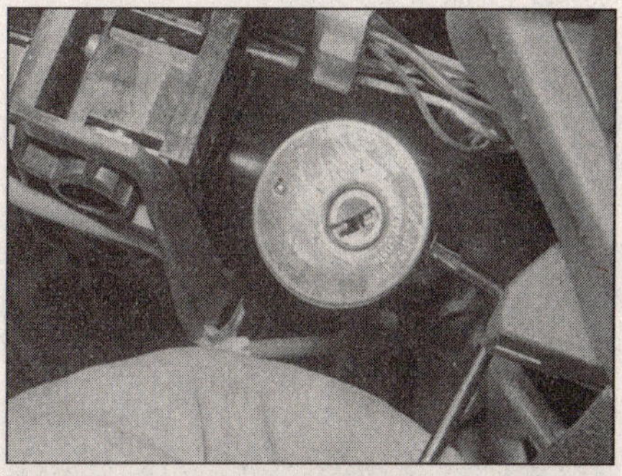

**12.6 Desserrage de la vis de fixation du commutateur d'allumage-démarrage**

**12.8a Déverrouillage d'une languette d'arrêt latérale du commutateur d'allumage-démarrage**

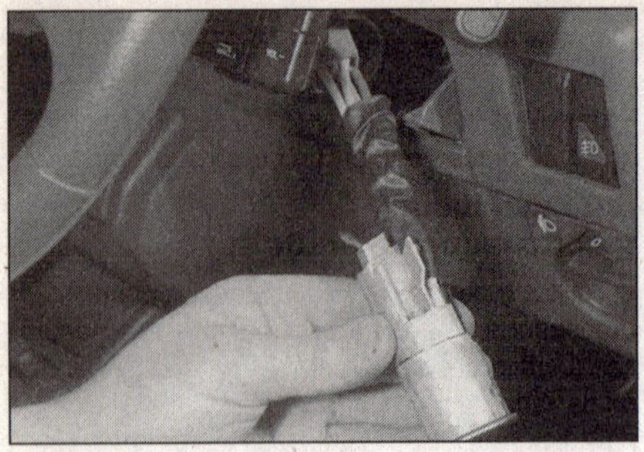

**12.8b Dépose du commutateur d'allumage-démarrage**

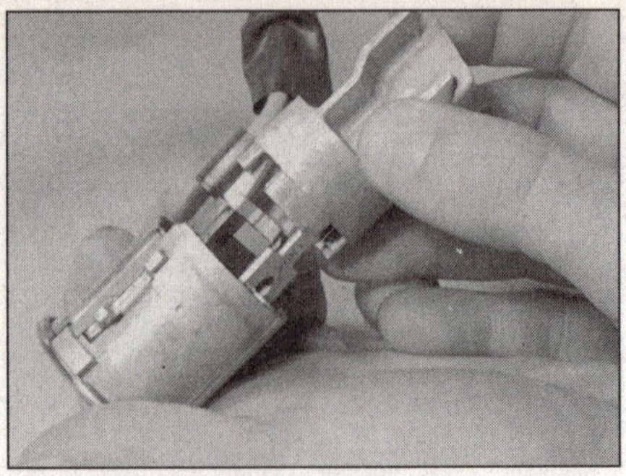

**12.9a Dépose du cache arrière . . .**

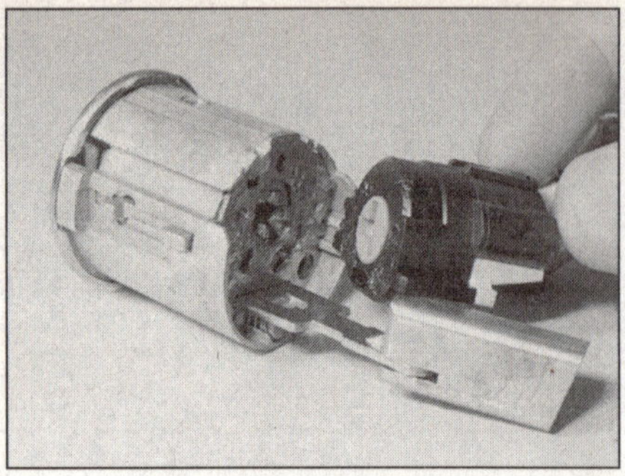

**12.9b . . . et du commutateur**

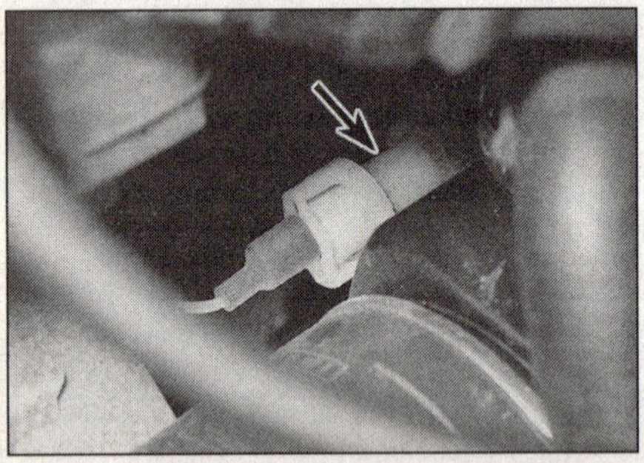

**13.1 Manocontact de pression d'huile (sauf moteur K7M)**

**13.4 Dépose du manocontact de pression d'huile - moteur K7M**

**14.1 Sonde de niveau d'huile (sauf moteur K7M)**

**9** Pour dissocier le commutateur d'allumage-démarrage du boîtier d'antivol de direction, desserrer les deux vis de fixation puis enlever le cache arrière et dégager le commutateur du boîtier **(voir illustration)**.

### Repose

**10** La repose s'effectue à l'inverse de la dépose, en observant par ailleurs les points suivants :

**11** Pour réassembler le commutateur d'allumage-démarrage au boîtier d'antivol de direction, veiller à bien engager les ergots du boîtier dans les crans correspondants du commutateur. A noter que ce dernier ne peut prendre qu'une seule position de montage.

**12** S'assurer de réinstaller convenablement le câblage électrique.

## 13 Manocontact de pression d'huile - dépose et repose

### Dépose

**1** Sur tous les moteurs sauf K7M, le manocontact de pression d'huile est monté sur la face avant du bloc/carter-cylindres, côté droit, à côté de la cartouche de filtre à huile **(voir illustration)**. Dans le cas du moteur K7M, il est implanté côté gauche du bloc-cylindres.

**2** Serrer le frein à main puis lever l'avant de la voiture au cric et le poser sur chandelles (voir *« Levage et soutien du véhicule »*).

**3** Débrancher le connecteur électrique du manocontact.

**4** Dévisser et dégager le manocontact du bloc/carter-cylindres et récupérer la rondelle-joint **(voir illustration)**. Un écoulement d'huile est à prévoir lors de la dépose du manocontact. Si celui-ci ne doit pas être remonté dans l'immédiat, boucher l'orifice taraudé dans le bloc/carter-cylindres afin d'éviter l'admission d'impuretés.

### Repose

**5** Examiner la rondelle-joint et la changer si elle en mauvais état.

**6** Remonter le manocontact muni de la rondelle-joint et bien le serrer. Rebrancher le connecteur électrique.

**7** Rétablir au besoin le niveau d'huile, comme indiqué à la rubrique *« Contrôles hebdomadaires »* au début du manuel.

## 14 Sonde de niveau d'huile - dépose et repose

### Dépose

**1** Sur tous les moteurs sauf K7M, la sonde de niveau d'huile est montée sur la face avant du bloc/carter-cylindres, en dessous de la cartouche de filtre à huile **(voir illustration)**. Dans le cas du moteur K7M, elle est implantée à l'arrière du bloc-cylindres, en dessous de la tubulure d'admission et du collecteur d'échappement.

**2** Serrer le frein à main puis lever l'avant de la voiture au cric et le poser sur chandelles (voir *« Levage et soutien du véhicule »*).

**3** Débrancher le connecteur électrique de la sonde.

**4** Dévisser et dégager la sonde du bloc/carter-cylindres et récupérer la rondelle-joint **(voir illustrations)**. Un écoulement d'huile est à prévoir lors de la dépose de la sonde. Si celle-ci ne doit pas être remontée dans l'immédiat, boucher l'orifice taraudé dans le bloc/carter-cylindres afin d'éviter l'admission d'impuretés.

### Repose

**5** Examiner la rondelle-joint et la changer si elle est abîmée.

**6** Remonter la sonde équipée de la rondelle-joint et bien la serrer. Rebrancher le connecteur électrique.

**7** Rétablir si nécessaire le niveau d'huile, comme indiqué à la rubrique *« Contrôles hebdomadaires »* au début du manuel.

**14.4a Desserrage . . .**

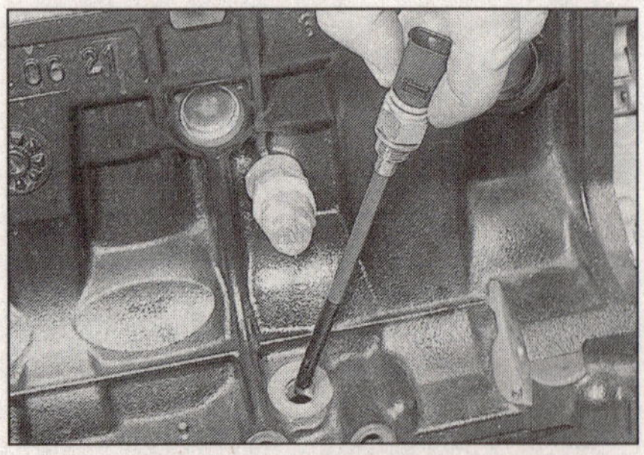

**14.4b . . . et dépose de la sonde de niveau d'huile - moteur K7M**

# Chapitre 5 Partie B : Allumage - moteurs essence

## Sommaire



## Niveaux de difficulté

| | | | | |
|---|---|---|---|---|
| **Facile,** pour les profanes de la mécanique | **Assez facile,** pour les débutants plus avisés | **Assez difficile,** pour les amateurs compétents | **Difficile,** pour les amateurs plus expérimentés | **Très difficile,** pour les initiés et les professionnels |

## Caractéristiques

### Généralités

| | |
|---|---|
| Ordre d'allumage | 1-3-4-2 (cylindre n° 1 côté volant moteur/disque d'entraînement) |

### Avance à l'allumage

| | |
|---|---|
| Avance à l'allumage | Régie électroniquement |

### Résistances mesurées au connecteur des bobines

| | | |
|---|---|---|
| **Moteur D7F 720 :** | | |
| Entre voies 1 et 2 | 1,5 Ω | |
| Entre voies 1 et 3, 1 et 4, 2 et 3 et 2 et 4 | 1 Ω | |
| Entre voies 3 et 4 | 0,6 Ω | |
| Entre sorties haute tension des bobines (secondaire) | 8 kΩ | |
| **Moteur D7F 726 :** | | |
| Entre voies 1 et 2 | 2 Ω | |
| Entre voies 1 et 4, 2 et 3, 1 et 3 et 2 et 4 | 1,6 Ω | |
| Entre voies 3 et 4 | 1,1 Ω | |
| Entre sorties haute tension des bobines (secondaire) | 7,2 kΩ | |
| **Moteurs E7J 780 et K7M :** | | |
| Entre voies 1 et 2 | 0,5 Ω | |
| Entre voies 1 et 3 et 2 et 3 | 1 Ω | |
| Entre sorties haute tension des bobines (secondaire) | 10 kΩ | |
| **Moteurs E7J 634 :** | | |
| Résistance du primaire | 0,5 ± 0,02 Ω | |
| Résistance du secondaire | 7,5 ± 1,1 kΩ | |
| **Moteurs K4J et 4KM :** | **Nippon Denso** | **Sagem** |
| Résistance du primaire | 0,48 à 0,52 Ω | 0,52 à 0,56 Ω |
| Résistance du secondaire | 5,8 à 8,5 kΩ | 9 à 12,5 kΩ |

### Couples de serrage

| | **daN.m** |
|---|---|
| Bobines d'allumage : | |
| Sauf moteur E7J 634 | 1,5 |
| Moteur E7J 634 | 0,9 ± 0,1 |
| Capteur de cliquetis : | |
| Moteurs D7F, E7J et K7M | 2,5 |
| Moteurs K4J et K4M | 2 |
| Bougies | Voir chapitre 1A |

## 1 Allumage - description générale et précautions

### Description générale

L'allumage, du type sans distributeur, est couplé au système d'injection pour former un dispositif de gestion intégrale du moteur piloté par un calculateur électronique (voir chapitre 4A pour davantage de précisions).

Dans le cas des moteurs D7F, E7J et K7M, le système d'allumage se compose simplement de deux bobines (une seule sur le moteur E7J 634) monobloc à double sortie, du capteur de vilebrequin et du capteur de cliquetis. Chaque bobine alimente deux bougies simultanément, sur les cylindres 1 et 4 et 2 et 3. Les bobines opèrent sur le principe dit de « l'étincelle perdue » dans le sens où se produisent deux étincelles pour chaque cycle complet du moteur : lors de la phase de compression et lors de celle d'échappement, seule la première de ces étincelles possède une réelle fonction d'allumage.

Sur les moteurs K4J et K4M, chaque cylindre est pourvu de sa propre bobine d'allumage, de type « crayon » montée directement sur la bougie, ce qui élimine la nécessité d'un faisceau haute tension. Les bobines sont alimentées en série, deux par deux, et opèrent également sur le principe dit de « l'étincelle perdue » comme pour le système d'allumage décrit précédemment.

Le capteur de vilebrequin est affecté à la fois à la détection de la position du vilebrequin et du régime moteur.

Le module de puissance d'allumage est intégré au calculateur de gestion du moteur. Le calculateur utilise les informations fournies par les capteurs pour déterminer la loi d'avance à l'allumage et la durée de charge des bobines. Le module de puissance commande la coupure du circuit primaire des bobines d'allumage et lorsque le point d'allumage a été établi, le calculateur induit une haute tension dans la bobine suivante, dans l'ordre d'allumage spécifié.

Le capteur de cliquetis, monté sur le bloc/carter-cylindres, sert à détecter les bruits d'impact caractéristiques du moteur liés à une combustion détonante avant que ceux-ci ne soient perçus. En présence de cliquetis, le calculateur électronique averti par le signal électrique émanant du capteur, opère une correction du point d'allumage dans le sens retard jusqu'à ce que l'état d'allumage prématuré cesse. Le calculateur agit sur le cylindre atteint de manière modulée jusqu'à rétablissement de l'avance à l'allumage normale. Cette régulation permet de maintenir le seuil limite de cliquetis dans la plage d'avance à l'allumage, pour une efficacité optimale du moteur dans des conditions normales de fonctionnement.

### Précautions

***Les précautions suivantes doivent être observées afin d'éviter toute détérioration des composants du système d'allumage et de prévenir tout risque de blessure :***

***a) S'assurer de bien couper le contact pour débrancher une connexion électrique du circuit***

***b) Veiller à également à couper le contact avant de brancher ou de débrancher un équipement de contrôle du circuit d'allumage, notamment une lampe stroboscopique***

***c) Ne pas mettre à la masse les circuits primaire (basse tension) et secondaire (haute tension) des bobines d'allumage***

***Danger : La tension générée par les circuits d'allumage électroniques est sans commune mesure avec celle engendrée par les circuits d'allumage traditionnels. Il convient en conséquence d'être extrêmement prudent lorsqu'il s'agit d'intervenir sur le circuit avec le contact mis. Les porteurs de stimulateur cardiaque doivent se tenir éloignés du circuit d'allumage et des appareils utilisés pour le contrôle de celui-ci***

***Attention : Sur les modèles équipés d'un autoradio codé, s'assurer de bien avoir en possession la combinaison correcte du code de sécurité pour débrancher la batterie***

## 2 Allumage - contrôle

**1** Les composants des circuits d'allumage électroniques sont normalement d'une grande fiabilité. La plupart des anomalies de fonctionnement du circuit sont plus susceptibles de provenir de branchements électriques mal enfichés ou encrassés ou encore d'un phénomène de « décharge superficielle » (arc électrique) de haute tension dû à la saleté, à l'humidité ou à une isolation défectueuse plutôt que d'une défaillance d'un composant. Il convient de toujours vérifier attentivement tout le câblage électrique avant de condamner un composant et de procéder rationnellement par élimination des causes possibles les unes après les autres avant d'incriminer un composant en particulier.

**2** La méthode ancienne selon laquelle la production d'étincelles est contrôlée en tenant l'extrémité d'un fil haute tension à proximité du moteur n'est pas recommandée : en effet, on risque non seulement de s'exposer à une décharge électrique puissante et de plus, la bobine ou le calculateur électronique peuvent se trouver endommagés. Il est toutefois possible de vérifier individuellement chacune des bougies en la déposant, en rebranchant ensuite le fil haute tension ou la bobine, suivant le type de moteur, et reliant le corps de la bougie à un point de masse approprié du moteur au moyen d'un câble de démarrage de batterie. Il est impératif de s'assurer de la bonne connexion de la mise à la masse si cette méthode est utilisée. Ne jamais essayer de diagnostiquer des ratés d'allumage en tirant d'un seul coup pour le débrancher sur l'un des fils du faisceau haute tension.

### Le moteur ne démarre pas

**3** Si le moteur refuse de démarrer ou que le démarreur tourne paresseusement, contrôler la batterie et le démarreur (voir chapitre 5A).

**4** Si le démarreur tourne normalement mais que le moteur ne démarre pas, pour les moteurs D7F, E7J et K7M, contrôler la partie haute tension du circuit à l'aide d'une lampe stroboscopique en se conformant aux instructions de sa notice d'emploi et actionnant le moteur au démarreur. Si la lampe clignote, la tension parvient aux bougies qui doivent alors être déposées et contrôlées. Si la lampe ne clignote pas, vérifier les fils du faisceau haute tension proprement dits, en opérant comme décrit au chapitre 1A, section 18. **Nota :** *Dans le cas des moteurs K4J et K4M, les bobines d'allumage sont montées sur les bougies et il est en conséquence impossible d'utiliser une lampe stroboscopique classique pour le contrôle du circuit d'allumage.*

**5** Pour les moteurs D7F, E7J et K7M, en l'absence d'étincelles, contrôler à l'aide d'un ohmmètre les résistances des bobines au niveau de leur connecteur électrique et les comparer aux valeurs indiquées dans les « *Caractéristiques* ». L'affectation des voies du connecteur est la suivante :

**Moteurs D7F**

| Nº de voies | Affectation |
|---|---|
| 1 | Commande de la bobine des cylindres 1 et 4 |
| 2 | Commande de la bobine des cylindres 3 et 2 |
| 3 | + après contact |
| 4 | + condensateur antiparasitage |

**Moteurs E7J 780 et K7M**

| Nº de voies | Affectation |
|---|---|
| 1 | + condensateur antiparasitage |
| 2 | + après contact |
| 3 | Commande de la bobine par le calculateur |

**Moteur E7J 634**

| Nº de voies | Affectation |
|---|---|
| A | Commande de la bobine des cylindres 1 et 4 |
| B | Commande de la bobine des cylindres 3 et 2 |
| C | Alimentation |
| D | Alimentation (connexion interne) |

**6** Si les contrôles précédents ne permettent pas d'élucider la cause du dysfonctionnement, la voiture est à confier aux services techniques d'un concessionnaire Renault. Le système de gestion du moteur comporte une prise de diagnostic, située derrière le cendrier au niveau de la façade centrale de la planche de bord, à laquelle peut être branché un appareil de contrôle électronique (coffret « XR25 »). L'appareil permet, par lecture des codes-défauts enregistrés dans la mémoire du calculateur, de localiser rapidement l'origine des pannes et dispense des vérifications fastidieuses à accomplir séparément sur chaque composant du système, en évitant ainsi les pertes de temps inutiles et les risques de détérioration du calculateur. Le câblage et les connexions électriques du circuit d'allumage peuvent si nécessaire être contrôlés comme décrit au chapitre 12, en s'assurant au préalable de bien débrancher le connecteur électrique du calculateur électronique avec le contact coupé.

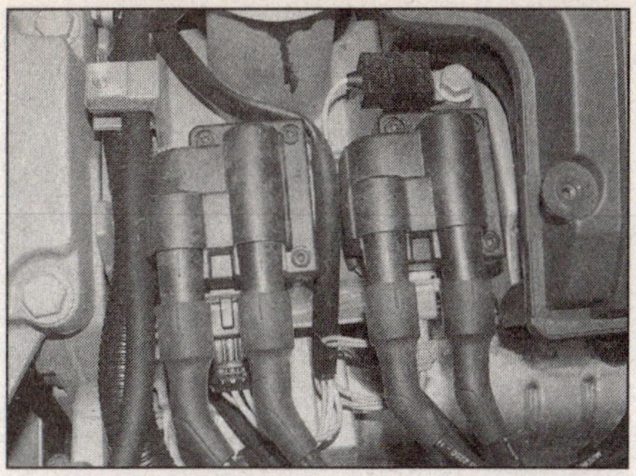

3.2 Bobines d'allumage - moteur E7J 780

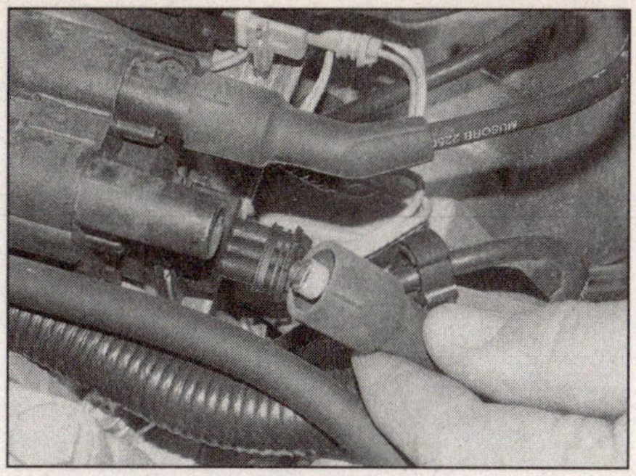

3.3a Débranchement des fils du faisceau haute tension au niveau des bobines . . .

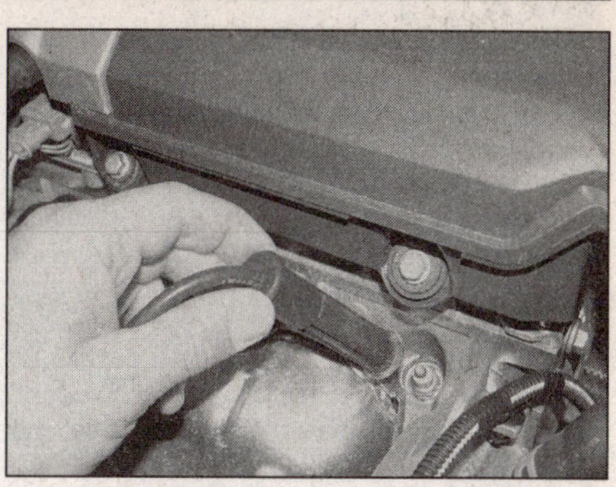

3.3b . . . et des bougies - moteur E7J

## *Le moteur a des ratés d'allumage*

**7** Des ratés irréguliers laisseront supposer soit un branchement mal enfiché ou un défaut intermittent dans le circuit primaire ou bien une anomalie dans le circuit haute tension entre les bobines et les bougies.

**8** Le contact étant coupé, se livrer à un contrôle du circuit complet, en vérifiant que toutes les connexions sont propres et bien enfichées.

**9** Vérifier que les bobines d'allumage et les fils du faisceau haute tension sont propres et ne sont pas imprégnés d'humidité.

**10** Des ratés réguliers au niveau d'un cylindre peuvent être dus à une défectuosité de la bougie, de l'injecteur, du fil haute tension ou d'une insuffisante de compression. Des ratés réguliers et simultanés au niveau des cylindres 1 et 4 ou 2 et 3 indiqueront une défectuosité de la bobine d'allumage correspondante. Des ratés réguliers au niveau de tous les cylindres en même temps dénoteront une anomalie dans le circuit d'alimentation en carburant : filtre à essence colmaté ou pompe à essence défectueuse.

## 3 Bobines d'allumage - dépose, contrôle et repose

### *Dépose*

**1** Débrancher le câble de masse (-) de la batterie (voir « *Débranchement de la batterie* » à la partie « *Références* » en fin de manuel).

### Moteurs D7F, E7J et K7M

**2** Le bloc des bobines d'allumage est monté côté droit du couvre-culasse **(voir illustration)**.

**3** Bien repérer leur position de raccordement au préalable pour débrancher les fils du faisceau haute tension d'allumage au niveau des bougies et des bobines **(voir illustrations)**. Sur les moteurs D7F, un outil est prévu pour le débranchement des fils : il est intégré au cache en plastique du faisceau.

**4** Débrancher le connecteur électrique au niveau de chacune des bobines **(voir illustration)**.

**5** Desserrer les vis de fixation et dégager les bobines d'allumage de leur support : veiller à bien repérer la position de montage du condensateur antiparasitage **(voir illustration)**. **Nota :** *Les bobines sont pourvues d'une embase différente ne permettant qu'une seule position de montage.*

### Moteurs K4J et K4M

**6** Les bobines d'allumage de type « crayon » sont accessibles par les orifices dans la tubulure d'admission. Pour procéder à leur dépose, débrancher avec précaution pour ne pas l'endommager le connecteur électrique au niveau de chacune des bobines **(voir illustration)**.

**7** Desserrer leur vis de fixation puis dégager chaque bobine de la bougie correspondante **(voir illustrations)**.

**8** Vérifier l'état des joint toriques des bobines au niveau de leur passage dans le couvre-culasse et les changer s'ils sont abîmés.

5B

### *Contrôle*

**9** Pour les moteurs D7F, E7J et K7M, les bobines peuvent être contrôlées individuellement sur le plan de leurs résistances à l'aide d'un ohmmètre,

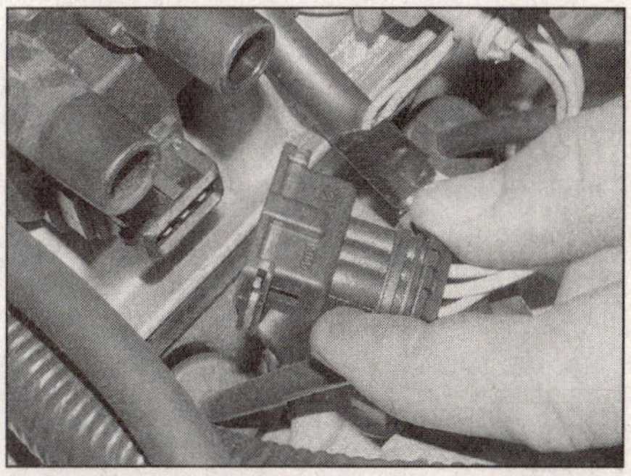

3.4 Débranchement du connecteur électrique d'une bobine d'allumage

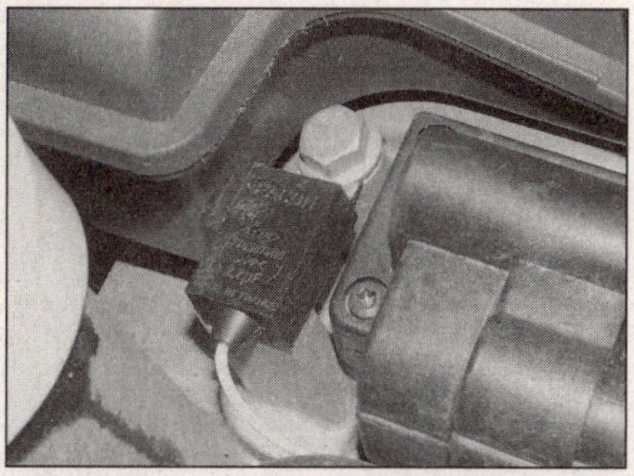

3.5 Condensateur antiparasitage fixé par une des vis de fixation de bobine d'allumage

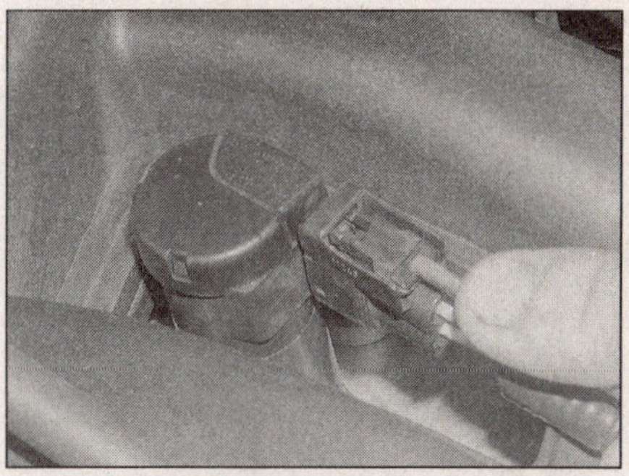

3.6 Débranchement du connecteur électrique . . .

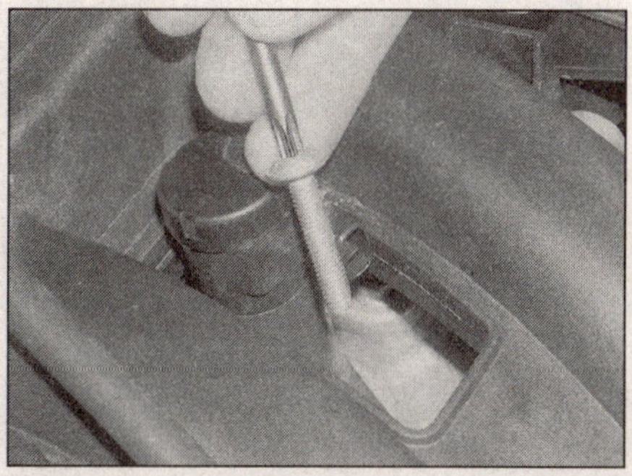

3.7a . . . desserrage de la vis de fixation . . .

3.7b . . . et dépose d'une bobine d'allumage de type « crayon »

comme décrit en section précédente **(voir illustrations)**.

**10** Dans le cas des moteurs K4J et K4M, le contrôle du circuit d'allumage nécessite l'appareil spécifique du constructeur (coffret « XR 25 ») se branchant à la prise de diagnostic du système de gestion du moteur.

### Repose

**11** La repose a lieu à l'inverse de la dépose, en serrant les vis de fixation des bobines au couple prescrit. Veiller également à rebrancher et enficher correctement les connecteurs électriques et le cas échéant, les fils du faisceau haute tension.

## 4 Capteur de cliquetis - dépose et repose

### Dépose

**1** Sur les moteurs D7F, le capteur de cliquetis est monté sur la face avant du bloc-cylindres, en dessous de la tubulure d'admission, à côté du tube de guidage de la jauge de niveau d'huile. Dans le cas des moteurs E7J et K7M, le capteur est implanté à l'arrière droit du bloc/carter-cylindres. Pour les moteurs K4J et K4M, le capteur est fixé à l'avant droit du bloc-cylindres **(voir illustration)**.

**2** Pour procéder à la dépose du capteur, débrancher tout d'abord son connecteur électrique puis le dévisser et le dégager du bloc/carter-cylindres.

### Repose

**3** La repose s'opère à l'inverse de la dépose.

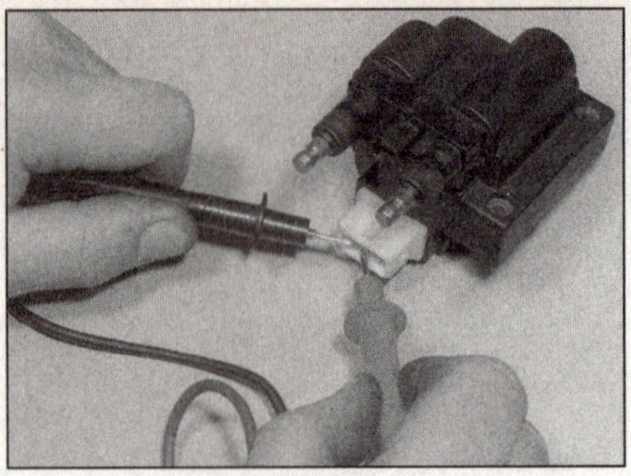

**3.9a Contrôle de la résistance du primaire d'une bobine d'allumage - moteur K7M**

Veiller à la parfaite propreté du capteur et de son plan d'appui sur le bloc/carter-cylindres et serrer le capteur au couple prescrit. Ces points sont à observer impérativement afin que le capteur puisse détecter correctement les impulsions engendrées par la présence de cliquetis, sinon la correction d'avance à l'allumage nécessaire risque de ne pas avoir lieu, ce qui peut entraîner de sérieux dégâts du moteur.

## 5 Avance à l'allumage - contrôle et réglage

La loi d'avance à l'allumage est régie intégralement par le calculateur électronique du système de gestion du moteur et il est de ce fait impossible pour un non-professionnel de la contrôler. La seule possibilité de contrôle de l'avance consiste à utiliser un appareil électronique

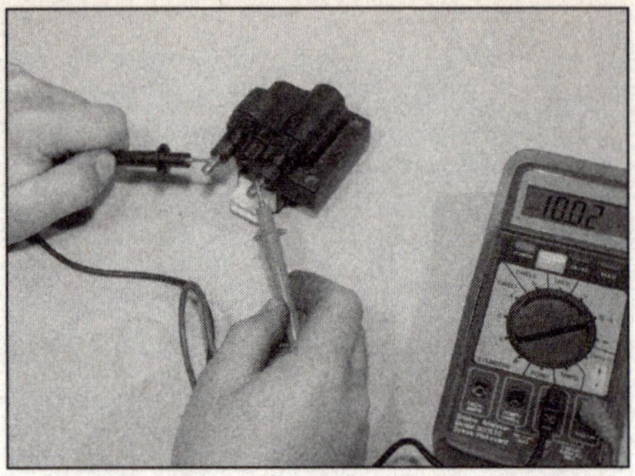

**3.9b Contrôle de la résistance du secondaire d'une bobine d'allumage - moteur K7M**

**4.1 Capteur de cliquetis - moteur K4J**

(coffret « XR25 ») se branchant à la prise de diagnostic du système (voir chapitre 4A). Aucun réglage de l'avance n'est possible. Une valeur d'avance incorrecte doit provenir d'une anomalie au sein du système de gestion du moteur.

# Chapitre 5 Partie C :
# Système de pré/postchauffage - moteurs Diesel

## Sommaire



## Niveaux de difficulté

| | | | | |
|---|---|---|---|---|
| **Facile,** pour les profanes de la mécanique | **Assez facile,** pour les débutants plus avisés | **Assez difficile,** pour les amateurs compétents | **Difficile,** pour les amateurs plus expérimentés | **Très difficile,** pour les initiés et les professionnels |



## Caractéristiques

### Bougies de préchauffage

| | |
|---|---|
| Résistance - sauf moteur F8Q 632 | 0,8 Ω |
| Résistance - moteur F8Q 632 | 0,6 Ω |

### Sonde de température de liquide de refroidissement

| | |
|---|---|
| **Résistances - moteurs F8Q 630/662 :** | |
| A 20 °C | 3 060 à 4 045 Ω |
| A 40 °C | 1 315 à 1 600 Ω |
| A 80 °C | 300 à 370 Ω |
| A 90 °C | 210 à 270 Ω |
| **Résistances - moteur F8Q 632 :** | |
| A -10 °C | 13 588 à 11 332 Ω |
| A 25 °C | 2 364 à 2 140 Ω |
| A 50 °C | 850 à 773 Ω |
| A 80 °C | 290 à 275 Ω |

### Couples de serrage

| | daN.m |
|---|---|
| Bougies de pré/postchauffage | 2 |
| Ecrous de cosses de bougies de préchauffage | 0,4 |

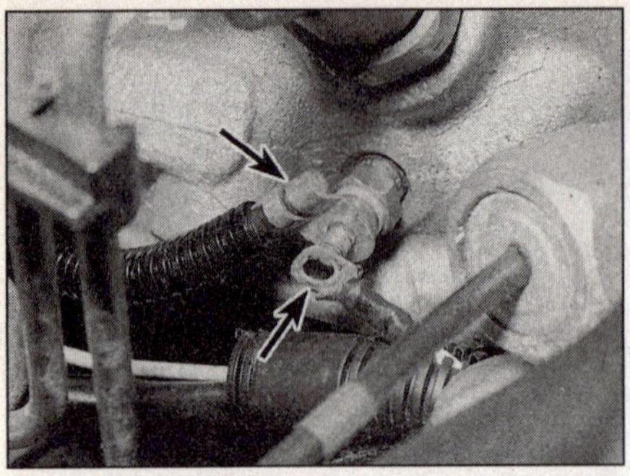

2.2 Débranchement de la connexion électrique au niveau d'une bougie de préchauffage

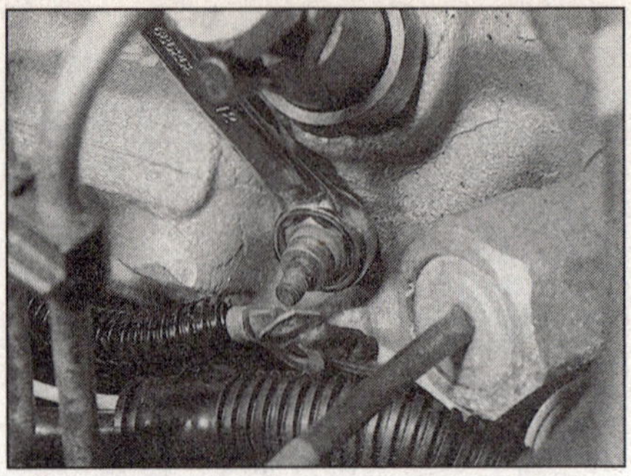

2.3a Desserrage avec une clé polygonale . . .

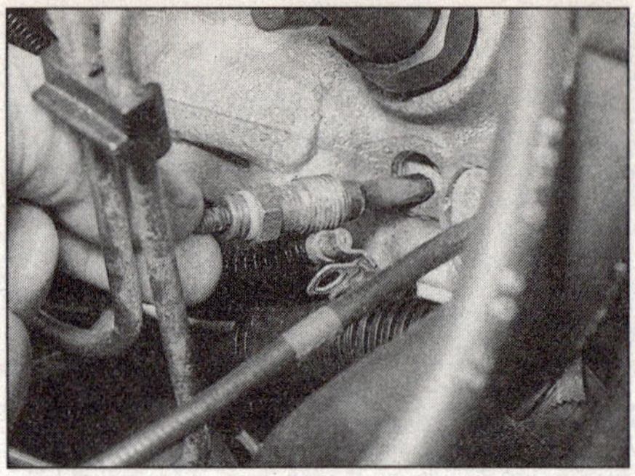

2.3b . . . et dépose d'une bougie de préchauffage

## 1 Système de pré/postchauffage - description et contrôle

### Description

Pour assister leur démarrage à froid qui est difficile, les moteurs Diesel sont équipés d'un système de préchauffage comprenant quatre bougies incandescentes de type « crayon », d'un boîtier de commande monté à côté de la batterie (moteurs F8Q 630 et F8Q 662) ou au niveau du tablier (moteur F8Q 632) dans le compartiment moteur et une sonde de température vissée sur le boîtier thermostatique. Le boîtier de commande est piloté par le calculateur électronique de gestion du moteur.

Le fonctionnement du système se décompose en quatre phases distinctes : préchauffage variable, préchauffage fixe, postchauffage fixe et postchauffage variable.

La phase de préchauffage variable débute en mettant le contact et sa durée pendant laquelle les bougies sont alimentées et le témoin au tableau de bord est allumé dépend de la température du liquide de refroidissement, de la tension de la batterie et de l'altitude. Elle atteint son maximum, soit 15,5 secondes, lorsque la température du liquide de refroidissement est basse, la tension de la batterie est inférieure à 9,3 V et l'altitude dépasse 2 000 m. La durée totale de cette phase peut s'étager de 0 à 15,5 secondes, en fonction de la température du liquide de refroidissement. Cette phase n'a pas lieu lorsque la température atteint 80 °C.

La phase de préchauffage fixe débute après extinction du témoin au tableau de bord et peut durer jusqu'à 8 secondes pour les moteurs F8Q 630 et F8Q 662 ou 15 secondes pour le moteur F8Q 632 avant le démarrage qui doit normalement avoir lieu à ce stade.

Pendant l'action du démarreur, les bougies de préchauffage restent alimentées en continu.

La phase de postchauffage fixe commence après le démarrage du moteur. Elle dure 10 secondes pendant lesquelles les bougies sont alimentées.

La phase de postchauffage variable commence immédiatement à la fin du postchauffage fixe et la durée d'alimentation des bougies est fonction de la température du liquide de refroidissement, du régime moteur et de la position angulaire du levier de charge de la pompe d'injection. Dans tous les cas, la durée totale de la fonction postchauffage ne dépassera pas 3 minutes. Ce cycle à durée variable peut être interrompu définitivement lorsque la température du liquide de refroidissement vient à dépasser 60 °C et momentanément lorsqu'une information de pleine charge est transmise au calculateur pendant plus de 3 secondes (la fonction sera rétablie dès le retour au ralenti ou en faible charge) ou si la tension de la batterie est supérieure à 16 V (la fonction sera rétablie si la tension de la batterie redescend en dessous de 15 V).

En cas de défectuosité de la sonde de température de liquide de refroidissement, le calculateur se sert de la sonde de température d'air d'admission pour déterminer la durée des fonctions pré/postchauffage.

### Contrôle

En cas de dysfonctionnement du système de pré/postchauffage, il convient de le faire contrôler par les services techniques d'un concessionnaire Renault au moyen de l'appareil de diagnostic prévu à cet effet (coffret « XR25 »). Certaines vérifications préalables peuvent cependant être effectuées en procédant comme suit :

Relier un voltmètre ou une lampe-témoin sous 12 V entre le câble d'alimentation électrique des bougies de préchauffage et un point de masse sur le moteur ou le métal de la caisse. S'assurer de maintenir la connexion sous tension à l'écart du moteur et de la carrosserie. Tandis qu'une seconde personne met le contact, vérifier que la tension parvient aux bougies. Noter la durée pendant laquelle le témoin au tableau de bord reste allumé et la durée totale pendant laquelle la tension est appliquée avant qu'une coupure n'intervienne dans le circuit et comparer ces durées aux indications fournies dans les descriptions ci-dessus.

Si aucune alimentation électrique n'est constatée, le relais principal, le boîtier électronique ou le câblage électrique sont à incriminer.

Pour localiser une bougie de préchauffage défectueuse, débrancher le câble d'alimentation électrique principal et le fil de connexion en parallèle sur le haut des bougies. Veiller à ne pas laisser tomber les écrous ni les rondelles. A l'aide d'une lampe-témoin ou d'un ohmmètre, vérifier la continuité entre la borne de chaque bougie de préchauffage et la masse. La résistance d'une bougie en bon état est très faible : inférieure à 1 Ω. Si la lampe-témoin ne s'allume pas ou si la résistance affichée par l'ohmmètre est élevée, la bougie concernée est en toute probabilité défectueuse.

Si l'on peut avoir à disposition un ampèremètre, il sera possible de contrôler l'intensité du courant absorbé par chacune des bougies de préchauffage. Après une impulsion initiale de 15 à 20 A, chaque bougie doit absorber une intensité atteignant environ 12 A. Toute bougie absorbant une intensité supérieure ou inférieure à cette valeur est vraisemblablement défectueuse.

Pour une ultime vérification, déposer les bougies de préchauffage et les contrôler comme indiqué en section suivante.

En cas de panne du système de pré/postchauffage, vérifier tout d'abord le câblage électrique de chaque composant individuel. Si cela ne permet pas de dépanner le système, essayer de remplacer chacun des composants jusqu'à ce que l'anomalie responsable de la panne soit localisée. Si malgré tout, l'origine de la panne ne peut pas être déterminée par la méthode précédente, le véhicule est à confier à un atelier du réseau Renault ou à un diéséliste disposant de l'équipement électronique adéquat pour la localisation de la panne.

***Attention : Sur les modèles équipés d'un autoradio codé, s'assurer de bien avoir en possession la combinaison correcte du code de sécurité pour débrancher la batterie***

## 2 Bougies de préchauffage - dépose, contrôle et repose

### Dépose

***Attention : Les bougies de préchauffage peuvent atteindre une température extrêmement élevée si elles viennent de fonctionner ou si le moteur vient de tourner***

**1** Débrancher le câble de masse (-) de la batterie (voir « *Débranchement de la batterie* » à la partie « *Références* » en fin de manuel).

**2** Desserrer et enlever l'écrou de cosse puis récupérer la rondelle et débrancher le fil de connexion en parallèle au niveau de la bougie de préchauffage concernée **(voir illustration)**. A noter que le câble de connexion d'alimentation électrique principal est raccordé au niveau de deux des bougies.

**3** Dévisser la bougie à l'aide d'une clé polygonale et la déposer **(voir illustrations)**.

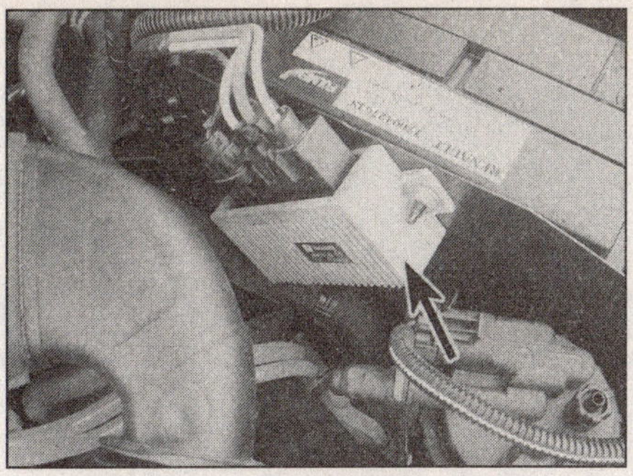

**3.1 Boîtier de pré/postchauffage**

### *Contrôle*

**4** Contrôler l'état de chaque bougie. Une pointe de bougie brûlée ou corrodée peut être due à un mauvais réglage directionnel de pulvérisation de l'injecteur. Faire vérifier les injecteurs si des défauts de cette nature sont remarqués.

**5** Si les bougies sont apparemment en bon état, les contrôler sur le plan électrique à l'aide d'une lampe-témoin sous 12 V ou d'un ohmmètre comme décrit en section précédente.

**6** Activer les bougies en leur appliquant une tension de 12 V afin de vérifier qu'elles chauffent de manière progressive et dans le délai imparti. Pour réaliser ce contrôle, observer les précautions suivantes :

*a) Maintenir la bougie en la serrant avec précaution dans un étau ou avec une pince-étau. **Attention ! La bougie va chauffer et devenir extrêmement chaude***

*b) S'assurer que le cordon d'alimentation ou d'essai comporte un fusible ou un disjoncteur à maximums afin d'assurer une protection contre les courts-circuits*

*c) Le contrôle une fois terminé, laisser la bougie refroidir pendant quelques minutes avant de la manipuler*

**7** Une bougie de préchauffage en bon état de fonctionnement s'embrasera à sa pointe après avoir absorbé du courant pendant 5 secondes environ. Toute bougie mettant plus de temps à s'embraser ou s'embrasant en son centre au lieu de sa pointe est défectueuse.

### *Repose*

**8** La repose a lieu en sens inverse de dépose. Enduire de graisse haute température à base de cuivre le filetage des bougies et les serrer au couple prescrit. Ne pas les serrer exagérément au risque d'endommager leur filament chauffant. L'écrou de cosse du fil de connexion en parallèle des bougies doit également être serré au couple préconisé.

## 3 Boîtier de pré/postchauffage - dépose et repose

### *Dépose*

**1** Le boîtier de pré/postchauffage est monté sur un support, côté droit de la batterie, dans le cas des modèles à moteurs F8Q 630 et F8Q 662 **(voir illustration)**. Sur les modèles à moteur F8Q 632, il est monté sur un support au niveau du tablier dans le compartiment moteur. Avant de procéder à sa dépose, s'assurer de bien couper le contact.

**2** Débrancher le connecteur électrique du boîtier.

**3** Desserrer ses vis ou écrous de fixation puis dégager le boîtier du support.

### *Repose*

**4** La repose s'opère à l'inverse de la dépose.

## 4 Sonde de température de liquide de refroidissement - dépose, contrôle et repose

**Nota :** *Voir également chapitre 3, section 8.*

### *Dépose*

**1** La sonde de température affectée au système de pré/postchauffage est montée sur le boîtier thermostatique, côté gauche de la culasse, en dessous de la pompe à vide d'assistance de freinage.

**2** Procéder à la vidange du circuit de refroidissement (voir chapitre 1B) ou se munir d'une sonde de rechange ou d'un bouchon pour obturer l'orifice de la sonde dès sa dépose afin d'arrêter l'écoulement de liquide de refroidissement.

**3** Débrancher le connecteur électrique puis dévisser la sonde pour la déposer et récupérer son joint.

### *Contrôle*

**Nota :** *Un ohmmètre est à prévoir pour les contrôles qui suivent.*

**4** La sonde remplit deux fonctions : sa thermistance à coefficient de température négatif (type CTN) informe le boîtier de pré/postchauffage de la température du liquide de refroidissement et son thermocontact intégré interrompt l'alimentation électrique de l'électrovanne du système de recyclage des gaz d'échappement.

**5** Relier un ohmmètre aux voies 1 et 4 du connecteur de la sonde : l'ohmmètre doit afficher une résistance infinie à température ambiante, ce qui indiquera que les contacts du thermocontact sont ouverts.

**6** Attacher la sonde au bout d'une ficelle et la suspendre au-dessus d'un récipient contenant de l'eau de façon à ce qu'elle soit immergée dans celle-ci, sans toutefois toucher les parois et le fond du récipient. Chauffer l'eau et vérifier à l'aide d'un thermomètre que les contacts du thermocontact restent ouverts jusqu'à 20 °C et se ferment à partir de 30 °C. Les contacts étant fermés, une résistance nulle doit être affichée par l'ohmmètre.

**7** Relier ensuite l'ohmmètre aux bornes 2 et 3 du connecteur de la sonde. Chauffer l'eau et vérifier que la résistance de la sonde varie conformément aux valeurs de référence indiquées dans les « *Caractéristiques* », aux différentes températures.

**8** Si les valeurs obtenues lors des contrôles précédents ne sont pas conformes, la sonde est défectueuse et doit être changée.

### *Repose*

**9** La repose a lieu à l'inverse de la dépose, en utilisant un joint neuf.

**10** Suivant le cas, rétablir le niveau de liquide de refroidissement ou effectuer le remplissage et la purge du circuit de refroidissement, comme décrit au chapitre 1B.

## 5 Réchauffeur de carburant - description et remplacement des pièces

### *Description*

**1** Un réchauffeur électrique est incorporé à la tête du filtre à gazole. Il est destiné à éviter l'effet de « paraffinage » du gazole à basse température. Le réchauffeur est alimenté électriquement en permanence dès la mise sous contact via un relais situé au niveau de la platine à relais dans le compartiment moteur et commandé par un thermocontact. Lorsque la température du carburant est inférieure à 0 °C, le réchauffeur se trouve mis en circuit par le thermocontact pour chauffer le carburant dans la tête et la cartouche du filtre. Dès que la température du carburant atteint 8 °C, la fonction du réchauffeur se trouve interrompue par le thermocontact.

### *Remplacement des pièces*

***Attention : Veiller à ce que des impuretés ne puissent à aucun moment se trouver admises à l'intérieur du circuit d'alimentation au cours des opérations qui suivent***

#### Résistance chauffante

**2** Déposer le filtre à gazole (voir chapitre 1B).

**3** Débrancher le connecteur électrique puis desserrer la vis centrale et dégager la résistance chauffante en bas de la tête de filtre. Récupérer le joint torique intercalé entre la résistance chauffante et la tête de filtre puis le mettre au rebut : il ne doit pas être réutilisé.

**4** A la repose, équiper la résistance chauffante d'un joint torique neuf puis la remonter sur la tête de filtre et bien serrer la vis centrale.

**5** Rebrancher le connecteur électrique puis reposer le filtre à gazole, comme indiqué au chapitre 1B.

#### Thermocontact

**6** Débrancher le connecteur électrique du thermocontact.

**7** Nettoyer le pourtour du thermocontact et la tête du filtre à gazole. Disposer un récipient sous le thermocontact pour recueillir le gazole amené à couler puis desserrer et dégager le thermocontact. Récupérer la rondelle d'étanchéité de chaque côté du raccord d'arrivée de carburant et les mettre au rebut : elles ne doivent pas être réutilisées.

**8** La repose s'opère à l'inverse de la dépose, en équipant le raccord d'arrivée de carburant de rondelles d'étanchéité neuves.

# Chapitre 6
# Embrayage

## Sommaire



## Niveaux de difficulté

| | | | | |
|---|---|---|---|---|
| **Facile,** pour les profanes de la mécanique | **Assez facile,** pour les débutants plus avisés | **Assez difficile,** pour les amateurs compétents | **Difficile,** pour les amateurs plus expérimentés | **Très difficile,** pour les initiés et les professionnels |

## Caractéristiques

### Disque d'embrayage

| | |
|---|---|
| Epaisseur (disque neuf et comprimé) : | |
| Moteurs 1,2 et 1,4 l (8V) | 6,7 mm |
| Autres moteurs | 6,8 mm |

### Couple de serrage

| | |
|---|---|
| | **daN.m** |
| Vis de fixation du mécanisme d'embrayage | 2 |



## 1 Description générale

L'embrayage est du type poussé à commande mécanique par câble. Il se compose d'un mécanisme en acier assemblé par vis au volant moteur et intégrant le plateau de pression et le diaphragme.

Le disque qui est maintenu comprimé par le diaphragme entre le volant moteur et le plateau de pression coulisse librement sur les cannelures de l'arbre primaire de boîte de vitesses. La garniture de friction est rivetée sur le disque qui est pourvu d'un moyeu amortisseurs à ressorts destiné à absorber les à-coups et à contribuer à la transmission en douceur de la force motrice.

Le mécanisme de débrayage est constitué d'une fourchette et d'une butée à billes en appui constant sur le diaphragme.

En actionnant la pédale d'embrayage, celle-ci exerce une traction sur le câble de commande, ce qui a pour effet d'agir sur la fourchette de débrayage qui repousse la butée à billes contre le diaphragme dont le centre se déplace vers l'intérieur et la périphérie pivote vers l'extérieur, en provoquant ainsi le relâchement de la force de serrage appliquée par le plateau de pression sur le disque.

Lorsque la pédale vient être relâchée, le diaphragme contraint le plateau de pression à venir au contact de la garniture du disque qui se trouve ainsi maintenu étroitement serré entre le plateau de pression et le volant moteur, en permettant la communication de la force motrice à la boîte de vitesses.

L'usure de la garniture du disque est compensée par un dispositif de rattrapage automatique. Sur les premières versions de la gamme, le dispositif incorporé à la pédale comporte un secteur cranté, un cliquet et un ressort de rappel. Sur les versions plus récentes, le dispositif séparé et de type horizontal est relié à la pédale par une biellette. Dans le cas du dispositif du premier type, l'une des extrémités du ressort est ancrée au secteur cranté pivotant librement sur la pédale mais maintenu sous tension par la force du ressort de rappel. En agissant sur la pédale, le cliquet vient au contact du secteur cranté, ce qui a pour conséquence de le bloquer et de permettre ainsi à la pédale d'exercer une traction sur le câble et de commander l'embrayage. En relâchant la pédale, le cliquet rappelé par le ressort s'écarte du secteur cranté et en même temps, le câble est maintenu tendu, ce qui permet à la butée de rester en appui sur le

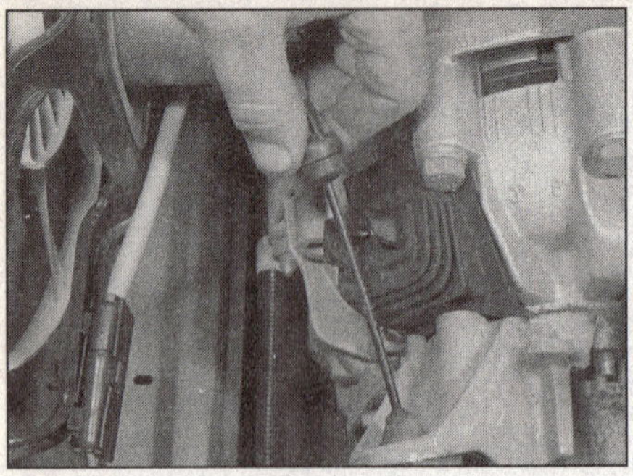

**2.2a Désaccouplement du câble d'embrayage de la fourchette de débrayage**

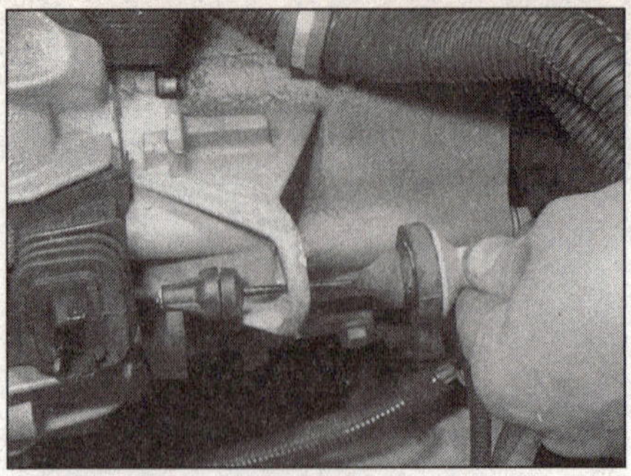

**2.2b Dépose du câble d'embrayage au niveau de la patte d'arrêt sur le carter**

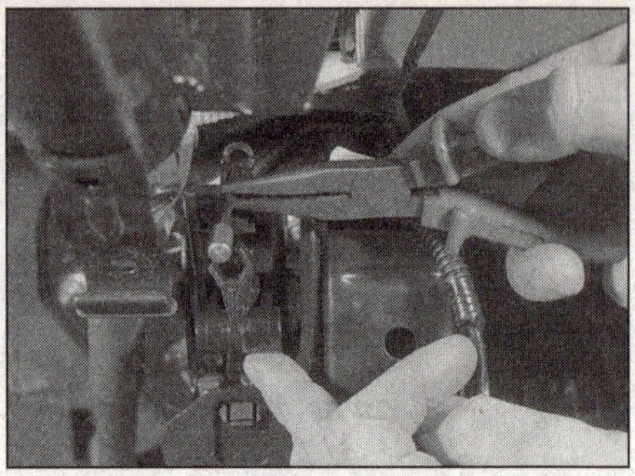

**2.3a Désaccouplement du câble d'embrayage au niveau du secteur cranté de la pédale (premier montage)**

diaphragme du mécanisme. Au fur et à mesure de l'usure de la garniture de friction du disque, le secteur cranté du dispositif de rattrapage pivote lorsque la pédale est relâchée afin de maintenir le jeu de la pédale entre le cliquet et le secteur cranté.

## 2 Câble d'embrayage - dépose et repose

### Dépose

**1** Afin d'avoir accès au raccordement du câble au niveau du carter d'embrayage dans le compartiment moteur, déposer le boîtier de filtre à air ou son conduit d'admission, suivant le type de moteur (voir chapitre 4A ou 4B).

**2** Décrocher l'embout du câble en haut de la fourchette de débrayage puis dégager la gaine du câble de la patte d'arrêt sur le carter d'embrayage **(voir illustrations)**.

***Attention : Ne pas soulever la fourchette de débrayage qui risquerait de se désengager de la butée à l'intérieur du carter***

**3** Déposer l'habillage inférieur de planche de bord, côté conducteur dans l'habitacle. Enfoncer la pédale jusqu'au plancher puis la tirer vers le haut et décrocher l'embout du câble du secteur cranté du dispositif de rattrapage. Le cas échéant, chasser le guide-câble en le frappant avec un tournevis **(voir illustrations)**.

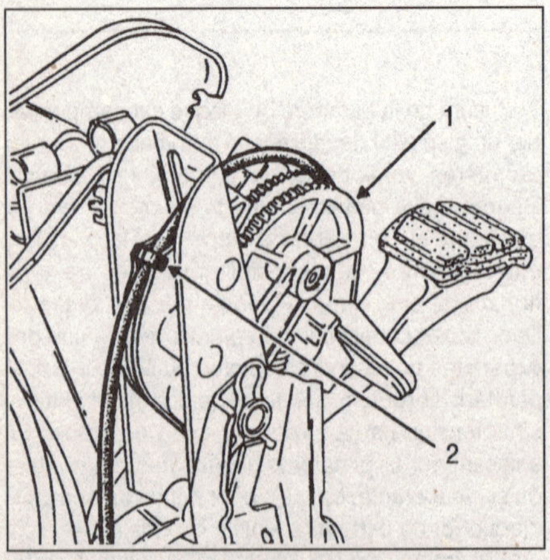


**2.3b Fixation du câble d'embrayage sur le secteur cranté de rattrapage automatique du jeu (premier montage)**

*1 Secteur cranté 2 Guide-câble*

**4** Déboîter ensuite du tablier l'arrêt de gaine du câble.

**5** Tirer le câble pour le sortir dans le compartiment moteur, puis le libérer de ses brides et colliers de maintien et le déposer.

### Repose

**6** Pour la repose du câble, l'engager dans le tablier par le côté compartiment moteur puis le mettre en place sur la came et accrocher son embout au secteur cranté du dispositif de rattrapage de la pédale. Remettre éventuellement en place le guide-câble.

**7** Dans le compartiment moteur, engager l'autre extrémité du câble par la patte d'arrêt sur le carter d'embrayage et accrocher son embout à la fourchette de débrayage. Veiller ensuite à bien fixer le câble au moyen de ses brides et colliers de maintien.

**8** Actionner la pédale pour tirer la gaine et engager son arrêt dans le logement du tablier, ce qui entraînera automatiquement par effet simultané une traction vers le haut du guide-câble (si prévu) au niveau de la pédale pour assurer le maintien du câble.

**9** Donner plusieurs coups de pédale afin d'armer le dispositif de rattrapage automatique du jeu d'usure.

**10** Pour que le dispositif de rattrapage fonctionne correctement, il doit exister, pédale au repos, un « mou » minimal de 20 mm dans le câble. Pour vérifier que ce jeu est bien présent, tirer sur le câble à hauteur de la fourchette de débrayage sur la boîte de vitesses **(voir illustration)**. En cas de « mou » insuffisant dans le câble, vérifier que le secteur cranté du dispositif de rattrapage n'est pas grippé ni entravé dans son mouvement.

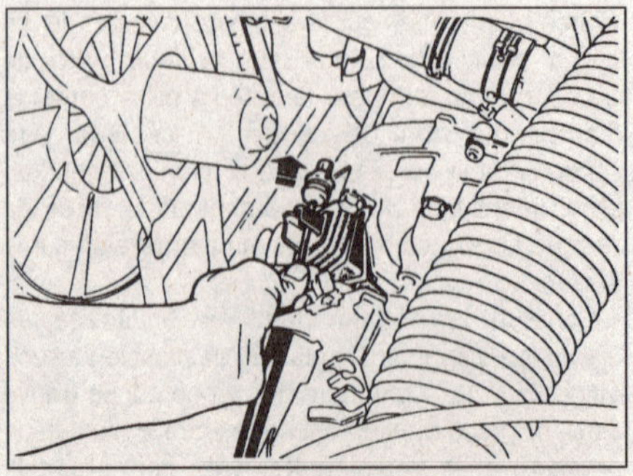

**2.10 Contrôle du « mou » dans le câble d'embrayage**

**11** Actionner la pédale à fond et vérifier que le débattement total de la fourchette atteigne la cote indiquée sur le dessin joint pour obtenir un réglage correct de la course de la pédale **(voir illustration)**. Si le débattement de la fourchette n'est pas conforme, contrôler que le secteur cranté pivote librement et que le ressort de rappel n'est pas détendu en contrôlant s'il y a lieu sa longueur libre avec celle d'un ressort neuf. Vérifier également que le câble n'est pas grippé dans la gaine.

**12** Procéder à la repose de l'habillage inférieur de planche de bord et du boîtier de filtre à air ou de son conduit d'admission, suivant le cas.

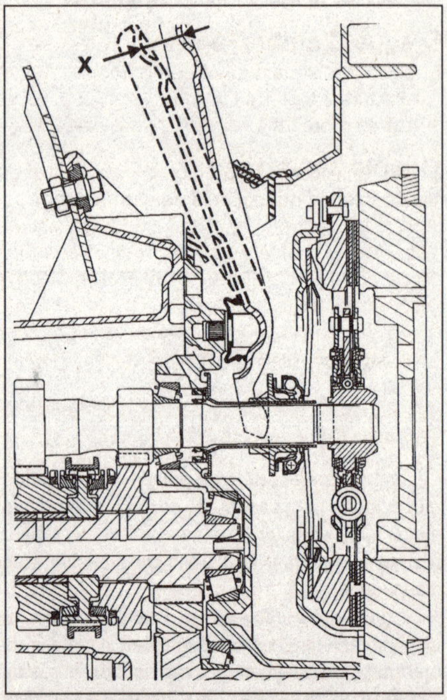


**2.11 Contrôle de la cote de débattement (X) de la fourchette de débrayage**

*Moteurs 1,4 et 1,6 l (16V) : X = 27 à 31,6 mm*
*Autres moteurs : X = 27,4 à 30,7 mm*

## 3 Pédale d'embrayage - dépose et repose

### *Modèles avec dispositif de rattrapage intégré*

#### Dépose

**1** Déposer le boîtier de filtre à air ou son conduit d'admission, suivant le type de moteur (voir chapitre 4A ou 4B) puis décrocher l'embout du câble en haut de la fourchette de débrayage sur la boîte de vitesses.

***Attention : Ne pas soulever la fourchette de débrayage qui risquerait de se désengager de la butée à l'intérieur du carter d'embrayage***

**2** Déposer l'habillage inférieur de planche de bord, côté conducteur dans l'habitacle. Enfoncer la pédale jusqu'au plancher puis la tirer vers le haut et décrocher l'embout du câble du secteur cranté du dispositif de rattrapage **(voir illustration)**. Chasser le guide-câble en le frappant avec un tournevis.

**3** Desserrer et enlever l'écrou d'axe de la pédale.

**4** Desserrer ses vis de fixation et déposer le raidisseur de la pédale **(voir illustration)**.

**5** Dégager la pédale complète du support de pédalier **(voir illustration)**.

**6** Après avoir dégagé la pédale, décrocher le ressort de rappel du secteur cranté du dispositif de rattrapage automatique du jeu. Veiller à bien repérer la position de montage des pièces du dispositif en vue du remontage.

**7** Enlever les bagues-paliers et l'entretoise puis dégager l'ensemble du dispositif de rattrapage automatique du jeu. Examiner ces pièces et les changer si elles sont usées.

#### Repose

**8** Enduire de graisse universelle les bagues-paliers et l'entretoise ainsi que les portées du secteur cranté du dispositif de rattrapage automatique du jeu et de l'axe de pédale.

**9** Installer l'entretoise et les bague-paliers en plastique sur la pédale puis accrocher le ressort de rappel du secteur cranté du dispositif de rattrapage automatique du jeu.

**10** Mettre en place la pédale sur l'axe et reposer le raidisseur, en serrant convenablement ses vis de fixation.

**11** Pousser l'axe de la pédale pour remonter l'écrou de fixation et bien le serrer.

**12** Remettre en place le câble sur la came du dispositif de rattrapage automatique du jeu puis accrocher l'embout du câble au secteur cranté. Reposer le guide-câble.

**13** Dans le compartiment moteur, accrocher l'embout du câble à la fourchette de débrayage.

**14** Actionner la pédale pour tirer la gaine et engager son arrêt dans le logement du tablier, ce qui entraînera automatiquement par effet simultané une traction vers le haut du guide-câble au niveau de la pédale pour assurer le maintien du câble.

**15** Donner plusieurs coups de pédale afin d'armer le dispositif de rattrapage automatique du jeu d'usure.

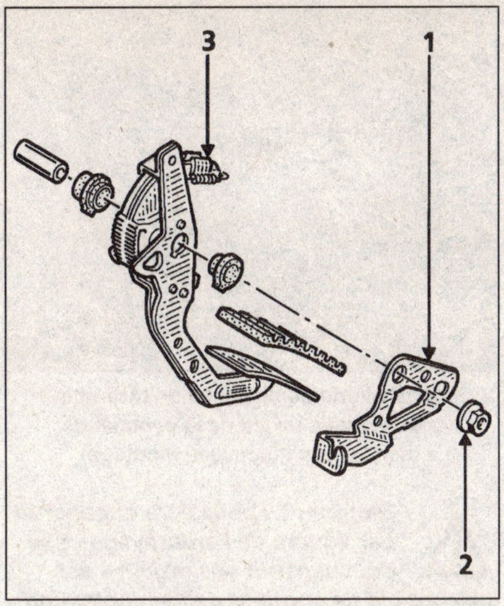


**3.2 Pédale d'embrayage (premier montage)**

1 *Raidisseur*
2 *Ecrou d'axe*
3 *Dispositif de rattrapage automatique du jeu*

**16** Procéder à la repose de l'habillage inférieur de planche de bord et du boîtier de filtre à air ou de son conduit d'admission, suivant le cas.

### *Modèles avec dispositif de rattrapage séparé*

#### Dépose

**17** Déposer le boîtier de filtre à air ou son conduit d'admission, suivant le type de moteur (voir chapitre 4A ou 4B) puis décrocher l'embout du câble en haut de la fourchette de débrayage sur la boîte de vitesses.

***Attention : Ne pas soulever la fourchette de débrayage qui risquerait de se désengager de la butée à l'intérieur du carter d'embrayage***

**18** Désaccoupler avec précaution au moyen d'un tournevis la biellette du dispositif de rattrapage de la rotule en haut de la pédale **(voir illustration)**.

**19** Desserrer et enlever la vis-pivot puis dégager la pédale du support.

#### Repose

**20** Enduire légèrement de graisse universelle la bague-palier de l'articulation ainsi que la rotule de

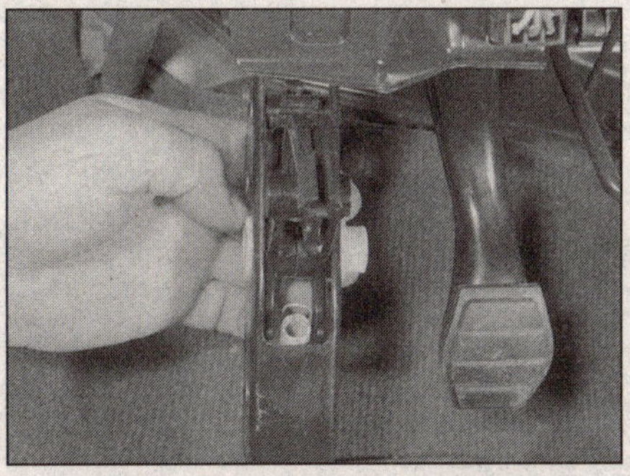

**3.5 Dépose de la pédale d'embrayage**

**3.4 Dépose du raidisseur de la pédale d'embrayage sur modèle avec direction à droite**

liaison supérieure de la pédale.

**21** Installer la pédale sur le support puis remonter la vis-pivot et la serrer convenablement.

**22** Pousser la biellette du dispositif de rattrapage pour l'emboîter sur la rotule supérieure de liaison de la pédale.

**23** Ajuster si nécessaire la position de la biellette du dispositif de rattrapage de manière à ce qu'elle se situe à la même hauteur que la pédale puis bien rebloquer les contre-écrous.

## 4 Dispositif de rattrapage du jeu - dépose et repose

### *Modèles avec dispositif de rattrapage intégré*

**1** Dans ce cas, le dispositif est incorporé à la pédale d'embrayage (voir section précédente).

### *Modèles avec dispositif de rattrapage séparé*

#### Dépose

**2** Procéder à la dépose de la pédale d'embrayage (voir section précédente).

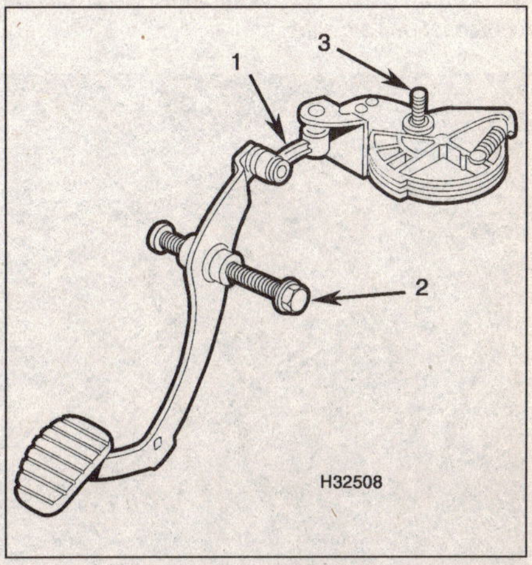


**3.18 Pédale d'embrayage (nouveau montage)**

1 *Biellette*
2 *Vis-pivot*
3 *Vis de fixation de dispositif de rattrapage automatique du jeu*

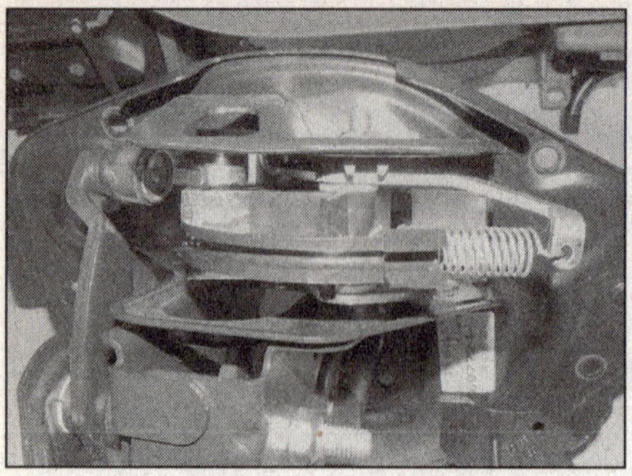

**4.3a Ressort de rappel du dispositif de rattrapage automatique du jeu de la commande d'embrayage (nouveau montage)**

**3** Déposer l'habillage inférieur de planche de bord, côté conducteur dans l'habitacle. Enfoncer la pédale d'embrayage jusqu'au plancher puis la tirer vers le haut pour décrocher l'embout du câble du secteur cranté du dispositif de rattrapage automatique du jeu **(voir illustrations)**.

**4** Desserrer sa vis de fixation puis déposer le dispositif de rattrapage automatique du jeu.

## Repose

**5** La repose s'opère à l'inverse de la dépose, en ajustant la position de la biellette du dispositif de rattrapage de façon à ce qu'elle situe à la même hauteur que la pédale puis rebloquer convenablement les contre-écrous.

# 5 Embrayage - dépose, contrôle et repose

## *Dépose*

**Nota :** *Bien que théoriquement, le disque d'embrayage ne contienne plus d'amiante, il est toutefois plus prudent dans le doute sur la qualité du disque monté, de prendre les mêmes précautions que s'il s'agissait d'un disque contenant de l'amiante.*

**4.3b Biellette du dispositif de rattrapage automatique du jeu de la commande d'embrayage (nouveau montage)**

***Danger : La poussière engendrée par l'usure de l'embrayage et se déposant sur ses organes est susceptible de contenir de l'amiante, une matière nocive pour la santé. NE PAS utiliser d'air comprimé pour le nettoyage et ne pas inhaler cette poussière. NE PAS utiliser d'essence ni de solvants à base de pétrole pour éliminer la poussière. Un produit de nettoyage spécifique pour freins ou de l'alcool éthylique dénaturé (à brûler) doivent être employés pour évacuer la poussière dans un récipient convenant pour l'usage. Après avoir essuyé les organes avec des chiffons, mettre ceux-ci ainsi que le produit de nettoyage dans une boîte que l'on bouchera et jettera dans un endroit approprié***

**1** A moins que le groupe motopropulseur ait été déposé et désassemblé pour en effectuer la remise en état (voir chapitre 2D), l'embrayage est normalement accessible en déposant la boîte de vitesses séparément ainsi que décrit au chapitre 7A.

**2** Préalablement à la dépose de l'embrayage, repérer à la craie ou au stylo-feutre la position de montage respective du mécanisme et du volant moteur **(voir illustration)**.

**3** Desserrer en opérant en croix et par passes successives de quelques tours les vis de fixation du mécanisme d'embrayage. Pour effectuer cette opération, le volant moteur peut être immobilisé au moyen d'un tournevis avec sa lame en appui sur une douille de centrage de la boîte de vitesses et calée dans la denture de la couronne de démarreur **(voir illustration)**.

**5.2 Repérage de la position de montage du mécanisme d'embrayage par rapport au volant moteur**

**4** Dégager le mécanisme de ses douilles de centrage et récupérer le disque en repérant bien son sens de montage.

## *Contrôle*

**5** Eliminer la poussière avec un chiffon propre et sec. Effectuer cette opération à l'extérieur ou dans un local parfaitement aéré (voir mise la mise ci-dessus).

**6** Examiner la garniture du disque pour s'assurer qu'elle n'est pas usée et que ses rivets de fixation ne présentent pas de jeu. Ausculter le moyeu amortisseur du disque qui ne doit pas être déformé ni fissuré et dont les ressorts ne doivent pas être cassés. Vérifier également que les cannelures du moyeu ne sont pas usées **(voir illustration)**. La garniture du disque est susceptible de présenter un état de surface brillant, poli, ce qui ne constitue pas un problème dans la mesure où les empreintes sont encore clairement visibles. Si la garniture est imprégnée d'huile, ce qui se manifeste par des traces noires luisantes, il y aura lieu de changer le disque, et de localiser l'origine de la fuite en cause et de la

**5.3 Desserrage des vis de fixation du mécanisme d'embrayage avec volant moteur retenu au moyen d'un tournevis calé dans la denture de la couronne de démarreur**

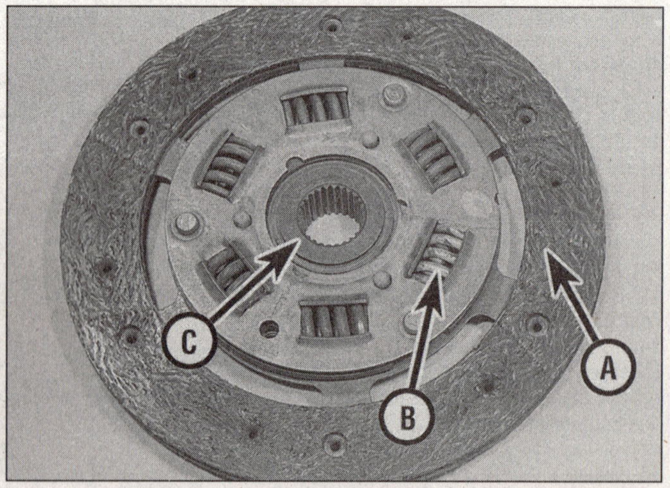


**5.6 Garniture (A), ressorts de moyeu amortisseur (B) et cannelures (C) de disque d'embrayage**

**5.7a La face usinée du plateau de pression du mécanisme d'embrayage . . .**

**5.7b . . . et le diaphragme (surtout au niveau des pointes) sont à contrôler minutieusement**

traiter. Les traces d'huile peuvent résulter d'une fuite au niveau de la bague d'étanchéité gauche du vilebrequin ou de la bague d'étanchéité de l'arbre primaire de boîte de vitesses. Se reporter à la partie correspondante du chapitre 2 pour procéder éventuellement au remplacement de la bague d'étanchéité du vilebrequin. Le remplacement de la bague d'étanchéité de l'arbre de boîte de vitesses est à confier aux services techniques d'un concessionnaire de la marque : il implique le démontage de la boîte de vitesses et le remplacement du manchon de guidage de la butée de débrayage, ce qui nécessite une presse. Le disque d'embrayage est également à changer si l'usure de sa garniture atteint le niveau de la tête des rivets de fixation.

**7** Ausculter la face usinée du plateau de pression et celle du volant moteur qui ne doivent pas être creusées ni exagérément marquées, auquel cas un remplacement s'imposera. Le mécanisme est également à changer si le plateau de pression est fissuré ou si le diaphragme est abîmé ou paraît détendu **(voir illustrations)**.

**8** Profiter de l'occasion pour vérifier l'état de la butée de débrayage (voir section suivante).

**9** Il est conseillé de changer en même temps le disque, le mécanisme et la butée de débrayage.

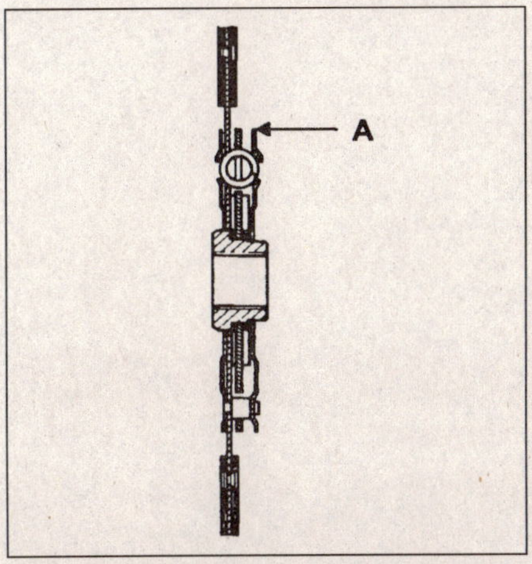


**5.12 Déport du disque d'embrayage (A) à disposer à l'opposé du volant moteur**

## *Repose*

**10** Avant d'entamer les opérations de repose, enduire légèrement de graisse haute température les cannelures de l'arbre primaire de la boîte de vitesses. Répartir la graisse sur l'arbre en faisant coulisser le disque sur les cannelures plusieurs fois de suite. Redéposer le disque et supprimer l'excédent de graisse. Appliquer également une petite quantité de graisse sur le manchon de guidage de la butée de débrayage au niveau de la boîte de vitesses.

**11** Il est impératif de ne pas répandre d'huile ou de graisse sur la garniture de friction du disque ni sur les plans du plateau de pression ou du volant moteur. Il est indispensable d'opérer avec les mains propres pour la repose de l'embrayage et il est recommandé d'essuyer les plans du plateau de pression et du volant moteur avec un chiffon propre et sec avant d'installer le mécanisme.

**12** Installer le disque sur le volant moteur, en veillant à disposer le côté avec le plus grand déport du moyeu à l'opposé du volant **(voir illustration)**.

**13** Mettre en place le mécanisme d'embrayage, en faisant coïncider les repères réalisés à la dépose en cas de réutilisation du mécanisme d'origine et veillant à bien l'encastrer sur ses douilles de centrage. Monter les vis de fixation et les serrer uniquement à la main pour l'instant de façon à pouvoir encore bouger sans difficulté le mécanisme.

**14** Il convient ensuite de centrer l'embrayage de sorte qu'à la repose de la boîte de vitesses, son arbre primaire puisse s'accoupler sur les cannelures centrales du moyeu du disque. Si cette opération n'est pas effectuée correctement, il sera impossible de reposer la boîte de vitesses.

**15** Cette opération peut s'effectuer en engageant une barre à profil rond à travers le moyeu du disque et dans le trou usiné en bout de vilebrequin, ce qui permettra d'agir sur le disque et de le centrer par rapport au mécanisme. Il est à noter que les kits d'embrayage Renault sont accompagnés d'un centreur.

**16** En cas d'utilisation d'une barre, agir de haut en bas sur le disque pour obtenir son centrage qui peut être vérifié en enlevant la barre et s'assurant que l'alésage du moyeu du disque se trouve exactement dans l'alignement de celui en bout de vilebrequin.

**17** Pour la précision de l'opération, à défaut de l'outil du constructeur, il est possible d'utiliser un mandrin de centrage du commerce à se procurer auprès d'un centre auto ou d'un fournisseur d'outillage pour l'automobile **(voir illustration)**.

**18** Après avoir centré le disque, immobiliser le volant moteur par la méthode indiquée lors de la dépose pour serrer les vis de fixation du mécanisme d'embrayage, en opérant progressivement et en croix pour atteindre le couple prescrit **(voir illustration)**. Retirer l'outil de centrage.

**5.17 Centrage de l'embrayage au moyen d'un mandrin du commerce**

**5.18 Serrage d'une vis de fixation du mécanisme d'embrayage**

19 Procéder à la repose de la boîte de vitesses, comme décrit au chapitre 7A.

## 6 Butée de débrayage - dépose, contrôle et repose

### Dépose

1 A moins que le groupe motopropulseur ait été déposé et désassemblé pour en effectuer la remise en état (voir chapitre 2D), la butée de débrayage est normalement accessible en déposant la boîte de vitesses séparément ainsi que décrit au chapitre 7A.

2 Faire pivoter la fourchette de débrayage pour décrocher la butée et la dégager de son manchon de guidage sur l'arbre primaire de la boîte de vitesses.

3 Pour procéder à la dépose de la fourchette de débrayage, dégager son soufflet de protection en caoutchouc et la désaccoupler de sa rotule d'articulation.

### Contrôle

4 S'assurer que la butée pivote librement et aisément, sans points durs, sinon la remplacer. Il est de toute façon conseillé de la changer systématiquement, quel que soit son état, lors de la réfection de l'embrayage.

### Repose

5 La repose de la fourchette et de la butée de débrayage s'effectue à l'inverse de la dépose, en observant par ailleurs les points suivants :

a) *Lubrifier abondamment avec de la graisse au bisulfure de molybdène la rotule d'articulation de la fourchette de débrayage, les surfaces de contact entre butée et diaphragme ainsi que le manchon de guidage de la butée*

b) *S'assurer d'ancrer correctement les agrafes de la butée sur la fourchette **(voir illustration)***

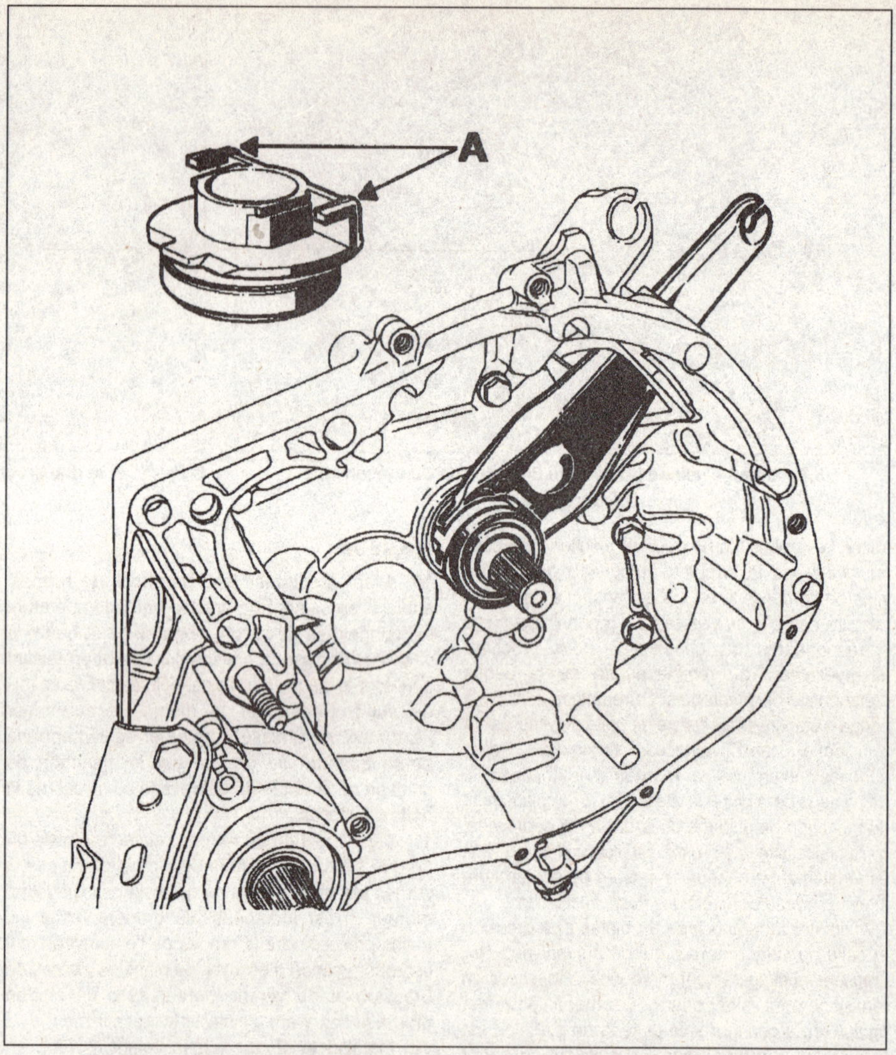


**6.5 Agrafes (A) de butée de débrayage à engager correctement sur la fourchette**

# Chapitre 7 Partie A :
# Boîte de vitesses manuelle

## Sommaire



## Niveaux de difficulté

| | | | | |
|---|---|---|---|---|
| **Facile,** pour les profanes de la mécanique | **Assez facile,** pour les débutants plus avisés | **Assez difficile,** pour les amateurs compétents | **Difficile,** pour les amateurs plus expérimentés | **Très difficile,** pour les initiés et les professionnels |

## Caractéristiques

### Généralités

| | |
|---|---|
| Affectation des boîtes de vitesses : | |
| Moteurs K4M et versions récentes à moteur K4J | Type JB3 |
| Autres moteurs | Type JB1 |

### Rapports de démultiplication

| | |
|---|---|
| $1^{re}$ | 3,4 à 1 |
| $2^{e}$ | 1,9 à 1 |
| $3^{e}$ | 1,3 à 1 |
| $4^{e}$ | 1 à 1 |
| $5^{e}$ | 0,8 à 1 |
| M. AR | 3,6 à 1 |
| Couple réducteur | 4,1 à 1 |

### Lubrification

| | |
|---|---|
| Huile préconisée | Voir « *Lubrifiants et fluides* » |
| Capacité (tous types) | Voir chapitre 1A ou 1B |

### Couples de serrage

| Couples de serrage | daN.m |
|---|---|
| Tirant moteur-boîte de vitesses | 6,5 |
| Vis et écrous d'assemblage moteur-boîte de vitesses | 4,5 |
| Biellette antibasculement de support AR. du groupe motopropulseur | Voir partie correspondante du chapitre 2 |
| Bouchon de vidange de boîte de vitesses | 2,5 |
| Contacteur de feux de recul | 2,5 |
| Commande des vitesses : | |
| Ecrous de fixation de boîtier de levier de vitesses | 1,5 |
| Ecrou de fixation de tringle de commande sur levier de vitesses | 3 |
| Boulon de bridage de chape sur tringle de commande | 2 |
| Vis de fixation de chape sur axe de sélection | 3 |
| Vis de roues | Voir chapitre 1A ou 1B |

7A

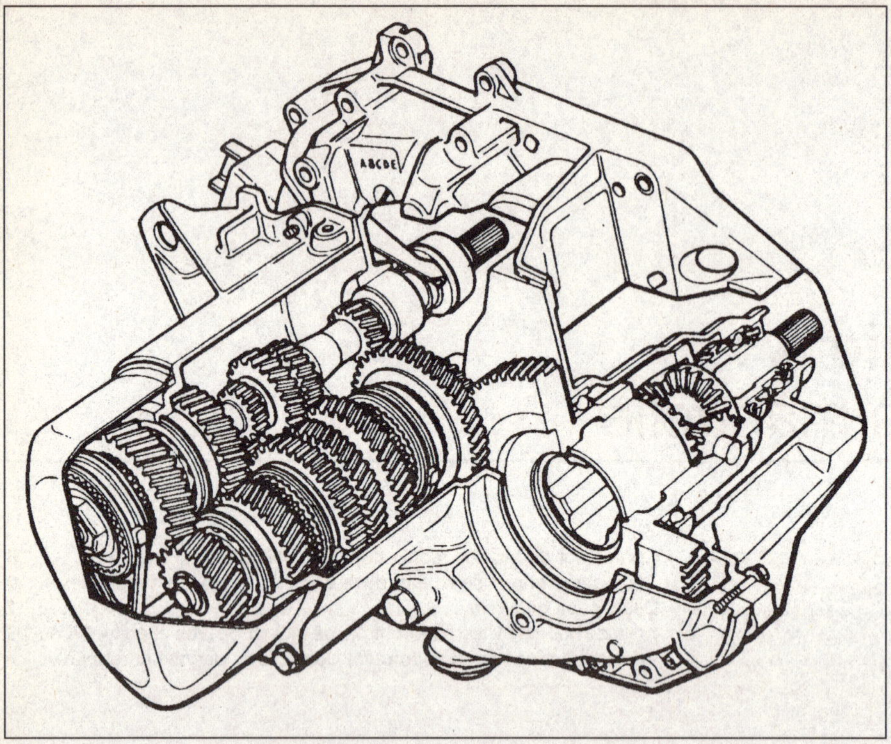


1.1a Ecorché de la boîte de vitesses

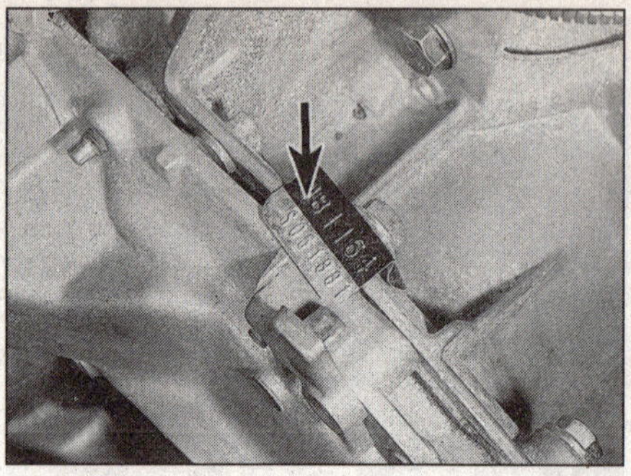

1.1b Plaquette de référence de la boîte de vitesses

## 1 Description générale

La boîte de vitesses, du type à cinq rapports de marche avant synchronisés et un rapport arrière non synchronisé, est logée dans un carter en alliage d'aluminium qui est assemblé par vis au moteur, du côté gauche, et se compose d'une pignonnerie de commande et d'un différentiel-pont. La référence de la boîte de vitesses est indiquée sur une plaquette en tôle fixée sur le haut du carter d'embrayage et mentionnant le type, l'indice et le numéro de fabrication **(voir illustrations)**.

La force motrice est transmise par l'intermédiaire de l'embrayage à l'arbre primaire de boîte de vitesses présentant une partie cannelée à laquelle est accouplé le disque d'embrayage et tournant sur un roulement à rouleaux cylindriques côté embrayage et sur un roulement à billes côté gauche. De l'arbre primaire, la force est ensuite communiquée successivement à l'arbre secondaire tournant sur un roulement à rouleaux cylindriques à son extrémité droite et sur un roulement à billes à son extrémité gauche, à la couronne de différentiel tournant dans un carter et aux satellites qui entraînent les planétaires et les arbres de transmission. La rotation des planétaires sur leur arbre permet à la roue intérieure de tourner moins vite que la roue extérieure en virage.

Les arbres primaire et secondaire de boîte sont disposés côte à côte et parallèlement au vilebrequin et aux arbres de transmission, de telle façon que les dents de leurs pignons sont constamment en prise. Au point mort, les pignons de l'arbre secondaire tournent librement de sorte que la force d'entraînement n'est pas communiquée à la couronne du différentiel.

Le changement des vitesses s'effectue au moyen d'un levier monté au plancher et d'un mécanisme constitué d'une tringle de commande et d'un axe de sélection. Le levier auquel est accouplé l'axe de sélection agit sur la fourchette concernée par la vitesse enclenchée pour déplacer le synchroniseur correspondant sur l'arbre de boîte et bloquer le pignon sur son moyeu synchroniseur. Les moyeux synchroniseurs étant accouplés par cannelures sur l'arbre secondaire, cela a pour effet d'immobiliser le pignon et de permettre à la force motrice d'être transmise. Afin d'assurer un passage des vitesses rapide et silencieux, tous les rapports de marche avant sont synchronisés. Les dispositifs de synchronisation consistent en des bagues rappelées par un jonc élastique ou des galets rappelés par un ressort sur les moyeux ainsi qu'en des pignons baladeurs. Les cônes de synchronisation sont profilés sur les faces d'appui des bagues et des pignons baladeurs.

## 2 Boîte de vitesses - vidange et remplissage

**Nota :** *Le bouchon de remplissage de la boîte de vitesses sert également au contrôle du niveau d'huile. Le desserrage du bouchon de vidange de la boîte de vitesses nécessite une clé spéciale à bout carré de 8 mm à se procurer dans un centre auto ou auprès du service des pièces détachées d'un concessionnaire Renault.*

**1** La vidange de la boîte de vitesses se trouvera facilitée et s'effectuera de manière plus complète car l'huile sera alors plus fluide si l'ensemble moteur-boîte de vitesses a atteint sa température normale de fonctionnement après avoir parcouru un trajet suffisamment long.

**2** Se garer sur sol plat et de niveau, couper le contact puis serrer le frein à main. En vue d'améliorer l'accès au bouchon de vidange, lever l'avant de la voiture au cric et le poser sur chandelles (voir « *Levage et soutien du véhicule* »). En alternative, disposer la voiture au-dessus d'une fosse d'entretien ou sur des plans inclinés. Suivant le cas, déposer le carénage de protection prévu sous le moteur ou le protecteur en dessous de la boîte de vitesses **(voir illustration)**. Il est à noter que la voiture doit impérativement rester sur un plan horizontal pour ne pas fausser le relevé du niveau d'huile de la boîte de vitesses.

**3** Nettoyer son pourtour sur la face avant du carter principal de la boîte de vitesses puis dévisser et enlever le bouchon de remplissage-niveau avec sa rondelle d'étanchéité **(voir illustration)**.

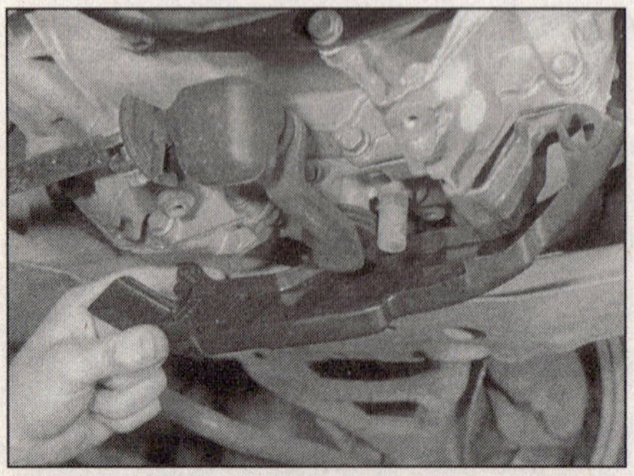

2.2 Dépose du protecteur en dessous de la boîte de vitesses

2.3 Bouchon de remplissage-niveau de la boîte de vitesses

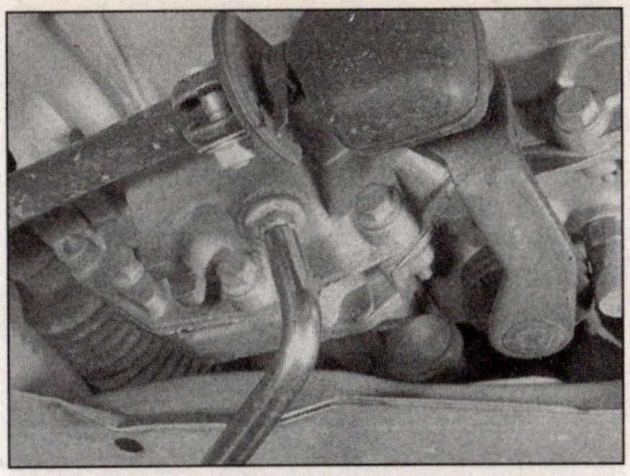

**2.4a Déblocage du bouchon de vidange . . .**

**2.4b . . . et vidange de la boîte de vitesses**

**4** Disposer une bassine de contenance appropriée sous le bouchon de vidange en dessous du carter d'embrayage. Dévisser et enlever le bouchon avec sa rondelle d'étanchéité et laisser l'huile s'écouler dans la bassine **(voir illustrations)**. Si l'huile est chaude, prendre garde de ne pas se brûler à son contact. Bien nettoyer les bouchons de remplissage-niveau et de vidange, en prenant soin en particulier d'éliminer la limaille de fer sur leur partie aimantée. Mettre les rondelles d'étanchéité au rebut : elles sont à changer systématiquement à chaque dépose des bouchons.

**5** L'huile ne gouttant plus, nettoyer le filetage du bouchon de vidange et de l'orifice sur le carter d'embrayage. Equiper le bouchon d'une rondelle d'étanchéité neuve et le remonter en le serrant au couple prescrit.

**6** Le remplissage de la boîte de vitesses est une opération fastidieuse à laquelle il faut consacrer beaucoup de temps compte tenu de la nécessité d'attendre que le niveau d'huile se stabilise avant de pouvoir le contrôler. A signaler que la voiture doit se trouver sur un plan bien horizontal pour obtenir le niveau d'huile correct.

**7** Procéder au remplissage de la boîte de vitesses avec une huile répondant à la norme préconisée et en quantité prescrite, puis contrôler le niveau en opérant comme indiqué au chapitre 1A ou 1B. Remonter le bouchon de remplissage-niveau, équipé d'une rondelle d'étanchéité neuve, en s'assurant de bien le serrer.

**8** Reposer le protecteur en dessous de la boîte de vitesses ou le carénage de protection sous le moteur puis descendre la voiture au sol.

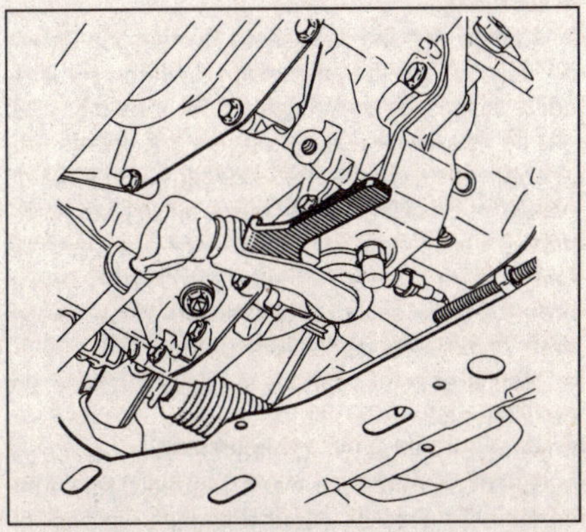

**3.3b Blocage du levier de vitesses avec l'outil Renault B.Vi. 1133**

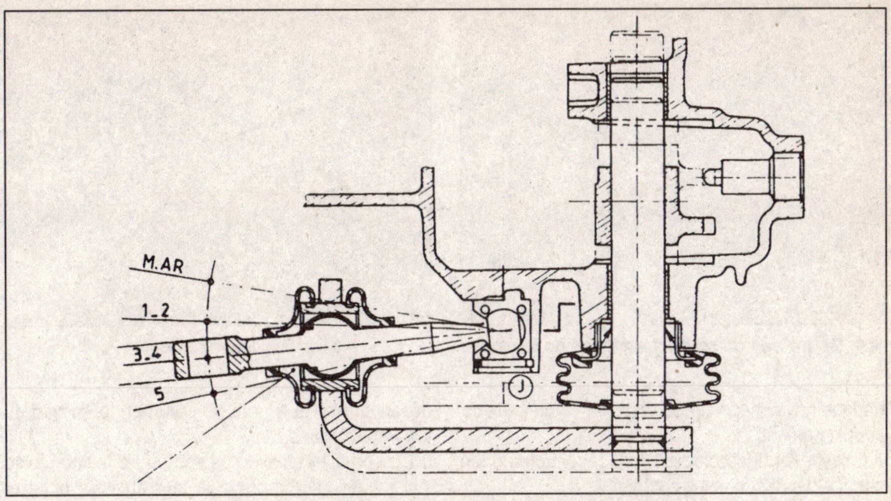


**3.3a Positions d'enclenchement du levier de vitesses**

## 3 Commande des vitesses - réglage

**Nota :** *Pour un réglage précis de la commande des vitesses, il est indispensable d'utiliser l'outil Renault (B.Vi. 1133) prévu à cet effet.*

**1** Serrer le frein à main puis lever l'avant de la voiture au cric et le poser sur chandelles (voir *« Levage et soutien du véhicule »*). Suivant le cas, desserrer ses vis de fixation et déposer le carénage de protection sous le moteur ou le protecteur en dessous de la boîte de vitesses.

**2** Déposer l'écran thermique du pot catalytique d'échappement sous le véhicule, au niveau du levier de vitesses.

**3** Enclencher le 1er rapport de boîte au niveau du levier de vitesses. Monter l'outil B.Vi. 1133 comme représenté en figure jointe pour immobiliser le levier **(voir illustration)**. A défaut, utiliser une cale réalisée à partir d'un morceau d'acier ou de bois plat.

**4** Contrôler le jeu entre la bague de verrouillage de marche arrière sur le levier de vitesses et le plan incliné sur le côté droit du boîtier de levier à l'aide de cales d'épaisseur : la cote mesurée doit correspondre à celle prescrite **(voir illustration)**.

**5** Si un réglage s'impose, débloquer le boulon de bridage côté boîte de vitesses de façon à pouvoir bouger la tringle de commande au niveau de la chape **(voir illustration)**.

**6** Agir sur le levier pour amener la bague de verrouillage de marche arrière au contact du plan incliné sur le boîtier puis glisser une cale de 9 mm d'épaisseur dans l'intervalle. Maintenir le levier dans cette position puis bloquer le boulon de



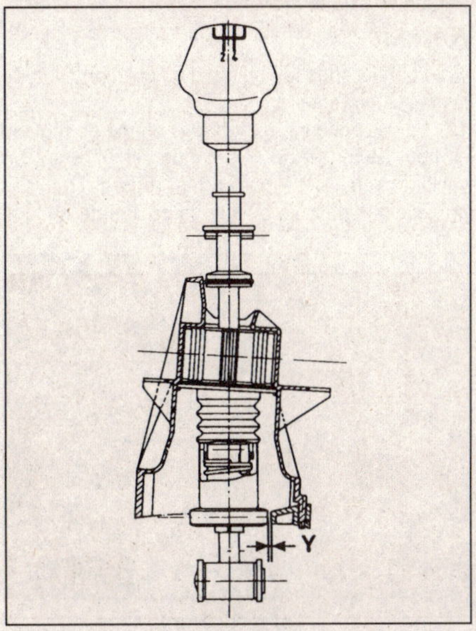


**3.4 Le jeu (Y) entre le levier de vitesses et le boîtier doit être compris entre 7 et 10 mm**

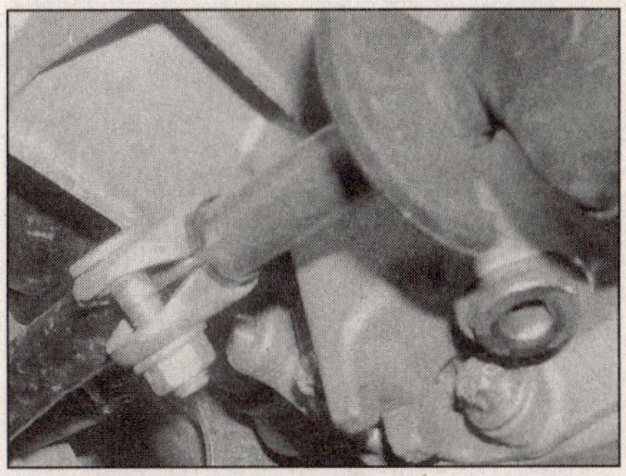

**3.5 Boulon de bridage de la chape de réglage de la tringle de commande des vitesses**

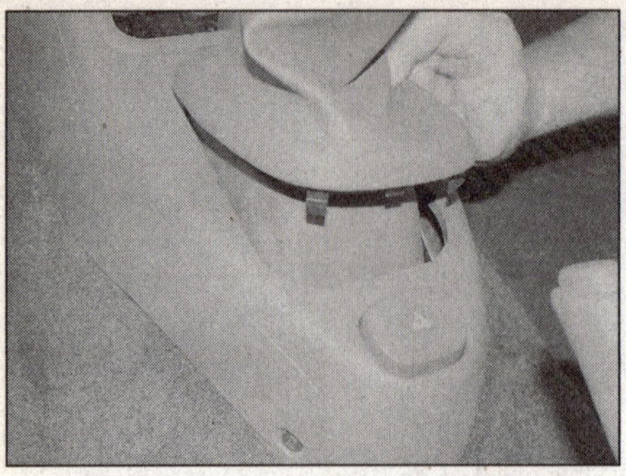

**4.1 Dégrafage du soufflet de levier de vitesses**

bridage de la chape sur la tringle de commande au couple prescrit.

**7** Enlever l'outil de blocage puis recontrôler le jeu comme décrit ci-dessus au point 4.

**8** Vérifier que toutes les vitesses passent correctement puis reposer l'écran thermique du pot catalytique et éventuellement le carénage de protection sous le moteur ou le protecteur en dessous de la boîte de vitesses et descendre la voiture au sol.

## 4 Commande des vitesses - dépose et repose

### Dépose

**1** Dans l'habitacle, dégrafer avec précaution le soufflet du levier de vitesses de la console centrale **(voir illustration)**. Tirer ensuite sur le pommeau pour le déboîter en haut du levier et le déposer avec le soufflet.

**2** Serrer le frein à main puis lever l'avant de la voiture au cric et le poser sur chandelles (voir « *Levage et soutien du véhicule* »). Suivant le cas, desserrer ses vis de fixation et déposer le carénage de protection sous le moteur ou le protecteur en dessous de la boîte de vitesses.

**3** Déposer l'écran thermique du pot catalytique d'échappement sous la voiture, au niveau du levier de vitesses. S'il y a lieu, desserrer le boulon du collier d'assemblage et dissocier la ligne d'échappement puis la soutenir au moyen d'une chandelle.

**4** Desserrer l'écrou puis récupérer la rondelle et

**4.8a Dégager le soufflet . . .**

désaccoupler la tringle de commande en bas du levier de vitesses.

**5** Desserrer et enlever les écrous de fixation avec leur rondelle sur le plancher puis abaisser le levier de vitesses avec son boîtier et le dégager du dessous de la voiture. Si la ligne d'échappement n'a pas été déposée, l'écarter sur le côté pour pouvoir dégager l'ensemble.

**6** Déposer la semelle du boîtier de levier de vitesses.

**7** Bloquer le levier de vitesses dans un étau muni de mordaches et extraire le circlip d'arrêt puis dissocier le boîtier et le soufflet.

**8** Pour déposer la tringle de commande des vitesses, dégager le soufflet en caoutchouc puis desserrer la vis de fixation, désaccoupler la chape de réglage de l'axe de sélection sur la boîte de vitesses puis récupérer la cage et l'entretoise **(voir illustrations)**. Dégager ensuite la tringle de commande avec la chape de réglage du dessous de la voiture.

**9** Pour dissocier la chape de réglage de la tringle de commande, veiller à bien repérer sa position de montage par rapport à la tringle puis desserrer le boulon de bridage et séparer les deux parties.

**10** Examiner toutes les pièces pour déceler d'éventuels signes d'usure ou de détérioration et les changer si nécessaire.

### Repose

**11** Lubrifier tous les points d'articulation avec de la graisse universelle.

**12** Le cas échéant, remonter la chape de réglage en bout de tringle de commande des vitesses, en veillant à faire coïncider les repères réalisés précédemment, puis bloquer le boulon de bridage au couple prescrit. S'il s'agit de pièces neuves, installer la chape de réglage sur la tringle de telle façon que la partie moletée de son axe dépasse de 7 à 8 mm environ par rapport à la bride de la tringle. Veiller à bien disposer le déport de la chape côté boîte de vitesses.

**13** Réaccoupler la chape de réglage à l'axe de sélection puis remonter la vis de fixation, en s'assurant d'installer correctement la cage et l'entretoise, puis remonter la vis de fixation à serrer au couple préconisé.

**14** Procéder au remontage des pièces du levier de vitesses, en opérant à l'inverse du démontage. Veiller à bien fixer le circlip d'arrêt.

**15** Remettre en place l'ensemble du levier de vitesses avec son boîtier dans le logement du plancher puis remonter les écrous de fixation avec leur rondelle, en les serrant au couple prescrit.

**16** Réaccoupler la tringle de commande en bas du levier de vitesses, en s'assurant que les bagues-paliers sont correctement emmanchées puis remonter l'écrou de fixation muni de sa rondelle et le serrer au couple préconisé.

**17** Procéder au contrôle et au réglage éventuel de la commande des vitesses, comme indiqué en section précédente.

**18** Reposer l'écran thermique du pot catalytique d'échappement et suivant le cas, le protecteur en dessous de la boîte de vitesses ou le carénage de protection sous le moteur puis descendre la voiture au sol.

**19** Remettre en place le soufflet et le pommeau du levier de vitesses. Le pommeau doit être fixé au moyen d'une colle appropriée.

## 5 Bagues d'étanchéité - remplacement

### Différentiel, côté droit

**Nota :** *Suivant montage, prévoir une goupille de rechange pour la fixation de la tulipe extérieure du joint homocinétique de la transmission droite sur l'axe du planétaire de différentiel ainsi qu'un produit d'étanchéité approprié (voir chapitre 8).*

**1** Serrer le frein à main puis lever l'avant de la voiture au cric et le poser sur chandelles (voir « *Levage et soutien du véhicule* »). Déposer la roue avant droite.

**2** Vidanger la boîte de vitesses (voir section 2).

**3** Désaccoupler la transmission droite en sortie de boîte de vitesses (voir chapitre 8). A noter qu'il n'est pas nécessaire de désaccoupler la transmission sur le côté roue : elle peut être dégagée de l'axe du planétaire de différentiel en basculant le pivot porte-moyeu vers l'extérieur. **Nota :** *Ne pas laisser la transmission pendre vers le bas sous l'effet de son propre poids, ce qui risquerait de détériorer les joints homocinétiques et les soufflets.*

**4** Récupérer le joint torique sur l'axe du planétaire de différentiel.

**5** Nettoyer la bague d'étanchéité en place et mesurer son retrait par rapport au bord du carter, ce qui est nécessaire pour déterminer la position de montage correcte de la bague neuve si l'on ne dispose pas de l'outil d'atelier prévu à cet effet.

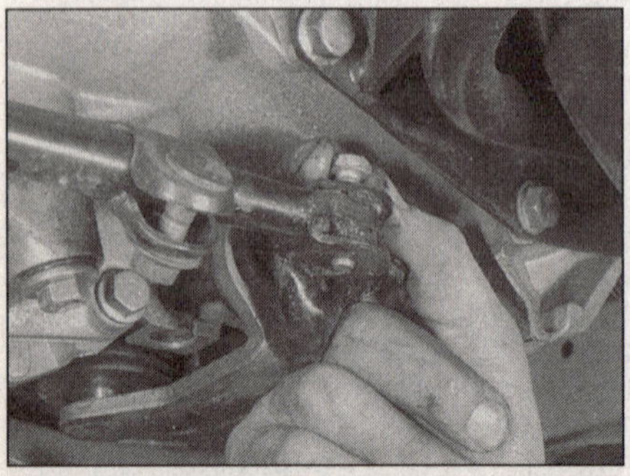

**4.8b . . . puis desserrer et enlever la vis de fixation de la chape de réglage sur l'axe de sélection . . .**

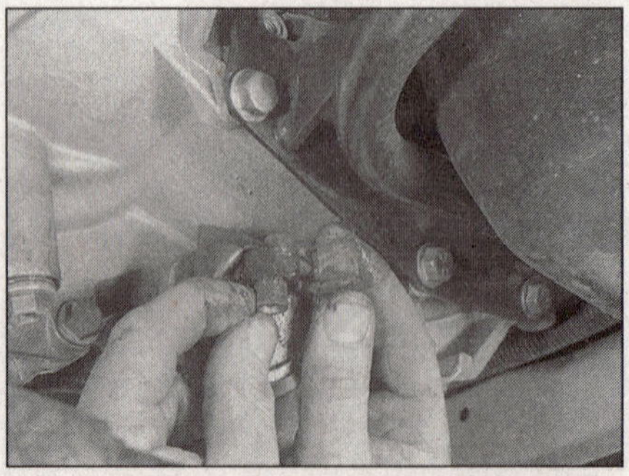

**4.8c . . . et récupérer la cage**

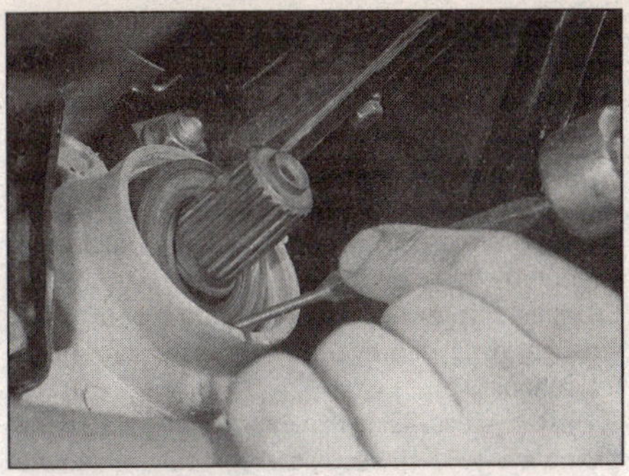

**5.6 Dépose de la bague d'étanchéité D. du différentiel avec un chasse-goupille**

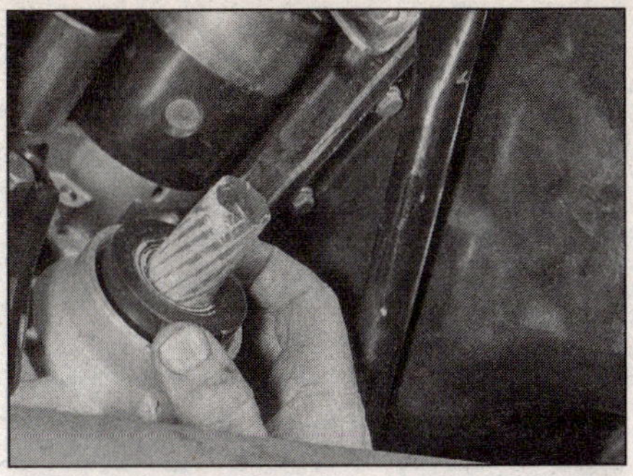

**5.8a Enfiler avec précaution la bague d'étanchéité neuve sur l'axe du planétaire de différentiel . . .**

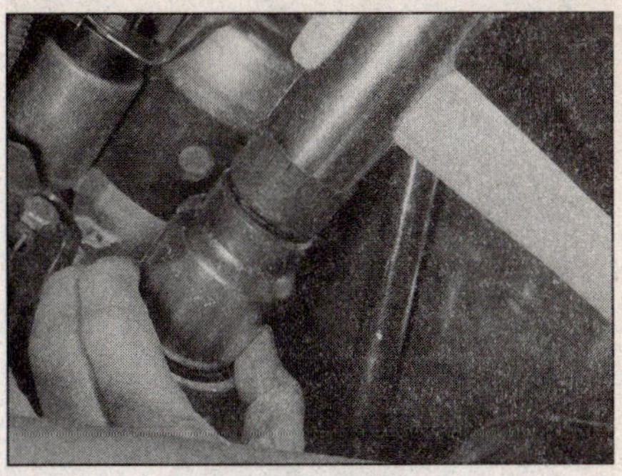

**5.8b . . . et l'emmancher en la frappant au moyen d'une douille**

**6** Dégager la bague d'étanchéité : pour cela, frapper par l'intermédiaire d'un petit chasse-goupille le bord extérieur pour l'enfoncer de sorte à déboîter l'autre côté du carter **(voir illustration)**. Extraire ensuite la bague avec une pince. Prendre garde de ne pas abîmer les cannelures de l'axe du planétaire de différentiel.

**7** Nettoyer le logement dans le carter et enrober l'extrémité de l'axe du planétaire de différentiel de ruban adhésif afin de ne pas endommager la lèvre de la bague d'étanchéité neuve lors de sa mise en place.

**8** Enduire de graisse la lèvre de la bague d'étanchéité neuve puis l'enfiler avec précaution sur l'axe du planétaire de différentiel, en veillant à disposer la lèvre côté intérieur. Enfoncer la bague dans le carter en faisant attention de ne pas la présenter de travers, jusqu'à la profondeur notée à la dépose de celle d'origine. Au besoin, la frapper par l'intermédiaire d'un poussoir tubulaire, genre douille, portant uniquement sur son rebord extérieur dur, pour l'emmancher **(voir illustrations)**.

**9** Enlever le ruban adhésif puis équiper l'axe du planétaire de différentiel d'un joint torique neuf.

**10** Réaccoupler la transmission droite en sortie de boîte de vitesses, en se reportant au chapitre 8 pour cette opération.

**11** Effectuer le plein d'huile de la boîte de vitesses comme décrit en section 2.

**12** Reposer la roue puis descendre la voiture au sol et serrer les vis de la roue au couple prescrit.

### *Différentiel, côté gauche*

**13** Aucun joint n'est prévu en sortie de différentiel, du côté gauche, l'étanchéité étant assurée par le soufflet de la transmission. En cas de fuite d'huile au niveau de la jointure entre la transmission et la boîte de vitesses, changer le soufflet (voir chapitre 8).

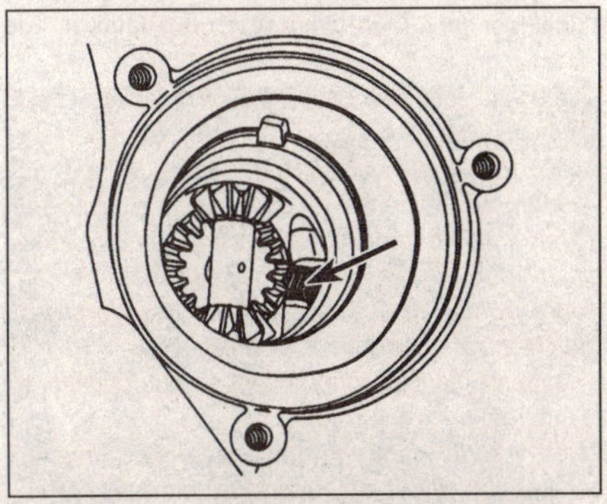

**7.3 Vue du pignon mené du compteur de vitesse après dépose du planétaire G. du différentiel**

### *Arbre primaire*

**14** Le remplacement de la bague d'étanchéité de l'arbre primaire nécessite le démontage de la boîte de vitesses. Le manchon de guidage de la butée de débrayage est monté à la presse dans le carter d'embrayage et se dépose en le chassant vers l'intérieur. Ces opérations sont de ce fait à confier aux services techniques d'un concessionnaire Renault ou à un spécialiste de la rénovation des boîtes de vitesses.

## 6 Contacteur de feux de recul - contrôle, dépose et repose

### *Contrôle*

**1** Le circuit électrique des feux de recul est commandé par un contacteur du type à piston vissé côté gauche du carter de boîte de vitesses, à hauteur de l'accouplement de la transmission. En cas de dysfonctionnement du circuit, commencer par vérifier que le fusible correspondant dans l'habitacle n'est pas claqué (voir chapitre 12).

**2** Pour contrôler le fonctionnement du contacteur, débrancher son connecteur électrique et utiliser un multimètre (réglé sur sa fonction « mesure des résistances ») ou d'une lampe-témoin sous 12 V pour constater qu'un état de continuité (passage de courant) entre les bornes du contacteur ne s'établit que lorsque la marche arrière est enclenchée. Si tel n'est pas le cas et que les fils d'alimentation électrique ne sont pas rompus ni autrement endommagés, le contacteur est défectueux et doit être remplacé.

### *Dépose*

**3** Serrer le frein à main puis lever l'avant de la voiture au cric et le poser sur chandelles (voir *« Levage et soutien du véhicule »*).

**4** Dans le cas où il existe, desserrer ses vis de fixation et déposer le carénage de protection sous le moteur.

**5** Débrancher son connecteur électrique puis dévisser le contacteur et le dégager du carter de boîte de vitesses avec sa rondelle d'étanchéité.

### *Repose*

**6** Equiper le contacteur d'une rondelle d'étanchéité neuve et le remonter en le serrant au couple prescrit. Rebrancher le connecteur électrique puis vérifier le bon fonctionnement du contacteur. Le cas échéant, reposer le carénage de protection sous le moteur et descendre la voiture au sol. Si de l'huile a coulé à la dépose du contacteur, contrôler le niveau d'huile de la boîte de vitesses (voir chapitre 1A ou 1B).

## 7 Prise d'entraînement du compteur de vitesse - dépose et repose

**Nota :** *La prise d'entraînement du compteur de vitesse s'effectue à partir du côté droit de la boîte de vitesses, à hauteur de l'accouplement de la transmission. Sur certaines versions récentes, il est impossible de déposer le boîtier de la prise d'entraînement du compteur de vitesse : ce montage est identifiable par le fait que le branchement du câble est assuré par un raccord en plastique, remplaçant l'agrafe de fixation du boîtier de la prise d'entraînement dans le cas du premier montage. Le boîtier de la prise d'entraînement du compteur de vitesse intègre le capteur de vitesse de véhicule servant au système de gestion du moteur (voir chapitre 4A ou 4B).*

### *Dépose*

**1** Désaccoupler la transmission gauche en sortie de boîte de vitesses (voir chapitre 8). A noter qu'il n'est pas nécessaire de désaccoupler la transmission sur le côté roue : le tripode coulissant du joint homocinétique peut être dégagé de son logement dans le planétaire de différentiel en basculant le pivot porte-moyeu vers l'extérieur.

**Nota :** *Ne pas laisser la transmission pendre vers le bas sous l'effet de son propre poids, ce qui risquerait de détériorer les joints homocinétiques et les soufflets.*

**2** Extraire le jonc d'arrêt et la rondelle de calage puis dégager le planétaire côté gauche du différentiel, servant également de logement au tripode coulissant du joint homocinétique de transmission.

**3** Tourner le boîtier de différentiel pour amener les satellites sur un plan vertical, de telle manière que le pignon mené du compteur de vitesse soit visible **(voir illustration)**.

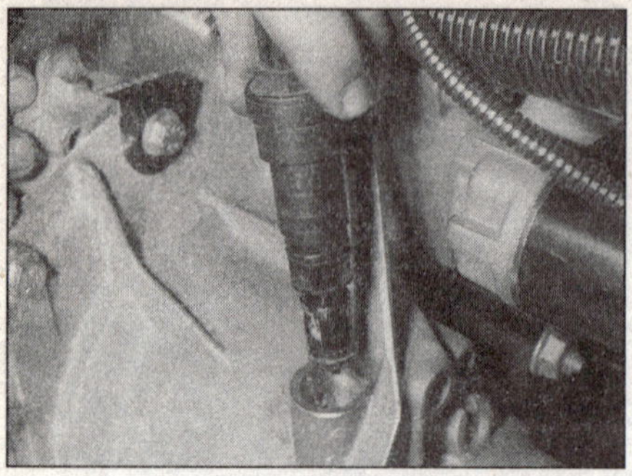

7.4 Dépose du boîtier de la prise d'entraînement du compteur de vitesse

4 Extraire l'agrafe de fixation puis sortir du carter de la boîte de vitesses le boîtier de la prise d'entraînement du compteur de vitesse **(voir illustration)**.

5 Extraire à l'aide d'une pince à becs fins l'axe du pignon mené du compteur de vitesse, perpendiculairement à l'extérieur de la boîte de vitesses.

6 Utiliser la même pince pour sortir le pignon mené du compteur de vitesse de l'intérieur du carter de différentiel, en faisant attention de ne pas le laisser tomber.

7 Examiner les dents du pignon mené qui ne doivent pas être usées ni abîmées, sinon le pignon est à changer et il y aura lieu de vérifier l'état de la couronne d'entraînement du compteur de vitesse au niveau du différentiel pour s'assurer qu'elle ne présente pas les mêmes défauts. Le remplacement de la couronne implique le démontage de la boîte de vitesses et cette intervention est à confier à un atelier du réseau Renault.

### Repose

8 Introduire le pignon mené dans son logement au moyen d'une pince à becs fin.

9 Reposer l'axe du pignon mené de l'extérieur de la boîte de vitesses, en veillant à l'engager correctement sur les encoches de positionnement du pignon **(voir illustration)**.

10 Remettre en place le boîtier de la prise d'entraînement du compteur de vitesse et le fixer avec son agrafe.

11 Reposer le planétaire de différentiel puis remettre en place la rondelle de calage et le jonc d'arrêt.

12 Réaccoupler la transmission gauche comme indiqué au chapitre 8.

7.9 Encoches du pignon mené du compteur de vitesse à positionner correctement pour leur engagement sur l'axe

## 8 Boîte de vitesses - dépose et repose

**Nota :** *Les opérations qui suivent décrivent la dépose séparée de la boîte de vitesses. Il est également possible de dissocier la boîte de vitesses du moteur après dépose du groupe motopropulseur (voir chapitre 2D). Suivant montage, prévoir une goupille de rechange pour la fixation de la tulipe extérieure du joint homocinétique de la transmission droite sur l'axe du planétaire de différentiel ainsi qu'un produit d'étanchéité approprié (voir chapitre 8).*

### Dépose

1 Serrer le frein à main puis lever l'avant de la voiture au cric et le poser sur chandelles (voir « *Levage et soutien du véhicule* »). Suivant le cas, desserrer ses vis de fixation et déposer le carénage de protection sous le moteur ou le protecteur en dessous de la boîte de vitesses. Déposer les deux roues avant ainsi que les coquilles pare-boue des passages de roues.

2 Déposer la batterie (voir chapitre 5A).

3 Sur les versions à moteur essence, débrancher le connecteur électrique du calculateur électronique de gestion du moteur (voir chapitre 4A).

4 Sur les versions Diesel, débrancher les connexions électriques au niveau du boîtier de pré/postchauffage et du filtre à gazole (voir chapitre 5C).

5 Débrancher le connecteur électrique du contacteur de sécurité à inertie de coupure d'alimentation en carburant puis attacher le faisceau à l'écart sur le côté.

6 Déposer le conduit d'admission du boîtier de filtre à air.

7 Desserrer ses deux vis de fixation et déposer le support de la batterie.

8 Désaccoupler le câble d'embrayage de la fourchette de débrayage et l'écarter sur le côté (voir chapitre 6).

9 Desserrer ses vis de fixation et dégager du carter d'embrayage le capteur de vilebrequin et l'écarter sur le côté.

10 Desserrer sa vis de fixation et dégager la tresse de mise à la masse au niveau de la boîte de vitesses.

11 Desserrer également et enlever l'écrou latéral inférieur, côté filtre à huile, assemblant le moteur à la boîte de vitesses. La dépose du goujon de l'écrou est déconseillée car il facilite le centrage de la boîte de vitesses lors de sa repose sur le moteur. Desserrer et enlever les vis d'assemblage supérieures entre moteur et boîte de vitesses, en desserrant toutefois au maximum sans l'enlever la vis supérieure la plus à droite qui sera enlevée au dernier moment avant la dépose de la boîte de vitesses : veiller à bien repérer la position de montage de la patte de maintien du faisceau électrique **(voir illustrations)**.

12 Procéder à la dépose de la transmission droite (voir chapitre 8).

13 Déposer la transmission gauche avec le pivot porte-moyeu (voir chapitres 8 et 10). Il n'est pas nécessaire de désaccoupler la transmission du moyeu.

14 Dévisser et déposer les tirants droit et gauche reliant le berceau du train avant et les longerons.

15 Effectuer la dépose du démarreur (voir chapitre 5A).

16 Débrancher les connexions électriques du contacteur de feux de recul et du capteur de vitesse du véhicule.

17 Déposer le tube avant d'échappement (voir chapitre 4A ou 4B).

18 Désaccoupler la tringle de commande des vitesses au niveau du levier de vitesses et de l'axe de sélection sur la boîte de vitesses (voir section 4).

19 Desserrer l'écrou assemblant la boîte de vitesses au bloc-cylindres, à hauteur de

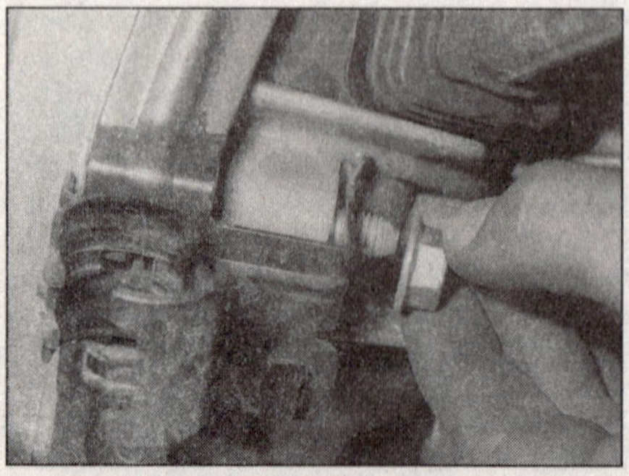

8.11a Dépose de l'écrou d'assemblage inférieur, côté filtre à huile . . .

8.11b . . . et d'une vis d'assemblage supérieure entre moteur et boîte de vitesses : veiller à bien repérer la position de montage de la patte de maintien du faisceau électrique

8.11c Vis d'assemblage supérieures entre moteur et boîte de vitesses

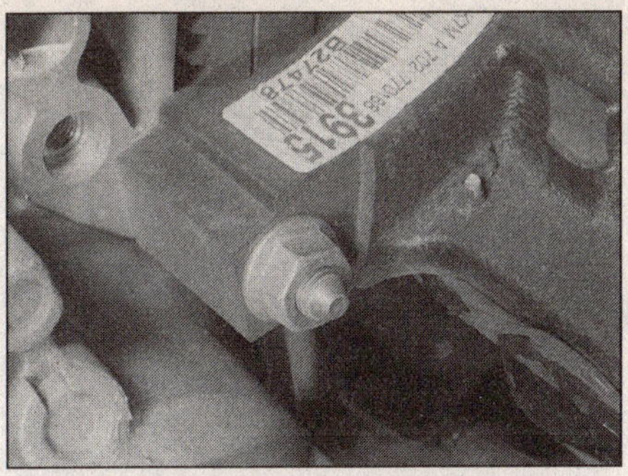

**8.19 Dépose de l'écrou d'assemblage inférieur, côté démarreur, entre moteur et boîte de vitesses**

**8.20 Biellette antibasculement du support AR. du groupe motopropulseur rabattue vers le bas**

l'accouplement de la transmission droite **(voir illustration)**.

**20** Desserrer le boulon de fixation à la partie arrière de la boîte de vitesses puis faire pivoter vers le bas la biellette antibasculement du support arrière du groupe motopropulseur pour l'écarter **(voir illustration)**.

**21** Suivant montage, dévisser et déposer le tirant entre moteur et boîte de vitesses.

**22** Desserrer ses boulons de fixation sur le berceau puis dégager le boîtier de direction assistée et le suspendre au tablier à l'aide d'un morceau de fil de fer, en veillant à ne pas contraindre ses canalisations (voir chapitre 10). En vue d'améliorer l'accès, interposer une cale de bois entre la partie arrière du moteur et le tablier pour pouvoir basculer légèrement le moteur vers l'avant.

**23** Mettre en prise un palan ou une poutre de soutènement appropriée aux pattes de levage pour reprendre le poids du motopropulseur.

**24** Déposer l'ensemble du support gauche avec le silentbloc du groupe motopropulseur (voir chapitre 2A, 2B ou 2C).

**25** Abaisser au maximum le groupe motopropulseur sans contraindre les durits du circuit de refroidissement.

**26** Soutenir le berceau du train avant au moyen d'un cric rouleur avec cale de bois interposée puis desserrer ses vis de fixation ainsi que celles des renforts arrière puis dégager le berceau de la caisse et le descendre au sol.

**27** Soutenir la boîte de vitesses à l'aide d'un cric rouleur puis enlever la dernière vis d'assemblage supérieure restée en place (voir point 11) et en opérant à deux, dégager la boîte de vitesses par le dessous du véhicule. Ne pas laisser le poids de la boîte de vitesses reposer sur son arbre primaire et veiller à maintenir la boîte dans l'axe du moteur jusqu'à ce que l'arbre primaire ait été désengagé de l'embrayage.

### *Repose*

**28** La repose de la boîte de vitesses s'effectue à l'inverse de la dépose, en tenant par ailleurs compte des points suivants :

*a) Vérifier, avant de présenter la boîte de vitesses sur le moteur, que la fourchette de débrayage est convenablement engagée sur la butée : afin de s'assurer que la fourchette reste bien engagée, l'attacher sur le carter d'embrayage*

*b) S'assurer que les douilles de centrage sont correctement en place avant d'installer la boîte de vitesses*

*c) Enduire de graisse haute température, sans exagération afin de ne pas en répandre sur la garniture de friction du disque d'embrayage, les cannelures de l'arbre primaire de la boîte de vitesses*

*d) Pour procéder à la repose du démarreur, s'assurer que sa douille est correctement en place*

*e) S'il y a lieu, fixer la tulipe extérieure du joint homocinétique de la transmission droite sur l'axe du planétaire de différentiel au moyen d'une goupille neuve et étancher ses orifices avec une pâte à joint appropriée (voir chapitre 8)*

*f) Suite à la repose de la boîte de vitesses, vérifier son niveau d'huile comme indiqué au chapitre 1A ou 1B*

*g) Respecter les couples de serrage prescrits, en particulier pour les vis et écrous d'assemblage de la boîte de vitesses au moteur*

## 9 Démontage et remise en état de la boîte de vitesses - généralités

Le démontage et la remise en état d'une boîte de vitesses sont des interventions difficiles à réaliser pour un non-professionnel. Elles impliquent non seulement le démontage et le réassemblage de pièces de petites dimensions, mais également le contrôle précis du jeu de certains éléments qui peut subir au besoin un réglage en choisissant des cales et des entretoises appropriées. Les organes internes de la boîte de vitesses sont souvent difficiles à obtenir en pièces de rechange et sont dans bien des cas d'un coût dissuasif. Pour toutes ces raisons, si un dysfonctionnement de la boîte de vitesses vient à être constaté ou si celle-ci est anormalement bruyante, la décision la plus sage est de faire réviser la boîte par un spécialiste ou de monter une boîte de vitesses complète en échange standard.

Il ne s'avère cependant pas impossible pour un mécanicien plus expérimenté de démonter la boîte de vitesses dans la mesure où il dispose de l'outillage indispensable et qu'il procède suivant un ordre logique de façon à ne rien négliger.

L'outillage nécessaire comprend des pinces à circlips internes et externes, des extracteurs de roulements, une masse à coulisse, un jeu de chasse-goupilles, un comparateur micrométrique et dans la mesure du possible, une presse hydraulique. Prévoir par ailleurs un établi solide ainsi qu'un étau.

Au cours des opérations de désassemblage, bien repérer l'emplacement et la position de montage de chaque pièce de la boîte et prendre si nécessaire des notes afin de faciliter le réassemblage.

Avant de procéder au démontage de la boîte de vitesses, il sera utile de savoir d'où provient le défaut de fonctionnement ayant conduit à la décision de la désassembler. Certains problèmes peuvent être localisés dans un endroit spécifique de la boîte, auquel cas l'examen et le remplacement éventuel des pièces pourront s'en trouver facilités (voir section « *Diagnostic* » à la partie « *Références* » en fin de manuel).

# Chapitre 7 Partie B :
# Boîte de vitesses automatique

## Sommaire



## Niveaux de difficulté

| | | | | |
|---|---|---|---|---|
| **Facile,** pour les profanes de la mécanique | **Assez facile,** pour les débutants plus avisés | **Assez difficile,** pour les amateurs compétents | **Difficile,** pour les amateurs plus expérimentés | **Très difficile,** pour les initiés et les professionnels |

## Caractéristiques

### Rapports de démultiplication

| | |
|---|---|
| 1re | 2,73 à 1 |
| 2e | 1,5 à 1 |
| 3e | 1 à 1 |
| 4e | 0,71 à 1 |
| M. AR | 2,46 à 1 |
| Couple réducteur | 3,04 à 1 |

### Couples de serrage

| | daN.m |
|---|---|
| Bouchon de vidange | 2,5 |
| Bouchon de niveau de fluide | Voir chapitre 1A |
| Ecrous de disque d'entraînement sur convertisseur | 3 |
| Goujons et vis d'assemblage moteur-boîte de vitesses | 4,5 |
| Fixations de supports du groupe motopropulseur | Voir chapitre 2B |
| Vis de refroidisseur de fluide | 5 |
| Vis de plaquette de fixation de connecteur modulaire | 2 |
| Vis de fixation de contacteur multifonction | 1 |
| Vis de roues | Voir chapitre 1A |

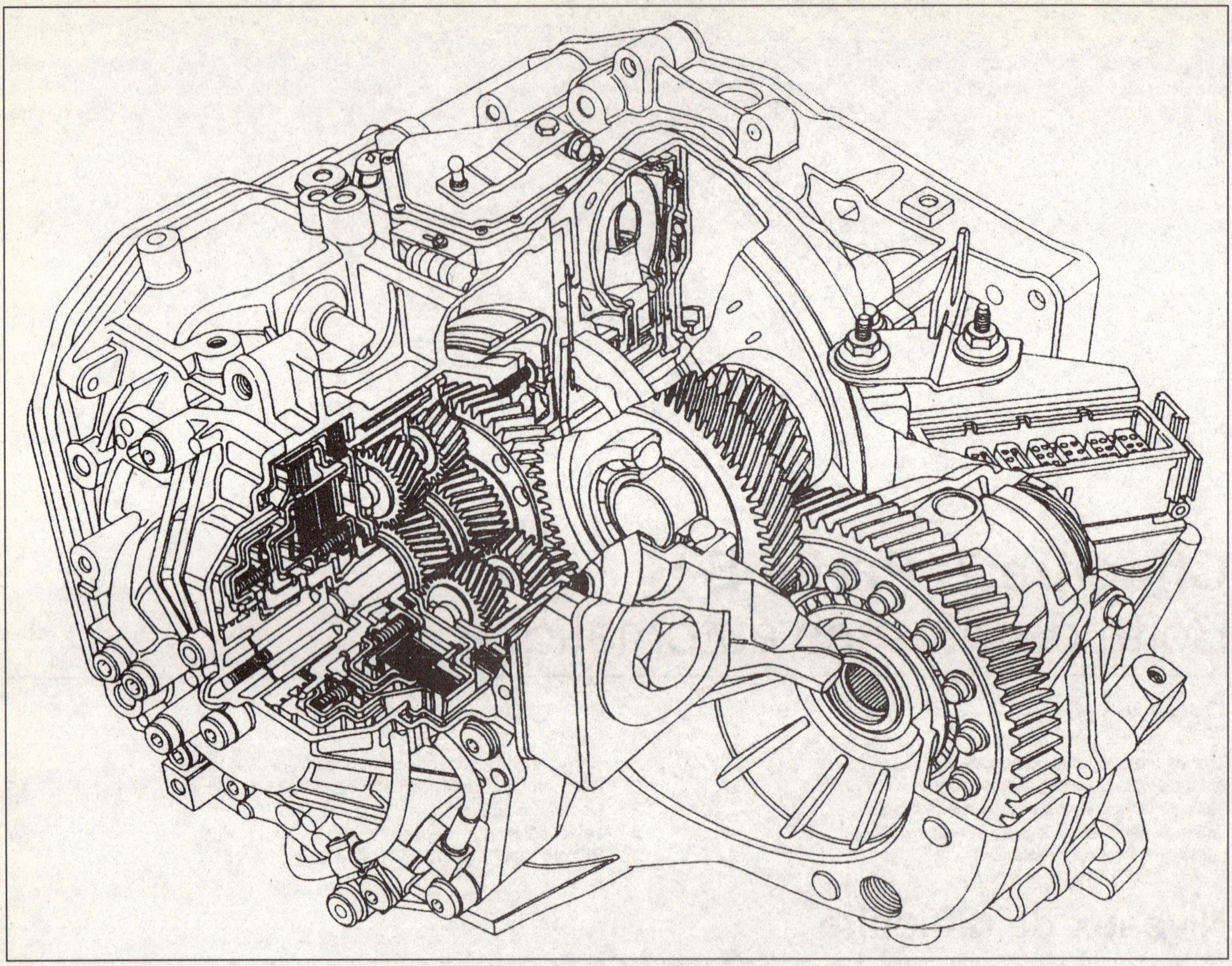

**1.1 Ecorché de la boîte de vitesses automatique**

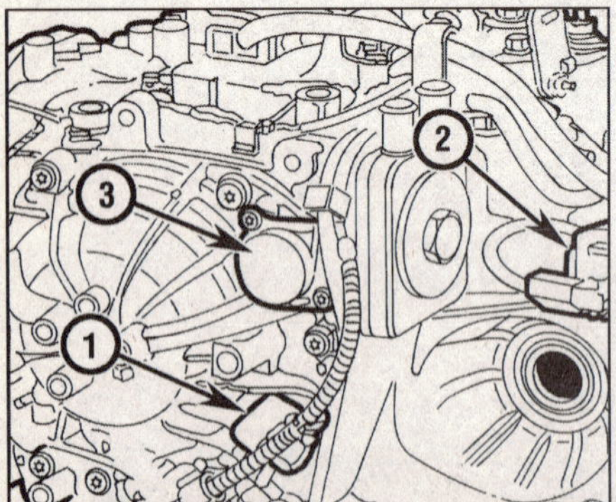


**1.2 Implantation des capteurs sur la boîte de vitesses**

1 *Capteur de régime d'entrée*
2 *Capteur de régime de sortie*
3 *Electrovanne de régulation de débit de refroidisseur de fluide*
4 *Capteur de pression de ligne*

## 1 Description générale

Les versions à moteurs K7M 745 et K4J 713 sont équipées d'une boîte de vitesses automatique de type DP0 002 à quatre rapports, gérée électroniquement - la boîte « Proactive » **(voir illustration)**.

La boîte de vitesses comprend un convertisseur de couple, un train épicycloïdal, des embrayages et des freins à commande hydraulique et un calculateur électronique. Elle dispose des équipements suivants pour son pilotage par le calculateur : capteur de régime d'entrée, capteur de régime de sortie, électrovanne de régulation du débit du refroidisseur de fluide et capteur de pression de ligne **(voir illustration)**.

Le convertisseur de couple constitue un accouplement hydraulique entre le moteur et la boîte de vitesses, qui agit en tant qu'embrayage automatique et fait varier la démultiplication du couple moteur lors des accélérations. Le convertisseur de couple assure une fonction de verrouillage par laquelle le moteur et la boîte de vitesses peuvent être accouplés directement par l'intermédiaire d'un « mini-embrayage » interne. Cette fonction est pilotée par le calculateur électronique en fonction des conditions de fonctionnement du véhicule.

Le train épicycloïdal assure les rapports de marche avant et de marche arrière en fonction de la condition de ses éléments qui sont soit maintenus stationnaires ou bien admis à tourner. Les éléments du train épicycloïdal sont bloqués ou libérés par des freins et des embrayages commandés par un distributeur hydraulique suivant les signaux émanant du calculateur électronique. Une pompe à huile intégrée à la boîte de vitesses fournit l'huile sous pression nécessaire pour actionner les freins et les embrayages.

Les impulsions émanant des différents contacteurs et capteurs reliés au régulateur de la boîte de vitesses et au mécanisme de sélection sont dirigées vers le calculateur électronique qui détermine le rapport à passer à partir des informations reçues. Le calculateur active des électrovannes qui à leur tour ouvrent ou obturent des canaux de passage d'huile dans le distributeur hydraulique, ce qui amène les embrayages et les freins à bloquer ou libérer les différents éléments du train épicycloïdal et assure le rapport de démultiplication adéquat compte tenu du régime du moteur ou de la charge s'exerçant sur lui. Les paramètres en provenance du calculateur peuvent être annulés en faisant usage du levier sélecteur et un rapport de vitesse particulier peut être maintenu au besoin, quel que soit le régime du moteur. Une fonction de verrouillage interdit le passage d'un rapport à partir de la position « P » du levier sélecteur tant que la pédale de frein n'est pas actionnée.

Le fluide de boîte de vitesses automatique est refroidi par un échangeur thermique (refroidisseur de fluide) situé sur le haut de son carter. Le liquide du circuit de refroidissement du moteur circule par l'échangeur.

Le calculateur électronique de la boîte de vitesses est pourvu d'une fonction de surveillance de ses périphériques par laquelle il conserve en mémoire les anomalies de fonctionnement éventuelles. Le calculateur peut déclencher une procédure d'urgence permettant à la boîte de vitesses de continuer à fonctionner, mais en mode dégradé. Compte tenu de la complexité de la boîte de vitesses automatique, sa réparation et son démontage sont à confier à un atelier du réseau Renault disposant de l'équipement nécessaire (« coffret XR25 ») pour le diagnostic des défauts de fonctionnement et la réparation. Les interventions décrites ci-dessous se limitent en conséquence à la dépose et à la repose de la boîte de vitesses ainsi qu'à certaines opérations spécifiques pouvant être accomplies par les non-professionnels.

## 2 Boîte de vitesses - vidange et remplissage

**Nota :** *La boîte de vitesses est lubrifiée à vie et n'exige aucune vidange périodique. Elle peut toutefois être vidangée en cas de nécessité, par exemple pour effectuer une réparation. Le remplissage et la vérification du niveau de fluide de boîte de vitesses automatique sont des opérations particulièrement fastidieuses qu'il est conseillé de confier à un atelier du réseau Renault. Elles nécessitent en effet un appareil spécifique au constructeur (coffret « XR25 ») permettant de déterminer la température du fluide. La méthode est toutefois décrite ci-dessous pour ceux qui auraient cet appareil à leur disposition.*

### Vidange

**1** Effectuer un court trajet sur route pour amener la boîte de vitesses à sa température normale de fonctionnement.

**2** Se garer sur une aire plane puis couper le contact et serrer le frein à main. Lever l'avant de la voiture au cric et le poser sur chandelles (voir *« Levage et soutien du véhicule »*). Il est à noter que la voiture doit impérativement rester sur un plan horizontal pour ne pas fausser le relevé du niveau de fluide de la boîte de vitesses.

**3** Desserrer ses vis de fixation et déposer le carénage de protection éventuellement prévu sous le moteur.

**4** Disposer une bassine de contenance suffisante en dessous de la boîte de vitesses. Dévisser et enlever le bouchon de vidange sur le carter inférieur de la boîte de vitesses et laisser le fluide s'écouler dans la bassine. A signaler que les bouchons de vidange et de niveau sont regroupés : celui de vidange est le plus grand des deux bouchons six pans creux formant le bloc de vidange-contrôle de niveau (voir l'illustrations 25.13 et 25.16a à la section 25 du chapitre 1A.

***Danger : Prendre garde de ne pas se brûler au contact du fluide qui peut être chaud***

**5** Le fluide ne gouttant plus, essuyer avec un chiffon propre ou de l'essuie-tout le filetage du bouchon et celui de l'orifice de vidange sur le carter inférieur de la boîte de vitesses. Munir le bouchon d'une rondelle d'étanchéité neuve et le remonter en le serrant au couple prescrit.

### Remplissage

**6** Déposer, suivant le cas, le manchon de liaison entre filtre à air et boîtier de papillon ou le silencieux du boîtier de filtre à air avec le conduit d'admission (voir chapitre 4A) puis dévisser le bouchon de remplissage à la partie supérieure de la boîte de vitesses. Incorporer 3,5 litres de fluide répondant à la norme préconisée par l'orifice de remplissage en utilisant un entonnoir muni d'un filtre de façon à éviter l'admission d'impuretés puis reposer le bouchon.

**7** Rétablir le niveau de fluide, comme indiqué à la section 25 du chapitre 1A.

## 3 Câble de sélection - réglage

**1** Amener le levier sélecteur dans l'habitacle à la position « N ».

**2** Désaccoupler l'embout du câble de sélection du levier de contacteur multifonction en haut de la boîte de vitesses. Afin de garantir un meilleur accès, déposer, suivant le cas, le manchon de liaison entre filtre à air et boîtier de papillon ou le silencieux du boîtier de filtre à air avec le conduit d'admission (voir chapitre 4A).

**3** Vérifier que le contacteur multifonction se trouve bien en position « N », sinon l'amener à cette position.

**4** Appuyer sur la languette latérale de l'embout du câble pour la déverrouiller et la maintenir dans cette position.

**5** Réaccoupler l'embout du câble au levier du contacteur multifonction puis relâcher la languette latérale pour verrouiller le câble. Procéder à la repose du manchon de liaison entre filtre à air et boîtier de papillon ou du silencieux du boîtier de filtre à air avec le conduit d'admission, comme indiqué au chapitre 4A.

**6** Vérifier que le levier sélecteur peut être déplacé librement et que le moteur ne se trouve entraîné par le démarreur que lorsque le levier se trouve à la position « P » ou « N ». Contrôler également le bon fonctionnement du verrouillage des roues motrices par la transmission au stationnement.

## 4 Levier sélecteur - dépose et repose

### Dépose

**1** Serrer le frein à main puis lever l'avant de la voiture au cric et le poser sur chandelles (voir *« Levage et soutien du véhicule »*).

**2** Débrancher le câble de masse (-) de la batterie (voir *« Débranchement de la batterie »* à la partie *« Références »* en fin de manuel).

**3** Déposer la console centrale (voir chapitre 11).

**4** Débrancher les connexions électriques au niveau du levier sélecteur. Il existe deux connecteurs : l'un côté droit et l'autre à l'avant du levier **(voir illustration).**

**5** Décrocher le tube avant d'échappement de son support puis dévisser et déposer l'écran thermique du pot catalytique sous le véhicule, au niveau du levier sélecteur.

**6** Déposer la plaque de fermeture puis desserrer et enlever les quatre écrous de fixation du boîtier de levier sélecteur sur le plancher, et récupérer les entretoises.

**7** Désaccoupler l'embout du câble de sélection de la rotule en bas du levier sélecteur puis extraire l'épingle de retenue de la butée de gaine et écarter le câble. Dégager l'ensemble du levier sélecteur du dessous de la voiture **(voir illustrations).**

**8** La poignée du levier sélecteur peut ensuite être déposée. Pour cela, desserrer sa vis de fixation et la pousser vers le haut pour avoir accès aux deux fils électriques. Bien repérer la position de raccordement des fils et débrancher leur fiche au niveau du connecteur pour pouvoir déposer la

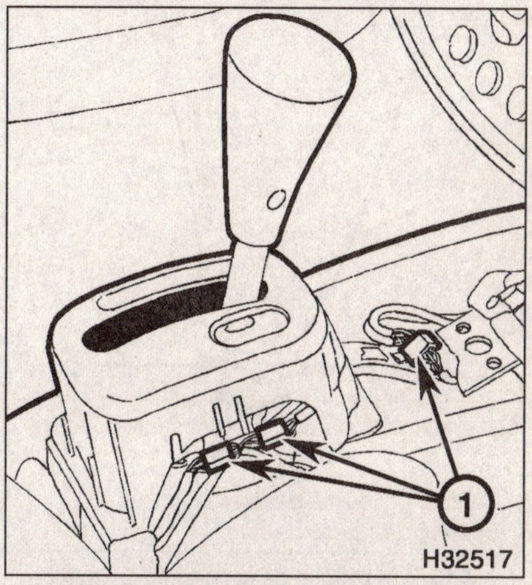


**4.4 Connexions électriques (1) du levier sélecteur**

7B

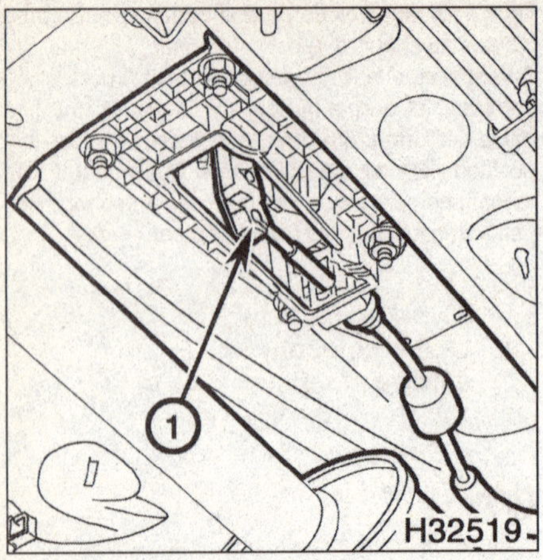


**4.7a Embout de câble de sélection (1) raccordé à la rotule en bas du levier sélecteur**

poignée séparément. La position de raccordement des fils aux voies du connecteur, en fonction de leur couleur, est la suivante :

| Voie | Couleur de fil |
|---|---|
| A1 | Noir |
| A2 | Noir |
| B1 | Blanc |
| B2 | Marron clair |

**9** Examiner le levier sélecteur pour s'assurer qu'il ne présente pas de signes d'usure et de détérioration : le changer au besoin.

### Repose

**10** La repose s'effectue à l'inverse de la dépose, en observant par ailleurs les points suivants :

a) *Avant de procéder à la repose, lubrifier les surfaces de contact du levier sélecteur à la graisse universelle*

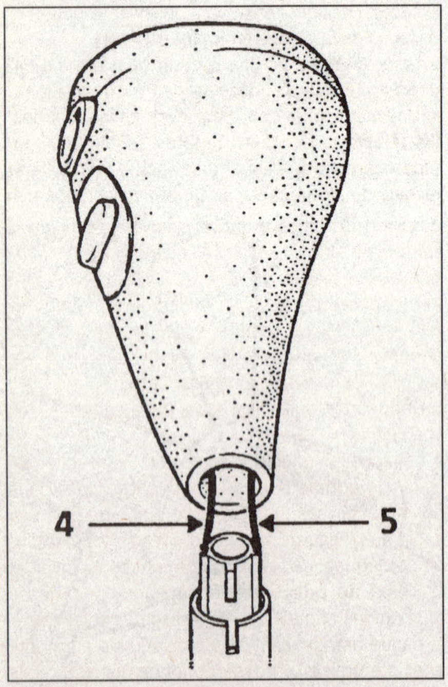


**4.10 A la repose de la poignée du levier sélecteur, faire passer correctement les fils du contacteur (4 et 5) par les guides du tube**

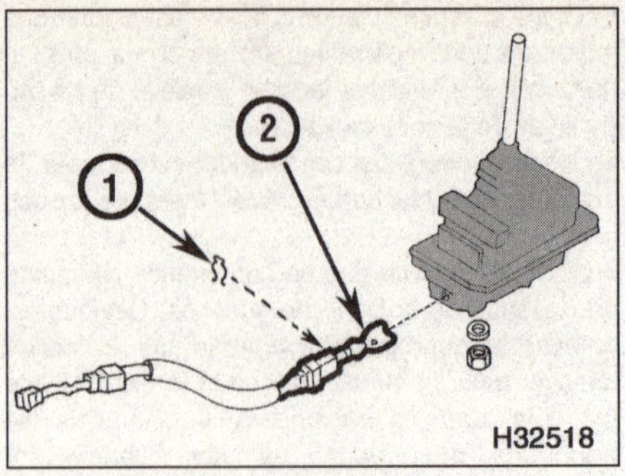


**4.7b Epingle de retenue de butée de gaine (1) et embout de câble de sélection (2)**

b) *Si la poignée du levier sélecteur a été déposée, faire passer correctement les fils électriques dans les guides sur le tube du levier en veillant à ne pas les entrecroiser **(voir illustration)**. Emmancher la poignée sur le levier et bien serrer sa vis de fixation. Raccorder ensuite les fiches des fils électriques au connecteur*

c) *Au terme de ces opérations, vérifier le fonctionnement du levier sélecteur et s'il y a lieu, régler le câble de sélection comme décrit en section précédente*

## 5 Câble de sélection - dépose et repose

### Dépose

**1** Procéder à la dépose du levier sélecteur (voir section précédente).

**2** Déposer, suivant le cas, le manchon de liaison entre filtre à air et boîtier de papillon ou le silencieux du boîtier de filtre à air avec le conduit d'admission (voir chapitre 4A).

**3** Désaccoupler l'embout du câble de sélection du levier de contacteur multifonction en haut de la boîte de vitesses puis libérer la butée de gaine du câble au niveau de la patte d'arrêt en tournant les deux bagues de verrouillage en sens inverse. Veiller à **ne pas** entraîner la bague orange en tournant les bagues de verrouillage. A noter que si la bague orange vient à se casser, cela aura pour effet d'entraîner un dysfonctionnement du câble qui devra être remplacé.

**4** Libérer le câble de sélection des brides et colliers de maintien puis le dégager par le dessous de la voiture.

**5** Examiner le câble, au niveau de ses embouts qui ne doivent pas être usés et de sa gaine qui ne doit pas être abîmée. Vérifier également que le câble n'est pas effiloché. Contrôler le mouvement du câble : il doit coulisser librement et aisément dans sa gaine. Remplacer le câble en cas de défectuosité de sa butée de réglage.

### Repose

**6** La repose a lieu à l'inverse de la dépose, en effectuant ensuite le réglage du câble comme indiqué en section 3.

## 6 Bagues d'étanchéité - remplacement

### Bagues d'étanchéité de différentiel

**1** Débrancher le câble de masse (-) de la batterie (voir « *Débranchement de la batterie* » à la partie « *Références* » en fin de manuel).

**2** Serrer le frein à main puis lever l'avant de la voiture au cric et le poser sur chandelles (voir « *Levage et soutien du véhicule* »). Déposer la roue avant du côté intervention.

**3** Vidanger la boîte de vitesses (voir section 2).

**4** Désaccoupler la transmission en sortie de boîte de vitesses, du côté concerné (voir chapitre 8). A noter qu'il n'est pas nécessaire de désaccoupler la transmission sur le côté roue : elle peut être dégagée en basculant le pivot porte-moyeu vers l'extérieur. **Nota :** *Ne pas laisser la transmission pendre vers le bas sous l'effet de son propre poids, ce qui risquerait de détériorer les joints homocinétiques et les soufflets.*

**5** Mesurer le retrait de la bague d'étanchéité par rapport au bord du carter puis l'extraire à l'aide d'un tournevis à lame plate. Veiller à ne pas laisser tomber la bague et son ressort intérieur dans la boîte de vitesses.

**6** Nettoyer le logement dans le carter puis lubrifier la lèvre de la bague d'étanchéité neuve à l'huile moteur et la monter en veillant à disposer sa lèvre côté intérieur. Enfoncer la bague dans le carter en faisant attention de ne pas la présenter de travers, jusqu'à la profondeur notée à la dépose de celle d'origine. Au besoin, la frapper par l'intermédiaire d'un poussoir tubulaire, genre douille, portant uniquement sur son rebord extérieur dur, pour l'emmancher.

**7** Réaccoupler la transmission en sortie de boîte de vitesses comme décrit au chapitre 8.

**8** Effectuer le remplissage de la boîte de vitesses en se reportant à la section 2 pour cette opération.

**9** Reposer la roue puis descendre la voiture au sol et serrer la vis de la roue au couple prescrit.

**10** Rebrancher le câble de masse de la batterie.

### Convertisseur de couple

**11** Déposer la boîte de vitesses (voir section 9).

**12** Enlever la bride de maintien et dégager avec précaution le convertisseur de couple de l'arbre de sortie de boîte de vitesses. Prévoir un écoulement de fluide à la dépose du convertisseur et prendre les dispositions qui s'imposent pour le récupérer.

**13** Extraire avec précaution au moyen d'un tournevis à lame plate la bague d'étanchéité au centre du convertisseur, en faisant attention de ne pas marquer la bague-palier.

**14** Monter la bague d'étanchéité neuve en veillant à disposer sa lèvre vers l'intérieur et à ne pas la présenter de travers.

**15** Lubrifier la lèvre de la bague d'étanchéité avec du fluide de boîte de vitesses propre et installer avec précaution le convertisseur sur l'arbre de sortie.

**16** Vérifier que le convertisseur est bien engagé sur les cannelures de l'arbre de sortie puis procéder à la repose de la boîte de vitesses comme indiqué en section 9.

## 7 Refroidisseur de fluide - dépose et repose

### Dépose

**1** Le refroidisseur de fluide (échangeur thermique eau-fluide) est monté à l'arrière gauche de la boîte de vitesses **(voir illustration)**. Pour y accéder, déposer le boîtier de filtre (voir chapitre 4A).

**2** En vue de limiter les pertes de liquide de refroidissement, poser des pinces sur les durits de chaque côté du refroidisseur. En alternative, vidanger le circuit de refroidissement (voir chapitre 1A).

**3** Desserrer leur collier et débrancher les durits raccordées au refroidisseur de fluide. Prévoir un écoulement de liquide de refroidissement et rincer immédiatement à l'eau froide toute éclaboussure de liquide, en laissant bien sécher les zones environnantes avant de poursuivre les opérations.

**4** Desserrer et enlever sa vis de fixation puis dégager le refroidisseur de fluide de la boîte de vitesses. Prévoir un léger écoulement de fluide : entourer le refroidisseur de chiffons pour éponger le fluide. Veiller à ce que des impuretés ne puissent à aucun moment être admises dans le circuit hydraulique.

**5** Récupérer le joint sur la vis de fixation ainsi que les deux joints intercalés entre le refroidisseur et la boîte de vitesses. Mettre tous les joints au rebut : ils sont à remplacer systématiquement à chaque dépose.

### Repose

**6** Lubrifier les joints neufs avec du fluide de boîte de vitesses propre puis les monter sur le corps du refroidisseur et la vis de fixation.

**7** Installer le refroidisseur sur la boîte de vitesses en veillant à ne pas faire bouger les joints puis serrer sa vis de fixation au couple prescrit.

**8** Rebrancher les durits de liquide de refroidissement en serrant bien leur collier puis enlever éventuellement les pinces sur les durits.

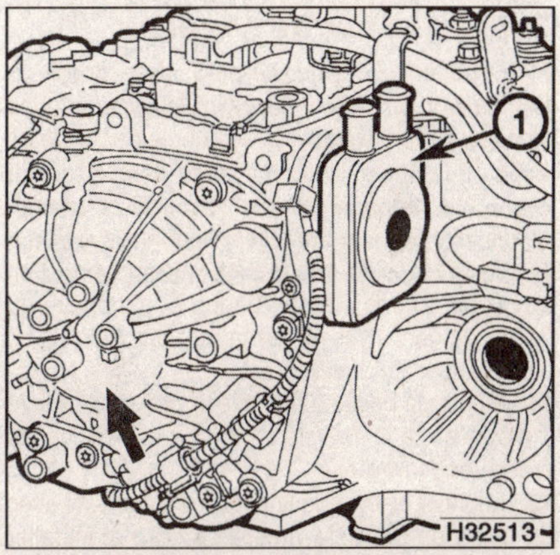


**7.1 Refroidisseur de fluide (1) de boîte de vitesses**

*Flèche indiquant le repère d'identification*

**9** Procéder à la repose du boîtier de filtre à air comme décrit au chapitre 4A.

**10** Suivant le cas, rétablir le niveau de liquide de refroidissement, comme indiqué à la rubrique « *Contrôles hebdomadaires* » au début du manuel ou effectuer le remplissage et la purge du circuit de refroidissement, comme décrit au chapitre 1A, puis vérifier le niveau de fluide de boîte de vitesses en se reportant à la section 25 du chapitre 1A pour cette opération.

## 8 Contacteur multifonction - dépose, repose et réglage

### Dépose

**1** Débrancher le câble de masse (-) de la batterie (voir « *Débranchement de la batterie* » à la partie « *Références* » en fin de manuel).

**2** Le contacteur multifonction a pour rôle d'informer le calculateur électronique de la position occupée par le levier sélecteur afin d'empêcher le démarrage du moteur lorsqu'un rapport est engagé. Il assure également la commande des feux de recul. Il est implanté en haut de la boîte de vitesses, en dessous du filtre à air.

**3** Amener le levier sélecteur à la position « D ».

**4** Pour avoir accès au contacteur multifonction, déposer suivant le cas le manchon de liaison entre filtre à air et boîtier de papillon ou le silencieux du boîtier de filtre à air avec le conduit d'admission (voir chapitre 4A).

**5** Ecarter la languette d'arrêt pour débrancher le connecteur modulaire du faisceau électrique de boîte de vitesses.

**6** Désaccoupler l'embout du câble de sélection du levier de contacteur multifonction.

Déposer le levier puis desserrer les deux vis de fixation du contacteur multifonction.

**8** Desserrer ses trois vis et déposer la plaquette de fixation du connecteur modulaire en haut de la boîte de vitesses **(voir illustration)**.

**9** Suivre le cheminement du câblage électrique du contacteur jusqu'au connecteur modulaire et débrancher la fiche (de couleur verte) au niveau du connecteur 12 voies. Déposer ensuite le contacteur.

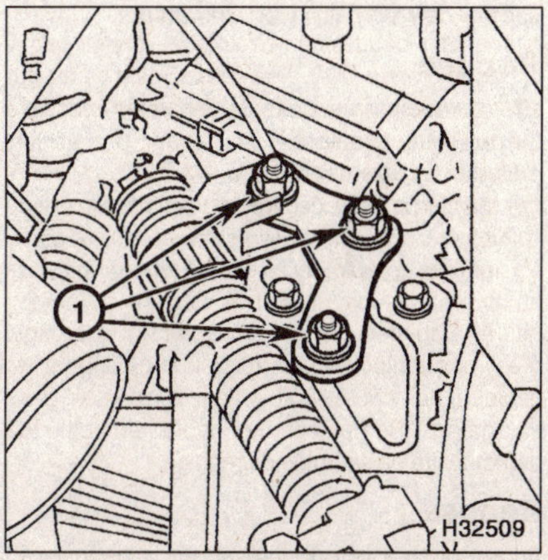


**8.8 Vis (1) de plaquette de fixation de connecteur modulaire**

### Repose et réglage

**10** Rebrancher la fiche du contacteur au connecteur modulaire puis reposer la plaquette de fixation du connecteur en serrant ses vis au couple préconisé.

**11** Installer le contacteur multifonction sur la boîte de vitesses puis remonter les deux vis de fixation sans les bloquer à ce stade.

**12** Réaccoupler le câble de sélection au levier du contacteur multifonction.

**13** Le levier sélecteur et le contacteur multifonction se trouvant en position « N », relier un ohmmètre aux deux bornes de contrôle sur le côté du contacteur.

**14** Tourner le boîtier du contacteur de façon à ce que les contacts internes se ferment et qu'une résistance nulle soit affichée par l'ohmmètre. Maintenir le contacteur dans cette position et serrer ses deux vis de fixation au couple prescrit.

**15** Procéder à la repose du manchon de liaison de filtre à air ou du silencieux du boîtier de filtre à air avec le conduit d'admission (voir chapitre 4A), puis rebrancher la batterie.

**16** Vérifier que le démarrage du moteur n'est possible que lorsque le levier sélecteur se trouve en position « P » ou « N ».

## 9 Boîte de vitesses - dépose et repose

**Nota :** *Le remplacement de la boîte de vitesses et ou/du convertisseur de couple, implique la remise à zéro des lois « auto-adaptatives » du calculateur électronique à l'aide de l'appareil prévu à cet effet (coffret « XR25 »). Il s'agit d'une intervention à confier aux services techniques d'un concessionnaire de la marque.*

### Dépose

**1** Déposer la batterie (voir chapitre 5A) puis dévisser et dégager son support

**2** Serrer le frein à main puis lever l'avant de la voiture au cric et le poser sur chandelles (voir « *Levage et soutien du véhicule* »). Dans le cas où il existe, desserrer ses vis de fixation et dégager le carénage de protection sous le moteur puis déposer les deux roues avant ainsi que les coquilles pare-boue des passages de roues.



**3** Déposer le boîtier de filtre à air complet (voir chapitre 4A).

**4** Désaccoupler l'embout du câble de sélection du levier de contacteur multifonction en haut de la boîte de vitesses puis libérer la butée de gaine du câble au niveau de la patte d'arrêt en tournant les deux bagues de verrouillage en sens inverse. Veiller à **ne pas** entraîner la bague orange en tournant les bagues de verrouillage. A noter que si la bague orange vient à se casser, cela aura pour effet d'entraîner un dysfonctionnement du câble qui devra être remplacé.

**5** Ecarter la languette d'arrêt pour débrancher le connecteur modulaire du faisceau électrique de

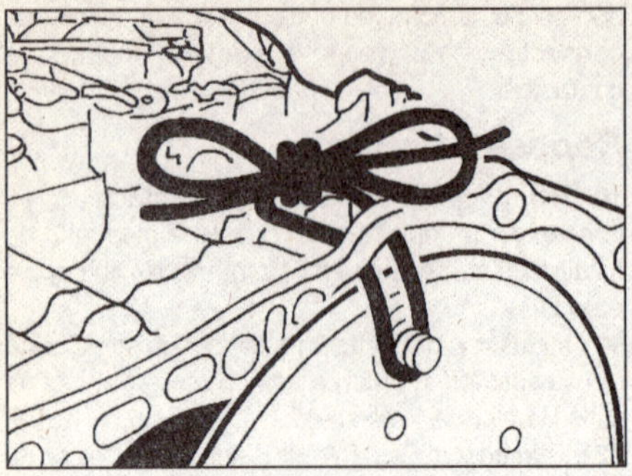

**9.26 Convertisseur de couple attaché au carter de boîte de vitesses avec une ficelle**

boîte de vitesses. Entourer le connecteur d'un sac en plastique imperméable afin de le protéger de la poussière et d'humidité.

**6** Desserrer les vis de fixation et dégager le support du faisceau électrique du moteur.

**7** Dévisser et dégager le capteur de vilebrequin en haut du carter de la boîte de vitesses et l'écarter sur le côté.

**8** Poser des pinces sur les durits raccordées au refroidisseur de fluide ou en alternative, vidanger le circuit de refroidissement (voir chapitre 1A). Desserrer leur collier et débrancher les durits du refroidisseur.

**9** Débrancher la fiche de connexion électrique de la sonde lambda.

**10** Procéder à la dépose des deux transmissions (voir chapitre 8).

**11** Desserrer ses boulons de fixation sur le berceau puis dégager le boîtier de direction assistée et le suspendre au tablier à l'aide d'un morceau de fil de fer, en veillant à ne pas contraindre ses canalisations (voir chapitre 10).

**12** Débrancher les connexions électriques des capteurs de régimes d'entrée et de sortie au niveau de la boîte de vitesses.

**13** Déposer le démarreur (voir chapitre 5A).

**14** Desserrer sa vis de fixation et débrancher la tresse de masse de la boîte de vitesses.

**15** Déposer la biellette antibasculement du support arrière du groupe motopropulseur (voir chapitre 2B).

**16** Déposer l'ensemble tube avant d'échappement et pot catalytique (voir chapitre 4A).

**17** Effectuer le soutien du berceau du train avant au moyen d'un ou de plusieurs crics rouleurs.

**18** Mettre en prise un palan ou une poutre de soutènement aux pattes de levage pour rependre le poids du groupe motopropulseur par le dessus.

**19** Soutenir le radiateur en l'attachant à la traverse supérieure avant du compartiment moteur puis desserrer ses vis de fixation et abaisser le berceau du train avant pour le poser sur sol.

**20** Desserrer et enlever les trois écrous assemblant le convertisseur couple à son disque d'entraînement. Les écrous sont accessibles par l'ouverture dans le carter. Desserrer le premier écrou visible puis à l'aide d'une clé à douille avec rallonge articulée, tourner le vilebrequin au niveau de la vis de fixation de sa poulie pour exposer au fur et à mesure les deux autres écrous d'assemblage. **Nota :** *Les écrous sont à changer systématiquement à chaque démontage.* Le cas échéant, dévisser et dégager la tôle de fermeture en dessous de la boîte de vitesses.

**21** Soutenir la boîte de vitesses du dessous au moyen d'un cric rouleur, en utilisant de préférence un chariot support.

**22** Dévisser et déposer l'ensemble support-silentbloc gauche du groupe motopropulseur.

**23** Incliner le groupe motopropulseur le plus possible vers le bas, en prenant garde de ne pas endommager le compresseur de climatisation (suivant équipement).

**24** Le groupe motopropulseur étant bien soutenu du dessous, desserrer et enlever les vis et goujons supérieurs et inférieurs assemblant la boîte de vitesses au moteur. Veiller à bien repérer la position de toute patte de maintien retenue par les goujons et les vis en vue du remontage. Effectuer une ultime vérification pour s'assurer que tous les éléments attenants ont bien été débranchés ou dégagés de façon à ne pas entraver la dépose de la boîte de vitesses.

**25** Les vis et les goujons d'assemblage une fois enlevés, vérifier que le convertisseur de couple est bien repoussé à fond puis manœuvrer le cric rouleur vers la gauche pour libérer la boîte de vitesses des douilles de centrage.

**26** Descendre ensuite la boîte de vitesses au moyen du cric rouleur et la dégager du dessous de la voiture. Récupérer les douilles de centrage sur le moteur ou le carter de boîte de vitesses si elles ont été délogées et les ranger en lieu sûr. Afin d'éviter que le convertisseur de couple ne se déboîte, le bloquer en vissant un morceau d'acier plat qui servira de bride de maintien dans l'un des trous du carter ou l'attacher au carter par l'un de ses goujons avec une ficelle passée par le logement du capteur de vilebrequin **(voir illustration)**.

### *Repose*

**27** La repose de la boîte de vitesses s'effectue à l'inverse de la dépose, en tenant par ailleurs compte des points suivants :

*a) Enlever la bride de maintien ou la ficelle et s'assurer que le convertisseur de couple est bien repoussé à fond vers la boîte de vitesses puis enduire légèrement le centreur du convertisseur de graisse haute température au bisulfure de molybdène (genre « Molykote BR2 » préconisé par le constructeur)*

*b) S'assurer que les douilles de centrage sont correctement en place avant de procéder à la repose de la boîte de vitesses et nettoyer les goujons des écrous d'assemblage entre convertisseur de couple et disque d'entraînement*

*c) Faire coïncider les goujons du convertisseur avec les trous correspondants sur le disque d'entraînement en présentant la boîte de vitesses sur le moteur. Déposer quelques gouttes de produit-frein, genre « Loctite Frenbloc » préconisé par le constructeur, sur le filetage des écrous d'assemblage neufs et les serrer au couple préconisé*

*d) Serrer les goujons et les vis d'assemblage entre moteur et boîte de vitesses au couple prescrit. Serrer également les fixations des supports arrière et gauche du groupe motopropulseur aux couples préconisés*

*e) Se reporter au chapitre 8 pour effectuer la repose des transmissions*

*f) Reposer le câble de sélection et effectuer son réglage en se reportant respectivement aux sections 5 et 3*

*g) Au terme de ces opérations, rétablir le niveau de fluide de boîte de vitesses, ou bien effectuer le plein de la boîte, comme indiqué en section 2*

## 10 Démontage et remise en état de la boîte de vitesses - généralités

En cas de dysfonctionnement de la boîte de vitesses, il conviendra tout d'abord de déterminer s'il est de nature électrique, mécanique ou hydraulique avant de pouvoir entreprendre une réparation. Le diagnostic des anomalies exige non seulement une bonne connaissance du fonctionnement et de la construction des boîtes de vitesses automatiques mais également le recours à un équipement de contrôle spécifique (coffret « X25 »). Il est en conséquence impératif de s'adresser aux services techniques d'un concessionnaire Renault pour tout problème rencontré dans le fonctionnement de la boîte de vitesses automatique.

Ne pas déposer la boîte de vitesses pour une éventuelle réparation avant d'avoir fait établir un diagnostic professionnel du fait que la plupart des contrôles s'accomplissent avec la boîte de vitesses en place.

# Chapitre 8
# Transmissions

## Sommaire



## Niveaux de difficulté

| | | | | |
|---|---|---|---|---|
| **Facile,** pour les profanes de la mécanique | **Assez facile,** pour les débutants plus avisés | **Assez difficile,** pour les amateurs compétents | **Difficile,** pour les amateurs plus expérimentés | **Très difficile,** pour les initiés et les professionnels |

## Caractéristiques

### Lubrification (remise en état uniquement)

| | |
|---|---|
| Graisse préconisée | Utiliser exclusivement la graisse fournie en doses avec les nécessaires de réparation de soufflets : joint homocinétiques autrement garnis de graisse et scellés |

### Couples de serrage

| | **daN.m** |
|---|---|
| Ecrous de transmissions : * | |
| Type « Nylstop » | 25 |
| Type « Enko » avec rondelle intégrée | 28 |
| Vis de fixation de soufflet intérieur de transmission G. - BV. manuelle | 2,5 |
| Ecrous de boulons de bridage de pieds de jambes sur pivots | Voir chapitre 10 |
| Ecrous de fixation de rotules de biellettes de direction | Voir chapitre 10 |
| Vis de fixation de supports d'étriers de freins AV. | Voir chapitre 9 |
| Vis de roues | Voir chapitre 1A ou 1B |

** Ecrous à changer systématiquement à chaque démontage.*

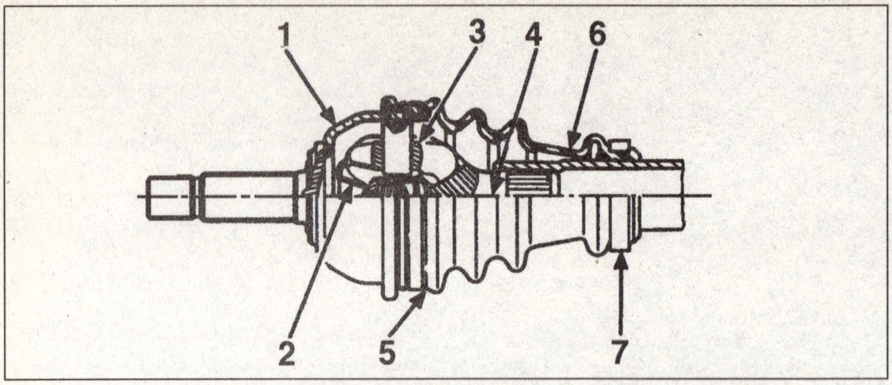


**1.2 Joint homocinétique extérieur de transmission à tripode coulissant**

*1 Tulipe extérieure*
*2 Etoile de retenue*
*3 Tripode*
*4 Arbre de transmission*
*5 Collier extérieur*
*6 Soufflet thermoplastique*
*7 Collier intérieur*

## 1 Description générale

Le mouvement est communiqué du différentiel aux roues avant par l'intermédiaire de deux arbres de transmission tubulaires de longueur inégale et comportant un joint homocinétique à chacune de leurs extrémités. Ces joints sont destinés à assurer une communication à la fois efficace et sans à-coups de la force motrice, quels que soient les mouvements angulaires de la suspension et de la direction.

Les deux arbres de transmission sont dotés à leur extrémité extérieure (côté roue) d'un joint homocinétique qui, sur la plupart des modèles, est à tripode coulissant pourvu d'une tulipe extérieure avec une partie cannelée pour son accouplement au moyeu de roue et une partie filetée pour recevoir un écrou de fixation de grand diamètre **(voir illustration)**. Certains modèles disposent de joints homocinétiques extérieurs du type à billes. Les joints homocinétiques sont protégés par un soufflet thermoplastique souple retenu par des colliers sur le tube de l'arbre de transmission et la tulipe extérieure du joint.

Sur les modèles à boîte de vitesses manuelle, les joints homocinétiques intérieurs (côté boîte de vitesses) sont de deux types. La transmission droite est pourvue d'un joint à tripode coulissant : la tulipe extérieure du joint est accouplée par des cannelures à l'axe du planétaire de différentiel sur lequel elle est fixée par une goupille élastique double. Sur les modèles récents, la goupille est supprimée : dans ce cas, la tulipe extérieure est fixée sur l'axe du planétaire par un ressort interne. Ce nouveau montage est compatible avec l'ancien. Le joint homocinétique est protégé par un soufflet en caoutchouc souple retenu par des colliers sur la tulipe extérieure et sur le tube de l'arbre de transmission. La transmission gauche dispose également d'un joint homocinétique à tripode coulissant dans une chape intégrant le planétaire de différentiel. Le soufflet de protection est fixé sur le carter de boîte de vitesses par l'intermédiaire d'une bride retenue par des vis et il est monté sur roulement à billes au niveau de l'arbre de transmission et arrêté par un circlip. Le roulement permet à l'arbre de tourner dans le soufflet sans que celui-ci ne soit entraîné.

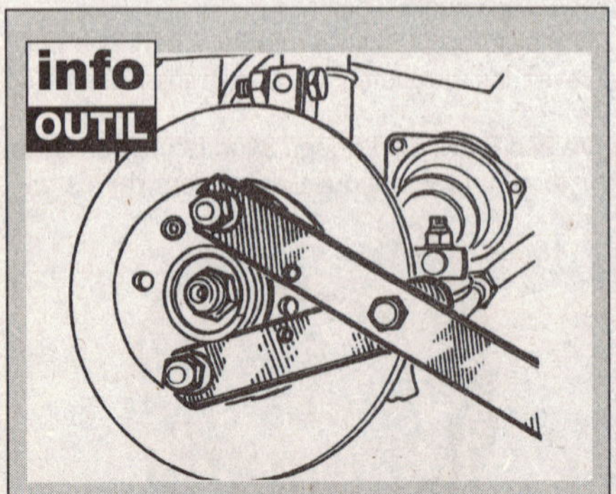


***Blocage du moyeu avec un outil improvisé pour le desserrage de l'écrou de transmission***

## 2 Transmissions - dépose et repose

### *Dépose*

**Nota :** *Les écrous de transmissions autofreinés de type « Enko » sont à monter sans application de produit-frein sur les cannelures du joint homocinétique côté roue. Ce type d'écrou remplace graduellement les écrous de type « Nylstop » en cours de production. Les transmissions de rechange ne sont plus livrées qu'avec un écrou de type « Enko ». Dans le cas d'une transmission disposant d'origine d'un écrou « Nylstop » monté au produit de scellement, un extracteur approprié est à prévoir pour la dégager du moyeu.*

**1** Déposer l'enjoliveur intégral ou central (suivant équipement) puis débloquer l'écrou de transmission ainsi que les vis de la roue avant du côté concerné.

**2** Caler les roues arrière, serrer le frein à main puis lever l'avant de la voiture au cric et le poser sur chandelles (voir « *Levage et soutien du véhicule* »). Déposer la roue du côté intervention.

**3** Sur les véhicules avec antiblocage des roues (ABS), déposer le capteur de roue (voir chapitre 9, section 23).

**4** Finir de desserrer et enlever l'écrou de transmission. Si l'écrou n'a pas été débloqué précédemment avec le véhicule reposant sur ses roues au sol, remonter au moins deux des vis de roue sur le moyeu en les serrant bien, et tandis qu'un collaborateur appuie à fond sur la pédale de frein pour empêcher la rotation du moyeu, desserrer l'écrou et l'enlever. En alternative, immobiliser le moyeu au moyen d'un outil à fourche réalisé à partir de deux morceaux d'acier plat assemblés par un boulon et fixés à leur extrémité par deux des vis de roue.

**5** Desserrer les deux vis de fixation du support d'étrier de frein sur le pivot porte-moyeu (voir chapitre 9). Dégager l'ensemble de l'étrier, sans débrancher son flexible d'alimentation, et l'attacher au ressort hélicoïdal de suspension au moyen d'un morceau de ficelle ou de fil de fer pour éviter toute contrainte excessive sur le flexible.

**6** Desserrer et enlever l'écrou de fixation de la rotule de biellette de direction sur le pivot porte-moyeu. Extraire ensuite le cône de la rotule du pivot à l'aide d'un arrache-rotule universel **(voir illustration)**.

**7** Desserrer et enlever les écrous des deux boulons de bridage du pied de la jambe de suspension sur le pivot porte-moyeu : à noter que les écrous se montent de l'arrière. Enlever la vis supérieure mais laisser celle du bas en place à ce stade des opérations **(voir illustration)**. Procéder ensuite comme décrit ci-dessus en fonction du côté intéressé.

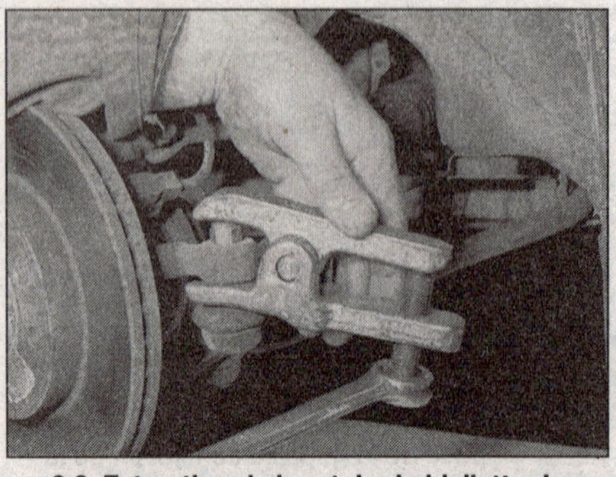

**2.6 Extraction de la rotule de biellette de direction au moyen d'un arrache-rotule**

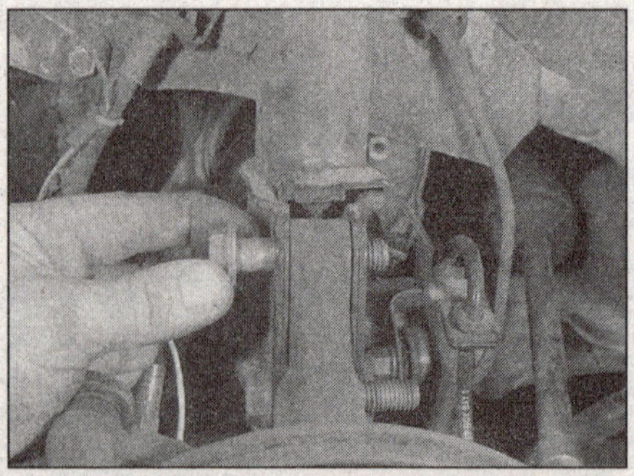

**2.7 Dépose de la vis du boulon de bridage supérieur du pied de jambe**

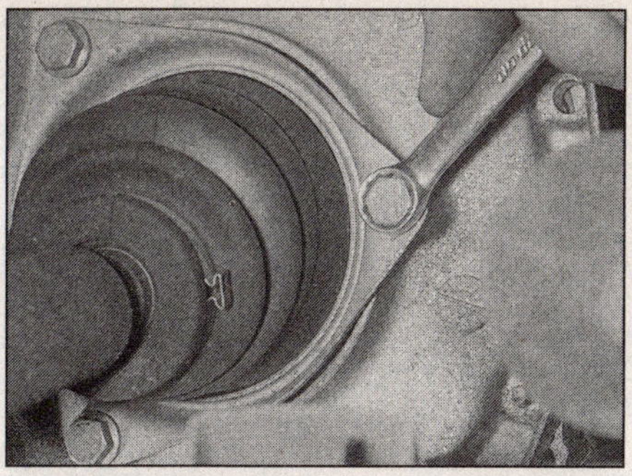

**2.9 Desserrer les vis de fixation de la bride du soufflet sur le carter . . .**

**2.10 . . . et dégager le tripode de la transmission G. de la chape du planétaire de différentiel**

### Côté gauche - avec BV manuelle

**8** Vidanger la boîte de vitesses (voir chapitre 7A).

**9** Desserrer les trois vis de fixation de la bride du soufflet de la transmission sur le carter de la boîte de vitesses **(voir illustration)**.

**10** Basculer le pivot porte-moyeu vers l'extérieur pour dégager le tripode du joint homocinétique intérieur de la transmission de la chape du planétaire de différentiel : prévoir un léger écoulement d'huile de boîte de vitesses **(voir illustration)**. Veiller à ce que les galets restent bien en place sur le tripode.

**11** Enlever la vis du boulon de bridage inférieur du pied de la jambe de suspension sur le pivot puis dégager les cannelures du joint homocinétique du moyeu, en prenant garde de ne pas détériorer le soufflet, et déposer la transmission. Si celle-ci a été montée au produit de scellement (voir note d'information au début de la section), essayer de la chasser du moyeu en la frappant avec un marteau par l'intermédiaire d'un mandrin en acier doux, tandis qu'un collaborateur soutient le pivot, ou faire appel à un extracteur approprié pour dégager le moyeu en bout de transmission **(voir illustration)**. Après dépose de la transmission, retenir le pivot porte-moyeu en remontant les vis des boulons de bridage du pied de la jambe.

### Transmission droite - tous types

***Nota :** Sur les versions récentes, la goupille élastique double assurant la fixation de la tulipe extérieure du joint homocinétique de la transmission sur l'axe du planétaire de différentiel est supprimée : la fixation est assurée par un ressort. Dans ce cas, la dépose de la transmission s'effectue de la même manière que pour le montage ancien, sans tenir compte de la référence à la goupille.*

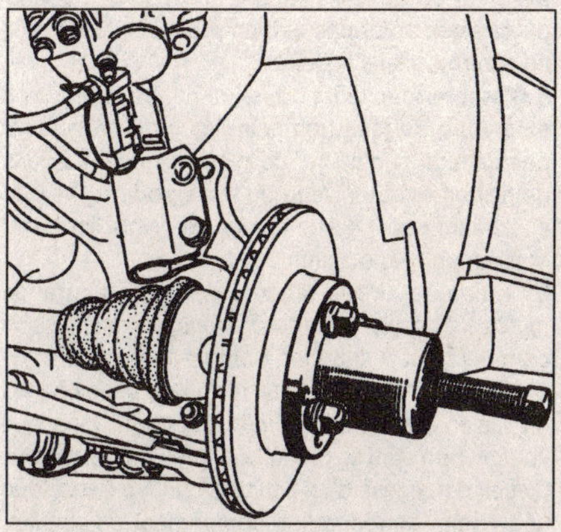

**2.11 Utilisation d'un extracteur pour dégager le moyeu de la transmission**

**12** Suivant montage, tourner la transmission de façon à exposer la goupille élastique double de fixation de la tulipe extérieure du joint homocinétique sur l'axe du planétaire de différentiel. Déposer ensuite la goupille en la frappant avec un marteau par l'intermédiaire d'un chasse-goupille de 5 mm **(voir illustration)**. Mettre la goupille au rebut : elle est à changer systématiquement à chaque dépose.

**13** Basculer le pivot porte-moyeu vers l'extérieur pour dégager les cannelures du joint homocinétique intérieur de la transmission de l'axe du planétaire de différentiel. Récupérer le joint torique sur l'axe.

**14** Procéder ensuite comme indiqué au point 11 ci-dessus pour la dépose de la transmission.

### Transmission gauche - avec BV automatique

**15** Basculer le pivot porte-moyeu vers l'extérieur pour dégager le joint homocinétique intérieur de la transmission du différentiel. Si besoin, utiliser un levier avec précaution pour effectuer cette opération.

**16** Opérer ensuite comme indiqué au point 11 ci-dessus pour la dépose de la transmission.

## *Repose*

**17** Les transmissions de rechange provenant du constructeur sont livrées avec des protecteurs en carton ou en plastique destinés à éviter toute détérioration des soufflets. Le moindre choc peut en effet percer les soufflets, ce qui risque d'entraîner l'admission d'eau et d'impuretés à l'intérieur et de conduire à une usure prématurée des joints homocinétiques. En cas de repose des transmissions d'origine, il est conseillé, comme mesure de précaution, de les protéger avec des morceaux de carton maintenus par des bracelets élastiques. Les protecteurs ne doivent être enlevés qu'à la fin des opérations de repose.

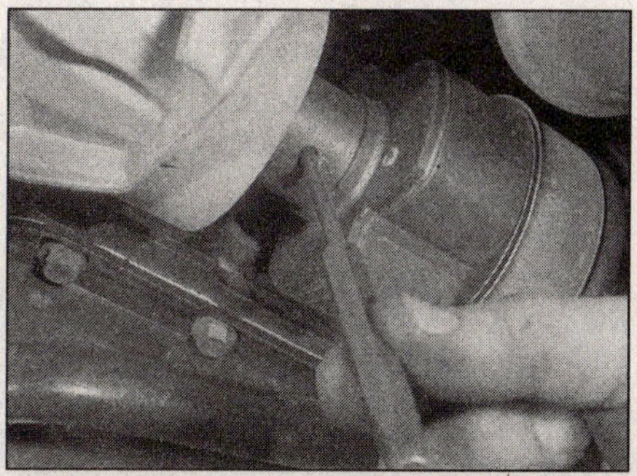

**2.12 Dépose de la goupille de fixation de la transmission D. sur l'axe du planétaire de différentiel**

### Côté gauche - avec BV manuelle

**18** Nettoyer soigneusement la portée du soufflet sur le carter de la boîte de vitesses et les cannelures du joint homocinétique côté roue.

**19** Engager le tripode du joint homocinétique dans la chape du planétaire de différentiel, en veillant à maintenir la transmission bien à l'horizontale. Faire coïncider les trous de vis sur la bride du soufflet et le carter de la boîte de vitesses puis remonter les vis de fixation du soufflet à serrer au couple prescrit. Veiller à ne pas vriller le soufflet.

**20** S'assurer que les cannelures du joint homocinétique et du moyeu sont parfaitement propres et dégraissées.

**21** Basculer le haut du pivot vers l'intérieur tout en engageant la transmission dans le moyeu.

**22** Repousser le moyeu à fond sur les cannelures de la transmission puis remonter par l'avant les vis des deux boulons de bridage du pied de la jambe de suspension sur le pivot. Reposer ensuite les écrous de l'arrière et les serrer au couple prescrit.

**23** Monter l'écrou de transmission neuf de type « Enko » (voir note d'information au début de la section), en le serrant uniquement à la main à ce stade des opérations **(voir illustration).**

**24** Réaccoupler la rotule de biellette de direction au pivot porte-moyeu et remonter son écrou de fixation à serrer au couple préconisé.

**25** Nettoyer le filetage des vis de fixation du support d'étrier de frein et l'enduire de produit-frein, genre « Loctite Frenbloc » préconisé par le constructeur. Remettre en place l'ensemble de l'étrier de frein, en veillant à engager correctement les plaquettes de chaque côté du disque puis remonter les vis de fixation en les serrant au couple prescrit.

**26** Immobiliser le moyeu par la méthode indiquée lors de la dépose pour serrer l'écrou de transmission au couple préconisé. En alternative, serrer légèrement l'écrou à ce stade et attendre que la voiture repose sur ses roues au sol pour le bloquer au couple spécifié.

**27** S'assurer de la libre rotation du moyeu puis enlever les protecteurs de la transmission (si

8

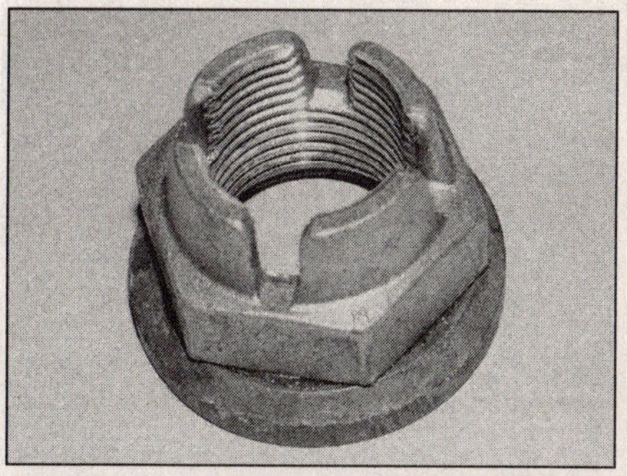

**2.23 Ecrou de transmission de type « Enko »**

2.30 **Monter le joint torique sur l'axe du planétaire . . .**

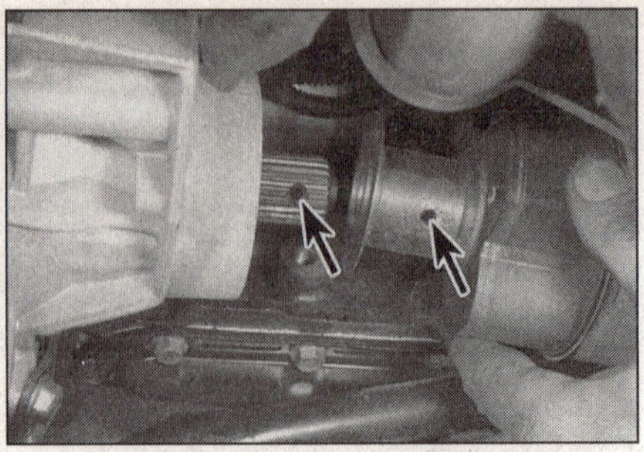

2.31 **. . . et engager les cannelures du joint homocinétique sur l'axe, en veillant à faire coïncider les trous de goupille**

prévus), en prenant garde de ne pas endommager les soufflets.

**28** Reposer la roue, descendre la voiture au sol et serrer les vis de la roue au couple prescrit. Si ce n'est déjà fait, bloquer également l'écrou de transmission au couple préconisé.

**29** Procéder au remplissage de la boîte de vitesses, en se reportant au chapitre 7A pour cette opération.

### Côté droit - tous types

**30** S'assurer de la parfaite propreté des cannelures de l'axe du planétaire de différentiel et du joint homocinétique côté boîte de vitesses. Enduire légèrement de graisse au bisulfure de molybdène, genre « Molykote BR2 » préconisé par le constructeur, les cannelures de l'axe du planétaire puis installer le joint torique neuf en bout d'axe et le repousser pour l'amener en butée sur la bague d'étanchéité de sortie de différentiel **(voir illustration)**.

**31** Accoupler les cannelures du joint homocinétique à celles de l'axe du planétaire de différentiel, en veillant le cas échéant, à positionner angulairement le trou de goupille du joint par rapport à celui sur l'axe **(voir illustration)**. Engager correctement la transmission de manière à faire coïncider les trous de goupille.

**32** Suivant montage, installer la goupille élastique double neuve et étancher ses extrémités avec une pâte à joint appropriée genre « CAF 4/60 THIXO » ou « Rhodorseal 5661 » préconisé par le constructeur **(voir illustrations)**.

**33** Opérer ensuite comme décrit ci-dessus aux points 20 à 28.

### Côté gauche - avec BV automatique

**34** S'assurer de la parfaite propreté des cannelures du joint homocinétique de la transmission et de l'axe du planétaire de différentiel puis y appliquer une petite quantité de graisse au bisulfure de molybdène, genre « Molykote BR2 » préconisé par le constructeur.

**35** Accoupler les cannelures du joint homocinétique de la transmission à celles de l'axe du planétaire de différentiel.

**36** Procéder ensuite comme décrit ci-dessus aux points 20 à 28.

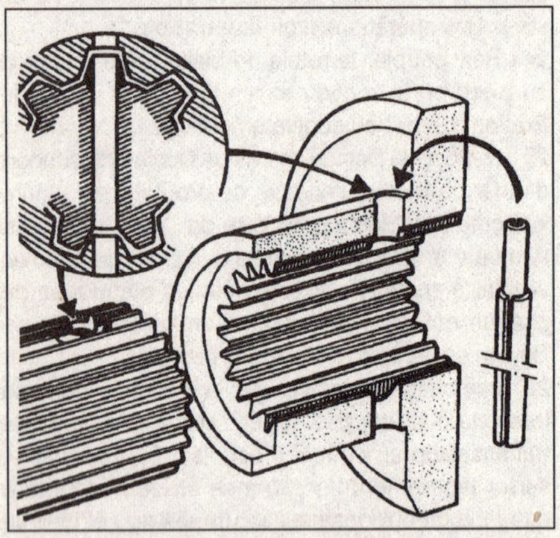

2.32a **Montage de la goupille élastique double de transmission D.**

2.32b **Les extrémités de la goupille élastique double de transmission D. sont à étancher avec une pâte à joint appropriée**

3.5 **Dépose de l'amortisseur de vibrations de transmission D. (suivant montage)**

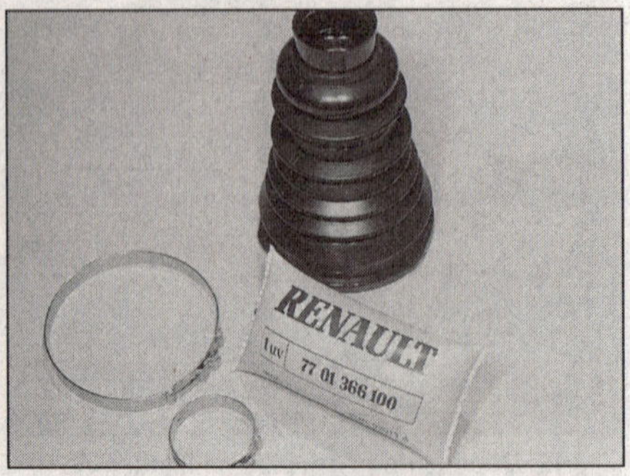



3.9 **Nécessaire de réparation de soufflet de transmission**

## 3 Soufflets extérieurs de transmissions (BV manuelle) - remplacement

**Nota :** *Dans la majeure partie des cas, les transmissions sont équipées d'un joint homocinétique extérieur (côté roue) à tripode coulissant.*

**1** Procéder à la dépose de la transmission du côté intéressé (voir section précédente).

**2** Sectionner ses deux colliers et reculer le soufflet sur l'arbre de transmission pour exposer le joint homocinétique extérieur.

**3** Récupérer le maximum de graisse sur le joint homocinétique puis déterminer le type de joint monté et procéder comme décrit ci-dessous, suivant le cas.

### *Joint homocinétique à tripode coulissant*

**Nota :** *La transmission droite peut dans certains cas être dotée d'un amortisseur de vibrations intégré et il y aura lieu de la remplacer si le soufflet thermoplastique du joint homocinétique extérieur est abîmé.*

**4** Déposer le joint homocinétique intérieur, le soufflet avec le roulement (suivant montage), comme indiqué en section 4 ou 5.

**5** Dans le cas où la transmission est pourvue d'un amortisseur de vibrations, vérifier que celui-ci est démontable. Si tel est le cas, s'assurer de bien repérer sa position de montage et le déposer en utilisant une presse ou un extracteur **(voir illustration)**. Veiller à prendre appui avec le mandrin ou les griffes de l'extracteur uniquement au niveau de la bague en caoutchouc intérieure, sinon l'amortisseur de vibrations risque de se déformer et de se séparer de son support extérieur.

**6** Dégager le soufflet du joint homocinétique extérieur par le côté intérieur de l'arbre de transmission.

**7** Nettoyer soigneusement le joint homocinétique extérieur au pétrole lampant ou avec un solvant-dégraissant approprié et bien le sécher. Se livrer à un contrôle visuel du joint.

**8** S'assurer que le tripode et la chape de la tulipe extérieure du joint homocinétique ne présentent pas de signes d'usure, de piqûres ni de marques de frottement au niveau de leurs portées. Vérifier également que la tulipe extérieure pivote librement et aisément, sans points durs.

**9** En cas de signes d'usure ou de détérioration manifestes du joint homocinétique, la transmission complète est à changer, compte tenu qu'aucune pièce de rechange détaillée n'est proposée pour sa remise en état. Si les pièces du joint homocinétique sont en bon état, se procurer auprès du service des pièces détachées d'un concessionnaire Renault un nécessaire de réparation comprenant un soufflet, des colliers et une dose de graisse **(voir illustration)**.

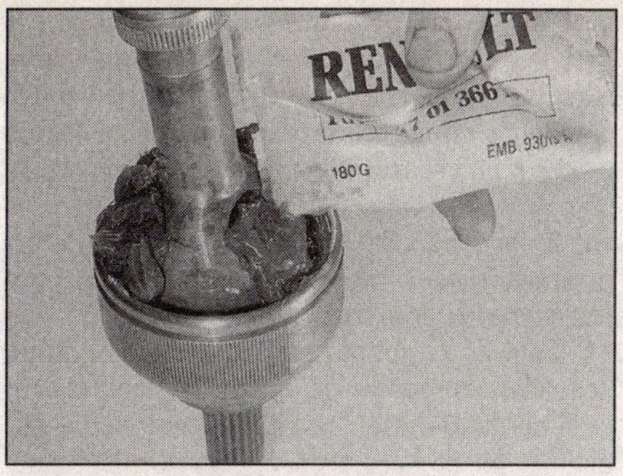


3.11 **Garnir le joint homocinétique extérieur de graisse...**

**10** Enrober de ruban adhésif les cannelures à l'extrémité intérieure de l'arbre de transmission puis enfiler avec précaution le soufflet extérieur neuf sur l'arbre.
**11** Garnir le joint homocinétique de la graisse fournie avec le nécessaire de réparation. Bien répartir la graisse dans l'articulation du joint et remplir le soufflet avec l'excédent de graisse **(voir illustration)**.
**12** Mettre en place le soufflet sur le joint homocinétique, en veillant à installer convenablement ses talons dans les gorges sur la tulipe extérieure et le tube de l'arbre de transmission **(voir illustration)**. Soulever brièvement le talon extérieur du soufflet pour bien répartir la pression d'air à l'intérieur.
**13** Monter le grand collier métallique sur le soufflet. Sertir le collier en comprimant avec précaution son extrémité relevée. A défaut de la pince spéciale, utiliser une tenaille. Fixer le petit collier de la même manière **(voir illustrations)**. Vérifier que le joint homocinétique pivote librement dans tous les sens.
**14** Pour procéder à la repose de l'amortisseur de vibrations (suivant montage), lubrifier l'arbre de transmission avec de l'eau savonneuse puis emmancher l'amortisseur à l'aide d'un poussoir tubulaire, portant uniquement sur sa bague intérieure, jusqu'à la position d'origine.
**15** Remonter les pièces du joint homocinétique intérieur comme décrit en section 4 ou 5, puis procéder à la repose de la transmission, en se reportant à la section précédente pour cette opération.

### Joint homocinétique à billes

**16** Ecarter la coupe du circlip d'arrêt avec une

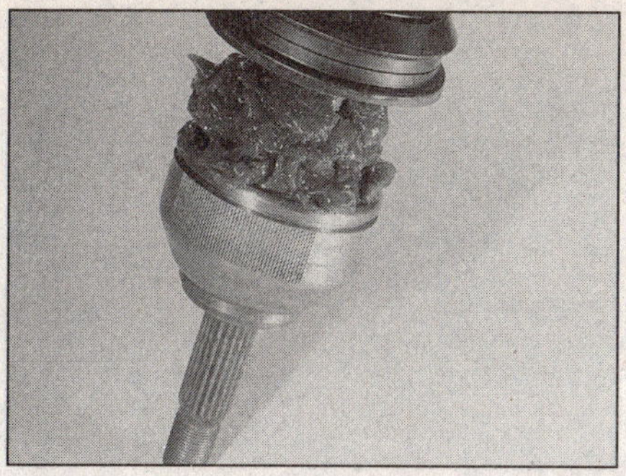

3.12 **... puis mettre en place le soufflet sur le joint**

pince à circlips tout en frappant simultanément le moyeu à billes avec un maillet pour dégager le joint homocinétique de l'arbre de transmission. Enlever le soufflet.
**17** Nettoyer le joint homocinétique déposé au pétrole lampant ou avec un solvant-dégraissant approprié. Se livrer à un contrôle visuel du joint.
**18** Faire jouer le mécanisme d'entraînement interne cannelé d'un côté à l'autre pour exposer tour à tour chacune des billes sur le haut de son chemin de roulement. Examiner les billes qui ne doivent pas présenter de méplats ni être piquées en surface.
**19** Contrôler les chemins de roulement des billes au niveau des portées interne et externe. Un certain jeu dans le montage des billes sera noté si leurs chemins de roulement sont élargis. Vérifier en même temps les ouvertures de la cage à billes : aucun signe d'usure ni de fissures ne doivent être remarquées entre ces ouvertures.
**20** Si suite à ces contrôles, une usure ou une détérioration est constatée au niveau d'une pièce du joint homocinétique, il y aura lieu de changer la transmission complète compte tenu qu'aucune pièce de rechange détaillée n'est proposée pour sa remise en état. Si le joint est en bon état, se procurer un nécessaire de réparation comprenant un soufflet, des colliers et une dose de graisse.
**21** Enrober de ruban adhésif les cannelures en bout d'arbre de transmission puis enfiler le petit collier et le soufflet sur l'arbre. Positionner le talon intérieur du soufflet dans la gorge sur le tube de l'arbre et le fixer avec le collier.
**22** Enlever le ruban adhésif puis monter et emmancher l'accouplement du joint homocinétique sur l'arbre jusqu'à ce que le circlip d'arrêt vienne s'encastrer dans la gorge sur l'arbre.
**23** Vérifier que le circlip d'arrêt assure un bon maintien du joint homocinétique sur l'arbre de transmission puis enduire le joint de la dose de graisse fournie avec le nécessaire de réparation. Bien répartir la graisse dans les chemins de roulement des billes et à l'intérieur du soufflet.
**24** Positionner le talon extérieur du soufflet dans la gorge sur la tulipe extérieure du joint homocinétique. L'accouplement du joint étant bien aligné avec la transmission, soulever le talon extérieur du soufflet à l'aide d'une tige à bout rond pour bien répartir la pression d'air à l'intérieur. Monter et sertir le grand collier du soufflet, en opérant comme indiqué plus haut au point 13.
**25** Vérifier que le joint homocinétique pivote librement dans tous les sens puis procéder à la repose de la transmission, comme décrit en section précédente.

## 4 Soufflet intérieur de transmission D. (BV. manuelle) - remplacement

**Nota :** *La transmission droite est équipée de deux types de joints homocinétiques côté boîte de vitesses : RC 462 et RC 462 E. Le second type qui remplace le premier est dépourvu de goupille élastique double et sa tulipe extérieure est maintenue sur l'axe du planétaire de différentiel par un ressort interne. Le montage du nouveau joint est compatible avec l'ancien. Un nécessaire de réparation de soufflet approprié est à prévoir.*
**1** Procéder à la dépose de la transmission droite (voir section 2).
**2** Libérer ses deux colliers puis reculer le soufflet pour exposer le joint homocinétique côté boîte de vitesses de la transmission.
**3** Dégager la tulipe extérieure du tripode. Prendre des dispositions pour maintenir les galets en place, sinon ils risquent de se trouver délogés sur les tourillons du tripode et de tomber en dégageant la tulipe. Fixer au besoin les galets avec du ruban adhésif pour les retenir. Les galets sont appariés aux tourillons du tripode et il est impératif de ne pas les intervertir.
**4** Dans le cas d'un joint de type RC 462 E, sortir la coupelle d'appui et le ressort de la tulipe extérieure **(voir illustration)**.
**5** Extraire le circlip d'arrêt du tripode sur l'arbre de

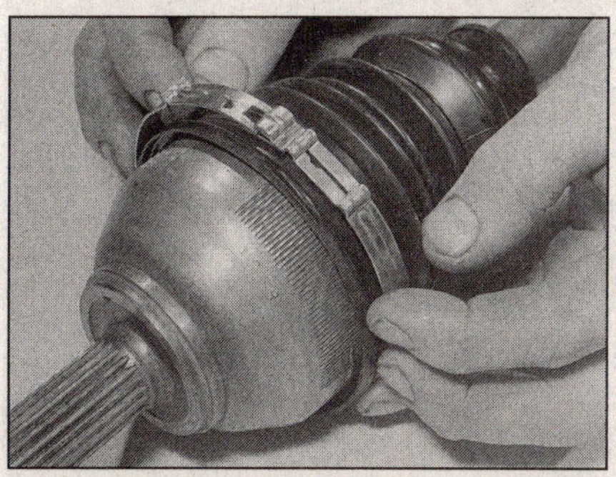

3.13a **Installation du grand collier extérieur sur le soufflet...**

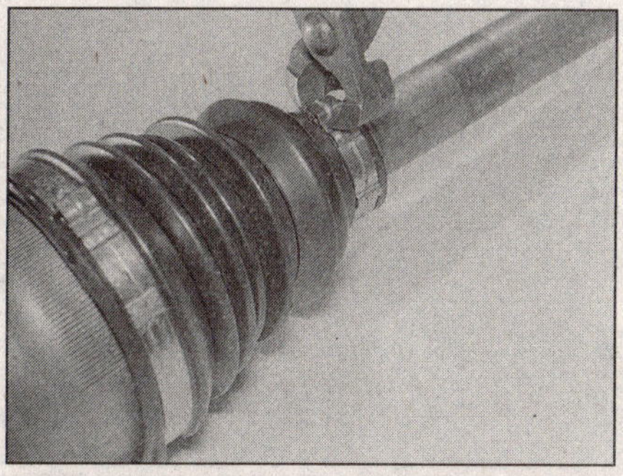

3.13b **... et fixation du petit collier intérieur avec une tenaille**

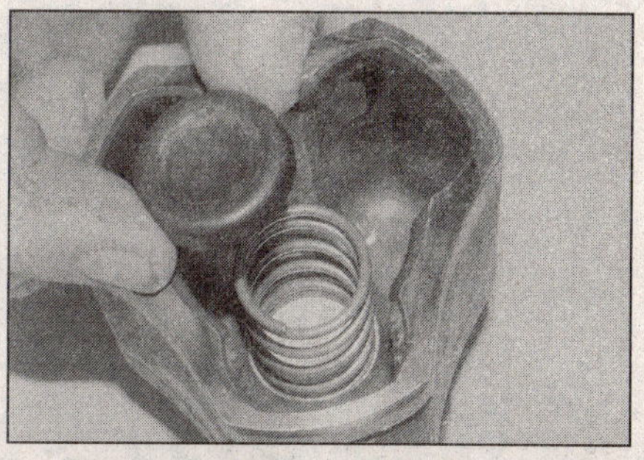

4.4 **Dépose de la coupelle d'appui et du ressort du joint homocinétique intérieur de transmission D. sans goupille**

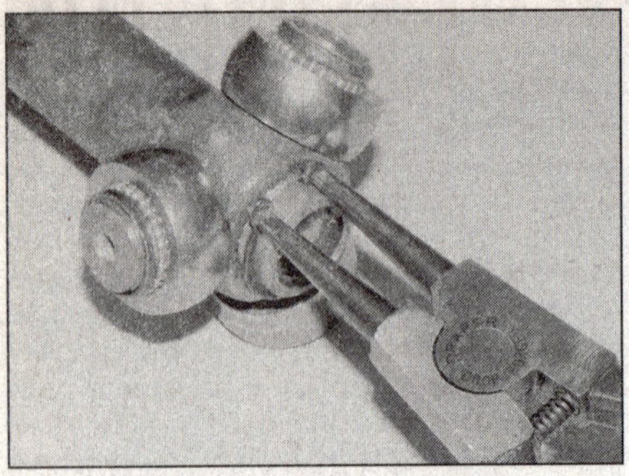

4.5 Extraction du circlip d'arrêt . . .

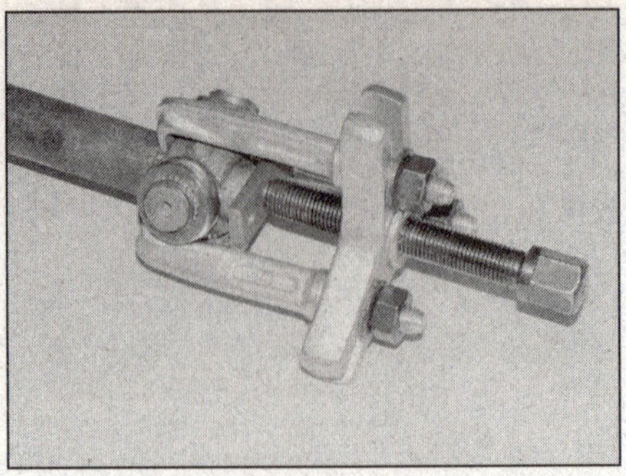

4.6 . . . et dépose du tripode de joint homocinétique intérieur de transmission D.

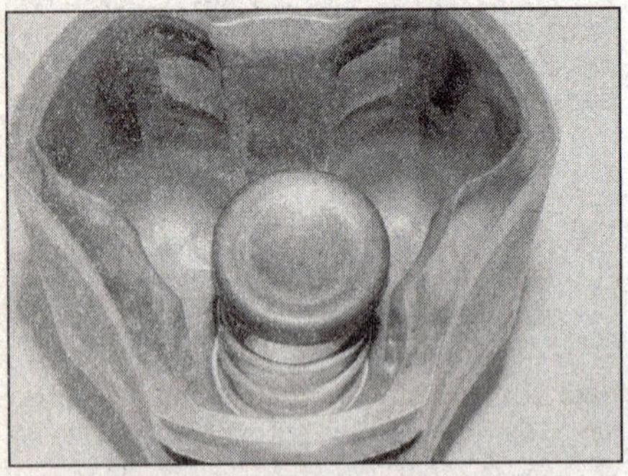

4.13a Monter le ressort et la coupelle d'appui . . .

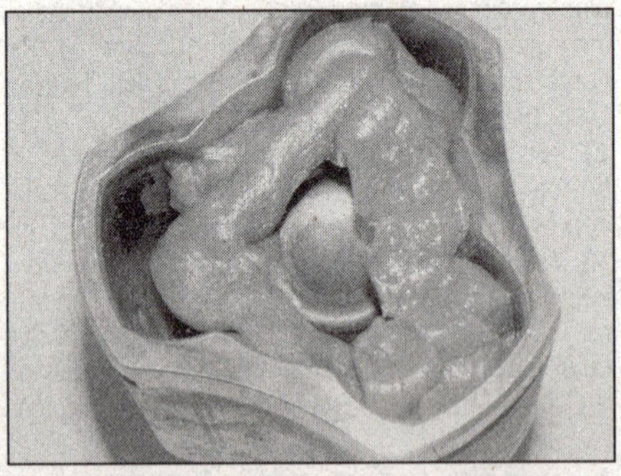

4.13b . . . et garnir de graisse la tulipe extérieure du joint homocinétique intérieur de transmission D. sans goupille

transmission à l'aide d'une pince à circlips **(voir illustration)**. A noter que dans certains cas, en lieu et place d'un circlip, le tripode est freiné et il est nécessaire de le dessertir avec une lime. Repérer à la peinture ou au pointeau la position de montage du tripode par rapport à l'arbre de transmission en vue du remontage.

6 Dégager ensuite le tripode en bout d'arbre de transmission **(voir illustration)**. Au besoin, faire appel à un extracteur, en prenant appui derrière le palier intérieur du tripode et non pas sur les galets. En alternative, soutenir le palier intérieur du tripode et chasser l'arbre à la presse en s'assurant également que la charge ne s'exerce pas sur les galets.

7 Après avoir déposé le tripode, dégager le soufflet en bout d'arbre de transmission.

8 Nettoyer les pièces du joint homocinétique, en faisant attention de ne pas effacer les repères de montage effectués précédemment. **Ne pas** utiliser de pétrole lampant ni d'autre solvant pour le nettoyage du joint.

9 Examiner le tripode, les galets et la tulipe extérieure pour déceler d'éventuels signes d'usure, des marques ou des rayures. Vérifier que les galets tournent sans accrocher sur leur tourillon du tripode. En cas d'usure de l'une des pièces, le tripode et les galets peuvent être changés mais il n'est par contre pas possible d'obtenir une tulipe extérieure en pièce de rechange détaillée. Se procurer un nécessaire de réparation comprenant un soufflet, des colliers et une dose de graisse.

10 Enrober de ruban adhésif l'extrémité de l'arbre de transmission puis enfiler avec précaution le collier intérieur et le soufflet sur l'arbre.

11 Enlever le ruban adhésif puis en faisant coïncider les repères de positionnement réalisés lors de la dépose, accoupler le tripode aux cannelures de l'arbre de transmission. Frapper avec un marteau et un mandrin en acier doux pour emmancher le tripode en prenant garde de ne pas abîmer les cannelures de l'arbre ni les galets. Autre solution possible, soutenir l'arbre de transmission et emmancher le tripode à l'aide d'une presse hydraulique et d'un poussoir tubulaire de diamètre approprié, en prenant appui uniquement sur le palier intérieur du tripode.

12 Suivant montage, fixer le tripode au moyen du circlip d'arrêt, en veillant à bien l'encastrer dans sa gorge sur l'arbre de transmission. En l'absence de circlip, freiner le tripode en effectuant trois points de sertissage espacés de 120°, en refoulant le métal avec un marteau et un poinçon.

13 Reposer éventuellement le ressort et la coupelle d'appui dans la tulipe extérieure puis répartir de manière uniforme la dose de graisse sur le tripode et à l'intérieur de la tulipe extérieure **(voir illustrations)**.

14 Répandre le reste de graisse dans le soufflet et mettre en place la tulipe extérieure sur le tripode **(voir illustrations)**.

15 Mettre en place le soufflet sur le joint homocinétique, en positionnant correctement ses talons dans les gorges sur le tube de l'arbre de transmission et de la tulipe extérieure.

16 Installer le collier intérieur sur le soufflet.

17 Soulever le talon extérieur du soufflet au moyen d'une tige non tranchante, à bout arrondi, pour bien répartir la pression d'air à l'intérieur. Laisser la tige en place et comprimer le joint homocinétique de façon à ce que la distance entre

4.14a Répandre le reste de graisse dans le soufflet . . .

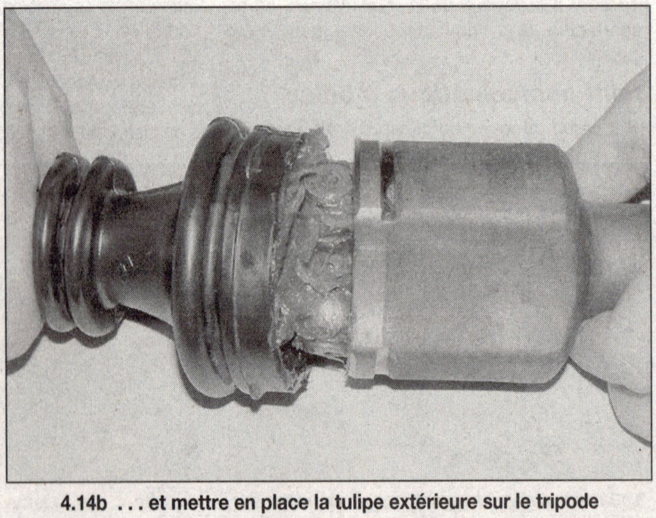

4.14b . . . et mettre en place la tulipe extérieure sur le tripode

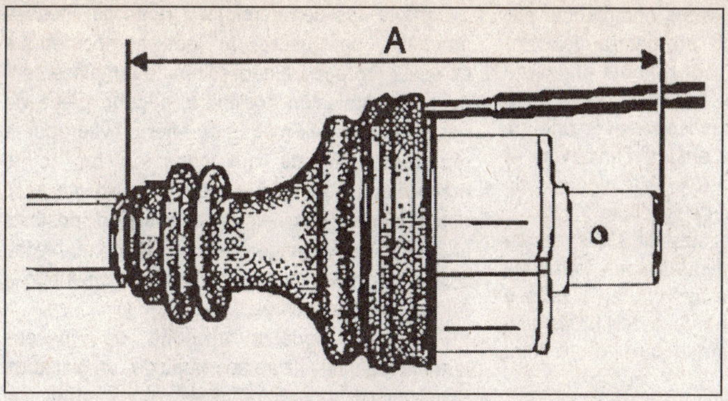


**4.17a Cote de montage du tripode et du soufflet de joint homocinétique intérieur de transmission D., type RC 462 (avec goupille)**

*« A » = 190 ± 1 mm*

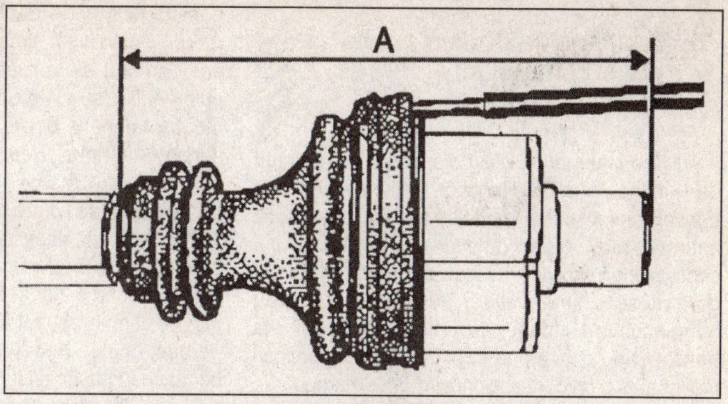


**4.17b Cote de montage du tripode et du soufflet de joint homocinétique intérieur de transmission D., type RC 462 E (sans goupille)**

*« A » = 203 ± 1 mm*

le bord intérieur du soufflet et la face plate en bout de tulipe extérieure atteigne la cote indiquée en figure jointe **(voir illustrations)**. Maintenir la tulipe extérieure dans cette position et enlever la tige.

**18** Monter le grand collier sur le côté extérieur du soufflet et le serrer en comprimant avec précaution sa partie relevée. A défaut de l'outil d'atelier prévu à cet effet, utiliser une tenaille **(voir illustration)**. Sertir le petit collier intérieur de la même manière.

**19** Vérifier que le joint homocinétique pivote librement dans tous les sens puis procéder à la repose de la transmission droite comme décrit en section 2.

## 5 Soufflet intérieur de transmission G. (BV. manuelle) - remplacement

**Nota :** *Un nécessaire de réparation de soufflet approprié est à prévoir.*

**1** Déposer la transmission gauche (voir section 2).

**2** Extraire le circlip d'arrêt du tripode sur l'arbre de transmission à l'aide d'une pince à circlips. A noter que dans certains cas, en lieu et place d'un circlip, le tripode est freiné et il est nécessaire de le dessertir avec une lime. Repérer à la peinture ou au pointeau la position de montage du tripode par rapport à l'arbre de transmission en vue du remontage.

**3** Déposer ensuite le tripode. Si le tripode ne peut pas être dégagé en bout d'arbre de transmission, faire appel à un extracteur, en prenant appui derrière le palier intérieur du tripode et non pas sur les galets. En alternative, soutenir le palier intérieur du tripode et chasser l'arbre à la presse en s'assurant également que la charge ne s'exerce pas sur les galets.

**4** L'ensemble roulement-soufflet se dépose de la même manière, soit en tirant le roulement pour l'extraire de l'arbre ou bien en chassant l'arbre du roulement à la presse. Enlever la plaquette de calage en repérant bien son sens de montage.

**5** Se procurer un soufflet de rechange livré avec le roulement.

**6** Le roulement comportant un joint à lèvre, l'ensemble roulement-soufflet doit être monté à la presse. Ne pas l'emmancher au marteau et avec un poussoir tubulaire au risque de déformer le joint.

**7** Reposer la plaquette de calage sur l'arbre de transmission en veillant à la monter dans le bon sens.

**8** Soutenir l'arbre de transmission et emmancher à la presse le roulement du soufflet sur l'arbre en se servant d'un poussoir tubulaire prenant appui uniquement sur sa bague intérieure. Positionner le roulement de telle sorte à obtenir la cote indiquée en figure jointe entre sa face intérieure et l'extrémité de l'arbre : l'arbre peut être maintenu par une bride au niveau de la gorge prévue à cet effet **(voir illustrations)**.

**9** En faisant coïncider les repères de montage réalisés lors de la dépose, accoupler le tripode aux cannelures de l'arbre de transmission. Frapper avec un marteau et un mandrin en acier doux pour emmancher le tripode, en prenant garde de ne pas abîmer les cannelures de l'arbre ni les galets. Autre solution possible, soutenir l'arbre de transmission et emmancher le tripode à l'aide d'une presse hydraulique et d'un poussoir tubulaire de diamètre approprié, en prenant appui uniquement sur le palier intérieur du tripode.

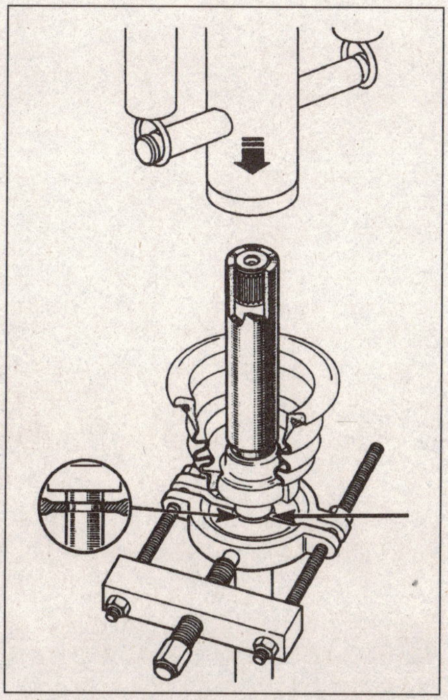

**5.8a Montage à la presse de l'ensemble roulement-soufflet intérieur de transmission G.**

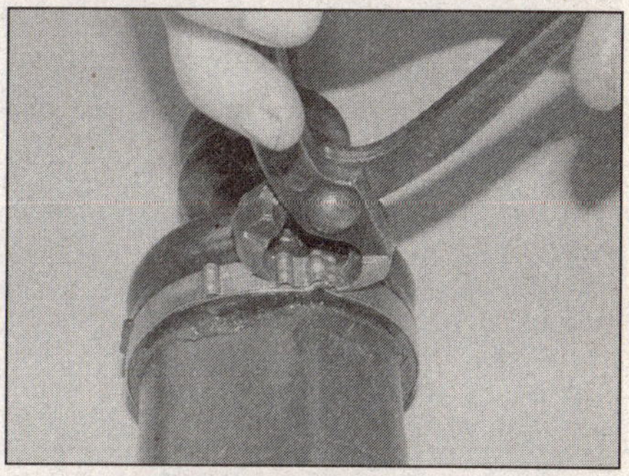

**4.18 Fixation du grand collier de soufflet intérieur de transmission D. avec une tenaille**

**10** Suivant montage, fixer le tripode au moyen du circlip d'arrêt, en veillant à bien l'encastrer dans sa gorge sur l'arbre de transmission. En l'absence de circlip, freiner le tripode en effectuant trois points de sertissage espacés de 120°, en refoulant le métal avec un marteau et un poinçon.

**11** Effectuer la repose de la transmission gauche comme décrit en section 2.

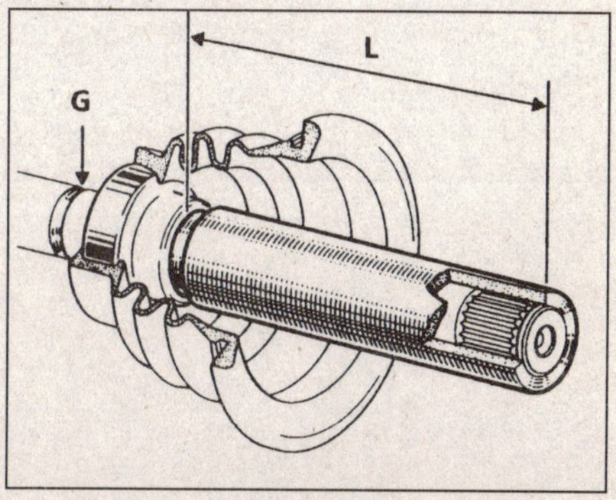


**5.8b Cote de montage de l'ensemble roulement-soufflet intérieur de transmission G. avec l'outil Renault**

*T. Av. 944 - « L » = 123,2 mm*
*T. Av. 1331 - « L » = 118 ± 0,2 mm*
*G = Gorge pour le maintien de l'arbre de transmission à la presse - voir l'illustration 5.8a*

## 6 Soufflets de transmissions (BV automatique) - remplacement

Aucune information n'est disponible au moment de la mise sous presse pour le démontage des transmissions sur les modèles à boîte de vitesses automatique, bien qu'elles présentent une configuration similaire à celles des modèles à boîte de vitesses manuelle. Pour procéder au remplacement d'un soufflet, déposer la transmission concernée et la confier aux services techniques d'un concessionnaire de la marque.

## 7 Remise en état des transmissions - généralités

Si l'un des contrôles indiqués au chapitre 1A ou 1B vient à révéler un jeu au niveau d'un joint homocinétique de transmission, commencer par retirer l'enjoliveur intégral ou central (suivant équipement) de la roue avant du côté concerné puis vérifier que l'écrou de transmission est bien bloqué : dans le doute, le resserrer avec une clé dynamométrique. Reposer ensuite l'enjoliveur et procéder au même contrôle sur l'écrou de transmission de l'autre côté de la voiture.

Effectuer un essai sur route et s'assurer de l'absence de bruits métalliques sous forme de claquements à l'avant de la voiture, à vitesse réduite et en braquant à fond. Si de tels bruits sont perçus, cela dénote une usure d'un joint homocinétique extérieur.

Si des vibrations variant en fonction de la vitesse sur route sont ressenties dans le véhicule lors des accélérations, cela peut constituer un indice révélateur d'une usure des joints homocinétiques intérieurs.

Les joints homocinétiques peuvent être démontés et vérifiés pour une éventuelle usure, comme indiqué en sections 3, 4 et 5.

Dans le cas des versions à boîte de vitesses manuelle, une usure du joint homocinétique extérieur (côté roue) nécessitera le remplacement de la transmission complète, aucune pièce de rechange détaillée n'étant en effet prévue pour la réparation. En ce qui concerne les joints homocinétiques intérieurs (côté boîte de vitesses), des tripodes avec galets appariés sont disponibles en pièces de rechange, mais une usure au niveau d'une autre pièce impliquera le remplacement de la transmission concernée.

Pour les modèles à boîte de vitesses automatique, une usure au niveau de l'un ou l'autre des joints homocinétiques nécessitera le remplacement de la transmission : aucune pièce de rechange détaillée n'est proposée pour la remise en état des joints homocinétiques.

Sur les véhicules avec antiblocage des roues (ABS), récupérer la cible du capteur de roue sur la transmission d'origine et la monter sur la transmission neuve (voir chapitre 9, section 23).

# Chapitre 9
# Freins

## Sommaire



## Niveaux de difficulté

| | | | | |
|---|---|---|---|---|
| **Facile,** pour les profanes de la mécanique | **Assez facile,** pour les débutants plus avisés | **Assez difficile,** pour les amateurs compétents | **Difficile,** pour les amateurs plus expérimentés | **Très difficile,** pour les initiés et les professionnels |

## Caractéristiques

### Freins à disques

| | | |
|---|---|---|
| Epaisseur des disques : | **Nominale** | **Mini.** |
| Disques pleins | 12 mm | 10,5 mm |
| Disques ventilés | 20 mm | 17,7 mm |
| Voile maxi. des disques | 0,07 mm | |
| Epaisseur des plaquettes | Voir chapitre 1A ou 1B | |

### Freins à tambours



| | | |
|---|---|---|
| Diamètre intérieur des tambours : | **Nominale** | **Maxi. après rectification.** |
| Sans ABS ni climatisation | 180,25 mm | 181,25 mm |
| Avec ABS et/ou climatisation | 203,2 mm | 204,2 mm |
| Epaisseur des segments | Voir chapitre 1A ou 1B | |

### Antiblocage des roues (ABS)

| | |
|---|---|
| Entrefer des capteurs de roues : | |
| Avant | 0,1 à 1,9 mm |
| Arrière | Non contrôlable |
| Résistance interne des capteurs de roues | 1 600 ± 320 Ω |

## Couples de serrage

| | daN.m |
|---|---|
| Antiblocage des roues (ABS) : | |
| Ecrous de raccords de canalisations de bloc hydraulique | 1,7 |
| Vis de fixation de capteurs de roues | 0,8 à 1 |
| Vis de fixation de disques de freins | 2 |
| Raccords de flexibles de freins | 1,7 |
| Ecrous de raccords de canalisations de freins | 1,7 |
| Vis d'axes de guidage d'étriers de freins AV. * | 4 |
| Vis de fixation de supports d'étriers de freins AV. | 10 |
| Ecrous d'assemblage de maître-cylindre sur servofrein | 1,8 |
| Ecrous d'assemblage de servofrein | 2,3 |
| Vis de bridage de tige de commande de limiteur de pression de freinage | 1 |
| Vis de fixation de limiteur de pression de freinage | 1,8 |
| Ecrous de moyeux AR. * | 17,5 |
| Vis de roues | Voir chapitre 1A ou 1B |

** Vis ou écrous à changer systématiquement à chaque démontage.*

## 1 Description générale

Le système de freinage est du type à double circuit de commande hydraulique assisté par servofrein. La configuration de la commande est telle que chaque circuit agit sur une roue avant et sur la roue arrière diagonalement opposée par l'intermédiaire d'un maître-cylindre tandem (disposition en « X »). Dans des conditions normales de fonctionnement, les deux circuits opèrent simultanément et en cas de panne hydraulique dans l'un des circuits, l'intégralité de la force de freinage sera cependant maintenue sur deux roues.

Toutes les versions de la gamme sont pourvues de freins à disques à l'avant tandis que les freins arrière peuvent être à tambours ou à disques. Certaines versions disposent en série ou d'autres en option d'un système antiblocage des roues ABS (voir section 22 pour de plus amples précisions).

A l'avant, les freins à disques sont commandés par des étriers flottants monopiston, ce qui permet de maintenir une pression égale délivrée à chaque plaquette de frein.

A l'arrière, les freins à tambours comportent des segments garnis comprimés et tendus qui sont actionnés par des cylindres récepteurs à double piston. Les plateaux de freins disposent d'un mécanisme de rattrapage automatique destiné à compenser l'usure de la garniture des segments. Une usure graduelle se produisant au fur et à mesure de l'utilisation, la commande de freinage agit sur la biellette de réglage incorporée entre les mâchoires des segments de façon à réduire le jeu entre garnitures et tambour.

Sur les versions sans antiblocage des roues (ABS), un limiteur de pression de freinage double asservi à la charge fixé sur la caisse au niveau de l'essieu arrière, contribue en cas de freinage énergique, à éviter le blocage de l'essieu arrière avant celui de l'essieu avant, ce qui pourrait provoquer une instabilité et le dérapage du véhicule. Il module la pression de freinage sur les roues arrière en fonction de l'état de charge de l'arrière du véhicule qui est défini par le débattement entre l'essieu et la caisse. Sur les versions avec antiblocage des roues (ABS), le limiteur de pression de freinage est supprimé et sa fonction est assurée par un répartiteur électronique de freinage (REF) intégré au calculateur électronique du système ABS.

Sur toutes les versions, le frein à main est commandé mécaniquement par câbles et agit sur les freins arrière.

Comme sur tous véhicules à moteur Diesel, la dépression régnant dans la tubulure d'admission est insuffisante pour actionner le servofrein. Il est par conséquent fait appel à la dépression engendrée par une pompe à vide montée sur la culasse et entraînée directement par l'arbre à cames. **Nota :** *Lors de toute intervention sur le système de freinage, procéder avec précaution et méthodiquement. Observer en outre la plus grande propreté au cours du démontage et de la remise en état des pièces du circuit hydraulique. Changer systématiquement les pièces (le cas échéant, de chaque côté du même essieu) dont l'état est sujet à doute et utiliser exclusivement des pièces Renault d'origine ou tout du moins des pièces de marque connue, ce qui est un gage de qualité. Consulter les mises en garde figurant à la rubrique « Impératifs de sécurité » au début du manuel et dans les sections correspondantes du présent chapitre, concernant les dangers pour la santé constitués par la poussière d'amiante et le liquide de frein.*

***Attention : Sur les modèles équipés d'un autoradio codé, s'assurer de bien avoir en possession la combinaison correcte du code de sécurité pour débrancher la batterie***

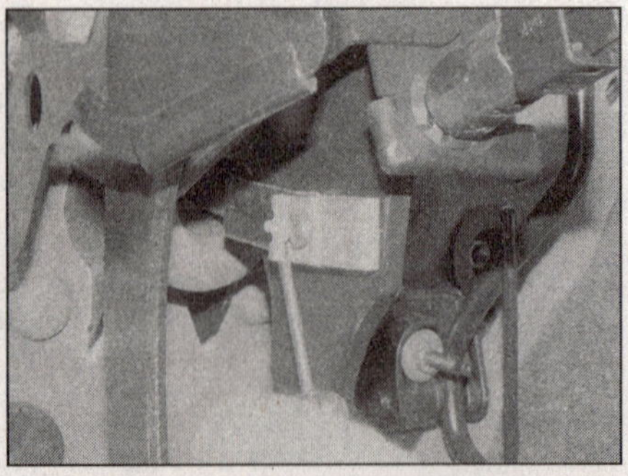

**2.2 Dépose de l'agrafe de fixation de chape de liaison sur la pédale de frein**

## 2 Pédale de frein - dépose et repose

### *Dépose*

**1** Procéder à la dépose de la pédale d'embrayage (voir chapitre 6).

**2** Extraire l'agrafe de fixation en rabattant vers le bas sa languette inférieure et la tirant vers le haut puis dégager l'axe de la chape reliant la tige de commande du servofrein à la pédale de frein dans l'habitacle **(voir illustration)**. Enlever ensuite la cale côté intérieur de la pédale.

**3** Desserrer et enlever la vis d'articulation côté droit du support de pédalier puis dégager la pédale, en veillant à bien repérer la position de montage des bagues-paliers et de l'entretoise **(voir illustration)**.

**4** Examiner les bagues-paliers de la pédale pour s'assurer qu'elles ne sont pas abîmées ni usées et procéder à leur remplacement au besoin.

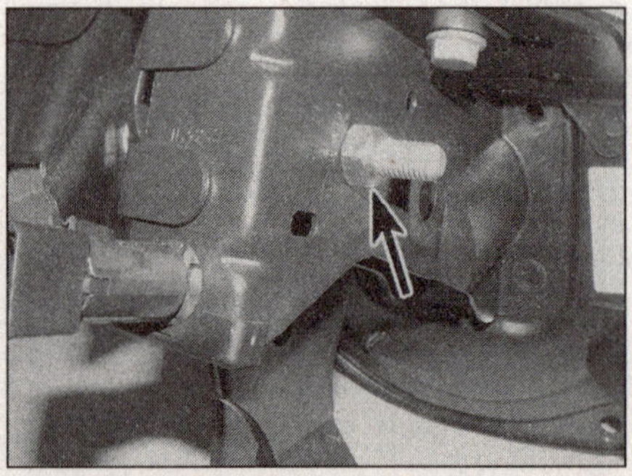

**2.3 Vis d'articulation de pédale de frein**

2.7 Repose de la cale côté intérieur de la pédale de frein

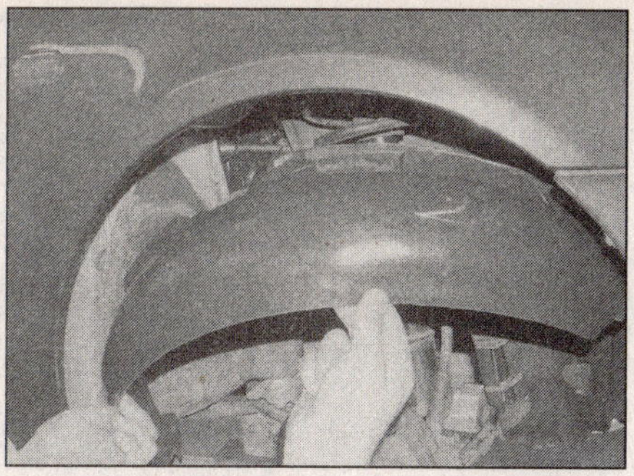

3.6 Dépose de la coquille pare-boue du passage de roue AV.

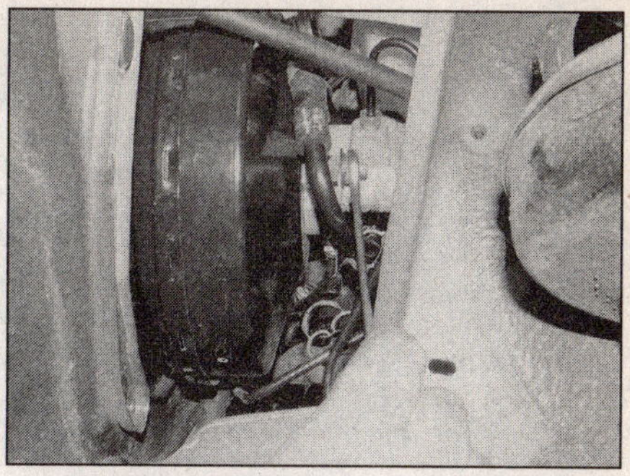

3.7 Desserrage des écrous assemblant le maître-cylindre au servofrein

## Repose

**5** Enduire légèrement de graisse universelle leurs surfaces de contact et installer correctement les bagues-paliers ainsi que l'entretoise au niveau de l'articulation de la pédale.
**6** Remettre en place la pédale sur le support de pédalier puis en s'assurant au préalable que la pédale est correctement engagée sur la chape de liaison de la tige de commande du servofrein, monter la vis d'articulation, en la serrant convenablement.
**7** Installer la cale côté intérieur de la pédale puis reposer l'axe de chape de liaison et le fixer en reposant l'agrafe **(voir illustration)**.
**8** Effectuer la repose de la pédale d'embrayage, comme indiqué au chapitre 6.

# 3 Servofrein - contrôle, dépose et repose

**1** La dépose du servofrein peut s'effectuer par le compartiment moteur. Pour cela, il convient de déposer au préalable le maître-cylindre (voir section 8). Cette méthode implique, suivant le type de motorisation et le niveau d'équipement de véhicule, de déposer la tubulure d'admission, les écrans thermiques, le réservoir de fluide de direction assistée, le vase d'expansion du circuit de refroidissement, le calculateur électronique de gestion du moteur et sur les modèles à moteur Diesel, la transmission du côté gauche. Se reporter aux chapitres correspondants du manuel pour ces différentes opérations. Est décrite ci-dessous la dépose du servofrein par le côté habitacle.

## Contrôle

**2** Pour contrôler le fonctionnement du servofrein, donner plusieurs coups de pédale afin d'évacuer la dépression résiduelle puis mettre le moteur en marche tout en maintenant la pédale complètement enfoncée. Au démarrage du moteur, on doit pouvoir sentir la pédale s'enfoncer sensiblement, cela indiquant que la communication de la dépression s'effectue normalement. Laisser le moteur tourner pendant au moins deux minutes puis l'arrêter. Si la pédale vient ensuite à être enfoncée, elle doit offrir une résistance normale et si elle est actionnée à plusieurs reprises supplémentaires, la résistance doit augmenter et la course doit diminuer au fur et à mesure.
**3** Si les effets indiqués ci-dessus ne sont pas obtenus, contrôler tout d'abord le clapet anti-retour du servofrein comme décrit en section suivante. Vérifier également le fonctionnement de la pompe à vide d'assistance de freinage sur les versions à moteur Diesel (voir section 25).
**4** Si ces contrôles s'avèrent satisfaisants et que le servofrein ne fonctionne toujours pas correctement, celui-ci est à incriminer et il y aura lieu de le remplacer compte tenu qu'il n'est pas réparable.

## Dépose

**Nota :** *Le maître-cylindre est à équiper d'un joint torique d'embase neuf à la repose.*
**5** Débrancher le câble de masse (-) de la batterie (voir « *Débranchement de la batterie* » à la partie « *Références* » en fin de manuel).
**6** Serrer le frein à main puis lever l'avant de la voiture au cric et le poser sur chandelles (voir « *Levage et soutien du véhicule* »). Déposer la roue avant gauche ainsi que la coquille pare-boue du passage de roue **(voir illustration)**.
**7** Desserrer et enlever les écrous d'assemblage pour écarter le maître-cylindre du servofrein **(voir illustration)**. Récupérer le joint torique et le mettre au rebut.
**8** Débrancher le tuyau de dépression au niveau du clapet anti-retour du servofrein **(voir illustration)**.
**9** Dans l'habitacle, déposer l'habillage inférieur de planche de bord, côté conducteur. Décrocher l'embout du câble en haut de la pédale d'accélérateur en pinçant ses arrêtoirs. Enlever l'écrou de fixation de l'axe et dégager la pédale du support **(voir illustration)**.
**10** Débrancher le connecteur électrique du contacteur de feux stop au-dessus de la pédale de frein.
**11** Déboîter la butée de course puis décrocher l'embout du câble d'embrayage du secteur cranté du dispositif de rattrapage de la pédale **(voir illustrations)**.

3.8 Débranchement du tuyau de dépression du clapet anti-retour de servofrein

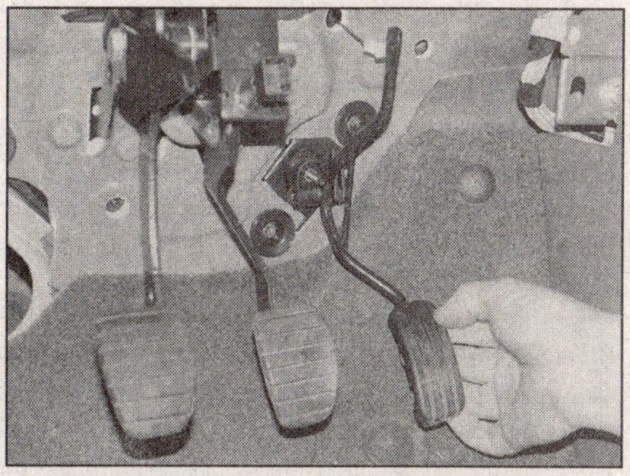

3.9 Dépose de la pédale d'accélérateur

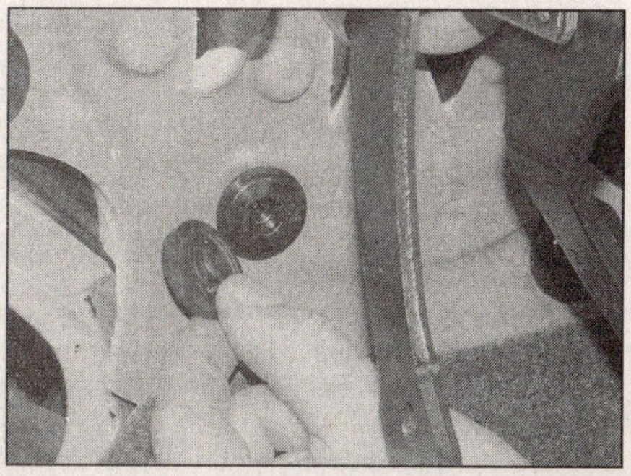

3.11a Dépose de la butée de course de pédale d'embrayage . . .

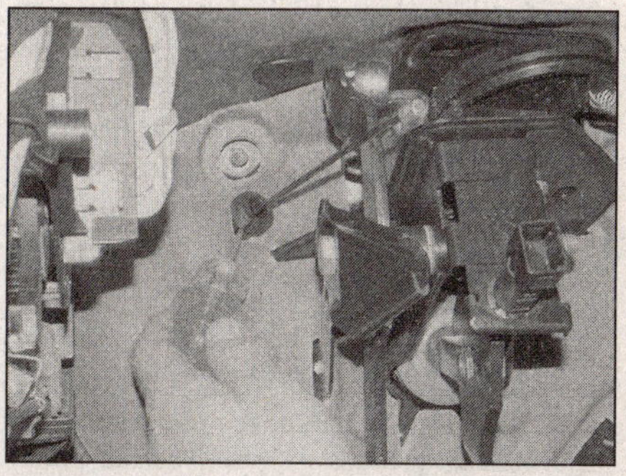

3.11b . . . et désaccouplement de l'embout du câble au niveau du secteur cranté de la pédale

9

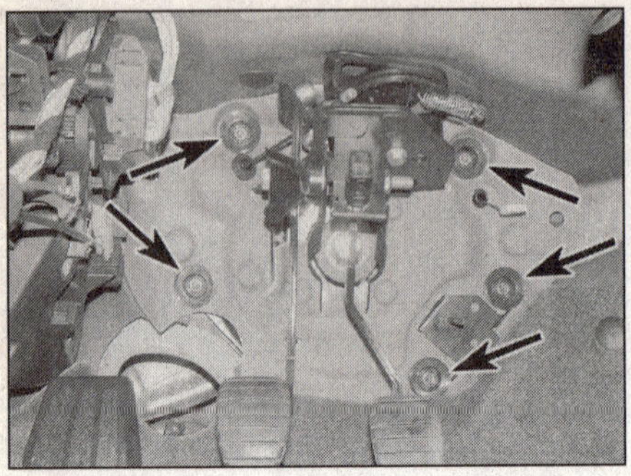

3.12a Desserrer ses écrous de fixation . . .

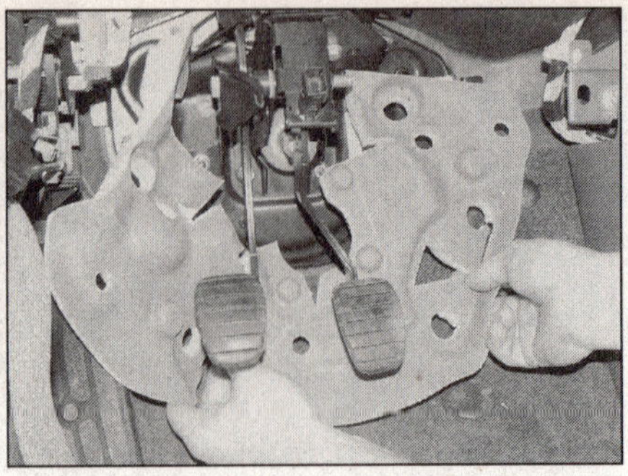

3.12b . . . et déposer la garniture insonorisante

3.13 Dépose de l'ensemble servofrein et support de pédalier dans l'habitacle

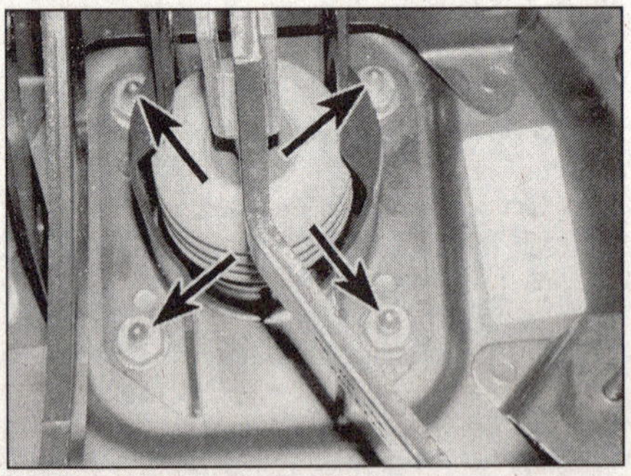

3.14 Ecrous d'assemblage entre servofrein et support de pédalier

12 Desserrer les cinq écrous de fixation au niveau du support de pédalier et dégager la garniture insonorisante **(voir illustrations)**.

13 L'ensemble constitué par le support de pédalier, la pédale de frein et le servofrein peut ensuite dégagé dans l'habitacle **(voir illustration)**.

14 Pour dissocier le servofrein du support de pédalier, desserrer les quatre écrous d'assemblage **(voir illustration)**.

15 Extraire l'agrafe de fixation en rabattant vers le bas sa languette inférieure et la tirant vers le haut puis dégager l'axe de la chape reliant la tige de commande du servofrein à la pédale de frein. Enlever ensuite la cale côté intérieur de la pédale. Séparer ensuite la pédale de la chape et dégager le servofrein en récupérant son joint.

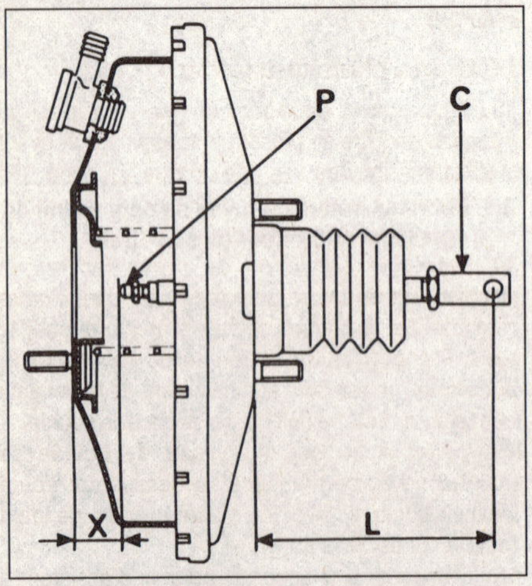


3.16 Cotes de réglage du servofrein

C *Chape de liaison de tige de commande*
*L = 104,8 mm*

P *Ecrou de réglage de tige de poussée*
*X = 22,3 mm*

### Repose

16 Avant d'effectuer la repose du servofrein, vérifier que le dépassement de la tige de commande sans le joint et le retrait de la tige de poussée correspondent aux cotes indiquées en figure jointe **(voir illustration)**. Pour retoucher le dépassement de la tige de commande (cote « L »), débloquer son contre-écrou et tourner la chape de liaison puis rebloquer le contre-écrou. Pour ajuster le retrait de la tige de poussée (cote « X »), agir sur l'écrou de réglage « P ».

17 S'assurer que la bague-joint du clapet anti-retour du servofrein n'est pas abîmée : la changer au besoin.

18 Equiper le maître-cylindre d'un joint torique d'embase neuf et le remettre en place dans le compartiment moteur.

19 S'assurer de la présence du joint puis remettre en place le servofrein sur le support de pédalier dans l'habitacle. Vérifier que la chape de liaison de la tige de commande du servofrein est bien engagée sur la pédale et serrer les quatre écrous d'assemblage au couple prescrit.

20 Installer la cale côté intérieur de la pédale puis reposer l'axe de chape de liaison de la tige de commande du servofrein et le fixer en reposant l'agrafe.

21 Reposer l'ensemble support de pédalier et servofrein, en engageant celui-ci sur le maître-cylindre.

22 Réinstaller la garniture insonorisante du support de pédalier, en serrant convenablement ses cinq écrous de fixation.

23 Accrocher l'embout du câble d'embrayage au secteur cranté du dispositif de rattrapage de la pédale, en s'assurant de remettre correctement en place la gaine du câble sur le support puis reposer la butée de course de la pédale.

24 Rebrancher le connecteur électrique du contacteur de feux stop puis reposer la pédale d'accélérateur et réaccoupler son câble.

25 Rebrancher le tuyau de dépression du clapet anti-retour du servofrein dans le compartiment moteur puis remonter les deux écrous assemblant le maître-cylindre au servofrein, en les serrant au couple préconisé.

26 Rebrancher la batterie.

27 Reposer l'écran pare-boue et la roue puis descendre la voiture au sol, et serrer les vis de la roue au couple prescrit.

28 Mettre le moteur en marche et s'assurer de l'absence de prise d'air au niveau du raccordement du tuyau de dépression du clapet anti-retour du servofrein. Vérifier ensuite le fonctionnement du servofrein de la manière décrite au début de la section.

## 4 Clapet anti-retour de servofrein - dépose, contrôle et repose

### Dépose

1 Serrer le frein à main puis lever l'avant de la voiture au cric et le poser sur chandelles (voir « *Levage et soutien du véhicule* ». Déposer la roue avant gauche ainsi que la coquille pare-boue du passage de roue.

2 Débrancher le tuyau de dépression du clapet anti-retour du servofrein **(voir illustration 3.8)**.

3 Déboîter le clapet de sa bague-joint en caoutchouc en exerçant un mouvement de torsion et en tirant en même temps. Récupérer ensuite la bague-joint sur le servofrein.

### Contrôle

4 Examiner le clapet pour s'assurer qu'il n'est pas abîmé et le remplacer au besoin. Le fonctionnement du clapet peut être contrôlé en injectant de l'air dans les deux sens. Le clapet ne doit permettre la circulation d'air que dans un seul sens : à partir de son côté servofrein. En cas contraire, changer le clapet.

5 Vérifier l'état de la bague-joint et du tuyau souple de dépression. Les changer s'ils sont détériorés.

### Repose

6 Réinstaller la bague-joint sur le servofrein.

7 Monter le clapet anti-retour en le poussant pour bien l'emboîter sur la bague-joint, en faisant attention de ne pas la déloger ni l'endommager. Rebrancher le tuyau de dépression.

8 Reposer l'écran pare-boue et la roue puis descendre la voiture au sol, et serrer les vis de la roue au couple prescrit.

9 Faire démarrer le moteur et s'assurer de l'absence de prise d'air au niveau du raccordement du tuyau de dépression du clapet anti-retour.

## 5 Filtre à air de servofrein - remplacement

1 Dans l'habitacle, déposer l'habillage inférieur de planche de bord, côté conducteur puis en opérant sous le pédalier, déboîter le capuchon en caoutchouc à la partie arrière du servofrein et le dégager de la tige de poussée.
2 Extraire le filtre à air usagé du servofrein à l'aide d'un crochet métallique ou d'un tournevis.
3 Inciser le filtre neuf et l'engager autour de la tige de poussée puis l'enfoncer dans le logement du servofrein, en veillant à bien l'étendre dans l'alésage afin d'éviter les passages d'air non filtré **(voir illustration)**.
4 Remettre en place le capuchon en caoutchouc et vérifier la réaction de la pédale de frein.

## 6 Circuit hydraulique - purge

***Danger : Le liquide de frein est une substance à manipuler avec précaution. En cas de contact avec la peau, se laver immédiatement. En cas de contact avec les yeux ou d'ingestion, consulter d'urgence un médecin ou contacter le Centre Anti-Poisons le plus proche. Certains types de liquides sont inflammables. Dans le doute sur la nature du liquide, lors de toute intervention sur le circuit hydraulique, il est préférable de prendre les mêmes mesures de sécurité que s'il s'agissait d'essence. Enfin, le liquide de frein est hygroscopique, c'est-à-dire qu'il absorbe l'humidité de l'air, ce qui le rend inutilisable. Lors d'une remise à niveau ou d'une vidange du circuit hydraulique, veiller à utiliser exclusivement le liquide préconisé et s'assurer qu'il provient d'un bidon récemment entamé et ayant été maintenu parfaitement bouché***

**info HAYNES** ***Le liquide de frein attaque la peinture et les matières plastiques. En cas d'éclaboussure, rincer immédiatement et en abondance à l'eau claire***

**Nota :** *Sur les modèles avec antiblocage des roues (ABS), en cas de débranchement de l'une quelconque de ses canalisations, le circuit hydraulique de freinage complet est à purger pour pouvoir utiliser le véhicule, sinon de l'air risque d'être admis dans le groupe électropompe du bloc hydraulique, ce qui rendrait difficile voire impossible la purge du circuit.*
***Attention : Pour les modèles avec antiblocage des roues (ABS), il est nécessaire de débrancher la batterie avant de procéder au débranchement de l'une des canalisations du circuit hydraulique de freinage et de la rebrancher suite à la purge du circuit afin d'éviter l'admission d'air dans le groupe électropompe, ce qui rendrait difficile et dans certains cas impossible la purge du bloc hydraulique***

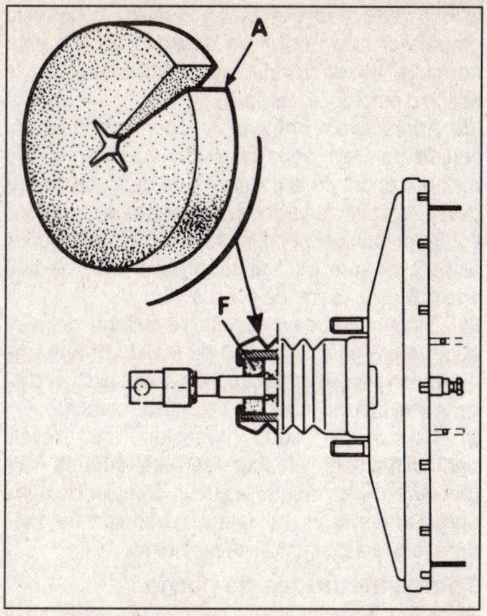

**5.4 Remplacement du filtre à air de servofrein**
*A Partie à inciser*
*F Position de montage correcte du filtre dans l'alésage*

### Généralités

1 Le bon fonctionnement du système hydraulique n'est possible que si l'air éventuellement présent dans ses éléments constituants et dans le circuit a été évacué, ce qui s'obtient en effectuant une purge.
2 Pendant toute la durée des opérations de purge, maintenir le niveau dans le réservoir en ajoutant du liquide neuf de la qualité prescrite. Ne jamais réutiliser de liquide provenant d'une purge. Prévoir une quantité suffisante de liquide avant d'entreprendre les opérations.
3 Si du liquide de qualité inappropriée a pu être utilisé par mégarde dans le circuit de freinage, ce dernier doit être rincé complètement avec du liquide propre et de qualité adéquate. Les différents éléments du circuit doivent également être dotés de joints neufs.
4 En cas de fuite de liquide de frein ou si de l'air s'est infiltré dans le circuit hydraulique suite à une prise d'air, s'assurer de bien résoudre ce problème avant de poursuivre les opérations.
5 Garer la voiture sur une aire plane, couper le contact et enclencher la 1re vitesse ou la marche arrière (ou le rapport « P » dans le cas d'une boîte de vitesses automatique). Caler les roues puis desserrer le frein à main.
6 Vérifier que tous les flexibles et canalisations sont convenablement fixés, que les raccords sont bien serrés et que les vis de purge sont fermées. Eliminer la poussière et la saleté autour des vis de purge implantées au niveau des étriers ou des cylindres récepteurs de freins.
7 Dévisser et enlever son bouchon puis remplir au maximum le réservoir du maître-cylindre. Reposer le bouchon sans le bloquer. Veiller à maintenir le niveau de liquide en permanence au-dessus du repère « mini. » durant toute l'opération de purge sinon de l'air risque d'être réaspiré dans le circuit.
8 Il existe différentes sortes d'appareils de purge en vente dans les centres auto. Il est conseillé d'utiliser un tel appareil permettant d'effectuer la purge sans le concours d'une autre personne et qui facilite grandement les opérations et réduit par ailleurs les risques de réaspiration dans le circuit d'air et de liquide qui en ont été chassés. A défaut, effectuer la purge en suivant la méthode classique à deux décrite plus bas.
9 Si un appareil de purge est employé, effectuer les opérations préliminaires indiquées plus haut et suivre les instructions de la notice de l'appareil. Les opérations peuvent varier légèrement suivant le type d'appareil de purge utilisé. Elles sont décrites plus loin.
10 Quelle que soit la méthode utilisée, il conviendra de suivre l'ordre des opérations indiqué ci-dessous afin d'être en mesure d'éliminer en totalité l'air dans le circuit.

### Ordre de purge

**Nota :** *Le moteur doit être arrêté pour procéder à la purge du circuit hydraulique de freinage.*
11 Si le circuit n'a été que partiellement ouvert et que des précautions ont été prises pour limiter les pertes de liquide de frein, il sera nécessaire de purger uniquement la partie concernée du circuit.
12 Pour effectuer la purge du circuit complet, opérer dans l'ordre suivant :

**Sans ABS**

*a) Frein arrière droit*
*b) Frein avant gauche*
*c) Frein arrière gauche*
*d) Frein avant droit*

**Avec ABS**

*a) Frein arrière droit*
*b) Frein arrière gauche*
*c) Frein avant gauche*
*d) Frein avant droit*

### Purge

**Méthode classique (à deux)**

13 Se procurer un bocal en verre propre, un morceau de tube en plastique transparent pouvant s'adapter sur les vis de purge et une clé polygonale. L'assistance d'une autre personne sera également indispensable.
14 Retirer le capuchon de protection sur la première vis de purge à se présenter dans l'ordre puis monter la clé sur cette vis et y brancher le tube. Plonger l'autre extrémité du tube dans le bocal que l'on remplira suffisamment de façon à ce que le bout du tube soit immergé dans le liquide.
15 Veiller à ce que le niveau de liquide se maintienne en permanence au-dessus du repère « mini. » sur le réservoir du maître-cylindre pendant toute la durée de la purge.
16 Demander à la seconde personne assistant à l'opération d'actionner plusieurs fois de suite la pédale de frein afin de mettre sous pression le circuit puis de la maintenir enfoncée.
17 Desserrer la vis de purge d'un tour environ et laisser le liquide sous pression et l'air s'écouler

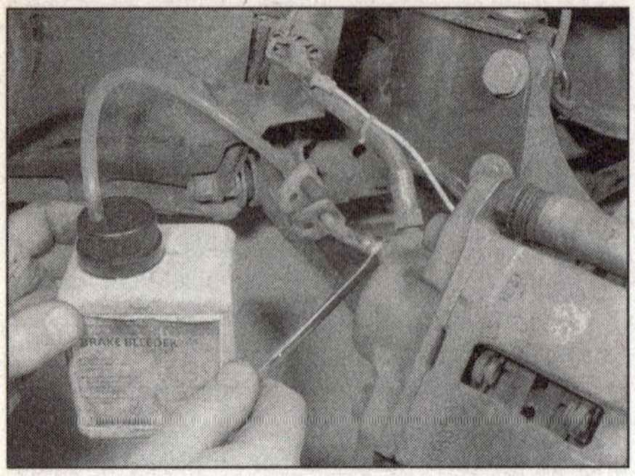

**6.21 Purge d'un frein AV. avec un appareil à clapet de retenue**

dans le bocal. Le collaborateur doit maintenir la pédale enfoncée en accompagnant son mouvement jusqu'au plancher s'il le faut pour ne la relâcher que lorsque l'on lui dira de le faire. L'écoulement de liquide par le tube s'étant tari, resserrer la vis de purge et demander au collaborateur de relâcher progressivement et lentement la pédale de frein puis recontrôler le niveau de liquide dans le réservoir.

**18** Répéter les opérations décrites aux points précédents jusqu'à ce que le liquide s'écoulant par le tube ne contienne plus de bulles d'air. Ne pas oublier de revérifier le niveau de liquide dans le réservoir après environ cinq « pompages » consécutifs au niveau de la pédale. Si le maître-cylindre a été vidé et rempli ensuite et que de l'air se trouve évacué au niveau de la première vis de purge dans l'ordre des opérations, observer une pause d'environ cinq secondes entre chaque phase de façon à ce que ses conduits se remplissent.

**19** Après disparition totale des bulles d'air, bien resserrer la vis de purge, débrancher le tube, enlever la clé et reposer le capuchon de protection. Ne pas serrer exagérément la vis de purge.

**20** Procéder de la même manière sur les autres vis de purge et dans l'ordre prescrit jusqu'à ce que le circuit hydraulique ne renferme plus d'air et que la pédale de frein soit de nouveau ferme en l'enfonçant.

### Utilisation d'un purgeur à clapet de retenue

**21** Ainsi que sa désignation le laisse entendre, cet appareil consiste en un tube et un clapet de retenue empêchant l'air et le liquide chassés de se trouver réaspirés dans le circuit. Certains appareils comportent un bac transparent permettant d'observer plus facilement les bulles d'air évacuées en bout de tube **(voir illustration)**.

**22** L'appareil se branche sur la vis de purge qui peut ensuite être ouverte. L'utilisateur passera à l'intérieur de la voiture pour appuyer sur la pédale de frein, en l'enfonçant régulièrement et fermement pour la relâcher lentement ensuite. Cette opération doit être répétée jusqu'à ce que le liquide évacué soit exempt de bulles d'air.

**23** Ces appareils sont si commodes à utiliser qu'il est très facile d'oublier de rétablir régulièrement le niveau de liquide dans le réservoir, qui doit être maintenu en permanence au-dessus du repère « mini. ».

### Utilisation d'un purgeur sous pression

**24** Ce type d'appareil fonctionne généralement à partir de la réserve d'air sous pression que contient la roue de secours bien qu'il puisse être nécessaire d'abaisser la pression en dessous de la valeur normale. Se conformer aux instructions de la notice d'emploi de l'appareil.

**25** Après avoir branché le bac contenant du liquide de frein sous pression au réservoir du maître-cylindre de la voiture, la purge s'effectue en desserrant simplement chaque vis tour à tour (dans l'ordre préconisé) et en laissant le liquide s'écouler jusqu'à ce que plus aucune bulle d'air ne soit aperçue dans le liquide évacué.

**26** Cette méthode présente l'avantage de faire appel à un grand réservoir de liquide offrant une protection supplémentaire contre la réaspiration d'air dans le circuit au cours des opérations de purge.

**27** La purge sous pression se révèle particulièrement efficace sur les circuits « à problèmes » ou lorsque le circuit complet doit être purgé après renouvellement du liquide de frein dans le cadre de l'entretien périodique.

### Toutes méthodes de purge

**28** Les opérations de purge étant terminées, bien resserrer les vis de purge et essuyer soigneusement les éclaboussures de liquide. Munir les vis de purge de leur capuchon de protection.

**29** Contrôler et rétablir si nécessaire le niveau de liquide de frein dans le réservoir du maître-cylindre.

**30** Jeter le liquide de frein provenant de la purge : il ne doit pas être réutilisé.

**31** Vérifier la réaction de la pédale de frein. Si elle demeure spongieuse, élastique, de l'air doit encore se trouver dans le circuit et une purge supplémentaire s'impose. Si plusieurs purges successives s'avèrent inefficaces, cela peut être dû à des joints de maître-cylindre usés.

## 7 Canalisations et flexibles de freins - remplacement

**Nota :** *Avant toute intervention, consulter la mise en garde concernant le liquide de frein au début de la section précédente.*

**1** Si un flexible ou une canalisation sont à changer, limiter les pertes de liquide en enlevant le bouchon du réservoir du maître-cylindre puis en le remettant en place après avoir intercalé un film étirable en plastique (veiller à ne pas abîmer la sonde de niveau), ce qui offrira une bonne étanchéité à l'air. En alternative, poser des pinces à durits sur les flexibles et obturer les raccords de canalisations métalliques immédiatement après leur débranchement, en prenant soin de ne pas entraîner l'admission d'impuretés à l'intérieur du circuit. Entourer le raccord à débrancher d'un chiffon pour récupérer le liquide pouvant être amené à couler.

**2** Pour débrancher un flexible, desserrer l'écrou de raccord sur la canalisation avant d'enlever la bride élastique assurant la fixation du flexible sur sa patte de maintien **(voir illustration)**.

**3** Pour desserrer les écrous de raccords, il est préférable d'utiliser une clé spéciale pour canalisations de frein de diamètre approprié (anneau brisé de 11-13 mm) en vente dans les centres auto ou chez les fournisseurs d'outillage pour l'automobile. A défaut, utiliser une clé plate à fourche assurant une bonne prise sur l'écrou, mais si celui-ci est grippé ou lorsque ses pans sont usés, la clé risque de riper. Dans ce cas, la seule solution pour desserrer un raccord tenace sera d'avoir recours à une pince-étau mais la canalisation et les écrous endommagés seront à remplacer au remontage. Il convient de toujours nettoyer les raccords et leur périphérie avant de les débrancher. Pour débrancher une canalisation comportant plusieurs raccords, veiller à bien repérer leur position respective avant de les desserrer.

**4** Si une canalisation rigide doit être changée, un ensemble de rechange prédécoupé à la longueur spécifiée, à extrémités évasées et muni de ses écrous de raccordement peut être obtenu auprès du service des pièces détachées d'un concessionnaire Renault. Il suffira alors de lui donner la forme voulue correspondant à celle de la canalisation d'origine avant de le mettre en place. La plupart des centres auto vendent également des canalisations de frein en kits mais il convient de mesurer avec précision la longueur de la canalisation d'origine afin d'acquérir un ensemble de rechange approprié sur le plan de sa longueur. La meilleure solution pour résoudre ce problème est d'apporter la canalisation d'origine avec soi au magasin à titre de référence.

**5** Lors de mise en place des canalisations, ne pas serrer exagérément les écrous de raccords. Le couple de serrage préconisé n'est pas particulièrement élevé et il n'est pas nécessaire d'exercer une pression excessive sur les raccords pour assurer leur bonne étanchéité.

**6** S'assurer du bon cheminement des canalisations et des flexibles qui ne doivent pas être pliés ni être vrillés et vérifier qu'ils sont bien fixés au niveau de

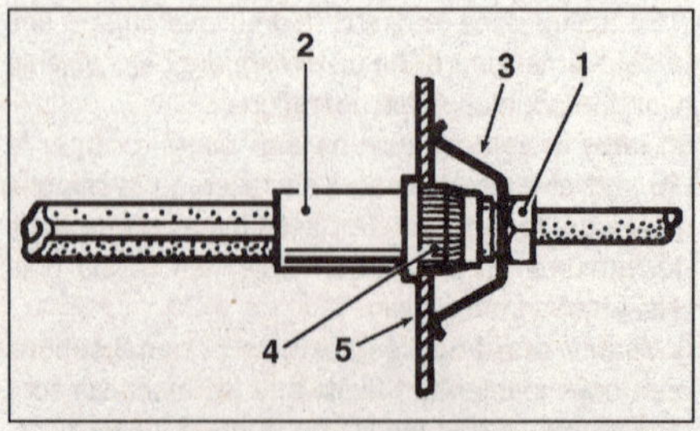


**7.2a Raccordement de canalisation rigide-flexible de frein**

*1 Ecrou de raccord*
*2 Flexible*
*3 Bride à ressort*
*4 Embout cannelé*
*5 Support*

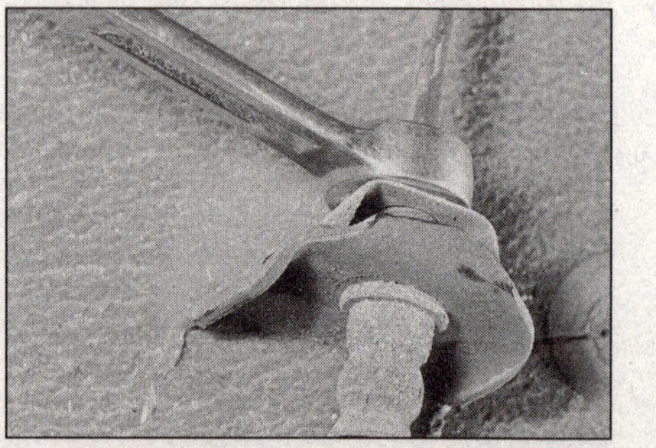

**7.2b Desserrage d'un écrou de raccord de canalisation de frein avec une clé plate**

leurs colliers et pattes de maintien. S'agissant des flexibles, s'assurer qu'ils ne frottent pas contre des pièces attenantes lors des manœuvres de la direction et du débattement des suspensions.

7 Après la mise en place, retirer le film étirable en plastique posé au préalable sur le réservoir ou enlever les pinces sur les flexibles, suivant le cas et purger le circuit hydraulique comme décrit en section précédente. Essuyer soigneusement toute éclaboussure de liquide de frein et se livrer à un contrôle d'étanchéité méticuleux pour s'assurer de l'absence de fuites.

## 8 Maître-cylindre - dépose et repose

***Attention : Pour les modèles avec antiblocage des roues (ABS), il est nécessaire de débrancher la batterie avant de procéder au débranchement de l'une des canalisations du circuit hydraulique de freinage et de la rebrancher suite à la purge du circuit afin d'éviter l'admission d'air dans le groupe électropompe, ce qui rendrait difficile et dans certains cas impossible la purge du bloc hydraulique (voir section 6)***

**Nota :** *Avant toute intervention, consulter la mise en garde concernant le liquide de frein au début de la section 6.*

### Dépose

1 Débrancher le câble de masse (-) de la batterie (voir « *Débranchement de la batterie* » à la partie « *Références* » en fin de manuel).

2 Serrer le frein à main puis lever l'avant de la voiture au cric et le poser sur chandelles (voir « *Levage et soutien du véhicule* »).

3 Déposer la roue avant gauche et la coquille pare-boue du passage de roue.

4 Déposer également le calculateur électronique de gestion du moteur (voir chapitre 4A ou 4B).

5 Sauf pour les versions à moteur Diesel avec climatisation, dégrafer du tablier et écarter ensuite vers le moteur le réservoir de fluide de direction assistée.

6 Débrancher le connecteur électrique de la sonde de niveau puis enlever son bouchon et vider complètement le réservoir du maître-cylindre. **Nota :** *Ne jamais siphonner le liquide de frein par l'intermédiaire d'un tube avec la bouche : il s'agit d'une substance toxique. Utiliser une seringue ou une pipette.* En alternative, raccorder des tubes en plastique à deux des vis de purge du circuit hydraulique puis ouvrir les vis et actionner la pédale de frein en pompant doucement à son niveau pour évacuer le liquide par les tubes (voir section 6).

7 Tirer sèchement sur le réservoir pour le déboîter de ses deux bagues-joints sur le maître-cylindre.

8 Nettoyer le pourtour des raccords de canalisations de frein sur le maître-cylindre et disposer des chiffons sous les raccords pour récupérer le liquide pouvant couler. Repérer leur position de raccordement respective, desserrer les écrous de raccords et dégager avec précaution les canalisations **(voir illustration)**. Obturer les

**8.8 Desserrage d'un écrou de raccord de canalisation de frein au niveau du maître-cylindre**

canalisations ainsi que les orifices découverts sur le maître-cylindre avec un bouchon ou du ruban adhésif afin d'arrêter l'écoulement de liquide et de prévenir toute admission d'impuretés dans le circuit. Rincer immédiatement à l'eau froide toute éclaboussure de liquide de frein.

9 Desserrer les deux écrous de fixation de la patte-support de canalisation de dépression.

10 Desserrer et enlever les deux écrous assemblant le maître-cylindre au servofrein puis sortir le maître-cylindre du compartiment moteur **(voir illustration)**. Récupérer le joint torique d'embase du maître-cylindre et le mettre au rebut.

11 Aucune pièce de rechange détaillée n'étant prévue pour la réparation, le maître-cylindre complet doit être remplacé en cas de défectuosité. Les bagues-joints du réservoir peuvent être changées si elles sont en mauvais état. Le joint torique d'embase est à remplacer systématiquement à chaque dépose du maître-cylindre afin d'éviter tout défaut d'étanchéité à ce niveau pouvant entraîner une prise d'air dans le servofrein.

### Repose

12 Avant de procéder à la repose du maître-cylindre, vérifier que le retrait de la tige de poussée du servofrein corresponde à la cote prescrite, sinon l'ajuster au moyen de l'écrou en bout de tige **(voir illustration 3.16)**.

13 Nettoyer soigneusement les plans de joint du maître-cylindre et du servofrein. Equiper le maître-cylindre d'un joint torique d'embase neuf.

14 Présenter le maître-cylindre sur le servofrein, en s'assurant que la tige de poussée de ce dernier s'engage bien axialement dans l'alésage du maître-cylindre. Monter les deux écrous d'assemblage et les serrer au couple prescrit.

15 Nettoyer les raccords de canalisations de frein puis les rebrancher sur les orifices du maître-cylindre, en respectant leur emplacement d'origine et serrer les écrous au couple préconisé.

16 Installer le réservoir sur le maître-cylindre en le poussant pour bien l'emboîter sur les bagues-joints.

17 Dans le cas des modèles avec direction à gauche, procéder à la repose du calculateur électrique de gestion du moteur et le cas échéant, du réservoir de fluide de direction assistée.

18 Rebrancher le connecteur électrique de la sonde de niveau ainsi que la batterie puis remplir le réservoir de liquide neuf et effectuer la purge du circuit hydraulique de freinage complet, comme décrit en section 6.

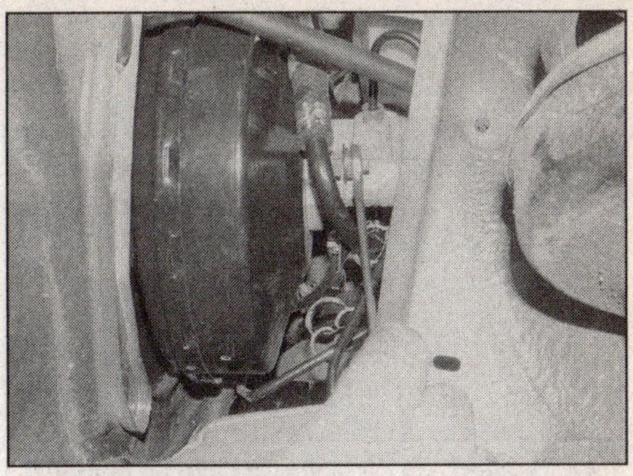

**8.10 Desserrage d'un écrou assemblant le maître-cylindre au servofrein**

## 9 Plaquettes de freins AV. - remplacement

***Danger : Les plaquettes de freins avant doivent être remplacées par train complet, c'est-à-dire des deux côtés en même temps : ne jamais les changer que sur un seul côté sinon il pourrait en résulter un freinage déséquilibré. Prendre garde à la poussière engendrée par le frottement de la garniture des plaquettes de freins qui est susceptible de contenir de l'amiante, une substance nocive pour la santé. Ne jamais chasser la poussière à l'air comprimé et faire de sorte à ne pas en inhaler. Il est recommandé de porter un masque répondant aux normes de sécurité en vigueur lors d'une intervention sur les freins. NE PAS utiliser d'essence ni de solvants à base de pétrole pour nettoyer les pièces du système de freinage. Employer exclusivement un produit de nettoyage spécifique pour freins ou de l'alcool éthylique dénaturé (à brûler)***

1 Serrer le frein à main, débloquer les vis des deux roues avant puis lever l'avant de la voiture au cric et le poser sur chandelles (voir « *Levage et soutien du véhicule* »). Finir de desserrer leurs vis et déposer les roues avant.

2 Suivant équipement, suivre le trajet du fil électrique du témoin d'usure en partant de la plaquette de l'étrier du côté concerné jusqu'à la connexion et la débrancher **(voir illustration)**.

3 Repousser le piston dans l'alésage en tirant

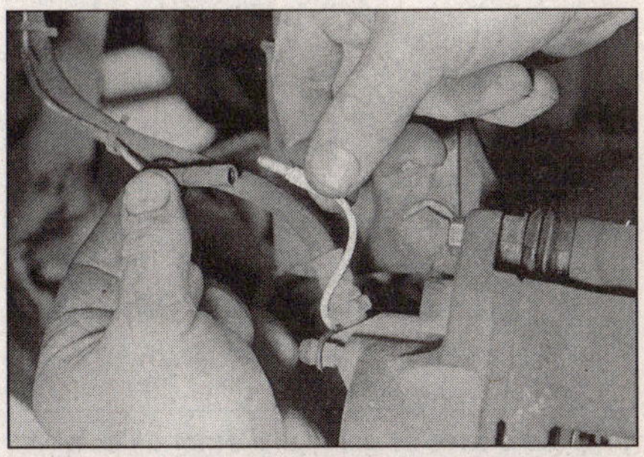

**9.2 Débranchement du connecteur de fil de témoin d'usure des plaquettes de frein AV. - montage Girling**

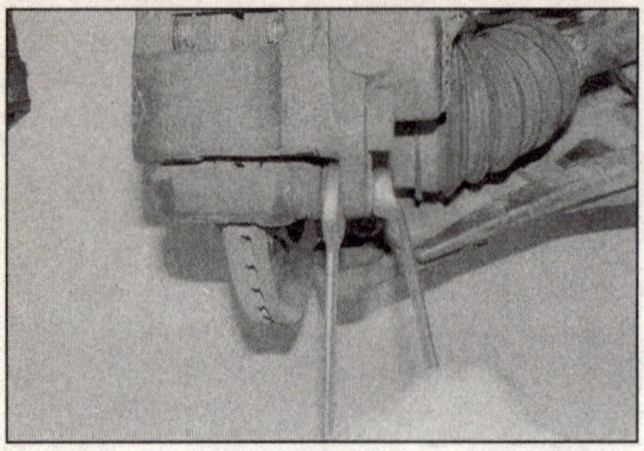

**9.4 Desserrage de la vis de l'axe de guidage inférieur d'un étrier de frein AV. - montage Girling**

l'étrier vers l'extérieur, sans exagération sinon le liquide de frein risque de déborder du réservoir du maître-cylindre.

## Montage Girling

**Nota :** *Prévoir un produit-frein approprié à déposer sur le filetage des vis d'axes de guidage des étriers au remontage.*

**4** Desserrer et enlever les vis des axes de guidage supérieur et inférieur de l'étrier, tout en retenant les axes avec une seconde clé plate **(voir illustration)**. Mettre les vis au rebut : elles sont à changer systématiquement à chaque démontage. Les jeux de plaquettes de freins d'origine du constructeur sont livrés avec des vis.

**5** Soulever l'étrier pour le dégager des plaquettes et du support puis l'attacher avec un morceau de fil de fer ou de ficelle au ressort hélicoïdal de suspension : ne pas laisser l'étrier pendre par son flexible d'alimentation sans être soutenu.

**6** Dégager les deux plaquettes du support de l'étrier et les examiner.

**7** Mesurer l'épaisseur de chacune des plaquettes, garniture et support compris, avec une règle plate. Si l'une des plaquettes atteint la limite d'usure prescrite, le train complet des quatre plaquettes de freins avant est à changer. Il y aura également lieu de remplacer les plaquettes si elles sont imprégnées d'huile ou de graisse, compte tenu qu'il n'existe pas de méthode efficace de dégraissage de la matière de friction. Si l'une des plaquettes présente une usure inégale ou des traces graisseuses, déterminer l'origine de ces anomalies et y remédier avant de procéder au remontage. Des jeux de plaquettes de rechange peuvent être obtenus auprès du service des pièces détachées d'un concessionnaire Renault.

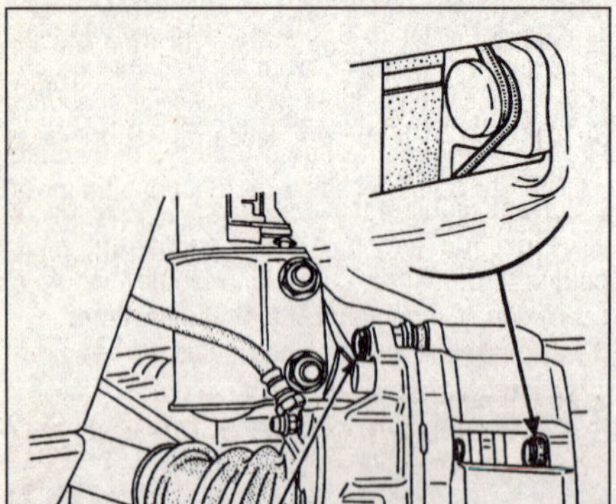


**9.12 Vis d'axes de guidage d'étrier de frein AV. (7) et en médaillon, position de montage correcte du ressort antibruit de plaquette - montage Girling**

**9.11 Installation de la plaquette extérieure de frein AV. - montage Girling**

**8** Si les plaquettes peuvent être réutilisées, les nettoyer en procédant avec précaution avec une brosse métallique fine, en portant une attention particulière aux côtés et au dos du support. Nettoyer la rainure dans la garniture de friction et retirer les résidus ou les saletés incrustés dans la matière. Nettoyer également les logements des plaquettes dans le support d'étrier.

**9** Avant de procéder à la mise en place des plaquettes, vérifier que les axes de guidage coulissent librement dans le support de l'étrier et que les soufflets des axes ne sont pas abîmés. Eliminer la poussière et la saleté sur l'étrier et le piston en faisant de sorte *à ne pas en inhaler vu qu'elle peut être dangereuse pour la santé*. S'assurer de la bonne étanchéité du joint autour du piston et vérifier l'état du cache-poussière et du piston pour déceler d'éventuelles traces de détérioration ou de corrosion. Si ces pièces nécessitent un examen particulier, se reporter à la section suivante. Vérifier également l'état du disque de frein, comme décrit en section 11.

**10** En cas de montage de plaquettes neuves, le piston doit être repoussé dans l'alésage de l'étrier pour pouvoir les installer. Utiliser à cet effet un serre-joints ou un outil similaire ou bien encore des coins en bois servant de leviers. Dans la mesure où le réservoir du maître-cylindre n'a pas été trop rempli, il ne doit pas se produire de débordement de liquide de frein, mais veiller tout de même à surveiller le niveau dans le réservoir lors du recul du piston. Si le niveau vient à atteindre son bord supérieur, vider légèrement le réservoir en siphonnant le liquide ou évacuant le trop-plein au moyen d'un tube en plastique branché à la vis de purge de l'étrier (voir section 6). Ne pas siphonner le liquide de frein par l'intermédiaire d'un tube avec la bouche : il s'agit d'une substance toxique. Utiliser une seringue ou une pipette.

**11** Installer les plaquettes sur le support de l'étrier, en veillant à disposer leur garniture de friction contre le disque **(voir illustration)**. La cas échéant, la plaquette avec le fil électrique du témoin d'usure se monte côté intérieur.

**12** Remettre en place l'étrier sur les plaquettes et le support. Déposer quelques gouttes de produit-frein approprié sur leur filetage puis monter les vis neuves des axes de guidage inférieur et supérieur. Vérifier que le ressort antibruit des plaquettes est correctement ancré puis serrer les vis des axes de guidage au couple prescrit, en commençant par celle du bas **(voir illustration)**.

**13** Rebrancher éventuellement la connexion du fil de témoin d'usure des plaquettes, en veillant à réinstaller convenablement le fil.

**14** Actionner plusieurs fois de suite la pédale de frein afin de rapprocher les plaquettes du disque.

**15** Procéder de la même manière sur l'étrier de frein avant de l'autre côté.

**16** Reposer les roues puis descendre la voiture au sol et serrer les vis des roues au couple préconisé.

**17** Vérifier le niveau de liquide de frein, en se reportant à la rubrique « *Contrôles hebdomadaires* » au début du manuel pour cette opération.

**18** Afin de permettre aux plaquettes neuves de trouver leur bonne position de fonctionnement et de rétablir l'efficacité du freinage, éviter de freiner brusquement au cours des 150 premiers kilomètres.

## Montage Bendix

**19** Extraire son épingle au moyen d'une pince puis dégager la clavette de retenue des plaquettes **(voir illustrations)**.

**20** Dégager ensuite les deux plaquettes de l'étrier en utilisant une pince au besoin. Bien repérer sa position de montage et récupérer le ressort antibruit sur chacune des plaquettes.

**9.19a Dépose de l'épingle . . .**

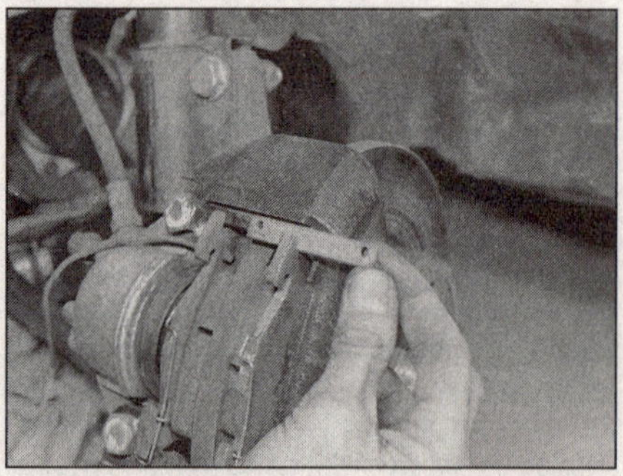

**9.19b . . . et de la clavette de retenue des plaquettes de frein AV. - montage Bendix**

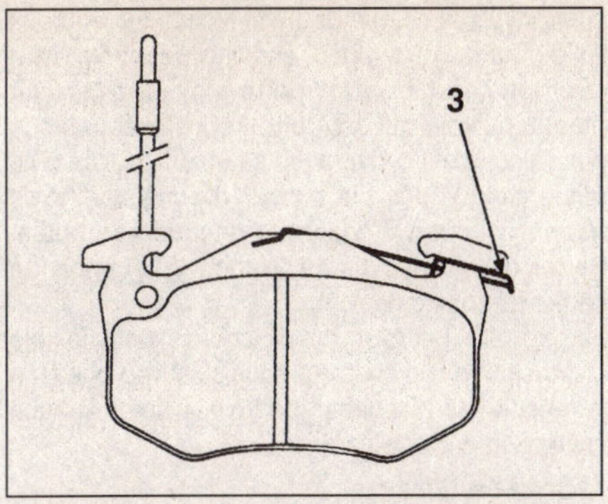


**9.26 Ressort antibruit (3) correctement monté sur une plaquette de frein intérieure Bendix**

**21** Mesurer l'épaisseur de la garniture de chaque plaquette à l'aide d'une règle plate. Si l'une des plaquettes atteint la limite d'usure prescrite, le train complet des quatre plaquettes de freins avant est à changer. Il y aura également lieu de remplacer les plaquettes si elles sont imprégnées d'huile ou de graisse, compte tenu qu'il n'existe pas de méthode efficace de dégraissage de la matière de friction. Si l'une des plaquettes présente une usure inégale ou des traces graisseuses, déterminer l'origine de ces anomalies et y remédier avant de procéder au remontage. Des jeux de plaquettes de rechange peuvent être obtenus auprès du service des pièces détachées d'un concessionnaire Renault.

**22** A noter qu'il existe deux types de plaquettes de freins en montage Bendix, en fonction de l'alésage de l'étrier. Les étriers avec alésage de 45 mm de diamètre nécessitent des plaquettes à garnitures symétriques, tandis que ceux à diamètre de 48 mm sont à équiper de plaquettes à garnitures asymétriques, avec rainure excentrée dans la matière de friction. Le type de plaquette est identifiable par la présence d'un ou de deux crans dans les angles supérieurs de la matière de friction : les plaquettes à garnitures symétriques comportent deux crans et celles à garnitures asymétriques un seul cran.

**23** Si les plaquettes peuvent être réutilisées, les nettoyer en procédant avec précaution avec une brosse métallique fine, en portant une attention particulière aux côtés et au dos du support. Nettoyer la rainure dans la garniture de friction et retirer les résidus ou les saletés incrustés dans la matière. Nettoyer également les logements des plaquettes dans l'étrier.

**24** Avant de procéder à la mise en place des plaquettes, vérifier que l'étrier coulisse librement sur les axes de guidage et que les soufflets de protection des axes sont en bon état. Eliminer la poussière et la saleté sur l'étrier et le piston, en faisant de sorte à ne pas en inhaler vu qu'elle peut être dangereuse pour la santé. S'assurer de la bonne étanchéité du joint autour du piston et vérifier l'état du cache-poussière et du piston pour déceler d'éventuelles traces de détérioration ou de corrosion. Si ces pièces nécessitent un examen particulier, se reporter à la section suivante. Vérifier également l'état du disque de frein, comme décrit en section 11.

**25** En cas de montage de plaquettes neuves, le piston doit être repoussé dans l'alésage de l'étrier pour pouvoir les installer. Utiliser à cet effet un serre-joints ou un outil similaire ou bien encore des coins en bois servant de leviers. Dans la mesure où le réservoir du maître-cylindre n'a pas été trop rempli, il ne doit pas se produire de débordement de liquide de frein, mais veiller tout de même à surveiller le niveau dans le réservoir lors du recul du piston. Si le niveau vient à atteindre son bord supérieur, vider légèrement le réservoir en siphonnant le liquide ou évacuant le trop-plein au moyen d'un tube en plastique branché à la vis de purge de l'étrier (voir section 6). Ne pas siphonner le liquide de frein par l'intermédiaire d'un tube avec la bouche : il s'agit d'une substance toxique. Utiliser une seringue ou une pipette.

**26** Equiper les plaquettes de leur ressort antibruit, en l'installant de telle sorte que son extrémité soit ancrée du côté opposé à la clavette de retenue une fois la plaquette en place sur l'étrier **(voir illustration)**.

**27** Monter les plaquettes sur l'étrier, en disposant leur garniture de friction côté disque de frein et plaçant la plaquette avec le fil électrique du témoin d'usure côté intérieur. S'assurer que l'extrémité du ressort antibruit des plaquettes se trouve bien du côté opposé au logement de la clavette de retenue. Sur les modèles avec plaquettes à garnitures asymétriques, vérifier de l'avant de la voiture que les plaquettes sont correctement installées : la rainure dans la garniture de la plaquette intérieure doit être décalée en hauteur par rapport à celle dans la garniture de la plaquette extérieure **(voir illustrations)**.

**28** Monter la clavette de retenue des plaquettes et la fixer avec l'épingle. Il peut être nécessaire de réaliser un chanfrein d'entrée sur le bord de la clavette pour pouvoir l'engager sans difficulté **(voir illustration)**.

**9.27b Position de montage correcte des plaquettes de frein Bendix à garnitures asymétriques**

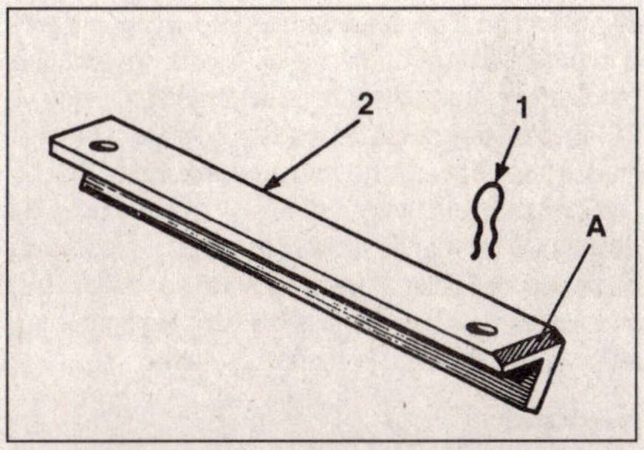


**9.28 Epingle (1) et clavette de retenue (2) des plaquettes de frein Bendix avec chanfrein réalisé à la lime (A)**

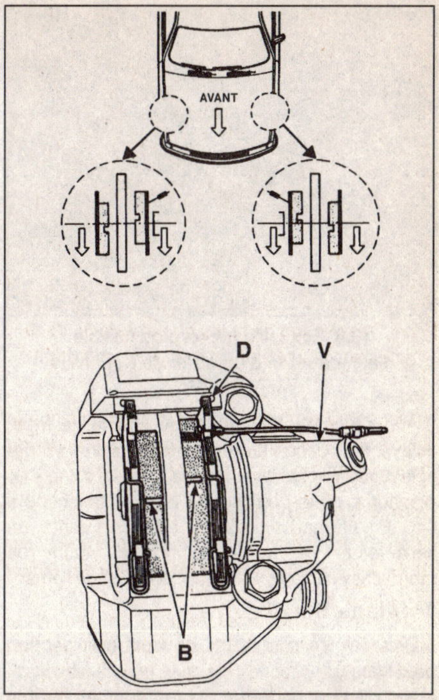


**9.27a Montage des plaquettes de frein Bendix à garnitures asymétriques**

*B Rainures*
*D Position d'épingle de clavette de retenue*
*V Vis de purge*

**29** Rebrancher éventuellement la connexion du fil de témoin d'usure des plaquettes, en veillant à réinstaller convenablement le fil.

**30** Actionner plusieurs fois de suite la pédale de frein afin de rapprocher les plaquettes du disque.

**31** Procéder de la même manière sur l'étrier de frein avant de l'autre côté.

**32** Reposer les roues puis descendre la voiture au sol et serrer les vis des roues au couple préconisé.

**33** Vérifier le niveau de liquide de frein, en se reportant à la rubrique « *Contrôles hebdomadaires* » au début du manuel pour cette opération.

**34** Afin de permettre aux plaquettes neuves de trouver leur bonne position de fonctionnement et de rétablir l'efficacité du freinage, éviter de freiner brusquement au cours des 150 premiers kilomètres.

## 10 Etriers de freins AV. - dépose, démontage et repose

9

***Nota : Avant toute intervention, consulter les mises en garde concernant respectivement le liquide de frein et la poussière d'amiante au début des sections 6 et 9***

### *Dépose*

**1** Serrer le frein à main puis lever l'avant de la voiture au cric et le poser sur chandelles (voir « *Levage et soutien du véhicule* »). Déposer la roue avant du côté concerné.

**10.6 Ecrou de raccord de flexible d'alimentation d'un étrier de frein AV. - montage Girling**

**2** Afin de limiter les pertes de liquide de frein, enlever le bouchon du réservoir du maître-cylindre et le reposer après avoir intercalé un film étirable en plastique, ce qui offrira une bonne étanchéité à l'air. En alternative, poser une pince à durits, un serre-joints ou un outil similaire muni de mordaches sur le flexible d'alimentation de l'étrier.

### Montage Bendix

**3** Déposer les plaquettes de frein (voir section précédente).

**4** Nettoyer le pourtour du raccord de flexible d'alimentation sur l'étrier puis desserrer son écrou.

**5** Desserrer et enlever les deux vis de fixation du support de l'étrier sur le pivot porte-moyeu : veiller à bien repérer le sens de montage de la plaquette-frein des vis. Dégager ensuite l'ensemble support et étrier du disque de frein puis dévisser l'étrier en bout de flexible d'alimentation.

### Montage Girling

**6** Nettoyer le pourtour du raccord de flexible d'alimentation sur l'étrier puis desserrer son écrou **(voir illustration)**.

**7** Desserrer et enlever les vis des axes de guidage supérieur et inférieur de l'étrier, tout en retenant les axes avec une clé plate pour empêcher leur rotation **(voir illustration 9.4)**. Mettre les vis au rebut : elles sont à changer systématiquement à chaque démontage. Dégager ensuite l'étrier du disque de frein et dévisser l'étrier en bout de flexible d'alimentation pour le déposer. A noter qu'il n'est pas nécessaire de déposer les plaquettes de frein qui peuvent rester en place sur le support de l'étrier.

## *Démontage*

**Nota :** *S'assurer de se procurer le nécessaire de remise en état correspondant au montage spécifique du véhicule auprès du service des pièces détachées d'un concessionnaire Renault.*

**8** L'étrier étant posé sur un établi, éliminer toutes les traces de poussière et de saleté en faisant de sorte à ne pas inhaler la poussière susceptible de contenir de l'amiante, une substance nocive pour la santé.

**9** Dans le cas d'un étrier de marque Girling, extraire avec précaution le segment d'arrêt du cache-poussière de l'alésage de l'étrier avec un petit tournevis à lame plate.

**10** Extraire le piston en partie sorti du corps de l'étrier et enlever le cache-poussière. Le piston peut normalement être dégagé à la main. En cas de nécessité, injecter de l'air comprimé par l'orifice du raccord d'alimentation pour le chasser.

***Attention : Le piston peut se trouver éjecté avec une certaine force. Veiller à appliquer uniquement une source d'air basse pression genre pompe de gonflage à pied***

**11** Extraire le joint du piston au moyen d'un outil non tranchant, genre aiguille à tricoter ou crochet, en prenant garde de ne pas marquer l'alésage de l'étrier.

**12** Sortir les axes de guidage du corps ou du support de l'étrier (suivant montage) et déposer les soufflets en caoutchouc.

**13** Nettoyer soigneusement toutes les pièces en utilisant exclusivement de l'alcool éthylique dénaturé (à brûler) ou du liquide de frein propre. Ne jamais employer de solvants d'origine minérale comme l'essence ou le pétrole lampant qui attaqueraient les pièces en caoutchouc du circuit hydraulique. Sécher immédiatement les pièces à l'air comprimé ou en les essuyant avec un chiffon propre et non pelucheux. Nettoyer les conduits de passage de liquide de frein à l'air comprimé pour éventuellement les déboucher.

**14** Contrôler toutes les pièces et remplacer celles usées ou endommagées. Examiner avec soin l'alésage de l'étrier et le piston : s'ils sont rayés, usés ou corrodés, il conviendra de remplacer le corps d'étrier complet. Vérifier également l'état des axes de guidage ainsi que celui de leur logement pour s'assurer de l'absence de signes de détérioration. Les axes, après nettoyage, doivent coulisser sans serrage ni jeu excessif dans les alésages du corps ou du support de l'étrier, suivant montage. Dans le moindre doute sur l'état de l'une ces pièces, la remplacer.

**15** En cas de réutilisation de l'étrier, se procurer un nécessaire de remise en état Renault du modèle adapté, constitué de diverses pièces de rechange.

**16** Changer systématiquement tous les joints, les cache-poussière et les soufflets provenant du démontage, ces pièces ne devant jamais être réutilisées.

**17** Avant de procéder au remontage de l'étrier, s'assurer que toutes les pièces sont parfaitement propres et sèches.

**18** Tremper le piston et son joint neuf dans du liquide de frein propre. Enduire également de liquide de frein l'alésage de l'étrier.

**19** Monter le joint de piston neuf dans la gorge sur l'alésage de l'étrier en s'aidant des mains uniquement (les outils sont à proscrire) puis enfoncer le piston dans l'alésage en lui imprimant un mouvement de rotation : veiller à ne pas le présenter de travers. Repousser le piston à fond dans l'alésage puis engager le cache-poussière sur le corps de l'étrier.

**20** S'il s'agit d'un étrier de marque Girling, installer le segment d'arrêt du cache-poussière en veillant à l'encastrer correctement dans la gorge sur l'étrier.

**21** Enduire de graisse les axes de guidage : utiliser la graisse fournie avec le nécessaire de remise en état ou une graisse haute température, si possible à base de cuivre, puis les monter, suivant le cas, sur le corps ou le support de l'étrier et les équiper de soufflets neufs, en s'assurant de bien les engager dans les gorges sur les axes et le corps ou le support de l'étrier.

## *Repose*

### Montage Bendix

**22** Visser l'étrier à fond sur le raccord du flexible d'alimentation puis réinstaller l'ensemble étrier-support sur le disque de frein. Remonter les deux vis de fixation du support, enduites de produit-frein approprié, sur le pivot porte-moyeu, avec leur plaquette-frein qui est doit être installée dans le bon sens, c'est-à-dire avec sa face incurvée côté étrier, afin d'éviter tout contact avec le soufflet de transmission en braquant la direction en butée. Serrer ensuite les vis de fixation du support de l'étrier au couple prescrit.

**23** Serrer l'écrou du raccord de flexible d'alimentation au couple préconisé puis procéder à la repose des plaquettes de frein, comme indiqué en section précédente.

### Montage Girling

**24** Visser l'étrier à fond sur le raccord du flexible d'alimentation et vérifier que les plaquettes de frein sont convenablement installées sur le support de l'étrier.

**25** Remettre en place l'étrier sur les plaquettes de frein et le support. Déposer quelques gouttes de produit-frein approprié sur leur filetage puis monter les vis neuves des axes de guidage inférieur et supérieur. Vérifier que le ressort antibruit des plaquettes est correctement ancré **(voir illustration 9.12)** puis serrer les vis des axes de guidage au couple prescrit, en commençant par celle du bas.

**26** Serrer l'écrou du raccord de flexible d'alimentation au couple préconisé.

### Tous types

**27** Retirer la pince sur le flexible d'alimentation ou le film étirable en plastique sur le réservoir du maître-cylindre, suivant le cas. Effectuer la purge du circuit hydraulique de freinage en se reportant à la section 6 pour cette opération. A noter que si les mesures indiquées ont été prises pour limiter les pertes de liquide, il conviendra de purger uniquement la partie correspondante du circuit avant de freinage.

**28** Reposer la roue et ramener la voiture au sol puis serrer les vis de la roue au couple prescrit.

## 11 Disques de freins AV. - contrôle, dépose et repose

**Nota :** *Avant toute intervention, consulter la mise en garde concernant la poussière d'amiante au début de la section 9. Si un disque de frein avant doit être changé, il conviendra de remplacer les deux disques en même temps, sinon il pourrait en résulter un freinage déséquilibré. Les plaquettes de freins doivent en principe être changées par la même occasion.*

## *Contrôle*

**1** Caler les roues arrière, serrer le frein à main puis lever l'avant de la voiture au cric et le poser sur chandelles (voir « *Levage et soutien du véhicule* »). Déposer la roue avant du côté intéressé.

**2** Faire tourner lentement le disque de frein de sorte à pouvoir examiner en totalité la surface des deux côtés. Déposer les plaquettes de frein (voir section 9) pour éventuellement faciliter l'accès à la face interne du disque. Des rayures superficielles au niveau des surfaces de frottement des plaquettes peuvent être considérées comme normales. Par contre, si le disque est creusé ou fissuré, il doit être changé.

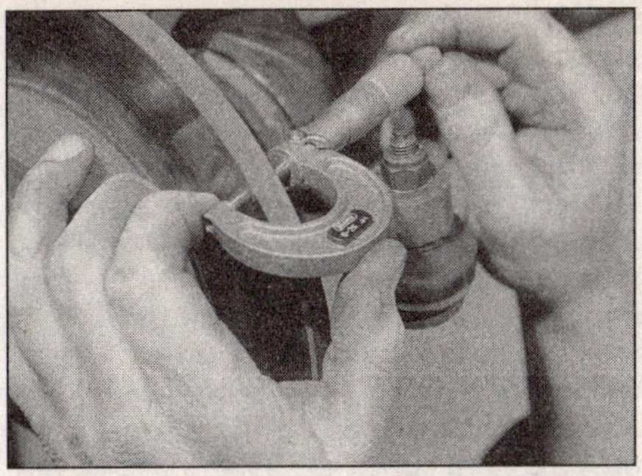

**11.3 Mesure de l'épaisseur d'un disque de frein AV. avec un palmer**

**3** Il est également normal de constater une frange de rouille et de poussière provenant du frein sur le pourtour du disque, ce qui peut être supprimé en le décapant au grattoir. Si par contre, une arête due à l'usure au niveau de la surface de frottement des plaquettes est notée, il y aura lieu de contrôler l'épaisseur du disque à l'aide d'un palmer **(voir illustration)**. Prendre des mesures à différents emplacements autour du disque au niveau des surfaces de frottement intérieure et extérieure des plaquettes. Si l'un des relevés atteint la valeur minimale d'épaisseur indiquée, le disque devra être remplacé.

**4** En cas de doute de la bonne planéité du disque, contrôler son voile de préférence avec un comparateur monté dans un emplacement fixe accessible tout en faisant tourner lentement le disque **(voir illustration)**. A défaut de comparateur, utiliser des cales d'épaisseur pour mesurer à différents endroits autour du disque, le jeu entre celui-ci et un point fixe donné : support d'étrier par exemple. Si les mesures atteignent la cote maximale de voile autorisée, le disque est à changer. Mais avant de remplacer le disque, il est conseillé de vérifier au préalable que le roulement de moyeu est en bon état (voir chapitres 1A ou 1B et 10). Essayer également de décaler le disque de 180° (un demi-tour) sur le moyeu et si le voile mesuré demeure excessif, le disque devra alors être changé pour de bon.

**5** Vérifier la surface du disque pour déceler d'éventuelles fissures (tout particulièrement autour des trous de passage de vis de la roue) et pour s'assurer qu'il n'est pas usé ni autrement marqué. Remplacer le disque au besoin.

### Dépose

**Nota :** *Prévoir un produit-frein approprié à appliquer sur le filetage des vis de fixation du support de l'étrier.*

**6** Desserrer les deux vis de fixation sur le pivot porte-moyeu puis dégager l'ensemble support et étrier de frein du disque et l'attacher au ressort hélicoïdal de suspension avec un morceau de fil de fer ou de ficelle afin d'éviter toute contrainte excessive sur le flexible d'alimentation **(voir illustrations)**.

**7** Repérer la position de montage du disque par rapport au moyeu à la craie ou à la peinture. Enlever ses deux vis de fixation puis dégager le disque du moyeu **(voir illustration)**. Si besoin est, frapper doucement le disque au niveau de sa face arrière avec un maillet en cuir ou à tête plastique pour le décoller.

**11.4 Contrôle du voile d'un disque de frein AV. avec un comparateur**

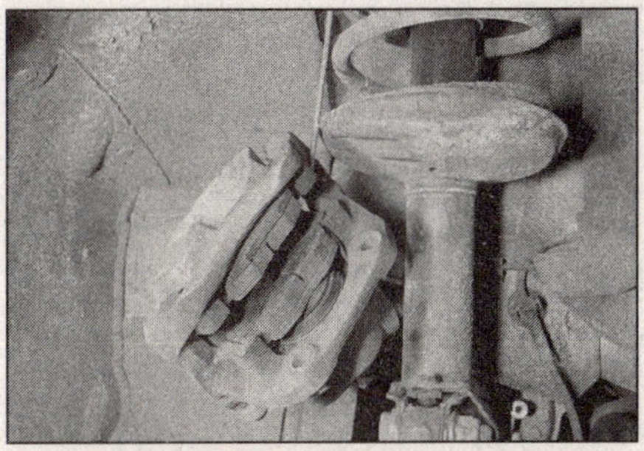

**11.6b . . . puis dégager l'étrier de frein avec le support du disque et l'attacher au ressort de suspension – montage Girling**

### Repose

**9** La repose a lieu à l'inverse de la dépose, en observant par ailleurs les points suivants :

*a) S'assurer de la parfaite propreté et de la planéité des plans de contact du disque et du moyeu*

*b) Installer le disque en faisant éventuellement coïncider les repères de montage réalisés préalablement à la dépose*

*c) Serrer les vis de fixation du disque au couple prescrit*

*d) En cas de montage d'un disque neuf, le débarrasser de son revêtement protecteur avec un solvant-dégraissant approprié avant de procéder à la repose de l'étrier*

*e) Enduire de produit-frein adéquat le filetage des vis de fixation du support d'étrier à serrer au couple préconisé*

*f) Reposer la roue puis descendre la voiture au sol et serrer les vis de la roue au couple prescrit. Donner plusieurs coups de pédale de frein afin de rapprocher les plaquettes du disque*

## 12 Limiteur de pression de freinage - contrôle, dépose et repose

**Nota :** *Les opérations qui suivent ne concernent pas les véhicules avec antiblocage des roues (ABS) sur lesquels le limiteur de pression de freinage asservi à la charge est remplacé par un répartiteur électronique de freinage (REF) intégré au bloc hydraulique du système ABS.*

### Contrôle

**1** Le limiteur de pression de freinage incorporé au circuit hydraulique des freins arrière est monté sur

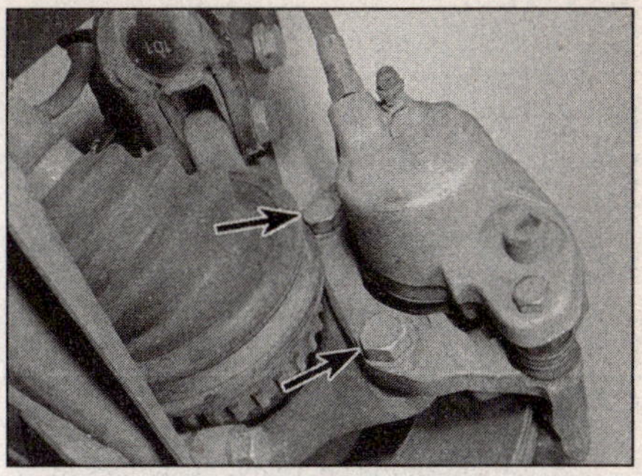

**11.6a Desserrer les deux vis de fixation du support sur le pivot . . .**

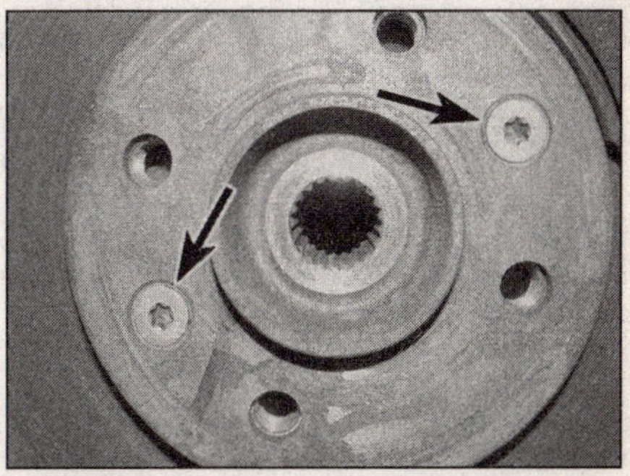

**11.7 Vis de fixation d'un disque de frein AV.**

la caisse, à proximité de l'essieu. Il définit l'état de charge de l'arrière du véhicule par le débattement entre l'essieu et la caisse et corrige la force de freinage appliquée aux roues arrière en fonction de cette course et par comparaison avec une pression déterminée aux roues avant : le limiteur double comporte deux corps séparés qui agissent chacun sur une roue avant et une roue arrière diagonalement opposées. Cette correction permet d'éviter le blocage des roues arrière avant celui des roues avant, ce qui pourrait conduire à une instabilité et à un dérapage du véhicule en cas de freinage d'urgence.

**2** Le contrôle du limiteur de pression de freinage asservi à la charge nécessite des manomètres spéciaux se branchant aux vis de purge du circuit hydraulique. Ces opérations sont en conséquence à confier aux services techniques d'un concessionnaire Renault. Le limiteur de pression de freinage n'est pas réparable et doit être remplacé en cas de défectuosité.

### Dépose

**Nota :** *Avant toute intervention, consulter la mise en garde concernant le liquide de frein au début de la section 6.*

**3** Afin de limiter les pertes de liquide de frein, enlever le bouchon du réservoir du maître-cylindre et le reposer après avoir intercalé un film étirable en plastique, ce qui offrira une bonne étanchéité à l'air.

**4** Caler les roues avant puis lever l'arrière de la voiture au cric et le poser sur chandelles (voir *« Levage et soutien du véhicule »*).

**5** Nettoyer le pourtour des raccords de canalisations de freins sur le limiteur de pression, sous le plancher arrière de la voiture et étendre des

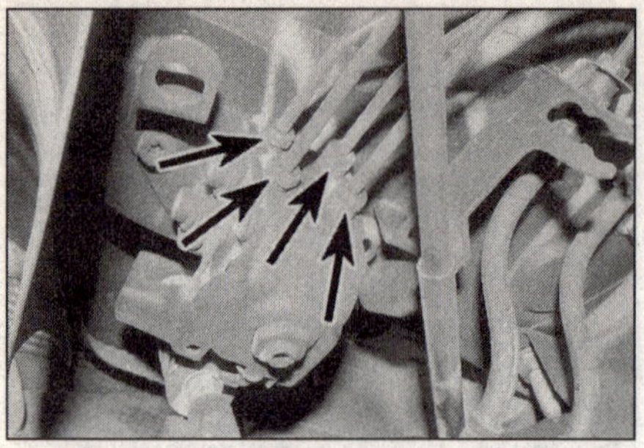

**12.6 Canalisations de freins raccordées au limiteur de pression de freinage asservi à la charge**

**13.2 Dépose du capuchon central . . .**

chiffons sous les raccords pour récupérer le liquide de frein. Afin de ne pas les intervertir au remontage, veiller à bien repérer la position de raccordement des canalisations.

**6** Desserrer leur écrou de raccord et débrancher les canalisations de freins sur le limiteur de pression **(voir illustration)**. Obturer avec des bouchons ou du ruban adhésif les canalisations et les orifices découverts sur le limiteur afin d'arrêter l'écoulement de liquide de frein et d'éviter l'admission d'impuretés dans le circuit hydraulique. Rincer immédiatement à l'eau froide toute éclaboussure de liquide de frein.

**7** Desserrer et enlever les deux vis de fixation puis décrocher la tige de commande en enlevant l'agrafe de fixation sur la patte au niveau de l'essieu et déposer l'ensemble du limiteur du dessous de la voiture **(voir illustration)**. **Nota :** *Ne pas desserrer la vis de bridage du ressort de la tige de commande, ce qui nécessiterait de faire régler le limiteur suite à sa repose.*

### Repose

**8** Réinstaller l'ensemble du limiteur, en serrant les vis de fixation au couple préconisé.

**9** Rebrancher les canalisations de freins sur le limiteur, en respectant leur emplacement initial : les deux noires devant être montées à droite et les deux vertes à gauche, et serrant au couple prescrit les écrous de raccords.

**10** Ancrer la tige de commande du limiteur à la patte sur l'essieu, en veillant à bien installer l'agrafe de fixation, puis descendre la voiture au sol.

**11** En cas de montage d'un limiteur de pression de rechange, sa tige de commande est pourvue d'un manchon destiné au réglage de sa longueur comme suit : le véhicule reposant sur ses roues au sol, le réservoir de carburant étant plein et une personne se trouvant au volant dans l'habitacle, desserrer sa vis de bridage et laisser le ressort agir sur la tige de commande pour ajuster sa longueur puis bloquer la vis de bridage au couple prescrit et enlever le manchon sur la tige. Bien que cela ne soit pas d'une nécessité absolue, il est conseillé de faire contrôler le fonctionnement du limiteur de pression de freinage dans un atelier du réseau Renault.

**12** Enlever le film étirable en plastique sur le réservoir du maître-cylindre et procéder à la purge du circuit hydraulique de freinage complet, comme décrit en section 6.

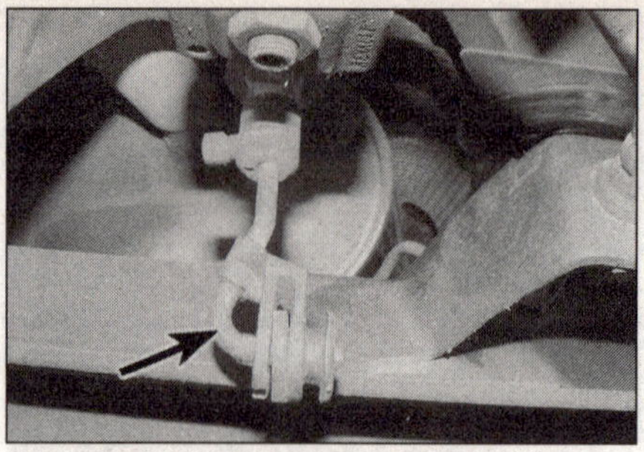

**12.7 Tige de commande de limiteur de pression de freinage ancrée sur la patte au niveau de l'essieu AR.**

**13.3 . . . et desserrage d'un écrou de moyeu AR.**

## 13 Tambours de freins AR. - dépose, contrôle et repose

**Nota :** *Avant toute intervention, consulter la mise en garde concernant la poussière d'amiante au début de la section suivante. Si un tambour de frein arrière doit être changé, il conviendra de remplacer les deux tambours en même temps, sinon il pourrait en résulter un freinage déséquilibré. Les segments de freins doivent en principe être changés par la même occasion.*

### Dépose

**1** Caler les roues avant, enclencher la marche arrière ou le rapport « P » (véhicules à boîte de vitesses automatique) et desserrer le frein à main. Lever l'arrière de la voiture au cric et le poser sur chandelles (voir *« Levage et soutien du véhicule »*). Déposer la roue arrière du côté intervention.

**2** Déboîter le capuchon central du moyeu en le frappant avec précaution avec un marteau par l'intermédiaire d'un tournevis grand modèle à lame plate ou d'un burin puis l'enlever **(voir illustration)**.

**3** Desserrer l'écrou de moyeu à l'aide d'une clé à douille avec rallonge et le déposer **(voir illustration)**. Mettre l'écrou au rebut : il ne doit pas être réutilisé.

**4** Le tambour doit normalement pouvoir être dégagé à la main de la fusée. Il peut toutefois s'avérer difficile de le déposer en raison d'un serrage du roulement de moyeu sur la fusée ou du fait d'un frottement des segments de frein sur la circonférence interne du tambour. Si le roulement est serré, frapper sur le pourtour du tambour à l'aide d'un maillet à tête plastique ou en cuir ou faire appel à un extracteur universel que l'on fixera sur le tambour par l'intermédiaire des vis de roue. En cas de blocage des segments de frein, procéder comme suit :

**5** Vérifier tout d'abord que le frein à main est bien desserré à fond puis débloquer le contre-écrou et desserrer l'écrou de réglage au niveau de la tige de commande du levier dans l'habitacle ou du palonnier sous la voiture de façon à détendre les câbles (voir chapitre 1A ou 1B, à la section consacrée au contrôle et au réglage du frein à main). A noter que dans la plupart des cas, il est nécessaire de desserrer ses écrous ou vis de fixation et de dégager l'écran thermique d'échappement pour accéder au palonnier des câbles de frein à main sous le plancher de la voiture.

**6** Engager la lame d'un tournevis par l'un des trous de passage de vis de roue dans le tambour et l'amener en appui sur la biellette de réaction de frein à main au niveau du segment tendu puis pousser la biellette de façon à faire passer son ergot de butée derrière la masse du segment, ce qui provoquera la rétraction complète des segments **(voir illustration)**. Dégager ensuite le tambour de la fusée.

### Contrôle

**7** Dépoussiérer avec précaution le tambour en faisant de sorte à *ne pas inhaler la poussière qui*

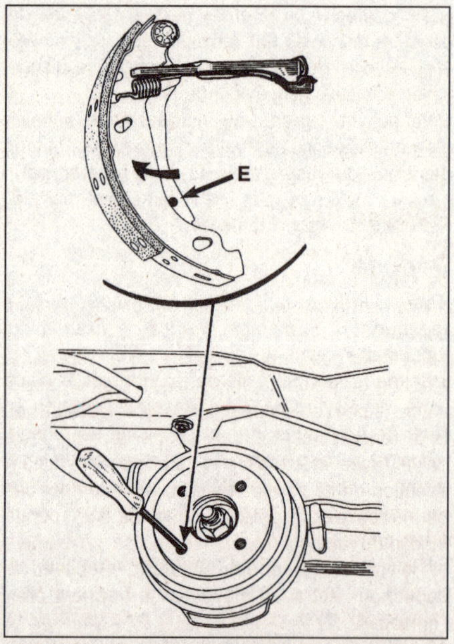


**13.6 Désarmement de la biellette de réaction de frein à main**

*E Ergot de butée de biellette*

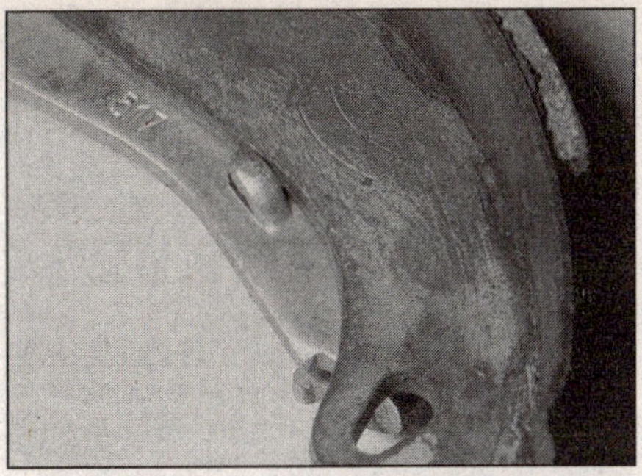

**13.12 Ergot de butée de biellette de réaction de frein à main correctement positionné contre le bord du segment tendu**

*peut être nocive pour la santé.* Dégraisser le tambour et les garnitures des segments avec un nettoyant pour freins.

**8** Nettoyer l'extérieur du tambour et s'assurer de l'absence de signes d'usure et de détérioration tels que des fissures ou craquelures autour des trous de passage de vis de roue. Remplacer le tambour au besoin.

**9** Examiner avec soin l'intérieur du tambour. Des rayures superficielles sur la surface de friction peuvent être considérées comme normales mais si la surface est creusée, il y aura lieu de remplacer le tambour. Il est normal de constater une frange sur le bord extérieur du tambour consistant en un mélange de rouille et de poussière de frein, ce qui peut être supprimé en grattant afin d'obtenir une surface sans aspérités qui sera ensuite polie avec du papier émeri fin (grade 120 à 150). Si une arête due à l'usure est constatée sur la surface de friction, le tambour peut être rectifié, dans la mesure où la cote limite de diamètre n'est pas atteinte, sinon le tambour est à changer.

**10** En cas de doute sur le degré d'usure ou l'ovalisation du tambour, son diamètre intérieur peut être mesuré à différents emplacements à l'aide d'un comparateur d'alésage. Prendre des relevés deux par deux, la seconde valeur étant prise perpendiculairement à la première et par différence des deux, déterminer l'ovalisation qui peut être rattrapée par rectification de l'alésage si elle est minime, sinon le tambour est à remplacer.

### *Repose*

**11** En cas de montage d'un tambour neuf, débarrasser ses surfaces de friction internes du revêtement protecteur avec un solvant-dégraissant adéquat.

**12** Vérifier que l'ergot de butée de la biellette de réaction du frein à main se trouve bien en appui contre le bord du segment tendu **(voir illustration)**. Enduire légèrement d'huile pour engrenage l'axe de la fusée et installer le tambour, en faisant attention de ne pas mettre d'huile au contact des garnitures des segments ou de la surface de friction du tambour. Monter l'écrou de moyeu neuf et le serrer au couple prescrit. Reposer le capuchon central du moyeu en le frappant pour l'emboîter.

**13** Actionner plusieurs fois de suite la pédale de frein afin d'armer le mécanisme de rattrapage automatique du jeu.

**14** Répéter s'il y a lieu les mêmes opérations sur le frein arrière de l'autre côté de la voiture puis effectuer le réglage de la commande de frein à main, comme décrit au chapitre 1A ou 1B.

**15** Au terme de ces opérations, reposer la ou les roues arrière puis descendre la voiture au niveau du sol et serrer les vis de roue au couple préconisé.

## 14 Segments de freins AR. - contrôle et remplacement

***Danger : Les segments de freins arrière doivent être remplacés par train complet, c'est-à-dire des deux côtés en même temps : ne jamais les changer que sur un seul côté sinon il pourrait en résulter un freinage déséquilibré. Prendre garde à la poussière engendrée par le frottement de la garniture des segments de freins qui est susceptible de contenir de l'amiante, une substance nocive pour la santé. Ne jamais chasser la poussière à l'air comprimé et faire de sorte à ne pas en inhaler. Il est recommandé de porter un masque répondant aux normes de sécurité en vigueur lors d'une intervention sur les freins. NE PAS utiliser d'essence ni de solvants à base de pétrole pour nettoyer les pièces du système de freinage. Employer exclusivement un produit de nettoyage spécifique pour freins ou de l'alcool éthylique dénaturé (à brûler)***

### *Contrôle*

**1** Déposer le tambour de frein arrière du côté concerné (voir section précédente).

**2** Dépoussiérer avec précaution le tambour, le plateau et les segments de frein, en veillant à ne pas inhaler la poussière qui peut être dangereuse pour la santé.

**3** Mesurer l'épaisseur de chacun des segments de frein, garniture et support compris, à plusieurs emplacements, à l'aide d'une règle plate. Si elle atteint la valeur limite prescrite, il y aura lieu de changer l'ensemble des quatre segments de frein arrière. Les segments sont également à remplacer s'ils sont imprégnés de graisse ou d'huile, vu qu'il n'existe aucune méthode satisfaisante de dégraissage de la matière de friction.

**4** Si l'un des segments présente une usure irrégulière ou des traces graisseuses, déterminer la cause de ces anomalies et y remédier avant de procéder à la repose du tambour.

### *Remplacement*

**Nota :** *Prévoir une graisse haute température appropriée, de préférence à base de cuivre, à appliquer sur tous les points d'appui des segments sur le plateau.*

**5** Le remplacement des segments de frein s'effectue de la manière décrite ci-dessous, en fonction du montage concerné.

### Montage Bendix

**6** Enlever les coupelles de retenue des ressorts de maintien latéral des segments en les enfonçant et les tournant d'un quart de tour avec une pince puis récupérer les ressorts et les goupilles.

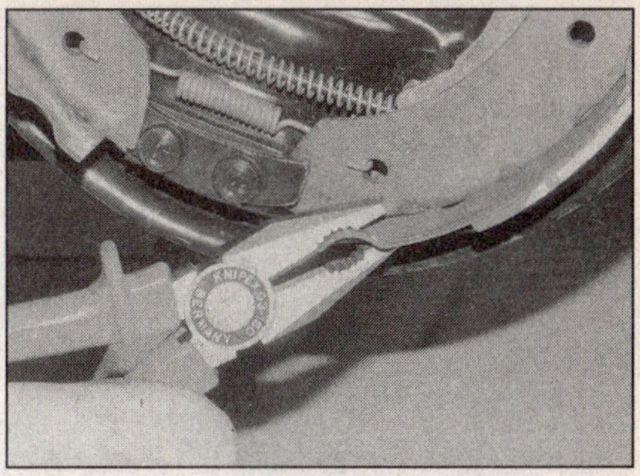

**14.7 Tirer avec une pince pour dégager le pied des segments du point d'articulation inférieur sur le plateau de frein**

**7** Dégager le pied de chacun des segments du point d'articulation inférieur sur le plateau de frein pour détendre le ressort de rappel inférieur et le décrocher des deux segments **(voir illustration)**.

**8** Dégager les becs des segments au niveau du cylindre récepteur, en prenant garde de ne pas endommager les joints, et désaccoupler le câble de frein à main de la biellette de réaction sur le segment tendu. L'ensemble segments et mécanisme de rattrapage automatique du jeu peut ensuite être dégagé du plateau de frein : ne plus actionner la pédale de frein jusqu'au remontage et entourer le cylindre sur le plateau de frein d'un bracelet en caoutchouc afin de retenir ses pistons.

**9** Poser l'ensemble sur un établi et bien repérer la position respective de montage des ressorts et des différentes pièces du mécanisme de rattrapage automatique du jeu. Si ce n'est déjà fait, libérer l'ergot de butée de la biellette de réaction de frein à main puis décrocher avec précaution le ressort d'ancrage de la vis de la molette de réglage du levier de mécanisme de rattrapage au niveau du segment comprimé. Désaccoupler le ressort de rappel supérieur puis dissocier le segment comprimé et le ressort de rappel du segment tendu et du levier de rattrapage. Décrocher ensuite le ressort de liaison du levier de rattrapage sur le segment tendu puis séparer les deux.

**10** En cas de montage de segments de rechange provenant du constructeur, il peut être nécessaire de récupérer la biellette de réaction du frein à main sur le segment tendu d'origine et d'en équiper le segment neuf. Fixer la biellette au moyen de l'agrafe neuve fournie avec le jeu de segments de rechange. Les ressorts de rappel sont à changer systématiquement, quel que soit leur état apparent : des jeux de ressorts sont disponibles auprès du service des pièces détachées d'un concessionnaire Renault.

**11** Enlever la molette de réglage et examiner les pièces du mécanisme de rattrapage automatique du jeu pour déceler d'éventuels signes d'usure ou de détérioration, notamment au niveau du filetage de la vis de réglage et de la molette. Procéder si nécessaire au remplacement de ces pièces. A signaler que les leviers de rattrapage ne sont pas interchangeables ainsi que les molettes de réglage. Le levier gauche est repéré par l'inscription « G » et la vis de la molette possède **un pas à gauche**. Le levier droit se distingue par l'inscription « D » et la vis de la molette est pourvue d'un **pas à droite**.

**12** Vérifier que les pièces montées en bout du

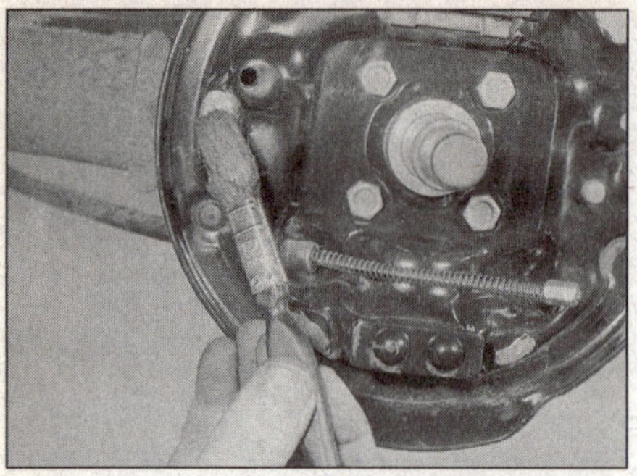

**14.16 Application de graisse haute température sur les points d'appui des segments sur le plateau de frein**

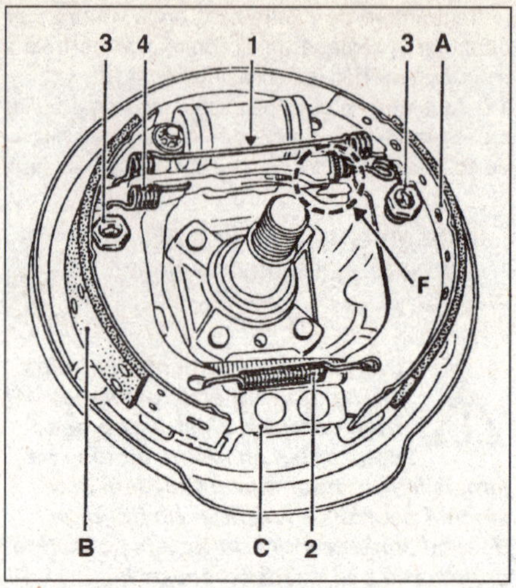


**14.18 Montage correct des pièces de frein AR. Bendix**

*A Segment comprimé*
*B Segment tendu*
*C Point d'articulation inférieur*
*F Levier de rattrapage*
*1 Ressort de rappel supérieur*
*2 Ressort de rappel inférieur*
*3 Goupille, ressort et coupelle de maintien latéral des segments*
*4 Ressort de liaison entre levier de rattrapage et segment tendu*

levier de rattrapage sont correctement installées puis enduire de graisse haute température le filetage de la vis et visser la molette de réglage de telle manière qu'il existe un léger jeu entre elle et la tête de la vis. Remonter ensuite la vis sur le levier de rattrapage.

**13** Ancrer le ressort de liaison du levier de rattrapage au segment tendu, en veillant à l'installer dans le bon sens, c'est-à-dire avec son extrémité la plus courte fixée sur le segment. Accrocher ensuite l'autre extrémité du ressort au levier de rattrapage puis engager correctement la fourchette de celui-ci sur la biellette de réaction de frein à main au niveau du segment tendu.

**14** Installer le ressort de rappel supérieur sur les deux segments à l'aide d'une pince. Pousser le segment comprimé vers le bas de manière à engager correctement la vis de la molette de réglage dans sa gorge. Accrocher ensuite le ressort d'ancrage de la vis dans le cran sur le segment.

**15** Enlever le bracelet élastique et retrousser les cache-poussière en caoutchouc puis contrôler le cylindre récepteur pour repérer toute trace de suintement de liquide anormale ou des défauts susceptibles d'exister. S'assurer également que ses pistons coulissent librement. Se reporter au besoin à la section suivante pour effectuer le remplacement du cylindre de frein arrière.

**16** Avant de procéder au montage des segments, nettoyer le plateau de frein et déposer un peu de graisse haute température sur tous les points d'appui des segments sur le plateau, notamment sur les pistons du cylindre récepteur et le point d'articulation inférieur **(voir illustration)**. Veiller à ne pas répandre de graisse sur la matière de friction des segments.

**17** Vérifier que l'ergot de butée de la biellette de réaction du frein à main se trouve bien en appui contre le bord du segment tendu.

**18** Installer l'ensemble segments et mécanisme de rattrapage sur le plateau puis écarter le bec des segments en serrant leur partie inférieure pour les engager sur les pistons du cylindre. Accoupler le câble de frein à main à la biellette de réaction sur le segment tendu puis monter le ressort de rappel inférieur et mettre en place les segments sur leur point d'articulation inférieur **(voir illustration)**.

**19** Frapper les pièces pour bien les mettre en place sur le plateau puis remonter les goupilles et les ressorts de maintien latéral des segments ainsi que les coupelles de retenue.

**20** Agir sur la molette de réglage du levier de rattrapage automatique du jeu avec un tournevis de façon à écarter les segments, ce qui permettra au tambour de s'encastrer juste par-dessus.

**21** Reposer le tambour de frein, sans remonter l'écrou de moyeu à ce stade.

**22** Procéder de la même manière sur le frein arrière de l'autre côté de la voiture.

**23** Actionner plusieurs fois de suite la pédale de frein de façon à rapprocher la garniture des segments des tambours. Vérifier que les mécanismes de rattrapage automatique du jeu fonctionnent correctement, ce qui se doit se manifester par un bruit de cliquet tandis qu'un collaborateur appuie sur la pédale.

**24** Redéposer les deux tambours de frein et vérifier que l'ergot de butée de la biellette de réaction de frein à main est bien en appui contre le bord du segment tendu de chaque côté et que les biellettes réagissent librement. Procéder ensuite au réglage de la commande de frein à manière à ce que les biellettes de réaction commencent à décoller lorsque le levier dans l'habitacle est tiré entre le $1^{er}$ et le $2^{e}$ crans de sa course : les ergots de butée des biellettes doivent se trouver en appui sur les segments tendus au $1^{er}$ cran de la course du levier mais ne plus être au contact des segments au $2^{e}$ cran. Le réglage correct une fois obtenu, retenir l'écrou pour bloquer son contre-écrou. Remettre ensuite en place l'écran thermique d'échappement en remontant ses écrous ou vis de fixation. Se reporter au chapitre 1A ou 1B pour effectuer ces opérations.

**25** Effectuer la repose définitive des tambours de frein, comme indiqué en section précédente.

**26** Vérifier le niveau de liquide de frein et le rétablir si nécessaire comme décrit à la rubrique « *Contrôles hebdomadaires* » au début du manuel.

## Montage Girling

**27** Bien repérer la position respective de montage des ressorts et des différentes pièces du mécanisme de rattrapage automatique du jeu.

**28** Décrocher avec précaution au moyen d'une pince le ressort de rappel inférieur au niveau des deux segments.

**29** Déposer le ressort de maintien latéral du segment comprimé. Pour cela, enlever la coupelle de retenue en l'enfonçant et la tournant d'un quart de tour avec une pince puis récupérer le ressort et la goupille. Dégager le segment comprimé du plateau de frein. Décrocher le ressort du levier de réglage et le libérer du segment comprimé **(voir illustrations)**.

**30** Désaccoupler le levier de rattrapage et décrocher le ressort de rappel supérieur au niveau du segment tendu.

**31** Enlever la coupelle de retenue en l'enfonçant et la tournant d'un quart de tour avec une pince puis récupérer le ressort de maintien latéral et la goupille du segment tendu **(voir illustration)**. Désaccoupler

**14.29a Dépose du ressort de maintien latéral du segment comprimé . . .**

**14.29b . . . et du ressort du levier de réglage de frein AR. Girling**

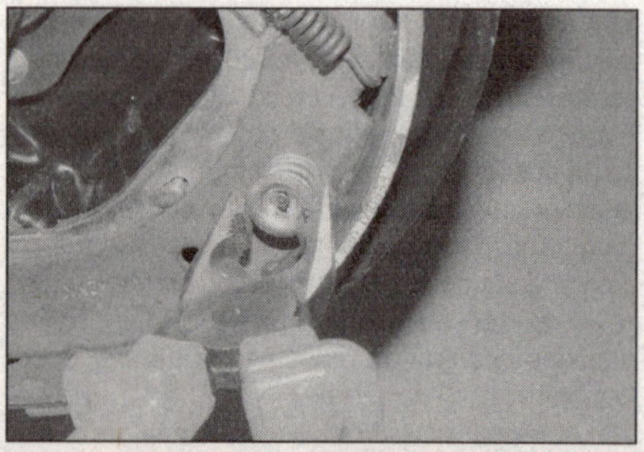

**14.31 Dépose de la coupelle du ressort de maintien latéral du segment tendu de frein AR. Girling**

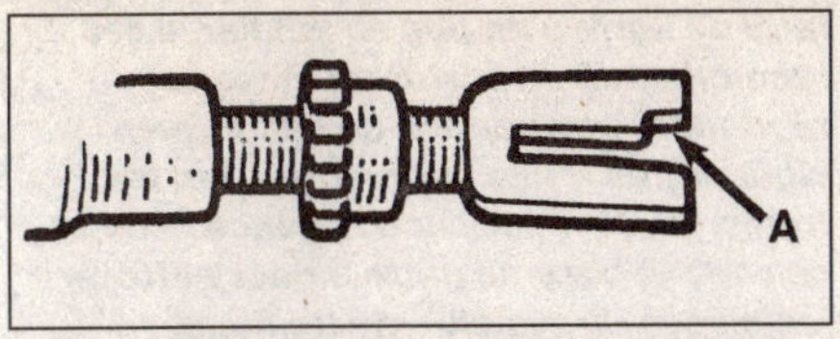


**14.38a Cran de fourchette (A) de molette de rattrapage à engager sur le levier de réglage du segment comprimé de frein AR. Girling**

le câble de frein à main de la biellette de réaction puis déposer le segment tendu. Ne plus actionner la pédale de frein jusqu'au remontage et entourer le cylindre sur le plateau de frein d'un bracelet en caoutchouc afin de retenir ses pistons.

**32** En cas de montage de segments de rechange provenant du constructeur, il peut être nécessaire de récupérer le levier de réglage sur le segment comprimé d'origine et d'en équiper le segment neuf. Les ressorts de rappel sont à changer systématiquement, quel que soit leur état apparent : des jeux de ressorts sont disponibles auprès du service des pièces détachées d'un concessionnaire Renault.

**33** Enlever la fourchette du levier de rattrapage automatique du jeu et examiner le mécanisme pour déceler d'éventuels signes d'usure ou de détérioration, notamment au niveau du filetage et de la molette de réglage du levier en procédant à son remplacement s'il y a lieu. A signaler que les leviers de rattrapage côtés gauche et droit ne sont pas interchangeables : la vis de la molette du levier gauche possède **un pas à droite** et celle du levier droit **un pas à gauche**. Les fourchettes possèdent également une couleur distinctive : argentée du côté gauche et dorée du côté droit.

**34** Enlever le bracelet élastique puis retrousser les cache-poussière en caoutchouc et contrôler le cylindre récepteur pour repérer toute trace de suintement de liquide anormale ou des défauts susceptibles d'exister. S'assurer que ses pistons coulissent librement. Se reporter au besoin à la section suivante pour effectuer le remplacement du cylindre de frein arrière.

**35** Avant de procéder au montage des segments, nettoyer le plateau de frein et déposer un peu de graisse haute température sur tous les points d'appui des segments sur le plateau, notamment sur les pistons du cylindre récepteur et le point d'articulation inférieur. Veiller à ne pas répandre de graisse sur la matière de friction des segments.

**36** S'assurer que l'ergot de butée de la biellette

**14.38b Engagement du levier de réglage dans le cran de la fourchette de la molette de rattrapage**

de réaction de frein à main se trouve bien en appui sur le bord du segment tendu.

**37** Engager le bec du segment tendu sur le piston du cylindre récepteur. Remonter ensuite la goupille, le ressort de maintien latéral et la coupelle de retenue du segment. Réaccoupler le câble de frein à main à la biellette de réaction du segment tendu.

**38** Visser la molette de réglage de façon à raccourcir au maximum le levier de rattrapage automatique du jeu puis ancrer le levier sur le segment tendu. Tourner la fourchette de telle manière à pouvoir engager son cran sur le levier de réglage en installant le segment comprimé **(voir illustrations)**.

**39** Monter correctement le ressort sur le levier de réglage au niveau du segment comprimé : l'extrémité la plus courte du ressort est à ancrer au levier.

**40** Installer le segment comprimé sur le plateau de frein, en veillant à l'engager correctement sur la fourchette du levier de rattrapage et à ce que le cran de la fourchette se trouve bien engagé sur le levier de réglage. Vérifier que le bec du segment est convenablement positionné sur le piston du cylindre récepteur puis remonter la goupille, le ressort de maintien latéral et la coupelle de retenue du segment.

**41** Ancrer successivement les ressorts de rappel supérieur et inférieur aux deux segments puis frapper les pièces pour bien les mettre en place sur le plateau.

**42** Agir sur la molette de réglage du levier de rattrapage automatique du jeu avec un tournevis de façon à écarter les segments, ce qui permettra au tambour de s'encastrer juste par-dessus.

**43** Reposer le tambour de frein, sans remonter l'écrou de moyeu à ce stade.

**44** Procéder de la même manière sur le frein arrière de l'autre côté de la voiture.

**45** Effectuer les opérations décrites plus haut aux points 23 à 26.

### Tous montages

**46** Afin de permettre aux segments neufs de trouver leur bonne position de fonctionnement et de rétablir l'efficacité du freinage, éviter de freiner brusquement au cours des 150 premiers kilomètres.

## 15 Cylindres de freins AR. - dépose et repose

***Nota :** Avant toute intervention, consulter les mises en garde concernant respectivement le liquide de frein et la poussière d'amiante au début des sections 6 et 14*

### Dépose

**1** Déposer le tambour de frein arrière du côté intéressé (voir section 13).

**2** Décrocher avec précaution au moyen d'une pince le ressort de rappel supérieur au niveau des deux segments de frein et le déposer. Tirer la partie supérieure des segments pour écarter leur bec des pistons du cylindre.

**3** Afin de limiter les pertes de liquide de frein, enlever le bouchon du réservoir du maître-cylindre et le reposer après avoir intercalé un film étirable en plastique, ce qui offrira une bonne étanchéité à l'air. En alternative, poser une pince à durits, un serre-joints ou un outil similaire muni de mordaches sur le flexible d'alimentation, au niveau d'un emplacement accessible le plus proche possible du cylindre **(voir illustration)**.

**4** Nettoyer le pourtour du raccord de canalisation de frein au dos du cylindre et dévisser son écrou **(voir illustration)**. Dégager avec précaution la canalisation du cylindre et obturer son extrémité avec un bouchon approprié ou du ruban adhésif de façon à éviter l'admission d'impuretés à l'intérieur du circuit. Essuyer immédiatement toute éclaboussure de liquide de frein.

**5** Desserrer ses deux vis de fixation au dos du plateau de frein et déposer le cylindre, en faisant tout particulièrement attention de ne pas répandre de liquide de frein sur la garniture de friction des segments **(voir illustration)**.



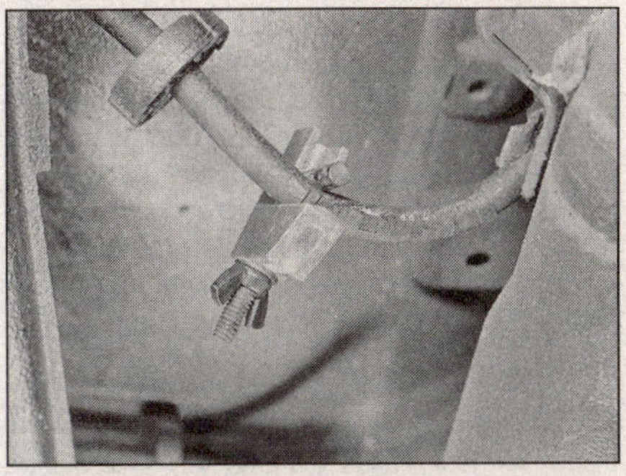

**15.3 Flexible de frein AR. bridé avec une pince**

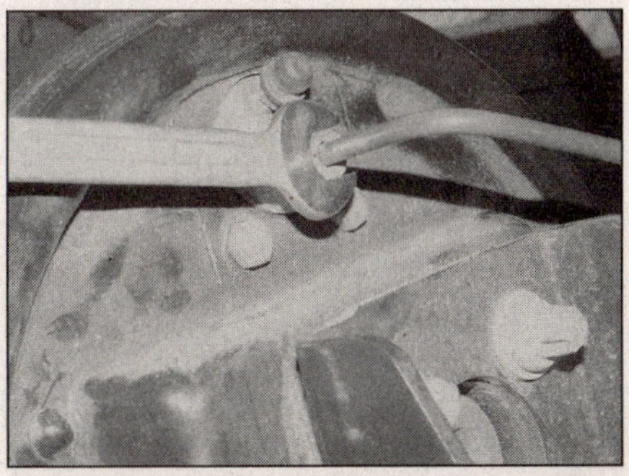

**15.4 Desserrage de l'écrou de raccord de canalisation au dos d'un cylindre de frein AR.**

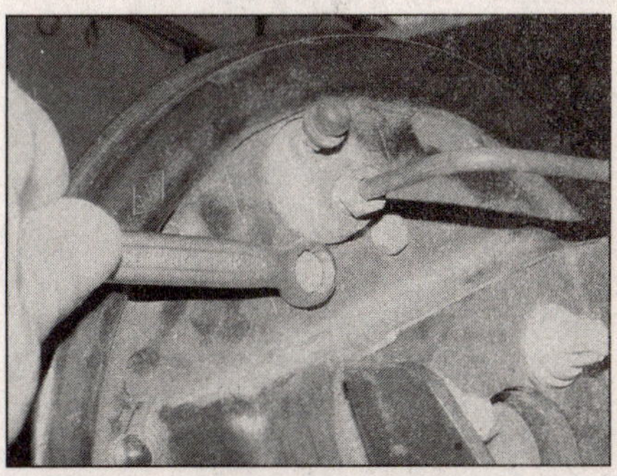

**15.5 Desserrage des vis de fixation d'un cylindre de frein AR.**

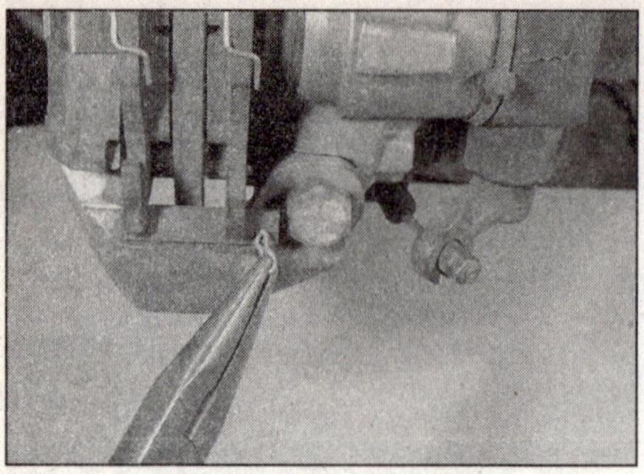

16.2a Extraction de l'épingle . . .

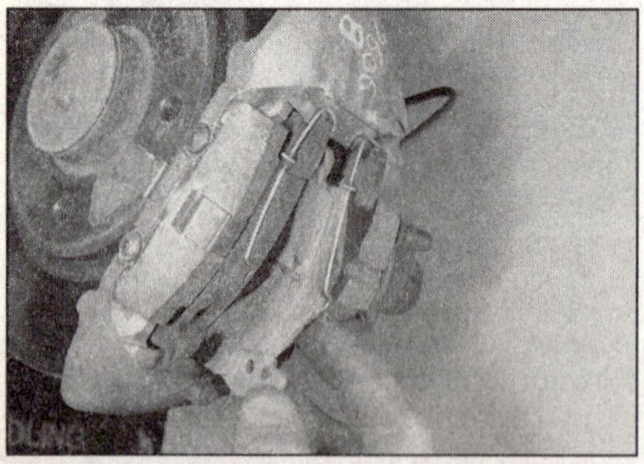

16.3a Dégager la plaquette de frein intérieure . . .

**6** Aucune pièce de rechange détaillée n'étant prévue pour la réparation, les cylindres complets sont à remplacer en cas de défectuosité.

### Repose

**7** Nettoyer le plateau de frein puis écarter les becs des segments et installer le cylindre.

**8** Engager la canalisation de frein à l'arrière du cylindre et visser l'écrou de raccord de deux à trois tours de façon à juste l'amorcer.

**9** Monter les deux vis de fixation du cylindre et les serrer convenablement. Bloquer ensuite l'écrou de raccord de la canalisation.

**10** Enlever la pince bridant le flexible d'alimentation ou le film étirable en plastique sur le réservoir du maître-cylindre, suivant le cas.

**11** Vérifier que les becs des segments de frein sont bien positionnés sur les pistons du cylindre puis reposer avec précaution le ressort de rappel supérieur en utilisant un tournevis pour l'étendre et ancrer ses extrémités aux segments.

**12** Reposer le tambour de frein, en se reportant à la section 13 pour cette opération.

16.3c . . . et extraire la plaquette extérieure de l'étrier de frein AR.

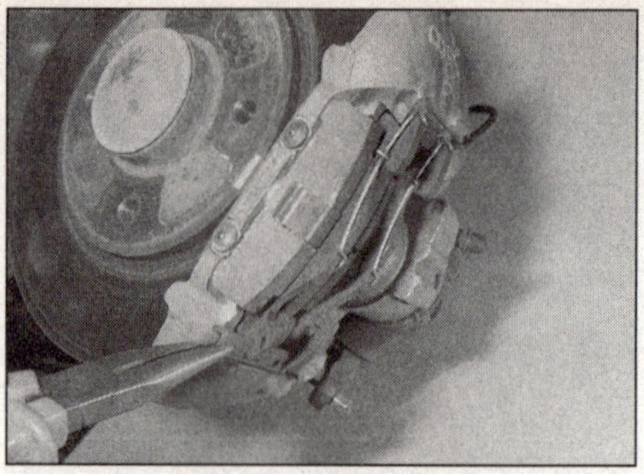

16.2b . . . et dépose de la clavette de retenue des plaquettes d'un frein AR. à disque

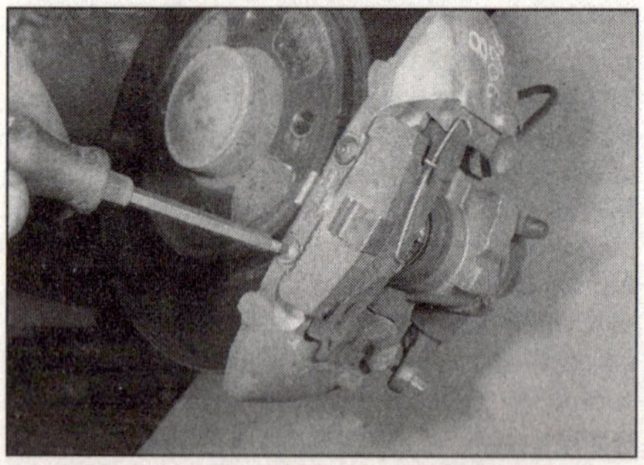

16.3b . . . puis desserrer les deux vis de fixation . . .

**13** Effectuer la purge du circuit hydraulique, comme décrit en section 6. Si les mesures indiquées ont été prises pour limiter les pertes de liquide, il conviendra de purger uniquement la partie correspondante du circuit arrière de freinage.

## 16 Plaquettes de freins AR. - contrôle et remplacement

***Danger : Les plaquettes de freins arrière doivent être remplacées par train complet, c'est-à-dire des deux côtés en même temps : ne jamais les changer que sur un seul côté sinon il pourrait en résulter un freinage déséquilibré. Prendre garde à la poussière engendrée par le frottement de la garniture des plaquettes de freins qui est susceptible de contenir de l'amiante, une substance nocive pour la santé. Ne jamais chasser la poussière à l'air comprimé et faire de sorte à ne pas en inhaler. Il est recommandé de porter un masque répondant aux normes de sécurité en vigueur lors d'une intervention sur les freins. NE PAS utiliser d'essence ni de solvants à base de pétrole pour nettoyer les pièces du système de freinage. Employer exclusivement un produit de nettoyage spécifique pour freins ou de l'alcool éthylique dénaturé (à brûler)***

16.7 Recul du piston d'un étrier de frein AR. à l'aide d'une tige de section carrée

### Contrôle

**1** Caler les roues avant, enclencher la marche arrière ou le rapport « P » (véhicules à boîte de vitesses automatique) et desserrer le frein à main. Lever l'arrière de la voiture au cric et le poser sur chandelles (voir *« Levage et soutien du véhicule »*). Déposer les deux roues arrière.

**2** Extraire son épingle au moyen d'une pince puis dégager la clavette de retenue des plaquettes **(voir illustrations)**.

**3** Sortir la plaquette intérieure de l'étrier, en se servant si nécessaire d'une pince. Desserrer et enlever ses deux vis de fixation puis dégager la plaquette extérieure de l'étrier **(voir illustrations)**. Bien repérer sa position de montage et récupérer le ressort antibruit sur chacune des plaquettes.

**4** Mesurer l'épaisseur de chaque plaquette, garniture et support compris, à l'aide d'une règle plate. Si l'une des plaquettes atteint la limite d'usure prescrite, le train complet des quatre plaquettes de freins arrière est à changer. Il y aura également lieu de remplacer les plaquettes si elles sont imprégnées d'huile ou de graisse, compte tenu qu'il n'existe pas de méthode efficace de dégraissage de la matière de friction. Si l'une des plaquettes présente une usure inégale ou des traces graisseuses, déterminer l'origine de ces anomalies et y remédier avant de procéder au remontage. Des jeux de plaquettes de rechange peuvent être obtenus auprès du service des pièces détachées d'un concessionnaire Renault.

**5** Si les plaquettes peuvent être réutilisées, les nettoyer en procédant avec précaution avec une brosse métallique fine, en portant une attention particulière aux côtés et au dos du support. Nettoyer la rainure dans la garniture de friction et retirer les résidus ou les saletés incrustés dans la matière. Nettoyer également les logements des plaquettes dans l'étrier.

**6** Avant de procéder à la mise en place des plaquettes, vérifier que l'étrier coulisse librement sur les axes de guidage et que les soufflets de protection des axes sont en bon état. Eliminer la poussière et la saleté sur l'étrier et le piston en faisant de sorte à ne pas en inhaler vu qu'elle peut être dangereuse pour la santé. S'assurer de la bonne étanchéité du joint autour du piston et vérifier l'état du cache-poussière et du piston pour déceler d'éventuelles traces de détérioration ou de corrosion. Si ces pièces nécessitent un examen particulier, se reporter à la section suivante.

### Remplacement

**7** En cas de montage de plaquettes neuves, le piston doit être repoussé à fond dans l'alésage de l'étrier pour pouvoir les installer. Pour cela, tourner le piston dans le sens horaire en utilisant une tige

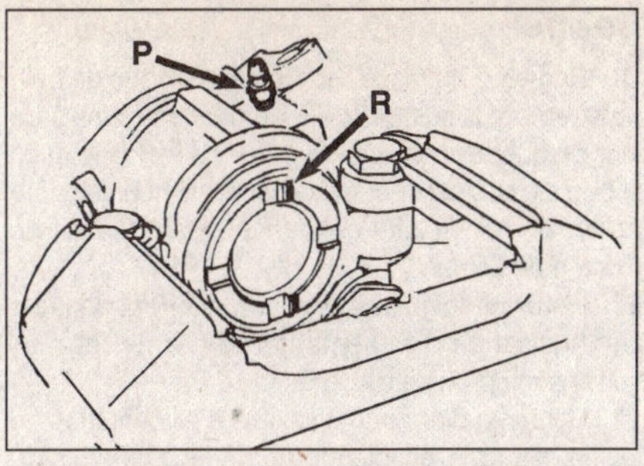


**16.8 Le trait gravé (R) sur le piston de l'étrier de frein AR. est à orienter du côté de la vis de purge (P)**

de section carrée ou la lame d'un tournevis insérée dans ses rainures : visser le piston jusqu'à ce qu'il tourne sur lui-même sans s'enfoncer **(voir illustration)**. Dans la mesure où le réservoir du maître-cylindre n'a pas été trop rempli, il ne doit pas se produire de débordement de liquide de frein, mais veiller tout de même à surveiller le niveau dans le réservoir lors du recul du piston. Si le niveau vient à atteindre son bord supérieur, vider légèrement le réservoir en siphonnant le liquide ou évacuant le trop-plein au moyen d'un tube en plastique branché à la vis de purge de l'étrier (voir section 6). Ne pas siphonner le liquide de frein par l'intermédiaire d'un tube avec la bouche : il s'agit d'une substance toxique. Utiliser une seringue ou une pipette.

**8** Positionner le piston de telle manière que le trait gravé sur sa face d'appui soit orienté du côté de la vis de purge, afin de pouvoir engager l'ergot de la plaquette intérieure dans la rainure du piston **(voir illustration)**.

**9** Equiper les plaquettes de leur ressort antibruit, en l'installant de telle sorte que son extrémité soit ancrée du côté opposé à la clavette de retenue une fois la plaquette en place sur l'étrier. La plaquette pourvue d'un ergot sur sa face arrière se monte côté intérieur **(voir illustration)**.

**10** Installer la plaquette extérieure sur l'étrier, en disposant sa garniture de friction côté disque de frein puis monter ses deux de fixation en les serrant correctement.

**11** Installer ensuite la plaquette intérieure, en veillant à engager convenablement son ergot dans le rainure du piston de l'étrier. Revérifier que l'extrémité du ressort antibruit des plaquettes se trouve bien du côté opposé au logement de la clavette de retenue.

**12** Remonter la clavette de retenue des

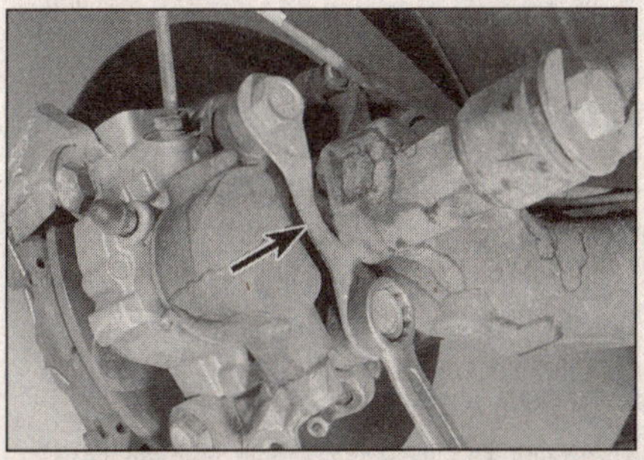

**17.6 Plaquette-frein de vis de fixation d'étrier de frein AR. sur le bras tiré de suspension**

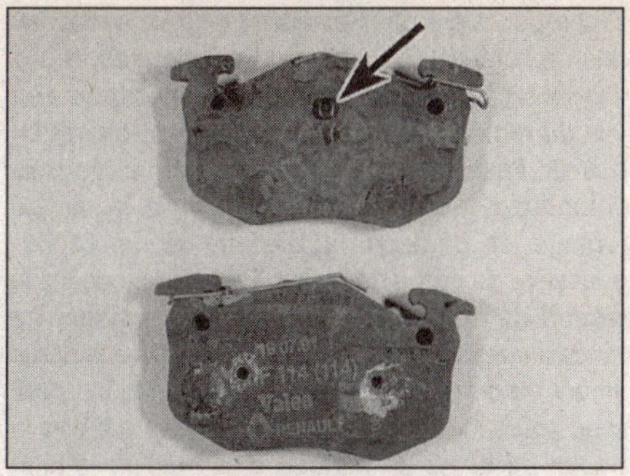

**16.9 Plaquettes de frein AR.. La flèche indique l'ergot de la plaquette intérieure**

plaquettes et la fixer avec son épingle. Il peut être nécessaire de réaliser un chanfrein d'entrée sur le bord de la clavette pour pouvoir l'engager sans difficulté.

**13** Actionner plusieurs fois de suite la pédale de frein afin de rapprocher les plaquettes du disque. S'assurer que l'ergot de la plaquette intérieure est bien encastré dans la rainure du piston de l'étrier **(voir illustration)**.

**14** Procéder de la même manière sur l'étrier de frein arrière de l'autre côté.

**15** Vérifier et régler s'il y a lieu la commande de frein à main, comme indiqué au chapitre 1A ou 1B, reposer les roues puis descendre la voiture au sol et serrer les vis des roues au couple préconisé.

**16** Vérifier le niveau de liquide de frein, en se reportant à la rubrique *« Contrôles hebdomadaires »* au début du manuel pour cette opération.

**17** Afin de permettre aux plaquettes neuves de trouver leur bonne position de fonctionnement et de rétablir l'efficacité du freinage, éviter de freiner brusquement au cours des 150 premiers kilomètres.

## 17 Etriers de freins AR. - dépose, démontage et repose

***Nota** : Avant toute intervention, consulter les mises en garde concernant respectivement le liquide de frein et la poussière d'amiante au début des sections 6 et 16*

### Dépose

**1** Caler les roues avant, enclencher la marche arrière ou le rapport « P » (véhicules à boîte de vitesses automatique) et desserrer le frein à main. Lever l'arrière de la voiture au cric et le poser sur chandelles (voir *« Levage et soutien du véhicule »*). Déposer la roue arrière du côté intervention.

**2** Déposer les plaquettes de frein (voir section précédente).

**3** S'assurer que le frein à main est bien desserré à fond puis désaccoupler l'embout du câble de frein à main de la biellette de commande de l'étrier. Chasser ensuite l'arrêt de gaine du câble de la patte sur le corps de l'étrier en le frappant avec un marteau et un chasse-goupille.

**4** Afin de limiter les pertes de liquide de frein, enlever le bouchon du réservoir du maître-cylindre et le reposer après avoir intercalé un film étirable en

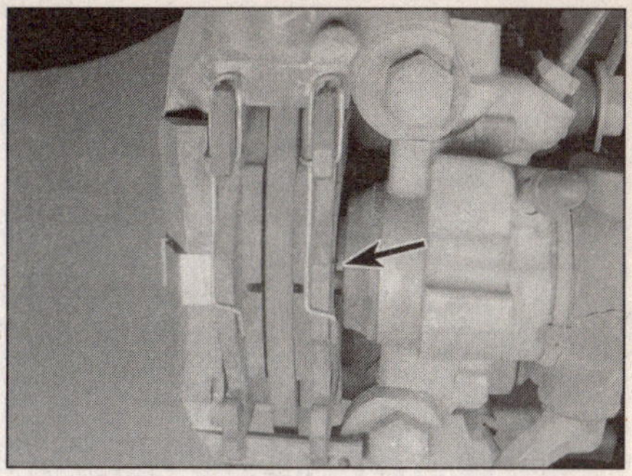

**16.13 Ergot de plaquette intérieure de frein AR. encastré dans la rainure du piston de l'étrier**

plastique, ce qui offrira une bonne étanchéité à l'air. En alternative, poser une pince à durits, un serre-joints ou un outil similaire muni de mordaches sur le flexible d'alimentation, le plus près possible de l'étrier.

**5** Nettoyer le pourtour du raccord de la canalisation d'alimentation sur l'étrier et desserrer son écrou. Dégager la canalisation avec précaution de l'étrier et l'obturer avec un bouchon approprié ou du ruban adhésif afin d'éviter l'admission d'impuretés dans le circuit. Essuyer immédiatement toute éclaboussure de liquide de frein.

**6** Desserrer et enlever les deux vis de fixation sur le bras tiré de suspension avec leur plaquette-frein, en repérant bien son sens de montage **(voir illustration)**. Soulever l'étrier pour l'écarter du disque de frein et le déposer.

### Démontage

**Nota** : *S'assurer de se procurer le nécessaire de remise en état correspondant au montage spécifique du véhicule auprès du service des pièces détachées d'un concessionnaire Renault.*

**7** L'étrier étant posé sur un établi, éliminer toutes les traces de poussière et de saleté en faisant de sorte à ne pas inhaler la poussière susceptible de contenir de l'amiante, une substance nocive pour la santé.

**8** Extraire avec précaution le cache-poussière de l'alésage de l'étrier à l'aide d'un petit tournevis, en prenant garde de ne pas marquer le piston **(voir illustration)**.

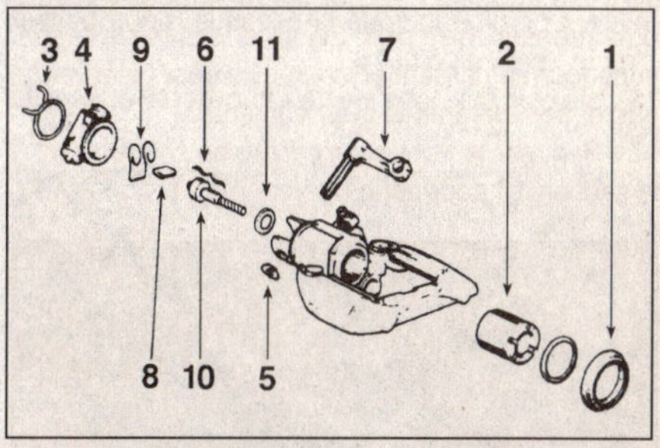


**17.8 Eclaté d'un étrier de frein AR.**

- *1 Cache poussière*
- *2 Piston*
- *3 Jonc de retenue*
- *4 Cache-poussière*
- *5 Segment d'arrêt*
- *6 Rondelles-ressorts*
- *7 Biellette de commande de frein à main*
- *8 Galet*
- *9 Ressort de rappel*
- *10 Vis de réglage*
- *11 Rondelle de butée*

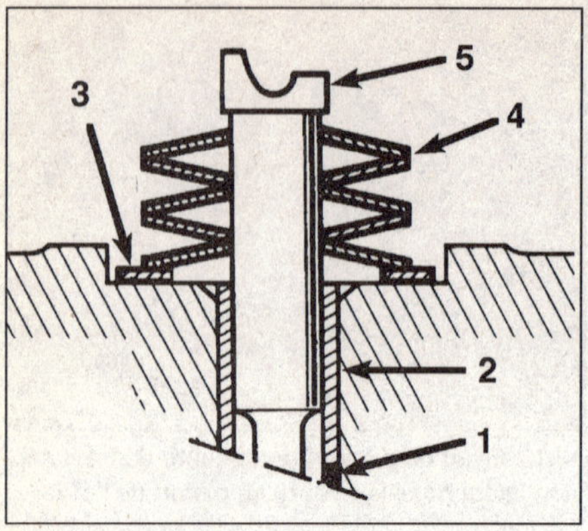


**17.15 Montage des pièces du mécanisme de frein à main sur frein AR. à disque**

1 *Joint torique*
2 *Bague de vis de réglage*
3 *Rondelle de butée*
4 *Rondelles-ressorts*
5 *Vis de réglage*

**9** Sortir le piston de l'alésage de l'étrier, en le tournant dans le sens anti-horaire au moyen d'une tige de section carrée ou la lame d'un tournevis insérée dans ses rainures : dévisser le piston jusqu'à ce qu'il tourne sur lui-même sans avancer. Extraire ensuite le piston à la main ou en cas de nécessité, injecter de l'air comprimé par l'orifice du raccord d'alimentation pour le chasser.

***Attention : Le piston peut se trouver éjecté avec une certaine force. Veiller à appliquer uniquement une source d'air basse pression genre pompe de gonflage à pied***

**10** Extraire le joint du piston au moyen d'un outil non tranchant, genre aiguille à tricoter ou crochet, en prenant garde de ne pas marquer l'alésage de l'étrier.

**11** Sortir les axes de guidage du corps de l'étrier et enlever les soufflets en caoutchouc.

**12** Vérifier toutes les pièces de l'étrier de la manière décrite pour les étriers de freins avant, en section 10, et remplacer celles usées ou endommagées. A signaler que les pièces intérieures du piston de l'étrier ne **doivent pas** être démontées. Le mécanisme de frein à main peut au besoin être démonté pour une remise en état, en opérant comme indiqué ci-dessous, sinon passer directement au point 16.

**13** Libérer son jonc de retenue et retrousser le cache-poussière du mécanisme de frein à main au dos de l'étrier. Bien repérer la position respective de montage de toutes les pièces du mécanisme en vue du remontage. Extraire le segment d'arrêt en bas de l'axe de la biellette de commande puis comprimer les rondelles-ressorts de la vis de réglage et dégager la biellette et le cache-poussière du corps de l'étrier. Récupérer ensuite le ressort de rappel, le galet, la vis de réglage, les rondelles-ressorts et la rondelle de butée à la partie arrière du corps de l'étrier. Dégager en la frappant avec précaution au moyen d'un chasse-goupille la bague de la vis de réglage puis enlever le joint torique.

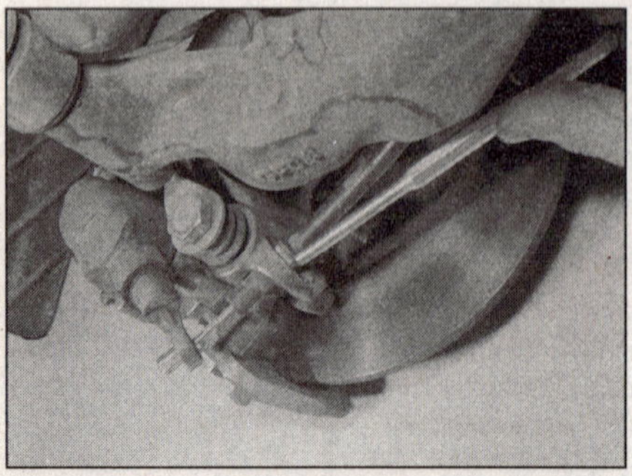

**17.23 Emmanchement de l'arrêt de gaine du câble de frein à main sur la patte de l'étrier de frein AR. avec un chasse-goupille**

**14** Nettoyer toutes les pièces du mécanisme de frein à main en utilisant de l'alcool éthylique dénaturé (à brûler) et les examiner. En cas de signes évidents d'usure ou de détérioration de l'une des pièces, le mécanisme est à changer. Un nécessaire de rechange complet peut être obtenu auprès du service des pièces détachées d'un concessionnaire Renault.

**15** Vérifier que toutes les pièces du mécanisme de frein à main sont parfaitement propres et dégraissées. Installer le joint torique puis emmancher la bague de la vis de réglage de façon à ce que son bord extérieur affleure le plan arrière du corps de l'étrier : utiliser au besoin un poussoir tubulaire pour frapper la bague et l'enfoncer. Monter la rondelle de butée puis la vis de réglage avec ses rondelles-ressorts, en s'assurant que celles-ci sont correctement en place **(voir illustration)**. Mettre en place le galet en bout de vis de réglage et installer le ressort de rappel dans le logement de l'étrier. Equiper la biellette de son cache-poussière neuf puis comprimer les rondelles-ressorts de la vis de réglage et introduire l'axe de la biellette à travers le corps de l'étrier, en s'assurant de l'engager convenablement sur le ressort de rappel et le galet. Fixer la biellette au moyen du segment d'arrêt puis relâcher la pression sur les rondelles-ressorts de la vis de réglage et vérifier le bon fonctionnement du mécanisme de frein à main. Enduire légèrement de graisse haute température l'axe de la biellette de commande et la vis de réglage. Mettre en place le cache-poussière sur le corps de l'étrier et l'assujettir avec le jonc de retenue.

**16** Tremper le piston et son joint neuf dans du liquide de frein propre. Enduire également de liquide de frein l'alésage de l'étrier.

**17** Monter le joint de piston neuf dans la gorge sur l'alésage de l'étrier en s'aidant des mains uniquement (les outils sont à proscrire) puis repousser le piston à fond dans l'alésage en lui imprimant un mouvement de rotation dans le sens horaire par la méthode décrite au cours de la dépose : visser le piston jusqu'à ce qu'il tourne sur lui-même sans s'enfoncer.

**18** Monter le cache-poussière, en s'assurant de l'installer correctement sur l'étrier et de bien l'engager dans la gorge du piston.

**19** Enduire de graisse les axes de guidage : utiliser la graisse fournie avec le nécessaire de remise en état ou une graisse haute température, si possible à base de cuivre, puis les monter sur le corps de l'étrier et les équiper de soufflets neufs, en s'assurant de bien les engager dans les gorges sur les axes et le corps de l'étrier.

## Repose

**20** Remettre en place l'étrier sur le disque de frein puis remonter ses deux vis de fixation munies de leur plaquette-frein qui est doit être installée dans le bon sens, c'est-à-dire avec sa face incurvée côté étrier. Serrer ensuite convenablement les vis de fixation de l'étrier.

**21** Nettoyer soigneusement le raccord et engager la canalisation d'alimentation sur l'étrier et bien serrer son écrou de raccord.

**22** Retirer la pince sur le flexible d'alimentation ou le film étirable en plastique sur le réservoir du maître-cylindre, suivant le cas.

**23** Engager le câble de frein à main par la patte sur l'étrier puis frapper l'arrêt de gaine avec un marteau par l'intermédiaire d'un chasse-goupille pour bien l'emmancher sur la patte **(voir illustration)**. Réaccoupler ensuite l'embout du câble à la biellette de commande de l'étrier.

**24** Effectuer la repose des plaquettes de frein, comme indiqué en section précédente.

**25** Procéder à la purge du circuit hydraulique en se reportant à la section 6 pour cette opération. A noter que si les mesures indiquées ont été prises pour limiter les pertes de liquide, il conviendra de purger uniquement la partie correspondante du circuit arrière de freinage.

**26** Actionner plusieurs fois de suite la pédale de frein afin de rapprocher les plaquettes du disque. Vérifier et régler si nécessaire la commande de frein à main, en opérant comme indiqué au chapitre 1A ou 1B.

**27** Reposer la roue puis descendre la voiture au sol et serrer les vis de la roue au couple préconisé. Vérifier ensuite le niveau de liquide de frein comme décrit à la rubrique « *Contrôles hebdomadaires* » au début du manuel.

## 18 Disques de freins AR. - contrôle, dépose et repose

**Nota :** *Avant toute intervention, consulter la mise en garde concernant la poussière d'amiante au début de la section 16. Si un disque de frein arrière doit être changé, il conviendra de remplacer les deux disques en même temps, sinon il pourrait en résulter un freinage déséquilibré. Les plaquettes de freins doivent en principe être changées par la même occasion. Les écrous de moyeux arrière sont à remplacer systématiquement à chaque démontage.*

## Contrôle

**1** Caler les roues avant, enclencher la marche arrière (ou le rapport « P » dans le cas d'une boîte de vitesses automatique) puis desserrer le frein à main. Lever ensuite l'arrière de la voiture au cric et le poser sur chandelles (voir « *Levage et soutien du véhicule* »). Déposer la roue arrière du côté intervention.

**2** Procéder comme décrit en section 11 pour le contrôle des disques de freins avant.

## Dépose

**3** Déposer les plaquettes de frein (voir section 16).

**4** Enlever ses deux vis de fixation et dissocier la chape du corps de l'étrier de frein.

18.5 Dépose du capuchon central d'un moyeu de frein AR. à disque

18.9a Installer l'entretoise au dos du moyeu . . .

18.9b . . . puis monter l'ensemble moyeu-disque sur la fusée

18.10 Serrage au couple prescrit d'un écrou de moyeu AR. à disque

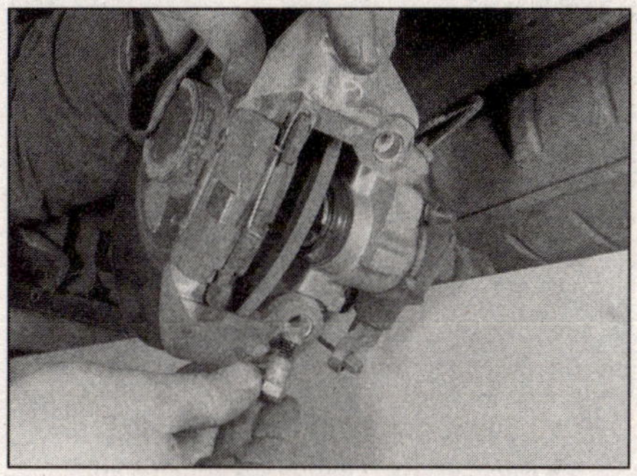

18.11a Enduire de produit-frein leur filetage . . .

18.11b . . . et monter les vis de fixation de la chape de l'étrier de frein AR.

**5** Déboîter le capuchon central du moyeu en le frappant avec précaution avec un marteau par l'intermédiaire d'un tournevis grand modèle à lame plate ou d'un burin puis l'enlever **(voir illustration)**.

**6** Desserrer l'écrou de moyeu à l'aide d'une clé à douille avec rallonge et le déposer avec la rondelle de butée. Mettre l'écrou au rebut : il ne doit pas être réutilisé.

**7** L'ensemble moyeu-disque de frein doit normalement pouvoir être dégagé à la main de la fusée. Il peut toutefois s'avérer difficile de le déposer en raison d'un serrage du roulement de moyeu sur la fusée. Dans ce cas, frapper doucement sur le pourtour du disque à l'aide d'un maillet à tête plastique ou en cuir ou faire appel à un extracteur universel que l'on fixera sur le disque par l'intermédiaire des vis de roue. Récupérer l'entretoise au dos du moyeu, en repérant bien sa position de montage.

## *Repose*

**8** Avant de procéder à la repose de l'ensemble moyeu-disque de frein, enduire d'huile pour engrenage, sans exagération (ce qui risquerait de contaminer la garniture des plaquettes de frein), l'axe de la fusée. En cas de montage d'un ensemble neuf, le débarrasser de son revêtement protecteur avec un solvant-dégraissant approprié.

**9** Monter l'entretoise au dos du moyeu, en signalant que sa face à embase doit être disposée côté roulement. Installer l'ensemble moyeu-disque sur la fusée et le frapper avec un maillet à tête plastique pour l'amener convenablement en place **(voir illustrations)**.

**10** Mettre en place la rondelle de butée puis monter l'écrou de moyeu neuf et le serrer au couple prescrit **(voir illustration)**. Reposer le capuchon central du moyeu en le frappant pour l'emboîter.

**11** Installer la chape sur le corps de l'étrier puis déposer quelques gouttes de produit-frein adéquat sur leur filetage et monter les deux vis de fixation de la chape à serrer au couple préconisé **(voir illustrations)**.

**12** Effectuer la repose des plaquettes de frein, comme indiqué en section 16.

**13** Vérifier et régler au besoin la commande de frein à main, en opérant comme décrit au chapitre 1A ou 1B.

**14** Reposer la roue puis descendre la voiture au sol et serrer les vis de la roue au couple prescrit.

# 19 Levier de frein à main - dépose et repose

## *Dépose*

**1** Caler les roues avant, enclencher la marche arrière (ou le rapport « P » dans le cas d'une boîte de vitesses automatique) puis desserrer le frein à main. Lever ensuite l'arrière de la voiture au cric et le poser sur chandelles (voir « *Levage et soutien du véhicule* »).

**2** Avancer à fond les sièges avant puis desserrer les deux vis de fixation à la partie arrière de la console centrale et dégager le pontet du levier de frein à main **(voir illustration)**.

**3** Sur les versions anciennes de la gamme, dégager l'habillage en plastique du levier de frein à main puis dévisser l'écrou de réglage pour détendre les câbles de frein à main **(voir illustration)**.

**4** Desserrer et enlever ses vis ou écrous de fixation

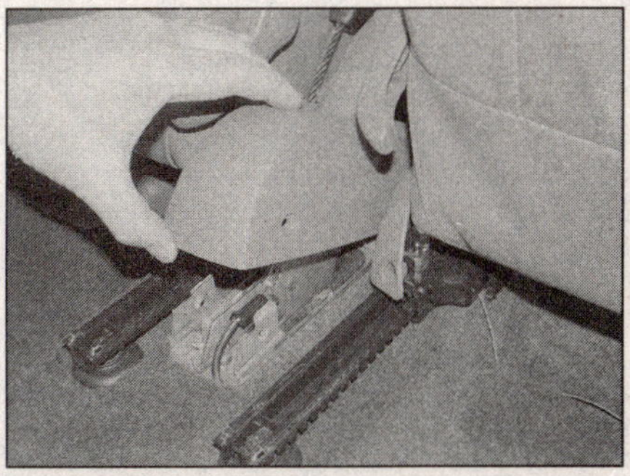

19.2 Dépose du pontet du levier de frein à main

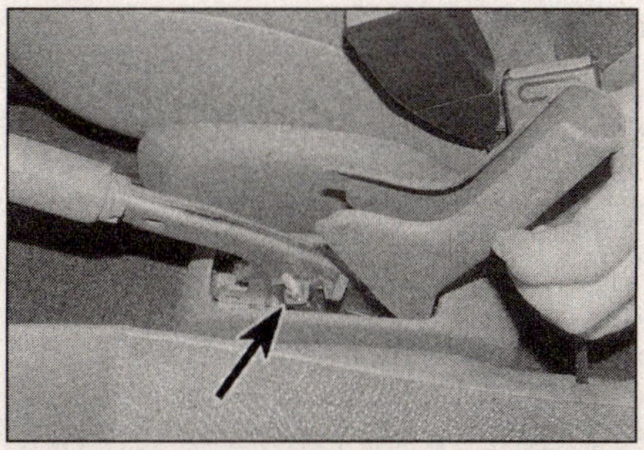

19.3 Dépose de l'habillage du levier de frein à main pour accéder à l'écrou de réglage (premier montage)

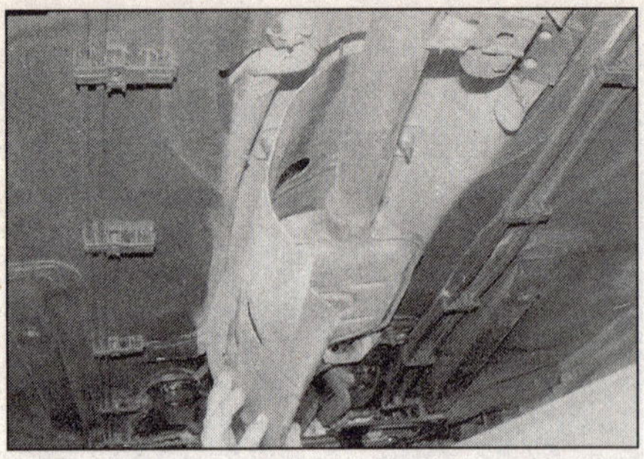
19.4 Dépose de l'écran thermique d'échappement en dessous du levier de frein à main

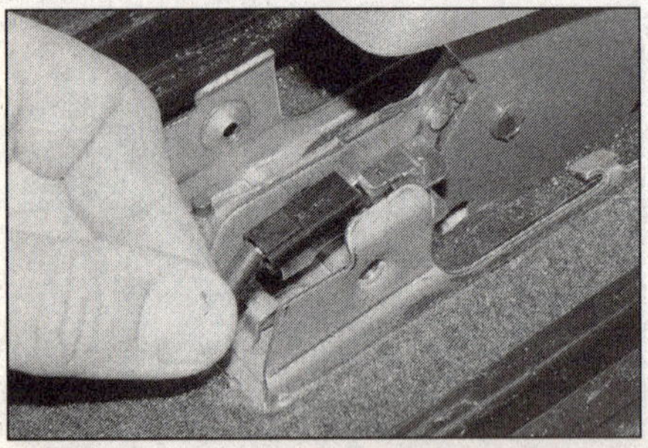
19.7a Débrancher le connecteur électrique du contacteur de témoin au tableau de bord . . .

et déposer l'écran thermique d'échappement sous la voiture à hauteur du levier de frein à main **(voir illustration)**.

**5** Sur les versions récentes, dévisser l'écrou de réglage de la tige du palonnier sous la voiture afin de détendre les câbles de frein à main **(voir illustration)**.

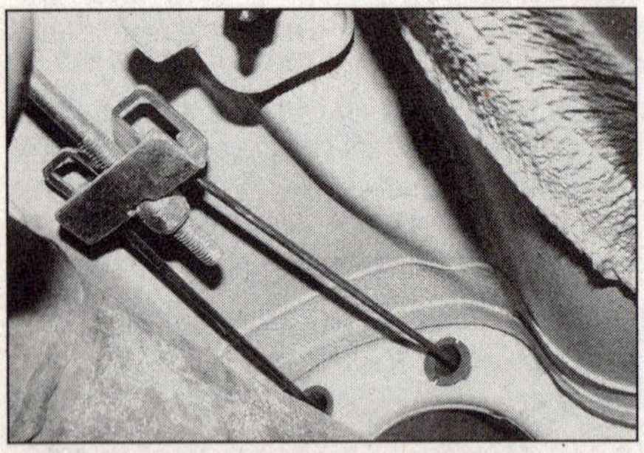
20.5a Sur les modèles récents, dévisser l'écrou de réglage sous la voiture pour détendre les câbles de frein à main . . .

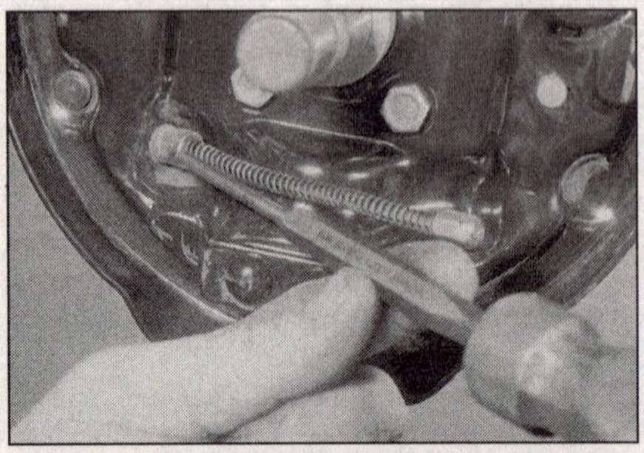
20.6 Chasser l'arrêt de gaine du câble de frein à main du plateau de frein AR. en le frappant avec un chasse-goupille

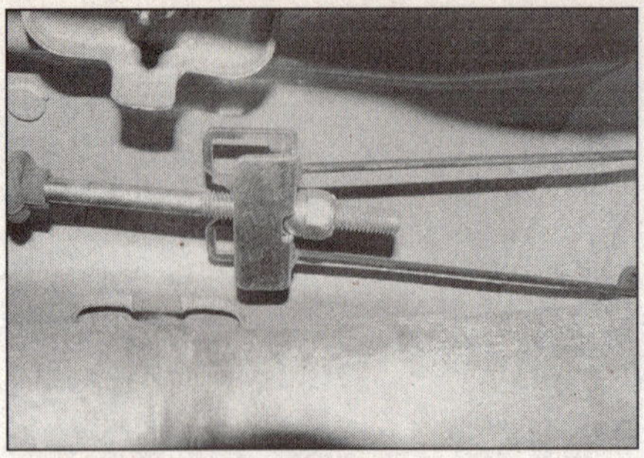
19.5 Ecrou de réglage de commande de frein à main sous la voiture (nouveau montage)

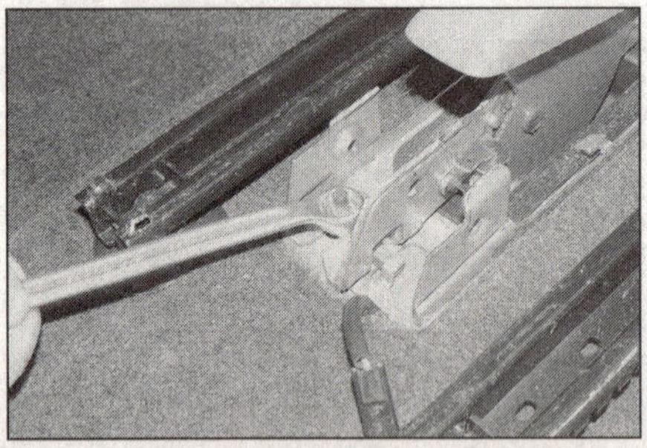
19.7b . . . puis desserrer les écrous de fixation du levier de frein à main sur le plancher

**6** Libérer les deux câbles de frein à main du palonnier.

**7** Débrancher le connecteur électrique du contacteur commandant l'allumage du témoin au tableau de bord puis desserrer ses deux écrous de fixation sur le plancher et dégager le levier de frein à main, **(voir illustrations)**.

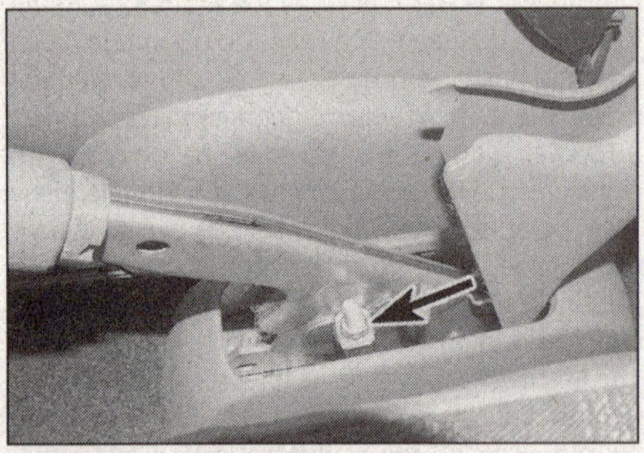
20.5b . . . et sur les premiers modèles de la gamme, au niveau du levier de frein à main dans l'habitacle

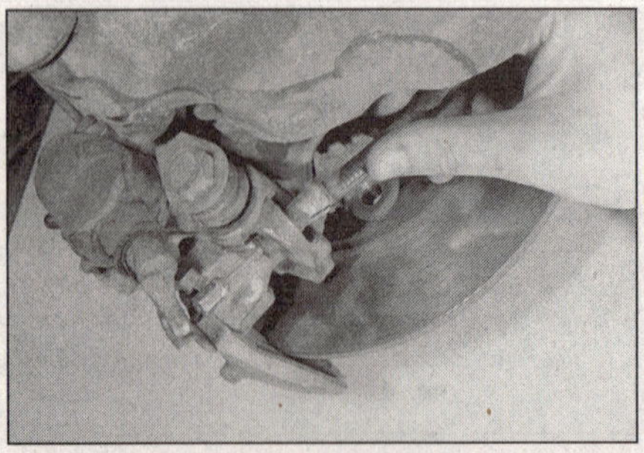
20.7 Sur les modèles avec freins AR. à disques, désaccoupler l'embout du câble de frein à main de la biellette de commande de l'étrier

### Repose

**8** La repose a lieu à l'inverse de la dépose, en procédant ensuite au réglage de la commande de frein à main, comme décrit au chapitre 1A ou 1B.

## 20 Câbles de frein à main - dépose et repose

### Dépose

**1** La commande du frein à main est assurée par deux câbles, droit et gauche, reliés au levier par un palonnier. Chaque câble peut être déposé séparément.

**2** Caler les roues avant, enclencher la marche arrière (ou le rapport « P » dans le cas d'une boîte de vitesses automatique) puis desserrer le frein à main. Lever ensuite l'arrière de la voiture au cric et le poser sur chandelles (voir *« Levage et soutien du véhicule »*).

**3** Desserrer et enlever ses vis ou écrous de fixation et déposer l'écran thermique d'échappement sous la voiture à hauteur du levier de frein à main pour accéder au palonnier des câbles dans le cas des versions récentes de la gamme (voir section précédente, points 4 et 5).

**4** Sur les versions anciennes de la gamme, dégager l'habillage en plastique du levier de frein à main dans l'habitacle pour avoir accès à l'écrou de réglage des câbles (voir section précédente, point 3).

**5** Desserrer l'écrou de réglage de manière à détendre suffisamment les câbles et les décrocher du palonnier **(voir illustrations)**.

**6** Sur les versions avec freins arrière à tambours, procéder à la dépose des segments de freins arrière du côté intéressé (voir section 14) puis chasser l'arrêt de gaine du plateau de frein en le frappant avec précaution au moyen d'un marteau et d'un chasse-goupille **(voir illustration)**.

**7** Sur les versions avec freins arrière à disques, désaccoupler l'embout du câble de frein à main de la biellette de commande de l'étrier du côté concerné puis chasser l'arrêt de gaine du câble de la patte sur le corps de l'étrier en le frappant avec un marteau et un chasse-goupille **(voir illustration)**.

**8** Libérer le câble de ses brides et guides sur toute sa longueur et le dégager du dessous de la voiture **(voir illustration)**.

20.8 Libérer le câble de frein à main de ses brides de maintien

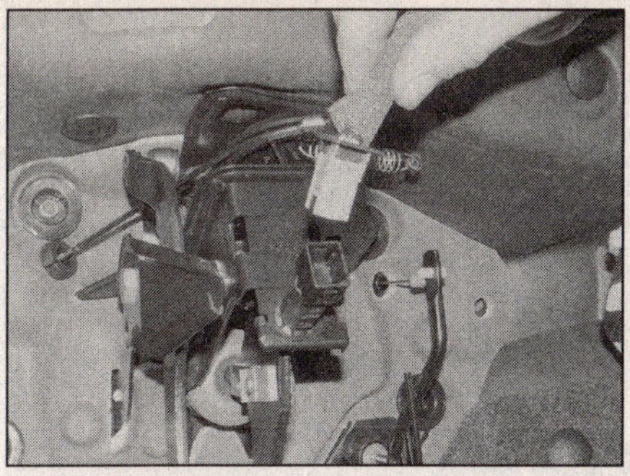

21.2a Débrancher son connecteur électrique . . .

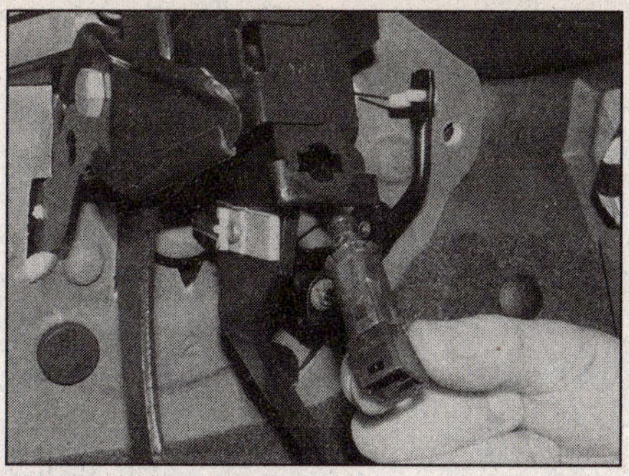

21.2b . . . et dévisser le contacteur de feux stop pour le déposer (planche de bord déposée pour plus de clarté)

### Repose

**9** La repose s'opère à l'inverse de la dépose, en effectuant ensuite le réglage de la commande de frein à main, comme indiqué au chapitre 1A ou 1B.

## 21 Contacteur de feux stop - dépose, repose et réglage

### Dépose

**1** Le contacteur de feux stop est monté sur le support de pédalier, en dessous de la planche de bord.

**2** Pour procéder à la dépose du contacteur, débrancher son connecteur électrique sous la planche de bord puis le dévisser et le dégager du support **(voir illustrations)**.

### Repose et réglage

**3** Pour la repose du contacteur, le visser sur le support de pédalier et procéder à son réglage comme suit :

**4** Relier un ohmmètre ou une lampe-témoin aux bornes du contacteur puis visser celui-ci jusqu'à ce qu'un état de circuit ouvert soit constaté : résistance infinie ou lampe-témoin éteinte. Appuyer doucement sur la pédale de frein et s'assurer de la présence d'une continuité : résistance nulle ou lampe-témoin s'allumant, après une course de 5 mm environ de la pédale. Ajuster au besoin la position du contacteur.

**5** En l'absence d'un ohmmètre ou d'une lampe-témoin, un réglage peut être effectué en rebranchant le connecteur électrique et vissant le contacteur tandis qu'un collaborateur vérifie le fonctionnement des feux de stop (contact mis).

**6** Le réglage correct du contacteur une fois obtenu, rebrancher le connecteur électrique et s'assurer du bon fonctionnement des feux de stop.

## 22 Antiblocage des roues (ABS) - généralités

Les versions de la gamme Clio peuvent être équipées en option ou en série d'un système antiblocage des roues (ABS) de type « Bosch 5.3 ». Il s'agit d'un dispositif destiné à empêcher le blocage inopiné des roues avec perte d'adhérence lors d'un freinage d'urgence, ce qui est obtenu par modulation de la pression hydraulique sur le frein correspondant à la roue sur le point de se bloquer et la pression se trouve rétablie dès que le risque de blocage est écarté.

Le système se compose principalement de quatre capteurs de vitesse : un par roue et d'un bloc hydraulique réunissant le calculateur électronique, les électrovannes de régulation au nombre de huit : deux par roue (une admission et l'autre d'échappement), et le groupe électropompe **(voir illustration)**.

Les électrovannes de régulation sont pilotées par le calculateur électronique auquel sont transmis les signaux émanant des quatre capteurs affectés à la détection de la vitesse de rotation des roues à partir d'une cible ou couronne d'impulsion implantée sur le moyeu. Le calculateur peut ainsi déceler toute décélération anormale d'une roue par rapport à la vitesse de déplacement du véhicule et d'en déduire une amorce de blocage de cette roue. Dans des conditions normales de conduite, le système se comporte comme un circuit de freinage classique sans équipement ABS.

Dès qu'un risque de blocage d'une roue est perçu par le calculateur, l'électrovanne d'admission correspondante du bloc hydraulique intervient pour isoler le maître-cylindre du circuit de freinage agissant sur la roue concernée et la pression reste ainsi constante.

Si malgré tout, la vitesse de rotation de la roue continue à décroître anormalement, ce qui nécessite de diminuer davantage la pression de freinage, l'électrovanne d'échappement s'ouvre et le groupe électropompe entre en action pour permettre au liquide de refluer vers le réservoir du maître-cylindre, et dans ces conditions la roue n'est plus freinée. Lorsque la vitesse de la roue redevient normale, le groupe électropompe s'interrompt, l'électrovanne d'admission s'ouvre et celle d'échappement se ferme, en permettant à la pression hydraulique du maître-cylindre de s'exercer à nouveau sur le frein. Ce cycle de régulation peut se répéter jusqu'à 10 fois par seconde.

L'activation des électrovannes et du groupe électropompe engendre des impulsions dans le circuit hydraulique et lorsque le système ABS opère, des vibrations peuvent être ressenties au niveau de la pédale en freinant.

Les électrovannes reliées aux étriers de freins avant opèrent séparément tandis que la régulation s'effectue simultanément et de la même manière sur les roues arrière, selon le principe de la sélection basse : la première roue tendant à bloquer déclenche immédiatement la régulation sur l'ensemble du train arrière.

Le limiteur de pression de freinage asservi à la charge sur les freins arrière est remplacé par un répartiteur électronique de freinage (REF) implanté dans le calculateur électronique du bloc hydraulique.

Le fonctionnement du système ABS est régi intégralement par des signaux électriques. Afin d'empêcher que le système n'intervienne sur la base de signaux erronés, un dispositif d'auto-

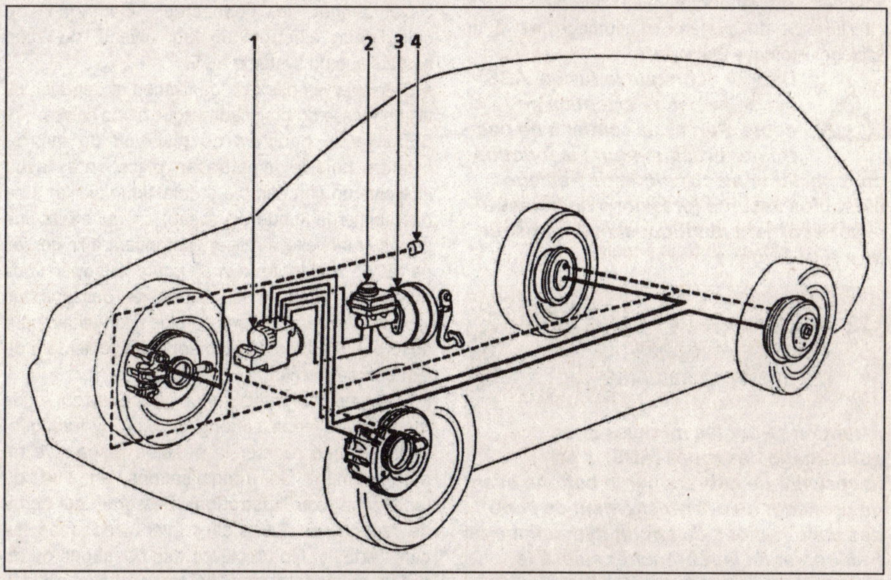


**22.1 Schéma d'implantation des pièces du système ABS Bosch 5.3**

1 *Bloc hydraulique*
2 *Maître-cylindre*
3 *Servofrein*
4 *Témoin niveau d'alerte de liquide de frein*

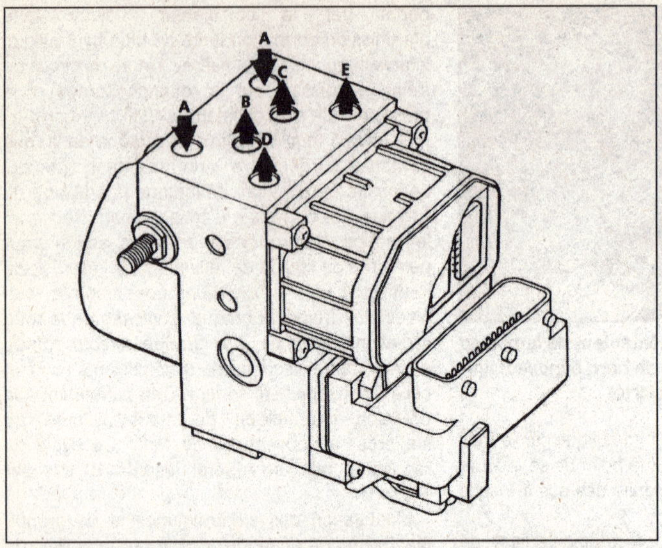


**23.6 Raccordement des canalisations de freins au bloc hydraulique**

*A Arrivée du maître-cylindre*
*B Roue AR. gauche*
*C Roue AR. droite*
*D Roue AV. droite*
*E Roue AV. gauche*

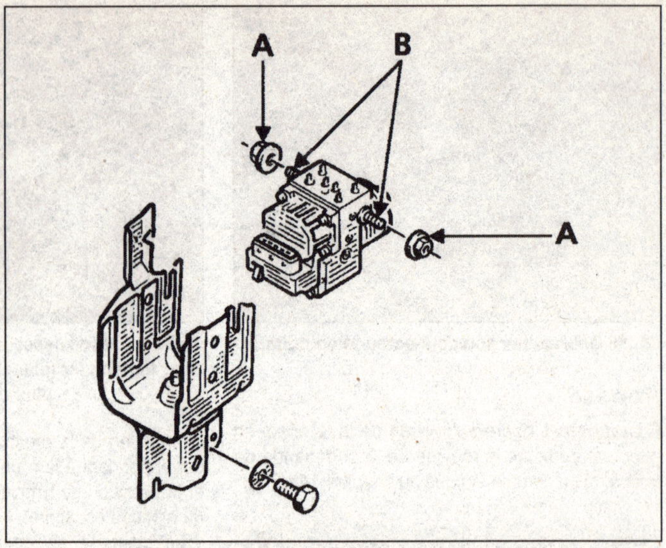


**23.8 Ecrous (A) et goujons (B) assemblant le bloc hydraulique à son support**

surveillance intégré assure le contrôle de tous les signaux transmis au calculateur. Si un signal erroné ou une baisse de tension de la batterie viennent à être détectés, le système cesse d'être opérationnel automatiquement et un témoin au tableau de bord s'allume pour signaler l'incident au conducteur. En tel cas, le circuit de freinage classique continue cependant de fonctionner normalement mais sans fonction antiblocage.

En cas de dysfonctionnement du système ABS, la voiture est à confier à un atelier du réseau Renault qui établira un diagnostic électronique et procédera éventuellement à une réparation. S'assurer toutefois au préalable que la panne ne provient pas d'une connexion électrique mal enfichée ou endommagée, ou bien d'une interférence du système d'allumage liée à un câblage électrique mal installé.

⚠ ***Danger : Lorsque le fusible ABS est enlevé, faire attention au cours d'un essai routier à ne pas freiner brusquement : la fonction du répartiteur électronique de freinage n'est plus assurée (pressions de freinage avant et arrière identiques) et il y a risque de « tête à queue »***

## 23 Antiblocage des roues (ABS) - dépose et repose des éléments constituants

***Attention : Pour les modèles avec antiblocage des roues (ABS), il est nécessaire de débrancher la batterie avant de procéder au débranchement de l'une des canalisations du circuit hydraulique de freinage et de la rebrancher suite à la purge du circuit afin d'éviter l'admission d'air dans le groupe électropompe, ce qui rendrait difficile et dans certains cas impossible la purge du bloc hydraulique***

### *Bloc hydraulique*

**Nota :** *Avant toute intervention, consulter la mise en garde concernant le liquide de frein au début de la section 6.*

#### Dépose

**1** Débrancher le câble de masse (-) de la batterie (voir « *Débranchement de la batterie* » à la partie « *Références* » en fin de manuel).

**2** Desserrer ses deux écrous de fixation et dégager du tablier le vase d'expansion du circuit de refroidissement. Sauf pour les versions à moteur Diesel avec climatisation, dégrafer du tablier et écarter ensuite vers le moteur le réservoir de fluide de direction assistée.

**3** Débrancher le connecteur électrique du calculateur électronique au niveau du bloc hydraulique du système ABS.

**4** Desserrer les deux vis de fixation et dégager les fils de masse du bloc hydraulique sur la caisse.

**5** Enlever le bouchon du réservoir du maître-cylindre puis le remettre en place après avoir intercalé un film étirable en plastique (veiller à ne pas abîmer la sonde de niveau), ce qui offrira une bonne étanchéité à l'air et contribuera à limiter les pertes de liquide de frein au cours des opérations qui suivent. Etendre des chiffons en dessous des raccords de canalisations du bloc hydraulique pour absorber le liquide de frein appelé à couler lors de leur débranchement.

**6** Nettoyer soigneusement le pourtour des raccords de canalisations du bloc hydraulique. Veiller à bien repérer la position respective de raccordement des canalisations en vue du remontage **(voir illustration)**. Desserrer leur écrou de raccord et débrancher avec précaution les canalisations. Obturer avec des bouchons ou du ruban adhésif les canalisations et les orifices découverts sur le bloc hydraulique afin d'arrêter l'écoulement de liquide de frein et d'empêcher l'admission d'impuretés dans le circuit hydraulique. Rincer immédiatement à l'eau froide toute éclaboussure de liquide de frein.

**7** Desserrer et enlever la vis de fixation supérieure puis les deux vis de fixation inférieures et sortir le bloc hydraulique avec son support du compartiment moteur.

**8** Pour dissocier le bloc hydraulique du support, desserrer les deux écrous d'assemblage latéraux. Enlever au besoin les deux goujons pour pouvoir dégager plus aisément le bloc **(voir illustration)**.

***Attention : Ne pas démonter le bloc hydraulique. Toute remise en état du bloc est à confier aux services techniques d'un concessionnaire Renault***

#### Repose

**9** La repose a lieu à l'inverse de la dépose, en tenant par ailleurs compte des points suivants :

*a) Veiller à serrer convenablement les écrous d'assemblage du bloc hydraulique sur son support*

*b) Lors du rebranchement des canalisations du bloc hydraulique, veiller à respecter leur emplacement initial et à serrer leur écrou de raccord au couple prescrit*

*c) S'assurer de réinstaller correctement le câblage électrique et à bien encliqueter le connecteur électrique du calculateur électronique*

*d) Avant de rebrancher la batterie, procéder à la purge du circuit hydraulique de freinage complet, comme décrit en section 6. Veiller à bien respecter l'ordre prescrit de purge afin d'éviter l'admission d'air dans le groupe électropompe*

### *Calculateur électronique*

**10** Le calculateur électronique est intégré au bloc hydraulique et en est indissociable. En cas de défectuosité du calculateur, le bloc hydraulique complet est à changer (voir description ci-dessus).

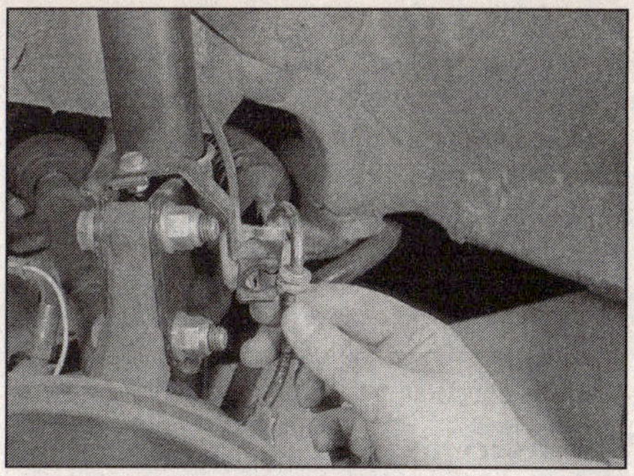

23.13 Libérer le câblage électrique de la patte sur la jambe de suspension . . .

23.14a . . . puis desserrer sa vis de fixation . . .

23.14b . . . et dégager le capteur de roue AV. du pivot

## Capteurs de roues AV.

### Dépose

**11** Caler les roues arrière, serrer le frein à main puis lever l'avant de la voiture au cric et le poser sur chandelles (voir « *Levage et soutien du véhicule* »). Déposer la roue avant du côté intéressé.

**12** Libérer le connecteur électrique du capteur de la bride de maintien au niveau du passage de roue dans le compartiment moteur. Débrancher le connecteur et déboîter le passe-fil du capteur de la doublure d'aile.

**13** Tirer le câblage électrique du capteur pour le sortir par le passage de roue puis le libérer de la patte sur la jambe de suspension **(voir illustration)**.

**14** Enlever sa vis de fixation puis dégager le capteur du pivot porte-moyeu avec son câblage électrique **(voir illustrations)**.

### Repose

**15** Avant de procéder à la repose, enduire légèrement de graisse universelle la face de contact du capteur avec le pivot.

**16** S'assurer de la parfaite propreté des plans de joint du capteur et du pivot puis installer le capteur en le poussant à la main uniquement : ne pas le frapper avec un marteau. Monter la vis de fixation et la serrer au couple préconisé.

**17** Tourner le moyeu de façon à amener l'une des dents de la cible en regard de la face active du capteur puis mesurer l'entrefer entre les deux à l'aide de cales d'épaisseur **(voir illustration)**. Continuer de tourner le moyeu pour effectuer le contrôle de l'entrefer au niveau de plusieurs dents de la cible. Si l'entrefer n'est pas conforme à la valeur de référence indiquée dans les « *Caractéristiques* », s'adresser au service des pièces détachées d'un concessionnaire de la marque pour obtenir les cales nécessaires au réglage.

**18** S'assurer d'installer correctement le câblage électrique du capteur et le fixer au niveau de la patte sur la jambe de suspension.

**19** Faire passer le câblage électrique à travers le passage de roue et le rebrancher au niveau du connecteur. Remettre en place le connecteur sur sa bride de maintien et bien emboîter le passe-fil dans la doublure d'aile.

**20** Reposer la roue puis descendre la voiture au sol et serrer les vis de la roue au couple prescrit.

## Capteurs de roues AR.

### Dépose

**21** Caler les roues avant, enclencher la marche arrière ou le rapport « P » (véhicules à boîte de vitesses automatique) et desserrer le frein à main. Lever l'arrière de la voiture au cric et le poser sur chandelles (voir « *Levage et soutien du véhicule* »). Déposer la roue arrière du côté intervention.

**22** Suivre le trajet du câblage électrique en partant du capteur jusqu'au connecteur et le débrancher du faisceau principal **(voir illustration)**.

**23** Libérer le câblage électrique du capteur de ses brides de maintien sur toute sa longueur.

**24** Enlever sa vis de fixation sur le bras tiré de suspension et dégager le capteur avec son câblage électrique **(voir illustration)**.

### Repose

**25** Avant de procéder à la repose, enduire légèrement de graisse universelle la face de contact du capteur avec le bras tiré.

**26** S'assurer de la parfaite propreté des plans de joint du capteur et du bras tiré puis installer le capteur en le poussant à la main uniquement : ne pas le frapper avec un marteau. Monter la vis de fixation et la serrer au couple prescrit.

**27** L'entrefer des capteurs de roues arrière n'est pas contrôlable ni réglable.

**28** S'assurer d'installer correctement le câblage électrique du capteur et le fixer avec ses brides de maintien. Rebrancher ensuite le connecteur.

**29** Reposer la roue puis descendre la voiture au sol et serrer les vis de la roue au couple préconisé.

## Cibles de capteurs de roues AV.

**Nota :** *S'assurer de la disponibilité des cibles en pièces de rechange avant de procéder à leur dépose.*

### Dépose

**30** Les cibles des capteurs de roues avant sont emmanchées à la presse sur les joints homocinétiques extérieurs de transmissions. Elles ne nécessitent normalement aucune attention particulière, mais elles doivent toutefois être remplacées si leurs dents sont abîmées, en opérant comme suit :

**31** Déposer la transmission du côté concerné (voir chapitre 8).

**32** Dégager au moyen d'un extracteur approprié la cible en bout du joint homocinétique.

23.17 Contrôle de l'entrefer d'un capteur de roue AV.

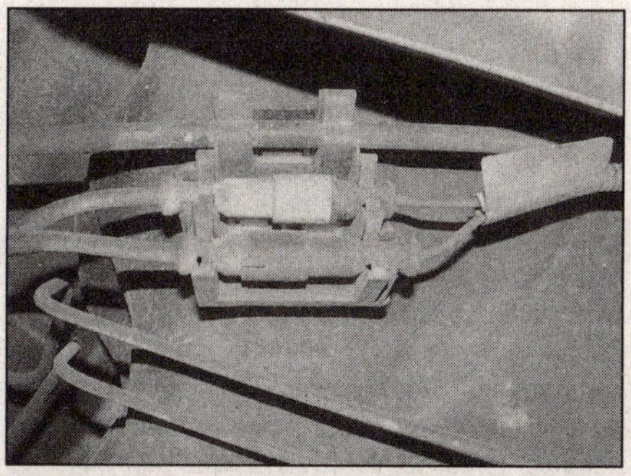

23.22 Connexion électrique de capteur de roue AR.

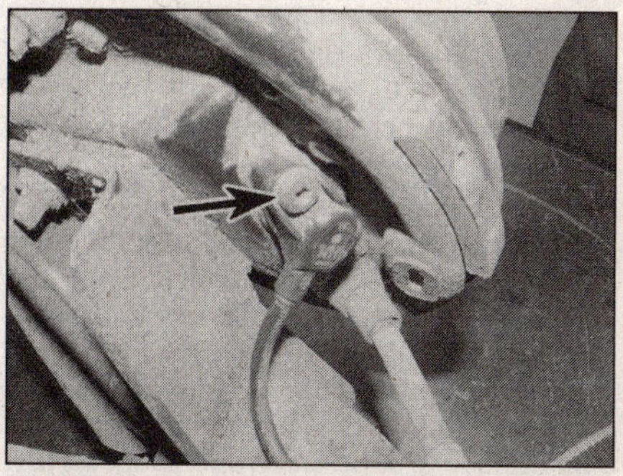

23.24 Vis de fixation de capteur de roue AR.

### Repose

**33** S'assurer que les surfaces de contact de la cible et du joint homocinétique sont parfaitement propres et dégraissées. Enduire légèrement de produit-frein l'intérieur de la cible.

**34** Installer la cible sur le joint homocinétique et l'emmancher en la frappant au niveau de son bossage. A signaler que pour garantir le bon fonctionnement du système ABS, il est impératif que la cible soit correctement montée et en butée contre l'épaulement du joint homocinétique.

**35** Effectuer la repose de la transmission, comme indiqué au chapitre 8, puis vérifier l'entrefer du capteur de roue, en opérant comme décrit précédemment au point 17.

### *Cibles de capteurs de roues AR.*

**36** Les cibles des capteurs de roues arrière sont intégrées aux moyeux et en sont indissociables. En cas de détérioration d'une cible, notamment au niveau de ses dents, l'ensemble moyeu-tambour ou moyeu-disque de frein arrière correspondant est à changer (voir section 13 ou 18, suivant le cas).

## 24 Pompe à vide (Diesel) - dépose et repose

### *Dépose*

**Nota :** *La pompe à vide est à équiper d'un toc d'entraînement et d'un joint neufs à la repose.*

**1** Déposer le conduit d'admission du boîtier de filtre à air (voir chapitre 4B).

**2** Débrancher le tuyau de dépression encliquetable de la pompe à vide d'assistance de freinage. Un outil d'atelier est prévu à cet effet. Il s'agit d'une pince profilée en « U » à engager sur l'embout de raccordement du tuyau, ce qui permet de repousser et de déverrouiller ses arrêtoirs (voir illustrations correspondantes au chapitre 2C, section 9).

**3** Desserrer et enlever ses quatre vis de fixation sur la culasse puis dégager la pompe à vide. Récupérer le joint et le mettre au rebut : il est à changer systématiquement à chaque dépose.

### *Repose*

**4** S'assurer que les plans de joint de la pompe à vide et de la culasse sont parfaitement propres et dégraissés puis installer le joint neuf sur la culasse.

**5** Présenter la pompe sur la culasse, en faisant coïncider son toc d'entraînement neuf avec la fente en bout d'arbre à cames puis monter les vis de fixation en les serrant convenablement. Rebrancher le tuyau de dépression, en veillant à bien encliqueter convenablement son embout de raccordement.

## 25 Pompe à vide (Diesel) - contrôle et démontage

### *Contrôle*

**1** Le fonctionnement de la pompe à vide se contrôle au moyen d'un dépressiomètre convenant à l'usage.

**2** Débrancher le tuyau de dépression encliquetable de la pompe. Un outil d'atelier est prévu à cet effet. Il s'agit d'une pince profilée en « U » à engager sur l'embout de raccordement du tuyau, ce qui permet de repousser et de déverrouiller ses arrêtoirs (voir illustrations correspondantes au chapitre 2C, section 9). Brancher l'embout adaptateur du tube de dépressiomètre sur le raccord de pompe.

**3** Mettre le moteur en marche et le laisser tourner au ralenti puis mesurer la dépression engendrée par la pompe. A titre de référence, pendant un laps de temps d'une minute, une dépression minimale atteignant environ 500 mm Hg doit être constatée. Si la valeur enregistrée est nettement inférieure à celle indiquée précédemment, la pompe sera probablement défectueuse. Il est toutefois recommandé de prendre conseil auprès des services techniques d'un concessionnaire Renault avant de condamner la pompe.

### *Démontage*

**4** La pompe à vide n'est pas réparable compte tenu qu'aucune pièce de rechange détaillée n'est proposée. En cas de défectuosité, il y aura lieu de la changer.

## 26 Contacteur de frein à main - dépose et repose

### *Dépose*

**1** Débrancher le câble de masse (-) de la batterie (voir « *Débranchement de la batterie* » à la partie « *Références* » en fin de manuel).

**2** Déposer le pontet et l'habillage du levier de frein à main (voir section 19).

**4** Débrancher son connecteur électrique à la partie arrière du levier de frein à main puis desserrer l'écrou de fixation et dégager le contacteur.

### *Repose*

**5** La repose s'effectue à l'inverse de la dépose, en contrôlant ensuite et réglant éventuellement la commande de frein à main comme décrit au chapitre 1A ou 1B.

# Chapitre 10
# Suspensions et direction

## Sommaire



## Niveaux de difficulté

| | | | | |
|---|---|---|---|---|
| **Facile,** pour les profanes de la mécanique | **Assez facile,** pour les débutants plus avisés | **Assez difficile,** pour les amateurs compétents | **Difficile,** pour les amateurs plus expérimentés | **Très difficile,** pour les initiés et les professionnels |

## Caractéristiques

### Train AV.

| | |
|---|---|
| Jeu axial des moyeux | 0 à 0,05 mm |
| Hauteur de référence du véhicule (H1 - H2) : | |
| Types B/C BOA et BOC | 90,6 ± 10,5 mm |
| Types B/C BOL | 94 ± 7,5 mm |
| Types B/C BOD | 98,2 ± 10,5 mm |
| Types B/C BOH et BOT | 92,2 ± 7,5 mm |
| Types B/C BOE et S BOR | 96 ± 10,5 mm |
| Ecart maxi. entre côtés droit et gauche | 5 mm |

### Train AR.

| | |
|---|---|
| Jeu axial des moyeux | 0 à 0,03 mm |
| Hauteur de référence du véhicule (H4 - H5) : | |
| Types B/C BOA et BOC | -29 ± 10,5 mm |
| Types B/C BOL | -18 ± 7,5 mm |
| Types B/C BOD, BOE et S BOR | -23 ± 10,5 mm |
| Types B/C BOH et BOT | 8 ± 5 mm |
| Ecart maxi. entre côtés droit et gauche | 5 mm |

### Géométrie des trains AV. et AR.

| | |
|---|---|
| Carrossage du train AV. pour des hauteurs de référence (H1 - H2) définies : | |
| Types B/C BOA, BOH et BOT : | |
| 17 mm | 0° 54' ± 30' |
| 89 mm | -0° 25' ± 30' |
| 115 mm | -0° 34' ± 30' |
| 179 mm | 0° 05' ± 30' |
| Types B/C BOL : | |
| 94 mm | -0° 27' ± 30' |
| 105 mm | -0° 22' ± 30' |
| 115 mm | -0° 34' ± 30' |
| 145 mm | -0° 28' ± 30' |
| Types B/C BOC, BOD, BOE et S BOR : | |
| 17 mm | 0° 16' ± 30' |
| 89 mm | -1° 10' ± 30' |
| 115 mm | -1° 20' ± 30' |
| 179 mm | -0° 45' ± 30' |
| Ecart maxi. entre côtés droit et gauche | 1° |
| Chasse du train AV. pour des hauteurs de référence (H5 - H2) définies : | |
| Types B/C BOA, BOC, BOD, BOE, BOH, BOT et S BOR : | |
| 32 mm | 4° ± 30' |
| 51 mm | 3° 30' ± 30' |
| 70 mm | 3° ± 30' |
| 89 mm | 2° 30' ± 30' |
| Types B/C BOL : | |
| 80 mm | 2° 48' ± 30' |
| 100 mm | 2° 18' ± 30' |
| 120 mm | 1° 48' ± 30' |
| 130 mm | 2° ± 30' |
| Ecart maxi. entre côtés droit et gauche | 1° |
| Inclinaison des pivots pour des hauteurs de référence (H1 - H2) définies : | |
| Types B/C BOA, BOC, BOD, BOE, BOH, BOT et S BOR : | |
| 17 mm | 8° 30' ± 30' |
| 89 mm | 10° 50' ± 30' |
| 115 mm | 11° 20' ± 30' |
| 179 mm | 12° ± 30' |
| Types B/C BOL : | |
| 94 mm | 10° 50' ± 30' |
| 105 mm | 11° ± 30' |
| 115 mm | 11° 20' ± 30' |
| 145 mm | 12° 50' ± 30' |
| Ecart maxi. entre côtés droit et gauche | 1° |
| Parallélisme du train AV. (à vide) : | |
| Types B/C BOA, BOC, BOD, BOE, BOH, BOT et S BOR | Ouverture de +0° 16' ± 20' (+1,6 mm ± 2 mm) |
| Types B/C BOL | Ouverture de +0° 10' ± 10' (+1 mm ± 1 mm) |
| Carrossage du train AR. (à vide) : | |
| Types B/C BOA, BOC, BOD, BOE et S BOR | -0° 42'± 20' |
| Types B/C BOL | -1° ± 15' |
| Types B/C BOH et BOT | -0° 57' ± 20' |
| Parallélisme du train AR. (à vide) : | |
| Types B/C BOA, BOC, BOD, BOE et S BOR | Pincement de -0° 30' ± 30' (-3 mm ± 3 mm) |
| Types B/C BOL | Pincement de -0° 15' ± 10' (-1,5 mm ± 1 mm) |
| Types B/C BOH et BOT | Pincement de -0° 41' ± 30' (-4 mm ± 3 mm) |

### Pneumatiques

| | |
|---|---|
| Dimensions | 165/70 R 13T, 165/60 R 14T, 165/65 R 14T ou 175/70 R 13T (suivant versions) |
| Pressions de gonflage | Voir « *Contrôles hebdomadaires* » |

### Roues

| | |
|---|---|
| Type de jantes | En tôle d'acier ou alliage d'aluminium (suivant versions) |
| Dimensions des jantes | 5B x 13, 5,5J x 14 ou 6J x 14 (suivant versions) |
| Voile maxi. de jantes | 1,2 mm |
| Faux-rond maxi. de surface d'appui de bande de roulement de pneu | 0,8 mm |

## Couples de serrage

| | daN.m |
|---|---|
| **Train AV.** | |
| Vis de paliers de barre stabilisatrice | 3 |
| Boulons de fixation de barre stabilisatrice sur triangles inférieurs | 1,5 |
| Ecrous de transmissions * | Voir chapitre 8 |
| Boulons de biellette antibasculement de support arrière du moteur-boîte de vitesses | Voir chapitre 2 |
| Vis de fixation du berceau : | |
| Avant - vis de 10 mm de diamètre | 6 |
| Arrière - vis de 12 mm de diamètre | 10,5 |
| Boulons de bridage de rotules de triangles inférieurs sur pivots | 5,5 |
| Ecrous de boulons de fixation de rotules de triangles inférieurs | 7,5 |
| Ecrous de boulons de fixation de triangles inférieurs | 9 |
| Ecrous de fixation supérieurs de jambes de suspension | 6 |
| Ecrous de boulons de bridage de pieds de jambes de suspension sur pivots | 10,5 |
| **Train AR.** | |
| Ecrous de moyeux * | Voir chapitre 9 |
| Ecrous de fixation de supports d'essieu sur caisse | 5,5 à 6 |
| Ecrous de vis-pivots de silentblocs des bras tirés | 7 |
| Boulons de fixation inférieurs d'amortisseurs | 10,5 |
| Ecrous de fixation supérieurs d'amortisseurs | 2 |
| Vis de fixation de fusées/plateaux de freins | 5,5 |
| **Direction** | |
| Boulon de bridage de chape de cardan d'axe rétractable de colonne de direction | 2,5 |
| Boulons de fixation de boîtier de direction mécanique | 5,5 |
| Boulons de fixation de boîtier de direction assistée | 5 |
| Vis de fixation de support de groupe électropompe d'assistance de direction | 2 |
| Vis de fixation de pompe de direction assistée | 2 |
| Vis de fixation de colonne de direction | 2 |
| Vis de fixation de volant * | 4,5 |
| Vis de blocage de brides de rotules extérieures de biellettes de direction | 1,8 |
| Ecrous de fixation de rotules de biellettes de direction sur pivots | 3,7 |
| Rotules intérieurs de biellettes de direction sur crémaillère : | |
| Boîtier de direction SMI | 5 |
| Boîtier de direction TRW | 8 |
| **Roues** | |
| Vis de fixation | Voir chapitre 1A ou 1B |

** Ecrous ou vis à changer systématiquement à chaque démontage.*

## 1 Description générale

La suspension avant à roues indépendantes est du type à jambes de force MacPherson, avec ressorts hélicoïdaux et amortisseurs hydrauliques télescopiques incorporés. Le guidage transversal des jambes de force est assuré par des triangles inférieurs qui sont articulés sur des silentblocs en caoutchouc côté berceau et sont pourvus d'une rotule à leur extrémité extérieure. Les pivots de fusées avant qui supportent les roulements de roues, les moyeux ainsi que les étriers et les disques de freins sont assemblés par boulons aux jambes de suspension et sont accouplés aux triangles inférieurs par l'intermédiaire d'une rotule. La barre stabilisatrice est fixée au berceau au moyen de paliers montés sur silentblocs et reliée aux deux triangles inférieurs de suspension.

La suspension arrière, également à roues indépendantes, est constituée d'un essieu transversal à bras tirés, avec amortisseurs hydrauliques et ressorts hélicoïdaux séparés, et une barre stabilisatrice solidaire de l'essieu. Les bras tirés sont montés à l'avant sur la caisse au moyen de paliers avec silentblocs et à l'arrière, ils sont fixés par un boulon au pied des amortisseurs, lesquels sont maintenus sur la caisse à leur partie supérieure par un écrou. Les ressorts hélicoïdaux montés séparément des amortisseurs, sont maintenus simplement par la pression qu'ils exercent entre l'essieu et la caisse, les amortisseurs agissant comme butée de débattement maximal.

La colonne de direction est constituée de deux tronçons accouplés par cardan. La partie inférieure (axe rétractable) est articulée par un second cardan fixé par un boulon à came sur le pignon d'attaque de la crémaillère.

Le boîtier de direction qui est fixé sur le berceau avant est relié par deux biellettes accouplées par une rotule aux pivots porte-moyeux. Les biellettes de direction sont pourvues d'une partie filetée à leur extrémité extérieure pour permettre le réglage du parallélisme.

La plupart des versions de la gamme disposent en équipement de série d'une direction avec système d'assistance hydraulique. Sur les modèles à moteur Diesel avec climatisation, la commande du système est assurée par un groupe électropompe, le manque d'espace ne permettant pas de loger à la fois le compresseur et la pompe d'assistance dans le compartiment moteur. Dans tous les autres cas, le système est commandé par une pompe mécanique classique, entraînée par une courroie à partir de la poulie de vilebrequin.

## 2 Pivots porte-moyeux AV. - dépose et repose

**Nota :** *Les écrous de transmissions autofreinés de type « Enko » sont à monter sans application de produit-frein sur les cannelures du joint homocinétique côté roue. Ce type d'écrou remplace graduellement les écrous de type « Nylstop » en cours de production. Les*

**2.3 Dépose d'un étrier de frein AV. avec son support**

*transmissions de rechange ne sont plus livrées qu'avec un écrou de type « Enko ». Dans le cas d'une transmission disposant d'origine d'un écrou « Nylstop » monté au produit de scellement, un extracteur approprié est à prévoir pour la dégager du moyeu.*

## Dépose

**1** Caler les roues arrière, serrer le frein à main puis lever l'avant de la voiture au cric et le poser sur chandelles (voir « *Levage et soutien du véhicule* »). Déposer la roue du côté intervention.

**2** Remonter au moins deux des vis de roue sur le moyeu en les serrant bien, et tandis qu'un collaborateur appuie à fond sur la pédale de frein pour empêcher la rotation du moyeu, desserrer l'écrou de transmission et l'enlever. En alternative, immobiliser le moyeu au moyen d'un outil à fourche approprié (voir chapitre 8, section 2 pour davantage de précisions). Mettre l'écrou de transmission au rebut : il est à changer systématiquement à chaque démontage.

**3** Si une intervention est prévue au niveau du roulement de moyeu, déposer le disque de frein (voir chapitre 9), sinon desserrer les deux vis de fixation sur le pivot porte-moyeu et dégager l'étrier de frein avec son support du disque puis l'attacher au ressort hélicoïdal de suspension avec un morceau de fil de fer ou de ficelle afin d'éviter toute contrainte excessive sur son flexible d'alimentation **(voir illustration)**.

**4** Sur les modèles avec antiblocage des roues (ABS), desserrer sa vis de fixation et dégager le capteur de roue du pivot porte-moyeu puis l'attacher à la jambe de suspension de manière à ne pas l'endommager au cours des opérations qui suivent **(voir illustration)**.

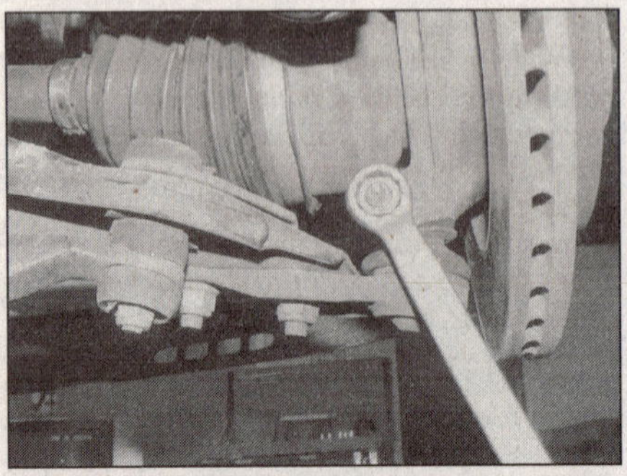

**2.6 Desserrage du boulon de bridage de la rotule d'un triangle inférieur de suspension AV.**

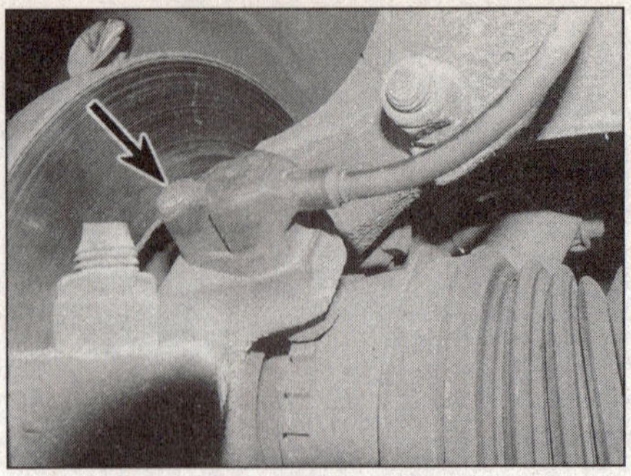

**2.4 Capteur de roue AV. de système ABS**

**5** Desserrer et enlever l'écrou de fixation de la rotule de biellette de direction sur le pivot porte-moyeu. Extraire ensuite le cône de la rotule du pivot à l'aide d'un arrache-rotule universel.

**6** Desserrer et enlever le boulon de bridage de la rotule du triangle inférieur de suspension sur le pivot porte-moyeu **(voir illustration)**. Déboîter ensuite la rotule du pivot en faisant levier avec précaution pour ne pas l'endommager ainsi que le soufflet de transmission, et récupérer le protecteur en plastique.

**7** Desserrer et enlever les écrous des deux boulons de bridage du pied de jambe de suspension sur le pivot porte-moyeu, en notant que les écrous se montent par l'arrière. Extraire les vis puis soutenir le pivot.

**8** Désaccoupler le joint homocinétique de transmission du moyeu puis dégager le pivot. **Nota :** *Si la transmission est pourvue d'origine d'un écrou de type « Nylstop » monté au produit de scellement, il peut être nécessaire de la chasser du moyeu en la frappant avec un marteau par l'intermédiaire d'un mandrin en acier doux, tandis qu'un collaborateur soutient le pivot, ou faire appel à un extracteur approprié pour dégager le moyeu en bout de transmission.*

## Repose

**9** S'assurer que les cannelures du joint homocinétique et du moyeu sont parfaitement propres et dégraissées.

**10** Engager la transmission dans le moyeu et repousser celui-ci à fond sur les cannelures de la transmission puis remonter par l'avant les vis des deux boulons de bridage du pied de jambe de suspension sur le pivot. Reposer ensuite les écrous de l'arrière et les serrer au couple prescrit.

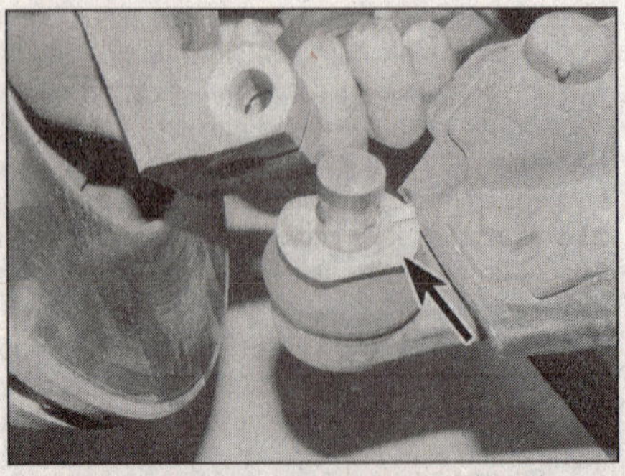

**2.12 Protecteur de la rotule d'un triangle inférieur de suspension AV.**

**11** Monter l'écrou de transmission neuf de type « Enko » (voir note d'information au début de la section), en le serrant uniquement à la main à ce stade des opérations.

**12** S'assurer de la présence du protecteur en plastique puis réaccoupler le cône de la rotule du triangle inférieur de suspension au pivot et remonter le boulon de bridage à serrer au couple préconisé **(voir illustration)**.

**13** Réaccoupler la rotule de biellette de direction au pivot porte-moyeu et remonter son écrou de fixation à serrer au couple prescrit.

**14** Suivant équipement, reposer le capteur de roue du système ABS sur le pivot porte-moyeu, en serrant sa vis de fixation au couple spécifié (voir chapitre 9).

**15** Remettre éventuellement en place le disque de frein, en faisant coïncider les repères de montage réalisés préalablement à la dépose et serrant bien ses vis de fixation. Remettre en place l'ensemble de l'étrier de frein, en veillant à engager correctement les plaquettes de chaque côté du disque. Nettoyer le filetage des vis de fixation du support d'étrier de frein et l'enduire de produit-frein, genre « Loctite Frenbloc » préconisé par le constructeur, puis remonter les vis en les serrant au couple prescrit (voir chapitre 9).

**16** Immobiliser le moyeu par la méthode indiquée lors de la dépose pour serrer l'écrou de transmission au couple préconisé (voir chapitre 8).

**17** S'assurer de la libre rotation du moyeu puis reposer la roue, descendre la voiture au sol et serrer les vis de la roue au couple prescrit.

# 3 Roulements de moyeux AV. - contrôle et remplacement

**Nota :** *Les roulements de moyeux avant sont du type à cartouche, à double rangée de billes à contact oblique, préréglé, étanche et graissé à vie. Ils n'exigent aucun entretien particulier et sont normalement conçus pour durer aussi longtemps que la voiture. Ne jamais serrer exagérément les écrous de transmissions dans le but de régler le jeu des roulements.*

*La dépose et la repose des roulements nécessitent une presse et des mandrins. A défaut, utiliser à la place un étau d'établi de grande capacité et des poussoirs tubulaires genre douilles, de diamètres appropriés. La bague intérieure des roulements est montée serrée sur le moyeu et si elle reste en place en chassant le moyeu du pivot, la déposer à l'aide d'un extracteur à griffes à prises extérieures.*

## Contrôle

**1** Déposer au préalable le disque de frein avant du côté concerné (voir chapitre 9). Le degré d'usure du roulement de moyeu avant peut être évalué en mesurant son jeu axial. Pour cela, monter un comparateur dont la touche sera au contact de la face d'appui du disque de frein sur le moyeu. Le jeu doit être compris entre 0 et 0,05 mm. Un jeu supérieur dénotera une usure excessive du roulement qui sera à changer.

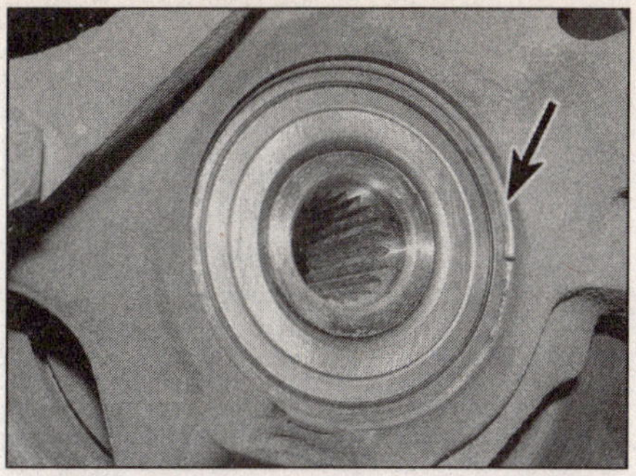

3.4 Circlip d'arrêt du roulement d'un moyeu AV.

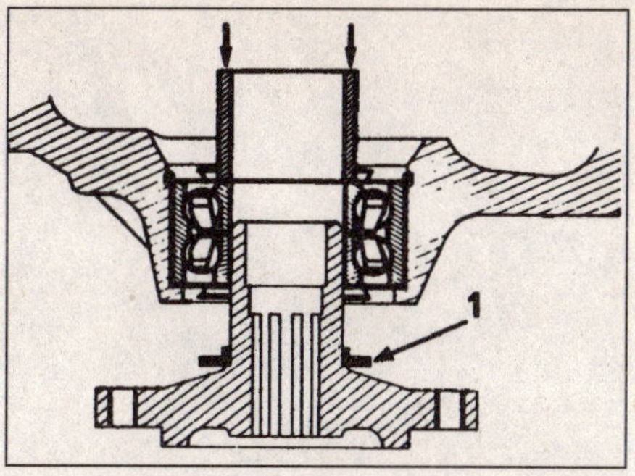


3.11 Mise en place du moyeu AV. dans le pivot

*1 Rondelle d'appui (suivant montage)*

4.4 Desserrage de l'écrou de fixation supérieur d'un jambe de suspension AV., en bloquant la tige d'amortisseur avec un clé Allen

### Remplacement

**Nota :** *Le circlip d'arrêt des roulements est à changer systématiquement à chaque dépose.*

**2** Déposer le pivot porte-moyeu du côté intéressé (voir section précédente).

**3** Bloquer solidement le pivot porte-moyeu avec des cales ou dans un étau muni de mordaches. Chasser le moyeu du pivot à l'aide d'un poussoir tubulaire, en prenant appui sur le côté intérieur. Si la bague intérieure du roulement est restée sur le moyeu, la déposer au moyen d'un extracteur (voir note d'information ci-dessus).

**4** Extraire le circlip d'arrêt du roulement, côté intérieur du pivot **(voir illustration)**.

**5** Remonter éventuellement la bague intérieure sur la cage à billes du roulement puis soutenir convenablement le pivot au niveau de sa face intérieure. Chasser l'ensemble du roulement du pivot en se servant d'un poussoir tubulaire en appui sur sa bague intérieure.

**6** Nettoyer le moyeu et le pivot, en supprimant soigneusement toutes les traces de saleté et de graisse puis éliminer les bavures ou les arêtes vives susceptibles d'entraver le remontage. Examiner les pièces pour déceler d'éventuelles fissures, craquelures ou d'autres signes d'usure ou de détérioration. Remplacer systématiquement le circlip d'arrêt du roulement, quel que soit son état apparent. Se procurer auprès du service des pièces détachées d'un concessionnaire Renault un nécessaire de rechange comprenant un roulement, un circlip et une rondelle d'appui.

**7** Pour procéder au remontage, enduire légèrement d'huile la bague extérieure du roulement neuf et le logement dans le pivot afin de faciliter la mise en place du roulement.

**8** Avant d'installer le roulement neuf, enlever les protecteurs en plastique des joints de chaque côté mais laisser en place le manchon en plastique retenant ensemble les demi-bagues intérieures.

**9** Le pivot étant bien soutenu, monter le roulement puis l'enfoncer jusqu'en butée à la presse et avec un poussoir tubulaire de diamètre approprié, en prenant appui exclusivement sur sa bague extérieure. Prendre garde de ne pas présenter le roulement de travers dans le pivot.

**10** Le roulement une fois bien en place, monter le circlip d'arrêt neuf, en s'assurant de l'engager correctement dans la gorge sur le pivot, puis enlever le manchon en plastique. Enduire légèrement de graisse la lèvre de chacun des joints.

**11** Mettre en place le moyeu dans le pivot, en l'enfonçant jusqu'en butée contre la rondelle d'appui ou le flasque, à la presse et avec un poussoir tubulaire de diamètre approprié portant uniquement sur la bague intérieure **(voir illustration)**. S'assurer de la libre rotation du moyeu et éliminer l'excédent d'huile.

**12** Procéder à la repose du pivot porte-moyeu, comme indiqué en section précédente.

## 4 Jambes de suspension AV. - dépose et repose

### Dépose

**1** Caler les roues arrière, serrer le frein à main puis lever l'avant de la voiture au cric et le poser sur chandelles (voir « *Levage et soutien du véhicule* »). Déposer la roue du côté concerné.

**2** Desserrer et enlever les écrous des deux boulons de bridage du pied de jambe de suspension sur le pivot porte-moyeu, en notant que les écrous se montent par l'arrière. Extraire les vis puis soutenir le pivot.

**3** Libérer le flexible de frein et éventuellement, le câblage électrique du capteur de roue du système ABS de la jambe de suspension.

**4** Desserrer l'écrou de fixation supérieur de la jambe de suspension sur la caisse dans le compartiment moteur, tout en retenant à la tige d'amortisseur avec une clé Allen **(voir illustration)**. Enlever l'écrou.

**5** Dégager le pied de la jambe de suspension du pivot puis sortir la jambe par le passage de roue, en prenant garde de ne pas endommager le soufflet de transmission **(voir illustration)**.

4.5 Dépose d'une jambe de suspension AV.

4.7 Serrage au couple prescrit des boulons de bridage du pied de jambe sur le pivot

### Repose

**6** Installer la jambe de suspension dans le passage de roue, en faisant attention de ne pas abîmer le soufflet de transmission.

**7** Remonter par l'avant les vis des deux boulons de bridage du pied de la jambe sur le pivot puis reposer les écrous de l'arrière et les serrer au couple prescrit **(voir illustration)**.

**8** Remonter l'écrou de fixation supérieur de la jambe de suspension sur la caisse et le serrer au couple préconisé. Remettre correctement en place le flexible de frein et le cas échéant, le câblage électrique du capteur de roue du système ABS sur la jambe de suspension.

**9** Reposer la roue puis descendre la voiture au sol et serrer les vis de la roue au couple spécifié.

## 5 Jambes de suspension AV. - démontage, contrôle et remontage

***Danger : Pour procéder au démontage des jambes de suspension, se munir d'un outil spécifique destiné à maintenir en compression les ressorts hélicoïdaux. Il est recommandé d'utiliser un compresseur de ressorts universel du commerce. Toute tentative de démontage d'une jambe de suspension sans cet outil risque de se traduire par des dégâts ou des blessures***

### Démontage

**1** Déposer la jambe de suspension concernée par l'opération (voir section précédente) et la nettoyer extérieurement pour la débarrasser de la saleté puis la bloquer dans un étau en position verticale.

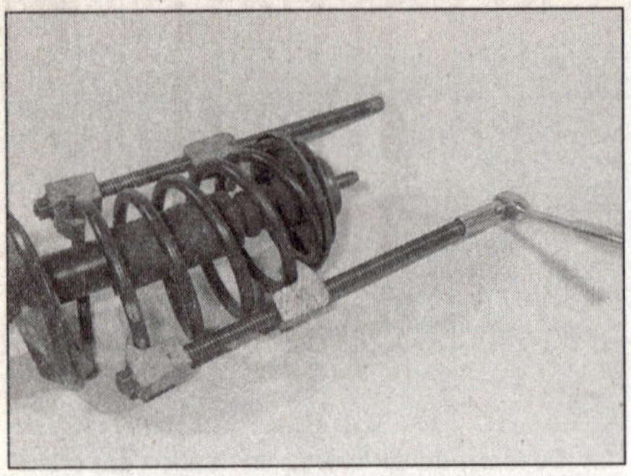

5.2 Ressort hélicoïdal de suspension AV. maintenu par un compresseur

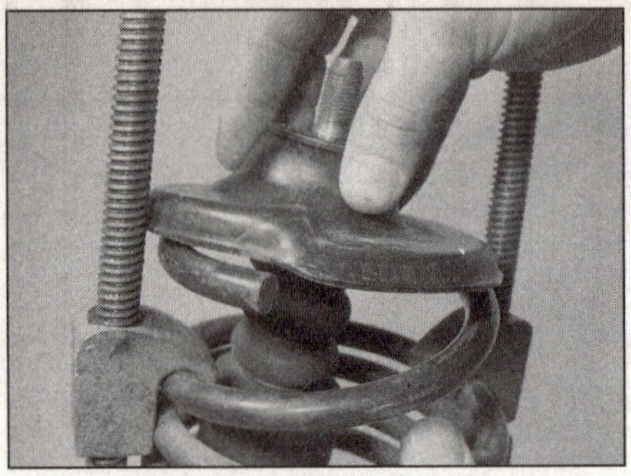

5.4 Dépose de la coupelle d'appui supérieure d'un ressort hélicoïdal de suspension AV.

5.11 Repose de l'ensemble butée de rebond-soufflet d'une jambe de suspension AV.

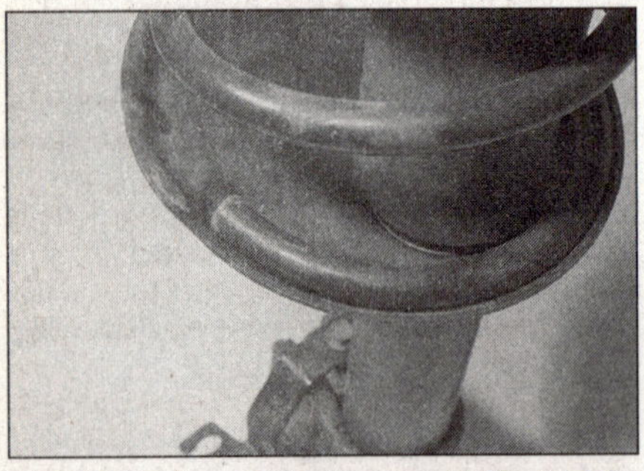

5.12 Spire d'extrémité de ressort hélicoïdal de suspension AV. correctement installée sur la coupelle d'appui inférieure

2 Monter le compresseur sur le ressort et comprimer celui-ci de façon à relâcher la pression sur le palier supérieur. Veiller à installer convenablement le compresseur de manière à ce qu'il ne risque pas de se dégager du ressort **(voir illustration)**.
3 Desserrer et enlever l'écrou de la tige d'amortisseur avec l'entretoise.
4 Déposer successivement le palier supérieur, la butée, le roulement et la coupelle d'appui supérieure du ressort **(voir illustration)**.
5 Déposer ensuite le ressort maintenu par le compresseur. Le ressort peut rester bridé par le compresseur, prêt à la repose sur la jambe de suspension. Il est toutefois conseillé pour des raisons de sécurité de dégager le compresseur du ressort.
6 Dégager ensuite de la tige d'amortisseur l'ensemble butée de rebond et soufflet.

### Contrôle

7 Examiner toutes les pièces venant d'être déposées pour s'assurer qu'elles ne présentent pas de signes d'usure, de détérioration ou de déformation et vérifier la libre rotation du roulement, sans points durs. Remplacer toute pièce défectueuse.
8 S'assurer de l'absence de suintement d'huile sur l'amortisseur et vérifier que la tige n'est pas piquée sur toute sa longueur et que le corps d'amortisseur ne présente pas de signes d'endommagement. Contrôler le fonctionnement de l'amortisseur. Pour cela, le tenir en position verticale et faire exécuter au piston une course complète puis des courses sur 50 à 100 mm. Dans les deux cas, la résistance notée doit être sans à-coups et progressive. Si une résistance saccadée ou irrégulière vient à être constatée ou si l'amortisseur présente des signes manifestes d'usure ou de détérioration, il conviendra de remplacer la jambe de suspension.
9 Si ce n'est déjà fait, dégager avec précaution le compresseur et vérifier au besoin l'état du ressort pour s'assurer qu'il n'est pas déformé ni fissuré et craquelé. Aucune valeur limite de longueur libre n'étant indiquée par le constructeur, le seul moyen de s'assurer que le ressort n'est pas détendu, sera de le comparer à un ressort neuf. Changer le ressort s'il est abîmé, déformé ou dans le moindre doute sur son état.
10 Ausculter toutes les autres pièces de la jambe de suspension et remplacer celles présentant des signes manifestes de détérioration ou dont l'état est suspect.

### Remontage

**Nota :** *Enduire de graisse les surfaces de contact des extrémités du ressort et les butées au niveau des coupelles d'appui.*
11 S'assurer que toutes les pièces sont parfaitement propres et dégraissées. Installer l'ensemble butée de rebond et soufflet sur la tige d'amortisseur **(voir illustration)**.
12 Remettre en place le ressort maintenu par le compresseur puis monter la coupelle d'appui supérieure. Veiller à positionner correctement les spires d'extrémité du ressort sur les coupelles d'appui inférieure et supérieure **(voir illustration)**.
13 Monter successivement la butée, le roulement et le palier supérieur.
14 Installer l'entretoise puis monter l'écrou de la tige d'amortisseur, en le serrant bien. Libérer progressivement le compresseur, tout en s'assurant que les spires d'extrémité du ressort restent convenablement positionnées sur les coupelles d'appui.
15 Procéder à la repose de la jambe de suspension, en se reportant à la section précédente pour cette opération.

## 6 Barre stabilisatrice AV. - dépose et repose

### Dépose

1 Caler les roues arrière, serrer le frein à main puis lever l'avant de la voiture au cric et le poser sur chandelles (voir *« Levage et soutien du véhicule »*). Déposer les deux roues avant.
2 Déposer le tube avant d'échappement (voir chapitre 4A ou 4B).
3 En opérant du dessous de la voiture, desserrer leurs quatre vis de fixation et déposer les deux renforts du berceau **(voir illustration)**.
4 Desserrer et enlever le boulon de fixation de chaque côté de la barre stabilisatrice sur le triangle inférieur de suspension : veiller à bien repérer la position de montage de l'entretoise en caoutchouc **(voir illustration)**.

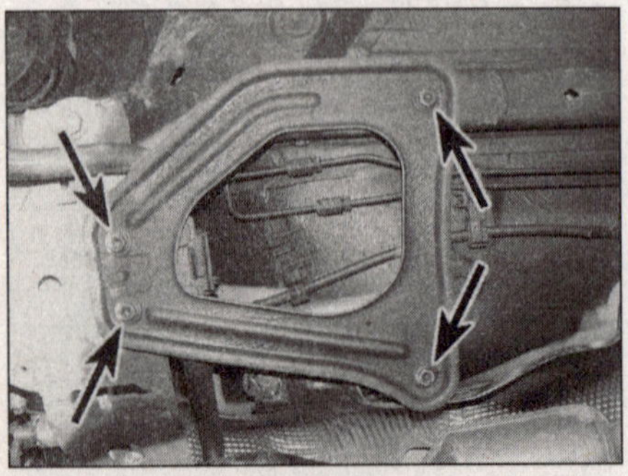

6.3 Vis de fixation du renfort côté gauche du berceau

6.4 Desserrage d'un boulon de fixation de barre stabilisatrice sur le triangle inférieur de suspension AV.

6.5 Palier de barre stabilisatrice AV. sur le berceau

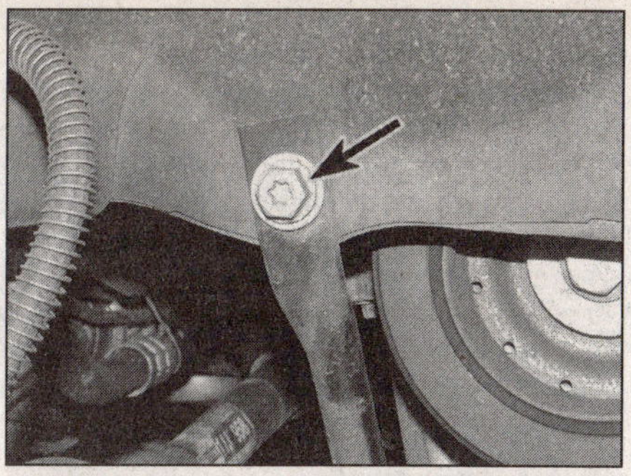

7.3a Vis de fixation supérieure . . .

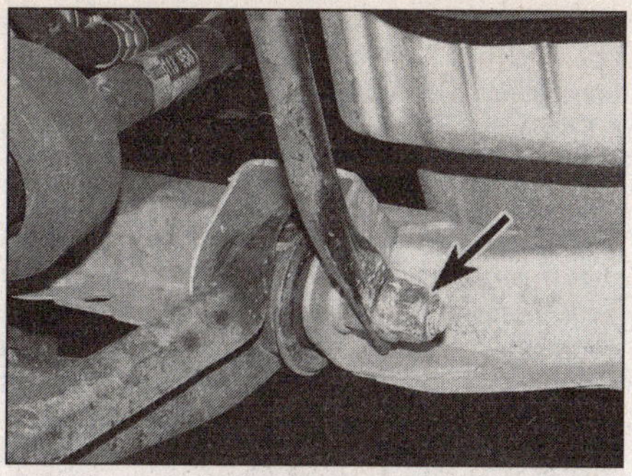

7.3b . . . et écrou de fixation inférieur du tirant reliant le berceau au longeron (suivant montage)

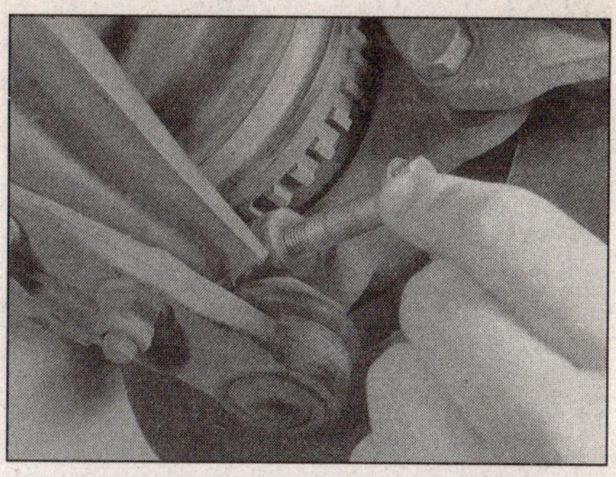

7.4a Dépose du boulon de bridage de la rotule d'un triangle inférieur de suspension AV. . . .

**5** Desserrer et enlever leur boulon de fixation puis dégager les paliers de la barre stabilisatrice sur le berceau **(voir illustration)**.

**6** Dégager la barre stabilisatrice du dessous de la voiture et récupérer les silentblocs.

**7** Examiner avec soin les pièces de la barre stabilisatrice pour s'assurer de l'absence de signes d'usure ou de détérioration, notamment au niveau des silentblocs. Remplacer toute pièce manifestement usée.

### Repose

**8** Equiper la barre stabilisatrice de ses silentblocs puis l'amener en place par le dessous du véhicule. Installer les paliers, sans bloquer leur boulon de fixation à ce stade.

**9** Engager les deux côtés de la barre stabilisatrice sur les triangles inférieurs, en veillant à positionner convenablement les entretoises en caoutchouc. Monter les boulons de fixation, sans les bloquer pour l'instant.

**10** Remettre en place le tube avant d'échappement, en se reportant au chapitre 4A ou 4B pour cette opération.

**11** Remonter les renforts du berceau, en serrant bien leurs vis de fixation.

**12** Reposer les roues puis descendre la voiture au sol et serrer les vis des roues au couple prescrit.

**13** Serrer au couple préconisé les boulons de fixation des paliers de la barre stabilisatrice sur le berceau et ceux de fixation sur les triangles inférieurs de suspension.

## 7 Triangles inférieurs de suspension AV. - dépose, remise en état et repose

### Dépose

**1** Caler les roues arrière, serrer le frein à main puis lever l'avant de la voiture au cric et le poser sur chandelles (voir « *Levage et soutien du véhicule* »). Déposer la roue avant du côté intéressé.

**2** Dégager la barre stabilisatrice au niveau du triangle inférieur de suspension (voir section précédente).

**3** Le cas échéant, enlever la vis de fixation supérieure et l'écrou de fixation inférieur puis déposer le tirant reliant le berceau au longeron **(voir illustrations)**.

**4** Enlever le boulon de bridage de la rotule du triangle inférieur sur le pivot porte-moyeu puis

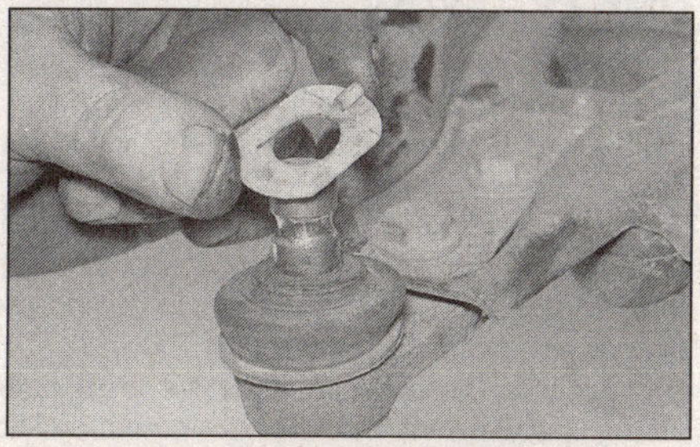

7.4b . . . et du protecteur après avoir désaccouplé la rotule du pivot

déboîter la rotule en faisant levier avec précaution pour ne pas l'endommager ni le soufflet de transmission et récupérer le protecteur en plastique **(voir illustrations)**.

**5** Enlever ses deux boulons de fixation sur le berceau puis dégager le triangle inférieur du dessous de la voiture **(voir illustration)**.

### Remise en état

**6** Nettoyer soigneusement le triangle inférieur et les zones entourant ses silentblocs puis vérifier que le triangle n'est pas déformé, fissuré ou autrement endommagé et s'assurer que les silentblocs ne sont pas usés ni abîmés. Vérifier que la rotule pivote librement, sans points durs, et que son soufflet n'est pas fendu. Examiner la tige des vis de fixation du triangle pour déceler d'éventuels signes d'usure ou de détérioration. Changer toute pièce usée ou abîmée.

**7** Examiner les silentblocs du triangle. Les remplacer s'ils sont usés, fendus ou endommagés. Pour cela, soutenir le triangle et chasser les silentblocs à l'aide

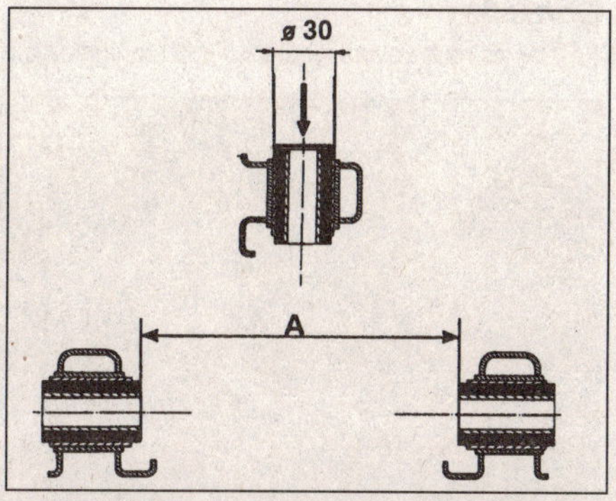


7.7 Cote de montage des silentblocs de triangle inférieur de suspension AV.

*A = 146,5 mm*

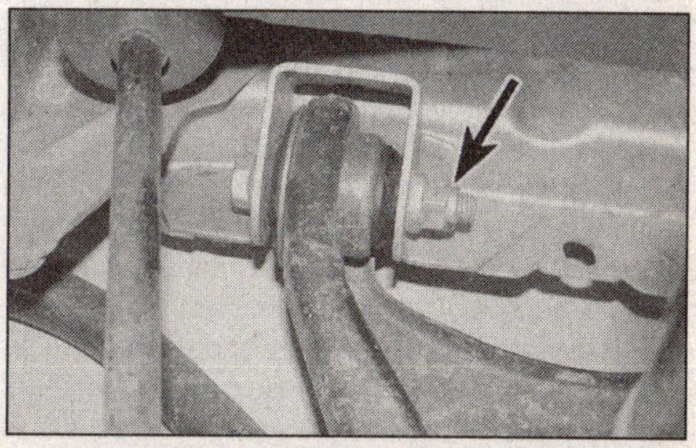

7.5 Boulon de fixation AR. d'un triangle inférieur de suspension AV. sur le berceau

d'un poussoir tubulaire, genre douille, portant sur leur rebord extérieur dur. **Nota :** *Déposer un seul silentbloc à la fois de manière à monter convenablement le silentbloc de rechange par rapport à l'autre silentbloc.* Nettoyer le logement du silentbloc pour le débarrasser de la saleté et de la graisse puis supprimer les bavures et arêtes vives susceptibles d'entraver le montage du silentbloc de rechange. Enduire légèrement de graisse le bord extérieur du silentbloc et l'emmancher sur le triangle, en veillant à respecter la cote d'écartement correcte par rapport au deuxième silentbloc **(voir illustration)**. Eliminer l'excédent de graisse et procéder au remplacement du deuxième silentbloc en opérant de la même manière.

### Repose

**8** Présenter le triangle inférieur sur le berceau puis monter par l'arrière les vis des deux boulons de fixation et reposer les écrous, en les approchant uniquement à la main à ce stade.

**9** Equiper la rotule du triangle inférieur de son protecteur en plastique puis engager son cône sur le pivot porte-moyeu et remonter le boulon de bridage à serrer au couple prescrit **(voir illustration)**.

7.9 Serrage du boulon de bridage de la rotule d'un triangle inférieur de suspension AV.

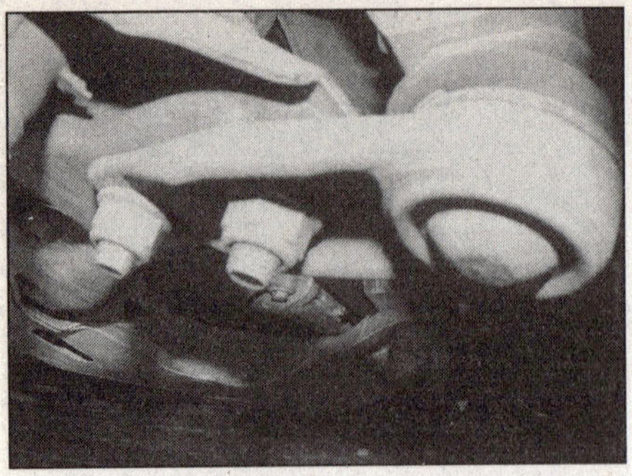

8.5 Boulons de fixation de la rotule d'un triangle inférieur de suspension AV.

10 Remettre éventuellement en place le tirant reliant le berceau au longeron puis remonter la vis de fixation supérieure et l'écrou de fixation inférieur, sans les bloquer à ce stade.
11 Engager la barre stabilisatrice sur le triangle inférieur, en veillant à positionner correctement l'entretoise en caoutchouc. Monter le boulon de fixation, sans le bloquer pour l'instant.
12 Reposer la roue puis descendre la voiture au sol et serrer les vis de la roue au couple prescrit.
13 La voiture reposant sur ses roues au sol, la secouer pour bien asseoir les silentblocs puis serrer les écrous des boulons de fixation du triangle inférieur ainsi que le boulon de fixation de la barre stabilisatrice aux couples préconisés. Serrer ensuite convenablement la vis et l'écrou de fixation du tirant reliant le berceau au longeron.

## 8 Rotules de triangles inférieurs de suspension AV. - dépose et repose

### Dépose

1 Caler les roues arrière, serrer le frein à main puis lever l'avant de la voiture au cric et le poser sur chandelles (voir « *Levage et soutien du véhicule* »). Déposer la roue avant du côté intervention.
2 Dégager la barre stabilisatrice au niveau du triangle inférieur de suspension (voir section 6).
3 Le cas échéant, enlever l'écrou de fixation inférieur du tirant reliant le berceau au longeron puis desserrer les deux boulons de fixation du triangle inférieur de suspension sur le berceau.
4 Enlever le boulon de bridage de la rotule du triangle inférieur sur le pivot porte-moyeu puis déboîter la rotule en faisant levier avec précaution pour ne pas l'endommager ni le soufflet de transmission et récupérer le protecteur en plastique.
5 Enlever les deux boulons de fixation sur le triangle inférieur puis dégager la rotule **(voir illustration)**.
6 Vérifier que la rotule pivote librement, sans points durs ni jeu exagéré. Examiner le soufflet de la rotule pour s'assurer qu'il n'est pas abîmé, notamment coupé, auquel cas la rotule complète sera à changer compte tenu que le soufflet ne peut pas être remplacé séparément. Se procurer au besoin auprès du service des pièces détachées d'un concessionnaire de la marque un nécessaire de rechange comprenant une rotule, un protecteur en plastique et des boulons de fixation.

### Repose

7 Installer la rotule sur le triangle inférieur puis monter ses boulons de fixation, en serrant les écrous au couple préconisé.
8 Equiper la rotule du triangle inférieur de son protecteur en plastique puis engager son cône sur le pivot porte-moyeu et remonter le boulon de bridage à serrer au couple prescrit.
9 Engager la barre stabilisatrice sur le triangle inférieur, en veillant à positionner correctement l'entretoise en caoutchouc. Monter le boulon de fixation, sans le bloquer pour l'instant.
10 Reposer la roue puis ramener la voiture au sol et serrer les vis de la roue au couple préconisé.
11 La voiture reposant sur ses roues au sol, la secouer pour bien asseoir les silentblocs puis serrer les écrous des boulons de fixation du triangle inférieur ainsi que le boulon de fixation de la barre stabilisatrice aux couples préconisés. Fixer ensuite le tirant reliant le berceau au longeron en serrant convenablement son écrou.

## 9 Roulements de moyeux AR. - contrôle et remplacement

**Nota :** *Les roulements de moyeux arrière à double rangée de rouleaux coniques sont conçus pour durer aussi longtemps que la voiture sans nécessiter d'entretien ni de surveillance particulière. Ne jamais dépasser le couple de serrage prescrit pour les écrous de moyeux dans le but de régler le jeu des roulements.*

### Contrôle

1 Caler les roues avant, enclencher la marche arrière ou le rapport « P » (cas d'une boîte de vitesses automatique) puis lever l'arrière de la voiture au cric et le poser sur chandelles (voir « *Levage et soutien du véhicule* »). Déposer la roue arrière du côté intervention et desserrer le frein à main à fond.
2 Le degré d'usure du roulement de moyeu arrière peut être évalué en mesurant son jeu axial. Pour cela, monter un comparateur dont la touche sera au contact de la face extérieure du moyeu. Le jeu doit être compris entre 0 et 0,03 mm. Un jeu supérieur dénotera une usure excessive du roulement qui sera à changer.

### Remplacement

3 Procéder à la dépose du tambour ou du disque de frein arrière du côté intéressé (voir chapitre 9).
4 Extraire le circlip d'arrêt du roulement dans le moyeu au centre du tambour ou du disque de frein à l'aide d'une pince **(voir illustration)**.
5 Soutenir convenablement le tambour ou le disque de frein puis chasser du moyeu à la presse et avec un mandrin de diamètre approprié le roulement **(voir illustration)**.
6 Nettoyer le logement du roulement dans le moyeu en supprimant soigneusement les traces de graisse ou d'huile et éliminer les bavures ou arêtes vives susceptibles d'entraver le remontage. Contrôler le logement qui ne doit pas présenter de traces d'échauffement, de rayures ni d'autres marques d'usure ou de détérioration : changer le tambour ou le disque de frein au besoin (voir chapitre 9). Examiner également l'état de surface de la fusée solidaire du bras tiré de suspension. Le roulement et son circlip d'arrêt sont à remplacer systématiquement à chaque démontage. Se procurer s'il y a lieu auprès du service des pièces détachées d'un concessionnaire de la marque un nécessaire de rechange comprenant un roulement, un circlip d'arrêt, un écrou de moyeu et un capuchon central.
7 Pour procéder au remontage, enduire légèrement d'huile pour engrenage la bague extérieure du roulement et l'axe de la fusée.
8 Le tambour ou le disque de frein étant bien soutenu, monter le roulement à l'aide d'une presse et d'un mandrin de diamètre approprié, en appui sur sa bague extérieure. Veiller à ne pas présenter le roulement de travers dans son logement.
9 Vérifier que le roulement se trouve bien en butée contre l'épaulement du moyeu et l'arrêter avec le circlip neuf. S'assurer d'encastrer convenablement le circlip dans sa gorge.
10 Procéder à la repose du tambour ou du disque de frein arrière, comme décrit au chapitre 9.

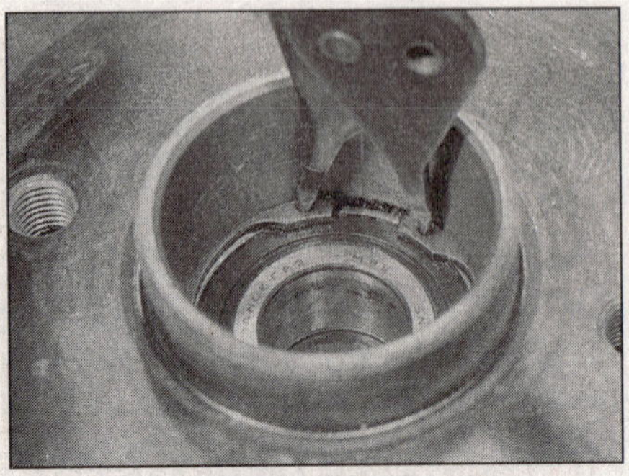

9.4 Extraction du circlip d'arrêt . . .

9.5 . . . et dépose du roulement d'un moyeu AR. en le chassant avec un mandrin

## 10 Amortisseurs AR. - dépose, contrôle et repose

### Dépose

1 Caler les roues avant, enclencher la marche arrière ou le rapport « P » (cas d'une boîte de vitesses automatique) puis lever l'arrière de la voiture au cric et le poser sur chandelles (voir « *Levage et soutien du véhicule* »). Déposer la roue arrière du côté concerné par l'opération.

10.2 Desserrage du boulon de fixation inférieur d'un amortisseur AR.

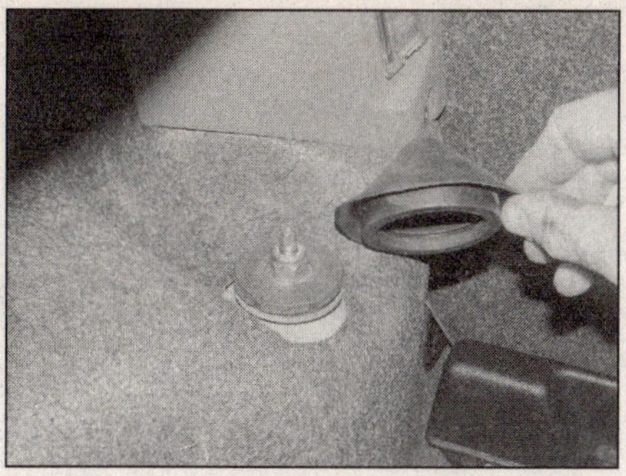

10.3a Dépose du cache en plastique dans le coffre .....

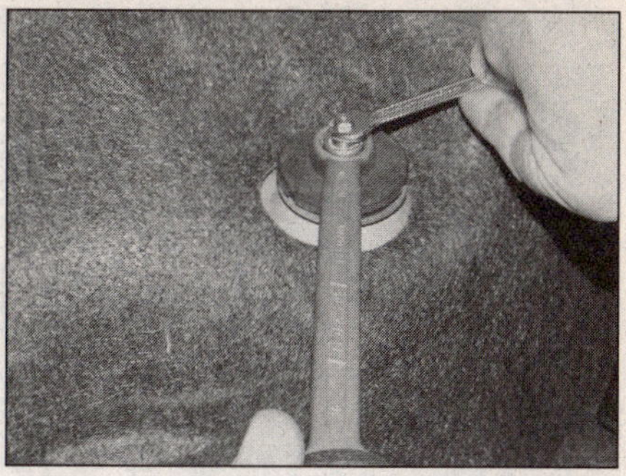

10.3b .... et desserrage de l'écrou de fixation supérieur d'un amortisseur AR., en retenant la tige avec une clé polygonale

**2** Soulever le bras tiré de l'essieu arrière au moyen d'un cric rouleur de façon à comprimer légèrement l'amortisseur. Enlever le boulon de fixation inférieur de l'amortisseur **(voir illustration)**.

**3** Déposer le cache en plastique dans le coffre, desserrer et enlever l'écrou de fixation supérieur tout en retenant la tige avec une clé polygonale puis dégager l'amortisseur **(voir illustrations)**.

### Contrôle

**4** Bloquer l'amortisseur dans un étau et contrôler son fonctionnement comme indiqué pour les amortisseurs avant en section 5. Vérifier également que les silentblocs de l'amortisseur ne sont pas usés ni abîmés, auquel cas il y aura lieu de remplacer l'amortisseur complet, vu que les silentblocs ne sont pas proposés en pièces de rechange détaillées. Ausculter la tige de la vis de fixation inférieure pour déceler une éventuelle usure ou une détérioration et la changer si elle est en mauvais état. Le remplacement d'un amortisseur implique obligatoirement celui du deuxième amortisseur pour ne pas risquer une dégradation de la tenue de route.

### Repose

**5** Avant de procéder à la repose de l'amortisseur, le bloquer en position verticale dans un étau et le faire jouer à fond plusieurs fois de suite afin de l'amorcer, ce qui est nécessaire même s'il s'agit d'un amortisseur de rechange qui peut avoir été stocké horizontalement. Enduire légèrement de graisse universelle la vis de fixation inférieure de l'amortisseur.

**6** Amener l'amortisseur en place et monter son écrou de fixation supérieur, en le serrant uniquement à la main à ce stade.

**7** Remonter le boulon de fixation inférieur de l'amortisseur, sans le bloquer pour l'instant. Abaisser le cric rouleur et le dégager du dessous du bras tiré.

**8** Reposer la roue puis descendre la voiture au sol et serrer les vis de la roue au couple préconisé.

**9** Secouer la voiture pour bien asseoir les silentblocs puis serrer l'écrou de fixation supérieur et le boulon de fixation inférieur aux couples prescrits.

## 11 Ressorts hélicoïdaux de suspension AR. - dépose et repose

**Nota :** *Compte tenu de la conception du train arrière, les ressorts hélicoïdaux doivent être déposés un par un. Le remplacement d'un ressort implique obligatoirement celui du deuxième ressort et il est également conseillé de changer les butées en caoutchouc par la même occasion.*

### Dépose

**1** Caler les roues avant, enclencher la marche arrière ou le rapport « P » (cas d'une boîte de vitesses automatique) puis lever l'arrière de la voiture au cric et le poser sur chandelles (voir « *Levage et soutien du véhicule* »). Déposer la roue arrière du côté intervention.

**2** Soulever légèrement le bras tiré de l'essieu arrière au moyen d'un cric rouleur.

**3** Desserrer et enlever le boulon de fixation inférieur de l'amortisseur sur le bras tiré d'essieu **(voir illustration)**.

**4** Abaisser avec précaution le cric rouleur soutenant le bras tiré et dégager le ressort hélicoïdal et ses butées en caoutchouc de l'essieu et de la caisse : au besoin, faire levier vers le bas avec une barre sur l'essieu pour faciliter la dépose du ressort **(voir illustration)**.

### Repose

**5** La repose a lieu à l'inverse de la dépose, en tenant toutefois compte des points suivants :

**6** S'assurer de positionner correctement les extrémités du ressort sur les butées en caoutchouc au niveau de l'essieu et de la caisse. Le ressort est pourvu d'un repère de couleur à disposer en haut et à orienter vers l'arrière de la voiture **(voir illustration)**.

**7** Procéder au serrage du boulon de fixation inférieur de l'amortisseur, comme décrit en section précédente.

**8** En cas de montage d'un ressort de rechange, effectuer le remplacement du deuxième ressort en opérant de la même manière.

## 12 Essieu AR. - dépose et repose

### Dépose

**1** Caler les roues avant, enclencher la marche arrière ou le rapport « P » (cas d'une boîte de vitesses automatique) puis lever l'arrière de la voiture au cric et le poser sur chandelles (voir « *Levage et soutien du véhicule* »). Déposer les deux roues arrière.

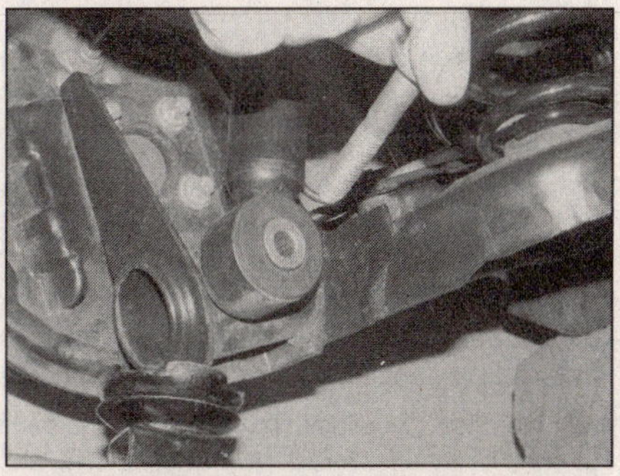

11.3 Dépose du boulon de fixation inférieur d'un amortisseur AR.

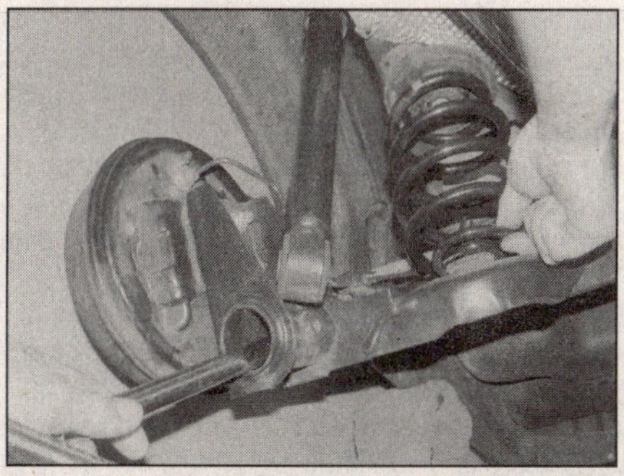

11.4 Dépose d'un ressort hélicoïdal de suspension AR.

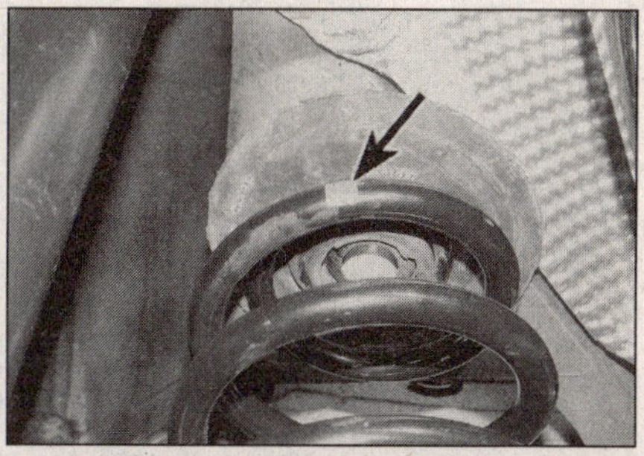

11.6 Repère de couleur sur ressort hélicoïdal de suspension AR. à disposer en haut et à orienter vers l'arrière

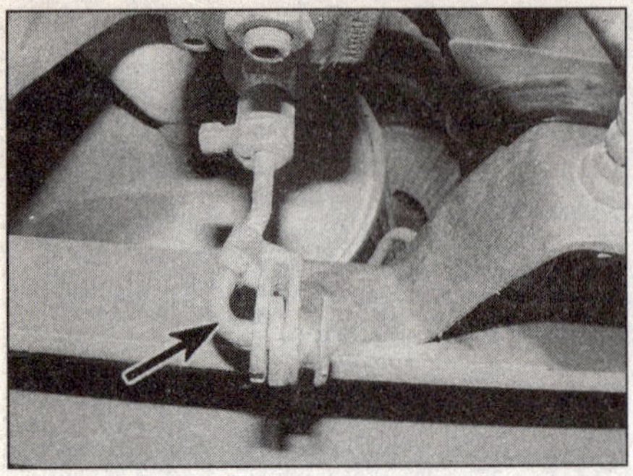

12.5 **Tige de commande de limiteur de pression de freinage ancré à la patte sur l'essieu AR.**

12.6 **Desserrage de l'écrou de raccord d'une canalisation de frein au niveau de l'essieu AR.**

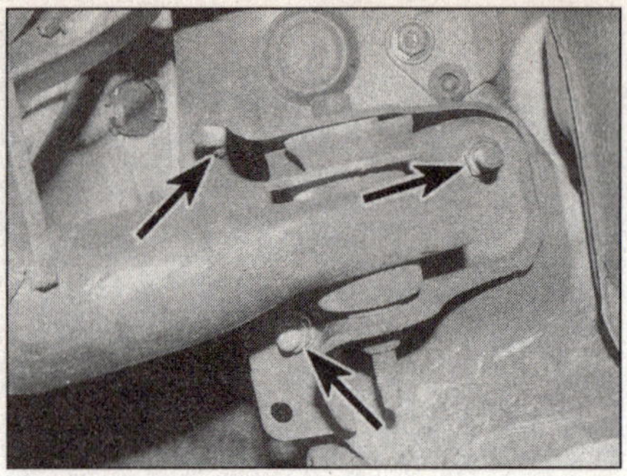

12.8 **Ecrous de fixation de supports d'essieu AR. sur caisse - côté G. illustrée**

**2** Pour les véhicules équipés de freins à disques à l'arrière, déposer les deux étriers (voir chapitre 9).
**3** Si un remplacement de l'essieu arrière est prévu, déposer les disques ou les tambours de freins arrière (voir chapitre 9).
**4** Dans le cas des modèles avec antiblocage des roues (ABS), déposer les capteurs de roues arrière (voir chapitre 9, section 23).
**5** Sur les modèles sans antiblocage des roues (ABS), décrocher la tige de commande du limiteur de pression de freinage asservi à la charge en enlevant l'agrafe de fixation sur la patte au niveau de l'essieu **(voir illustration)**.
**6** Poser des pinces à durits, des serre-joints ou des outils similaires munis de mordaches sur les flexibles de freins arrière, au niveau d'un emplacement accessible le plus proche possible des raccords. Desserrer les écrous de raccords et débrancher les canalisations de freins au niveau des pattes de maintien sur l'essieu **(voir illustration)**. Enlever les brides élastiques puis dégager les flexibles de freins des pattes sur l'essieu. Obturer avec des bouchons ou du ruban adhésif les orifices découverts afin d'éviter l'admission d'impuretés dans le circuit hydraulique. Rincer immédiatement à l'eau froide toute éclaboussure de liquide de frein.
**7** Décrocher les câbles de frein à main au niveau des freins arrière (voir chapitre 9).
**8** Si un remplacement des silentblocs des bras tirés est prévu, desserrer les écrous des vis-pivots de silentblocs des bras tirés et faire tourner les vis pour s'assurer qu'elles ne sont pas grippées. En tout cas desserrer, sans les déposer, les écrous de fixation de l'essieu au niveau de la caisse **(voir illustration)**.
**9** Déposer les ressorts hélicoïdaux de suspension arrière (voir section précédente).
**10** Soutenir le train arrière de la voiture à l'aide d'un cric rouleur.
**11** Le concours d'un opérateur est nécessaire à ce stade des opérations de façon à s'assurer que le train arrière ne se dégage pas du cric. Desserrer les six écrous de fixation : trois de chaque côté, puis descendre progressivement l'essieu pour le dégager du dessous de la voiture.
**12** Les silentblocs des bras tirés peuvent si nécessaire être remplacés, en opérant comme décrit plus bas.
**13** En cas de remplacement de l'essieu, récupérer les canalisations de freins sur l'essieu d'origine et les transférer sur l'essieu de rechange. Récupérer également les pattes-supports des freins, en enduisant de produit-frein approprié leur filetage pour remonter les vis de fixation.

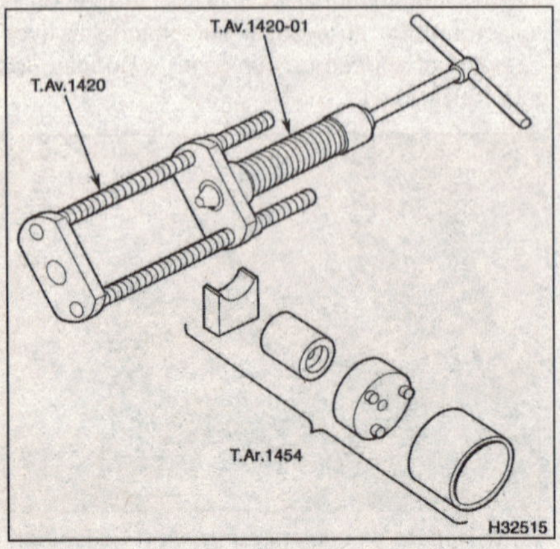


12.24 **Outillage d'atelier pour la dépose et le montage des silentblocs de bras tirés d'essieu AR.**

### Repose

**14** Installer l'essieu sur le cric rouleur puis l'amener en place du dessous de la voiture, en orientant correctement les supports : pion de positionnement vers le haut. Engager l'essieu jusqu'au dépassement des vis de fixation des supports sur la caisse et jusqu'à l'emplacement de chaque pion de positionnement de support dans son trou au niveau de la caisse. Remonter les six écrous à serrer au couple prescrit.
**15** Procéder à la repose des ressorts hélicoïdaux de suspension arrière, comme décrit en section précédente.
**16** Remettre en place les flexibles de freins sur les pattes de maintien au niveau de l'essieu puis les fixer avec leur bride élastique. Rebrancher les canalisations de freins, en serrant convenablement leur écrou de raccord.
**17** Le cas échéant, ancrer la tige de commande du limiteur de pression de freinage asservi à la charge à la patte sur l'essieu, en veillant à bien remonter l'agrafe de fixation.
**18** Installer les câbles de frein à main le long des bras tirés de l'essieu puis les réaccoupler aux freins arrière, comme indiqué au chapitre 9.
**19** Reposer suivant équipement, les disques et les étriers de freins arrière ou les tambours ainsi qu'éventuellement les capteurs de roues du système ABS et procéder à la purge du circuit hydraulique de freinage. Se reporter au chapitre 9 pour effectuer ces différentes opérations.
**20** Reposer les roues puis descendre la voiture au sol et serrer les vis des roues au couple préconisé. Si les silentblocs ont été remplacés, la voiture reposant sur ses roues au sol, la secouer pour bien asseoir les silentblocs puis serrer les écrous des vis-pivots de silentblocs des bras tirés au couple préconisé.
**21** Procéder au contrôle des hauteurs de référence du véhicule (voir section suivante).

### Silentblocs de bras tirés - remplacement

**22** Examiner les silentblocs des bras tirés de l'essieu. Les remplacer s'ils sont en mauvais état, en procédant comme suit :
**23** Bien repérer la position du silentbloc par rapport au bras tiré, à titre de référence pour le montage du silentbloc de rechange. Desserrer les écrous et extraire les vis-pivots des bras tirés ; les chasser du pivot, au besoin, à l'aide d'un marteau par l'intermédiaire d'un mandrin en acier doux.
**24** Un outillage d'atelier spécifique est prévu pour le remplacement des silentblocs. Il est constitué de trois parties : T.Ar. 1454, T.Av. 1420 et T.Av. 1420-01 **(voir illustration)**. A défaut, un équivalent peut être réalisé à partir d'un boulon suffisamment long, de rondelles et d'un tube métallique ou d'une douille.
**25** La dépose du silentbloc peut être facilitée en chauffant au préalable à l'aide d'un pistolet pulseur à air chaud, ou équivalent, le logement dans le bras tiré. Ne pas utiliser de flamme nue compte tenu de la proximité du réservoir de carburant (si le remplacement a lieu avec l'essieu en place).
**26** Extraire le silentbloc au moyen de l'outillage décrit au point 24.
**27** Emmancher le silentbloc de rechange dans le bras tiré en se servant de l'outillage prévu à cet effet et respectant la position de montage initiale.

## 13 Hauteurs de référence du véhicule - contrôle

**1** Les hauteurs de référence du véhicule servent pour le contrôle et éventuellement le réglage de la géométrie du train avant (voir section 24) : les valeurs de géométrie varient légèrement en fonction des hauteurs sous coque (voir

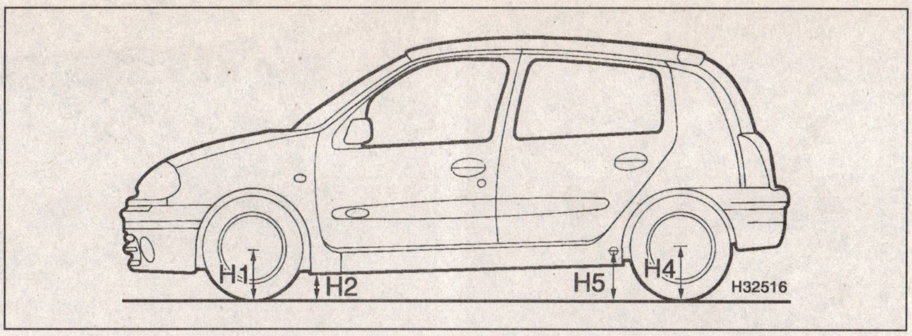


**13.1 Cotes de mesure pour la détermination des hauteurs de référence du véhicule. A noter que la cote H5 se mesure à partir de l'axe de pivot du bras tiré**

*Se reporter aux « Caractéristiques » pour les hauteurs de référence prescrites*

« *Caractéristiques* »). Les hauteurs de référence sont déterminées à partir des cotes mesurées aux emplacements indiqués sur la figure jointe **(voir illustration)**.

### Contrôle

**2** Pour la précision du contrôle des hauteurs de référence, le véhicule doit se trouver sur une aire plane, avec les pneumatiques correctement gonflés et le réservoir de carburant plein.

**3** Pour déterminer la hauteur de référence à l'avant, mesurer la distance comprise entre l'axe de rotation de la roue avant et le sol (cote H1) et la distance comprise entre la face inférieure du berceau et le sol (cote H2) puis effectuer l'opération H1 - H2. Vérifier que le résultat de cette opération est conforme à la valeur figurant dans les « *Caractéristiques* ».

**4** Pour déterminer la hauteur de référence à l'arrière, mesurer la distance comprise entre l'axe de rotation de la roue arrière et le sol (cote H4) et la distance comprise entre l'axe de rotation du bras tiré d'essieu arrière et le sol (cote H5) puis effectuer l'opération H4 - H5. Vérifier que le résultat de cette opération est conforme à la valeur figurant dans les « *Caractéristiques* ».

**5** A noter que l'écart de hauteur entre les deux côtés ne doit pas dépasser 5 mm, le côté conducteur étant toujours plus haut.

**6** A signaler que les hauteurs de référence ne sont pas réglables. En cas de différence significative par rapport aux valeurs spécifiées, vérifier les organes de suspension pour s'assurer qu'ils ne sont pas usés ni endommagés.

**7** Confier si nécessaire la voiture aux services techniques d'un concessionnaire de la marque pour tout examen complémentaire à l'aide de l'équipement spécialisé.

## 14 Volant de direction - dépose et repose

**Nota :** *La vis de fixation du volant est à changer systématiquement à chaque démontage.*

### Dépose

**1** Amener les roues avant en ligne droite, en engageant la clé de contact pour déverrouiller l'antivol de direction.

**2** Dans le cas où cet équipement est prévu, déposer le coussin gonflable de sécurité, comme décrit au chapitre 12, section 28 (voir également la mise en garde ci-dessous).

**3** Desserrer sans l'enlever la vis de fixation du volant **(voir illustration)**.

**4** Repérer la position de montage du volant par rapport à la colonne de direction puis tirer le volant pour le dégager des cannelures de la colonne. Si on ne parvient pas à extraire le volant, le frapper de la paume de la main du dessous, près de son centre, ou le secouer d'un côté à l'autre tout en tirant pour le désaccoupler des cannelures de la colonne de direction. Finir de desserrer et enlever la vis de fixation puis déposer le volant **(voir illustration)**. **Nota :** *Ne pas tourner le contact rotatif du coussin gonflable de sécurité ni manœuvrer la direction suite à la dépose du volant.*

***Danger : Ne pas reposer le coussin gonflable de sécurité avec le volant déposé, ce qui risquerait de le déclencher. Lors de toute dépose du volant, le connecteur électrique du coussin gonflable DOIT Être débranché. Le connecteur se met en court-circuit lorsqu'il est débranché de façon à éviter tout déclenchement intempestif du coussin gonflable***

### Repose

**5** La repose s'effectue à l'inverse de la dépose, en tenant par ailleurs compte des points suivants :

*a) Faire correspondre les repères réalisés préalablement à la dépose pour réinstaller le volant*

*b) Serrer la vis de fixation neuve du volant au couple prescrit*

*c) Procéder à la repose du coussin gonflable de sécurité, en se reportant au chapitre 12 pour cette opération*

## 15 Colonne de direction - dépose, contrôle et repose

**Nota :** *Le volant est à équiper d'une vis de fixation neuve lors de sa repose.*

### Dépose

**1** Débrancher le câble de masse (-) de la batterie (voir « *Débranchement de la batterie* » à la partie « *Références* » en fin de manuel).

**2** Déposer le volant (voir section précédente).

**3** Desserrer les trois vis de fixation en dessous de la colonne de direction puis dégager la demi-coquille supérieure **(voir illustration)**. Tirer la demi-coquille inférieure vers le bas pour la dégrafer et la déposer.

**4** Suivant équipement, reculer le cache avant puis desserrer la vis de fixation du bloc des commandes d'autoradio au volant.

**5** Dégrafer le boîtier de transpondeur d'antidémarrage électronique puis tirer sans forcer pour le libérer du combiné commutateur d'allumage-démarrage/antivol de direction, et débrancher son connecteur électrique.

**6** Desserrer sans l'enlever la vis de fixation du contact rotatif du coussin gonflable de sécurité puis taper d'un coup sec sur le tournevis pour

**14.3 Desserrage de la vis de fixation du volant**

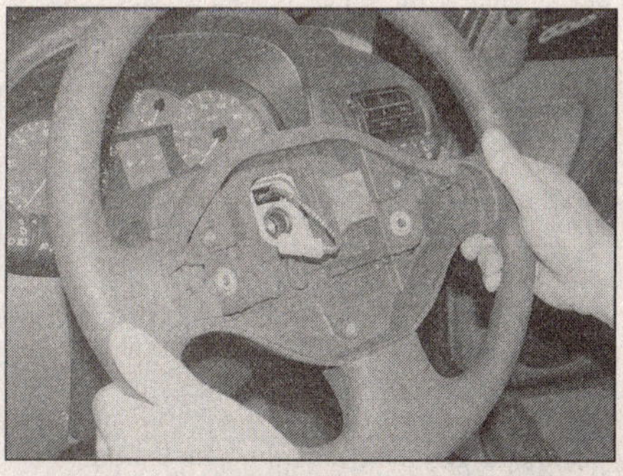

**14.4 Dépose du volant, avec le connecteur électrique restant en place**

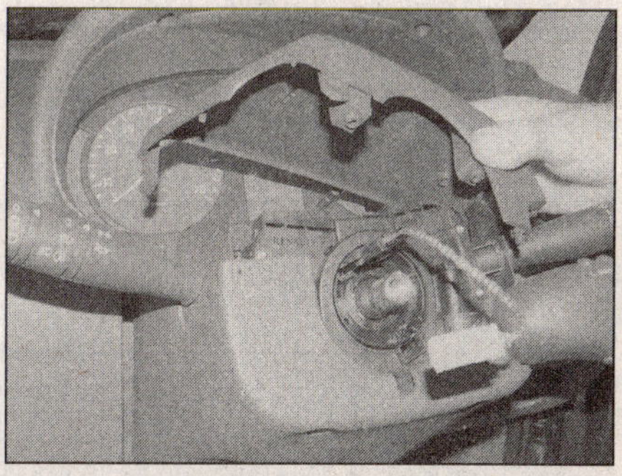

**15.3 Dépose de la demi-coquille supérieure de colonne de direction**

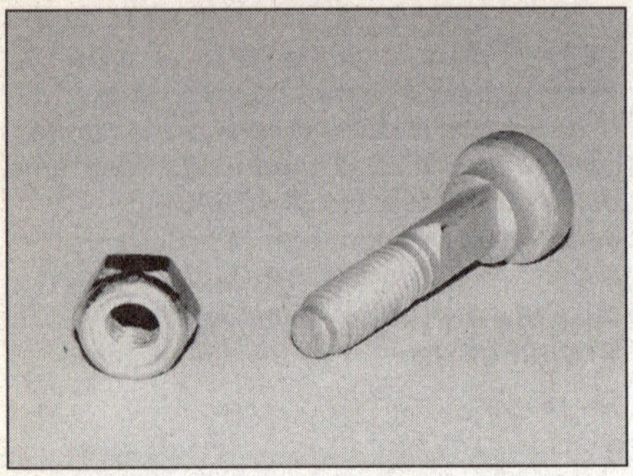

**15.11 Boulon de bridage à came de chape de cardan d'axe rétractable de colonne de direction**

**15.15 Dépose de la colonne de direction**

débloquer le cône et dégager l'ensemble contact rotatif-platine des manettes multifonction au volant de la colonne de direction, en débranchant les connecteurs électriques.

**7** Déposer l'habillage supérieur de planche de bord et les garnitures de pieds avant de caisse (voir chapitre 11, sections 27 et 29).

**8** Enlever ses vis de fixation puis dégager le combiné d'instruments, en débranchant les connecteurs électriques.

**9** Déverrouiller son arrêtoir en le tirant vers le haut puis dégager le bloc de connexion électrique du commutateur d'allumage-démarrage en dessous de la colonne de direction, en le faisant pivoter pour le débrancher.

**10** Caler les roues arrière, serrer le frein à main, puis lever l'avant de la voiture au cric et le poser sur chandelles (voir « *Levage et soutien du véhicule* »).

**11** En opérant du dessous de la voiture, repousser le soufflet vers le tablier pour accéder au boulon de bridage à came de la chape du cardan de l'axe rétractable de la colonne de direction sur le pignon d'attaque de crémaillère **(voir illustration)**.

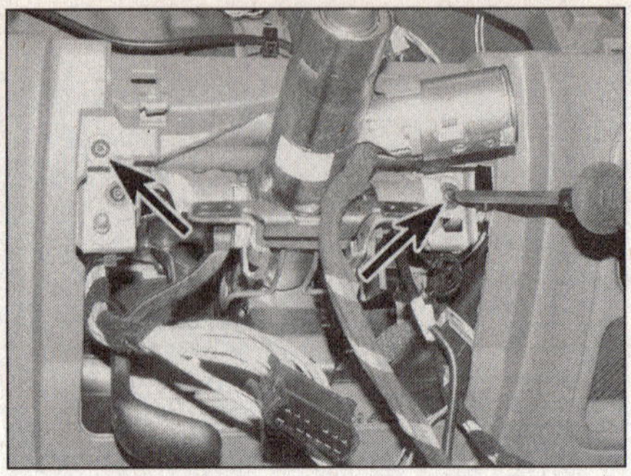

**15.13 Vis de fixation du tube-enveloppe en haut de la colonne de direction**

**12** Repérer à la peinture blanche ou au pointeau la position respective de la chape du cardan de l'axe rétractable de la colonne de direction et du pignon d'attaque de crémaillère. Enlever le boulon de bridage à came de la chape.

**13** Desserrer les deux vis de fixation du tube-enveloppe en haut de la colonne de direction dans l'habitacle **(voir illustration)**.

**14** Desserrer et enlever les quatre dernières vis de fixation puis dégager la colonne de direction de ses supports et de la planche de bord, en déboîtant également le soufflet inférieur du tablier **(voir illustration)**.

**15** Désaccoupler la chape du cardan de l'axe rétractable du pignon d'attaque et sortir la colonne de la direction de l'habitacle, en libérant au préalable tout câblage électrique **(voir illustration)**.

## Contrôle

**16** La colonne de direction est pourvue d'un dispositif de sécurité télescopique. En cas de choc frontal violent, l'axe du bas se rétracte, ce qui évite au conducteur de se trouver blessé par le volant. Avant de procéder à la repose de la colonne de direction, contrôler la longueur de l'entraxe entre les joints de cardan de son axe rétractable **(voir illustration)**. Si cette cote est inférieure à la valeur de référence indiquée, la colonne de direction complète sera à changer, ce qui sera également le cas si le boulon de bridage de la chape du cardan de l'axe rétractable ne peut pas être remonté aisément.

**17** Contrôler la colonne de direction qui ne doit pas présenter de jeu au niveau de ses bagues-paliers et vérifier que les cardans ne sont pas endommagés et pivotent librement, sans points durs. Si une détérioration ou une usure des cardans et des bagues-paliers vient à être constatée, il y aura lieu de changer l'ensemble de la colonne.

**18** Se reporter au chapitre 12, section 6, pour procéder au remplacement du commutateur d'allumage-démarrage.

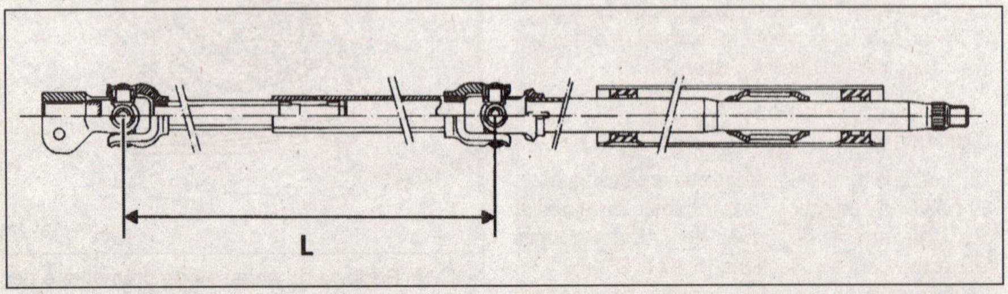


**15.16 Mesure de la longueur de l'entraxe (L) d'axe rétractable de colonne de direction**

*L = 373,1 ± 1,5 mm*

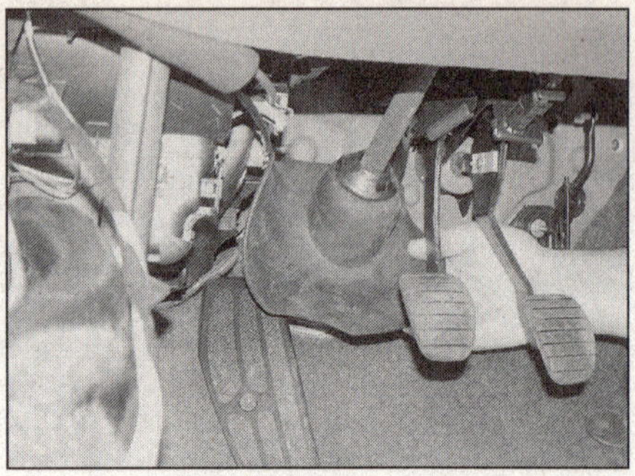

**15.14 Soufflet inférieur de colonne de direction déboîté du tablier dans l'habitacle**

## Repose

**19** Amener en place la colonne de direction dans l'habitacle, en engageant la chape du cardan de l'axe rétractable sur le pignon d'attaque de crémaillère : veiller à bien faire coïncider les repères réalisés préalablement à la dépose.

**20** Remettre en place le soufflet inférieur de la colonne de direction sur le tablier. Pour cela, relier les oreilles du soufflet et la chape du cardan de l'axe rétractable au niveau de leurs trous à l'aide d'une ficelle et tirer sur elle à travers le tablier par le dessous de la voiture **(voir illustration)**. Couper ensuite la ficelle.

**21** Remonter par le dessous de la voiture le boulon de bridage de la chape du cardan de l'axe rétractable sur le pignon d'attaque de crémaillère et le serrer au couple prescrit. Rabattre correctement le soufflet puis descendre la voiture au sol.

**22** Remonter les quatre vis de fixation de la colonne de direction et les serrer au couple préconisé.

**23** Remonter les deux vis de fixation du tube-enveloppe en haut de la colonne de direction et bien les serrer.

**24** Rebrancher le bloc de connexion électrique du

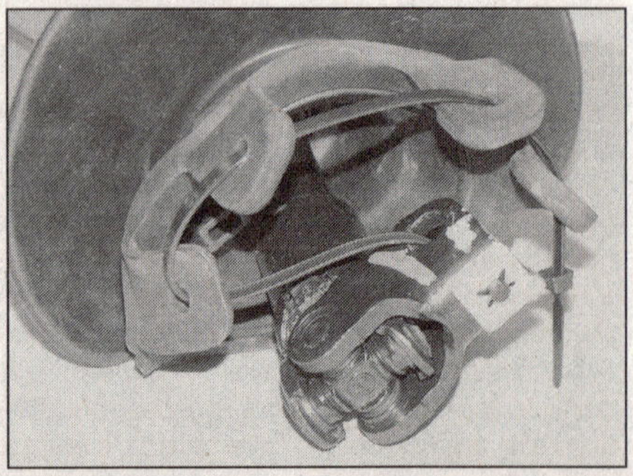

**15.20 Soufflet inférieur de colonne de direction relié à la chape du cardan avec une ficelle pour sa mise en place**

commutateur d'allumage-démarrage en dessous de la colonne de direction puis procéder à la repose du boîtier de transpondeur d'antidémarrage électronique, en rebranchant son connecteur électrique.
**25** Rebrancher les connecteurs électriques du combiné d'instruments et remonter les vis de fixation.
**26** Effectuer la repose de l'habillage supérieur de la planche de bord et des garnitures de pieds avant de caisse.
**27** Vérifier que le câblage électrique est correctement installé puis rebrancher ses connecteurs électriques et reposer l'ensemble contact rotatif-platine des manettes multifonction en s'assurant de positionner convenablement le contact : le repère « 0 » du rotor doit se trouver en face de l'index fixe sur le boîtier. Attendre d'avoir reposé les demi-coquilles inférieure et supérieure de la colonne de direction pour bloquer la vis de fixation du contact par le passage dans la demi-coquille inférieure.
**28** Fixer la demi-coquille inférieure sur la colonne de direction puis reposer la demi-coquille supérieure, et bien serrer les vis de fixation en bas. Remettre éventuellement en place le bloc des commandes d'autoradio au volant.
**29** Procéder à la repose éventuelle du coussin gonflable de sécurité, en se reportant au chapitre 12 pour cette opération.
**30** Reposer le volant, comme décrit en section précédente, puis rebrancher la batterie.

## 16 Soufflets de boîtier de direction - remplacement

**1** Déposer la rotule extérieure de la biellette de direction du côté intéressé (voir section 22).
**2** Repérer la position de montage du soufflet sur la biellette de direction. Libérer son ou ses colliers, suivant montage, puis dégager le soufflet du boîtier de direction et le déposer en bout de biellette.
**3** Nettoyer soigneusement la biellette et le boîtier de direction avec du papier abrasif fin afin de supprimer les bavures ou les arêtes vives susceptibles d'abîmer les talons du soufflet neuf en le mettant en place.
**4** Récupérer le maximum de graisse dans le soufflet usagé et la répandre sur la portée du soufflet au niveau de la rotule intérieure de la biellette de direction, à condition bien entendu que le soufflet renferme encore de la graisse et que celle-ci ne contienne pas d'impuretés, genre gravillons, qui auraient pu être admis suite à une coupure dans le soufflet. Dans le doute, utiliser une graisse de bonne qualité au bisulfure de molybdène.
**5** Graisser l'intérieur du soufflet neuf et l'enfiler avec précaution sur la biellette puis engager son talon côté intérieur sur le boîtier de direction. Faire coïncider les repères réalisés à la dépose puis fixer le soufflet avec un ou des colliers neufs, suivant le cas.
**6** Effectuer la repose de la rotule extérieure de la biellette de direction, comme décrit en section 22.

## 17 Boîtier de direction mécanique - dépose, repose et contrôle

**Nota :** *Un arrache-rotule approprié est à prévoir pour effectuer les opérations qui suivent.*

### Dépose

**1** Caler les roues arrière, serrer le frein à main puis lever l'avant de la voiture au cric et le poser sur chandelles (voir « *Levage et soutien du véhicule* »). Déposer les deux roues avant.
**2** Desserrer et enlever l'écrou de fixation de la rotule de biellette de direction sur le pivot porte-moyeu de chaque côté. Extraire ensuite le cône des rotules des pivots à l'aide d'un arrache-rotule universel.
**3** En opérant du dessous de la voiture, repousser le soufflet vers le tablier pour accéder au boulon de bridage à came de la chape du cardan de l'axe rétractable de la colonne de direction sur le pignon d'attaque de crémaillère.
**4** Repérer à la peinture blanche ou au pointeau la position respective de la chape du cardan de l'axe rétractable de la colonne de direction et du pignon d'attaque de crémaillère. Enlever le boulon de bridage à came de la chape.
**5** Enlever les quatre boulons de fixation à la partie arrière du berceau puis désaccoupler le pignon d'attaque de crémaillère de la chape du cardan de l'axe rétractable de la colonne et dégager le boîtier de direction en le manœuvrant latéralement.

### Repose

**6** Amener le boîtier de direction en place, en engageant les cannelures du pignon d'attaque de crémaillère sur la chape du cardan de l'axe rétractable de la colonne et faisant coïncider les repères réalisés préalablement à la dépose.
**7** Monter les boulons de fixation du boîtier de direction sur le berceau, en commençant par les vis à engager de l'arrière puis les écrous, et les serrer au couple prescrit.
**8** Remonter par le dessous de la voiture le boulon de bridage de la chape du cardan de l'axe rétractable sur le pignon d'attaque de crémaillère et le serrer au couple préconisé. Rabattre correctement le soufflet.
**9** Réaccoupler les rotules de biellettes de direction aux pivots porte-moyeux, en serrant leur écrou de fixation au couple spécifié.
**10** Reposer les roues puis descendre la voiture au sol et serrer les vis des roues au couple prescrit.
**11** Procéder au contrôle du parallélisme du train avant, comme indiqué en section 24.

### Contrôle

**12** Les opérations de remplacement des soufflets du boîtier de direction, des rotules extérieures et des biellettes de direction sont traitées respectivement aux sections 16, 22 et 23.
**13** Examiner le boîtier de direction pour déceler d'éventuels signes d'usure ou de détérioration. Vérifier que la crémaillère se déplace librement sur toute la longueur de sa course, sans points durs ni jeu exagéré au niveau du pignon d'attaque. Le boîtier de direction complet est à changer en cas de défectuosité de l'une de ses pièces internes.
**14** Le boîtier de direction n'est pas réparable. Les seules pièces pouvant être changées séparément sont les soufflets, les rotules extérieures et les biellettes de direction.

### Réglage du poussoir de crémaillère

**15** En présence d'un jeu exagéré de la crémaillère s'accompagnant d'un claquement du poussoir, un réglage peut être effectué. S'il s'agit d'un boîtier de direction de marque SMI, défreiner l'écrou de réglage en redressant les matages de sa collerette. Agir sur l'écrou de manière à rattraper le jeu, sans dépasser un cran. Effectuer un essai sur route afin de s'assurer que le volant revient bien en position ligne droite. Le cas échéant, freiner l'écrou de réglage en rabattant sa collerette dans deux encoches opposées **(voir illustration)**.

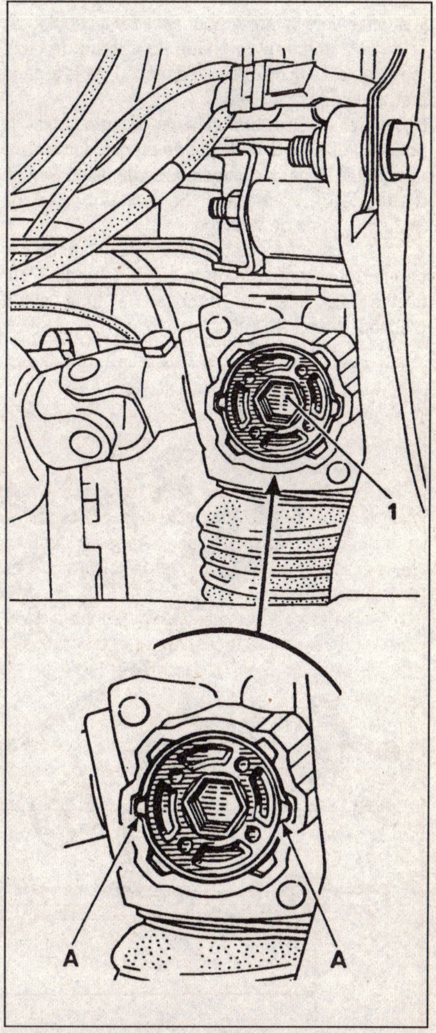


**17.15 Réglage du poussoir de crémaillère de direction**

*1 Ecrou de réglage   A Points de matage*

## 18 Boîtier de direction assistée - dépose, contrôle et repose

### *Dépose*

**1** Pour les versions à moteur Diesel, déposer la batterie (voir chapitre 5A) ainsi que son support.
**2** Poser une pince à durits sur chaque tuyau basse pression raccordé au réservoir de fluide de direction assistée afin de limiter les pertes de liquide au cours des opérations qui suivent. **Nota :** *NE JAMAIS pincer les canalisations haute pression.*
**3** Caler les roues arrière, serrer le frein à main puis lever l'avant de la voiture au cric et le poser sur chandelles (voir « *Levage et soutien du véhicule* »). Déposer les deux roues avant.
**4** Desserrer et enlever l'écrou de fixation de la rotule de biellette de direction sur le pivot porte-moyeu de chaque côté. Extraire ensuite le cône des rotules des pivots à l'aide d'un arrache-rotule universel.
**5** En opérant du dessous de la voiture, repousser le soufflet vers le tablier pour accéder au boulon de bridage à came de la chape du cardan de l'axe rétractable de la colonne de direction sur le pignon d'attaque de crémaillère.
**6** Repérer à la peinture blanche ou au pointeau la position respective de la chape du cardan de l'axe rétractable de la colonne de direction et du pignon d'attaque de crémaillère. Enlever le boulon de bridage à came de la chape.
**7** Sur les versions à moteur essence, débrancher le connecteur électrique de la sonde lambda. Pour toutes les versions, déposer le tube avant d'échappement (voir chapitre 4A ou 4B).

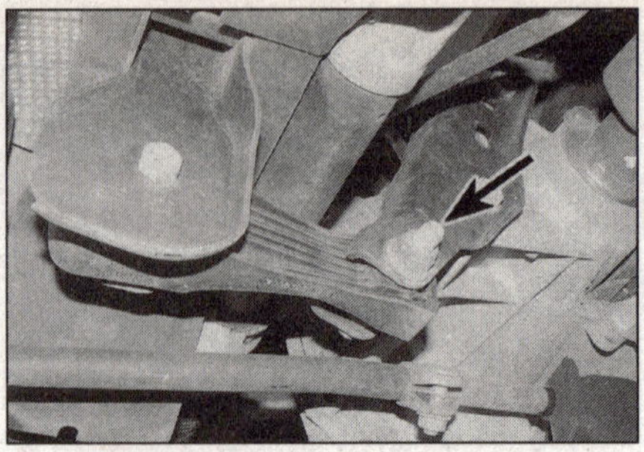

**18.8 Boulon de fixation de biellette antibasculement du support AR. du groupe motopropulseur (montage variant suivant le type de moteur)**

**8** Enlever le boulon de fixation côté moteur de la biellette antibasculement du support arrière et faire pivoter le groupe motopropulseur vers l'avant puis le maintenir en position à l'aide d'une cale **(voir illustration)**.
**9** Desserrer l'écrou de fixation de la patte de maintien des canalisations basse et haute pression sur le boîtier de direction. Repérer leur position respective de raccordement en vue du remontage puis dévisser leur écrou de raccord et débrancher les canalisations basse et haute pression sur le boîtier de direction : prévoir un écoulement de fluide hydraulique d'assistance à recueillir dans un récipient disposé en dessous des raccords. Le fluide récupéré ne doit pas être réutilisé. Obturer les canalisations et les orifices découverts sur le boîtier de direction de façon à arrêter l'écoulement de fluide et à empêcher l'admission d'impuretés dans le circuit hydraulique.
**10** Enlever les quatre boulons de fixation du boîtier de direction à la partie arrière du berceau. Dégager les paliers des deux côtés du boîtier. Le cas échéant, enlever les deux écrous de fixation et dégager l'écran thermique du palier côté droit.
**11** Désaccoupler le pignon d'attaque de crémaillère de la chape du cardan de l'axe rétractable de la colonne et dégager le boîtier de direction en le manœuvrant latéralement par le côté droit.

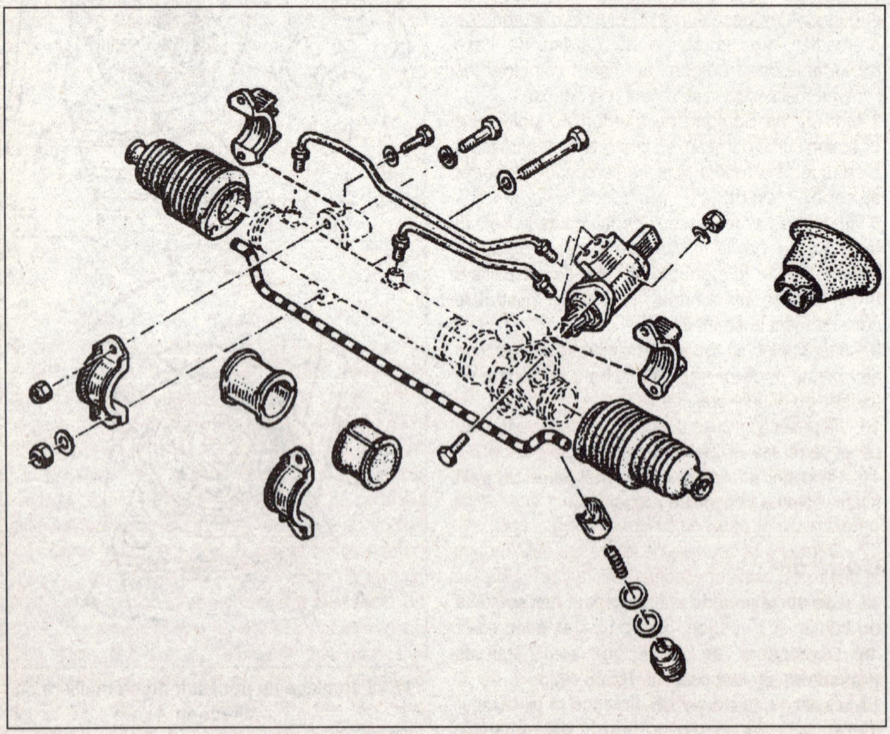

**18.12 Constitution de la direction**

### *Contrôle*

**12** Examiner le boîtier de direction pour déceler d'éventuels signes d'usure ou de détérioration **(voir illustration)**. Vérifier que la crémaillère se déplace librement sur toute la longueur de sa course, sans points durs ni jeu exagéré au niveau du pignon d'attaque. Le boîtier de direction complet est à changer en cas de défectuosité de l'une de ses pièces internes. Les opérations de remplacement des soufflets du boîtier de direction, des rotules extérieures et des biellettes de direction sont traitées respectivement aux sections 16, 22 et 23.
**13** Ausculter le boîtier de direction au niveau du raccordement des canalisations basse et haute pression pour s'assurer de l'absence de signes de fuite et vérifier que les écrous de raccords sont bien serrés.
**14** Vérifier l'état des silentblocs des paliers du boîtier de direction pour s'assurer qu'ils ne sont pas abîmés : les changer au besoin.

### *Repose*

**15** Amener le boîtier de direction en place, en engageant les cannelures du pignon d'attaque de crémaillère sur la chape du cardan de l'axe rétractable de la colonne et faisant coïncider les repères réalisés préalablement à la dépose.
**16** Réinstaller les paliers sur les silentblocs du boîtier de direction puis monter les boulons de fixation sur le berceau, en commençant par les vis à engager de l'arrière puis les écrous, et les serrer au couple prescrit.
**17** Reposer le tube avant d'échappement, comme décrit au chapitre 4A ou 4B, en rebranchant éventuellement le connecteur électrique de la sonde lambda.
**18** Remonter par le dessous de la voiture le boulon de bridage de la chape du cardan de l'axe rétractable sur le pignon d'attaque de crémaillère et le serrer au couple préconisé. Rabattre correctement le soufflet.
**19** Nettoyer soigneusement les ajutages puis rebrancher les canalisations basse et haute pression au boîtier de direction, en serrant convenablement leur écrou de raccord.
**20** Réaccoupler les rotules de biellettes de direction aux pivots porte-moyeux, en serrant leur écrou de fixation au couple spécifié.
**21** Reposer les roues puis descendre la voiture au sol et serrer les vis des roues au couple prescrit.
**22** Enlever les pinces sur les tuyaux basse pression puis rétablir le niveau de fluide dans le réservoir et effectuer la purge du circuit hydraulique d'assistance de direction, comme indiqué en section 21.
**23** Procéder au contrôle du parallélisme du train avant, comme décrit en section 24.

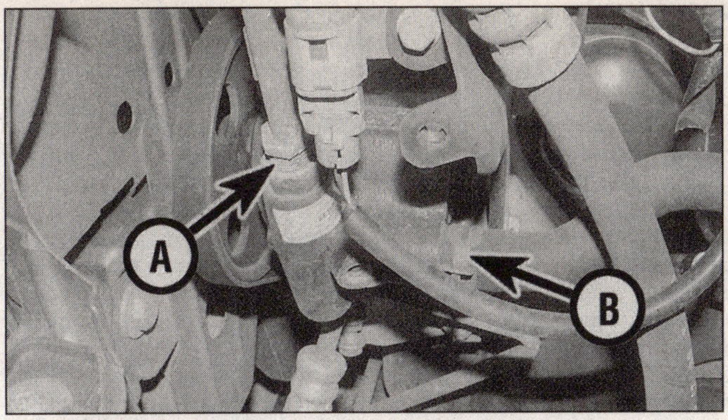


19.20a Raccord de canalisation haute pression (A) et tuyau d'alimentation (B) de pompe de direction - moteur 1,4 l (16V) . . .

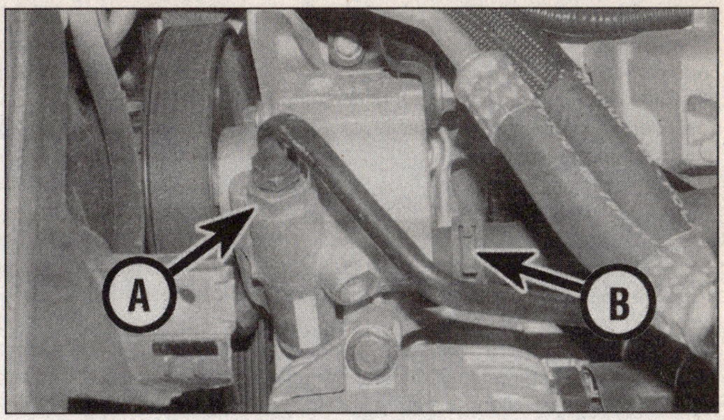


19.20b . . . raccord de canalisation haute pression (A) et tuyau d'alimentation (B) de pompe de direction - moteur 1,6 l (16V)

## 19 Pompe mécanique de direction assistée - dépose et repose

**Nota :** *Les opérations qui suivent ne concernent pas les modèles à moteur Diesel avec climatisation dont la direction assistée est commandée par un groupe électropompe (voir section suivante).*

### Moteurs 1,2 l

**Nota :** *Le joint torique de la canalisation haute pression de la pompe de direction assistée est à remplacer systématiquement à chaque dépose.*

#### Dépose

**1** Desserrer les trois vis de fixation de sa poulie puis détendre la courroie de la pompe de direction assistée ou la courroie combinée d'alternateur et des accessoires et la dégager de la poulie de la pompe (voir chapitre 1A).

**2** Enlever les vis de fixation puis dégager la poulie de la pompe de direction assistée, en veillant à bien repérer son sens de montage.

**3** Poser une pince à durits sur le tuyau d'alimentation de la pompe au niveau du réservoir afin de limiter les pertes de fluide au cours des opérations qui suivent.

**4** Repérer la position de raccordement des tuyauteries au niveau de la pompe de direction assistée en vue du remontage. Desserrer l'écrou de raccord puis débrancher la canalisation haute pression, libérer son collier et débrancher la canalisation de retour de la pompe : prévoir un écoulement de fluide hydraulique d'assistance à recueillir dans un récipient disposé en dessous des canalisations. Le fluide récupéré ne doit pas être réutilisé. Obturer les canalisations et les orifices découverts sur la pompe afin arrêter l'écoulement de fluide et d'empêcher l'admission d'impuretés dans le circuit hydraulique.

**5** Desserrer les trois vis de fixation puis dégager la pompe de son support et la sortir du compartiment moteur.

#### Repose

**6** Réinstaller la pompe sur son support, en serrant les vis de fixation au couple prescrit.

**7** Equiper le raccord de la canalisation haute pression d'un joint torique neuf et la rebrancher à la pompe, en serrant bien son écrou de raccord. Rebrancher ensuite la canalisation de retour sur la pompe et serrer convenablement son collier.

**8** Remettre en place la poulie sur la pompe, en s'assurant de la disposer dans le bon sens puis remonter les vis de fixation.

**9** Mettre en prise la courroie d'entraînement sur la poulie et procéder à son réglage de tension, comme décrit au chapitre 1A. La courroie une fois correctement tendue, bloquer les vis de fixation de la poulie.

**10** Enlever la pince sur le tuyau d'alimentation puis rétablir le niveau de fluide dans le réservoir et effectuer la purge du circuit hydraulique d'assistance de direction, comme indiqué en section 21.

### Autres moteurs

**Nota :** *Le joint torique de la canalisation haute pression de la pompe de direction assistée est à remplacer systématiquement à chaque dépose.*

#### Dépose

**11** Débrancher le câble de masse (-) de la batterie (voir « *Débranchement de la batterie* » à la partie « *Références* » en fin de manuel).

**12** En vue d'améliorer l'accès, serrer le frein à main puis lever l'avant de la voiture au cric et le poser sur chandelles (voir « *Levage et soutien du véhicule* »). Déposer également la roue avant droite ainsi que la coquille pare-boue du passage de roue.

**13** Desserrer ses vis de fixation et déposer la calandre (voir chapitre 11).

**14** Déposer le projecteur côté droit (voir chapitre 12, section 9).

**15** Sur les modèles à moteur Diesel sans climatisation, déposer le bouclier pare-chocs avant (voir chapitre 11).

**16** Enlever les quatre vis de fixation supérieures puis desserrer sans les enlever les deux vis de fixation inférieures et écarter la traverse supérieure avant, sans désaccoupler le câble de déverrouillage du capot.

**17** Détendre la courroie de la pompe de direction assistée ou des accessoires, suivant le cas, et la dégager de la poulie de la pompe (voir chapitre 1A ou 1B).

**18** Débrancher le connecteur électrique du pressostat et déposer la patte-support de la canalisation haute pression.

**19** Poser une pince à durits sur le tuyau d'alimentation, le plus près possible de la pompe de façon à limiter les pertes de fluide au cours des opérations qui suivent.

**20** Desserrer son collier et débrancher le tuyau d'alimentation à la partie arrière de la pompe. S'il s'agit du collier d'origine, le sectionner : il devra être remplacé par un collier classique à bande métallique et vis au remontage. Desserrer son écrou de raccord et débrancher la canalisation haute pression de la pompe **(voir illustrations)**. Prévoir un écoulement de fluide hydraulique d'assistance à recueillir dans un récipient disposé en dessous des canalisations. Obturer les canalisations et les orifices découverts sur la pompe afin arrêter l'écoulement de fluide et d'éviter l'admission d'impuretés dans le circuit hydraulique.

**21** Dans le cas des modèles à moteurs 1,4 et 1,6 l (8V), il peut être nécessaire de déposer l'alternateur (voir chapitre 5A).

**22** Sur les modèles à moteur 1,6 l (16V), l'alternateur qui est situé en dessous de la pompe de direction de direction assistée doit être protégé des éclaboussures de fluide au débranchement des canalisations.

**23** Enlever les vis de fixation de la pompe de direction sur son support. Pour les modèles à moteur 1,6 l (16V), il est nécessaire de débrancher la durit d'arrivée de carburant au niveau de la rampe d'alimentation pour avoir accès à la vis de fixation arrière. Dégager la pompe et la sortir du compartiment moteur.

#### Repose

**24** La repose a lieu en sens inverse de dépose. En remontant les vis de fixation, s'assurer que les entretoises éventuellement prévues sont correctement installées et bien les serrer.

**25** Equiper le raccord de la canalisation haute pression d'un joint torique neuf et la rebrancher à la pompe, en serrant bien son écrou de raccord. Rebrancher ensuite le tuyau d'alimentation sur la pompe et serrer convenablement son collier, puis enlever la pince.

**26** Procéder à la repose de la courroie de pompe de direction assistée ou des accessoires, en se reportant au chapitre 1A ou 1B pour cette opération, puis rétablir le niveau de fluide dans le réservoir et effectuer la purge du circuit hydraulique d'assistance de direction, comme indiqué en section 21.

**27** Reposer le projecteur, la calandre et l'alternateur, en se reportant aux chapitres correspondants pour ces opérations.
**28** Reposer la coquille pare-boue et la roue puis descendre la voiture au sol et serrer les vis de la roue au couple préconisé.

## 20 Groupe électropompe de direction assistée - dépose et repose

**1** Sur les modèles à moteur Diesel avec climatisation, le compartiment moteur offrant un espace insuffisant pour loger à la fois le compresseur et une pompe d'assistance de direction classique entraînée par courroie, cette dernière est remplacée par un groupe électropompe et le compresseur occupe la place normalement dévolue à la pompe d'assistance.
**2** Le fonctionnement de la pompe est régi par un pressostat implanté au niveau du raccord de sortie de la pompe et par trois ou quatre relais, suivant les versions. Les deux relais affectés à la pompe sont implantés sur la platine à relais, devant le passage de roue avant gauche dans le compartiment moteur. Sur les versions à trois relais, le relais de commande du système est fixé sur le couvercle du boîtier d'interconnexion situé contre le passage de roue avant gauche dans le compartiment moteur. Sur les versions à quatre relais, il existe deux groupes de relais de commande du système : l'un étant implanté au niveau du couvercle et l'autre à l'embase du boîtier d'interconnexion dans le compartiment moteur.
**3** Compte tenu de la complexité du système de commande, en cas de dysfonctionnement du groupe électropompe, il est impératif de faire établir le diagnostic du système par les services techniques d'un concessionnaire de la marque.

### Dépose

**Nota :** *Le joint torique des canalisations haute pression et de retour du groupe électropompe est à remplacer systématiquement à chaque dépose.*
**4** Déposer la batterie (voir chapitre 5A).
**5** Serrer le frein à main puis lever l'avant de la voiture au cric et le poser sur chandelles (voir *« Levage et soutien du véhicule »*). Déposer la roue avant gauche ainsi que la coquille pare-boue du passage de roue.
**6** Déposer le projecteur côté gauche (voir chapitre 12, section 9).
**7** Poser une pince à durits sur le tuyau souple d'alimentation, le plus près possible du groupe électropompe, de façon à limiter les pertes de fluide au cours des opérations qui suivent.
**8** Repérer la position de raccordement des canalisations au niveau du groupe électropompe en vue du remontage. Desserrer leur écrou de raccord puis débrancher les canalisations haute pression et de retour du groupe électropompe : prévoir un écoulement de fluide hydraulique d'assistance à recueillir dans un récipient disposé en dessous des canalisations. Le fluide récupéré ne doit pas être réutilisé. Obturer les canalisations et les orifices découverts sur le groupe électropompe afin arrêter l'écoulement de fluide et d'empêcher l'admission d'impuretés dans le circuit hydraulique.
**9** Desserrer les trois vis de fixation du support et soulever le groupe électropompe pour pouvoir débrancher le connecteur électrique en bas puis sortir le groupe avec le réservoir du compartiment moteur.

### Repose

**10** Remettre en place le groupe électropompe avec le réservoir dans le compartiment moteur, en rebranchant le connecteur électrique.
**11** Remonter et serrer les vis de fixation du support du groupe électropompe au couple prescrit.
**12** Equiper les canalisations de retour et haute pression d'un joint torique neuf, et les rebrancher en respectant leur position d'origine et serrant bien leur écrou de raccord.
**13** Enlever la pince sur le tuyau souple d'alimentation et reposer la batterie ainsi que le projecteur, en se reportant respectivement au chapitre 5A et 12 pour ces opérations.
**14** Reposer la roue puis descendre la voiture au sol et serrer les vis de la roue au couple préconisé.
**15** Rétablir le niveau de fluide dans le réservoir et effectuer la purge du circuit hydraulique d'assistance de direction, comme indiqué en section suivante.

## 21 Circuit hydraulique de direction assistée - purge

**1** Cette opération est à effectuer après débranchement de l'une des canalisations du circuit d'assistance de direction ou en cas de prise d'air dans le circuit, suite à une fuite.
**2** Enlever le bouchon du réservoir de fluide de direction assistée dans le compartiment moteur et compléter le niveau jusqu'au repère « MAXI. » (voir chapitre 1A ou 1B).
**3** Le moteur étant arrêté, manœuvrer lentement la direction de butée à butée et plusieurs fois de suite afin d'évacuer l'air retenu dans le circuit hydraulique puis rétablir le niveau de fluide dans le réservoir. Répéter cette opération jusqu'à ce que le niveau ne baisse plus dans le réservoir.
**4** Mettre le moteur en marche puis manœuvrer lentement la direction de butée à butée, à plusieurs reprises successives, pour évacuer l'air restant dans le circuit hydraulique. Répéter cette opération jusqu'à disparition totale des bulles d'air dans le réservoir.
**5** Si en manœuvrant la direction, un bruit anormal est perçu en provenance des canalisations, cela indiquera que de l'air se trouve encore dans le circuit. Vérifier cette hypothèse en amenant les roues avant en ligne droite et arrêtant le moteur : si le niveau monte dans le réservoir, de l'air est présent dans le circuit et une purge supplémentaire s'impose.
**6** Après avoir évacué l'air du circuit hydraulique, arrêter le moteur et le laisser refroidir. Vérifier ensuite que le niveau de fluide dans le réservoir se situe à hauteur du repère « MAXI. ». Faire l'appoint si nécessaire.

## 22 Rotules extérieures de biellettes de direction - dépose et repose

**Nota :** *Il existe deux types de blocage pour les rotules extérieures de biellettes de direction : par contre-écrou ou bride avec vis.*

### Dépose

**Nota :** *Un arrache-rotule approprié est à prévoir pour effectuer les opérations qui suivent.*
**1** Serrer le frein à main puis lever l'avant de la voiture au cric et le poser sur chandelles (voir *« Levage et soutien du véhicule »*). Déposer la roue avant du côté intervention.
**2** En cas de réutilisation de la rotule, repérer sa position de montage par rapport à la biellette avec une règle plate et une pointe à tracer.
**3** Immobiliser la rotule pour desserrer son contre-écrou ou la vis de blocage de sa bride, suivant montage **(voir illustrations)**. S'il s'agit d'un contre-écrou, le desserrer d'un demi-tour uniquement. Conserver cette position du contre-écrou : elle constituera un repère pratique pour la repose.
**4** Enlever l'écrou de fixation de la rotule de la biellette de direction sur le pivot porte-moyeu puis extraire le cône de la rotule du pivot au moyen d'un arrache-rotule universel. Si la rotule doit être

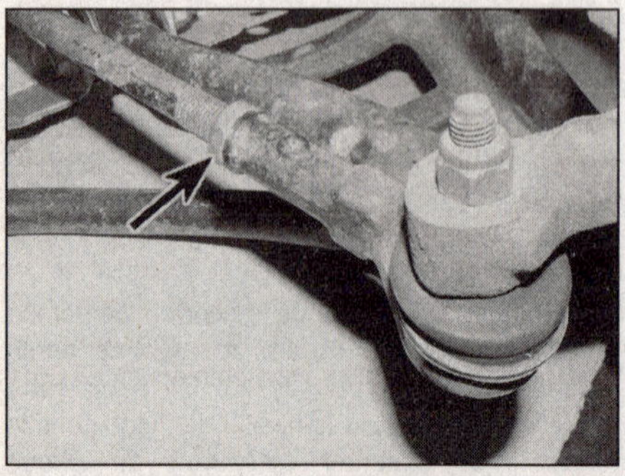

**22.3a Contre-écrou de blocage de la rotule de biellette de direction . . .**

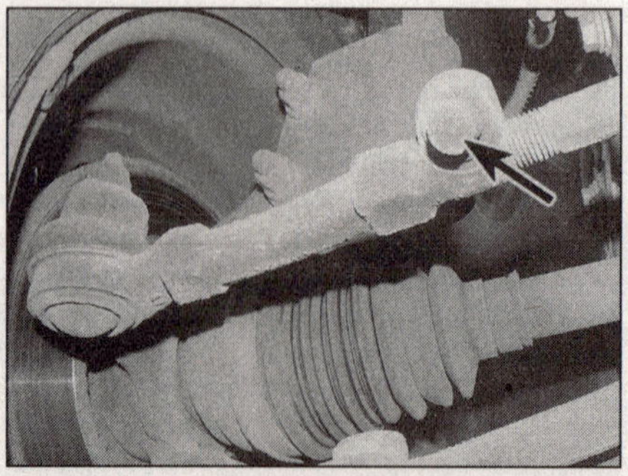

**22.3b . . . et vis de blocage de la bride de rotule de biellette de direction (suivant montage)**

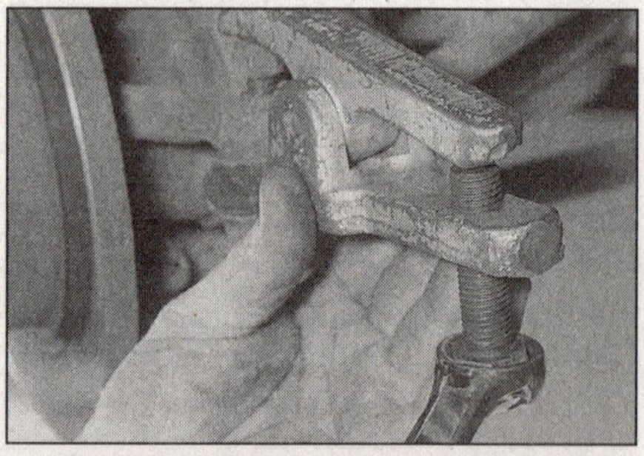

**22.4 Utilisation d'un arrache-rotule pour désaccoupler la rotule de biellette de direction du pivot**

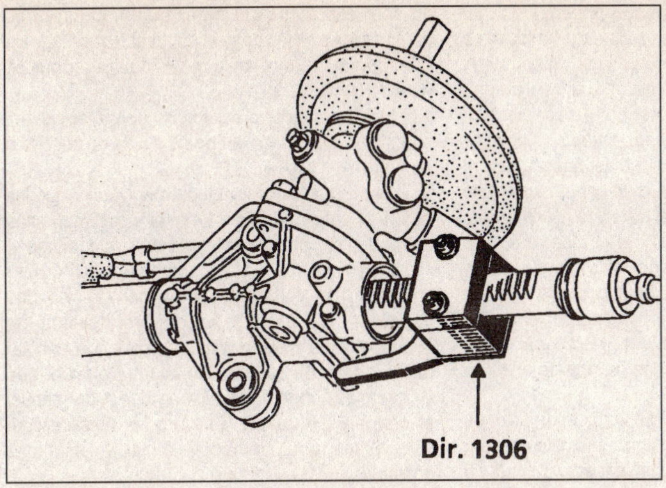


23.0a Crémaillère de boîtier de direction SMI maintenue avec l'outil d'atelier

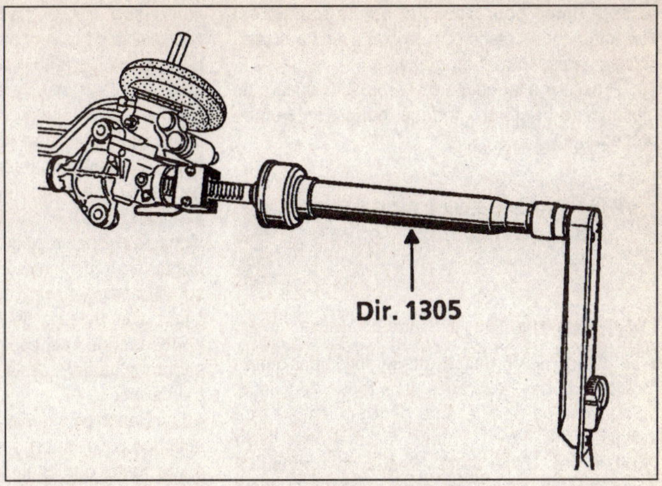


23.0b Desserrage de la rotule intérieure de biellette de direction avec l'outil d'atelier

réutilisée, protéger le filetage de sa queue en resserrant l'écrou de fixation de quelques tours avant d'utiliser l'arrache-rotule **(voir illustration)**.

**5** Dévisser ensuite complètement la rotule en bout de biellette de direction, en comptant le nombre de tours **exacts** pour y parvenir.

**6** Compter le nombre de filets exposés entre l'extrémité de la rotule et le contre-écrou et le noter. En cas de remplacement de la rotule, récupérer le contre-écrou.

**7** Nettoyer soigneusement la rotule et son filetage. Changer la rotule si son mouvement révèle un jeu important ou présente des points durs à son pivotement. La changer également si elle est excessivement usée ou autrement abîmée. Vérifier minutieusement l'état de son cône et de son filetage. Si le soufflet est endommagé, il y aura lieu de changer la rotule complète.

### Repose

**8** En cas de remplacement de la rotule, monter le contre-écrou (si prévu) dans la position d'origine, c'est-à-dire en laissant le même nombre de filets.

**9** Visser la rotule en bout de biellette de direction en observant le même nombre de tours notés à la dépose, ce qui doit amener le contre-écrou à une position correspondant à un desserrage d'un demi-tour par rapport au repère éventuellement réalisé au préalable.

**10** Réaccoupler le cône de la rotule au pivot

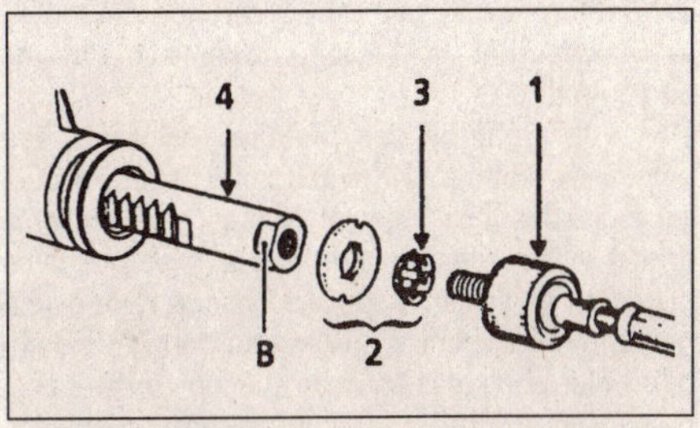


23.7 Montage de rotule intérieure de biellette de direction (boîtier de marque SMI)

*1 Rotule*
*2 Rondelle de butée*
*3 Arrêtoir*
*4 Crémaillère*
*B Méplat*

porte-moyeu puis remonter l'écrou de fixation à serrer au couple préconisé. En cas de rotation au serrage de l'écrou de l'axe de la rotule, le bloquer en exerçant une pression en dessous de la rotule à l'aide d'un démonte-pneu ou d'un cric.

**11** Reposer la roue puis ramener la voiture au sol et serrer les vis de la roue au couple spécifié.

**12** Contrôler et régler éventuellement le parallélisme du train avant, comme décrit en section 24, puis bloquer le contre-écrou ou serrer la vis de blocage de la bride de la rotule au couple prescrit.

## 23 Biellettes de direction et rotules intérieures - dépose et repose

**Nota :** *Un outil de maintien (Dir. 1306 pour boîtier de direction SMI ou Dir. 1306-01 pour boîtier TRW) et une clé spéciale (Dir. 1305) sont prévus pour déposer/reposer les biellettes sans risque de détérioration de la crémaillère. L'outil de maintien se monte sur le boîtier de direction pour retenir la crémaillère tandis que le desserrage/serrage de la rotule de la biellette a lieu avec la clé spéciale, ce qui évite de soumettre le pignon d'attaque de la crémaillère à des contraintes excessives* **(voir illustrations)**. *Sans cet outillage, la dépose des biellettes de direction risque de se révéler difficile et d'entraîner des dégâts.*

**Nota :** *Les versions traitées dans cette étude sont équipées de deux types de boîtier de direction, de marque SMI ou TRW. La référence de fabrication est indiquée sur le carter du boîtier. S'il s'agit d'un boîtier de marque SMI, les ensembles rondelles de butée et arrêtoirs des rotules intérieures de biellettes de direction sont à changer systématiquement à chaque dépose.*

### Dépose

**1** Déposer la rotule extérieure de la biellette de direction du côté intéressé (voir section précédente).

**2** Libérer son ou ses colliers et dégager le soufflet du boîtier de direction puis le déposer en bout de biellette.

**3** Immobiliser la crémaillère pour l'empêcher de tourner avec l'outil d'atelier Dir. 1306 ou 1306-01, suivant le type de boîtier, ou en l'absence de cet outil, la retenir avec une pince-étau. Dévisser ensuite la rotule intérieure de la biellette de direction en bout de crémaillère à l'aide de l'outil d'atelier Dir. 1305 ou à défaut, en se servant d'une seconde pince-étau.

***Attention : Prendre garde de ne pas marquer la crémaillère ni la rotule***

**4** Dégager l'ensemble biellette de direction-rotule intérieure. Dans le cas d'un boîtier de direction de marque SMI, mettre la rondelle de butée et l'arrêtoir au rebut : ces pièces ne doivent pas être réutilisées.

**5** Examiner la rotule intérieure pour déceler un éventuel jeu ou des points durs au pivotement. Contrôler l'alignement de la biellette de direction et s'assurer qu'elle ne présente pas de défaut notoire. S'il y a lieu, changer la biellette de direction avec sa rotule.

### Repose

**6** Avant de procéder à la repose de la biellette de direction, supprimer soigneusement toute trace de produit-frein sur la crémaillère et le filetage de la rotule.

**7** S'il s'agit d'un boîtier de direction de marque SMI, monter l'ensemble neuf rondelle de butée et arrêtoir correctement assemblé sur l'axe de la rotule de la biellette **(voir illustration)**.

**8** Déposer quelques gouttes de produit-frein (genre « Loctite Frenbloc » préconisé par le constructeur) sur son filetage puis visser la rotule intérieure de la biellette de direction en bout de crémaillère et la serrer au couple prescrit à l'aide de l'outil d'atelier Dir. 1305 tout en retenant la crémaillère par la méthode utilisée lors de la dépose. Veiller à ne pas détériorer la crémaillère et la rotule. Dans le cas d'un boîtier de direction de marque SMI, s'assurer que les languettes de l'arrêtoir coïncident bien avec les méplats en bout de crémaillère.

**9** Enfiler avec précaution le soufflet neuf sur la biellette puis engager son talon côté intérieur sur le boîtier de direction. Manœuvrer la direction de butée à butée pour s'assurer que le soufflet est correctement en place puis le fixer avec un ou des colliers neufs, suivant montage.

**10** Procéder à la repose de la rotule extérieure de biellette de direction, comme indiqué en section précédente.

## 24 Géométrie des trains AV. et AR. - généralités

### *Définitions*

**1** La géométrie du train avant se définit par quatre réglages de base exprimés sous forme de valeurs en degrés : le parallélisme peut également être indiqué par des cotes millimétrées **(voir illustration)**. L'axe de la direction est constitué d'une ligne théorique passant par le centre d'une jambe de force de suspension et se prolongeant le cas échéant jusqu'au sol.

**2** Le **carrossage** est l'angle formé par chaque roue avant par rapport à une ligne verticale passant par son centre et le contact de son pneumatique au sol, cela vu de l'avant ou de l'arrière du véhicule. Le carrossage « positif » constitue l'inclinaison de la roue vers l'extérieur par rapport à la verticale au sommet, le carrossage « négatif » représentant quant à lui l'inclinaison de la roue vers l'intérieur.

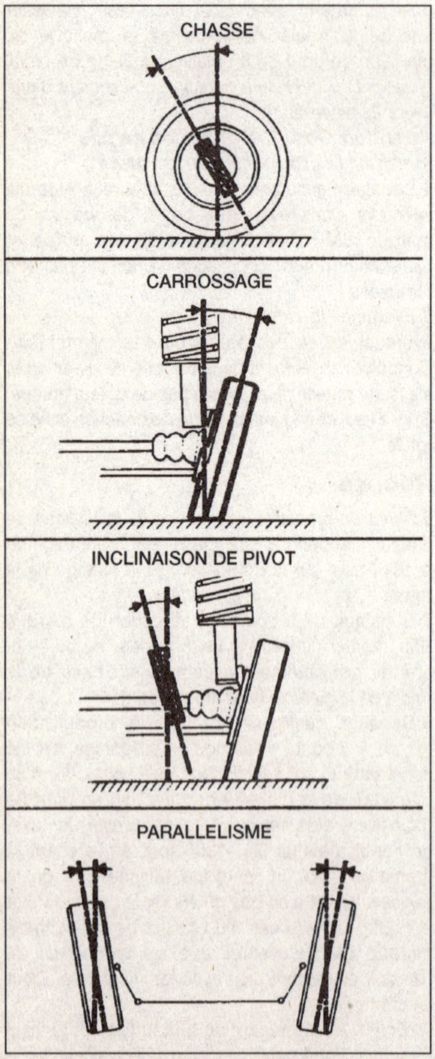


**24.1 Géométrie du train AV.**

**3** Le carrossage du train avant n'est pas réglable. Il peut être contrôlé au moyen d'un gabarit approprié et si les cotes mesurées diffèrent de manière significative par rapport aux valeurs de référence prescrites, le véhicule doit être confié à un spécialiste pour une vérification poussée du train avant. Des valeurs de carrossage incorrectes ne peuvent que provenir d'une usure ou d'un endommagement de la caisse ou des organes du train avant.

**4** La **chasse** est l'angle formé par l'axe de pivot de direction par rapport à une ligne verticale passant par le centre de chaque roue avant et le contact de son pneumatique au sol, cela vu des côtés de la voiture. La chasse « positive » constitue l'inclinaison de l'axe du pivot de direction avec le contact au sol se faisant à l'avant de la ligne verticale et la chasse « négative » avec le contact au sol s'effectuant à l'arrière de cette même ligne verticale.

**5** La chasse du train avant n'est pas réglable. Comme pour le carrossage, les valeurs de référence sont données à titre indicatif uniquement. Des valeurs de chasse incorrectes ne peuvent également que provenir d'une usure ou d'un endommagement de la caisse ou des organes du train avant.

**6** L'**inclinaison des pivots** est l'angle formé par l'axe de pivotement de la direction et une ligne verticale passant par le centre de chaque roue avant et le contact du pneumatique au sol, cela vu de l'avant ou de l'arrière du véhicule.

**7** L'inclinaison des pivots n'est pas réglable : les valeurs sont données à titre de référence uniquement.

**8** Le **parallélisme** représente l'écart, vu du haut, entre des lignes théoriques passant par les centres de roues et une ligne définissant l'axe de la voiture. Les roues sont dites « pincées » lorsqu'elles sont axées vers l'intérieur et rapprochées l'une vers l'autre à l'avant et au contraire, si elles sont orientées vers l'extérieur et écartées l'une de l'autre à l'avant, elles sont dites « ouvertes ».

**9** Le parallélisme du train avant se règle en vissant ou dévissant les biellettes de direction sur les rotules extérieures afin de rectifier leur longueur réelle.

**10** Le parallélisme du train arrière n'est pas réglable. Ses valeurs sont données à titre indicatif uniquement. Il peut cependant se vérifier et si la valeur relevée ne correspond pas à celle prescrite, faire contrôler la voiture par un spécialiste car ce défaut ne peut que provenir d'une usure ou d'un endommagement de la caisse ou des organes du train arrière.

### *Contrôle - généralités*

**11** Compte tenu de la nécessité de disposer d'un appareil de mesure spécial pour contrôler et régler le parallélisme et la compétence requise pour utiliser cet équipement, il est préférable de confier cette opération à un atelier du réseau Renault ou à un spécialiste. Il est à noter que la plupart des garages spécialisés dans la vente et le montage de pneumatiques sont en général équipés pour ce type de contrôle.

**12** Pour assurer la précision du contrôle, celui-ci doit s'effectuer à vide (au poids à vide de la voiture en ordre de marche).

**13** Avant de procéder au contrôle, vérifier que les pneus montés sont de type et de dimensions corrects puis contrôler leur pression de gonflage et l'état de leur bande de roulement. Contrôler également le voile des jantes qui ne doit pas dépasser 1,2 mm, l'état des roulements de moyeux, le jeu dans le volant de direction et l'état des organes de suspension avant (voir rubrique « *Contrôles hebdomadaires* » au début du manuel et chapitre 1A ou 1B). Prendre les mesures qui s'imposent pour remédier à toute anomalie constatée.

**14** Garer la voiture sur une aire plane, avec les roues avant dirigées en ligne droite. Secouer l'avant et l'arrière de la voiture pour stabiliser les suspensions. Desserrer le frein à main et faire reculer la voiture d'un mètre environ puis la faire revenir vers l'avant afin de supprimer les contraintes sur la direction et les organes de suspension.

### *Parallélisme - contrôle et réglage*

#### Train avant - contrôle

**15** Il existe deux méthodes possibles de contrôle du parallélisme. La première consiste à utiliser un gabarit pour mesurer l'écartement entre les bords intérieurs avant et arrière des jantes de roues. La seconde méthode fait appel à des plateaux pivotants sur lesquels les roues avant roulent et tout écart ou frottement du pneu par rapport à la position ligne droite à son passage sur le plateau est enregistré. Ces appareils sont disponibles à un prix relativement modéré auprès des fournisseurs d'outillage pour l'automobile. C'est au propriétaire de la voiture de décider si une telle dépense est justifiée vu le peu d'occasions de les utiliser.

**16** Préparer la voiture pour subir le contrôle comme indiqué aux points 12 à 14 ci-dessus.

**17** En cas d'utilisation d'un gabarit, mesurer l'écartement entre les bords avant et arrière des jantes de roues. Soustraire ensuite la valeur d'écartement arrière de celle à l'avant et vérifier que la cote de parallélisme ainsi obtenue est conforme à la valeur de référence prescrite, sinon effectuer un réglage comme décrit au paragraphe 19.

**18** Si la méthode des plateaux pivotants est employée, faire reculer la voiture puis vérifier que les roues avant se trouvent bien en position ligne droite et faire passer la voiture sur les plateaux pivotants en veillant à ce que chaque roue avant passe bien au centre du plateau correspondant puis noter les angles obtenus. Afin de conférer une plus grande précision aux mesures relevées, recommencer le contrôle à trois reprises et effectuer la moyenne des trois valeurs enregistrées. Si les roues avant tournent parallèlement l'une par rapport à l'autre, l'angle mesuré sera nul. En cas d'écart indiqué par les plateaux pivotants, comparer le relevé de chaque roue avec la valeur de référence prescrite. Si l'angle mesuré se situe au-delà de la tolérance donnée, cela dénote un défaut de parallélisme qui peut être corrigé en procédant comme décrit ci-dessous.

## Train avant - réglage

**Nota :** *Il existe deux types de blocage pour les rotules extérieures de biellettes de direction : par contre-écrou ou bride avec vis.*

**19** Serrer le frein à main puis lever l'avant de la voiture au cric et le poser sur chandelles (voir « *Levage et soutien du véhicule* »). Braquer la direction en butée à gauche et noter le nombre de filets exposés en bout de biellette de direction droite. Braquer ensuite la direction à droite et noter de la même manière le nombre de filets exposés en bout de biellette de direction gauche. Si le nombre de filets exposés est égal des deux côtés, le réglage devra être effectué de manière similaire sur les deux biellettes. Si un écart entre nombre de filets exposés sur les deux côtés est constaté, il s'agira de compenser cette inégalité lors du réglage. **Nota :** *Après réglage, il est impératif qu'il y ait un même nombre de filets exposés sur les biellettes de direction des deux côtés.*

**20** Pour procéder au réglage, nettoyer tout d'abord la partie filetée des biellettes de direction. En cas de corrosion, l'imprégner de produit dégrippant-lubrifiant et laisser agir pendant quelques minutes. Libérer leur collier extérieur (si prévu) puis retrousser le soufflet des deux biellettes. Enduire les soufflets de graisse de façon à ce qu'ils réagissent librement et ne se trouvent pas vrillés en tournant les biellettes pour effectuer le réglage.

**21** Repérer à l'aide d'une pointe à tracer et d'une règle plate la position de chacune des biellettes par rapport à sa rotule extérieure. Immobiliser ensuite les biellettes pour desserrer à fond le contre-écrou ou la vis de blocage de la bride de la rotule de chaque côté.

**22** Modifier la longueur des biellettes, en tenant compte de la remarque au point 19 ci-dessus, en les vissant ou les dévissant pour les rapprocher ou les écarter de leur rotule extérieure. Tourner les biellettes à l'aide d'une clé plate en prise sur leur empreinte, en bloquant le manchon des rotules au moyen d'une seconde clé plate **(voir illustration)**. Le raccourcissement des biellettes (en les vissant sur leur rotule) réduira le pincement et augmentera l'ouverture des roues. Un tour de biellette correspond à 0° 30' (3 mm).

**23** Le réglage correct une fois obtenu, immobiliser les biellettes puis bien resserrer le contre-écrou ou la vis de blocage de la bride des rotules. Vérifier que les rotules sont correctement positionnées sur leur siège et compter le nombre de filets exposés en bout de biellettes. Si ce nombre n'est pas égal des deux côtés, le réglage n'a pas été effectué de manière également répartie sur les deux biellettes, ce qui se traduira par un frottement des pneus dans les virages et, les branches du volant ne se trouveront plus en position horizontale lorsque les roues avant seront en ligne droite.

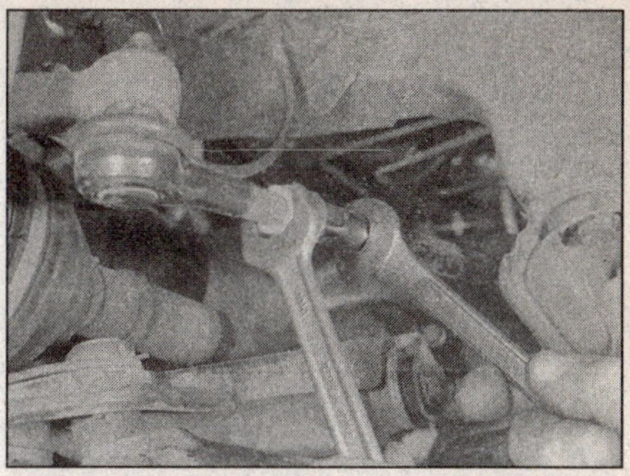

**24.22 Réglage du parallélisme du train AV.**

**24** Après obtention d'une longueur égale des biellettes de direction sur les deux côtés, descendre la voiture au sol puis recontrôler le parallélisme en le retouchant s'il y a lieu. Au terme du réglage, bien serrer le contre-écrou ou la vis de blocage de la bride des rotules (au couple prescrit dans ce dernier cas) puis vérifier que les soufflets sont correctement installés et ne sont pas vrillés ni excessivement tendus et les équiper éventuellement d'un collier extérieur neuf.

## Parallélisme du train arrière

**25** Le contrôle du parallélisme du train arrière s'effectue de la même manière que pour celui du train avant. Il n'est par contre pas réglable.

# Chapitre 11
# Carrosserie et aménagements

## Sommaire



## Niveaux de difficulté

| | | | | |
|---|---|---|---|---|
| **Facile,** pour les profanes de la mécanique | **Assez facile,** pour les débutants plus avisés | **Assez difficile,** pour les amateurs compétents | **Difficile,** pour les amateurs plus expérimentés | **Très difficile,** pour les initiés et les professionnels |

## Specifications

| **Couples de serrage** | **daN.m** |
|---|---|
| Vis de fixation de ceintures de sécurité et de dispositifs de réglage en hauteur | 2,5 |
| Ecrous de fixation de boîtier électronique de prétensionneurs de ceintures de sécurité et de coussin(s) gonflable(s) de sécurité | 0,8 |

### 1 Description générale

La carrosserie monocoque autoporteuse est constituée de tôle d'acier emboutie et soudée électriquement par points. Elle est de type berline à hayon, deux volumes, à 3 ou 5 portes.

Différentes parties de la structure sont renforcées, notamment au niveau des points de fixation des organes de suspension, de la direction et du moteur, et pour assurer la répartition de la charge.

Les ailes avant sont réalisées en matière plastique composite capable de résister à un choc à 16 km/h sans déformation permanente.

La caisse bénéficie d'une protection anticorrosion complète, incluant la galvanisation et l'électrozingage des tôles ainsi qu'un revêtement protecteur du soubassement à base de PVC. La partie avant du capot est protégée par un apprêt antigravillonnage. Les corps creux sont également protégés par une couche de résine appliquée par injection.

Il est fait appel de manière extensive aux matières plastiques pour nombre de garnitures et d'accessoires extérieurs, notamment la calandre, les boucliers pare-chocs, mais également pour les garnitures de l'habitacle. Les passages de roues sont pourvus de coquilles/écrans pare-boue en plastique, ce qui confère à la caisse une meilleure résistance à la corrosion.

Toutes les versions de la gamme bénéficient d'une finition intérieure de qualité et d'une panoplie conséquente d'équipements de série ou optionnels.

### 2 Entretien - carrosserie et soubassement

L'état général de la carrosserie d'un véhicule est un facteur déterminant dans l'appréciation de sa valeur marchande. L'entretien ne présente pas de difficulté particulière, mais il doit être effectué régulièrement. La négligence, notamment de chocs de faible importance, peut aboutir à terme à une détérioration aggravée et à des réparations coûteuses. Il est impératif de surveiller de près les parties du véhicule qui ne sont pas immédiatement visibles, comme le soubassement, l'intérieur des passages de roues et la partie inférieure du compartiment moteur.

L'entretien de base de la carrosserie est le lavage, de préférence à l'eau courante avec un tuyau d'arrosage, ce qui permettra d'éliminer les matières solides collées au véhicule et d'éviter de rayer la peinture. Les passages de roues et le soubassement doivent être lavés de la même manière pour supprimer la boue accumulée qui retient l'humidité et tend à favoriser la rouille. Paradoxalement, le meilleur moment pour nettoyer les passages de roues et le soubassement est par temps humide, la boue étant ramollie et facile à déloger. Sur routes mouillées, le soubassement se nettoie de lui-même et il est bon de profiter de ces conditions pour procéder à son contrôle.

Il est recommandé de procéder périodiquement, sauf pour les véhicules dont le soubassement est revêtu d'une couche protectrice à base de résine, à un lavage sous pression à la vapeur du soubassement complet y compris le compartiment moteur afin de pouvoir se livrer à une inspection minutieuse et de se rendre compte des petites réparations et des opérations de rénovation devant éventuellement être réalisées. Ce type de lavage pouvant s'effectuer dans les stations-service et de nombreux garages est nécessaire pour éliminer le cambouis finissant par se former à certains endroits. Si l'on ne peut pas avoir accès à ce type d'équipement, il existe d'excellents produits dégraissants vendus dans le commerce et s'appliquant au pinceau ou devant être pulvérisés et il ne reste ensuite qu'à enlever la saleté au tuyau d'arrosage. A noter que ces produits ne doivent pas être utilisés sur les soubassements enduits d'une couche protectrice à base de résine qui partirait. Les véhicules bénéficiant d'une telle protection doivent être inspectés une fois par an, de préférence à l'automne, époque à laquelle le revêtement protecteur doit être lavé et éventuellement reconstitué si des dommages sont remarqués. L'idéal serait de repasser une nouvelle couche complète et de ne pas se contenter de retouches. Il est également conseillé d'injecter de la résine dans les corps creux, les longerons sous plancher, les bas de caisse, etc. afin d'offrir une protection supplémentaire contre la rouille lorsque cela n'a pas été prévu par le constructeur.

Après lavage de la carrosserie, l'essuyer à la peau de chamois pour lui donner un brillant sans taches d'eau. Une couche de cire protectrice transparente permettra de protéger la peinture contre les polluants chimiques contenus dans l'air et de maintenir plus longtemps la brillance de la teinte. Si la carrosserie est ternie ou oxydée, utiliser un produit mixte nettoyant-lustrant pour lui redonner de l'éclat. Cela demande un peu d'effort, mais la peinture se ternit habituellement parce qu'elle n'a pas été lavée régulièrement. Les peintures métallisées exigent un soin particulier et ne doivent être nettoyées qu'avec un produit spécial non abrasif afin de ne pas détériorer leur vernis. Il convient de toujours s'assurer que les orifices d'évacuation des bas de porte ne sont pas bouchés afin que l'eau puisse s'écouler. Les parties brillantes ou chromées de la voiture doivent être traitées comme la peinture. Les traînées ou l'opacité sur le pare-brise, la lunette arrière et les glaces pourront être éliminées avec un produit de nettoyage spécial pour vitres. Ne jamais utiliser de produit lustrant à base de cire ou d'autres produits pour carrosserie ou chromes sur les glaces.

## 3 Entretien - sellerie et tapis de sol

Nettoyer régulièrement à la brosse ou à l'aspirateur les tapis et la moquette pour enlever le sable et les graviers. S'ils sont très tachés, les sortir pour les laver à la brosse ou avec une éponge et attendre qu'ils soient bien secs avant de les remettre en place. Les sièges et les garnitures revêtus de tissu peuvent être nettoyés avec un chiffon humide et une mousse prévue à cet effet vendue dans le commerce. S'ils comportent des taches (qui seront plus visibles sur les garnitures de couleur claire), utiliser un peu de produit liquide pour vaisselle ou du savon dilué dans de l'eau et une brosse à ongles souple pour éliminer la saleté incrustée dans le tissu puis passer un chiffon doux humide. Le nettoyage de l'habillage du pavillon s'effectue de la même manière que celui de la sellerie en tissu. Les ceintures de sécurité doivent être nettoyées exclusivement à l'eau tiède savonneuse, en évitant les parties métalliques. Il convient de ne jamais employer de détergents ni de produits chimiques. Lors de l'utilisation de produits de nettoyage liquides dans l'habitacle de la voiture, ne pas trop mouiller les surfaces à nettoyer. L'humidité risque de pénétrer dans les coutures et le rembourrage et d'entraîner des taches, des odeurs désagréables de mouillé ou pire, de moisi. Si l'intérieur de la voiture vient à être mouillé accidentellement, il convient de prendre la peine de bien le sécher, surtout s'il s'agit des tapis de sol. *Ne pas utiliser de radiateur électrique ni de chauffage fonctionnant au pétrole à l'intérieur de la voiture pour accélérer le séchage.*

## 4 Carrosserie - réparation de petits dégâts

### Réparation d'éraflures superficielles sur la carrosserie

Si l'éraflure est limitée en surface et n'atteint pas la tôle en profondeur, la réparation sera très simple. Poncer légèrement l'endroit où se trouve localisée l'éraflure avec un produit rénovateur de peinture ou une pâte abrasive très fine pour enlever la peinture abîmée et débarrasser la zone avoisinante de la cire de lustrage puis rincer à l'eau claire.

Appliquer de la peinture à l'aide d'un stylo de retouche ou répandre une pellicule de laque à l'aide d'un pinceau fin et continuer d'appliquer de fines couches successives jusqu'à ce que la peinture dans l'éraflure se fonde dans la masse de la peinture voisine. Laisser sécher pendant au moins deux semaines puis faire le lien avec la peinture avoisinante au moyen d'un rénovateur de peinture ou d'une pâte abrasive très fine. Terminer en appliquant un produit de lustrage à la cire ou un vernis.

Lorsque l'éraflure a atteint la tôle et que celle-ci a commencé à rouiller, une technique de réparation différente doit être utilisée. Gratter la rouille au fond de l'éraflure avec un couteau puis appliquer un produit de neutralisation de la rouille afin d'empêcher la formation ultérieure d'oxydation. A l'aide d'un applicateur en caoutchouc ou en plastique, combler l'éraflure avec du mastic à carrosserie. Si cela est nécessaire, ce mastic peut être mélangé à un diluant cellulosique pour obtenir une pâte plus fluide, facile à travailler et à répandre dans les rayures de faible largeur. Avant que le mastic ne durcisse, enrouler un morceau de chiffon en coton doux autour d'un doigt et le tremper dans un diluant cellulosique pour le passer ensuite rapidement sur la surface du mastic rattrapant l'éraflure, ce qui permettra d'imprimer un léger creux dans le mastic. Appliquer ensuite de la peinture par-dessus comme décrit précédemment.

### Réparation de creux dans la carrosserie

Lorsque la tôle de la carrosserie est enfoncée à un endroit, la première opération consistera à la redresser afin que la partie affectée ait quasiment retrouvé sa forme d'origine. Il sera vain d'essayer de restaurer parfaitement la forme d'origine car la tôle s'étant étirée sous le choc ne pourra plus reprendre son profil initial. La meilleure chose à faire est de ramener l'endroit enfoncé à environ 3 mm en dessous de la zone avoisinante de la carrosserie. Lorsque le creux formé par l'impact du choc est très superficiel, il vaut mieux ne pas essayer de redresser la tôle. Si la tôle peut être travaillée par en dessous, la marteler en lui donnant des petits coups par-derrière avec un maillet à tête plastique ou en bois tout en amortissant l'impact du maillet avec un morceau de bois maintenu de l'autre côté afin ne pas refouler vers l'extérieur un grand pan de tôle.

Si la tôle est enfoncée au niveau d'une partie de la carrosserie à double panneau ou s'il s'avère impossible d'accéder au revers de la tôle, une autre technique doit être utilisée. Percer plusieurs petits trous dans la tôle à l'endroit affecté - surtout dans sa partie la plus enfoncée puis poser des vis à tôle à tige longue dans les trous venant d'être réalisés, en les serrant juste assez pour qu'elles aient une bonne prise dans la tôle qui pourra ainsi être redressée en tirant sur les vis avec une pince.

L'étape suivante consistera à enlever la peinture sur la surface endommagée et à empiéter de deux à trois centimètres sur la zone environnante saine. La méthode la plus simple pour parvenir à ce résultat sera d'utiliser une brosse métallique ou un disque de ponçage monté sur une perceuse électrique bien que cela puisse également être effectué à la main avec du papier abrasif. Pour finir la préparation avant le masticage, rayer la surface à traiter avec un tournevis ou la pointe d'une lime, ou bien percer des trous de petit diamètre dans la zone affectée, ce qui permettra d'assurer une bonne prise au mastic.

Pour parachever la réparation, se reporter à la section sur le masticage et l'application de peinture.

### Réparation de trous ou d'entailles dus à la rouille

Enlever la peinture sur la zone affectée et sur deux ou trois centimètres autour de cette surface avec une brosse métallique ou un disque de ponçage monté sur une perceuse électrique. A défaut, l'utilisation de papier abrasif se révélera tout aussi efficace. La peinture ayant été enlevée, il sera alors possible de se rendre compte de la gravité de la corrosion et de décider de remplacer l'élément de carrosserie concerné (si cela est possible) ou de réparer la partie endommagée. Les éléments de carrosserie ne sont pas aussi onéreux que beaucoup l'imaginent et il sera plus rapide et plus aisé de monter un panneau neuf que d'essayer de réparer de larges pans de tôle sur lesquels la rouille s'est installée.

Retirer tous les accessoires à proximité de la zone à traiter sauf ceux pouvant éventuellement servir de guide quant à la forme initiale de la carrosserie (projecteurs, etc.) puis faire appel à des cisailles fines de tôlier ou à une lame de scie à métaux pour couper les copeaux de métal rouillé et toute partie de métal sérieusement attaquée par la rouille. Marteler les bords du trou vers l'intérieur afin de créer un léger creux pour recevoir le mastic.

Avec une brosse métallique, enlever la poudre de rouille sur la surface à traiter puis l'enduire d'un produit antirouille et si l'arrière de la tôle où s'est propagée la rouille est accessible, le traiter également.

Avant de procéder au masticage, il sera nécessaire de masquer le trou, ce qui peut être effectué en posant une pièce de treillis d'aluminium ou de plastique ou encore un ruban d'aluminium.

Le treillis d'aluminium ou de plastique ou bien une natte en fibre de verre sera probablement la meilleure solution pour combler un trou de grande largeur. Couper un morceau de la forme et de la taille approximatives du trou puis le mettre en place de telle sorte que ses bords soient en dessous du niveau de la tôle environnante. On peut le maintenir en position en répandant un peu de mastic sur sa périphérie.

Le ruban d'aluminium convient pour les trous de petite dimension ou de faible largeur. Dérouler le ruban et le couper à la forme et à la taille approximatives du trou puis décoller éventuellement le papier support et coller le ruban sur le trou. On peut faire chevaucher plusieurs largeurs de ruban si une seule est insuffisante. Aplanir les bords du ruban avec le manche d'un tournevis ou un outil similaire afin d'assurer une bonne adhérence sur le métal sous-jacent.

### *Réparations de carrosserie - masticage et application de peinture*

Avant de passer à cette section, se reporter aux sections concernant la réparation des creux, des éraflures profondes, des trous et entailles dus à la rouille.

Il existe différents types de mastic pour carrosserie mais d'une manière générale, les nécessaires de réparation comprenant une boîte de mastic et un tube de produit durcisseur (résine synthétique) conviennent parfaitement pour ce type de réparation. Ces produits peuvent être utilisés directement à partir d'un tube. Une spatule large et souple en matière plastique s'avérera très pratique pour donner une finition lisse et aux contours nets à la surface du mastic.

Mélanger une petite quantité de mastic sur un morceau de carton propre, en dosant le durcisseur avec précision (suivre le mode d'emploi indiqué sur l'emballage), sinon le mastic risque de durcir trop vite ou au contraire trop lentement. Répandre le mastic à l'aide de la spatule sur la surface préparée : croiser les passes sur la surface du mastic pour obtenir le profil correct et niveler la surface. Dès qu'un profil approximativement correct est obtenu, arrêter de travailler le mastic : si l'on prolonge trop longtemps l'opération, le mastic se mettra à coller à la spatule. Continuer d'ajouter de fines couches de mastic à intervalles espacés de vingt minutes jusqu'à ce que le niveau atteint par le mastic dépasse juste de la surface environnante.

Le mastic ayant durci, l'excédent pourra être éliminé avec un rabot à métaux ou une lime. A partir de là, poncer avec des papiers de plus en plus fins, en commençant avec du papier à l'eau de grade 40 pour finir avec du papier de grade 400. Toujours prévoir un support plat (cale à poncer) en caoutchouc, liège ou bois sur lequel le papier sera enroulé, sinon le papier n'offrira pas une surface de ponçage totalement plane. Pendant le ponçage du mastic, le papier doit être rincé périodiquement à l'eau, ce qui donnera une finition très lisse au mastic lors de la phase finale.

A ce stade, le creux doit être entouré d'une bordure de métal nu devant elle-même être entourée du bord finement chanfreiné de la peinture saine. Rincer toute la surface de réparation à l'eau claire afin d'éliminer parfaitement la poussière produite pendant le ponçage.

Vaporiser sur toute la surface traitée une fine couche d'apprêt, ce qui fera ressortir toutes les imperfections en surface du mastic. Rectifier ces défauts avec du mastic fraîchement mélangé ou avec une autre qualité de mastic de finition et poncer de nouveau la surface au papier abrasif. Si l'on utilise du mastic de finition, il pourra être mélangé à du diluant cellulosique pour former un pâte très fluide, idéale à travailler pour boucher les petits trous. Répéter les opérations de vaporisation d'apprêt et de réparation jusqu'à obtention d'un état de surface du mastic satisfaisant et de bords chanfreinés de peinture parfaits. Nettoyer la surface traitée à l'eau claire et la laisser sécher complètement.

La surface réparée est alors prête pour l'application finale de laque qui doit avoir lieu en atmosphère chaude, sèche, sans courant d'air et en l'absence totale de poussière. Ces conditions peuvent être rencontrées si l'on dispose d'un local de travail vaste mais si l'on est contraint de travailler à l'extérieur, il s'agira de bien choisir son jour. Si l'on opère à l'intérieur, arroser le sol pour stabiliser la poussière qui autrement flotterait dans l'atmosphère. Si la pièce devant être peinte se limite à un seul élément de carrosserie, masquer les panneaux attenants afin de minimiser les effets d'un léger défaut d'assortiment des teintes de peinture. Les chromes, poignées de portes, etc., devront également être masqués. Pour cela, utiliser du ruban adhésif prévu à cet effet et plusieurs épaisseurs de papier journal.

Avant de commencer la pulvérisation, bien agiter la bombe aérosol puis effectuer un essai sur une boîte de conserve par exemple afin de bien maîtriser la technique de pulvérisation. Recouvrir la surface à peindre d'une couche épaisse d'apprêt : l'épaisseur doit être constituée de plusieurs fines couches plutôt que d'une seule couche épaisse. Avec du papier à poncer à l'eau de grade 400, polir la surface d'apprêt jusqu'à ce qu'elle soit parfaitement lisse. Au cours de cette opération, la surface de travail doit être abondamment arrosée d'eau et le papier à poncer fréquemment rincé à l'eau. Laisser sécher avant de pulvériser une nouvelle couche de peinture.

Pulvériser la couche de finition en veillant là aussi à appliquer plusieurs fines couches successives pour arriver à l'épaisseur voulue. Commencer la pulvérisation au centre de la surface à peindre puis en un mouvement circulaire, procéder vers l'extérieur jusqu'à ce que la surface totale soit couverte en débordant de 5 cm sur la peinture d'origine environnante. Retirer le masquage 10 à 15 minutes après avoir pulvérisé la dernière couche de peinture.

Laisser durcir la peinture pendant au moins deux semaines puis utiliser un produit rénovateur de peinture ou de la pâte abrasive très fine pour harmoniser les bords de la peinture neuve et ceux de la peinture d'origine. Terminer en passant un produit de lustrage à la cire ou un vernis.

### *Réparation des éléments en plastique*

Le recours de plus en plus fréquent aux matières plastiques pour réaliser certains éléments des voitures (les pare-chocs, les spoilers et dans certains cas, des éléments importants de la carrosserie) ne laisse pas d'autre alternative à l'automobiliste en cas de dégât important, que de confier leur réparation à un spécialiste ou de les changer. La réparation de tels dégâts par les non-professionnels n'est pas vraiment possible étant donné le coût de l'équipement et de l'outillage nécessaires. La technique de base consiste à réaliser une saignée le long de la ligne de cassure dans le plastique à l'aide d'une disqueuse montée sur perceuse électrique. La partie endommagée est ensuite soudée avec un pistolet pulseur d'air chaud permettant de chauffer et de faire fondre un cordon de remplissage dans la rainure. L'excédent de plastique est ensuite éliminé et la partie traitée est poncée pour aboutir à une surface lisse. Il est impératif d'utiliser un cordon de la matière plastique appropriée car divers types de plastique sont utilisés (polycarbonate, ABS, polypropylène, etc.).

Les dégâts de moindre ampleur (frottements, fissures bénignes) peuvent être réparés par les non-professionnels en mélangeant à parts égales des produits de réparation à base d'époxy. Le mélange dans les proportions correctes une fois réalisé, le mode d'emploi est le même que le mastic utilisé sur les éléments en métal. Le produit de réparation plastique sèche habituellement en vingt ou trente minutes, après quoi il se trouve prêt pour le ponçage et l'application de laque.

Si l'automobiliste vient à remplacer un élément en plastique complet par ses propres soins ou bien qu'il en ait effectué une réparation à la résine d'époxy, il se trouvera confronté au problème du choix d'une peinture de finition compatible avec le type de plastique de l'élément concerné. L'utilisation d'une peinture universelle ne peut pas convenir compte tenu de la complexité des variétés de plastique que l'on peut rencontrer dans les applications automobiles. Les peintures classiques, d'une manière générale, n'adhéreront que médiocrement sur les plastiques ou le caoutchouc. Il convient d'adopter une peinture spéciale convenant à toutes les finitions en matière plastique ou en caoutchouc. Il est par ailleurs possible de nos jours de se procurer un nécessaire de finition de pièces en matière plastique comprenant un traitement de pré-apprêt, un apprêt et une laque de finition. Un mode d'emploi est normalement fourni avec le nécessaire mais la méthode de base consiste à appliquer tout d'abord le pré-apprêt sur l'élément concerné et à le laisser sécher pendant 30 minutes. L'apprêt est ensuite appliqué et laissé séché pendant une heure environ pour passer en dernier la couche de laque de finition spéciale avec la teinte requise. Le résultat obtenu est généralement satisfaisant, la teinte de finition se fondant bien dans la masse du plastique ou du caoutchouc, ce qui ne pourrait pas être obtenu avec une peinture classique.

## 5 Carrosserie - réparation de dégâts importants

En cas de dégâts importants ou si de grandes surfaces sont à remplacer du fait de leur détérioration, cela implique que des panneaux entièrement neufs doivent être soudés sur place et il vaut mieux confier cette intervention à un carrossier-réparateur professionnel. Si les dégâts sont dus à une collision, il y aura également lieu de contrôler le degré de déformation de la coque, une opération qui ne peut être accomplie que par un atelier du réseau Renault ou un garagiste disposant des piges de contrôle spéciales. Si un défaut d'alignement de la caisse n'est pas corrigé, la

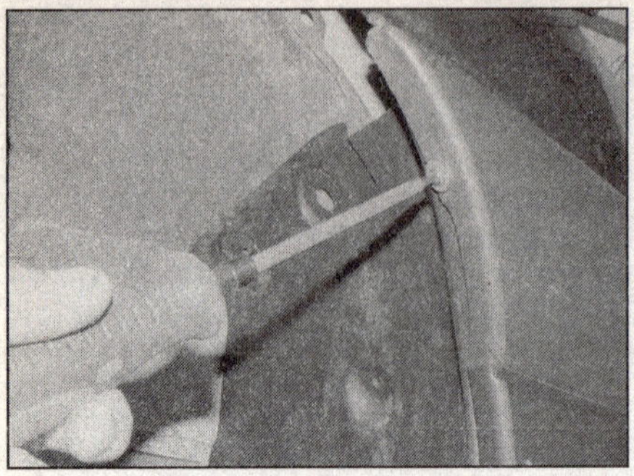

**6.4 Desserrage d'une vis de fixation de coquille pare-boue de passage de roue sur le bouclier pare-chocs AV.**

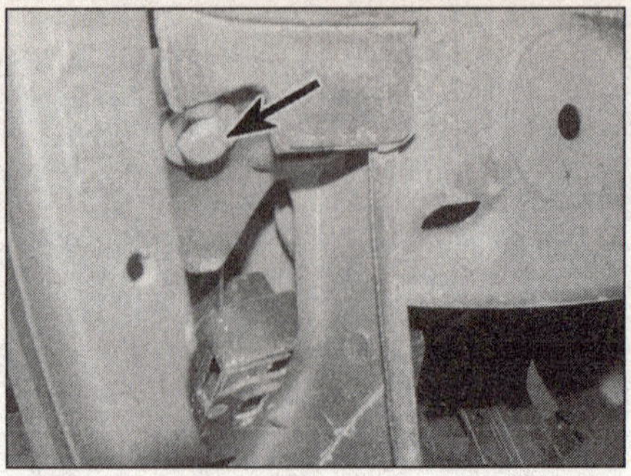

**6.6 Vis de fixation latérale de bouclier pare-chocs AV.**

**6.8 Vis de fixation du bouclier pare-chocs AV., attenante à un projecteur**

voiture sera dangereuse de par son mauvais comportement sur route et de surcroît, des contraintes inégales seront imposées à la direction, aux suspensions et éventuellement à la transmission, ce qui se traduira par une usure anormale voire une défaillance totale de certains éléments, notamment les pneumatiques.

## 6 Boucliers pare-chocs - dépose et repose

### *Bouclier AV.*

#### Dépose

**1** Sur les modèles équipés de projecteurs antibrouillard, débrancher le câble de masse (-) de la batterie (voir « *Débranchement de la batterie* » à la partie « *Références* » en fin de manuel).

**2** En vue d'améliorer l'accès, lever l'avant de la voiture au cric et le poser sur chandelles (voir « *Levage et soutien du véhicule* »).

**3** Desserrer ses vis de fixation et dégager l'écran de protection en dessous du radiateur.

**4** Desserrer ses deux vis de fixation sur le bouclier pare-chocs puis dégrafer sa partie avant et dégager la coquille pare-boue du passage de roue avant droit **(voir illustration)**.

**5** Procéder de la même manière pour la coquille pare-boue du passage de roue avant gauche.

**6** Après dépose des coquilles pare-boue, desserrer de chaque côté la vis de fixation latérale du bouclier pare-chocs **(voir illustration)**.

**7** Déposer la calandre (voir section suivante).

**8** Déposer ensuite les vis de fixation du bouclier pare-chocs, attenantes aux projecteurs **(voir illustration)**.

**9** Suivant équipement, débrancher les connecteurs électriques des faisceaux de projecteurs antibrouillard **(voir illustration)**.

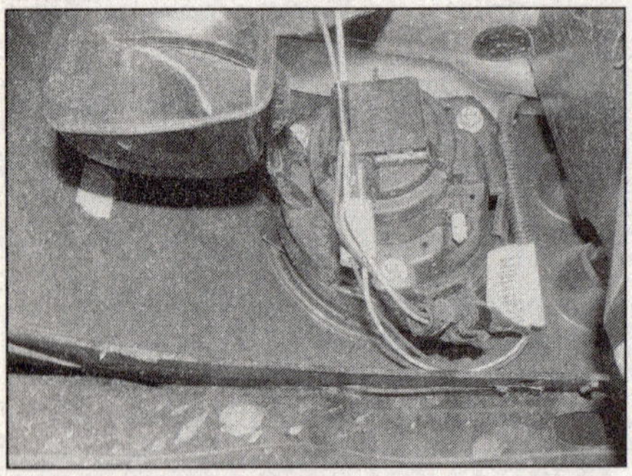

**6.9 Connecteur électrique de projecteur antibrouillard, côté G. du bouclier pare-chocs AV.**

**6.14 Dépose de l'écrou de fixation d'un écran pare-boue de passage de roue AR.**

**10** Tandis qu'un collaborateur soutient un côté, dégager le bouclier pare-chocs en le tirant vers l'avant et veillant à ne pas érafler la peinture des ailes.

#### Repose

**11** La repose s'opère à l'inverse de la dépose, en s'assurant de la présence du centreur. Se reporter à la section suivante pour effectuer la repose de la calandre.

### *Bouclier AR.*

#### Dépose

**12** Débrancher le câble de masse (-) de la batterie (voir « *Débranchement de la batterie* » à la partie « *Références* » en fin de manuel).

**13** En vue d'améliorer l'accès, caler les roues avant puis lever l'arrière de la voiture au cric et le poser sur chandelles (voir « *Levage et soutien du véhicule* »).

**14** Enlever la vis et l'écrou de fixation puis déposer l'écran pare-boue du passage de roue arrière de chaque côté de la voiture **(voir illustration)**.

**15** Desserrer de chaque côté la vis de fixation latérale du bouclier pare-chocs **(voir illustration)**.

**16** Desserrer, sans les enlever, les deux vis de fixation inférieures du bouclier pare-chocs **(voir illustration)**.

**17** Déboîter du bouclier pare-chocs à l'aide d'un tournevis à lame plate l'éclaireur de plaque d'immatriculation et débrancher sa connexion électrique **(voir illustration)**.

**18** Desserrer et enlever les quatre vis de fixation

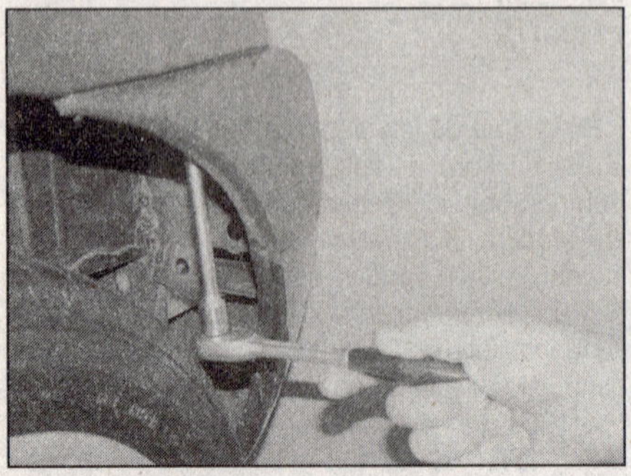

**6.15 Desserrage d'une vis de fixation latérale de bouclier pare-chocs AR.**

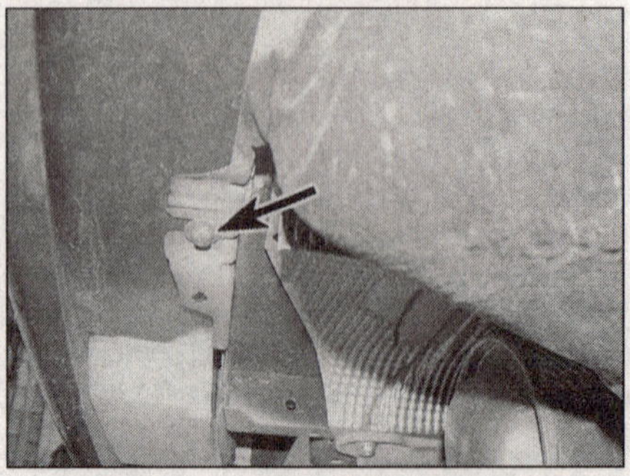

**6.16 Vis de fixation inférieure côté G. du bouclier pare-chocs AR.**

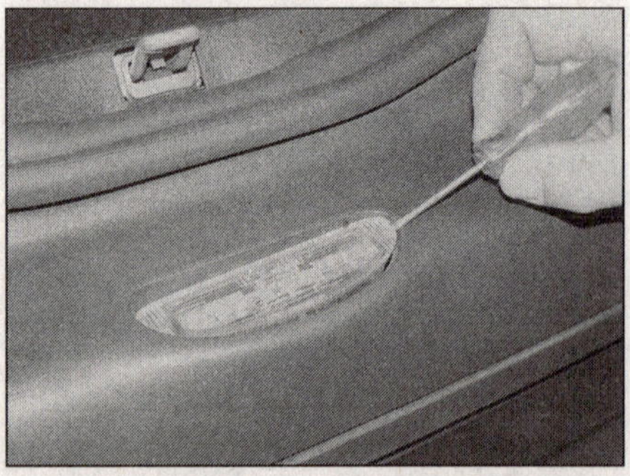

**6.17 Déboîter l'éclaireur de plaque d'immatriculation**

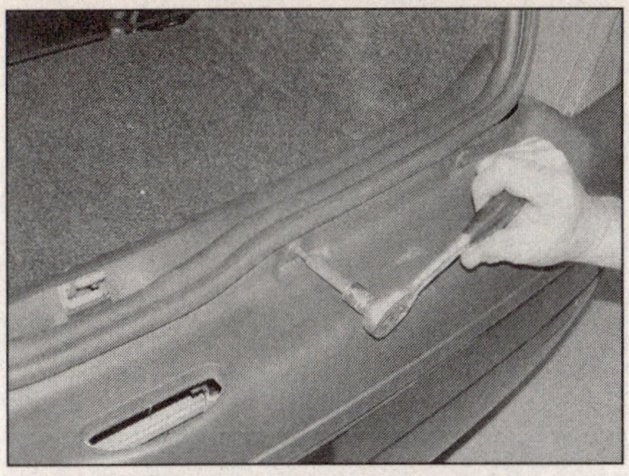

**6.18 Desserrage d'une vis de fixation supérieure du bouclier pare-chocs AR.**

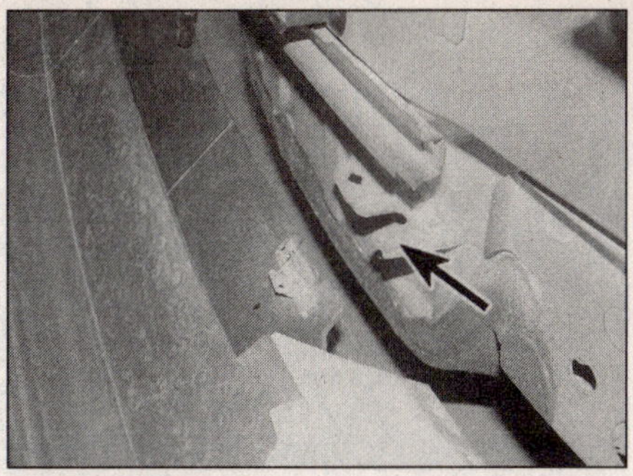

**6.19 Tirer le bouclier pare-chocs AR. pour le dégager des pattes-supports inférieures (flèche)**

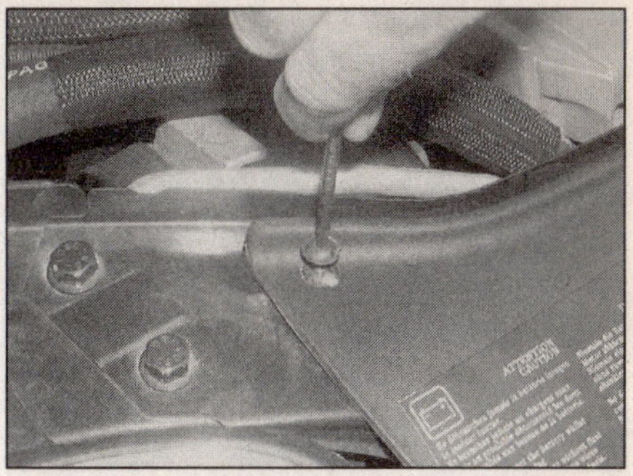

**7.2 Desserrage d'une des vis de fixation de la calandre**

supérieures du bouclier pare-chocs **(voir illustration)**.

**19** Tandis qu'un collaborateur soutient un côté, dégager le bouclier pare-chocs en le tirant vers l'arrière et faisant attention de ne pas érafler la peinture des ailes **(voir illustration)**.

### Repose

**20** La repose a lieu à l'inverse de la dépose.

## 7 Calandre - dépose et repose

### *Dépose*

**1** Ouvrir le capot moteur.

**2** Enlever les vis de fixation de la calandre, au nombre de cinq : deux de chaque côté et une au centre, en haut **(voir illustration)**.

**3** Dégrafer avec précaution au moyen d'un tournevis ses extrémités au niveau des ailes avant et dégager la calandre **(voir illustration)**.

### *Repose*

**4** La repose s'effectue à l'inverse de la dépose, en s'assurant de positionner correctement le centreur de la calandre sur la traverse supérieure avant.

## 8 Grille d'auvent - dépose et repose

### *Dépose*

**Nota :** *La demi-grille d'auvent côté droit est à déposer avant celle du côté gauche.*

**1** Ouvrir le capot moteur et dégager le joint du bord avant des deux parties de la grille d'auvent **(voir illustration)**.

**2** Déposer les deux bras d'essuie-glaces avant (voir chapitre 12).

**3** Libérer de chaque côté l'agrafe de fixation de la grille d'auvent sur le renfort d'aile, en enfonçant la goupille centrale de 5 mm environ **(voir illustration)**.

**4** Dégrafer les deux parties de la grille d'auvent en leur centre et les dégager de la traverse inférieure de la baie de pare-brise puis les libérer du pion de positionnement sur le bord supérieur des renforts d'ailes et les déposer **(voir illustrations)**.

### *Repose*

**5** La repose s'opère à l'inverse de la dépose, en tenant par ailleurs comptes des points suivants :

**6** S'assurer de bien agrafer ensemble les deux demi-grilles d'auvent.

**7** Veiller à remettre correctement en place le joint sur le bord avant des deux demi-grilles d'auvent et à bien engager les agrafes de fixation.

**8** Procéder à la repose des bras d'essuie-glaces avant, comme décrit au chapitre 12.

**9** Avant de reposer les agrafes de fixation,

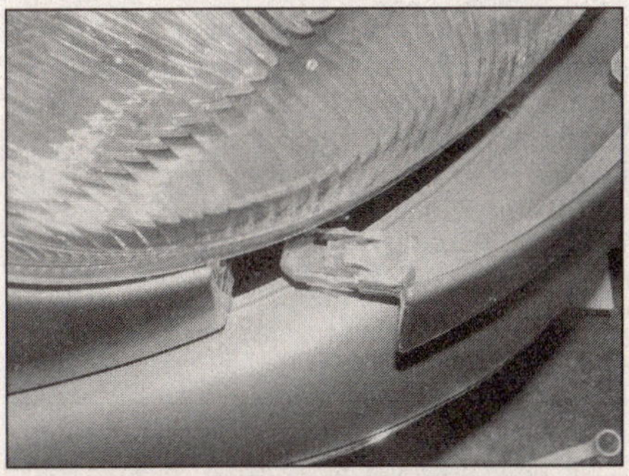

**7.3 La calandre est à dégrafer des ailes AV., en dessous des projecteurs pour sa dépose**

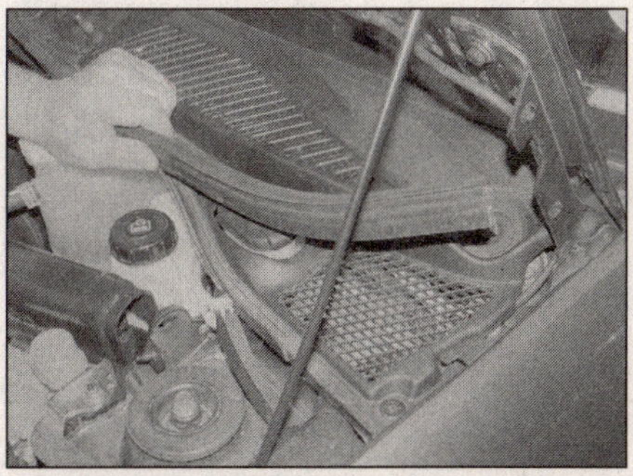

**8.1 Dégagement du joint sur le bord AV. de la grille d'auvent**

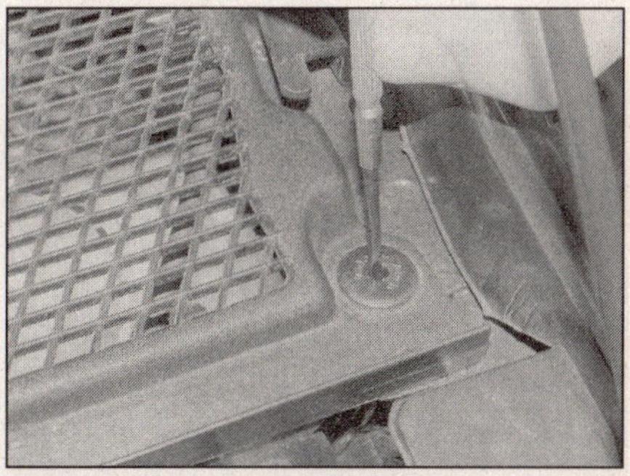

**8.3 Dégrafage de la grille d'auvent, sur un de ses côtés**

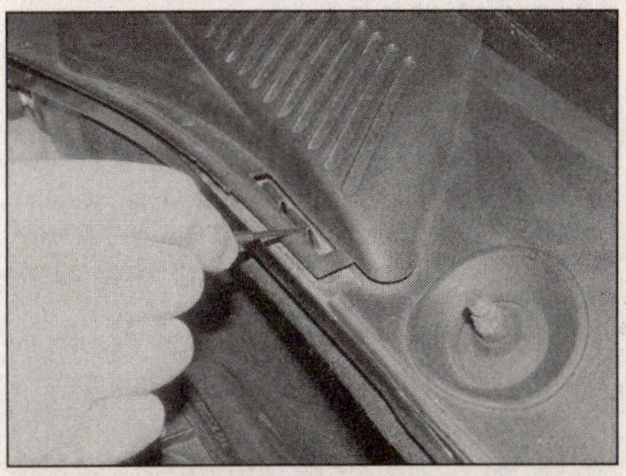

**8.4a Dégrafer les deux parties de la grille d'auvent en leur centre . . .**

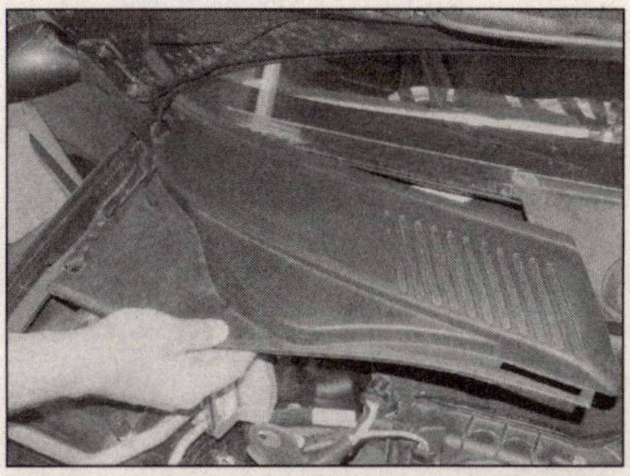

**8.4b . . . puis dégager chaque partie de la traverse inférieure de la baie de pare-brise . . .**

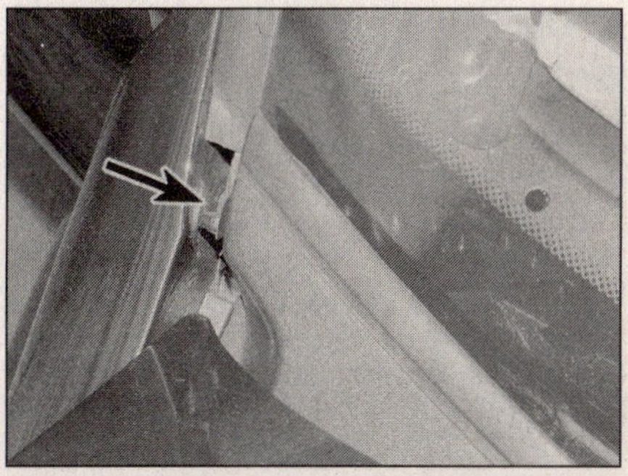

**8.4c . . . et libérer son pion de positionnement au niveau du renfort d'aile**

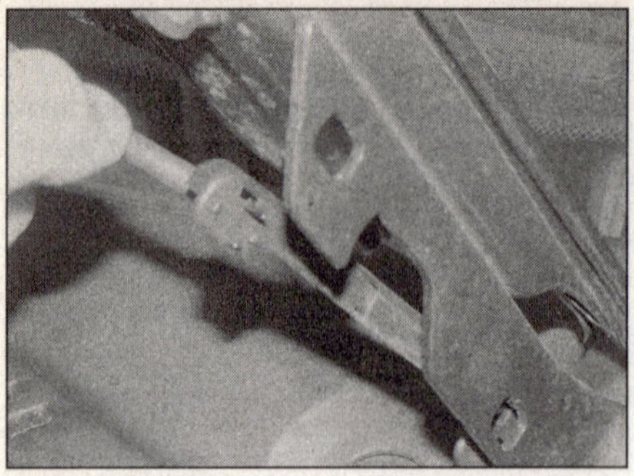

**9.2a Libérer le tuyau d'alimentation de lave-glace de la charnière côté G. du capot ...**

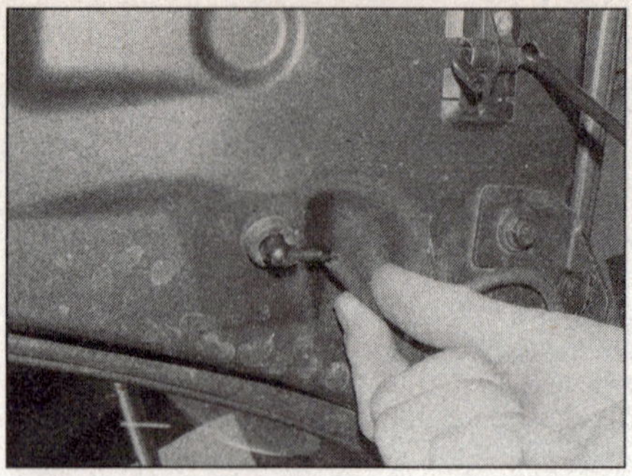

**9.2b ... et le débrancher au niveau du gicleur**

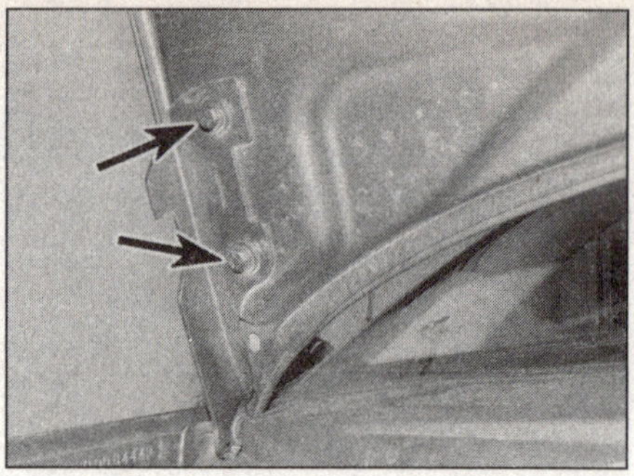

**9.4 Vis de fixation du capot sur la charnière G.**

repousser leur goupille centrale de 5 mm environ vers le haut puis les installer et enfoncer la goupille à ras de l'agrafe pour sa fixation.

## 9 Capot moteur et charnières - dépose et repose

### *Capot*

#### Dépose

**1** Demander à un collaborateur de soutenir le capot en position ouverte.
**2** Libérer le tuyau d'alimentation de lave-glace de la charnière côté gauche du capot puis le débrancher au niveau du gicleur **(voir illustrations)**.
**3** En cas de réutilisation du capot, marquer la position des charnières à la peinture ou au stylo feutre.
**4** Desserrer les vis de fixation (deux de chaque côté) sur les charnières puis dégager le capot en opérant à deux et faisant attention de ne pas érafler la peinture des ailes **(voir illustration)**.

#### Repose

**5** La repose s'opère à l'inverse de la dépose, en observant par ailleurs les points suivants :
**6** Amener le capot en place à deux puis remonter les vis de fixation sur les charnières en les serrant légèrement. Faire éventuellement coïncider les charnières avec les repères réalisés lors de la dépose, puis bloquer les vis de fixation.
**7** Fermer avec précaution le capot pour ne pas risquer d'abîmer les ailes et vérifier que le jeu entre aile et capot soit égal des deux côtés.
**8** Ajuster au besoin la position du capot sur les charnières pour le centrer en desserrant les vis de fixation et les rebloquant le réglage une fois obtenu. Le jeu d'affleurement du capot à l'avant peut également être réglé en modifiant la position du verrou sur la traverse supérieure après desserrage de ses vis de fixation. Vérifier ensuite que la gâche du capot s'enclenche et se déverrouille correctement.

### *Charnières*

**9** Les charnières sont fixées par vis sur les renforts d'ailes et sont accessibles après dépose des ailes, une intervention qui par sa complexité est à confier à un atelier du réseau Renault à ou à un carrossier-réparateur.

**10.3a Desserrage des vis de fixation sur la traverse supérieure AV. ...**

**10.3b ... et dépose du verrou de capot**

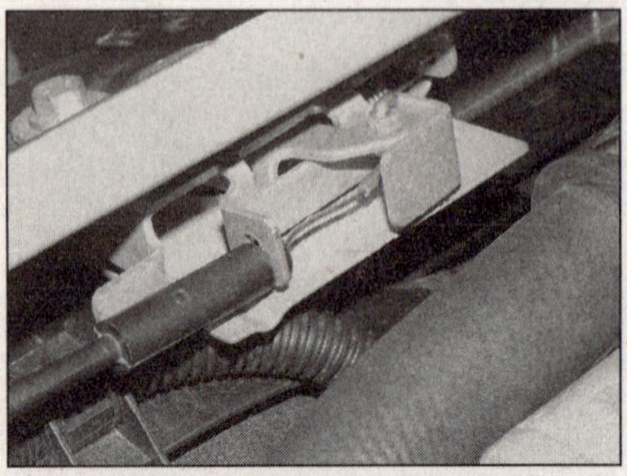

**10.7 S'assurer du bon ancrage de la gaine et de l'embout du câble de déverrouillage**

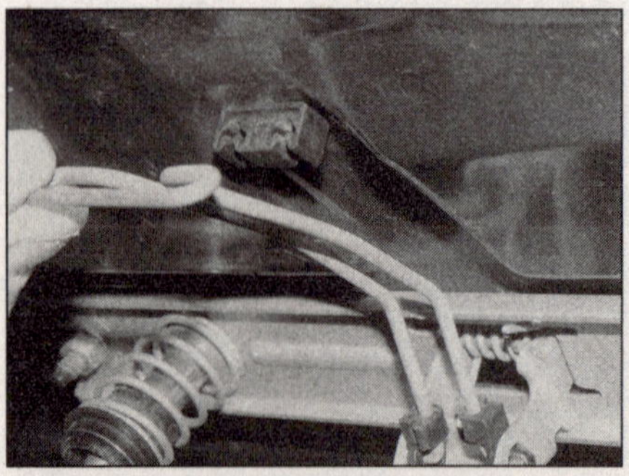

**10.10 Crochet de sécurité du capot libéré de la patte d'ancrage**

## 10 Verrou de capot moteur - dépose et repose des pièces

### *Verrou*

#### Dépose

**1** Ouvrir le capot.
**2** Repérer la position de montage du verrou sur la traverse supérieure avant du compartiment moteur.
**3** Desserrer ses deux vis de fixation et dégager le verrou de la traverse **(voir illustrations)**.
**4** Libérer la gaine du câble de déverrouillage de la platine du verrou.
**5** Décrocher l'embout du câble de déverrouillage du levier de commande puis déposer le verrou.

#### Repose

**6** La repose a lieu à l'inverse de la dépose, en faisant coïncider les repères réalisés préalablement à la dépose.
**7** S'assurer que la gaine et l'embout du câble de déverrouillage sont correctement ancrés avant de refermer le capot **(voir illustration)**.
**8** Régler si nécessaire le jeu d'affleurement du capot par rapport aux ailes en ajustant la position du verrou sur la traverse.

### *Gâche de verrou*

#### Dépose

**9** Ouvrir le capot pour accéder à la gâche.
**10** Libérer le crochet de sécurité du capot de sa patte d'ancrage **(voir illustration)**.
**11** Repérer la position de montage de la gâche sur le capot.
**12** Desserrer ses deux écrous de fixation et dégager la gâche du capot **(voir illustration)**.

#### Repose

**13** La repose s'effectue à l'inverse de la dépose, en faisant coïncider les repères réalisés préalablement à la dépose.

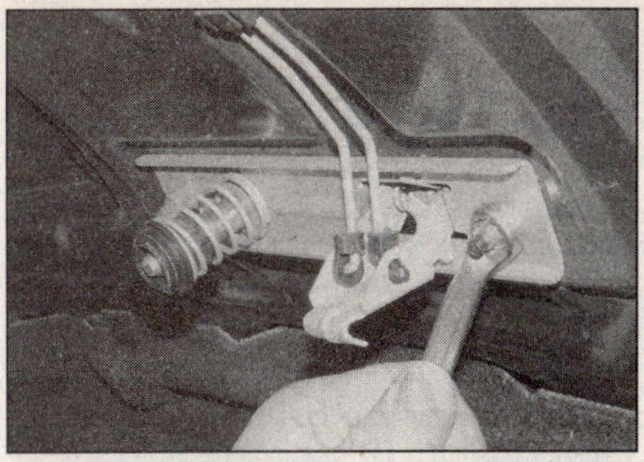

**10.12 Desserrage d'un écrou de fixation de la gâche du capot**

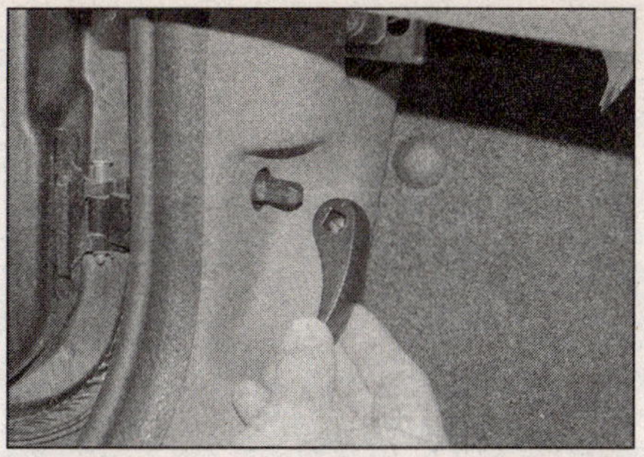

**10.15 Dépose du levier de déverrouillage du capot**

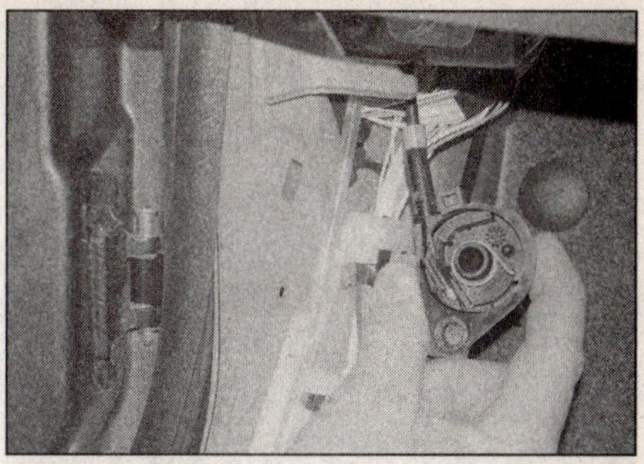

**10.17 Dépose du mécanisme de déverrouillage du capot**

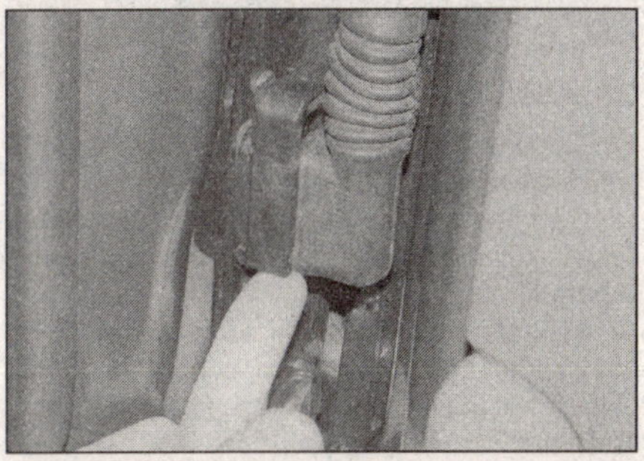

**11.3a Pousser l'agrafe de fixation vers le haut pour la dégager . . .**

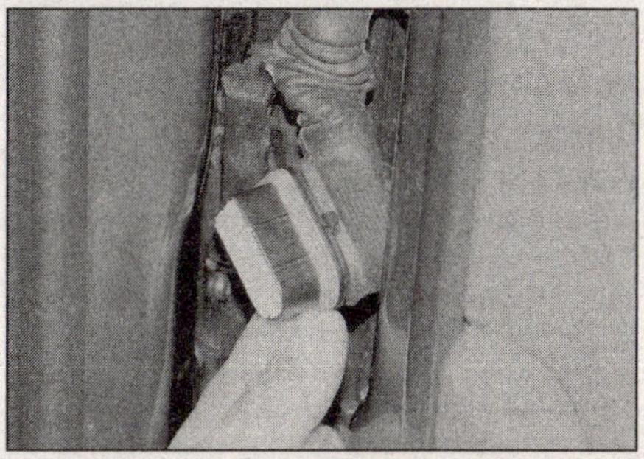

**11.3b . . . et débrancher le connecteur électrique**

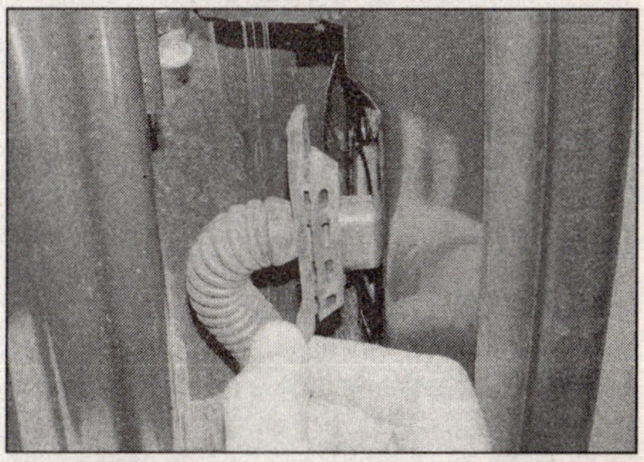

**11.4a Déboîter le passe-fils en caoutchouc du pied de caisse . . .**

**14** Régler si nécessaire le jeu d'affleurement du capot par rapport aux ailes en ajustant la position du verrou sur la traverse.

### *Câble et levier de déverrouillage*

#### Dépose

**15** Tirer sur le levier de déverrouillage du capot dans l'habitacle pour le déboîter de son axe d'articulation **(voir illustration)**.

**16** Déposer la garniture de seuil de porte côté gauche (voir section 27).

**17** Desserrer sa vis de fixation et dégager le mécanisme de déverrouillage du capot du pied de caisse dans l'habitacle **(voir illustration)**.

**18** Dans le compartiment moteur, libérer la gaine du câble de déverrouillage de la platine du verrou et décrocher l'embout du câble du levier de commande **(voir illustration 10.7)**.

**19** Revenir à l'habitacle pour tirer avec précaution le câble et le sortir du passe-cloison dans le tablier pour le déposer.

#### Repose

**20** La repose a lieu à l'inverse de la dépose, en s'assurant que le passe-cloison est correctement installé dans le tablier et que le câble emprunte le trajet correct.

## 11 Portes et limiteurs d'ouverture - dépose, repose et réglage

### *Portes*

#### Dépose

**1** Pour procéder à la dépose d'une porte, l'ouvrir co6mplètement et la soutenir du dessous au moyen de cales en bois recouvertes de chiffons.

**2** Débrancher le câble de masse (-) de la batterie (voir « *Débranchement de la batterie* » à la partie « *Références* » en fin de manuel).

**3** S'il s'agit d'une porte avant, pousser son agrafe de verrouillage vers le haut pour la dégager et débrancher le connecteur électrique au niveau du pied de caisse **(voir illustrations)**.

**4** Dans le cas d'une porte arrière (suivant équipement), déboîter le passe-fils en caoutchouc du pied de caisse et débrancher le connecteur électrique **(voir illustrations)**.

**5** Desserrer la vis de fixation du limiteur d'ouverture de la porte sur le pied avant ou milieu de caisse, suivant le cas **(voir illustration)**.

**6** Tandis qu'un collaborateur soutient la porte, extraire leur agrafe de retenue, puis chasser les deux axes de charnières en les frappant avec un marteau par l'intermédiaire d'un outil approprié puis dégager la porte des charnières et la déposer **(voir illustrations)**.

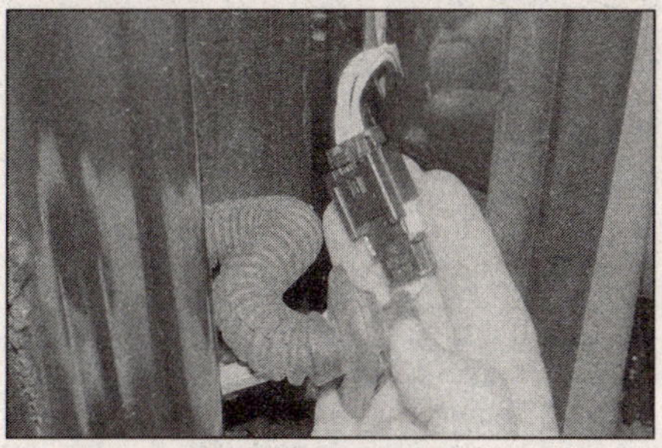

**11.4b . . . et débrancher le connecteur électrique**

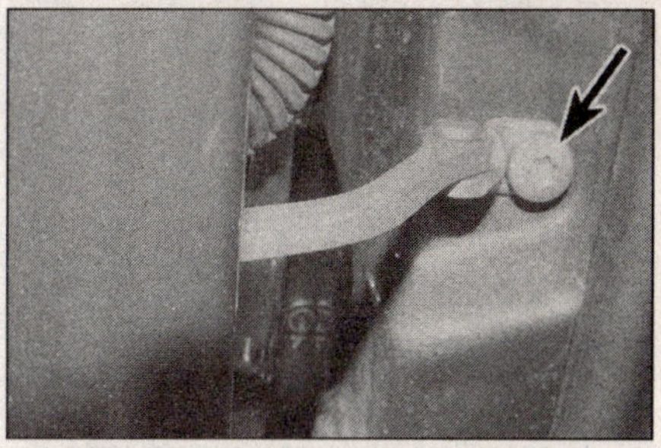

**11.5 Vis de fixation de limiteur d'ouverture de porte**

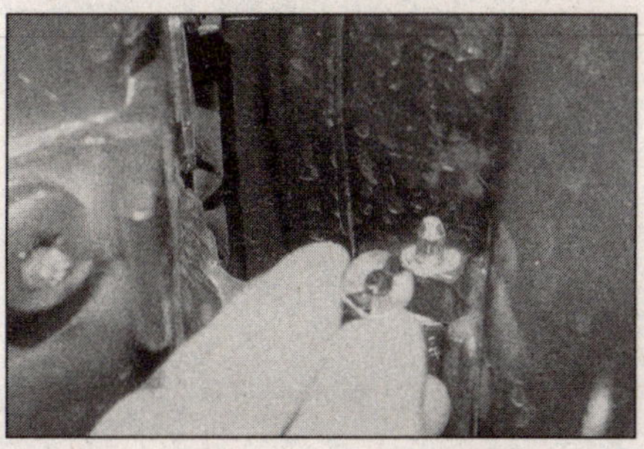

**11.6a Extraire l'agrafe de retenue . . .**

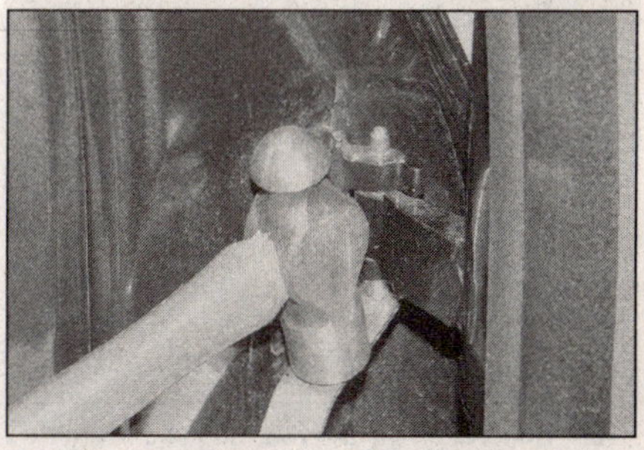

**11.6b . . . et chasser l'axe de charnière en le frappant avec un marteau et un outil à fourchette**

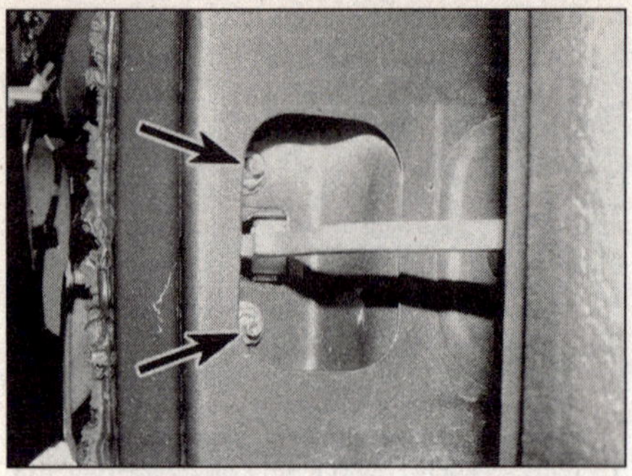

11.13 Ecrous de fixation de limiteur d'ouverture de porte

### Repose

7 Procéder à l'inverse de la dépose pour effectuer la repose.

### Réglage

8 Les charnières étant soudées sur la caisse, elles ne permettent pas d'ajuster leur position pour le réglage des jeux d'ouverture et du centrage de la porte par rapport à l'encadrement.
9 Un réglage peut être effectué pour obtenir le bon enclenchement de la porte en ajustant la position de la gâche de serrure sur le pied de caisse suite au desserrage de ses vis de fixation (voir section suivante).

## *Limiteurs d'ouverture*

### Dépose

10 Ouvrir complètement la porte concernée.
11 Desserrer la vis de fixation du limiteur d'ouverture de la porte sur le pied avant ou milieu de caisse, suivant le cas.
12 Déposer la garniture intérieure de la porte (voir section 27).
13 Desserrer les deux écrous de fixation du limiteur d'ouverture par l'ajour dans le chant avant de la porte **(voir illustration)**.
14 Dégager le limiteur d'ouverture de l'intérieur du caisson de porte.

### Repose

15 Opérer à l'inverse de la dépose pour effectuer la repose.

# 12 Poignées et serrures de portes - dépose et repose

## *Poignées intérieures*

### Dépose

1 Enlever la vis de fixation de la poignée d'ouverture intérieure sur la porte concernée **(voir illustration)**.
2 Dans le cas d'une porte avant, tirer la poignée pour la dégager, puis libérer l'arrêt de gaine et décrocher le câble de commande d'ouverture à l'arrière de la poignée **(voir illustration)**.
3 Pour une porte arrière, dégager la poignée de la porte et désaccoupler la tringle de commande d'ouverture **(voir illustration)**.
4 Déposer ensuite la poignée.

### Repose

5 La repose s'opère en sens inverse de dépose.

## *Poignées extérieures de portes AV.*

### Dépose

6 Déposer la garniture intérieure de la porte avant du côté intervention (voir section 27).
7 Dégrafer et désaccoupler la tringle de commande au niveau de la serrure ou de la poignée extérieure dans le caisson de porte : dans ce dernier cas, veiller à bien repérer la position de montage de la tringle **(voir illustration)**.
8 Desserrer les deux écrous de fixation à l'intérieur du caisson de porte puis faire pivoter la poignée et la dégager de l'extérieur de la porte **(voir illustration)**.

### Repose

9 La repose s'opère à l'inverse de la dépose, en reposant ensuite la garniture intérieure de la porte, comme décrit en section 27.

## *Poignées extérieures de portes AR.*

### Dépose

10 Déposer la garniture intérieure de la porte arrière du côté intéressé (voir section 27).
11 Dégrafer à l'aide d'une pince et dégager le cache d'inviolabilité du panneau de porte **(voir illustration)**.
12 Dégrafer et désaccoupler la tringle de commande au niveau de la serrure ou de la poignée extérieure dans le caisson de porte : dans ce dernier cas, veiller à bien repérer la position de montage de la tringle **(voir illustration 12.7)**.
13 Desserrer les deux écrous de fixation à l'intérieur du caisson de porte puis faire pivoter la poignée et la dégager de l'extérieur de la porte **(voir illustration)**.

### Repose

14 La repose a lieu à l'inverse de la dépose, en reposant ensuite la garniture intérieure de la porte, comme indiqué en section 27.

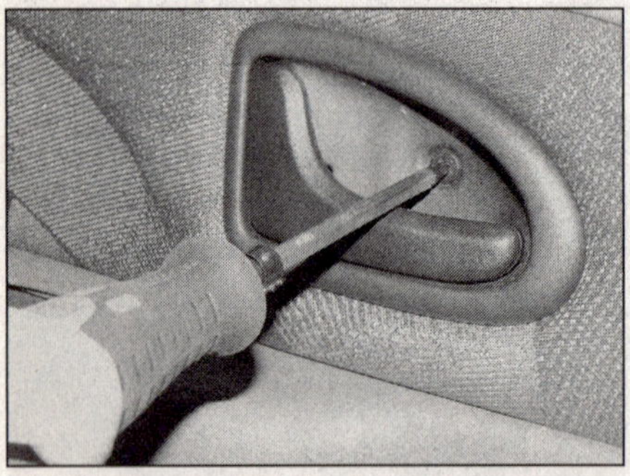

12.1 Desserrage de la vis de fixation d'une poignée d'ouverture intérieure de porte

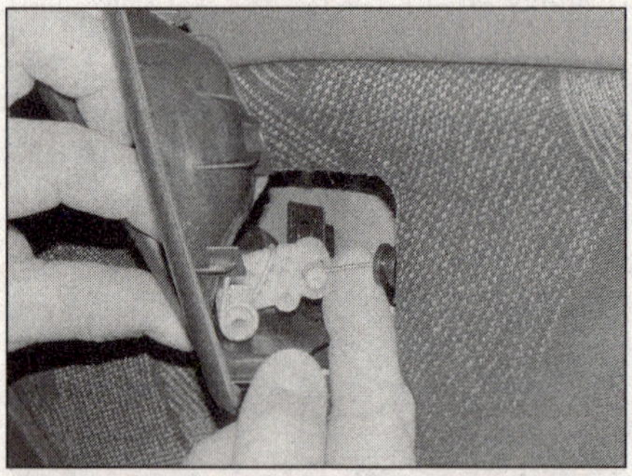

12.2 Dépose d'une poignée d'ouverture intérieure de porte AV.

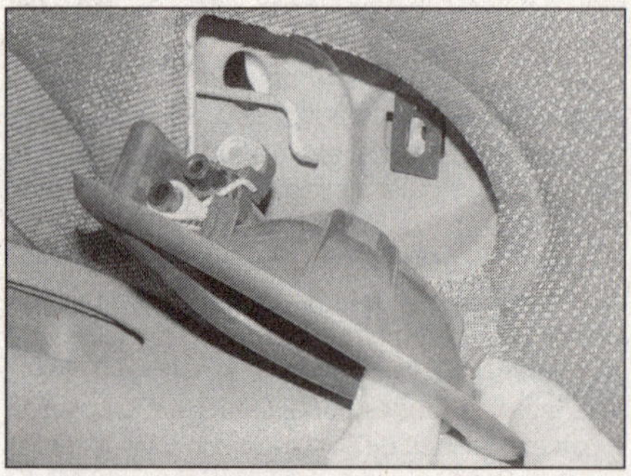

12.3 Dépose d'une poignée d'ouverture intérieure de porte AR.

12.7 Repérer sa position de montage avant de dégrafer et désaccoupler la tringle de commande de la poignée extérieure de porte AV.

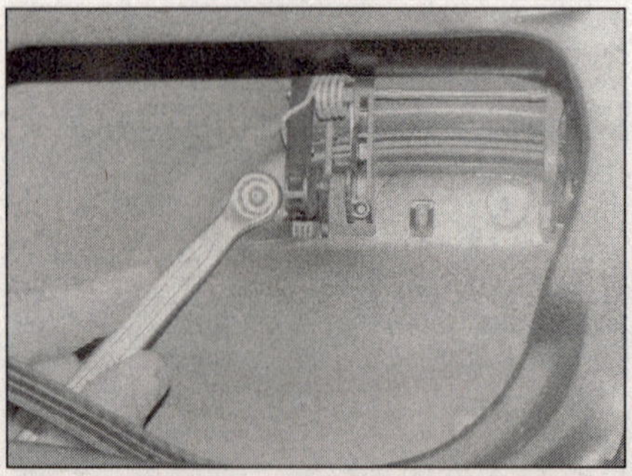

12.8 Desserrage d'un écrou de fixation d'une poignée extérieure de porte AV.

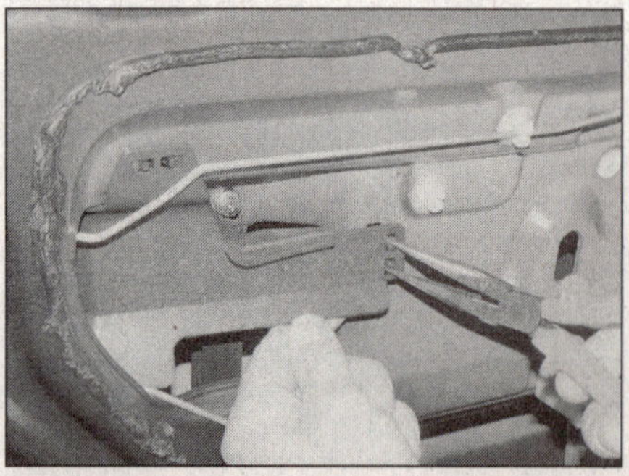

12.11 Dépose du cache d'inviolabilité d'une porte AR.

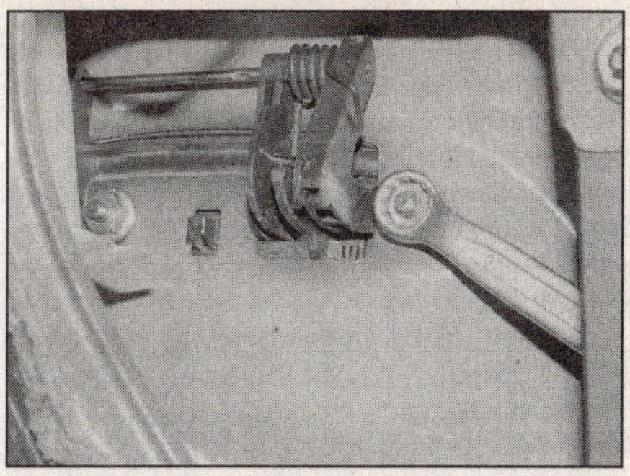

12.13 Desserrage d'un écrou de fixation d'une poignée extérieure de porte AR.

12.16 Desserrage des trois vis de fixation d'une serrure de porte AV.

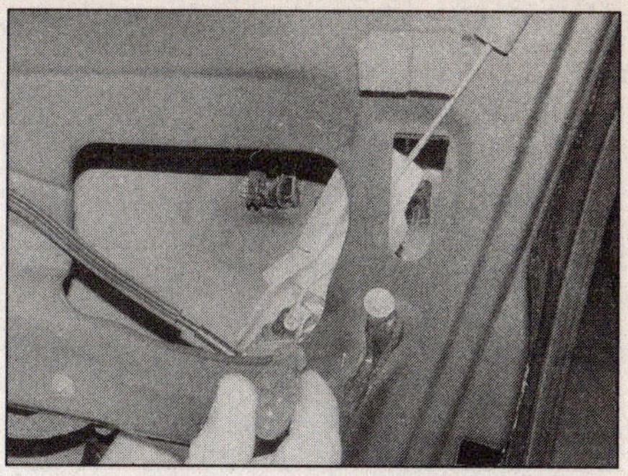

12.17 Dépose de la tige du bouton de condamnation intérieure d'une porte AV.

## Serrures de portes AV.

### Dépose

**15** Déposer la garniture intérieure de la porte avant du côté concerné (voir section 27).

**16** Desserrer les trois vis de fixation de la serrure sur le chant de la porte **(voir illustration)**.

**17** Dégrafer et désaccoupler la tringle de commande de la poignée extérieure et le câble de commande de la poignée d'ouverture intérieure au niveau de la serrure dans le caisson de porte. Dégrafer ensuite la tige du bouton de condamnation intérieure de la serrure et la sortir du caisson de porte **(voir illustration)**.

**18** Sur les modèles avec verrouillage centralisé, débrancher le câble de masse (-) de la batterie (voir « *Débranchement de la batterie* » à la partie « *Références* » en fin de manuel) puis le connecteur électrique du servomoteur de commande de la serrure **(voir illustration)**.

**19** Faire pivoter la serrure vers le panneau de porte afin de la dégager du doigt de commande du barillet puis la descendre et la sortir par l'ajour dans le caisson de porte **(voir illustration)**.

**20** Le cache d'inviolabilité peut ensuite être dissocié de la serrure **(voir illustrations)**.

### Repose

**21** La repose s'effectue à l'inverse de la dépose, en reposant ensuite la garniture intérieure de la porte, comme décrit en section 27.

## Serrures de portes AR.

### Dépose

**22** Déposer la garniture intérieure de la porte arrière du côté intervention (voir section 27).

**23** Dégrafer et dégager le montant d'inviolabilité du panneau de porte **(voir illustration 12.11)**.

**24** Dégrafer et désaccoupler la tringle de commande au niveau de la poignée d'ouverture extérieure dans le caisson de porte.

**25** Desserrer les trois vis de fixation de la serrure sur le chant de la porte.

**26** Désaccoupler la tringle de commande de la poignée d'ouverture intérieure et celle du bouton de condamnation intérieure puis sortir la serrure par l'ajour dans le caisson de porte **(voir illustration)**.

**27** Sur les modèles avec verrouillage centralisé, débrancher le câble de masse (-) de la batterie (voir « *Débranchement de la batterie* » à la partie « *Références* » en fin de manuel) puis le connecteur électrique du servomoteur de commande en dégageant la serrure **(voir illustration)**.

### Repose

**28** La repose s'opère à l'inverse de la dépose, en reposant ensuite la garniture intérieure de la porte, comme indiqué en section 27.

## Barillets de serrures de portes AV.

### Dépose

**29** Déposer la garniture intérieure de la porte avant du côté intervention (voir section 27).

**30** Desserrer ses deux vis de fixation sur le chant

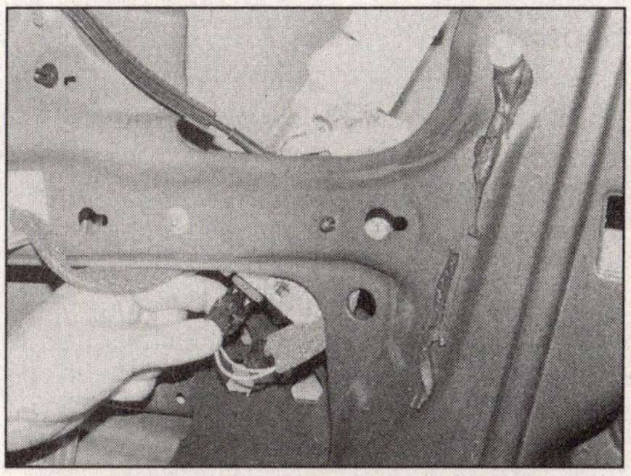

12.18 Débranchement du servomoteur de verrouillage centralisé - porte conducteur

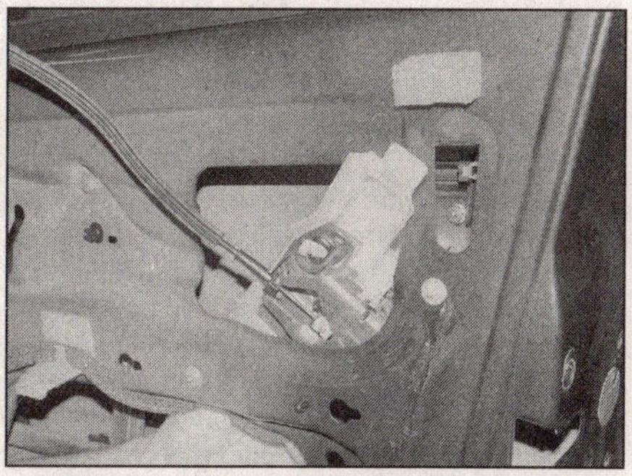

12.19 Dépose de la serrure d'une porte AV.

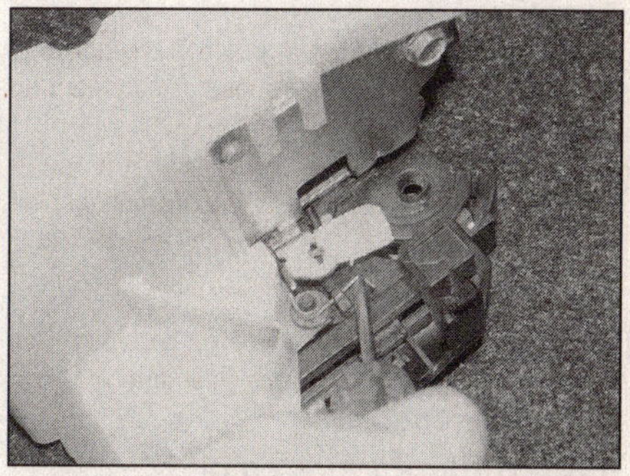

12.20a Décrocher le ressort d'ancrage . . .

12.20b . . . puis libérer l'agrafe pour dissocier le cache d'inviolabilité de la serrure

12.26 Dépose de la serrure d'une porte AR.

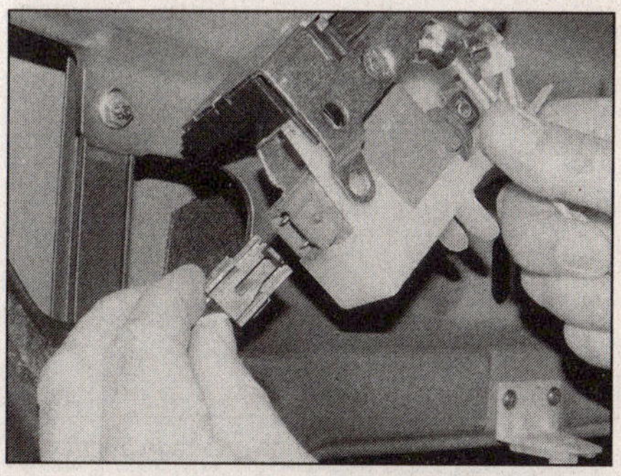

12.27 Débranchement du servomoteur de verrouillage centralisé d'une porte AR.

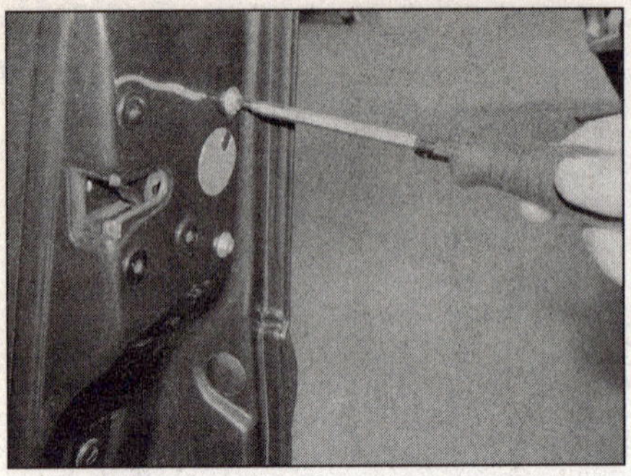

12.30a Desserrer ses deux vis de fixation . . .

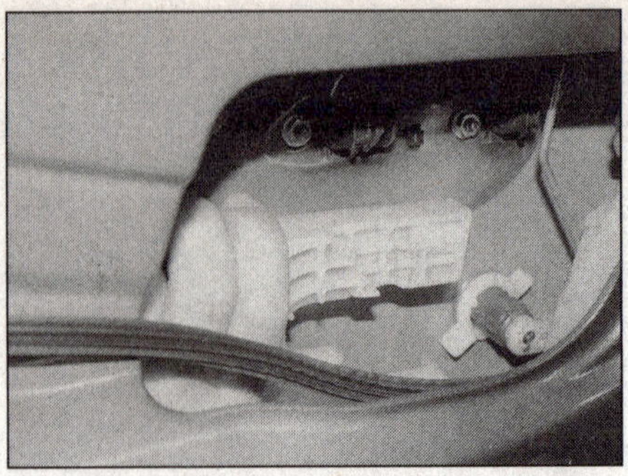

12.30b . . . puis sortir le montant d'inviolabilité

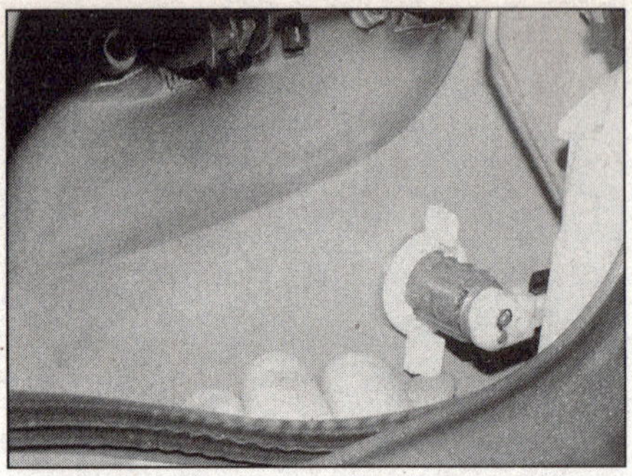

12.31a Tourner la bague d'arrêt d'un quart de tour dans le sens anti-horaire pour la libérer . . .

de la porte puis sortir le montant d'inviolabilité par l'ajour dans le caisson de porte **(voir illustrations)**.

**31** A l'intérieur du caisson de porte, tourner la bague d'arrêt d'un quart de tour dans le sens anti-horaire pour la libérer du barillet puis extraire celui-ci par l'extérieur de la porte **(voir illustrations)**.

### Repose

**32** La repose a lieu à l'inverse de la dépose, en observant par ailleurs les points suivants :

**33** Pour procéder à la repose du barillet, s'assurer de bien engager ses pattes dans les crans correspondants du panneau de porte.

**34** Se reporter à la section 27 pour effectuer la repose de la garniture intérieure de la porte.

## *Gâches de serrures*

### Dépose

**35** La gâche de chaque serrure est fixée par vis sur le pied correspondant de caisse **(voir illustration)**.

**36** Veiller à bien repérer la position de montage des gâches de façon à les reposer exactement au même emplacement.

**37** Pour la dépose d'une gâche, il suffit simplement de desserrer ses vis de fixation à l'aide d'une clé Torx.

### Repose

**38** La repose a lieu à l'inverse de la dépose, en ajustant la position de la gâche pour obtenir le bon enclenchement de la porte.

## *Verrouillage centralisé*

**39** Voir section 16.

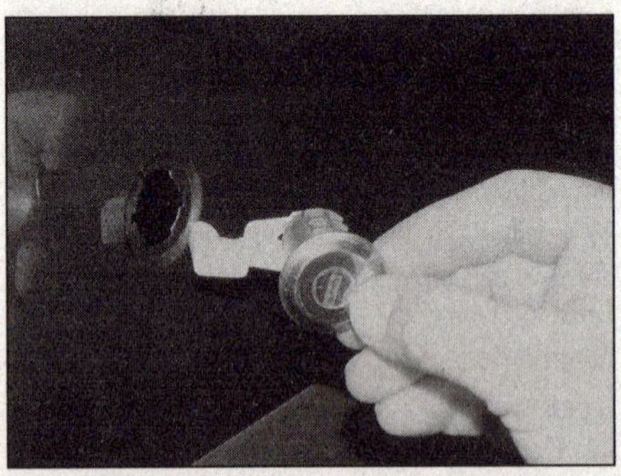

12.31b . . . et extraire le barillet de serrure

# 13 Glaces et mécanismes de lève-glaces de portes - dépose et repose

## *Glaces de portes AV.*

### Dépose

**1** Déposer la garniture intérieure de la porte (voir section 27).

**2** Descendre la vitre, ce qui nécessite pour les modèles avec lève-glaces électriques, de rebrancher provisoirement la batterie et le connecteur électrique de l'inverseur de lève-glace correspondant.

**3** Dégager avec précaution le lèche-vitre intérieur au niveau du bord inférieur de l'encadrement de glace **(voir illustration)**.

**4** Extraire la fourchette de fixation en écartant ses ergots puis dégager la glace de l'axe du rail de guidage et la soutenir **(voir illustration)**.

12.35 Vis de fixation de la gâche d'une serrure de porte

**5** Dégager le patin riveté sur le bord arrière de la glace du coulisseau dans le caisson de porte **(voir illustration)**.

**6** Tirer la glace vers le haut pour la sortir du caisson de porte, en la basculant vers l'avant **(voir illustration)**.

### Repose

**7** La repose s'opère à l'inverse de la dépose, en tenant par ailleurs compte des points suivants :

**8** S'assurer de bien engager le patin de la glace sur le coulisseau dans le caisson de porte.

**9** Avant de procéder à la repose de la garniture intérieure de la porte, s'assurer du bon fonctionnement du mécanisme de lève-glace en rebranchant provisoirement la batterie et le connecteur électrique de l'inverseur ou remontant la manivelle de lève-glace, suivant équipement.

**10** Se reporter à la section 27 pour effectuer la repose de la garniture intérieure de la porte.

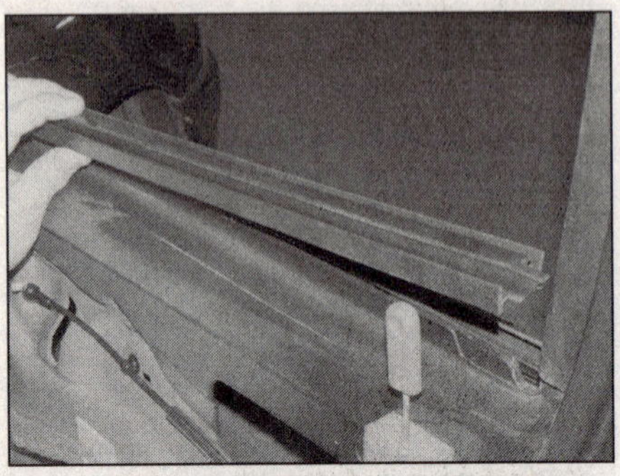

13.3 Dépose du lèche-vitre intérieur

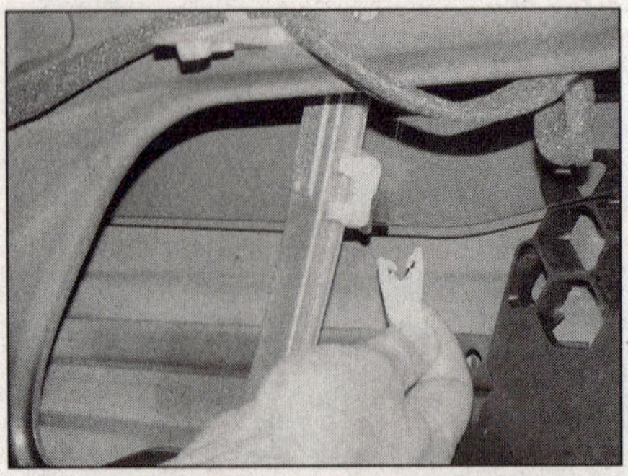

13.4 Dépose de la fourchette de fixation de la glace sur le rail de guidage

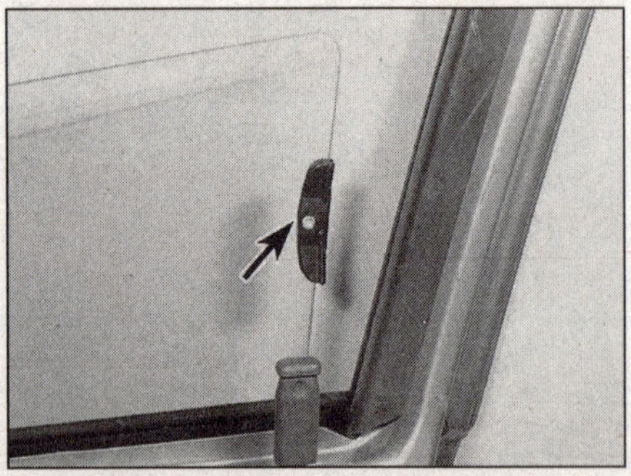

13.5 Patin de glace d'une porte AV.

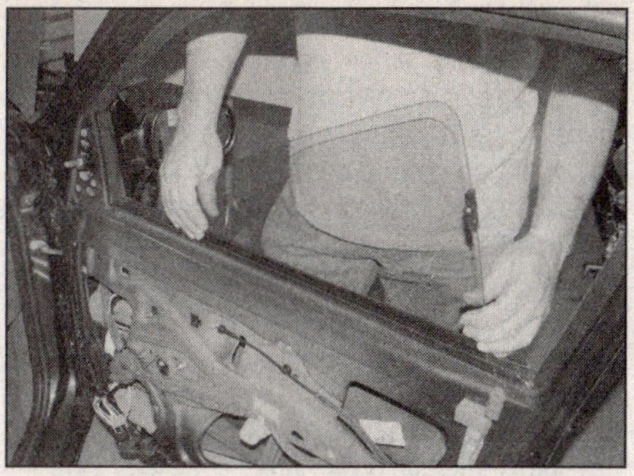

13.6 Dépose d'une glace de porte AV.

## Glaces fixes de portes AR.

### Dépose

**11** Déposer la garniture intérieure de la porte (voir section 27).

**12** Descendre la glace mobile de la porte.

**13** Dégager avec précaution les lèche-vitres intérieur et extérieur au niveau du bord inférieur de l'encadrement de glace.

**14** Remonter provisoirement la manivelle puis lever suffisamment la glace de façon pour pouvoir accéder à ses deux vis de fixation sur le support au niveau du mécanisme de lève-glace par l'ajour dans le caisson de porte.

**15** Si la glace mobile doit être reposée, bien repérer la position de montage de ses deux vis de fixation sur le support puis les enlever et laisser descendre avec précaution la glace au fond du caisson de porte **(voir illustration)**.

**16** Dégager avec précaution le joint d'encadrement de la glace mobile **(voir illustration)**.

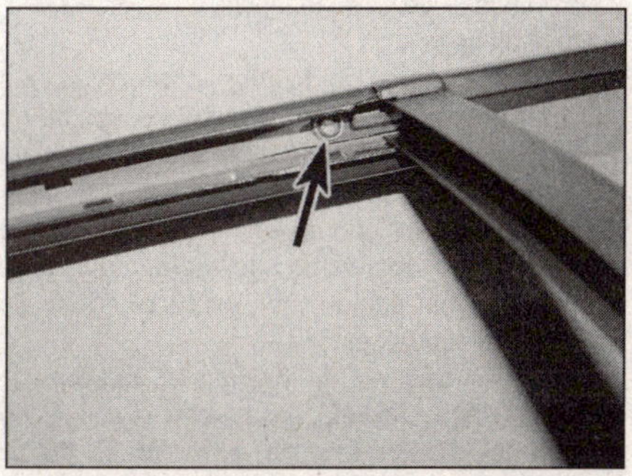

13.17a Vis Torx de fixation supérieure . . .

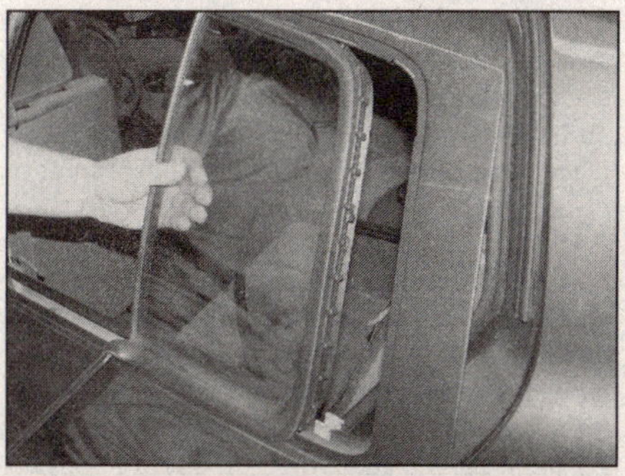

13.18 Dépose d'une glace fixe de porte AR. avec son joint d'encadrement

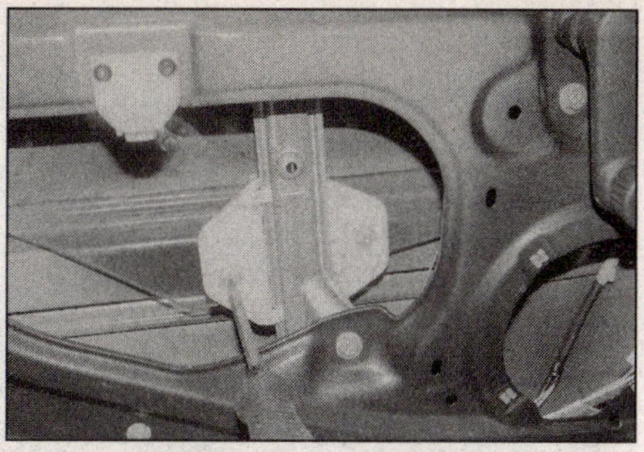

13.15 Desserrage de la vis de fixation d'une glace de porte AR. sur le support au niveau du mécanisme de lève-glace

**17** Enlever la vis de fixation supérieure et l'écrou de fixation inférieur du montant arrière fixe de la glace puis basculer le montant vers l'avant pour le dégager du goujon soudé et le tourner d'un quart de tour pour pouvoir le sortir du caisson de porte **(voir illustrations)**.

**18** Dégager ensuite avec précaution la glace fixe avec son joint d'encadrement **(voir illustration)**.

### Repose

**19** La repose s'effectue à l'inverse de la dépose, en observant par ailleurs les points suivants :

**20** Pour la repose de la glace fixe, s'assurer de l'engager correctement sur le joint d'encadrement.

**21** Le cas échéant, remonter les vis de fixation de la glace mobile sur le support au niveau du mécanisme de lève-glace, en respectant leur position d'origine.

**22** Veiller à emboîter correctement les lèche-vitres sur le bord inférieur de l'encadrement de glace.

**23** Avant de procéder à la repose de la garniture intérieure de la porte, s'assurer du bon fonctionnement du mécanisme de lève-glace en remontant provisoirement la manivelle de lève-glace. La glace peut au besoin être recentrée en ajustant la position de ses vis de fixation au niveau des fentes sur le support.

**24** Se reporter à la section 27 pour procéder à la repose de la garniture intérieure de la porte.

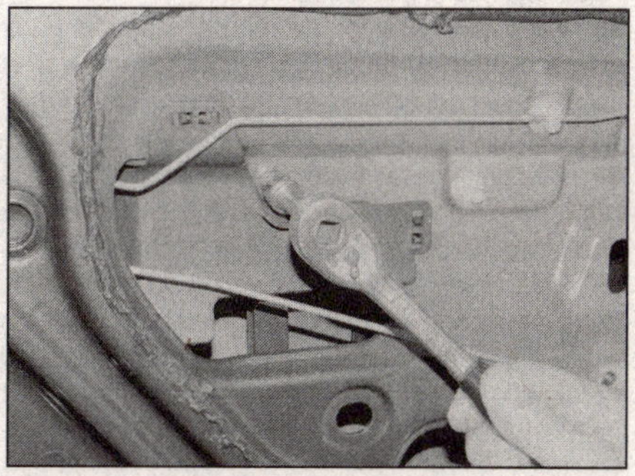

13.17b . . . et desserrage de l'écrou de fixation inférieur du montant AR. fixe

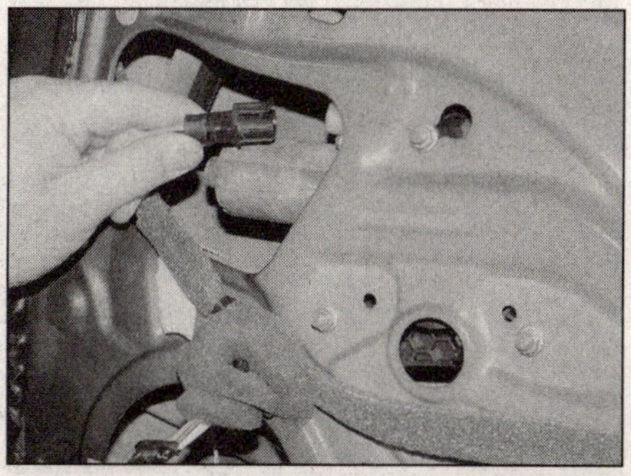

13.30 Débranchement du moteur de commande de lève-glace

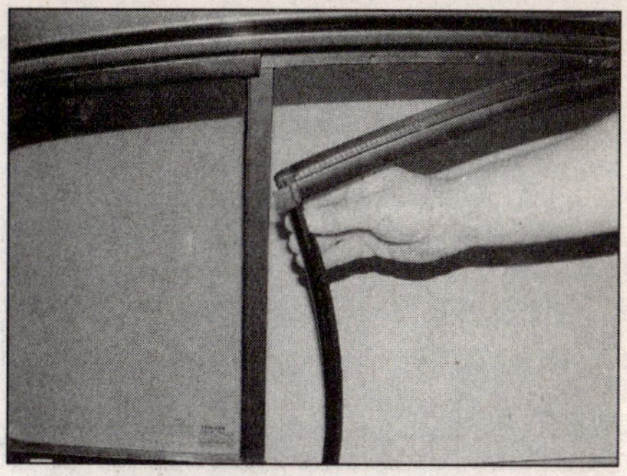

13.16 Dépose du joint d'encadrement d'une glace mobile

## Glaces mobiles de portes AR.

### Dépose

**25** Opérer comme décrit précédemment aux points 11 à 17.

**26** La glace fixe restant en place, soulever avec précaution la glace mobile pour la sortir du caisson de porte.

### Repose

**27** Réinstaller la glace mobile dans le caisson de porte, en se reportant aux descriptions ci-dessus.

## Mécanismes de lève-glaces de portes AV.

### Dépose

**28** Déposer la garniture intérieure de la porte avant du côté intéressé (voir section 27).

**29** Déposer la glace de la porte avant concernée (voir description correspondante ci-dessus) ou bien remonter complètement la glace dans le caisson de porte et la fixer avec du ruban adhésif.

**30** Sur les modèles avec lève-glaces électriques, débrancher le connecteur électrique du moteur de commande de lève-glace **(voir illustration)**.

**31** Enlever les trois écrous de fixation du mécanisme de lève-glace et les deux vis de fixation du rail de guidage de la glace sur le caisson de porte **(voir illustrations)**.

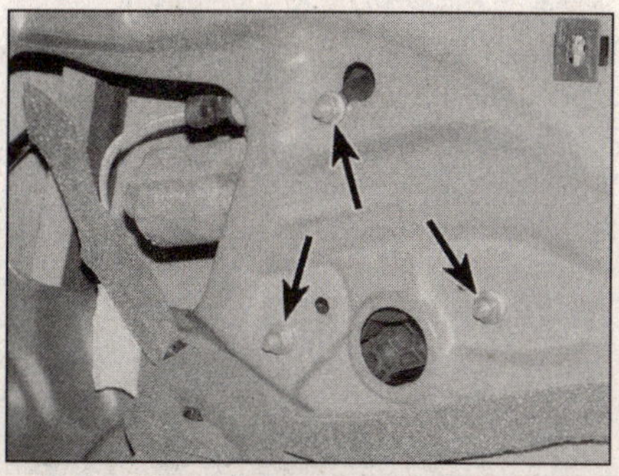

13.31a Ecrous de fixation du mécanisme de lève-glace . . . .

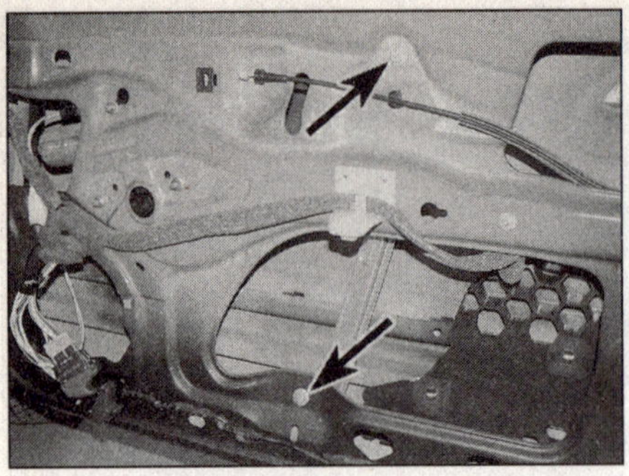

**13.31b . . . et vis de fixation du rail de guidage de la glace**

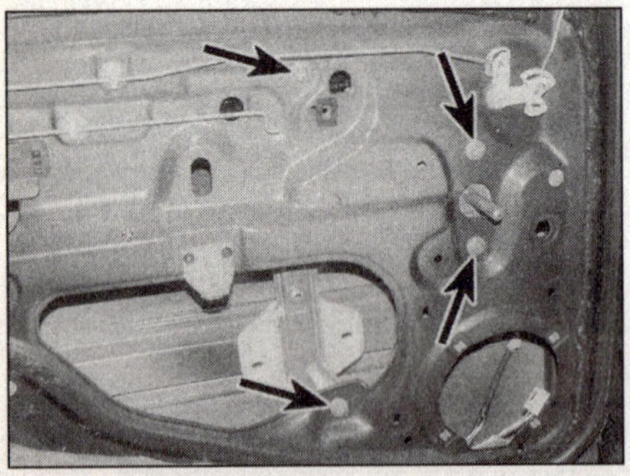

**13.40a Vis de fixation du mécanisme de lève-glace et du rail de guidage d'une glace de porte AR.**

**32** Sortir l'ensemble du mécanisme de lève-glace par l'ajour en bas du caisson de porte **(voir illustration).**

### Repose

**33** La repose s'opère à l'inverse de la dépose, en tenant par ailleurs compte des points suivants :

**34** Avant de procéder à la repose de la garniture intérieure de la porte, s'assurer du bon fonctionnement du mécanisme de lève-glace en rebranchant provisoirement la batterie et le connecteur électrique de l'inverseur ou remontant la manivelle de lève-glace, suivant équipement.

**35** Se reporter à la section 27 pour effectuer la repose de la garniture intérieure de la porte.

## *Mécanismes de lève-glaces de portes AR.*

### Dépose

**36** Déposer la garniture intérieure de la porte arrière du côté intéressé (voir section 27).

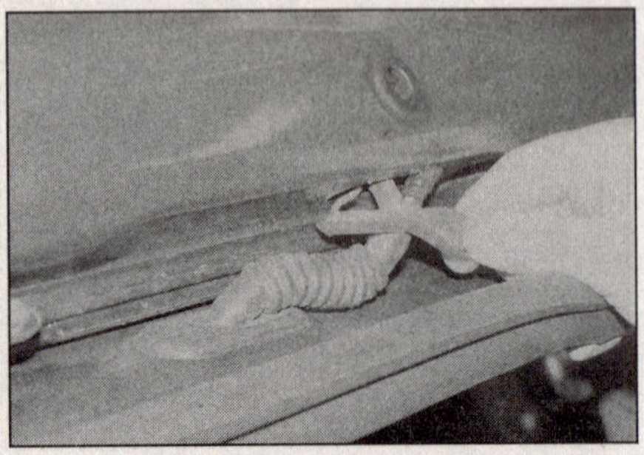

**14.6 Déboîter le passe-fils pour sortir le faisceau électrique du hayon**

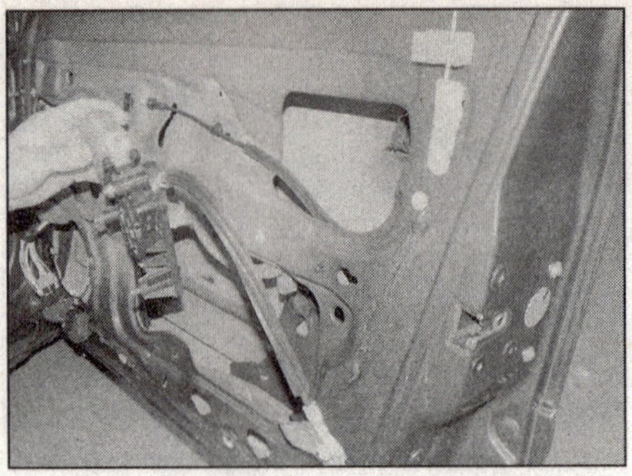

**13.32 Dépose du mécanisme de lève-glace d'une porte AV.**

**13.40b Dépose du mécanisme de lève-glace d'une porte AR.**

**37** Remonter provisoirement la manivelle puis descendre suffisamment la glace de façon pour pouvoir accéder à ses deux vis de fixation sur le support au niveau du mécanisme de lève-glace par l'ajour dans le caisson de porte.

**38** Repérer la position de montage de ses deux vis de fixation sur le support puis les enlever et laisser descendre avec précaution la glace au fond du caisson de porte.

**39** Afin de faciliter l'accès, tirer la glace pour la remonter jusqu'en haut du caisson de porte et la fixer avec du ruban adhésif.

**40** Enlever les deux vis de fixation du mécanisme de lève-glace et les deux vis de fixation du rail de guidage de la glace sur le caisson de porte puis sortir l'ensemble du mécanisme de lève-glace par l'ajour en bas du caisson de porte **(voir illustrations).**

### Repose

**41** La repose s'effectue à l'inverse de la dépose, en observant par ailleurs les points suivants :

**14.7 Ecarter l'agrafe de retenue d'un vérin du hayon**

**42** Veiller à remonter correctement, dans leur position d'origine, les vis de fixation de la glace sur le support au niveau du mécanisme de lève-glace.

**43** Avant de procéder à la repose de la garniture intérieure de la porte, s'assurer du bon fonctionnement du mécanisme de lève-glace en remontant la manivelle de lève-glace.

**44** La glace peut au besoin être recentrée en ajustant la position de ses vis de fixation au niveau des fentes sur le support.

**45** Se reporter à la section 27 pour la repose de la garniture intérieure de la porte.

## *Lève-glaces électriques*

**46** Les moteurs de commande sont intégrés aux mécanismes de lève-glaces et en sont indissociables.

**47** Procéder comme décrit précédemment pour la dépose et la repose des mécanismes de lève-glaces. Se reporter à la section 17 pour ce qui est des commandes (inverseurs) de lève-glaces électriques.

# 14 Hayon, charnières et vérins - dépose et repose

## *Hayon*

### Dépose

**1** Débrancher le câble de masse (-) de la batterie (voir « *Débranchement de la batterie* » à la partie « *Références* » en fin de manuel).

**2** Ouvrir le hayon.

**3** Desserrer la vis de fixation côté droit puis dégager avec précaution la garniture intérieure du hayon. Dégrafer ensuite la garniture à l'aide d'un outil à fourchette pour la déposer.

**4** Débrancher les connexions électriques de la lunette arrière dégivrante, du moteur d'essuie-glace et suivant équipement, du servomoteur de verrouillage centralisé.

**5** Desserrer ses vis de fixation et déposer le becquet (voir section 22). Débrancher la connexion électrique du 3e feu de stop et le tuyau d'alimentation du gicleur de lave-glace : prévoir un écoulement de liquide.

**6** Déboîter sur le bord du hayon le passe-fils et la bague-joint du tuyau d'alimentation du gicleur de lave-glace **(voir illustration)**. Relier le faisceau électrique et le tuyau avec une ficelle et les sortir du hayon en tirant sur elle. Laisser la ficelle sur place : elle servira à la repose du faisceau et du tuyau.

**7** Tandis qu'un collaborateur soutient le hayon, libérer leur agrafe de retenue en la soulevant avec un petit tournevis à lame plate et désaccoupler les vérins des rotules sur le hayon **(voir illustration).**

**8** En cas de réutilisation du hayon, repérer la position de montage de ses deux écrous de fixation sur les charnières.

**9** Desserrer les deux écrous de fixation puis

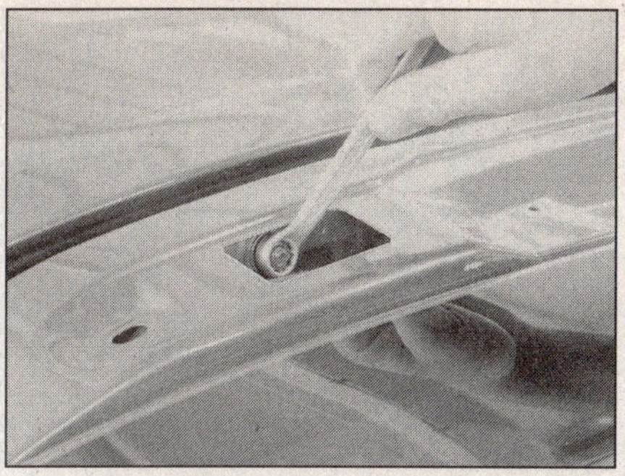

**14.9 Desserrage d'un écrou de fixation du hayon**

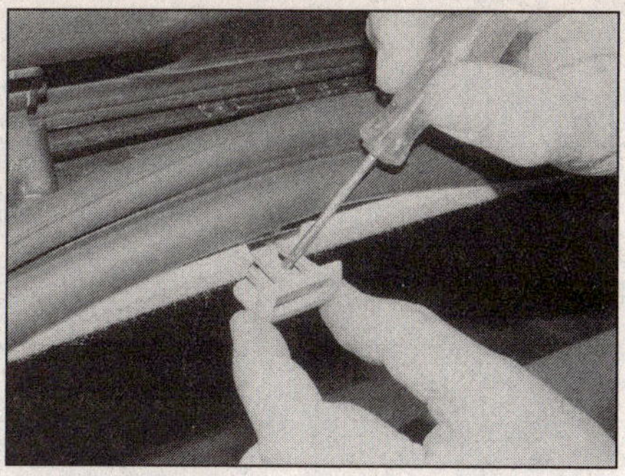

**14.10a Libérer l'agrafe en plastique . . .**

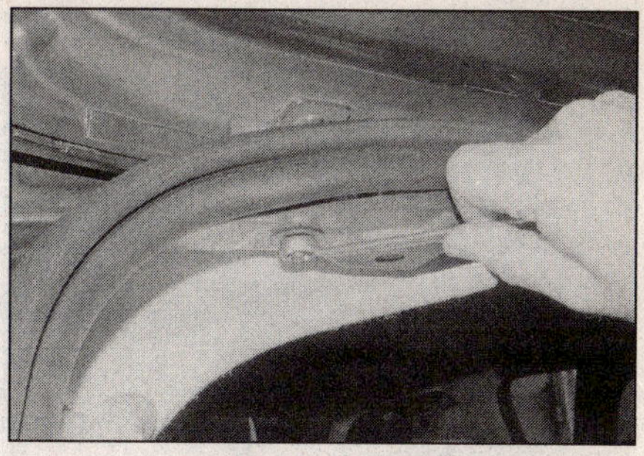

**14.10b . . . et écarter l'habillage de pavillon pour desserrer l'écrou de fixation des charnières du hayon**

dégager le hayon en opérant à deux **(voir illustration)**.

**10** Pour procéder à la dépose des charnières du hayon, dégrafer avec précaution l'habillage de pavillon afin d'accéder à leur écrou de fixation **(voir illustrations)**.

### Repose

**11** La repose a lieu à l'inverse de la dépose, en veillant à respecter la position initiale des écrous de fixation s'il s'agit du hayon d'origine. Effectuer le réglage des jeux d'ouverture et du centrage du hayon par rapport au pavillon et aux ailes avant de bloquer les écrous de fixation.

**12** Le jeu d'affleurement du bord inférieur du hayon peut au besoin être réglé afin d'obtenir le bon enclenchement de la serrure en ajustant la position de la gâche au niveau de la fente de la vis sur la traverse de jupe arrière (voir section suivante).

## *Charnières*

**13** Voir point 10 ci-dessus.

## *Vérins*

### Dépose

**14** Demander à un collaborateur de soutenir le hayon en position ouverte ou bien le bloquer avec une cale de bois.

**15** Soulever l'agrafe de retenue avec un petit tournevis à lame plate pour désaccoupler le vérin du côté concerné de la rotule sur le hayon **(voir illustration 14.7)**.

**16** Procéder de la même manière pour désaccoupler le vérin de la rotule au niveau du renfort de l'aile arrière et le déposer.

### Repose

**17** La repose s'opère à l'inverse de la dépose.

# 15 Serrure de hayon - dépose et repose des pièces

## *Serrure*

### Dépose

**1** Débrancher le câble de masse (-) de la batterie (voir « *Débranchement de la batterie* » à la partie « *Références* » en fin de manuel).

**2** Ouvrir le hayon.

**3** Desserrer la vis de fixation côté droit puis dégager avec précaution la garniture intérieure du hayon. Dégrafer ensuite la garniture à l'aide d'un outil à fourchette pour la déposer.

**4** Décrocher la tringle de liaison de la serrure et suivant équipement, débrancher le connecteur électrique du servomoteur de verrouillage centralisé **(voir illustration)**.

**5** Desserrer et enlever ses deux vis de fixation puis dégager la serrure du hayon avec la tringle de liaison et le faisceau électrique **(voir illustrations)**.

### Repose

**6** Opérer en sens inverse de la dépose pour effectuer la repose.

## *Barillet de serrure*

### Dépose

**7** Effectuer les opérations indiquées précédemment aux points 1 à 3.

**8** Décrocher la tringle de liaison de la serrure et le cas échéant, débrancher le connecteur électrique du servomoteur de verrouillage centralisé. Débrancher également le tube de purge du mécanisme de serrure **(voir illustration)**.

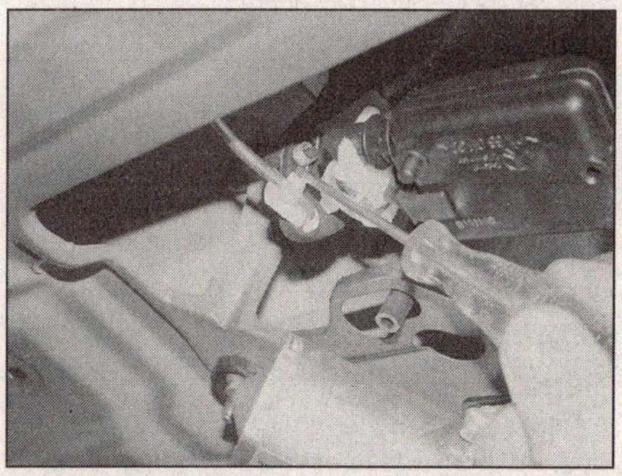

**15.4 Dégrafer la tringle de liaison de la serrure du hayon pour la désaccoupler**

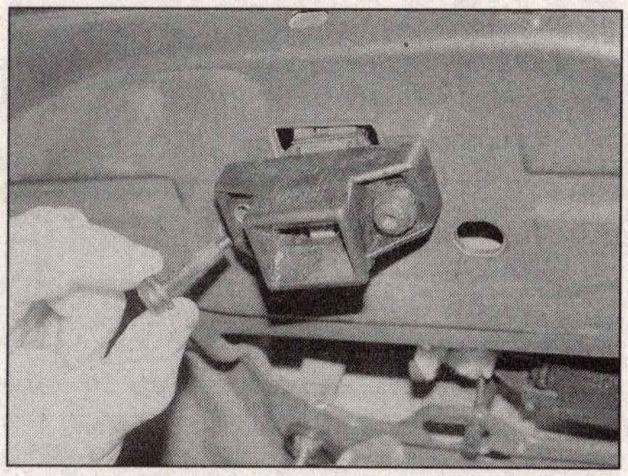

**15.5a Desserrage des vis de fixation . . .**

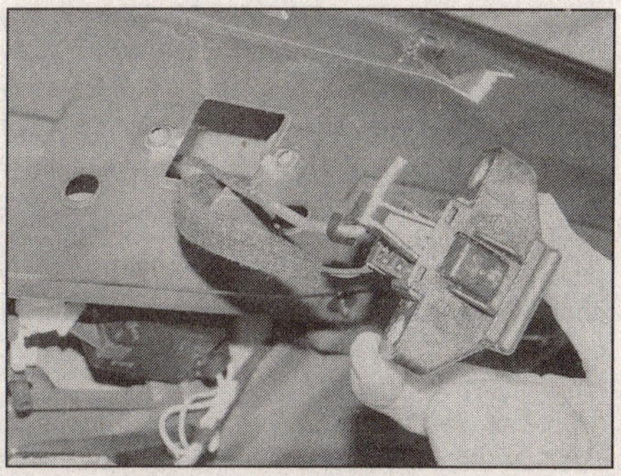

**15.5b . . . et dépose de la serrure**

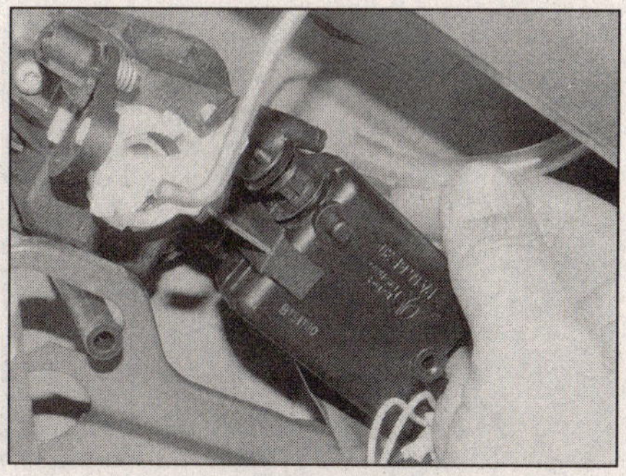

**15.8 Débranchement du tube de purge du mécanisme de serrure**

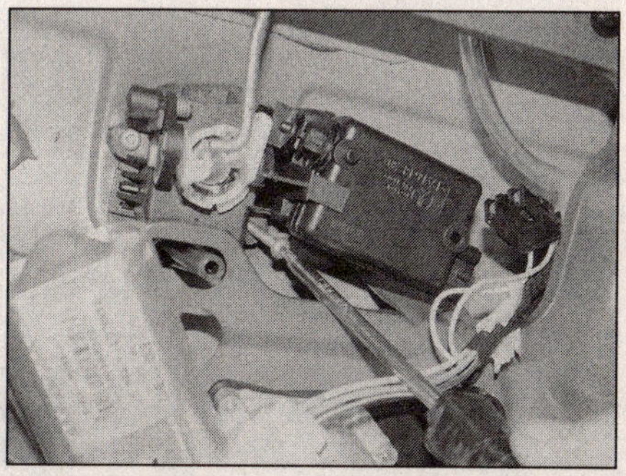

**15.9a Desserrer les deux vis de fixation . . .**

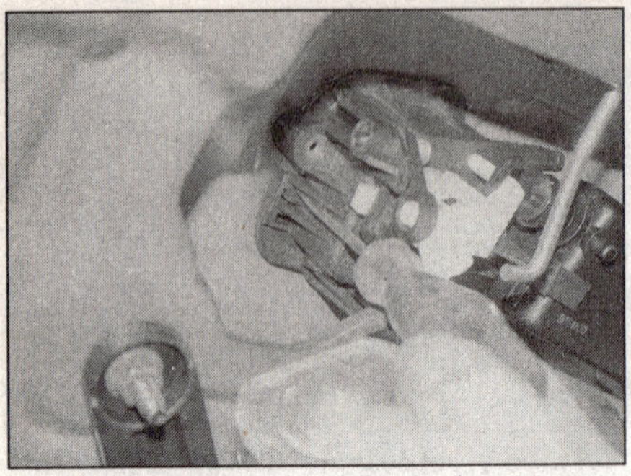

**15.9b . . . puis dégager avec un tournevis l'ensemble barillet de serrure-servomoteur de verrouillage centralisé**

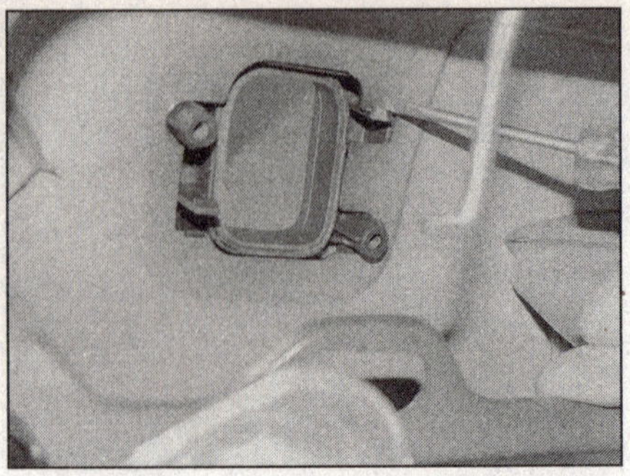

**15.10a Dépose de l'enjoliveur du barillet de serrure . . .**

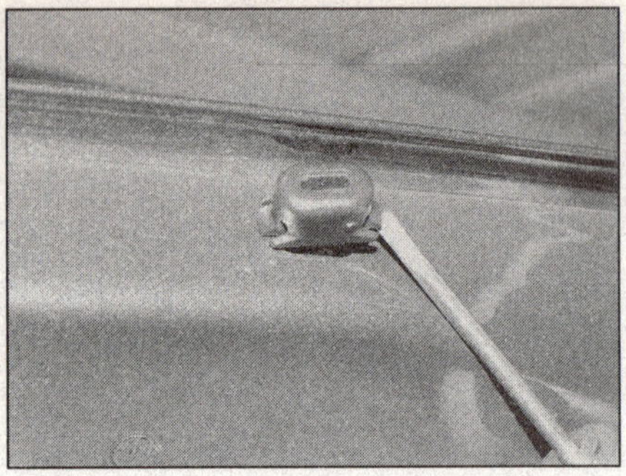

**15.10b . . . et extraction du tube de purge du hayon**

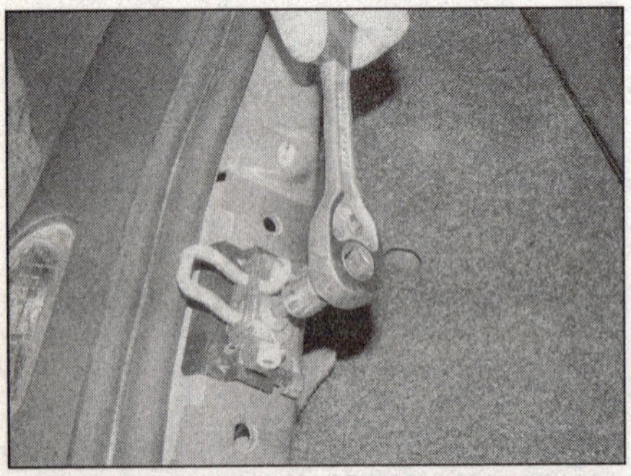

**15.14 Desserrage de la vis de fixation de la gâche de serrure du hayon**

**9** Desserrer les deux vis de fixation puis dégager à l'aide d'un petit tournevis l'ensemble barillet de serrure et servomoteur de verrouillage centralisé de l'enjoliveur en plastique sur le hayon **(voir illustrations)**.

**10** L'enjoliveur en plastique du barillet et le tube de purge peuvent ensuite être dégagés du hayon **(voir illustration)**.

### Repose

**11** Procéder en sens inverse de la dépose pour effectuer la repose.

## *Gâche de serrure*

### Dépose

**12** La gâche est fixée sur la traverse de jupe arrière.

**13** Desserrer les quatre vis de fixation et déposer la garniture de la jupe arrière.

**14** Enlever la vis de fixation devenue accessible puis dégager la gâche **(voir illustration)**.

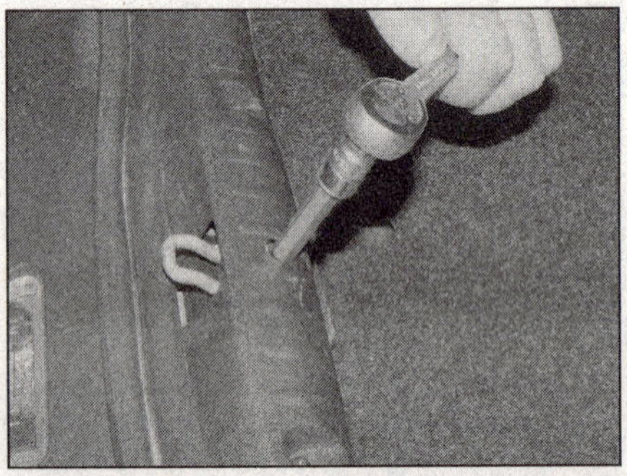

**15.15 Réglage de la position de la gâche de serrure du hayon sans dépose de la garniture**

### Repose

**15** La repose s'opère à l'inverse de la dépose, en ajustant au besoin la position de la gâche au niveau de la fente de la vis afin de régler le jeu d'affleurement du bord inférieur du hayon et d'obtenir le bon enclenchement de la serrure **(voir illustration)**.

## *Verrouillage centralisé*

**16** Voir section suivante.

# 16 Verrouillage centralisé - dépose et repose des éléments constituants

**Nota :** *Il existe deux types de verrouillage centralisé des portes : à infrarouge (à télécommande) et à radiofréquence. Le récepteur de télécommande du type à infrarouge est monté sur la console de pavillon et se dépose de la manière décrite ci-dessous. Le verrouillage centralisé à radiofréquence est commandé par des relais implantés au niveau du boîtier multitemporisation qui est situé en dessous de la planche de bord, côté conducteur, au-dessus de levier de déverrouillage du capot. Pour tout dysfonctionnement, le système doit faire l'objet d'un contrôle par les services techniques d'un concessionnaire de la marque. (***Nota :** *Le boîtier multitemporisation se présente en quatre différentes configurations, en fonction du niveau d'équipement du véhicule : voir chapitre 12 pour davantage de précisions).*

## *Récepteur de télécommande*

### Dépose

**1** Débrancher le câble de masse (-) de la batterie (voir « *Débranchement de la batterie* » à la partie « *Références* » en fin de manuel).

**2** Déposer le plafonnier et dégager la console de pavillon de l'habillage (voir Section 27).

**3** Déboîter le récepteur de son logement dans la console de pavillon puis débrancher le connecteur électrique **(voir illustration)**.

### Repose

**4** La repose s'opère en sens inverse de dépose.

## *Commande sur porte conducteur*

**5** La commande est intégré au servomoteur et en est indissociable.

## *Commande sur console centrale*

### Dépose

**6** Déposer le cendrier de la console centrale. En opérant par le logement du cendrier, pousser l'allume-cigares pour le dégager de la console **(voir illustrations)**.

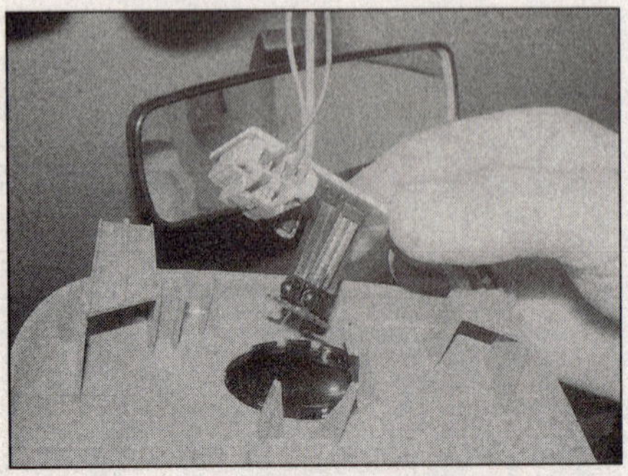

**16.3 Dépose du récepteur de télécommande de verrouillage centralisé**

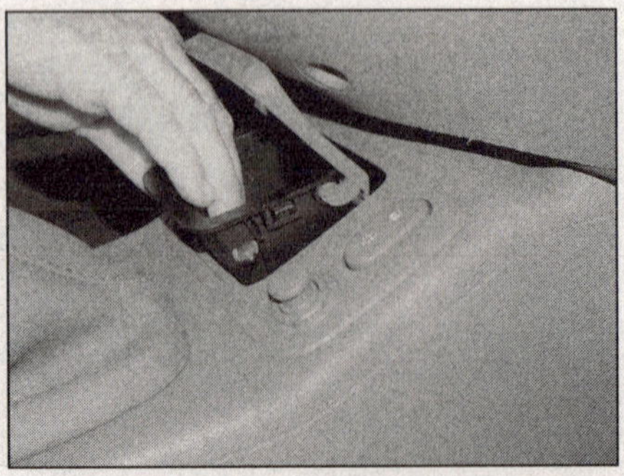

**16.6a Dépose du cendrier de la console centrale . . .**

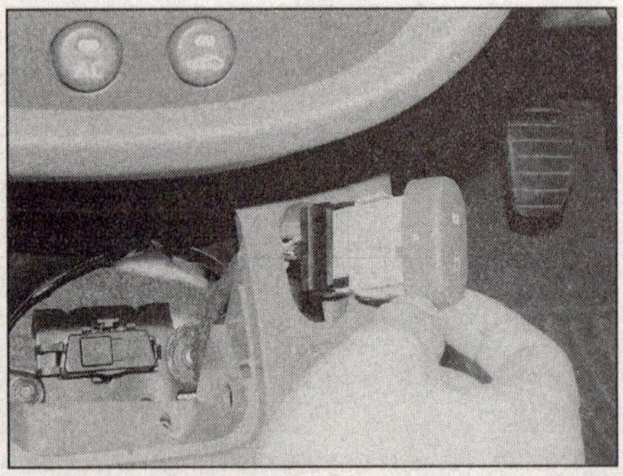

**16.6b . . . et de la commande de verrouillage centralisé**

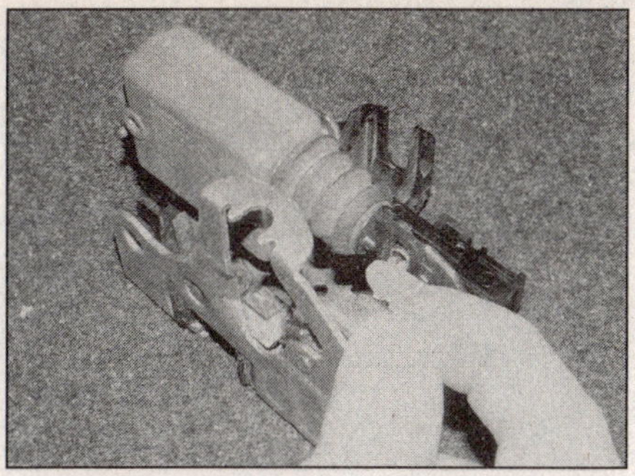

**16.11 Dépose de l'agrafe de fixation de la tige de commande d'un servomoteur de verrouillage centralisé**

7 Débrancher son connecteur électrique et extraire la commande.

### Repose

8 La repose a lieu à l'inverse de la dépose.

## *Servomoteurs de verrouillage, portes AV.*

### Dépose

9 Procéder à la dépose de la serrure de la porte avant du côté concerné (voir section 12).

10 Dissocier le cache d'inviolabilité de la serrure **(voir illustrations 12.20a et 12.20b)**.

11 Enlever l'agrafe de fixation de la tige de commande sur le levier du servomoteur **(voir illustration)**.

12 Desserrer sa vis d'assemblage sur la serrure puis dégager le servomoteur du levier de commande **(voir illustration)**.

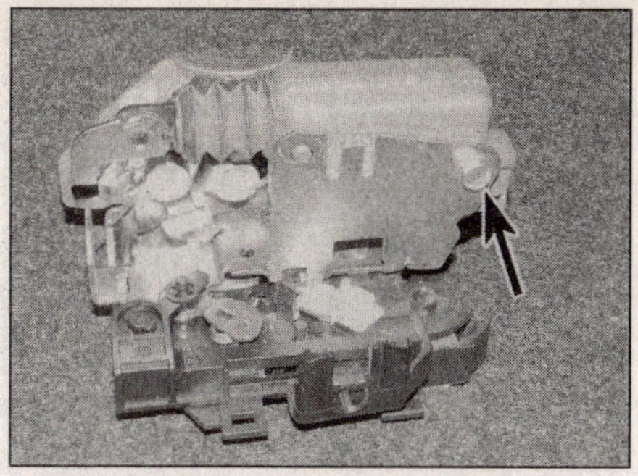

**16.12 Vis d'assemblage de servomoteur de verrouillage centralisé sur serrure**

### Repose

13 Procéder en sens inverse de dépose, en se reportant à la section 12 pour effectuer la repose de la serrure.

## *Servomoteurs de verrouillage, portes AR.*

### Dépose

14 Procéder à la dépose de la serrure de la porte arrière du côté intéressé (voir section 12).

15 Désaccoupler les tringles de commande de la serrure.

16 Décrocher le ressort d'ancrage pour dégager le cache d'inviolabilité de la serrure **(voir illustrations)**.

17 Desserrer sa vis d'assemblage sur la serrure puis dégager le servomoteur du levier de commande **(voir illustrations)**.

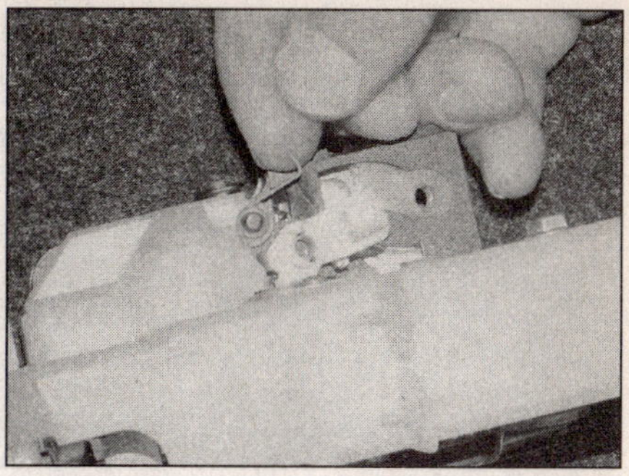

**16.16a Décrocher le ressort d'ancrage . . .**

### Repose

18 Procéder en sens inverse de dépose, en se reportant à la section 12 pour effectuer la repose de la serrure.

## *Servomoteur de verrouillage du hayon*

### Dépose

19 Débrancher le câble de masse (-) de la batterie (voir « *Débranchement de la batterie* » à la partie « *Références* » en fin de manuel).

20 Ouvrir le hayon et procéder à la dépose de sa serrure (voir section précédente).

21 Enlever sa vis d'assemblage sur la serrure puis dégager le servomoteur : repousser le barillet vers l'intérieur pour libérer le levier de commande du servomoteur **(voir illustrations)**.

### Repose

22 Opérer à l'inverse de la dépose, en se reportant à la section précédente pour effectuer la repose de la serrure.

## 17 Lève-glaces électriques - dépose et repose des éléments constituants

## *Inverseurs sur logements de haut-parleurs*

### Dépose

1 Débrancher le câble de masse (-) de la batterie (voir « *Débranchement de la batterie* » à la partie « *Références* » en fin de manuel).

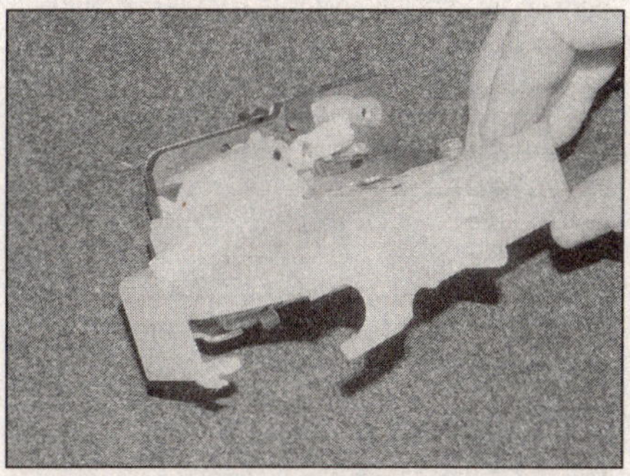

**16.16b . . . et dégager le cache d'inviolabilité de la serrure**

**16.17a Desserrer la vis d'assemblage . . .**

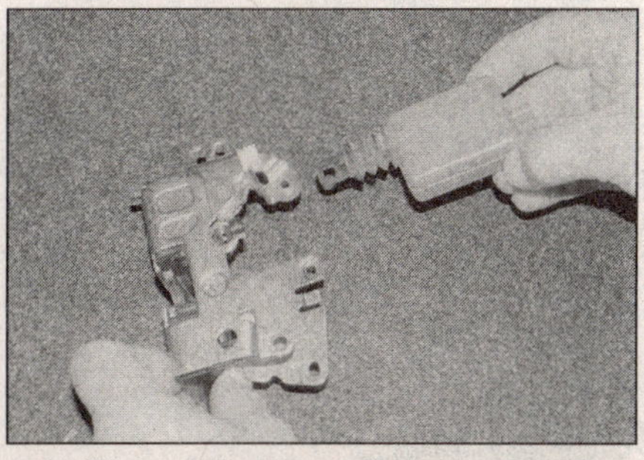

**16.17b . . . puis dégager le servomoteur de verrouillage centralisé du levier de commande de la serrure**

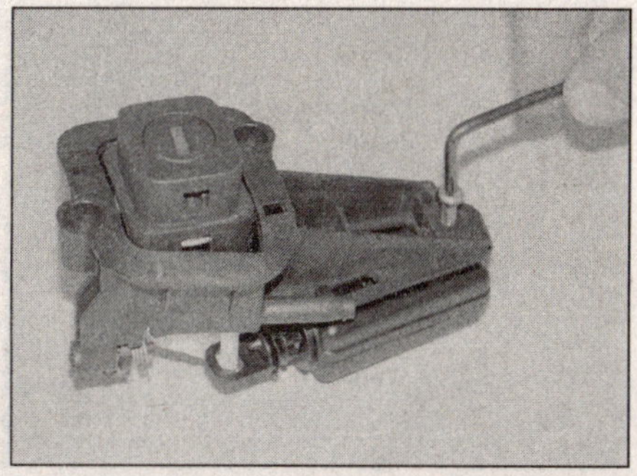

**16.21a Enlever la vis d'assemblage sur la serrure . . .**

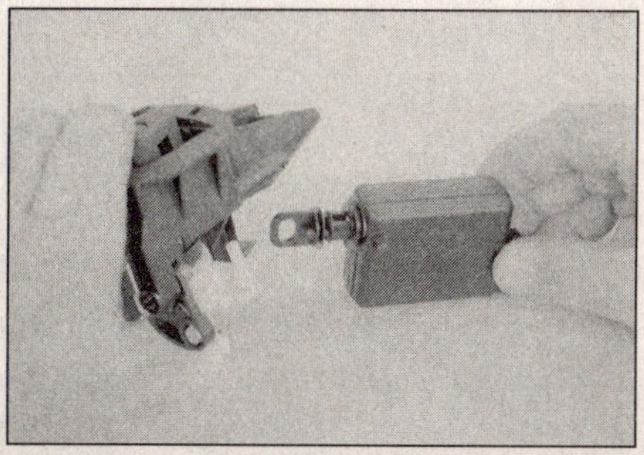

**16.21b . . . puis repousser le barillet vers l'intérieur pour libérer le levier de commande du servomoteur de verrouillage centralisé du hayon**

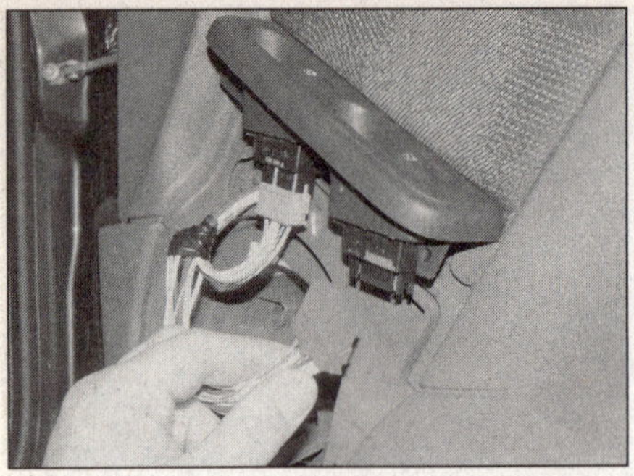

**17.3a Débrancher la ou les connexions électriques . . .**

2 Déboîter la grille de haut-parleur de la garniture de la porte et la déposer.
3 Débrancher la ou les connexions électriques et dégager le ou les inverseurs par le haut de la garniture de porte **(voir illustrations)**.

### Repose

4 La repose a lieu en sens inverse de dépose.

## *Inverseurs sur accoudoirs de portes*

### Dépose

5 Débrancher le câble de masse (-) de la batterie (voir « *Débranchement de la batterie* » à la partie « *Références* » en fin de manuel).
6 Enlever la vis de fixation puis soulever avec précaution et tirer vers l'arrière l'accoudoir/poignée de maintien pour le dégager de la porte.
7 Débrancher la ou les connexions électriques et dégager le ou les inverseurs par le haut de la garniture.

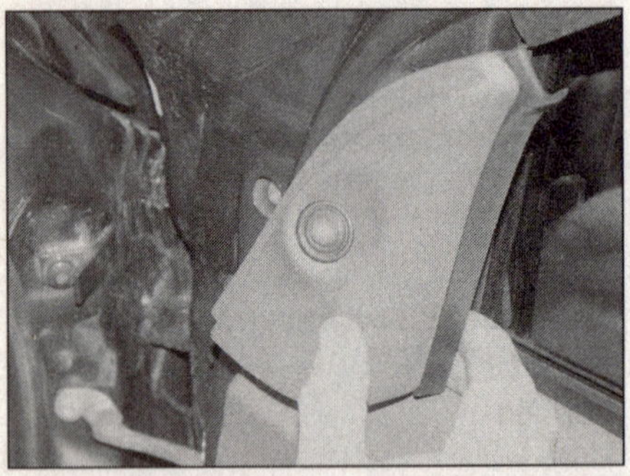

**18.3 Dépose de l'enjoliveur intérieur d'un rétroviseur**

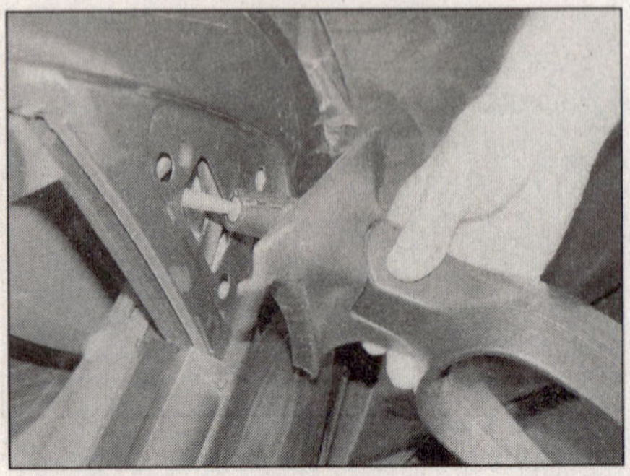

**18.6 Dépose d'un rétroviseur à réglage manuel**

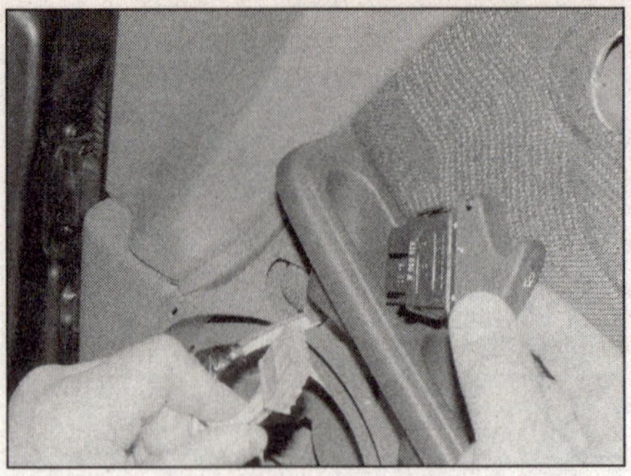

**17.3b . . . et dégager le ou les inverseurs de lève-glace de la garniture de porte**

### Repose

8 La repose s'opère en sens inverse de dépose.

## *Moteurs de commande*

9 Les moteurs de commande sont intégrés aux mécanismes de lève-glaces et en sont indissociables.
10 Se reporter à la section 13 pour procéder à la dépose et à la repose des mécanismes de lève-glaces.

## 18 Rétroviseurs et pièces associées - dépose et repose

**Nota :** *La sonde de température extérieure (si prévue) est implantée au niveau du rétroviseur extérieur côté conducteur, derrière sa coque.*

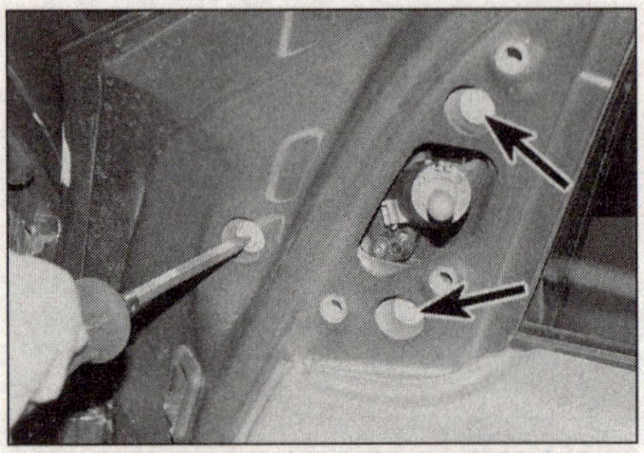

**18.4 Desserrage de la vis de fixation AV. d'un rétroviseur : les deux autres vis indiquées par flèches**

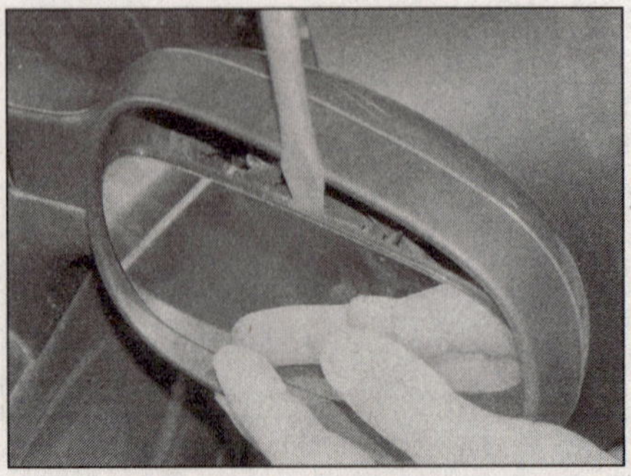

**18.9a Faire levier avec précaution au moyen d'un tournevis pour dégrafer . . .**

**18.2 Dépose du cache de la vis de fixation AV. d'un rétroviseur**

## *Rétroviseurs extérieurs*

### Dépose

1 Pour les modèles équipés de rétroviseurs à réglage électrique, débrancher le câble de masse (-) de la batterie (voir « *Débranchement de la batterie* » à la partie « *Références* » en fin de manuel).
2 Extraire le cache en plastique sur le bord avant de la porte concernée pour exposer la vis de fixation avant inférieure du rétroviseur **(voir illustration)**.
3 Déboîter avec précaution et déposer l'enjoliveur intérieur du rétroviseur sur le bord avant de la porte **(voir illustration)**.
4 Desserrer les deux vis de fixation devenues accessibles ainsi que celle précédemment dissimulée par le cache **(voir illustration)**.
5 Suivant équipement, débrancher le connecteur électrique du rétroviseur.
6 Déposer le rétroviseur, en le soulevant pour le dégager du panneau de porte **(voir illustration)**.

### Repose

7 La repose s'opère à l'inverse de la dépose.

## *Glaces de rétroviseurs extérieurs*

### Dépose

8 Engager un petit tournevis à lame plate entre le bord supérieur de la glace et le boîtier du rétroviseur.
9 Retenir la glace avec la main, puis faire levier avec précaution au moyen du tournevis pour dégrafer la glace **(voir illustration)**.
10 Faire attention de ne pas laisser tomber la glace en la dégageant.

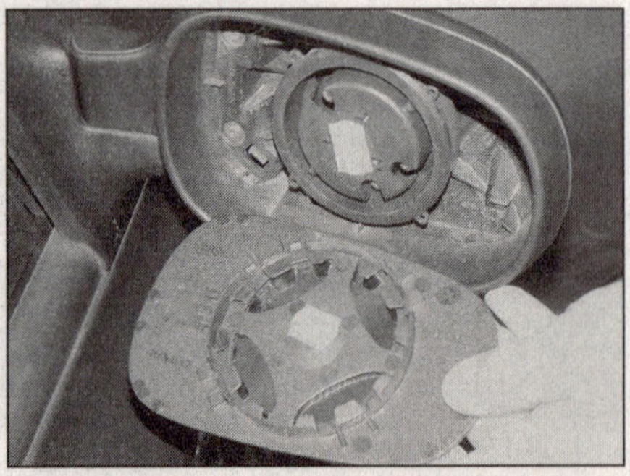

**18.9b . . . et déposer la glace du rétroviseur**

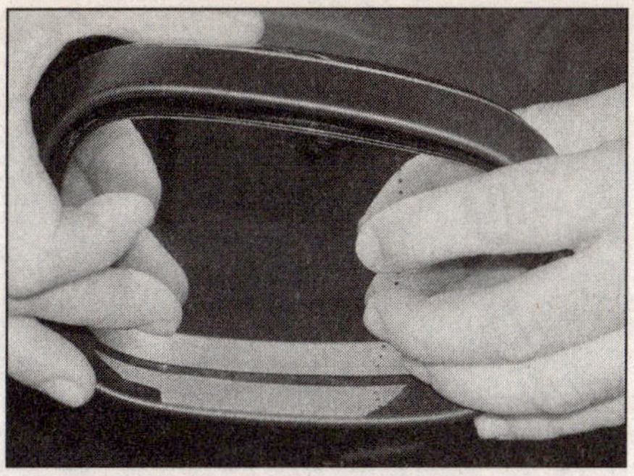

**18.11 Pousser soigneusement la glace du rétroviseur pour bien l'agrafer**

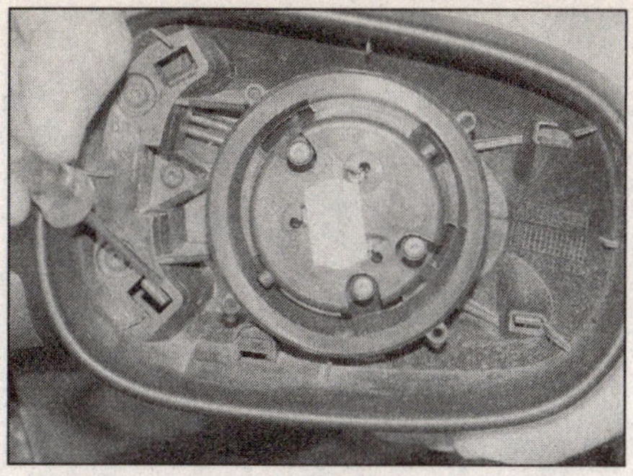

**18.13a Déverrouiller les pattes d'arrêt à l'intérieur du boîtier . . .**

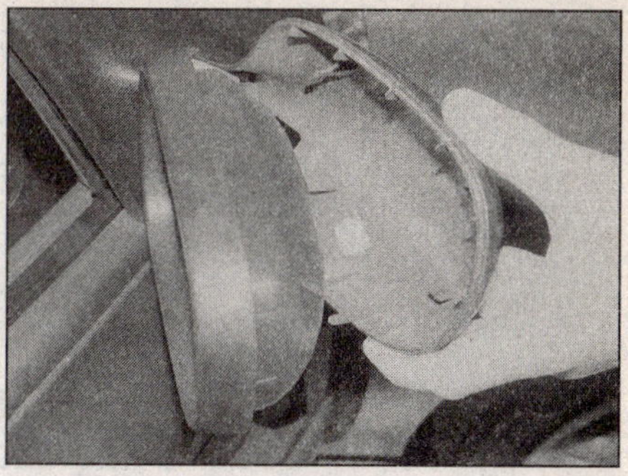

**18.13b . . . et dégager la coque du rétroviseur**

### Repose

**11** Pour effectuer la repose de la glace, la pousser fermement pour bien l'agrafer, en prenant garde de ne pas la casser **(voir illustration)**.

### *Coques de rétroviseurs extérieurs*

**12** Déposer la glace du rétroviseur concerné (voir opération précédente).

**13** Déverrouiller les pattes d'arrêt à l'intérieur du boîtier en les écartant avec un tournevis puis dégager la coque du rétroviseur **(voir illustrations)**.

### *Commutateur de réglage électrique des rétroviseurs*

**14** Le commutateur de réglage électrique des rétroviseurs est implanté au niveau de l'accoudoir de porte côté conducteur.

**15** Procéder de la manière décrite pour les inverseurs de lève-glaces électriques en section précédente pour la dépose du commutateur.

### *Moteurs de réglage électrique des rétroviseurs*

**16** Les moteurs sont intégrés aux rétroviseurs et en sont indissociables. En cas de défectuosité d'un moteur, le rétroviseur complet est à changer.

### *Rétroviseur intérieur*

### Dépose

**17** Le rétroviseur se dégage de son support fixé sur le pare-brise en le tirant avec précaution vers le haut **(voir illustration)**.

**18** Le support du rétroviseur est collé avec un adhésif spécial sur le pare-brise et ne doit pas être déposé sans nécessité absolue, ce qui risque de fêler le pare-brise si l'opération est effectuée sans prendre de précautions.

### Repose

**19** La repose a lieu à l'inverse de la dépose. Se procurer éventuellement auprès du service des pièces détachées d'un concessionnaire de la marque l'adhésif spécial pour la fixation du support de rétroviseur sur le pare-brise.

## 19 Pare-brise et lunette AR. - remplacement

Le pare-brise et la lunette arrière sont maintenus sur la caisse par collage. Leur remplacement nécessite un outillage approprié et un mastic spécial. Il s'agit également d'une opération exigeant une réelle maîtrise technique. Compte tenu de tout ce qui précède, il est vivement conseillé de confier cette intervention aux services techniques d'un concessionnaire de la marque, à un spécialiste ou à un carrossier réparateur.

## 20 Glaces de custode - dépose et repose

Les glaces de custode fixes sur les versions 3 portes sont maintenues sur la caisse par collage. Leur remplacement nécessite un outillage approprié et un mastic spécial. Il s'agit également d'une opération exigeant une réelle maîtrise technique. Compte tenu de tout ce qui précède, il est vivement conseillé de confier cette intervention aux services techniques d'un concessionnaire de la marque, à un spécialiste ou à un carrossier réparateur.

## 21 Toit ouvrant - dépose et repose des pièces

### *Toit ouvrant à commande manuelle*

### Glace

**1** Ouvrir le toit jusqu'au premier cran puis appuyer sur le bouton rouge de déverrouillage pour dégager l'axe d'articulation de la poignée, en se servant si nécessaire d'un outil, genre tournevis à lame plate : l'axe doit se libérer **(voir illustration)**.

**2** Soulever la glace presque verticalement pour décrocher les charnières à l'avant du cadre du toit ouvrant **(voir illustration)**. Lever ensuite la glace pour la dégager du pavillon, en veillant à ne pas l'abîmer.

**3** La repose a lieu en sens inverse de dépose, en s'assurant de verrouiller correctement l'axe d'articulation dans le logement de la poignée.

### Poignée et charnières

**4** Déposer la glace du toit ouvrant (voir points 1 et 2 ci-dessus).

**5** Desserrer les deux vis de fixation et dégager la poignée de la glace.

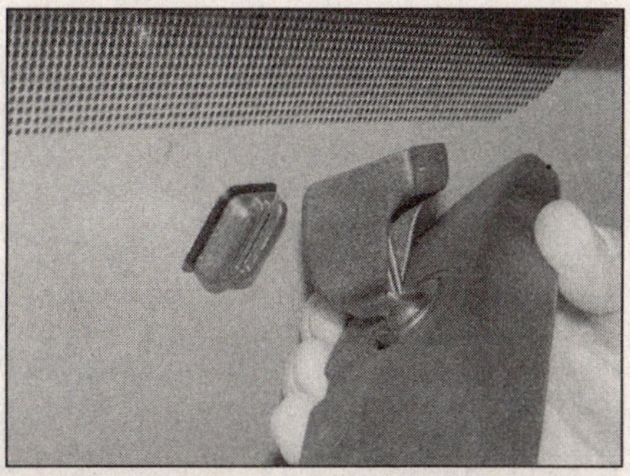

**18.17 Dépose du rétroviseur intérieur**

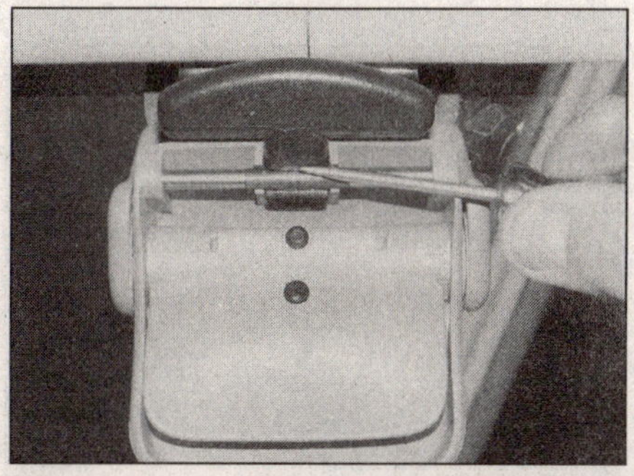

**21.1 Appuyer sur le bouton de déverrouillage rouge pour dégager l'axe d'articulation de la poignée de toit ouvrant**

**21.2 Charnière ancrée à l'avant du cadre de toit ouvrant**

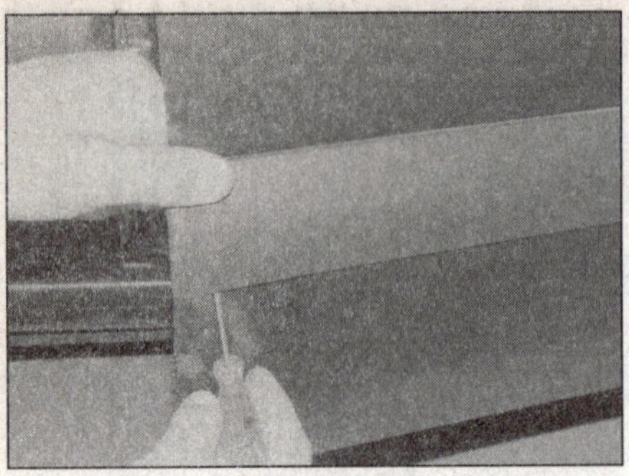

22.4a Dégrafer son extrémité avec un tournevis . . .

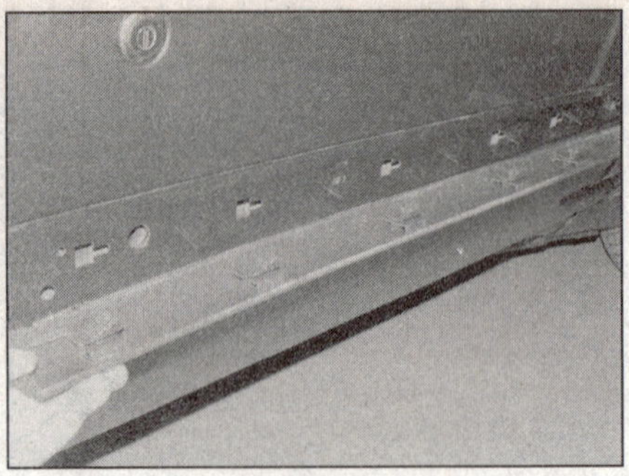

22.4b . . . et pousser la bague de protection latérale vers l'arrière pour la dégager de la porte AV.

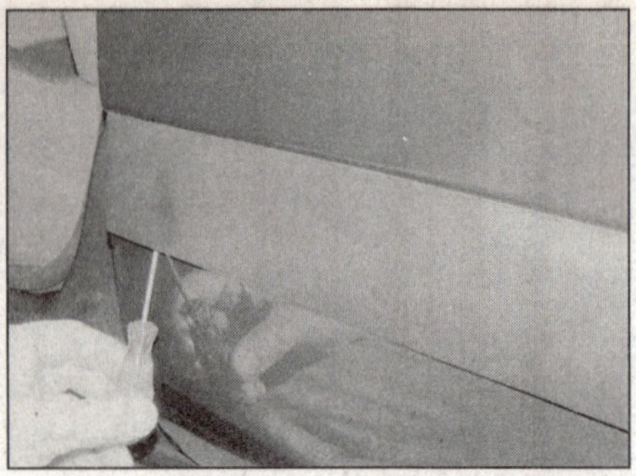

22.8 Utilisation d'un tournevis pour dégrafer l'extrémité AV. d'une baguette de protection latérale de porte AR.

6 Dégager les caches en plastique puis desserrer les vis de fixation et dissocier les charnières de la glace.

7 La repose s'opère en sens inverse de dépose.

### Toit ouvrant à commande électrique

8 Compte tenu de la relative complexité du mécanisme de cet équipement, constitué d'un grand nombre de pièces, il est vivement conseillé de ne pas le démonter sans raison valable. En cas de dysfonctionnement du mécanisme du toit ouvrant ou s'il nécessite une remise en état, consulter les services techniques d'un concessionnaire Renault.

## 22 Garnitures extérieures de carrosserie - dépose et repose

### Coquilles et écrans pare-boue

1 Les passages de roues et certaines pièces du moteur sont protégés des projections de boue par des coquilles et des écrans en plastique.

2 Ces éléments sont fixés par des agrafes en plastique, des vis, des écrous ou des rivets. Leur dépose ne présente pas de difficultés particulières. Faire toutefois attention de ne pas casser les agrafes en plastique en les enlevant. Les rivets sont à remplacer systématiquement suite à leur dépose.

### Baguettes de protection latérale

**Nota :** *Prendre garde de ne pas abîmer la peinture de la carrosserie en déposant les baguettes de protection latérale.*

#### Portes AV.

3 Ouvrir la porte du côté concerné et enlever le cache en plastique sur le chant arrière de la porte pour avoir accès à la vis de fixation de la baguette de protection latérale. Enlever la vis si celle-ci est prévue.

4 A l'extérieur de la porte, dégrafer son extrémité à l'aide d'un petit tournevis et pousser la baguette de protection latérale vers l'arrière de la porte pour la déposer **(voir illustrations)**.

5 Pour reposer une baguette, faire coïncider les agrafes avec les trous correspondants dans la porte puis pousser la baguette vers l'avant pour engager les agrafes.

6 Reposer la vis de fixation, dans le cas où elle existe, puis le cache en plastique.

#### Portes AR.

7 Ouvrir la porte du côté intéressé et enlever le cache en plastique sur le chant avant de la porte pour avoir accès à la vis de fixation de la baguette de protection latérale. Enlever la vis si celle-ci est prévue.

8 A l'extérieur de la porte, dégrafer son extrémité à l'aide d'un petit tournevis et pousser la baguette de protection latérale vers l'avant de la porte pour la déposer **(voir illustration)**.

9 Pour reposer une baguette, faire coïncider les agrafes avec les trous correspondants dans la porte puis pousser la baguette vers l'arrière pour engager les agrafes.

10 Reposer la vis de fixation, dans le cas où elle existe, puis le cache en plastique.

#### Ailes AR. (versions 3 portes)

11 Libérer son agrafe avant puis frapper doucement la baguette de protection latérale pour la pousser vers l'avant de la voiture et la dégager des autres agrafes. Les agrafes sont à changer avant de procéder à la repose de la baguette. Celle-ci peut toutefois être déposée sans abîmer les agrafes en déposant au préalable la garniture latérale arrière dans l'habitacle, comme décrit en section 27 **(voir illustrations)**.

### Monogrammes

#### Dépose

12 Ces accessoires sont fixés sur les éléments de carrosserie au moyen d'une bande adhésive double face spéciale. Pour les déposer, ils doivent être chauffés avec un pistolet pulseur d'air chaud ou un sèche-cheveux (veiller à ne pas détériorer la peinture au cours de cette opération) afin de ramollir l'adhésif et de pouvoir les décoller en passant un fil en nylon.

#### Repose

13 Supprimer soigneusement les résidus d'adhésif sur la surface d'encollage du monogramme avec du white-spirit puis la laver à l'eau savonneuse pour éliminer les traces de white-spirit et bien laisser sécher. S'assurer que la surface est parfaitement propre et exempte de traces graisseuses.

14 Chauffer le monogramme neuf avec un pistolet pulseur d'air chaud pour ramollir son adhésif puis le fixer en le poussant fermement.

### Becquet arrière

#### Dépose

15 Ouvrir le hayon et enlever les six vis : deux de chaque côté et deux autres au centre, assurant la fixation du becquet **(voir illustrations)**.

16 Refermer le hayon puis soulever le becquet

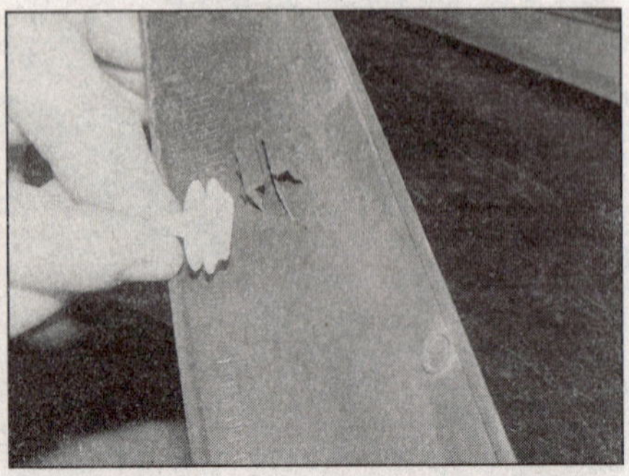

22.11a Dépose d'une agrafe de baguette de protection latérale d'aile AR.

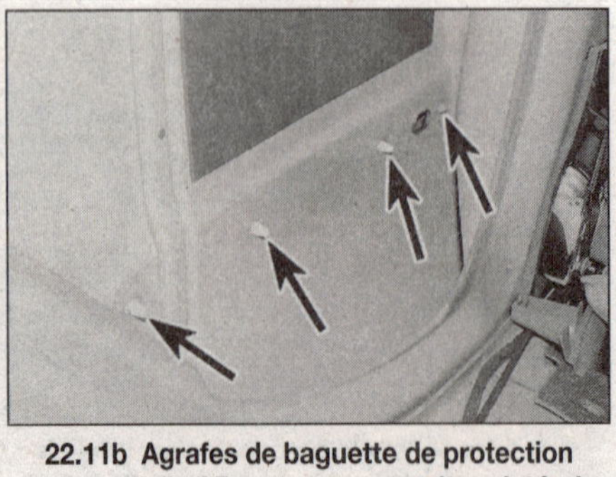

22.11b Agrafes de baguette de protection latérale d'aile AR. vues avec garniture latérale intérieure déposée

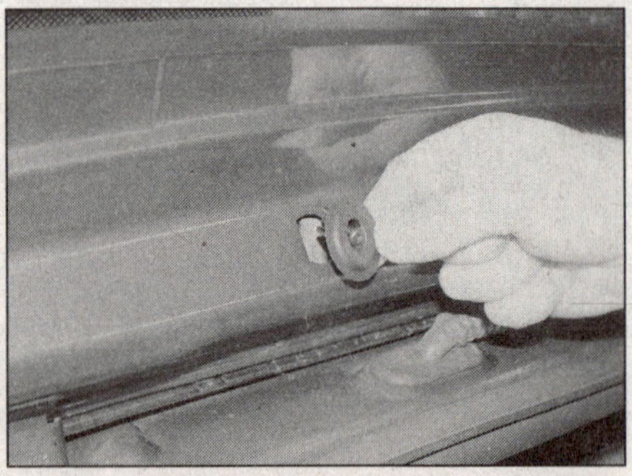

22.15a Dépose du cache d'une vis de fixation centrale du becquet AR.

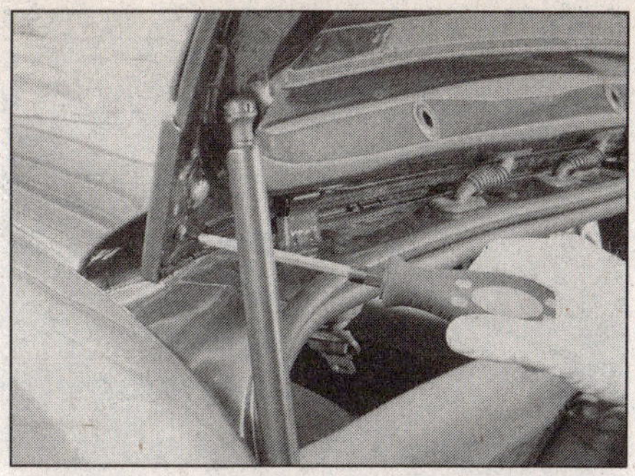

22.15b Desserrage d'une vis de fixation latérale du becquet AR.

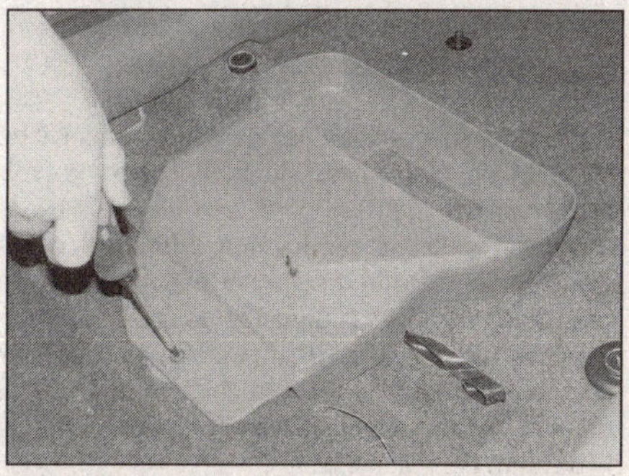

23.0 Desserrage de la vis de fixation du vide-poches sous le siège AV. passager

pour le dégrafer, en commençant par les côtés **(voir illustration)**.

**17** Débrancher le connecteur électrique du 3e feu de stop et le tuyau d'alimentation du gicleur de lave-glace avant de dégager le becquet **(voir illustration)**.

### Repose

**18** La repose a lieu en sens inverse de dépose.

## 23 Sièges - dépose et repose

### *Sièges AV.*

***Danger : Sur les versions avec ceintures de sécurité avant équipées de prétensionneurs, mettre hors service leur système de commande, comme décrit en section 25***

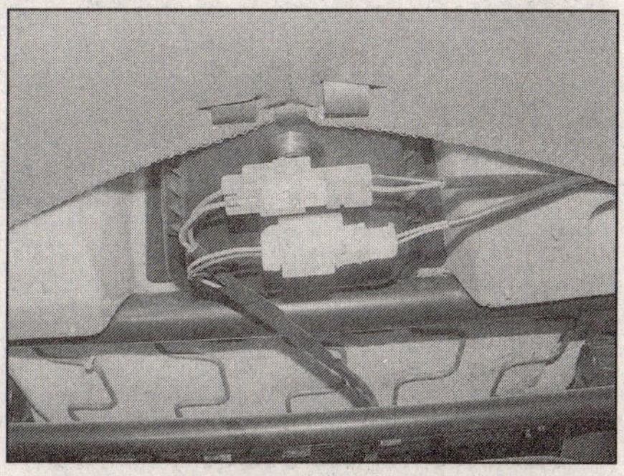

23.3 Connexions électriques raccordées sous un siège AV. (suivant équipement)

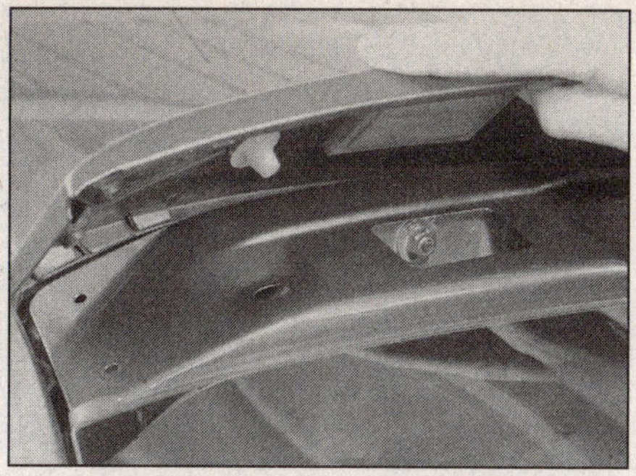

22.16 Dépose du becquet AR.

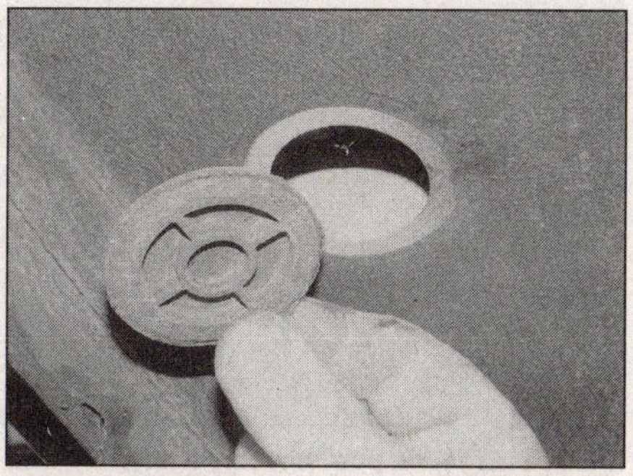

23.2a Dépose du cache en caoutchouc . . .

### Dépose

**Nota :** *Certains modèles disposent d'un vide-poches implanté en dessous du siège avant passager où il est fixé par une vis* **(voir illustration)**.

**1** En vue d'améliorer l'accès, déposer au besoin les garnitures latérales du siège avant du côté intervention.

**2** Enlever les caches en caoutchouc éventuellement prévus puis desserrer les quatre écrous de fixation du siège sur les glissières au niveau du plancher **(voir illustrations)**. Prendre garde de ne pas se brûler en déposant les écrous côté intérieur si l'échappement est encore chaud.

**3** Soulever le siège puis débrancher les connexions électriques et le sortir de l'habitacle **(voir illustration)**.

### Repose

**4** La repose a lieu à l'inverse de la dépose, en s'assurant de la présence des entretoises sur la moquette avant de remettre en place le siège.

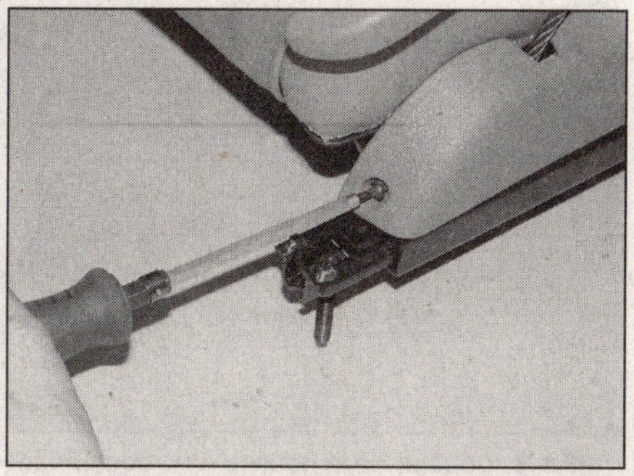

23.6 Desserrage de la vis de fixation d'une garniture latérale de siège AV.

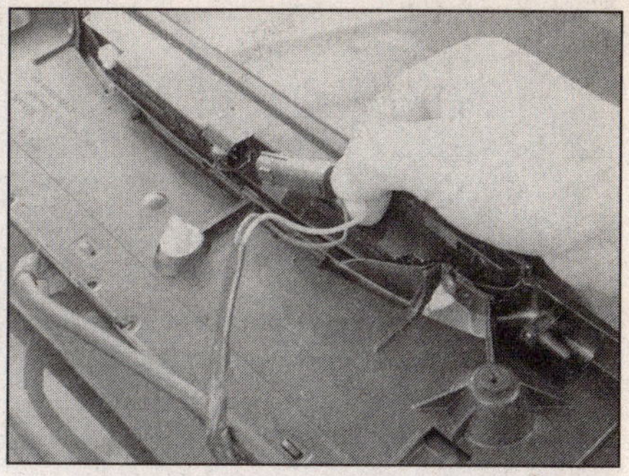

22.17 Débranchement du 3e de feu stop au niveau du becquet AR.

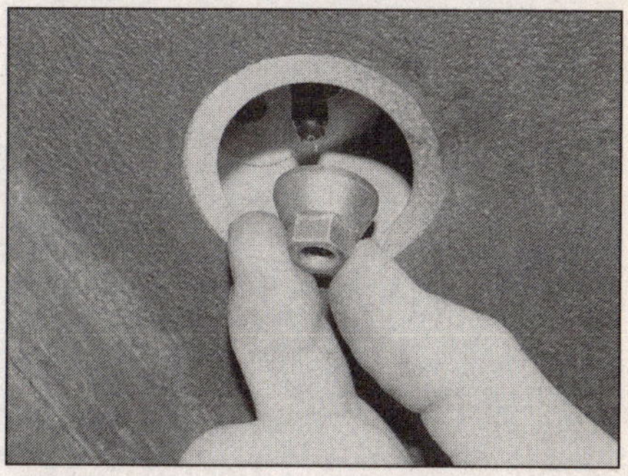

23.2b . . . et d'un écrou de fixation extérieur d'un siège AV.

### *Glissières de sièges AV.*

### Dépose

**5** Procéder à la dépose du siège du côté intéressé (voir opération précédente).

**6** Enlever leur vis de fixation puis déposer les garnitures latérales du siège **(voir illustration)**.

**7** Desserrer et enlever leurs vis de fixation : trois de chaque côté, puis dégager les glissières du plancher.

**8** Sur les versions 3 portes, désaccoupler le câble de commande des glissières du siège.

### Repose

**9** Opérer en sens inverse de dépose pour effectuer la repose.

### *Assises de banquettes AR.*

### Dépose

**10** Rabattre l'assise de la banquette du côté concerné contre le dossier du siège avant puis la soulever afin de dégager les pattes de leur logement dans le plancher **(voir illustration)**.

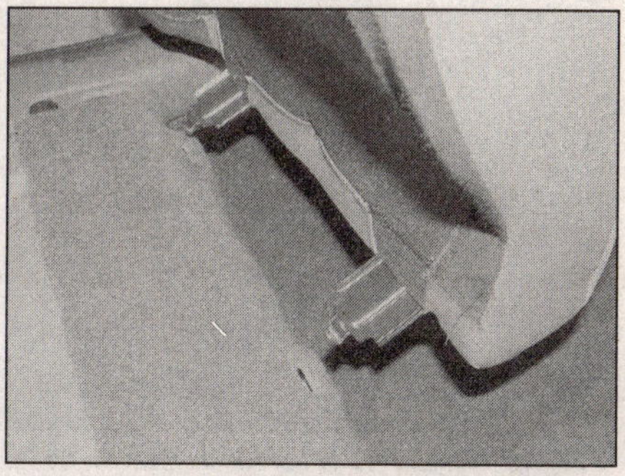

23.10 Dépose d'une assise de banquette AR.

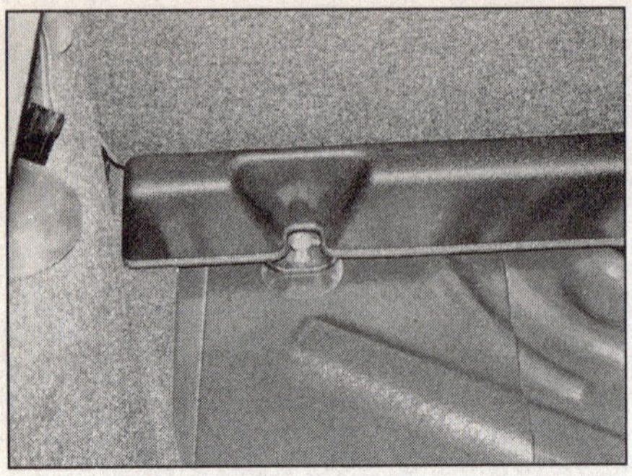

**23.12a Desserrer ses deux vis de fixation : ici celle du côté gauche . . .**

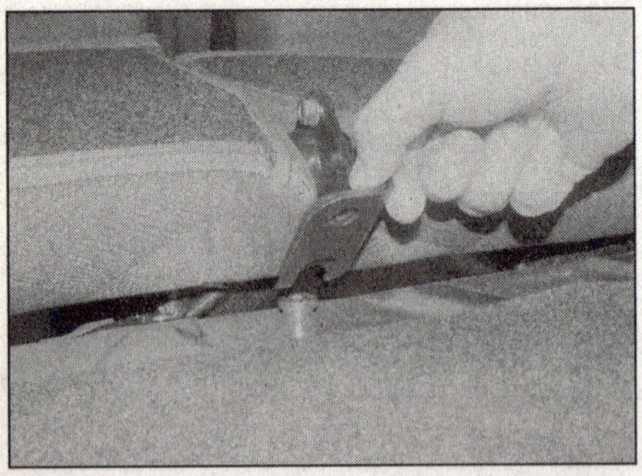

**23.15b . . . puis dégager la patte centrale de la vis de fixation AV.**

### Repose

11 La repose s'opère en sens inverse de dépose.

## *Dossiers de banquette AR.*

### Dépose

12 Déposer le revêtement de plancher dans le coffre. Desserrer ses deux vis de fixation puis dégager la traverse de renfort arrière **(voir illustrations)**.

13 Desserrer sans l'enlever la vis de fixation avant de la patte centrale de la banquette sur le plancher.

14 Appuyer sur les boutons de déverrouillage en haut des dossiers pour les basculer contre les assises de la banquette.

15 Enlever sa vis de fixation arrière sur le plancher puis dégager la patte centrale de la banquette de la vis de fixation avant **(voir illustrations)**.

16 Soulever les ergots de positionnement inférieurs pour les dégager des pattes à l'avant des passages de roues puis sortir l'ensemble des dossiers de la banquette arrière de l'habitacle **(voir illustration)**.

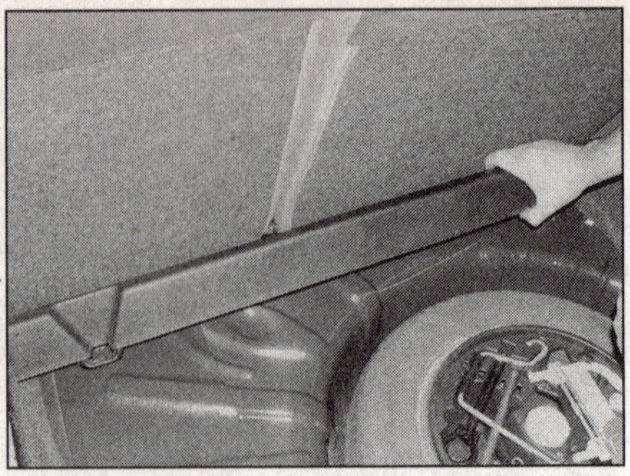

**23.12b . . . et déposer la traverse de renfort AR.**

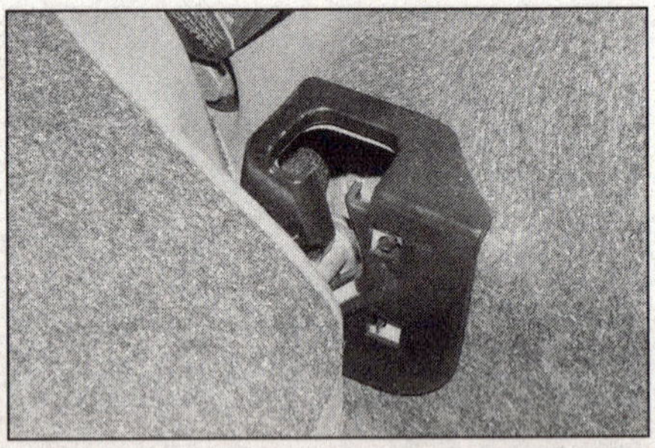

**23.16 Ergot de positionnement inférieur de banquette AR. à soulever pour le dégager de la patte à l'avant du passage de roue**

17 Pour fractionner les deux dossiers de la banquette arrière, desserrer les deux écrous de fixation de la patte centrale. La housse des dossiers peut être déposée en défaisant la fermeture Eclair **(voir illustrations)**.

### Repose

18 Procéder à l'inverse de la dépose pour effectuer la repose.

## 24 Ceintures de sécurité - dépose et repose des pièces

***Danger : Si la caisse a subi des dommages structurels suite à un accident, toutes les pièces des ceintures de sécurité doivent être remplacées***

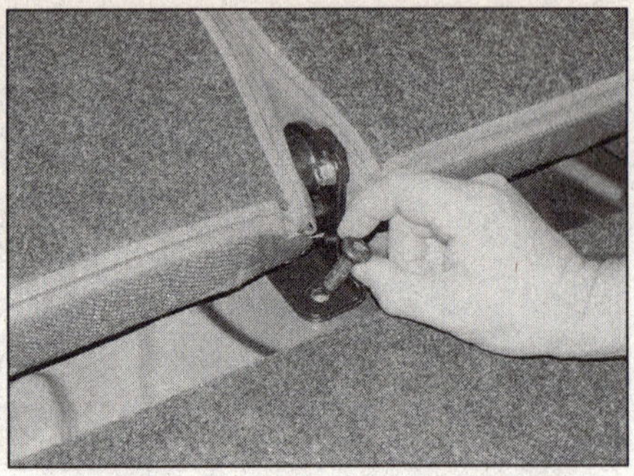

**23.15a Déposer la vis de fixation AR. sur le plancher . . .**

## *Ceintures de sécurité AV.*

### Dépose

**1** Procéder à la dépose des garnitures de seuil de porte et de pied milieu du côté concerné (voir section 27).

**2** Desserrer la vis de fixation inférieure de la ceinture de sécurité, si elle n'a pas été déposée précédemment avec la garniture de seuil de porte.

**3** Desserrer sa vis de fixation et dégager l'enrouleur automatique de la ceinture de sécurité du pied de caisse **(voir illustration)**. Sortir ensuite la ceinture de l'habitacle.

### Repose

**4** La repose a lieu l'inverse de la dépose, en serrant les vis de fixation de ceinture de sécurité au couple prescrit.

## *Dispositifs de réglage en hauteur de ceintures de sécurité AV.*

### Dépose

**5** Déposer la garniture de pied de milieu de caisse du côté intervention (voir section 27).

**6** Desserrer ses deux vis de fixation et dégager le dispositif de réglage en haut du pied de caisse **(voir illustration)**.

### Repose

**7** La repose s'effectue à l'inverse de la dépose. S'assurer de bien engager la garniture de pied milieu sur les joints d'encadrement de portes et serrer les vis de fixation du dispositif de réglage en hauteur et de la ceinture de sécurité au couple préconisé.

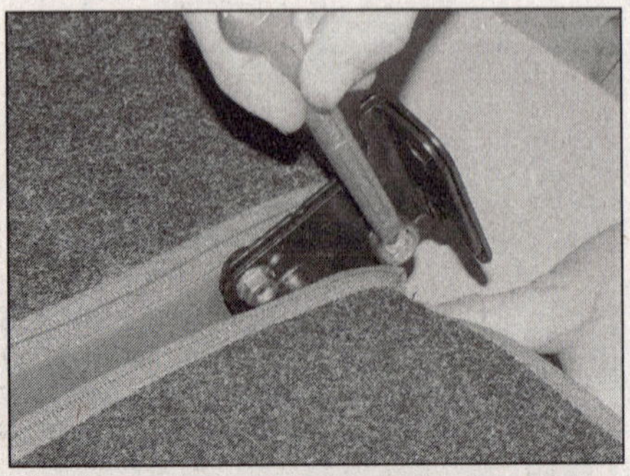

**23.17a Desserrer les écrous de fixation de la patte centrale pour fractionner les deux dossiers de la banquette AR.**

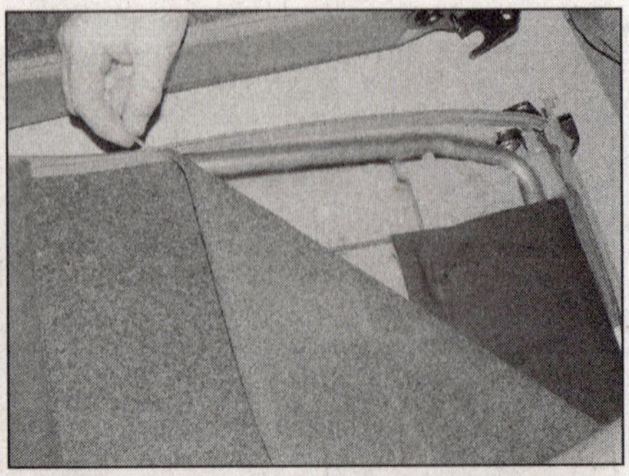

**23.17b Dépose de la housse d'un dossier de banquette AR.**

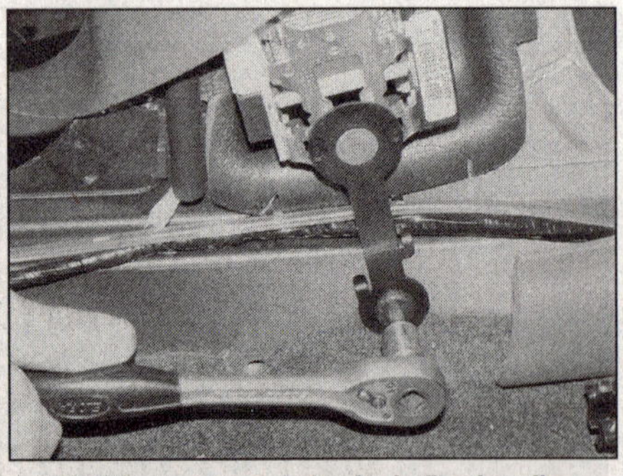

**24.3 Desserrage de la vis de fixation d'un enrouleur de ceinture de sécurité AV.**

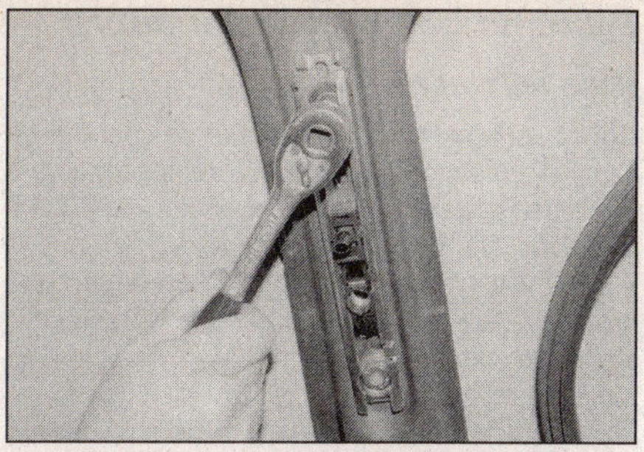

**24.6 Desserrage d'une vis de fixation du dispositif de réglage en hauteur d'une ceinture de sécurité AV.**

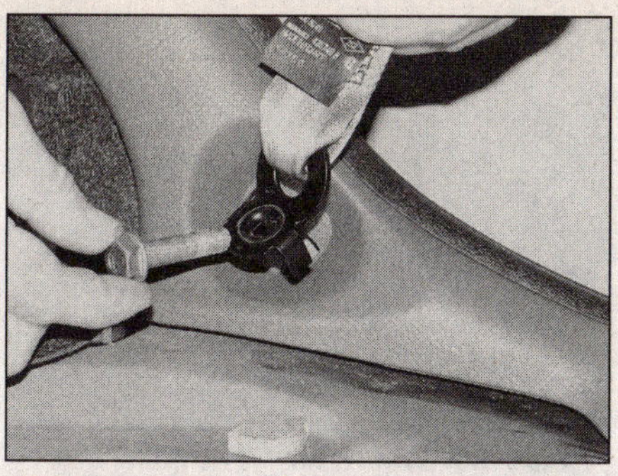

**24.8 Desserrage de la vis de fixation inférieure d'une ceinture de sécurité AR. latérale**

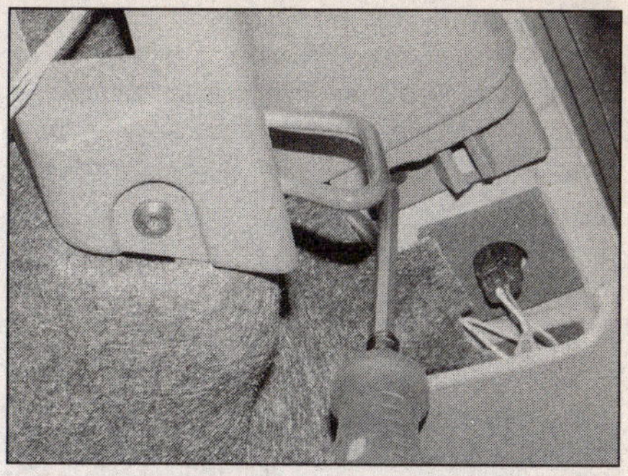

**24.9 Desserrage de la vis de fixation AR. de la garniture de custode**

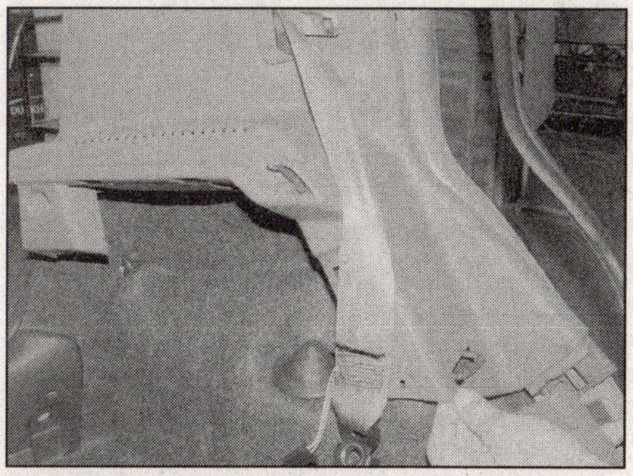

**24.10 Dépose de la garniture de custode**

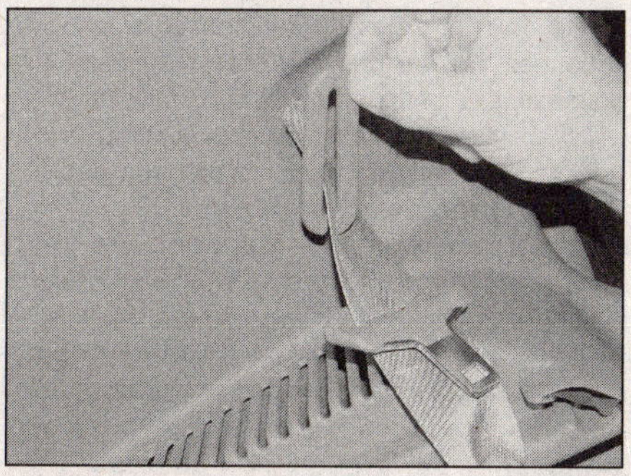

**24.11 Dépose de l'entourage d'une ceinture de sécurité AR.**

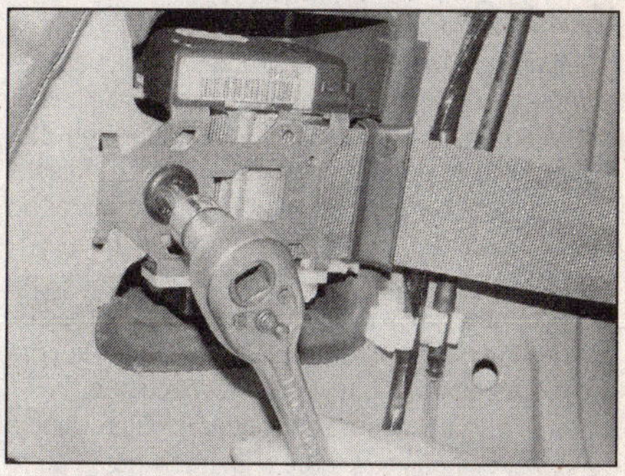

**24.13 Desserrage de la vis de fixation de l'enrouleur d'une ceinture de sécurité AR.**

## *Ceintures de sécurité AR. latérales*

### Dépose

**8** Déposer l'assise du côté concerné de la banquette arrière (voir section précédente) pour avoir accès à la vis de fixation inférieure de la ceinture de sécurité et pouvoir la déposer **(voir illustration)**.

**9** Rabattre vers l'avant le dossier de la banquette arrière puis dégrafer la garniture de seuil arrière de la garniture de custode et enlever la vis de fixation **(voir illustration)**.

**10** Desserrer les deux dernières vis de fixation et dégager la garniture de custode **(voir illustration)**.

**11** Dégager son entourage puis faire passer la ceinture par l'ouverture dans la garniture de custode **(voir illustration)**.

**12** Débrancher éventuellement le connecteur électrique de l'éclaireur de coffre.

**13** Desserrer sa vis de fixation et dégager l'enrouleur puis sortir l'ensemble de la ceinture de sécurité de l'habitacle **(voir illustration)**.

**14** La boucle de la ceinture de sécurité peut ensuite être dévissée sur le plancher et déposée **(voir illustration)**.

### Repose

**15** La repose s'effectue à l'inverse de la dépose, en serrant les vis de fixation de la ceinture de sécurité au couple prescrit.

## *Ceinture de sécurité AR. centrale*

### Dépose

**16** Effectuer les opérations indiquées aux points 9 à 12 ci-dessus, côté gauche de la voiture.

**17** Desserrer la vis de fixation de la ceinture de sécurité à la partie arrière de l'habillage de pavillon puis faire passer la ceinture par l'ouverture dans la garniture de custode **(voir illustrations)**.

**18** Ecarter la garniture latérale dans le coffre pour exposer la vis de fixation de l'enrouleur de la ceinture de sécurité.

**19** Desserrer sa vis de fixation et dégager l'enrouleur de la ceinture de sécurité **(voir illustration)**.

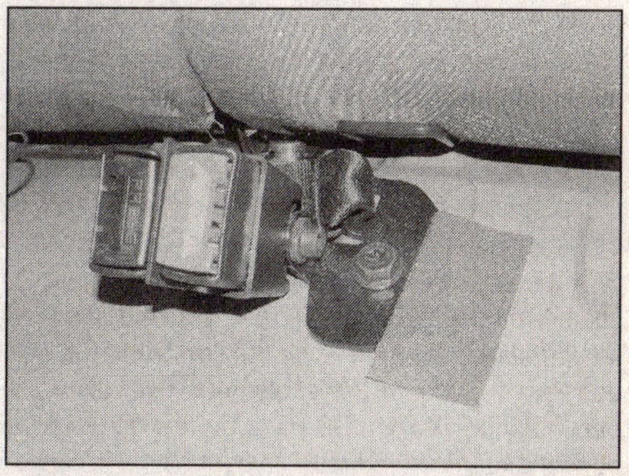

**24.14 Boucles de ceintures de sécurité AR. vissées sur le plancher**

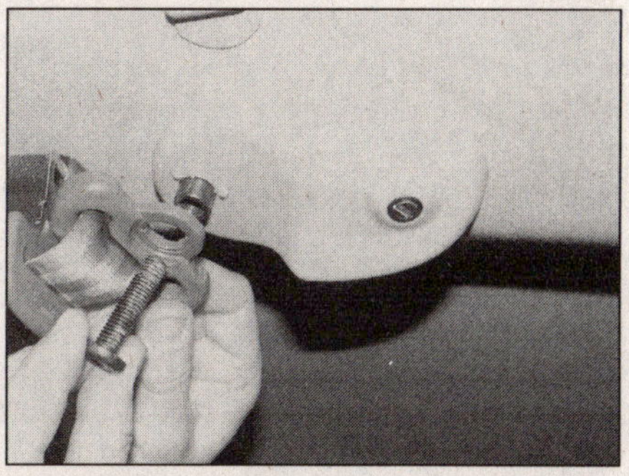

**24.17a Enlever la vis de fixation de l'habillage de pavillon . . .**

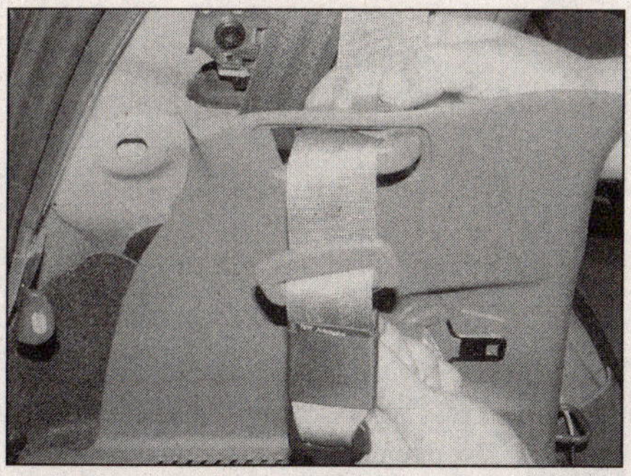

**24.17b . . . puis faire passer la ceinture par la garniture de custode**

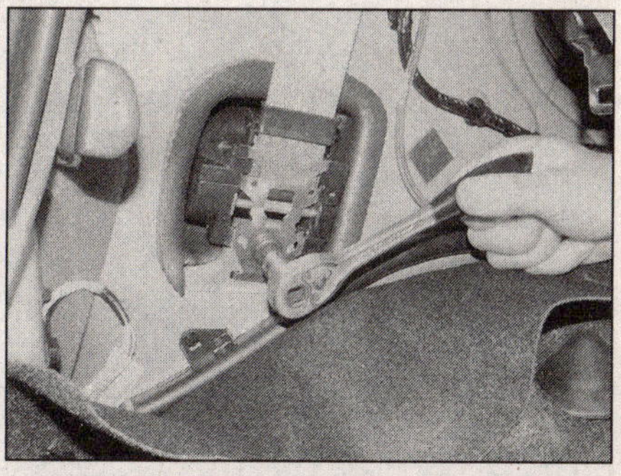

**24.19 Desserrage de la vis de fixation de l'enrouleur de ceinture de sécurité AR. centrale**

11

**20** Dévisser la tige de guidage au niveau du panneau de custode pour libérer sa sangle et pouvoir déposer la ceinture de sécurité **(voir illustration)**.

**21** La boucle de la ceinture de sécurité peut ensuite être dévissée sur le plancher et déposée.

### Repose

**22** La repose s'opère à l'inverse de la dépose, en serrant les vis de fixation de la ceinture de sécurité au couple préconisé.

## 25 Prétensionneurs de ceintures de sécurité AV. - généralités et remplacement des pièces

### *Généralités*

**1** Les prétensionneurs (ou rétracteurs) équipant les ceintures de sécurité avant ont pour but d'éliminer instantanément le jeu dans leur sangle en cas d'impact frontal soudain et violent, en réduisant ainsi les risques de blessures du conducteur et du passager avant.

**2** Le système se compose de deux générateurs de gaz pyrotechniques avec leur allumeur intégrés aux boucles de ceintures de sécurité fixées sur le côté des sièges avant et d'un boîtier électronique.

**3** Les prétensionneurs sont pourvus d'une boucle de ceinture spécifique reliée à un câble dont l'autre extrémité est également ancrée à un piston logé dans le cylindre du tendeur.

**4** Le boîtier électronique qui est implanté en dessous de la console centrale comporte un capteur électronique de décélération et un circuit d'allumage pour les deux dispositifs pyrotechniques. En cas de choc frontal de niveau suffisant détecté par le capteur, le circuit du boîtier électronique déclenche l'allumage simultané des générateurs pyrotechniques des deux prétensionneurs. A signaler que le boîtier électronique est commun au système du ou des coussins gonflables de sécurité frontaux. A noter également que le boîtier électronique est normalement alimenté par la batterie mais qu'il comporte une capacité de réserve d'énergie en cas de débranchement de la batterie en début de choc.

**5** En cas de déclenchement des prétensionneurs, sous l'effet des gaz générés par le système, le piston se déplace dans le cylindre du tendeur, en entraînant avec lui le câble (sur une distance maximale de 70 mm) relié à la boucle de ceinture correspondante qui se rétracte pour tendre la sangle avant le blocage de l'enrouleur, et le passager se trouve ainsi maintenu fermement sur son siège.

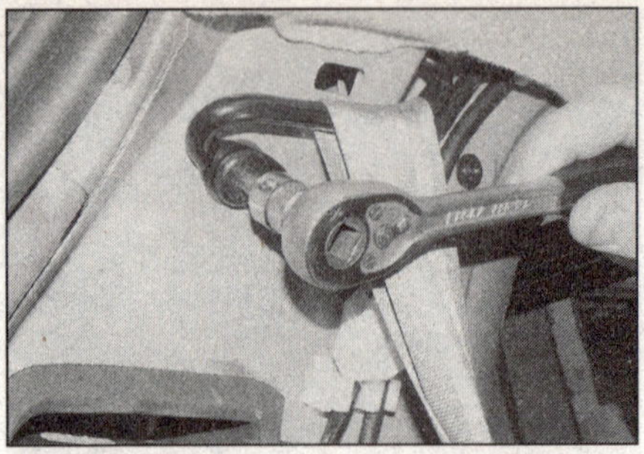

**24.20 Dévissage de la tige de guidage de ceinture de sécurité AR. centrale sur le panneau de custode**

**7** Une fois que les prétensionneurs ont été actionnés, la ou les ceintures doivent être systématiquement remplacées.

***Danger : Ne pas exposer les dispositifs pyrotechniques des prétensionneurs à des températures excessivement élevées***

***Danger : Pour toute intervention sous le véhicule, par exemple le remplacement de l'échappement, ou en cas d'opération à proximité des prétensionneurs, impliquant des chocs au plancher ou l'utilisation d'un marteau, enlever le fusible affecté au système des coussins gonflables de sécurité au niveau de la platine à fusibles dans l'habitacle (voir désignation des fusibles au chapitre 12) et observer un délai d'attente minimal de 5 minutes avant toute opération ultérieure pour obtenir la décharge automatique de la capacité de réserve du boîtier électronique***

***Danger : Lors du montage d'accessoires électriques, genre haut-parleurs ou alarme, pouvant générer un champ magnétique, ne pas les installer dans l'environnement immédiat du boîtier électronique de commande des prétensionneurs***

***Danger : En cas de tentative de vol du véhicule ou si celui-ci a été volé ou bien s'il a été soumis à un choc n'ayant pas entraîné le déclenchement des prétensionneurs, faire contrôler le système de commande des prétensionneurs à l'aide de l'appareil spécifique du constructeur « XRBAG »***

### *Système des prétensionneurs*

#### Mise hors service

**Nota :** *Le constructeur préconise de contrôler le fonctionnement du système des prétensionneurs à l'aide de l'appareil prévu à cet effet : « XRBAG » (Ele. 1288) avant sa remise en service.*

**7** La mise hors service du système des prétensionneurs, pour des raisons de sécurité, s'effectue comme suit :

*a) Couper le contact*

*b) Enlever le fusible affecté au système des coussins gonflables de sécurité au niveau de la platine à fusibles dans l'habitacle (voir chapitre 12)*

*c) Observer un délai d'attente minimal de 5 minutes, le temps d'obtenir la décharge automatique de la capacité de réserve du boîtier électronique*

*d) Débrancher successivement le connecteur électrique au niveau du prétensionneur de chacun des sièges*

#### Remise en service

**8** Pour la remise en service du système de prétensionneurs, opérer comme suit :

*a) Avant toute intervention ultérieure, le constructeur préconise de contrôler le fonctionnement du système des prétensionneurs au moyen de l'appareil prévu à cet effet : « XRBAG » (Ele. 1288)*

*b) Rebrancher les connecteurs électriques des prétensionneurs sous les sièges*

*c) Reposer le fusible affecté au système des coussins gonflables*

### *Prétensionneurs*

#### Dépose

**9** Mettre hors service le système des prétensionneurs (voir description ci-dessus).

**10** Déposer le siège avant du côté concerné (voir section 23).

**11** Enlever sa vis de fixation et dégager la garniture latérale du siège **(voir illustration)**.

**12** Débrancher le connecteur électrique du prétensionneur sous le siège et faire passer le câblage par la garniture, en le laissant toutefois fixé en dessous du siège **(voir illustration)**.

**13** Desserrer sa vis de fixation et dégager le prétensionneur du siège **(voir illustration)**.

***Danger : Ne pas cogner le prétensionneur ni l'exposer à une température excessive***

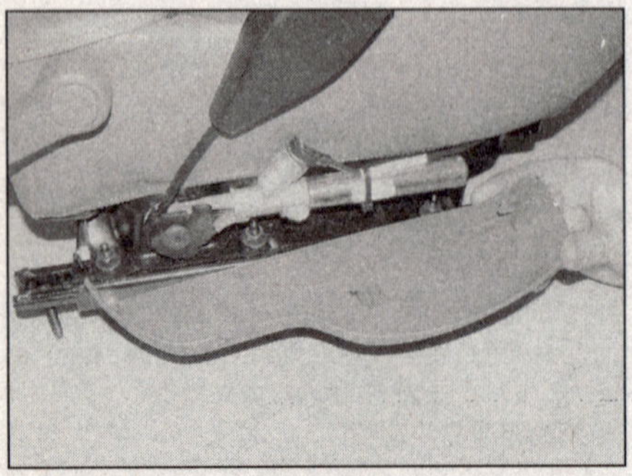

**25.11 Dépose de la garniture latérale d'un siège AV.**

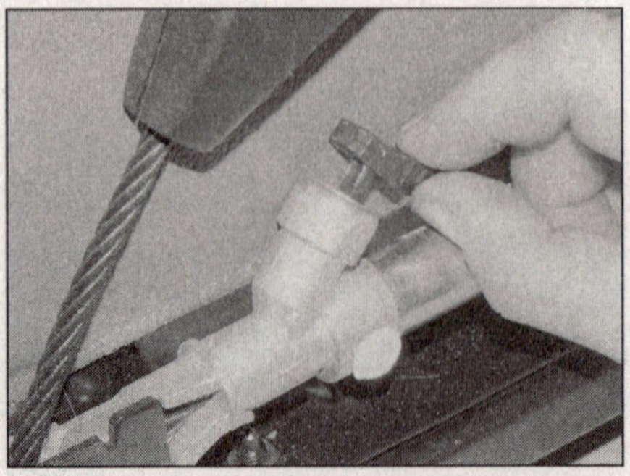

**25.12 Débranchement du prétensionneur de ceinture de sécurité AV.**

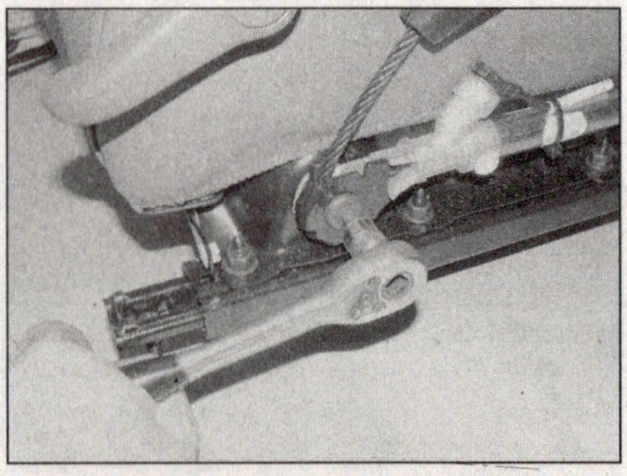

**25.13 Desserrage de la vis de fixation d'un prétensionneur de ceinture de sécurité AV.**

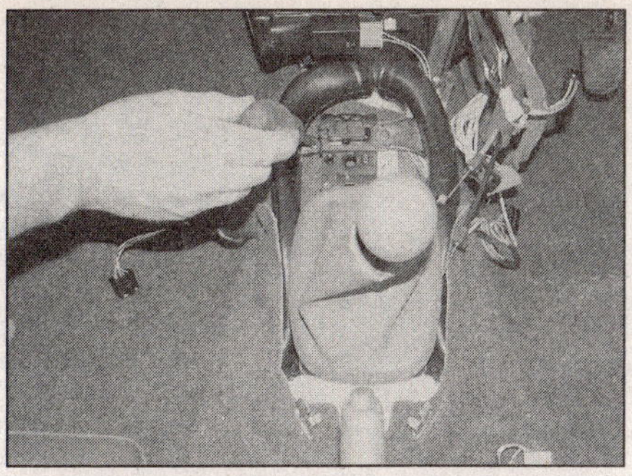

**25.21 Desserrage de la vis de fixation d'un conduit d'air**

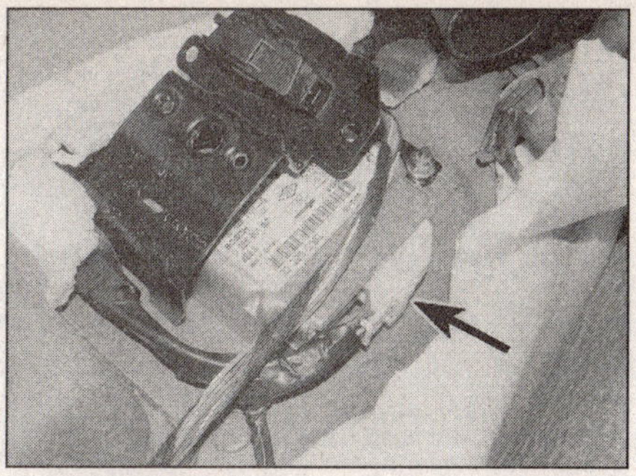

**25.23 Arrêtoir du connecteur électrique du boîtier électronique des prétensionneurs de ceintures de sécurité AV.**

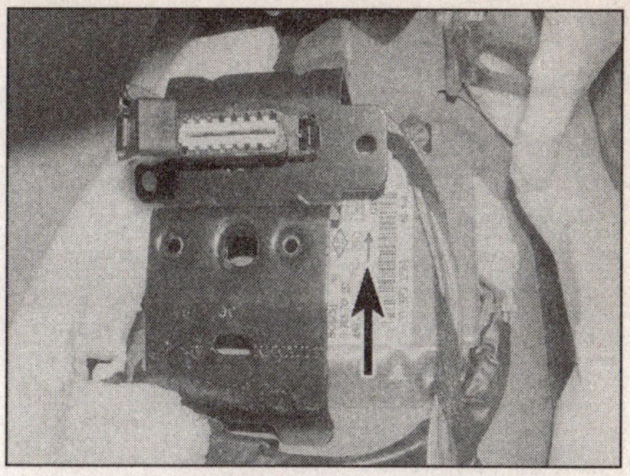

**25.25 Flèche sur le boîtier électronique à orienter vers l'avant**

***Danger : Pour la mise au rebut d'un prétensionneur non déclenché, il est impératif de procéder à son déclenchement à l'aide de l'appareil spécifique du constructeur (Ele. 1287) avant sa destruction***

### Repose

**14** Faire passer le câblage électrique du prétensionneur par la fente dans la garniture latérale du siège et rebrancher le connecteur électrique.

**15** Remettre en place le prétensionneur sur le siège, en veillant à l'installer correctement puis remonter la vis de fixation et bien la serrer.

**16** Reposer la garniture latérale du siège.

**17** Procéder à la repose du siège, comme décrit en section 23.

**18** Remettre en service le système des prétensionneurs, comme indiqué précédemment.

## *Boîtier électronique*

**Nota :** *Le boîtier électronique assure la commande conjointe du ou des coussins gonflables de sécurité frontaux et des prétensionneurs de ceintures de sécurité. Pour procéder à sa dépose, il convient de mettre hors service le système des coussins gonflables en désactivant le boîtier (voir chapitre 12, section 27).*

### Dépose

**19** Mettre hors service le système des prétensionneurs de ceintures de sécurité (voir description correspondante ci-dessus).

**20** Procéder à la dépose de la console centrale (voir section 28).

**21** Enlever les vis de fixation puis écarter sur le côté les deux conduits d'air aux pieds arrière **(voir illustration)**.

**22** Dégager la moquette pour avoir accès au boîtier électronique, ce qui peut être obtenu en la coupant légèrement.

**23** Déverrouiller son arrêtoir et débrancher le connecteur électrique du boîtier électronique **(voir illustration)**.

**24** Desserrer les trois écrous de fixation sur le plancher puis dégager le boîtier électronique avec le support de la prise de diagnostic.

### Repose

**25** Réinstaller le boîtier électronique, en orientant la flèche sur sa face supérieure vers l'avant de la voiture puis remonter les écrous de fixation à serrer au couple prescrit **(voir illustration)**. **NE PAS** rebrancher le connecteur électrique du boîtier électronique avant d'avoir serré correctement les écrous de fixation.

**26** Rebrancher le connecteur électrique du boîtier électronique.

**27** Remettre en place les conduits d'air aux pieds arrière.

**28** Effectuer la repose de la console centrale, comme indiqué en section 28.

**29** Remettre en service le système des prétensionneurs de ceintures de sécurité, comme décrit précédemment.

## 26 Habillage intérieur - généralités

## *Garnitures*

**1** Les différentes garnitures intérieures sont fixées au moyen de vis ou d'agrafes en plastique.

**2** Pour la dépose d'un garniture, étudier son montage afin de procéder dans l'ordre qui s'impose. Il peut être en effet nécessaire de dégager d'autres garnitures ou des accessoires attenants : ceintures de sécurité, poignées de maintien, etc.

**3** S'assurer ensuite que d'autres garnitures ne chevauchent pas les bords de celle à déposer, auquel cas elles devront également être dégagées dans l'ordre des opérations.

**4** Commencer par enlever les fixations apparentes, notamment les vis. Si la garniture ne peut pas être dégagée, c'est qu'elle est retenue par des agrafes ou des fixations dissimulées derrière elle qui sont généralement situées sur son pourtour et qui peuvent être libérées en faisant levier. A signaler qu'il convient d'être prudent en dégageant les agrafes qui peuvent se casser aisément et en tel cas, il y aura lieu de prévoir des agrafes de rechange. La meilleure façon de libérer les agrafes si l'on ne dispose pas de l'outil à fourchette adéquat consiste à faire levier avec précaution sur elles avec un tournevis grand modèle à lame plate enrobé de ruban adhésif pour ne pas abîmer la garniture ou la peinture **(voir illustration)**.

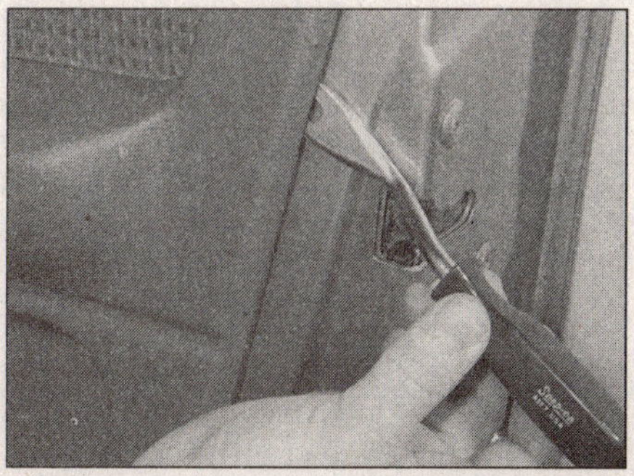

**26.4 Dégrafage d'une garniture intérieure au moyen d'un outil à fourchette**

**5** En section suivante, sont décrites et illustrées les opérations de dépose et de repose des principales garnitures intérieures. A signaler que le montage des garnitures peut varier en cours de production et que des différences au niveau des fixations peuvent être observées pour certains modèles par rapport aux descriptions fournies.

**6** Lors de la dépose d'une garniture, ne **jamais** la forcer au risque de l'endommager. Il convient de toujours s'assurer au préalable que toutes ses fixations ont bien été enlevées ou dégagées avant d'essayer de l'extraire.

**7** La repose s'effectue dans l'ordre inverse de dépose. Vérifier au préalable que les agrafes sont en bon état et ne pas hésiter à les changer pour le moindre signe de détérioration. Appuyer fortement sur les agrafes pour les enficher. Vérifier que tous les éléments ayant été déposés sont bien fixés afin d'éviter les bruits indésirables. Dans le cas d'une garniture collée, supprimer soigneusement les résidus d'adhésif sur les points d'encollage avec du white-spirit puis les laver à l'eau savonneuse pour éliminer les traces de white-spirit. Utiliser un mastic approprié pour l'encollage de la garniture : s'adresser aux services techniques d'un concessionnaire de la marque pour le type de produit à employer.

## *Moquette*

**8** La moquette de l'habitacle n'est ni agrafée ni collée. Elle est simplement retenue par les garnitures de seuil de portes et d'autres garnitures et accessoires attenants.

**9** Les opérations de dépose et de repose de la moquette ne présentent normalement pas de difficulté particulière, mais elles prennent en

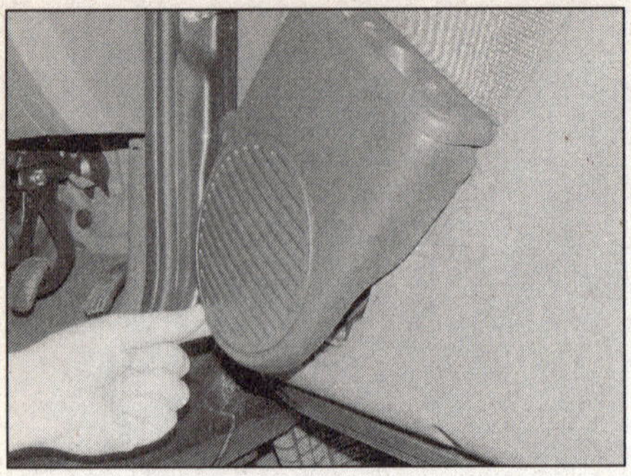

27.2a Dépose de la grille de haut-parleur de porte AV. avec lève-glace électrique . . .

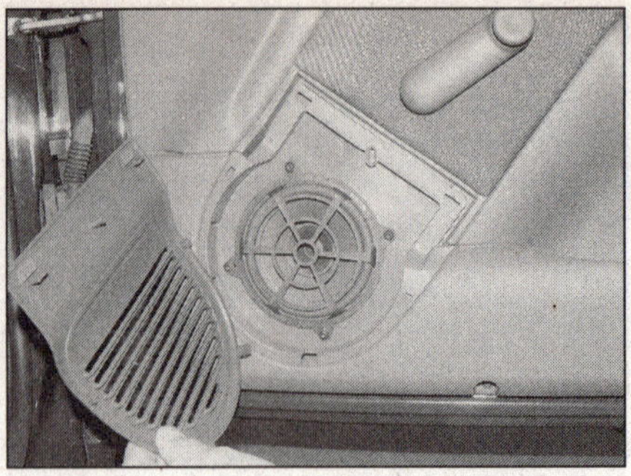

27.2b . . . et avec lève-glace manuel

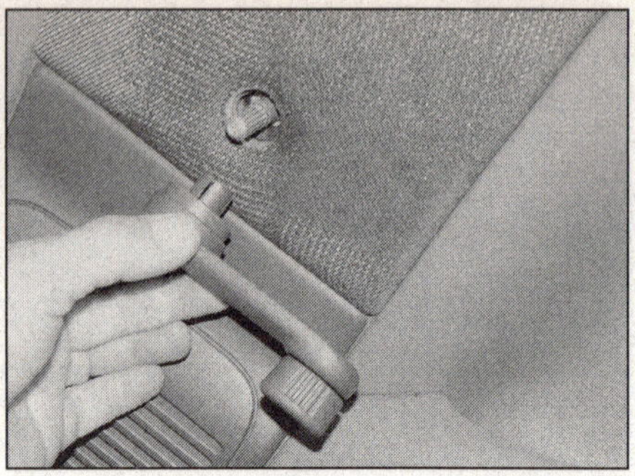

27.3 Dépose d'une manivelle de lève-glace de porte AV.

revanche beaucoup de temps du fait que les garnitures contiguës doivent être déposées ainsi qu'un certain nombre d'accessoires notamment les sièges et leurs fixations et la console centrale.

### *Habillage de pavillon*

**10** L'habillage est fixé par collage sur le pavillon et également retenu par les poignées de maintien, les pare-soleil, la garniture de toit ouvrant, les garnitures de pieds de caisse, les garnitures de custode et les joints d'encadrement de portes notamment. Après avoir dégagé toutes les garnitures et les accessoires, l'habillage de pavillon se dépose par le coffre.

**11** La dépose de l'habillage de pavillon est une opération demandant à la fois une réelle maîtrise technique et de l'expérience pour être réalisée sans dégâts et il est de ce fait, conseillé de la confier à un spécialiste.

## 27 Garnitures intérieures - dépose et repose

### *Garnitures de portes AV.*

#### Dépose

**1** Sur les modèles avec verrouillage centralisé des portes, débrancher le câble de masse (-) de la batterie (voir « *Débranchement de la batterie* » à la partie « *Références* » en fin de manuel).

**2** Déboîter avec précaution et déposer l'enjoliveur intérieur du rétroviseur ainsi que la grille du haut-parleur de la porte avant du côté intervention **(voir illustrations)**.

**3** Pour les modèles équipés de lève-glaces manuels, bien repérer sa position avec la glace descendue à fond puis extraire la manivelle de l'axe du mécanisme de lève-glace en tirant sur elle **(voir illustration)**.

**4** Enlever la vis de fixation de la poignée d'ouverture intérieure sur la porte puis tirer la poignée pour la dégager, libérer l'arrêt de gaine et décrocher le câble de commande d'ouverture à l'arrière de la poignée **(voir illustrations)**.

**5** Retirer le cache puis enlever la vis de fixation et dégager la poignée de maintien au niveau de l'accoudoir de la porte **(voir illustrations)**.

**6** Suivant équipement, débrancher les connexions d'alimentation des inverseurs de lève-glaces électriques et du rétroviseur à réglage électrique.

**7** Enlever les quatre vis de fixation puis dégager le haut-parleur de la porte en débranchant sa connexion électrique **(voir illustration)**.

**8** Desserrer et enlever les vis de fixation inférieures de la garniture de porte **(voir illustration)**.

27.4a Enlever sa vis de fixation . . .

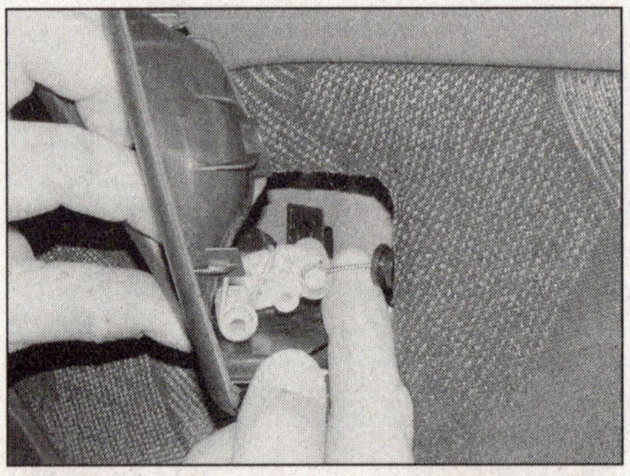

27.4b . . . et dégager la poignée d'ouverture intérieure de la porte AV. en décrochant le câble de commande

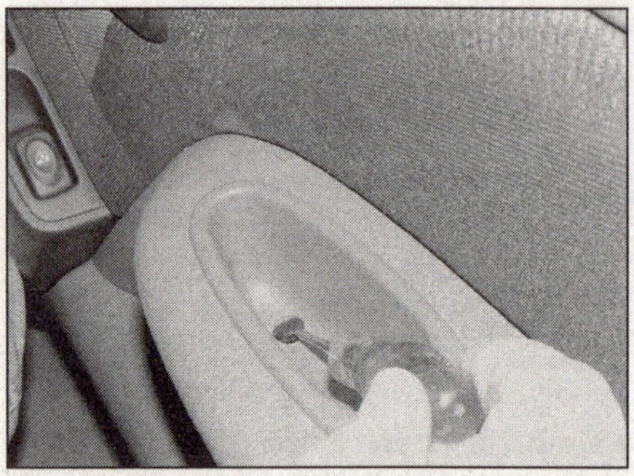

27.5a Desserrage de la vis de fixation de la poignée de maintien d'une porte AV.

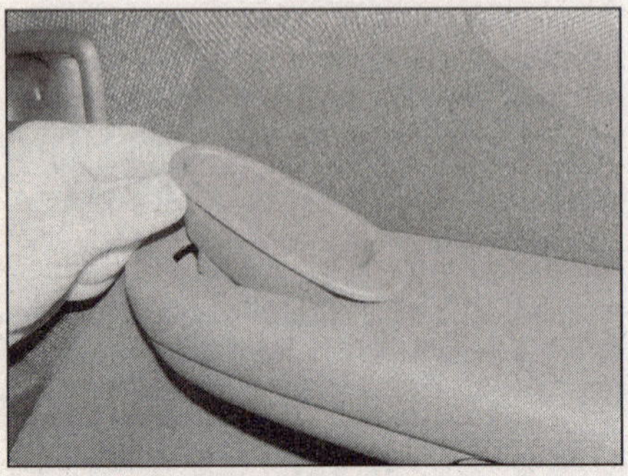

27.5b Dépose de la poignée de maintien d'une porte AV.

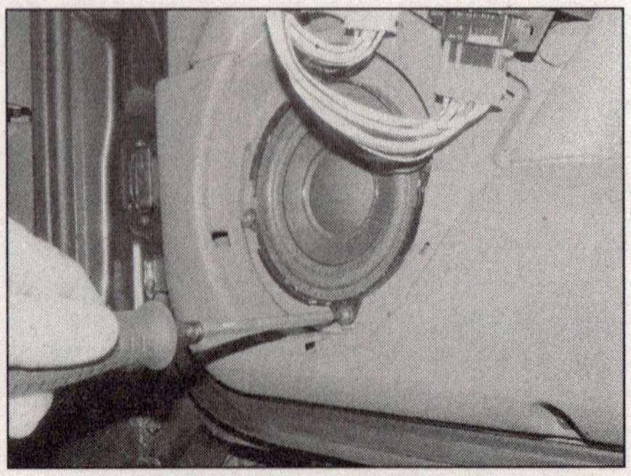

27.7 Desserrage d'une vis de fixation du haut-parleur

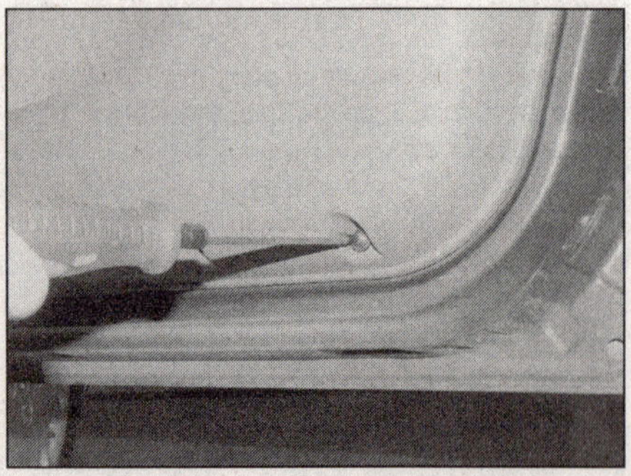

27.8 Desserrage d'une vis de fixation inférieure d'une garniture de porte

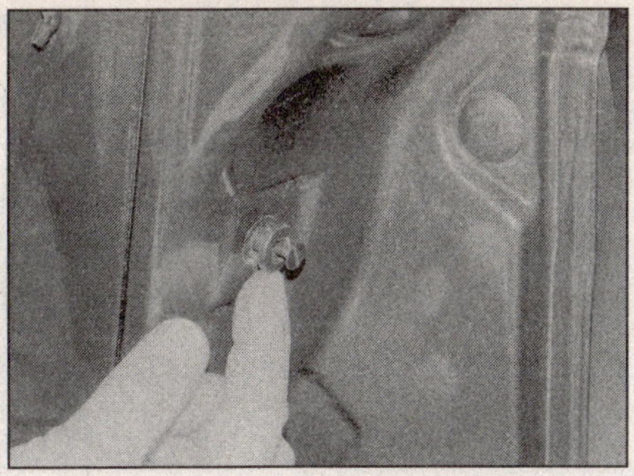
27.13a Desserrer sa vis de fixation . . .

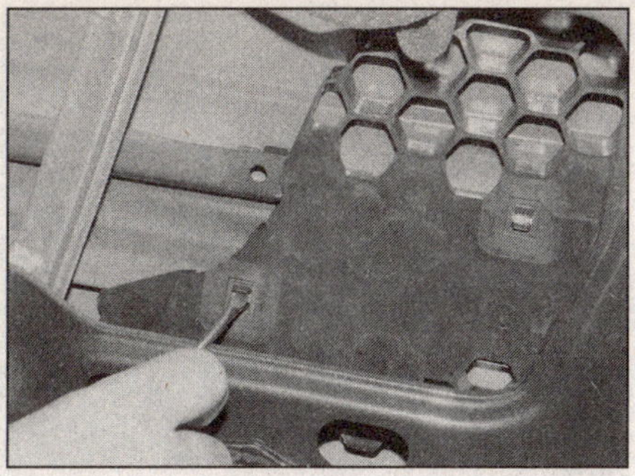
27.13b . . . et dégrafer l'absorbeur de chocs de la porte

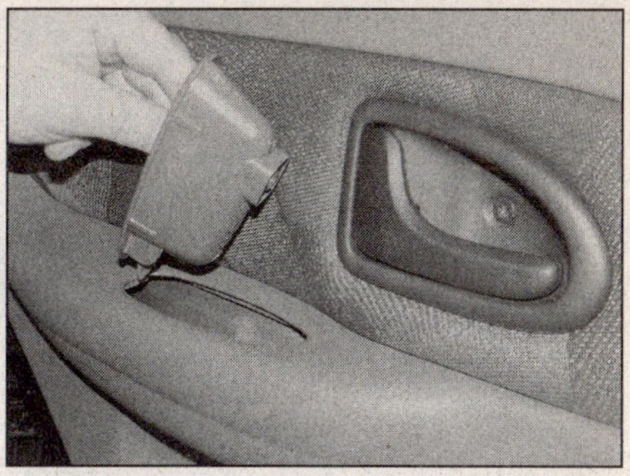
27.15 Dépose de la poignée de maintien d'une porte

9 Dégrafer le pourtour de la garniture en utilisant de préférence un outil à fourchette. Tirer la garniture pour la dégager du caisson de porte et la soulever pour la libérer du lèche-vitre intérieur. A noter que les bords de la garniture ont été montés d'origine avec du mastic d'étanchéité.

### Repose

10 La repose a lieu à l'inverse de la dépose, en observant par ailleurs les points suivants :

11 S'assurer que le mastic assure une bonne étanchéité entre le caisson et la garniture. Repasser au besoin une couche de mastic du type approprié à se procurer auprès du service des pièces détachées d'un concessionnaire de la marque.

12 Reposer éventuellement la manivelle de lève-glace, en respectant sa position de montage d'origine.

## *Absorbeurs de chocs de portes AV.*

### Dépose

13 Après avoir dégarni la porte de la manière décrite précédemment, enlever la vis de fixation sur le bord puis dégrafer l'absorbeur de chocs en se servant d'un tournevis à lame plate et le dégager du caisson de porte **(voir illustrations)**.

### Repose

14 La repose s'opère en sens inverse de dépose.

## *Garnitures de portes AR.*

### Dépose

15 Retirer le cache puis enlever la vis de fixation et dégager la poignée de maintien au niveau de l'accoudoir de la porte **(voir illustration)**.

16 Bien repérer sa position avec la glace descendue à fond puis extraire la manivelle de l'axe du mécanisme de lève-glace en tirant sur elle **(voir illustration)**.

17 Enlever la vis de fixation de la poignée d'ouverture intérieure sur la porte **(voir illustration)**.

18 Tirer la poignée pour la dégager et désaccoupler la tringle de commande d'ouverture à l'arrière de la poignée **(voir illustration)**.

19 Tourner la grille de haut-parleur dans le sens anti-horaire pour la déposer puis desserrer ses quatre vis de fixation et dégager le haut-parleur de la porte en débranchant sa connexion électrique **(voir illustrations)**.

20 Dégrafer le pourtour de la garniture en utilisant de préférence un outil à fourchette. Tirer la garniture pour la dégager du caisson de porte et la soulever pour la libérer du lèche-vitre intérieur. A noter que les bords de la garniture ont été montés d'origine avec du mastic d'étanchéité. **Nota :** *Récupérer l'entretoise montée sur l'axe du mécanisme de lève-glace, derrière la garniture* **(voir illustration)**.

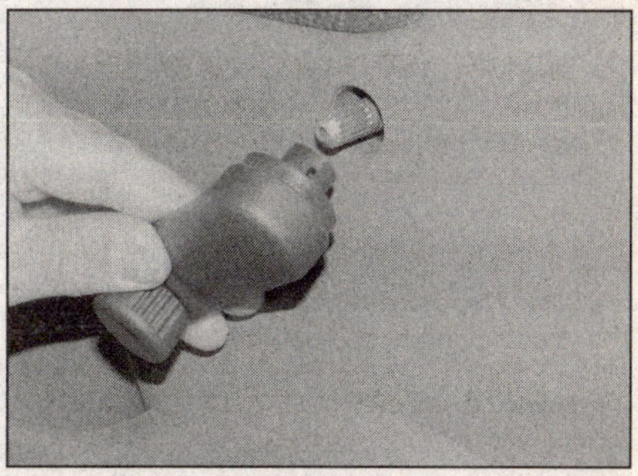
27.16 Dépose d'une manivelle de lève-glace de porte AR.

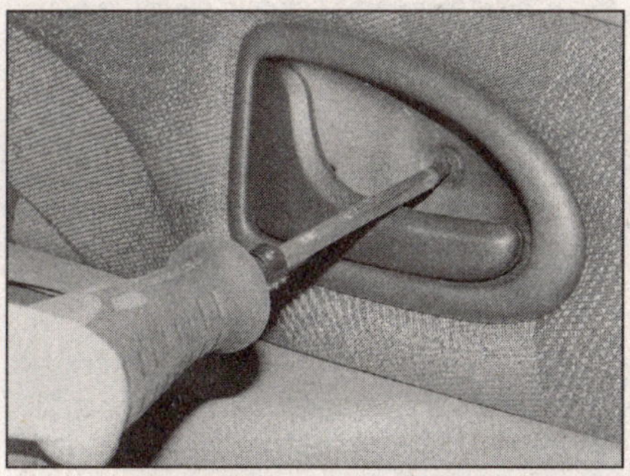
27.17 Enlever sa vis de fixation . . .

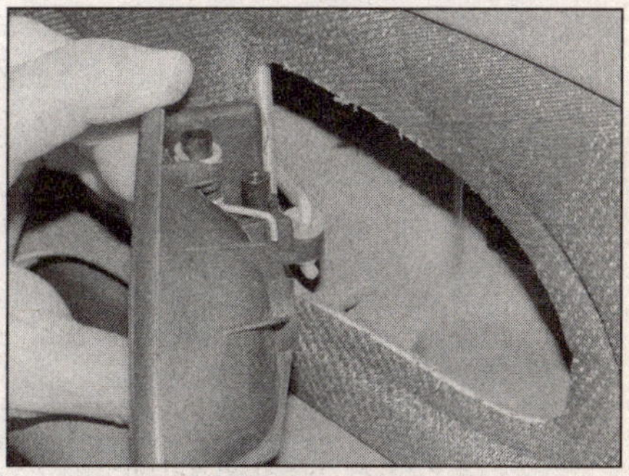
27.18 . . . et désaccoupler la tringle de commande de poignée d'ouverture intérieure

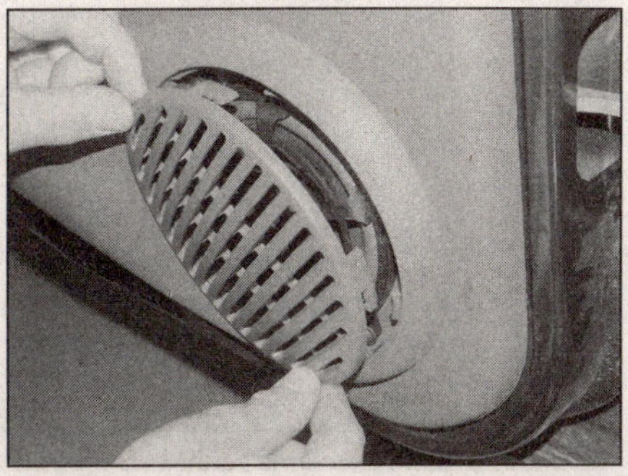
27.19a Tourner la grille de haut-parleur dans le sens anti-horaire pour la déposer . . .

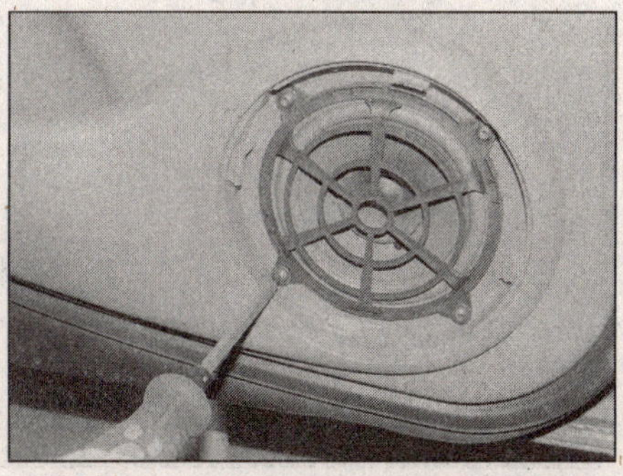
27.19b . . . puis desserrer les quatre vis de fixation du haut-parleur

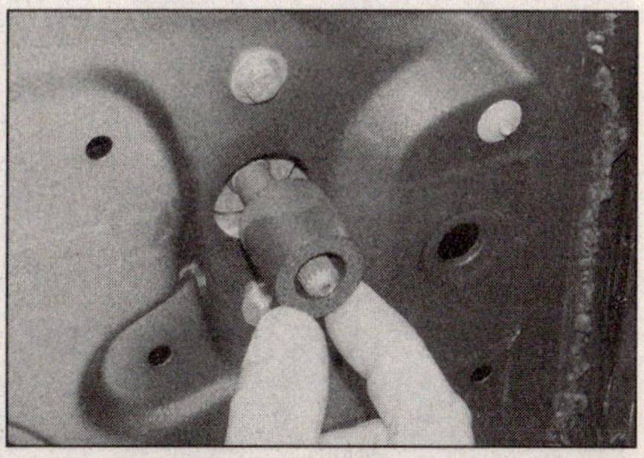
27.20 S'assurer de la présence de l'entretoise sur l'axe du mécanisme de lève-glace avant de reposer la garniture de porte

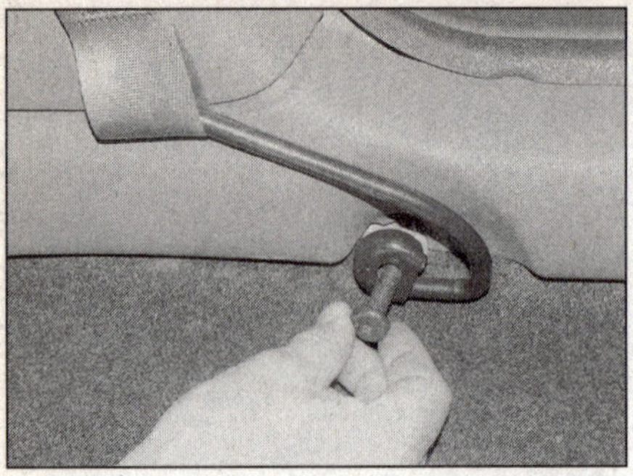

27.25a Enlever sa vis de fixation . . .

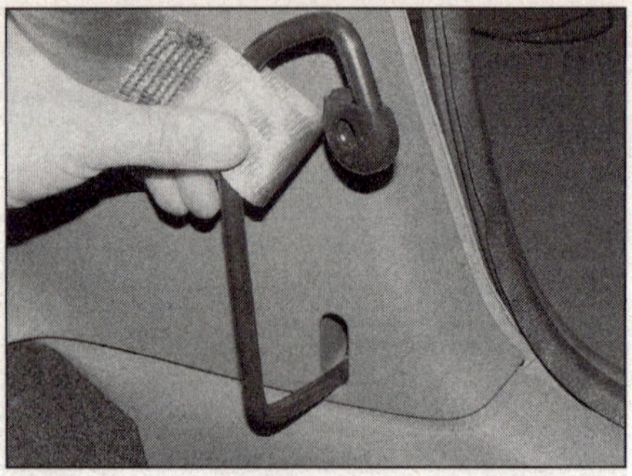

27.25b . . . puis dégager la tige de guidage de la ceinture de sécurité du pied de caisse (3 portes)

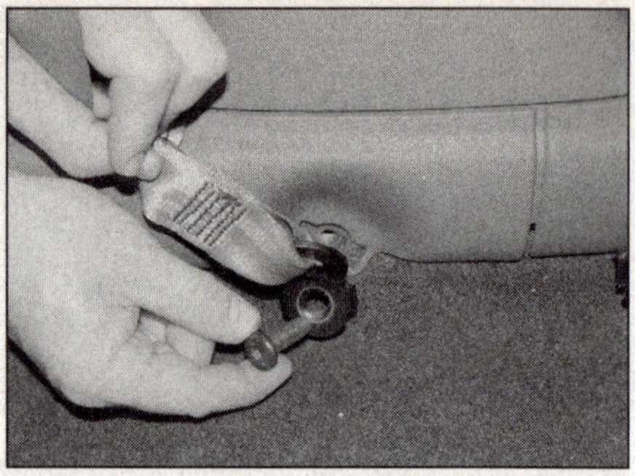

27.26a Dépose de la vis de fixation inférieure d'une ceinture de sécurité AV. (5 portes)

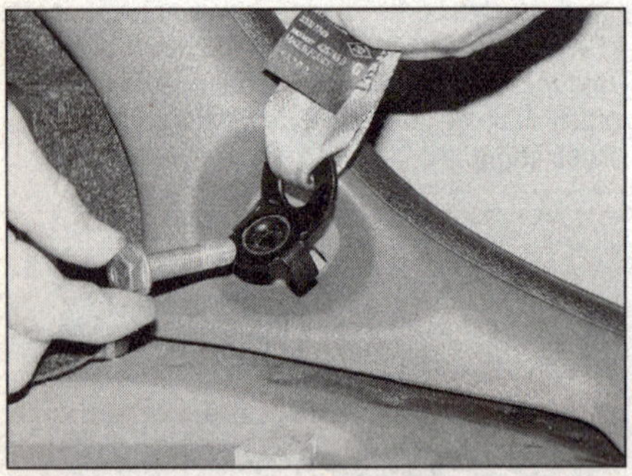

27.26b Dépose de la vis de fixation inférieure d'une ceinture de sécurité AR. (5 portes)

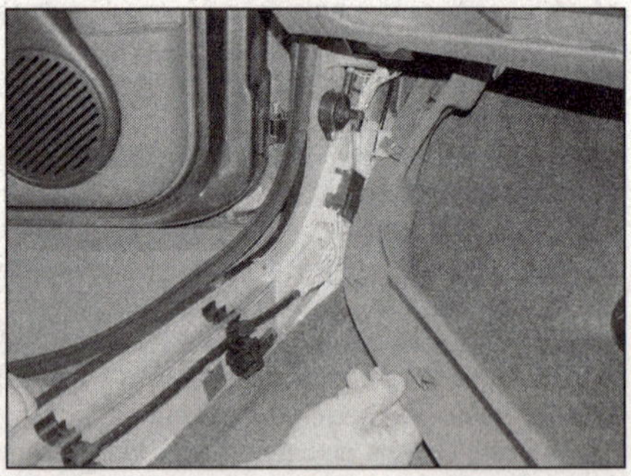

27.27 Dépose d'une garniture de seuil de porte AV.

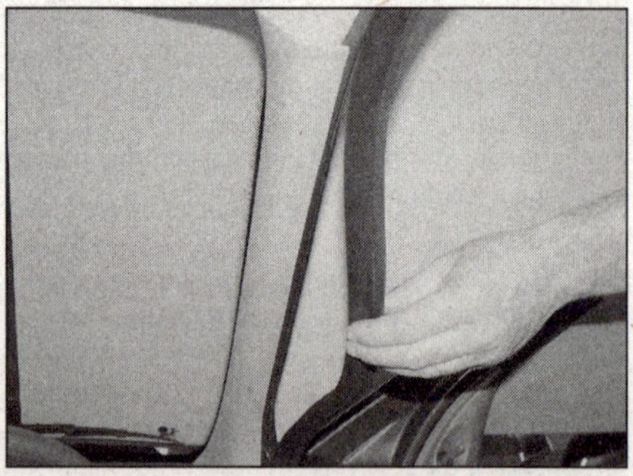

27.29 Dégager avec précaution le joint d'encadrement de porte de la garniture

### Repose

**21** Opérer comme indiqué plus haut aux points 10 à 12.

## *Garnitures de seuils de portes*

### Dépose

**22** Déposer le siège avant du côté intéressé (voir section 23).

**23** Dégager le bas du ou des joints d'encadrement de porte, en opérant avec précaution pour ne pas endommager les joints.

**24** S'il s'agit du côté gauche, tirer sur le levier de déverrouillage du capot dans l'habitacle pour le déboîter de son axe d'articulation.

**25** Sur les versions 3 portes, desserrer et enlever la vis de fixation de la tige de guidage de la ceinture de sécurité, en veillant à bien repérer la position respective de montage de toute vis et/ou entretoise puis dégager la tige à la partie arrière de la garniture de seuil de porte **(voir illustrations)**.

**26** Dans le cas des versions 5 portes, desserrer et enlever la vis de fixation inférieure des ceintures de sécurité avant et arrière **(voir illustrations)**.

**27** Ecarter avec précaution la garniture pour la dégrafer et la dégager du seuil de porte(s) **(voir illustration)**.

### Repose

**28** La repose s'effectue à l'inverse de la dépose, en s'assurant d'agrafer correctement la garniture et de serrer la ou les vis de fixation de ceinture(s) de sécurité au couple prescrit.

## *Garnitures de pieds AV. de caisse*

### Dépose

**29** Déboîter le joint d'encadrement de porte à l'emplacement où il est engagé sur la garniture du pied avant de caisse, en opérant avec précaution pour ne pas l'endommager **(voir illustration)**.

**30** Ecarter au moyen d'un tournevis le haut de la garniture pour la dégrafer puis la soulever pour la dégager du pied avant de caisse **(voir illustration)**.

### Repose

**31** La repose a lieu à l'inverse de la dépose.

## *Garnitures de pieds milieu de caisse (5 portes)*

### Dépose

**32** Déposer la garniture de seuil de portes (voir description correspondante ci-dessus).

**33** Ecarter sa languette centrale avec un tournevis puis extraire le bouton de réglage en hauteur de la ceinture de sécurité avant **(voir illustration)**.

**34** Enlever le cache puis desserrer la vis de fixation supérieure de la ceinture de sécurité **(voir illustrations)**.

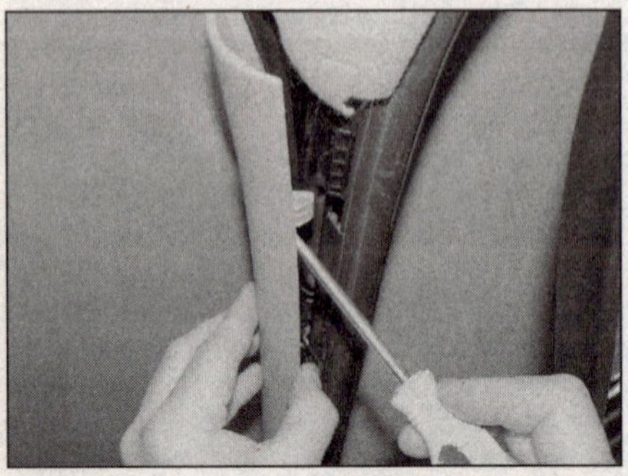

27.30 Dégrafage d'une garniture de pied AV. de caisse

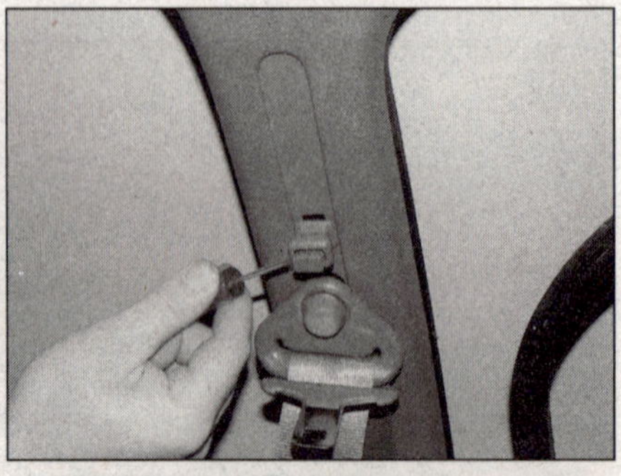

27.33 Ecarter la languette centrale pour extraire le bouton de réglage en hauteur de la ceinture de sécurité

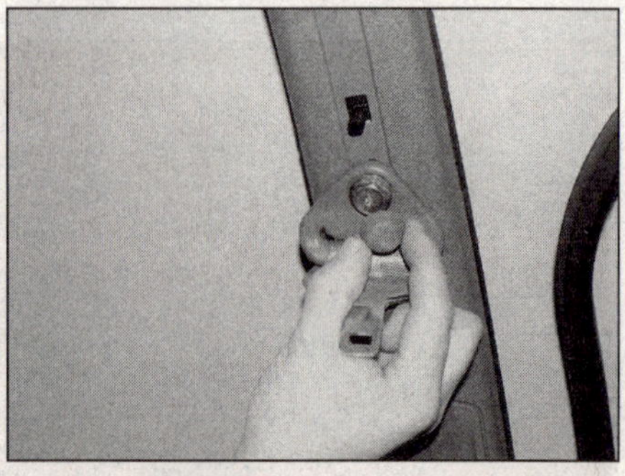

27.34a Enlever le cache . . .

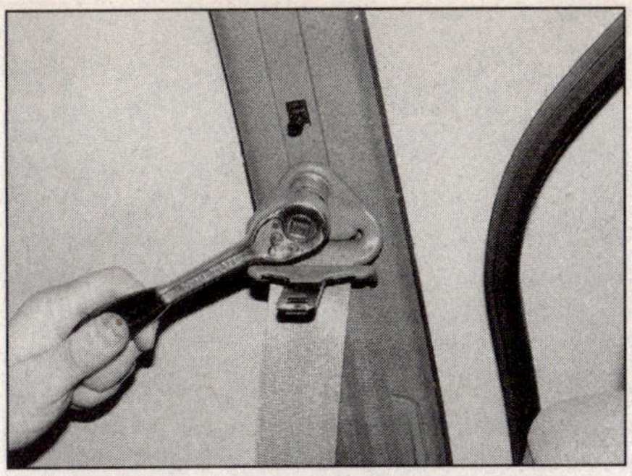

**27.34b . . . et desserrer la vis de fixation supérieure de la ceinture de sécurité**

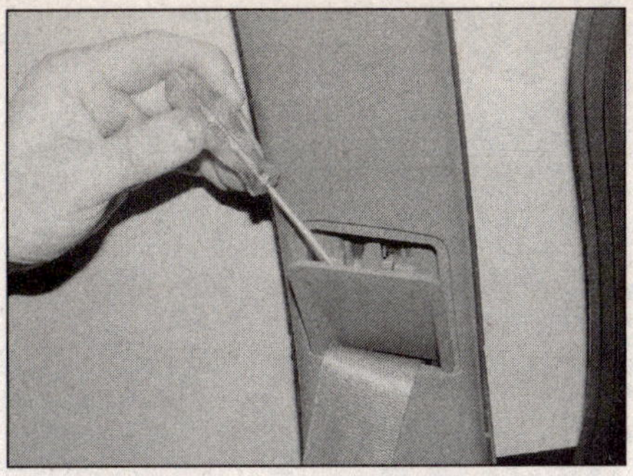

**27.35a Déboîter l'enjoliveur en plastique . . .**

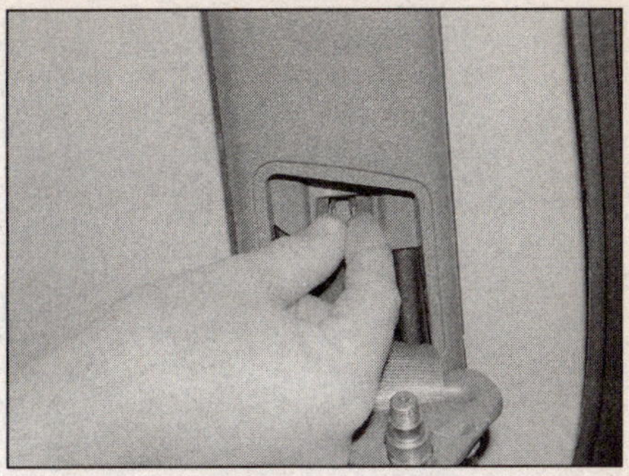

**27.35b . . . et enlever l'agrafe de fixation au-dessus de l'ancrage de la ceinture de sécurité**

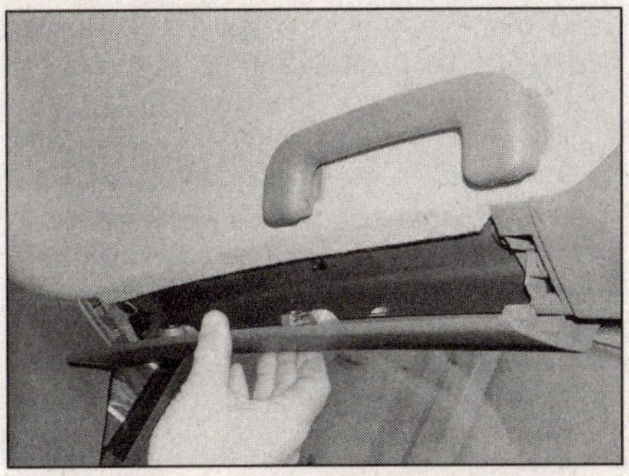

**27.42 Dépose de la garniture latérale de pavillon**

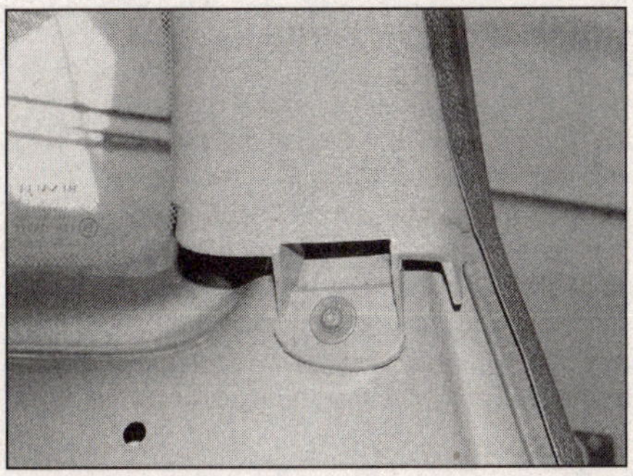

**27.43a Vis de fixation inférieure . . .**

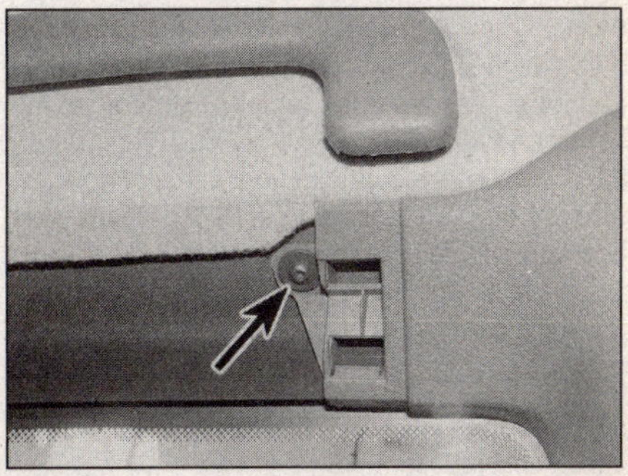

**27.43b . . . et supérieure de garniture de pied milieu de caisse**

**35** Déboîter l'enjoliveur en plastique puis enlever l'agrafe de fixation située au-dessus de l'ancrage supérieur de la ceinture de sécurité **(voir illustrations)**.

**36** Ecarter avec précaution la garniture pour la dégrafer et la dégager du pied milieu de caisse.

### Repose

**37** La repose s'opère à l'inverse de la dépose, en s'assurant d'agrafer correctement la garniture et de serrer la vis de fixation de la ceinture de sécurité au couple préconisé.

## *Garnitures latérales AR./pieds milieu de caisse (3 portes)*

### Dépose

**38** Effectuer les opérations indiquées précédemment aux points 32 à 34.

**39** Rabattre l'assise de la banquette arrière du côté concerné contre le dossier du siège avant puis la soulever afin de dégager les pattes de leur logement dans le plancher.

**40** Desserrer et enlever la vis de fixation de la tige de guidage de la ceinture de sécurité, en veillant à bien repérer la position respective de montage de toute vis et/ou entretoise puis dégager la tige à la partie arrière de la garniture de seuil de porte **(voir illustrations 27.25a et 27.25b)**.

**41** Dégrafer son bord en se servant de préférence d'un outil à fourchette pus soulever la garniture pour la déposer.

**42** Ecarter avec précaution la garniture latérale de pavillon pour la dégrafer et la déposer **(voir illustration)**.

**43** Enlever les deux vis de fixation : une en bas et l'autre en haut, puis écarter avec précaution la garniture supérieure du pied de caisse et la déposer **(voir illustrations)**.

### Repose

**44** La repose a lieu dans l'ordre inverse de dépose, en serrant les vis de fixation de la ceinture de sécurité au couple prescrit.

## *Garnitures latérales de pavillon (3 portes)*

### Dépose

**45** Ecarter avec précaution la garniture latérale de pavillon du côté concerné pour la dégrafer et la déposer **(voir illustration 27.42)**.

### Repose

**46** La repose s'opère en sens inverse de dépose

## *Garnitures latérales de tablette AR.*

### Dépose

**Nota :** *Se reporter aux illustrations en section 24, dans le cadre de la dépose des ceintures de sécurité arrière latérales.*

**47** Dégager avec précaution les joints d'encadrement de porte et de hayon à l'emplacement où ils sont engagés sur la garniture, en opérant avec précaution pour ne pas les abîmer.

**48** Desserrer la vis de fixation inférieure de la ceinture de sécurité latérale arrière.

**49** Dégrafer la partie arrière de la garniture de seuil dans le cas des versions 5 portes pour avoir accès à la vis de fixation à l'avant de la garniture latérale de tablette arrière. Pour les versions 3 portes, déposer la garniture latérale arrière et la garniture latérale de pavillon, comme décrit précédemment. Enlever la vis de fixation inférieure et l'agrafe de fixation supérieure de la garniture latérale de tablette arrière **(voir illustrations)**.

**50** Enlever les deux dernières vis de fixation de la garniture latérale de tablette arrière.

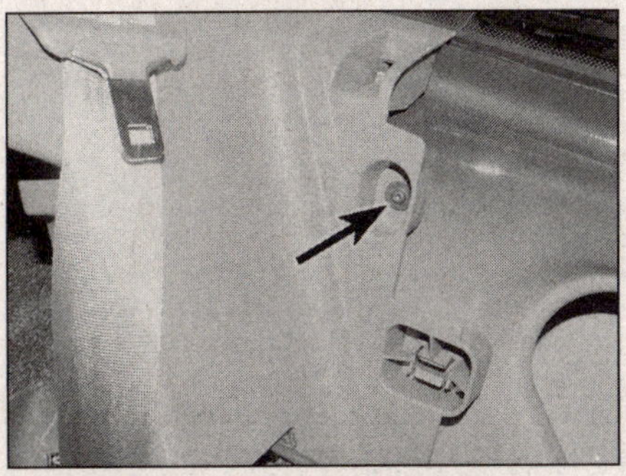

**27.49a Vis de fixation inférieure . . .**

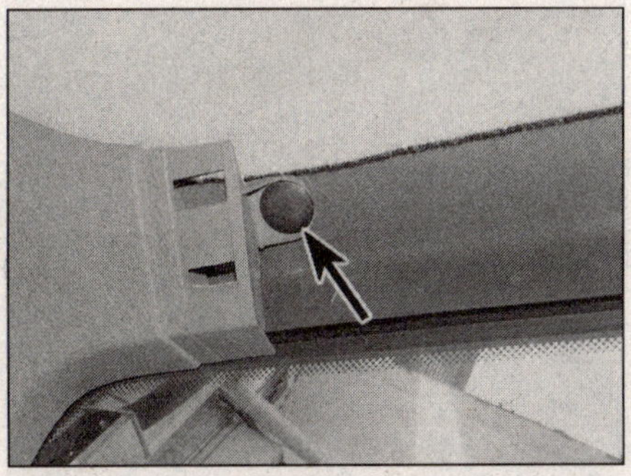

**27.49b . . . et agrafe de fixation supérieure de garniture latérale de tablette AR.**

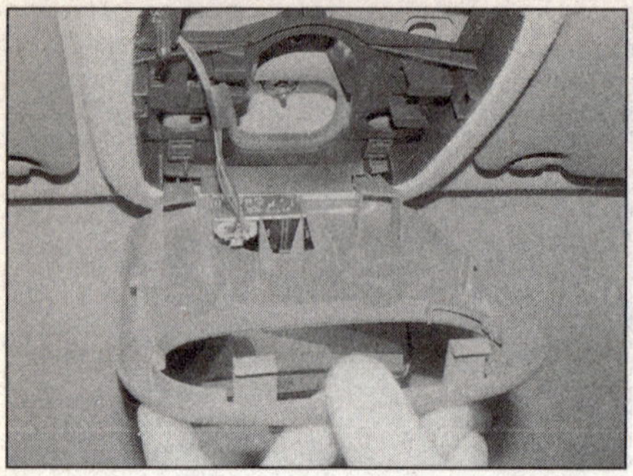

**27.62 Dépose de la console de pavillon**

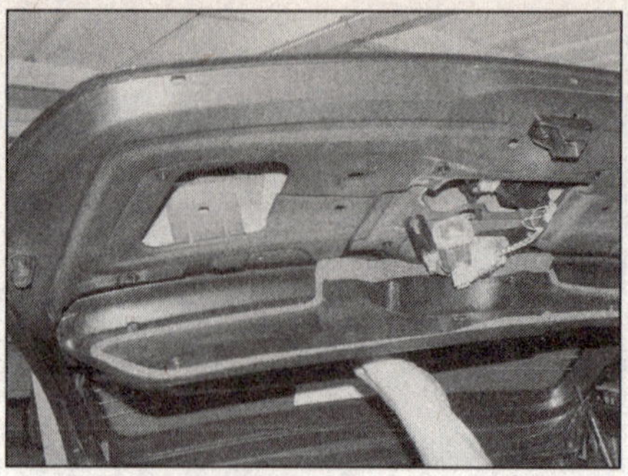

**27.66 Dépose de la garniture du hayon**

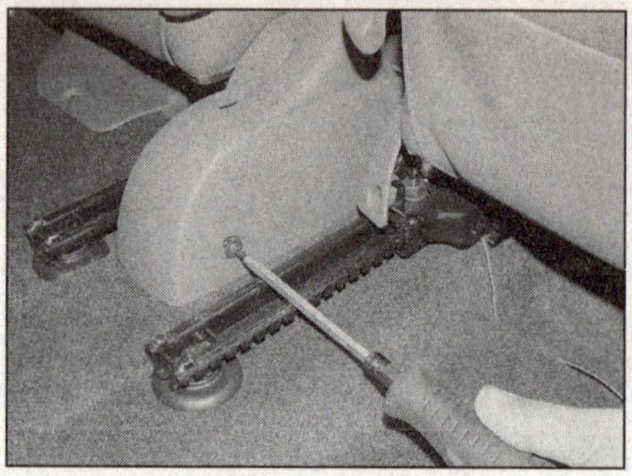

**27.68 Desserrage d'une vis de fixation du pontet de levier de frein à main**

**51** Le cas échéant, extraire le contacteur d'éclairage de coffre de son logement dans la garniture latérale de tablette arrière et le débrancher.

**52** Dégrafer avec précaution son pourtour en utilisant de préférence un outil à fourchette puis tirer la garniture vers l'avant pour la décrocher du loquet de banquette puis faire passer la ceinture à travers la garniture et la sortir du véhicule.

### Repose

**53** Procéder en sens inverse de dépose pour effectuer la repose.

## Garnitures de passages de roues AR.

### Dépose

**54** Déposer les dossiers de la banquette arrière (voir section 23).

**55** Déposer les garnitures latérales de la tablette arrière (voir opération précédente).

**56** Déposer le cache en plastique de l'écrou de fixation supérieur de l'amortisseur arrière du côté concerné dans le coffre.

**57** Dégager la patte d'ancrage latérale du dossier de banquette arrière.

**58** Déposer la garniture de jupe arrière (voir description correspondante ci-dessous).

**59** Ecarter avec précaution la garniture du passage de roue pour la dégrafer et la dégager en la tirant vers l'avant de la voiture.

### Repose

**60** La repose a lieu à l'inverse de la dépose, en serrant les vis de fixation de la ceinture de sécurité au couple prescrit.

## Console de pavillon

### Dépose

**61** Procéder à la dépose du plafonnier (voir chapitre 12, section 10).

**62** Déboîter la console de l'habillage de pavillon puis l'écarter du pare-brise **(voir illustration)**.

**63** Suivant équipement, débrancher la connexion électrique du récepteur de télécommande de verrouillage centralisé des portes et de la commande de toit ouvrant pour déposer la console.

### Repose

**64** La repose s'opère en sens inverse de dépose.

## Garniture de jupe AR.

**65** Desserrer ses quatre vis de fixation sur la jupe arrière puis soulever la garniture pour libérer ses pattes de fixation en haut et la sortir du coffre.

## Garniture de hayon

**66** Enlever sa vis de fixation puis écarter avec précaution la garniture du hayon pour la dégrafer ou bien utiliser un outil à fourchette pour libérer les agrafes et déposer la garniture **(voir illustration)**.

## Garnitures latérales de sièges AV.

**67** Ces garnitures sont fixées par une vis et agrafées. La dépose et la repose s'effectuent sans difficulté particulière.

## Pontet de levier de frein à main

**68** Avancer à fond les sièges avant puis desserrer les deux vis de fixation à la partie arrière de la console centrale et dégager le pontet du levier de frein à main **(voir illustration)**.

# 28 Console centrale - dépose et repose

***Danger : Sur les versions avec prétensionneurs de ceintures de sécurité avant, mettre hors service le système des prétensionneurs, de la manière décrite en section 25***

### Dépose

**1** Débrancher le câble de masse (-) de la batterie (voir « *Débranchement de la batterie* » à la partie « *Références* » en fin de manuel).

**2** Déposer le cendrier de la console centrale et enlever la vis de fixation dans le logement **(voir illustration)**.

**3** Sur les modèles à boîte de vitesses manuelle, dégrafer avec précaution le soufflet du levier de vitesses de la console centrale **(voir illustration)**.

**4** Dans le cas des modèles à boîte de vitesses automatique, dégrafer l'entourage du levier sélecteur de la console centrale. Le cas échéant, desserrer les vis de fixation.

**5** Enlever les deux vis de fixation à la partie arrière puis libérer les pattes de retenue avant : une de chaque côté, et dégager la console centrale du plancher, en veillant à ne pas forcer le ou les câblages électriques **(voir illustrations)**.

**6** Suivant équipement, débrancher sous la console centrale la connexion électrique de l'allume-cigares et des interrupteurs **(voir illustration)**.

**7** Soulever la console centrale pour la dégager de l'ensemble levier de vitesses-soufflet ou levier

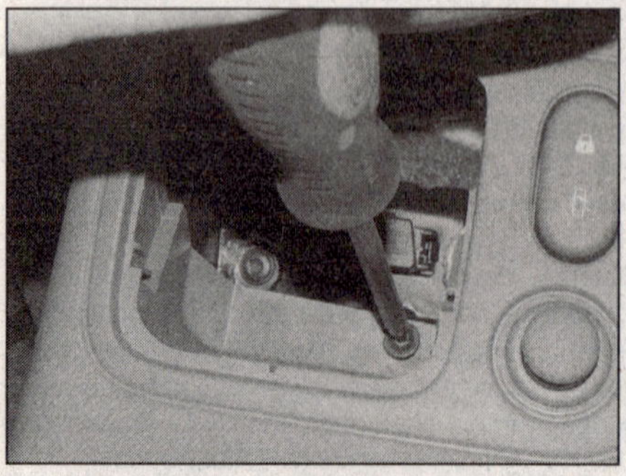

**28.2 Desserrage de la vis de la console centrale dans le logement du cendrier**

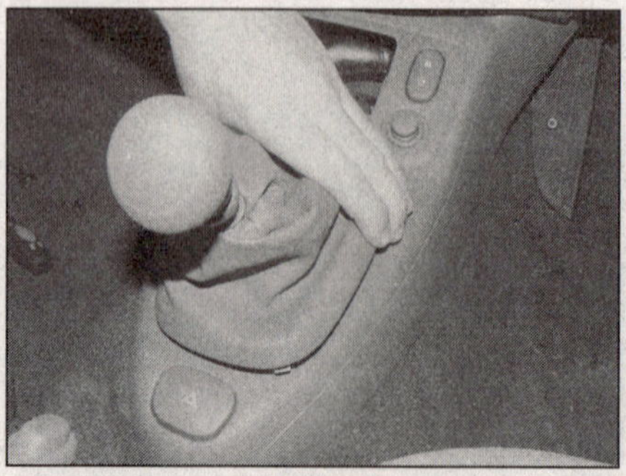

**28.3 Dégrafage du soufflet de levier de vitesses**

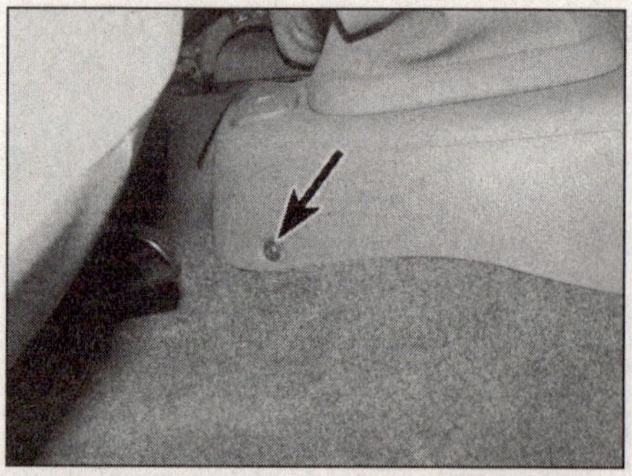

**28.5a Desserrer les deux vis de fixation AR. . . .**

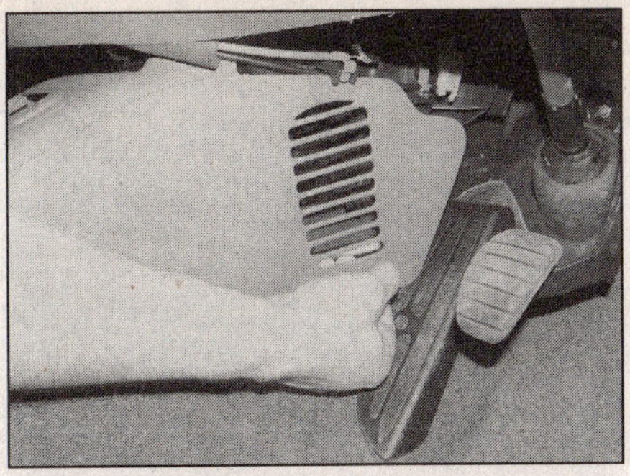

**28.5b . . . puis libérer les pattes de retenue AV. pour déposer la console centrale**

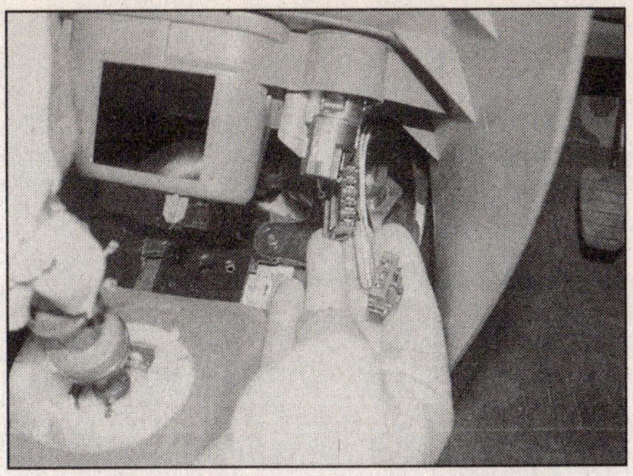

**28.6 Débranchement des connecteurs électriques sous la console centrale**

sélecteur-entourage, suivant le cas, et la sortir de l'habitacle.

### Repose

**8** Procéder en sens inverse de dépose pour effectuer la repose.

## 29 Planche de bord et accessoires - dépose et repose

**Danger : Veiller à observer les consignes indiquées au chapitre 12, section 17 concernant le ou les coussins gonflables de sécurité (airbag)**

### Demi-coquilles de colonne de direction

#### Dépose

**1** Desserrer les deux vis de fixation les plus proches du volant en dessous de la colonne de direction puis dégager la demi-coquille supérieure **(voir illustration)**.

**2** Desserrer la vis de fixation proche du levier de réglage en hauteur du volant puis dégager la demi-coquille inférieure de la colonne de direction **(voir illustration)**.

#### Repose

**3** La repose a lieu en sens inverse de dépose.

### Habillage supérieur de planche de bord

#### Dépose

**4** Déposer les garnitures de pieds avant de caisse (voir section 27).

**5** Déposer les demi-coquilles de colonne de direction (voir opération précédente).

**6** Desserrer les sept vis de fixation de l'habillage supérieur de la planche de bord : trois le long du bord supérieur de la planche de bord, près du pare-brise, une de chaque côté et deux en dessous du combiné d'instruments **(voir illustrations)**.

**7** Tirer vers soi l'habillage supérieur de la planche de bord pour l'écarter du pare-brise et le déposer **(voir illustration)**.

#### Repose

**8** La repose a lieu dans l'ordre inverse de dépose.

### Buses d'aération de planche de bord

**9** Voir chapitre 3, section 12.

### Couvercle de boîte à gants

#### Dépose

**10** Ouvrir la boîte à gants et décrocher le support en caoutchouc du couvercle.

**11** Pousser vers l'intérieur à l'aide d'un tournevis fin les axes des deux charnières en bas du couvercle de la boîte à gants.

**12** Dégager ensuite le couvercle de la boîte à gants.

#### Repose

**13** Opérer en sens inverse de dépose pour effectuer la repose.

### Planche de bord

**Nota :** *La dépose de la planche constitue une intervention à ne pas entreprendre à la légère car elle implique de nombreuses manipulations et exige en plus beaucoup de temps. Il est conseillé de prendre des notes au fur et à mesure des opérations afin d'assurer le remontage correct de toutes les pièces et de réinstaller convenablement les faisceaux électriques. Le montage est susceptible de varier légèrement d'un modèle à l'autre, notamment au niveau des fixations et des pièces constitutives, mais les descriptions fournies ci-dessous demeurent cependant valables dans leur ensemble. A condition de prendre son temps, la dépose de la planche de bord ne doit normalement pas présenter de difficultés particulières.*

#### Dépose

**14** Débrancher le câble de masse (-) de la batterie (voir « *Débranchement de la batterie* » à la partie « *Références* » en fin de manuel).

**15** Déposer le volant de direction (voir chapitre 10).

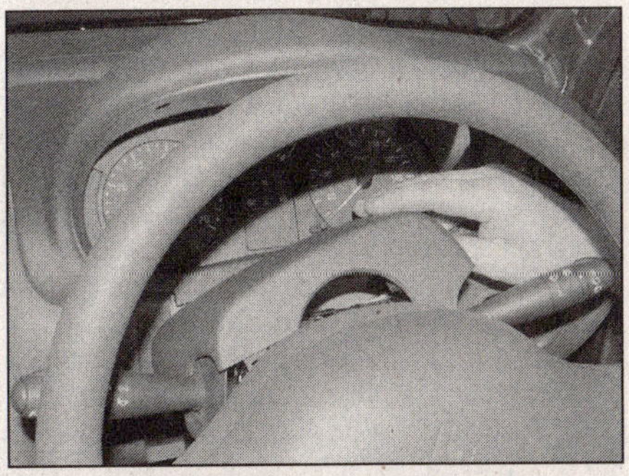

**29.1 Dépose de la demi-coquille supérieure de la colonne de direction**

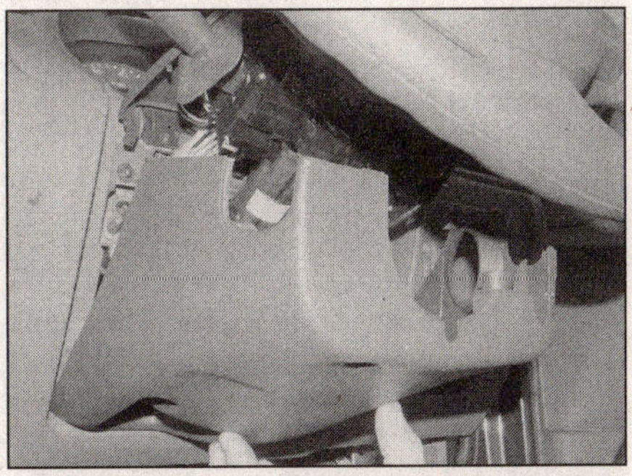

**29.2 Dépose de la demi-coquille inférieure de la colonne de direction**

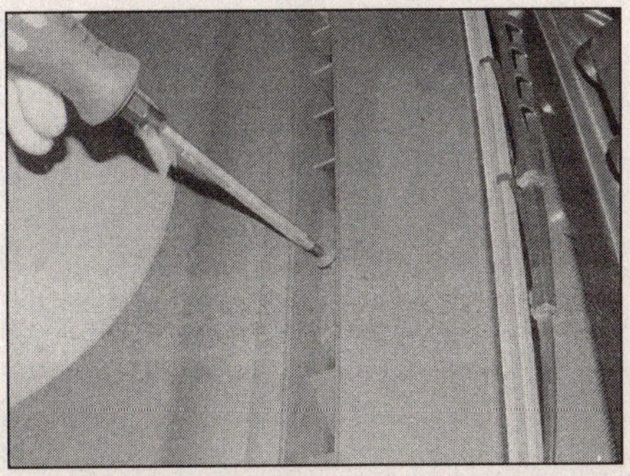

**29.6a Desserrage d'une vis de fixation supérieure . . .**

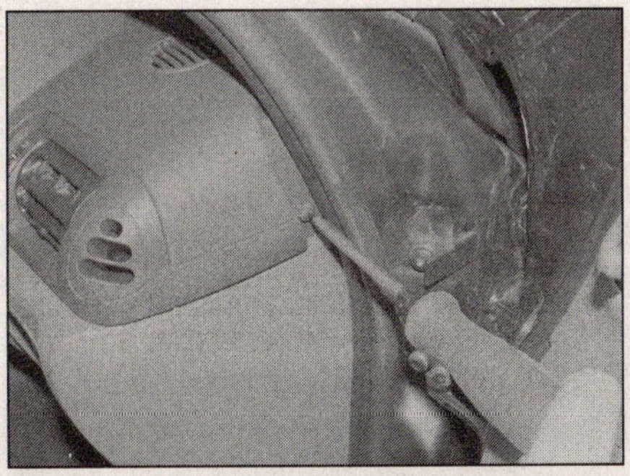

**29.6b . . . et latérale de l'habillage supérieur de la planche de bord**

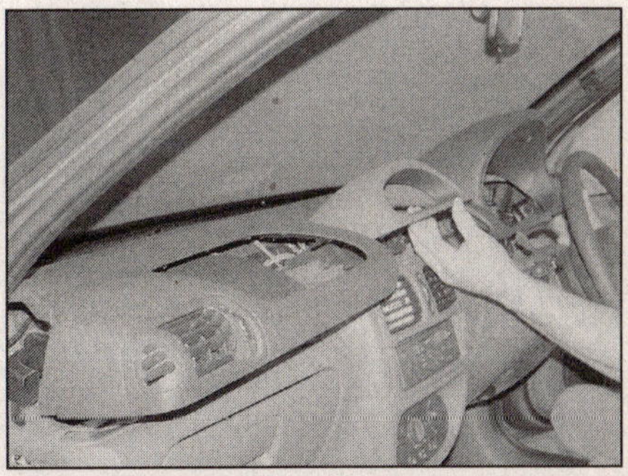

**29.7 Dépose de l'habillage supérieur de la planche de bord**

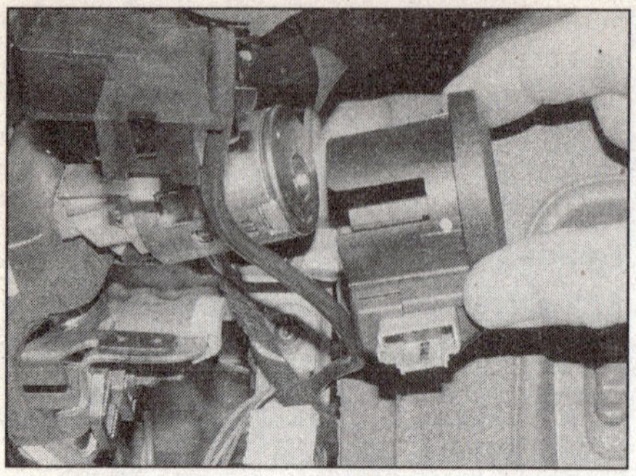

**29.17 Dépose du boîtier transpondeur d'antidémarrage**

**29.18 Desserrage d'une vis de fixation du combiné d'instruments**

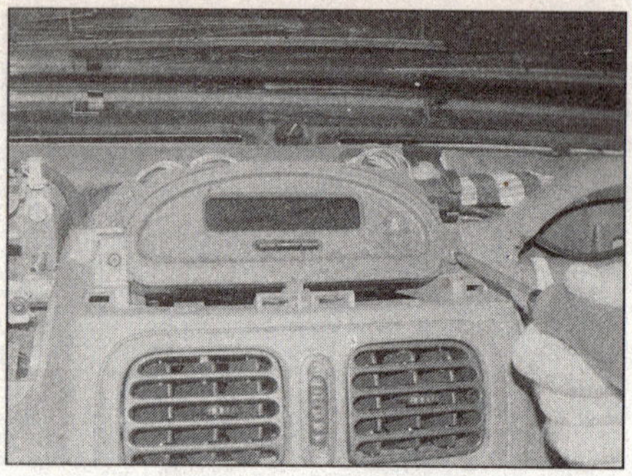

**29.19 Dépose d'une vis de fixation de l'afficheur multifonction**

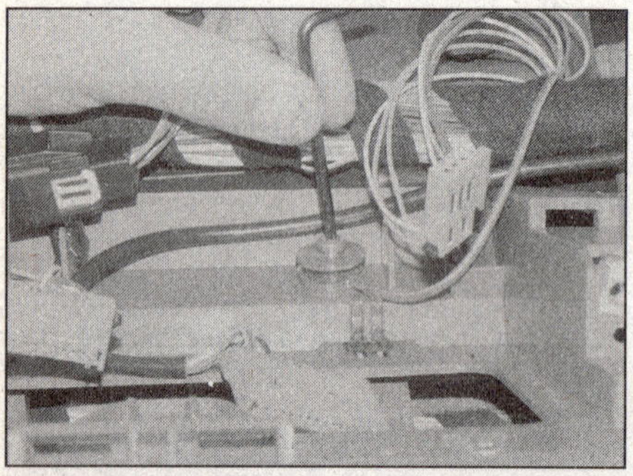

**29.21 Desserrage d'une vis de fixation d'un fil de masse sur la poutre de planche de bord**

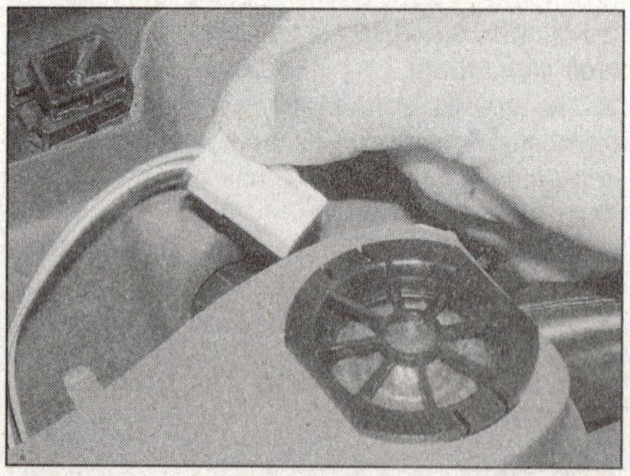

**29.22 Débranchement d'un haut-parleur des aigus**

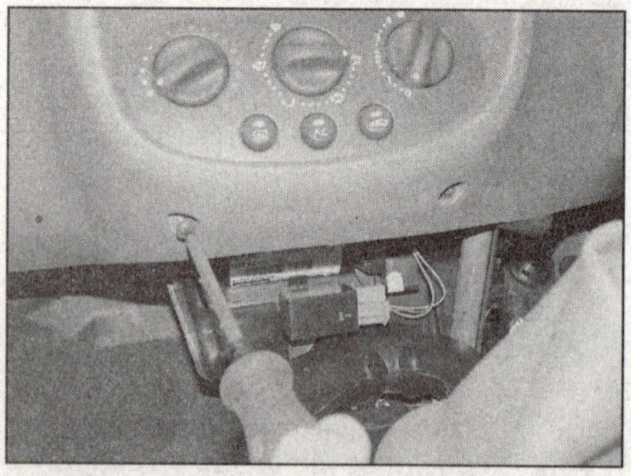

**29.25 Desserrage d'une vis de fixation de la platine des commandes de chauffage-ventilation**

**16** Déposer l'habillage supérieur de la planche de bord et les demi-coquilles de la colonne de direction (voir descriptions correspondantes ci-dessus).

**17** Dégrafer le boîtier de transpondeur d'antidémarrage électronique puis tirer sans forcer pour le libérer du combiné commutateur d'allumage-démarrage/antivol de direction, et débrancher son connecteur électrique **(voir illustration)**.

**18** Desserrer ses vis de fixation puis dégager le combiné d'instruments, en débranchant les connecteurs électriques **(voir illustration)**.

**19** Suivant équipement, desserrer ses deux vis de fixation et dégager l'afficheur multifonction, en débranchant les connecteurs électriques **(voir illustration)**.

**20** Suivant équipement, débrancher son connecteur électrique puis desserrer ses six vis de fixation et déposer le coussin gonflable de sécurité côté passager (voir chapitre 12, section 28).

**21** Enlever les quatre vis de fixation des fils de masse le long du bord supérieur de la poutre, derrière la planche de bord **(voir illustration)**.

**22** Débrancher les connexions électriques des haut-parleurs des aigus, de chaque côté de la planche de bord **(voir illustration)**.

**23** Déposer l'autoradio, en débranchant sa connexion électrique (voir chapitre 12, section 23.

**24** Procéder à la dépose de la console centrale (voir section précédente).

**25** Enlever ses deux vis de fixation et extraire la platine des commandes de chauffage-ventilation de la façade centrale de la planche de bord, sans décrocher les câbles ni débrancher les connexions électrique **(voir illustration)**.

**26** Déposer les manettes de commande multifonction au volant (voir chapitre 12, section 6).

**27** Déboîter avec précaution de la planche de bord, au moyen d'un tournevis, le bloc des commandes de réglage de portée des projecteurs, de rhéostat d'éclairage du combiné d'instruments et suivant équipement, de sièges chauffants puis débrancher le connecteur électrique.

**28** Déverrouiller son arrêtoir en le tirant vers le haut puis dégager le bloc de connexion électrique du commutateur d'allumage-démarrage en dessous de la colonne de direction, en le faisant pivoter pour le débrancher **(voir illustration)**.

**29** Déposer la colonne de direction (voir chapitre 10).

**30** Déposer la trappe d'accès de la platine à fusibles **(voir illustration)**.

**31** Dégager leur cache puis desserrer les deux vis de fixation latérales inférieures : une de chaque côté, de la planche de bord **(voir illustration)**.

**32** Desserrer la vis de fixation inférieure de la

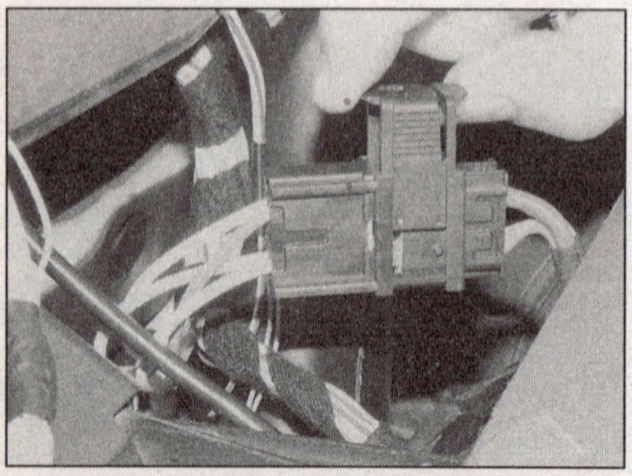

**29.28 Débranchement du bloc de connexion du commutateur d'allumage-démarrage**

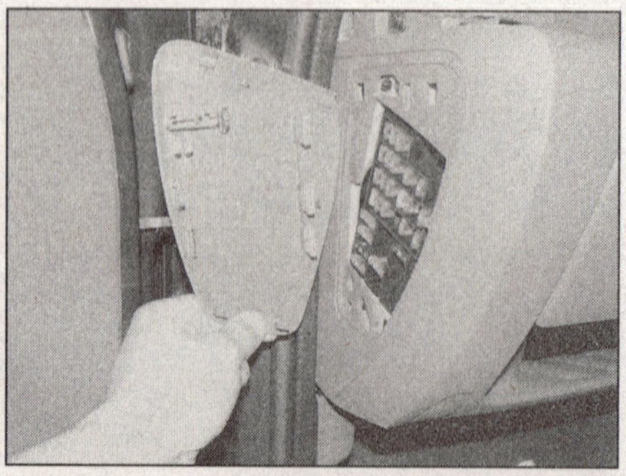

**29.30 Dépose de la trappe d'accès à la platine à fusibles**

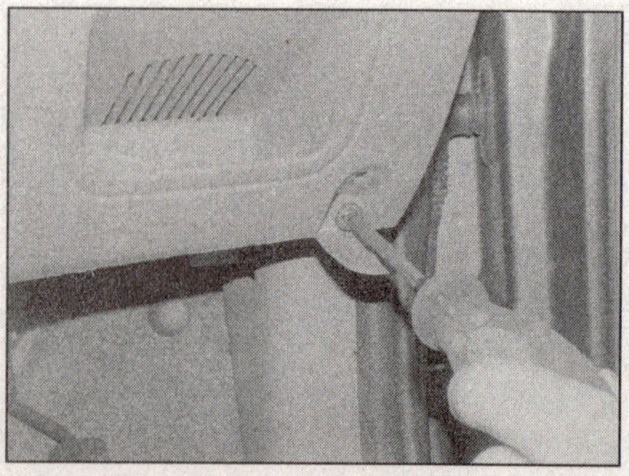

**29.31 Desserrage d'une vis de fixation latérale inférieure de planche de bord**

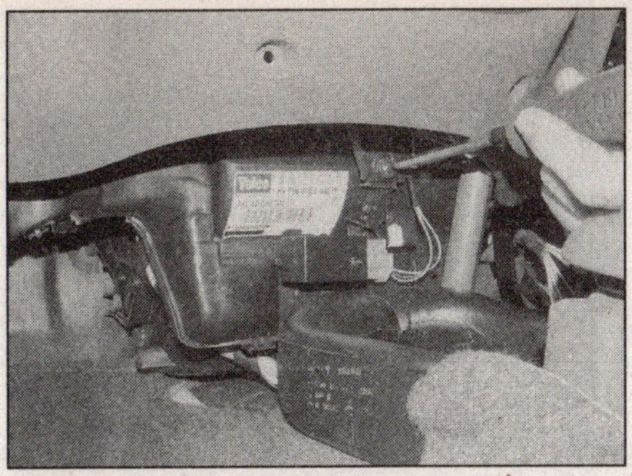

**29.32 Vis de fixation de planche de bord sur le bloc de répartition d'air**

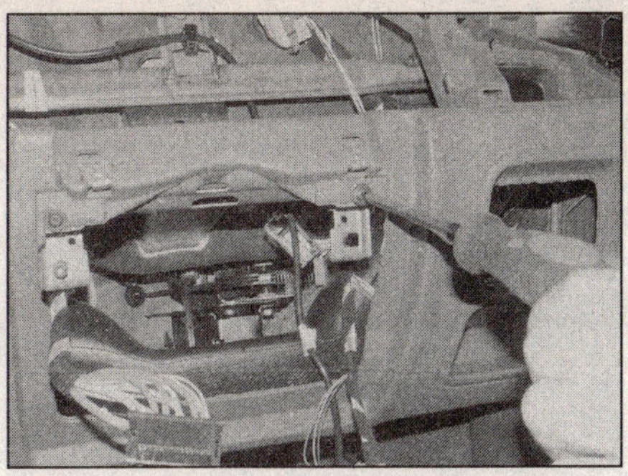

**29.3 Desserrage d'une vis de fixation de planche de bord**

planche de bord au niveau du bloc de répartition d'air **(voir illustration)**.

**33** Desserrer les deux vis de fixation de la planche de bord au niveau du passage de la colonne de direction **(voir illustration)**.

**34** Effectuer un ultime contrôle pour s'assurer que tous les câblages électriques, câbles et tuyauteries ont bien été débranchés et dégagés de la planche de bord.

**35** En opérant à deux, soulever légèrement la planche de bord pour la dégager des pions de centrage supérieurs, en faisant coulisser le manchon afin de pouvoir désolidariser de la poutre le côté gauche de la planche, puis la sortir de l'habitacle par l'une des ouvertures de porte.

**36** En cas de difficulté à dégager la planche de bord, ne pas forcer : vérifier que toutes les connexions électriques ont été débranchées et que les faisceaux ne sont pas pris dans les accessoires attenants.

## Repose

**37** La repose s'opère à l'inverse de la dépose, en observant par ailleurs les points suivants :

**38** S'assurer de ne pas coincer de faisceaux électriques, de câbles ou de tuyauteries en réinstallant la planche de bord.

**39** Veiller à rebrancher correctement toutes les connexions électriques et éventuellement, à bien fixer les connecteurs au moyen de leur bride de maintien.

**40** Au terme de la repose, vérifier le bon fonctionnement de toutes les commandes, des feux et des instruments au tableau de bord.

# Chapitre 12
## Eclairage et appareillages électriques

## Sommaire



## Niveaux de difficulté

| | | | | |
|---|---|---|---|---|
| **Facile,** pour les profanes de la mécanique | **Assez facile,** pour les débutants plus avisés | **Assez difficile,** pour les amateurs compétents | **Difficile,** pour les amateurs plus expérimentés | **Très difficile,** pour les initiés et les professionnels |

## Caractéristiques

| **Ampoules** | **Type** | **Puissance (W)** |
|---|---|---|
| Feux de route/croisement | H4 | 55/60 |
| Feux de position AV. | Enfichable | 5 |
| Projecteurs antibrouillard AV. | H1 | 55 |
| Clignotants AV. et AR. | Baïonnette | 21 |
| Répétiteurs latéraux de clignotants | Enfichable | 5 |
| Feux de position AR./stop | Baïonnette | 21/5 |
| Feu de brouillard AR. | Baïonnette | 21 |
| Feux de recul | Baïonnette | 21 |
| Eclairage de plaque d'immatriculation | Navette ou baïonnette | 5 |
| 3e feu de stop | Diodes | 5 |
| Plafonnier | Navette | 5 |
| Eclaireur de porte | Enfichable | 5 |
| Eclairage de coffre | Navette | 7 |

| **Couples de serrage** | **daN.m** |
|---|---|
| Vis de fixation de coussin gonflable de sécurité conducteur | 0,5 |
| Vis de fixation de coussin gonflable de sécurité passager | 0,6 |

## 1 Description générale et précautions

***Danger : Avant d'entreprendre toute intervention sur le circuit électrique, lire attentivement les consignes données à la rubrique « Impératifs de sécurité » au début du manuel et celles figurant en section 1 du chapitre 5A***

Le circuit électrique est du type fonctionnant sous 12 V avec mise à la masse négative. L'alimentation est fournie par une batterie au plomb chargée par l'alternateur.

Ce chapitre traite des différents appareillages électriques ne se rattachant pas directement au moteur par leurs fonctions. Se reporter au chapitre 5A pour ce qui est des accessoires électriques : batterie, alternateur et démarreur, associés au moteur.

Le câble de masse (-) de la batterie est à débrancher obligatoirement pour intervenir sur l'un quelconque des éléments du circuit électrique afin d'éviter les risques de court-circuit et/ou d'incendie.

***Attention : Se reporter à « Débranchement de la batterie » à la partie « Références » en fin de manuel, pour débrancher la batterie***

## 2 Recherches de pannes électriques - généralités

**Nota :** *Consulter les consignes indiquées à la rubrique « Impératifs de sécurité » au début du manuel et celles figurant en section précédente avant toute opération. Les contrôles qui suivent s'appliquent aux circuits électriques principaux et ne doivent pas être réalisés sur des circuits sensibles (par exemple celui du système antiblocage des roues - ABS), tout particulièrement lorsqu'ils disposent d'un boîtier de commande électronique.*

Le schéma type d'un circuit électrique consiste en un appareil, des contacteurs-interrupteurs de commande, des relais, des fusibles associés à l'appareil, un câblage et des connecteurs électriques reliant l'appareil à la batterie et à la caisse. Afin de faciliter la localisation d'une anomalie dans un circuit électrique donné, des schémas sont fournis à la fin du chapitre.

Avant de pouvoir établir le diagnostic d'une panne électrique, étudier le schéma électrique correspondant afin d'être en mesure de savoir exactement quels sont les éléments susceptibles d'être impliqués dans le circuit. Procéder par élimination en contrôlant tour à tour le fonctionnement de chaque élément concerné pour élucider l'origine d'une anomalie. Si plusieurs éléments ou circuits sont affectés par une défaillance simultanée, la cause doit probablement provenir du claquage d'un fusible commun ou d'un branchement commun de mise à la masse défectueux.

Les pannes électriques proviennent habituellement de causes bénignes telles qu'un mauvais contact lié à une connexion électrique mal enfichée ou corrodée, d'un mauvais branchement de mise à la masse, d'un fusible claqué ou d'un relais défectueux. Vérifier visuellement l'état de tous les fusibles, fils et connexions électriques avant de contrôler les éléments du circuit. Faire appel aux schémas électriques afin de déterminer quelles sont les bornes devant être testées en vue de localiser l'origine de la panne.

Les appareils et le matériel de base nécessaires pour dépister la cause d'une panne électrique comprennent un contrôleur de circuits ou voltmètre (une ampoule sous 12 V dotée de fils d'essai peut également être utilisée pour certains contrôles), une lampe-témoin à alimentation séparée (parfois appelée contrôleur de continuité), un ohmmètre (pour la mesure des résistances), une batterie et un jeu de câbles d'essai et un fil volant pourvu de préférence d'un coupe-circuit ou d'un fusible pouvant être utilisés pour mettre en dérivation des fils ou des composants électriques douteux. Avant de faire appel à l'un de ces appareils pour déterminer l'origine d'une anomalie, étudier le schéma électrique correspondant afin de savoir où doivent être effectuées les connexions d'essai.

Pour élucider la cause d'un défaut électrique intermittent (provenant habituellement d'un branchement mal assuré ou encrassé, ou bien d'une isolation électrique défectueuse), un contrôle simple consistera à faire bouger le fil électrique avec la main pour se rendre compte de l'effet produit, ce qui permettra de savoir si le fil en question est à incriminer. Il doit être possible de limiter l'investigation à une portion spécifique de câblage, en coordonnant les différents contrôles effectués dans les paragraphes qui suivent.

Hormis les problèmes induits par des connexions défectueuses, les circuits électriques peuvent être affectés de deux anomalies principales : mises en circuit ouvert et en court-circuit.

Une mise en circuit ouvert provient d'une interruption à un endroit quelconque du circuit, empêchant le passage de courant et de là, le fonctionnement de l'appareil ou de l'élément correspondant à ce circuit. A noter que ce phénomène n'entraîne pas le claquage du fusible associé au circuit.

Un court-circuit est provoqué par un contact entre deux conducteurs du circuit engendrant la mise en dérivation du passage de courant généralement via la masse. Les courts-circuits sont ordinairement dus à une rupture d'isolation, ce qui amène un conducteur à en toucher directement un autre ou à contacter un élément de mise à la masse telle que la caisse. Un court-circuit provoque normalement le claquage du fusible correspondant au circuit protégé.

### Contrôle de passage de courant

Pour vérifier la présence éventuelle d'un état de circuit ouvert, relier un fil du contrôleur ou voltmètre soit à la borne négative de la batterie ou bien à un endroit assurant une bonne mise à la masse.

Relier l'autre fil du contrôleur à un connecteur du circuit devant être testé, de préférence le plus près possible de la batterie ou du fusible.

Mettre le circuit sous tension en se rappelant que certains circuits ne se trouvent activés que lorsque la clé de contact est placée sur une position donnée.

Si le passage de courant s'effectue normalement (ce qui est indiqué par la lampe-témoin du contrôleur qui s'allume alors ou par la valeur fournie par le voltmètre, suivant l'appareil utilisé), cela signifie que la portion de circuit comprise entre le connecteur concerné et la batterie ne présente pas d'anomalie.

Contrôler le reste du circuit de la même manière.

Lorsqu'un point est atteint où aucun passage de courant n'est constaté, l'anomalie doit résider entre ce point et le point de contrôle précédent où par contre le courant passait. La plupart des problèmes rencontrés dans le passage de courant sont dus à une connexion rompue, corrodée ou desserrée.

### Contrôle pour déceler un court-circuit

Pour déceler la présence éventuelle d'un état de court-circuit, commencer par débrancher la ou les charges reliées au circuit (les charges sont constituées des éléments consommant le courant généré dans un circuit tel que celui des ampoules, des moteurs électriques, des résistances chauffantes, etc.).

Déposer le fusible du circuit concerné et relier un contrôleur ou un voltmètre aux branchements du fusible.

Mettre le circuit sous tension en se rappelant que certains circuits ne se trouvent activés que lorsque la clé de contact est placée sur une position donnée.

Si un passage de courant est observé (ce qui est indiqué soit par la lampe-témoin du contrôleur ou bien par le voltmètre), cela dénote l'existence d'un court-circuit.

Si aucun passage de courant n'est noté et que le fusible se trouve une nouvelle fois claqué lorsque la ou les charges viennent à être connectées, cela est révélateur de l'existence d'une anomalie interne au sein même du ou des éléments concernés.

### Contrôle pour déceler une mauvaise mise à la masse

La borne négative de la batterie est reliée à la masse : point conducteur sur le métal du moteur ou de la boîte de vitesses et de la caisse de voiture, et la plupart des circuits sont câblés de telle sorte à recevoir uniquement une impulsion d'alimentation positive, le courant revenant via le métal de la caisse de voiture par où se ferme le circuit. Cela signifie que le support de fixation de l'élément et la caisse font partie intégrante du même circuit. Des supports de fixation desserrés ou corrodés peuvent par conséquent être à l'origine d'avaries électriques allant de la panne totale à un fonctionnement par intermittence des équipements électriques. Notamment, les feux peuvent diffuser une faible intensité lumineuse (en particulier lorsqu'un autre circuit partageant le même point conducteur de mise à la masse se trouve actionné), les moteurs électriques (par exemple ceux des essuie-glaces ou le motoventilateur de refroidissement) peuvent tourner paresseusement et le fonctionnement d'un

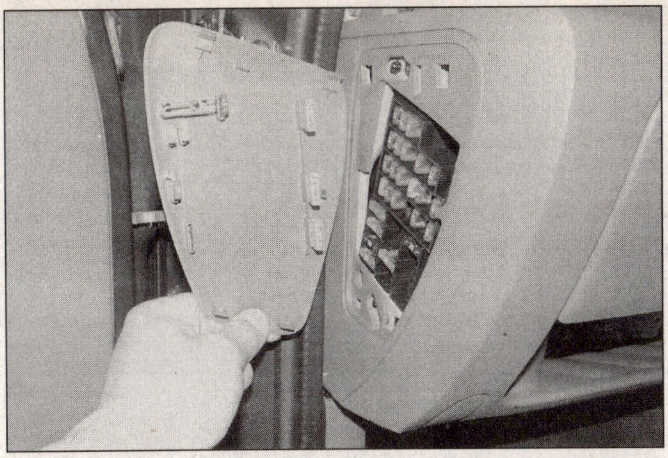

**3.2 Dépose de la trappe d'accès à la platine à fusibles de l'habitacle**

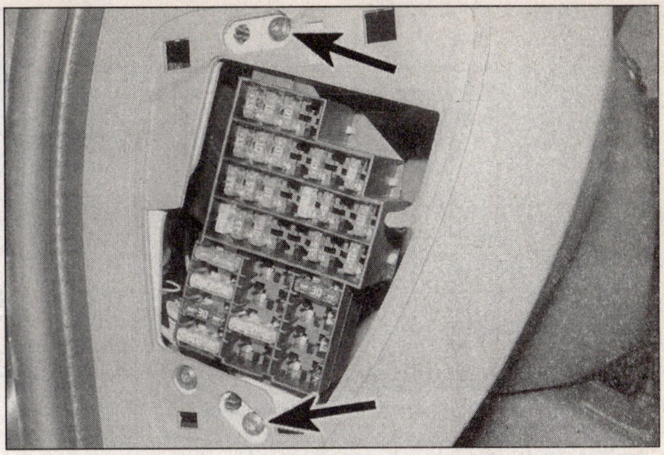

**3.3 Vis de fixation de platine à fusibles de l'habitacle**

circuit peut affecter celui d'un autre circuit sans relation apparemment logique. A noter que sur nombre de voitures, des câbles de mise à la masse sont utilisés entre certains organes tels que le moteur ou la boîte de vitesses et la caisse, cela habituellement lorsqu'il n'existe pas de contact de métal à métal entre ces éléments du fait de la présence de silentblocs en caoutchouc notamment.

Pour vérifier qu'un élément est correctement mis à la masse, débrancher la batterie et relier l'un des fils de l'ohmmètre à un point assurant une bonne mise à la masse. Relier l'autre fil au fil ou branchement de mise à la masse devant être contrôlé. La résistance indiquée par l'ohmmètre doit être nulle. En cas contraire, contrôler le branchement en procédant comme suit :

En cas de doute de l'efficacité d'un branchement de mise à la masse, défaire la connexion et nettoyer en grattant pour mettre à nu le métal sur la caisse et la cosse du fil ou bien sur le plan de joint du branchement de mise de masse de l'élément concerné. Veiller à bien éliminer soigneusement toute trace de saleté ou de corrosion puis utiliser un couteau pour enlever la peinture de sorte qu'un bon contact de métal à métal soit obtenu. Au remontage, bien serrer les fixations. Si c'est un fil qui est rebranché, monter des rondelles cannelées entre la cosse et la caisse afin d'assurer un branchement net et solide. Au moment de rebrancher la connexion de mise à la masse, afin de prévenir l'oxydation ultérieure, répandre une couche de vaseline ou de graisse siliconée ou bien vaporiser à la bombe (cela devant être fait à intervalles réguliers) un produit protecteur ou anti-humidité pour circuits d'allumage que l'on peut se procurer dans le commerce.

## 3 Platine à fusibles de l'habitacle - dépose et repose

### *Dépose*

**1** Débrancher le câble de masse (- ) de la batterie (voir « *Débranchement de la batterie* » à la partie « *Références* » en fin de manuel).

**2** Déboîter et déposer la trappe d'accès à la platine à fusibles, en bout de la planche de bord côté conducteur **(voir illustration)**.

**3** Desserrer les deux vis de fixation de la platine à fusibles **(voir illustration)**.

**4** Abaisser avec précaution la platine à fusibles pour la dégager par le dessous de la planche de bord.

### *Repose*

**5** La repose s'opère en sens inverse de dépose.

## 4 Fusibles et relais - généralités

### *Fusibles*

**1** Un fusible sert à interrompre un circuit lorsque le courant électrique qui le traverse dépasse une intensité prédéterminée de façon à protéger les composants et le câblage électrique associés à ce circuit qui pourraient se trouver endommagés par cette surintensité. Un courant de trop forte intensité provient d'une anomalie à l'intérieur du circuit, ordinairement un court-circuit (voir section précédente).

**2** La plupart des fusibles principaux sont implantés dans l'habitacle sur une platine située en bout de planche de bord, côté conducteur **(voir illustration)**.

**3** Les fusibles dans l'habitacle sont accessibles après ouverture de la trappe de visite. L'affectation des différents fusibles est indiquée à l'intérieur de la trappe.

**4** Des fusibles supplémentaires sont prévus dans un boîtier implanté dans le compartiment moteur, au niveau du passage de roue avant gauche. Pour y accéder, déposer le couvercle du boîtier **(voir illustrations)**. L'affectation des différents fusibles est indiquée à l'intérieur du couvercle.

**4.2 Fusibles dans l'habitacle**

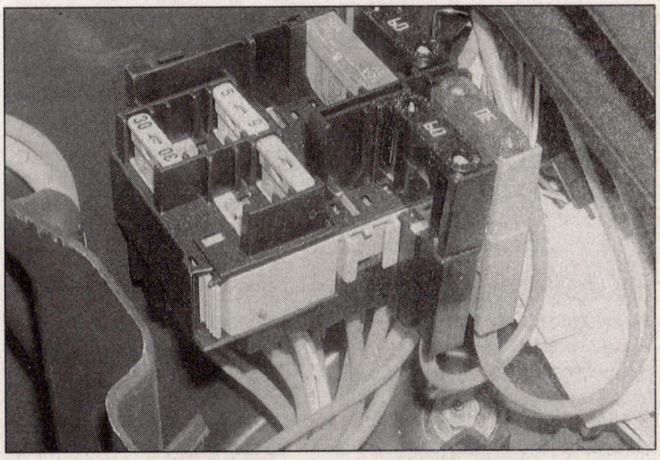

**4.4a Fusibles dans le compartiment moteur**

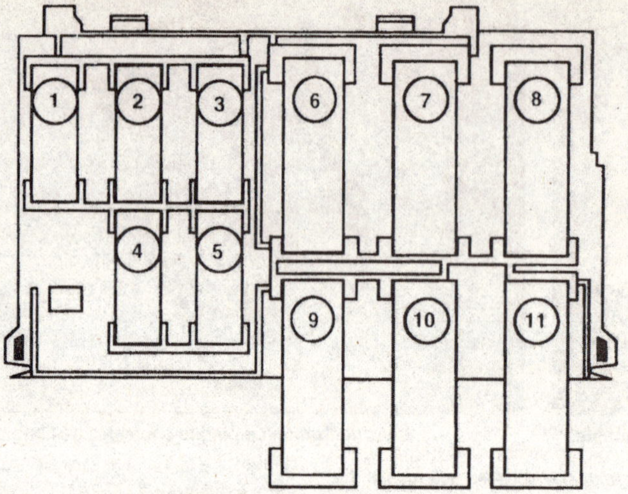


| | | |
|---|---|---|
| 1 | 30A | Injection (essence) |
| 2 | 30A | Fonctions moteur (essence) |
| 3 | 5A | Injection (essence) |
| | 15A | Injection (Diesel) |
| 4 | 7,5A | Fonctions moteur (essence) |
| | 7,5A | BV automatique |
| | 15A | Fonctions moteur (Diesel) |
| 5 | 15A | Injection-allumage (essence) |
| 6 | - | Non utilisé (essence) |
| | 70A | Préchauffage (Diesel) |
| 7 | 50A | Fonctions moteur |
| 8 | 60A | Planche de bord |
| 9 | 60A | ABS |
| 10 | 60A | Planche de bord |
| 11 | 60A | Ventilateur clim. |

** Un fusible séparé de 80A protège le circuit du groupe électropompe de DA sur les versions Diesel climatisées de l'AM 2000.*

**4.4b Identification des fusibles dans le compartiment moteur - sauf version ancienne Diesel climatisée**

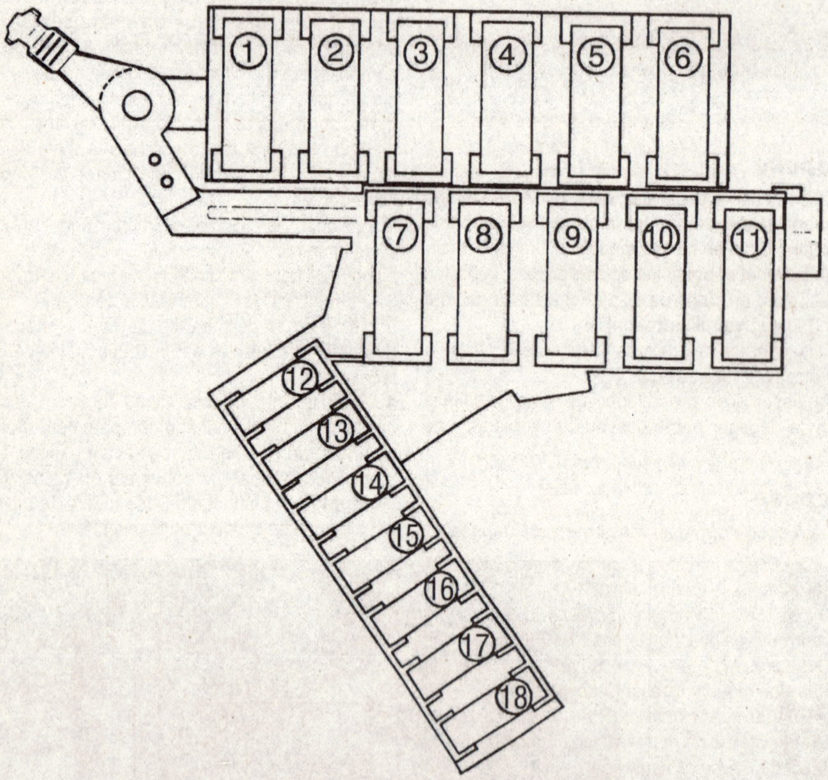


**4.4c Identification des fusibles dans le compartiment moteur - version ancienne Diesel climatisée**

| | | |
|---|---|---|
| 1 | - | Non utilisé |
| 2 | 30A | Ventilateur clim. |
| 3 | - | Non utilisé |
| 4 | 60A | Planche de bord 1 |
| 5 | 60A | Planche de bord 2 |
| 6 | 60A | Planche de bord 3 |
| 7 | 70A | Fonctions moteur (Diesel) |
| 8 | 50A | Fonctions moteur (Diesel) |
| 9 | - | Non utilisé |
| 10 | 80A | Groupe électropompe, DA * |
| 11 | - | Non utilisé |
| 12 | - | Non utilisé |
| 13 | - | Non utilisé |
| 14 | - | Non utilisé |
| 15 | 15A | Fonctions moteur (Diesel) |
| 16 | 15A | Fonctions moteur (Diesel) |
| 17 | - | Non utilisé |
| 18 | - | Non utilisé |

** Fusible séparé sur les véhicules de l'AM 2000.*

**5** Un fusible claqué se reconnaît par son élément sensible fondu ou rompu.

**6** Avant de déposer un fusible, s'assurer de mettre en position « arrêt » l'interrupteur du circuit protégé.

**7** Utiliser la pince en plastique prévue sur la trappe d'accès à la platine pour extraire le fusible.

**8** Un certain nombre de fusibles de rechange sont normalement prévus d'origine sur la trappe d'accès à la platine.

**9** Avant de changer le fusible, déterminer la cause de son claquage et y remédier. Un fusible défectueux doit être remplacé par un fusible calibré à la même intensité maximale. Ne jamais utiliser un fusible de plus fort calibre ni faire de réparation de fortune avec un fil métallique ou un morceau de feuille métallique, au risque d'occasionner de sérieux dégâts voire un incendie.

**10** Les fusibles qui sont de type enfichable sont repérés par une couleur distinctive, en fonction de leur calibre :

| Couleur | Intensité |
|---|---|
| *Violet* | *2 A* |
| *Orange* | *5 A* |
| *Marron* | *7,5 A* |
| *Rouge* | *10 A* |
| *Bleu* | *15 A* |
| *Jaune* | *20 A* |
| *Neutre ou blanc* | *25 A* |
| *Vert* | *30 A* |

## Relais

**11** Un relais est un commutateur électrique utilisé pour les raisons suivantes :

*a) Il est en mesure de commuter à distance des courants de forte intensité dans un circuit à l'intérieur duquel circule le courant. Il permet ainsi l'utilisation de fils conducteurs de plus faible calibre et de contacts électriques plus légers*

*b) Il est en mesure de recevoir plus d'une impulsion de commande, contrairement à un contacteur mécanique*

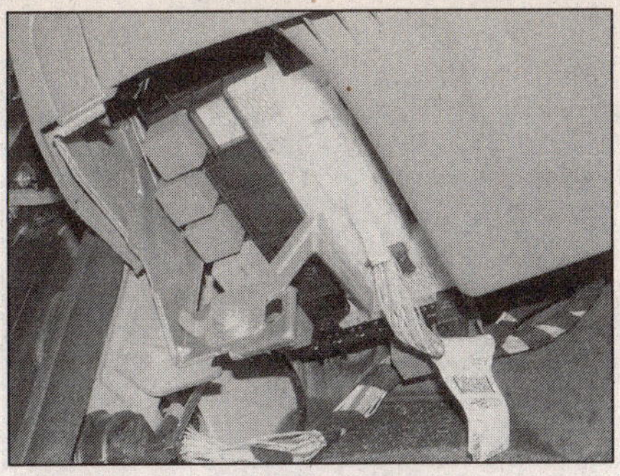

**4.12a Boîtier multitemporisation et relais dans l'habitacle**

c) *Il peut être doté d'une fonction « temporisation », par exemple dans le cas du relais de balayage intermittent d'essuie-glaces*

**12** La plupart des relais sont implantés dans l'habitacle sur un support au niveau du boîtier multitemporisation (voir section suivante), situé sous la planche de bord côté conducteur **(voir illustrations)**.

**13** D'autres relais sont prévus dans le compartiment moteur. Ils sont montés sur une platine située à côté du boîtier à fusibles. Leur présence dépend du niveau d'équipement et du type de moteur **(voir illustration)**.

**14** Si un circuit gouverné par relais vient à connaître une défaillance et en cas de doute sur le bon fonctionnement du relais, actionner le circuit concerné. Si le relais fonctionne normalement, on doit pouvoir entendre un claquement lorsqu'il se trouvera excité. Si tel est le cas, l'anomalie réside dans les composants associés au circuit ou le câblage électrique. Si le relais ne se trouve pas excité, il n'est pas alimenté en courant électrique, ne reçoit pas d'impulsion de commutation ou bien il est défectueux. Le contrôle d'un relais s'effectue en montant à sa place un autre relais dont on est sûr du bon fonctionnement mais en faisant toutefois attention car si certains relais d'apparence identique fonctionnent sur le même principe, d'autres sont d'aspect similaire mais remplissent des fonctions différentes.

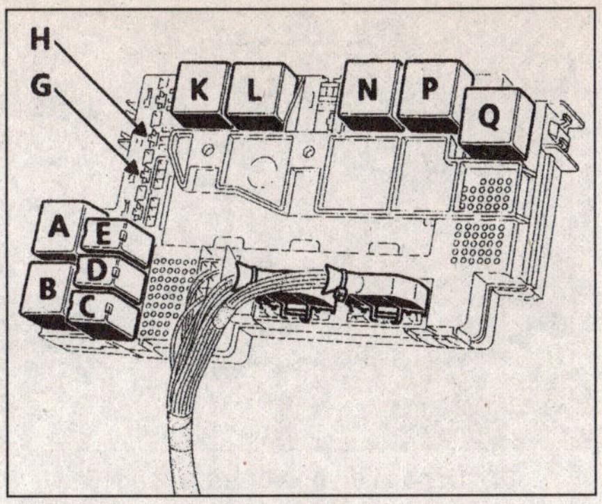


**4.12b Identification des relais au niveau du boîtier multitemporisation**

*A Projecteurs antibrouillard AV.*
*B Lunette AR. dégivrante*
*C Centrale clignotante et feux de détresse*
*D Montée de glace électrique impulsionnelle*
*E Descente de glace électrique impulsionnelle*
*G Veilleuses, feux de jour **
*H Codes, feux de jour **
*K Essuie-glaces AV.*
*L Essuie-glace AR.*
*N Verrouillage centralisé des portes*
*P Déverrouillage centralisé des portes*
*Q + Après contact*
** Allumage automatique des feux de position et de croisement (grand froid)*

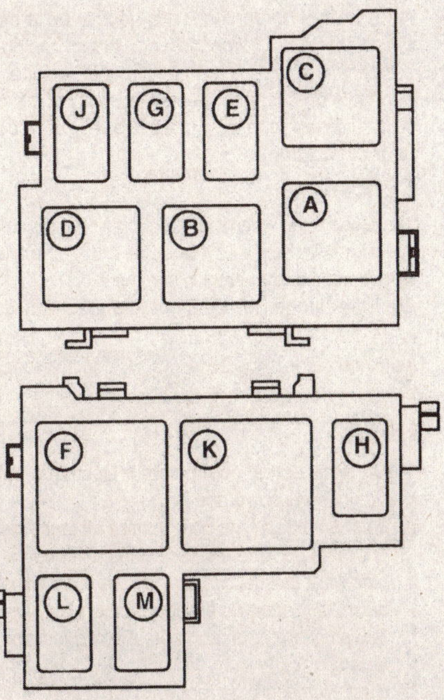


*A Non utilisé*
*B Non utilisé*
*C Groupe électropompe, DA*
*D Non utilisé*
*E Non utilisé*
*F Groupe motoventilateur (moteurs D7F 720 avec climatisation, moteurs Diesel) BV automatique (véhicules de l'AM 2000)*
*G Non utilisé*
*H Verrouillage injection (essence, avec BVM) Démarrage (essence, avec BVA) Correction altimétrique (moteur F8Q 630) Verrouillage injection (moteur F8Q 632)*
*J Non utilisé*
*K Groupe motoventilateur (essence sauf D7F 720, avec climatisation) Petite vitesse de motoventilateur (moteur F8Q 630, avec climatisation)*
*L Pompe à essence Verrouillage injection (moteur F8Q 630) Petite vitesse de motoventilateur (moteur F8Q 632, avec climatisation)*
*M Groupe motoventilateur (essence, sans climatisation) ou petite vitesse de motoventilateur (essence, avec climatisation) Réchauffeur de gazole*

**4.13 Identification des relais dans le compartiment moteur**

## 5 Boîtier multitemporisation - généralités

**1** Le boîtier multitemporisation regroupant les relais dans l'habitacle est implanté sous la planche de bord, côté conducteur (voir illustration 4.12). Pour procéder au remplacement du boîtier, enlever tout d'abord les relais puis dissocier le boîtier du support à relais **(voir illustration)**. A noter que la dépose du boîtier multitemporisation implique la reprogrammation de la fonction antidémarrage, de la télécommande et de la mémoire du calculateur électronique de gestion du moteur : cette procédure doit être effectuée correctement sinon le moteur risque de ne pas pouvoir démarrer. Compte tenu de la nécessité de disposer de l'appareil spécifique du constructeur pour réaliser cette opération, il est conseillé de la confier à un atelier du réseau Renault.

**2** Il existe quatre différents modèles de boîtier multitemporisation, en fonction du niveau d'équipement du véhicule.

**Niveau 1 - configuration de base (sans options) : pièce nº 77 00 411 318**

Commande des équipements suivants :
- centrale clignotante et feux de détresse
- essuie-glaces AV. et AR.
- plafonnier (sans temporisation)
- alerte sonore « oubli éclairage »
- antidémarrage

**Niveau 2 - configuration de base (avec options) : pièce nº 77 00 411 319**

Commande des équipements suivants (en plus de ceux du niveau 1) :
- verrouillage centralisé des portes avec télécommande
- lève-glaces électriques AV.
- temporisation de plafonnier (une ampoule)

**Niveau 3 - configuration haut de gamme (sans options) : pièce nº 77 00 411 322**

Commande des équipements suivants (en plus de ceux des niveaux 1 et 2) :
- temporisation variable d'essuie-glaces AV.
- glaces électriques AV. impulsionnelles
- voyant lumineux de porte ou hayon restés ouverts
- marche arrière d'essuie-glace AR.

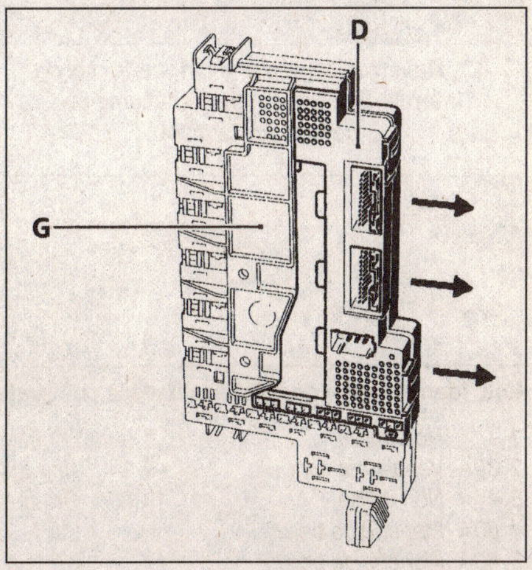


**5.1 Boîtier multitemporisation (D) et support à relais (G)**

**Niveau 4 - configuration haut de gamme (avec options) : pièce nº 77 00 411 321**
Commande des équipements suivants (en plus de ceux des niveaux 1, 2 et 3) :

- veilleuses, feux de jour (grand froid) *
- lave-phares (grand froid)
- temporisation de plafonnier (trois ampoules)
- temporisation d'éclaireurs de bas de portes (deux ampoules)
- alerte de dépassement de vitesse (pays du golfe Arabique)
- codes, feux de jour (grand froid) *

* *Allumage automatique des feux de position et de croisement après démarrage du moteur.*

## 6 Interrupteurs et commutateurs - dépose et repose

### Boîtier transpondeur d'antidémarrage et commutateur d'allumage-démarrage

#### Dépose

**1** Débrancher le câble de masse (-) de la batterie (voir « *Débranchement de la batterie* » à la partie « *Références* » en fin de manuel).

**2** Déposer les demi-coquilles de colonne de direction (voir section 11, section 29).

**3** Débrancher son connecteur électrique puis dégrafer le boîtier de transpondeur d'antidémarrage électronique et tirer sans forcer pour le libérer du combiné commutateur

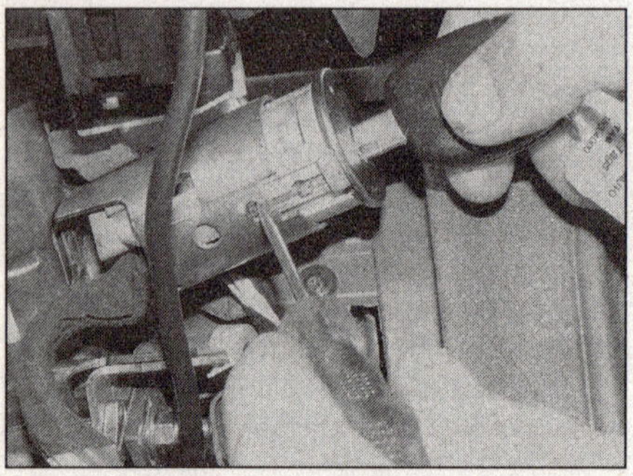

**6.7 Déverrouillage d'une languette d'arrêt latérale du commutateur d'allumage-démarrage/antivol**

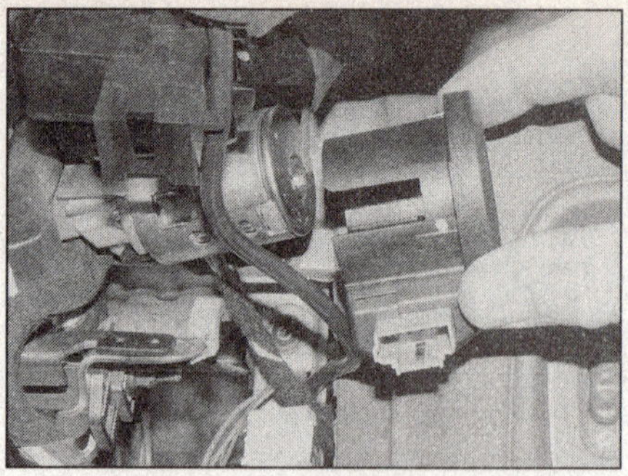

**6.3 Dépose du boîtier transpondeur d'antidémarrage**

d'allumage-démarrage/antivol de direction **(voir illustration)**.

**4** Déverrouiller son arrêtoir en le poussant vers le haut et dégager le bloc de connexion électrique du commutateur d'allumage-démarrage en dessous de la colonne de direction, en le faisant pivoter pour le débrancher. Si besoin, déposer le combiné d'instruments (voir section 12 pour faciliter l'accès). Veiller à bien repérer le trajet du câblage électrique en vue du remontage.

**5** Engager la clé de contact et l'amener à une position intermédiaire entre « A » et « M ».

**6** Desserrer à l'aide d'une clé Torx la vis de fixation sans tête du combiné commutateur d'allumage-démarrage et antivol de direction **(voir illustration)**.

**7** Repousser les deux languettes d'arrêt latérales avec un tournevis puis extraire à l'aide de la clé de contact le combiné commutateur d'allumage-démarrage et antivol de direction, et le déposer en faisant passer le câblage électrique par la colonne de direction **(voir illustration)**.

**8** Pour dissocier le commutateur d'allumage-démarrage du boîtier d'antivol de direction, desserrer les deux vis de fixation puis enlever le cache arrière et dégager le commutateur du boîtier.

#### Repose

**9** La repose s'effectue à l'inverse de la dépose, en observant par ailleurs les points suivants :

**10** Pour réassembler le commutateur d'allumage-démarrage au boîtier d'antivol de direction, veiller à bien engager les ergots du boîtier dans les crans correspondants du commutateur. A noter que ce dernier ne peut prendre qu'une seule position de montage.

**11** S'assurer de réinstaller convenablement le câblage électrique.

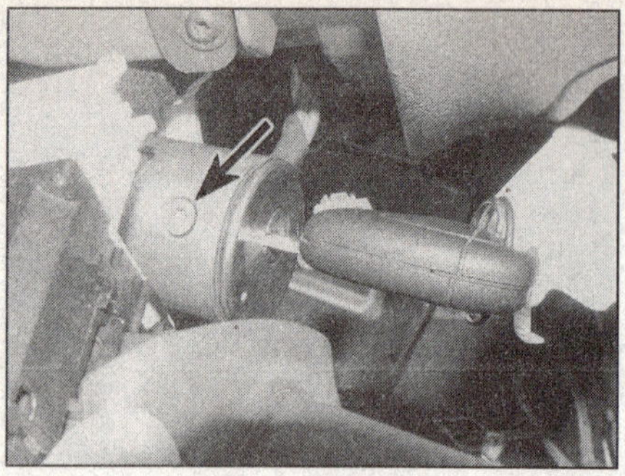

**6.6 Vis de fixation du commutateur d'allumage-démarrage/antivol**

### Manette de commande d'éclairage extérieur, clignotants et avertisseurs

#### Dépose

**12** Débrancher le câble de masse (-) de la batterie (voir « *Débranchement de la batterie* » à la partie « *Références* » en fin de manuel).

**13** Déposer les demi-coquilles de colonne de direction (voir section 11, section 29).

**14** Débrancher le connecteur électrique au niveau de la manette de commande **(voir illustration)**.

**15** Desserrer ses deux vis de fixation et dégager la manette de la colonne de direction **(voir illustrations)**.

#### Repose

**16** La repose s'opère en sens inverse de dépose.

### Manette de commande d'essuie-glaces et lave-glaces

**17** Procéder comme décrit précédemment pour la manette de commande d'éclairage extérieur, clignotants et avertisseurs.

### Platine des manettes multifonction

**Nota :** *Avant de procéder à la dépose de la platine des manettes multifonction au volant, positionner convenablement le contact rotatif du coussin gonflable de sécurité : le repère « 0 » du rotor doit se trouver en face de l'index fixe (E) sur le boîtier* **(voir illustration)**.

#### Dépose

**18** Déposer le volant de direction (voir chapitre 10).

**19** Déposer les demi-coquilles de colonne de direction (voir chapitre 11, section 29).

**20** Débrancher les connecteurs électriques des

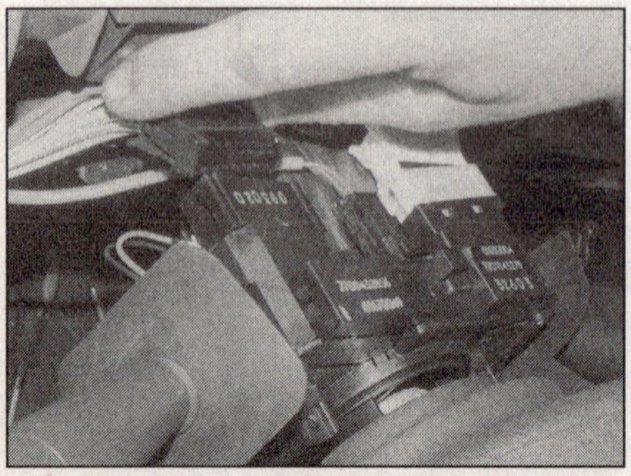

**6.14 Débranchement de la manette de commande**

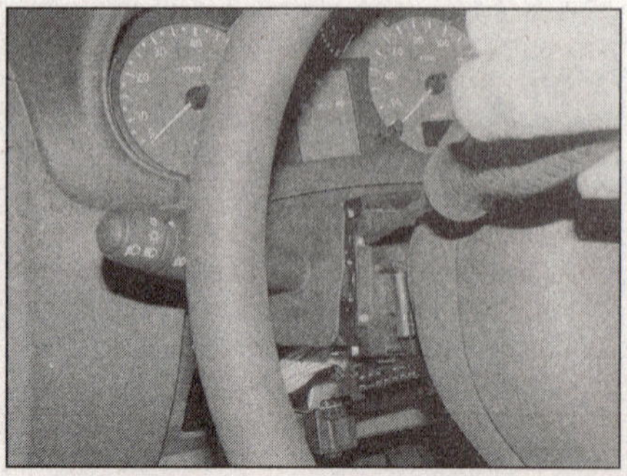

**6.15a Desserrage d'une vis de fixation . . .**

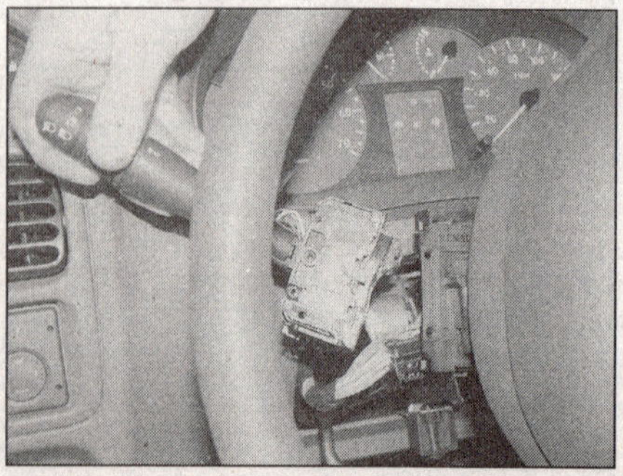

**6.15b . . . et dépose de la manette de commande**

deux manettes de commande multifonction au volant.

**21** Suivant équipement, reculer le cache avant puis desserrer la vis de fixation du bloc des commandes d'autoradio au volant sur la platine des commandes multifonction **(voir illustration)**.

**22** Desserrer sans l'enlever la vis de fixation du contact rotatif du coussin gonflable de sécurité puis taper d'un coup sec sur le tournevis pour débloquer le cône et dégager l'ensemble contact rotatif-platine des commandes multifonction au volant de la colonne de direction **(voir illustrations)**.

### Repose

**Nota :** *Pour procéder à la repose de l'ensemble contact rotatif-platine des manettes de commande multifonction, s'assurer que le rotor du contact rotatif est correctement centré, avec le connecteur électrique en haut, et que les roues avant se trouvent bien en position ligne droite.*

**23** La repose a lieu à l'inverse de la dépose, en effectuant la repose du volant et des demi-coquilles de colonne de direction, comme décrit respectivement aux chapitres 10 et 11. **Nota :** ***Ne pas*** *bloquer la vis de fixation du contact rotatif avant d'avoir reposé les demi-coquilles : serrer la vis par le passage dans la demi-coquille inférieure* **(voir illustration)**.

## Commandes d'autoradio au volant

### Dépose

**24** Débrancher le câble de masse (-) de la batterie (voir « *Débranchement de la batterie* » à la partie « *Références* » en fin de manuel).

**25** Déposer l'autoradio (voir section 23) puis débrancher la connexion électrique des commandes au volant à l'arrière.

**26** Déposer s'il y a lieu les demi-coquilles de colonne de direction (voir chapitre 11, section 29).

**27** Reculer le cache avant puis desserrer la vis de fixation du bloc des commandes d'autoradio au volant sur la platine des commandes multifonction **(voir illustration)**.

**28** Sortir le câblage électrique de l'arrière de la planche de bord, tout en notant bien son trajet, puis déposer le bloc des commandes.

### Repose

**29** La repose a lieu à l'inverse de la dépose, en tenant par ailleurs compte des points suivants :

**30** Se reporter à la section 23 pour procéder à la repose de l'autoradio.

**31** Veiller à réinstaller correctement le câblage électrique.

## Commandes de chauffage-ventilation

**32** Les commandes sont intégrées à leur platine et en sont indissociables **(voir illustration)**. Se reporter au chapitre 3, section 13 pour la dépose de la platine des commandes de chauffage-ventilation.

## Commande de réglage de portée des projecteurs

### Dépose

**33** Déboîter avec précaution de la planche de bord, au moyen d'un tournevis, le bloc de la

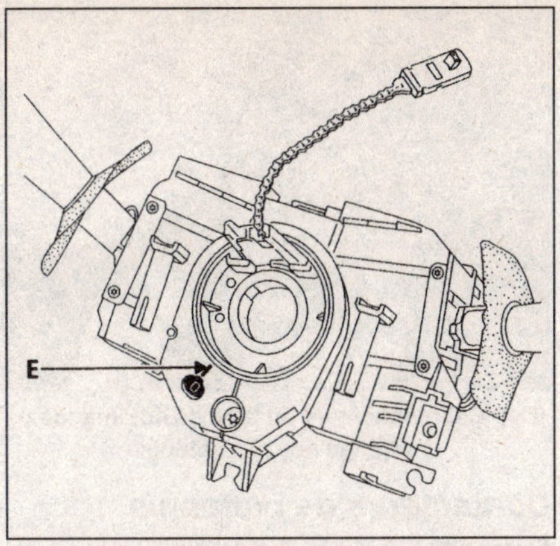


**6.18a Positionnement correct du contact rotatif - montage Valeo**

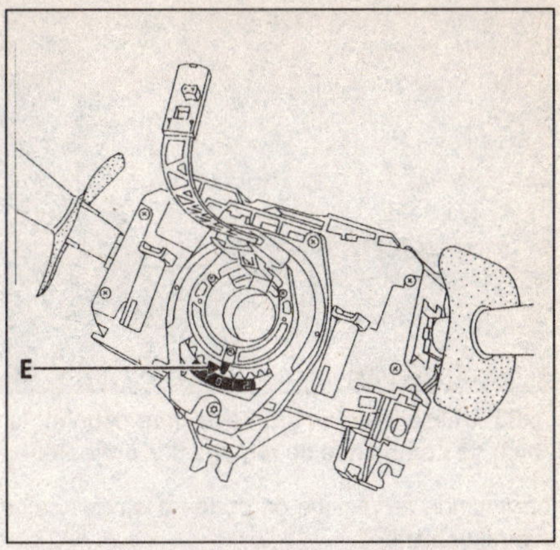


**6.18b Positionnement correct du contact rotatif - montage Lucas**

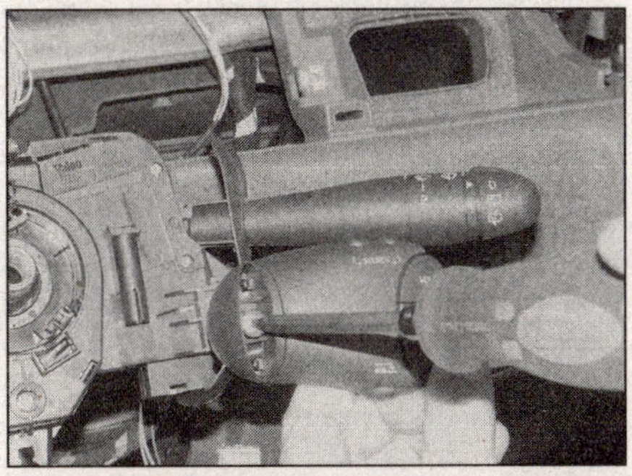

**6.21 Desserrage de la vis de fixation du bloc des commandes au volant**

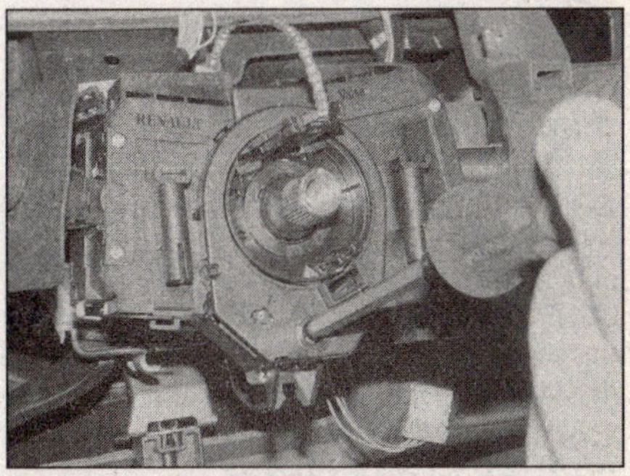

**6.22a Desserrer la vis puis taper d'un coup sec sur le tournevis . . .**

**6.22b . . . pour débloquer le cône du contact rotatif**

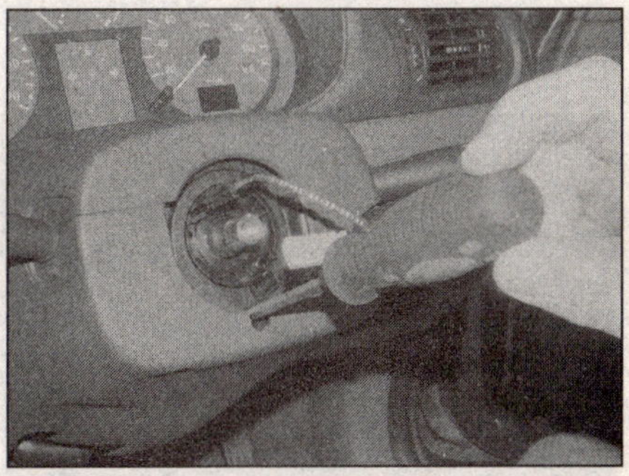

**6.23 La vis du contact à rotatif est à serrer après repose des demi-coquilles de colonne de direction**

**6.27 Vis de fixation du bloc des commandes au volant**

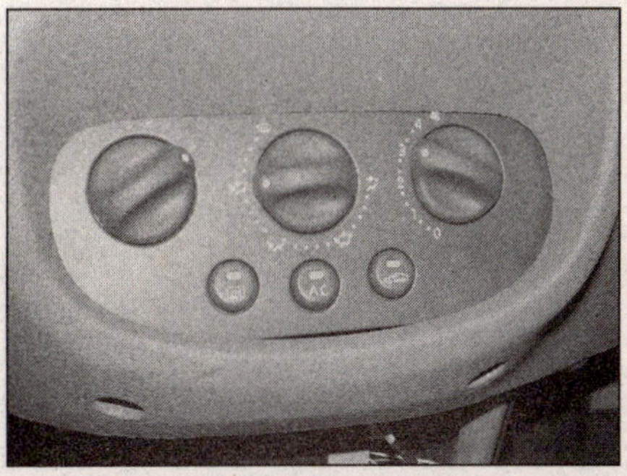

**6.32 Les commandes de chauffage-ventilation sont intégrées à leur platine**

6.33 Utilisation d'un tournevis pour déboîter le bloc de commande de réglage des projecteurs

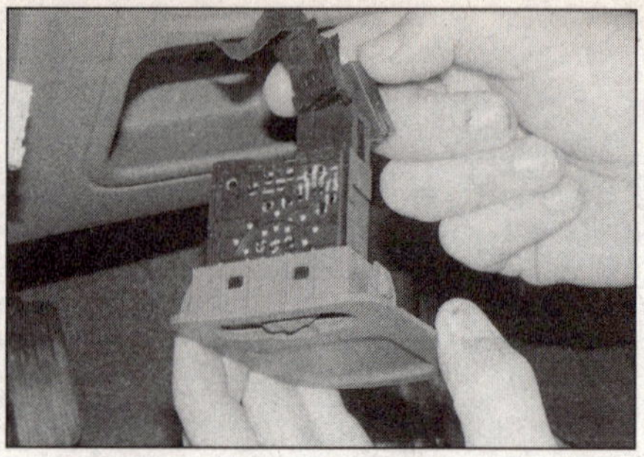

6.34 Débranchement du bloc de commande de réglage des projecteurs

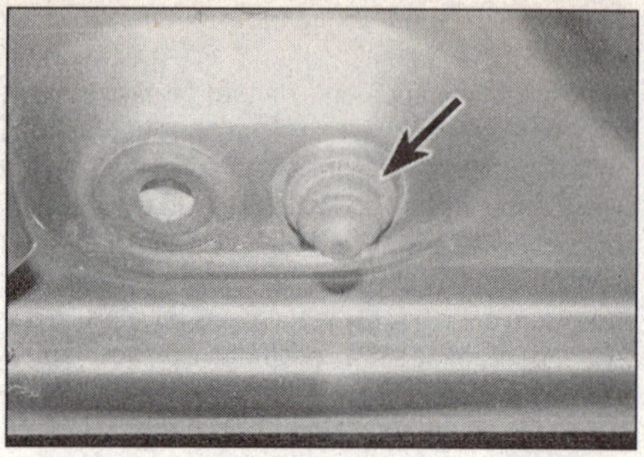

6.42 Capuchon de protection d'un contacteur de plafonnier

commande de réglage de portée des projecteurs **(voir illustration)**.

**34** Débrancher le connecteur électrique puis dégager la commande du bloc **(voir illustration)**.

### Repose

**35** La repose s'effectue en sens inverse de dépose.

## Rhéostat d'éclairage d'instruments

**36** Le rhéostat d'éclairage du combiné d'instruments ainsi que la commande de sièges chauffants (suivant équipement) sont intégrés au bloc de la commande de réglage de portée des projecteurs.

**37** Procéder comme décrit précédemment aux points 33 et 34 pour effectuer la dépose du rhéostat ou de la commande de sièges chauffants.

## Commande de verrouillage centralisé des portes

**38** Voir chapitre 11, section 16.

## Inverseurs de lève-glaces électriques

**39** Voir chapitre 11, section 17.

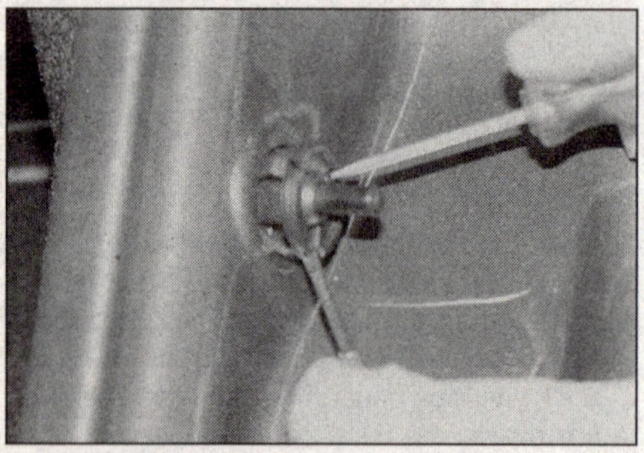

6.43 Extraction d'un contacteur de plafonnier au moyen de deux tournevis

## Contacteurs de plafonnier

### Dépose

**40** Les contacteurs sont implantés au niveau des pieds de caisse.

**41** Débrancher le câble de masse (-) de la batterie (voir « *Débranchement de la batterie* » à la partie « *Références* » en fin de manuel).

**42** Ouvrir la porte du côté concerné puis dégager le capuchon de protection en caoutchouc du contacteur sur le pied de caisse **(voir illustration)**.

**43** Extraire avec précaution le contacteur du pied de caisse et débrancher son connecteur électrique **(voir illustration)**. Faire attention à ce que le câblage électrique ne tombe pas à l'intérieur du pied de caisse en déposant le contacteur : le fixer au besoin avec du ruban adhésif.

### Repose

**44** La repose s'effectue à l'inverse de la dépose.

**Nota :** *Equiper le contacteur de son capuchon de protection en caoutchouc avant de le reposer sur le pied de caisse* **(voir illustration)**.

## Contacteur d'éclairage de coffre

### Dépose

**45** Débrancher le câble de masse (-) de la batterie (voir « *Débranchement de la batterie* » à la partie « *Références* » en fin de manuel).

**46** Ouvrir le hayon puis extraire le contacteur de l'éclairage de coffre de son logement dans la garniture latérale de tablette arrière **(voir illustration)**.

**47** Débrancher le connecteur électrique pour déposer le contacteur **(voir illustration)**.

### Repose

**48** Procéder à l'inverse de la dépose pour effectuer la repose.

# 7 Ampoules (éclairage extérieur) - remplacement

## Généralités

**1** Lors du remplacement d'une ampoule, observer les points suivants :

*a) Débrancher le câble de masse (-) de la batterie avant toute intervention (voir « Débranchement de la batterie » à la partie « Références » en fin de manuel)*

*b) Savoir qu'une ampoule venant de fonctionner peut atteindre une température extrêmement élevée*

*c) Il convient de toujours vérifier le culot de l'ampoule et la douille pour s'assurer de la propreté du contact de métal à métal entre l'ampoule et son point d'alimentation et sa mise à la masse. Eliminer les traces de corrosion ou la saleté avant de monter une ampoule neuve*

*d) Lorsque des ampoules du type à baïonnette (type « poire » à ergots) sont utilisées, veiller à ce que la languette de contact porte bien contre le culot de l'ampoule*

*e) S'assurer de monter des ampoules de puissance adaptée et veiller à ce qu'elles soient parfaitement propres, surtout pour les ampoules à halogène des feux de croisement-route et des antibrouillards avant*

## Feux de croisement-route

**Nota :** *Le montage des projecteurs peut varier légèrement suivant les modèles.*

**Nota :** *Le diffuseur des projecteurs qui est en matière plastique risque de fondre en cas de montage d'ampoules de type inapproprié.*

**2** Débrancher le connecteur électrique de

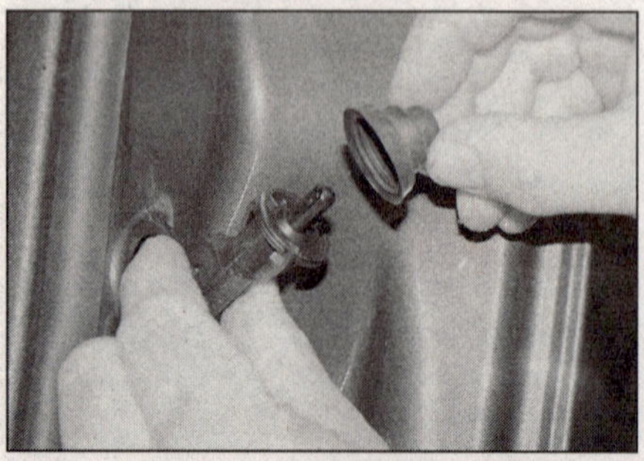

6.44 Le contacteur de plafonnier est à équiper de son capuchon de protection avant de le reposer

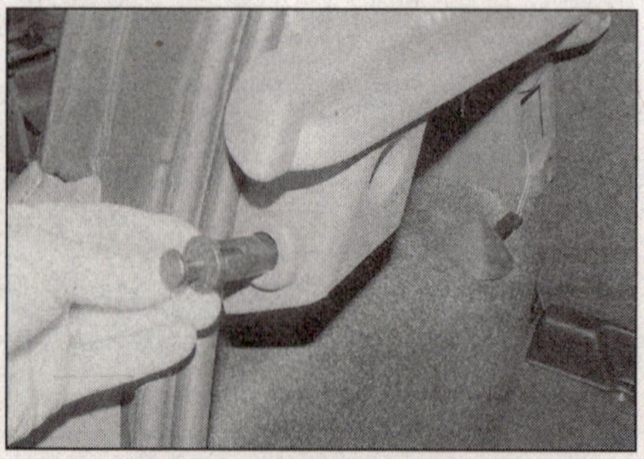

6.46 Dépose du contacteur d'éclairage de coffre

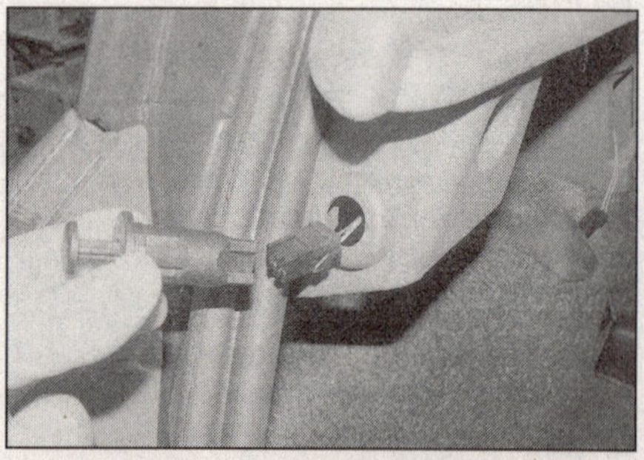

6.47 Débranchement du contacteur d'éclairage de coffre

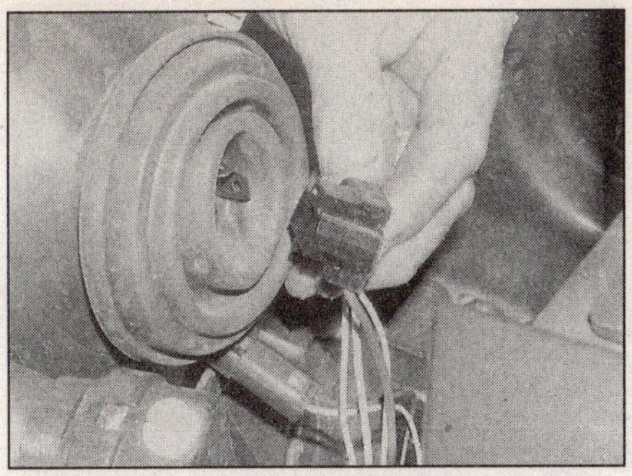

**7.2 Débranchement d'une ampoule de feux de croisement-route**

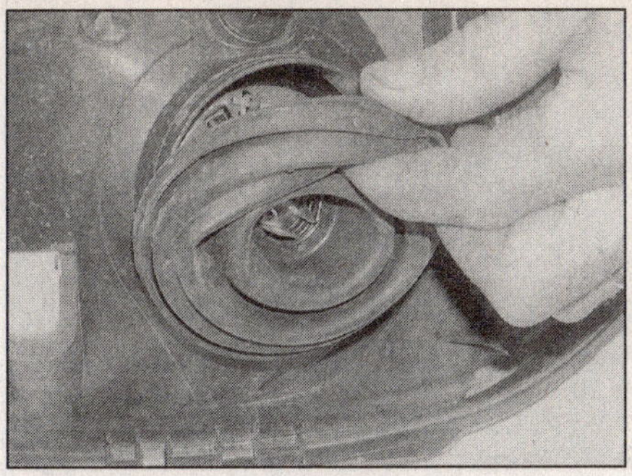

**7.3 Dépose du capuchon AR. d'un projecteur**

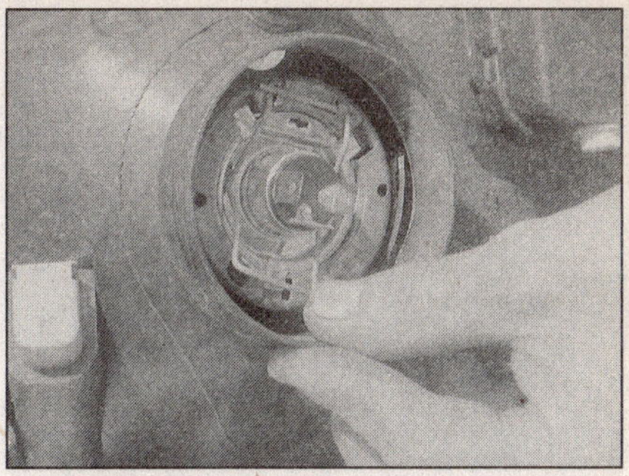

**7.4a Décrocher son ressort de retenue . . .**

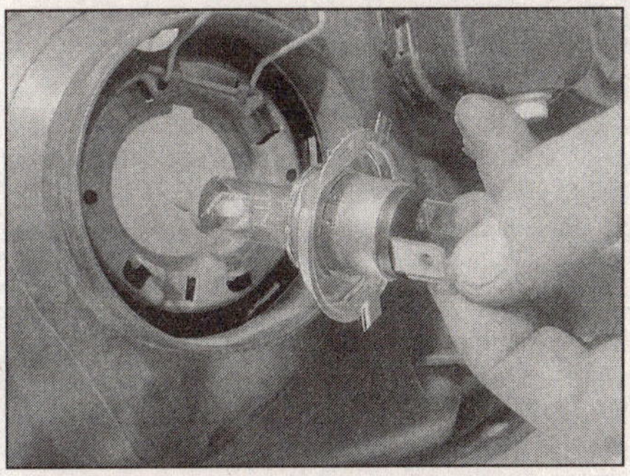

**7.4b . . . et déposer l'ampoule de feux de croisement-route**

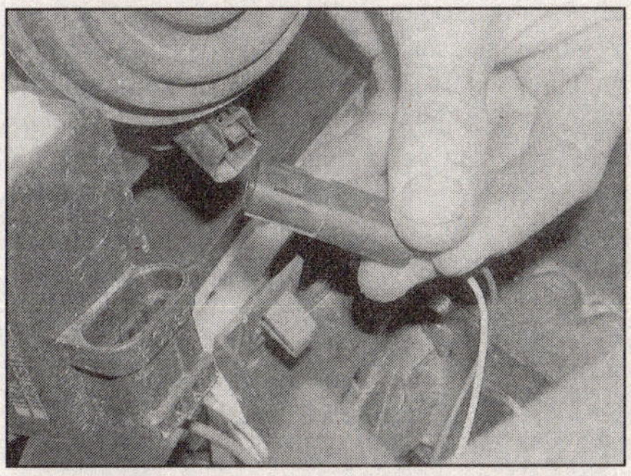

**7.7 Débranchement de la douille porte-ampoule d'un feu de position AV.**

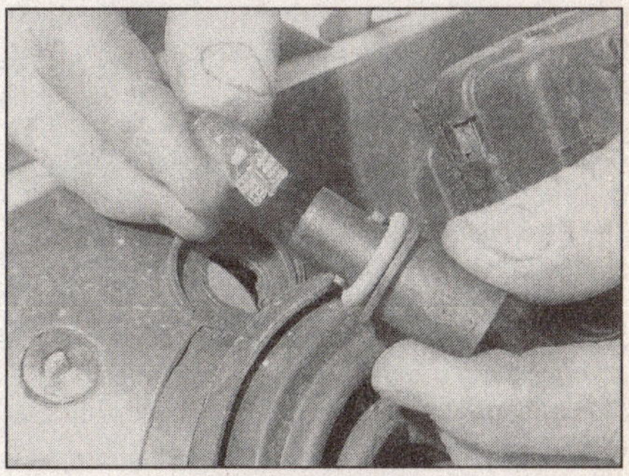

**7.9 Dépose d'une ampoule de feu de position AV.**

l'ampoule de feux de croisement-route dans le compartiment moteur **(voir illustration)**.

**3** Enlever le capuchon en caoutchouc au dos du projecteur **(voir illustration)**.

**4** Décrocher le ressort de retenue puis extraire l'ampoule grillée **(voir illustration)**.

**5** Lors de leur montage, ne pas toucher directement le verre des ampoules à halogène neuves avec les doigts, ce qui risquerait de provoquer leur noircissement et un claquage prématuré. Utiliser un chiffon propre ou de l'essuie-tout en papier pour manipuler ce type d'ampoule.

**info HAYNES** ***En cas de contact accidentel des doigts, nettoyer le verre de l'ampoule avec un chiffon imbibé d'alcool éthylique dénaturé (à brûler)***

**6** Monter l'ampoule neuve en procédant à l'inverse des opérations décrites précédemment.

## Feux de position AV.

**7** Débrancher le connecteur électrique de la douille porte-ampoule du feu de position au dos du projecteur dans le compartiment moteur **(voir illustration)**.

**8** Tourner la douille porte-ampoule d'un quart de tour vers la gauche pour l'extraire du réflecteur du projecteur.

**9** Enlever l'ampoule de type enfichable : elle se dépose en tirant simplement sur elle pour l'extraire de la douille **(voir illustration)**.

**10** Procéder à l'inverse pour monter l'ampoule neuve.

**11** S'assurer toutefois que le joint en caoutchouc de la douille porte-ampoule est en bon état et qu'il est correctement installé.

## Clignotants AV.

**12** Débrancher le connecteur électrique de la douille porte-ampoule au dos du clignotant dans le compartiment moteur **(voir illustration)**.

**13** Tourner la douille porte-ampoule d'un quart de tour vers la gauche pour l'extraire du clignotant.

**14** L'ampoule à fixation baïonnette se dépose en la poussant tout en la tournant vers la gauche pour dégager ses ergots des crans de la douille **(voir illustration)**.

**15** Procéder à l'inverse des opérations précédentes pour monter l'ampoule neuve.

## Répétiteurs latéraux de clignotants

**16** Dégager le boîtier de répétiteur de l'aile avant à l'aide de la lame plate d'un tournevis introduite dans l'encoche centrale en haut **(voir illustration)**.

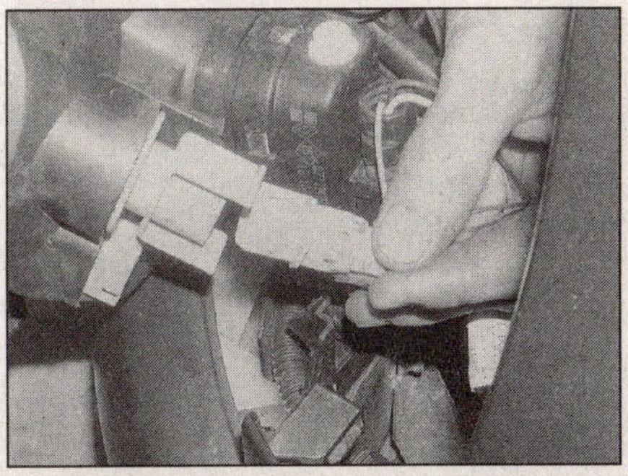

**7.12 Débranchement de la douille porte-ampoule d'un clignotant AV.**

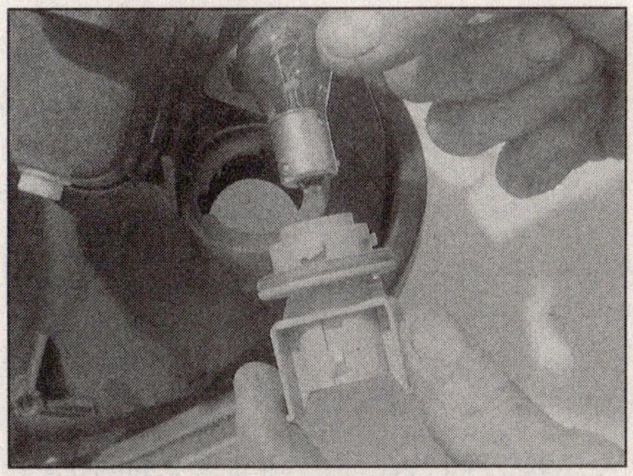

**7.14 Dépose d'une ampoule de clignotant AV.**

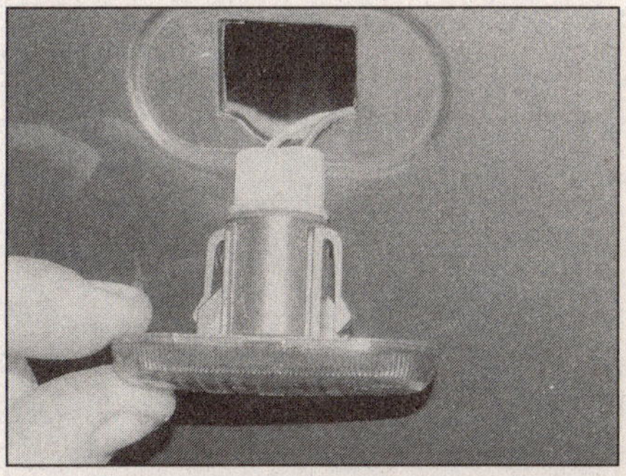

**7.16 Boîtier de répétiteur latéral de clignotant dégagé de l'aile**

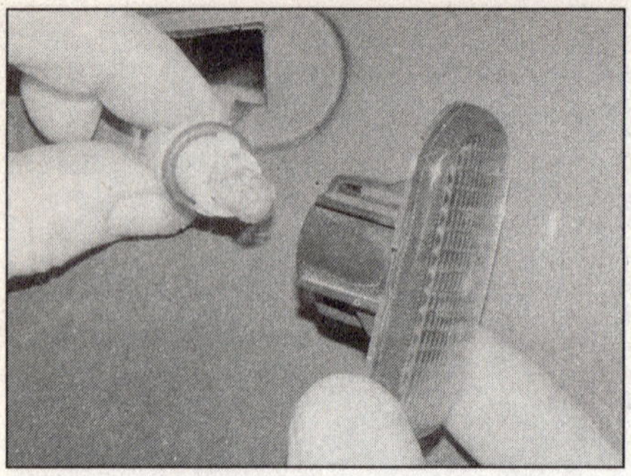

**7.17 Dépose de la douille porte-ampoule d'un répétiteur latéral de clignotant**

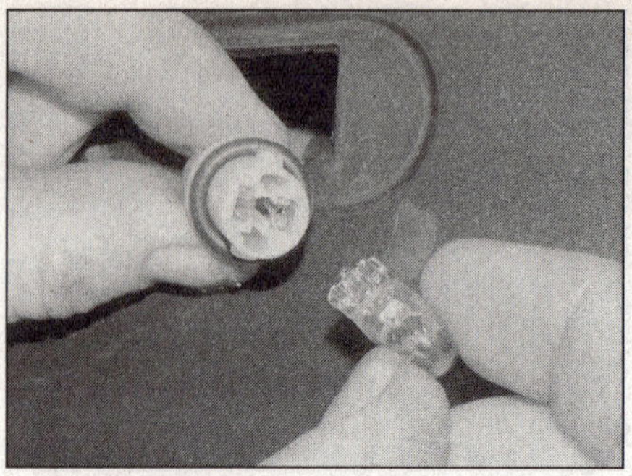

**7.18 Dépose d'une ampoule de répétiteur latéral de clignotant**

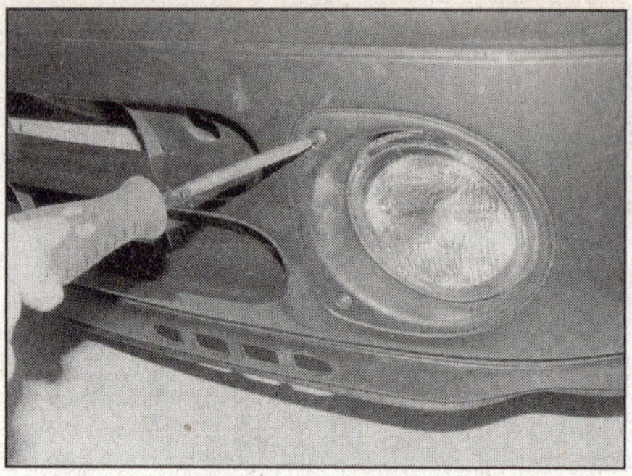

**7.20 Desserrage d'une vis de fixation d'un projecteur antibrouillard**

**17** Tourner la douille porte-ampoule d'un quart de tour vers la gauche pour la dégager du boîtier **(voir illustration)**.

**18** Enlever l'ampoule de type enfichable : elle se dépose en tirant simplement sur elle pour l'extraire de la douille **(voir illustration)**.

**19** Procéder à l'inverse pour le montage de l'ampoule neuve.

## *Projecteurs antibrouillard*

**20** Desserrer ses deux vis de fixation et extraire le bloc optique du projecteur de son logement dans le bouclier pare-chocs **(voir illustration)**.

**21** Débrancher le connecteur électrique du projecteur **(voir illustration)**.

**22** Déposer le cache en plastique au dos du projecteur en le tournant vers la gauche.

**23** Débrancher le connecteur électrique de l'ampoule du projecteur **(voir illustration)**.

**24** Décrocher le ressort de retenue puis extraire l'ampoule défectueuse.

**25** Pour dissocier l'entourage en plastique du projecteur, desserrer les trois écrous d'assemblage à la partie arrière **(voir illustration)**.

**26** Lors de leur montage, ne pas toucher directement le verre des ampoules à halogène neuves avec les doigts, ce qui risquerait de provoquer leur noircissement et un claquage prématuré. Utiliser un chiffon propre ou de l'essuie-tout en papier pour manipuler ce type d'ampoule.

> **info HAYNES** ***En cas de contact accidentel des doigts, nettoyer le verre de l'ampoule avec un chiffon imbibé d'alcool éthylique dénaturé (à brûler)***

**27** Monter l'ampoule neuve en procédant à l'inverse des opérations décrites précédemment.

## *Feux AR.*

**28** Ouvrir le hayon puis dévisser l'écrou de fixation en plastique du bloc de feux arrière à l'intérieur du coffre **(voir illustration)**.

**29** Dégager ensuite de l'extérieur le bloc de feux arrière de son logement dans l'aile, en le soulevant pour libérer ses pattes de retenue inférieures. Débrancher le connecteur électrique.

**30** Appuyer sur ses deux languettes de maintien latérales pour extraire la platine porte-ampoules du bloc de feux **(voir illustration)**.

**31** Les ampoules à fixation baïonnette se déposent en les poussant tout en les tournant vers la gauche pour dégager leurs ergots des crans des douilles **(voir illustration)**.

**32** Procéder à l'inverse des opérations précédentes pour effectuer le remontage.

## *3e feu de stop*

**33** Ouvrir le hayon et déposer le becquet arrière (voir chapitre 11, section 22).

**34** Débrancher le connecteur électrique puis desserrer ses deux vis d'assemblage pour

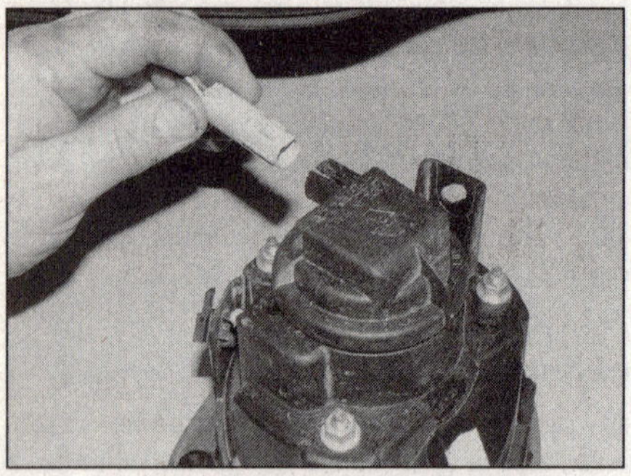

**7.21 Débranchement d'un projecteur antibrouillard**

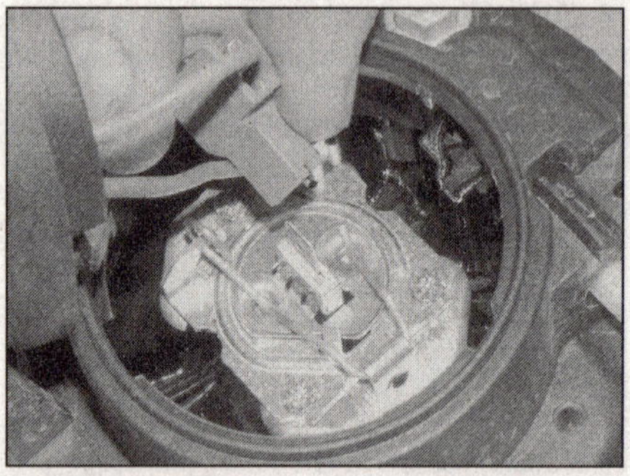

**7.23 Débranchement de l'ampoule d'un projecteur antibrouillard**

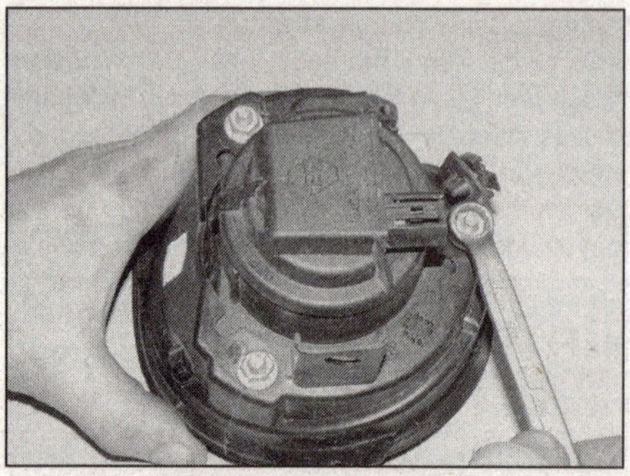

**7.25 Desserrage d'un écrou d'assemblage de l'entourage d'un projecteur antibrouillard**

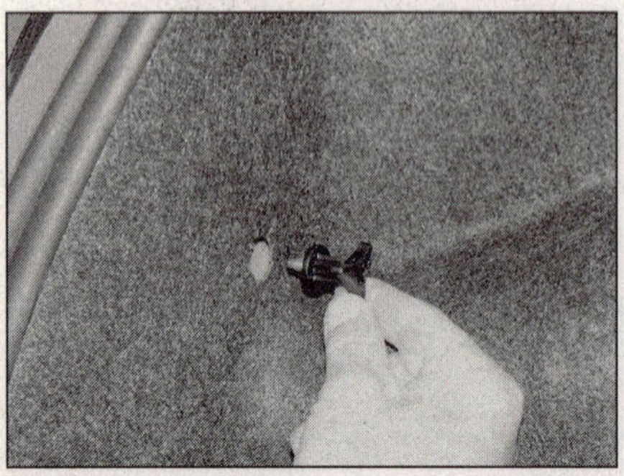

**7.28 Dépose de l'écrou de fixation d'un bloc de feux AR.**

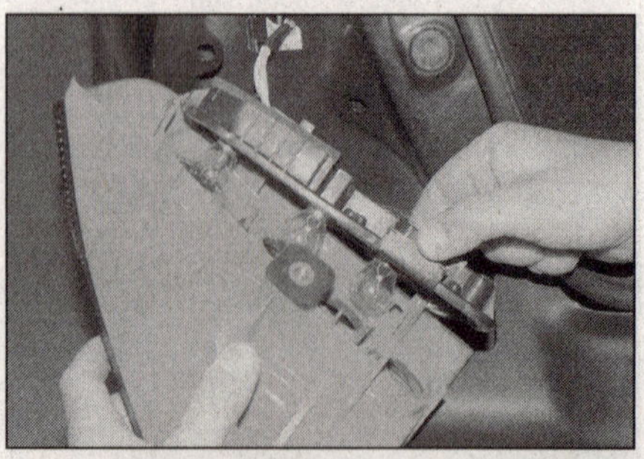

**7.30 Pincer ses languettes de maintien latérales pour extraire la platine porte-ampoules du bloc de feux AR.**

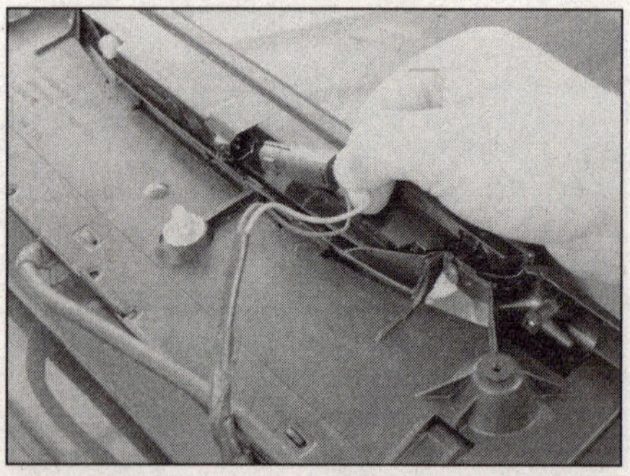

**7.34 Débranchement du 3e feu de stop**

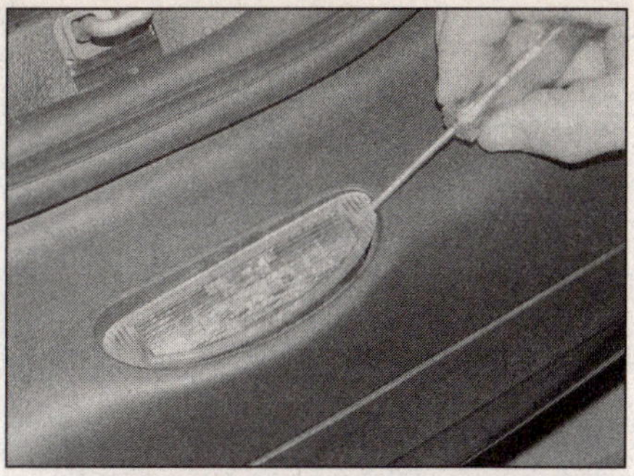

7.37 Extraction de l'éclaireur de plaque d'immatriculation à l'aide d'un tournevis

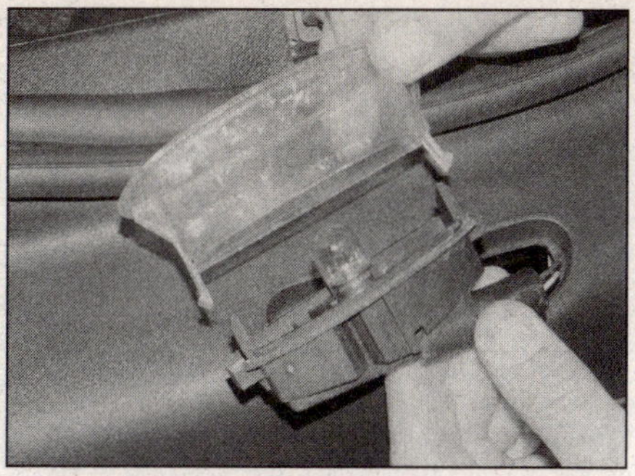

7.38 Dépose du diffuseur de l'éclaireur de plaque d'immatriculation

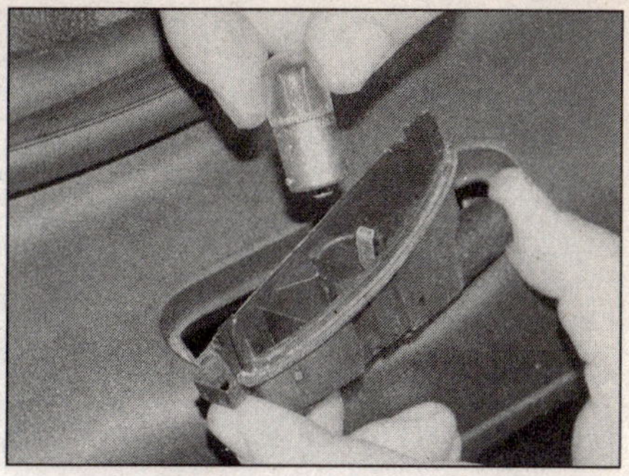

7.39 Dépose de l'ampoule d'éclairage de plaque d'immatriculation

dissocier le bloc de 3e feu de stop du becquet **(voir illustration)**.

**35** En cas de défectuosité de l'une de ses diodes, le bloc de feu qui n'est pas démontable est à changer.

**36** La repose s'opère en sens inverse de dépose.

### Eclairage de plaque d'immatriculation

**37** Extraire avec précaution au moyen de la lame plate d'un tournevis l'éclaireur de son logement dans le bouclier pare-chocs arrière et débrancher le connecteur électrique **(voir illustration)**.

**38** Libérer ses pattes de retenue pour dégager le diffuseur de l'éclaireur **(voir illustration)**.

**39** L'ampoule à fixation baïonnette se dépose en la poussant tout en la tournant vers la gauche pour dégager ses ergots des crans de la douille **(voir illustration)**.

**40** Procéder à l'inverse des opérations précédentes pour monter l'ampoule neuve.

## 8 Ampoules (éclairage intérieur) - remplacement

### Généralités

**1** Voir section précédente, point 1.

### Plafonnier

**2** Extraire le plafonnier de son logement dans la console de pavillon, en le déboîtant avec précaution au moyen de la lame plate d'un tournevis introduite dans la fente latérale **(voir illustration)**.

**3** Dégager ensuite le diffuseur du plafonnier et déposer l'ampoule de type navette **(voir illustrations)**.

**4** Procéder à l'inverse des opérations précédentes pour effectuer le remontage.

### Eclairage de coffre

**5** Appuyer avec la lame plate d'un tournevis sur les languettes latérales de l'éclaireur pour le dégager de son logement.

**6** Dégager le diffuseur et enlever l'ampoule de type navette **(voir illustrations)**.

**7** Opérer à l'inverse pour effectuer le remontage.

### Eclairage/témoins de combiné d'instruments

**8** L'éclairage et les témoins lumineux d'alerte et de surveillance du combiné d'instruments sont constitués de diodes non remplaçables.

### Eclairage d'afficheur multifonction

**9** Voir section 14.

### Eclairage d'allume-cigares

**10** Procéder à la dépose de la console centrale (voir chapitre 11).

**11** Débrancher les connexions électriques de l'allume-cigares et des interrupteurs sous la console centrale.

**12** Dégager le support en plastique de la douille porte-ampoule au dos de l'allume-cigares.

**13** A l'aide d'un petit tournevis introduit par l'arrière du support, dégager la douille puis extraire l'ampoule **(voir illustrations)**.

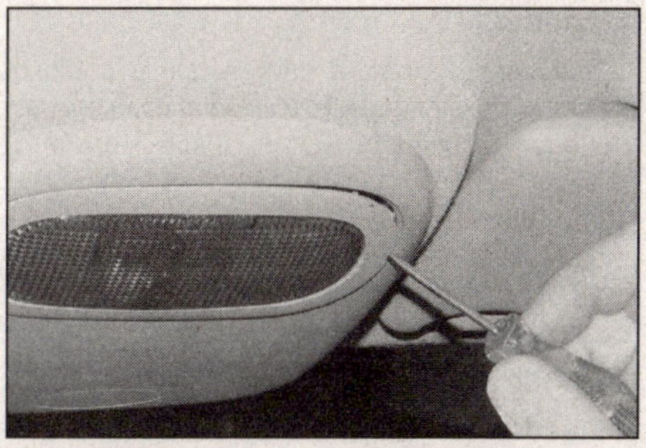

8.2 Utilisation d'un tournevis pour déboîter le plafonnier de la console de pavillon

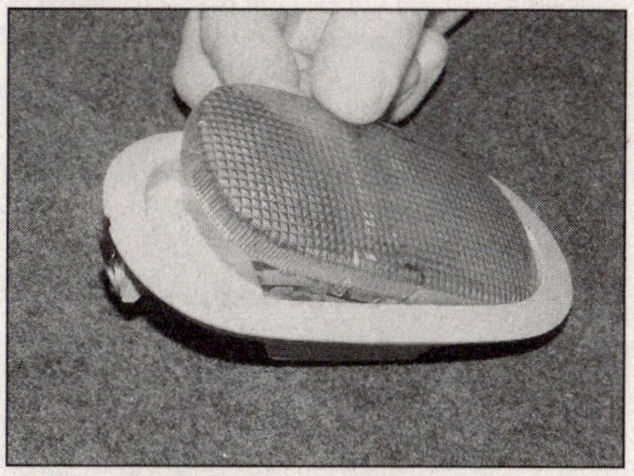

8.3a Dépose du diffuseur . . .

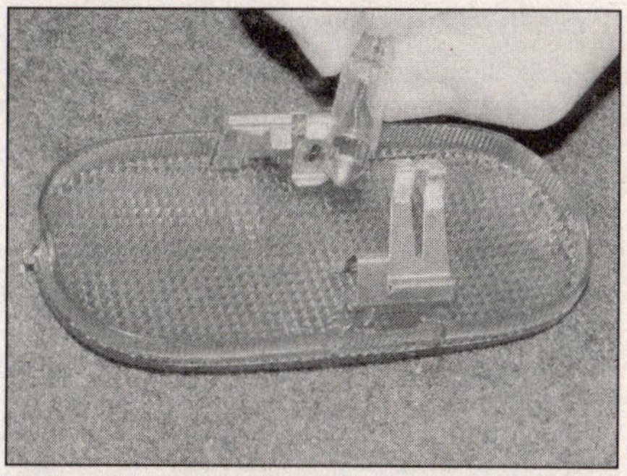

8.3b . . . et de l'ampoule de plafonnier

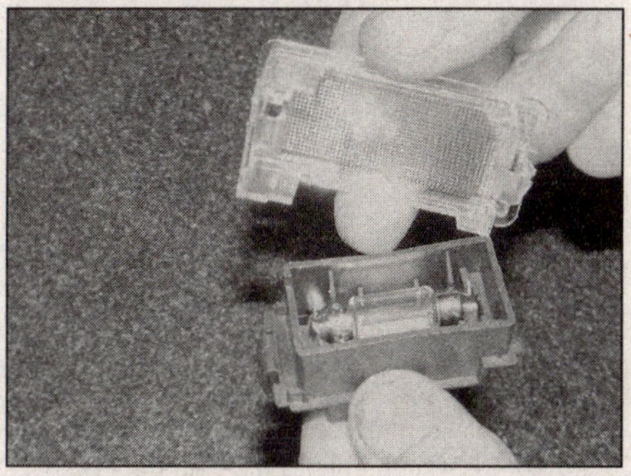

8.6a Dépose du diffuseur . . .

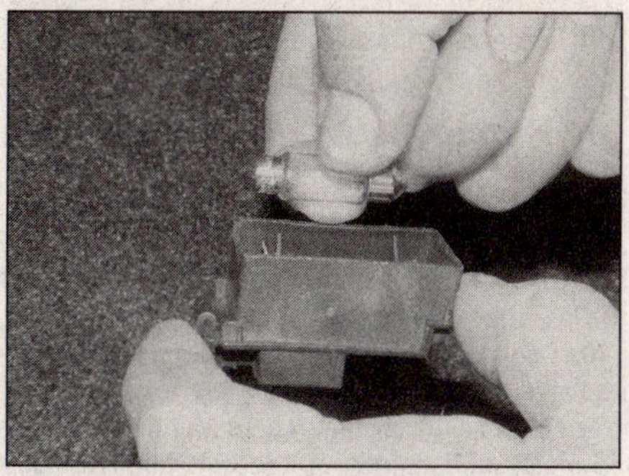

8.6b . . . et de l'ampoule d'éclairage de coffre

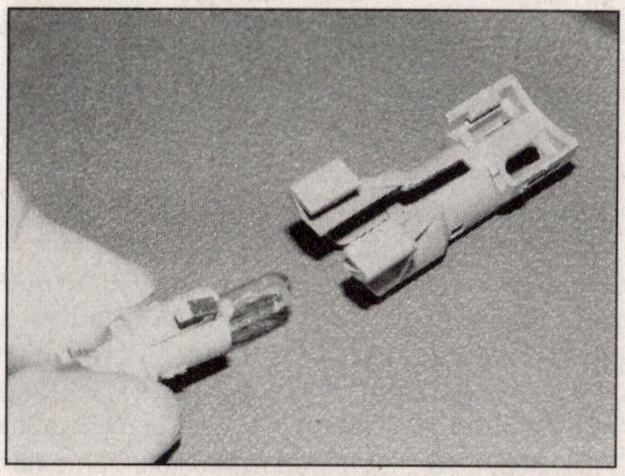

8.13a Dépose de la douille porte-ampoule . . .

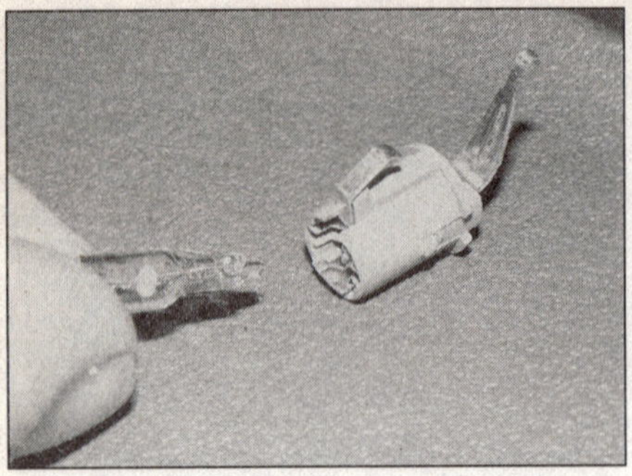

**8.13b ... et de l'ampoule d'éclairage d'allume-cigares**

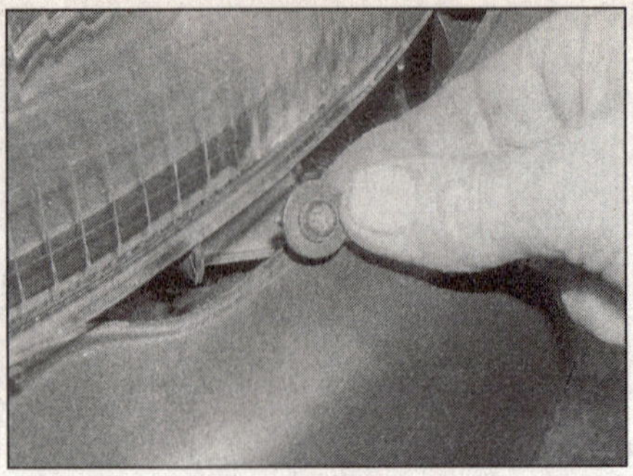

**9.4 Dépose d'une vis de fixation inférieure d'un projecteur**

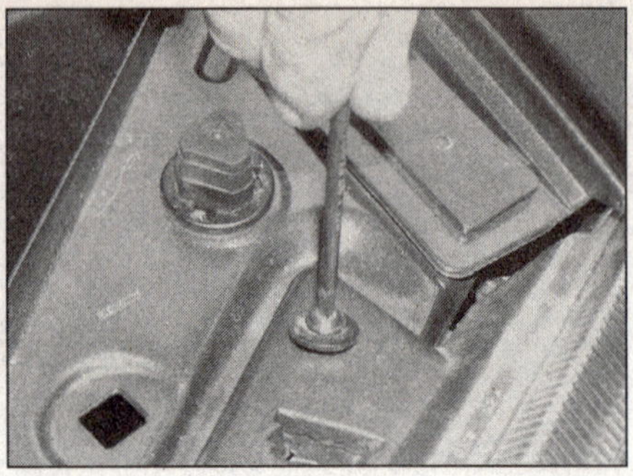

**9.5 Desserrage de la vis de fixation supérieure d'un projecteur**

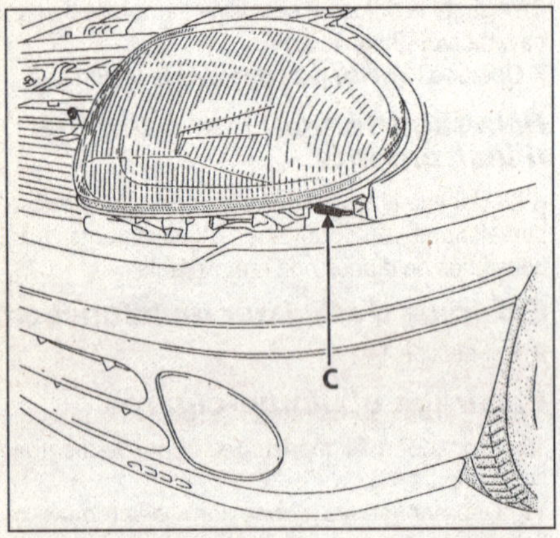


**9.6a Sectionner la patte de maintien en (C) ...**

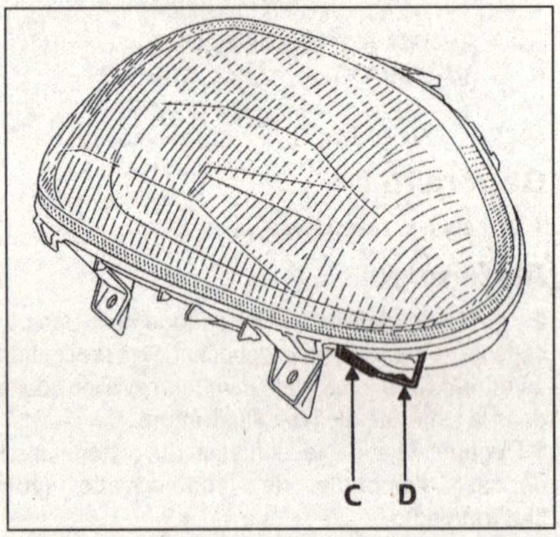


**9.6b ... puis casser la partie (D) de la patte pour faciliter la dépose du projecteur**

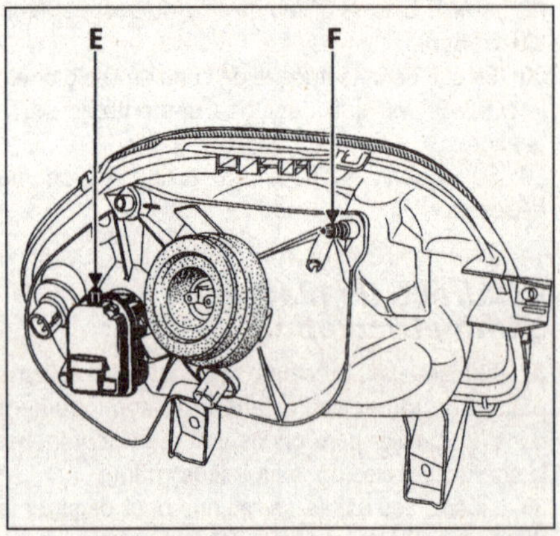


**9.8 Vis de réglage vertical (E) et horizontal (F) d'un projecteur**

**14** Pousser l'ampoule pour l'enficher sur la douille puis remonter successivement la douille et son support, en procédant à l'inverse des opérations décrites précédemment.

## *Eclairage de cendrier*

**15** L'éclairage du cendrier est commun à l'allume-cigares (voir opération précédente pour le remplacement de l'ampoule).

## *Eclairage de montre*

**16** La montre est intégrée, suivant équipement, au combiné d'instruments ou à l'afficheur multifonction (voir section 12 ou 14, selon le cas).

# 9 Feux de signalisation extérieurs - dépose et repose

## *Projecteurs-clignotants AV.*

### Dépose

**1** Déposer la calandre (voir chapitre 11).
**2** Débrancher les connecteurs électriques des ampoules au dos du projecteur côté intervention.
**3** Sur les modèles équipés de correcteurs à distance de la portée des projecteurs, libérer le récepteur de réglage à l'arrière du projecteur en le tournant dans le sens anti-horaire et tirant d'un coup sec pour désaccoupler la rotule.
**4** Desserrer et enlever les deux vis de fixation inférieures de l'ensemble projecteur-clignotant **(voir illustration)**.
**5** Desserrer et enlever la vis de fixation supérieure de l'ensemble projecteur-clignotant **(voir illustration)**.
**6** Pour faciliter la dépose de l'ensemble projecteur-clignotant, sectionner la patte de maintien inférieure sur l'aile et casser la partie extérieure de la patte **(voir illustrations)**.

### Repose

**7** La repose a lieu à l'inverse de la dépose, en faisant attention de ne pas endommager la rotule du récepteur de réglage de la portée du projecteur en l'emboîtant.

### Réglage du faisceau des projecteurs

**8** Suite à la repose des projecteurs, il convient de faire contrôler leur faisceau, ce qui nécessite un banc de contrôle optique spécifique et cette intervention est en conséquence à confier aux services techniques d'un concessionnaire Renault ou à garagiste équipé en conséquence. Le réglage du faisceau s'effectue au moyen de deux vis prévues sur les projecteurs **(voir illustration)**.

## *Répétiteurs latéraux de clignotants*

### Dépose

**9** Débrancher le câble de masse (-) de la batterie (voir « *Débranchement de la batterie* » à la partie « *Références* » en fin de manuel).
**10** Dégager le boîtier de répétiteur de l'aile avant à l'aide de la lame plate d'un tournevis introduite dans l'encoche centrale en haut puis débrancher le connecteur électrique de la douille porte-ampoule **(voir illustration)**.

### Repose

**11** La repose s'opère en sens inverse de dépose.

## *Projecteurs antibrouillard*

### Dépose

**12** Ouvrir le capot et débrancher le câble de masse (-) de la batterie (voir « *Débranchement de la batterie* » à la partie « *Références* » en fin de manuel).
**13** Desserrer ses deux vis de fixation et extraire le bloc optique du projecteur de son logement dans le bouclier pare-chocs puis débrancher le connecteur électrique **(voir illustration)**.

### Repose

**14** La repose s'effectue en sens inverse de dépose. Procéder s'il y a lieu au réglage de la

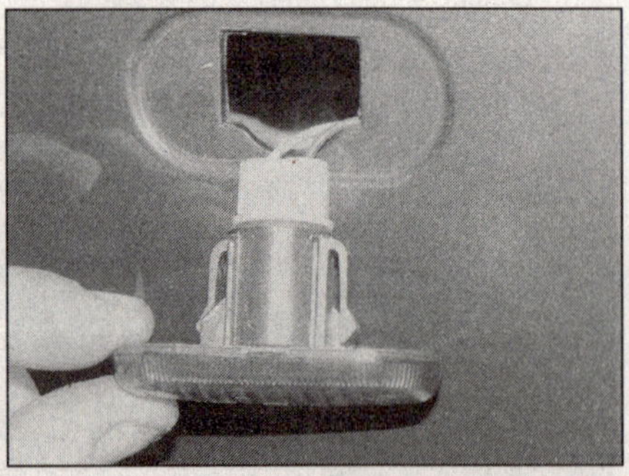

**9.10 Dépose d'un répétiteur latéral de clignotant**

**9.13 Dépose d'un projecteur antibrouillard**

portée des projecteurs au niveau de la vis prévue à cet effet, en engageant une douille de 6 mm par l'orifice d'accès dans le bouclier pare-chocs avant **(voir illustration)**.

## *Blocs de feux AR.*

### Dépose

**15** Débrancher le câble de masse (-) de la batterie (voir « *Débranchement de la batterie* » à la partie « *Références* » en fin de manuel).

**16** Ouvrir le hayon puis dévisser l'écrou de fixation en plastique du bloc de feux arrière à l'intérieur du coffre.

**17** Dégager ensuite de l'extérieur le bloc de feux arrière de son logement dans l'aile, en le soulevant pour libérer ses pattes de retenue inférieures puis débrancher le connecteur électrique **(voir illustration)**.

**18** Le cas échéant, faire passer le câblage électrique par le passe-fils en bas pour déposer le bloc de feux arrière.

### Repose

**19** La repose s'opère à l'inverse de la dépose, en observant par ailleurs les points suivants :

**20** S'assurer éventuellement que le passe-fils est correctement emboîté en bas du bloc de feux.

**21** Veiller à bien engager les pattes de retenue inférieures du bloc de feux dans les logements correspondants de l'aile.

**22** Vérifier que le joint est correctement encastré entre le bloc de feux et l'aile.

## *3e feu de stop*

### Dépose

**23** Ouvrir le hayon et procéder à la dépose du becquet arrière (voir chapitre 11, section 22).

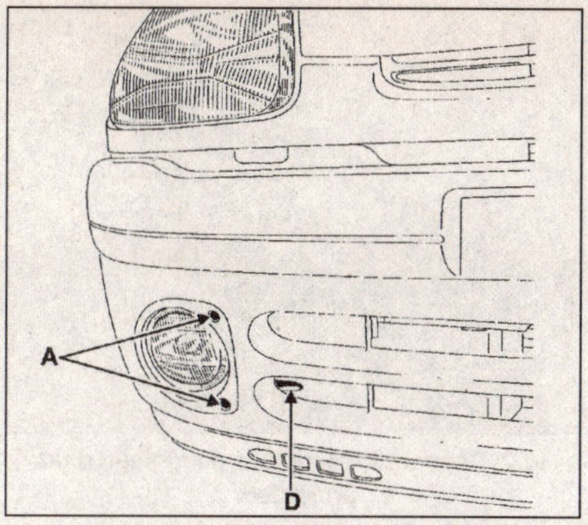


**9.14 Vis de fixation (A) et de réglage de la portée (D) d'un projecteur antibrouillard**

**24** Débrancher le connecteur électrique puis desserrer ses deux vis d'assemblage pour dissocier le bloc de 3e feu de stop du becquet.

**25** En cas de défectuosité de l'une de ses diodes, le bloc de feu qui n'est pas démontable est à remplacer.

### Repose

**26** La repose a lieu en sens inverse de dépose.

## *Eclaireur de plaque d'immatriculation*

### Dépose

**27** Extraire avec précaution au moyen de la lame plate d'un tournevis l'éclaireur de son logement dans le bouclier pare-chocs arrière.

**28** Débrancher le connecteur électrique pour déposer l'éclaireur **(voir illustration)**.

### Repose

**29** Procéder à l'inverse de la dépose pour effectuer la repose.

# 10 Eclairage intérieur - dépose et repose

## *Plafonnier*

### Dépose

**1** Débrancher le câble de masse (-) de la batterie (voir « *Débranchement de la batterie* » à la partie « *Références* » en fin de manuel).

**2** Extraire le plafonnier de son logement dans la console de pavillon, en le déboîtant avec précaution

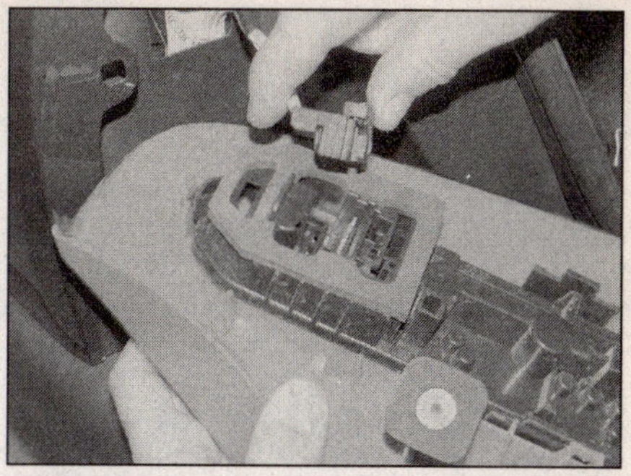

**9.17 Débranchement d'un bloc de feux AR.**

**9.28 Débranchement de l'éclaireur de plaque d'immatriculation**

au moyen de la lame plate d'un tournevis introduite dans la fente latérale puis débrancher le connecteur électrique **(voir illustrations)**.

### Repose

Opérer en sens inverse de dépose pour effectuer la repose.

## *Eclaireur de coffre*

### Dépose

**4** Débrancher le câble de masse (-) de la batterie (voir « *Débranchement de la batterie* » à la partie « *Références* » en fin de manuel). Appuyer avec la lame plate d'un tournevis sur les languettes latérales de l'éclaireur pour le dégager de son logement **(voir illustration)**.

**5** Débrancher le connecteur électrique pour déposer l'éclaireur.

### Repose

**6** La repose s'effectue à l'inverse de la dépose.

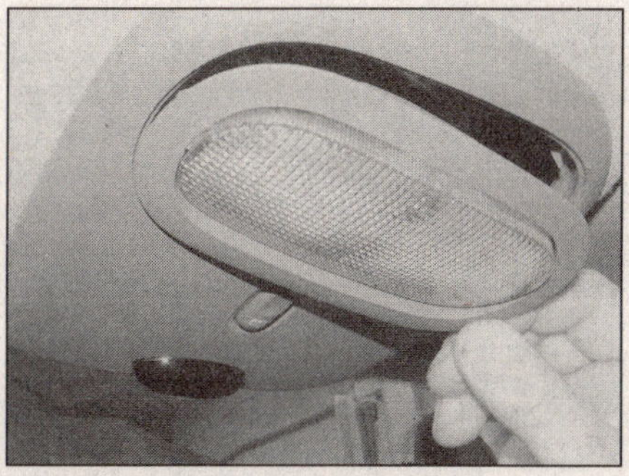

**10.2a Dépose du plafonnier . . .**

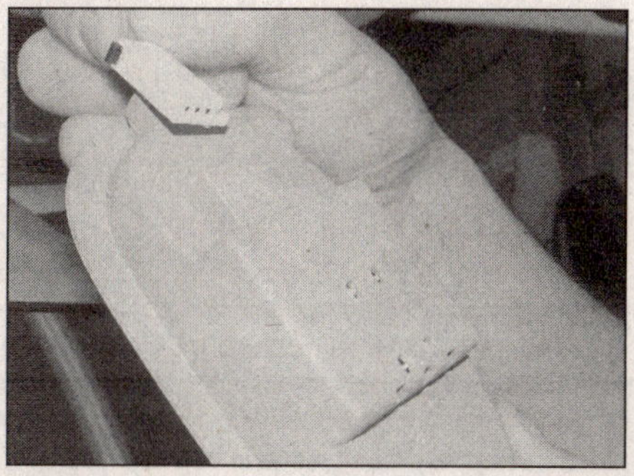

**10.2b . . . et débranchement de son connecteur électrique**

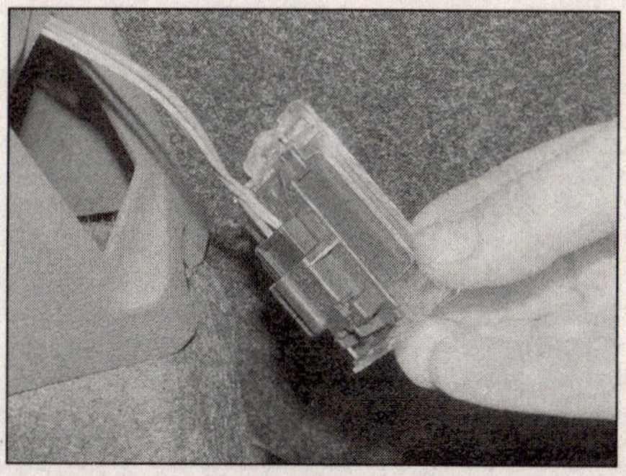

**10.4 Dépose de l'éclaireur de coffre**

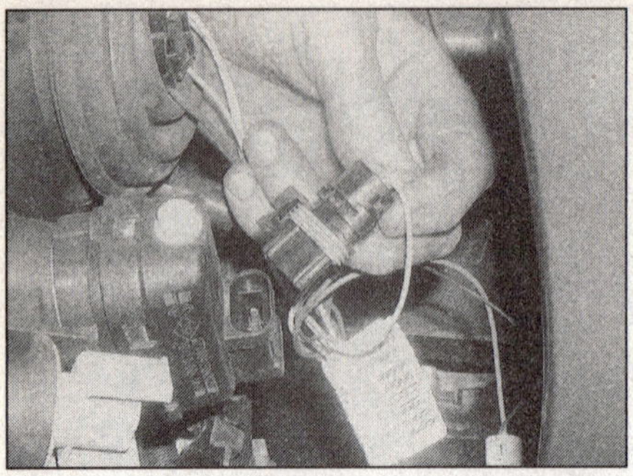

11.1 Débranchement du récepteur de réglage d'un projecteur

## 11 Correcteurs de portée des projecteurs - dépose et repose des éléments constituants

### Dépose

**1** Débrancher le connecteur électrique au dos du récepteur de réglage du projecteur dans le compartiment moteur **(voir illustration)**.
**2** Libérer le récepteur de réglage du projecteur en le tournant dans le sens anti-horaire et tirant d'un coup sec pour désaccoupler la rotule **(voir illustration)**.
**3** Se reporter à la section 6 pour procéder à la dépose de la commande de réglage de portée des projecteurs dans l'habitacle.

### Repose

**4** La repose s'effectue à l'inverse de la dépose, en tenant par ailleurs compte des points suivants :
**5** Faire attention de ne pas endommager la rotule du récepteur de réglage du projecteur en l'emboîtant.
**6** Se reporter à la section 9 pour le réglage du faisceau des projecteurs.

## 12 Combiné d'instruments - dépose et repose

### Dépose

**1** Débrancher le câble de masse (-) de la batterie (voir « *Débranchement de la batterie* » à la partie « *Références* » en fin de manuel).
**2** Déposer les demi-coquilles de colonne de direction et l'habillage supérieur de planche de bord (voir chapitre 11, section 29).

12.3 Desserrage d'une vis de fixation du combiné d'instruments

11.2 Dépose du récepteur de réglage d'un projecteur

**3** Desserrer les vis de fixation du combiné d'instruments **(voir illustration)**.
**4** Extraire le combiné d'instruments de son logement dans la planche de bord en le tirant vers soi et débrancher les connexions électriques au dos **(voir illustration)**.
**5** Déposer ensuite le combiné d'instruments.

### Repose

**6** La repose a lieu à l'inverse de la dépose, en s'assurant de rebrancher correctement toutes les connexions électriques.
**7** Le cas échéant, ne pas bloquer la vis de fixation du contact rotatif du coussin gonflable de sécurité avant d'avoir reposé les demi-coquilles de colonne de direction : serrer la vis par le passage dans la demi-coquille inférieure.

## 13 Combiné d'instruments - démontage

**1** Suivant le niveau d'équipement du véhicule, le combiné d'instruments remplit les fonctions suivantes :

- Compteur de vitesse
- Compte-tours
- Indicateur de niveau de carburant
- Indicateur de température de liquide de refroidissement
- Différents témoins de surveillance et d'alerte
- Témoin de sélection de boîte de vitesses automatique
- Totalisateur kilométrique général et journalier, indicateur de niveau d'huile, ordinateur de bord
- Montre

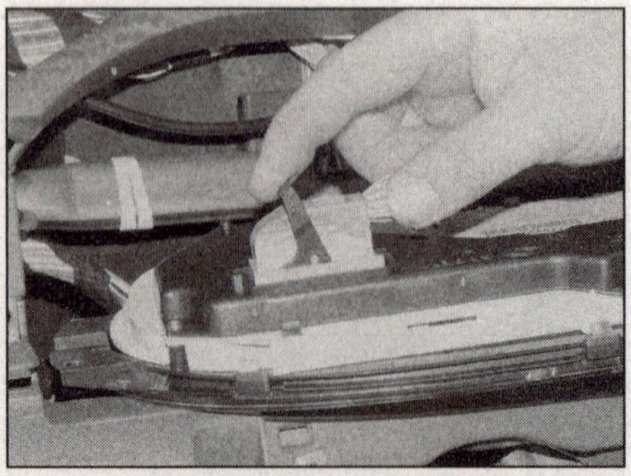

12.4 Débranchement du combiné d'instruments

- Bouton multifonction : remise à zéro du totalisateur kilométrique journalier, mise à l'heure de la montre et sélection de l'affichage

**2** Le combiné d'instruments n'est pas démontable ni réparable : seul l'écran peut être remplacé. En cas de dysfonctionnement de l'un des indicateurs, le combiné complet est à changer.
**3** L'éclairage et les témoins d'alerte et de surveillance du combiné d'instruments sont constitués de diodes non remplaçables.

### Détection automatique des anomalies

**4** Les véhicules avec compte-tours sont pourvus d'une fonction de détection automatique des anomalies qui peut être activée de la manière suivante :
**5 Sans ordinateur de bord :** appuyer sur le bouton de remise à zéro du totalisateur kilométrique journalier et le maintenir enfoncé puis mettre le contact sans faire démarrer le moteur, et relâcher le bouton après environ 5 secondes.
**6 Avec ordinateur de bord :** appuyer sur le bouton de défilement des informations de l'ordinateur au niveau de la manette d'essuie-glaces et lave-glaces, à droite du volant, et le maintenir enfoncé puis mettre le contact sans faire démarrer le moteur, et relâcher le bouton après environ 5 secondes.
**7** Le système effectue ensuite la vérification simultanée des fonctions suivantes :

- Compteur de vitesse, avec déplacement de l'aiguille par incréments de 40 km/h
- Compte-tours, avec déplacement de l'aiguille par incréments de 1 000 tr/min
- Indicateur de niveau de carburant, avec déplacement de l'aiguille par incréments de 1/4 de la graduation
- Indicateur de température de liquide de refroidissement, avec déplacement de l'aiguille par incréments de 1/4 de la graduation
- Affichage numérique, avec éclairage de tous les segments à la fois

**8** Cette procédure permet d'assurer la surveillance des instruments jusqu'à ce que le contact soit coupé.

## 14 Afficheur multifonction - dépose et repose

**Nota :** *Suivant le niveau d'équipement du véhicule, un afficheur multifonction : radio, température et*

14.0 Vide-poches remplaçant l'afficheur multifonction sur version bas de gamme

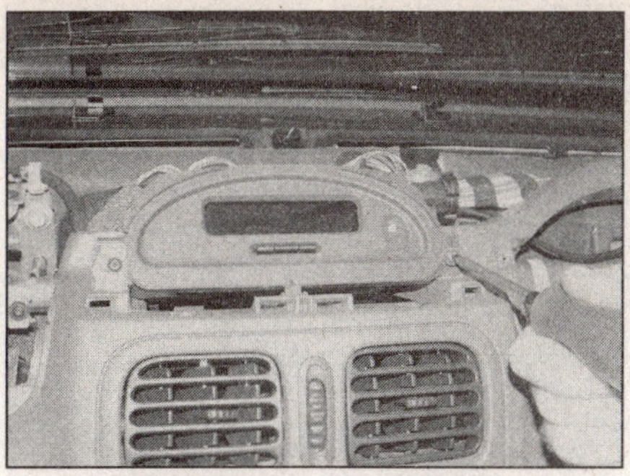

**14.3 Desserrage d'une vis de fixation de l'afficheur multifonction**

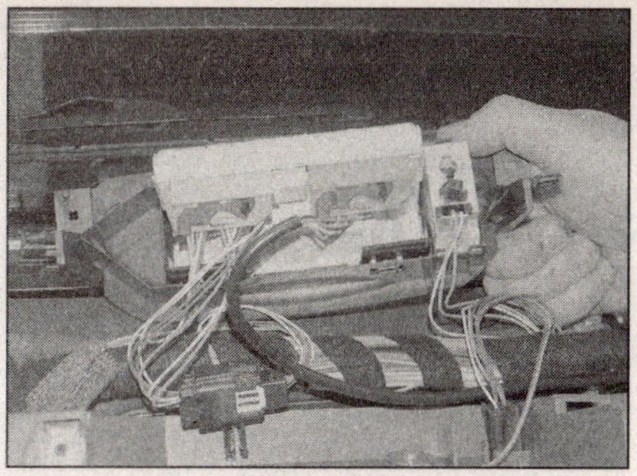

**14.4 Débranchement de l'afficheur multifonction**

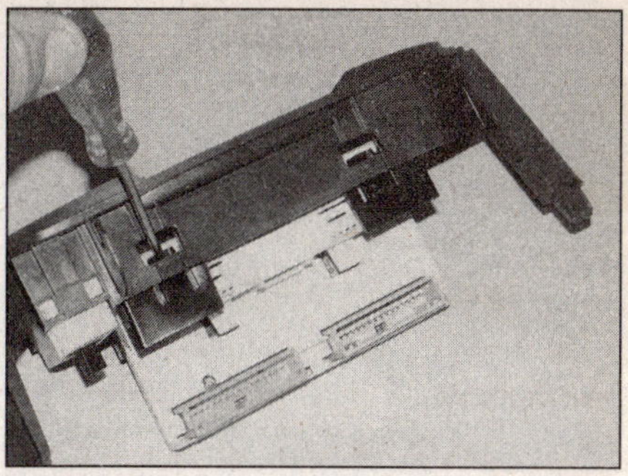

**14.5a Ecarter ses pattes de retenue avec un tournevis . . .**

*heure, est prévu en haut de la planche de bord. Sur les modèles en étant dépourvus, il est remplacé par un vide-poches* **(voir illustration)**.

### *Dépose*

**1** Débrancher le câble de masse (-) de la batterie (voir « *Débranchement de la batterie* » à la partie « *Références* » en fin de manuel).

**2** Déposer l'habillage supérieur de planche de bord (voir chapitre 11, section 29).

**3** Desserrer ses deux vis de fixation en haut puis dégager l'afficheur multifonction de la planche de bord, en le tirant vers soi **(voir illustration)**.

**4** Débrancher les connexions électriques à l'arrière pour déposer l'afficheur multifonction **(voir illustration)**.

**5** L'entourage peut si nécessaire être dissocié de l'afficheur en écartant les pattes de retenue à l'aide d'un tournevis **(voir illustrations)**.

**6** Pour procéder au remplacement d'une ampoule d'éclairage de l'afficheur, tourner la douille correspondante dans le sens anti-horaire pour l'extraire **(voir illustration)**. Dégager ensuite l'ampoule de la douille en tirant sur elle.

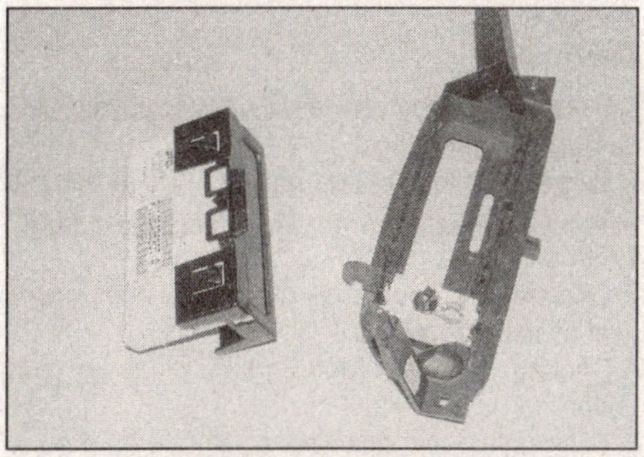

**14.5b . . . pour dissocier l'entourage de l'afficheur multifonction**

### *Repose*

**7** Opérer en sens inverse de dépose pour effectuer la repose.

## 15 Montre - généralités

La montre est située suivant le cas sur le combiné d'instruments ou l'afficheur multifonction : ces équipements qui ne sont ni démontables ni réparables sont à remplacer en cas de dysfonctionnement de la montre.

Se reporter à la section 12 pour la dépose du combiné d'instruments et à la section précédente pour celle de l'afficheur multifonction.

## 16 Affichage de la température extérieure - dépose et repose des éléments constituants

### *Affichage sur le combiné d'instruments*

**1** Voir section 12

### *Indication sur l'afficheur multifonction*

**2** Voir section 14.

### *Sonde de température extérieure*

#### Dépose

**3** Cette sonde, dans le cas où elle existe, est montée en bas du rétroviseur extérieur côté conducteur.

**4** Débrancher le câble de masse (-) de la batterie (voir « *Débranchement de la batterie* » à la partie « *Références* » en fin de manuel).

**5** Ouvrir la porte puis déboîter avec précaution et déposer l'enjoliveur intérieur du rétroviseur sur le bord avant de la porte.

**6** Desserrer les deux vis de fixation du cache du rétroviseur sur la porte puis débrancher le connecteur électrique de la sonde de température.

**7** Déposer la glace du rétroviseur (voir chapitre 11, section 18).

**8** Enlever sa vis de fixation et dégager la sonde de température du rétroviseur en sortant le câblage électrique.

#### Repose

**9** La repose a lieu en sens inverse de dépose.

## 17 Allume-cigares - dépose et repose

### *Dépose*

**1** Débrancher le câble de masse (-) de la batterie (voir « *Débranchement de la batterie* » à la partie « *Références* » en fin de manuel).

**2** Déposer la console centrale (voir chapitre 11).

**3** Débrancher les connexions électriques de l'allume-cigares et des interrupteurs sous la console centrale.

**4** Extraire l'élément chauffant de l'allume-cigares de son manchon métallique.

**5** Pour dégager le manchon métallique du boîtier en plastique, appuyer sur ses languettes de retenue intérieures avec un tournevis et le pousser de l'arrière pour le chasser **(voir illustrations)**.

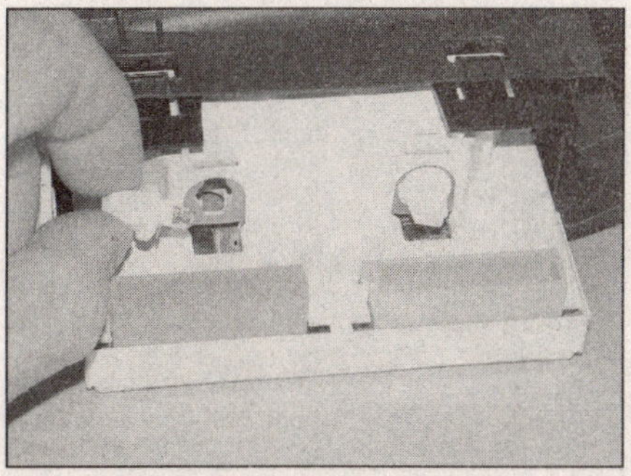

**14.6 Dépose d'une ampoule d'éclairage de l'afficheur multifonction**

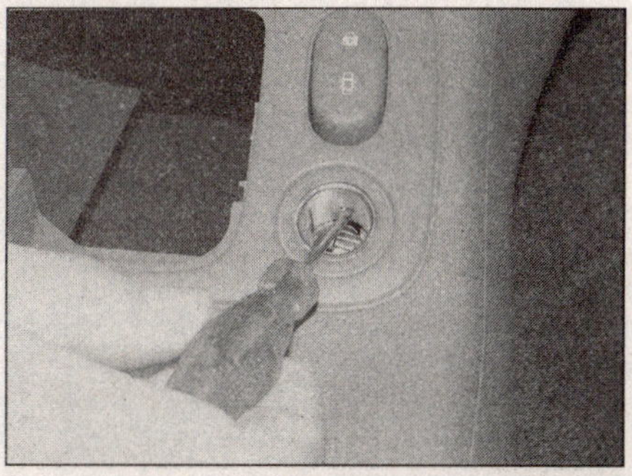

**17.5a Déverrouiller les languettes de retenue intérieures . . .**

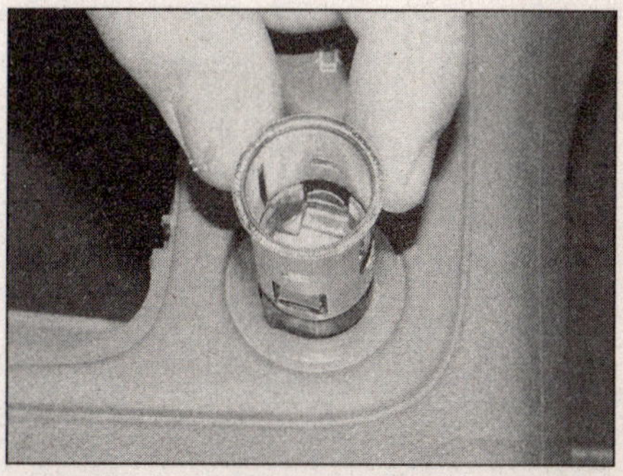

**17.5b . . . pour déposer le manchon métallique de l'allume-cigares**

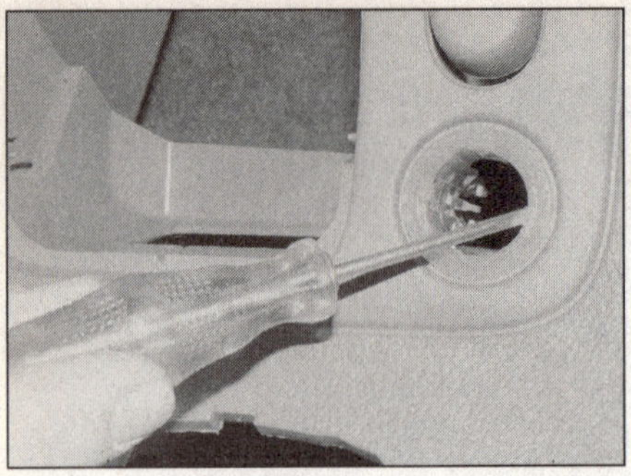

**17.6a Déverrouiller les languettes de retenue intérieures . . .**

**6** Pour déposer le boîtier en plastique, appuyer sur ses languettes de retenue intérieures avec un tournevis et le pousser de l'arrière afin de le dégager de la garniture **(voir illustrations)**.

## Repose

**7** Procéder en sens inverse de dépose pour effectuer la repose.

## 18 Avertisseur sonore - dépose et repose

## Dépose

**1** L'avertisseur sonore est implanté derrière le côté gauche du bouclier pare-chocs avant, en dessous du projecteur **(voir illustration)**.
**2** Débrancher le câble de masse (-) de la batterie (voir « *Débranchement de la batterie* » à la partie « *Références* » en fin de manuel).

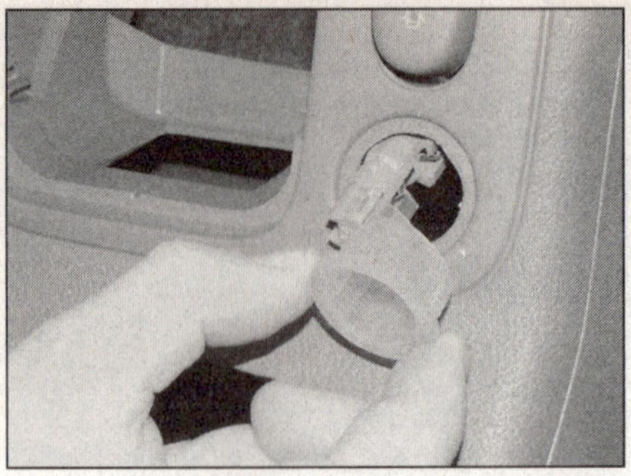

**17.6b . . . pour déposer le boîtier en plastique de l'allume-cigares**

**3** Pour avoir accès à l'avertisseur sonore, déposer la coquille pare-boue du passage de roue avant gauche (voir chapitre 11, section 22).
**4** Débrancher le connecteur électrique de l'avertisseur sonore.
**5** Desserrer son écrou de fixation et dégager l'avertisseur sonore de son support.

## Repose

**6** La repose s'opère en sens inverse de dépose.

## 19 Bras d'essuie-glaces - dépose et repose

## Dépose

**1** Faire fonctionner les essuie-glaces de façon à ce que leur bras revienne en position d'arrêt fixe. Coller un morceau de ruban adhésif le long du bord

**18.1 Avertisseur sonore vu du dessus - projecteur G. déposé**

de la raclette d'essuie-glace afin de repérer la position de montage.
**2** Dans le cas des essuie-glaces avant, les deux bras étant de longueur différente, veiller à bien repérer leur position respective de montage.
**3** Suivant le cas, soulever le cache pivotant ou déboîter le capuchon en plastique et enlever l'écrou d'axe du bras d'essuie-glace concerné **(voir illustrations)**.
**4** Désaccoupler le bras de l'axe, en se servant si nécessaire d'un extracteur approprié ou d'un tournevis pour faire levier **(voir illustration)**.

## Repose

**5** La repose s'effectue à l'inverse de la dépose, en veillant à aligner la raclette de l'essuie-glace sur le morceau de ruban adhésif posé au préalable.

## 20 Moteur et mécanisme d'essuie-glaces AV. - dépose et repose

## Dépose

**1** S'assurer que les essuie-glaces se trouvent bien en position d'arrêt fixe.
**2** Débrancher le câble de masse (-) de la batterie (voir « *Débranchement de la batterie* » à la partie « *Références* » en fin de manuel).
**3** Déposer les deux bras d'essuie-glaces avant (voir section précédente).
**4** Déposer les deux demi-grilles d'auvent (voir chapitre 11).
**5** Débrancher le connecteur électrique du moteur d'essuie-glaces **(voir illustration)**.
**6** Desserrer les vis de fixation de l'ensemble

**19.3a Dégager le cache pivotant . . .**

**19.3b . . . ou enlever le capuchon en plastique . . .**

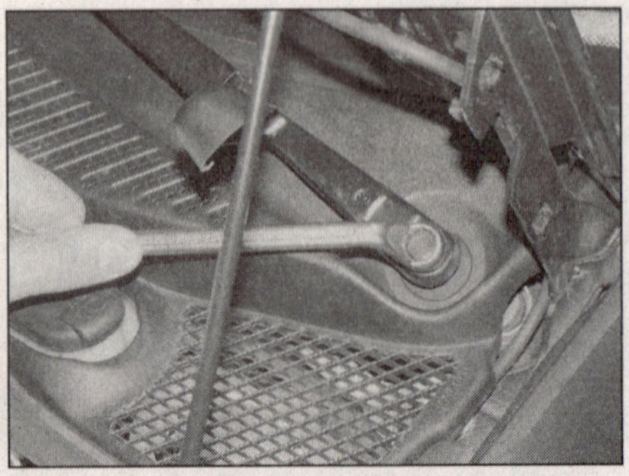

**19.3c . . . et desserrer l'écrou d'axe du bras d'essuie-glace**

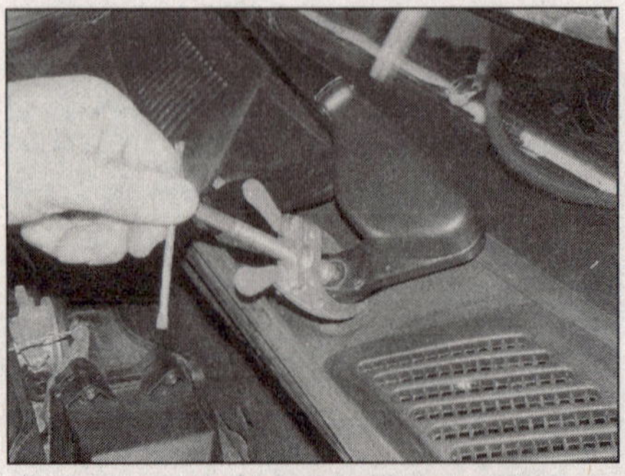

**19.4 Dépose d'un bras d'essuie-glace avec un extracteur**

**20.5 Débranchement du moteur d'essuie-glaces AV.**

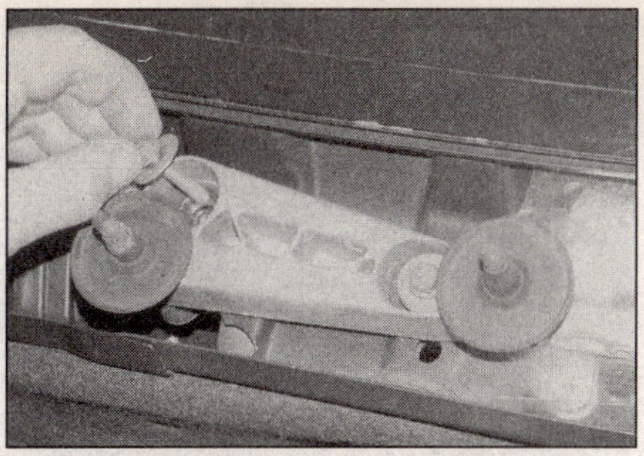

**20.6 Dépose d'une vis de fixation de mécanisme d'essuie-glaces AV.**

moteur-mécanisme d'essuie-glaces et récupérer les rondelles **(voir illustration)**.

**7** A signaler que le support du mécanisme d'essuie-glaces doit être dégagé de l'ergot de centrage sur la tôle d'auvent **(voir illustration)**.

**8** Sortir l'ensemble moteur-mécanisme d'essuie-glaces de la baie d'auvent, en prenant garde de ne pas endommager les pièces attenantes.

**21.3a Dépose de l'enjoliveur en plastique . . .**

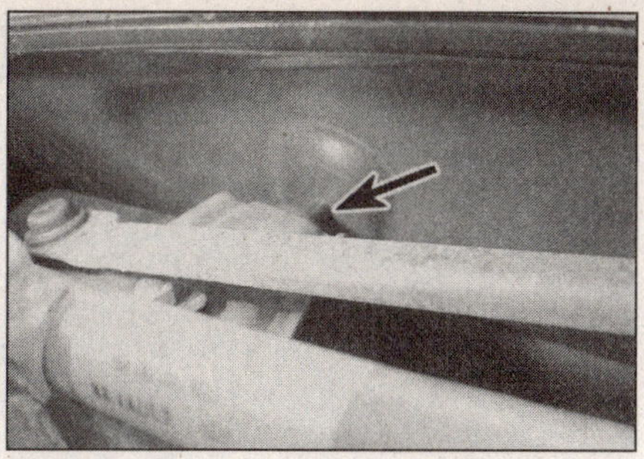

**20.7 Ergot de centrage de support de mécanisme d'essuie-glaces AV.**

## *Repose*

**9** La repose a lieu dans l'ordre inverse des opérations de dépose, en observant par ailleurs les points suivants :

**10** S'assurer que le support du mécanisme d'essuie-glaces est bien engagé sur l'ergot de centrage avant de remonter les vis de fixation.

**11** Se reporter à la section précédente pour effectuer la repose des bras d'essuie-glaces.

# 21 Moteur d'essuie-glace AR. - dépose et repose

## *Dépose*

**1** Débrancher le câble de masse (-) de la batterie (voir *« Débranchement de la batterie »* à la partie *« Références »* en fin de manuel).

**2** Déposer le bras d'essuie-glace (voir section 19).

**3** Dégrafer et déposer l'enjoliveur en plastique puis enlever l'écrou de fixation et la rondelle au niveau de l'axe du moteur d'essuie-glace **(voir illustrations)**.

**4** Ouvrir le hayon puis enlever sa vis de fixation et écarter avec précaution la garniture intérieure pour la dégrafer ou bien utiliser un outil à fourchette pour libérer les agrafes et déposer la garniture.

**5** Débrancher le connecteur électrique du moteur d'essuie-glace **(voir illustration)**.

**6** Desserrer ses trois écrous de fixation sur le hayon, en retenant les goujons avec un tournevis, puis dégager le moteur d'essuie-glace et récupérer les rondelles sur les goujons **(voir illustrations)**.

## *Repose*

**7** La repose a lieu en sens inverse de dépose.

# 22 Lave-glaces - dépose et repose des éléments constituants

## *Réservoir de liquide*

### Dépose

**1** Débrancher le câble de masse (-) de la batterie (voir *« Débranchement de la batterie »* à la partie *« Références »* en fin de manuel).

**2** Déposer les deux bras d'essuie-glaces avant (voir section 19).

**3** Déposer les deux demi-grilles d'auvent (voir chapitre 11).

**4** Débrancher le connecteur électrique en haut de la pompe de lave-glaces **(voir illustration)**.

**5** Desserrer sa vis de fixation et soulever suffisamment le réservoir pour débrancher les tuyaux au niveau de la pompe : prévoir un écoulement de liquide **(voir illustrations)**.

**6** Sortir le réservoir de la baie d'auvent.

**21.3b . . . et de l'écrou de fixation au niveau de l'axe du moteur d'essuie-glace AR.**

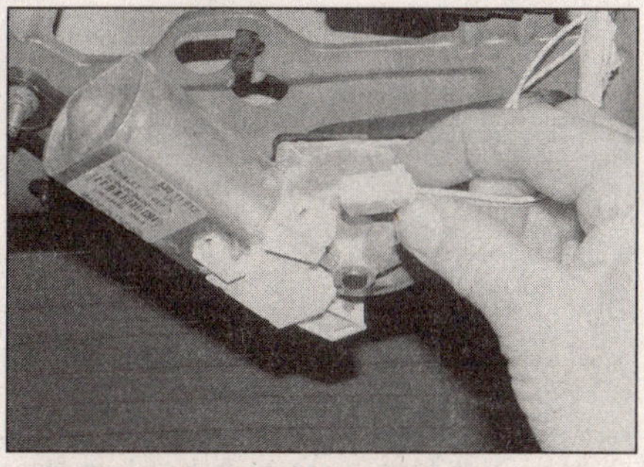

**21.5 Débranchement du moteur d'essuie-glace AR.**

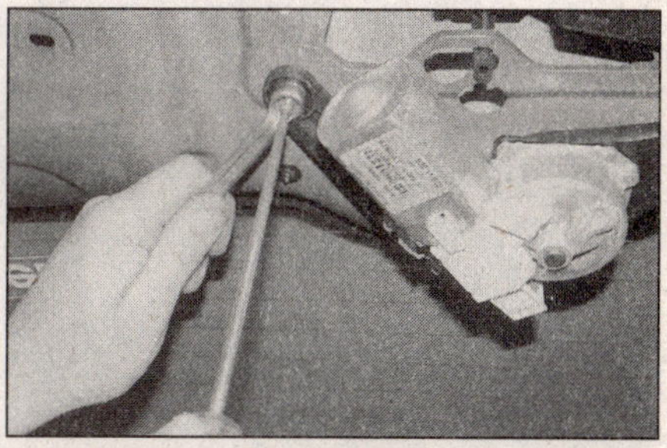

**21.6a Desserrer les écrous de fixation sur le hayon tout en retenant les goujons avec un tournevis . . .**

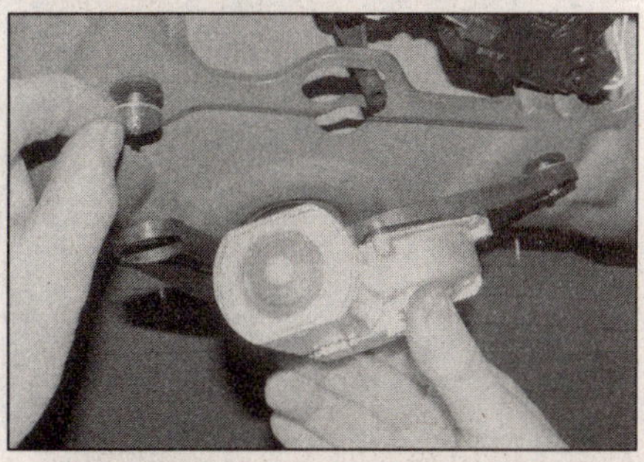

**21.6b . . . puis dégager le moteur d'essuie-glace AR. en récupérant les rondelles**

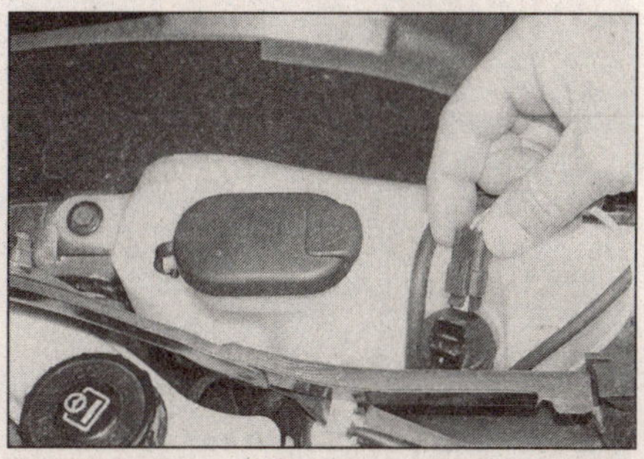

**22.4 Débranchement du connecteur électrique de la pompe de lave-glaces**

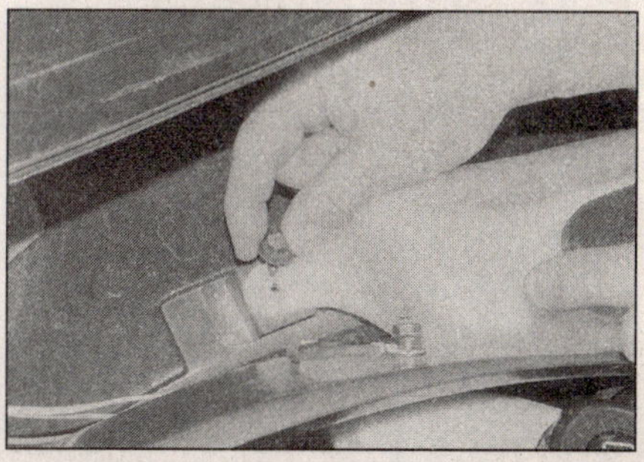

**22.5a Desserrage de la vis de fixation du réservoir de liquide . . .**

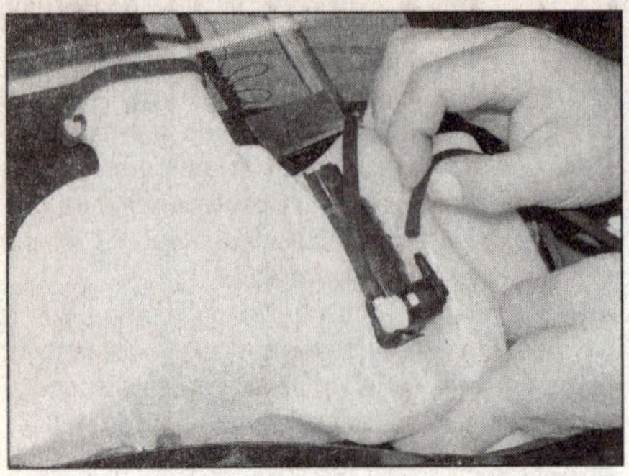

22.5b . . . et débranchement d'un tuyau de la pompe de lave-glaces

### Repose

7 La repose s'opère en sens inverse de dépose. Se reporter à la section 19 pour effectuer la repose des bras d'essuie-glaces.

## *Pompe de lave-glaces*

### Dépose

8 Déposer le réservoir de liquide de lave-glaces (voir opération précédente).

9 Débrancher avec précaution les tuyaux puis tirer sur la pompe pour la déboîter du réservoir : prévoir un écoulement de liquide **(voir illustration)**. A signaler que la pompe assure l'alimentation des lave-glaces avant et arrière.

### Repose

10 La repose s'effectue à l'inverse de la dépose, en vérifiant au préalable l'état de la bague-joint en caoutchouc sur le réservoir de liquide.

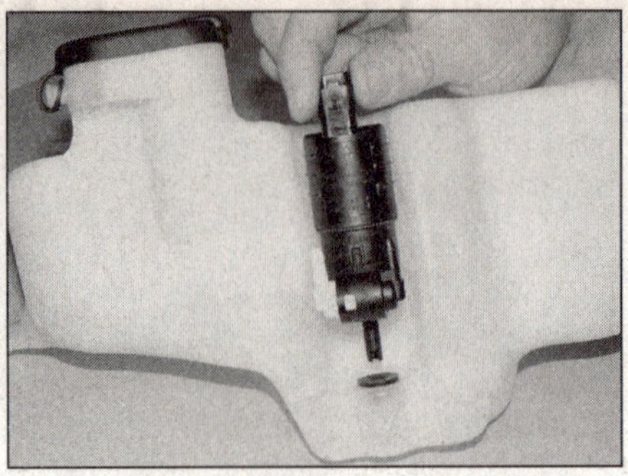

22.9 Dépose de la pompe de lave-glaces

## *Gicleurs de lave-glace AV.*

### Dépose

11 Le capot étant ouvert, débrancher son tuyau d'alimentation puis déboîter avec précaution le gicleur concerné, en prenant garde ne pas abîmer la peinture **(voir illustrations)**.

### Repose

12 La repose s'opère en sens inverse de dépose. Procéder si nécessaire à un réglage de l'orientation des jets des gicleurs à l'aide d'une aiguille.

## *Gicleur de lave-glace AR.*

### Dépose

13 Déposer le becquet arrière (voir chapitre 11, section 22).

14 Débrancher son tuyau d'alimentation puis déboîter avec précaution le gicleur du becquet **(voir illustration)**.

### Repose

15 La repose s'effectue en sens inverse de dépose. Procéder au besoin à un réglage de l'orientation des jets du gicleur à l'aide d'une aiguille.

## 23 Autoradio - dépose et repose

### *Dépose*

1 L'autoradio prévu en série dispose de fixations répondant aux normes DIN. Sa dépose nécessite un outillage spécifique consistant en deux tiges profilées en forme de poignée à se procurer dans un centre auto ou auprès d'un spécialiste de l'équipement hi-fi pour l'automobile.

2 Débrancher le câble de masse (-) de la batterie (voir « *Débranchement de la batterie* » à la partie « *Références* » en fin de manuel).

3 Le cas échéant, extraire les caches en plastique latéraux de l'autoradio.

4 Introduire les outils de dépose dans les orifices prévus de chaque côté de la façade avant de l'appareil et les pousser de façon à les engager sur les languettes de retenue pour les déverrouiller. Extraire l'autoradio de son logement dans la planche de bord en le tirant avec les outils **(voir illustration)**.

5 Débrancher ensuite les connexions électriques et le câble d'antenne au dos de l'autoradio **(voir illustration)**.

### *Repose*

6 Rebrancher les connexions électriques et le câble d'antenne au dos de l'autoradio.

7 Installer l'autoradio dans son logement de la planche de bord, en le poussant à fond de façon à bien le verrouiller.

8 Reposer éventuellement les caches latéraux de l'autoradio puis rebrancher le câble de masse de la batterie.

## 24 Haut-parleurs - dépose et repose

## *Haut-parleurs, portes AV.*

### Dépose

1 Débrancher le câble de masse (-) de la batterie (voir « *Débranchement de la batterie* » à la partie « *Références* » en fin de manuel).

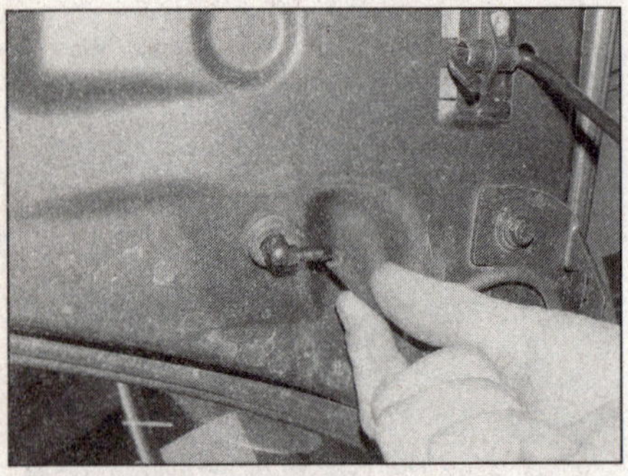

22.11a Débranchement du tuyau d'alimentation . . .

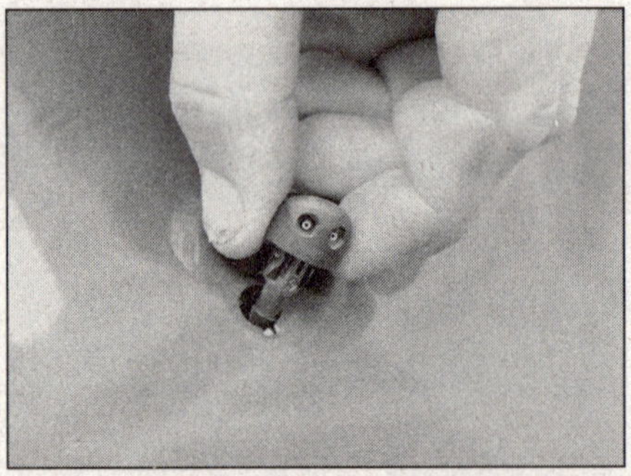

22.11b . . . et dépose d'un gicleur de lave-glace AV.

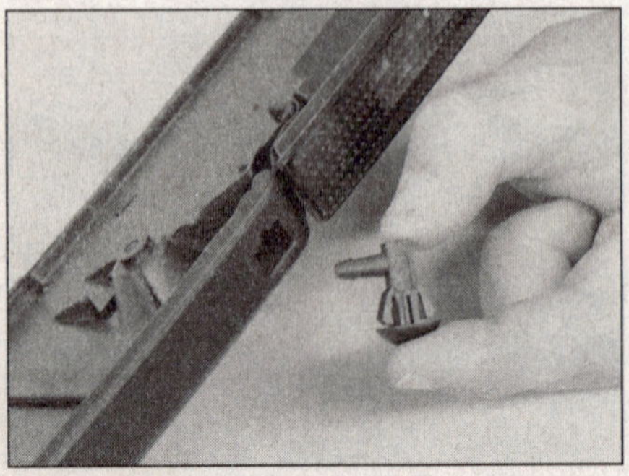

22.14 Dépose du gicleur de lave-glace AR.

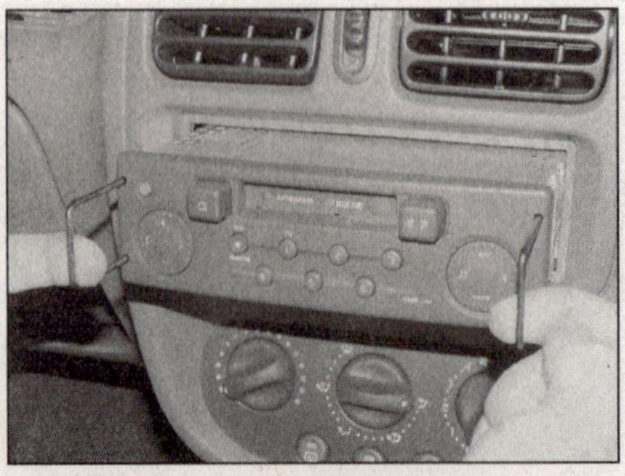

23.4 Dépose de l'autoradio avec fixations DIN

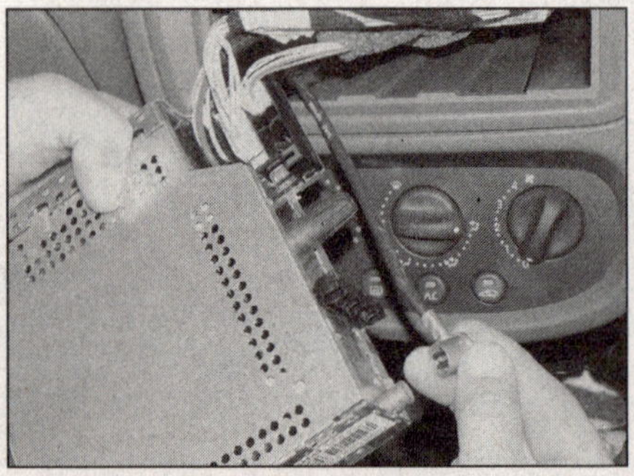

23.5 Débranchement de l'autoradio

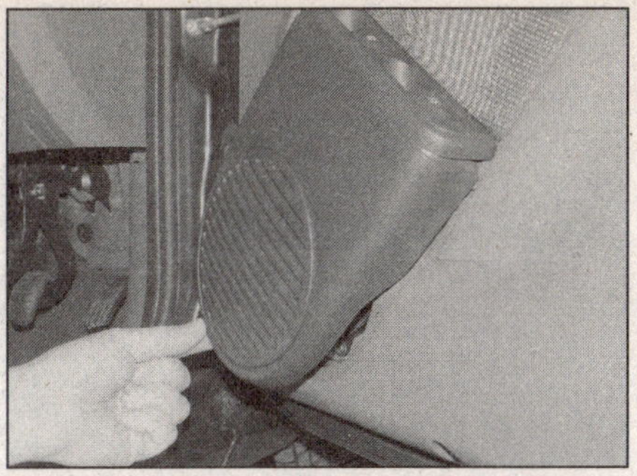

**24.2a Dépose de la grille d'un haut-parleur, porte AV. avec lève-glace électrique . . .**

**24.2b . . . et avec lève-glace manuel**

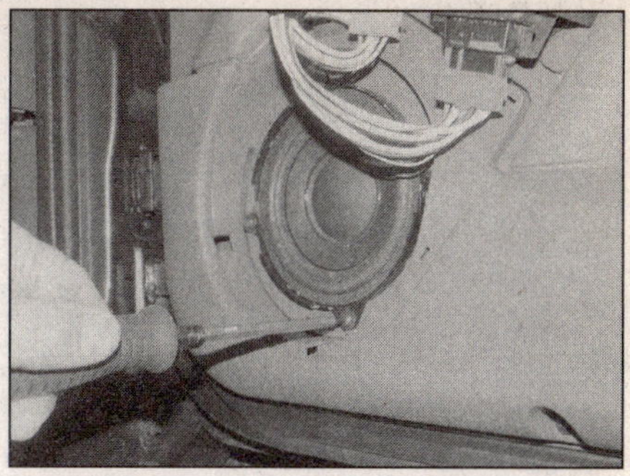

**24.3 Desserrage d'une vis de fixation d'un haut-parleur**

**2** Déboîter la grille de haut-parleur de la garniture de la porte avant du côté concerné et la déposer **(voir illustrations)**.

**3** Enlever ses quatre vis de fixation puis dégager le haut-parleur de la porte **(voir illustration)**.

**4** Débrancher la connexion électrique pour déposer le haut-parleur **(voir illustration)**.

### Repose

**5** Opérer en sens inverse de dépose pour effectuer la repose.

## *Haut-parleurs, planche de bord*

### Dépose

**6** Débrancher le câble de masse (-) de la batterie (voir « *Débranchement de la batterie* » à la partie « *Références* » en fin de manuel).

**7** Déposer l'habillage supérieur de planche de bord (voir chapitre 11, section 29).

**8** Débrancher sa connexion électrique puis extraire le haut-parleur de son logement dans la planche de bord **(voir illustrations)**.

### Repose

**9** Procéder en sens inverse de dépose pour effectuer la repose.

## *Haut-parleurs, portes AR.*

### Dépose

**10** Débrancher le câble de masse (-) de la batterie (voir « *Débranchement de la batterie* » à la partie « *Références* » en fin de manuel).

**11** Tourner la grille de haut-parleur de la porte arrière du côté concerné dans le sens anti-horaire pour la déposer **(voir illustration)**.

**12** Desserrer les quatre vis de fixation du haut-parleur sur la porte **(voir illustration)**.

**13** Dégager le haut-parleur de son logement dans la porte puis débrancher la connexion électrique pour le déposer **(voir illustration)**.

### Repose

**14** La repose a lieu en sens inverse de dépose.

## 25 Antenne d'autoradio - dépose et repose

## *Antenne*

### Dépose

**1** Déposer le plafonnier (voir section 10).

**2** Déboîter la console de l'habillage de pavillon puis l'écarter pour accéder à l'écrou de fixation

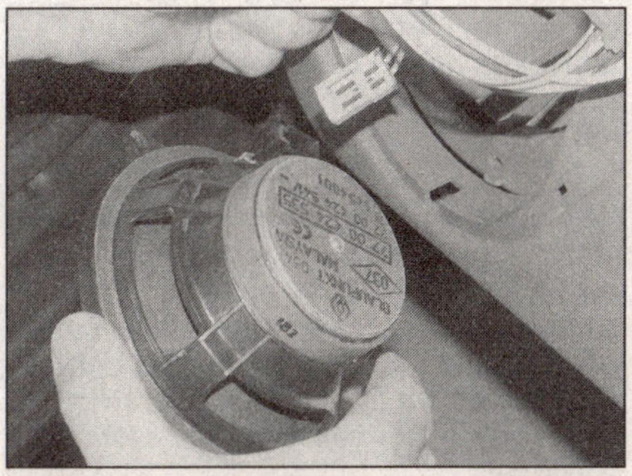

**24.4 Débranchement d'un haut-parleur**

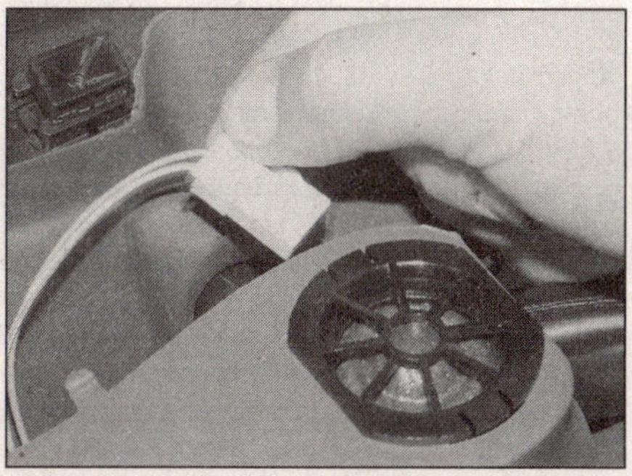

**24.8a Débranchement de la connexion électrique . . .**

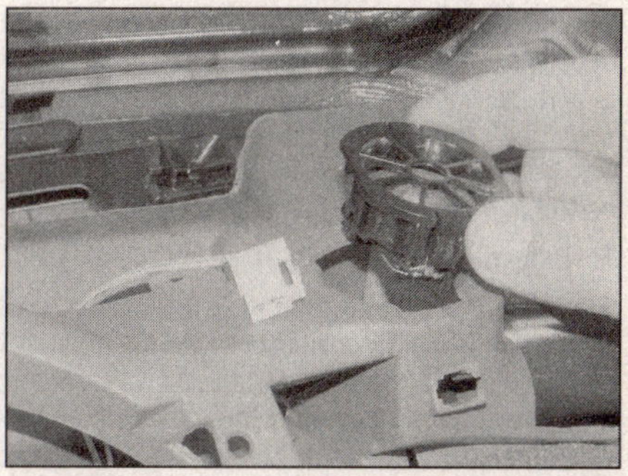

**24.8b . . . et dépose d'un haut-parleur**

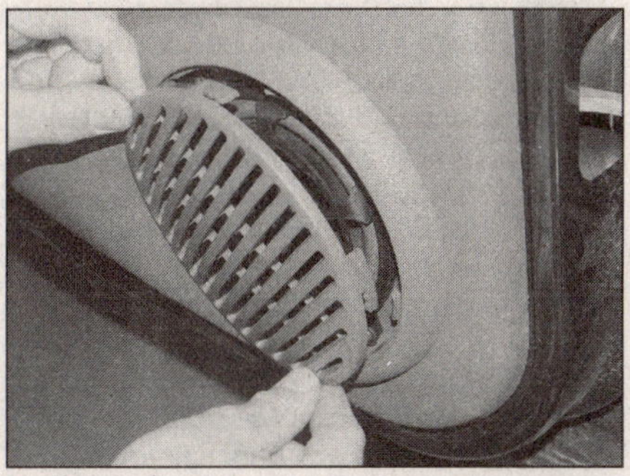

**24.11 Dépose de la grille d'un haut-parleur**

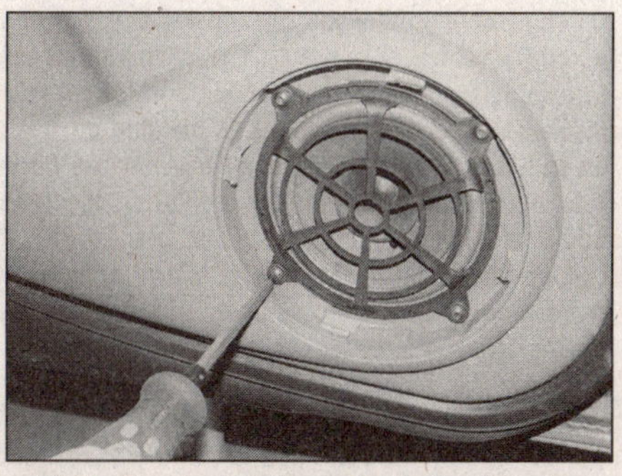

**24.12 Desserrage d'une vis de fixation d'un haut-parleur**

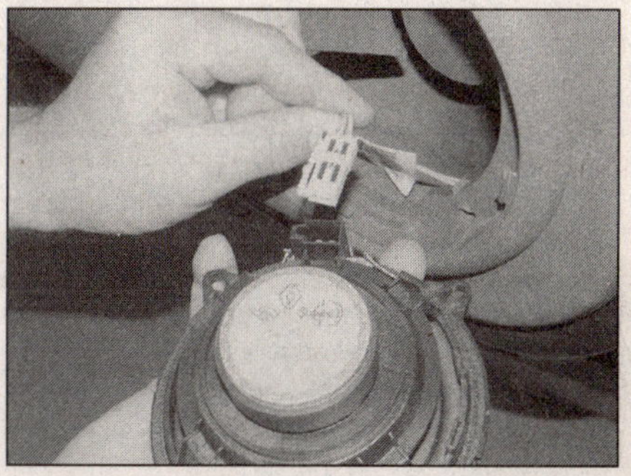

**24.13 Débranchement d'un haut-parleur**

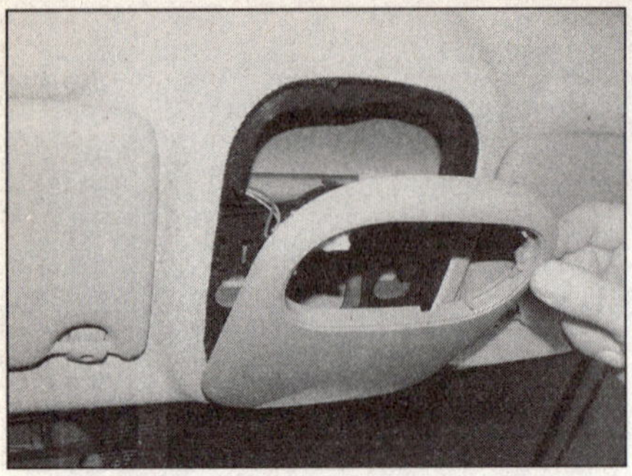

25.2 Dépose de la console de pavillon

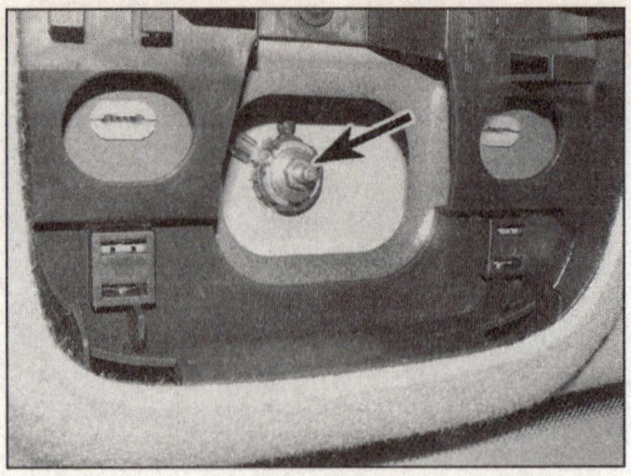

25.3 Ecrou de fixation du câble d'antenne

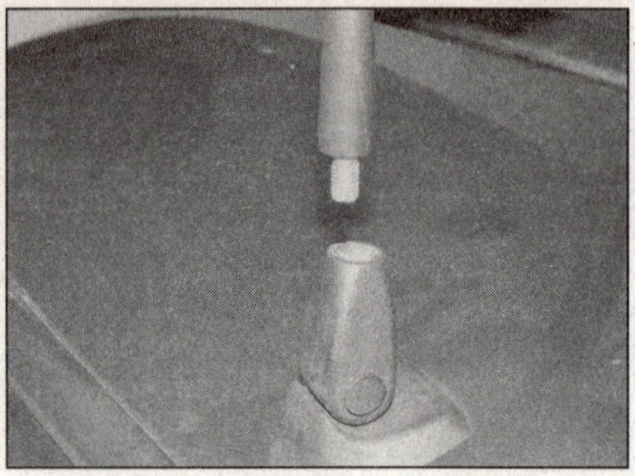

25.4 L'antenne peut être dévissée du socle pour sa dépose

du câble à l'embase de l'antenne **(voir illustration)**.

3 Desserrer l'écrou de fixation et débrancher le câble puis dégager l'antenne du pavillon **(voir illustration)**.

4 L'antenne peut être déposée séparément en la dévissant du socle **(voir illustration)**.

### Repose

5 La repose a lieu à l'inverse de la dépose.

## *Câble d'antenne*

### Dépose

6 Après avoir débranché le câble comme décrit précédemment, attacher un morceau de ficelle à son extrémité.

7 Bien repérer le trajet du câble d'antenne. Déposer la garniture du pied avant droit de caisse et l'habillage supérieur de planche de bord (voir respectivement sections 27 et 29 du chapitre 11 pour ces opérations).

8 Déposer l'autoradio en débranchant le câble d'antenne à son niveau (voir section 23).

9 Tirer sur son extrémité inférieure pour faire descendre le câble dans le pied avant de caisse et le faire passer derrière la planche de bord puis le sortir par le logement de l'autoradio.

10 Détacher la ficelle et la laisser sur place : elle servira à la repose du câble d'antenne.

### Repose

11 La repose s'opère à l'inverse de la dépose, en utilisant la ficelle pour tirer le câble d'antenne et l'installer derrière la planche de bord et dans le pied avant de caisse, en prenant garde de ne pas l'endommager.

12 Se reporter à la section 23 pour procéder à la repose de l'autoradio.

## 26 Alarme anti-intrusion et antidémarrage - généralités

Certaines versions de la gamme sont équipées d'une alarme anti-intrusion reliée à des capteurs incorporés au capot moteur, au hayon et à chacune des portes. Elle assure également une fonction de protection volumétrique par le biais de capteurs à ultrasons détectant les mouvements dans l'habitacle. En cas de dysfonctionnement du système d'alarme, le véhicule doit être confié à un atelier du réseau Renault.

Toutes les versions de la gamme traitée dans cette étude sont pourvues d'un dispositif antidémarrage électronique qui se trouve activé dès que le contact d'allumage est coupé. Ce dispositif ne permet le démarrage du moteur qu'avec la clé de contact d'origine du véhicule dotée d'une puce électronique avec code de sécurité programmé. Lorsque le système est opérationnel, le témoin correspondant au niveau du combiné d'instruments clignote en permanence. En engageant la clé de contact, un signal se trouve transmis par le transpondeur implanté au niveau du commutateur d'allumage-démarrage au boîtier multitemporisation (voir section 5) qui autorise le démarrage du moteur si le code est reconnu ou l'interdit si le code n'a pas été identifié.

## 27 Coussin(s) gonflable(s) de sécurité - généralités et précautions

Des coussins gonflables de sécurité (airbags) pour le conducteur et le passager sont prévus en équipement de série ou optionnel. Les véhicules disposant de cet équipement sont identifiés par un autocollant apposé dans l'angle inférieur du pare-brise, côté conducteur et par l'inscription « AIRBAG » au centre du volant pour le coussin gonflable conducteur et le cas échéant, par un deuxième autocollant fixé dans l'angle inférieur du pare-brise, côté passager et par l'inscription « AIRBAG » sur la planche de bord du même coté pour le coussin gonflable passager. Le système se compose des coussins gonflables proprement dits (avec générateur de gaz incorporé), d'un boîtier de commande électronique avec capteur de décélération intégré et d'un témoin correspondant au niveau du combiné d'instruments.

Les coussins gonflables se déclenchent en cas de choc violent à l'avant, cela dépendant du point d'impact. Ils se gonflent en quelques millisecondes pour amortir le contact entre le conducteur et le volant ou entre le passager et la planche de bord, en réduisant ainsi les risques de blessures de la tête et de la partie supérieure du corps. Les coussins se dégonflent ensuite instantanément. Le boîtier de commande électronique assure la gestion commune du système de prétensionneurs de ceintures de sécurité avant (voir chapitre 11).

A chaque fois que le contact est mis, un processus d'« autosurveillance » est mis en œuvre par le boîtier de commande. Cette phase dure environ 3 secondes pendant lesquelles le témoin lumineux demeure allumé, après quoi il doit s'éteindre. Si le témoin ne s'allume pas en mettant le contact, ne s'éteint pas après le délai imparti, clignote en cours de route, le système présente une anomalie de fonctionnement. En tel cas, le véhicule doit être examiné d'urgence par un atelier du réseau Renault.

⚠ ***Danger : Avant toute intervention sur le système des coussins gonflables de sécurité, pour éviter tout risque de blessure en cas de déclenchement accidentel du ou des coussins, débrancher le câble de masse (-) de la batterie (voir « Débranchement de la batterie » à la partie « Références » en fin de manuel) et observer un délai d'attente minimal de cinq minutes afin d'obtenir la décharge automatique de la capacité de réserve du boîtier électronique. Au terme des opérations, s'assurer que personne ne se trouve à l'intérieur de la voiture pour rebrancher la batterie puis la porte conducteur étant ouverte, mettre le contact de l'extérieur et vérifier que le témoin du ou des coussins gonflables s'allume brièvement pour s'éteindre ensuite***

⚠ ***Danger : En cas d'intervention dans l'environnement immédiat du volant ou du coussin ou des coussins gonflables de sécurité, afin de ne pas d'exposer à des blessures accidentels pouvant être causées par un déclenchement intempestif du système, déposer le ou les coussins (voir section suivante)***

⚠ ***Danger : Ne pas exposer les coussins gonflables de sécurité à des températures excessivement élevées. Suite à leur dépose, les coussins doivent être rangés dans le bon sens afin d'éviter tout déclenchement accidentel***

⚠ ***Danger : Veiller à ne jamais mettre les coussins gonflables au contact de solvants ou de produits de nettoyage. Utiliser exclusivement un chiffon humide pour le nettoyage***

⚠ ***Danger : Les coussins gonflables et leur boîtier électronique sont sensibles aux chocs. S'ils viennent à tomber ou à être endommagés, ils doivent être remplacés***

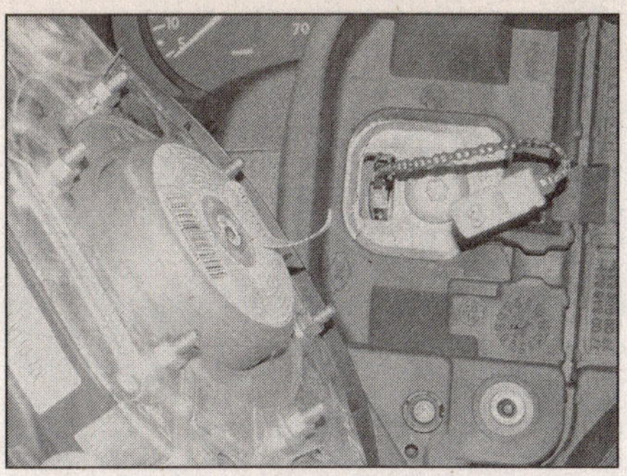

**28.3 Connecteur électrique de coussin gonflable conducteur débranché**

**28.7a Déverrouiller la languette d'arrêt centrale avec un tournevis . . .**

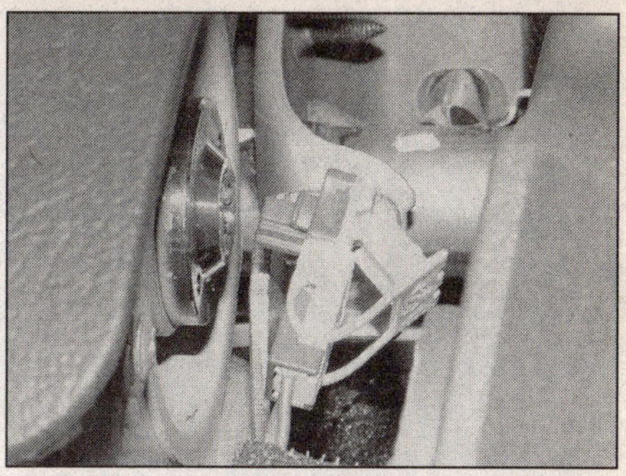

**28.7b . . . pour débrancher le connecteur électrique du coussin gonflable passager**

***Danger : Ne pas remonter le coussin gonflable de sécurité sur le volant suite à la dépose de celui-ci***

***Danger : Ne pas tester le circuit électrique du système de commande du ou des coussins gonflables de sécurité au moyen d'un appareil autre que celui prévu par le constructeur. L'utilisation d'un multimètre ou de tout autre appareil de contrôle électrique est susceptible de provoquer le déclenchement du système***

***Danger : Débrancher le connecteur électrique du boîtier de commande électronique des coussins gonflables de sécurité avant d'utiliser un poste de soudure à l'arc sur la voiture***

***Danger : Le boîtier électronique de commande du système peur supporter jusqu'à trois déclenchements successifs des coussins gonflables de sécurité ou des prétensionneurs de sécurité, au-delà il doit être remplacé. Le boîtier se verrouille automatiquement suite à un déclenchement du système et doit être déverrouillé au moyen de l'appareil spécifique du constructeur***

***Danger : Sur les véhicules avec coussin gonflable de sécurité intégré, les accus sont à changer tous les 4 ans, ce qui doit être effectué par les services techniques d'un concessionnaire de la marque***

***Danger : Les coussins gonflables de sécurité sont des éléments périssables dont la longévité est limitée à 15 ans à compter de la date de première mise en circulation du véhicule, au terme desquels ils sont à changer***

## 28 Coussin(s) gonflable(s) de sécurité - dépose et repose des éléments constituants

**Nota :** *Consulter les mises en garde figurant en section précédente avant toute intervention.*

**1** Débrancher le câble de masse (- ) de la batterie (voir « *Débranchement de la batterie* » à la partie « *Références* » en fin de manuel) et observer un délai minimal de cinq minutes afin d'obtenir la décharge automatique de la capacité de réserve du boîtier électronique de manière à le désactiver.

### *Coussin gonflable conducteur*

#### Dépose

**2** Desserrer et enlever les deux vis de fixation à empreinte étoile du coussin gonflable situées derrière le volant, en manœuvrant celui-ci au besoin pour y accéder.

**3** Ramener les roues avant en position ligne droite puis dégager l'ensemble du coussin gonflable du volant, en débranchant son connecteur électrique à l'arrière **(voir illustration)**. A signaler que le coussin gonflable ne doit pas tomber ni être cogné. Il est également à ranger en position verticale avec sa face active en haut.

#### Repose

**4** S'assurer de rebrancher correctement le connecteur électrique et à bien centrer le coussin gonflable par rapport au volant. Veiller également à ne pas coincer le câblage électrique. Monter les vis de fixation et les serrer au couple prescrit.

**5** S'assurer que personne ne se trouve à l'intérieur de la voiture pour rebrancher la batterie puis la porte conducteur étant ouverte, mettre le contact de l'extérieur et vérifier que le témoin du ou des coussins gonflables s'allume brièvement pour s'éteindre ensuite.

### *Coussin gonflable passager*

#### Dépose

**Nota :** *Le déclenchement du coussin gonflable de sécurité passager entraîne la déformation de ses fixations et implique le remplacement systématique de la poutre transversale de la planche de bord.*

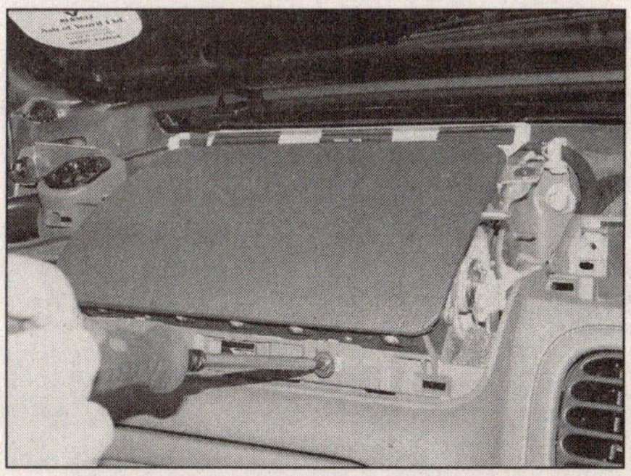

**28.8a Desserrage des vis de fixation . . .**

**6** Déposer l'habillage supérieur de planche de bord (voir chapitre 11, section 29).

**7** Déverrouiller sa languette d'arrêt centrale avec un tournevis et débrancher le connecteur électrique du coussin gonflable **(voir illustrations)**.

**8** Desserrer et enlever ses six vis de fixation puis dégager le coussin gonflable de son logement dans la planche de bord **(voir illustrations)**.

#### Repose

**9** Installer le coussin gonflable puis monter ses vis de fixation à serrer au couple prescrit. Rebrancher le connecteur, en respectant le trajet d'origine du câblage électrique, et en veillant à bien verrouiller la languette d'arrêt.

**10** Procéder à la repose de l'habillage supérieur de planche de bord, comme indiqué au chapitre 11, section 29.

**11** S'assurer que personne ne se trouve à l'intérieur de la voiture pour rebrancher la batterie puis la porte conducteur étant ouverte, mettre le contact de l'extérieur et vérifier que le témoin du ou des coussins gonflables s'allume brièvement pour s'éteindre ensuite.

### *Boîtier électronique*

**Nota :** *Les boîtiers électroniques de rechange sont livrés configurés avec le coussin gonflable passager. Si le véhicule en est dépourvu, il est nécessaire de faire reconfigurer le boîtier sans cet équipement à l'aide de l'appareil spécifique du constructeur.*

#### Dépose

**12** Déposer la console centrale (voir chapitre 11) pour avoir accès au boîtier électronique.

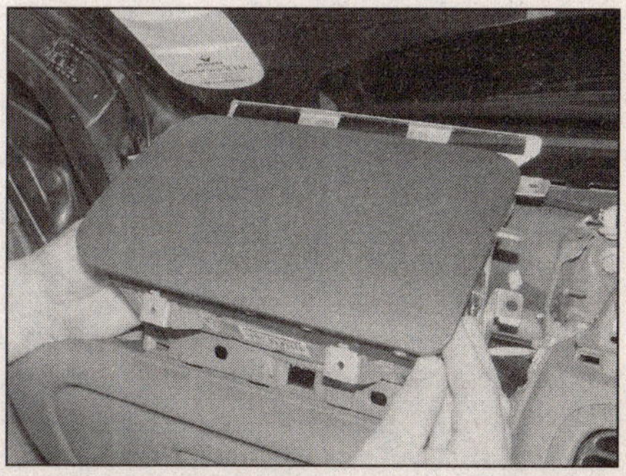

**28.8b . . . et dépose du coussin gonflable passager**

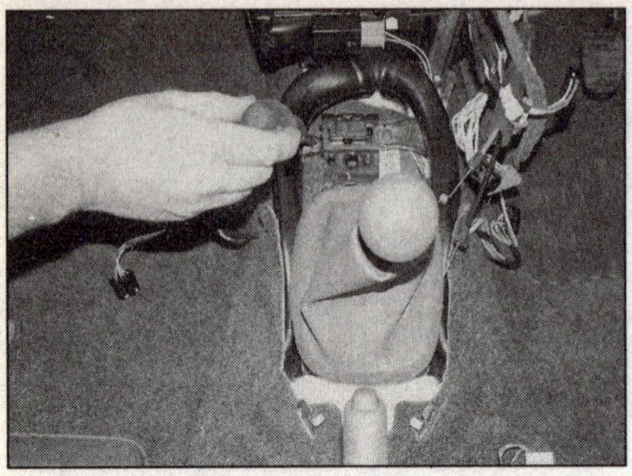

**28.13 Desserrage de la vis de fixation d'un conduit d'air**

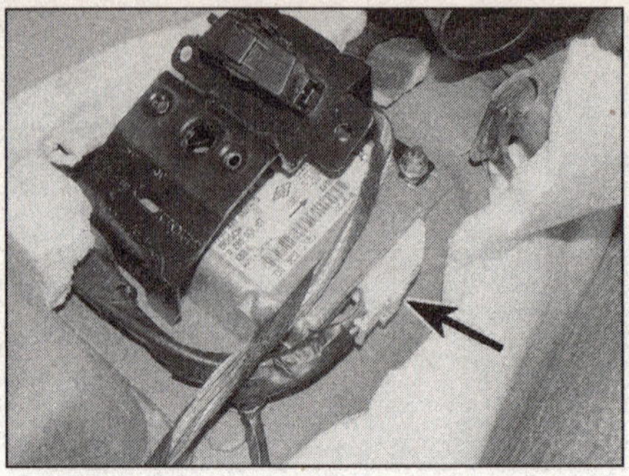

**28.14 Arrêtoir du connecteur électrique du boîtier électronique**

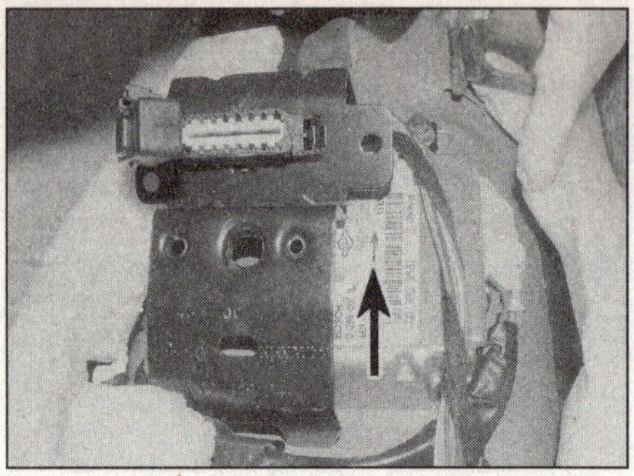

**28.15 Flèche sur le boîtier électronique à orienter vers l'avant**

**13** Enlever les vis de fixation puis écarter sur le côté les deux conduits d'air aux pieds arrière **(voir illustration)**. Dégager la moquette pour avoir accès au boîtier électronique, ce qui peut être obtenu en la coupant légèrement.

**14** Déverrouiller son arrêtoir et débrancher le connecteur électrique du boîtier électronique **(voir illustration)**. Desserrer les trois écrous de fixation sur le plancher puis dégager le boîtier avec le support de la prise de diagnostic.

## Repose

**15** Réinstaller le boîtier électronique, en orientant la flèche sur sa face supérieure vers l'avant de la voiture puis remonter les écrous de fixation à serrer au couple prescrit. **NE PAS** rebrancher le connecteur électrique du boîtier électronique avant d'avoir serré correctement les écrous de fixation.

**16** Rebrancher le connecteur électrique du boîtier électronique puis remettre en place les conduits d'air aux pieds arrière et effectuer la repose de la console centrale, comme indiqué au chapitre 11.

**17** S'assurer que personne ne se trouve à l'intérieur de la voiture pour rebrancher la batterie puis la porte conducteur étant ouverte, mettre le contact de l'extérieur et vérifier que le témoin du ou des coussins gonflables s'allume brièvement pour s'éteindre ensuite.

## *Contact rotatif de coussin gonflable*

**18** Il existe deux différents montages de contact rotatif de coussin gonflable. Se reporter aux descriptions correspondantes en section 6 pour la dépose et la repose de la platine des manettes multifonction au volant à laquelle est incorporé le contact rotatif.

## Schémas électriques - RENAULT CLIO

**Schéma 1**

### Légende des symboles

| | |
|---|---|
| Ampoule | Nº de pièce 2 |
| Ampoule clignotante | Pompe/moteur monovitesse |
| Interrupteur | Pompe/moteur bi-vitesse |
| Commutateur multiple | Jauge/instrument |
| Fusible/maillon fusible (F5 30A) | Masse |
| | Diode |
| Résistance | Diode électroluminescente |
| Rhéostat | |
| Résistance variable | Solénoïde électrovanne |
| Connexion à épissure | Elément chauffant |
| Liaison électrique | |

Couleur de fil (marron avec filet noir) Ma/No

Câble blindé

Lignes en pointillés : encadrement ou délimitation de circuits associés, avec un composant électronique ou transistorisé dans ce cas.

p3 - identification, voie de connecteur
No - couleur (noir) de connecteur

### Fusibles dans l'habitacle

| Nº | Intensité | Circuits protégés |
|---|---|---|
| **F1** | 15A | Airbag, boîtier multitemporisation |
| **F2** | 15A | Feux de stop, combiné d'instruments, contacteur et voyant position D3 (BVA), boîtier multitemporisation, prise de diagnostic |
| **F3** | 15A | Dégivrage de lunette arrière, calculateur électronique de climatisation, calculateur électronique BV automatique, essuie-glace arrière, feux de recul |
| **F4** | 20A | Essuie-glaces avant |
| **F5** | 10A | ABS |
| **F6** | 10A | Boîtier multitemporisation, motoventilateur de climatisation et calculateur électronique |
| **F7** | 15A | Autoradio, allume-cigares, montre, dégivrage de lunette arrière |
| **F8** | 15A | Avertisseur |
| **F9** | 10A | Feu de croisement gauche |
| **F10** | 10A | Feu de croisement droit |
| **F11** | 10A | Feu de route droit |
| **F12** | 10A | Feu de route gauche |
| **F13** | 20A | Feu de croisement (projecteurs double) |
| **F14** | 5A | Feux diurnes |
| **F15** | - | Réserve |
| **F16** | - | Réserve |
| **F17** | 10A | Rétroviseurs dégivrants |
| **F18** | 20A | Projecteurs antibrouillard |
| **F19** | - | Réserve |
| **F20** | - | Réserve |
| **F21** | 5A | Boîtier multitemporisation, prise de diagnostic |
| **F22** | 15A | Clignotants et feux de détresse |
| **F23** | 15A | Feux de brouillard arrière |
| **F24** | - | Réserve |
| **F25** | - | Réserve |
| **F26** | 10A | Feux de position gauche, éclairage des commandes |
| **F27** | 10A | Feux de position droit, éclairage des commandes |
| **F28** | 2A | Boîtier transpondeur, boîtier décodeur |
| **F29** | 20A | Coupe-accessoires, éclairage intérieur, rétroviseurs électriques, autoradio, montre |
| **F30** | 30A | Dégivrage de lunette arrière |
| **F31** | 20A | Verrouillage centralisé |
| **F32** | 30A | Lève-glaces électriques |
| **F33** | 20A | Lave-phares |
| **F34** | 30A | Chauffage-ventilation |
| **F35** | 20A | Sièges chauffants |
| **F36** | 30A | Lève-glaces électriques |
| **F37** | 20A | Toit ouvrant |
| **F38** | - | Réserve |
| **F39** | - | Réserve |

### Légende des circuits

| | |
|---|---|
| *Schéma 1* | Mode d'emploi des schémas électriques. |
| *Schéma 2* | Démarrage, charge, motoventilateur, prise de diagnostic. |
| *Schéma 3* | Airbag et prétensionneurs, direction à assistance, avertisseur sonore, allume-cigares, réchauffeur de gazole, chauffage-ventilation. |
| *Schéma 4* | Circuit type de climatisation. |
| *Schéma 5* | Combiné d'instruments. |
| *Schéma 6* | ABS, antibrouillard avant, module d'affichage de l'heure et de température extérieure. Feux de position, éclairage de plaque d'immatriculation et projecteurs. |
| *Schéma 7* | Feux de détresse et clignotants, feux de stop et de recul, antibrouillard arrière et correction du site des projecteurs. |
| *Schéma 8* | Plafonnier, éclairage de coffre, dégivrage de lunette arrière, essuie-glaces et lave-glace avant et arrière, lave-phares. |
| *Schéma 9* | Rétroviseurs électriques, verrouillage centralisé, autoradio, toit ouvrant. |
| *Schéma 10* | Lève-glace électrique, système de gestion Diesel DPC. |
| *Schéma 11* | Système de gestion moteurs D7F 720. |
| *Schéma 12* | Système de gestion moteurs D7F 726. |
| *Schéma 13* | Système de gestion moteurs E7J 780/K7M 744. |

H32433

## Schéma 2

**Code des couleurs de fils**

| | | | |
|---|---|---|---|
| **Ba** | Blanc | **No** | Noir |
| **Be** | Bleu | **Or** | Orange |
| **Bj** | Beige | **Rg** | Rouge |
| **Cy** | Cristal | **Sa** | Saumon |
| **Gr** | Gris | **Ve** | Vert |
| **Ja** | Jaune | **Vi** | Mauve |
| **Ma** | Marron | | |

**Nomenclature des pièces**

1 Batterie
2 Contact antivol
3 Démarreur
4 Alternateur
5 Platine à fusibles, compartiment moteur
6 Boîtier multitemporisation/support à relais
7 BVA
a = contacteur multifonction
8 Thermocontact, motoventilateur
9 Motoventilateur
10 Résistance, motoventilateur
11 Prise de diagnostic
12 Platine des relais, compartiment moteur
a = relais, démarreur
b = relais, verrouillage injection
c = relais, motoventilateur
d = relais, groupe motoventilateur (petite vitesse)

H32434

### *Démarrage et charge (BVM)*

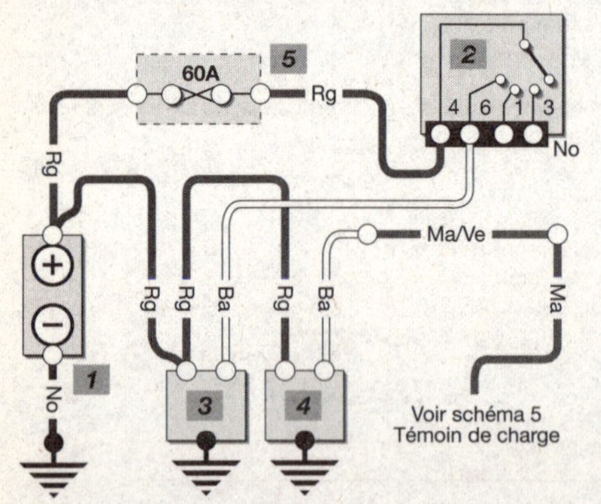


### *Motoventilateur - modèle essence (modèle type sans climatisation)*

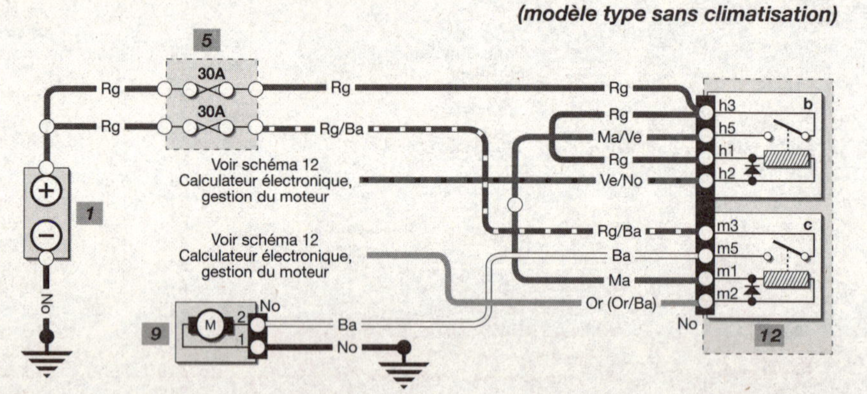


### *Démarrage et charge (BVA)*

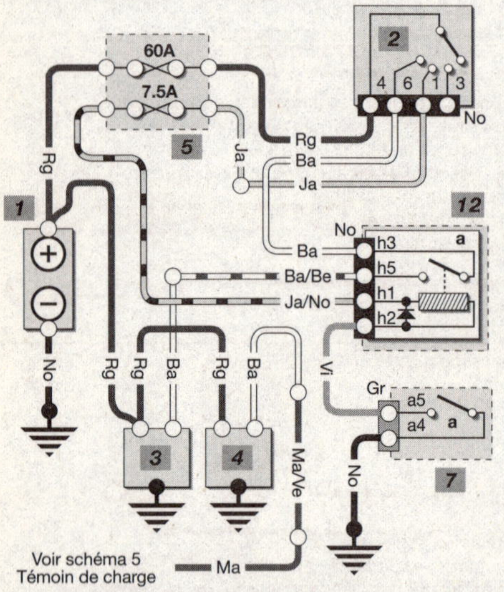


### *Motoventilateur - modèle essence (modèle type avec climatisation)*

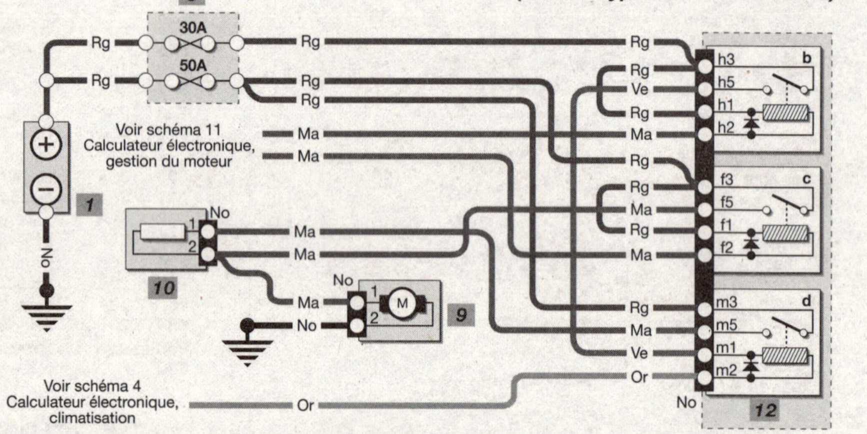


### *Motoventilateur (modèles Diesel)*

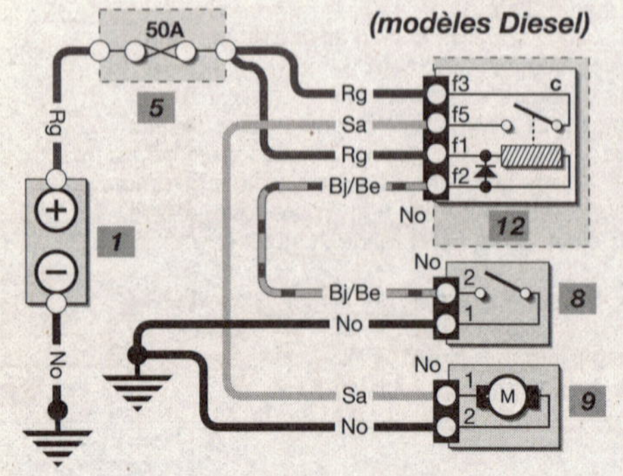


### *Prise de diagnostic*

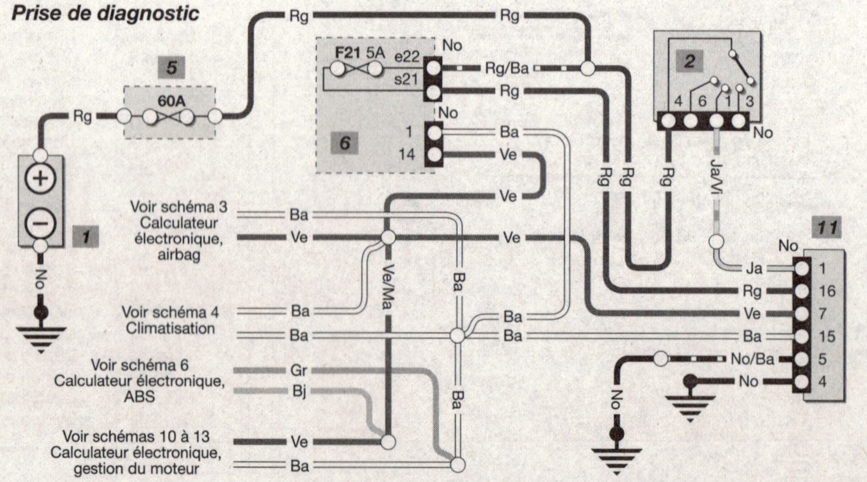

## Schéma 3

**Code des couleurs de fils**

| | | | |
|---|---|---|---|
| **Ba** | Blanc | **No** | Noir |
| **Be** | Bleu | **Or** | Orange |
| **Bj** | Beige | **Rg** | Rouge |
| **Cy** | Cristal | **Sa** | Saumon |
| **Gr** | Gris | **Ve** | Vert |
| **Ja** | Jaune | **Vi** | Mauve |
| **Ma** | Marron | | |

**Nomenclature des pièces**

1 Batterie
2 Contact antivol
5 Platine à fusibles, compartiment moteur
6 Boîtier multitemporisation/support à relais
12 Relais, compartiment moteur
e = relais, direction à assistance
f = relais, réchauffeur de gazole
15 Pompe, direction à assistance
16 Calculateur électronique, airbag
17 Prétensionneur, ceinture conducteur
18 Prétensionneur, ceinture passager
19 Airbag conducteur
20 Airbag passager
21 Commande combinée éclairage/avertisseur
a = avertisseur
b = feux de position/phares
22 Avertisseur sonore
23 Allume-cigares
24 Réchauffeur de gazole
25 Soufflerie de chauffage
26 Commandes de chauffage
a = commande de soufflerie
27 Rhéostat d'éclairage intérieur

H32435

### Airbag et prétensionneurs

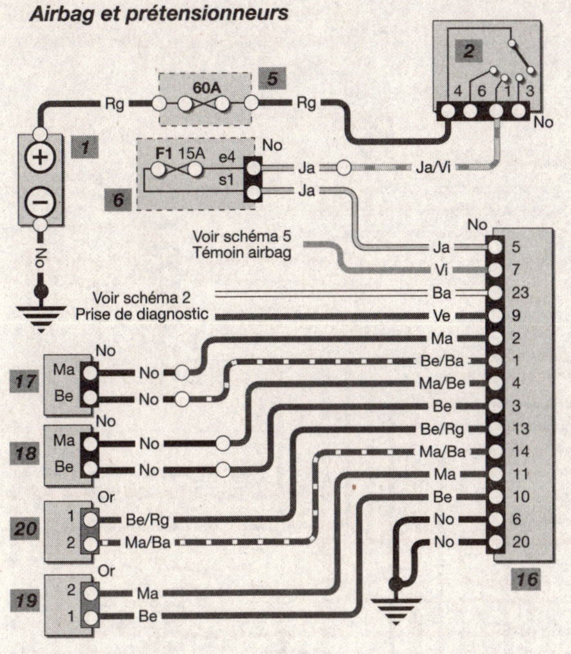


### Direction à assistance

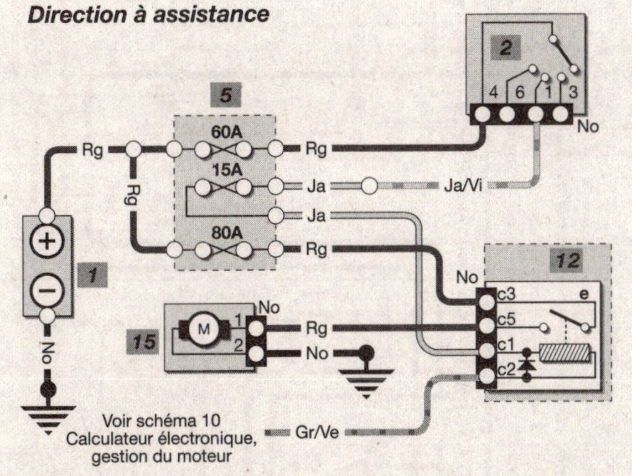


### Avertisseur

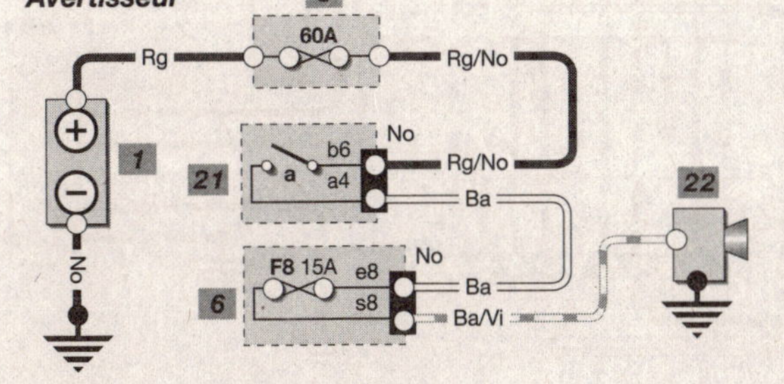


### Allume-cigares

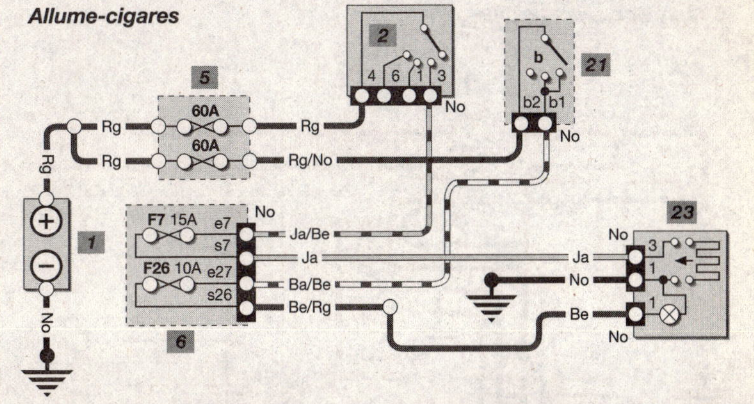


### Réchauffage de gazole

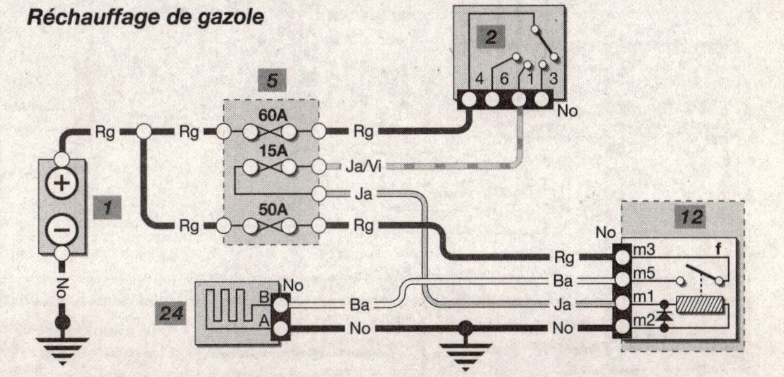


### Chauffage-ventilation (modèles sans climatisation)

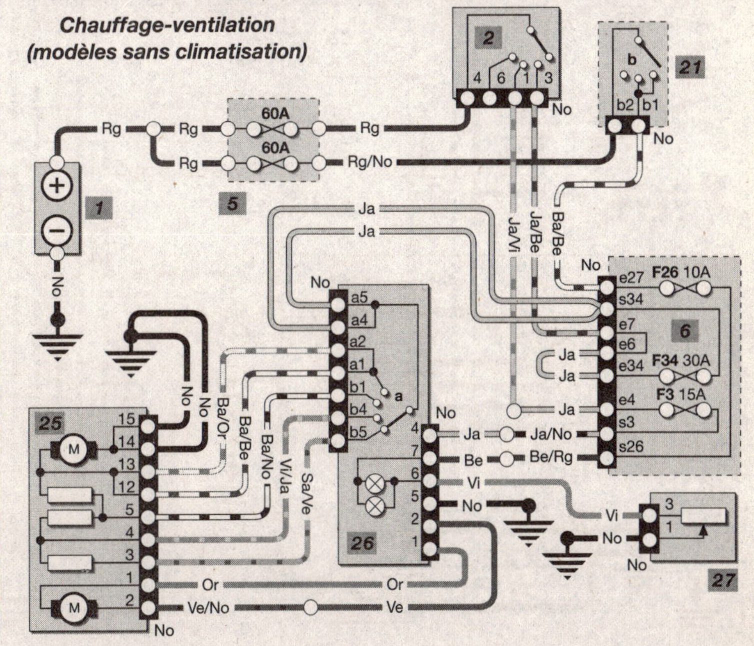

## Schéma 4

### Code des couleurs de fils

| | | | |
|---|---|---|---|
| **Ba** | Blanc | **No** | Noir |
| **Be** | Bleu | **Or** | Orange |
| **Bj** | Beige | **Rg** | Rouge |
| **Cy** | Cristal | **Sa** | Saumon |
| **Gr** | Gris | **Ve** | Vert |
| **Ja** | Jaune | **Vi** | Mauve |
| **Ma** | Marron | | |

### Nomenclature des pièces

1 Batterie
2 Contact antivol
5 Platine à fusibles, compartiment moteur
6 Boîtier multitemporisation/support à relais
21 Commande combinée éclairage/avertisseur
b = feux de position/phares
25 Soufflerie de chauffage
26 Commandes de chauffage
a = commande de soufflerie
b = contacteur, climatisation
c = contacteur, isolation
d = contacteur, dégivrage de lunette arrière
e = témoin, dégivrage de lunette arrière
f = témoin, isolation
g = témoin, climatisation
27 Rhéostat d'éclairage intérieur
30 Calculateur électronique, climatisation
31 Pressostat trifonction
32 Compresseur

H32436

*Circuit type, climatisation*

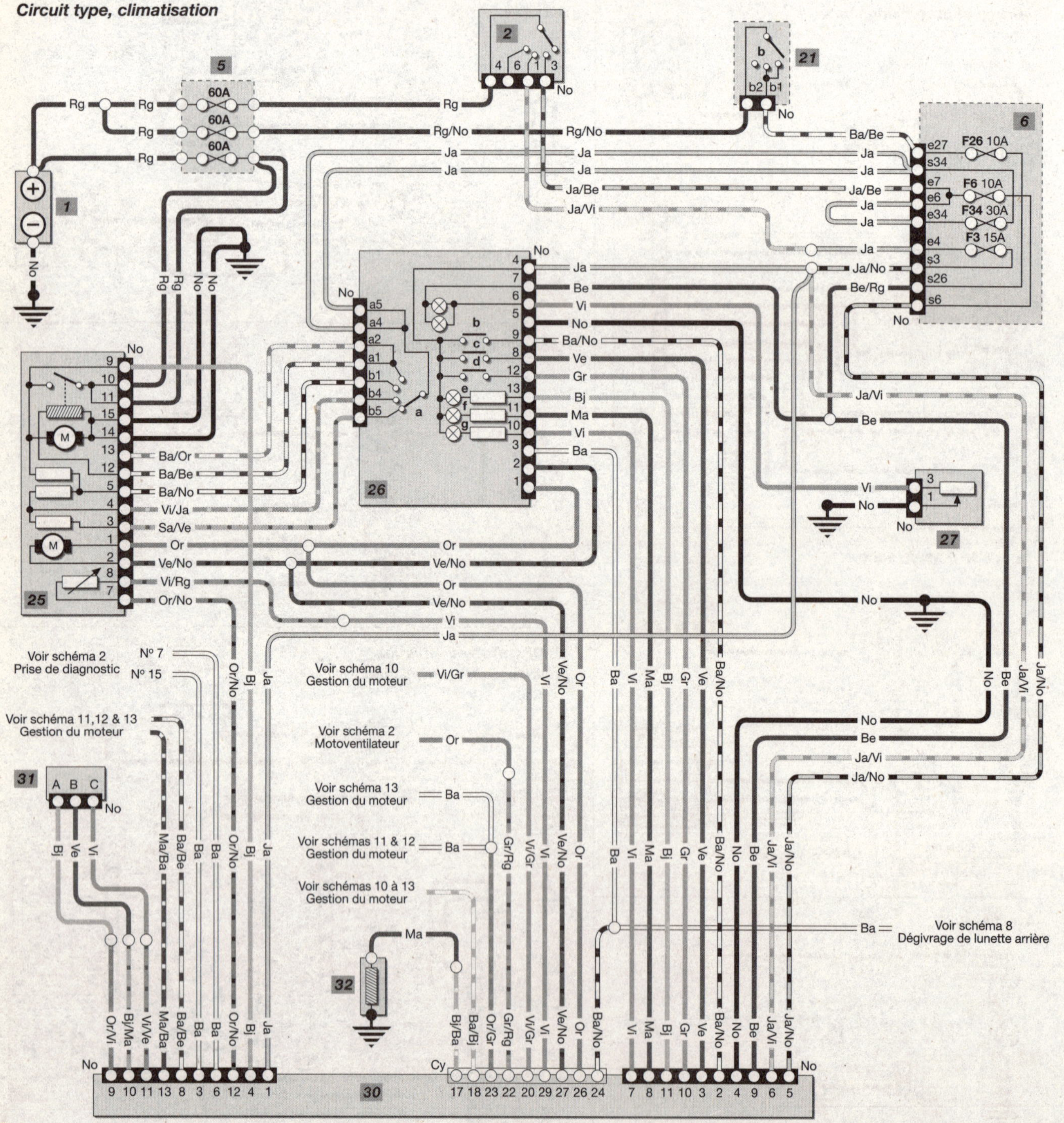

## Schéma 5

### Code des couleurs de fils

| | | | |
|---|---|---|---|
| **Ba** | Blanc | **No** | Noir |
| **Be** | Bleu | **Or** | Orange |
| **Bj** | Beige | **Rg** | Rouge |
| **Cy** | Cristal | **Sa** | Saumon |
| **Gr** | Gris | **Ve** | Vert |
| **Ja** | Jaune | **Vi** | Mauve |
| **Ma** | Marron | | |

① Modèles Diesel

### Nomenclature des pièces

1 Batterie
2 Contact antivol
5 Platine à fusibles, compartiment moteur
6 Boîtier multitemporisation/support à relais
21 Commande combinée éclairage/avertisseur
 b = feux de position/phares
27 Rhéostat d'éclairage intérieur
35 Combiné d'instruments
 a = indicateur, niveau carburant
 b = témoin, antidémarrage
 c = témoin, défaillance électronique
 d = témoin, alternateur
 e = témoin, niveau carburant
 f = témoin, liquide de refroidissement
 g = témoin, pression d'huile
 h = témoin, feux de brouillard AR.
 i = témoin, projecteurs antibrouillard
 j = témoin, clignotants droit
 k = témoin, clignotants gauche
 l = témoin, feux de croisement
 m = témoin, feux de route
 n = témoin oubli de bouclage, ceinture de sécurité
 o = témoin, préchauffage Diesel
 p = temoin, airbag et prétensionneurs
 r = témoin, porte ouverte
 s = éclairage des instruments
 t = indicateur température, liquide de refroidissement
 u = témoin d'usure, plaquettes de frein
 v = témoin, ABS
 w = témoin, circuit de freinage
 x = compte-tours
 y = compteur de vitesse
 z = indicateur, niveau d'huile
 a1 = ordinateur de bord
36 Jaugeur de carburant/pompe à essence
37 Manocontact, pression d'huile
38 Contacteur, ceinture
39 Sonde température, liquide de refroidissement/thermocontact
40 Capteur, témoin d'usure plaquettes de frein
41 Sonde, niveau de liquide de frein
42 Contacteur, frein à main
43 Contacteur, niveau d'huile
44 Commande d'essuie et lave-glaces
 a = contacteur, ordinateur de bord

H32437

### Combiné d'instruments

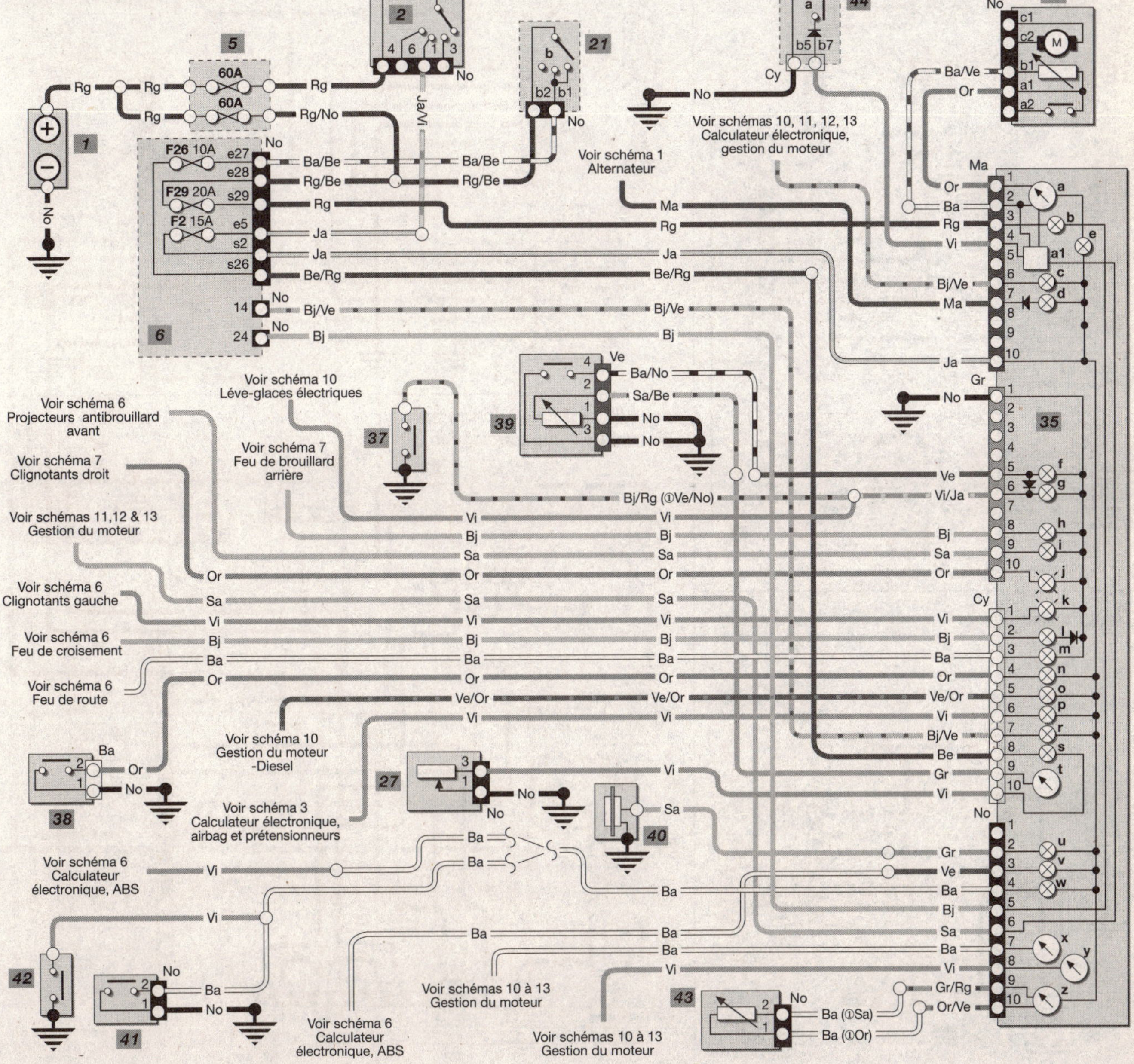

## Schéma 6

**Code des couleurs de fils**

| | | | |
|---|---|---|---|
| **Ba** | Blanc | **No** | Noir |
| **Be** | Bleu | **Or** | Orange |
| **Bj** | Beige | **Rg** | Rouge |
| **Cy** | Cristal | **Sa** | Saumon |
| **Gr** | Gris | **Ve** | Vert |
| **Ja** | Jaune | **Vi** | Mauve |
| **Ma** | Marron | | |

**Nomenclature des pièces**

1 Batterie
2 Contact antivol
5 Platine à fusibles, compartiment moteur
6 Boîtier multitemporisation/support à relais
a = relais d'antibrouillards avant
21 Commande combinée éclairage/avertisseur
b = feux de position/phares
c = antibrouillards avant
d = appel de phares
27 Rhéostat d'éclairage intérieur
46 Calculateur électronique, ABS
47 Capteurs de roues, AV. G.
48 Capteurs de roues, AV. D.
49 Capteurs de roues, AR. G.
50 Capteurs de roues, AR. D.
51 Affichage heure et température extérieur (suivant équipement)
52 Affichage heure et température extérieur/radio (suivant équipement)
53 Rétroviseur passager (sonde, temperature extériere)
54 Feu de position G.
55 Feu de position D.
56 Projecteur G.
57 Projecteur D.
58 Feux AR. G.
a = feu de position
59 Feux AR. D.
a = feu de position
60 Eclairage, plaque d'immatriculation
61 Antibrouillard AV. G.
62 Antibrouillard AV. D.

H32438

### ABS

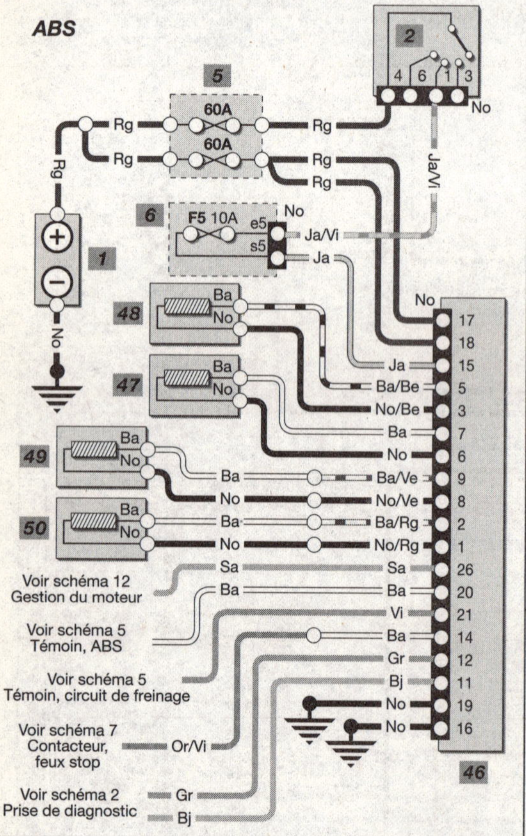


### Affichage de l'heure et de la température extérieure

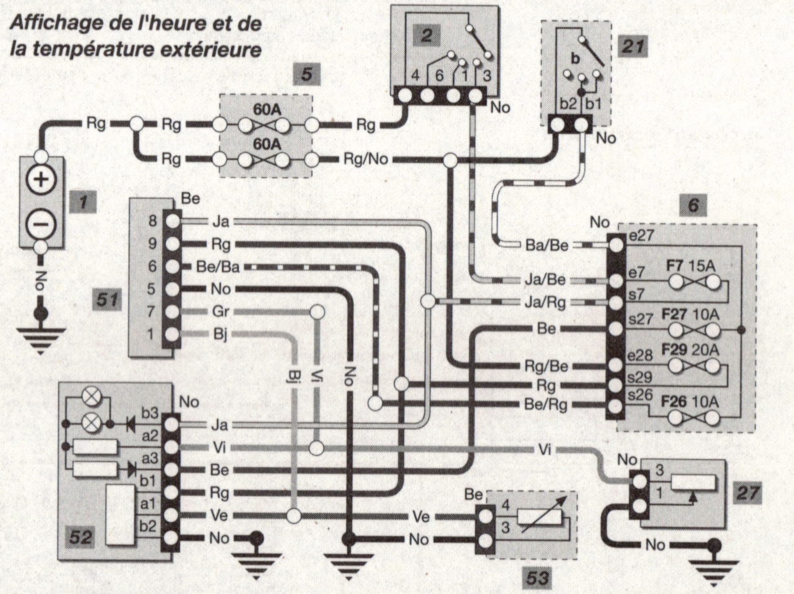

### Antibrouillard avant

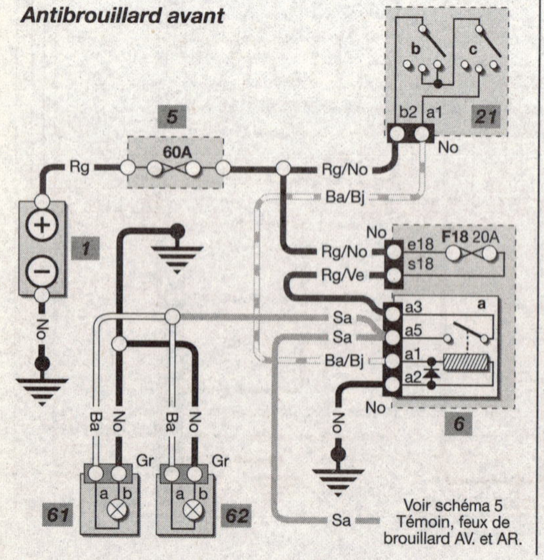


### Feux de position et éclairage de plaque d'immatriculation

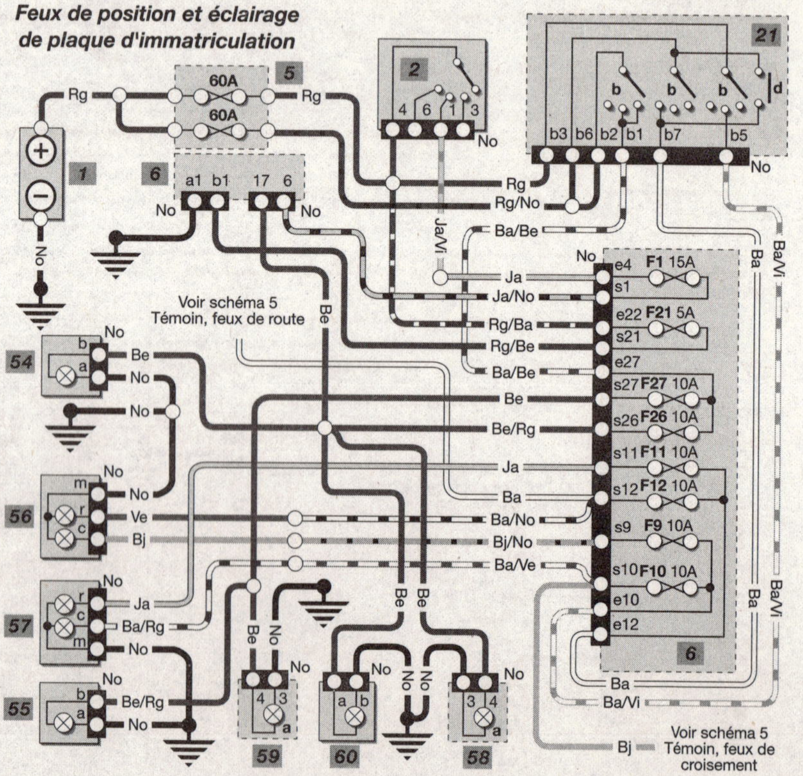

## Schéma 7

### Code des couleurs de fils

| | | | |
|---|---|---|---|
| **Ba** | Blanc | **No** | Noir |
| **Be** | Bleu | **Or** | Orange |
| **Bj** | Beige | **Rg** | Rouge |
| **Cy** | Cristal | **Sa** | Saumon |
| **Gr** | Gris | **Ve** | Vert |
| **Ja** | Jaune | **Vi** | Mauve |
| **Ma** | Marron | | |

### Nomenclature des pièces

1 Batterie
2 Contact antivol
5 Platine à fusibles, compartiment moteur
6 Boîtier multitemporisation/support à relais
21 Commande combinée éclairage/avertisseur
  b = feux de position/phares
  d = feu de brouillard AR.
  e = clignotant
56 Projecteur G.
57 Projecteur D.
58 Feux AR. G.
  b = feu de recul
  c = feu de stop
  d = clignotant
  e = feu de brouillard AR.
59 Feux AR. D.
  b = feu de recul
  c = feu de stop
  d = clignotant
65 3e feu stop
66 Contacteur, feux de recul (BVM)
67 BV automatique
68 Calculateur électronique, BVA
69 Contacteur, feux stop
70 Clignotant AV. G.
71 Clignotant AV. D.
72 Répétiteur latéral de clignotant G.
73 Répétiteur latéral de clignotant D.
74 Contacteur, feu de détresse
75 Commande, réglage des projecteurs
76 Moteur de réglage, projecteur G.
77 Moteur de réglage, projecteur D.

H32439

### *Clignotants et feux de détresse*

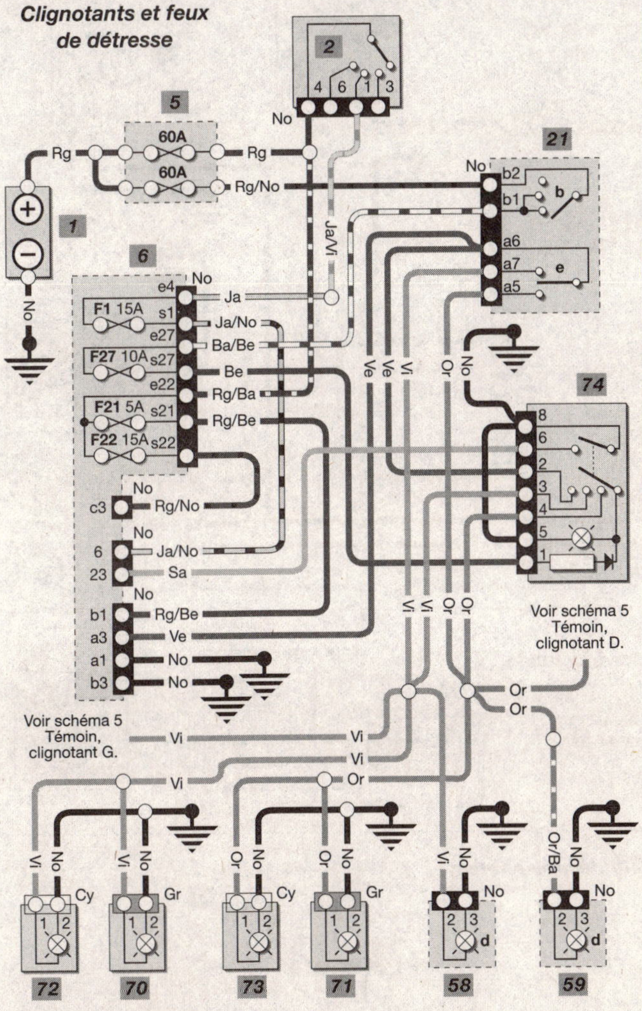


### *Feux de stop et de recul*

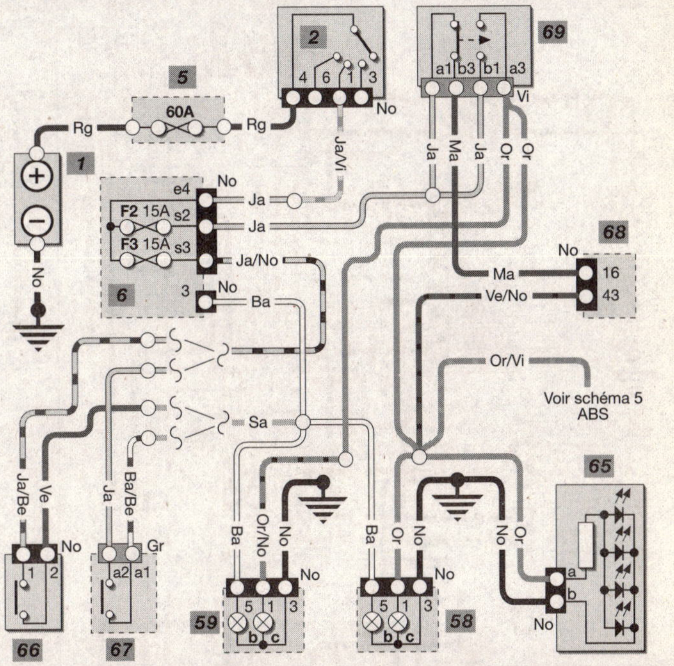


### *Feu de brouillard AR.*

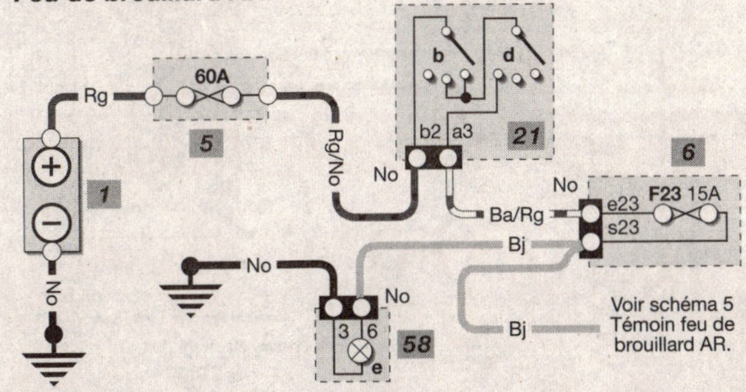


### *Correction du site des projecteurs*

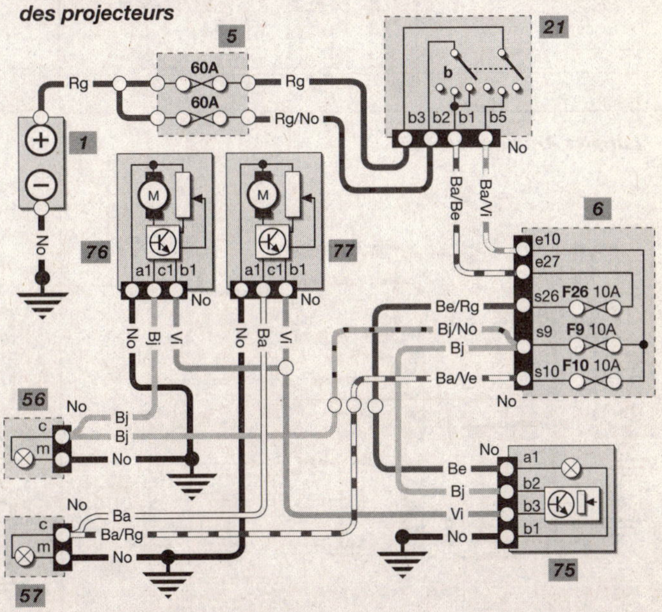

## Schéma 8

### Code des couleurs de fils

| | | | |
|---|---|---|---|
| **Ba** | Blanc | **No** | Noir |
| **Be** | Bleu | **Or** | Orange |
| **Bj** | Beige | **Rg** | Rouge |
| **Cy** | Cristal | **Sa** | Saumon |
| **Gr** | Gris | **Ve** | Vert |
| **Ja** | Jaune | **Vi** | Mauve |
| **Ma** | Marron | | |

### Nomenclature des pièces

1 Batterie
2 Contact antivol
5 Platine à fusibles, compartiment moteur
6 Boîtier multitemporisation/support à relais
b = relais, dégivrage de lunette AR.
44 Commande d'essuie et lave-glaces
b = essuie-glaces AV.
c = essuie et lave-glaces AR.
d = lave-glaces AV.
80 Cellule infrarouge (selon montage)
81 Eclairage de coffre
82 Contacteur, éclairage de coffre
83 Eclairage intérieur AV.
84 Contacteur de feuillure, porte AV. G.
85 Contacteur de feuillure, porte AV. D.
86 Contacteur de feuillure, porte AR. G.
87 Contacteur de feuillure, porte AR. D.
88 Moteur d'essuie-glace AV.
89 Moteur d'essuie-glace AR.
90 Pompe de lave-glaces
91 Pompe de lave-phares
92 Relais, pompe de lave-phares
93 Lunette AR. dégivrante

H32440

***Eclairage intérieur et éclairage de coffre***

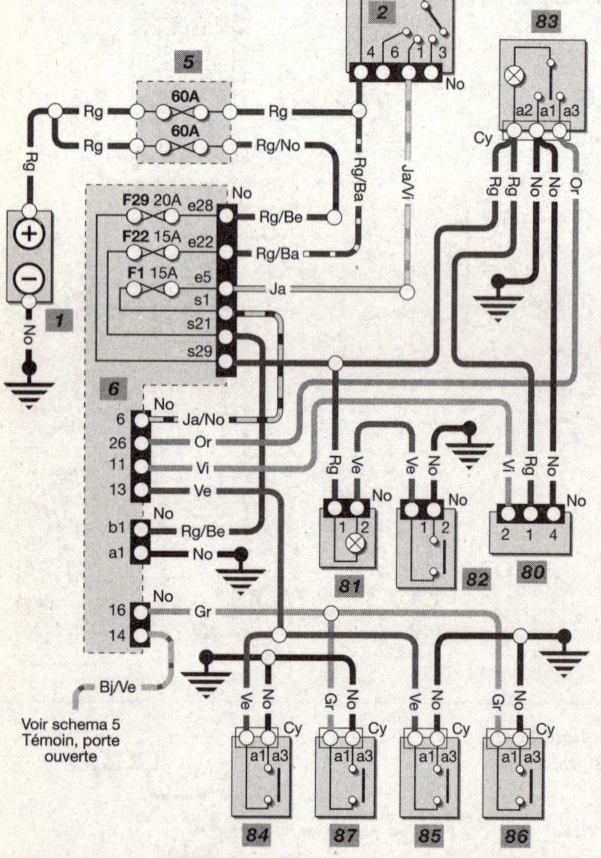


***Essuie/lave-glaces AV. et AR.***

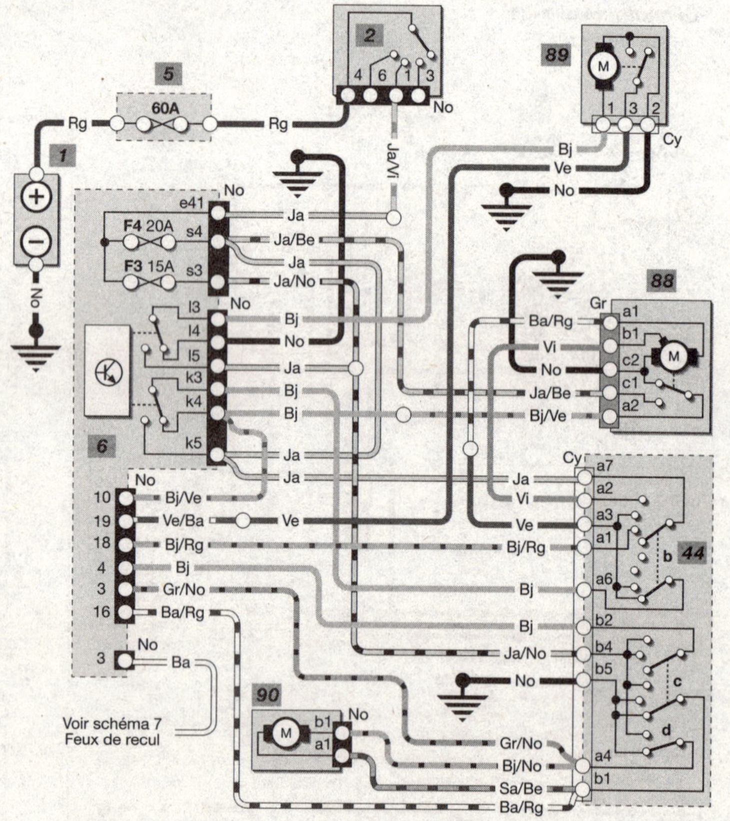


***Lunette AR. dégivrante***

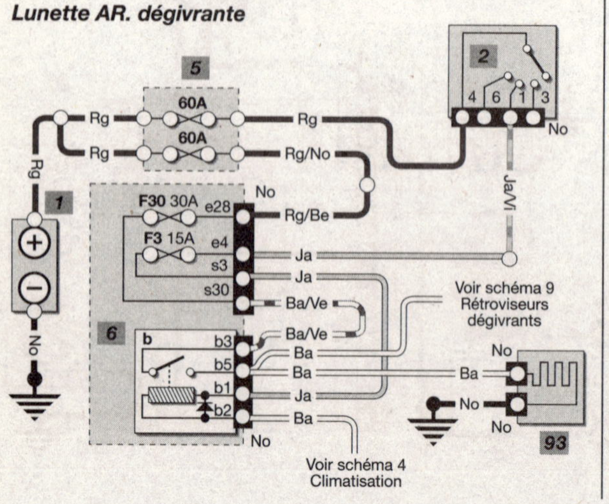


***Dispositif de lave-phares***

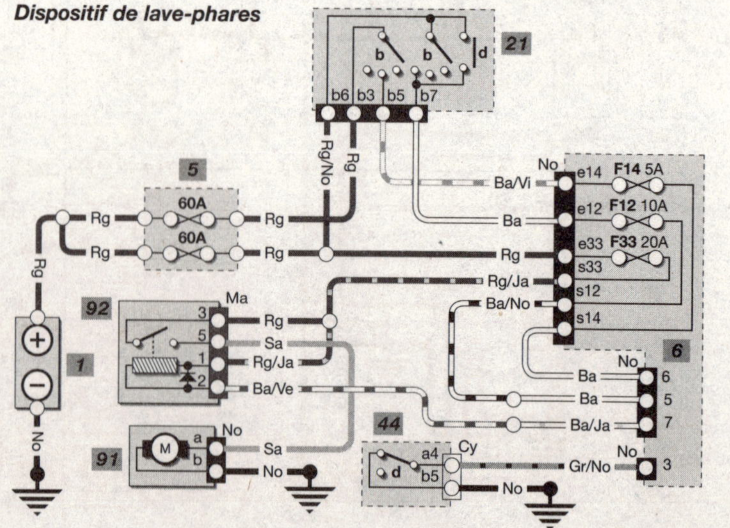

## Schéma 9

**Code des couleurs de fils**

| | | | |
|---|---|---|---|
| **Ba** | Blanc | **No** | Noir |
| **Be** | Bleu | **Or** | Orange |
| **Bj** | Beige | **Rg** | Rouge |
| **Cy** | Cristal | **Sa** | Saumon |
| **Gr** | Gris | **Ve** | Vert |
| **Ja** | Jaune | **Vi** | Mauve |
| **Ma** | Marron | | |

**Nomenclature des pièces**

1 Batterie
2 Contact antivol
5 Platine à fusibles, compartiment moteur
6 Boîtier multitemporisation/support à relais
21 Commande combinée éclairage/avertisseur
b = feux de position/phares
53 Rétroviseur passager
80 Cellule infrarouge
95 Commande, rétroviseurs
96 Rétroviseur conducteur
97 Autoradio
98 Haut-parleur AV. G.
99 Haut-parleur AV. D.
100 Haut-parleur des aigus G.
101 Haut-parleur des aigus D.
102 Commande, verrouillage centralisé
103 Moteur de verrouillage, hayon
104 Moteur de verrouillage, porte AR. G.
105 Moteur de verrouillage, porte AR. D.
106 Moteur de verrouillage, porte AV. G.
107 Moteur de verrouillage, porte AV. D.
108 Moteur de toit ouvrant

H32441

### Rétroviseurs électriques

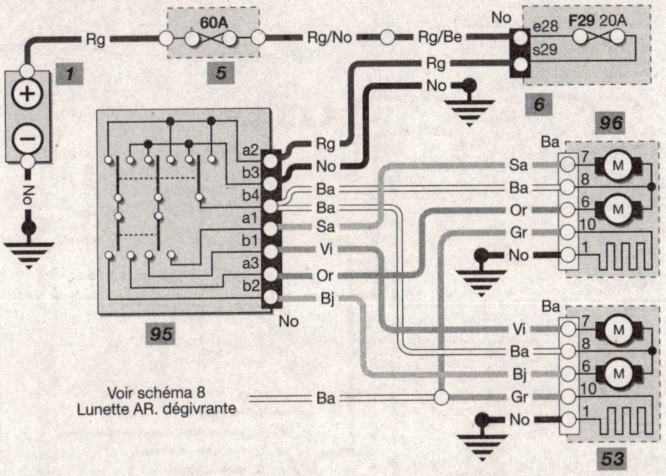


### Autoradio

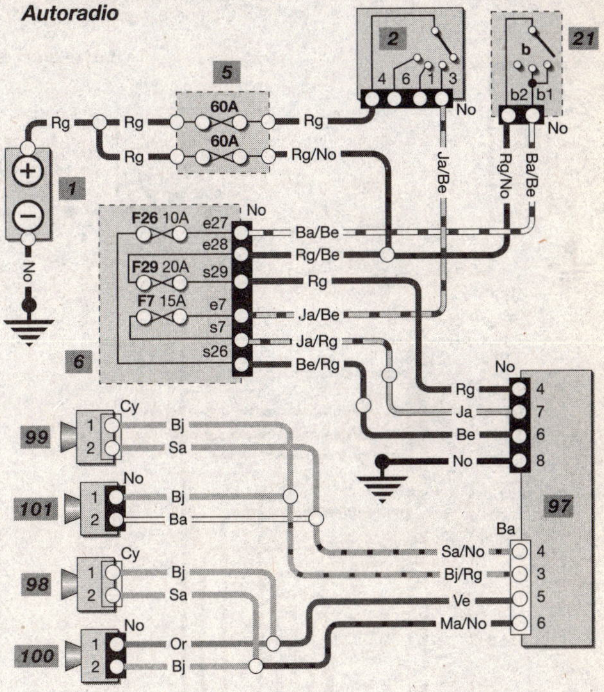


### Verrouillage centralisé

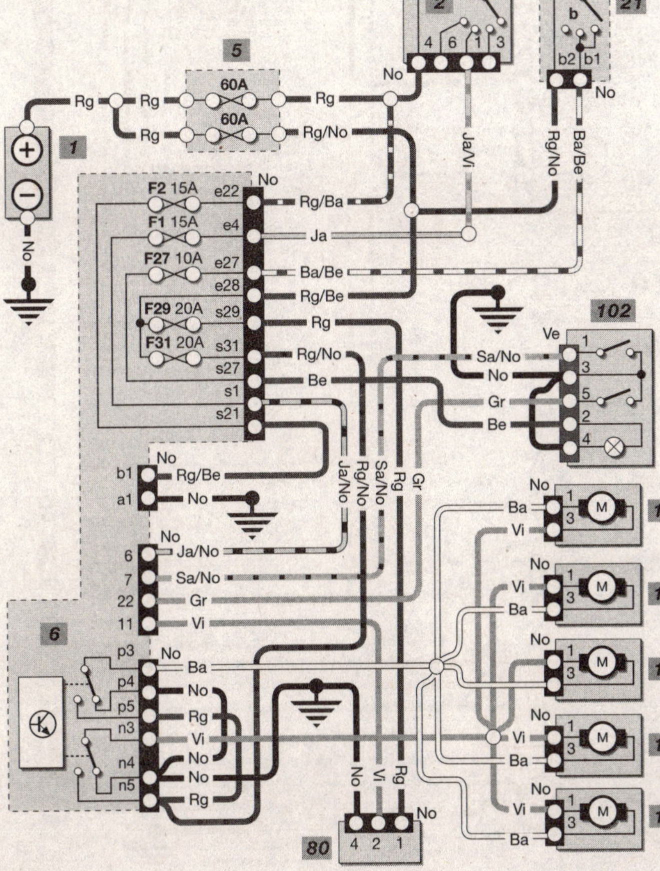


### Toit ouvrant

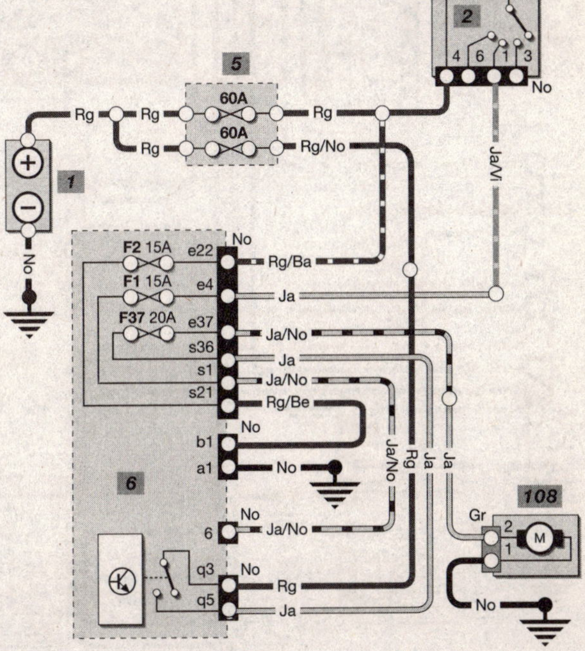

## Schéma 10

**Code des couleurs de fils**

| | | | |
|---|---|---|---|
| **Ba** | Blanc | **No** | Noir |
| **Be** | Bleu | **Or** | Orange |
| **Bj** | Beige | **Rg** | Rouge |
| **Cy** | Cristal | **Sa** | Saumon |
| **Gr** | Gris | **Ve** | Vert |
| **Ja** | Jaune | **Vi** | Mauve |
| **Ma** | Marron | | |

**Nomenclature des pièces**

1 Batterie
2 Contact antivol
5 Platine à fusibles, compartiment moteur
6 Boîtier multitemporisation/support à relais
12 Relais, compartiment moteur
  b = relais, verrouillage injection
  g = correction altimetrique
21 Commande combinée éclairage/avertisseur
  b = feux de position/phares
84 Contacteur de feuillure, porte AV. G.
85 Contacteur de feuillure, porte AV. D.
110 Moteur, léve-glace conducteur
111 Moteur, léve-glace passager
112 Commande, léve-glace conducteur
113 Commande, léve-glace passager sur porte conducteur
114 Commande, léve-glace passager
115 Calculateur électronique, gestion du moteur
116 Boîtier pré/postchauffage
117 Bougies de préchauffage
118 Capteur de vitesse du véhicule
119 Contacteur à inertie
120 Pompe d'injection
  a = regulateur de débit
  b = antidémarrage
  c = potentiomètre de papillon
  d = électrovanne d'advance
121 Electrovann, recyclage de gaz
122 Electrovanne de ralenti accéléré
123 Capteur de levée d'aiguille
124 Capteur de régime moteur
125 Sonde de température d'air
126 Sonde de température de liquide de refroidissement

H32442

### Lève-glaces

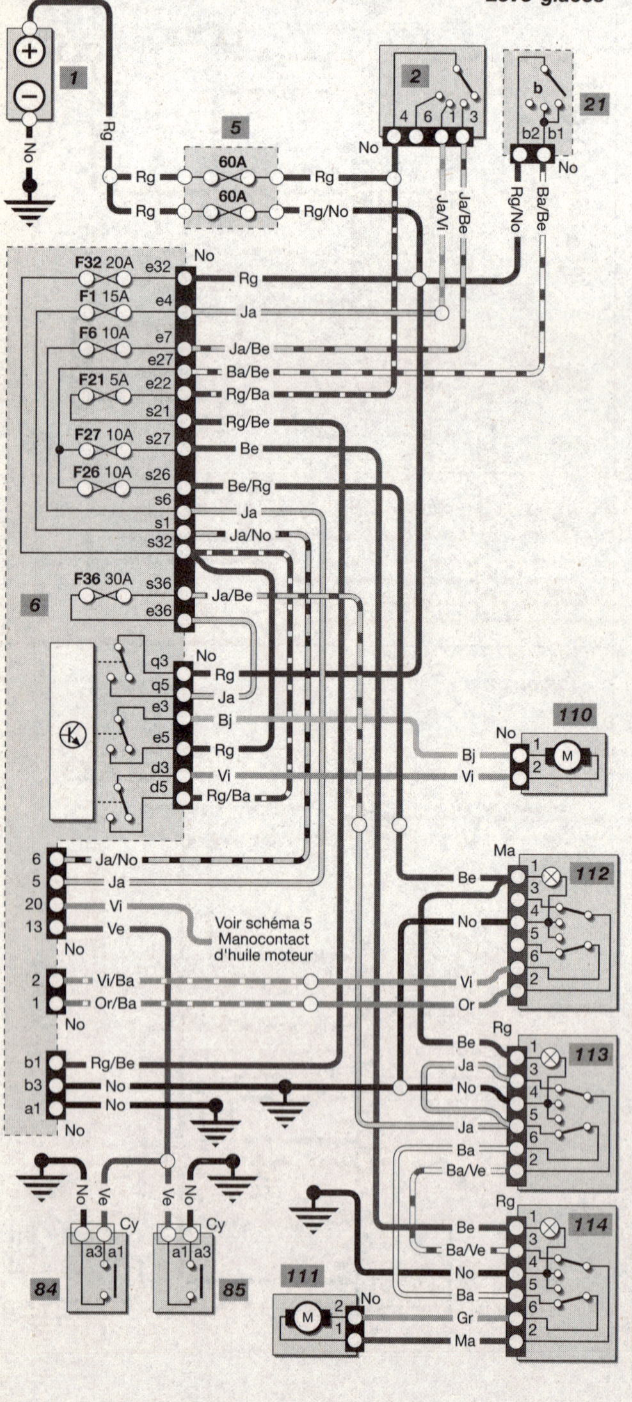


### Circuit type, gestion du moteur - Diesel

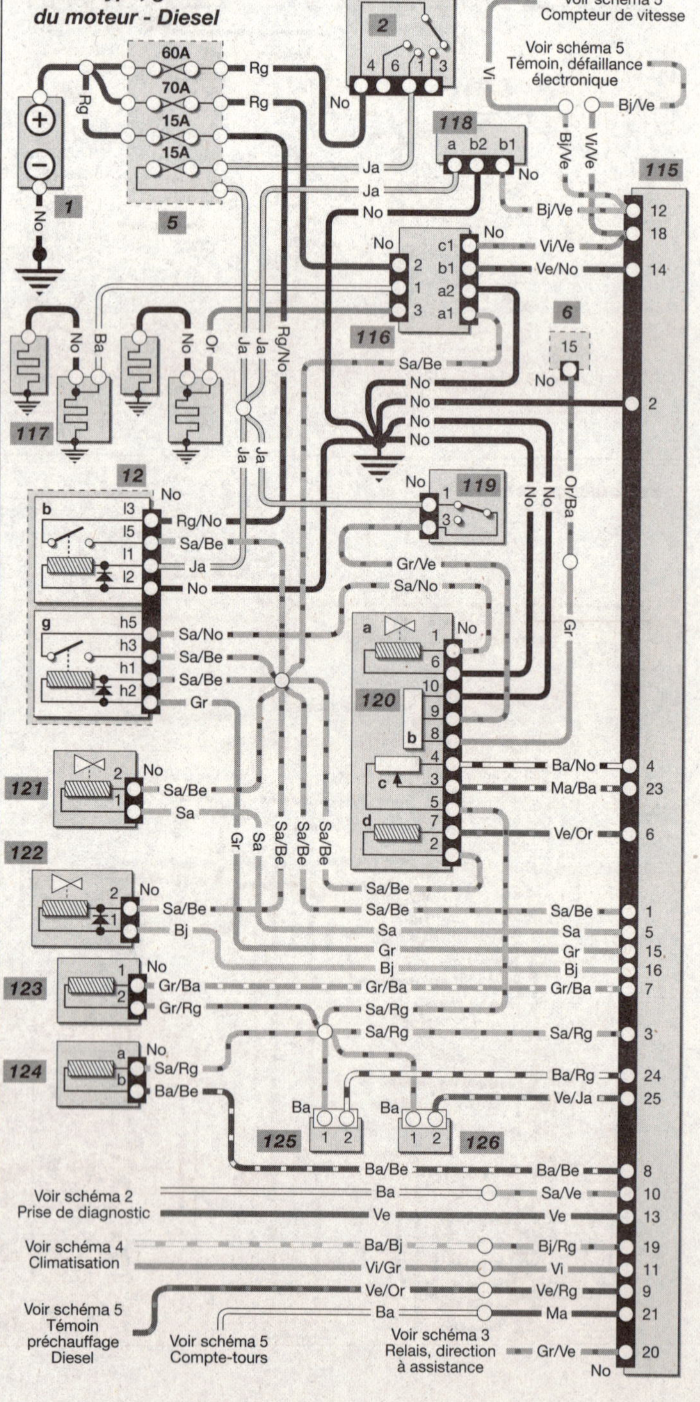

## Schéma 11

**Code des couleurs de fils**

| | | | |
|---|---|---|---|
| **Ba** | Blanc | **No** | Noir |
| **Be** | Bleu | **Or** | Orange |
| **Bj** | Beige | **Rg** | Rouge |
| **Cy** | Cristal | **Sa** | Saumon |
| **Gr** | Gris | **Ve** | Vert |
| **Ja** | Jaune | **Vi** | Mauve |
| **Ma** | Marron | | |

**Nomenclature des pièces**

1 Batterie
2 Contact antivol
5 Platine à fusibles, compartiment moteur
6 Boîtier multitemporisation/support à relais
12 Relais, compartiment moteur
b = relais, verrouillage injection
h = relais, pompe à essence
36 Jaugeur de carburant/pompe à essence
115 Calculateur électronique, gestion du moteur
118 Capteur de vitesse du véhicule
119 Contacteur à inertie
124 Capteur de régime moteur
125 Sonde de température d'air
126 Sonde de température de liquide de refroidissement
130 Bobine d'allumage
131 Condensateur antiparasitage
132 Injecteur
133 Boîtier de papillon
134 Manocontact, direction à assistance
135 Capteur de cliquetis
136 Capteur de pression absolue (de collecteur d'admission)
137 Sonde à oxygène
138 Electrovanne de purge
139 Potentiomètre de papillon

H32443

***Systéme de gestion moteurs D7F 720***

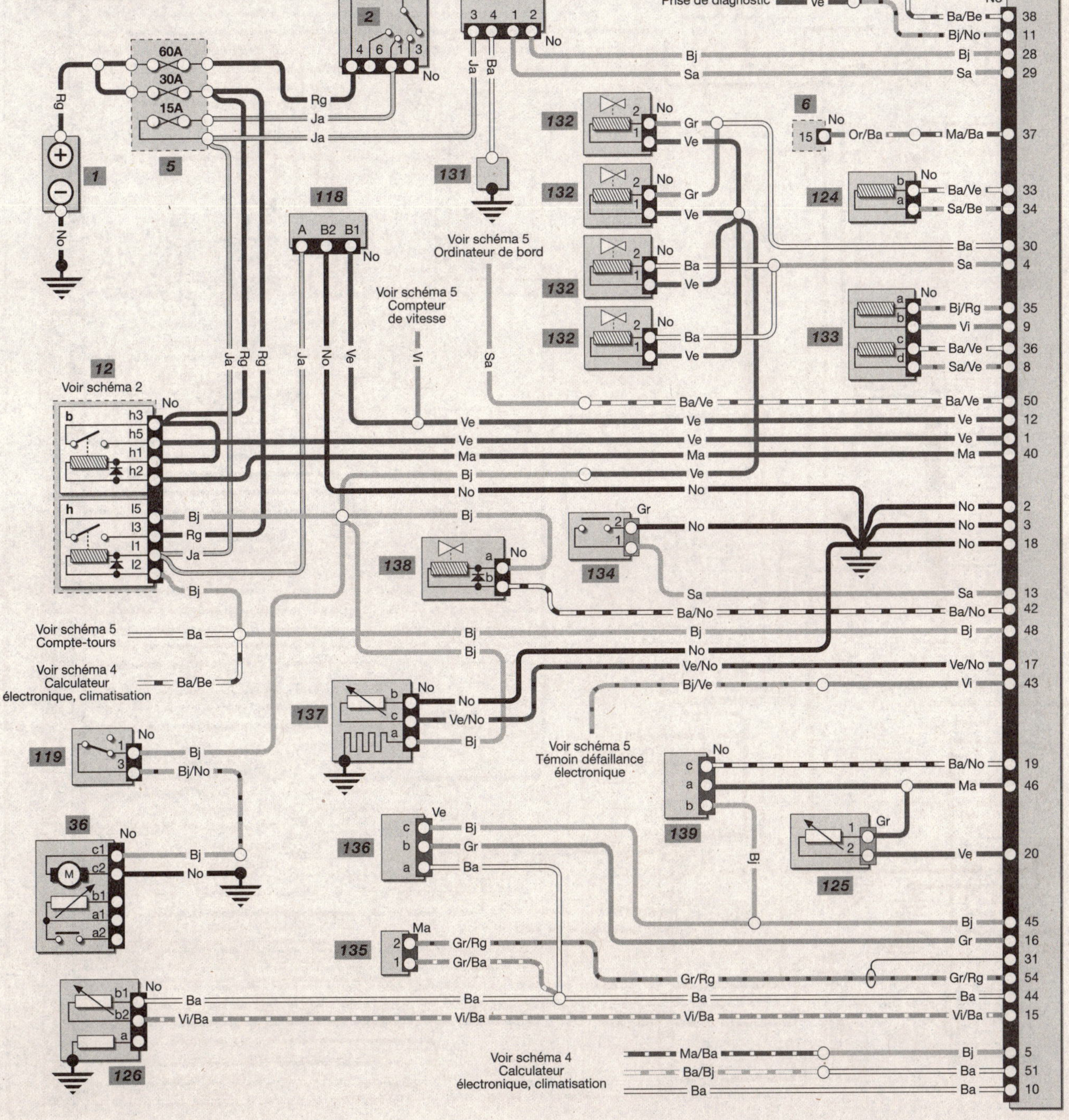

## Schéma 12

### Code des couleurs de fils

| | | | |
|---|---|---|---|
| **Ba** | Blanc | **No** | Noir |
| **Be** | Bleu | **Or** | Orange |
| **Bj** | Beige | **Rg** | Rouge |
| **Cy** | Cristal | **Sa** | Saumon |
| **Gr** | Gris | **Ve** | Vert |
| **Ja** | Jaune | **Vi** | Mauve |
| **Ma** | Marron | | |

### Nomenclature des pièces

1 Batterie
2 Contact antivol
5 Platine à fusibles, compartiment moteur
6 Boîtier multitemporisation/support à relais
12 Relais, compartiment moteur
b = relais, verrouillage injection
h = relais, pompe à essence
36 Jaugeur de carburant/pompe à essence
115 Calculateur électronique, gestion du moteur
118 Capteur de vitesse du véhicule
119 Contacteur à inertie
124 Capteur de régime moteur
125 Sonde de température d'air
126 Sonde de température de liquide de refroidissement
130 Bobine d'allumage
131 Condensateur antiparasitage
132 Injecteur
133 Boîtier de papillon
134 Manocontact, direction à assistance
135 Capteur de cliquetis
136 Capteur de pression absolue (de collecteur d'admission)
137 Sonde à oxygène
138 Electrovanne de purge
139 Potentiomètre de papillon

H32444

***Systéme de gestion moteurs D7F 726***

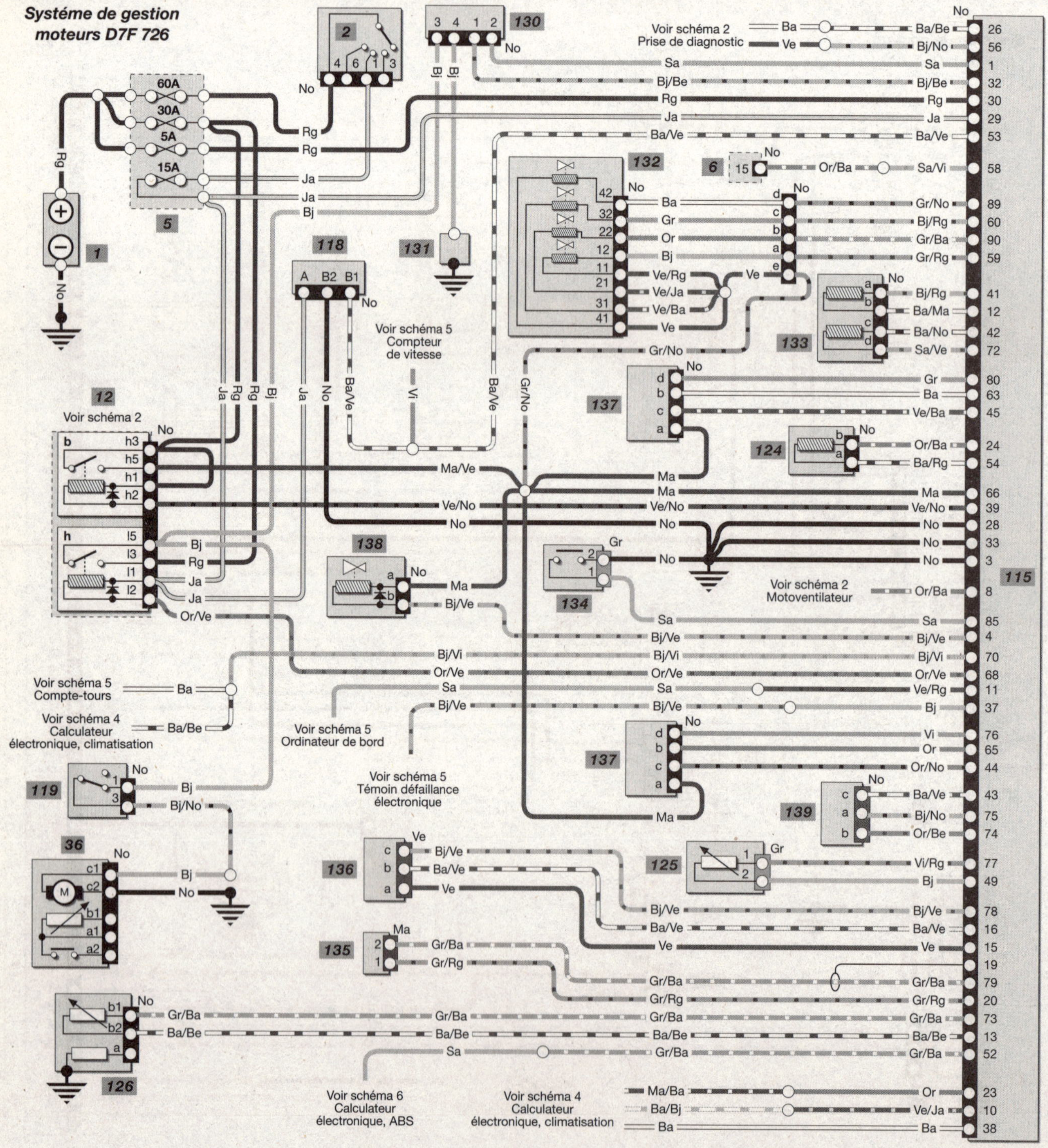

## Schéma 13

### Code des couleurs de fils

| | | | |
|---|---|---|---|
| **Ba** | Blanc | **No** | Noir |
| **Be** | Bleu | **Or** | Orange |
| **Bj** | Beige | **Rg** | Rouge |
| **Cy** | Cristal | **Sa** | Saumon |
| **Gr** | Gris | **Ve** | Vert |
| **Ja** | Jaune | **Vi** | Mauve |
| **Ma** | Marron | | |

### Nomenclature des pièces

1 Batterie
2 Contact antivol
5 Platine à fusibles, compartiment moteur
6 Boîtier multitemporisation/support à relais
12 Relais, compartiment moteur
b = relais, verrouillage injection
h = relais, pompe à essence
36 Jaugeur de carburant/pompe à essence
115 Calculateur électronique, gestion du moteur
118 Capteur de vitesse du véhicule
119 Contacteur à inertie
124 Capteur de régime moteur
125 Sonde de température d'air
126 Sonde de température de liquide de refroidissement
131 Condensateur antiparasitage
132 Injecteur
133 Boîtier de papillon
134 Manocontact, direction à assistance
135 Capteur de cliquetis
136 Capteur de pression absolue (de collecteur d'admission)
137 Sonde à oxygène
138 Electrovanne de purge
139 Potentiomètre de papillon
140 Bobine d'allumage

H32445

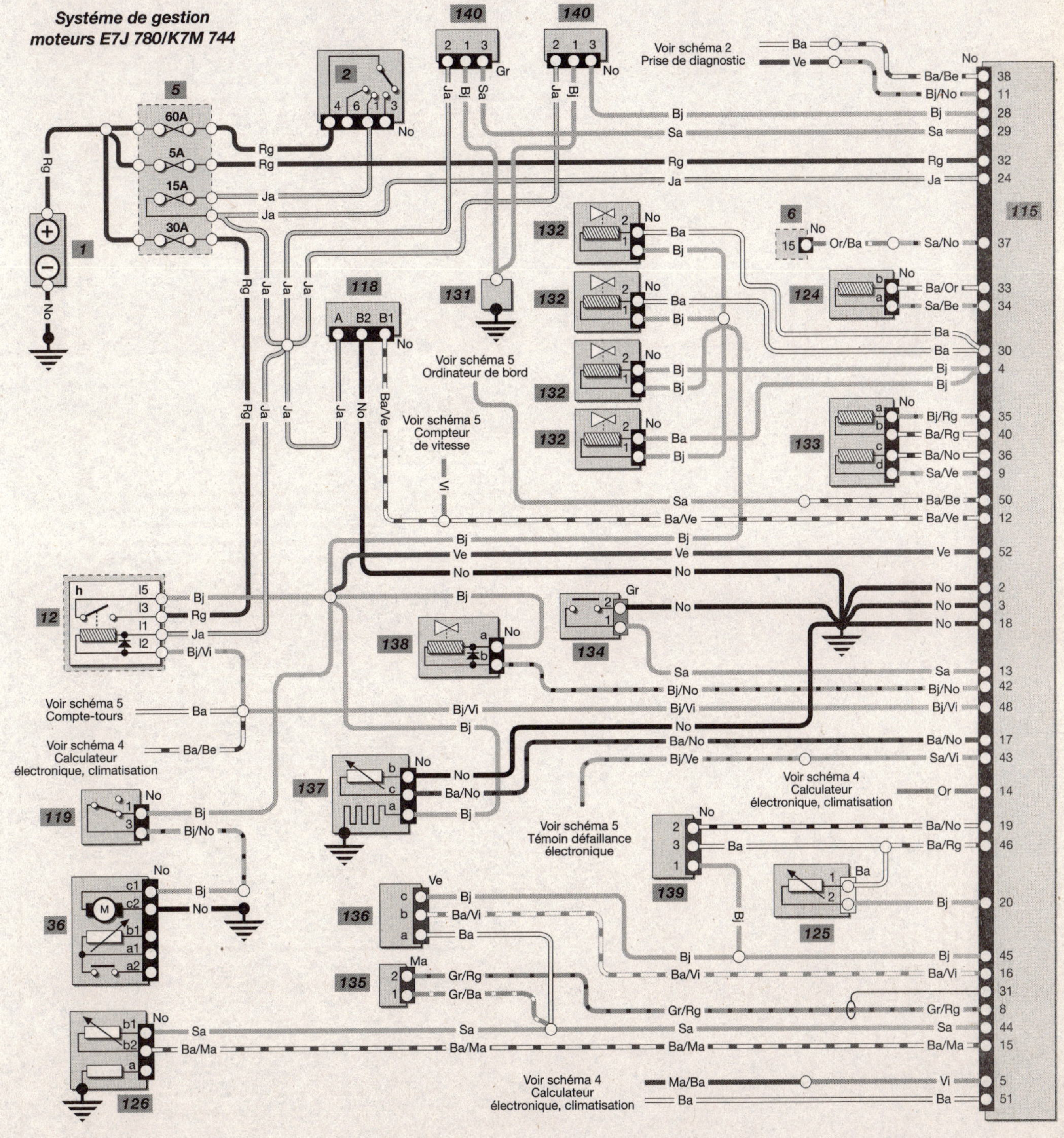

# Dimensions et poids

**Nota :** *Toutes les valeurs ci-dessous sont approximatives et sont données à titre indicatif. Elles peuvent varier suivant les versions et le niveau d'équipement. Se reporter aux données techniques du constructeur pour obtenir les valeurs exactes.*

### *Dimensions*

| | |
|---|---|
| Longueur hors tout | 3 773 mm |
| Largeur hors tout (avec rétroviseurs) | 1 940 mm |
| Hauteur à vide en ordre de marche | 1 417 mm |
| Empattement | 2 472 mm |
| Voie avant | 1 406 mm |
| Voie arrière | 1 385 mm |
| Diamètre de braquage entre murs/trottoirs | 10,7 ou 11,2 m (suivant niveau d'équipement) |

### *Poids*

| | |
|---|---|
| Poids à vide en ordre de marche : | |
| 1,2 l (3 portes) | 880 kg |
| 1,2 l (5 portes) | 900 kg |
| 1,4 l (3 portes, BV manuelle) | 940 kg |
| 1,4 l (5 portes, BV manuelle) | 960 kg |
| 1,4 l (3 portes, BV automatique) | 965 kg |
| 1,4 l (5 portes, BV automatique) | 985 kg |
| 1,6 l (3 portes, BV manuelle) | 965 kg |
| 1,6 l (5 portes, BV manuelle) | 985 kg |
| 1,6 l (3 portes, BV automatique) | 980 kg |
| 1,6 l (5 portes, BV automatique) | 1 000 kg |
| 1,9 D (3 portes) | 975 kg |
| 1,9 D (5 portes) | 995 kg |
| Poids total autorisé en charge : | |
| 1,2 l | 1 565 kg |
| 1,4 l (BV manuelle) | 1 605 kg |
| 1,4 l (BV automatique) | 1 625 kg |
| 1,6 l (BV manuelle) | 1 605 kg |
| 1,6 l (BV automatique) | 1 635 kg |
| 1,9 D | 1 645 kg |
| Charge maxi. sur galerie de toit (tous types) | 70 kg |
| Poids maxi. remorquable : | |
| 1,2 l (3 portes) | 850 kg |
| 1,2 l (5 portes) | 800 kg |
| 1,4 l (3 portes) | 850 kg |
| 1,4 l (5 portes) | 850 kg |
| 1,6 l (3 portes, BV manuelle) | 900 kg |
| 1,6 l (3 portes, BV automatique) | 950 kg |
| 1,6 l (5 portes) | 900 kg |
| 1,9 D (3 portes) | 900 kg |

# Alimentation au GPL - description générale et précautions

***Nota : A l'heure où sont imprimées ces lignes, quelques données sont susceptibles d'évoluer en fonction de la réglementation : pour le détail des dernières dispositions en vigueur, s'informer auprès du CFBP (Comité Français du Butane et du Propane), par Minitel au « 3615 GPLc », ou auprès d'un installateur agréé***

## *Description générale*

Le GPLc (gaz de pétrole liquéfié carburant), couramment appelé GPL, est un mélange de butane et de propane à l'état liquide sous faible pression. Il possède un haut pouvoir calorifique, ce qui permet de stocker et de transporter une grande quantité d'énergie sous un faible volume. Les gaz de pétroles étant incolores, inodores et plus lourds que l'air, ils reçoivent un additif odorant (mercaptan) pour des raisons de sécurité et afin de les déceler.

Le GPL offre de nombreux avantages par rapport aux carburants classiques (essence et gazole) :

- ☐ *La baisse de la Taxe Intérieure sur les Produits Pétroliers (TIPP) en fait le carburant le moins cher à la pompe.*
- ☐ *Une pollution en forte diminution. Etant composé d'hydrocarbures faiblement carbonés, pour une quantité d'énergie produite identique, sa combustion émet moins de dioxyde de carbone. Du fait d'une combustion plus complète, son utilisation permet de réduire de manière significative les émissions d'hydrocarbures imbrûlés, d'oxydes d'azote et de monoxyde de carbone, comparativement aux autres hydrocarbures. D'autre part, le GPL qui est exempt de plomb, de soufre et de benzène, ne dégage pas de particules ni d'odeur pendant sa combustion. Enfin, les pertes par évaporation de carburant au niveau du réservoir sont inexistantes (circuit étanche).*
- ☐ *Les véhicules fonctionnant au GPL bénéficient de fait d'un certain nombre de dispositions avantageuses : pastille verte, vignette gratuite ou à demi-tarif dans certains départements et pour les entreprises, réduction de 25 % de la Taxe sur les Véhicules de Société (TVS), TVA récupérable intégralement sur l'achat de carburant, amortissement exceptionnel sur une année de l'équipement du véhicule et du matériel destiné au stockage et à la distribution du GPL.*
- ☐ *Un entretien moins coûteux. Le GPL est un carburant propre, n'encrassant pas le moteur par des dépôts de calamine (absence de gommage de la segmentation et de corrosion) et son utilisation en phase gazeuse évite la dilution de l'huile de graissage par l'excès de carburant liquide au démarrage à froid ou en cycle urbain (phénomène de « lessivage »), qui altère ses qualités lubrifiantes et anti-usure. Les intervalles de vidange peuvent ainsi être doublés et la longévité du moteur augmente.*

Au chapitre des inconvénients du GPL, figurent les suivants :

- ☐ *La nécessité de monter un équipement spécifique d'un coût relativement élevé, de l'ordre de 15 000 F. Sur les véhicules n'étant pas directement équipés par le constructeur, le montage doit être réalisé par un installateur agréé par le CFBP (Comité Français du Butane et du Propane). La liste des spécialistes agréés peut être obtenue par Minitel au 3615 GPLc (ce service indique également la liste mise à jour des stations-service distribuant du GPL). Les véhicules convertis à la bicarburation essence/GPL doivent être présentés au service des Mines pour vérification de l'installation et doivent obtenir une carte grise particulière sur laquelle figure la mention « EG » et non plus « ES ». Ces obligations entraînent un surcoût de 1 000 F environ. La plupart des installateurs se chargent de ces formalités moyennant finance. Les véhicules (neufs ou d'occasion) équipés d'origine de l'option GPL, étant déjà homologués, sont dispensés de cette procédure.*
- ☐ *Le risque de voir la garantie du constructeur menacée pour les véhicules recevant une installation GPL. En principe, le constructeur refusera de prendre en charge une panne du moteur due au système d'alimentation au gaz, ce qui peut facilement prêter à interprétation et déclencher un renvoi mutuel des responsabilités. Pour cette raison, certains installateurs proposent un contrat d'assurance, généralement de 2 ans, garantissant le véhicule contre les risques matériels et corporels dus à l'installation GPL. Ces problèmes ne se posent pas dans le cas des véhicules disposant d'un équipement bicarburation conçu et supervisé par le constructeur, cette installation bénéficiant de la même garantie pièces et main d'œuvre que les autres organes du moteur.*
- ☐ *Le nombre limité de pompes distribuant le GPL, ce qui oblige de prévoir à l'avance où effectuer les ravitaillements pour ne pas risquer de tomber en panne sèche et d'avoir à basculer sur le réservoir d'essence. Cette crainte est toutefois à relativiser, le nombre de pompes augmentant de jour en jour.*
- ☐ *La place occupée par le réservoir de gaz dans le coffre peut en diminuer sérieusement le volume utile **(voir illustration)**. Un réservoir cylindrique sacrifiera une grande partie du coffre. Un réservoir de type torique, moins*

**Réservoir GPL de type « bonbonne » (A) et torique (B)**

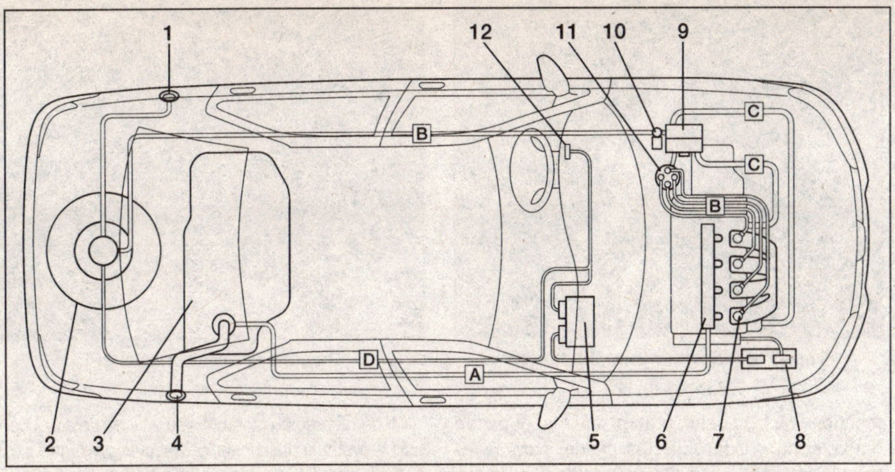


**Exemple d'installation de système d'injection de GPL en phase gazeuse**

*1 Orifice de remplissage de gaz*
*2 Réservoir de gaz (type torique)*
*3 Réservoir d'essence*
*4 Orifice de remplissage d'essence*
*5 Calculateur électronique GPL*
*6 Rampe d'injection d'essence*
*7 Buse d'injection de gaz*
*8 Calculateur électronique d'injection d'essence*
*9 Vapodétendeur*
*10 Electrovanne de gaz*
*11 Doseur-distributeur*
*12 Jauge de niveau de gaz*
*A Circuit d'alimentation en essence*
*B Circuit d'alimentation en gaz*
*C Circuit de réchauffage du vapodétendeur*
*D Circuit électrique d'alimentation en gaz*

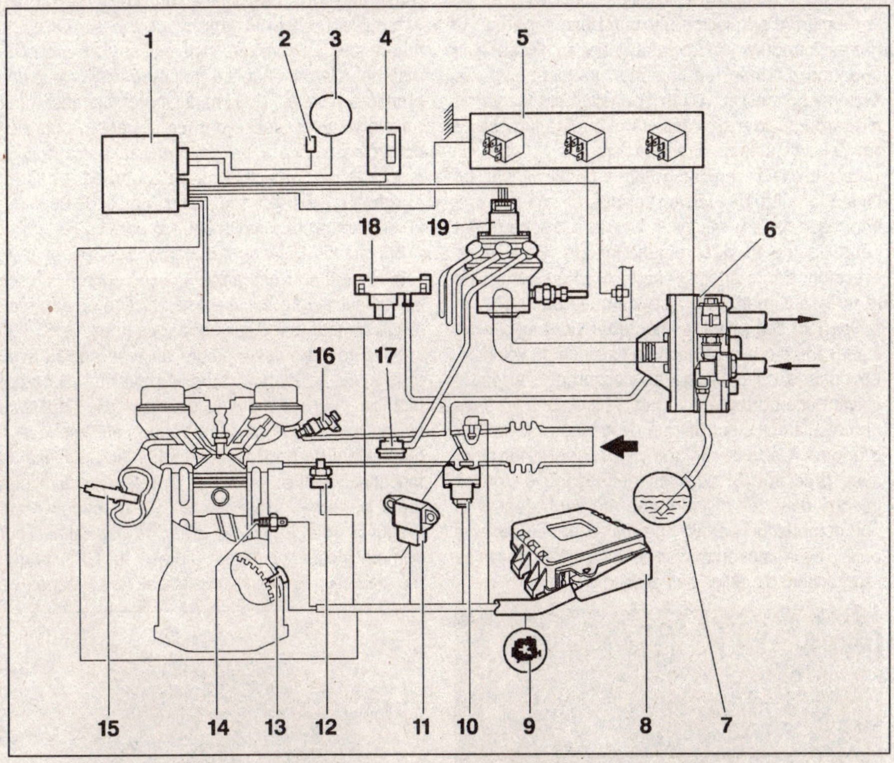


**Principe de fonctionnement - système d'injection Nekam Koltec**

*1 Calculateur électronique GPL*
*2 Prise diagnostic*
*3 Témoin d'alerte, mode GPL*
*4 Inverseur essence/GPL*
*5 Relais*
*6 Vapodétendeur*
*7 Réservoir de gaz*
*8 Calculateur électronique d'injection d'essence*
*9 Témoin d'alerte d'injection-allumage*
*10 Régulateur de ralenti*
*11 Potentiomètre de papillon*
*12 Capteur de pression d'air d'admission (essence)*
*13 Capteur de vilebrequin*
*14 Sonde de température de liquide de refroidissement*
*15 Sonde Lambda*
*16 Injecteurs d'essence*
*17 Buse d'injection de gaz*
*18 Capteur de pression d'air d'admission (gaz)*
*19 Doseur-distributeur (y compris moteur pas-à-pas et électrovanne de gaz)*

*encombrant mais de contenance plus faible, peut être installé à la place de la roue de secours, remplacée alors par une bombe anti-crevaisons. Cette dernière solution présente l'avantage de préserver le volume du coffre mais limite sérieusement l'autonomie en carburant, d'autant que dans tous les cas, une vanne d'arrêt ne permet de remplir le réservoir qu'à 80 % de sa capacité, le reste servant d'espace de détente du gaz. Sur les véhicules convertis à la bicarburation par les constructeurs, le réservoir est intégré à la structure afin de pénaliser le moins possible le volume du coffre.*

- ☐ *Certains parkings souterrains interdisent l'accès aux véhicules alimentés au GPL. Dans le cas des parkings publics, cette restriction est illégale car contraire à un arrêté datant de 1987. Concernant les parkings privés, la réglementation reste soumise à la bonne volonté du propriétaire. Cette prévention à l'égard du gaz n'est pas justifiée. L'installation GPL est parfaitement étanche, ce qui est loin d'être le cas avec l'essence.*
- ☐ *Le moteur subit une perte de puissance d'environ 5 % du fait du pouvoir calorifique inférieur du gaz, ce qui se traduit par une vitesse de pointe en légère baisse et des reprises moins franches, sans que l'agrément de conduite s'en trouve véritablement affecté.*
- ☐ *Une consommation en augmentation par rapport aux voitures essence et Diesel mais compte tenu de la différence de prix à la pompe, le carburant GPL se révèle au final le plus avantageux.*
- ☐ *Le remplissage du réservoir est une opération fastidieuse, nécessitant un certain temps, ce qui devrait s'améliorer avec l'apparition d'une nouvelle génération de pistolets.*

Toutes les voitures à essence peuvent en principe être transformées pour fonctionner au GPL. Il est toutefois recommandé de ne convertir à la bicarburation que les véhicules dont le kilométrage ne dépasse pas 80 000 km. Seuls les installateurs homologués peuvent donner leur avis en fonction des caractéristiques du moteur et l'examen de son état de fonctionnement. Les moteurs Diesel peuvent être adaptés au GPL mais cela nécessite des transformations coûteuses, réservées aux poids lourds.

La configuration de base d'un système d'alimentation au GPL se montant en parallèle à celui d'essence comprend un réservoir séparé, des canalisations étanches et protégées comportant des vannes de sécurité automatiques destinées à éviter les risques de fuites en cas de choc, d'un vapodétendeur, d'un mélangeur-diffuseur (suivant équipement) implanté au niveau de la tubulure d'admission dans le compartiment moteur, d'un inverseur au tableau de bord permettant de passer d'un carburant à l'autre et d'un indicateur de niveau.

Il existe différentes techniques d'alimentation au GPL dépendant du niveau d'équipement d'origine du véhicule. La première qui est plus ancienne et la plus répandue, est prévue à l'origine pour les moteurs à carburateur. Le gaz à l'état liquide contenu dans le réservoir parvient par l'effet de la pression interne du

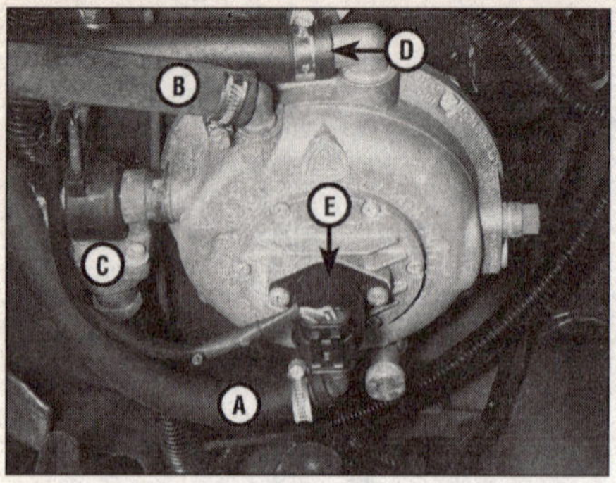


**Vapodétendeur**

*A Raccord d'entrée, tuyau de liquide de refroidissement - circuit de réchauffage du vapodétendeur*
*B Raccord de sortie, tuyau de liquide de refroidissement - circuit de réchauffage du vapodétendeur*
*C Raccord de tuyau d'alimentation en gaz - ici avec électrovanne de gaz et filtre*
*D Raccord de tuyau d'alimentation en gaz - vers doseur-distributeur*
*E Moteur pas-à-pas*

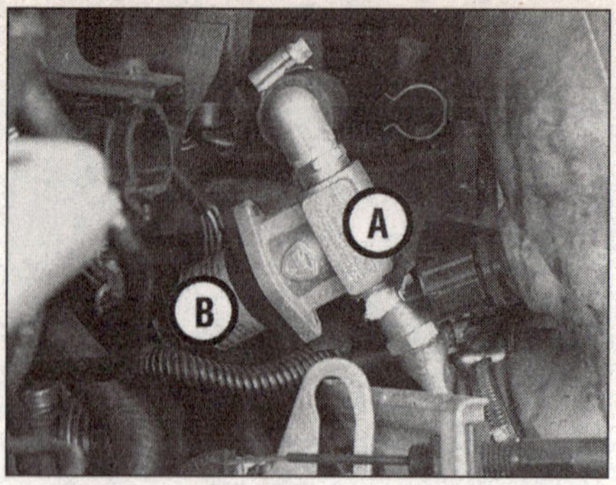


**Doseur-distributeur (A) avec moteur pas-à-pas (B)**

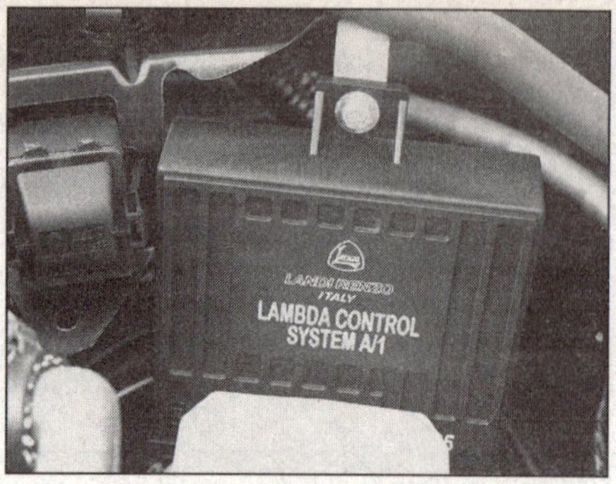


**Calculateur électronique GPL**

circuit au vapodétendeur où il est transformé à l'état gazeux à la pression atmosphérique. Le mélange du gaz avec le comburant s'effectue dans le diffuseur et son introduction dans les cylindres a lieu au moment de l'admission sous l'action de la dépression engendrée lors de la descente des pistons dans les cylindres. Ce système rudimentaire et peu performant présente l'inconvénient de nécessiter un réglage périodique.

L'apparition de l'injection d'essence monopoint a nécessité l'adaptation du système pour prendre en compte de nouveaux paramètres ayant trait notamment à la gestion de l'injection. L'évolution principale a ainsi concerné la maîtrise de la richesse du mélange carburé pour approcher le plus près possible du rapport idéal air-carburant. L'arrivée de gaz est régie par un dispositif asservi par une sonde Lambda (souvent celle d'origine) qui transmet un signal à un calculateur électronique, (spécifique à l'alimentation au GPL ou celui de gestion du moteur) régulant le débit de gaz par le biais d'un moteur pas-à-pas. Cette technique présente certains défauts : disparités de dosage du mélange air-gaz (homogénéité imparfaite) en fonction de la configuration de la tubulure d'admission, risque de retour de flamme et d'explosion dans le circuit d'admission d'air en cas de fuite de carburant du fait de la présence permanente de gaz dans la tubulure d'admission.

Un procédé de deuxième génération est ensuite apparu : l'injection du GPL en phase gazeuse multipoint **(voir illustrations).** Dans ce procédé, le gaz est encore stocké sous forme liquide et détendu mais l'alimentation s'effectue sous pression. Le carburant n'est plus aspiré par la dépression dans les cylindres mais se trouve injecté dans les pipes de la tubulure d'admission par une buse séparée : le gaz est introduit cylindre par cylindre au niveau de la soupape d'admission (injection séquentielle). Ce système permet de maîtriser parfaitement le rapport air-carburant dans toutes les circonstances et de limiter les risques de retour de flamme.

La dernière technique apparue dernièrement est l'injection liquide faisant appel à une pompe immergée dans le réservoir. Le gaz est acheminé à l'état liquide et directement injecté sous haute pression dans chaque pipe d'admission. Une rampe d'alimentation spécifique au GPL et possédant ses propres injecteurs vient se greffer sur la rampe d'alimentation en essence du véhicule. Le dosage du mélange air-carburant s'effectue suivant une cartographie particulière sous la férule du calculateur électronique de gestion du moteur d'origine. Cette technique permet de déterminer avec précision la quantité nécessaire de gaz à injecter dans les cylindres au moment idéal pour une combustion parfaite, ce qui se traduit par une baisse de la consommation et des performances se rapprochant de celles de l'essence.

Le démarrage du moteur a lieu en « mode essence » puis le système d'alimentation bascule sur le gaz. Il est ensuite possible de passer à tout moment du gaz à l'essence en cours de route au niveau de l'inverseur dans l'habitacle. Dans le cas de certains équipements, l'alimentation revient automatiquement à l'essence lorsque le réservoir de gaz est vide.

Les véhicules dotés d'un système d'alimentation au GPL doivent faire l'objet d'un suivi régulier. Dans le cas d'un véhicule directement équipé par un constructeur, se conformer aux échéances prescrites du programme d'entretien. Sur les véhicules convertis après coup au GPL, la fréquence des révisions varie suivant la marque du matériel. Certains fabricants préconisent ainsi une première visite à 1 000 km (à ne pas manquer) pour retoucher éventuellement les réglages, puis des contrôles de routine (allumage, serrage des raccords de canalisations, changement de filtre, purge du vapodétendeur, etc.) aux 10 000 km, 20 000 km et tous les 20 000 km par la suite.

En cas d'utilisation fréquente du GPL et si le véhicule est souvent utilisé à pleine charge (vitesse élevée sur autoroute), il est nécessaire de contrôler régulièrement le jeu aux soupapes (tous les 15 000 km), surtout sur les moteurs de type ancien avec sièges de soupapes conçus pour un carburant plombé - sur les moteurs disposant de poussoirs hydrauliques assurant le rattrapage automatique, il conviendra de porter une attention scrupuleuse au fonctionnement du moteur et de réagir rapidement à toute perte de puissance, à tout fonctionnement irrégulier ou si le moteur présente des ratés. Tout comme l'essence sans plomb, le GPL risque d'entraîner un tassement des sièges de soupapes, ce

**Etage émulateur - assure la fonction émulateur des injecteurs d'essence et des diverses sondes du système d'injection-allumage**

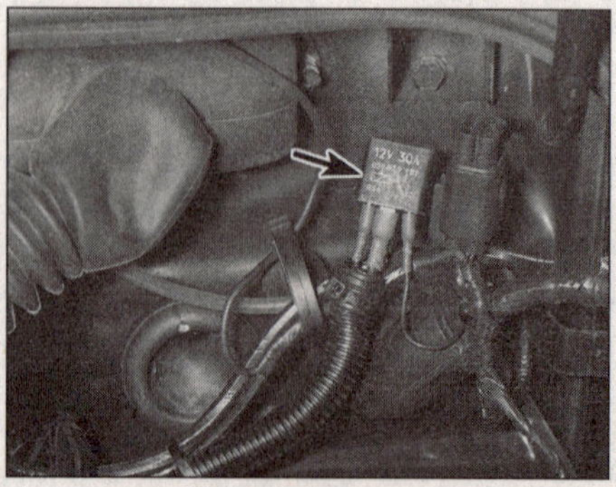

**Relais GPL**

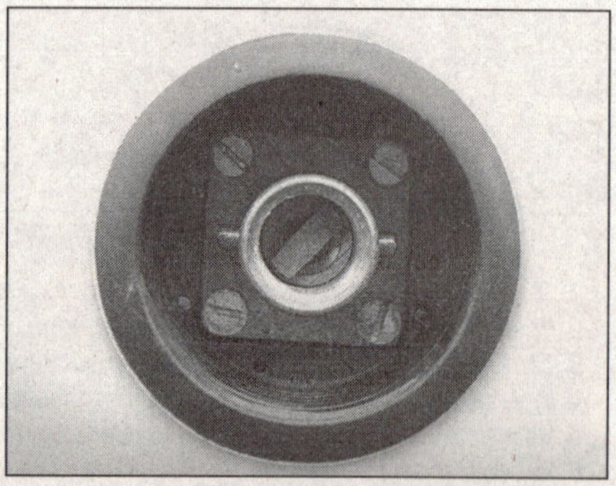

**Orifice de remplissage du type à baïonnette (système hollandais-belge)**

qui peut nuire au rendement du moteur et conduire à la remise en état ou au remplacement de la culasse.

### A l'étranger

En cas de voyage à l'étranger, se renseigner auprès d'un club d'automobilistes ou d'un organisme compétent (p.ex. l'office de tourisme du pays de destination) quant au réseau des stations-service. On peut trouver le GPL partout en France, en Italie, aux Pays-Bas et en Belgique, mais dans certains autres pays, c'est loin d'être le cas. Un petit conseil : ne jamais rouler avec un réservoir d'essence vide - les stations-service peuvent ne pas être ouvertes en permanence ou être en rupture de stock.

Il sera peut-être nécessaire de prévoir un adapteur pour l'orifice de remplissage. Les systèmes français-italiens utilisent un orifice de type à coupelle, le système belge le type ACME (à vis) et le système hollandais-belge un type à baïonnette **(voir illustration)**. Dans certains pays, il conviendra d'apporter les deux types d'adapteur pour être sûr de pouvoir faire le plein de GPL.

Les véhicules GPL sont formellement interdits dans le tunnel sous la Manche - en cas de voyage par ferry, il vaut mieux demander avant la réservation des billets pour savoir si une telle réglementation est en vigueur à bord du navire.

### Sécurité

Suite à une explosion en janvier 1999 à Vénissieux, dans la banlieue de Lyon, la sécurité des réservoirs de GPL s'est trouvée soudainement mise en cause.

En cas d'incendie, le GPLc se dilate de 0,25 % par degré de température supérieure : au fur et à mesure que la température monte, la pression interne devient de plus en plus forte. Les équipements GPL répondent en effet aux normes de sécurité les plus rigoureuses. Le réservoir est constitué de tôle six fois plus épaisse que celle des réservoirs d'essence et est conçu pour résister aux chocs, au feu pendant 30 minutes (3 minutes pour un réservoir d'essence) et à une pression interne de 30 bars - par comparaison, la pression interne au réservoir de GPL est normalement de 6 à 8 bars en été et de 3 bars en hiver - la réglementation exige en plus un contrôle d'étanchéité tous les huit ans. En revanche, si la chaleur est intense, la pression interne peut atteindre des valeurs extrêmement élevées - au point, en tout cas, que le réservoir ne pourra pas y résister. Il va alors se déchirer et exploser.

En réalité, les voitures brûlent à partir du moteur, donc en général de l'avant vers l'arrière. Plusieurs essais ont montré que le risque d'explosion intervenait à partir de 10 minutes d'incendie, voire 20 minutes. Ce délai sera normalement bien suffisant pour permettre aux occupants de sortir, de s'éloigner du véhicule et d'alerter les services de secours. Le danger n'existe guère pour les automobilistes - il est par contre réel pour les sapeurs-pompiers. Il conviendra donc de les prévenir s'il s'agit d'un véhicule au GPL.

Pour éviter toute risque d'explosion, les réservoirs de GPL ne doivent être remplis qu'à 80-85 % de leur capacité, le reste servant d'espace de détente au gaz. Un limiteur de remplissage interdit le trop-plein du réservoir. La seconde protection est le joint d'étanchéité « fusible » qui a pour fonction d'assurer l'étanchéité entre le réservoir et la polyvanne - en cas d'incendie, il est censé fondre et libérer un espace qui permettra au gaz en surpression de s'évacuer. Troisièmement, il existe la soupape de sécurité dite « de décharge » « de surpression » ou « de dégazage » qui a pour but de s'ouvrir lorsque la pression interne atteint un niveau élevé pour laisser échapper le gaz - dès que la pression baisse, cette soupape se referme et ainsi de suite, jusqu'à l'évacuation totale du gaz dans le réservoir. Cela provoque de grandes flammes - ce qui est impressionnant mais nettement moins dangereux qu'une explosion. Ces soupapes ne sont cependant autorisées en France qu'à partir de juin 1997. De plus, les réservoirs sont munis de vannes autobloquantes (électrovannes) permettant d'éviter toute fuite de gaz accidentelle **(voir illustrations)**.

Plusieurs essais effectués par le CFBP, entre autres, ont montré qu'il existe quelques défaillances dans les dispositifs suivant l'actuel règlement R67. Tout d'abord, certains limiteurs de remplissage peuvent permettre un plein à 95 % de la capacité du réservoir, voire 100 % (le plein « hydraulique »). Les joints d'étanchéité en plastique, étant pour la plupart encastrés entre la polyvanne et le réservoir, se sont révélés moins efficaces que l'on le souhaiterait et certaines soupapes de sécurité ont démontré avoir un débit de gaz insuffisant (environ 11 à 17 $m^3$/mn) pour évacuer le gaz avant une explosion.

Le CFBP a donc émis un certain nombre de recommandations qui constitueront peut-être la base d'une nouvelle réglementation R67 808 (2). Ces préconisations proposent plusieurs solutions établissant des niveaux de sécurité de plus en plus efficaces :

*a) Un limiteur de remplissage réellement fiable (de type électronique) permettant de bloquer le remplissage du réservoir à 80 % de sa capacité*
*b) Un dispositif fusible dont la température de fusion serait connue avec précision - un disque en alliage de métaux fondant à basse température (soit 130/140 °C) et implanté séparément dans le corps du réservoir*
*c) Une soupape de sécurité à fort débit de gaz (plus de 22 $m^3$/mn)*
*d) Un revêtement calorifuge pour protéger le réservoir contre la chaleur du feu et pour ralentir l'action des flammes*

***Attention : Pour connaître le niveau de sécurité d'un véhicule donné, s'adresser à un concessionnaire de la marque dans le cas d'un véhicule GPL d'origine constructeur, ou à l'installateur dans le cas d'un véhicule GPL équipé en deuxième monte***

Selon la nouvelle réglementation annoncée en août 1999, à compter du 1er janvier 2000, toutes les voitures neuves équipées de dispositif GPL en première monte (et toutes les voitures anciennes converties à partir de cette date) doivent obligatoirement être pourvues d'un système de sécurité anti-explosion (au moins d'une soupape de sécurité et d'un dispositif limiteur de surpression). Un installateur appelé à intervenir sur une polyvanne de type ancienne aura l'obligation de lui munir d'un dispositif de sécurité.

### Précautions

***Danger : Avant toute intervention sur le circuit d'alimentation en gaz, veiller à fermer le robinet de sortie du réservoir, à vider le circuit en laissant tourner le moteur jusqu'à épuisement du gaz, à couper le contact et à débrancher la batterie***

***Lors d'une intervention sur un véhicule à bicarburation, observer les consignes générales indiquées pour les modèles à monocarburation essence à la rubrique « Impératifs de sécurité » au début du manuel, concernant notamment les risques d'incendie et d'intoxication. Il convient également de suivre impérativement les consignes du constructeur***

***Lors d'un arrêt prolongé du moteur, ne pas oublier de fermer le robinet du réservoir vers l'alimentation***

***Pour tout dysfonctionnement constaté dans l'alimentation au GPL, confier le véhicule à un atelier du constructeur ou à un installateur homologué par le CFBP. Ne pas tenter de démonter ni de modifier l'installation***

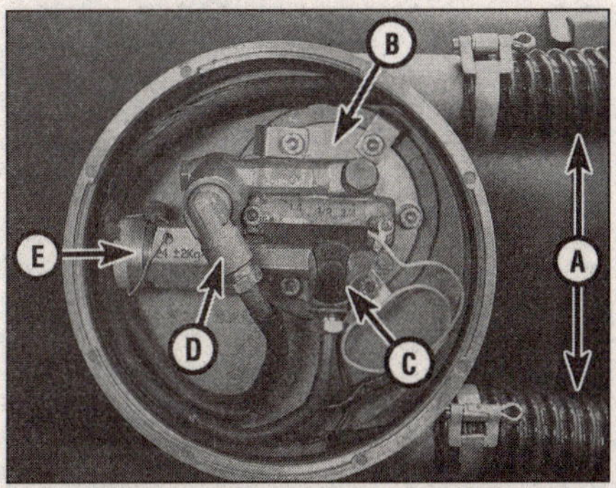


**Dispositifs sur réservoir bonbonne**

*A Tuyaux d'évent - à l'extérieur*
*B Polyvanne, y compris indicateur de niveau, limiteur de remplissage et joint fusible*
*C Raccord de tuyau d'alimentation moteur - ici avec robinet manuel*
*D Raccord de tuyau de remplissage*
*E Soupape de sécurité*

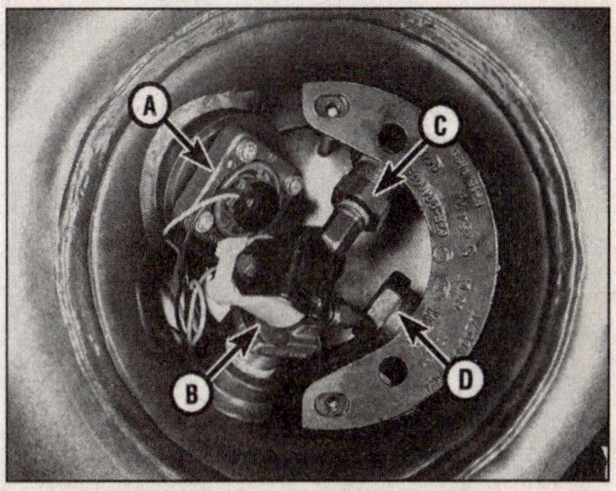


**Dispositifs sur réservoir torique**

*A Polyvanne, y compris indicateur de niveau, limiteur de remplissage et joint fusible*
*B Raccord de tuyau d'alimentation moteur - ici avec électrovanne*
*C Raccord de tuyau de remplissage*
*D Soupape de sécurité*

# Achat de pièces de rechange

Les pièces de rechange peuvent s'obtenir auprès des concessionnaires ou agents homologués de la marque, dans certains garages, auprès des fournisseurs spécialisés ou dans les centres auto. Afin de pouvoir se procurer les pièces appropriées, il conviendra de communiquer le numéro du moteur et celui dans la série du type de véhicule au magasinier et si possible, d'apporter les pièces usagées avec soi de façon à faciliter leur identification.

Sont conseillées les sources d'approvisionnement suivantes :

## Les garages Renault homologués

Il s'agit de la filière la plus fiable dans la mesure où les représentants officiels du constructeur disposent de pièces d'origine conçues spécialement pour les automobiles de la marque et qui ne sont généralement pas disponibles dans le commerce : par ex. les monogrammes, les emblèmes, les garnitures intérieures et certains panneaux de carrosserie. C'est également auprès de ces garages qu'il convient de se procurer les pièces nécessaires au véhicule si celui-ci est toujours sous garantie.

## Grandes surfaces et centres auto

Sont d'excellents endroits pour se procurer les pièces et le matériel indispensables à l'entretien du véhicule : par ex. filtres, bougies, ampoules, courroies, huiles et graisses, plaquettes de freins, peinture de retouche. Ces articles provenant d'une enseigne de bonne réputation sont normalement de qualité identique à celle des pièces d'origine du constructeur.

Outre les pièces d'entretien, on peut trouver dans ces magasins de l'outillage et des accessoires. Ils sont généralement ouverts à des heures plus pratiques et leurs prix sont habituellement plus bas. En plus, ils sont souvent situés non loin du domicile. Certains établissements comportent un comptoir où il est possible d'acheter ou de commander presque toutes les pièces nécessaires.

## Dépositaires

Les fournisseurs ou grossistes en pièces pour l'automobile possèdent en stock toutes les pièces d'usure essentielles. Ils proposent très fréquemment des pièces détaillées pour la remise en état d'organes majeurs : par ex. joints et pièces hydrauliques pour freins, coussinets de paliers et de bielles, pistons, soupapes, balais d'alternateur. Ils peuvent également effectuer des interventions spécifiques comme le réalésage des blocs-cylindres, la rectification ou le rééquilibrage des vilebrequins.

## Spécialistes (« pose rapide ») pneumatiques et échappement

Qu'ils soient indépendants ou membres d'une enseigne régionale ou nationale, leurs tarifs sont généralement plus bas que ceux des concessionnaires ou des garagistes. Il est toutefois prudent de faire établir plusieurs devis et de se renseigner sur les différents « suppléments » à prendre en compte. Par exemple, la pose d'une valve neuve et l'équilibrage de la roue sont facturés en supplément du pneu.

## Autres sources

Se méfier des pièces ou du matériel provenant des marchés, des ventes au déballage ou parallèles. Ces articles ne sont pas forcément toujours de mauvaise qualité, mais lorsqu'ils le sont, il est souvent impossible de faire une réclamation. S'il s'agit de pièces importantes sur le plan de la sécurité comme les plaquettes de freins, on risque non seulement de faire une mauvaise affaire mais également de mettre en danger sa propre vie et celle d'autrui.

Les pièces d'occasion provenant d'une casse automobile peuvent dans certains cas constituer une bonne affaire, à condition d'avoir suffisamment d'expérience pour pouvoir juger de leur état.

# Levage et soutien du véhicule

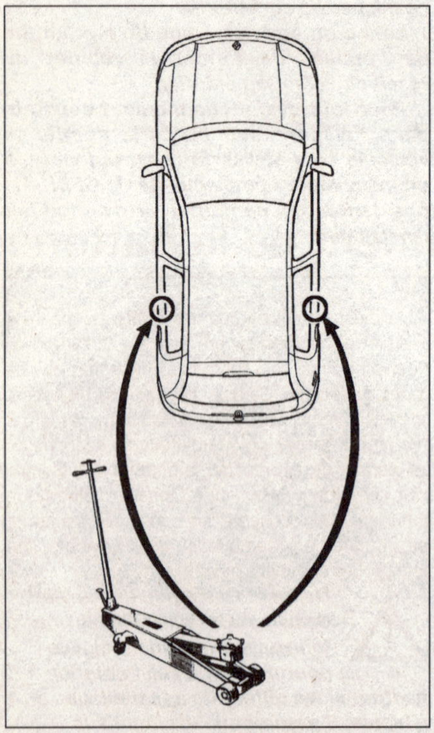
Points de levage arrière du véhicule avec un cric rouleur

Le cric de bord est réservé exclusivement au changement de roue : voir *« Changement de roue »* au début du manuel. Pour toute autre opération de réparation ou d'entretien, le véhicule doit être soulevé à l'aide d'un cric rouleur (hydraulique) d'une capacité suffisante et devant toujours être associé à des chandelles.

Lors de l'utilisation d'un cric rouleur (devant être équipé d'une cale de bois pourvue d'une rainure dans le sens de la longueur) ou de chandelles, veiller à toujours les installer à hauteur des points de levage prévus de chaque côté, à proximité de chaque roue à l'avant et à l'arrière, pour le cric de bord qui sont matérialisés par des trous usinés dans la feuillure des bas de caisse **(voir illustrations)**.

Pour lever le véhicule, **ne pas** prendre appui sous les longerons, le carter d'huile, le plancher, les bras de suspension ni sous le berceau du train avant. Le véhicule une fois soulevé avec le cric rouleur, assurer son soutien en disposant des chandelles au niveau des emplacements destinés au cric de bord sur les bas de caisse.

***Danger : Ne jamais travailler sous ou à proximité d'un véhicule ayant été levé sans s'assurer que celui-ci est parfaitement soutenu***

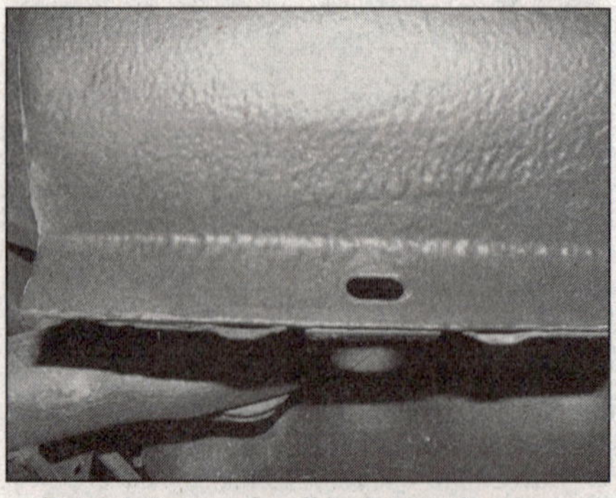
Point de levage du véhicule avec le cric de bord, matérialisé par un trou usiné dans la feuillure du bas de caisse

Levage du véhicule au moyen d'un cric rouleur, avec cale de bois interposée

Outre les changements les plus importants apportés aux différents modèles dans leur conception, les véhicules subissent continuellement des modifications de détail qui sont rarement communiquées au public. Les catalogues et listes de pièces détachées sont organisés par références numériques et il est en conséquence indispensable de mentionner les numéros d'identification individuels de chaque véhicule afin d'obtenir la ou les pièces voulues.

A la commande de pièces détachées, fournir le maximum de renseignements. Indiquer en particulier le modèle du véhicule, l'année-modèle, les numéros dans la série du type et de moteur, selon le cas.

Le *Numéro d'Identification du Véhicule/NIV (norme CEE), autrement appelé numéro de châssis* (correspondant au numéro dans la série du type porté sur le certificat d'immatriculation du véhicule) est indiqué sur la plaque constructeur et également gravé sur une traverse sous la moquette du pied avant de caisse, côté passager. Il figure par ailleurs sur une plaquette qui est fixée sur la planche de bord côté conducteur, et visible à travers le pare-brise.

La *plaque constructeur* est située dans l'habitacle, à la base du pied milieu de caisse, côté passager. Sur cette plaque figurent le *Numéro d'Identification du Véhicule* ainsi que les caractéristiques pondérales et les références propres au véhicule **(voir illustrations)**.

La *référence du moteur* (type, indice et numéro de fabrication) est mentionnée sur une plaquette qui est fixée sur la face avant du bloc-cylindres **(voir illustration)**.

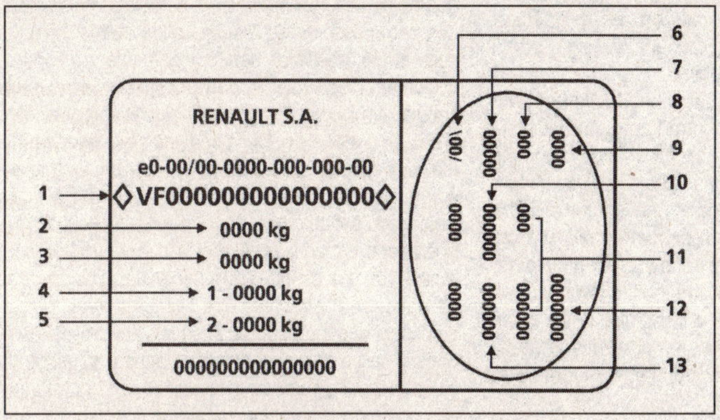


**Indications sur la plaque constructeur**

1 *N° de châssis (n° dans la série du type)*
2 *Poids total autorisé en charge*
3 *Poids total roulant autorisé*
4 *Charge maxi. admissible sur l'essieu avant*
5 *Charge maxi. admissible sur l'essieu arrière*
6 *Caractéristiques techniques du véhicule*
7 *Référence de peinture*
8 *Niveau d'équipement*
9 *Type de véhicule*
10 *Code de sellerie*
11 *Numéro d'équipements et d'options*
12 *Numéro de fabrication*
13 *Référence d'habillage intérieur*

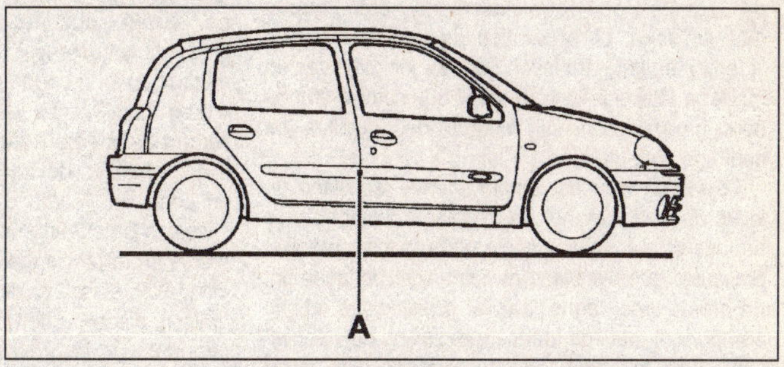


**Emplacement de la plaque constructeur (A)**

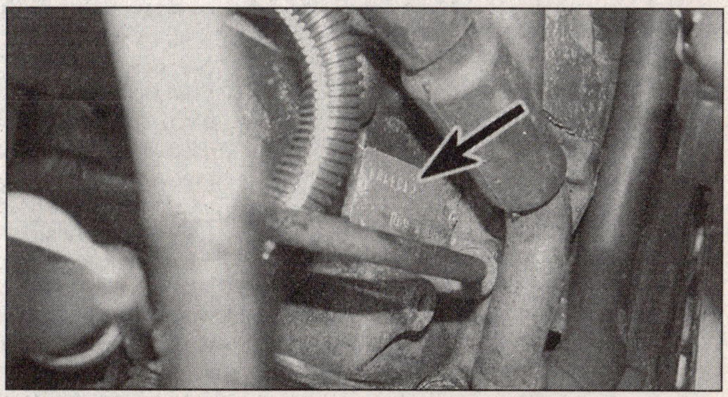

**Référence du moteur - version Diesel**

# Débranchement de la batterie

Certains accessoires ou appareils du véhicule nécessitent d'être alimentés en permanence par la batterie pour leur fonctionnement, comme dans le cas de la montre, ou bien pour conserver les données en mémoire dans les modules ou calculateurs électroniques qui se trouveraient effacées en débranchant la batterie. Afin d'éviter ce genre d'incident, il convient d'observer les consignes suivantes pour le débranchement de la batterie :

a) *En premier lieu et à titre de précaution sur les véhicules avec verrouillage centralisé des portes, enlever la clé de contact du tableau de bord et la conserver avec soi de façon à ce qu'elle ne se trouve pas bloquée en cas d'enclenchement accidentel du verrouillage en rebranchant la batterie*

b) *Sur les véhicules disposant de l'autoradio codé prévu en équipement de série, celui-ci ne pourra pas être remis en service tant que le code confidentiel n'aura pas été réentré suite au débranchement de la batterie. Se reporter à la notice d'utilisation du véhicule pour le mode de reprogrammation du code de sécurité. S'assurer de bien disposer de la combinaison correcte du code avant de débrancher la batterie. En cas de perte ou d'oubli du code, s'adresser au service après-vente d'un concessionnaire de la marque en présentant un document officiel, genre carte grise, prouvant que l'on est propriétaire du véhicule*

c) *Si le véhicule est équipé d'une alarme anti-intrusion montée en usine, mettre hors circuit la sirène auto-alimentée à l'aide de la clé prévue à cet effet. Lors du rebranchement de la batterie, l'alarme se trouvera automatiquement réactivée. Utiliser la télécommande pour interrompre la fonction alarme et réarmer la sirène auto-alimentée avec la clé spécifique*

L'alimentation électrique des différents appareils peut être maintenue en utilisant un module extérieur pour la sauvegarde des mémoires ou des codes de sécurité. Ce type d'appareil se branchant normalement sur l'allume-cigares est raccordé par son propre faisceau à une batterie de secours, ce qui permet de débrancher la batterie du véhicule tout en fournissant une tension électrique suffisante pour conserver les codes de sécurité et les données en mémoire et pour alimenter les accessoires comme la montre.

***Danger : Ces modules peuvent dans certains cas délivrer une tension suffisamment élevée pour maintenir l'alimentation électrique des différents appareillages du véhicule. S'assurer que le circuit sur lequel est prévue une intervention est bien hors tension préalablement à toute opération***

Pour accomplir toutes les opérations d'entretien, de réparation ou de remise en état de la voiture et de ses organes, il convient d'observer les méthodes de travail et les instructions figurant dans les paragraphes qui suivent afin d'être en mesure de procéder de manière efficace et professionnelle.

## Joints et plans de joint

Lorsqu'il y a séparation de pièces, ne jamais faire appel à un tournevis ou à un outil similaire pour tenter de les écarter. Il y a en effet risque que ces plans de joint se trouvent endommagés, ce qui ne manquerait pas d'occasionner des fuites d'huile ou de liquide de refroidissement, etc., après réassemblage. La séparation de deux plans peut s'obtenir en frappant le long de leur jointure avec un maillet à tête plastique. A noter que cette méthode peut ne pas convenir lorsque des douilles de centrage sont utilisées.

Lorsqu'un joint est employé entre les plans de joints de deux organes, le remplacer d'office après dépose et le monter à sec sauf autrement précisé. S'assurer que les plans de joint sont parfaitement propres, secs, sans traces graisseuses et ne comportent pas de débris provenant de l'ancien joint. Pour le nettoyage d'un plan de joint, avoir recours à un outil qui ne soit pas susceptible de le rayer et éliminer les bavures et autres défauts à la pierre à huile ou avec une lime fine.

Dégager les trous taraudés à l'aide d'un cure-pipe et veiller à ne pas les boucher avec de la pâte d'étanchéité.

S'assurer que tous les orifices, conduits ou canalisations ne sont pas obstrués en y injectant de l'air comprimé.

## Joints à lèvre

Les joints à lèvre se déposent en les délogeant à l'aide d'un tournevis à lame plate ou d'un outil similaire. A défaut, plusieurs vis à tôle peuvent être serrées sur le joint qui sera arraché en tirant dessus à l'aide d'une pince ou d'une tenaille.

Après dépose d'un joint de son logement, soit individuellement soit en tant qu'élément faisant partie d'un ensemble, il y aura lieu de le remplacer.

La lèvre très fine des joints étant particulièrement sensible, elle peut se trouver facilement endommagée et l'étanchéité ne sera plus assurée si la surface de contact n'est pas parfaitement propre ou présente des rayures, des entailles ou des rainures. Lorsqu'il s'avère impossible de rectifier le plan d'étanchéité d'une pièce et lorsqu'aucune possibilité de repositionnement du joint par rapport à sa surface d'appui n'est fournie par le constructeur, la pièce concernée doit être remplacée.

Protéger la lèvre des joints afin qu'elle ne se trouve pas abîmée lors de leur mise en place. Pour ceci, utiliser dans la mesure du possible du ruban adhésif ou un manchon conique. Lubrifier à l'huile la lèvre des joints avant de les amener en position et sur les joints à double lèvre, garnir de graisse l'intervalle entre les lèvres.

Sauf indication contraire, les joints doivent être montés avec leur lèvre d'étanchéité mis du côté lubrifiant à arrêter.

Faire appel à un mandrin tubulaire ou à une cale de bois de dimensions appropriées pour mettre en place un joint dans son logement et si ce dernier comporte un épaulement, enfoncer le joint à celui-ci. En cas de logement sans épaulement, le joint doit être monté avec sa face affleurant le plan supérieur du logement (sauf indication contraire).

## Visserie et fixations

Il est courant que les fixations soient grippés là où la corrosion s'est installée. Un fluide dégrippant permettra généralement de venir à bout de ce problème en laissant l'élément rebelle s'imprégner de produit avant d'essayer de le desserrer. Une clé à percussion utilisée avec un embout approprié constituera un moyen efficace pour desserrer les fixations récalcitrantes. Si aucune de ces méthodes ne réussit, chauffer la fixation en procédant précautionneusement ou recourir à une scie à métaux ou à un coupe-boulons.

Les goujons se déposent habituellement en serrant deux écrous l'un contre l'autre sur leur tige filetée et en les dévissant ensuite à l'aide d'une clé en prise sur l'écrou du bas. Les fixations s'étant cassés à l'intérieur d'un organe peuvent parfois être retirés en faisant appel à un extracteur prévu à cet effet. Bien s'assurer de l'absence totale d'huile, de graisse, d'eau ou de tout autre liquide dans un trou taraudé sans issu avant d'y introduire la vis ou le goujon correspondant, sinon le carter risque de se fissurer sous l'effet de la contrainte hydraulique engendrée lors du serrage.

Au serrage d'un écrou crénelé destiné à recevoir une goupille fendue, serrer l'écrou au couple éventuellement prescrit puis continuer à le serrer au besoin pour l'aligner avec le trou prochain de goupille. Ne jamais desserrer un écrou pour l'aligner avec un trou de goupille sauf indication dans la méthode recommandée.

Pour procéder au contrôle ou au resserrage d'une fixation au couple spécifié, desserrer cette fixation d'un quart de tour puis effectuer un serrage pour atteindre le couple prescrit. Cette méthode ne doit toutefois pas être appliquée en cas de serrage angulaire préconisé.

Pour certaines fixations, notamment celles de culasse, aucune valeur de couple n'est spécifiée pour les phases finales de serrage, celles-ci ayant lieu par « serrage angulaire ». En règle générale, un couple de faible ampleur sera appliqué lors de la première phase de serrage, suivi d'une ou plusieurs autres phases suivant des angles prescrits.

## Contre-écrous, tôles-freins et rondelles

Toute fixation tournant contre un organe ou un carter au cours de son serrage doit toujours être munie d'une rondelle intercalée entre elle et l'organe ou le carter concerné.

Les rondelles élastiques ou fendues doivent être systématiquement changées lorsqu'elles assurent le freinage d'un élément exigeant une grande sécurité de serrage tel qu'un écrou ou une vis de maintien de chapeau de bielle. Les tôles-freins rabattues sur un écrou ou une vis pour éviter leur desserrage doivent également être remplacées systématiquement.

Les écrous autobloquants peuvent être reutilisés dans des emplacements moins sollicités pour autant qu'une résistance puisse être ressentie lorsque leur élément de freinage passe par-dessus le filetage de la vis ou du goujon. Il est cependant à noter que les écrous autobloquants perdent de leur efficacité au bout d'un certain temps et si tel est le cas, il y aura lieu de les changer.

Les goupilles fendues doivent toujours être remplacées par des éléments neufs correctement dimensionnés pour le logement.

En présence de produit-frein sur les filets d'une fixation devant être réutilisée, nettoyer celle-ci à l'aide d'une brosse métallique et d'un solvant. Du produit-frein devra être appliqué au réassemblage.

## Outils spéciaux

Nombre d'opérations décrites dans ce manuel nécessitent le recours à des outils spéciaux tels qu'une presse, des extracteurs à deux ou trois griffes, des compresseurs de ressorts entre autres. Lorsque cela a été possible, des équipements appropriés, facilement disponibles et pouvant remplacer les outils spéciaux du constructeur sont indiqués et représentés en cours d'utilisation. Dans certains cas, cependant, il n'existe aucune autre alternative que de faire appel aux outils spécifiques du constructeur tant pour des raisons de sécurité que pour la bonne exécution des opérations entreprises. A moins d'être extrêmement qualifié et d'avoir une compréhension parfaite des opérations à effectuer, ne jamais tenter de se dispenser d'un outil spécial lorsque celui-ci est prescrit dans le cadre d'une intervention donnée, au risque de se voir infliger de sérieuses blessures et d'occasionner des dommages coûteux aux pièces concernées.

## Protection de l'environnement

Avant de jeter de l'huile moteur usagée, du liquide de frein, de l'antigel, etc., penser aux éventuelles conséquences négatives pour l'environnement. Ne pas verser l'un de ces liquides à l'égout ni sur le sol où il s'infiltrerait. De nombreuses décharges locales ainsi que certains garages offrent la possibilité de jeter les huiles usagées.

Les normes contre la pollution engendrée par les véhicules automobiles devenant de plus en plus contraignantes, les principaux points de réglage du circuit d'alimentation des véhicules actuels sont dotés d'un témoin d'inviolabilité. Ces dispositions sont essentiellement destinées à empêcher les personnes non qualifiées d'agir sur le mélange air/carburant et d'augmenter ainsi les émanations toxiques. Si ces protections viennent à être enlevées au cours de l'entretien ou d'une révision, elles doivent être remplacées ou remontées, si possible, conformément aux exigences du constructeur du véhicule ou de la législation en vigueur.

**info HAYNES** ***Jeter les huiles usagées à l'égout ou dans la nature, c'est antisocial et non recommandé. Verser plutôt l'huile de vidange dans un bidon - réservé seulement à l'huile moteur, à l'huile de boîte de vitesses (manuelle et automatique) et au liquide hydraulique afin de permettre le recyclage - et le porter chez un garagiste qui possède un bac de récupération, dans un point-collecte, une déchetterie ou un point de récupération. Afin d'obtenir l'adresse de la déchetterie la plus proche, contacter l'ADEME (Agence de l'environnement et de la maîtrise de l'énergie) au 0 800 38 39 40 (numéro vert, gratuit) ou par Minitel au 3615 Idéal***

## Introduction

La possession d'outils de qualité est une nécessité absolue pour quiconque envisage d'effectuer l'entretien et la réparation d'une automobile. Pour ceux n'en possédant pas, leur acquisition représentera une dépense considérable qui annulera en partie les économies réalisées en accomplissant par leurs propres moyens les travaux sur leur voiture. Cependant, dans la mesure où les outils achetés sont conformes aux normes de sécurité en vigueur et d'excellente qualité, ils dureront de nombreuses années et constitueront un investissement très rentable.

Pour aider l'automobiliste moyen à se faire une idée des outils nécessaires pour accomplir les diverses tâches décrites dans le manuel, trois listes séparées sont proposées ci-dessous. Elles concernent les postes suivants : *Outils d'entretien et de petites réparations ; Outils de réparation et de remise en état ; Outils spéciaux.* Les mécaniciens non confirmés se limiteront tout d'abord à l'outillage répertorié dans la liste *« Outils d'entretien et de petites réparations »*. Ils pourront par la suite faire l'acquisition d'outils supplémentaires pour se lancer dans des tâches plus difficiles au fur et à mesure que progresseront leur expérience et leur confiance en eux. Ils pourront ainsi transformer progressivement, sans grosses dépenses, en outillage *« de réparation et de remise en état »*. Les mécaniciens expérimentés disposeront déjà d'un outillage suffisant pour la plupart des opérations de réparation et de remise en état et y ajouteront des outils de la catégorie *« spéciale »* lorsqu'ils estimeront justifiée la dépense pour l'usage qu'ils pourront en faire.

## Outils d'entretien et de petites réparations

Les outils figurant dans la liste qui suit doivent être considérés comme étant le minimum nécessaire pour entreprendre des opérations d'entretien courant et des petites réparations. Il est conseillé d'acheter des clés mixtes (polygonales à une extrémité et fourche à l'autre). Bien que plus chères que les clés plates, elles offrent les avantages des deux types de clé.

☐ *Clés mixtes - 8 à 19 mm inclus , 21, 22, et 26 mm*
☐ *Clé à molette - ouverture des mâchoires de 35 mm*
☐ *Clé pour bouchon de vidange (carré 8 mm)*
☐ *Clé à bougies (avec douille rapportée en caoutchouc)*
☐ *Outil de réglage des électrodes de bougie*
☐ *Jeu de cales d'épaisseur*
☐ *Clé pour purgeurs de frein*
☐ *Tournevis - lame plate - environ 100 mm de long x 6 mm de diamètre*
☐ *Tournevis - lame cruciforme - environ 100 mm de long x 6 mm de diamètre*
☐ *Pinces multiples - 150 mm*
☐ *Scie à métaux (petit)*
☐ *Pompe pour pneus*
☐ *Manomètre pour pneus*
☐ *Burette d'huile*
☐ *Clé pour filtres à huile*
☐ *Toile émeri fine*
☐ *Brosse métallique (petite)*
☐ *Entonnoir (moyen)*

## Outils de réparation et de remise en état

Ces outils sont pratiquement indispensables pour entreprendre des opérations importantes et s'ajoutent à ceux énumérés dans la liste ci-dessus *« d'entretien et de petites réparations »*. Cette liste comprend un jeu complet de douilles. Bien qu'il soit cher, cet outillage s'avérera très précieux en raison de sa polyvalence - surtout si le jeu comporte plusieurs manches d'entraînement. Il est recommandé de faire l'acquisition d'un carré d'entraînement de 1/2 pouce (12,7 mm) pouvant être utilisé avec la plupart des clés dynamométriques.

Les outils figurant dans la liste ci-dessous devront occasionnellement être complétés par des outils de la catégorie *« spéciale »*.

☐ *Douilles (ou clés-tubes) couvrant les dimensions de la liste précédente*
☐ *Entraîneur à cliquet (pour les douilles)*
☐ *Rallonge de 250 mm (pour les douilles)*
☐ *Joint articulé (pour les douilles)*
☐ *Clé dynamométrique (pour les douilles)*
☐ *Pince-étau - 200 mm*
☐ *Marteau à panne ronde*
☐ *Maillet à tête tendre (plastique ou caoutchouc)*
☐ *Tournevis - lame plate - environ 150 mm de long x 8 mm de diamètre*
☐ *Tournevis - lame plate - environ 50 mm de long et section carrée de 8 mm*
☐ *Tournevis - électricien - environ 75 mm de long x 3 mm de diamètre*
☐ *Pinces coupantes - électricien*
☐ *Pinces - bec fin*
☐ *Pinces à circlips (internes et externes)*
☐ *Burin - 25 mm*
☐ *Pointe à marquer*
☐ *Grattoir*
☐ *Pointeau*
☐ *Chasse-goupilles*
☐ *Scie à métaux (grand)*
☐ *Pinces pour flexibles de frein*
☐ *Nécessaire de purge de frein*
☐ *Jeu de forets*
☐ *Règle en acier*
☐ *Trousse de clés cannelées, de clés Allen et/ou clés Torx*
☐ *Jeu de limes*
☐ *Brosse métallique*
☐ *Chandelles*
☐ *Cric robuste (rouleur ou hydraulique)*
☐ *Baladeuse avec rallonge*

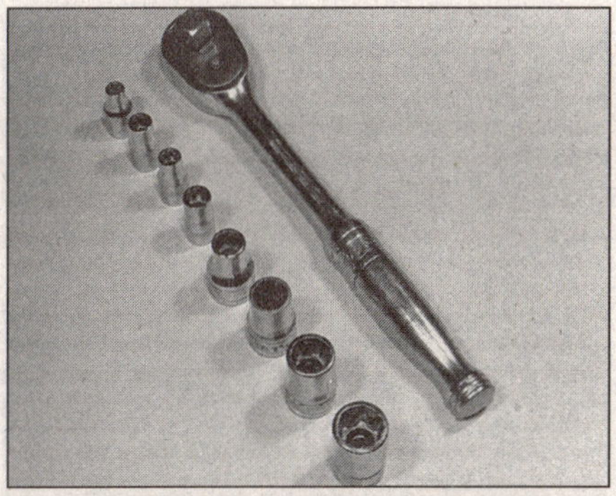

**Douilles et entraîneur à cliquet**

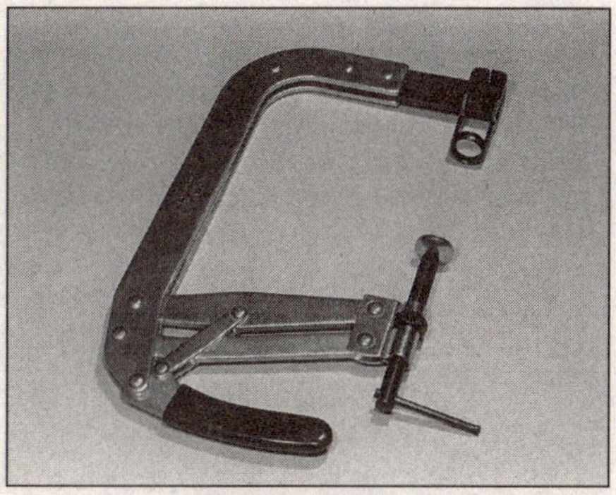

**Lève-soupapes**

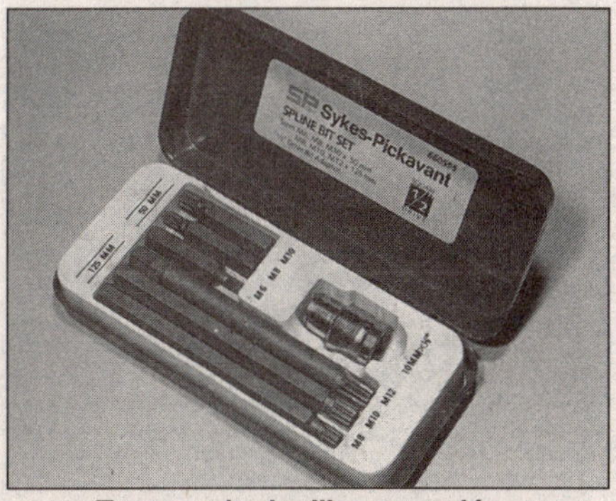


**Trousse de douilles cannelées**

**Collier à segments**

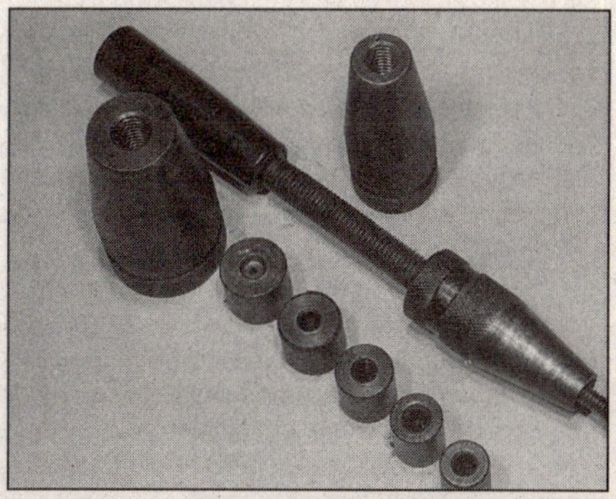

**Mandrin de centrage d'embrayage**

## Outils spéciaux

Figurent en liste ci-dessous les outils n'étant pas utilisés fréquemment. Ils sont coûteux à l'achat et doivent être utilisés conformément aux instructions de leur fabricant. A moins d'entreprendre couramment des travaux mécaniques relativement complexes, il ne sera pas économique d'acheter un grand nombre de ces outils. Si l'on prévoit ce type d'usage, envisager la possibilité de s'associer à des amis (ou s'inscrire à un club d'automobilistes) pour en faire l'achat en commun ou bien louer les outils à un garage local ou à un spécialiste de la location d'outillage. Il est à noter que de nos jours, nombre de grands magasins de bricolage offre une large gamme d'outils spéciaux à la location pour un coût modeste.

La liste qui suit ne comprend que les outils et appareils vendus dans le commerce et non pas les outils spécifiques produits par le constructeur exclusivement pour son réseau de concessionnaires. Ces outils spéciaux du constructeur sont mentionnés à l'occasion au cours des pages du manuel. A défaut, une autre méthode d'exécution de la tâche à accomplir est généralement indiquée. Il existe cependant certains cas où aucune solution de remplacement n'est possible. Dans ce cas précis, s'il n'est pas possible de se procurer l'outil en question, l'unique recours sera de confier le travail à un garage de la marque.

- ☐ *Lève-soupapes*
- ☐ *Rodoir de soupapes*
- ☐ *Collier à segments*
- ☐ *Outil de dépose/repose de segments*
- ☐ *Rodoir de cylindres*
- ☐ *Arrache-rotule*
- ☐ *Comprimeur des ressorts de suspension*
- ☐ *Extracteur à deux/trois griffes*
- ☐ *Tournevis à percussion*
- ☐ *Palmer et/ou pied à coulisse*
- ☐ *Comparateur micrométrique*
- ☐ *Lampe stroboscopique*
- ☐ *Multimètre électrique universel*
- ☐ *Compressiomètre*
- ☐ *Pompe à vide à main et manomètre*
- ☐ *Mandrin de centrage d'embrayage*
- ☐ *Outil de dépose de coupelle de ressort de segment de frein*
- ☐ *Trousse de dépose/pose de bagues et roulements*
- ☐ *Jeu d'extracteurs de goujons*
- ☐ *Jeu de tarauds et filières*
- ☐ *Palan avec moufles de levage*
- ☐ *Cric rouleur*

## Acquisition d'outils

Les centres-autos ou accessoiristes proposent souvent des outils d'excellente qualité à prix réduit. Il vaut donc mieux se renseigner avant d'acheter.

Les bons outils à prix raisonnable ne manquent pas mais il est toujours préférable d'acheter des articles répondant aux normes de sécurité en vigueur. En cas de doute, demander conseil au propriétaire ou au gérant du magasin avant de faire un choix. Il faut se méfier des outils le moins cher ou de ceux provenant de marchés ou de points de vente similaires.

## Entretien des outils

Après s'être constitué une collection d'outils, celle-ci doit être maintenue en bon état. Après utilisation, prendre soin de bien les essuyer avec un chiffon propre et sec pour les débarrasser de la saleté, du cambouis et des résidus métalliques avant de les ranger. Ne jamais les laisser traîner après usage. Un simple râtelier fixé au mur d'un garage ou de l'atelier suffira à ranger les outils de petites dimensions tels que les tournevis et les pinces. Ranger toutes les clés et les douilles de dimensions moyennes dans une caisse à outils métallique. Les appareils de mesure : manomètres, jauges, etc. doivent être conservés soigneusement de manière à être préservés de la détérioration et de la rouille.

Se servir des outils en prenant quelques précautions. La tête des marteaux finit inévitablement par être marquée et la lame des tournevis par s'émousser. Penser à leur donner de temps à autre un coup de toile émeri ou de lime afin de leur restituer leur efficacité d'origine.

## Locaux

En parlant des outils, il ne faut pas oublier l'atelier proprement dit. Pour toute autre opération autre que le simple entretien courant, un lieu de travail adéquat devient indispensable.

Il est évident que plus d'un mécanicien « bricoleur » peut être contraint par les circonstances de déposer un moteur ou un organe de celui-ci sans disposer d'un garage ou d'un atelier. Cependant, toutes les réparations doivent être effectuées à l'abri d'un toit.

Tout démontage doit, dans la mesure du possible, être réalisé sur un établi ou du moins sur une table au plan de travail parfaitement plat et d'une hauteur appropriée.

Tout établi se doit d'être équipé d'un étau. Une ouverture de 100 mm des mâchoires suffit pour la plupart des travaux. Ainsi qu'il l'a été mentionné plus haut, un espace de rangement propre et non humide est également nécessaire pour conserver les outils ainsi que les lubrifiants, les détergents de nettoyage, les peintures de retouche, etc. qui s'avéreront nécessaires.

Un autre équipement, se prêtant à un usage beaucoup plus général, pourra être nécessaire : il s'agit d'une perceuse électrique munie d'un mandrin d'une capacité minimale de 8 mm, ce qui, ajouté à un jeu complet de forets hélicoïdaux, devient indispensable pour le montage d'accessoires les plus divers.

Enfin, ne pas oublier de disposer en permanence d'une bonne quantité de vieux journaux et de chiffons propres et non pelucheux et de maintenir tout plan de travail aussi propre que possible.

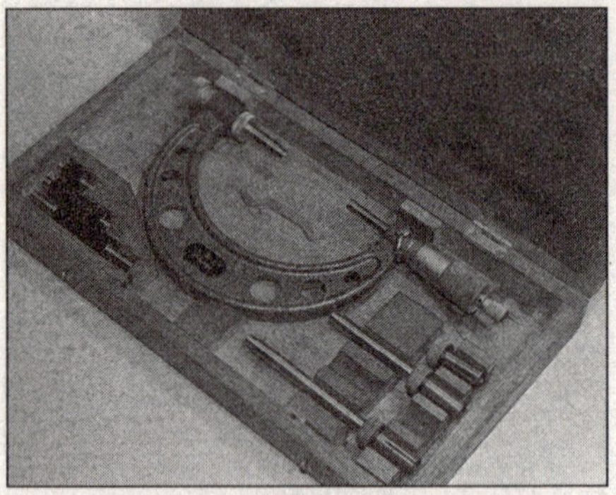

**Palmer**

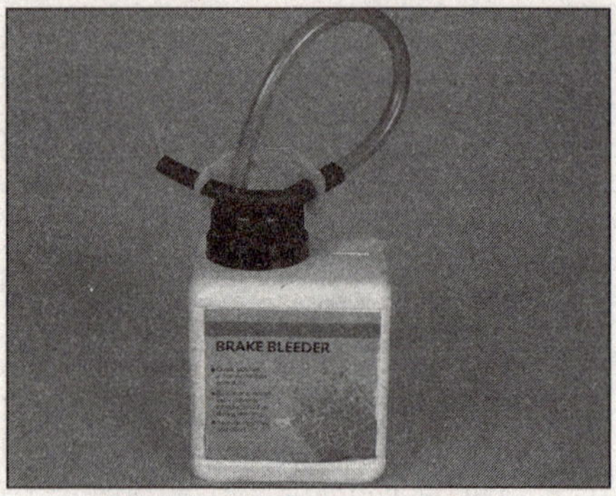


**Nécessaire de purge de frein**

**Lampe stroboscopique**

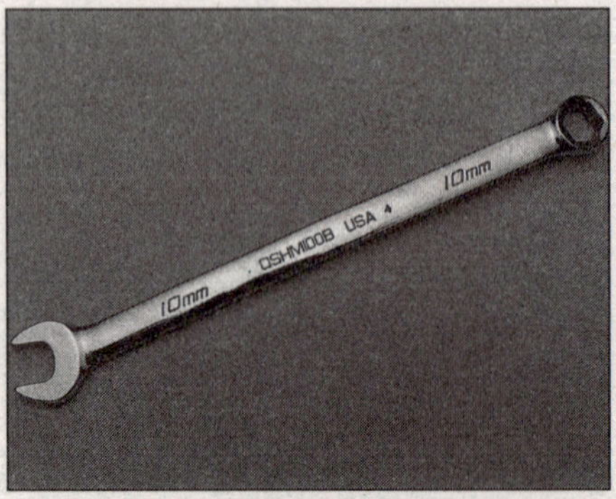


**Clé mixte**

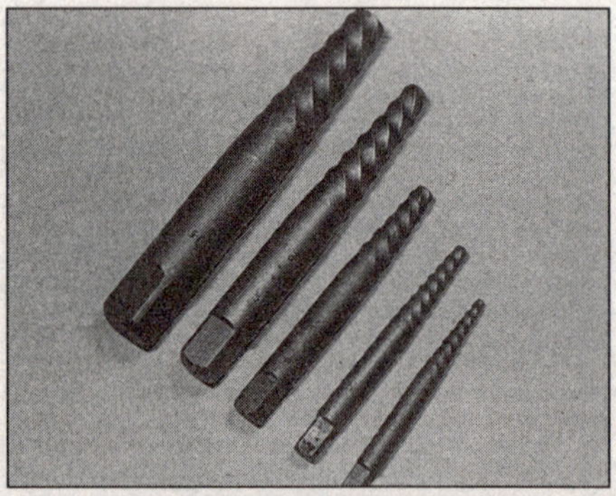

**Jeu d'extracteurs de goujons**

## Moteur

- ☐ Le démarreur ne tourne pas
- ☐ Le démarreur tourne, mais le moteur ne part pas
- ☐ Le moteur démarre difficilement à froid
- ☐ Le moteur démarre difficilement à chaud
- ☐ Le démarreur émet un bruit anormal ou est excessivement dur à lancer
- ☐ Le moteur démarre, mais cale aussitôt
- ☐ Le moteur tient mal le ralenti
- ☐ Le moteur a des ratés au ralenti
- ☐ Le moteur a des ratés à tous les régimes
- ☐ Le moteur a des creux à l'accélération
- ☐ Le moteur cale
- ☐ Le moteur manque de puissance
- ☐ Le moteur a des retours d'allumage
- ☐ Le témoin de pression d'huile s'allume, moteur tournant
- ☐ Le moteur continue de tourner après avoir coupé le contact
- ☐ Bruits du moteur

## Refroidissement

- ☐ Surchauffe
- ☐ Température du moteur anormalement basse
- ☐ Perte d'eau externe
- ☐ Perte d'eau interne
- ☐ Corrosion

## Alimentation et échappement

- ☐ Consommation anormale de carburant
- ☐ Fuite et/ou odeur de carburant
- ☐ Bruits ou fumées anormales de l'échappement

## Embrayage

- ☐ Pédale s'enfonçant jusqu'au plancher : absence de pression ou très faible résistance à la pédale
- ☐ Absence de débrayage (les vitesses ne passent pas)
- ☐ L'embrayage patine (le régime du moteur augmente sans accroissement correspondant de la vitesse du véhicule)
- ☐ L'embrayage broute
- ☐ Bruit perçu en embrayant ou débrayant

## Boîte de vitesses manuelle

- ☐ Bruit perçu au point mort, moteur tournant
- ☐ Bruit perçu avec un rapport particulier engagé
- ☐ Vitesses dures à passer
- ☐ Les vitesses sautent
- ☐ Vibrations
- ☐ Fuites d'huile

## Boîte de vitesses automatique

- ☐ Fuites de fluide
- ☐ Fluide de boîte marron ou présentant une odeur de brûlé
- ☐ Problèmes généraux de sélection de rapports
- ☐ Boîte ne rétrogradant pas en appuyant à fond sur la pédale d'accélérateur
- ☐ Le moteur refuse de démarrer ou démarre alors qu'un rapport autre que « P » ou « N » est engagé
- ☐ La boîte de vitesses patine, broute, est bruyante ou ne permet pas de rouler en marche avant ni arrière

## Transmissions

- ☐ Claquements ou à-coups en virages (en braquant à fond à vitesse réduite)
- ☐ Vibrations à l'accélération ou à la décélération

## Freins

- ☐ Voiture tirant sur un côté au freinage
- ☐ Bruit (meulage ou grincements aigus) perçu au freinage
- ☐ Course excessive de la pédale de frein
- ☐ Nécessité de pomper sur la pédale pour obtenir l'action des freins
- ☐ Effort anormal sur la pédale de frein pour arrêter la voiture
- ☐ Trépidations ressenties dans la pédale de frein ou la direction au freinage
- ☐ Vibrations perceptibles dans la pédale en freinant brusquement
- ☐ Frottement des freins
- ☐ Roues arrière se bloquant en freinant normalement

## Suspensions et direction

- ☐ Voiture se déportant sur un côté
- ☐ Flottement ou vibrations des roues
- ☐ Tangage et/ou roulis excessifs dans les virages ou au freinage
- ☐ Direction manquant de précision, mauvaise tenue de route
- ☐ Direction dure à manœuvrer
- ☐ Jeu excessif de la direction
- ☐ Direction manquant d'assistance
- ☐ Usure anormale des pneus

## Equipement électrique

- ☐ Batterie se déchargeant en l'espace de quelques jours
- ☐ Témoin de charge restant allumé le moteur tournant
- ☐ Témoin de charge ne s'allumant pas
- ☐ Feux ne fonctionnant pas
- ☐ Mauvais fonctionnement des instruments
- ☐ Avertisseur sonore ne fonctionnant pas ou mal
- ☐ Essuie-glaces ne fonctionnant pas ou mal
- ☐ Lave-glaces ne fonctionnant pas ou mal
- ☐ Lève-glaces électriques ne fonctionnant pas ou mal
- ☐ Verrouillage centralisé des portes ne fonctionnant pas ou mal

# Introduction

Le propriétaire observant les recommandations du programme d'entretien périodique de son véhicule ne devrait normalement pas avoir à utiliser très fréquemment cette section du manuel. La fiabilité des pièces modernes est telle que, à condition que les organes sujets à usure ou à détérioration soient vérifiés et remplacés aux intervalles spécifiés, les pannes soudaines deviennent relativement rares. Les pannes ne se produisent habituellement pas d'une manière subite, mais sont la conséquence d'un long processus de dégradation. Les grosses avaries mécaniques notamment sont généralement précédées de symptômes caractéristiques sur des centaines voire des milliers de kilomètres. Les organes susceptibles d'une défaillance sans signes avant-coureurs sont la plupart du temps de petites dimensions et peuvent être conservés en permanence dans la voiture.

En matière de dépistage de panne, la première étape consiste à décider à quel niveau les recherches doivent commencer. Cela s'avère parfois évident mais dans certains cas, il est nécessaire de jouer le rôle de détective. L'automobiliste qui effectue un certain nombre de réglages et de remplacements au hasard peut parvenir à corriger un défaut (ou à supprimer ses symptômes) mais il ne sera pas plus avancé si cette anomalie se reproduit car il n'en connaîtra toujours pas la cause et il aura probablement perdu plus de temps et d'argent qu'il n'en fallait. Une approche plus posée et plus rationnelle du problème se révélera d'une efficacité nettement supérieure à long terme. Il convient de toujours tenir compte des signes avant-coureurs ou des anomalies éventuellement observés peu avant que ne survienne la panne : perte de puissance, indications trop basses ou au contraire trop élevées des divers instruments, odeurs suspectes, etc. et se rappeler que la défaillance d'éléments comme les fusibles et les bougies peut constituer un indice révélateur de l'existence d'un défaut sous-jacent.

Les pages qui suivent se donnent pour but

d'aider les automobilistes à localiser les pannes ou les anomalies de fonctionnement les plus courantes susceptibles de se présenter sur leur véhicule. Ces problèmes et leurs causes possibles sont regroupés sous des rubriques en fonction de leur appartenance à différents ensembles ou systèmes : moteur, refroidissement, etc. Le chapitre en rapport avec le problème est également indiqué entre parenthèses pour s'y reporter. Certains principes de base demeurent valables quel que soit le défaut constaté. Ils s'établissent comme suit :

*Confirmer le défaut.* Il s'agit simplement de savoir exactement à quelle anomalie correspondent les symptômes rencontrés avant d'entreprendre toute opération. Cela est particulièrement important si l'on effectue un dépannage pour le compte d'une autre personne qui n'aura pas décrit le contexte avec précision.

*Ne pas négliger ce qui peut paraître comme évident.* Par exemple, lorsque le voiture refuse de démarrer, y a-t-il du carburant dans le réservoir ? (Sur ce point, ne pas se fier aux affirmations de toute autre personne ni même aux indications fournies par la jauge !). En cas de panne électrique, procéder à une vérification pour déceler d'éventuels fils débranchés ou rompus avant de faire appel à des appareils de contrôle.

*Traiter la cause et non pas le symptôme.* Le fait de remplacer une batterie à plat par une autre bien chargée vous sortira de l'impasse mais si la cause première de cette anomalie n'est pas élucidée, la nouvelle batterie connaîtra le même sort. De même, suite au remplacement de bougies encrassées (moteurs essence), le moteur pourra redémarrer mais la cause de l'encrassement doit être recherchée et traitée (s'il ne s'agissait pas simplement de l'utilisation de bougies inappropriées).

*Ne rien considérer comme étant sûr et certain.* Notamment, se faire à l'idée qu'une pièce « neuve » peut se révéler défectueuse (surtout lorsqu'elle traîne dans un coffre depuis des mois) et procéder au contrôle systématique de tous les organes même s'ils sont neufs ou viennent d'être montés. Lorsqu'un diagnostic difficile est enfin établi, il n'est pas rare de se rendre compte après coup que l'on disposait de tous les indices nécessaires pour son établissement dès le début.

# Moteur

### *Le démarreur ne tourne pas*

- ☐ Cosses de batterie desserrées ou corrodées (« *Contrôles hebdomadaires* »).
- ☐ Batterie déchargée ou défectueuse (chapitre 5A).
- ☐ Fils rompus, mal enfichés ou débranchés dans le circuit de démarrage (chapitre 5A).
- ☐ Solénoïde de démarreur ou commutateur d'allumage-démarrage défectueux (chapitre 5A).
- ☐ Démarreur défectueux (chapitre 5A).
- ☐ Dents de pignon lanceur de démarreur ou de couronne de volant moteur/disque d'entraînement ayant du jeu ou cassées (chapitres 2A, 2B ou 2C et 5A).
- ☐ Câble de mise à la masse du moteur rompu ou débranché (chapitre 5A).

### *Le démarreur tourne, mais le moteur ne part pas*

- ☐ Réservoir de carburant vide.
- ☐ Batterie déchargée : démarreur tournant paresseusement (chapitre 5A).
- ☐ Cosses de batterie desserrées ou corrodées (« *Contrôles hebdomadaires* »).
- ☐ Pièces du circuit d'allumage imprégnées d'humidité ou endommagées - moteurs essence (chapitres 1A et 5B).
- ☐ Fils rompus, mal enfichés ou débranchés dans le circuit d'allumage - moteurs essence (chapitres 1A et 5B).
- ☐ Bougies usées, défectueuses ou écartement des électrodes mal réglé - moteurs essence (chapitre 1A).
- ☐ Défaut du système de préchauffage - moteurs Diesel (chapitre 5C).
- ☐ Défaut du système d'injection-allumage - moteurs essence (chapitre 4A).
- ☐ Electrovanne d'arrêt de pompe d'injection défectueuse - moteurs Diesel (chapitre 4B).
- ☐ Présence d'air dans le circuit d'alimentation - moteurs Diesel (chapitre 4B).
- ☐ Panne mécanique majeure : p. ex. distribution (chapitre 2A, 2B ou 2C).

### *Le moteur démarre difficilement à froid*

- ☐ Batterie déchargée (chapitre 5A).
- ☐ Cosses de batterie desserrées ou corrodées (« *Contrôles hebdomadaires* »).
- ☐ Bougies usées, défectueuses ou écartement des électrodes mal réglé - moteurs essence (chapitre 1A).
- ☐ Défaut du système de préchauffage - moteurs Diesel (chapitre 5C).
- ☐ Défaut du système d'injection-allumage - moteurs essence (chapitre 4A).
- ☐ Autre défaut du circuit d'allumage - moteurs essence (chapitres 1A et 5B).
- ☐ Mauvais réglage de la commande de ralenti accéléré - moteurs Diesel (chapitre 4B).
- ☐ Pressions de compression insuffisantes (chapitre 2A, 2B ou 2C).

### *Le moteur démarre difficilement à chaud*

- ☐ Elément de filtre à air encrassé ou colmaté (chapitre 1A/1B).
- ☐ Défaut du système d'injection-allumage - moteurs essence (chapitre 4A).
- ☐ Pressions de compression insuffisantes (chapitre 2A, 2B ou 2C).

### *Le démarreur émet un bruit anormal ou est excessivement dur à lancer*

- ☐ Dents de pignon lanceur de démarreur ou de couronne de volant moteur/disque d'entraînement ayant du jeu ou cassées (chapitres 2A, 2B ou 2C et 5A).
- ☐ Vis de fixation de démarreur desserrées ou manquantes (chapitre 5A).
- ☐ Pièces internes du démarreur défectueuses ou endommagées (chapitre 5A).

### *Le moteur démarre mais cale aussitôt*

- ☐ Connexions électriques mal enfichées ou défectueuses dans le circuit d'allumage - moteurs essence (chapitres 1A et 5B).
- ☐ Fuite de dépression (prise d'air) du boîtier de papillon ou de la tubulure d'admission - moteurs essence (chapitre 4A).
- ☐ Injecteur grippé ou défaut du système d'injection - moteurs essence (chapitre 4A).

### *Le moteur tient mal le ralenti*

- ☐ Elément du filtre à air colmaté (chapitre 1A/1B).
- ☐ Fuite de dépression (prise d'air) du boîtier de papillon, de la tubulure d'admission ou de durits - moteurs essence (chapitre 4A).
- ☐ Bougies usées, défectueuses ou écartement des électrodes mal réglé - moteurs essence (chapitre 1A).
- ☐ Pressions de compression déséquilibrées ou insuffisantes (chapitre 2A, 2B ou 2C).
- ☐ Bossages d'arbre à cames usés (chapitre 2A, 2B ou 2C).
- ☐ Courroie de distribution mal tendue (chapitre 2A, 2B ou 2C).
- ☐ Injecteur grippé ou défaut du système d'injection - moteurs essence (chapitre 4A).
- ☐ Injecteur(s) défectueux - moteurs Diesel (chapitre 4B).

### *Le moteur a des ratés au ralenti*

- ☐ Bougies usées, défectueuses ou écartement des électrodes mal réglé - moteurs essence (chapitre 1A).
- ☐ Faisceau haute tension d'allumage défectueux (suivant équipement) - moteurs essence (chapitre 1A).
- ☐ Fuite de dépression (prise d'air) du boîtier de papillon, de la tubulure d'admission ou de durits - moteurs essence (chapitre 4A).
- ☐ Injecteur grippé ou défaut du système d'injection - moteurs essence (chapitre 4A).

# Moteur (suite)

- ☐ Injecteur(s) défectueux - moteurs Diesel (chapitre 4B).
- ☐ Défaut du circuit d'allumage - moteurs essence (chapitre 5B).
- ☐ Pressions de compression déséquilibrées ou insuffisantes (chapitre 2A, 2B ou 2C).
- ☐ Tuyauterie de dégazage du carter-moteur débranchée, présentant une fuite ou abîmée (chapitre 4C).

### *Le moteur a des ratés à tous les régimes*

- ☐ Filtre à essence ou à gazole colmaté (chapitre 1A/1B).
- ☐ Pompe à essence défectueuse ou pression d'alimentation insuffisante - moteurs essence (chapitre 4A).
- ☐ Event du réservoir de carburant bouché ou canalisations d'alimentation partiellement obstruées (chapitre 4A/4B).
- ☐ Fuite de dépression (prise d'air) du boîtier de papillon, de la tubulure d'admission ou de durits - moteurs essence (chapitre 4A).
- ☐ Bougies usées, défectueuses ou écartement des électrodes mal réglé - moteurs essence (chapitre 1A).
- ☐ Faisceau haute tension d'allumage défectueux (suivant équipement) - moteurs essence (chapitre 1A).
- ☐ Injecteur(s) défectueux - moteurs Diesel (chapitre 4B).
- ☐ Bobine d'allumage défectueuse - moteurs essence (chapitre 5B).
- ☐ Pressions de compression déséquilibrées ou insuffisantes (chapitre 2A, 2B ou 2C).
- ☐ Injecteur grippé ou défaut du système d'injection - moteurs essence (chapitre 4A).

### *Le moteur a des creux à l'accélération*

- ☐ Bougies usées, défectueuses ou écartement des électrodes mal réglé - moteurs essence (chapitre 1A).
- ☐ Fuite de dépression (prise d'air) du boîtier de papillon, de la tubulure d'admission ou de durits - moteurs essence (chapitre 4A).
- ☐ Injecteur grippé ou défaut du système d'injection - moteurs essence (chapitre 4A).
- ☐ Injecteur(s) défectueux - moteurs Diesel (chapitre 4B).

### *Le moteur cale*

- ☐ Fuite de dépression (prise d'air) du boîtier de papillon, de la tubulure d'admission ou de durits - moteurs essence (chapitre 4A).
- ☐ Filtre à essence ou à gazole colmaté (chapitre 1A/1B).
- ☐ Pompe à essence défectueuse ou pression d'alimentation insuffisante - moteurs essence (chapitre 4A).
- ☐ Event du réservoir de carburant bouché ou canalisations d'alimentation partiellement obstruées (chapitre 4A/4B).
- ☐ Injecteur grippé ou défaut du système d'injection - moteurs essence (chapitre 4A).
- ☐ Injecteur(s) défectueux - moteurs Diesel (chapitre 4B).

### *Le moteur manque de puissance*

- ☐ Courroie de distribution mal montée ou mauvais réglage de sa tension (chapitre 2A, 2B ou 2C).
- ☐ Filtre à essence ou à gazole colmaté (chapitre 1A/1B).
- ☐ Pompe à essence défectueuse ou pression d'alimentation insuffisante - moteurs essence (chapitre 4A).
- ☐ Pressions de compression déséquilibrées ou insuffisantes (chapitre 2A, 2B ou 2C).
- ☐ Bougies usées, défectueuses ou écartement des électrodes mal réglé - moteurs essence (chapitre 1A).
- ☐ Fuite de dépression (prise d'air) du boîtier de papillon, de la tubulure d'admission ou de durits - moteurs essence (chapitre 4A).
- ☐ Injecteur grippé ou défaut du système d'injection - moteurs essence (chapitre 4A).
- ☐ Injecteur(s) défectueux - moteurs Diesel (chapitre 4B).
- ☐ Mauvais calage de la pompe d'injection - moteurs Diesel (chapitre 4B).
- ☐ Frottement des freins (chapitre 9).
- ☐ Patinage de l'embrayage (chapitre 6).

### *Le moteur a des retours d'allumage*

- ☐ Courroie de distribution mal montée ou mauvais réglage de sa tension (chapitre 2A, 2B ou 2C).
- ☐ Fuite de dépression (prise d'air) du boîtier de papillon, de la tubulure d'admission ou de durits - moteurs essence (chapitre 4A).
- ☐ Injecteur grippé ou défaut du système d'injection - moteurs essence (chapitre 4A).

### *Le témoin de pression d'huile s'allume, moteur tournant*

- ☐ Niveau d'huile insuffisant ou indice de viscosité inapproprié (« *Contrôles hebdomadaires* »).
- ☐ Manocontact de pression d'huile défectueux (chapitre 5A).
- ☐ Paliers et coussinets de moteur et/ou pompe à huile défectueux (chapitre 2A, 2B ou 2C).
- ☐ Surchauffe du moteur (chapitre 3).
- ☐ Clapet de décharge de pompe à huile défectueux (chapitre 2A, 2B ou 2C).
- ☐ Crépine d'aspiration de pompe à huile colmatée (chapitre 2A, 2B ou 2C).

### *Le moteur continue de tourner après avoir coupé le contact*

- ☐ Calaminage important du moteur (chapitre 2D).
- ☐ Surchauffe du moteur (chapitre 3).
- ☐ Défaut du système d'injection-allumage - moteurs essence (chapitre 4A).
- ☐ Electrovanne d'arrêt défectueuse - moteurs Diesel (chapitre 4B).

### *Bruits du moteur*

#### Préallumage ou cliquetis à la reprise ou en condition de charge

- ☐ Défaut du système d'injection-allumage - moteurs essence (chapitre 4A).
- ☐ Indice thermique de bougies inapproprié - moteurs essence (chapitre 1A).
- ☐ Indice d'octane de carburant inapproprié - moteurs essence (chapitre 4A).
- ☐ Fuite de dépression (prise d'air) du boîtier de papillon, de la tubulure d'admission ou de durits - moteurs essence (chapitre 4A).
- ☐ Calaminage important du moteur (chapitre 2D).
- ☐ Injecteur grippé ou défaut du système d'injection - moteurs essence (chapitre 4A).

#### Sifflements

- ☐ Fuite au niveau du joint de tubulure d'admission ou du boîtier de papillon - moteurs essence (chapitre 4A).
- ☐ Fuite au niveau du joint de collecteur d'échappement ou de la jointure entre tube d'échappement et collecteur (chapitre 4A ou 4B).
- ☐ Fuite au niveau d'un tuyau de dépression (chapitres 4, 5B et 9).
- ☐ Fuite au niveau du joint de culasse (chapitre 2A, 2B ou 2C).

#### Tapotements ou claquements

- ☐ Mécanisme de distribution ou arbre à cames usés (chapitre 2A, 2B ou 2C).
- ☐ Accessoire du moteur (pompe à eau, alternateur, etc.) défectueux (chapitres 3, 5A, etc.).

#### Cognements ou bruits sourds

- ☐ Coussinets de bielles usés : cognements puissants et réguliers, parfois moins forts avec charge s'exerçant sur le moteur (chapitre 2D).
- ☐ Coussinets de paliers de vilebrequin usés : grondements et cognements, parfois plus forts avec charge s'exerçant sur le moteur (chapitre 2D).
- ☐ Claquements de piston (se remarquant particulièrement à froid) : moteur usé (chapitre 2D).
- ☐ Accessoire du moteur (pompe à eau, alternateur, etc.) défectueux (chapitres 3, 5A, etc.).

# Refroidissement

### *Surchauffe*

- ☐ Insuffisance de liquide dans le circuit de refroidissement (« *Contrôles hebdomadaires* »).
- ☐ Thermostat défectueux (chapitre 3).
- ☐ Faisceau de radiateur colmaté ou entrée d'air de calandre partiellement obstruée (chapitre 3).
- ☐ Motoventilateur ou thermocontact défectueux (chapitre 3).
- ☐ Dysfonctionnement de la sonde d'indicateur de température (chapitre 3).
- ☐ Présence d'air dans le circuit de refroidissement (chapitre 3).
- ☐ Bouchon taré de vase d'expansion défectueux (chapitre 3).

### *Température du moteur anormalement basse*

- ☐ Thermostat défectueux (chapitre 3).
- ☐ Dysfonctionnement de la sonde d'indicateur de température (chapitre 3).

### *Perte d'eau externe*

- ☐ Durits abîmées ou colliers desserrés (chapitre 1A/1B).
- ☐ Fuite au niveau du faisceau de radiateur ou du radiateur de chauffage (chapitre 3).
- ☐ Bouchon taré de vase d'expansion défectueux (chapitre 3).
- ☐ Fuite interne au niveau de la pompe à eau (chapitre 3).
- ☐ Défaut d'étanchéité du joint ou du plan de joint de la pompe à eau, suivant montage (chapitre 3).
- ☐ Ebullition du fait d'une surchauffe (chapitre 3).
- ☐ Fuite au niveau d'une pastille de dessablage (chapitre 2D).

### *Perte d'eau interne*

- ☐ Fuite du joint de culasse (chapitre 2).
- ☐ Culasse ou alésages de cylindres fissurés (chapitre 2).

### *Corrosion*

- ☐ Vidanges et rinçages du circuit de refroidissement trop peu fréquents (chapitre 1A/1B).
- ☐ Solution d'antigel ne convenant pas ou mauvaise qualité d'antigel (chapitre 1A/1B).

# Alimentation et échappement

### *Consommation anormale de carburant*

- ☐ Elément de filtre à air encrassé ou colmaté (chapitre 1A/1B).
- ☐ Défaut du système d'injection - moteurs essence (chapitre 4A).
- ☐ Injecteur(s) défectueux - moteurs Diesel (chapitre 4B).
- ☐ Défaut du circuit d'allumage - moteurs essence (chapitres 1A et 5B).
- ☐ Pneus sous-gonflés (« *Contrôles hebdomadaires* »).

### *Fuite/et ou odeur de carburant*

- ☐ Réservoir de carburant, canalisations d'alimentation ou raccords détériorés ou corrodés (chapitre 4A ou 4B).

### *Bruit ou fumées anormales de l'échappement*

- ☐ Fuite au niveau des joints d'échappement ou de collecteur (chapitres 1A/1B et 4A/4B).
- ☐ Silencieux ou tube d'échappement présentant une fuite, corrodé ou endommagé (chapitres 1A/1B et 4A/4B).
- ☐ Supports élastiques d'échappement rompus entraînant un contact avec la suspension ou la caisse (chapitres 1A/1B et 4A/4B).

# Embrayage

### *Pédale s'enfonçant jusqu'au plancher : absence de pression ou très faible résistance à la pédale*

- ☐ Câble d'embrayage détendu ou rompu (chapitre 6).
- ☐ Dysfonctionnement du système de rattrapage automatique du jeu dans le câble d'embrayage (chapitre 6).
- ☐ Butée ou fourchette de débrayage cassée (chapitre 6).
- ☐ Diaphragme du mécanisme d'embrayage cassé (chapitre 6).

### *Absence de débrayage (les vitesses ne passent pas)*

- ☐ Dysfonctionnement du système de rattrapage automatique du jeu dans le câble d'embrayage (chapitre 6).
- ☐ Disque d'embrayage grippé sur les cannelures de l'arbre primaire de boîte de vitesses (chapitre 6).
- ☐ Disque d'embrayage grippé sur le volant moteur ou le plateau de pression du mécanisme d'embrayage (chapitre 6).
- ☐ Mécanisme d'embrayage défectueux (chapitre 6).
- ☐ Mécanisme de débrayage usé ou mal monté (chapitre 6).

### *L'embrayage patine (le régime du moteur augmente sans accroissement correspondant de la vitesse du véhicule)*

- ☐ Garniture de disque d'embrayage excessivement usée (chapitre 6).
- ☐ Garniture de disque d'embrayage imprégnée d'huile ou de graisse (chapitre 6).
- ☐ Mécanisme d'embrayage défectueux ou diaphragme détendu (chapitre 6).

### *L'embrayage broute*

- ☐ Garniture de disque d'embrayage imprégnée d'huile ou de graisse (chapitre 6).
- ☐ Garniture de disque d'embrayage excessivement usée (chapitre 6).
- ☐ Mécanisme d'embrayage défectueux ou voilé ou diaphragme défaillant (chapitre 6).
- ☐ Silentblocs du groupe motopropulseur usés ou ayant du jeu (chapitre 2A, 2B ou 2C).
- ☐ Usure des cannelures du moyeu de disque d'embrayage ou d'arbre primaire de boîte de vitesses (chapitre 6).

### *Bruit perçu en embrayant ou débrayant*

- ☐ Butée de débrayage usée (chapitre 6).
- ☐ Bagues-paliers de pédale d'embrayage usées ou mal lubrifiées (chapitre 6).
- ☐ Mécanisme d'embrayage défectueux (chapitre 6).
- ☐ Diaphragme du mécanisme d'embrayage cassé (chapitre 6).
- ☐ Ressorts de moyeu amortisseur de disque d'embrayage cassés (chapitre 6).

# Boîte de vitesses manuelle

### Bruit perçu au point mort, moteur tournant

☐ Roulements d'arbre primaire usés - bruit perceptible avec la pédale d'embrayage relâchée mais pas lorsqu'elle est enfoncée (chapitre 7A). *
☐ Butée de débrayage usée - bruit perceptible avec la pédale d'embrayage enfoncée et éventuellement moins fort lorsqu'elle est relâchée (chapitre 6).

### Bruit perçu avec un rapport particulier engagé

☐ Dents de pignons usées, abîmées ou ébréchées (chapitre 7A). *

### Vitesses dures à passer

☐ Embrayage défectueux (chapitre 6).
☐ Commande des vitesses usée ou endommagée (chapitre 7A).
☐ Synchroniseurs usés (chapitre 7A). *

### Les vitesses sautent

☐ Commande des vitesses usée ou endommagée (chapitre 7A).
☐ Synchroniseurs usés (chapitre 7A). *
☐ Fourchettes de sélection usées (chapitre 7A). *

### Vibrations

☐ Manque d'huile dans la boîte (chapitre 1A/1B).
☐ Roulements usés (chapitre 7A). *

### Fuites d'huile

☐ Bague d'étanchéité de sortie de différentiel défectueuse (chapitre 7A).
☐ Mauvaise étanchéité au niveau d'un plan de joint du carter (chapitre 7A). *

** Bien que les interventions nécessaires pour remédier à ces symptômes ne soient pas à la portée d'un amateur car nécessitant le démontage de la boîte de vitesses, les informations données serviront au propriétaire de la voiture à expliquer clairement au spécialiste les phénomènes observés.*

# Boîte de vitesses automatique

**Nota :** *La complexité des boîtes de vitesses automatiques est telle qu'il est réellement difficile pour le mécanicien amateur d'établir un diagnostic des pannes pouvant survenir et d'y remédier. Pour tous les problèmes autres que ceux mentionnés ci-dessous, le véhicule doit être confié aux services techniques d'un concessionnaire de la marque. Ne pas se précipiter pour déposer la boîte de vitesses en cas de dysfonctionnement de celle-ci : la plupart des contrôles s'effectuent avec la boîte en place.*

### Fuites de fluide

☐ Le fluide de boîte de vitesses est normalement de couleur foncée. Veiller à ne pas confondre les fuites de boîte de vitesses avec celles du moteur : l'huile peut effet être projetée sur la boîte de vitesses par le courant d'air.
☐ Pour déterminer la provenance d'une fuite, supprimer tout d'abord la saleté et le cambouis sur le carter de boîte de vitesses ainsi que sur les zones avoisinantes en utilisant un produit solvant-dégraissant ou en procédant à un nettoyage au jet de vapeur. Rouler à vitesse réduite de façon à éviter que la circulation d'air ne dissipe les traces de fuite. Lever la voiture au cric et la poser sur chandelles (voir « Levage et soutien du véhicule ») puis localiser l'origine de la fuite. Les emplacements les plus susceptibles de présenter des fuites sont les suivants :

*a) Carter inférieur de boîte de vitesses (chapitre 7B)*
*b) Bouchon de niveau de fluide (chapitre 7B)*
*c) Joints entre refroidisseur de fluide et boîte de vitesses (chapitre 7B)*

### Fluide de boîte marron ou présentant une odeur de brûlé

☐ Niveau de fluide insuffisant ou boîte devant être vidangée (chapitre 7B).

### Problèmes généraux de sélection de rapports

☐ Les problèmes indiqués ci-dessous peuvent provenir d'un mauvais réglage du câble de sélection (chapitre 7B) :

*a) Démarrage du moteur avec le levier sélecteur se trouvant sur une position autre que « P » ou « N »*
*b) Indicateur de rapports signalant un rapport autre que celui effectivement enclenché*
*c) Voiture avançant alors que le levier sélecteur se trouve en position « N » ou « P »*
*d) Rapports difficiles à enclencher ou changement de rapports irrégulier*

### Boîte ne rétrogradant pas en appuyant à fond sur la pédale d'accélérateur

☐ Niveau insuffisant de fluide de boîte (chapitre 7B).
☐ Mauvais réglage du câble de sélection (chapitre 7B).

### Le moteur refuse de démarrer ou démarre alors qu'un rapport autre que « P » ou « N » est engagé

☐ Mauvais réglage du contacteur multifonction (voir chapitre 7B).
☐ Mauvais réglage du câble de sélection (chapitre 7B).

### La boîte de vitesses patine, broute, est bruyante ou ne permet pas de rouler en marche avant ni arrière

☐ Ces problèmes peuvent provenir de multiples causes. La seule possibilité réelle de vérification pour les non-professionnels consiste à contrôler le niveau de fluide. Avant de confier la voiture aux services techniques d'un concessionnaire de la marque ou à un spécialiste des boîtes de vitesses automatiques, vérifier le niveau de fluide et le rétablir au besoin ou vidanger la boîte (voir chapitre 7B). Si cela ne permet pas de résoudre le problème, faire appel à un spécialiste.

# Transmissions

### Claquements ou à-coups en virages (en braquant à fond à vitesse réduite)

☐ Manque de graissage des joints homocinétiques résultant d'une éventuelle détérioration des soufflets (chapitre 8).
☐ Joint homocinétique extérieur usé (chapitre 8).

### Vibrations à l'accélération ou à la décélération

☐ Joint homocinétique intérieur usé (chapitre 8).
☐ Arbre de transmission faussé ou déformé (chapitre 8).

## Freins

**Nota :** *Avant de conclure à l'existence d'un problème de freinage, vérifier que les pneus sont en bon état et correctement gonflés, que le parallélisme du train avant est convenablement réglé et que la voiture n'est pas en situation de chargement déséquilibré. Hormis pour le contrôle de l'état de raccordement de toutes les canalisations et des flexibles, s'adresser aux services techniques d'un concessionnaire de la marque en cas de dysfonctionnement du système antiblocage des roues (ABS) pour en faire établir le diagnostic.*

### Voiture tirant sur un côté au freinage

- ☐ Plaquettes ou segments de frein défectueux, endommagés ou encrassés, sur un côté (chapitre 9).
- ☐ Grippage complet ou partiel d'un piston d'étrier de frein AV. ou de cylindre de frein AR. (chapitre 9).
- ☐ Utilisation de plaquettes ou de segments de freins avec garniture de qualité différente sur les deux côtés (chapitre 9).
- ☐ Vis de fixation de support d'étrier de frein AV. ou de plateau de frein AR. desserrées (chapitre 9).
- ☐ Organes de suspension ou de direction usés ou endommagés (chapitres 1A/1B et 10).

### Bruit (meulage ou grincements aigus) perçu au freinage

- ☐ Garniture de plaquettes ou de segments de freins usée jusqu'au métal (chapitres 1A/1B et 9).
- ☐ Corrosion exagérée des disques ou des tambours de freins : peut apparaître lorsque la voiture n'a pas roulé pendant un certain temps (chapitre 9).

### Course excessive de la pédale de frein

- ☐ Mécanismes de rattrapage automatiques du jeu d'usure des freins AR. à tambours inopérants (chapitre 9).
- ☐ Maître-cylindre défectueux (chapitre 9).
- ☐ Présence d'air dans le circuit hydraulique (chapitre 9).
- ☐ Servofrein défectueux (chapitre 9).
- ☐ Pompe à vide d'assistance de freinage défectueuse - Diesel (chapitre 9).

### Nécessité de pomper sur la pédale pour obtenir l'action des freins

- ☐ Présence d'air dans le circuit hydraulique (chapitre 9).
- ☐ Flexibles de freins abîmés (chapitres 1A/1B et 9).
- ☐ Ecrous d'assemblage de maître-cylindre desserrés (chapitre 9).
- ☐ Maître-cylindre défectueux (chapitre 9).

### Effort anormal sur la pédale de frein pour arrêter la voiture

- ☐ Servofrein défectueux (chapitre 9).
- ☐ Tuyau de prise de dépression de servofrein débranché, abîmé ou desserré (chapitre 9).
- ☐ Pompe à vide d'assistance de freinage défectueuse - Diesel (chapitre 9).
- ☐ Défaillance de l'un des circuits hydrauliques de freinage (chapitre 9).
- ☐ Grippage d'un piston d'étrier de frein de frein AV. ou de cylindre de frein AR. (chapitre 9).
- ☐ Plaquettes ou segments de freins mal montés (chapitre 9).
- ☐ Plaquettes ou segments de freins de qualité inappropriée (chapitre 9).
- ☐ Garniture des plaquettes ou des segments de freins imprégnée d'huile ou de graisse (chapitre 9).

### Trépidations ressenties dans la pédale de frein ou la direction au freinage

- ☐ Déformation ou voile importants des disques ou des tambours de freins (chapitre 9).
- ☐ Plaquettes ou segments de freins usés (chapitres 1A/1B et 9).
- ☐ Vis de fixation de support d'étrier de frein AV. ou de plateau de frein AR. desserrées (chapitre 9).
- ☐ Usure des organes ou des silentblocs de suspension ou de direction (chapitres 1A/1B et 10).

### Vibrations perceptibles dans la pédale en freinant brusquement

- ☐ Phénomène normal, correspondant à la mise en service du dispositif antiblocage des roues (ABS).

### Frottement des freins

- ☐ Grippage d'un piston d'étrier de frein AV. ou d'un cylindre de frein AR. (chapitre 9).
- ☐ Mauvais réglage de la commande de frein à main (chapitre 9).
- ☐ Maître-cylindre défectueux (chapitre 9).

### Roues arrière se bloquant en freinant normalement

- ☐ Garniture de segments ou de plaquettes de freins arrière encrassée (chapitre 9).
- ☐ Dysfonctionnement du limiteur de pression de freinage - suivant équipement (chapitre 9).

## Suspensions et direction

**Nota :** *Avant de conclure à une défectuosité de la suspension ou de la direction, s'assurer que le problème n'est pas dû à des pneus mal gonflés, des pneus de structure différente montés de chaque côté du même essieu ou au frottement des freins.*

### Véhicule se déportant sur un côté

- ☐ Pneu défectueux (« *Contrôles hebdomadaires* »).
- ☐ Usure exagérée des organes de suspension et de direction (chapitres 1A/1B et 10).
- ☐ Défaut de parallélisme du train avant (chapitre 10).
- ☐ Endommagement suite à un accident des organes de suspension ou de direction (chapitres 1A/1B et 10).

### Flottement ou vibrations des roues

- ☐ Roues avant mal équilibrées : vibrations ressenties principalement au niveau du volant (« *Contrôles hebdomadaires* »).
- ☐ Roues arrière mal équilibrées : vibrations perçues au niveau de l'ensemble du véhicule (« *Contrôles hebdomadaires* »).
- ☐ Roues endommagées ou voilées (« *Contrôles hebdomadaires* »).
- ☐ Pneu défectueux ou abîmé (« *Contrôles hebdomadaires* »).
- ☐ Usure exagérée des organes, silentblocs ou articulations de suspension ou de direction (chapitres 1A/1B et 10).
- ☐ Vis de roues desserrées (chapitre 1A/1B).

### Tangage et/ou roulis excessifs dans les virages ou au freinage

- ☐ Amortisseurs défectueux (chapitres 1A/1B et 10).
- ☐ Ressorts et/ou organes de suspension défectueux (chapitres 1A/1B et 10).
- ☐ Barre stabilisatrice ou silentblocs usés ou endommagés (chapitre 10).

# Suspensions et direction (suite)

## *Direction manquant de précision, mauvaise tenue de route*

- ☐ Défaut de parallélisme du train avant (chapitre 10).
- ☐ Usure exagérée des organes, silentblocs ou articulations de suspension ou de direction (chapitres 1A/1B et 10).
- ☐ Roues mal équilibrées (« *Contrôles hebdomadaires* »).
- ☐ Pneu défectueux ou abîmé (« *Contrôles hebdomadaires* »).
- ☐ Vis de roues desserrées (chapitre 1A/1B).
- ☐ Amortisseurs défectueux (chapitres 1A/1B et 10).

## *Direction dure à manœuvrer*

- ☐ Manque de graissage du boîtier de direction (chapitre 10).
- ☐ Grippage de rotules de biellettes de direction ou de triangles inférieurs de suspension (chapitres 1A/1B et 10).
- ☐ Courroie des accessoires ou de pompe de direction assistée rompue ou détendue (chapitre 1A/1B).
- ☐ Défaut de parallélisme du train avant (chapitre 10).
- ☐ Crémaillère ou colonne de direction faussée ou endommagée (chapitre 10).

## *Jeu excessif de la direction*

- ☐ Usure des cardans de colonne de direction (chapitre 10).
- ☐ Usure des rotules de biellettes de direction (chapitres 1A/1B et 10).
- ☐ Usure du boîtier de direction (chapitre 10).
- ☐ Usure exagérée des organes, silentblocs ou articulations de suspension ou de direction (chapitres 1A/1B et 10).

## *Direction manquant d'assistance*

- ☐ Courroie des accessoires ou de pompe de direction assistée rompue ou détendue (chapitre 1A/1B).
- ☐ Niveau insuffisant de fluide de direction assistée (chapitre 1A/1B).
- ☐ Obstruction des tuyaux du circuit d'assistance de direction (chapitre 10).
- ☐ Pompe de direction assistée défectueuse (chapitre 10).
- ☐ Boîtier de direction défectueux (chapitre 10).

## *Usure anormale des pneus*

### Bords de bande de roulement de pneu biseautés

- ☐ Défaut de parallélisme (chapitre 10).

### Pneus usés au centre de leur bande de roulement

- ☐ Pneus surgonflés (« *Contrôles hebdomadaires* »).

### Pneus usés sur leurs bords intérieur et extérieur

- ☐ Pneus sous-gonflés (« *Contrôles hebdomadaires* »).

### Pneus usés sur leur bord intérieur ou extérieur

- ☐ Chasse ou carrossage incorrect : usure sur un seul bord (chapitre 10).
- ☐ Usure exagérée des organes, silentblocs ou articulations de suspension ou de direction (chapitres 1A/1B et 10).
- ☐ Virages pris « serrés ».
- ☐ Endommagement suite à un accident.

### Usure irrégulière des pneus

- ☐ Roues mal équilibrées (« *Contrôles hebdomadaires* »).
- ☐ Faux-rond exagéré des pneus ou des roues (« *Contrôles hebdomadaires* »).
- ☐ Amortisseurs défectueux (chapitres 1A/1B et 10).
- ☐ Pneus défectueux (« *Contrôles hebdomadaires* »).

# Equipement électrique

**Nota :** *Pour les problèmes de démarrage, se reporter à la rubrique « Moteur » au tout début de la section.*

## *Batterie se déchargeant en l'espace de quelques jours*

- ☐ Défaut interne à la batterie (chapitre 5A).
- ☐ Cosses de batterie desserrées ou corrodées (« *Contrôles hebdomadaires* »).
- ☐ Courroie des accessoires (d'alternateur) rompue, usée ou détendue (chapitre 1A/1B).
- ☐ Débit de charge inadéquat de l'alternateur (chapitre 5A).
- ☐ Alternateur ou régulateur de tension défectueux (chapitre 5A).
- ☐ Court-circuit déchargeant continuellement la batterie (chapitres 5A et 12).

## *Témoin de charge demeurant allumé le moteur tournant*

- ☐ Courroie des accessoires (d'alternateur) rompue, usée ou détendue (chapitre 1A/1B).
- ☐ Balais d'alternateur usés, grippés ou encrassés (chapitre 5A).
- ☐ Ressorts de rappel de balais d'alternateur détendus ou cassés (chapitre 5A).
- ☐ Défaut interne à l'alternateur ou au régulateur de tension (chapitre 5A).
- ☐ Câblage électrique du circuit de charge rompu, débranché ou mal enfiché (chapitre 5A).

## *Témoin de charge ne s'allumant pas*

- ☐ Diode du témoin défectueuse (chapitre 12).
- ☐ Câblage électrique de témoin rompu, débranché ou mal enfiché (chapitre 12).
- ☐ Alternateur défectueux (chapitre 5A).

## *Feux ne fonctionnant pas*

- ☐ Ampoule grillée (chapitre 12).
- ☐ Corrosion au niveau du culot d'une ampoule ou d'une douille (chapitre 12).
- ☐ Fusible claqué (chapitre 12).
- ☐ Relais défectueux (chapitre 12).
- ☐ Câblage électrique rompu, débranché ou mal enfiché (chapitre 12).
- ☐ Contacteur/interrupteur défectueux (chapitre 12).

## *Mauvais fonctionnement des instruments*

### Indications des instruments augmentant avec le régime du moteur

- ☐ Régulateur de tension de l'alternateur défectueux (chapitre 12).

### Indicateurs de température et de niveau de carburant ne fonctionnant pas

- ☐ Sonde ou jaugeur défectueux (chapitres 3 et 4A/4B).
- ☐ Câblage électrique en circuit ouvert (chapitre 12).
- ☐ Indicateur défectueux (chapitre 12).

### Indicateurs de température et de niveau de carburant bloqués à leur valeur maximale

- ☐ Sonde ou jaugeur défectueux (chapitres 3 et 4A/4B).
- ☐ Court-circuit dans le câblage électrique (chapitre 12).
- ☐ Indicateur défectueux (chapitre 12).

## *Avertisseur sonore ne fonctionnant pas ou mal*

### Avertisseur sonore fonctionnant sans arrêt

- ☐ Commande d'avertisseur à la masse ou bloquée en position enfoncée (chapitre 12).

# Equipement électrique (suite)

### Avertisseur ne fonctionnant pas

- ☐ Fusible claqué (chapitre 12).
- ☐ Câblage électrique rompu, débranché ou mal enfiché (chapitre 12).
- ☐ Avertisseur défectueux (chapitre 12).

### Avertisseur fonctionnant par intermittence ou sonorité anormale

- ☐ Connexion électrique mal enfichée (chapitre 12).
- ☐ Fixation de l'avertisseur desserrée (chapitre 12).
- ☐ Avertisseur défectueux (chapitre 12).

## *Essuie-glaces ne fonctionnant pas ou mal*

### Essuie-glaces ne fonctionnant pas ou très lentement

- ☐ Raclette d'essuie-glace collant à la vitre ou mécanisme grippé ou bloqué (« *Contrôles hebdomadaires* » et chapitre 12).
- ☐ Fusible claqué (chapitre 12).
- ☐ Câblage électrique rompu, débranché ou mal enfiché (chapitre 12).
- ☐ Relais défectueux (chapitre 12).
- ☐ Moteur d'essuie-glace(s) défectueux (chapitre 12).

### Surface de balayage trop large ou trop limitée des essuie-glaces

- ☐ Bras d'essuie-glaces mal montés sur leur axe (chapitre 12).
- ☐ Usure exagérée du mécanisme d'essuie-glaces (chapitre 12).
- ☐ Fixations du moteur ou du mécanisme d'essuie-glaces desserrées ou mal montées (chapitre 12).

### Essuie-glaces manquant d'efficacité

- ☐ Raclette d'essuie-glace usée ou abîmée (« *Contrôles hebdomadaires* »).
- ☐ Ressort de traction d'essuie-glace cassé ou articulation de bras grippée (chapitre 12).
- ☐ Liquide de lave-glace ne contenant pas suffisamment de produit de nettoyage (« *Contrôles hebdomadaires* »).

## *Lave-glaces ne fonctionnant pas ou mal*

### Un ou plusieurs gicleurs ne fonctionnant pas

- ☐ Gicleur bouché : le déboucher avec une aiguille.
- ☐ Tuyau d'alimentation débranché, plié ou obstrué (chapitre 12).
- ☐ Insuffisance de liquide dans le réservoir (« *Contrôles hebdomadaires* »).

### Pompe de lave-glaces ne fonctionnant pas

- ☐ Câblage électrique rompu ou débranché (chapitre 12).
- ☐ Fusible claqué (chapitre 12).
- ☐ Manette de commandes d'essuie-glaces et de lave-glaces défectueuse (chapitre 12).
- ☐ Pompe défectueuse (chapitre 12).

### Pompe nécessitant un certain temps pour débiter du liquide par les gicleurs

- ☐ Clapet de non-retour défectueux dans le tuyau d'alimentation de liquide (chapitre 12).

## *Lève-glaces électriques ne fonctionnant pas ou mal*

### Vitre ne bougeant que dans un seul sens

- ☐ Inverseur défectueux (chapitre 12).

### Mouvement lent de la vitre

- ☐ Mécanisme de lève-glace grippé ou endommagé, ou ayant besoin d'être lubrifié (chapitre 11).
- ☐ Pièces internes ou garniture de porte entravant le fonctionnement du mécanisme de lève-glace (chapitre 11).
- ☐ Moteur électrique défectueux (chapitre 11).

### Vitre ne bougeant pas

- ☐ Fusible claqué (chapitre 12).
- ☐ Relais défectueux (chapitre 12).
- ☐ Câblage électrique rompu ou débranché (chapitre 12).
- ☐ Moteur électrique défectueux (chapitre 11).

## *Verrouillage centralisé des portes ne fonctionnant pas ou mal*

### Panne totale du système

- ☐ Fusible claqué (chapitre 12).
- ☐ Relais défectueux (chapitre 12).
- ☐ Câblage électrique rompu ou débranché (chapitre 12).

### Serrure ne fonctionnant que dans un seul sens : verrouillage ou déverrouillage

- ☐ Commande de verrouillage défectueuse (chapitre 11).
- ☐ Tringles de commande de serrure cassées ou désaccouplées (chapitre 11).
- ☐ Relais défectueux (chapitre 12).

### Serrure ne fonctionnant pas du tout

- ☐ Câblage électrique rompu ou débranché (chapitre 12).
- ☐ Servomoteur de verrouillage défectueux (chapitre 11).
- ☐ Tringles de commande de serrure cassées, grippées ou désaccouplées (chapitre 11).
- ☐ Serrure défectueuse (chapitre 11).

# A

**ABS (système antiblocage des roues)** Parfois appelé ABR, ce dispositif qui est généralement commandé électroniquement, détecte toute amorce de blocage des roues au freinage et régule la pression hydraulique appliquée aux roues dont l'adhérence devient précaire et étant sur le point de déraper.

**Allen, clé ou vis** Système de fixation (clé mâle, vis à tête creuse) se caractérisant par une empreinte hexagonale spéciale.

**Alternateur** Appareil du circuit électrique transformant l'énergie mécanique engendrée par une courroie d'entraînement en énergie électrique destinée à charger la batterie et à actionner les circuits de démarrage et d'allumage ainsi que les accessoires électriques.

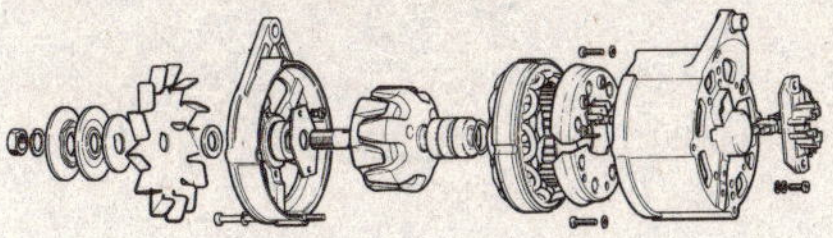

**Vue éclatée d'un alternateur**

**Amiante** Matière minérale naturelle à contexture fibreuse très résistante à hautes températures et entrant communément dans la composition des matières de friction pour les garnitures de frein et d'embrayage. L'amiante constitue un danger pour la santé et il convient de ne jamais respirer ni ingérer la poussière produite par les systèmes de freinage et d'embrayage.

**Amortisseur de vibrations** Dispositif destiné à réduire les vibrations en torsion appliquées au vilebrequin. Peut être incorporé à la poulie du vilebrequin.

**Ampère (A)** Unité de mesure d'intensité de courant électrique. Un ampère équivaut à l'intensité du courant produit par un volt appliqué à une résistance d'un ohm.

**Antigel** Produit (généralement à base d'éthylène-glycol) mélangé à de l'eau et incorporé dans le circuit de refroidissement du moteur afin d'empêcher la congélation de la solution de refroidissement en hiver. L'antigel contient également des agents chimiques destinés à prévenir la corrosion et la formation de rouille et d'autres dépôts qui pourraient obstruer le radiateur et les conduits de circulation du liquide de refroidissement.

**Antigrippant** Produit prévu pour empêcher le grippage des fixations soumises à des températures élevées comme ceux de l'échappement.

**Produit antigrippant**

**Arbre à cames** Arbre rotatif doté d'un nombre de cames assurant la commande des soupapes (distribution). L'arbre à cames peut être entraîné par une courroie crantée et des poulies, une chaîne et des pignons, ou bien par un engrenage.

**Arbre de transmission** Long tube comportant un joint de cardan à chaque extrémité et assurant la communication de la force d'entraînement de la boîte de vitesses au différentiel sur les véhicules à moteur à l'avant et roues motrices à l'arrière.

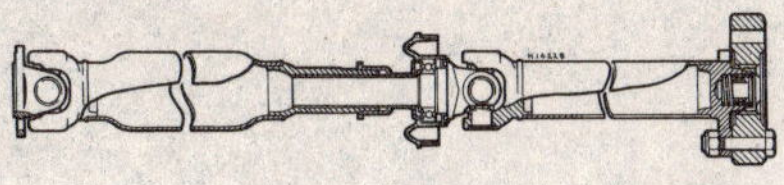

**Arbre de transmission**

# B

**Boîte à charbon activé (« canister »)** Absorbeur contenant du charbon activé, associé à un système antipollution dont le rôle consiste à piéger et recycler les vapeurs d'essence du circuit d'alimentation.

**Boîte à charbon activé (« canister »)**

**Butée de débrayage** Palier du mécanisme d'embrayage pour désengager l'embrayage sous l'effet de la pédale d'embrayage.

# C

**Calage de l'allumage** Moment où éclate l'étincelle entre les électrodes de bougie, généralement exprimé en termes de degrés appliqués au vilebrequin avant que le piston n'atteigne le point le plus haut de sa course.

**Calculateur électronique** Boîtier électronique assurant le pilotage de divers circuits d'un véhicule tels que l'allumage et l'injection ou bien encore l'antiblocage des roues.

**Cale** Plaquette de faible épaisseur communément utilisée pour régler le jeu ou les positions relatives entre deux pièces l'une par rapport à l'autre. Par exemple, des cales interposées dans ou sous les poussoirs servent à régler le jeu aux soupapes. Le jeu se règle en changeant l'épaisseur des cales.

**Cale d'épaisseur** Fine lamelle en acier trempé, étalonnée à une épaisseur précise et servant à contrôler ou mesurer le jeu entre les pièces mécaniques.

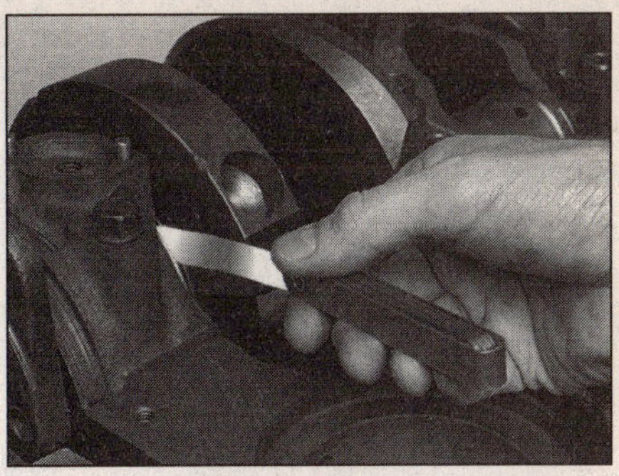

**Cale d'épaisseur**

**Carburateur** Dispositif réalisant le mélange gazeux d'essence et d'air selon un dosage précis pour obtenir la puissance voulue d'un moteur à combustion interne disposant d'un allumage par étincelle.

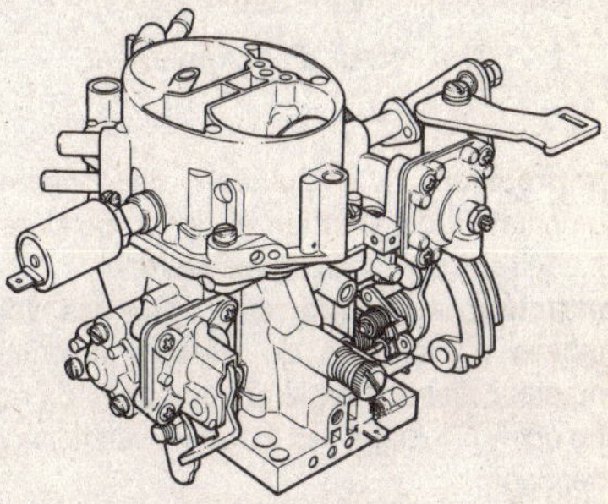

**Carburateur**

**Carter-moteur** Partie inférieure du bloc-moteur à l'intérieur de laquelle s'accomplit la rotation du vilebrequin.

**Chaîne de distribution** Chaîne entraînant un arbre à cames.

**Chasse** En matière de géométrie du train avant d'un véhicule, inclinaison vers l'arrière ou vers l'avant de l'axe de pivotement de la direction. La chasse est dite à déport positif lorsque l'axe de pivotement de la direction est incliné vers l'arrière sur le haut.

**Circlip** Anneau ouvert servant à maintenir axialement les roulements et les pignons dans leurs logements ou sur les arbres. Les circlips internes se placent dans une rainure pratiquée dans un logement cylindrique et les circlips externes se fixent dans une rainure prévue sur un arbre.

**Clapet** Voir soupape

**Clapet compensateur** Clapet à commande hydraulique destiné à limiter la pression sur les freins arrière lors d'un freinage d'urgence afin d'empêcher un blocage des roues.

**Clapet de recyclage des gaz d'échappement** Clapet servant à incorporer des gaz d'échappement au flux d'air admis dans le moteur pour les recycler.

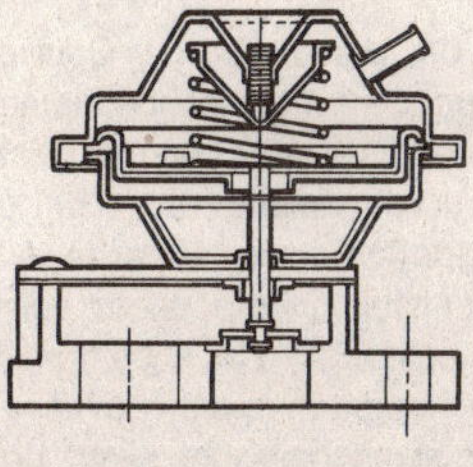

**Clapet de recyclage des gaz d'échappement**

**Code de diagnostic** Chiffres obtenus en accédant au mode diagnostic d'un calculateur électronique à l'aide d'un appareil de contrôle spécifique. Ces codes s'utilisent pour localiser les anomalies de fonctionnement du système.

**Collecteur d'échappement** Pièce comportant des conduits par lesquels sont amenés les gaz d'échappement de la culasse pour aboutir dans le tube d'échappement.

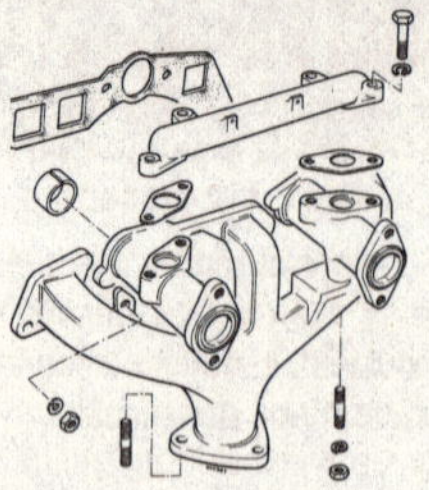

Collecteur d'échappement

**Compression** Réduction de volume et augmentation de pression et de température d'un gaz contraint dans un espace restreint.

**Contacteur antidémarrage** Sur les voitures équipées d'une boîte de vitesses automatique, contacteur empêchant le démarrage si un rapport autre que « N » (point mort) ou « P » (stationnement) est engagé.

**Contre-écrou** Ecrou vissé et bloqué derrière un autre écrou ou une pièce filetée afin de lui éviter de se desserrer. Par exemple, un contre-écrou assure le maintien de l'écrou de réglage des culbuteurs.

**Convertisseur catalytique** Voir pot catalytique

**Correcteur de freinage asservi à la charge** Dispositif compensateur de pression à commande hydraulique d'un système de freinage comportant un piston étagé avec clapet de régulation. Ce type de correcteur tient également compte de l'état de charge sur l'essieu arrière.

**Courroie d'entraînement auxiliaire** Courroie entraînant des accessoires comme l'alternateur, la pompe à eau, la pompe de direction assistée, le compresseur de climatisation, etc. à partir d'une poulie montée en bout de vilebrequin.

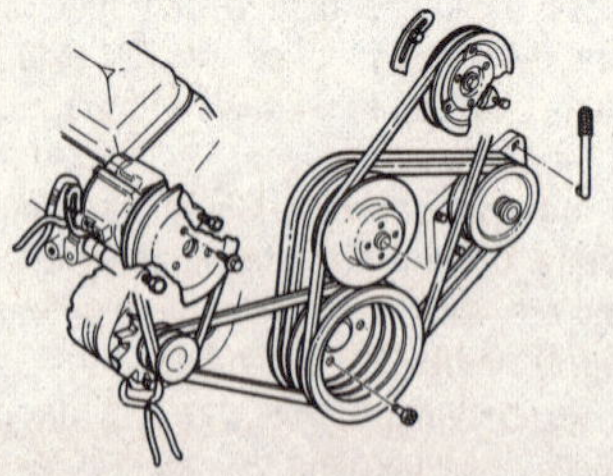

Courroies d'entraînement auxiliaires

**Courroie de distribution** Courroie crantée entraînant un arbre à cames. Le moteur peut subir de sérieux dégâts si cette courroie vient à lâcher en cours de fonctionnement.

**Coussin gonflable de sécurité (« Airbag »)** Coussin gonflable incorporé au volant ou à la planche de bord. Lors d'un choc frontal, le coussin se gonfle spontanément, évitant ainsi au conducteur et au passager avant de se trouver projetés contre le volant ou le pare-brise.

**Coussinet de tête de bielle** Palier au niveau de la tête de bielle accouplée au vilebrequin.

**Crénelé** Qui possède des échancrures ou des dentelures en forme de créneaux. P.ex. un écrou crénelé pour (arbre de) transmission.

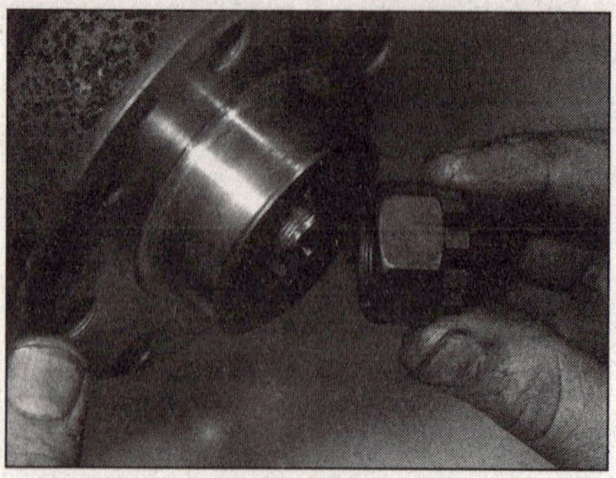

Un écrou crénelé

**Culbuteur** Levier pivotant autour d'un axe ou sur un goujon. Dans les moteurs à soupapes en tête, les culbuteurs transforment le mouvement vers le haut de leur tige de poussée en mouvement vers le bas pour ouvrir les soupapes.

# D

**Démarrage à l'aide d'une batterie de secours** Dépannage du moteur d'un véhicule dont la batterie est à plat ou insuffisamment chargée en reliant des câbles de démarrage entre la batterie défectueuse et une de secours.

**Direction à crémaillère et pignon** Mécanisme de direction comportant un pignon à l'extrémité de la colonne de direction s'engrenant sur une crémaillère (organe mobile muni de crans sur le haut et disposé transversalement). En tournant le volant, le pignon pivote et entraîne la crémaillère à gauche ou à droite. Ce mouvement est transmis par l'intermédiaire des biellettes de direction aux pivots de roues.

**Disque de frein** Pièce métallique des freins à disque tournant en même temps que les roues.

# E

**Ecartement (entrefer)** Distance que l'étincelle doit parcourir entre l'électrode centrale et l'électrode de masse d'une bougie d'allumage.

Réglage de l'écartement des électrodes de bougie

Terme se rapportant également à l'espace entre les contacts du rupteur d'un allumage classique ou à l'écart existant entre le rotor et le générateur d'impulsions dans le cas d'un allumage électronique.

**Elément de filtre à air** Elément filtrant d'un filtre à air, généralement constitué de papier plissé et devant être changé à intervalles réguliers.

**Essieu** Axe sur lequel tourne une roue ou tournant solidaire avec une roue. Egalement, arbre solide reliant les deux roues sur un côté du véhicule. L'essieu transmettant également la force de propulsion aux roues est dit essieu moteur.

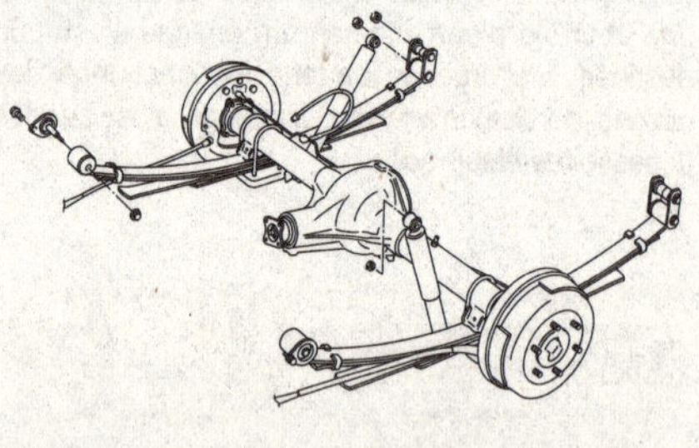

Essieu de conception ancienne

**Etrier** Pièce fixe d'un ensemble de frein à disque enfourchant le disque et portant les plaquettes de frein. L'étrier renferme également les pièces hydrauliques amenant les plaquettes à pincer le disque lorsque la pédale de frein est enfoncée.

# F

**Faux-rond** Défaut de circularité d'un arbre à la rotation. Ovalisation d'une pièce rotative.

**Filtre à air** Boîtier en tôle ou en matière plastique renfermant un élément filtrant destiné à débarrasser l'air aspiré dans le moteur de la poussière et des impuretés qu'il contient.

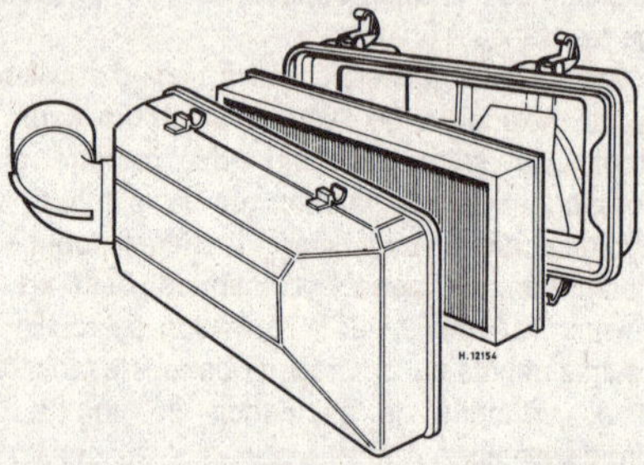

Filtre à air

**Frein à disque** Système de freinage comportant un disque tournant solidaire de la roue, sur lequel s'appuient les plaquettes de frein. Le frottement consécutif à ce contact transforme en chaleur l'énergie cinétique engendrée par un véhicule en mouvement.

**Frein à tambour** Système de freinage comportant un cylindre en acier en forme de tambour fixé sur la face intérieure de la roue. Lorsque la pédale de frein est enfoncée, les segments de frein incurvés revêtus d'une garniture fibreuse agissent par friction à l'intérieur du tambour pour ralentir ou arrêter le véhicule.

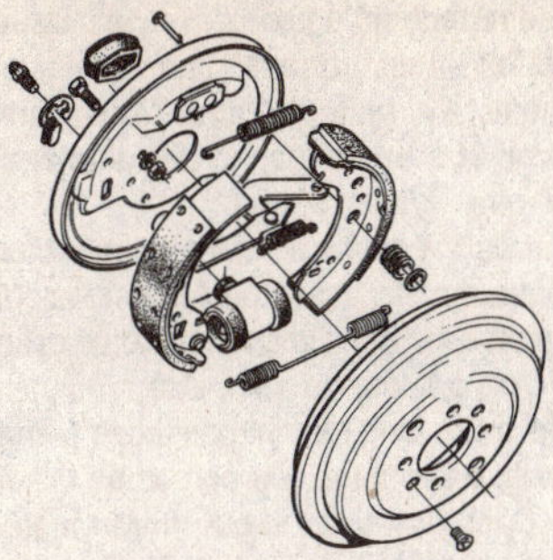

Frein à tambour

**Frein de stationnement (frein à main, frein de service)** Système de freinage indépendant du circuit de freinage principal, prévu pour suppléer ce dernier en cas de défaillance afin d'arrêter ou ralentir le véhicule ou pour maintenir immobile celui-ci sans avoir à actionner la pédale de frein. Il consiste généralement en un levier à commande manuelle agissant mécaniquement sur les freins avant ou bien arrière par l'intermédiaire de câbles et d'un palonnier.

**Fusible** Dispositif protégeant un circuit électrique en cas de surintensité accidentelle. Consiste en un fil d'alliage spécial (entouré d'une gaine de verre ou en matière plastique) conçu pour fondre si une intensité de courant (exprimée en ampères) prédéterminée vient à être atteinte et interrompre le circuit.

# G

**Garnitures de frein** Matière de friction entrant en contact des disques ou des tambours de frein pour ralentir ou arrêter un véhicule. Les garnitures sont collées ou rivetées sur des plaquettes ou des segments de frein.

# I

**Injection électronique** Circuit d'alimentation géré par un calculateur électronique et assurant la distribution d'essence par l'intermédiaire d'un simple injecteur (système monopoint) ou d'un injecteur placé au niveau de chaque lumière d'admission du moteur (système multipoint).

# J

**Jambe de force MacPherson** Voir suspension à jambes de force MacPherson.

**Jauges** Instruments utilisés pour vérifier les conditions de fonctionnement du moteur. Ils peuvent être du type analogique, c'est-à-dire comportant une aiguille sur un cadran ou une graduation fixe, ou bien du type numérique, c'est-à-dire à affichage digital.

**Jeu** Amplitude de mouvement avant qu'une action quelconque se réalise. Jeu dans une articulation ou un assemblage de pièces, entre l'application finale d'une force et le mouvement réel (p. ex. course accomplie par la pédale de frein avant que les pistons dans le maître-cylindre ne se trouvent actionnés). Espace aménagé entre deux pièces pour qu'un organe puisse se mouvoir (p.ex. entre un piston et un cylindre ou un palier et un tourillon, etc.).

**Jeu aux soupapes** Jeu existant entre l'extrémité de la queue de soupape et le culbuteur ou le poussoir dans un mécanisme de distribution. Le jeu aux soupapes se mesure celles-ci étant fermées.

**Jeu longitudinal** Amplitude du mouvement longitudinal entre deux pièces. Appliqué au vilebrequin, distance que celui-ci peut accomplir vers l'avant et l'arrière dans le bloc-cylindres.

**Joint** Garniture fine composée d'une matière tendre - généralement du liège, du carton, de l'amiante ou un alliage tendre - interposé entre deux plans afin d'assurer une bonne étanchéité. P. ex. le joint de culasse assure l'étanchéité entre le bloc-cylindres et la culasse.

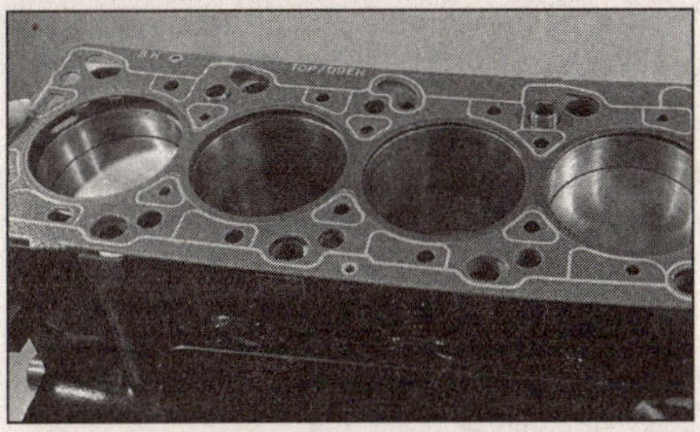

Joint de culasse

**Joint de cardan** Accouplement à double articulation permettant la transmission de la force d'un arbre moteur à un arbre mené suivant un certain angle. Le joint de cardan consiste en deux fourches profilées en « Y » et un croisillon central.

**Joint homocinétique** Joint de type à cardan destiné à éliminer les vibrations induites par la force motrice transmise suivant un certain angle.

**Joint torique** Joint réalisé dans une matière spéciale ayant l'aspect du caoutchouc. A son utilisation, il est comprimé dans une rainure pour assurer l'étanchéité.

Joint torique

# M

**Maillon fusible** Dispositif, plus fort qu'un fusible, protégeant un circuit électrique en cas de surintensité accidentelle. Consiste communément en un conducteur entouré d'une gaine isolante résistante à la chaleur (mais de nos jours ils ressemblent aussi aux grands fusibles). Ce conducteur est plus mince que le fil électrique qu'il protège et il constitue ainsi le « maillon faible » du circuit. A la différence d'un fusible, un cordon fusible défaillant doit fréquemment être coupé du fil électrique pour son remplacement.

**Marteau à coulisse** Extracteur spécial se vissant ou s'accrochant à une pièce comme un arbre ou un roulement. Une masse lourde est coulissée en butée contre le bas de son arbre pour frapper la pièce et la dégager.

**Moteur à arbre à cames en tête** Moteur dont l'arbre à cames est situé sur le haut de chaque culasse.

**Moteur à double arbre à cames en tête** Moteur à deux arbres à cames en tête, généralement l'un étant destiné à la commande des soupapes d'admission et l'autre à celles des soupapes d'échappement.

**Moteur à soupapes en tête** Moteur dont l'arbre à cames est logé dans le bloc-moteur, assurant la commande des soupapes (distribution) par l'intermédiaire de tiges de culbuteur (tiges poussées) et de culbuteurs.

**Multimètre** Appareil de contrôle électrique regroupant un voltmètre (mesure des tensions), un ohmmètre (mesure des résistances) et un ampèremètre (mesure de l'intensité des courants électriques).

# N

**$NO_x$ (Oxydes d'azote)** Polluant toxique commun, présent dans les gaz d'échappement des moteurs à hautes températures.

# O

**Ohm** Unité de mesure de résistance électrique (symbole Ω). Un volt appliqué à une résistance d'un ohm produit un courant d'une intensité d'un ampère.

**Ohmmètre** Appareil de mesure des résistances électriques (voir multimètre).

**Ordre d'allumage** Ordre dans lequel a lieu l'inflammation du mélange détonant dans les cylindres. Commence par le cylindre numéro 1.

**Ouverture des roues** Différence d'écartement des roues avant faisant que celles-ci sont plus rapprochées l'une de l'autre à l'arrière qu'à l'avant. Sur les véhicules à roues motrices avant, une légère ouverture est normalement spécifiée afin de maintenir les roues avant en fonctionnement parallèle sur la route, en compensant les autres forces tendant à rapprocher les roues.

# P

**Palier** Surface d'un arbre ou dans un alésage, ou pièce intercalée entre eux, permettant un glissement relatif l'un par rapport à l'autre avec un minimum d'usure et de frottement.

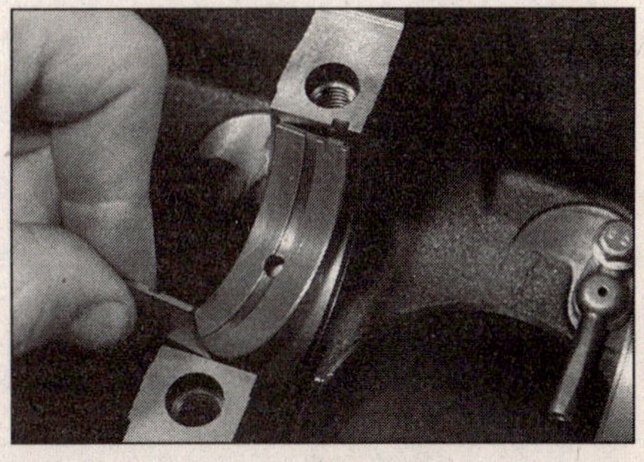

Palier

**Palmer** Instrument de précision pour la mesure des dimensions précises.

**Pastille de dessablage** Bouchon ou plaque en tôle obturant un orifice dans une pièce de fonderie correspondant à un noyau ayant été enlevé au formage de la pièce.

**Philips, tournevis ou vis** Système de fixation se caractérisant par une empreinte cruciforme.

**Pied à coulisse** Instrument de précision pour la mesure des dimensions intérieures et extérieures. Moins précis que le palmer mais plus pratique.

**Pignon** Roue dentée à sa périphérie et configurée de telle sorte à pouvoir mettre en prise sur elle une chaîne ou une courroie d'entraînement.

**Pince crocodile** Pince métallique à ressort servant à effectuer des connexions électriques provisoires.

**Pincement des roues** Différence d'écartement des roues avant faisant que celles-ci sont plus rapprochées l'une de l'autre à l'avant qu'à l'arrière. Sur les véhicules à roues motrices arrière, un léger pincement est normalement spécifié afin de maintenir les roues avant en fonctionnement parallèle sur la route, en compensant les autres forces tendant à écarter les roues.

**Plaquettes de frein** Pièces de friction remplaçables pinçant les disques de frein lorsque la pédale de frein est enfoncée. Les plaquettes de frein consistent en une garniture de friction collée ou rivetée sur un support rigide.

**Plastigage** Mince cordon de plastique disponible en différentes dimensions, servant à mesurer le jeu de fonctionnement de certaines pièces. Pour cela, un brin de « Plastigage » est étendu sur un tourillon et les pièces sont assemblées et démontées ensuite pour déterminer le jeu diamétral à partir de la largeur du brin écrasé entre le tourillon et son palier.

« Plastigage »

**Pot catalytique (convertisseur catalytique, catalyseur)** Dispositif prévu dans l'échappement pour transformer certains agents polluants contenus dans les gaz d'échappement en substances moins nocives pour l'environnement.

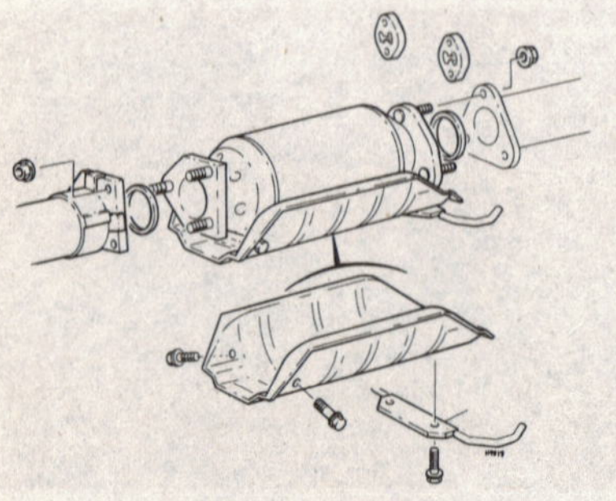

Pot catalytique

**Poussoir** Dans un système de distribution, pièce cylindrique transmettant la force de la came à la queue de soupape, soit directement soit par l'intermédiaire d'une tige de poussée et d'un culbuteur.

**Poussoir hydraulique** Poussoir faisant appel à la pression hydraulique engendrée par le circuit de graissage du moteur pour maintenir un jeu nul (contact constant entre l'arbre à cames et la queue des soupapes). Compense automatiquement les variations dans la longueur de la queue des soupapes. Les poussoirs hydrauliques contribuent également à la réduction du niveau de bruit émis par les soupapes.

**Produit d'étanchéité** Liquide ou pâte servant à prévenir les fuites au niveau d'un plan de joint. Parfois utilisé conjointement avec un joint.

**Produit-frein anaérobie** Produit destiné à assurer le blocage des boulons et des vis et à les empêcher ainsi de se desserrer. Il est dit anaérobie du fait qu'il agit en l'absence d'oxygène.

**Projecteur à faisceau scellé** Phare de conception ancienne incorporant le réflecteur, l'optique et les filaments des feux dans un boîtier constitué d'un seul bloc scellé hermétiquement. En cas de claquage d'un filament ou si l'optique est fêlée, la seule possibilité de réparation consiste à remplacer le boîtier complet.

**Purge** Opération par laquelle l'air éventuellement présent est évacué dans les canalisations d'un système scellé (p. ex. le circuit d'alimentation des moteurs Diesel, un circuit de refroidissement ou un circuit à commande hydraulique).

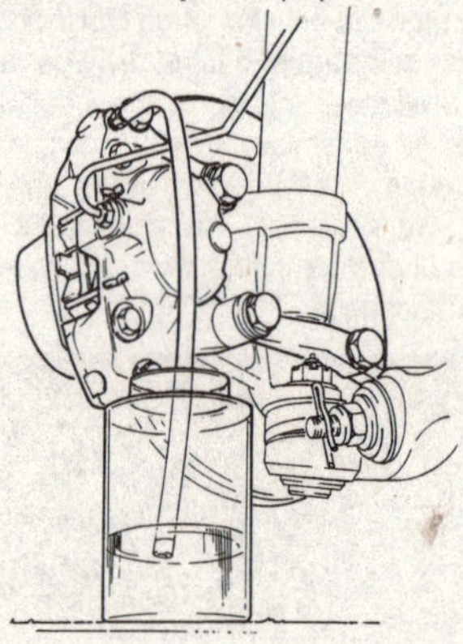

Purge du circuit de freins

# R

**Radiateur** Echangeur de chaleur liquide-air conçu pour réguler la température du liquide de refroidissement des moteurs à combustion interne.

**Rapport volumétrique** Rapport entre le volume utile du cylindre lorsque le piston se trouve au point mort haut et lorsqu'il se trouve au point mort bas.

**Réfrigérant** Fluide utilisé comme agent frigorigène dans un système de climatisation d'air. Le fluide R12 a été utilisé durant de nombreuses années et depuis peu, il a été remplacé par le fluide R134a ne contenant pas de chlorofluorocarbone (CFC) et considéré comme moins nocif pour la couche d'ozone dans la haute atmosphère.

**Ressort hélicoïdal** Elément élastique en fil d'acier dont les spires sont enroulées en forme d'hélice, pouvant être rencontré pour diverses utilisations et sous différentes formes sur un véhicule, notamment en tant qu'organe associé à la suspension et à la commande des soupapes dans le mécanisme de distribution.

**Rodoir** Outil constitué d'une matière abrasive utilisé pour rectifier les irrégularités superficielles ou les différences dans le diamètre d'un cylindre de moteur, d'un cylindre de frein, etc.

**Rondelle-frein** Une rondelle destinée à empêcher le desserrage spontané des écrous de fixation.

**Rotor** Dans un distributeur d'allumage, pièce (également appelé doigt de distributeur) tournante à l'intérieur de la tête de distributeur reliant le plot central et les plots extérieurs lors de sa rotation, distribuant ainsi la haute tension engendrée par l'enroulement secondaire de la bobine d'allumage à la bougie correspondante. Egalement, pièce d'un alternateur tournant à l'intérieur du stator ou bien encore, ensemble rotatif du turbocompresseur comprenant la roue de compresseur, l'arbre et la roue de turbine.

**Roulement à billes** Roulement antifriction consistant en des cages intérieure et extérieure en acier trempé avec des billes également en acier trempé interposées entre les deux cages.

# S

**Schéma électrique** Schéma représentant les composants et les faisceaux d'un circuit électrique à l'aide de symboles normalisés.

**Segments de frein** Pièce en forme de mâchoire sur laquelle est fixée la garniture de frein qui se trouve repoussée contre le tambour au freinage.

**Sonde à oxygène (sonde Lambda)** Capteur monté dans le collecteur d'échappement du moteur et dont la fonction consiste à évaluer la teneur en oxygène des gaz d'échappement et à transformer cette information en signal électrique.

**Soudage** Différents procédés utilisés pour assembler des pièce métalliques en portant les parties à joindre à leur température de fusion et en les faisant adhérer entre elles.

**Soupape** Dispositif autorisant, interrompant ou régulant la circulation d'un liquide, d'un gaz, d'une dépression ou d'un fluide. Le fonctionnement d'une soupape est commandé par une pièce mobile s'ouvrant, se fermant ou obturant un ou plusieurs orifices ou conduits.

**Suspension à jambe de force MacPherson** Type de suspension avant indépendante inventé par Earle MacPherson de la société Ford Angleterre. Dans sa configuration originale, la barre antiroulis assurait l'emplacement d'avant en arrière des bras de suspension inférieurs et des pivots de fusées montés sur leurs extrémités extérieures. Le système comprend aussi une longue jambe de force, constituée d'un amortisseur avec ressort hélicoïdal concentrique, interposée entre la caisse et chaque pivot de fusée. Dans sa variante moderne, le dispositif est équipé d'un bras inférieur de suspension en forme de triangle qui ne dépend pas de la barre antiroulis pour sa mise en place.

**Système de gestion du moteur** Système assurant à la fois l'injection électronique de carburant et l'allumage sous commande du même calculateur électronique.

# T

**Tablier** Cloison isolante séparant le moteur et l'habitacle d'une voiture.

**Tambour de frein** Pièce métallique des freins à tambour tournant en même temps que les roues.

**Thermostat** Clapet fonctionnant suivant des variations de température et dont le rôle consiste à réguler la circulation de liquide de refroidissement entre le bloc-cylindres et le radiateur, en maintenant ainsi une température de fonctionnement optimale du moteur. Une commande thermostatique est également utilisée dans certains circuits d'admission d'air dont la température est régulée.

**Torx, clé ou vis** Système de fixation (clé mâle, vis à tête creuse) se caractérisant par une empreinte en forme d'étoile à six points.

**Transmission** Arbre avec un joint à chaque extrémité communiquant la force d'entraînement de la boîte de vitesses depuis le pont aux roues motrices sur les modèles « traction avant ».

**Tubulure d'admission** Pièce comportant des conduits par lesquels est amené le mélange gazeux air-essence aux lumières dans la culasse.

**Turbocompresseur** Dispositif à commande centrifuge entraîné par les gaz d'échappement et destiné à comprimer l'air frais d'admission. Normalement utilisé pour augmenter la puissance volumétrique d'un moteur pour une cylindrée donnée, mais peut également servir à réduire les émissions d'échappement.

# V

**Vilebrequin** Organe mobile principal du moteur constitué d'un arbre tournant dans le carter-moteur et possédant des axes excentrés appelés manetons sur lesquels sont accouplées les têtes de bielles.

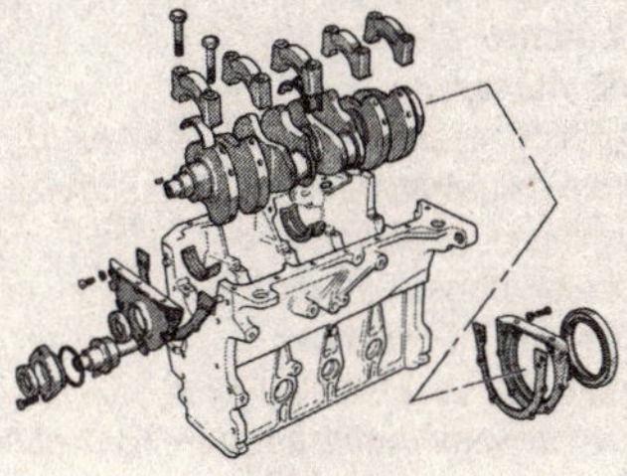

Vilebrequin

**Vis de purge** Dispositif prévu sur les organes d'un circuit scellé (p. ex. circuit hydraulique des freins, circuit de refroidissement) permettant de purger l'air dans le circuit.

**Viscosité** Epaisseur d'un fluide ou sa résistance à l'écoulement.

**Voile** Gauchissement de la surface d'appui usinée d'une pièce rotative. Oscillations (mouvement d'un côté à l'autre) d'un disque ou d'une roue à la rotation.

**Volant moteur** Grande roue tournante dans laquelle l'énergie est absorbée et accumulée par l'intermédiaire d'un moment d'inertie. Sur les voitures, le volant est fixé au vilebrequin et sa fonction consiste à régulariser la rotation de ce dernier et partant de là les impulsions d'allumage.

**Volt** Unité d'expression de « pression » électrique dans un circuit. Un volt produit un courant d'un ampère à travers une résistance d'un ohm.

**Nota :** *Les références ci-dessous se composent du numéro du chapitre suivi du numéro de la page*

# O



# P



# R



# S



# T



# V

# Manuels d'entretien auto

## Manuels d'entretien auto en français

| Titre | No manuel |
|---|---|
| **BMW** Séries 3 & 5 essence (82 - 93) | FR3291 |
| **CITROËN** AX essence et Diesel (86 - 98) | FR3023 |
| Citroën BX essence (82 - 95) | FR1771 |
| Citroën BX Diesel (83 - 95) | FR1834 |
| Citroën Saxo essence et Diesel (96 - 99) | FR3530 |
| Citroën Visa essence (79 - 88) | FR1804 |
| Citroën Xantia essence et Diesel (93 - 02) | FR3095 |
| Citroën XM essence et Diesel (89 - 98) | FR3387 |
| Citroën Xsara essence et Diesel (97 - 00) | FR3773 |
| Citroën Xsara Picasso essence et Diesel (99 - 04) | FR4052 |
| Citroën ZX essence (91 - 96) | FR1912 |
| Citroën ZX Diesel (91 - 98) | FR1926 |
| **FIAT** Panda essence (80 - 92) | FR1836 |
| FIAT Punto essence et Diesel (93 - 99) | FR3294 |
| FIAT Uno essence (83 - 95) | FR1775 |
| **FORD** Escort & Orion essence (80 - 90) | FR1798 |
| Ford Escort IV & Orion essence (90 - 00) | FR3366 |
| Ford Fiesta II essence (août 83 - fév 89) | FR1782 |
| Ford Fiesta III essence (89 - 95) | FR3368 |
| Ford Fiesta IV essence et Diesel (sept 95 - 99) | FR3567 |
| Ford Mondeo essence et Diesel (93 - 00) | FR3584 |
| Ford Moteurs Diesel (84 - 96) | FR3369 |
| **MERCEDES-BENZ** 190 essence et Diesel (82 - 94) | FR3527 |
| **OPEL** Astra essence et Diesel (91 - 98) | FR3385 |
| Opel Corsa essence (83 - 93) | FR1799 |
| Opel Corsa essence et Diesel (93 - 98) | FR3364 |
| Opel Vectra essence et Diesel (95 - 98) | FR3388 |
| **PEUGEOT** 104 essence (73 - 88) | FR1806 |
| Peugeot 106 essence et Diesel (91 - 04) | FR1913 |
| Peugeot 205 essence (83 - 99) | FR1767 |
| Peugeot 205 Diesel (83 - 99) | FR1835 |
| Peugeot 206 essence et Diesel (98 - 01) | FR3772 |
| Peugeot 305 essence (77 - 91) | FR1797 |
| Peugeot 306 essence et Diesel (93 - 00) | FR3080 |
| Peugeot 307 essence et Diesel (01 - 04) | FR4172 |
| Peugeot 309 essence (85 - 96) | FR1772 |
| Peugeot 309 Diesel (86 - 96) | FR3021 |
| Peugeot 405 essence (87 - 96) | FR1769 |
| Peugeot 405 Diesel (88 - 98) | FR1840 |
| Peugeot 406 essence et Diesel (95 - 99) | FR3296 |
| Peugeot 406 essence et Diesel (mars 99 - 02) | FR4051 |
| **RENAULT** 5 essence (72 - 85) | FR1788 |
| Renault Super 5 & Express essence (84 - 98) | FR1766 |
| Renault Super 5 & Express Diesel (85 - 99) | FR3022 |
| Renault 9 & 11 essence (81 - 91) | FR1781 |
| Renault 18 essence (78 - 86) | FR1805 |
| Renault 19 essence (88 - 97) | FR1833 |
| Renault 19 Diesel (88 - 97) | FR1950 |
| Renault 21 essence (86 - 96) | FR1768 |
| Renault 21 Diesel (86 - 96) | FR1951 |
| Renault 25 essence et Diesel (84 - 94) | FR3293 |
| Renault Clio 1 essence (90 - 98) | FR1884 |
| Renault Clio 1 Diesel (90 - 98) | FR1989 |
| Renault Clio II essence et Diesel (98 - 01) | FR3924 |
| Renault Espace essence et Diesel (84 - 96) | FR3209 |
| Renault Laguna essence et Diesel (93 - 99) | FR3297 |
| Renault Mégane et Scénic Phase I essence et Diesel (95 - 99) | FR3386 |
| Renault Mégane et Scénic Phase II essence et Diesel (99 - 02) | FR3942 |
| Renault Twingo essence (93 - 98) | FR3044 |
| **SEAT** Ibiza & Cordoba essence et Diesel (93-99) | FR3583 |
| **VOLKSWAGEN** Golf II & Jetta essence (84 - 92) | FR1773 |
| Volkswagen Golf III & Vento essence et Diesel (92 - 99) | FR3200 |
| Volkswagen Golf IV & Bora essence et Diesel (98 - 00) | FR3774 |
| Volkswagen Passat III essence et Diesel (88 - 96) | FR3528 |
| Volkswagen Polo III essence et Diesel (94 - 99) | FR3529 |

## Manuels d'entretien auto en anglais

| Titre | No manuel |
|---|---|
| **ALFA ROMEO** Alfasud/Sprint (74 - 88)* | 0292 |
| Alfa Romeo Alfetta (73 - 87)* | 0531 |
| **AUDI** 80, 90 & Coupe Petrol (79 - Nov 88) | 0605 |
| Audi 80, 90 & Coupe Petrol (Oct 86 - 90) | 1491 |
| Audi 100 & 200 Petrol (Oct 82 - 90) | 0907 |
| Audi 100 & A6 Petrol & Diesel (May 91 - May 97) | 3504 |
| Audi A4 Petrol & Diesel (95 - Feb 00) | 3575 |
| **AUSTIN** A35 & A40 (56 - 67)* | 0118 |
| Austin/MG/Rover Maestro 1.3 & 1.6 Petrol (83 - 95) | 0922 |
| Austin/MG Metro (80 - May 90) | 0718 |
| Austin/Rover Montego 1.3 & 1.6 Petrol (84 - 94) | 1066 |
| Austin/MG/Rover Montego 2.0 Petrol (84 - 95) | 1067 |
| Mini (59 - 69)* | 0527 |
| Mini (69 - 01) | 0646 |
| Austin/Rover 2.0 litre Diesel Engine (86 - 93) | 1857 |
| **AUSTIN HEALEY** 100/6 & 3000 (56 - 68)* | 0049 |
| **BEDFORD** CF Petrol (69 - 87) | 0163 |
| Bedford/Vauxhall Rascal & Suzuki Supercarry (86 - Oct 94) | 3015 |
| **BMW** 316, 320 & 320i (4-cyl) (75 - Feb 83)* | 0276 |
| BMW 320, 320i, 323i & 325i (6-cyl) (Oct 77 - Sept 87) | 0815 |
| BMW 3- & 5-Series Petrol (81 - 91) | 1948 |
| BMW 3-Series Petrol (Apr 91 - 96) | 3210 |
| BMW 3-Series Petrol (Sept 98 - 03) | 4067 |
| BMW 520i & 525e (Oct 81 - June 88) | 1560 |
| BMW 525, 528 & 528i (73 - Sept 81)* | 0632 |
| BMW 1500, 1502, 1600, 1602, 2000 & 2002 (59 - 77)* | 0240 |
| **CHRYSLER** PT Cruiser Petrol (00 - 03) | 4058 |
| **CITROËN** 2CV, Ami & Dyane (67 - 90) | 0196 |
| Citroën AX Petrol & Diesel (87 - 97) | 3014 |
| Citroën BX Petrol (83 - 94) | 0908 |
| Citroën C15 Van Petrol & Diesel (89 - Oct 98) | 3509 |
| Citroën C3 (02 - 04) | 4197 |
| Citroën CX Petrol (75 - 88) | 0528 |
| Citroën Saxo Petrol & Diesel (96 - 01) | 3506 |
| Citroën Visa Petrol (79 - 88) | 0620 |
| Citroën Xantia Petrol & Diesel (93 - 98) | 3082 |
| Citroën XM Petrol & Diesel (89 - 00) | 3451 |
| Citroën Xsara Petrol & Diesel (97 - Sept 00) | 3751 |
| Citroën Xsara Picasso Petrol & Diesel (00 - 02) | 3944 |
| Citroën ZX Diesel (91 - 98) | 1922 |
| Citroën ZX Petrol (91 - 98) | 1881 |
| Citroën 1.7 & 1.9 litre Diesel Engine (84 - 96) | 1379 |
| **FIAT** 126 (73 - 87)* | 0305 |
| Fiat 500 (57 - 73)* | 0090 |
| Fiat Bravo & Brava Petrol (95 - 00) | 3572 |
| Fiat Cinquecento (93 - 98) | 3501 |
| Fiat Panda (81 - 95) | 0793 |
| Fiat Punto Petrol & Diesel (94 - Oct 99) | 3251 |
| Fiat Punto Petrol (Oct 99 - July 03) | 4066 |
| Fiat Regata Petrol (84 - 88) | 1167 |
| Fiat Tipo Petrol (88 - 91) | 1625 |
| Fiat Uno Petrol (83 - 95) | 0923 |
| Fiat X1/9 (74 - 89) * | 0273 |
| **FORD** Anglia (59 - 68)* | 0001 |
| Ford Capri II (& III) 1.6 & 2.0 (74 - 87)* | 0283 |
| Ford Capri II (& III) 2.8 & 3.0 V6 (74 - 87) | 1309 |
| Ford Cortina Mk III 1300 & 1600 (70 - 76)* | 0070 |
| Ford Escort Mk I 1100 & 1300 (68 - 74)* | 0171 |
| Ford Escort Mk I Mexico, RS 1600 & RS 2000 (70 - 74)* | 0139 |
| Ford Escort Mk II Mexico, RS 1800 & RS 2000 (75 - 80)* | 0735 |
| Ford Escort (75 - Aug 80) * | 0280 |
| Ford Escort Petrol (Sept 80 - Sept 90) | 0686 |
| Ford Escort & Orion Petrol (Sept 90 - 00) | 1737 |
| Ford Escort & Orion Diesel (Sept 90 - 00) | 4081 |
| Ford Fiesta (76 - Aug 83) | 0334 |
| Ford Fiesta Petrol (Aug 83 - Feb 89) F | 1030 |
| Ford Fiesta Petrol (Feb 89 - Oct 95) | 1595 |
| Ford Fiesta Petrol & Diesel (Oct 95 - 01) | 3397 |
| Ford Fiesta (Apr 02 - 04) | 4170 |
| Ford Focus Petrol & Diesel (98 - 01) | 3759 |
| Ford Focus Petrol & Diesel (Oct 01 - 04). | 4167 |
| Ford Galaxy Petrol & Diesel (95 - Aug 00) | 3984 |
| Ford Granada Petrol (Sept 77 - Feb 85)* | 0481 |
| Ford Granada & Scorpio Petrol (Mar 85 - 94) | 1245 |
| Ford Ka (96 - 02) | 3570 |
| Ford Mondeo Petrol (93 - Sept 00) | 1923 |
| Ford Mondeo Petrol & Diesel (Oct 00 - Jul 03) | 3990 |
| Ford Mondeo Diesel (93 - 96) | 3465 |
| Ford Orion Petrol (83 - Sept 90) | 1009 |
| Ford Sierra 4-cyl Petrol (82 - 93) | 0903 |
| Ford Sierra V6 Petrol (82 - 91) | 0904 |
| Ford Transit Petrol (Mk 2) (78 - Jan 86) | 0719 |
| Ford Transit Petrol (Mk 3) (Feb 86 - 89) | 1468 |
| Ford Transit Diesel (Feb 86 - 99) | 3019 |
| Ford 1.6 & 1.8 litre Diesel Engine (84 - 96) | 1172 |
| Ford 2.1, 2.3 & 2.5 litre Diesel Engine (77 - 90) | 1606 |
| **FREIGHT ROVER** Sherpa Petrol (74 - 87) | 0463 |
| **HILLMAN** Avenger (70 - 82) | 0037 |
| Hillman Imp (63 - 76)* | 0022 |
| **HONDA** Civic (Feb 84 - Oct 87) | 1226 |
| Honda Civic (Nov 91 - 96) | 3199 |
| Honda Civic Petrol (Mar 95 - 00) | 4050 |
| **HYUNDAI** Pony (85 - 94) | 3398 |
| **JAGUAR** E Type (61 - 72)* | 0140 |
| Jaguar MkI & II, 240 & 340 (55 - 69)* | 0098 |
| Jaguar XJ6, XJ & Sovereign; Daimler Sovereign (68 - Oct 86) | 0242 |
| Jaguar XJ6 & Sovereign (Oct 86 - Sept 94) | 3261 |
| Jaguar XJ12, XJS & Sovereign; Daimler Double Six (72 - 88) | 0478 |
| **JEEP** Cherokee Petrol (93 - 96) | 1943 |
| **LADA** 1200, 1300, 1500 & 1600 (74 - 91) | 0413 |
| Lada Samara (87 - 91) | 1610 |
| **LAND ROVER** 90, 110 & Defender Diesel (83 - 95) | 3017 |
| Land Rover Discovery Petrol & Diesel (89 - 98) | 3016 |
| Land Rover Freelander Petrol & Diesel (97 - 02) | 3929 |
| Land Rover Series IIA & III Diesel (58 - 85) | 0529 |
| Land Rover Series II, IIA & III 4-cyl Petrol (58 - 85) | 0314 |
| **MAZDA** 323 (Mar 81 - Oct 89) | 1608 |
| Mazda 323 (Oct 89 - 98) | 3455 |
| Mazda 626 (May 83 - Sept 87) | 0929 |
| Mazda B1600, B1800 & B2000 Pick-up Petrol (72 - 88) | 0267 |
| Mazda RX-7 (79 - 85)* | 0460 |
| **MERCEDES-BENZ** 190, 190E & 190D Petrol & Diesel (83 - 93) | 3450 |
| Mercedes-Benz 200D, 240D, 240TD, 300D & 300TD 123 Series Diesel (Oct 76 - 85) | 1114 |
| Mercedes-Benz 250 & 280 (68 - 72)* | 0346 |
| Mercedes-Benz 250 & 280 123 Series Petrol (Oct 76 - 84)* | 0677 |
| Mercedes-Benz 124 Series Petrol & Diesel (85 - Aug 93) | 3253 |
| Mercedes-Benz C-Class Petrol & Diesel (93 - Aug 00) | 3511 |
| **MGA** (55 - 62)* | 0475 |
| MGB (62 - 80) | 0111 |
| MG Midget & Austin-Healey Sprite (58 - 80)* | 0265 |
| **MITSUBISHI** Shogun & L200 Pick-Ups Petrol (83 - 94) | 1944 |
| **MORRIS** Ital 1.3 (80 - 84) | 0705 |
| Morris Minor 1000 (56 - 71) | 0024 |
| **NISSAN** Almera Petrol (95 - Feb 00) | 4053 |
| Nissan Bluebird (May 84 - Mar 86) | 1223 |
| Nissan Bluebird Petrol (Mar 86 - 90) | 1473 |
| Nissan Cherry (Sept 82 - 86) | 1031 |
| Nissan Micra (83 - Jan 93) | 0931 |
| Nissan Micra (93 - 99) | 3254 |
| Nissan Primera Petrol (90 - Aug 99) | 1851 |
| Nissan Stanza (82 - 86) | 0824 |
| Nissan Sunny Petrol (May 82 - Oct 86) | 0895 |
| Nissan Sunny Petrol (Oct 86 - Mar 91) | 1378 |
| Nissan Sunny Petrol (Apr 91 - 95) | 3219 |
| **OPEL** Ascona & Manta (B Series) (Sept 75 - 88)* | 0316 |
| Opel Ascona Petrol (81 - 88) | 3215 |
| Opel Astra Petrol (Oct 91 - Feb 98) | 3156 |
| Opel Corsa Petrol (83 - Mar 93) | 3160 |
| Opel Corsa Petrol (Mar 93 - 97) | 3159 |
| Opel Kadett Petrol (Nov 79 - Oct 84) | 0634 |
| Opel Kadett Petrol (Oct 84 - Oct 91) | 3196 |
| Opel Omega & Senator Petrol (Nov 86 - 94) | 3157 |
| Opel Rekord Petrol (Feb 78 - Oct 86) | 0543 |
| Opel Vectra Petrol (Oct 88 - Oct 95) | 3158 |
| **PEUGEOT** 106 Petrol & Diesel (91 - 02) | 1882 |
| Peugeot 205 Petrol (83 - 97) | 0932 |
| Peugeot 206 Petrol & Diesel (98 - 01) | 3757 |
| Peugeot 306 Petrol & Diesel (93 - 99) | 3073 |
| Peugeot 307 Petrol & Diesel (01 - 04) | 4147 |
| Peugeot 309 Petrol (86 - 93) | 1266 |
| Peugeot 405 Petrol (88 - 97) | 1559 |
| Peugeot 405 Diesel (88 - 97) | 3198 |
| Peugeot 406 Petrol & Diesel (96 - Mar 99) | 3394 |

** Edition spéciale*

| Titre | No manuel |
|---|---|
| Peugeot 406 Petrol & Diesel (Mar 99 - 02) | 3982 |
| Peugeot 505 Petrol (79 - 89) | 0762 |
| Peugeot 1.7/1.8 & 1.9 litre Diesel Engine (82 - 96) | 0950 |
| Peugeot 2.0, 2.1, 2.3 & 2.5 litre Diesel Engines (74 - 90) | 1607 |
| **PORSCHE** 911 (65 - 85) | 0264 |
| Porsche 924 & 924 Turbo (76 - 85) | 0397 |
| **PROTON** (89 - 97) | 3255 |
| **RANGE ROVER** V8 Petrol (70 - Oct 92) | 0606 |
| **RELIANT** Robin & Kitten (73 - 83)* | 0436 |
| **RENAULT** 4 (61 - 86) up to D* | 0072 |
| Renault 5 Petrol (Feb 85 - 96) | 1219 |
| Renault 9 & 11 Petrol (82 - 89) | 0822 |
| Renault 18 Petrol (79 - 86) | 0598 |
| Renault 19 Petrol (89 - 96) | 1646 |
| Renault 19 Diesel (89 - 96) | 1946 |
| Renault 21 Petrol (86 - 94) | 1397 |
| Renault 25 Petrol & Diesel (84 - 92) | 1228 |
| Renault Clio Petrol (91 - May 98) | 1853 |
| Renault Clio Diesel (91 - June 96) | 3031 |
| Renault Clio Petrol & Diesel (May 98 - May 01) | 3906 |
| Renault Espace Petrol & Diesel (85 - 96) | 3197 |
| Renault Laguna Petrol & Diesel (94 - 00) | 3252 |
| Renault Mégane & Scénic Petrol & Diesel (96 - 98) | 3395 |
| Renault Mégane & Scénic Petrol & Diesel (Apr 99 - 02) | 3916 |
| **ROVER** 213 & 216 (84 - 89) | 1116 |
| Rover 214 & 414 Petrol (89 - 96) | 1689 |
| Rover 216 & 416 Petrol (89 - 96) | 1830 |
| Rover 211, 214, 216, 218 & 220 Petrol & Diesel (Dec 95 - 98) | 3399 |
| Rover 25 & MG ZR Petrol & Diesel (Oct 99 - 04) | 4145 |
| Rover 414, 416 & 420 Petrol & Diesel (May 95 - 98) | 3453 |
| Rover 618, 620 & 623 Petrol (93 - 97) | 3257 |
| Rover 820, 825 & 827 Petrol (86 - 95) | 1380 |
| Rover 3500 (76 - 87)* | 0365 |
| Rover Metro, 111 & 114 Petrol (May 90 - 98) | 1711 |
| **SAAB** 95 & 96 (66 - 76)* | 0198 |
| Saab 90, 99 & 900 (79 - Oct 93) | 0765 |
| Saab 900 (Oct 93 - 98) | 3512 |
| Saab 9000 (4-cyl) (85 - 98) | 1686 |
| Saab 9-5 4-cyl Petrol (97 - 04) | 4156 |
| **SEAT** Ibiza & Cordoba Petrol & Diesel (Oct 93 - Oct 99) | 3571 |
| Seat Ibiza & Malaga Petrol (85 - 92) | 1609 |
| **SKODA** Estelle (77 - 89) | 0604 |
| Skoda Favorit (89 - 96) | 1801 |
| Skoda Felicia Petrol & Diesel (95 - 01) | 3505 |
| **SUBARU** 1600 & 1800 (Nov 79 - 90)* | 0995 |
| **SUNBEAM** Alpine, Rapier & H120 (67 - 74)* | 0051 |
| **SUZUKI** SJ Series, Samurai & Vitara (4-cyl) Petrol (82 - 97) | 1942 |
| **TALBOT** Alpine, Solara, Minx & Rapier (75 - 86) | 0337 |
| Talbot Horizon Petrol (78 - 86) | 0473 |
| Talbot Samba (82 - 86) | 0823 |
| **TOYOTA** Carina E Petrol (May 92 - 97) | 3256 |
| Toyota Corolla (80 - 85) | 0683 |
| Toyota Corolla (Sept 83 - Sept 87) | 1024 |
| Toyota Corolla (Sept 87 - Aug 92) | 1683 |
| Toyota Corolla Petrol (Aug 92 - 97) | 3259 |
| Toyota Hi-Ace & Hi-Lux Petrol (69 - Oct 83) | 0304 |
| **TRIUMPH** GT6 & Vitesse (62 - 74 )* | 0112 |
| Triumph Herald (59 - 71) * | 0010 |
| Triumph Spitfire (62 - 81) | 0113 |
| Triumph Stag (70 - 78)* | 0441 |
| Triumph TR2, TR3, TR3A, TR4 & TR4A (52 - 67)* | 0028 |
| Triumph TR5 & 6 (67 - 75)* | 0031 |
| Triumph TR7 (75 - 82)* | 0322 |
| **VAUXHALL** Astra Petrol (80 - Oct 84) | 0635 |
| Vauxhall Astra & Belmont Petrol (Oct 84 - Oct 91) | 1136 |
| Vauxhall Astra Petrol (Oct 91 - Feb 98) | 1832 |
| Vauxhall/Opel Astra & Zafira Petrol (Feb 98 - Apr 04) | 3758 |
| Vauxhall/Opel Astra & Zafira Diesel (Feb 98 - Sept 00) | 3797 |
| Vauxhall/Opel Calibra (90 - 98) | 3502 |
| Vauxhall Carlton Petrol (Oct 78 - Oct 86) | 0480 |
| Vauxhall Carlton & Senator Petrol (Nov 86 - 94) | 1469 |
| Vauxhall Cavalier Petrol (81 - Oct 88) | 0812 |
| Vauxhall Cavalier Petrol (Oct 88 - 95) | 1570 |
| Vauxhall Chevette (75 - 84) | 0285 |
| Vauxhall/Opel Corsa Diesel (Mar 93 - Oct 00) | 4087 |
| Vauxhall Corsa Petrol (Mar 93 - 97) | 1985 |
| Vauxhall/Opel Corsa Petrol (Apr 97 - Oct 00) | 3921 |
| Vauxhall/Opel Corsa Petrol & Diesel (Oct 00 - Sept 03) | 4079 |

** Edition spéciale*

| Titre | No manuel |
|---|---|
| Vauxhall/Opel Frontera Petrol & Diesel (91 - Sept 98) | 3454 |
| Vauxhall Nova Petrol (83 - 93) | 0909 |
| Vauxhall/Opel Omega Petrol (94 - 99) | 3510 |
| Vauxhall/Opel Vectra Petrol & Diesel (95 - Feb 99) | 3396 |
| Vauxhall/Opel Vectra Petrol & Diesel (Mar 99 - May 02) | 3930 |
| Vauxhall/Opel 1.5, 1.6 & 1.7 litre Diesel Engine (82 - 96) | 1222 |
| **VOLKSWAGEN** 411 & 412 (68 - 75)* | 0091 |
| Volkswagen Beetle 1200 (54 - 77) | 0036 |
| Volkswagen Beetle 1300 & 1500 (65 - 75) | 0039 |
| Volkswagen Beetle 1302 & 1302S (70 - 72) * | 0110 |
| Volkswagen Beetle 1303, 1303S & GT (72 - 75) | 0159 |
| Volkswagen Beetle Petrol & Diesel (Apr 99 - 01) | 3798 |
| Volkswagen Golf & Bora Petrol & Diesel (April 98 - 00) | 3727 |
| Volkswagen Golf & Jetta Mk 1 Petrol 1.1 & 1.3 (74 - 84) | 0716 |
| Volkswagen Golf, Jetta & Scirocco Mk 1 Petrol 1.5, 1.6 & 1.8 (74 - 84) | 0726 |
| Volkswagen Golf & Jetta Mk 1 Diesel (78 - 84) | 0451 |
| Volkswagen Golf & Jetta Mk 2 Petrol (Mar 84 - Feb 92) | 1081 |
| Volkswagen Golf & Vento Petrol & Diesel (Feb 92 - Mar 98) | 3097 |
| Volkswagen Golf (01 - 04) | 4169 |
| Volkswagen LT Petrol Vans & Light Trucks (76 - 87) | 0637 |
| Volkswagen Passat & Santana Petrol (Sept 81 - May 88) | 0814 |
| Volkswagen Passat 4-cyl Petrol & Diesel (May 88 - 96) | 3498 |
| Volkswagen Passat 4-cyl Petrol & Diesel (Dec 96 - Nov 00) | 3917 |
| Volkswagen Polo & Derby (76 - Jan 82) | 0335 |
| Volkswagen Polo (82 - Oct 90) | 0813 |
| Volkswagen Polo Petrol (Nov 90 - Aug 94) | 3245 |
| Volkswagen Polo Hatchback Petrol & Diesel (94 - 99) | 3500 |
| Volkswagen Scirocco (82 - 90)* | 1224 |
| Volkswagen Transporter 1600 (68 - 79) | 0082 |
| Volkswagen Transporter 1700, 1800 & 2000 (72 - 79)* | 0226 |
| Volkswagen Transporter (air-cooled) Petrol (79 - 82)* | 0638 |
| Volkswagen Transporter (water-cooled) Petrol (82 - 90) | 3452 |
| Volkswagen Type 3 (63 - 73)* | 0084 |
| **VOLVO** 120 & 130 Series (& P1800) (61 - 73)* | 0203 |
| Volvo 142, 144 & 145 (66 - 74)* | 0129 |
| Volvo 240 Series Petrol (74 - 93) | 0270 |
| Volvo 262, 264 & 260/265 (75 - 85) * | 0400 |
| Volvo 340, 343, 345 & 360 (76 - 91) | 0715 |
| Volvo 440, 460 & 480 Petrol (87 - 97) | 1691 |
| Volvo 740 & 760 Petrol (82 - 91) | 1258 |
| Volvo 850 Petrol (92 - 96) | 3260 |
| Volvo 940 Petrol (90 - 96) | 3249 |
| Volvo S40 & V40 Petrol (96 - 04) | 3569 |
| Volvo S70, V70 & C70 Petrol (96 - 99) | 3573 |

## Livres techniques en anglais

| | |
|---|---|
| Automotive Air Conditioning Systems | 3740 |
| Automotive Electrical and Electronic Systems Manual | 3049 |
| Automotive Engine Management and Fuel Injection Systems Manual | 3344 |
| Automotive Gearbox Overhaul Manual | 3473 |
| Automotive Service Summaries Manual | 3475 |
| Automotive Timing Belts Manual - Austin/Rover | 3549 |
| Automotive Timing Belts Manual - Ford | 3474 |
| Automotive Timing Belts Manual - Peugeot/Citroën | 3568 |
| Automotive Timing Belts Manual - Vauxhall/Opel | 3577 |
| The Haynes Manual on Brakes | 4178 |
| The Haynes Manual on Carburettors | 4177 |
| The Haynes Manual on Diesel Engines | 4174 |
| The Haynes Manual on Fault Codes | 4175 |
| The Haynes Manual on Welding | 4176 |

## Manuels d'entretien des autos américains en anglais

| Titre | No manuel |
|---|---|
| **ACURA** Integra & Legend (86 - 90) | 12020 |
| Acura Integra & Legend (90 - 95) | 12021 |
| **AMC** Mid-size models (70 - 83) | 14020 |
| AMC Alliance & Encore (83 - 87) | 14025 |
| **AUDI** 4000 (80 - 87) | 15020 |
| Audi 5000 (77 - 83) | 15025 |
| Audi 5000 (84 - 88) | 15026 |
| **BMW** 3/5 Series (82 - 92) | 18020 |
| BMW 3-Series (92 - 98) | 18021 |
| **BUICK** Century (97 - 02) | 19010 |
| Buick, Oldsmobile & Pontiac Full-size (FWD) (85 - 02) | 19020 |
| Buick, Oldsmobile & Pontiac Full-size (RWD) (70 - 90) | 19025 |
| Buick Mid-size (RWD) (74 - 87) | 19030 |
| **CADILLAC** Rear-wheel drive (70 - 93) | 21030 |
| **CHEVROLET** Astro & GMC Safari Mini-vans (85 - 02) | 24010 |
| Chevrolet Camaro (70 - 81) | 24015 |
| Chevrolet Camaro (82 - 92) | 24016 |
| Chevrolet Camaro & Pontiac Firebird (93 - 00) | 24017 |
| Chevrolet Chevelle, Malibu & El Camino (69 - 87) | 24020 |
| Chevrolet Chevette & Pontiac T1000 (76 - 87) | 24024 |
| Chevrolet Corsica/Beretta (87 - 96) | 24032 |
| Chevrolet Corvette (68 - 82) | 24040 |
| Chevrolet Corvette (84 - 96) | 24041 |
| Chevrolet Full-size Sedans (69 - 90) | 24045 |
| Chevrolet Impala SS & Caprice and Buick Roadmaster (91 - 96) | 24046 |
| Chevrolet Lumina, Monte Carlo & Impala (FWD) (95 - 01) | 24048 |
| Chevrolet Luv Pick-up (72 - 82) | 24050 |
| Chevrolet Monte Carlo (70 - 88) | 24055 |
| Chevrolet Nova (69 - 79) | 24059 |
| Chevrolet Nova & Geo Prizm (85 - 92) | 24060 |
| Chevrolet & GMC Pick-ups (67 - 87) | 24064 |
| Chevrolet & GMC Pick-ups, 2WD & 4WD (88 - 00) | 24065 |
| Chevrolet Silverado & GMC Sierra Pick-ups (99 - 02) | 24066 |
| Chevrolet S-10 & GMC S-15 Pick-ups, & Olds Bravada (82 - 94) | 24070 |
| Chevrolet S-10 & GMC Sonoma Pick-ups (94 - 01) | 24071 |
| Chevrolet Trailblazer & GMC Envoy (02 - 03) | 24072 |
| Chevrolet Sprint & Geo/Chevrolet Metro (85 - 01) | 24075 |
| Chevrolet & GMC Vans (68 - 96) | 24080 |
| **CHRYSLER** Cirrus, Dodge Stratus & Plymouth Breeze (95 - 00) | 25015 |
| Chrysler Full-Size Front-wheel drive (88 - 93) | 25020 |
| Chrysler New Yorker, Concorde & LHS, Dodge Intrepid and Eagle Vision (93 - 97) | 25025 |
| Chrysler LHS, Concorde, 300M & Dodge Intrepid (98 - 03) | 25026 |
| Chrysler Mid-Size Front-Wheel drive (82 - 95) | 25030 |
| Chrysler Sebring/Dodge Stratus & Avenger (95 - 02) | 25040 |
| **DATSUN** 200SX (77 - 79) | 28004 |
| Datsun 200SX (80 - 83) | 28005 |
| Datsun 210 (79 - 82) | 28009 |
| Datsun 240Z, 260Z & 280Z (70 - 78) | 28012 |
| Datsun 280ZX (79 - 83) | 28014 |
| Datsun 310 (Nov 78 - 82) | 28016 |
| Datsun 810/Maxima (77 - 84) | 28025 |
| **DODGE** Aries & Plymouth Reliant (81 - 89) | 30008 |
| Dodge Caravan, Plymouth Voyager and Chrysler Town & Country Mini-Vans (84 - 95) | 30010 |
| Dodge Caravan, Plymouth Voyager and Chrysler Town & Country Mini-vans (96 - 02) | 30011 |
| Dodge Challenger & Plymouth Sapporo (78 - 83) | 30012 |
| Dodge Colt & Plymouth Champ (78 - 87) | 30016 |
| Dodge Dakota Pick-ups (87 - 96) | 30020 |
| Dodge Dakota Pick-up and Durango (97 - 99) | 30021 |
| Dodge Durango & Dakota Pick-ups (00 - 03) | 30022 |
| Dodge Dart & Plymouth Valiant (67 - 76) | 30025 |
| Dodge Daytona & Chrysler Laser (84 - 89) | 30030 |
| Dodge & Plymouth Neon (95 - 99) | 30034 |
| Dodge Omni & Plymouth Horizon (78 - 90) | 30035 |
| Dodge Neon (00 - 03) | 30036 |
| Dodge Pick-ups (74 - 93) | 30040 |
| Dodge Pick-ups (94 - 01) | 30041 |
| Dodge Ram 50/D50 Pick-up & Raider and Plymouth Arrow Pick-up (79 - 93) | 30045 |
| Dodge/Plymouth/Chrysler Rear-wheel drive (71 - 89) | 30050 |
| Dodge Shadow & Plymouth Sundance and Duster (87 - 94) | 30055 |
| Dodge Spirit & Plymouth Acclaim (89 - 95) | 30060 |
| Dodge & Plymouth Vans (71 - 03) | 30065 |
| **FIAT** 124 Sport Coupe & Spider (68 - 78) | 34010 |
| **FORD** Aerostar Mini-vans (86 - 97) | 36004 |
| Ford Contour & Mercury Mystique (95 - 00) | 36006 |
| Ford Courier Pick-up (72 - 82) | 36008 |
| Ford Crown Victoria & Mercury Grand Marquis (88 - 00) | 36012 |
| Ford Escort & Mercury Lynx (81 - 90) | 36016 |
| Ford Escort & Mercury Tracer (91 - 00) | 36020 |
| Ford Escape & Mazda Tribute (01 - 03) | 36022 |
| Ford Explorer, Mazda Navajo & Mercury Mountaineer (91 - 01) | 36024 |
| Ford Explorer (02 - 03) | 36025 |
| Ford Fairmont & Mercury Zephyr (78 - 83) | 36028 |
| Ford Festiva & Aspire (88 - 97) | 36030 |
| Ford & Mercury Full-size (75 - 87) | 36036 |
| Ford Granada & Mercury Monarch (75 - 80) | 36040 |

| Titre | No manuel |
|---|---|
| Ford & Mercury Mid-size (75 - 86) | 36044 |
| Ford Mustang V8 (July 64 - 73) | 36048 |
| Ford Mustang II (74 - 78) | 36049 |
| Ford Mustang & Mercury Capri (79 - 93) | 36050 |
| Ford Mustang (94 - 03) | 36051 |
| Ford Pick-ups & Bronco (73 - 79) | 36054 |
| Ford Pick-ups & Bronco (80 - 96) | 36058 |
| Ford Pick-ups & Expedition and Lincoln Navigator (97 - 02) | 36059 |
| Ford Super Duty Pick-up & Excursion (99 - 02) | 36060 |
| Ford Pinto & Mercury Bobcat (75 - 80) | 36062 |
| Ford Probe (89 - 92) | 36066 |
| Ford Ranger & Bronco II (83 - 93) | 36070 |
| Ford Ranger Pick-ups (93 - 00) | 36071 |
| Ford Taurus & Mercury Sable (86 - 95) | 36074 |
| Ford Taurus & Mercury Sable (96 - 01) | 36075 |
| Ford Tempo & Mercury Topaz (84 - 94) | 36078 |
| Ford Thunderbird & Mercury Cougar (83 - 88) | 36082 |
| Ford Thunderbird & Mercury Cougar (89 - 97) | 36086 |
| Ford Vans (69 - 91) | 36090 |
| Ford Full-Size Vans (92 - 01) | 36094 |
| Ford Windstar (95 - 03) | 36097 |
| **GENERAL MOTORS:** Buick Century, Chevrolet Celebrity, Oldsmobile Ciera, Cutlass Cruiser & Pontiac 6000 (82 - 96) | 38005 |
| General Motors: Buick Regal, Chevrolet Lumina, Olds Cutlass Supreme & Pontiac Grand Prix (88 - 02) | 38010 |
| General Motors: Buick Skyhawk, Cadillac Cimarron, Chevrolet Cavalier, Oldsmobile Firenza & Pontiac J-2000 & Sunbird (82 - 94) | 38015 |
| General Motors: Chevrolet Cavalier & Pontiac Sunfire (95 - 00) | 38016 |
| General Motors: Buick Skylark, Chevrolet Citation, Oldsmobile Omega & Pontiac Phoenix (80 - 85) | 38020 |
| General Motors: Buick Skylark & Somerset, Oldsmobile Achieva & Calais, and Pontiac Grand Am (85 - 98) | 38025 |
| General Motors: Chevrolet Malibu, Oldsmobile Alero & Cutlass, and Pontiac Grand Am (97 - 00) | 38026 |
| General Motors: Cadillac Eldorado, Seville, Oldsmobile Toronado & Buick Riviera (71 - 85) | 38030 |
| General Motors: Cadillac Eldorado, Seville, Deville, Buick Riviera & Oldsmobile Toronado (86 - 93) | 38031 |
| General Motors: Cadillac Deville & Seville (92 - 02) | 38032 |
| General Motors: Chevrolet Lumina APV, Oldsmobile Silhouette & Pontiac Trans Sport (90 - 96) | 38035 |
| General Motors: Chevrolet Venture, Oldsmobile Silhouette, Pontiac Trans Sport & Montana (97 - 01) | 38036 |
| **GEO** Storm (90 - 93) | 40030 |
| **HONDA** Accord (84 - 89) | 42011 |
| Honda Accord (90 - 93) | 42012 |
| Honda Accord (94 - 97) | 42013 |
| Honda Accord (98 - 99) | 42014 |
| Honda Civic 1200 (73 - 79) | 42020 |
| Honda Civic 1300 & 1500 CVCC (80 - 83) | 42021 |
| Honda Civic 1500 CVCC (75 - 79) | 42022 |
| Honda Civic (84 - 91) | 42023 |
| Honda Civic and del Sol (92 - 95) | 42024 |
| Honda Civic & CR-V Acura Integra (94 - 00) | 42025 |
| Honda Civic and CRV (00 - 04) | 42026 |
| Honda Odyssey (99 - 04) | 42035 |
| Honda Prelude CVCC (79 - 89) | 42040 |
| **HYUNDAI** Elantra (96 - 01) | 43010 |
| Hyundai Excel & Accent (86 - 98) | 43015 |
| **ISUZU** Rodeo, Amigo & Honda Passport (89 - 02) | 47017 |
| Isuzu Trooper & Pick-up (81 - 93) | 47020 |
| **JEEP** Cherokee, Wagoneer & Comanche (84 - 00) | 50010 |
| Jeep CJ (49 - 86) | 50020 |
| Jeep Grand Cherokee (93 - 00) | 50025 |
| Jeep Liberty (01 - 04) | 50035 |
| Jeep Wagoneer & Pick-up (72 - 91) | 50029 |
| Jeep Wrangler (87 - 00) | 50030 |
| **LINCOLN** Rear-wheel drive (70 - 01) | 59010 |
| **MAZDA** GLC (RWD) (77 - 83) | 61010 |
| Mazda GLC (FWD) (81 - 85) | 61011 |
| Mazda 323 & Protegé (90 - 00) | 61015 |
| Mazda MX-5 Miata (90 - 97) | 61016 |
| Mazda MPV (89 - 94) | 61020 |
| Mazda Pick-ups (72 - 93) | 61030 |
| Mazda RX-7 Rotary (79 - 85) | 61035 |
| Mazda RX-7 Rotary (86 - 91) | 61036 |
| Mazda 626 (RWD) (79 - 82) | 61040 |
| Mazda 626 and MX-6 (FWD) (83 - 92) | 61041 |
| Mazda 626 & MX-6 and Ford Probe (93 - 01) | 61042 |
| **MERCEDES-BENZ** Diesel 123 Series (76 - 85) | 63012 |

| Titre | No manuel |
|---|---|
| Mercedes-Benz 190 (84 - 88) | 63015 |
| Mercedes-Benz 280, 123 Series (77 - 81) | 63025 |
| Mercedes-Benz 350 & 450 (71 - 80) | 63030 |
| **MERCURY** Villager & Nissan Quest (93 - 01) | 64200 |
| **MITSUBISHI** Cordia, Tredia, Galant, Precis & Mirage (83 - 93) | 68020 |
| Mitsubishi Eclipse, Plymouth Laser & Eagle Talon (90 - 94) | 68030 |
| Mitsubishi Eclipse & Eagle Talon (95 - 01) | 68031 |
| Mitsubishi Galant (94 - 03) | 68035 |
| Mitsubishi Pick-up & Montero (83 - 96) | 68040 |
| **NISSAN** 300ZX Turbo & non-Turbo models (84 - 89) | 72010 |
| Nissan Altima (93 - 01) | 72015 |
| Nissan Maxima (85 - 92) | 72020 |
| Nissan Maxima (93 - 01) | 72021 |
| Nissan/Datsun Pick-ups & Pathfinder (80 - 97) | 72030 |
| Nissan Frontier, Xterra & Pathfinder (97 - 01) | 72031 |
| Nissan Pulsar (83 - 86) | 72040 |
| Nissan Sentra (82 - 94) | 72050 |
| Nissan Sentra & 200SX (95 - 99) | 72051 |
| Nissan Stanza (82 - 90) | 72060 |
| **OLDSMOBILE** Cutlass (74 - 88) | 73015 |
| **PONTIAC** Fiero (84 - 88) | 79008 |
| Pontiac Firebird (70 - 81) | 79018 |
| Pontiac Firebird (82 - 92) | 79019 |
| Pontiac Mid-Size Models (70 - 87) | 79040 |
| **PORSCHE** 911 (65 - 89) | 80020 |
| Porsche 914 (4-cyl) (69 - 76) | 80025 |
| Porsche 944 (83 - 89) | 80035 |
| **SAAB** 900 (79 - 88) | 84010 |
| **SATURN** S-series (91 - 02) | 87010 |
| Saturn L-Series (00 - 04) | 87020 |
| **SUBARU** 1100, 1300, 1400 & 1600 (71 - 79) | 89002 |
| Subaru 1600 & 1800 (80 - 94) | 89003 |
| Subaru Legacy (90 - 98) | 89100 |
| **SUZUKI** Samurai, Sidekick, X-90 & Vitara, Geo/Chevrolet Tracker (86 - 01) | 90010 |
| **TOYOTA** Camry (83 - 91) | 92005 |
| Toyota Camry & Avalon (92 - 96) | 92006 |
| Toyota Camry (97 - 01) | 92007 |
| Toyota Celica Rear-wheel drive (71 - 85) | 92015 |
| Toyota Celica FWD (86 - 99) | 92020 |
| Toyota Celica Supra (79 - 92) | 92025 |
| Toyota Corolla (75 - 79) | 92030 |
| Toyota Corolla Rear-wheel drive (80 - 87) | 92032 |
| Toyota Corolla Front-wheel drive (84 - 92) | 92035 |
| Toyota Corolla & Geo/Chevrolet Prizm (93 - 02) | 92036 |
| Toyota Corolla Tercel (80 - 82) | 92040 |
| Toyota Corona (74 - 82) | 92045 |
| Toyota Cressida (78 - 82) | 92050 |
| Toyota Land Cruiser (68 - 82) | 92055 |
| Toyota Land Cruiser (80 - 96) | 92056 |
| Toyota MR2 (85 - 87) | 92065 |
| Toyota Pick-up (79 - 95) | 92075 |
| Toyota Tacoma, 4Runner & T100 (93 - 00) | 92076 |
| Toyota Tundra & Sequoia (00 - 02) | 92078 |
| Toyota Previa (91 - 95) | 92080 |
| Toyota RAV4 (96 - 02) | 92082 |
| Toyota Tercel (87 - 94) | 92085 |
| Toyota Sienna (98 - 02) | 92090 |
| **VOLKSWAGEN** Beetle & Karmann Ghia (54 - 79) | 96008 |
| Volkswagen Dasher (74 - 81) | 96012 |
| Volkswagen Rabbit, Jetta, Scirocco, Pick-up & Convertible (gasoline engine) (75 - 92) | 96016 |
| Volkswagen Golf & Jetta (93 - 98) | 96017 |
| Volkswagen Passat & Audi A4 (96 - 01) | 96023 |
| Volkswagen Vanagon air-cooled (80 - 83) | 96045 |
| Volvo 240 Series (76 - 93) | 97020 |
| Volvo 740 & 760 Series (82 - 88) | 97040 |

## Manuels d'entretien des autos américains en espagnol

| | |
|---|---|
| Chevrolet/GMC Camionetas (67 - 91) | 99040 |
| Chevrolet/GMC Camionetas (88 - 98) | 99041 |
| Chevrolet/GMC Camionetas Cerradas (68 - 95) | 99042 |
| Dodge Caravan, Plymouth Voyager, Chrysler Town & Country (84 - 95) | 99055 |
| Ford Camionetas & Bronco (80 - 94) | 99075 |
| Ford Camionetas Cerradas (69 - 91) | 99077 |
| Ford & Mercury Modelos de Tamaño Grande (75 - 87) | 99083 |
| Ford & Mercury Modelos de Tamaño Mediano (75 - 86) | 99088 |

| Titre | No manuel |
|---|---|
| Ford Taurus & Mercury Sable (86 - 95) | 99091 |
| General Motors Modelos de Tamaño Grande (70 - 90) | 99095 |
| General Motors Modelos de Tamaño Mediano (70 - 88) | 99100 |
| Nissan/Datsun Camionetas & Pathfinder (80 - 96) | 99110 |
| Nissan Sentra (82 - 94) | 99118 |
| Toyota Camionetas & 4-Runner (79 - 95) | 99125 |
| Reparación de Carroceria & Pintura | 98903 |
| Códigos Automotrices de la Computadora | 98905 |
| Manual de Frenos Automotriz | 98910 |
| Electricidad Automotriz | 98913 |
| Inyección de Combustible (86 - 99) | 98915 |

## Livres techniques (US)

| | |
|---|---|
| Automotive Computer Codes | 10205 |
| Automotive Emission Control Manual | 10210 |
| Fuel Injection Manual (86 - 99) | 10220 |
| Holley Carburetor Manual | 10225 |
| Rochester Carburetor Manual | 10230 |
| Weber/Zenith Stromberg/SU Carburetor Manual | 10240 |
| Chevrolet Engine Overhaul Manual | 10305 |
| Chrysler Engine Overhaul Manual | 10310 |
| Ford Engine Overhaul Manual | 10320 |
| GM and Ford Diesel Engine Repair Manual | 10330 |
| Suspension, Steering and Driveline Manual | 10345 |
| Ford Automatic Transmission Overhaul Manual | 10355 |
| General Motors Automatic Transmission Overhaul Manual | 10360 |
| Automotive Body Repair & Painting Manual | 10405 |
| Automotive Detailing Manual | 10415 |
| Automotive Electrical Manual | 10420 |
| Automotive Heating & Air Conditioning Manual (2nd Edn.) | 10425 |
| Automotive Reference Manual & Illustrated Automotive Dictionary | 10430 |
| Used Car Buying Guide | 10440 |

## Manuels d'entretien auto en suédois

| | |
|---|---|
| **AUDI** 100 & 200 (82 - 90) | SV3214 |
| Audi 100 & A6 (maj 91 - maj 97) | SV3531 |
| Audi A4 (95 - Feb 00) | SV3717 |
| **BMW** 3- & 5-serier (81 - 91) | SV3263 |
| **CHEVROLET** & GMC Van (68 - 95) | SV3298 |
| **FORD** Escort (80 - 90) | SV3091 |
| Ford Escort & Orion (90 - 00) | SV3389 |
| Ford Mondeo (93 - 99) | SV3353 |
| Ford Scorpio (85 - 94) | SV3039 |
| Ford Sierra (82 - 93) | SV3038 |
| **MERCEDES-BENZ** 124-serien (85 - 93) | SV3299 |
| Mercedes-Benz 190, 190E & 190D (83 - 93) | SV3391 |
| **OPEL** Astra (91 - 98) | SV3715 |
| Opel Kadett (84 - 91) | SV3069 |
| Opel Omega & Senator (86 - 94) | SV3262 |
| Opel Vectra (88 - 95) | SV3264 |
| Opel Vectra (95 - 98) | SV3592 |
| **SAAB** 90, 99 & 900 (79 - 93) | SV3037 |
| Saab 900 (okt 93 - 98) | SV3532 |
| Saab 9000 (85 - 98) | SV3072 |
| Saab 9-5 (97 - 04) | SV4171 |
| **VOLKSWAGEN** Golf & Jetta II (84 - 92) | SV3036 |
| Volkswagen Golf III/Vento (92 - 96) | SV3244 |
| Volkswagen Golf IV & Bora (98 - 00) | SV3781 |
| Volkswagen Passat (88 - 96) | SV3393 |
| Volkswagen Passat (dec 96 - nov 00) | SV3943 |
| Volkswagen Transporter (82 - 90) | SV3392 |
| **VOLVO** 240, 242, 244 & 245 (74 - 93) | SV3034 |
| Volvo 340, 343, 345 & 360 (76 - 91) | SV3041 |
| Volvo 440, 460 & 480 (87 - 97) | SV3066 |
| Volvo 740, 745 & 760 (82 - 92) | SV3035 |
| Volvo 850 (92 - 96) | SV3213 |
| Volvo 940 (91 - 96) | SV3208 |
| Volvo S40 & V40 (96 - 04) | SV3585 |
| Volvo S70, V70 & C70 (96 - 99) | SV3590 |

## Livres techniques en suédois

| | |
|---|---|
| Bilens elektriska och elektroniska system | SV3361 |
| Bilens felkodssystem: Handbok för avläsning och diagnostik | SV3534 |
| Bilens Luftkonditioneringssystem | SV3791 |
| Bilens motorstyrning och bränsleinsprutningssystem | SV3390 |
| Dieselmotorn - servicehandbok | SV3533 |

# Manuels d'entretien pour motos en anglais

| Titre | No manuel |
|---|---|
| **BMW** 2-valve Twins (70 - 96) | ♦ **0249** |
| BMW K100 & 75 2-valve Models (83 - 96) | ♦ **1373** |
| BMW R850, 1100 & 1150 4-valve Twins (93 - 04) | ♦ **3466** |
| **BSA** Bantam (48 - 71) | **0117** |
| BSA Unit Singles (58 - 72) | **0127** |
| BSA Pre-unit Singles (54 - 61) | **0326** |
| BSA A7 & A10 Twins (47 - 62) | **0121** |
| BSA A50 & A65 Twins (62 - 73) | 0155 |
| **DUCATI** 600, 750 & 900 2-valve V-Twins (91 - 96) | ♦ 3290 |
| Ducati MK III & Desmo Singles (69 - 76) | ◇ 0445 |
| Ducati 748, 916 & 996 4-valve V-Twins (94 - 01) | ♦ 3756 |
| **GILERA** Runner, DNA, Stalker & Ice (97 - 04) | 4163 |
| **HARLEY-DAVIDSON** Sportsters (70 - 03) | ♦ 2534 |
| Harley-Davidson Big Twins (73 - on) | 2536 |
| Harley-Davidson Twin Cam 88 (99 - 03) | ♦ 2478 |
| **HONDA** NB, ND, NP & NS50 Melody (81 - 85) | ◇ 0622 |
| Honda NE/NB50 Vision & SA50 Vision Met-in (85 - 95) | ◇ 1278 |
| Honda MB, MBX, MT & MTX50 (80 - 93) | 0731 |
| Honda C50, C70 & C90 (67 - 99) | 0324 |
| Honda XR80R & XR100R (85 - 04) | 2218 |
| Honda XL/XR 80, 100, 125, 185 & 200 2-valve Models (78 - 87) | 0566 |
| Honda H100 & H100S Singles (80 - 92) | ◇ 0734 |
| Honda CB/CD125T & CM125C Twins (77 - 88) | ◇ 0571 |
| Honda CG125 (76 - 00) | ◇ 0433 |
| Honda NS125 (86 - 93) | ◇ 3056 |
| Honda MBX/MTX125 & MTX200 (83 - 93) | ◇ 1132 |
| Honda CD/CM185 200T & CM250C 2-valve Twins (77 - 85) | 0572 |
| Honda XL/XR 250 & 500 (78 - 84) | 0567 |
| Honda XR250L, XR250R & XR400R (86 - 03) | 2219 |
| Honda CB250 & CB400N Super Dreams (78 - 84) | ◇ 0540 |
| Honda CR Motocross Bikes (86 - 01) | 2222 |
| Honda CBR400RR Fours (88 - 99) | ◇ ♦ 3552 |
| Honda VFR400 (NC30) & RVF400 (NC35) V-Fours (89 - 98) | ◇ ♦ 3496 |
| Honda CB500 (93 - 01) | ◇ ♦ 3753 |
| Honda CB400 & CB550 Fours (73 - 77) | 0262 |
| Honda CX/GL500 & 650 V-Twins (78 - 86) | 0442 |
| Honda CBX550 Four (82 - 86) | ◇ 0940 |
| Honda XL600R & XR600R (83 - 00) | 2183 |
| Honda XL600/650V Transalp & XRV750 Africa Twin (87 - 02) | ◇ ♦ 3919 |
| Honda CBR600F1 & 1000F Fours (87 - 96) | ♦ 1730 |
| Honda CBR600F2 & F3 Fours (91 - 98) | ♦ 2070 |
| Honda CBR600F4 (99 - 02) | ♦ 3911 |
| Honda CB600F Hornet (98 - 02) | ◇ ♦ 3915 |
| Honda CB650 sohc Fours (78 - 84) | 0665 |
| Honda NTV600 Revere, NTV650 & NT650V Deauville (88 - 01) | ◇ ♦ 3243 |
| Honda Shadow VT600 & 750 (USA) (88 - 03) | 2312 |
| Honda CB750 sohc Four (69 - 79) | 0131 |
| Honda V45/65 Sabre & Magna (82 - 88) | 0820 |
| Honda VFR750 & 700 V-Fours (86 - 97) | ♦ 2101 |
| Honda VFR800 V-Fours (97 - 01) | ♦ 3703 |
| Honda CB750 & CB900 dohc Fours (78 - 84) | 0535 |
| Honda VTR1000 (FireStorm, Super Hawk) & XL1000V (Varadero) (97 - 00) | ♦ 3744 |
| Honda CBR900RR FireBlade (92 - 99) | ♦ 2161 |
| Honda CBR900RR FireBlade (00 - 03) | ♦ 4060 |
| Honda CBR1100XX Super Blackbird (97 - 02) | ♦ 3901 |
| Honda ST1100 Pan European V-Fours (90 - 01) | ♦ 3384 |
| Honda Shadow VT1100 (USA) (85 - 98) | 2313 |

| Titre | No manuel |
|---|---|
| Honda GL1000 Gold Wing (75 - 79) | 0309 |
| Honda GL1100 Gold Wing (79 - 81) | 0669 |
| Honda Gold Wing 1200 (USA) (84 - 87) | 2199 |
| Honda Gold Wing 1500 (USA) (88 - 00) | 2225 |
| **KAWASAKI** AE/AR 50 & 80 (81 - 95) | 1007 |
| Kawasaki KC, KE & KH100 (75 - 99) | 1371 |
| Kawasaki KMX125 & 200 (86 - 02) | ◇ 3046 |
| Kawasaki 250, 350 & 400 Triples (72 - 79) | 0134 |
| Kawasaki 400 & 440 Twins (74 - 81) | 0281 |
| Kawasaki 400, 500 & 550 Fours (79 - 91) | 0910 |
| Kawasaki EN450 & 500 Twins (Ltd/Vulcan) (85 - 04) | 2053 |
| Kawasaki EX & ER500 (GPZ500S & ER-5) Twins (87 - 99) | ♦ 2052 |
| Kawasaki ZX600 (Ninja ZX-6, ZZ-R600) Fours (90 - 00) | ♦ 2146 |
| Kawasaki ZX-6R Ninja Fours (95 - 02) | ♦ 3541 |
| Kawasaki ZX600 (GPZ600R, GPX600R, Ninja 600R & RX) & ZX750 (GPX750R, Ninja 750R) Fours (85 - 97) | ♦ 1780 |
| Kawasaki 650 Four (76 - 78) | 0373 |
| Kawasaki Vulcan 700/750 & 800 (85 - 01) | ♦ 2457 |
| Kawasaki 750 Air-cooled Fours (80 - 91) | 0574 |
| Kawasaki ZR550 & 750 Zephyr Fours (90 - 97) | ♦ 3382 |
| Kawasaki ZX750 (Ninja ZX-7 & ZXR750) Fours (89 - 96) | ♦ 2054 |
| Kawasaki Ninja ZX-7R & ZX-9R (ZX750P, ZX900B/C/D/E) (94 - 00) | ♦ 3721 |
| Kawasaki 900 & 1000 Fours (73 - 77) | 0222 |
| Kawasaki ZX900, 1000 & 1100 Liquid-cooled Fours (83 - 97) | ♦ 1681 |
| **MOTO GUZZI** 750, 850 & 1000 V-Twins (74 - 78) | 0339 |
| **MZ** ETZ Models (81 - 95) | ◇ 1680 |
| **NORTON** 500, 600, 650 & 750 Twins (57 - 70) | 0187 |
| Norton Commando (68 - 77) | 0125 |
| **PEUGEOT** Speedfight, Trekker & Vivacity (96 - 02) | ◇ 3920 |
| **PIAGGIO** (Vespa) Scooters (91 - 03) | ◇ 3492 |
| **SUZUKI** GT, ZR & TS50 (77 - 90) | ◇ 0799 |
| Suzuki TS50X (84 - 00) | ◇ 1599 |
| Suzuki 100, 125, 185 & 250 Air-cooled Trail bikes (79 - 89) | 0797 |
| Suzuki GP100 & 125 Singles (78 - 93) | ◇ 0576 |
| Suzuki GS, GN, GZ & DR125 Singles (82 - 99) | ◇ 0888 |
| Suzuki 250 & 350 Twins (68 - 78) | 0120 |
| Suzuki GT250X7, GT200X5 & SB200 Twins (78 - 83) | ◇ 0469 |
| Suzuki GS/GSX250, 400 & 450 Twins (79 - 85) | 0736 |
| Suzuki GS500 Twin (89 - 02) | ♦ 3238 |
| Suzuki GS550 (77 - 82) & GS750 Fours (76 - 79) | 0363 |
| Suzuki GS/GSX550 4-valve Fours (83 - 88) | 1133 |
| Suzuki SV650 (99 - 02) | ♦ 3912 |
| Suzuki GSX-R600 & 750 (96 - 00) | ♦ 3553e |
| Suzuki GSX-R600 (01 - 02), GSX-R750 (00 - 02) & GSX-R1000 (01 - 02) | ♦ 3986e |
| Suzuki GSF600 & 1200 Bandit Fours (95 - 04) | ♦ 3367 |
| Suzuki GS850 Fours (78 - 88) | 0536 |
| Suzuki GS1000 Four (77 - 79) | 0484 |
| Suzuki GSX-R750, GSX-R1100 (85 - 92), GSX600F, GSX750F, GSX1100F (Katana) Fours (88 - 96) | ♦ 2055 |
| Suzuki GSX600/750F & GSX750 (98 - 02) | ♦ 3987 |
| Suzuki GS/GSX1000, 1100 & 1150 4-valve Fours (79 - 88) | 0737 |
| Suzuki TL1000S/R & DL1000 V-Strom (97 - 04) | ♦ 4083 |
| Suzuki GSX1300R Hayabusa (99 - 04) | ♦ 4184 |
| **TRIUMPH** Tiger Cub & Terrier (52 - 68) | 0414 |
| Triumph 350 & 500 Unit Twins (58 - 73) | 0137 |
| Triumph Pre-Unit Twins (47 - 62) | 0251 |
| Triumph 650 & 750 2-valve Unit Twins (63 - 83) | 0122 |
| Triumph Trident & BSA Rocket 3 (69 - 75) | 0136 |
| Triumph Fuel Injected Triples (97 - 00) | ♦ 3755 |

| Titre | No manuel |
|---|---|
| Triumph Triples & Fours (carburettor engines) (91 - 99) | ♦ 2162 |
| **VESPA** P/PX125, 150 & 200 Scooters (78 - 03) | 0707 |
| Vespa Scooters (59 - 78) | 0126 |
| **YAMAHA** DT50 & 80 Trail Bikes (78 - 95) | ◇ 0800 |
| Yamaha T50 & 80 Townmate (83 - 95) | ◇ 1247 |
| Yamaha YB100 Singles (73 - 91) | ◇ 0474 |
| Yamaha RS/RXS100 & 125 Singles (74 - 95) | 0331 |
| Yamaha RD & DT125LC (82 - 87) | ◇ 0887 |
| Yamaha TZR125 (87 - 93) & DT125R (88 - 02) | ◇ 1655 |
| Yamaha TY50, 80, 125 & 175 (74 - 84) | ◇ 0464 |
| Yamaha XT & SR125 (82 - 02) | ◇ 1021 |
| Yamaha Trail Bikes (81 - 00) | 2350 |
| Yamaha 250 & 350 Twins (70 - 79) | 0040 |
| Yamaha XS250, 360 & 400 sohc Twins (75 - 84) | 0378 |
| Yamaha RD250 & 350LC Twins (80 - 82) | 0803 |
| Yamaha RD350 YPVS Twins (83 - 95) | 1158 |
| Yamaha RD400 Twin (75 - 79) | 0333 |
| Yamaha XT, TT & SR500 Singles (75 - 83) | 0342 |
| Yamaha XZ550 Vision V-Twins (82 - 85) | 0821 |
| Yamaha FJ, FZ, XJ & YX600 Radian (84 - 92) | 2100 |
| Yamaha XJ600S (Diversion, Seca II) & XJ600N Fours (92 - 03) | ♦ 2145 |
| Yamaha YZF600R Thundercat & FZS600 Fazer (96 - 03) | ♦ 3702 |
| Yamaha YZF-R6 (98 - 02) | ♦ 3900 |
| Yamaha 650 Twins (70 - 83) | 0341 |
| Yamaha XJ650 & 750 Fours (80 - 84) | 0738 |
| Yamaha XS750 & 850 Triples (76 - 85) | 0340 |
| Yamaha TDM850, TRX850 & XTZ750 (89 - 99) | ◇ ♦ 3540 |
| Yamaha YZF750R & YZF1000R Thunderace (93 - 00) | ♦ 3720 |
| Yamaha FZR600, 750 & 1000 Fours (87 - 96) | ♦ 2056 |
| Yamaha XV (Virago) V-Twins (81 - 03) | ♦ 0802 |
| Yamaha XVS650 & 1100 Dragstar/V-Star (97 - 04) | ♦ 4195 |
| Yamaha XJ900F Fours (83 - 94) | ♦ 3239 |
| Yamaha XJ900S Diversion (94 - 01) | ♦ 3739 |
| Yamaha YZF-R1 (98 - 01) | ♦ 3754 |
| Yamaha FJ1100 & 1200 Fours (84 - 96) | ♦ 2057 |
| Yamaha XJR1200 & 1300 (95 - 03) | ♦ 3981 |
| Yamaha V-Max (85 - 03) | ♦ 4072 |
| **ATVs** | |
| Honda ATC70, 90, 110, 185 & 200 (71 - 85) | 0565 |
| Honda TRX300 Shaft Drive ATVs (88 - 00) | 2125 |
| Honda TRX300EX & TRX400EX ATVs (93 - 04) | 2318 |
| Honda Foreman 400 and 450 ATVs (95 - 02) | 2465 |
| Kawasaki Bayou 220/250/300 & Prairie 300 ATVs (86 - 03) | 2351 |
| Polaris ATVs (85 - 97) | 2302 |
| Polaris ATVs (98 - 03) | 2508 |
| Yamaha YFS200 Blaster ATV (88 - 98) | 2317 |
| Yamaha YFB250 Timberwolf ATVs (92 - 00) | 2217 |
| Yamaha YFM350 & YFM400 (ER and Big Bear) ATVs (87 - 03) | 2126 |
| Yamaha Banshee and Warrior ATVs (87 - 03) | 2314 |
| ATV Basics | 10450 |
| **TECHBOOK SERIES** | |
| Motorcycle Basics TechBook (2nd Edition) | 3515 |
| Motorcycle Electrical TechBook (3rd Edition) | 3471 |
| Motorcycle Fuel Systems TechBook | 3514 |
| Motorcycle Maintenance TechBook | 4071 |
| Motorcycle Workshop Practice TechBook (2nd Edition) | 3470 |
| **GENERAL MANUALS** | |
| Twist and Go (automatic transmission) Scooters Service and Repair Manual | 4082 |

◇ *= not available in the USA* ♦ *= Superbike*

| **MAISON ET JARDIN** | |
|---|---|
| Dishwasher Manual | **L7329** |
| Electrical Appliance Manual (3rd edn.) | **L7800** |
| Lawnmower Manual (3rd Edition) | **L7337** |
| Washer Drier & Tumbledrier Manual | **L7328** |
| Washing Machine Manual | **L7327** |

| **CARAVANES ET CAMPING** | |
|---|---|
| Caravan Handbook, The | **L7801** |
| Caravan Manual, The (3rd Edition) | **9894** |
| Motorcaravan Manual, The (2nd Edition) | **H4047** |
| **CYCLISME** | |
| Bike Book, The (Updated 4th Edition) | **H4000** |
| Birmingham & Black Country Cycle Rides | **H4007** |
| Bristol & Bath Cycle Rides | **H4025** |
| Racing Bike Book, The (2nd Edition) | **L7300** |
| London Cycle Guide, The | **L7320** |
| Manchester Cycle Rides | **H4026** |
| Mountain Bike Book, The | **H954** |

Tous les titres qui figurent sur ces pages sont disponibles auprès des grandes surfaces, centre-autos, magasins de vélo et librairies. La gamme complète des manuels américains **Chilton** est également disponible. C'est dans un souci de mise à jour des informations et d'évolution permanentes que de nouveaux titres apparaissent régulièrement. Pour recevoir une liste complète de nos récentes publications, n'hésitez pas à contacter les numéros suivants: (France) **01 47 17 66 29** • (G.B.) **+44 1963 442030** • (U.S.A.) **+1 805 498 6703** • (Suède) **+46 18 124016** • (Australie) **+61 3 9763 8100**